"十二五"普通高等教育

自动控制原理

（第八版）

胡寿松　姜　斌　张绍杰　主编

科学出版社

北　京

内 容 简 介

本书比较全面地阐述了自动控制的基本理论与应用。全书共十章，前八章着重介绍经典控制理论及应用，后两章介绍现代控制理论中的线性系统理论和最优控制理论。

本书优化了第七版中的主要内容，强化了控制理论与科技前沿的结合及二维码数字资源。书中深入浅出地介绍了自动控制的基本概念，控制系统在时域、频域和复域中的数学模型及其结构图和信号流图；比较全面地阐述了线性控制系统的时域分析法、根轨迹法、频域分析法以及校正和设计等方法；对线性离散系统的基础理论、数学模型、稳定性及稳态误差、动态性能分析以及数字校正等问题，进行了比较详细的讨论；在非线性控制系统分析方面，给出了相平面和描述函数两种常用的分析方法，对目前应用日益增多的非线性控制的逆系统方法也作了较为详细的介绍；最后两章根据高新技术发展的需要，系统地阐述了线性系统的状态空间分析与综合，以及动态系统的最优控制等方法。书末给出的两个附录，可供读者在学习中查阅。

本书可作为高等工科院校自动化类、电气类、仪器类、机械类、能源动力类、航空航天类、交通运输类等专业的教材，亦可供相关工程技术人员参考。

图书在版编目（CIP）数据

自动控制原理/胡寿松，姜斌，张绍杰主编. —8 版. —北京：科学出版社，2023.8

"十二五"普通高等教育本科国家级规划教材

ISBN 978-7-03-076173-6

Ⅰ. ①自⋯ Ⅱ. ①胡⋯ ②姜⋯ ③张⋯ Ⅲ. ①自动控制理论-高等学校-教材 Ⅳ. ①TP13

中国国家版本馆 CIP 数据核字（2023）第 153326 号

责任编辑：余江 毛莹 匡敏 / 责任校对：胡小洁
责任印制：霍兵 / 封面设计：迷底书装

科学出版社 出版
北京东黄城根北街 16 号
邮政编码：100717
http://www.sciencep.com
天津市新科印刷有限公司 印刷
科学出版社发行 各地新华书店经销

*

1979 年 12 月第一版
2001 年 2 月第四版 开本：787×1092 1/16
2007 年 6 月第五版 印张：43 1/4
2013 年 3 月第六版 字数：999 000
2019 年 1 月第七版 印数：1 087 001～1 107 000
2023 年 8 月第八版 2024 年 11 月第 81 次印刷

定价：99.00 元
（如有印装质量问题，我社负责调换）

前　言

自动控制技术已广泛应用于制造业、农业、交通、航空及航天等众多产业部门，极大地提高了社会劳动生产率，改善了人们的劳动条件，提高了人们的生活水平。自动化装置广泛应用于各种重大工程及人们的生产生活之中：20世纪90年代实现了万米深海探测；通信和金融业已接近全面自动化；无人驾驶汽车在全球多国投入试运行；太空望远镜为研究宇宙提供了前所未有的机会；2005年我国神舟六号载人航天飞行取得圆满成功；2020年我国北斗导航系统面向全球提供服务；2022年智能聊天机器人ChatGPT发布；2023年我国自主研制的大型客机C919投入航线运营。

在控制技术需求推动下，控制理论本身也取得了显著进步。从线性近似到非线性系统的研究，都取得了新的成就。借助微分几何的固有非线性框架来研究非线性系统的控制，已成为目前重要的研究方向之一；离散事件动态系统理论的形成，扩展了对离散系统的描述和分析能力；分布参数系统的研究又有了新的突破；不确定性H_∞控制及系统对外扰的鲁棒性分析和设计已扩展到无穷维空间。自动控制与人工智能等领域的结合正在广泛深入地拓展，自适应、自校正、自修复、自组织系统的研究和应用又有了新的发展。

为了适应控制技术和控制理论发展形势的需要，作者对2019年出版的《自动控制原理(第七版)》进行了全面修订。这次修订，继续保持本书深入浅出、理论严谨、系统性强，以及便于自学的特点，进一步完善了工程实例的设计过程及其仿真；采用双色印刷，保持了图形的精确化与美化；增加了控制系统仿真案例、重点难点微课视频等二维码数字资源；突显新、精、准、美的特点，力求奉献给读者一本完美的控制理论与应用教科书。作者坚信，本书在培养读者的辩证思维能力和创新能力，树立理论联系实际的科学观点，进行研究性教学以及提高综合分析问题的能力等方面，都具有重要的作用。此外配套出版了《自动控制原理习题解析》和《自动控制原理题海与考研指导》，以利于读者掌握和发展控制理论与应用技术。

本书面世至今已有40余年的历程。在广大读者的支持、关心和爱护下，本书获得了多项荣誉：1988年获全国高等学校优秀教材奖；1993年、1997年和2005年，三次获国家级教学成果二等奖；2002年被评为全国优秀教材畅销书(科技)；2006年被评为普通高等教育"十一五"国家级规划教材；2008年被评为普通高等教育精品教材；2012年被评为"十二五"普通高等教育本科国家级规划教材。

本书由南京航空航天大学胡寿松、姜斌、张绍杰主编，参加本版修订的还有陆宁云、刘剑慰、丁勇、唐超颖。应当指出，本书从初版至第八版，是一个不断完善、不断提高的过程。在此，谨向曾参与本书各版编写的教授们表示感谢，他们是吴庆宪、李言俊、陈新海、周凤歧、林其璈、阙志宏、胡干跃、陶洪峰、沈程智、林代业、田林、孟宪蔷等教授。还要特别感谢中国科学院院士杨嘉墀先生、冯纯伯先生和吴宏鑫先生对本书提出的建设性指导意见。此外，还要感谢戴冠中、郑应平、张明廉、王执铨、史维、胡裕德、姚琼荟、何亚群、刘亚、夏良正等教授的关心和帮助。

对于书中存在的不妥之处，恳请广大读者不吝指正。

作　者

2023 年 6 月

目　　录

第一章　自动控制的一般概念

本章导学

1-1　自动控制的基本原理与方式

1. 自动控制技术及其应用

在现代科学技术的众多领域中，自动控制技术起着越来越重要的作用。所谓自动控制，是指在没有人直接参与的情况下，利用外加的设备或装置(控制装置或控制器)，使机器、设备或生产过程(统称被控对象)的某个工作状态或参数(被控量)自动地按照预定的规律运行。例如，数控车床按照预定程序自动地切削工件；化学反应炉的温度或压力自动地维持恒定；雷达和计算机组成的导弹发射和制导系统，自动地将导弹引导到敌方目标；无人驾驶飞机按照预定航迹自动升降和飞行；人造卫星准确地进入预定轨道运行并回收等，这一切都是以应用高水平的自动控制技术为前提的。

近几十年来，随着电子计算机技术的发展和应用，在宇宙航行、机器人控制、导弹制导以及核动力等高新技术领域中，自动控制技术更具有特别重要的作用。不仅如此，自动控制技术的应用范围现已扩展到生物、医学、环境、经济管理和其他许多社会生活领域中，自动控制已成为现代社会活动中不可缺少的重要组成部分。

2. 自动控制科学

自动控制科学是研究自动控制共同规律的技术科学，它的诞生与发展源于自动控制技术的应用。

钱学森与工程控制论

最早的自动控制技术的应用，可以追溯到公元前我国古代的自动计时器和漏壶指南车，而自动控制技术的广泛应用则开始于欧洲工业革命时期。英国人瓦特在改良蒸汽机的同时，应用反馈原理，于1788年发明了离心式调速器。当负载或蒸汽供给量发生变化时，离心式调速器能够自动调节进气阀门的开度，从而控制蒸汽机的转速。1868年，以离心式调速器为背景，物理学家麦克斯韦尔研究了反馈系统的稳定性问题，发表了论文"论调速器"。随后，源于物理学和数学的自动控制原理开始逐步形成。1892年，俄国学者李雅普诺夫发表了"论运动稳定性的一般问题"的博士论文，提出了李雅普诺夫稳定性理论。20世纪初，PID控制器出现，并获得广泛应用。1927年，为了使广泛应用的电子管在其性能发生较大变化的情况下仍能正常工作，反馈放大器正式诞生，从而确立了"反馈"在自动控制技术中的核心地位，并且有关系统稳定性和性能品质分析的大量研究成果也应运而生。

20世纪40年代，是系统和控制思想空前活跃的年代，1945年贝塔朗菲提出了《系统论》，1948年维纳提出了著名的《控制论》，至此形成了完整的控制理论体系——以传递函数为基础的经典控制理论，主要研究单输入单输出、线性定常系统的分析和设计问题。

　　20 世纪 50 年代，人类开始征服太空。1957 年，苏联成功发射了第一颗人造地球卫星，1968 年美国阿波罗飞船成功登上月球。在这些举世瞩目的成功中，自动控制技术起着不可磨灭的作用，也因此催生了 20 世纪 60 年代第二代控制理论——现代控制理论，其中包括以状态为基础的状态空间法、贝尔曼的动态规划法和庞特里亚金的极小值原理，以及卡尔曼滤波器。现代控制理论主要研究具有高性能、高精度和多耦合回路的多变量系统的分析和设计问题。

　　从 20 世纪 70 年代开始，随着计算机技术的不断发展，出现了许多以计算机控制为代表的自动化技术，如可编程控制器和工业机器人，自动化技术发生了根本性的变化，其相应的自动控制科学研究也出现了许多分支，如自适应控制、混杂控制、模糊控制，以及神经网络控制等。此外，控制论的概念、原理和方法还被用来处理社会、经济、人口和环境等复杂系统的分析与控制，形成了经济控制论和人口控制论等学科分支。目前，控制理论还在继续发展，正朝向以控制论、信息论和仿生学为基础的智能控制理论方向深入。

　　然而，纵观百余年自动控制科学与技术的发展，反馈控制理论与技术占据了极其重要的地位。

3. 反馈控制原理

　　为了实现各种复杂的控制任务，首先要将被控对象和控制装置按照一定的方式连接起来，组成一个有机总体，这就是自动控制系统。在自动控制系统中，被控对象的输出量(被控量)是要求严格加以控制的物理量，它可以要求保持为某一恒定值，如温度、压力、液位等，也可以要求按照某个给定规律运行，如飞行航迹、记录曲线等；而控制装置则是对被控对象施加控制作用的机构的总体，它可以采用不同的原理和方式对被控对象进行控制，但最基本的一种是基于反馈控制原理组成的反馈控制系统。

　　在反馈控制系统中，控制装置对被控对象施加的控制作用，是取自被控量的反馈信息，用来不断修正被控量与输入量之间的偏差，从而实现对被控对象进行控制的任务，这就是反馈控制的原理。

　　其实，人的很多活动都体现出反馈控制的原理，人本身就是一个具有高度复杂控制能力的反馈控制系统。例如，人用手拿取桌上的书、汽车司机操纵方向盘驾驶汽车沿公路平稳行驶等，这些日常生活中习以为常的动作都渗透着反馈控制的深奥原理。下面，通过剖析手从桌上取书的动作过程，透视一下它所包含的反馈控制机理。在这里，书的位置是手运动的指令信息，一般称为输入信号。取书时，首先人要用眼睛连续目测手相对于书的位置，并将这个信息(称为位置反馈信息)送入大脑；然后由大脑判断手与书之间的距离，产生偏差信号，并根据其大小发出控制手臂移动的命令(称为控制作用或操纵量)，逐渐使手与书之间的距离(偏差)减小。显然，只要这个偏差存在，上述过程就要反复进行，直到偏差减小为零，手便取到了书。可以看出，大脑控制手取书的过程，是一个利用偏差(手与书之间距离)产生控制作用，并不断使偏差减小直至消除的运动过程；同时，为了获取偏差信号，必须要有手位置的反馈信息，两者结合起来，就构成了反馈控制。显然，反馈控制实质上是一个按偏差进行控制的过程，因此，它也称为按偏差控制，反馈控制原理就是按偏差控制的原理。

人取物视为一个反馈控制系统时,手是被控对象,手位置是被控量(即系统的输出量),产生控制作用的机构是眼睛、大脑和手臂,统称为控制装置。可以用图 1-1 的系统方框图(也称方块图)来展示这个反馈控制系统的基本组成及工作原理。

图 1-1　人取书的反馈控制系统方框图

通常,把取出输出量送回到输入端,并与输入信号相比较产生偏差信号的过程,称为反馈。若输入信号与反馈信号相减,使产生的偏差越来越小,称为负反馈;反之,则称为正反馈。反馈控制就是采用负反馈并利用偏差进行控制的过程,而且,由于引入了被控量的反馈信息,整个控制过程成为闭合过程,因此反馈控制也称闭环控制。

在工程实践中,为了实现对被控对象的反馈控制,系统中必须配置具有人的眼睛、大脑和手臂类似功能的设备,以便对被控量进行连续的测量、反馈和比较,并按偏差进行控制。这些设备依其功能分别称为测量元件、比较元件和执行元件,并统称为控制装置。

在工业控制中,龙门刨床速度控制系统就是按照反馈控制原理进行工作的。通常,当龙门刨床加工表面不平整的毛坯时,负载会有很大的波动,但为了保证加工精度和表面光洁度,一般不允许刨床速度变化过大,因此必须对速度进行控制。图 1-2 是利用速度反馈对刨床速度进行自动控制的原理图。图中,刨床主电动机 SM 是电枢控制的直流电动机,其电枢电压由晶闸管整流装置 KZ 提供,并通过调节触发器 CF 的控制电压 u_k,来改变电动机的电枢电压,从而改变电动机的速度(被控量)。测速发电机 TG 是测量元件,用来测量刨床速度并给出与速度成正比的电压 u_t。然后,将 u_t 反馈到输入端并与给定电压 u_0 反向串联便得到偏差电压 $\Delta u = u_0 - u_t$。在这里,u_0 是根据刨床工作情况预先设置的速度给定电压,它与反馈电压 u_t 相减便形成偏差电压 Δu,因此 u_t 称为负反馈电压。一

图 1-2　龙门刨床速度控制系统原理图

般地，偏差电压比较微弱，需经放大器 FD 放大后才能作为触发器的控制电压。在这个系统中，被控对象是电动机，触发器和整流装置起了执行控制动作的作用，故称为执行元件。现在具体分析一下刨床速度自动控制的过程。当刨床正常工作时，对于某给定电压 u_0，电动机必有确定的速度给定值 n 相对应，同时亦有相应的测速发电机电压 u_t，以及相应的偏差电压 Δu 和触发器控制电压 u_k。如果刨床负载变化，如增加负载，将使速度降低而偏离给定值，同时，测速发电机电压 u_t 将相应减小，偏差电压 Δu 将因此增大，触发器控制电压 u_k 也随之增大，从而使晶闸管整流电压 u_a 升高，逐步使速度回升到给定值附近。这个过程可用图 1-3 的一组曲线表明。由图可见，负载 M_1 在 t_1 时突增为 M_2，致使电动机速度由给定值 n_1 急剧下降。但随着 Δu 和 u_a 的增大，速度很快回升，t_2 时速度便回升到 n_2，它与给定值 n_1 已相差无几了。反之，如果刨床速度因减小负载致使速度上升，则各电压量反向变化，速度回落过程完全一样。另外，如果调整给定电压 u_0，便可改变刨床工作速度。因此，采用图 1-2 的自动控制系统，既可以在不同负载下自动维持刨床速度不变，也可以根据需要自动地改变刨床速度，其工作原理都是相同的。它们都是由测量元件(测速发电机)对被控量(速度)进行检测，将被控量反馈至比较电路并与给定值相减而得到偏差电压(速度负反馈)，经放大器放大、变换后，执行元件(触发器和晶闸管整流装置)便依据偏差电压的性质对被控量(速度)进行相应调节，从而使偏差消失或减小到允许范围。可见，这是一个由负反馈产生偏差，并利用偏差进行控制直到最后消除偏差的过程，这就是负反馈控制原理，简称反馈控制原理。

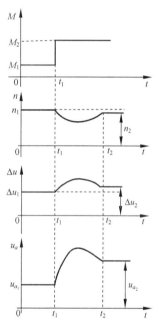

图 1-3　龙门刨床速度自动控制过程

应当指出的是，图 1-2 的刨床速度控制系统是一个有静差系统。由图 1-3 的速度控制过程曲线可以看出，速度最终达到的稳态值 n_2 与原给定速度 n_1 之间始终有一个差值存在，这个差值是用来产生一个附加的电动机电枢电压，以补偿因增加负载而引起的速度下降。因此，差值的存在是保证系统正常工作所必需的，一般称为稳态误差。如果从结构上加以改进，这个稳态误差是可以消除的。

图 1-4 是与图 1-2 对应的刨床速度控制系统方框图。在方框图中，被控对象和控制装置的各元部件(硬件)分别用一些方框表示。系统中感兴趣的物理量(信号)，如电流、电

图 1-4　龙门刨床速度控制系统方框图

压、温度、位置、速度、压力等，标示在信号线上，其流向用箭头表示。用进入方框的箭头表示各元部件的输入量，用离开方框的箭头表示其输出量，被控对象的输出量便是系统的输出量，即被控量，一般置于方框图的最右端；系统的输入量，一般置于系统方框图的左端。

4. 反馈控制系统的组成

反馈控制系统是由各种结构不同的元部件组成的。从完成"自动控制"这一功能来看，一个系统必然包含被控对象和控制装置两大部分，而控制装置是由具有一定功能的各种基本元件组成的。在不同系统中，结构完全不同的元部件却可以具有相同的功能，因此，将组成系统的元部件按功能分类主要有以下几种：

给定元件　其功能是给出与期望的被控量相对应的系统输入量。例如图 1-2 中给出电压 u_0 的电位器。

测量元件　其功能是检测被控制的物理量，如果这个物理量是非电量，一般要再转换为电量。例如，测速发电机用于检测电动机轴的速度并转换为电压；电位器、旋转变压器或自整角机用于检测角度并转换为电压；热电偶用于检测温度并转换为电压等。

比较元件　其功能是把给定元件给出的输入量与测量元件检测的被控量实际值进行比较，求出它们之间的偏差。常用的比较元件有差动放大器、机械差动装置、电桥电路等。图 1-2 中，由于给定电压 u_0 和反馈电压 u_t 都是直流电压，故只需将它们反向串联便可得到偏差电压。

放大元件　其功能是将比较元件给出的偏差信号进行放大，用来推动执行元件去控制被控对象。电压偏差信号可用集成电路、晶闸管等组成的电压放大级和功率放大级加以放大。

执行元件　其功能是直接推动被控对象，使其被控量发生变化。用来作为执行元件的有阀、电动机、液压马达等。

校正元件　也称为补偿元件，它是结构或参数便于调整的元部件，用串联或反馈的方式连接在系统中，以改善系统的性能。最简单的校正元件是由电阻、电容组成的无源或有源网络，复杂的则用计算机。

一个典型的反馈控制系统组成可用图 1-5 所示的方框图表示。图中，"〇"代表比较元件，它将输入量与测量元件检测到的被控量进行比较；负号(−)表示两者符号相反，即负反馈；正号(+)表示两者符号相同，即正反馈。信号从输入端沿箭头方向到达输出端的传输通路称前向通路；系统输出量经测量元件反馈到输入端的传输通路称主反馈通路。前向通路与主反馈通路共同构成主回路。此外，还有局部反馈通路以及由它构成的内回路。只包含一个主反馈通路的系统称单回路系统；有两个或两个以上反馈通路的系统称多回路系统。

通常加到反馈控制系统上的外作用有两种类型，一种是有用输入，一种是扰动。有用输入决定系统被控量的变化规律，如输入量；而扰动是系统不希望有的外作用，它破坏有用输入对系统的控制。在实际系统中，扰动总是不可避免的，而且它可以作用于系统中的任何元部件上，也可能一个系统同时受到几种扰动作用。电源电压的波动，环境

图 1-5　典型反馈控制系统方框图

温度、压力以及负载的变化，飞行中气流的冲击，航海中的波浪等，都是现实中存在的扰动。在图 1-2 的速度控制系统中，切削工件外形及切削量的变化就是一种扰动，它直接影响电动机的负载转矩，并进而引起刨床速度的变化。

5. 自动控制系统基本控制方式

反馈控制是自动控制系统最基本的控制方式，也是应用最广泛的一种控制方式。除此之外，还有开环控制方式和复合控制方式，它们都有其各自的特点和不同的适用场合。近几十年来，以现代数学为基础，引入计算机的新的控制方式也有了很大发展，如最优控制、自适应控制、模糊控制等。

(1) 反馈控制方式

如前所述，反馈控制方式是按偏差进行控制的，其特点是不论什么原因使被控量偏离期望值而出现偏差时，必定会产生一个相应的控制作用去降低或消除这个偏差，使被控量与期望值趋于一致。可以说，按反馈控制方式组成的反馈控制系统，具有抑制任何内、外扰动对被控量产生影响的能力，有较高的控制精度。但这种系统使用的元件多，结构复杂，特别是系统的性能分析和设计也较麻烦。尽管如此，它仍是一种重要的并被广泛应用的控制方式，自动控制理论主要的研究对象就是用这种控制方式组成的系统。

(2) 开环控制方式

开环与闭环
控制示例

开环控制方式是指控制装置与被控对象之间只有顺向作用而没有反向联系的控制过程，按这种方式组成的系统称为开环控制系统，其特点是系统的输出量不会对系统的控制作用发生影响。开环控制系统可以按给定量控制方式组成，也可以按扰动控制方式组成。

按给定量控制的开环控制系统，其控制作用直接由系统的输入量产生，给定一个输入量，就有一个输出量与之相对应，控制精度完全取决于所用的元件及校准的精度。在图 1-2 刨床速度控制系统中，若只考虑虚线框内的部件，便可视为按给定量控制的开环控制系统，刨床期望的速度值是事先调节触发器 CF 的控制电压 u_k 确定的。这样，在工作过程中，即使刨床速度偏离期望值，它也不会反过来影响控制电压 u_k，因此，这种开环控制方式没有自动修正偏差的能力，抗扰性较差。但由于其结构简单、调整方便、成本低，在精度要求不高或扰动影响较小的情况下，这种控制方式还有一定的实用价值。

目前，用于国民经济各部门的一些自动化装置，如自动售货机、自动洗衣机、产品生产自动线、数控车床以及指挥交通的红绿灯的转换等，一般都是开环控制系统。

按扰动控制的开环控制系统，是利用可测量的扰动量，产生一种补偿作用，以降低或抵消扰动对输出量的影响，这种控制方式也称顺馈控制。例如，在一般的直流速度控制系统中，转速常常随负载的增加而下降，且其转速的下降是由于电枢回路的电压降引起的。如果我们设法将负载引起的电流变化测量出来，并按其大小产生一个附加的控制作用，用以补偿由它引起的转速下降，这样就可以构成按扰动控制的开环控制系统，如图 1-6 所示。可见，这种按扰动控制

图 1-6　按扰动控制的速度控制系统原理图

的开环控制方式是直接从扰动取得信息，并据以改变被控量，因此，其抗扰动性好，控制精度也较高，但它只适用于扰动是可测量的场合。

(3) 复合控制方式

按扰动控制方式在技术上较按偏差控制方式简单，但它只适用于扰动是可测量的场合，而且一个补偿装置只能补偿一种扰动因素，对其余扰动均不起补偿作用。因此，比较合理的一种控制方式是把按偏差控制与按扰动控制结合起来，对于主要扰动采用适当的补偿装置实现按扰动控制，同时，再组成反馈控制系统实现按偏差控制，以消除其余扰动产生的偏差。这样，系统的主要扰动已被补偿，反馈控制系统就比较容易设计，控制效果也会更好。这种按偏差控制和按扰动控制相结合的控制方式称为复合控制方式。图 1-7 表示一种同时按偏差和扰动控制电动机速度的复合控制系统原理线路图和方框图。

(a) 原理图

(b) 方框图

图 1-7　电动机速度复合控制系统

1-2　自动控制系统示例

1. 函数记录仪

函数记录仪是一种通用的自动记录仪，它可以在直角坐标系上自动描绘两个电量的函数关系。同时，记录仪还带有走纸机构，用以描绘一个电量对时间的函数关系。

函数记录仪通常由衰减器、测量元件、放大元件、伺服电动机-测速发电机组、齿轮系及绳轮等组成，采用负反馈控制原理工作，其原理如图 1-8 所示。系统的输入是待记录电压，被控对象是记录笔，其位移即为被控量。系统的任务是控制记录笔位移，在记录纸上描绘出待记录的电压曲线。

图 1-8　函数记录仪原理示意图

在图 1-8 中，测量元件是由电位器 R_Q 和 R_M 组成的桥式测量电路，记录笔就固定在电位器 R_M 的滑臂上，因此，测量电路的输出电压 u_p 与记录笔位移成正比。当有慢变的输入电压 u_r 时，在放大元件输入口得到偏差电压 $\Delta u=u_r-u_p$，经放大后驱动伺服电动机，并通过齿轮系及绳轮带动记录笔移动，同时使偏差电压减小。当偏差电压 $\Delta u=0$ 时，电动机停止转动，记录笔也静止不动。此时，$u_p=u_r$，表明记录笔位移与输入电压相对应。如果输入电压随时间连续变化，记录笔便描绘出随时间连续变化的相应曲线。函数记录仪方框图如图 1-9 所示，图中测速发电机反馈与电动机速度成正比的电压，用以增加阻尼，改善系统性能。

图 1-9　函数记录仪方框图

2. 飞机-自动驾驶仪系统

飞机自动驾驶仪是一种能保持或改变飞机飞行状态的自动装置。它可以稳定飞行的姿态、高度和航迹；可以操纵飞机爬高、下滑和转弯。飞机与自动驾驶仪组成的自动控制系统称为飞机-自动驾驶仪系统。

如同飞行员操纵飞机一样，自动驾驶仪控制飞机飞行是通过控制飞机的三个操纵面(升降舵、方向舵、副翼)的偏转，改变舵面的空气动力特性，以形成围绕飞机质心的旋转转矩，从而改变飞机的飞行姿态和轨迹。现以比例式自动驾驶仪稳定飞机俯仰角为例，说明其工作原理。图 1-10 为飞机-自动驾驶仪系统稳定俯仰角的原理示意图。图中，垂直陀螺仪作为测量元件用以测量飞机的俯仰角，当飞机以给定俯仰角水平飞行时，陀螺仪电位器没有电压输出。如果飞机受到扰动，使俯仰角向下偏离期望值，陀螺仪电位器输出与俯仰角偏差成正比的信号，经放大器放大后驱动舵机，一方面推动升降舵面向上偏转，产生使飞机抬头的转矩，以减小俯仰角偏差；同时还带动反馈电位器滑

图 1-10　飞机-自动驾驶仪系统原理图

臂，输出与舵偏角成正比的电压并反馈到输入端。随着俯仰角偏差的减小，陀螺仪电位器输出信号越来越小，舵偏角也随之减小，直到俯仰角回到期望值，这时，舵面也恢复到原来状态。

图 1-11 是飞机-自动驾驶仪系统稳定俯仰角的系统方框图。图中，飞机是被控对象，俯仰角是被控量，放大器、舵机、垂直陀螺仪、反馈电位器等是控制装置，即自动驾驶仪。输入量是给定的常值俯仰角，控制系统的任务就是在任何扰动(如阵风或气流冲击)作用下，始终保持飞机以给定俯仰角飞行。

3. 电阻炉温度微型计算机控制系统

用于工业生产中炉温控制的微型计算机控制系统，具有精度高、功能强、经济性

图 1-11 飞机俯仰角控制系统方框图

好、无噪声、显示醒目、读数直观、打印存档方便、操作简单、灵活性和适应性好等一系列优点。用微型计算机控制系统代替模拟式控制系统是今后工业过程控制的发展方向。图 1-12 为某工厂电阻炉温度微型计算机控制系统原理示意图。图中,电阻丝通过晶闸管主电路加热,炉温期望值用计算机键盘预先设置,炉温实际值由热电偶检测,并转换成电压,经放大、滤波后,由 A/D 变换器将模拟量变换为数字量送入计算机,在计算机中与所设置的温度期望值比较后产生偏差信号,计算机便根据预定的控制算法(即控制规律)计算出相应的控制量,再经 D/A 变换器变换成电流,通过触发器控制晶闸管导通角,从而改变电阻丝中电流大小,达到控制炉温的目的。该系统既有精确的温度控制功能,还有实时屏幕显示和打印功能,以及超温、极值和电阻丝、热电偶损坏报警等功能。

图 1-12 电阻炉温度微型计算机控制系统示意图

4. 锅炉液位控制系统

锅炉是电厂和化工厂里常见的生产蒸汽的设备。为了保证锅炉正常运行,需要维持锅炉液位为正常标准值。锅炉液位过低,易烧干锅而发生严重事故;锅炉液位过高,则易使蒸汽带水并有溢出危险。因此,必须通过调节器严格控制锅炉液位的高低,以保证锅炉正常安全地运行。常见的锅炉液位控制系统示意图如图 1-13 所示。

当蒸汽的耗汽量与锅炉进水量相等时,液位保持为正常标准值。当锅炉的给水量不变,而蒸汽负荷突然增加或减少时,液位就会下降或上升;或者,当蒸汽负荷不变,而

图 1-13　锅炉液位控制系统示意图

给水管道水压发生变化时，引起锅炉液位发生变化。不论出现哪种情况，只要实际液位高度与正常给定液位之间出现了偏差，调节器均应立即进行控制，去开大或关小给水阀门，使液位恢复到给定值。

　　图 1-14 是锅炉液位控制系统方框图。图中，锅炉为被控对象，其输出为被控参数液位，作用于锅炉上的扰动是指给水压力变化或蒸汽负荷变化等产生的内外扰动；测量变送器为差压变送器，用来测量锅炉液位，并转变为一定的信号输至调节器；调节器是锅炉液位控制系统中的控制器，有电动、气动等形式，在调节器内将测量液位与给定液位进行比较，得出偏差值，然后根据偏差情况按一定的控制律[如比例(P)、比例-积分(PI)、比例-积分-微分(PID)等]发出相应的输出信号去推动调节阀动作；调节阀在控制系统中起执行元件作用，根据控制信号对锅炉的进水量进行调节，阀门的运动取决于阀门的特性，有的阀门与输入信号呈正比变化，有的阀门与输入信号呈某种曲线关系变化。大多数调节阀为气动薄膜调节阀，若采用电动调节器，则调节器与气动调节阀之间应有电-气转换器。气动调节阀的气动阀门分为气开与气关两种。气开阀指当调节器输出增加时，阀门开大；气关阀指当调节器输出增加时，阀门反而关小。为了安全生产，蒸汽锅炉的给水调节阀一般采用气关阀，一旦发生断气现象，阀门保持打开位置，以保证汽鼓不被烧干损坏。

图 1-14　锅炉液位控制系统方框图

5. 转速控制系统

　　发动机转速控制系统的原理图如图 1-15 所示，图中展示了发动机瓦特式速度调节器的基本原理。允许进入发动机内的燃料数量，可由希望的发动机转速与实际的发动机转速之差进行调整。

图 1-15　转速控制系统原理图

　　该系统的工作过程陈述如下：转速调节器的调节原理是当发动机工作于希望的转速时，高压油将不进入动力油缸的任何一侧。如果由于扰动，使得实际转速下降到低于希望值，则转速调节器的离心力下降，导致控制阀向下移动，从而对发动机的燃料供应增多，使发动机的转速增大，直至希望的转速时为止。另一方面，如果发动机的转速增大，以至于超过了希望的转速值，则转速调节器的离心力增大，从而导致控制阀向上移动。这样会减少燃料供应，导致发动机的转速减慢，直至希望的转速时为止。

　　在这个转速控制系统中，被控对象是发动机，而被控变量是发动机的转速。希望转速与实际转速之间的差形成误差信号，作用到对象(发动机)上的控制信号(燃料的数量)为驱动信号，对被控变量起干扰作用的外部输入量称为扰动量。不能预测的负载变化就是一种扰动量。

6. 磁盘驱动读取系统

　　磁盘驱动器广泛用于各类计算机中，是控制工程的一个重要应用实例。考察图 1-16 所示的磁盘驱动器结构示意图可知，磁盘驱动器读取装置的目标是将磁头准确定位，以便正确读取磁盘上磁道的信息，因此需要进行精确控制的变量是安装在滑动簧片上的磁头位置。磁盘旋转速度为 1800～7200r/min，磁头位置精度要求为 1μm，且磁头由磁道 a 移动到磁道 b 的时间小于 50ms。

　　图 1-17 给出了该系统的初步方案，其闭环系统利用电机驱动磁头臂到达预期的位置。

图 1-16　磁盘驱动器结构示意图

图 1-17　磁盘驱动读取系统初步方案

自动控制
系统的分类

1-3　自动控制系统的分类

自动控制系统有多种分类方法。例如，按控制方式可分为开环控制、反馈控制、复合控制等；按元件类型可分为机械系统、电气系统、机电系统、液压系统、气动系统、生物系统等；按系统功用可分为温度控制系统、压力控制系统、位置控制系统等；按系统性能可分为线性系统和非线性系统、连续系统和离散系统、定常系统和时变系统、确定性系统和不确定性系统等；按输入量变化规律又可分为恒值控制系统、随动系统和程序控制系统等。为了全面反映自动控制系统的特点，常常将上述各种分类方法组合应用。

1. 按系统特性分类

(1) 线性连续控制系统

这类系统可以用线性微分方程式描述，其一般形式为

$$a_0 \frac{\mathrm{d}^n}{\mathrm{d}t^n}c(t) + a_1 \frac{\mathrm{d}^{n-1}}{\mathrm{d}t^{n-1}}c(t) + \cdots + a_{n-1}\frac{\mathrm{d}}{\mathrm{d}t}c(t) + a_n c(t)$$
$$= b_0 \frac{\mathrm{d}^m}{\mathrm{d}t^m}r(t) + b_1 \frac{\mathrm{d}^{m-1}}{\mathrm{d}t^{m-1}}r(t) + \cdots + b_{m-1}\frac{\mathrm{d}}{\mathrm{d}t}r(t) + b_m r(t)$$

式中，$c(t)$ 是被控量；$r(t)$ 是系统输入量。系数 $a_0, a_1, \cdots, a_n, b_0, b_1, \cdots, b_m$ 是常数时，称为定常系统；系数 $a_0, a_1, \cdots, a_n, b_0, b_1, \cdots, b_m$ 随时间变化时，称为时变系统。

(2) 线性离散控制系统

离散系统是指系统的某处或多处的信号为脉冲序列或数码形式,因而信号在时间上是离散的。连续信号经过采样开关的采样就可以转换成离散信号。一般,在离散系统中既有连续的模拟信号,也有离散的数字信号,因此离散系统要用差分方程描述,线性差分方程的一般形式为

$$a_0 c(k+n) + a_1 c(k+n-1) + \cdots + a_{n-1} c(k+1) + a_n c(k)$$
$$= b_0 r(k+m) + b_1 r(k+m-1) + \cdots + b_{m-1} r(k+1) + b_m r(k)$$

式中,$m \leqslant n$, n 为差分方程的次数;$a_0, a_1, \cdots, a_n$ 和 $b_0, b_1, \cdots, b_m$ 为系数;$r(k)$、$c(k)$分别为输入和输出采样序列。

工业计算机控制系统就是典型的离散系统,如示例中的炉温微机控制系统等。

(3) 非线性控制系统

系统中只要有一个元部件的输入-输出特性是非线性的,这类系统就称为非线性控制系统,这时,要用非线性微分(或差分)方程描述其特性。非线性方程的特点是,系数与变量有关,或者方程中含有变量及其导数的高次幂或乘积项,例如

$$\ddot{y}(t) + y(t)\dot{y}(t) + y^2(t) = r(t)$$

严格地说,实际物理系统中都含有程度不同的非线性元部件,如放大器和电磁元件的饱和特性,运动部件的死区、间隙和摩擦特性等。由于非线性方程在数学处理上较困难,目前对不同类型的非线性控制系统的研究还没有统一的方法。但对于非线性程度不太严重的元部件,可采用在一定范围内线性化的方法,从而将非线性控制系统近似为线性控制系统。

2. 按输入量变化规律分类

(1) 恒值控制系统

这类控制系统的输入量是一个常值,要求被控量亦等于一个常值,故又称为调节器。但由于扰动的影响,被控量会偏离输入量而出现偏差,控制系统便根据偏差产生控制作用,以克服扰动的影响,使被控量恢复到给定的常值。因此,恒值控制系统分析、设计的重点是研究各种扰动对被控对象的影响以及抗扰动的措施。在恒值控制系统中,输入量可以随生产条件的变化而改变,但是,输入量一经调整后,被控量就应与调整好的输入量保持一致。图 1-2 刨床速度控制系统就是一种恒值控制系统,其输入量 u_0 是常值。此外,还有温度控制系统、压力控制系统、液位控制系统等。在工业控制中,如果被控量是温度、流量、压力、液位等生产过程参量时,这种控制系统则称为过程控制系统,它们大多数都属于恒值控制系统。

(2) 随动系统

这类控制系统的输入量是预先未知的随时间任意变化的函数,要求被控量以尽可能小的误差跟随输入量的变化,故又称为跟踪系统。在随动系统中,扰动的影响是次要的,系统分析、设计的重点是研究被控量跟随的快速性和准确性。示例中的函数记录仪便是典型的随动系统。

在随动系统中,如果被控量是机械位置或其导数时,这类系统称之为伺服系统。

(3) 程序控制系统

这类控制系统的输入量是按预定规律随时间变化的函数，要求被控量迅速、准确地加以复现。机械加工使用的数字程序控制机床便是一例。程序控制系统和随动系统的输入量都是时间函数，不同之处在于前者是已知的时间函数，后者则是未知的任意时间函数，而恒值控制系统也可视为程序控制系统的特例。

1-4　对自动控制系统的基本要求

1. 基本要求的提法

自动控制理论是研究自动控制共同规律的一门科学。尽管自动控制系统有不同的类型，对每个系统也都有不同的特殊要求，但对于各类系统来说，在已知系统的结构和参数时，我们感兴趣的都是系统在某种典型输入信号下，其被控量变化的全过程。例如，对恒值控制系统是研究扰动作用引起被控量变化的全过程；对随动系统是研究被控量如何克服扰动影响并跟随输入量的变化全过程。但是，对每一类系统被控量变化全过程提出的共同基本要求都是一样的，且可以归结为稳定性、快速性和准确性，即稳、快、准的要求。

(1) 稳定性

稳定性是保证控制系统正常工作的先决条件。一个稳定的控制系统，其被控量偏离期望值的初始偏差应随时间的增长逐渐减小并趋于零。具体来说，对于稳定的恒值控制系统，被控量因扰动而偏离期望值后，经过一个时间过渡过程，被控量应恢复到原来的期望值状态；对于稳定的随动系统，被控量应能始终跟踪输入量的变化。反之，不稳定的控制系统，其被控量偏离期望值的初始偏差将随时间的增长而发散，因此，不稳定的控制系统无法完成预定的控制任务。

线性自动控制系统的稳定性是由系统结构和参数决定的，与外界因素无关。这是因为控制系统中一般含有储能元件或惯性元件，如绕组的电感、电枢转动惯量、电炉热容量、物体质量等，储能元件的能量不可能突变。因此，当系统受到扰动或有输入量时，控制过程不会立即完成，而是有一定的延缓，这就使得被控量恢复期望值或跟踪输入量有一个时间过程，称为过渡过程。例如，在反馈控制系统中，被控对象的惯性，会使控制动作不能瞬时纠正被控量的偏差；控制装置的惯性则会使偏差信号不能及时完全转化为控制动作。这样，在控制过程中，当被控量已经回到期望值而使偏差为零时，执行机构本应立即停止工作，但由于控制装置的惯性，控制动作仍继续向原来方向进行，致使被控量超过期望值又产生符号相反的偏差，导致执行机构向相反方向动作，以减小这个新的偏差；另一方面，当控制动作已经到位时，又由于被控对象的惯性，偏差并未减小为零，因而执行机构继续向原来方向运动，使被控量又产生符号相反的偏差；如此反复进行，致使被控量在期望值附近来回波动，过渡过程呈现振荡形式。如果这个振荡过程是逐渐减弱的，系统最后可以达到平衡状态，控制目的得以实现，称之为稳定系统；反之，如果振荡过程逐步增强，系统被控量将失控，则称之为不稳定系统。

(2) 快速性

为了很好完成控制任务，控制系统仅仅满足稳定性要求是不够的，还必须对其过渡过程的形式和快慢提出要求，一般称为动态性能。例如，对于稳定的高射炮射角随动系统，虽然炮身最终能跟踪目标，但如果目标变动迅速，而炮身跟踪目标所需过渡过程时间过长，就不可能击中目标；用于稳定的飞机自动驾驶仪系统，当飞机受阵风扰动而偏离预定航线时，具有自动使飞机恢复预定航线的能力，但在恢复过程中，如果机身摇晃幅度过大，或恢复速度过快，乘员就会感到不适；函数记录仪记录输入电压时，如果记录笔移动很慢或摆动幅度过大，不仅使记录曲线失真，而且还会损坏记录笔，或使电器元件承受过电压。因此，对控制系统过渡过程的时间(即快速性) 和最大振荡幅度(即超调量)一般都有具体要求。

(3) 准确性

理想情况下，当过渡过程结束后，被控量达到的稳态值(即平衡状态)应与期望值一致。但实际上，由于系统结构、外作用形式、摩擦和间隙等非线性因素的影响，被控量的稳态值与期望值之间会有误差存在，称为稳态误差。稳态误差是衡量控制系统控制精度的重要标志，在技术指标中一般都有具体要求。

2. 典型外作用

在工程实践中，自动控制系统承受的外作用形式多种多样，既有确定性外作用，又有随机性外作用。对不同形式的外作用，系统被控量的变化情况(即响应)各不相同。为了便于用统一的方法研究和比较控制系统的性能，通常选用几种确定性函数作为典型外作用。可选作典型外作用的函数应具备以下条件：

1) 这种函数在现场或实验室中容易实现。

2) 控制系统在这种函数作用下的性能应代表在实际工作条件下的性能。

3) 这种函数的数学表达式简单，便于理论计算。

目前，在控制工程设计中常用的典型外作用函数有阶跃函数、斜坡函数、脉冲函数以及正弦函数等确定性函数，此外，还有伪随机函数。

(1) 阶跃函数

阶跃函数的数学表达式为

$$f(t)=\begin{cases}0, & t<0 \\ R, & t\geqslant 0\end{cases} \tag{1-1}$$

式(1-1)表示一个在 $t=0$ 时出现的幅值为 R 的阶跃变化函数，如图 1-18 所示。在实际系统中，这意味着 $t=0$ 时突然加到系统上的一个幅值不变的外作用。幅值 $R=1$ 的阶跃函数，称单位阶跃函数，用 $1(t)$ 表示，幅值为 R 的阶跃函数便可表示为 $f(t)=R\cdot 1(t)$。在任意时刻 t_0 出现的阶跃函数可表示为 $f(t-t_0)=R\cdot 1(t-t_0)$。

阶跃函数是自动控制系统在实际工作条件下经常遇到的一种外作用形式。例如，电源电压突然跳动、负载突然增大或减小、飞机飞行中遇到的常值阵风扰动等，都可视为阶跃函数形式的外作用。在控制系统的分析设计工作中，一般将阶跃函数作用下系统的响应特性作为评价系统动态性能指标的依据。

(2) 斜坡函数

斜坡函数的数学表达式为

$$f(t) = \begin{cases} 0, & t < 0 \\ Rt, & t \geqslant 0 \end{cases} \tag{1-2}$$

式(1-2)表示在 $t=0$ 时刻开始，以恒定速率 R 随时间而变化的函数，如图 1-19 所示。在工程实践中，某些随动系统就常常工作于这种外作用下，如雷达-高射炮防空系统，当雷达跟踪的目标以恒定速率飞行时，便可视为该系统工作于斜坡函数作用之下。

图 1-18　阶跃函数特性　　　　　　图 1-19　斜坡函数特性

(3) 脉冲函数

脉冲函数定义为

$$f(t) = \lim_{t_0 \to 0} \frac{A}{t_0}[1(t) - 1(t - t_0)] \tag{1-3}$$

式中，$(A/t_0)[1(t)-1(t-t_0)]$ 是由两个阶跃函数合成的脉动函数，其面积 $A=(A/t_0)t_0$，如图 1-20(a)所示。当宽度 t_0 趋于零时，脉动函数的极限便是脉冲函数，它是一个宽度为零、幅值为无穷大、面积为 A 的极限脉冲，如图 1-20(b)所示。脉冲函数的强度通常用其面积表示。面积 $A=1$ 的脉冲函数称为单位脉冲函数或 δ 函数；强度为 A 的脉冲函数可表示为 $f(t)=A\delta(t)$。在 t_0 时刻出现的单位脉冲函数则表示为 $\delta(t-t_0)$。

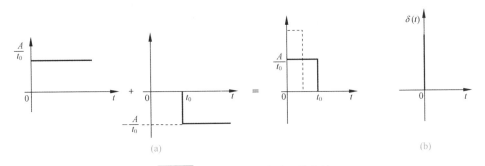

(a)　　　　　　　　　　　　(b)

图 1-20　脉动函数和脉冲函数特性

必须指出，脉冲函数在现实中是不存在的，只有数学上的定义，但它却是一个重要而有效的数学工具，在自动控制理论研究中也具有重要作用。例如，一个任意形式的外作用，可以分解成不同时刻的一系列脉冲函数之和，这样，通过研究控制系统在脉冲函数作用下的响应特性，便可以了解在任意形式外作用下的响应特性。

(4) 正弦函数

正弦函数的数学表达式为

$$f(t) = A\sin(\omega t - \varphi) \tag{1-4}$$

式中，A 为正弦函数的振幅；$\omega = 2\pi f$ 为正弦函数角频率；φ 为初始相角。

正弦函数是控制系统常用的一种典型外作用，很多实际的随动系统就是经常在这种正弦函数外作用下工作的。例如，舰船的消摆系统、稳定平台的随动系统等，就是处于形如正弦函数的波浪下工作的。更为重要的是系统在正弦函数作用下的响应，即频率响应，是自动控制理论中研究控制系统性能的重要依据(详见第五章)。

1-5　自动控制系统的分析与设计工具

对自动控制系统进行分析与设计，除了掌握基本的自动控制系统分析和设计方法外，对于比较复杂的系统还需要借助软件工具进行。目前常用的软件工具有 MATLAB、Python 等，本书将结合控制系统分析和设计实例，用 MATLAB 或 Python 给出仿真方法和结果。

1. MATLAB 工具

MATLAB(matrix laboratory，矩阵实验室)是一种科学与工程计算语言，与 C、C++、Basic 等编程语言相比，MATLAB 具有编程简单直观、用户界面友善、开放性能强等优点，因此自面世以来，很快在自动控制、数学运算、信号分析、计算机技术、航空航天等领域得到了广泛应用。

现今的 MATLAB 拥有了更丰富的数据类型、更友善的用户界面、更加快速精美的可视图形、更广泛的数学和数据分析资源，以及更多的应用开发工具。

这里主要介绍 MATLAB 在控制器设计、仿真和分析方面的功能，即 MATLAB 的控制系统工具箱。在 MATLAB 工具箱中，常用的有如下六个控制类工具箱。

(1) 系统辨识工具箱(system identification toolbox)

该工具箱提供了进行系统模型辨识的工具，其主要功能包括：

1) 参数化模型辨识。有 AR、ARX、状态空间和输出误差等模型类辨识工具。

2) 非参数化模型辨识。

3) 模型验证。对辨识模型进行仿真并将真实输出数据与模型预测数据进行比较，计算响应的残差。

4) 递推参数估计。针对各种参数模型，利用递推估计方法获得模型参数。

5) 各种模型类的建立和转换。

6) 集成多种功能的图形用户界面。以图形交互方式实现模型类的选择和建立，输入输出数据的加载和预处理，以及模型估计。

(2) 控制系统工具箱(control system toolbox)

该工具箱主要处理以传递函数为主要特征的经典控制和以状态空间描述为主要特征的现代控制中的主要问题。对于控制系统，尤其是 LTI 线性定常系统的建模、分析和设计提供了一个完整的解决方案。其主要功能如下：

1) 系统建模。建立连续或离散系统的状态空间表达式，传递函数，零、极点增益模型，并实现任意两者之间的转换；通过串联、并联、反馈连接及更一般的框图连接，建立复杂系统的模型；通过多种方式实现连续时间系统的离散化，离散时间系统的连续化及重采样。

2) 系统分析。既支持连续和离散系统，也适用于 SISO 和 MIMO 系统。在时域分析方面，对系统的单位脉冲响应、单位阶跃响应、零输入响应及更一般的任意输入响应进行仿真；在频域分析方面，对系统的伯德图、尼科尔斯图、奈奎斯特图进行计算和绘制。

该工具箱还提供了一个框图式操作界面工具——LTI 观测器，可支持十种不同类型的系统响应分析，大大简化系统分析和图形绘制的过程。

3) 系统设计。计算系统的各种特性，如可控和可观测 Gramain 矩阵，传递零、极点，李雅普诺夫方程，稳定裕度、阻尼系数以及根轨迹的增益选择等；支持系统的可控和可观测标准型实现、最小实现、均衡实现、降阶实现以及输入延时的 Pade 设计；对系统进行极点配置、观测器设计以及 LQ 和 LQG 最优控制等。

另一个框图式操作界面工具——SISO 系统设计工具，可用于单输入单输出反馈控制系统的补偿器校正设计。

(3) 鲁棒控制工具箱(robust control toolbox)

该工具箱提供鲁棒分析和设计的工具有：

1) 模型建立和转换工具。建立增广状态方程和传递函数模型，进行多变量系统双线性变换等。

2) 鲁棒分析工具。进行特征根轨迹、奇异值、结构奇异值分析等。

3) 鲁棒综合工具。进行频率加权 LQG 综合，LQG/LTR，H_∞ 综合，μ 综合等。

4) 鲁棒模型降阶工具。实现均衡降阶，最优 Hankel 范数近似降阶(具有加性误差界)，Schur 均衡截断降阶(具有加性误差界)，Schur 均衡随机截断降阶(具有加性误差界)等。

(4) 模型预测控制工具箱(model predictive control toolbox)

该工具箱提供了一系列函数，用于模型预测控制的分析、设计和仿真。这些函数的主要类型如下：

1) 系统模型辨识。通过多变量线性回归方法计算 MISO 脉冲响应模型，由 MISO 脉冲响应模型生成 MIMO 阶跃响应模型，对测量数据尺度化等。

2) 模型建立和转换。建立模型预测工具箱使用的 mod 模型，以及状态空间模型与 mod 模型、阶跃响应模型、脉冲响应模型之间的转换。

3) 模型预测控制器设计和仿真。有面向阶跃响应模型的预测控制器设计和仿真以及面向 MPC-mod 模型的设计和仿真。

4) 系统分析。有计算模型预测控制系统频率响应、极点和奇异值功能。

(5) 模糊逻辑工具箱(fuzzy logic toolbox)

模糊逻辑工具箱具有如下五个方面的功能：

1) 易于使用的图形化设计。模糊逻辑工具箱提供了建立和测试模糊逻辑系统的一整套功能函数，包括可视化定义语言变量及其隶属度函数、模糊推理方式选择函数、模糊推理规则编辑函数、对整个模糊推理逻辑系统管理以及交互式观察模糊推理过程和输出结果函数。

2) 支持模糊逻辑中的高级技术。自适应神经-模糊推理(adaptive neural-fuzzy inference system，ANFIS)，以及用于模式识别的模糊聚类技术。

3) 集成的仿真和代码生成。实现与 Simulink 的无缝连接，通过 Real-Time Workshop2.1 生成 ANSI C 源代码，实现模糊系统的实时应用。

4) 独立允许的模糊推理机。完成模糊逻辑系统的设计后，将设计结果以 ASCI 码文件保存；利用模糊推理机，实现模糊系统的独立运行，或者作为其他应用的一部分运行。

(6) 非线性控制设计模块(nonlinear control design blocket)

该工具箱以 Simulink 模块的形式，在交互式模型输入环境下，集成了基于图形界面的非线性系统建模、控制器优化设计和仿真功能。其主要功能和特点如下：

1) 控制器参数优化计算。自动将系统的性能指标转化为一个约束优化问题，并调用 MATLAB 优化工具箱的有关函数进行优化计算。

2) 图形化交互式用户界面。控制器的优化参数和性能指标约束选择通过图形交互界面输入，控制器的优化过程和结果通过实时性能曲线显示。

3) 任意选择优化参数和指标。设计和仿真控制设计模块提供了优化参数选择的对话窗口，用户可以选择其他 Simulink 模块的任意变量作为控制器优化参数；系统性能指标的选择可通过系统时域性能曲线以可视化的方式实现。

4) 支持不确定性系统的鲁棒设计。通过设计和仿真控制设计模块，用户可以指定系统模块中变量的不确定性边界，实现满足鲁棒性能指标的非线性控制系统设计。

5) 与 Simulink 集成，进行控制系统优化设计和仿真。每个 Simulink 设计框图都可看作一个特殊的 Simulink 模块，可添加到非线性系统的 Simulink 仿真方框图中对与其连接的信号进行约束。

2. Python 工具

Python 是 20 世纪 90 年代初诞生的一种编程语言，提供了高效的高级数据结构，还能简单有效地面向对象编程。Python 具有简单易学、免费开源、扩展性强、算法资源库丰富等特点，逐渐被用于独立的、大型项目的开发。近年来在人工智能、科学计算和统计、网络开发等领域得到了应用，在自动控制与人工智能的结合等领域具有广泛的应用前景。

Python 进行控制系统仿真，常使用以下模块：

(1) Numpy(numerical python)

Numpy 科学计算基础包，可以进行数值计算、统计处理和信号处理，支持数组与矩阵运算，提供了矩阵、线性代数、傅里叶变换等的解决方案，是 Python 数据分析的基础。

(2) Scipy(scientific python)

Scipy 数值计算算法扩展包，提供信号处理，以及控制系统分析和设计相关函数，包括统计、优化、整合、线性代数模块、傅里叶变换、信号和图像处理、常微分方程求解器等。Scipy 依赖于 Numpy，并提供许多对用户友好的和有效的数值例程，如数值积分和优化。

(3) Sympy(symbol python)

Sympy 是用于符号计算的 Python 库，用强大的符号计算体系完成如多项式求值、求极限、解方程、求积分、微分方程、级数展开、矩阵运算等计算问题。

(4) Matplotlib

Matplotlib 是数据绘图包，适用于创建静态、动画和交互式可视化，用于数据的分析和展示，并提供了一整套和 MATLAB 相似的命令 API，用来绘制各种静态、动态、交互式的图表，如线图、散点图、等高线图、条形图、柱状图、3D 图形等。

(5) Python-control

Python-control 可以实现反馈控制系统的分析和设计的常用操作。主要功能包括状态空间和频域中的线性输入/输出系统、结构图变换、时间响应、频率响应、控制分析、控制设计、估计器设计等。

本书附录 B 给出了适用于本书内容的控制系统计算机辅助分析与设计方法。

习　　题

1-1　图 1-21 是液位自动控制系统原理示意图。在任意情况下，希望液面高度 c 维持不变，试说明系统工作原理并画出系统方框图。

图 1-21　液位自动控制系统原理图

1-2　图 1-22 是仓库大门自动开闭控制系统原理示意图。试说明系统自动控制大门开闭的工作原理并画出系统方框图。

图 1-22　仓库大门自动开闭控制系统原理图

1-3　图 1-23(a)和(b)均为自动调压系统。设空载时，图(a)无差系统与图(b)有差系统的发电机端电压均为 110V。试问带上负载后，图(a)与图(b)中哪个系统能保持 110V 电压不变？哪个系统的电压会稍低于 110V？为什么？

1-4　图 1-24 为水温控制系统示意图。冷水在热交换器中由通入的蒸汽加热，从而得到一定温度的热水。冷水流量变化用流量计测量。试绘制系统方框图，并说明为了保持热水温度为期望值，系统是如何工作的？系统的被控对象和控制装置各是什么？

(a) 无差系统　　　　(b) 有差系统

图 1-23　自动调压系统原理图

图 1-24　水温控制系统原理图

1-5　图 1-25 是电炉温度控制系统原理示意图。试分析系统保持电炉温度恒定的工作过程，指出系统的被控对象、被控量以及各部件的作用，最后画出系统方框图。

图 1-25　电炉温度控制系统原理图

1-6　图 1-26 是自整角机随动系统原理示意图。系统的功能是使接收自整角机 TR 的转子角位移 θ_c 与发送自整角机 TX 的转子角位移 θ_r 始终保持一致。试说明系统是如何工作的，并指出被控对象、被控量以及控制装置各部件的作用，画出系统方框图。

图 1-26　自整角机随动系统原理图

1-7　在按扰动控制的开环控制系统中，为什么说一种补偿装置只能补偿一种与之相应的扰动因素？对于图 1-6 所示的按扰动控制的速度控制系统，当电动机的激磁电压变化时，转速如何变化？该补偿装置能否补偿这个转速的变化？

1-8　图 1-27 为谷物湿度控制系统示意图。在谷物磨粉的生产过程中，有一种出粉最多的湿度，因此磨粉之前要给谷物加水以得到给定的湿度。图中，谷物用传送装置按一定流量通过加水点，加水量由自动阀门控制。加水过程中，谷物流量、加水前谷物湿度以及水压都是对谷物湿度控制的扰动作用。为了提高控制精度，系统中采用了谷物湿度的顺馈控制，试画出系统方框图。

图 1-27　谷物湿度控制系统原理图

1-9　图 1-28 为数字计算机控制的机床刀具进给系统。要求将工件的加工过程编制成程序预先存入计算机，加工时，步进电动机按照计算机给出的信息动作，完成加工任务。试说明该系统的工作原理。

1-10　下列各式是描述系统的微分方程，其中 $c(t)$ 为输出量，$r(t)$ 为输入量，试判断哪些是线性定常或时变系统，哪些是非线性系统。

图 1-28　机床刀具进给系统方框图

(1) $c(t) = 5 + r^2(t) + t\dfrac{\mathrm{d}^2 r(t)}{\mathrm{d}t^2}$;

(2) $\dfrac{\mathrm{d}^3 c(t)}{\mathrm{d}t^3} + 3\dfrac{\mathrm{d}^2 c(t)}{\mathrm{d}t^2} + 6\dfrac{\mathrm{d}c(t)}{\mathrm{d}t} + 8c(t) = r(t)$;

(3) $t\dfrac{\mathrm{d}c(t)}{\mathrm{d}t} + c(t) = r(t) + 3\dfrac{\mathrm{d}r(t)}{\mathrm{d}t}$;

(4) $c(t) = r(t)\cos\omega t + 5$;

(5) $c(t) = 3r(t) + 6\dfrac{\mathrm{d}r(t)}{\mathrm{d}t} + 5\displaystyle\int_{-\infty}^{t} r(\tau)\mathrm{d}\tau$;

(6) $c(t) = r^2(t)$;

(7) $c(t) = \begin{cases} 0, & t < 6 \\ r(t), & t \geqslant 6 \end{cases}$ 。

第二章 控制系统的数学模型

在控制系统的分析和设计中，首先要建立系统的数学模型。控制系统的数学模型是描述系统内部物理量(或变量)之间关系的数学表达式。在静态条件下(即变量各阶导数为零)，描述变量之间关系的代数方程称为静态数学模型，描述变量各阶导数之间关系的微分方程称为动态数学模型。如果已知输入量及变量的初始条件，对微分方程求解，就可以得到系统输出量的表达式，并由此可对系统进行性能分析。因此，建立控制系统的数学模型是分析和设计控制系统的首要工作。

建立控制系统数学模型的方法有分析法和实验法两种。分析法是对系统各部分的运动机理进行分析，根据它们所依据的物理规律或化学规律分别列写相应的运动方程。例如，电学中的基尔霍夫定律、力学中的牛顿定律、热力学中的热力学定律等。实验法是人为地给系统施加某种测试信号，记录其输出响应，并用适当的数学模型去逼近，这种方法称为系统辨识。近年来，系统辨识已发展成一门独立的分支学科。本章研究用分析法建立系统数学模型。

在自动控制理论中，数学模型有多种形式。时域中常用的数学模型有微分方程、差分方程和状态方程；复数域中有传递函数、结构图；频域中有频率特性等。本章只研究微分方程、传递函数和结构图等数学模型的建立和应用，其余几种数学模型将在以后各章中予以详述。

2-1 控制系统的时域数学模型

本节着重研究描述线性、定常、集总参量控制系统的微分方程的建立和求解方法。

1. 线性元件的微分方程

现举例说明控制系统中常用的电气元件、力学元件等微分方程的列写。

例 2-1 图 2-1 是由电阻 R、电感 L 和电容 C 组成的无源网络，试列写以 $u_i(t)$ 为输入量，以 $u_o(t)$ 为输出量的网络微分方程。

解 设回路电流为 $i(t)$，由基尔霍夫定律可写出回路方程为

$$L\frac{\mathrm{d}i(t)}{\mathrm{d}t} + \frac{1}{C}\int i(t)\mathrm{d}t + Ri(t) = u_i(t)$$

$$u_o(t) = \frac{1}{C}\int i(t)\mathrm{d}t$$

消去中间变量 $i(t)$，便得到描述网络输入输出关系的微分方程为

$$LC\frac{\mathrm{d}^2 u_o(t)}{\mathrm{d}t^2} + RC\frac{\mathrm{d}u_o(t)}{\mathrm{d}t} + u_o(t) = u_i(t) \qquad (2\text{-}1)$$

图 2-1 RLC 无源网络

显然，这是一个二阶线性微分方程，也就是图 2-1 无源网络的时域数学模型。

例 2-2 试列写图 2-2 所示电枢控制直流电动机的微分方程，要求取电枢电压 $u_a(t)$ 为输入量，电动机转速 $\omega_m(t)$ 为输出量。图中 R_a、L_a 分别是电枢电路的电阻和电感；M_c 是折合到电动机轴上的总负载转矩。激磁磁通设为常值。

图 2-2 电枢控制直流电动机原理图

解 电枢控制直流电动机的工作实质是将输入的电能转换为机械能，也就是由输入的电枢电压 $u_a(t)$ 在电枢回路中产生电枢电流 $i_a(t)$，再由电流 $i_a(t)$ 与激磁磁通相互作用产生电磁转矩 $M_m(t)$，从而拖动负载运动。因此，直流电动机的运动方程由以下三部分组成：

1) 电枢回路电压平衡方程

$$u_a(t) = L_a \frac{di_a(t)}{dt} + R_a i_a(t) + E_a \tag{2-2}$$

式中，E_a 是电枢反电势，它是电枢旋转时产生的反电势，其大小与激磁磁通及转速成正比，方向与电枢电压 $u_a(t)$ 相反，即 $E_a = C_e \omega_m(t)$，C_e 是反电势系数。

2) 电磁转矩方程

$$M_m(t) = C_m i_a(t) \tag{2-3}$$

式中，C_m 是电动机转矩系数；$M_m(t)$ 是电枢电流产生的电磁转矩。

3) 电动机轴上的转矩平衡方程

$$J_m \frac{d\omega_m(t)}{dt} + f_m \omega_m(t) = M_m(t) - M_c(t) \tag{2-4}$$

式中，f_m 是电动机和负载折合到电动机轴上的黏性摩擦系数；J_m 是电动机和负载折合到电动机轴上的转动惯量。

由式(2-2)～式(2-4)中消去中间变量 $i_a(t)$，E_a 及 $M_m(t)$，便可得到以 $\omega_m(t)$ 为输出量，$u_a(t)$ 为输入量的直流电动机微分方程

$$L_a J_m \frac{d^2 \omega_m(t)}{dt^2} + (L_a f_m + R_a J_m) \frac{d\omega_m(t)}{dt} + (R_a f_m + C_m C_e) \omega_m(t)$$
$$= C_m u_a(t) - L_a \frac{dM_c(t)}{dt} - R_a M_c(t) \tag{2-5}$$

在工程应用中，由于电枢电路电感 L_a 较小，通常忽略不计，因而式(2-5)可简化为

$$T_m \frac{d\omega_m(t)}{dt} + \omega_m(t) = K_m u_a(t) - K_c M_c(t) \tag{2-6}$$

式中，$T_m = R_a J_m/(R_a f_m + C_m C_e)$ 是电动机机电时间常数；$K_m = C_m/(R_a f_m + C_m C_e)$，$K_c = R_a/(R_a f_m + C_m C_e)$ 是电动机传递系数。

如果电枢电阻 R_a 和电动机的转动惯量 J_m 都很小可忽略不计时，式(2-6)还可进一步简化为

$$C_e \omega_m(t) = u_a(t) \tag{2-7}$$

这时，电动机的转速$\omega_m(t)$与电枢电压$u_a(t)$成正比，于是，电动机可作为测速发电机使用。

例 2-3 图 2-3 表示弹簧-质量-阻尼器机械位移系统。试列写质量m在外力$F(t)$作用下(其中重力略去不计)，位移$x(t)$的运动方程。

解 设质量m相对于初始状态的位移、速度、加速度分别为$x(t)$，$\mathrm{d}x(t)/\mathrm{d}t$，$\mathrm{d}^2x(t)/\mathrm{d}t^2$。由牛顿运动定律有

$$m\frac{\mathrm{d}^2x(t)}{\mathrm{d}t^2} = F(t) - F_1(t) - F_2(t) \tag{2-8}$$

式中，$F_1(t)=f\cdot\mathrm{d}x(t)/\mathrm{d}t$是阻尼器的阻尼力，其方向与运动方向相反，大小与运动速度成比例；f是阻尼系数；$F_2(t)=Kx(t)$是弹簧的弹性力，其方向与运动方向相反，其大小与位移成比例，K是弹性系数。将$F_1(t)$和$F_2(t)$代入式(2-8)中，经整理后即得该系统的微分方程为

$$m\frac{\mathrm{d}^2x(t)}{\mathrm{d}t^2} + f\frac{\mathrm{d}x(t)}{\mathrm{d}t} + Kx(t) = F(t) \tag{2-9}$$

图 2-3 弹簧-质量-阻尼器机械位移系统原理图

例 2-4 试列写图 2-4 齿轮系的运动方程。图中齿轮 1 和齿轮 2 的转速、齿数和半径分别用ω_1，Z_1，r_1和ω_2，Z_2，r_2表示；其黏性摩擦系数及转动惯量分别是f_1，J_1和f_2，J_2；齿轮 1 和齿轮 2 的原动转矩及负载转矩分别是M_m，M_1和M_2，M_c。

(a) 归化前   (b) 归化后

图 2-4 齿轮系原理图

解 控制系统的执行元件与负载之间往往通过齿轮系进行运动传递，以便实现减速和增大力矩的目的。在齿轮传动中，两个啮合齿轮的线速度相同，传送的功率亦相同，因此有关系式

$$M_1\omega_1 = M_2\omega_2 \tag{2-10}$$

$$\omega_1 r_1 = \omega_2 r_2 \tag{2-11}$$

又因为齿数与半径成正比，即

$$\frac{r_1}{r_2} = \frac{Z_1}{Z_2} \tag{2-12}$$

于是可推得关系式

$$\omega_2 = \frac{Z_1}{Z_2}\omega_1 \tag{2-13}$$

$$M_1 = \frac{Z_1}{Z_2}M_2 \tag{2-14}$$

根据力学中定轴转动的动静法，可分别写出齿轮 1 和齿轮 2 的运动方程

$$J_1 \frac{\mathrm{d}\omega_1}{\mathrm{d}t} + f_1 \omega_1 + M_1 = M_m \tag{2-15}$$

$$J_2 \frac{\mathrm{d}\omega_2}{\mathrm{d}t} + f_2 \omega_2 + M_c = M_2 \tag{2-16}$$

由上述方程中消去中间变量 ω_2，M_1，M_2，可得

$$M_m = \left[J_1 + \left(\frac{Z_1}{Z_2} \right)^2 J_2 \right] \frac{\mathrm{d}\omega_1}{\mathrm{d}t} + \left[f_1 + \left(\frac{Z_1}{Z_2} \right)^2 f_2 \right] \omega_1 + M_c \left(\frac{Z_1}{Z_2} \right) \tag{2-17}$$

令

$$J = J_1 + \left(\frac{Z_1}{Z_2} \right)^2 J_2 \tag{2-18}$$

$$f = f_1 + \left(\frac{Z_1}{Z_2} \right)^2 f_2 \tag{2-19}$$

$$M_c' = \left(\frac{Z_1}{Z_2} \right) M_c \tag{2-20}$$

则得齿轮系微分方程

$$J \frac{\mathrm{d}\omega_1}{\mathrm{d}t} + f \omega_1 + M_c' = M_m \tag{2-21}$$

式中，J、f 及 M_c' 分别是折合到齿轮 1 的等效转动惯量、等效黏性摩擦系数及等效负载转矩。显然，折算的等效值与齿轮系的速比有关，速比越大，即 Z_2/Z_1 值越大，折算的等效值越小。如果齿轮系速比足够大，则后级齿轮及负载的影响便可以不予考虑。

综上所述，列写元件微分方程的步骤可归纳如下：

1) 根据元件的工作原理及其在控制系统中的作用，确定其输入量和输出量。

2) 分析元件工作中所遵循的物理规律或化学规律，列写相应的微分方程。

3) 消去中间变量，得到输出量与输入量之间关系的微分方程，便是元件时域的数学模型。

一般情况下，应将微分方程写为标准形式，即与输入量有关的项写在方程的右端，与输出量有关的项写在方程的左端，方程两端变量的导数项均按降幂次序排列。

2. 控制系统微分方程的建立

建立控制系统的微分方程时，一般先由系统原理图画出系统方框图，并分别列写组成系统各元件的微分方程；然后，消去中间变量便得到描述系统输出量与输入量之间关系的微分方程。列写系统各元件的微分方程时，一是应注意信号传递的单向性，即前一个元件的输出是后一个元件的输入，一级一级地单向传送，二是应注意前后连接的两个元件中，后级对前级的负载效应，例如，无源网络输入阻抗对前级的影响，齿轮系对电动机转动惯量的影响等。

例 2-5　试列写图 2-5 所示速度控制系统的微分方程。

解　控制系统的被控对象是电动机(带负载)，系统的输出量是转速 ω，输入量是 u_i。

图 2-5 速度控制系统原理图

控制系统由给定电位器、运算放大器Ⅰ(含比较作用)、运算放大器Ⅱ(含 RC 校正网络)、功率放大器、直流电动机、测速发电机、减速器等部分组成。现分别列写各元部件的微分方程。

运算放大器Ⅰ 输入量(即给定电压)u_i 与速度反馈电压 u_t 在此合成,产生偏差电压并经放大,即

$$u_1 = K_1(u_i - u_t) = K_1 u_e \tag{2-22}$$

式中,$K_1=R_2/R_1$ 是运算放大器Ⅰ的放大系数。

运算放大器Ⅱ 考虑 RC 校正网络,u_2 与 u_1 之间的微分方程为

$$u_2 = K_2\left(\tau \frac{\mathrm{d}u_1}{\mathrm{d}t} + u_1\right) \tag{2-23}$$

式中,$K_2=R_2/R_1$ 是运算放大器Ⅱ的放大系数;$\tau=R_1 C$ 是微分时间常数。

功率放大器 本系统采用晶闸管整流装置,它包括触发电路和晶闸管主回路。忽略晶闸管控制电路的时间滞后,其输入输出方程为

$$u_a = K_3 u_2 \tag{2-24}$$

式中,K_3 为功放系数。

直流电动机 直接引用例 2-2 所求得的直流电动机微分方程式(2-6),即

$$T_m \frac{\mathrm{d}\omega_m}{\mathrm{d}t} + \omega_m = K_m u_a - K_c M_c' \tag{2-25}$$

式中,T_m,K_m,K_c 及 M_c' 均是考虑齿轮系和负载后,折算到电动机轴上的等效值。

齿轮系 设齿轮系的速比为 i,则电动机转速 ω_m 经齿轮系减速后变为 ω,故有

$$\omega = \frac{1}{i}\omega_m \tag{2-26}$$

测速发电机 测速发电机的输出电压 u_t 与其转速 ω 成正比,即有

$$u_t = K_t \omega \tag{2-27}$$

式中，K_t是测速发电机比例系数。

从上述各方程中消去中间变量 u_t，u_1，u_2，u_a 及 ω_m，整理后便得到控制系统的微分方程

$$T_m' \frac{\mathrm{d}\omega}{\mathrm{d}t} + \omega = K_g' \frac{\mathrm{d}u_i}{\mathrm{d}t} + K_g u_i - K_c' M_c' \tag{2-28}$$

式中

$$T_m' = \frac{iT_m + K_1 K_2 K_3 K_m K_t \tau}{i + K_1 K_2 K_3 K_m K_t}, \qquad K_g' = \frac{K_1 K_2 K_3 K_m \tau}{i + K_1 K_2 K_3 K_m K_t}$$

$$K_g = \frac{K_1 K_2 K_3 K_m}{i + K_1 K_2 K_3 K_m K_t}, \qquad K_c' = \frac{K_c}{i + K_1 K_2 K_3 K_m K_t}$$

式(2-28)可用于研究在给定电压 u_i 或有负载扰动转矩 M_c 时，速度控制系统的动态性能。

从上述各控制系统的元件或系统的微分方程可以发现，不同类型的元件或系统可具有形式相同的数学模型。例如，RLC 无源网络和弹簧-质量-阻尼器机械系统的数学模型均是二阶微分方程，我们称这些物理系统为相似系统。相似系统揭示了不同物理现象间的相似关系，便于我们使用一个简单系统模型去研究与其相似的复杂系统，也为控制系统的计算机数字仿真提供了基础。

3. 线性系统的基本特性

用线性微分方程描述的元件或系统，称为线性元件或线性系统。线性系统的重要性质是可以应用叠加原理。叠加原理有两重含义，即系统具有可叠加性和均匀性(或齐次性)。现举例说明：设有线性微分方程

$$\frac{\mathrm{d}^2 c(t)}{\mathrm{d}t^2} + \frac{\mathrm{d}c(t)}{\mathrm{d}t} + c(t) = f(t)$$

当 $f(t)=f_1(t)$时，上述方程的解为 $c_1(t)$；当 $f(t)=f_2(t)$时，其解为 $c_2(t)$。如果 $f(t)=f_1(t)+f_2(t)$，容易验证，方程的解必为 $c(t)=c_1(t)+c_2(t)$，这就是可叠加性。而当 $f(t)=Af_1(t)$时，式中 A 为常数，则方程的解必为 $c(t)=Ac_1(t)$，这就是均匀性。

线性系统的叠加原理表明，两个外作用同时加于系统所产生的总输出，等于各个外作用单独作用时分别产生的输出之和，且外作用的数值增大若干倍时，其输出亦相应增大同样的倍数。因此，对线性系统进行分析和设计时，如果有几个外作用同时加于系统，则可以将它们分别处理，依次求出各个外作用单独加入时系统的输出，然后将它们叠加。此外，每个外作用在数值上可只取单位值，从而大大简化了线性系统的研究工作。

4. 线性定常微分方程的求解

建立控制系统数学模型的目的之一是为了用数学方法定量研究控制系统的工作特性。当系统微分方程列写出来后，只要给定输入量和初始条件，便可对微分方程求解，并由此了解系统输出量随时间变化的特性。线性定常微分方程的求解方法有经典法和拉普拉斯变换法(以下简称拉氏变换)两种，也可借助电子计算机求解。本小节只研究用拉氏变换法求解微分方程的方法，同时分析微分方程解的组成，为今后引出传递函数概念奠定基础。

例 2-6 在例 2-1 中，若已知 $L=1\text{H}$，$C=1\text{F}$，$R=1\Omega$，且电容的初始电压 $u_o(0)=0.1\text{V}$，初始电流 $i(0)=0.1\text{A}$，电源电压 $u_i(t)=1\text{V}$。试求电路突然接通电源时，电容电压 $u_o(t)$ 的变化规律。

解 在例 2-1 中已求得网络微分方程为

$$LC\frac{\mathrm{d}^2 u_o(t)}{\mathrm{d}t^2} + RC\frac{\mathrm{d}u_o(t)}{\mathrm{d}t} + u_o(t) = u_i(t) \qquad (2\text{-}29)$$

令 $U_i(s) = \mathscr{L}[u_i(t)], U_o(s) = \mathscr{L}[u_o(t)]$，且

$$\mathscr{L}\left[\frac{\mathrm{d}u_o(t)}{\mathrm{d}t}\right] = sU_o(s) - u_o(0) , \qquad \mathscr{L}\left[\frac{\mathrm{d}^2 u_o(t)}{\mathrm{d}t^2}\right] = s^2 U_o(s) - su_o(0) - u_o'(0)$$

式中，$u_o'(0)$ 是 $\mathrm{d}u_o(t)/\mathrm{d}t$ 在 $t=0$ 时的值，即

$$u_o' = \frac{\mathrm{d}u_o(t)}{\mathrm{d}t}\bigg|_{t=0} = \frac{1}{C}i(t)\bigg|_{t=0} = \frac{1}{C}i(0)$$

现在对式(2-29)中各项分别求拉氏变换并代入已知数据，经整理后有

$$U_o(s) = \frac{U_i(s)}{s^2+s+1} + \frac{0.1s+0.2}{s^2+s+1} \qquad (2\text{-}30)$$

由于电路是突然接通电源的，故 $u_i(t)$ 可视为阶跃输入量，即 $u_i(t)=1(t)$，或 $U_i(s) = \mathscr{L}[u_i(t)] = 1/s$。对式(2-30)的 $U_o(s)$ 求拉氏反变换，便得到式(2-29)网络微分方程的解 $u_o(t)$，即

$$u_o(t) = \mathscr{L}^{-1}[U_o(s)] = \mathscr{L}^{-1}\left[\frac{1}{s(s^2+s+1)} + \frac{0.1s+0.2}{s^2+s+1}\right] \qquad (2\text{-}31)$$
$$= 1 + 1.15e^{-0.5t}\sin(0.866t - 120°) + 0.2e^{-0.5t}\sin(0.866t+30°)$$

在式(2-31)中，前两项是由网络输入电压产生的输出分量，与初始条件无关，故称为零初始条件响应；后一项则是由初始条件产生的输出分量，与输入电压无关，故称为零输入响应，它们统称为网络的单位阶跃响应。如果输入电压是单位脉冲量 $\delta(t)$，相当于电路突然接通电源又立即断开的情况，此时 $U_i(s) = \mathscr{L}[\delta(t)] = 1$，网络的输出则称为单位脉冲响应，即为

$$u_o(t) = \mathscr{L}^{-1}\left[\frac{1}{s^2+s+1} + \frac{0.1s+0.2}{s^2+s+1}\right] \qquad (2\text{-}32)$$
$$= 1.15e^{-0.5t}\sin 0.866t + 0.2e^{-0.5t}\sin(0.866t+30°)$$

利用拉氏变换的初值定理和终值定理，可以直接从式(2-30)中了解网络中电压 $u_o(t)$ 的初始值和终值。当 $u_i(t)=1(t)$ 时，$u_o(t)$ 的初始值为

$$u_o(0) = \lim_{t\to 0} u_o(t) = \lim_{s\to\infty} s\cdot U_o(s) = \lim_{s\to\infty} s\left[\frac{1}{s(s^2+s+1)} + \frac{0.1s+0.2}{s^2+s+1}\right] = 0.1\text{V}$$

$u_o(t)$ 的终值为

$$u_o(\infty) = \lim_{t\to\infty} u_o(t) = \lim_{s\to 0} s\cdot U_o(s) = \lim_{s\to 0} s\left[\frac{1}{s(s^2+s+1)} + \frac{0.1s+0.2}{s^2+s+1}\right] = 1\text{V}$$

其结果与从式(2-31)中求得的数值一致。

于是，用拉氏变换法求解线性定常微分方程的过程可归结如下：

1) 考虑初始条件，对微分方程中的每一项分别进行拉氏变换，将微分方程转换为变量 s 的代数方程。

2) 由代数方程求出输出量拉氏变换函数的表达式。

3) 对输出量拉氏变换函数求反变换，得到输出量的时域表达式，即为所求微分方程的解。

5. 非线性微分方程的线性化

严格地说，实际物理元件或系统都是非线性的。例如，弹簧的刚度与其形变有关系，因此弹簧系数 K 实际上是其位移 x 的函数，而非常值；电阻、电容、电感等参数值与周围环境(温度、湿度、压力等)及流经它们的电流有关，也非常值；电动机本身的摩擦、死区等非线性因素会使其运动方程复杂化而成为非线性方程。当然，在一定条件下，为了简化数学模型，可以忽略它们的影响，将这些元件视为线性元件，这就是通常使用的一

图 2-6　小偏差线性化示意图

种线性化方法。此外，还有一种线性化方法，称为切线法或小偏差法，这种线性化方法特别适合于具有连续变化的非线性特性函数，其实质是在一个很小的范围内，将非线性特性用一段直线来代替，具体方法如下所述。

设连续变化的非线性函数为 $y = f(x)$，如图 2-6 所示。取某平衡状态 A 为工作点，对应有 $y_0 = f(x_0)$。当 $x = x_0 + \Delta x$ 时，有 $y = y_0 + \Delta y$。设函数 $y = f(x)$ 在 (x_0, y_0) 点连续可微，则将它在该点附近用泰勒级数展开为

$$y = f(x) = f(x_0) + \left(\frac{\mathrm{d}f(x)}{\mathrm{d}x}\right)_{x_0} (x - x_0) + \frac{1}{2!}\left(\frac{\mathrm{d}^2 f(x)}{\mathrm{d}x^2}\right)_{x_0} (x - x_0)^2 + \cdots$$

当增量 $x-x_0$ 很小时，略去其高次幂项，则有

$$y - y_0 = f(x) - f(x_0) = \left(\frac{\mathrm{d}f(x)}{\mathrm{d}x}\right)_{x_0} (x - x_0)$$

令 $\Delta y = y - y_0 = f(x) - f(x_0)$，$\Delta x = x - x_0$，$K = (\mathrm{d}f(x)/\mathrm{d}x)_{x_0}$，则线性化方程可简记为 $\Delta y = K\Delta x$。略去增量符号 Δ，便得函数 $y = f(x)$ 在工作点 A 附近的线性化方程为 $y = Kx$。式中，$K = (\mathrm{d}f(x)/\mathrm{d}x)_{x_0}$ 是比例系数，它是函数 $f(x)$ 在 A 点的切线斜率。

对于有两个自变量 x_1、x_2 的非线性函数 $f(x_1, x_2)$，同样可在某工作点 (x_{10}, x_{20}) 附近用泰勒级数展开为

$$y = f(x_1, x_2) = f(x_{10}, x_{20}) + \left[\left(\frac{\partial f}{\partial x_1}\right)_{x_{10}, x_{20}} (x_1 - x_{10}) + \left(\frac{\partial f}{\partial x_2}\right)_{x_{10}, x_{20}} (x_2 - x_{20})\right]$$

$$+ \frac{1}{2!}\left[\left(\frac{\partial^2 f}{\partial x_1^2}\right)_{x_{10}, x_{20}} (x_1 - x_{10})^2 + 2\left(\frac{\partial^2 f}{\partial x_1 \partial x_2}\right)_{x_{10}, x_{20}} (x_1 - x_{10})(x_2 - x_{20})\right]$$

$$+\left(\frac{\partial^2 f}{\partial x_2^2}\right)_{x_{10},x_{20}}(x_2-x_{20})^2\right]+\cdots$$

略去二阶以上导数项，并令 $\Delta y = y - f(x_{10}, x_{20})$，$\Delta x_1 = x_1-x_{10}$，$\Delta x_2 = x_2-x_{20}$，可得增量线性化方程

$$\Delta y =\left(\frac{\partial f}{\partial x_1}\right)_{x_{10},x_{20}}\Delta x_1+\left(\frac{\partial f}{\partial x_2}\right)_{x_{10},x_{20}}\Delta x_2 = K_1\Delta x_1 + K_2\Delta x_2$$

式中，$K_1 = (\partial f / \partial x_1)_{x_{10},x_{20}}$；$K_2 = (\partial f / \partial x_2)_{x_{10},x_{20}}$。

这种小偏差线性化方法对于控制系统大多数工作状态是可行的。事实上，自动控制系统在正常情况下都处于一个稳定的工作状态，即平衡状态，这时被控量与期望值保持一致，控制系统也不进行控制动作。一旦被控量偏离期望值产生偏差时，控制系统便开始控制动作，以便减小或消除这个偏差，因此，控制系统中被控量的偏差一般不会很大，只是"小偏差"。在建立控制系统的数学模型时，通常是将系统的稳定工作状态作为起始状态，仅仅研究小偏差的运动情况，也就是只研究相对于平衡状态下，系统输入量和输出量的运动特性，这正是增量线性化方程所描述的系统特性。

例 2-7　设铁心线圈电路如图 2-7(a)所示，其磁通 ϕ 与线圈中电流 i 之间关系如图 2-7(b)所示。试列写以 u_r 为输入量，i 为输出量的电路微分方程。

解　设铁心线圈磁通变化时产生的感应电势为

$$u_\phi = K_1\frac{\mathrm{d}\phi(i)}{\mathrm{d}t}$$

根据基尔霍夫定律写出电路微分方程

$$u_r = K_1\frac{\mathrm{d}\phi(i)}{\mathrm{d}t}+Ri = K_1\frac{\mathrm{d}\phi(i)}{\mathrm{d}i}\frac{\mathrm{d}i}{\mathrm{d}t}+Ri$$

(2-33)

式中，$\mathrm{d}\phi(i)/\mathrm{d}i$ 是线圈中电流 i 的非线性函数，因此，式(2-33)是一个非线性微分方程。

(a) 电路　　　　(b) 特性

图 2-7　铁心线圈电路及其特性

在工程应用中，如果电路的电压和电流只在某平衡点(u_0, i_0)附近作微小变化，则可设 u_r 相对于 u_0 的增量是Δu_r，i 相对于 i_0 的增量是Δi，并设$\phi(i)$在 i_0 的邻域内连续可导，这样可将$\phi(i)$在 i_0 附近用泰勒级数展开为

$$\phi(i) = \phi(i_0)+\left(\frac{\mathrm{d}\phi(i)}{\mathrm{d}i}\right)_{i_0}\Delta i+\frac{1}{2!}\left(\frac{\mathrm{d}^2\phi(i)}{\mathrm{d}i^2}\right)_{i_0}(\Delta i)^2+\cdots$$

当Δi 足够小时，略去高阶导数项，可得

$$\phi(i) - \phi(i_0) =\left(\frac{\mathrm{d}\phi(i)}{\mathrm{d}i}\right)_{i_0}\Delta i = K\Delta i$$

式中，$K = (\mathrm{d}\phi(i)/\mathrm{d}i)_{i_0}$。令$\Delta\phi = \phi(i)-\phi(i_0)$，并略去增量符号$\Delta$，便得到磁通$\phi$与电流 i 之

间的增量线性化方程为

$$\phi(i) = Ki \qquad (2\text{-}34)$$

由式(2-34)可求得 d$\phi(i)$/di=K，代入式(2-33)，有

$$K_1 K \frac{\mathrm{d}i}{\mathrm{d}t} + Ri = u_r \qquad (2\text{-}35)$$

式(2-35)便是铁心线圈电路在平衡点(u_0，i_0)的增量线性化微分方程，若平衡点变动时，K值亦相应改变。

6. 运动的模态

在数学上，线性微分方程的解由输入作用下的特解和齐次微分方程的通解组成。通解由微分方程的特征根所决定，它代表自由运动。如果 n 阶微分方程的特征根是 λ_1, λ_2, …, λ_n 且无重根，则把函数 $e^{\lambda_1 t}$, $e^{\lambda_2 t}$, …, $e^{\lambda_n t}$ 称为该微分方程所描述运动的模态，也称为振型。每一种模态代表一种类型的运动形态，齐次微分方程的通解则是它们的线性组合，即

$$y_o(t) = c_1 e^{\lambda_1 t} + c_2 e^{\lambda_2 t} + \cdots + c_n e^{\lambda_n t}$$

式中，系数 c_1, c_2, …, c_n 是由初始条件决定的常数。

如果特征根中有多重根 λ，则模态会具有形如 $te^{\lambda t}$, $t^2 e^{\lambda t}$, … 的函数；如果特征根中有共轭复根 $\lambda = \sigma \pm j\omega$，则其共轭复模态 $e^{(\sigma+j\omega)t}$ 与 $e^{(\sigma-j\omega)t}$ 可写成实函数模态 $e^{\sigma t}\sin\omega t$ 与 $e^{\sigma t}\cos\omega t$。

在例 2-6 中，微分方程的特征根 $\lambda = -0.5\pm j0.866$，故其共轭复模态是 $e^{(-0.5+j0.866)t}$ 与 $e^{(-0.5-j0.866)t}$，或 $e^{-0.5t}\sin0.866t$ 与 $e^{-0.5t}\cos0.866t$，而微分方程的齐次通解为

$$u_o(t) = c_1 e^{-0.5t}\sin0.866t + c_2 e^{-0.5t}\cos0.866t$$

由给定初始条件 $u_o(0)$=0.1V，$i(0)$=0.1A 可求得 c_1=0.173，c_2=0.1，故得

$$u_o(t) = 0.173e^{-0.5t}\sin0.866t + 0.1e^{-0.5t}\cos0.866t$$

这个结果与例 2-6 中解 $u_o(t)$ 的零输入分量 $0.2e^{-0.5t}\sin(0.866t+30°)$ 是一致的。

2-2　控制系统的复数域数学模型

控制系统的微分方程是在时间域描述系统动态性能的数学模型，在给定外作用及初始条件下，求解微分方程可以得到系统的输出响应。这种方法比较直观，特别是借助于计算机可以迅速而准确地求得结果。但是如果系统的结构改变或某个参数变化时，就要重新列写并求解微分方程，不便于对系统进行分析和设计。

用拉氏变换法求解线性系统的微分方程时，可以得到控制系统在复数域中的数学模型——传递函数。传递函数不仅可以表征系统的动态性能，而且可以用来研究系统的结构或参数变化对系统性能的影响。经典控制理论中广泛应用的频率法和根轨迹法，就是以传递函数为基础建立起来的，传递函数是经典控制理论中最基本和最重要的概念。

1. 传递函数的定义和性质

(1) 传递函数的定义

线性定常系统的传递函数，定义为零初始条件下，系统输出量的拉氏变换与输入量的拉氏变换之比。

设线性定常系统由下述 n 阶线性常微分方程描述：

$$a_0 \frac{\mathrm{d}^n}{\mathrm{d}t^n} c(t) + a_1 \frac{\mathrm{d}^{n-1}}{\mathrm{d}t^{n-1}} c(t) + \cdots + a_{n-1} \frac{\mathrm{d}}{\mathrm{d}t} c(t) + a_n c(t)$$
$$= b_0 \frac{\mathrm{d}^m}{\mathrm{d}t^m} r(t) + b_1 \frac{\mathrm{d}^{m-1}}{\mathrm{d}t^{m-1}} r(t) + \cdots + b_{m-1} \frac{\mathrm{d}}{\mathrm{d}t} r(t) + b_m r(t)$$

(2-36)

式中，$c(t)$ 是系统输出量；$r(t)$ 是系统输入量；$a_i(i=0,1,2,\cdots,n)$ 和 $b_j(j=0,1,2,\cdots,m)$ 是与系统结构和参数有关的常系数。设 $r(t)$ 和 $c(t)$ 及其各阶导数在 $t=0$ 时的值均为零，即零初始条件，则对上式中各项分别求拉氏变换，并令 $C(s)=\mathscr{L}[c(t)]$，$R(s)=\mathscr{L}[r(t)]$，可得 s 的代数方程为

$$\left[a_0 s^n + a_1 s^{n-1} + \cdots + a_{n-1} s + a_n \right] C(s) = \left[b_0 s^m + b_1 s^{m-1} + \cdots + b_{m-1} s + b_m \right] R(s)$$

于是，由定义得系统传递函数

$$G(s) = \frac{C(s)}{R(s)} = \frac{b_0 s^m + b_1 s^{m-1} + \cdots + b_{m-1} s + b_m}{a_0 s^n + a_1 s^{n-1} + \cdots + a_{n-1} s + a_n} = \frac{M(s)}{N(s)}$$

(2-37)

式中

$$M(s) = b_0 s^m + b_1 s^{m-1} + \cdots + b_{m-1} s + b_m$$

$$N(s) = a_0 s^n + a_1 s^{n-1} + \cdots + a_{n-1} s + a_n$$

例 2-8 试求例 2-1 RLC 无源网络的传递函数 $U_o(s)/U_i(s)$。

解 RLC 网络的微分方程用式(2-1)表示为

$$LC \frac{\mathrm{d}^2 u_o(t)}{\mathrm{d}t^2} + RC \frac{\mathrm{d}u_o(t)}{\mathrm{d}t} + u_o(t) = u_i(t)$$

在零初始条件下，对上述方程中各项求拉氏变换，并令 $U_o(s)=\mathscr{L}[u_o(t)]$，$U_i(s)=\mathscr{L}[u_i(t)]$，可得 s 的代数方程为 $(LCs^2 + RCs + 1)U_o(s) = U_i(s)$，由传递函数定义，网络传递函数为

$$G(s) = \frac{U_o(s)}{U_i(s)} = \frac{1}{LCs^2 + RCs + 1}$$

(2-38)

(2) 传递函数性质

1) 传递函数是复变量 s 的有理分式函数，具有复变函数的所有性质；$m \leqslant n$，且所有系数均为实数。

2) 传递函数是一种用系统参数表示输出量与输入量之间关系的表达式，它只取决于系统或元件的结构和参数，而与输入量的形式无关，也不反映系统内部的任何信息。因此，可以用图 2-8 的方框图来表示一个具有传递函数 $G(s)$ 的线性系统。图中表明，系统输入量与输出量的因果关系可以用传递函数联系起来。

3) 传递函数与微分方程有相通性。传递函数分子多

图 2-8 传递函数的图示

项式系数及分母多项式系数, 分别与相应微分方程的右端及左端微分算符多项式系数相对应。故在零初始条件下, 将微分方程的算符 d/dt 用复数 s 置换便得到传递函数; 反之, 将传递函数多项式中的变量 s 用算符 d/dt 置换便得到微分方程。例如, 由传递函数

$$G(s) = \frac{C(s)}{R(s)} = \frac{b_1 s + b_2}{a_0 s^2 + a_1 s + a_2}$$

可得 s 的代数方程$(a_0 s^2 + a_1 s + a_2)C(s) = (b_1 s + b_2)R(s)$, 在零初始条件下, 用微分算符 d/d$t$ 置换 s, 便得到相应的微分方程

$$a_0 \frac{d^2}{dt^2} c(t) + a_1 \frac{d}{dt} c(t) + a_2 c(t) = b_1 \frac{d}{dt} r(t) + b_2 r(t)$$

4) 传递函数 $G(s)$ 的拉氏反变换是系统的脉冲响应 $g(t)$。脉冲响应(也称脉冲过渡函数)$g(t)$是系统在单位脉冲$\delta(t)$输入时的输出响应, 此时 $R(s) = \mathscr{L}[\delta(t)] = 1$, 故有

$$g(t) = \mathscr{L}^{-1}[C(s)] = \mathscr{L}^{-1}[G(s)R(s)] = \mathscr{L}^{-1}[G(s)]$$

传递函数是在零初始条件下定义的。控制系统的零初始条件有两方面的含义: 一是指输入量是在 $t \geqslant 0$ 时才作用于系统, 因此, 在 $t=0^-$时, 输入量及其各阶导数均为零; 二是指输入量加于系统之前, 系统处于稳定的工作状态, 即输出量及其各阶导数在 $t=0^-$时的值也为零, 现实的工程控制系统多属此类情况。因此, 传递函数可表征控制系统的动态性能, 并用以求出在给定输入量时系统的零初始条件响应, 即由拉氏变换的卷积定理, 有

$$c(t) = \mathscr{L}^{-1}[C(s)] = \mathscr{L}^{-1}[G(s)R(s)] = \int_0^t r(\tau)g(t-\tau)d\tau = \int_0^t r(t-\tau)g(\tau)d\tau$$

式中, $g(t) = \mathscr{L}^{-1}[G(s)]$是系统的脉冲响应。

例 2-9　试求例 2-2 电枢控制直流电动机的传递函数$\Omega_m(s)/U_a(s)$。

解　在例 2-2 中已求得电枢控制直流电动机简化后的微分方程为

$$T_m \frac{d\omega_m(t)}{dt} + \omega_m(t) = K_m u_a(t) - K_c M_c(t)$$

式中, $M_c(t)$可视为负载扰动转矩。根据线性系统的叠加原理, 可分别求 $u_a(t)$到$\omega_m(t)$和$M_c(t)$到$\omega_m(t)$的传递函数, 以便研究在 $u_a(t)$和 $M_c(t)$分别作用下电动机转速$\omega_m(t)$的性能, 将它们叠加后, 便是电动机转速的响应特性。为求$\Omega_m(s)/U_a(s)$, 令 $M_c(t)=0$, 则有

$$T_m \frac{d\omega_m(t)}{dt} + \omega_m(t) = K_m u_a(t)$$

在零初始条件下, 即$\omega_m(0) = \omega_m'(0) = 0$ 时, 对上式各项求拉氏变换, 并令$\Omega_m(s) = \mathscr{L}[\omega_m(t)]$, $U_a(s) = \mathscr{L}[u_a(t)]$, 则得 s 的代数方程为$(T_m s + 1)\Omega_m(s) = K_m U_a(s)$, 由传递函数定义, 于是有

$$G(s) = \frac{\Omega_m(s)}{U_a(s)} = \frac{K_m}{T_m s + 1} \tag{2-39}$$

$G(s)$便是电枢电压 $u_a(t)$到转速$\omega_m(t)$的传递函数。令 $u_a(t)=0$ 时, 用同样方法可求得负载扰动转矩 $M_c(t)$到转速的传递函数为

$$G_m(s) = \frac{\Omega_m(s)}{M_c(s)} = \frac{-K_c}{T_m s + 1} \tag{2-40}$$

由式(2-39)和式(2-40)可求得电动机转速$\omega_m(t)$在电枢电压$u_a(t)$和负载转矩$M_c(t)$同时作用下的响应特性为

$$\omega_m(t) = \mathscr{L}^{-1}\left[\varOmega_m(s)\right] = \mathscr{L}^{-1}\left[\frac{K_m}{T_m s + 1}U_a(s) - \frac{K_c}{T_m s + 1}M_c(s)\right]$$

$$= \mathscr{L}^{-1}\left[\frac{K_m}{T_m s + 1}U_a(s)\right] + \mathscr{L}^{-1}\left[\frac{-K_c}{T_m s + 1}M_c(s)\right] = \omega_1(t) + \omega_2(t)$$

式中，$\omega_1(t)$是$u_a(t)$作用下的转速特性；$\omega_2(t)$是$M_c(t)$作用下的转速特性。

2. 传递函数的零点和极点

传递函数的分子多项式和分母多项式经因式分解后可写为如下形式：

$$G(s) = \frac{b_0(s-z_1)(s-z_2)\cdots(s-z_m)}{a_0(s-p_1)(s-p_2)\cdots(s-p_n)} = K^* \frac{\displaystyle\prod_{i=1}^{m}(s-z_i)}{\displaystyle\prod_{j=1}^{n}(s-p_j)} \tag{2-41}$$

式中，$z_i(i=1, 2, \cdots, m)$是分子多项式的零点，称为传递函数的零点；$p_j(j=1, 2, \cdots, n)$是分母多项式的零点，称为传递函数的极点。传递函数的零点和极点可以是实数，也可以是复数；系数 $K^*=b_0/a_0$ 称为根轨迹增益。这种用零点和极点表示传递函数的方法在根轨迹法中使用较多。

在复数平面上表示传递函数的零点和极点的图形，称为传递函数的零极点分布图。在图中一般用"○"表示零点，用"×"表示极点。传递函数的零极点分布图可以更形象地反映系统的全面特性(详见第四章)。

传递函数的分子多项式和分母多项式经因式分解后也可写为如下因子连乘积的形式：

$$G(s) = \frac{b_m(\tau_1 s+1)(\tau_2^2 s^2 + 2\zeta\tau_2 s + 1)\cdots(\tau_i s+1)}{a_n(T_1 s+1)(T_2^2 s^2 + 2\zeta T_2 s + 1)\cdots(T_j s+1)} \tag{2-42}$$

式中，一次因子对应于实数零极点，二次因子对应于共轭复数零极点，τ_i 和 T_j 称为时间常数，$K = b_m / a_n = K^* \displaystyle\prod_{i=1}^{m}(-z_i)\Big/ \prod_{j=1}^{n}(-p_j)$ 称传递系数或增益。传递函数的这种表示形式在频率法中使用较多。

3. 传递函数的极点和零点对输出的影响

由于传递函数的极点就是微分方程的特征根，因此它们决定了所描述系统自由运动的模态，而且在强迫运动中(即零初始条件响应)也会包含这些自由运动的模态。现举例说明。

设某系统传递函数为

$$G(s) = \frac{C(s)}{R(s)} = \frac{6(s+3)}{(s+1)(s+2)}$$

显然，其极点 $p_1=-1$，$p_2=-2$，零点 $z_1=-3$，自由运动的模态是 e^{-t} 和 e^{-2t}。当 $r(t)=R_1+ R_2\mathrm{e}^{-5t}$，

即 $R(s)=[r_1/s]+[r_2/(s+5)]$ 时，可求得系统的零初始条件响应为

$$c(t) = \mathscr{L}^{-1}\big[C(s)\big] = \mathscr{L}^{-1}\left[\frac{6(s+3)}{(s+1)(s+2)}\left(\frac{R_1}{s}+\frac{R_2}{s+5}\right)\right]$$

$$= 9R_1 - R_2 e^{-5t} + (3R_2 - 12R_1)e^{-t} + (3R_1 - 2R_2)e^{-2t}$$

式中，前两项具有与输入函数 $r(t)$ 相同的模态，后两项中包含了由极点 -1 和 -2 形成的自由运动模态。这是系统"固有"的成分，但其系数却与输入函数有关，因此可以认为这两项是受输入函数激发而形成的。这意味着传递函数的极点可以受输入函数的激发，在输出响应中形成自由运动的模态。

传递函数的零点并不形成自由运动的模态，但它们却影响各模态在响应中所占的比重，因而也影响响应曲线的形状。设具有相同极点但零点不同的传递函数分别为

$$G_1(s) = \frac{4s+2}{(s+1)(s+2)}, \qquad G_2(s) = \frac{1.5s+2}{(s+1)(s+2)}$$

其极点都是 -1 和 -2，$G_1(s)$ 的零点 $z_1 = -0.5$，$G_2(s)$ 的零点 $z_2 = -1.33$，它们的零极点分布图如图 2-9(a) 所示。在零初始条件下，它们的单位阶跃响应分别是

$$c_1(t) = \mathscr{L}^{-1}\left[\frac{4s+2}{s(s+1)(s+2)}\right] = 1 + 2e^{-t} - 3e^{-2t}$$

$$c_2(t) = \mathscr{L}^{-1}\left[\frac{1.5s+2}{s(s+1)(s+2)}\right] = 1 - 0.5e^{-t} - 0.5e^{-2t}$$

上述结果表明，模态 e^{-t} 和 e^{-2t} 在两个系统的单位阶跃响应中所占的比重是不同的，它取决于极点之间的距离和极点与零点之间的距离，以及零点与原点之间的距离。在极点相同的情况下，$G_1(s)$ 的零点 z_1 接近原点，距两个极点的距离都比较远，因此，两个模态所占比重大且零点 z_1 的作用明显；而 $G_2(s)$ 的零点 z_2 距原点较远且与两个极点均相距较近，因此两个模态所占比重就小。这样，尽管两个系统的模态相同，但由于零点的位置不同，其单位阶跃响应 $c_1(t)$ 和 $c_2(t)$ 却具有不同的形状，如图 2-9(b) 所示。

(a) 零极点分布   (b) 单位阶跃响应

图 2-9   零极点对输出响应的影响(MATLAB)

4. 典型元部件的传递函数

自动控制系统是由各种元部件相互连接组成的，它们一般是机械的、电子的、液压的、光学的或其他类型的装置。为建立控制系统的数学模型，必须首先了解各种元部件的数学模型及其特性。

电位器 电位器是一种把线位移或角位移变换为电压量的装置。在控制系统中，单个电位器用作为信号变换装置，如图 2-10(a)所示；一对电位器可组成误差检测器，如图 2-10(b)所示。

空载时，单个电位器的电刷角位移 $\theta(t)$ 与输出电压 $u(t)$ 的关系曲线如图 2-10(c)所示。图中阶梯形状是由绕线线径产生的误差，理论分析时可用直线近似。由图可得输出电压为

$$u(t) = K_1\theta(t) \tag{2-43}$$

式中，$K_1=E/\theta_{max}$，是电刷单位角位移对应的输出电压，称电位器传递系数，其中 E 是电位器电源电压，θ_{max} 是电位器最大工作角。对式(2-43)求拉氏变换，并令 $U(s)=\mathscr{L}[u(t)]$，$\Theta(s)=\mathscr{L}[\theta(t)]$，可求得电位器传递函数为

$$G(s) = \frac{U(s)}{\Theta(s)} = K_1 \tag{2-44}$$

式(2-44)表明，电位器的传递函数是一个常值，它取决于电源电压 E 和电位器最大工作角度 θ_{max}。电位器可用图 2-10(d)的方框图表示。

(a) 电位器　(b) 桥式电位器　(c) 输出特性　(d) 框图表示

图 2-10　电位器及其特性

用一对相同的电位器组成误差检测器时，其输出电压为

$$u(t) = u_1(t) - u_2(t) = K_1\left[\theta_1(t) - \theta_2(t)\right] = K_1\Delta\theta(t)$$

式中，K_1 是单个电位器的传递系数；$\Delta\theta(t)=\theta_1(t)-\theta_2(t)$ 是两个电位器电刷角位移之差，称为误差角。因此，以误差角为输入量时，误差检测器的传递函数与单个电位器传递函数相同，即为

图 2-11　负载效应示意图

$$G(s) = \frac{U(s)}{\Delta\Theta(s)} = K_1 \qquad (2\text{-}45)$$

在使用电位器时要注意负载效应。所谓负载效应是指在电位器输出端接有负载时所产生的影响。图 2-11 表示电位器输出端接有负载电阻 R_l 时的电路图，设电位器电阻是 R_p，可求得电位器输出电压为

$$u(t) = \frac{E}{\dfrac{R_p}{R_p'} + \dfrac{R_p}{R_l}\left(1 - \dfrac{R_p'}{R_p}\right)} = \frac{E\theta(t)}{\theta_{\max}\left[1 + \dfrac{R_p}{R_l}\dfrac{\theta(t)}{\theta_{\max}}\left(1 - \dfrac{\theta(t)}{\theta_{\max}}\right)\right]}$$

可见，由于负载电阻 R_l 的影响，输出电压 $u(t)$ 与电刷角位移 $\theta(t)$ 不再保持线性关系，因而也求不出电位器的传递函数。但是，如果负载电阻 R_l 很大，如 $R_l \geqslant 10R_p$ 时，可以近似得到 $u(t) \approx E\theta(t)/\theta_{\max} = K_1\theta(t)$。因此，当电位器接负载时，只有在负载阻抗足够大时，才能将电位器视为线性元件，其输出电压与电刷角位移之间才有线性关系。

测速发电机　测速发电机是用于测量角速度并将它转换成电压量的装置。在控制系统中常用的有直流和交流测速发电机，如图 2-12 所示。图 2-12(a)是永磁式直流测速发电机的原理线路图。测速发电机的转子与待测量的轴相连接，在电枢两端输出与转子角速度成正比的直流电压，即

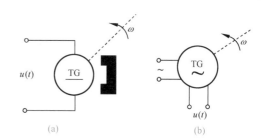

图 2-12　测速发电机示意图

$$u(t) = K_t\omega(t) = K_t\frac{\mathrm{d}\theta(t)}{\mathrm{d}t} \qquad (2\text{-}46)$$

式中，$\theta(t)$ 是转子角位移；$\omega(t)=\mathrm{d}\theta(t)/\mathrm{d}t$ 是转子角速度；K_t 是测速发电机输出斜率，表示单位角速度的输出电压。在零初始条件下，对式(2-46)求拉氏变换可得直流测速发电机的传递函数为

$$G(s) = \frac{U(s)}{\Omega(s)} = K_t \qquad (2\text{-}47)$$

或

$$G(s) = \frac{U(s)}{\Theta(s)} = K_t s \qquad (2\text{-}48)$$

式中，$U(s)=\mathscr{L}[u(t)]$；$\Theta(s)=\mathscr{L}[\theta(t)]$；$\Omega(s)=\mathscr{L}[\omega(t)]$。式(2-47)和式(2-48)可分别用图 2-13 中的两个方框图表示。

图 2-13 测速发电机的方框图

图 2-12(b)是交流测速发电机的示意图。在结构上它有两个互相垂直放置的线圈，其中一个是激磁绕组，接入一定频率的正弦额定电压，另一个是输出绕组。当转子旋转时，输出绕组产生与转子角速度成比例的交流电压 $u(t)$，其频率与激磁电压频率相同，其包络线也可以用式(2-46)表示，因此其传递函数及方框图亦同直流测速发电机。

电枢控制直流伺服电动机 电枢控制的直流伺服电动机在控制系统中广用作执行机构，用来对被控对象的机械运动实现快速控制。根据式(2-39)和式(2-40)可用图 2-14 的方框图表示三种情况下的电枢控制直流伺服电动机。

图 2-14 直流伺服电动机方框图

两相伺服电动机 两相伺服电动机具有重量轻、惯性小、加速特性好的优点，是控制系统中广泛应用的一种小功率交流执行机构。

两相伺服电动机由互相垂直配置的两相定子线圈和一个高电阻值的转子组成。定子线圈的一相是激磁绕组，另一相是控制绕组，通常接在功率放大器的输出端，提供数值和极性可变的交流控制电压。

两相伺服电动机的转矩-速度特性曲线有负的斜率，且呈非线性。图 2-15(b)是在不同控制电压 u_a 时，实验测取的一组机械特性曲线。考虑到在控制系统中，伺服电动机一般工作在零转速附近，作为线性化的一种方法，通常把低速部分的线性段延伸到高速范围，用低速直线近似代替非线性特性，如图 2-15(b)中虚线所示。此外，也可用小偏差

(a) 两相伺服电动机

(b) 电动机的转矩-速度特性

图 2-15 两相伺服电动机(a)及其特性曲线(b)

线性化方法。一般，两相伺服电动机机械特性的线性化方程可表示为

$$M_m = -C_\omega \omega_m + M_s \tag{2-49}$$

式中，M_m 是电动机输出转矩；ω_m 是电动机角速度；$C_\omega = \mathrm{d}M_m/\mathrm{d}\omega_m$ 是阻尼系数，即机械特性线性化的直线斜率；M_s 是堵转转矩，由图 2-15(b) 可求得 $M_s = C_m u_a$，其中 C_m 可用额定电压 $u_a = E$ 时的堵转转矩确定，即 $C_m = M_s/E$。

若暂不考虑负载转矩，则电动机输出转矩 M_m 用来驱动负载并克服黏性摩擦，故得转矩平衡方程

$$M_m = J_m \frac{\mathrm{d}^2\theta_m}{\mathrm{d}t^2} + f_m \frac{\mathrm{d}\theta_m}{\mathrm{d}t} \tag{2-50}$$

式中，θ_m 是电动机转子角位移；J_m 和 f_m 分别是折算到电动机轴上的总转动惯量和总黏性摩擦系数。

由式(2-49)和式(2-50)消去中间变量 M_s 和 M_m，并在零初始条件下求拉氏变换，令 $U_a(s)=\mathscr{L}[u_a(t)]$，$\Theta_m(s)=\mathscr{L}[\theta_m(t)]$，可求得两相伺服电动机的传递函数为

$$G(s) = \frac{\Theta_m(s)}{U_a(s)} = \frac{C_m}{s(J_m s + f_m + C_\omega)} = \frac{K_m}{s(T_m s + 1)} \tag{2-51}$$

式中，$K_m = C_m/(f_m + C_\omega)$ 是电动机传递系数；$T_m = J_m/(f_m + C_\omega)$ 是电动机时间常数。由于 $\Omega_m(s) = s\Theta(s)$，故式(2-51)也可写为

$$G(s) = \frac{\Omega_m(s)}{U_a(s)} = \frac{K_m}{T_m s + 1} \tag{2-52}$$

式(2-51)和式(2-52)是两相伺服电动机传递函数的两种不同形式，它们与直流电动机的传递函数在形式上完全相同。

无源网络　为了改善控制系统的性能，常在系统中引入无源网络作为校正元件。无源网络通常由电阻、电容和电感组成。

可以用两种方法求取无源网络的传递函数。一种方法是先列写网络的微分方程，然后在零初始条件下进行拉氏变换，从而得到输出变量与输入变量之间的传递函数，如例 2-8 所用方法；另一种方法是引用复数阻抗直接列写网络的代数方程，然后求其传递函数。在例 2-8 中，用复数阻抗表示电阻时仍为 R，电容 C 的复数阻抗为 $1/(Cs)$，电感 L 的复数阻抗为 Ls。这样，图 2-1 的 RLC 无源网络用复数阻抗表示后的电路如图 2-16 所示。图中，$Z_1 = R + Ls$，$Z_2 = 1/(Cs)$。由图可直接写出电路的传递函数

图 2-16　用复数阻抗表示的 RLC 电路

$$\frac{U_o(s)}{U_i(s)} = \frac{Z_2}{Z_1 + Z_2} = \frac{1}{LCs^2 + RCs + 1}$$

应该注意，求取无源网络传递函数时，一般假设网络输出端接有无穷大负载阻抗，输入内阻为零，否则应考虑负载效应。例如，在图 2-17 中，两个 RC 网络不相连接时，可视为空载，其传递函数分别是

$$G_1(s) = \frac{U(s)}{U_i(s)} = \frac{1}{R_1 C_1 s + 1}, \qquad G_2(s) = \frac{U_o(s)}{U(s)} = \frac{1}{R_2 C_2 s + 1}$$

若将 $G_1(s)$ 与 $G_2(s)$ 两个方框串联连接，如图 2-17 右端，则其传递函数

$$\frac{U_o(s)}{U_i(s)} = \frac{U(s)}{U_i(s)} \cdot \frac{U_o(s)}{U(s)} = G_1(s)G_2(s) = \frac{1}{R_1 R_2 C_1 C_2 s^2 + (R_1 C_1 + R_2 C_2)s + 1}$$

图 2-17　负载效应示例

若将两个 RC 网络直接连接，则由电路微分方程可求得连接后电路的传递函数为

$$G(s) = \frac{U_o(s)}{U_i(s)} = \frac{1}{R_1 R_2 C_1 C_2 s^2 + (R_1 C_1 + R_2 C_2 + R_1 C_2)s + 1}$$

显然，$G(s) \neq G_1(s)G_2(s)$，$G(s)$ 中增加的项 $R_1 C_2$ 是由负载效应产生的。如果 $R_1 C_2$ 与其余项相比数值很小可略而不计时，则有 $G(s) \approx G_1(s)G_2(s)$。这时，要求后级网络的输入阻抗足够大，或要求前级网络的输出阻抗趋于零，或在两级网络之间接入隔离放大器。

　　单容水槽　水槽是常见的水位控制系统的被控对象。设单容水槽如图 2-18 所示，水流通过控制阀门不断地流入水槽，同时也有水通过负载阀不断地流出贮水槽。水流入量 Q_i 由调节阀开度 u 加以控制，流出量 Q_o 则由用户根据需要通过负载阀来改变。被调量为水位 h，它反映水的流入与流出之间的平衡关系。

图 2-18　单容水槽原理图

　　令 Q_i 表示输入水流量的稳态值，ΔQ_i 表示输入水流量的增量，Q_o 表示输出水流量的稳态值，ΔQ_o 表示输出水流量的增量，h 表示液位高度，h_0 表示液位的稳态值，Δh 表示液位的增量，u 表示调节阀的开度。

　　设 A 为液槽横截面积，R 为流出端负载阀门的阻力即液阻。根据物料平衡关系，在正常工作状态下，初始时刻处于平衡状态：$Q_o = Q_i$，$h = h_0$，当调节阀开度发生变化 Δu 时，液位随之发生变化。在流出端负载阀开度不变的情况下，液位的变化将使流出量改变。

　　流入量与流出量之差为

$$\Delta Q_i - \Delta Q_o = \frac{\mathrm{d}V}{\mathrm{d}t} = A\frac{\mathrm{d}\Delta h}{\mathrm{d}t} \tag{2-53}$$

式中，V 为液槽液体储存量；ΔQ_i 由调节阀开度变化 Δu 引起，当阀前后压差不变时，有

$$\Delta Q_i = K_u \Delta u \tag{2-54}$$

其中 K_u 为阀门流量系数。

流出量与液位高度的关系为 $Q_o = A_o\sqrt{2gh}$ ，这是一个非线性关系式，可在平衡点$(h_0，Q_0)$附近进行线性化，得到液阻表达式

$$R = \frac{\Delta h}{\Delta Q_o} \tag{2-55}$$

将式(2-54)和式(2-55)代入式(2-53)，可得

$$T\frac{\mathrm{d}\Delta h}{\mathrm{d}t} + \Delta h = K\Delta u \tag{2-56}$$

式中，$T=RA$，$K=K_uR$。在零初始条件下，对式(2-56)两端进行拉氏变换，得到单容水槽的传递函数为

$$G(s) = \frac{\Delta H(s)}{\Delta U(s)} = \frac{K}{Ts+1} \tag{2-57}$$

图 2-19　电加热炉原理图

电加热炉　在工业生产中，电加热炉是常见的热处理设备，其示意图如图 2-19 所示。图中，u 为电热丝两端电压，T_1 为炉内温度。设电热丝质量为 M，比热为 C，传热系数为 H，传热面积为 A，未加温前炉内温度为 T_0，加温后的温度为 T_1，单位时间内电热丝产生的热量为 Q_i，则根据热力学知识，有

$$MC\frac{\mathrm{d}(T_1-T_0)}{\mathrm{d}t} + HA(T_1-T_0) = Q_i$$

由于 Q_i 与外加电压 u 的平方成比例，故 Q_i 与 u 呈非线性关系，可在平衡点$(Q_0，u_0)$附近进行线性化，得 $K_u=\Delta Q_i/\Delta u$，于是可得电加热炉的增量微分方程

$$T\frac{\mathrm{d}\Delta T}{\mathrm{d}t} + \Delta T = K\Delta u \tag{2-58}$$

式中，$\Delta T=T_1-T_0$ 为温度差；$T=MC/(HA)$ 为电加热炉时间常数；$K=K_u/(HA)$ 为电加热炉传递系数。

在零初始条件下，对式(2-58)两端进行拉氏变换，可得炉内温度变化量对控制电压变化量之间的电加热炉传递函数

$$G(s) = \frac{\Delta T(s)}{\Delta U(s)} = \frac{K}{Ts+1} \tag{2-59}$$

有纯延迟的单容水槽　在图 2-18 单容水槽中，若调节阀 1 距贮水槽 2 有一段较长的距离，则调节阀开度变化所引起的流入量变化ΔQ_i，需要经过一段传输时间τ才能对水槽液位产生影响，其中τ通常称为纯延迟时间。

参照式(2-56)的推导过程，可得有纯延迟单容水槽的微分方程为

$$T\frac{\mathrm{d}\Delta h}{\mathrm{d}t} + \Delta h = K\Delta u(t-\tau) \tag{2-60}$$

在零初始条件下，对式(2-60)两端进行拉氏变换，即得到有纯延迟单容水槽的传递函数

$$G(s) = \frac{\Delta H(s)}{\Delta U(s)} = \frac{K}{Ts+1}e^{-\tau s} \tag{2-61}$$

该式与单容水槽传递函数[式(2-57)]相比，多了一个延迟因子 $e^{-\tau s}$。

双容水槽 图 2-20 是两个串联单容水槽构成的双容水槽。其输入量为调节阀 1 产生的阀门开度变化 Δu，而输出量为第二个水槽的液位增量 Δh_2。

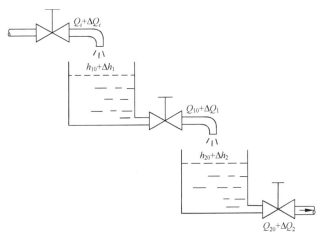

图 2-20 双容水槽原理图

在水流量增量、水槽液位增量及液阻之间，经平衡点线性化后，可以导出如下关系式：

$$\Delta Q_1 - \Delta Q_2 = C_2 \frac{\mathrm{d}\Delta h_2}{\mathrm{d}t} \tag{2-62}$$

$$\Delta Q_1 = \frac{\Delta h_1}{R_1}, \qquad \Delta Q_2 = \frac{\Delta h_2}{R_2} \tag{2-63}$$

$$\Delta Q_i - \Delta Q_1 = C_1 \frac{\mathrm{d}\Delta h_1}{\mathrm{d}t} \tag{2-64}$$

$$\Delta Q_i = K_u \Delta u \tag{2-65}$$

式中，C_1 和 C_2 为两液槽的容量系数；R_1 和 R_2 为两液槽的液阻。将式(2-63)代入式(2-62)，得

$$\frac{\Delta h_1}{R_1} - \frac{\Delta h_2}{R_2} = C_2 \frac{\mathrm{d}\Delta h_2}{\mathrm{d}t}$$

故有

$$\Delta h_1 = R_1 \left(C_2 \frac{\mathrm{d}\Delta h_2}{\mathrm{d}t} + \frac{\Delta h_2}{R_2} \right) \tag{2-66}$$

$$\frac{\mathrm{d}\Delta h_1}{\mathrm{d}t} = R_1 C_2 \frac{\mathrm{d}^2\Delta h_2}{\mathrm{d}t^2} + \frac{R_1}{R_2} \frac{\mathrm{d}\Delta h_2}{\mathrm{d}t} \tag{2-67}$$

将式(2-65)及式(2-63)代入式(2-64)，得

$$C_1 \frac{\mathrm{d}\Delta h_1}{\mathrm{d}t} + \frac{\Delta h_1}{R_1} = K_u \Delta u$$

分别将式(2-66)和式(2-67)代入上式，整理后可得双容水槽的微分方程

$$T_1T_2 \frac{\mathrm{d}^2 \Delta h_2}{\mathrm{d}t^2} + (T_1 + T_2)\frac{\mathrm{d}\Delta h_2}{\mathrm{d}t} + \Delta h_2 = K\Delta u \qquad (2\text{-}68)$$

式中，$T_1=R_1C_1$ 为第一个水槽的时间常数；$T_2=R_2C_2$ 为第二个水槽的时间常数；K 为双容水槽的传递系数。

在零初始条件下，对式(2-68)进行拉氏变换，得双容水槽的传递函数

$$G(s) = \frac{\Delta H_2(s)}{\Delta U(s)} = \frac{K}{T_1T_2s^2 + (T_1 + T_2)s + 1} \qquad (2\text{-}69)$$

若双容水槽调节阀 1 开度变化所引起的流入水量变化还存在纯延迟，则其传递函数不难导出为

$$G(s) = \frac{K}{T_1T_2s^2 + (T_1 + T_2)s + 1}\mathrm{e}^{-\tau s} \qquad (2\text{-}70)$$

2-3 控制系统的结构图与信号流图

控制系统的结构图和信号流图都是描述系统各元部件之间信号传递关系的数学图形，它们表示了系统中各变量之间的因果关系以及对各变量所进行的运算，是控制理论中描述复杂系统的一种简便方法。与结构图相比，信号流图符号简单，更便于绘制和应用，特别在系统的计算机模拟仿真研究以及状态空间法分析设计中，信号流图可以直接给出计算机模拟仿真程序和系统的状态方程描述，更显示出其优越性。但是，信号流图只适用于线性系统，而结构图也可用于非线性系统。

1. 系统结构图的组成和绘制

控制系统的结构图是由许多对信号进行单向运算的方框和一些信号流向线组成，它包含如下四种基本单元：

信号线 信号线是带有箭头的直线，箭头表示信号的流向，在直线旁标记信号的时间函数或象函数，如图 2-21(a)所示。

引出点(或测量点) 引出点表示信号引出或测量的位置，从同一位置引出的信号在数值和性质方面完全相同，如图 2-21(b)所示。

比较点(或综合点) 比较点表示对两个以上的信号进行加减运算，"+"号表示相加，"-"号表示相减，"+"号可省略不写，如图 2-21(c)所示。

方框(或环节) 方框表示对信号进行的数学变换，方框中写入元部件或系统的传递函数，如图 2-21(d)所示。显然，方框的输出变量等于方框的输入变量与传递函数的乘

(a) 信号线   (b) 引出点   (c) 比较点   (d) 方框

图 2-21 结构图的基本组成单元

积，即

$$C(s) = G(s)U(s)$$

因此，方框可视为单向运算的算子。

　　绘制系统结构图时，首先考虑负载效应分别列写系统各元部件的微分方程或传递函数，并将它们用方框表示；然后，根据各元部件的信号流向，用信号线依次将各方框连接便得到系统的结构图。因此，系统结构图实质上是系统原理图与数学方程两者的结合，既补充了原理图所缺少的定量描述，又避免了纯数学的抽象运算。从结构图上可以用方框进行数学运算，也可以直观了解各元部件的相互关系及其在系统中所起的作用；更重要的是，从系统结构图可以方便地求得系统的传递函数。所以，系统结构图也是控制系统的一种数学模型。

　　要指出的是，虽然系统结构图是从系统元部件的数学模型得到的，但结构图中的方框与实际系统的元部件并非是一一对应的。一个实际元部件可以用一个方框或几个方框表示；而一个方框也可以代表几个元部件或是一个子系统，或是一个大的复杂系统。

　　下面举例说明系统结构图的绘制方法。

　　例 2-10　图 2-22 是一个电压测量装置，也是一个反馈控制系统。e_1 是待测量电压，e_2 是指示的电压测量值。如果 e_2 不同于 e_1，就产生误差电压 $e=e_1-e_2$，经调制、放大以后，驱动两相伺服电动机运转，并带动测量指针移动，直至 $e_2=e_1$。这时指针指示的电压值即是待测量的电压值。试绘制该系统的结构图。

图 2-22　电压测量装置原理图

　　解　系统由比较电路、机械调制器、放大器、两相伺服电动机及指针机构组成。首先，考虑负载效应分别列写各元部件的运动方程，并在零初始条件下进行拉氏变换，于是有

比较电路　　　　　　　$E(s) = E_1(s) - E_2(s)$

调制器　　　　　　　　$U_\sim(s) = E(s)$

放大器　　　　　　　　$U_a(s) = K_a E(s)$

两相伺服电动机　　　　$M_m = -C_\omega s\Theta_m(s) + M_s, \qquad M_s = C_m U_a(s)$

　　　　　　　　　　　$M_m = J_m s^2 \Theta_m(s) + f_m s\Theta_m(s)$

式中，M_m 是电动机转矩；M_s 是电动机堵转转矩；$U_a(s)$ 是控制电压；$\Theta_m(s)$ 是电动机角位移；J_m 和 f_m 分别是折算到电动机上的总转动惯量及总黏性摩擦系数。

绳轮传动机构 $\qquad\qquad L(s) = r\varTheta_m(s)$

式中，r 是绳轮半径；L 是指针位移。

测量电位器 $\qquad\qquad E_2(s) = K_1 L(s)$

式中，K_1 是电位器传递系数。然后，根据各元部件在系统中的工作关系，确定其输入量和输出量，并按照各自的运动方程分别画出每个元部件的方框图，如图 2-23(a)～(g)所示。最后，用信号线按信号流向依次将各元部件的方框连接起来，便得到系统结构图，如图 2-23(h)所示。如果两相伺服电动机直接用式(2-51)表示，则系统结构图可简化为图 2-23(i)。

2. 结构图的等效变换和简化

由控制系统的结构图通过等效变换(或简化)可以方便地求取闭环系统的传递函数或系统输出量的响应。实际上，这个过程对应于由元部件运动方程消去中间变量求取系统传递函数的过程。例如，在例 2-10 中，由两相伺服电动机三个方程式消去中间变量 M_m

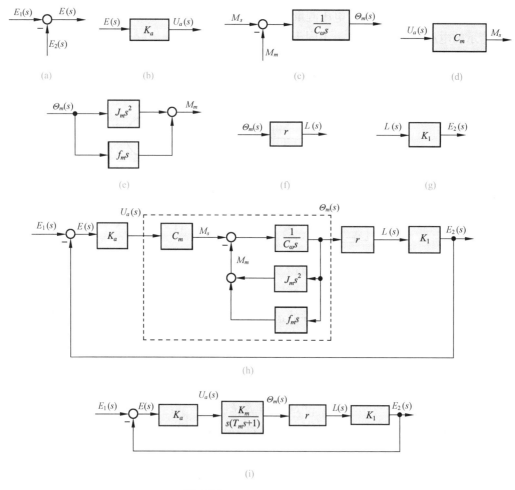

图 2-23　电压测量装置系统结构图

及 M_s 得到传递函数 $\Theta_m(s)/U_a(s)$ 的过程，对应于将图 2-23(h)虚线内的四个方框简化为图 2-23(i)中一个方框的过程。

一个复杂的系统结构图，其方框间的连接必然是错综复杂的，但方框间的基本连接方式只有串联、并联和反馈连接三种。因此，结构图简化的一般方法是移动引出点或比较点，交换比较点，进行方框运算将串联、并联和反馈连接的方框合并。在简化过程中应遵循变换前后变量关系保持等效的原则，具体而言，就是变换前后前向通路中传递函数的乘积应保持不变，回路中传递函数的乘积应保持不变。

(1) 串联方框的简化(等效)

传递函数分别为 $G_1(s)$ 和 $G_2(s)$ 的两个方框，若 $G_1(s)$ 的输出量作为 $G_2(s)$ 的输入量，则 $G_1(s)$ 与 $G_2(s)$ 称为串联连接，如图 2-24(a)所示(注意，两个串联连接元件的方框图应考虑负载效应)。

(a) 方框串联   (b) 串联等效表示

图 2-24 方框串联连接及其简化

由图 2-24(a)，有

$$U(s) = G_1(s)R(s) , \quad C(s) = G_2(s)U(s)$$

由上两式消去 $U(s)$，得

$$C(s) = G_1(s)G_2(s)R(s) = G(s)R(s) \tag{2-71}$$

式中，$G(s)=G_1(s)G_2(s)$，是串联方框的等效传递函数，可用图 2-24(b)的方框表示。由此可知，两个方框串联连接的等效方框，等于各个方框传递函数之乘积。这个结论可推广到 n 个串联方框情况。

(2) 并联方框的简化(等效)

传递函数分别为 $G_1(s)$ 和 $G_2(s)$ 的两个方框，如果它们有相同的输入量，而输出量等于两个方框输出量的代数和，则 $G_1(s)$ 与 $G_2(s)$ 称为并联连接，如图 2-25(a)所示。

由图 2-25(a)，有

$$C_1(s) = G_1(s)R(s), \quad C_2(s) = G_2(s)R(s), \quad C(s) = C_1(s) \pm C_2(s)$$

由上述三式消去 $C_1(s)$ 和 $C_2(s)$，得

$$C(s) = \left[G_1(s) \pm G_2(s) \right] R(s) = G(s)R(s) \tag{2-72}$$

(a) 方框并联   (b) 并联等效表示

图 2-25 方框并联连接及其简化

式中，$G(s)=G_1(s)\pm G_2(s)$，是并联方框的等效传递函数，可用图 2-25(b)的方框表示。由此可知，两个方框并联连接的等效方框，等于各个方框传递函数的代数和。这个结论可推广到 n 个并联连接的方框情况。

(3) 反馈连接方框的简化(等效)

若传递函数分别为 $G(s)$ 和 $H(s)$ 的两个方框，如图 2-26(a)形式连接，则称为反馈连接。"+"号为正反馈，表示输入信号与反馈信号相加；"−"号则表示相减，是负反馈。

由图 2-26(a)，有

$$C(s) = G(s)E(s), \quad B(s) = H(s)C(s), \quad E(s) = R(s) \pm B(s)$$

消去中间变量 $E(s)$ 和 $B(s)$，得

$$C(s) = G(s)\left[R(s) \pm H(s)C(s)\right]$$

于是有

$$C(s) = \frac{G(s)}{1 \mp G(s)H(s)} R(s) = \Phi(s)R(s) \tag{2-73}$$

式中

$$\Phi(s) = \frac{G(s)}{1 \mp G(s)H(s)} \tag{2-74}$$

称为闭环传递函数，是方框反馈连接的等效传递函数，式中负号对应正反馈连接，正号对应负反馈连接，式(2-73)可用图 2-26(b)的方框表示。

(a) 方框反馈连接　　　　　　　　　(b) 反馈等效表示

图 2-26　方框的反馈连接及其简化

(4) 比较点和引出点的移动

在系统结构图简化过程中，有时为了便于进行方框的串联、并联或反馈连接的运算，需要移动比较点或引出点的位置。这时应注意在移动前后必须保持信号的等效性，而且比较点和引出点之间一般不宜交换其位置。此外，"−"号可以在信号线上越过方框移动，但不能越过比较点和引出点。

表 2-1 汇集了结构图简化(等效变换)的基本规则，可供查用。

表 2-1　结构图简化(等效变换)规则

原方框图	等效方框图	等效运算关系
R → $G_1(s)$ → $G_2(s)$ → C	R → $G_1(s)\,G_2(s)$ → C	(1) 串联等效 $C(s) = G_1(s)G_2(s)R(s)$
R → $G_1(s)$, $G_2(s)$ → $\pm$ → C	R → $G_1(s)\pm G_2(s)$ → C	(2) 并联等效 $C(s) = \left[G_1(s) \pm G_2(s)\right]R(s)$

续表

例 2-11　试简化图 2-27 系统结构图，并求系统传递函数 $C(s)/R(s)$。

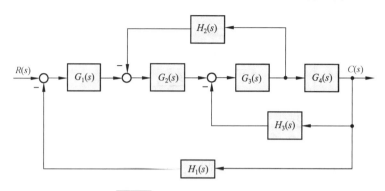

图 2-27　例 2-11 的系统结构图

解　在图 2-27 中，若不移动比较点或引出点的位置就无法进行方框的等效运算。为此，首先应用表 2-1 的规则(8)，将 $G_3(s)$ 与 $G_4(s)$ 两方框之间的引出点后移到 $G_4(s)$ 方框的输出端(注意，不宜前移)，如图 2-28(a)所示。其次，将 $G_3(s)$，$G_4(s)$ 和 $H_3(s)$ 组成的内反馈回路简化，其等效传递函数为

$$G_{34}(s) = \frac{G_3(s)G_4(s)}{1 + G_3(s)G_4(s)H_3(s)}$$

如图 2-28(b)所示。然后，再将 $G_2(s)$，$G_{34}(s)$，$H_2(s)$ 和 $1/G_4(s)$ 组成的内反馈回路简化，其等效传递函数为

(a) 后移 $G_3(s)$ 引出点

(b) 简化内回路 $G_{34}(s)$　　　　　　　　(c) 简化内回路 $G_{23}(s)$

图 2-28　例 2-11 的系统结构图简化

$$G_{23}(s) = \frac{G_2(s)G_3(s)G_4(s)}{1 + G_3(s)G_4(s)H_3(s) + G_2(s)G_3(s)H_2(s)}$$

如图 2-28(c)所示。最后，将 $G_1(s)$，$G_{23}(s)$ 和 $H_1(s)$ 组成的反馈回路简化便求得系统的传递函数

$$\Phi(s) = \frac{C(s)}{R(s)} = \frac{G_1(s)G_2(s)G_3(s)G_4(s)}{1 + G_2(s)G_3(s)H_2(s) + G_3(s)G_4(s)H_3(s) + G_1(s)G_2(s)G_3(s)G_4(s)H_1(s)}$$

本例还有其他变换方法，例如，可以先将 $G_4(s)$ 后的引出点前移到 $G_4(s)$ 方框的输入端，或者将比较点移动到同一点再加以合并等，读者不妨一试。

在进行结构图等效变换时，变换前后应注意保持信号的等效性。例如，图 2-27 中 $H_2(s)$ 的输入信号是 $G_3(s)$ 的输出，当将该引出点后移时，$H_2(s)$ 的输入信号变为 $G_4(s)$ 的输出信号了。为保持 $H_2(s)$ 的输入信号不变，应将 $G_4(s)$ 的输出信号乘以 $1/G_4(s)$ 便可还原为 $G_3(s)$ 的输出信号，故有图 2-28(a) 的系统结构图。又如，若将 $G_2(s)$ 输入端的比较点按规则(6)后移到 $G_2(s)$ 的输出端，虽然 $G_2(s)$ 的输入信号减少了一项(来自 $H_2(s)$ 的输出信号)，由于在 $G_2(s)$ 的输出信号中补入了来自 $H_2(s)G_2(s)$ 的输出信号，故保持了 $G_2(s)$ 的输出信号在变换前后的等效性，而且回路 $G_2(s)G_3(s)H_2(s)$ 的乘积保持不变。

例 2-12 试简化图 2-29 的系统结构图，并求传递函数 $C(s)/R(s)$。

图 2-29 例 2-12 的系统结构图

解 为简化图 2-29 的系统结构图，必须移动引出点或比较点。首先将 $G_4(s)$ 与 $G_3(s)$ 前的两个比较点分别移到 $G_4(s)$ 及 $G_3(s)$ 之后，并用表 2-1 中的规则(6)可得到图 2-30(a)。其次，将 $H(s)$ 后的引出点前移到 $H(s)$ 之前，并用规则(7)得到图 2-30(b)，为便于观察，可改画成图 2-30(c)。最后，将比较点合并为两个，得到图 2-30(d)；并用规则(1)~(3)求得传递函数

(a) 后移 $G_3(s)$ 及 $G_4(s)$ 的比较点

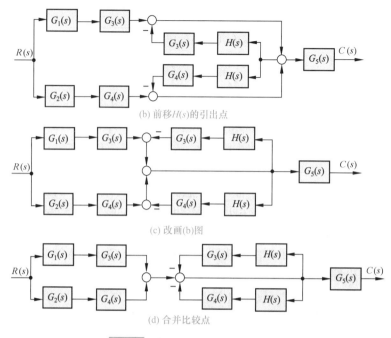

(b) 前移$H(s)$的引出点

(c) 改画(b)图

(d) 合并比较点

图 2-30　例 2-12 的系统结构图简化

$$\frac{C(s)}{R(s)} = \left[G_1(s)G_3(s) + G_2(s)G_4(s) \right] \frac{G_5(s)}{1 + G_3(s)H(s) + G_4(s)H(s)}$$

3. 信号流图的组成及性质

梅森与信号
流图

　　信号流图起源于梅森利用图示法来描述一个或一组线性代数方程式，它是由节点和支路组成的一种信号传递网络。图中节点代表方程式中的变量，以小圆圈表示；支路是连接两个节点的定向线段，用支路增益表示方程式中两个变量的因果关系，因此支路相当于乘法器。

　　图 2-31(a)是有两个节点和一条支路的信号流图，其中两个节点分别代表电流 I 和电压 U，支路增益是电阻 R。该图表明，电流 I 沿支路传递并增大 R 倍而得到电压 U，即 $U=IR$，这正是众所熟知的欧姆定律，它决定了通过电阻 R 的电流与电压间的定量关系，如图 2-31(b)所示。图 2-32 是由五个节点和八条支路组成的信号流图，图中五个节点分别代表 x_1, x_2, x_3, x_4 和 x_5 五个变量，每条支路增益分别是 a, b, c, d, e, f, g 和 1。由图可以写出描述五个变量因果关系的一组代数方程式：

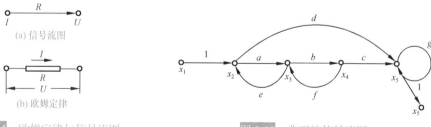

(a) 信号流图

(b) 欧姆定律

图 2-31　欧姆定律与信号流图　　　　　　图 2-32　典型的信号流图

$$x_2 = x_1 + ex_3$$
$$x_3 = ax_2 + fx_4$$
$$x_4 = bx_3$$
$$x_5 = dx_2 + cx_4 + gx_5$$

上述每个方程式左端的变量取决于右端有关变量的线性组合。一般,方程式右端的变量为原因,左端的变量作为右端变量产生的效果,这样,信号流图便把各个变量之间的因果关系贯通了起来。

至此,信号流图的基本性质可归纳如下:

1) 节点标志系统的变量。一般,节点自左向右顺序设置,每个节点标志的变量是所有流向该节点的信号之代数和,而从同一节点流向各支路的信号均用该节点的变量表示。例如,图 2-32 中,节点 x_3 标志的变量是来自节点 x_2 和节点 x_4 的信号之和,它同时又流向节点 x_4。

2) 支路相当于乘法器,信号流经支路时,被乘以支路增益而变换为另一信号。例如,图 2-32 中,来自节点 x_2 的变量被乘以支路增益 a,来自节点 x_4 的变量被乘以支路增益 f,自节点 x_3 流向节点 x_4 的变量被乘以支路增益 b。

3) 信号在支路上只能沿箭头单向传递,即只有前因后果的因果关系。

4) 对于给定的系统,节点变量的设置是任意的,因此信号流图不是唯一的。

在信号流图中,常使用以下名词术语:

源节点(或输入节点) 在源节点上,只有信号输出的支路(即输出支路),而没有信号输入的支路(即输入支路),它一般代表系统的输入变量,故也称为输入节点。图 2-32 中的节点 x_1 就是源节点。

阱节点(或输出节点) 在阱节点上,只有输入支路而没有输出支路,它一般代表系统的输出变量,故也称为输出节点。图 2-31 中的节点 U 就是阱节点。

混合节点 在混合节点上,既有输入支路又有输出支路。图 2-32 中的节点 x_2, x_3, x_4, x_5 均是混合节点。若从混合节点引出一条具有单位增益的支路,可将混合节点变为阱节点,成为系统的输出变量,如图 2-32 中用单位增益支路引出的节点 x_5。

前向通路 信号从输入节点到输出节点传递时,每个节点只通过一次的通路,称为前向通路。前向通路上各支路增益之乘积,称为前向通路增益,一般用 p_k 表示。在图 2-32 中,从源节点 x_1 到阱节点 x_5,共有两条前向通路:一条是 $x_1 \rightarrow x_2 \rightarrow x_3 \rightarrow x_4 \rightarrow x_5$,其前向通路增益 $p_1 = abc$;另一条是 $x_1 \rightarrow x_2 \rightarrow x_5$,其前向通路增益 $p_2 = d$。

回路 起点和终点在同一节点,而且信号通过每一节点不多于一次的闭合通路称为单独回路,简称回路。回路中所有支路增益之乘积称为回路增益,用 L_a 表示。在图 2-32 中共有三个回路:一个是起于节点 x_2,经过节点 x_3 最后回到节点 x_2 的回路,其回路增益 $L_1 = ae$;第二个是起于节点 x_3,经过节点 x_4 最后回到节点 x_3 的回路,其回路增益 $L_2 = bf$;第三个是起于节点 x_5 并回到节点 x_5 的自回路,其回路增益是 g。

不接触回路 回路之间没有公共节点时,这种回路称为不接触回路。在信号流图中,可以有两个或两个以上不接触的回路。在图 2-32 中,有两对不接触的回路:一对是 $x_2 \rightarrow$

$x_3 \rightarrow x_2$ 和 $x_5 \rightarrow x_5$；另一对是 $x_3 \rightarrow x_4 \rightarrow x_3$ 和 $x_5 \rightarrow x_5$。

4. 信号流图的绘制

信号流图可以根据微分方程绘制，也可以从系统结构图按照对应关系得到。

(1) 由系统微分方程绘制信号流图

任何线性方程都可以用信号流图表示，但含有微分或积分的线性方程，一般应通过拉氏变换，将微分方程或积分方程变换为 s 的代数方程后再画信号流图。绘制信号流图时，首先要对系统的每个变量指定一个节点，并按照系统中变量的因果关系，从左向右顺序排列；然后，用标明支路增益的支路，根据数学方程式将各节点变量正确连接，便可得到系统的信号流图，如图 2-32 所示。

(2) 由系统结构图绘制信号流图

在结构图中，由于传递的信号标记在信号线上，方框则是对变量进行变换或运算的算子。因此，从系统结构图绘制信号流图时，只需根据结构图的信号线明确传递的信号，便得到节点；用标有传递函数的线段代替结构图中的方框，便得到支路，于是，结构图也就变换为相应的信号流图了。例如，由图 2-33(a) 的结构图绘制信号流图的过程示于图 2-33(b) 中。

(a) 结构图

(b) 信号流图

图 2-33 由系统结构图绘制系统信号流图的过程

从系统结构图绘制信号流图时应尽量精简节点的数目。例如，支路增益为 1 的相邻两个节点，一般可以合并为一个节点，但对于源节点或阱节点却不能合并掉。又如，图 2-33(b) 中的节点 M_s 和节点 M_m 可以合并成一个节点，其变量是 M_s-M_m；但源节点 E_1 和节点 E 却不允许合并。再如，在结构图比较点之前没有引出点(但在比较点之后可以有引出点)时，只需在比较点后设置一个节点便可，如图 2-34(a) 所示；但若在比较点之前有引出点时，就需在引出点和比较点各设置一个节点，分别标志两个变量，它们之间的支路增益是 1，如图 2-34(b)所示。

(a) 比较点前无引出点时的节点设置

(b) 比较点前有引出点时的节点设置

图 2-34 比较点与节点对应关系

例 2-13 试绘制图 2-35 所示系统结构图对应的信号流图。

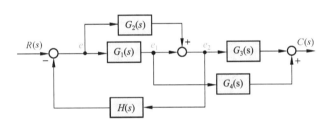

图 2-35 例 2-13 系统的结构图

解 首先，在系统结构图的信号线上，标注各变量对应的名称，代表信号流图中的节点，如图 2-35 所示。其次，将各节点按原来顺序自左向右排列，连接各节点的支路与结构图中的方框相对应，即将结构图中的方框用具有相应增益的支路代替，并连接有关的节点，便得到系统的信号流图，如图 2-36 所示。

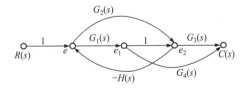

图 2-36 例 2-13 系统的信号流图

5. 梅森增益公式

从一个复杂的系统信号流图上，经过简化可以求出系统的传递函数，而且，结构图的等效变换规则亦适用于信号流图的简化，但这个过程毕竟还是很麻烦的。控制工程中常应用梅森(Mason)增益公式直接求取从源节点到阱节点的传递函数，而不需简化信号流图，这就为信号流图的广泛应用提供了方便。当然，由于系统结构图与信号流图之间有对应关系，梅森增益公式也可直接用于系统结构图。

梅森增益公式的来源是按克拉默(Cramer)法则求解线性联立方程组时，将解的分子多项式及分母多项式与信号流图(即拓扑图)巧妙联系的结果。

在图 2-37 的典型信号流图中，变量 U_i 和 U_o 分别用源节点 U_i 和阱节点 U_o 表示，由图可得相应的一组代数方程式为

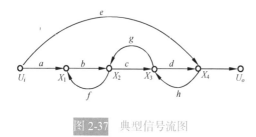

图 2-37　典型信号流图

$$X_1 = aU_i + fX_2$$
$$X_2 = bX_1 + gX_3$$
$$X_3 = cX_2 + hX_4$$
$$X_4 = dX_3 + eU_i$$
$$U_o = X_4$$

经整理后得

$$X_1 - fX_2 = aU_i$$
$$bX_1 - X_2 + gX_3 = 0$$
$$cX_2 - X_3 + hX_4 = 0$$
$$-dX_3 + X_4 = eU_i$$

现在用克拉默法则求上述方程组的解 X_4(即变量 U_o)，并进而求出系统的传递函数 U_o/U_i。由克拉默法则，方程式组的系数行列式为

$$\Delta = \begin{vmatrix} 1 & -f & 0 & 0 \\ b & -1 & g & 0 \\ 0 & c & -1 & h \\ 0 & 0 & -d & 1 \end{vmatrix} = 1 - dh - gc - fb + fbdh \tag{2-75}$$

$$\Delta_4 = \begin{vmatrix} 1 & -f & 0 & aU_i \\ b & -1 & g & 0 \\ 0 & c & -1 & 0 \\ 0 & 0 & -d & eU_i \end{vmatrix} = abcdU_i + eU_i(1 - gc - bf) \tag{2-76}$$

因此，$X_4 = U_o = \Delta_4/\Delta$，即有

$$\frac{U_o}{U_i} = \frac{X_4}{U_i} = \frac{abcd + e(1 - gc - bf)}{1 - dh - gc - fb + fbdh} \tag{2-77}$$

对上述传递函数的分母多项式及分子多项式进行分析后，可以得到它们与系数行列式 Δ，Δ_4 及信号流图之间的巧妙联系。首先可以发现，传递函数的分母多项式即是系数行列式 Δ，而且其中包含有信号流图中的三个单独回路增益之和项，即 $-(fb+gc+dh)$，以及两个不接触的回路增益之乘积项，即 $fbdh$。这个特点可以用信号流图的名词术语写成如下形式：

$$\Delta = 1 - \sum L_a + \sum L_b L_c \tag{2-78}$$

式中，$\sum L_a$ 表示信号流图中所有单独回路的回路增益之和项，即 $\sum L_a = fb + gc + dh$；$\sum L_b L_c$ 表示信号流图中每两个互不接触的回路增益之乘积的和项，即 $\sum L_b L_c = fbdh$。其次可以看到，传递函数的分子多项式与系数行列式 Δ_4 相对应，而且其中包含有两条前向通路增益之和项，即 $abcd+e$，以及与前向通路 e 不接触的两个单独回路的回路增益与该前向通路增益之乘积的和项，即 $-(gce+bfe)$。这个特点也可以用信号流图的名词术语写成如下形式：

$$\frac{\Delta_4}{U_i} = \sum_{k=1}^{2} p_k - \sum_{i=2} p_i L_i \tag{2-79}$$

式中，p_k 是第 k 条前向通路增益，本例中共有两条前向通路，故 $\sum p_k = p_1 + p_2 = abcd + e$；$L_i$ 为与第 i 条前向通路不接触回路的回路增益，本例中有两个回路与第二条前向通路不接触，故 $\sum p_2 L_2 = gce + bfe$。进一步分析还可以发现 L_i 与系数行列式 Δ 之间有着微妙的联系，即 L_i 是系数行列式 Δ 中与第 i 条前向通路不接触的所有回路的回路增益项。例如，第二条前向通路 e 与回路增益为 gc 和 bf 的两个回路均不接触，它正好是系数行列式 Δ 中的两项 $-(gc+fb)$。若前向通路与所有回路都接触时，则 $L_i=0$。现令 $\Delta_i=1-L_i$，则传递函数分子多项式还可进一步简记为

$$\frac{\Delta_4}{U_i} = \sum_{k=1}^{2} p_k \Delta_k \tag{2-80}$$

式中，Δ_k 是与第 k 条前向通路对应的余因子式，它等于系数行列式 Δ 中，去掉与第 k 条前向通路接触的所有回路的回路增益项后的余项式。本例中，$k=1$ 时，$p_1=abcd$，$\Delta_1=1$；$k=2$ 时，$p_2=e$，$\Delta_2=1-gc-bf$。于是，使用信号流图的名词术语后，式(2-77)系统传递函数可写为

$$\frac{U_o}{U_i} = \frac{p_1 \Delta_1 + p_2 \Delta_2}{\Delta} = \frac{1}{\Delta} \sum_{k=1}^{2} p_k \Delta_k \tag{2-81}$$

该述表达式建立了信号流图的某些特征量(如前向通路增益、回路增益等)与系统传递函数(或输出量)之间的直观联系，这就是梅森增益公式的雏形。根据这个公式，可以从信号流图上直接写出从源节点到阱节点的传递函数的输出量表达式。

推而广之，具有任意条前向通路及任意个单独回路和不接触回路的复杂信号流图，求取从任意源节点到任意阱节点之间传递函数的梅森增益公式记为

$$P = \frac{1}{\Delta} \sum_{k=1}^{n} p_k \Delta_k \tag{2-82}$$

式中，P 为从源节点到阱节点的传递函数(或总增益)；n 为从源节点到阱节点的前向通路总数；p_k 为从源节点到阱节点的第 k 条前向通路增益；Δ 为 $1 - \sum L_a + \sum L_b L_c - \sum L_d L_e L_f + \cdots$ 称为流图特征式，其中 $\sum L_a$ 为所有单独回路增益之和；$\sum L_b L_c$ 为所有互不接触的单独回路中，每次取其中两个回路的回路增益的乘积之和；$\sum L_d L_e L_f$ 为所有互不接触的单独回路中，每次取其中三个回路的回路增益的乘积之和；Δ_k 为流图余因子式，它等于流

图特征式中除去与第 k 条前向通路相接触的回路增益项(包括回路增益的乘积项)以后的余项式。

例 2-14 试用梅森增益公式求例 2-11 系统的传递函数 $C(s)/R(s)$。

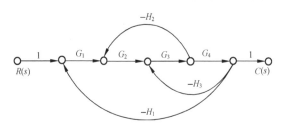

解 在系统结构图中使用梅森增益公式时，应特别注意区分不接触回路。为便于观察，将与图 2-27 的系统结构图对应的信号流图绘于图 2-38 中。由图可见，从源节点 R 到阱节点 C 有一条前向通路，其增益①$p_1=G_1G_2G_3G_4$；有三个单独回路，回路增益分别是 $L_1=-G_2G_3H_2$，

图 2-38 与图 2-27 对应的系统信号流图

$L_2=-G_3G_4H_3$，$L_3=-G_1G_2G_3G_4H_1$；没有不接触回路，且前向通路与所有回路均接触，故余因子式 $\Delta_1=1$。因此，由梅森增益公式求得系统传递函数为

$$\frac{C(s)}{R(s)}=P_{RC}=\frac{1}{\Delta}p_1\Delta_1=\frac{G_1G_2G_3G_4}{1+G_1G_2G_3G_4H_1+G_2G_3H_2+G_3G_4H_3}$$

显然，上述结果与例 2-11 用结构图变换所得结果相同。

例 2-15 求图 2-39 所示系统的传递函数 $C(s)/R(s)$。

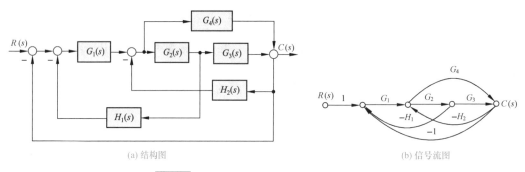

(a) 结构图　　　　　　　　(b) 信号流图

图 2-39 例 2-15 的系统结构图和信号流图

解 从信号流图可见，由源节点 R 到阱节点 C 有两条前向通路，即 $n=2$，且 $p_1=G_1G_2G_3$，$p_2=G_1G_4$；有五个单独回路，即 $L_1=-G_1G_2H_1$，$L_2=-G_2G_3H_2$，$L_3=-G_1G_2G_3$，$L_4=-G_4H_2$，$L_5=-G_1G_4$；没有不接触回路，且所有回路均与两条前向通路接触，因此 $\Delta_1=\Delta_2=1$，而 $\Delta=1-(L_1+L_2+L_3+L_4+L_5)$。故由梅森增益公式求得系统传递函数为

$$\frac{C(s)}{R(s)}=\frac{1}{\Delta}(p_1\Delta_1+p_2\Delta_2)=\frac{G_1G_2G_3+G_1G_4}{1+G_1G_2H_1+G_2G_3H_2+G_1G_2G_3+G_4H_2+G_1G_4}$$

例 2-16 试求图 2-40 系统信号流图的传递函数 X_4/X_1 及 X_2/X_1。

解 现用梅森增益公式求对应于同一个源节点 X_1 和不同阱节点的两路传递函数。值得指出，对于给定的系统信号流图(或结构图)，梅森增益公式中的特征式 Δ 是确定不变

---

① 为便于书写，$G(s)$ 有时简写为 G。

的，只是对于不同的源节点和阱节点，其前向通路和余因子式是不同的。本例中，有三个单独回路，即 $\sum L_a = -d\ -eg-bcg$；有两个互不接触回路，即 $\sum L_b L_c = deg$。信号流图特征式 $\Delta = 1 - \sum L_a + \sum L_b L_c = 1+d + eg + bcg + deg$。从源节点 X_1 到阱节点 X_4 的前向通路有两条，其前向通路增益分别是 $p_1 = aef$，$p_2 = abcf$。其中第一条前向通路与回路 $-d$ 不接触，故 $\Delta_1 = 1+d$；第二条前向通路与所有回路都接触，故 $\Delta_2 = 1$。由此求得从源节点 X_1 到阱节点 X_4 的传递函数为

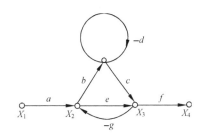

图 2-40　例 2-16 的信号流图

$$\frac{X_4}{X_1} = \frac{1}{\Delta}(p_1\Delta_1 + p_2\Delta_2) = \frac{aef(1+d) + abcf}{1 + d + eg + bcg + deg}$$

另外，从源节点 X_1 到阱节点 X_2 的前向通路有一条，其增益 $p_1 = a$，且与回路 $-d$ 不接触，故 $\Delta_1 = 1+d$。于是求得从源节点 X_1 到阱节点 X_2 的传递函数为

$$\frac{X_2}{X_1} = \frac{1}{\Delta}p_1\Delta_1 = \frac{a(1+d)}{1 + d + eg + bcg + deg}$$

例 2-17　试求图 2-41 信号流图中的传递函数 $C(s)/R(s)$。

图 2-41　例 2-17 的信号流图

解　本例中，单独回路有四个，即

$$\sum L_a = -G_1 - G_2 - G_3 - G_1 G_2$$

两个互不接触的回路有四组，即

$$\sum L_b L_c = G_1 G_2 + G_1 G_3 + G_2 G_3 + G_1 G_2 G_3$$

三个互不接触的回路有一组，即

$$\sum L_d L_e L_f = -G_1 G_2 G_3$$

于是，信号流图特征式为

$$\Delta = 1 - \sum L_a + \sum L_b L_c - \sum L_d L_e L_f$$
$$= 1 + G_1 + G_2 + G_3 + 2G_1 G_2 + G_1 G_3 + G_2 G_3 + 2G_1 G_2 G_3$$

从源节点 R 到阱节点 C 的前向通路共有四条，其前向通路增益以及余因子式分别为

$$p_1 = G_1 G_2 G_3 K, \qquad \Delta_1 = 1$$
$$p_2 = G_2 G_3 K, \qquad \Delta_2 = 1 + G_1$$
$$p_3 = G_1 G_3 K, \qquad \Delta_3 = 1 + G_2$$
$$p_4 = -G_1 G_2 G_3 K, \qquad \Delta_4 = 1$$

因此，由梅森增益公式求得系统传递函数为

$$\frac{C(s)}{R(s)} = \frac{p_1\Delta_1 + p_2\Delta_2 + p_3\Delta_3 + p_4\Delta_4}{\Delta}$$

$$= \frac{G_2G_3K(1+G_1) + G_1G_3K(1+G_2)}{1 + G_1 + G_2 + G_3 + 2G_1G_2 + G_1G_3 + G_2G_3 + 2G_1G_2G_3}$$

6. 闭环系统的传递函数

反馈控制系统的传递函数，一般可以由组成系统的元部件运动方程式求得，但更方便的是由系统结构图或信号流图求取。一个典型的反馈控制系统的结构图和信号流图如图 2-42 所示。图中，$R(s)$ 和 $N(s)$ 都是施加于系统的外作用，$R(s)$ 是有用输入作用，简称输入信号；$N(s)$ 是扰动作用；$C(s)$ 是系统的输出信号。为了研究有用输入作用对系统输出 $C(s)$ 的影响，需要求有用输入作用下的闭环传递函数 $C(s)/R(s)$。同样，为了研究扰动作用 $N(s)$ 对系统输出 $C(s)$ 的影响，也需要求取扰动作用下的闭环传递函数 $C(s)/N(s)$。此外，在控制系统的分析和设计中，还常用到在输入信号 $R(s)$ 或扰动 $N(s)$ 作用下，以误差信号 $E(s)$ 作为输出量的闭环误差传递函数 $E(s)/R(s)$ 或 $E(s)/N(s)$。

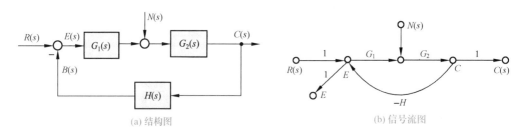

(a) 结构图   (b) 信号流图

图 2-42 反馈控制系统的典型结构图和信号流图

(1) 输入信号作用下的闭环传递函数

应用叠加原理，令 $N(s)=0$，可直接求得输入信号 $R(s)$ 到输出信号 $C(s)$ 之间的传递函数为

$$\Phi(s) = \frac{C(s)}{R(s)} = \frac{G_1(s)G_2(s)}{1 + G_1(s)G_2(s)H(s)} \tag{2-83}$$

由 $\Phi(s)$ 可进一步求得在输入信号下系统的输出量

$$C(s) = \Phi(s)R(s) = \frac{G_1(s)G_2(s)}{1 + G_1(s)G_2(s)H(s)}R(s) \tag{2-84}$$

式(2-84)表明，系统在输入信号作用下的输出响应 $C(s)$，取决于闭环传递函数 $C(s)/R(s)$ 及输入信号 $R(s)$ 的形式。

(2) 扰动作用下的闭环传递函数

应用叠加原理，令 $R(s)=0$，可直接由梅森增益公式求得扰动作用 $N(s)$ 到输出信号 $C(s)$ 之间的闭环传递函数

$$\Phi_n(s) = \frac{C(s)}{N(s)} = \frac{G_2(s)}{1 + G_1(s)G_2(s)H(s)} \tag{2-85}$$

式(2-85)也可从图 2-42(a)的系统结构图改画为
图 2-43 的系统结构图后求得。同样，由此可
求得系统在扰动作用下的输出

$$C(s) = \Phi_n(s)N(s) = \frac{G_2(s)}{1 + G_1(s)G_2(s)H(s)}N(s)$$

显然，当输入信号 $R(s)$ 和扰动作用 $N(s)$
同时作用时系统的输出为

图 2-43 在扰动作用下($R(s)$=0 时)的
系统结构图

$$\sum C(s) = \Phi(s) \cdot R(s) + \Phi_n(s) \cdot N(s)$$
$$= \frac{1}{1 + G_1(s)G_2(s)H(s)}\left[G_1(s)G_2(s)R(s) + G_2(s)N(s)\right]$$

上式如果满足$|G_1(s)G_2(s)H(s)| \gg 1$ 和$|G_1(s)H(s)| \gg 1$ 的条件，则可简化为

$$\sum C(s) \approx \frac{1}{H(s)}R(s) \tag{2-86}$$

式(2-86)表明，在一定条件下，系统的输出只取决于反馈通路传递函数 $H(s)$ 及输入信号
$R(s)$，既与前向通路传递函数无关，也不受扰动作用的影响。特别是当 $H(s)$=1，即单位
反馈时，$C(s) \approx R(s)$，从而近似实现了对输入信号的完全复现，且对扰动具有较强的抑制
能力。

(3) 闭环系统的误差传递函数

闭环系统在输入信号和扰动作用时，以误差信号 $E(s)$ 作为输出量时的传递函数称为
误差传递函数。它们可以由梅森增益公式或由图 2-42(a)经结构图等效变换后求得为

$$\Phi_e(s) = \frac{E(s)}{R(s)} = \frac{1}{1 + G_1(s)G_2(s)H(s)} \tag{2-87}$$

$$\Phi_{en}(s) = \frac{E(s)}{N(s)} = \frac{-G_2(s)H(s)}{1 + G_1(s)G_2(s)H(s)} \tag{2-88}$$

最后要指出的是，对于图 2-42 的典型反馈控制系统，其各种闭环系统传递函数的分
母形式均相同，这是因为它们都是同一个信号流图的特征式，即$\Delta = 1 + G_1(s)G_2(s)H(s)$，式
中 $G_1(s)G_2(s)H(s)$ 称为图 2-42 系统的开环传递函数，它等效为主反馈断开时，从输入信号
$R(s)$ 到反馈信号 $B(s)$ 之间的传递函数。此外，对于图 2-42 的线性系统，应用叠加原理可
以研究系统在各种情况下的输出量 $C(s)$ 或误差量 $E(s)$，然后进行叠加，求出$\sum C(s)$ 或
$\sum E(s)$。但绝不允许将各种闭环传递函数进行叠加后求其输出响应。

2-4 控制系统建模实例

例 **2-18** 电力牵引电机控制。

大部分现代列车和调度机车都采用电力牵引电机。牵引电机牵引轨道车辆系统的原
理框图如图 2-44(a)所示，其中电枢控制电机采用大功率直流电机，其参数如表 2-2 所

示；功率放大器采用差分放大器。要求建立控制系统的数学模型，计算系统的传递函数 $\Omega(s)/\Omega_d(s)$，并适当选择差分放大器的电阻 R_1、R_2、R_3、R_4。

解 选择转速计来产生一个与输出速度成比例的电压 v_t，并将它作为差分放大器的一个输入，如图 2-44(b)所示。

功率放大器是非线性的，可近似表示为指数函数

$$v_2 = 2\mathrm{e}^{3v_1} = g(v_1)$$

表 2-2 大功率直流电机的参数	
$K_m = 10$	$J = 2$
$R_a = 1$	$f = 0.5$
$L_a = 1$	$K_b = 0.1$

其正常工作点为 $v_{10}=1.5\mathrm{V}$。利用小偏差线性化的方法，可得

$$\Delta v_2 = \left.\frac{\mathrm{d}g(v_1)}{\mathrm{d}v_1}\right|_{v_{10}} \cdot \Delta v_1 = 540\Delta v_1$$

以小增量为新的变量，省去"Δ"符号，经拉氏变换后得

$$V_2(s) = 540V_1(s)$$

对于差分放大器，有

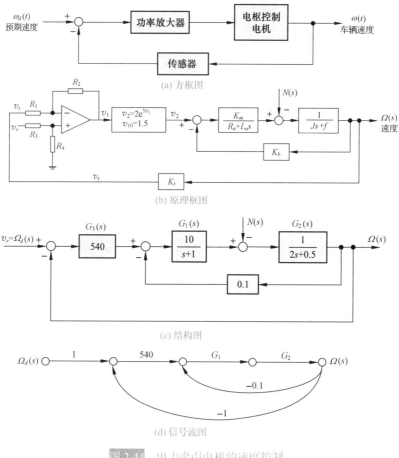

(a) 方框图

(b) 原理框图

(c) 结构图

(d) 信号流图

图 2-44 电力牵引电机的速度控制

$$v_1 = \frac{1 + \dfrac{R_2}{R_1}}{1 + \dfrac{R_3}{R_4}} v_r - \frac{R_2}{R_1} v_t$$

通常，希望输入控制电压 v_r 在数值上与预期速度 $\omega_d(t)$ 相等，注意到车辆在稳定运行时有 $v_t=K_t\omega_d$，于是车辆稳定运行时有

$$v_1 = \frac{1 + \dfrac{R_2}{R_1}}{1 + \dfrac{R_3}{R_4}} v_r - \frac{R_2}{R_1} K_t v_r$$

其中 $v_1=0$。当 $K_t=0.1$ 时，选择 $\dfrac{1 + R_2/R_1}{1 + R_3/R_4} = \dfrac{R_2}{R_1} K_t = 1$，求出

$$\frac{R_2}{R_1}=10, \qquad \frac{R_3}{R_4}=10$$

系统结构图如图 2-44(c)所示。利用图 2-44(d)给出的信号流图和梅森增益公式，可得系统闭环传递函数

$$\frac{\Omega(s)}{\Omega_d(s)} = \frac{540G_1(s)G_2(s)}{1 + 0.1G_1(s)G_2(s) + 540G_1(s)G_2(s)}$$

在上式中代入 $G_1(s)=\dfrac{10}{s+1}$，$G_2(s)=\dfrac{1}{2s+0.5}$，最后得

$$\frac{\Omega(s)}{\Omega_d(s)} = \frac{2700}{s^2 + 1.25s + 2700.75}$$

例 2-19 磁盘驱动读取系统(续)。

在图 1-17 的基础上，要求选定执行机构、传感器和控制器，然后建立控制对象和传感器等元部件的数学模型。

解 磁盘驱动读取系统采用永磁直流电机驱动图 1-16 所示的读取手臂的转动。磁头安装在一个与手臂相连的簧片上，磁头读取磁盘上各点处不同的磁通量，并将信号提供给放大器。弹性金属制成的簧片保证磁头以小于 100nm 的间隙悬浮于磁盘之上，如图 2-45 所示。

磁盘驱动读取系统框图如图 2-46(a)所示，其中偏差信号是在磁头读取磁盘上预先录制索引磁道时产生的。假定磁头足够精确，取传感器环节的传递函数 $H(s)=1$；

图 2-45 磁头安装示意图

放大器增益为 K_a；作为足够精确的近似，采用电枢控制直流电机模型来对永磁直流电机建模。由式(2-5)，在空载下，令 $C_m=K_m$，$f_m=f$，$J_m=J$，$R_a=R$，$L_a=L$，可得永磁直流电机模型为

$$G(s) = \frac{K_m}{s(Js+f)(Ls+R)}$$

假定簧片是完全刚性的，不会出现明显的弯曲，则磁盘驱动读取系统的模型如图 2-46(b) 所示。

图 2-46　磁盘驱动读取系统

磁盘驱动读取系统的典型参数如表 2-3 所示。由表 2-3 可得

$$G(s) = \frac{5000}{s(s+20)(s+1000)} \tag{2-89}$$

上式还可以改写为

$$G(s) = \frac{K_m/(fR)}{s(T_L s+1)(Ts+1)} \tag{2-90}$$

其中，$T_L = J/f = 50\text{ms}$；$T = L/R = 1\text{ms}$。由于 $T \ll T_L$，常常略去 T，可得

表 2-3　磁盘驱动读取系统典型参数

参数	符号	典型值
手臂与磁头的转动惯量	J	$1\text{N}\cdot\text{m}\cdot\text{s}^2/\text{rad}$
摩擦系数	f	$20\text{N}\cdot\text{m}\cdot\text{s}/\text{rad}$
放大器增益	K_a	$10\sim1000$
电枢电阻	R	1Ω
电机传递系数	K_m	$5\text{N}\cdot\text{m}/\text{A}$
电枢电感	L	1mH

$$G(s) \approx \frac{K_m / (fR)}{s(T_L s + 1)} = \frac{0.25}{s(0.05s + 1)} = \frac{5}{s(s + 20)}$$

利用 $G(s)$ 的二阶近似表示，该磁盘驱动读取系统的闭环传递函数为

$$\frac{C(s)}{R(s)} = \frac{K_a G(s)}{1 + K_a G(s)} = \frac{5K_a}{s^2 + 20s + 5K_a} \qquad (2\text{-}91)$$

当取 K_a=40 时，有 $C(s) = \dfrac{200}{s^2 + 20s + 200} R(s)$ ，若令 $R(s)=1/s$ ，使用 MATLAB 或 Python 的 step 函数，可得该系统的阶跃响应曲线，如图 2-47 所示。

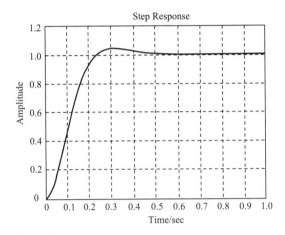

图 2-47 磁盘驱动读取系统的阶跃响应(MATLAB)

MATLAB 程序如下：

```
G=zpk([  ],[0 –20 –1000],5000);Ka=40;sys=feedback(Ka*G,1);
t=0:0.01:1;step(sys,t); grid; axis([0,1,0,1.2])
```

Python 程序如下：

```
import control as ctr
import matplotlib.pyplot as plt
import numpy as np


Ka=40
G = ctr.tf([5000],[1,1020,20000,0])
sys=ctr.feedback(Ka*G,1)
T = np.arange(0,3,0.01)
t1,y1 = ctr.step_response(sys,T)
plt.plot(t1, y1)
plt.title('Step Response')
plt.ylabel('Amplitude')
plt.xlabel('Time/sec')
```

```
plt.grid(1)
plt.xlim(0, 1)
plt.ylim(0, 1.2)
plt.show()
```

习　　题

2-1　在图 1-21 的液位自动控制系统中,设容器横截面积为 F, 希望液位为 c_0。若液位高度变化率与液体流量差 Q_1-Q_2 成正比,试列写以液位为输出量的微分方程式。

2-2　设机械系统如图 2-48 所示,其中 x_i 是输入位移, x_o 是输出位移。试分别列写各系统的微分方程式。

2-3　试证明图 2-49(a)的电网络与图 2-49(b)的机械系统有相同的数学模型。

2-4　试分别列写图 2-50 中各无源网络的微分方程式。

图 2-48　机械系统原理图

(a) 电网络

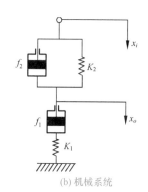

(b) 机械系统

图 2-49　电网络与机械系统原理图

(a)

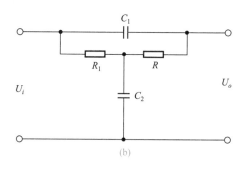

(b)

图 2-50　无源网络电路图

2-5　设初始条件均为零，试用拉氏变换法求解下列微分方程式，并概略绘制 $x(t)$ 曲线，指出各方程式的模态：

(1) $2\dot{x}(t)+x(t)=t$ ；　　　　　　(2) $\ddot{x}(t)+\dot{x}(t)+x(t)=\delta(t)$ ；

(3) $\ddot{x}(t)+2\dot{x}(t)+x(t)=1(t)$ 。

2-6　在液压系统管道中，设通过阀门的流量 Q 满足如下流量方程：

$$Q=K\sqrt{P}$$

式中，K 为比例常数；P 为阀门前后的压差。若流量 Q 与压差 P 在其平衡点$(Q_0，P_0)$附近做微小变化，试导出线性化流量方程。

2-7　设弹簧特性由下式描述：

$$F=12.65y^{1.1}$$

其中，F 是弹簧力；y 是变形位移。若弹簧在变形位移 0.25 附近做微小变化，试推导 ΔF 的线性化方程。

2-8　设晶闸管三相桥式全控整流电路的输入量为控制角 α，输出量为空载整流电压 e_d，其间的关系为 $e_d=E_{d_0}\cos\alpha$ ，式中 E_{d_0} 是整流电压的理想空载值，试推导其线性化方程式。

2-9　若某系统在阶跃输入 $r(t)=1(t)$时，零初始条件下的输出响应 $c(t)=1-e^{-2t}+e^{-t}$，试求系统的传递函数和脉冲响应。

2-10　设系统传递函数为

$$\frac{C(s)}{R(s)}=\frac{2}{s^2+3s+2}$$

初始条件 $c(0)=-1,\ \dot{c}(0)=0$ 。求单位阶跃输入 $r(t)=1(t)$ 时，系统的输出响应 $c(t)$。

2-11　在图 2-51 中，已知 $G(s)$ 和 $H(s)$ 两方框相对应的微分方程分别是

$$6\frac{\mathrm{d}c(t)}{\mathrm{d}t}+10c(t)=20e(t)$$

$$20\frac{\mathrm{d}b(t)}{\mathrm{d}t}+5b(t)=10c(t)$$

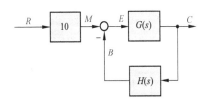

图 2-51　题 2-11 的系统结构图

且初始条件均为零，试求传递函数 $C(s)/R(s)$ 及 $E(s)/R(s)$。

2-12　求图 2-52 所示有源网络的传递函数 $U_o(s)/U_i(s)$。

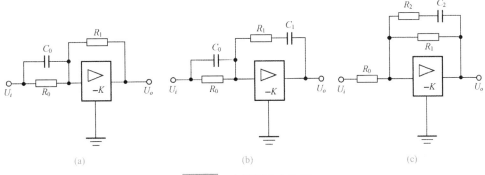

(a)　　　　　　　　　　(b)　　　　　　　　　　(c)

图 2-52　有源网络电路图

2-13　由运算放大器组成的控制系统模拟电路如图 2-53 所示，试求闭环传递函数 $U_o(s)/U_i(s)$。

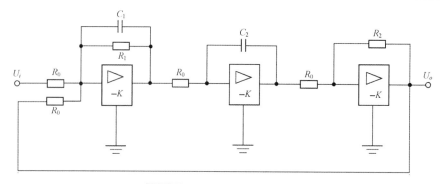

图 2-53　控制系统模拟电路图

2-14　试参照例 2-2 给出的电枢控制直流电动机的三组微分方程式，画出直流电动机的结构图，并由结构图等效变换求出电动机的传递函数 $\Omega_m(s)/U_a(s)$ 和 $\Omega_m(s)/M_c(s)$。

2-15　某位置随动系统原理方框图如图 2-54 所示。已知电位器最大工作角度 $\theta_{\max}=330°$，功率放大级功放系数为 K_3，要求：

(1) 分别求出电位器传递系数 K_0，第一级和第二级放大器的放大系数 K_1 和 K_2；

(2) 画出系统结构图；

(3) 简化结构图，求系统传递函数 $\Theta_o(s)/\Theta_i(s)$。

图 2-54　位置随动系统原理图

2-16　设直流电动机双闭环调速系统的原理线路如图 2-55 所示，要求：

(1) 分别求速度调节器和电流调节器的传递函数；

(2) 画出系统结构图(设可控硅电路传递函数为 $K_3/(T_3s+1)$；电流互感器和测速发电机的传递系数分别为 K_4 和 K_5；直流电动机的结构图用题 2-14 的结果)；

(3) 简化结构图，求系统传递函数 $\Omega(s)/U_i(s)$。

2-17　已知控制系统结构图如图 2-56 所示，试通过结构图等效变换求系统传递函数 $C(s)/R(s)$。

2-18　试简化图 2-57 中的系统结构图，并求传递函数 $C(s)/R(s)$ 和 $C(s)/N(s)$。

2-19　试绘制图 2-56 中各系统结构图对应的信号流图，并用梅森增益公式求各系统的传递函数 $C(s)/R(s)$。

2-20　画出图 2-57 中各系统结构图对应的信号流图，并用梅森增益公式求传递函数 $C(s)/R(s)$ 和 $C(s)/N(s)$。

图 2-55　直流电动机调速系统原理图

图 2-56　题 2-17 的系统结构图

图 2-57 题 2-18 的系统结构图

2-21 试绘制图 2-58 中系统结构图对应的信号流图，并用梅森增益公式求传递函数 $C(s)/R(s)$ 和 $E(s)/R(s)$。

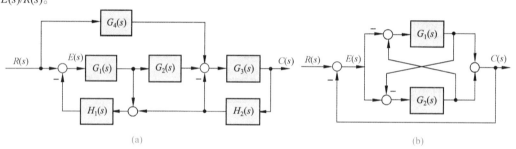

图 2-58 题 2-21 的系统结构图

2-22 试用梅森增益公式求图 2-59 中各系统信号流图的传递函数 $C(s)/R(s)$。

图 2-59 系统信号流图

2-23 图 2-60 所示为双摆系统，双摆悬挂在无摩擦的旋轴上，并且用弹簧把它们的中点连在一起。假定：摆的质量为 M；摆杆长度为 l；摆杆质量不计；弹簧置于摆杆的 $l/2$ 处，其弹性系数为 k；摆的角位移很小，$\sin\theta$，$\cos\theta$ 均可进行线性近似处理；当 $\theta_1=\theta_2$ 时，位于杆中间的弹簧无变形，且外力输入 $f(t)$ 只作用于左侧的杆。若令 $a=g/l+k/4M$，$b=k/4M$，要求：

(1) 列写双摆系统的运动方程；

(2) 确定传递函数 $\Theta_1(s)/F(s)$；

(3) 画出双摆系统的结构图和信号流图。

2-24 城市生态系统的多回路模型可能包括下列变量：城市人口数量(变量节点 P)，现代化程度(变量节点 M)，流入城市人数(变量节点 C)，卫生设施(变量节点 S)，疾病数量(变量节点 D)，单位面积的细菌数(变量节点 B)，单位面积的垃圾数(变量节点 G)等。假定各变量节点间遵循下列因果关系：

(1) $P \to G \to B \to D \to P$；

(2) $P \to M \to C \to P$；

(3) $P \to M \to S \to D \to P$；

(4) $P \to M \to S \to B \to D \to P$。

图 2-60 双摆系统示意图

各变量节点间支路增益的符号待确定。例如，改变卫生设施后，将减少单位面积的细菌数，因此 S 到 B 传输的支路增益应该为负。试确定各支路增益的正负，用恰当的符号，如 a、b、c、d、e、f、g、h、k、m 等表示支路增益，画出这些因果关系的信号流图，并回答在所给出的四个回路中，哪个是正反馈回路，哪个是负反馈回路。

本章导学

第三章　线性系统的时域分析法

在确定系统的数学模型后，便可以用几种不同的方法去分析控制系统的动态性能和稳态性能。在经典控制理论中，常用时域分析法、根轨迹法或频域分析法来分析线性控制系统的性能。显然，不同的方法有不同的特点和适用范围，但是比较而言，时域分析法是一种直接在时间域中对系统进行分析的方法，具有直观、准确的优点，并且可以提供系统时间响应的全部信息。本章主要研究线性控制系统性能分析的时域法。

3-1　系统时间响应的性能指标

控制系统性能的评价分为动态性能指标和稳态性能指标两类。为了求解系统的时间响应，必须了解输入信号（即外作用）的解析表达式。然而，在一般情况下，控制系统的外加输入信号具有随机性而无法预先确定，因此需要选择若干典型输入信号。

1. 典型输入信号

一般说来，我们是针对某一类输入信号来设计控制系统的。某些系统，例如室温系统或水位调节系统，其输入信号为要求的室温或水位高度，这是设计者所熟知的。但是在大多数情况下，控制系统的输入信号以无法预测的方式变化。例如，在防空火炮系统中，敌机的位置和速度无法预料，使火炮控制系统的输入信号具有了随机性，从而给规定系统的性能要求以及分析和设计工作带来了困难。为了便于进行分析和设计，同时也为了便于对各种控制系统的性能进行比较，我们需要假定一些基本的输入函数形式，称之为典型输入信号。所谓典型输入信号，是指根据系统常遇到的输入信号形式，在数学描述上加以理想化的一些基本输入函数。控制系统中常用的典型输入信号有：单位阶跃函数、单位斜坡（速度）函数、单位加速度（抛物线）函数、单位脉冲函数和正弦函数，如表3-1所示。这些函数都是简单的时间函数，便于数学分析和实验研究。

表 3-1　典型输入信号

名称	时域表达式	复域表达式
单位阶跃函数	$1(t), \quad t \geqslant 0$	$\dfrac{1}{s}$
单位斜坡函数	$t, \quad t \geqslant 0$	$\dfrac{1}{s^2}$
单位加速度函数	$\dfrac{1}{2}t^2, \quad t \geqslant 0$	$\dfrac{1}{s^3}$
单位脉冲函数	$\delta(t), \quad t=0$	1
正弦函数	$A\sin\omega t$	$\dfrac{A\omega}{s^2+\omega^2}$

　　实际应用时究竟采用哪一种典型输入信号，取决于系统常见的工作状态；同时，在所有可能的输入信号中，往往选取最不利的信号作为系统的典型输入信号。这种处理方法在许多场合是可行的。例如，室温调节系统和水位调节系统，以及工作状态突然改变或突然受到恒定输入作用的控制系统，都可以采用阶跃函数作为典型输入信号；跟踪通信卫星的天线控制系统，以及输入信号随时间恒速变化的控制系统，斜坡函数是比较合适的典型输入；加速度函数可用来作为宇宙飞船控制系统的典型输入；当控制系统的输入信号是冲击输入量时，采用脉冲函数最为合适；当系统的输入作用具有周期性的变化时，可选择正弦函数作为典型输入。同一系统中，不同形式的输入信号所对应的输出响应是不同的，但对于线性控制系统来说，它们所表征的系统性能是一致的。通常以单位阶跃函数作为典型输入作用，则可在一个统一的基础上对各种控制系统的特性进行比较和研究。

　　应当指出，有些控制系统的实际输入信号是变化无常的随机信号，例如定位雷达天线控制系统，其输入信号中既有运动目标的不规则信号，又包含有许多随机噪声分量，此时就不能用上述确定性的典型输入信号去代替实际输入信号，而必须采用随机过程理论进行处理。

　　为了评价线性系统时间响应的性能指标，需要研究控制系统在典型输入信号作用下的时间响应过程。

2. 动态过程与稳态过程

　　在典型输入信号作用下，任何一个控制系统的时间响应都由动态过程和稳态过程两部分组成。

　　(1) 动态过程

　　动态过程又称过渡过程或瞬态过程，指系统在典型输入信号作用下，系统输出量从初始状态到最终状态的响应过程。由于实际控制系统具有惯性、摩擦以及其他一些原因，系统输出量不可能完全复现输入量的变化。根据系统结构和参数选择情况，动态过程表现为衰减、发散或等幅振荡形式。显然，一个可以实际运行的控制系统，其动态过程必须是衰减的，换句话说，系统必须是稳定的。动态过程除提供系统稳定性的信息外，还可以提供响应速度及阻尼情况等信息。这些信息用动态性能描述。

　　(2) 稳态过程

　　稳态过程指系统在典型输入信号作用下，当时间 t 趋于无穷时，系统输出量的表现方式。稳态过程又称稳态响应，表征系统输出量最终复现输入量的程度，提供系统有关稳态误差的信息，用稳态性能描述。

　　由此可见，控制系统在典型输入信号作用下的性能指标，通常由动态性能和稳态性能两部分组成。

3. 动态性能与稳态性能

　　稳定是控制系统能够运行的首要条件，因此只有当动态过程收敛时，研究系统的动态性能才有意义。

　　(1) 动态性能

　　通常在阶跃函数作用下，测定或计算系统的动态性能。一般认为，阶跃输入对系统来说是最严峻的工作状态。如果系统在阶跃函数作用下的动态性能满足要求，那么系统在其他形式的函数作用下，其动态性能也是令人满意的。

描述稳定的系统在单位阶跃函数作用下，动态过程随时间 t 的变化状况的指标，称为动态性能指标。为了便于分析和比较，假定系统在单位阶跃输入信号作用前处于静止状态，而且输出量及其各阶导数均等于零。对于大多数控制系统来说，这种假设是符合实际情况的。对于图 3-1 所示单位阶跃响应 $c(t)$，其动态性能指标通常如下：

系统动态性能指标的定义

图 3-1　单位阶跃响应曲线

上升时间(rise time)t_r　指响应从终值 10%上升到终值 90%所需的时间；对于有振荡的系统，亦可定义为响应从零第一次上升到终值所需的时间。上升时间是系统响应速度的一种度量。上升时间越短，响应速度越快。

峰值时间(peak time)t_p　指响应超过其终值到达第一个峰值所需的时间。

调节时间(settling time)t_s　指响应到达并保持在终值±5%①内所需的最短时间。

超调量 $\sigma\%$　指响应的最大偏离量 $c(t_p)$ 与终值 $c(\infty)$ 的差与终值 $c(\infty)$ 比的百分数，即

$$\sigma\% = \frac{c(t_p) - c(\infty)}{c(\infty)} \times 100\% \tag{3-1}$$

若 $c(t_p) < c(\infty)$，则响应无超调。超调量亦称为最大超调量，或百分比超调量。

上述四个动态性能指标，基本上可以体现系统动态过程的特征。在实际应用中，常用的动态性能指标多为上升时间、调节时间和超调量。通常，用 t_r 或 t_p 评价系统的响应速度；用 $\sigma\%$ 评价系统的阻尼程度；而 t_s 是同时反映响应速度和阻尼程度的综合性指标。应当指出，除简单的一、二阶系统外，要精确确定这些动态性能指标的解析表达式是很困难的。

(2) 稳态性能

稳态误差是描述系统稳态性能的一种性能指标，通常在阶跃函数、斜坡函数或加速度函数作用下进行测定或计算。若时间趋于无穷时，系统的输出量不等于输入量或

---

① 有时也用终值的±2%误差范围来定义调节时间。除非特别说明，本书以后研究的调节时间，均指取±5%误差范围。

输入量的确定函数，则系统存在稳态误差。稳态误差是系统控制精度或抗扰动能力的一种度量。

3-2　一阶系统的时域分析

凡以一阶微分方程作为运动方程的控制系统，称为一阶系统。在工程实践中，一阶系统不乏其例。有些高阶系统的特性，常可用一阶系统的特性来近似表征。

1. 一阶系统的数学模型

研究图 3-2(a)所示 RC 电路，其运动微分方程为

$$T\dot{c}(t) + c(t) = r(t) \tag{3-2}$$

式中，$c(t)$为电路输出电压；$r(t)$为电路输入电压；$T=RC$ 为时间常数。当该电路的初始条件为零时，其传递函数为

$$\varPhi(s) = \frac{C(s)}{R(s)} = \frac{1}{Ts+1} \tag{3-3}$$

相应的结构图如图 3-2(b)所示。可以证明，室温调节系统、恒温箱以及水位调节系统的闭环传递函数形式与式(3-3)完全相同，仅时间常数含义有所区别。因此，式(3-2)或式(3-3)称为一阶系统的数学模型。在以下的分析和计算中，均假定系统初始条件为零。

(a) 电路图　　　　　　　　　　(b) 结构图

图 3-2　一阶控制系统

应当指出，具有同一运动方程或传递函数的所有线性系统，对同一输入信号的响应是相同的。当然，对于不同形式或不同功能的一阶系统，其响应特性的数学表达式具有不同的物理意义。

2. 一阶系统的单位阶跃响应

设一阶系统的输入信号为单位阶跃函数 $r(t)=1(t)$，则由式(3-3)，可得一阶系统的单位阶跃响应为

$$c(t) = 1 - e^{-t/T}, \quad t \geqslant 0 \tag{3-4}$$

由式(3-4)可见，一阶系统的单位阶跃响应是一条初始值为零，以指数规律上升到终值 $c_{ss}=1$ 的曲线，如图 3-3 所示。

图 3-3 表明，一阶系统的单位阶跃响应为非周期响应，具备如下两个重要特点：

1) 可用时间常数 T 去度量系统输出量的数值。例如，当 $t=T$ 时，$c(T)=0.632$；而当 t 分别等于 $2T$，$3T$ 和 $4T$ 时，$c(t)$的数值将分别等于终值的 86.5%，95% 和 98.2%。根据这

图 3-3　一阶系统的单位阶跃响应曲线

一特点，可用实验方法测定一阶系统的时间常数，或判定所测系统是否属于一阶系统。

2) 响应曲线的斜率初始值为 $1/T$，并随时间的推移而下降。例如

$$\left.\frac{\mathrm{d}c(t)}{\mathrm{d}t}\right|_{t=0}=\frac{1}{T}, \quad \left.\frac{\mathrm{d}c(t)}{\mathrm{d}t}\right|_{t=T}=0.368\frac{1}{T}, \quad \left.\frac{\mathrm{d}c(t)}{\mathrm{d}t}\right|_{t=\infty}=0$$

从而使单位阶跃响应完成全部变化量所需的时间为无限长，即有 $c(\infty)=1$。此外，初始斜率特性，也是常用的确定一阶系统时间常数的方法之一。

根据动态性能指标的定义，一阶系统的动态性能指标为

$$t_r=2.20T$$

$$t_s=3T(\Delta=5\%) \quad 或 \quad t_s=4T(\Delta=2\%)$$

显然，峰值时间 t_p 和超调量 $\sigma\%$ 都不存在。

由于时间常数 T 反映系统的惯性，所以一阶系统的惯性越小，其响应过程越快；反之，惯性越大，响应越慢。

一阶系统的
动态性能
指标

3. 一阶系统的单位脉冲响应

当输入信号为理想单位脉冲函数时，由于 $R(s)=1$，所以系统输出量的拉氏变换式与系统的传递函数相同，即 $C(s)=\dfrac{1}{Ts+1}$，这时系统的输出称为脉冲响应，其表达式为

图 3-4　一阶系统的单位脉冲响应曲线

$$c(t)=\frac{1}{T}\mathrm{e}^{-t/T}, \quad t\geqslant 0 \qquad (3-5)$$

如果令 t 分别等于 T，$2T$，$3T$ 和 $4T$，可绘出一阶系统的单位脉冲响应曲线，如图 3-4 所示。由式(3-5)，可以算出响应曲线的各处斜率为

$$\left.\frac{\mathrm{d}c(t)}{\mathrm{d}t}\right|_{t=0}=-\frac{1}{T^2}$$

$$\left.\frac{\mathrm{d}c(t)}{\mathrm{d}t}\right|_{t=T}=-0.368\frac{1}{T^2}$$

$$\left.\frac{\mathrm{d}c(t)}{\mathrm{d}t}\right|_{t=\infty}=0$$

由图 3-4 可见，一阶系统的脉冲响应为一单调下降的指数曲线。若定义该指数曲线衰减到其初始值的 5%或 2%所需的时间为脉冲响应调节时间，则仍有 $t_s=3T$ 或 $t_s=4T$。故系统的惯性越小，响应过程的快速性越好。

在初始条件为零的情况下，一阶系统的闭环传递函数与脉冲响应函数之间，包含着相同的动态过程信息。这一特点同样适用于其他各阶线性定常系统，因此常以单位脉冲输入信号作用于系统，根据被测定系统的单位脉冲响应，可以求得被测系统的闭环传递函数。

鉴于工程上无法得到理想单位脉冲函数，因此常用具有一定脉宽 b 和有限幅度的矩形脉动函数来代替。为了得到近似度较高的脉冲响应函数，要求实际脉动函数的宽度 b 远小于系统的时间常数 T，一般规定 $b<0.1T$。

4. 一阶系统的单位斜坡响应

设系统的输入信号为单位斜坡函数，则由式(3-3)可以求得一阶系统的单位斜坡响应为

$$c(t) = (t - T) + Te^{-t/T}, \quad t \geqslant 0 \tag{3-6}$$

式中，$(t-T)$ 为稳态分量；$Te^{-t/T}$ 为瞬态分量。

式(3-6)表明：一阶系统的单位斜坡响应的稳态分量，是一个与输入斜坡函数斜率相同但时间滞后 T 的斜坡函数，因此在位置上存在稳态跟踪误差，其值正好等于时间常数 T；一阶系统单位斜坡响应的瞬态分量为衰减非周期函数。

根据式(3-6)绘出的一阶系统的单位斜坡响应曲线如图 3-5 所示。比较图 3-3 和图 3-5 可以发现一个有趣现象：在阶跃响应曲线中，输出量和输入量之间的位置误差随时间而减小，最后趋于零，而在初始状态下，位置误差最大，响应曲线的初始斜率也最大；在斜坡响应曲线中，输出量和输入量之间的位置误差随时间而增大，最后趋于常值 T，惯性越小，跟踪的准确度越高，而在初始状态下，初始位置和初始斜率均为零，因为

$$\left.\frac{dc(t)}{dt}\right|_{t=0} = 1 - e^{-t/T}\big|_{t=0} = 0$$

显然，在初始状态下，输出速度和输入速度之间误差最大。

5. 一阶系统的单位加速度响应

设系统的输入信号为单位加速度函数，则由式(3-3)可以求得一阶系统的单位加速度响应为

$$c(t) = \frac{1}{2}t^2 - Tt + T^2(1 - e^{-t/T}), \quad t \geqslant 0 \tag{3-7}$$

因此，系统的跟踪误差为

$$e(t) = r(t) - c(t) = Tt - T^2(1 - e^{-t/T})$$

上式表明，跟踪误差随时间推移而增大，直至无限大。因此，一阶系统不能实现对

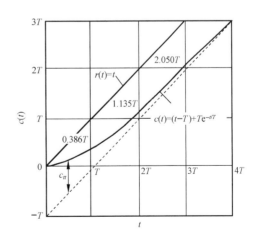

图 3-5　一阶系统单位斜坡响应曲线

加速度输入函数的跟踪。

　　一阶系统对上述典型输入信号的响应归纳于表 3-2 之中。由表 3-2 可见，单位脉冲函数与单位阶跃函数的一阶导数及单位斜坡函数的二阶导数的等价关系，对应有单位脉冲响应与单位阶跃响应的一阶导数及单位斜坡响应的二阶导数的等价关系。这个等价对应关系表明：系统对输入信号导数的响应，就等于系统对该输入信号响应的导数；或者，系统对输入信号积分的响应，就等于系统对该输入信号响应的积分，而积分常数由零输出初始条件确定。这是线性定常系统的一个重要特性，适用于任何阶线性定常系统，但不适用于线性时变系统和非线性系统。因此，研究线性定常系统的时间响应，不必对每种输入信号形式进行测定和计算，往往只取其中一种典型形式进行研究。

表 3-2　一阶系统对典型输入信号的输出响应

输入信号	输出响应	输入信号	输出响应
$1(t)$	$1-e^{-t/T}, \ t \geqslant 0$	t	$t-T+Te^{-t/T}, \ t \geqslant 0$
$\delta(t)$	$\dfrac{1}{T}e^{-t/T}, \ t \geqslant 0$	$\dfrac{1}{2}t^2$	$\dfrac{1}{2}t^2-Tt+T^2(1-e^{-t/T}), \ t \geqslant 0$

3-3　二阶系统的时域分析

　　凡以二阶微分方程描述运动方程的控制系统，称为二阶系统。在控制工程中，不仅二阶系统的典型应用极为普遍，而且不少高阶系统的特性在一定条件下可用二阶系统的特性来表征。因此，着重研究二阶系统的分析和计算方法，具有较大的实际意义。

1. 二阶系统的数学模型

　　设位置控制系统如图 3-6 所示，其任务是控制有黏性摩擦和转动惯量的负载，使负载位置与输入手柄位置协调。

图 3-6　位置控制系统原理图

　　利用第二章介绍的传递函数列写和结构图绘制方法，不难画出位置控制系统的结构图，如图 3-7 所示。由图得系统的开环传递函数

$$G(s) = \frac{K_s K_a C_m / i}{s\left[(L_a s + R_a)(Js + f) + C_m C_e\right]}$$

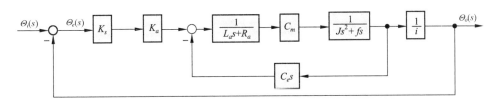

图 3-7　位置控制系统结构图

式中，L_a 和 R_a 分别为电动机电枢绕组的电感和电阻；C_m 为电动机的转矩系数；C_e 为与电动机反电势有关的比例系数；K_s 为桥式电位器传递系数；K_a 为放大器增益；i 为减速器速比；J 和 f 分别为折算到电动机轴上的总转动惯量和总黏性摩擦系数。如果略去电枢电感 L_a，且令

$$K_1 = K_s K_a C_m / i R_a, \quad F = f + C_m C_e / R_a$$

其中，K_1 称为增益；F 称为阻尼系数。那么在不考虑负载力矩的情况下，位置控制系统的开环传递函数可以简化为

$$G(s) = \frac{K}{s(T_m s + 1)} \tag{3-8}$$

其中，$K=K_1/F$，称为开环增益；$T_m=J/F$，称为机电时间常数。相应的闭环传递函数是

$$\Phi(s) = \frac{\Theta_o(s)}{\Theta_i(s)} = \frac{K}{T_m s^2 + s + K} \tag{3-9}$$

显然，上述系统闭环传递函数对应如下二阶运动微分方程：

$$T_m \frac{d^2 \theta_o(t)}{dt^2} + \frac{d\theta_o(t)}{dt} + K\theta_o(t) = K\theta_i(t) \tag{3-10}$$

所以图 3-6 所示位置控制系统在简化情况下是一个二阶系统。

为了使研究的结果具有普遍的意义，可将式(3-9)表示为标准形式：

$$\Phi(s) = \frac{C(s)}{R(s)} = \frac{\omega_n^2}{s^2 + 2\zeta\omega_n s + \omega_n^2} \tag{3-11}$$

相应的结构图如图 3-8 所示。图中

$\omega_n = \sqrt{\dfrac{K}{T_m}}$ 为自然频率(或无阻尼振荡频率)；

$\zeta = \dfrac{1}{2\sqrt{T_m K}}$ 为阻尼比(或相对阻尼系数)。

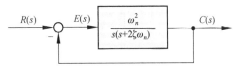

图 3-8　标准形式的二阶系统结构图

令式(3-11)的分母多项式为零，得二阶系统的特征方程

$$s^2 + 2\zeta\omega_n s + \omega_n^2 = 0 \tag{3-12}$$

其两个根(闭环极点)为

$$s_{1,2} = -\zeta\omega_n \pm \omega_n\sqrt{\zeta^2 - 1} \tag{3-13}$$

显然，二阶系统的时间响应取决于 ζ 和 ω_n 这两个参数。下面将根据式(3-11)这一数学

模型，研究二阶系统时间响应及动态性能指标的求法。应当指出，对于结构和功用不同的二阶系统，ζ 和 ω_n 的物理含义是不同的。

2. 二阶系统的单位阶跃响应

式(3-13)表明，二阶系统特征根的性质取决于 ζ 值的大小。若 $\zeta < 0$，则二阶系统具有两个正实部的特征根，其单位阶跃响应为

$$c(t) = 1 - \frac{e^{-\zeta\omega_n t}}{\sqrt{1-\zeta^2}}\sin(\omega_n\sqrt{1-\zeta^2}\,t + \beta); \quad -1 < \zeta < 0, \quad t \geqslant 0$$

式中，$\beta = \arctan\left(\sqrt{1-\zeta^2}\Big/\zeta\right)$。或者

$$c(t) = 1 + \frac{e^{-(\zeta+\sqrt{\zeta^2-1})\omega_n t}}{2\sqrt{\zeta^2-1}(\zeta+\sqrt{\zeta^2-1})} - \frac{e^{-(\zeta-\sqrt{\zeta^2-1})\omega_n t}}{2\sqrt{\zeta^2-1}(\zeta-\sqrt{\zeta^2-1})}; \quad \zeta < -1, \quad t \geqslant 0$$

由于阻尼比 ζ 为负，指数因子具有正幂指数，因此系统的动态过程为发散正弦振荡或单调发散的形式，从而表明 $\zeta < 0$ 的二阶系统是不稳定的。如果 $\zeta = 0$，则特征方程有一对纯虚根，$s_{1,2} = \pm j\omega_n$，对应于 s 平面虚轴上一对共轭极点，可以算出系统的阶跃响应为等幅振荡，此时系统相当于无阻尼情况。如果 $0 < \zeta < 1$，则特征方程有一对具有负实部的共轭复根，$s_{1,2} = -\zeta\omega_n \pm j\omega_n\sqrt{1-\zeta^2}$，对应于 s 平面左半部的共轭复数极点，相应的阶跃响应为衰减振荡过程，此时系统处于欠阻尼情况。如果 $\zeta = 1$，则特征方程具有两个相等的负实根，$s_{1,2} = -\omega_n$，对应于 s 平面负实轴上的两个相等实极点，相应的阶跃响应非周期地趋于稳态输出，此时系统处于临界阻尼情况。如果 $\zeta > 1$，则特征方程有两个不相等的负实根，$s_{1,2} = -\zeta\omega_n \pm \omega_n\sqrt{\zeta^2-1}$，对应于 s 平面负实轴上的两个不等实极点，相应的单位阶跃响应也是非周期地趋于稳态输出，但响应速度比临界阻尼情况缓慢，因此称为过阻尼情况。上述各种情况的闭环极点分布，如图 3-9 所示。

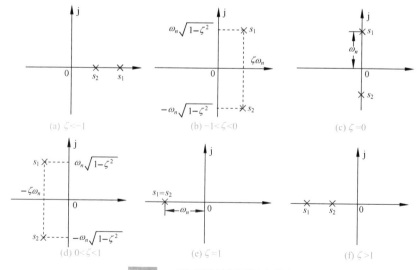

图 3-9　二阶系统的闭环极点分布

由此可见，ζ 值的大小决定了系统的阻尼程度。对于图 3-6 所示的位置控制系统，有

$$\zeta = \frac{1}{2\sqrt{T_m K}} = \frac{F}{F_c}$$

式中，$F_c = 2\sqrt{JK_1}$ 为 $\zeta = 1$ 时的阻尼系数。所以，ζ 是阻尼系数 F 与临界阻尼系数 F_c 之比，故称为阻尼比或相对阻尼系数。

下面分别研究欠阻尼、临界阻尼、过阻尼二阶系统的单位阶跃响应。

(1) 欠阻尼 $(0 < \zeta < 1)$ 二阶系统的单位阶跃响应

若令 $\sigma = \zeta\omega_n$，$\omega_d = \omega_n\sqrt{1-\zeta^2}$，则有

$$s_{1,2} = -\sigma \pm j\omega_d$$

式中，σ 称为衰减系数，ω_d 称为阻尼振荡频率。

当 $R(s) = 1/s$ 时，由式(3-11)得

$$C(s) = \frac{\omega_n^2}{s^2 + 2\zeta\omega_n s + \omega_n^2} \cdot \frac{1}{s} = \frac{1}{s} - \frac{s + \zeta\omega_n}{(s + \zeta\omega_n)^2 + \omega_d^2} - \frac{\zeta\omega_n}{(s + \zeta\omega_n)^2 + \omega_d^2}$$

对上式取拉氏反变换，求得单位阶跃响应为

$$
\begin{aligned}
c(t) &= 1 - e^{-\zeta\omega_n t}\left(\cos\omega_d t + \frac{\zeta}{\sqrt{1-\zeta^2}}\sin\omega_d t\right) \\
&= 1 - \frac{1}{\sqrt{1-\zeta^2}} e^{-\zeta\omega_n t}\left(\sqrt{1-\zeta^2}\cos\omega_d t + \zeta\sin\omega_d t\right) \\
&= 1 - \frac{1}{\sqrt{1-\zeta^2}} e^{-\zeta\omega_n t}\sin(\omega_d t + \beta), \quad t \geqslant 0
\end{aligned}
\tag{3-14}
$$

式中，$\beta = \arctan\left(\sqrt{1-\zeta^2}\big/\zeta\right)$，或者 $\beta = \arccos\zeta$。

式(3-14)表明，欠阻尼二阶系统的单位阶跃响应由两部分组成：稳态分量为 1，表明图 3-8 系统在单位阶跃函数作用下不存在稳态位置误差；瞬态分量为阻尼正弦振荡项，其振荡频率为 ω_d，故称为阻尼振荡频率。由于瞬态分量衰减的快慢程度取决于包络线 $1 \pm e^{-\zeta\omega_n t}\big/\sqrt{1-\zeta^2}$ 收敛的速度，当 ζ 一定时，包络线的收敛速度又取决于指数函数 $e^{-\zeta\omega_n t}$ 的幂，所以 $\sigma = \zeta\omega_n$ 称为衰减系数。

若 $\zeta = 0$，则二阶系统无阻尼时的单位阶跃响应为

$$c(t) = 1 - \cos\omega_n t, \quad t \geqslant 0 \tag{3-15}$$

这是一条平均值为 1 的正、余弦形式的等幅振荡，其振荡频率为 ω_n，故可称为无阻尼振荡频率。由图 3-6 位置控制系统可知，ω_n 由系统本身的结构参数 K 和 T_m 或 K_1 和 J 确定，故 ω_n 常称为自然频率。

应当指出，实际的控制系统通常都有一定的阻尼比，因此不可能通过实验方法测得 ω_n，而只能测得 ω_d，其值总小于自然频率 ω_n。只有在 $\zeta = 0$ 时，才有 $\omega_d = \omega_n$。当阻尼比 ζ 增大时，阻尼振荡频率 ω_d 将减小。如果 $\zeta \geqslant 1$，ω_d 将不复存在，系统的响应不再出现振荡。但是，为了便于分析和叙述，ω_n 和 ω_d 的符号和名称在 $\zeta \geqslant 1$ 时仍将沿用下去。

(2) 临界阻尼(ζ=1)二阶系统的单位阶跃响应

设输入信号为单位阶跃函数，则系统输出量的拉氏变换可写为

$$C(s) = \frac{\omega_n^2}{s(s+\omega_n)^2} = \frac{1}{s} - \frac{\omega_n}{(s+\omega_n)^2} - \frac{1}{s+\omega_n}$$

对上式取拉氏反变换，得临界阻尼二阶系统的单位阶跃响应

$$c(t) = 1 - e^{-\omega_n t}(1 + \omega_n t), \quad t \geqslant 0 \tag{3-16}$$

上式表明，当ζ=1 时，二阶系统的单位阶跃响应是稳态值为 1 的无超调单调上升过程，其变化率

$$\frac{\mathrm{d}c(t)}{\mathrm{d}t} = \omega_n^2 t e^{-\omega_n t}$$

当 t=0 时，响应过程的变化率为零；当 $t > 0$ 时，响应过程的变化率为正，响应过程单调上升；当 $t \to \infty$时，响应过程的变化率趋于零，响应过程趋于常值 1。通常，临界阻尼情况下的二阶系统的单位阶跃响应称为临界阻尼响应。

(3) 过阻尼(ζ>1)二阶系统的单位阶跃响应

设输入信号为单位阶跃函数，且令

$$T_1 = \frac{1}{\omega_n(\zeta - \sqrt{\zeta^2-1})}, \quad T_2 = \frac{1}{\omega_n(\zeta + \sqrt{\zeta^2-1})}$$

则过阻尼二阶系统的输出量拉氏变换为

$$C(s) = \frac{\omega_n^2}{s(s+1/T_1)(s+1/T_2)}$$

式中，T_1 和 T_2 称为过阻尼二阶系统的时间常数，且有 $T_1 > T_2$。对上式取拉氏反变换，得

$$c(t) = 1 + \frac{e^{-t/T_1}}{T_2/T_1 - 1} + \frac{e^{-t/T_2}}{T_1/T_2 - 1}, \quad t \geqslant 0 \tag{3-17}$$

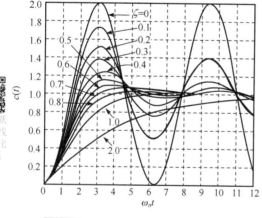

图 3-10　二阶系统单位阶跃响应曲线

上式表明，响应特性包含着两个单调衰减的指数项，其代数和绝不会超过稳态值 1，因而过阻尼二阶系统的单位阶跃响应是非振荡的，通常称为过阻尼响应。

以上三种情况的单位阶跃响应曲线如图 3-10 所示，其横坐标为无因次时间 $\omega_n t$。

由图 3-10 可见：在过阻尼和临界阻尼响应曲线中，临界阻尼响应具有最短的上升时间,响应速度最快;在欠阻尼($0 < \zeta < 1$)响应曲线中，阻尼比越小，超调量越大，上升时间越短，通常取ζ=0.4～0.8 为宜，此时超调量适度，调节时间较短;若二阶

系统具有相同的 ζ 和不同的 ω_n，则其振荡特性相同但响应速度不同，ω_n 越大，响应速度越快。

极点分布与响应曲线的关系

由于欠阻尼二阶系统与过阻尼(含临界阻尼)二阶系统具有不同形式的响应曲线，因而它们的动态性能指标的估算方法也不尽相同。下面将分别加以讨论。

3. 欠阻尼二阶系统的动态过程分析

在控制工程中，除了那些不容许产生振荡响应的系统外，通常都希望控制系统具有适度的阻尼、较快的响应速度和较短的调节时间。因此，二阶控制系统的设计，一般取 $\zeta = 0.4 \sim 0.8$，其各项动态性能指标，除峰值时间、超调量和上升时间可用 ζ 与 ω_n 准确表示外，调节时间很难用 ζ 与 ω_n 准确描述，不得不采用工程上的近似计算方法。

为了便于说明改善系统动态性能的方法，图 3-11 表示了欠阻尼二阶系统各特征参量之间的关系。由图可见，衰减系数 σ 是闭环极点到虚轴之间的距离；阻尼振荡频率 ω_d 是闭环极点到实轴之间的距离；自然频率 ω_n 是闭环极点到坐标原点之间的距离；ω_n 与负实轴夹角的余弦正好是阻尼比，即

$$\zeta = \cos\beta \tag{3-18}$$

故 β 称为阻尼角。下面推导式(3-11)所描述的无零点欠阻尼二阶系统的动态性能指标计算公式。

图 3-11　欠阻尼二阶系统的特征参量

(1) 上升时间 t_r 的计算

在式(3-14)中，令 $c(t_r)=1$，求得

$$\frac{1}{\sqrt{1-\zeta^2}} e^{-\zeta\omega_n t_r} \sin(\omega_d t_r + \beta) = 0$$

由于 $e^{-\zeta\omega_n t_r} \neq 0$，所以有

$$t_r = \frac{\pi - \beta}{\omega_d} \tag{3-19}$$

由式(3-19)可见，当阻尼比 ζ 一定时，阻尼角 β 不变，系统的响应速度与 ω_n 成正比；而当阻尼振荡频率 ω_d 一定时，阻尼比越小，上升时间越短。

(2) 峰值时间 t_p 的计算

将式(3-14)对 t 求导，并令其为零，求得

$$\zeta\omega_n e^{-\zeta\omega_n t_p} \sin(\omega_d t_p + \beta) - \omega_d e^{-\zeta\omega_n t_p} \cos(\omega_d t_p + \beta) = 0$$

整理得

$$\tan(\omega_d t_p + \beta) = \frac{\sqrt{1-\zeta^2}}{\zeta}$$

由于 $\tan\beta = \sqrt{1-\zeta^2}\big/\zeta$，于是上列三角方程的解为 $\omega_d t_p = 0$，π，2π，3π，…。根据峰值时间定义，应取 $\omega_d t_p = \pi$，于是峰值时间

$$t_p = \frac{\pi}{\omega_d} \tag{3-20}$$

式(3-20)表明，峰值时间等于阻尼振荡周期的一半。或者说，峰值时间与闭环极点的虚部数值成反比。当阻尼比一定时，闭环极点离负实轴的距离越远，系统的峰值时间越短。

(3) 超调量 $\sigma\%$ 的计算

因为超调量发生在峰值时间上，所以将式(3-20)代入式(3-14)，得输出量的最大值

$$c(t_p) = 1 - \frac{1}{\sqrt{1-\zeta^2}} e^{-\pi\zeta/\sqrt{1-\zeta^2}} \sin(\pi + \beta)$$

由于 $\sin(\pi+\beta) = -\sqrt{1-\zeta^2}$，故上式可写为 $c(t_p) = 1 + e^{-\pi\zeta/\sqrt{1-\zeta^2}}$。按超调量定义式(3-1)，并考虑到 $c(\infty)=1$，求得

$$\sigma\% = e^{-\pi\zeta/\sqrt{1-\zeta^2}} \times 100\% \tag{3-21}$$

式(3-21)表明，超调量 $\sigma\%$ 仅是阻尼比 ζ 的函数，而与自然频率 ω_n 无关。超调量与阻尼比的关系曲线，如图 3-12 所示。由图可见，阻尼比越大，超调量越小，反之亦然。一般，当选取 $\zeta = 0.4 \sim 0.8$ 时，$\sigma\%$ 介于 $1.5\% \sim 25.4\%$。

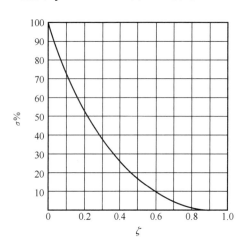

图 3-12　欠阻尼二阶系统 ζ 与 $\sigma\%$ 关系曲线

(4) 调节时间 t_s 的计算

对于欠阻尼二阶系统单位阶跃响应式(3-14)，指数曲线 $1 \pm e^{-\zeta\omega_n t}/\sqrt{1-\zeta^2}$ 是对称于 $c(\infty)=1$ 的一对包络线，整个响应曲线总是包含在这一对包络线之内，如图 3-13 所示。图中采用无因次时间 $\omega_n t$(弧度)作为横坐标，因此时间响应特性仅是阻尼比 ζ 的函数。由图可见，实际输出响应的收敛程度小于包络线的收敛程度。图中选用的 $\zeta = 0.707$，但对于其他 ζ 值下的阶跃响应特性，亦存在类似情况。为方便起见，往往采用包络线代替实际响应来估算调节时间，所得结果略保守。此外，图中还表明了阻尼正弦函数的滞后角 $-\beta/\sqrt{1-\zeta^2}$，因为当 $\sin\left[\sqrt{1-\zeta^2}(\omega_n t) + \beta\right] = 0$ 时，必有 $(\omega_n t) = -\beta/\sqrt{1-\zeta^2}$。整个响应在 $\omega_n t < 0$ 时的延续部分，如图 3-13 中虚线所示。

根据上述分析，如果令 Δ 代表实际响应与稳态输出之间的误差，则有

$$\Delta = \left| \frac{e^{-\zeta\omega_n t}}{\sqrt{1-\zeta^2}} \sin(\omega_d t + \beta) \right| \leqslant \frac{e^{-\zeta\omega_n t}}{\sqrt{1-\zeta^2}}$$

假定 $\zeta \leqslant 0.8$，并在上述不等式右端分母中代入 $\zeta = 0.8$，选取误差带 $\Delta = 0.05$，可以解得 $t_s \leqslant 3.5/(\zeta\omega_n)$。在分析问题时，常取

$$t_s = \frac{3.5}{\zeta\omega_n} = \frac{3.5}{\sigma} \tag{3-22}$$

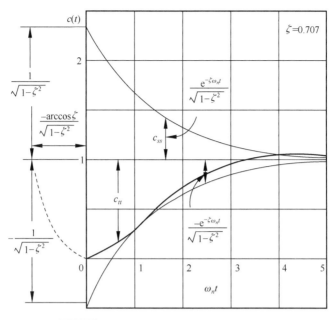

图 3-13 欠阻尼二阶系统 $c(t)$ 的一对包络线

若选取误差带 $\Delta=0.02$，则有

$$t_s = \frac{4.4}{\zeta\omega_n} = \frac{4.4}{\sigma} \tag{3-23}$$

上式表明，调节时间与闭环极点的实部数值成反比。闭环极点距虚轴的距离越远，系统的调节时间越短。由于阻尼比值主要根据对系统超调量的要求来确定，所以调节时间主要由自然频率决定。若能保持阻尼比值不变而加大自然频率值，则可以在不改变超调量的情况下缩短调节时间。

从上述各项动态性能指标的计算式可以看出，各指标之间是有矛盾的。比方说，上升时间和超调量，即响应速度和阻尼程度，不能同时达到满意的结果。这是因为在如图 3-8 所示的二阶系统中，$\omega_n = \sqrt{K/T_m}$ 及 $\zeta = 1/2\sqrt{T_m K}$，其中机电时间常数 T_m 是一个不可调的确定参数。当增大开环增益 K 时，可以加大自然频率 ω_n，提高了系统的响应速度，但同时减小了阻尼比 ζ，使得系统的阻尼程度减小。因此，对于既要增强系统的阻尼程度，又要系统具有较高响应速度的二阶控制系统设计，需要采取合理的折中方案或补偿方案，才能达到设计的目的。

例 3-1 设系统结构图如图 3-14 所示，若要求系统具有性能指标 $\sigma_p=0.2$，$t_p=1\text{s}$，试确定系统参数 K 和 τ，并计算单位阶跃响应的特征量 t_r 和 t_s。

解 由图 3-14 知，系统闭环传递函数为

$$\frac{C(s)}{R(s)} = \frac{K}{s^2 + (1+K\tau)s + K}$$

与传递函数标准形式(3-11)相比，可得

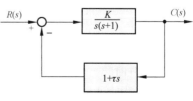

图 3-14 控制系统结构图

$$\omega_n = \sqrt{K}, \quad \zeta = \frac{1 + K\tau}{2\sqrt{K}}$$

由ζ与$\sigma\%$的关系式(3-21)，解得

$$\zeta = \frac{\ln(1/\sigma_p)}{\sqrt{\pi^2 + \left(\ln\dfrac{1}{\sigma_p}\right)^2}} = 0.46$$

再由峰值时间计算式(3-20)，算出

$$\omega_n = \frac{\pi}{t_p \sqrt{1 - \zeta^2}} = 3.54 \text{rad}/\text{s}$$

从而解得

$$K = \omega_n^2 = 12.53 (\text{rad}/\text{s})^2, \quad \tau = \frac{2\zeta\omega_n - 1}{K} = 0.18\text{s}$$

由于

$$\beta = \arccos\zeta = 1.09\text{rad}, \quad \omega_d = \omega_n\sqrt{1 - \zeta^2} = 3.14 \text{rad}/\text{s}$$

故由式(3-19)和式(3-22)计算得

$$t_r = \frac{\pi - \beta}{\omega_d} = 0.65\text{s}, \quad t_s = \frac{3.5}{\zeta\omega_n} = 2.15\text{s}$$

若取误差带$\Delta = 0.02$，则调节时间为

$$t_s = \frac{4.4}{\zeta\omega_n} = 2.70\text{s}$$

4. 过阻尼二阶系统的动态过程分析

由于过阻尼系统响应缓慢，故通常不希望采用过阻尼系统。但是，这并不排除在某些情况下，例如在低增益、大惯性的温度控制系统中，需要采用过阻尼系统。此外，在有些不允许时间响应出现超调，而又希望响应速度较快的情况下，例如在指示仪表系统和记录仪表系统中，需要采用临界阻尼系统。特别是，有些高阶系统的时间响应往往可用过阻尼二阶系统的时间响应来近似，因此研究过阻尼二阶系统的动态过程分析，有较大的工程意义。

当阻尼比$\zeta > 1$，且初始条件为零时，二阶系统的单位阶跃响应如式(3-17)所示。显然，在动态性能指标中，只有上升时间和调节时间才有意义。然而，式(3-17)是一个超越方程，无法根据各动态性能指标的定义求出其准确计算公式。目前工程上采用的方法，仍然是利用数值解法求出不同ζ值下的无因次时间，然后制成曲线以供查用；或者，利用曲线拟合法给出近似计算公式。

(1) 上升时间 t_r 的计算

根据上升时间的第一种定义方法，参照式(3-16)和式(3-17)，可得无因次上升时间$\omega_n t_r$与阻尼比ζ的关系曲线，如图3-15所示。图中曲线可用下式近似描述：

$$t_r = \frac{1 + 1.5\zeta + \zeta^2}{\omega_n} \tag{3-24}$$

(2) 调节时间 t_s 的计算

根据式(3-17)，令 T_1/T_2 为不同值，可以解出相应的无因次调节时间 t_s/T_1，如图 3-16 所示。图中阻尼比 ζ 为参变量。由于

$$s^2 + 2\zeta\omega_n s + \omega_n^2 = (s + 1/T_1)(s + 1/T_2)$$

因而 ζ 与自变量 T_1/T_2 的关系式为

$$\zeta = \frac{1 + T_1/T_2}{2\sqrt{T_1/T_2}} \tag{3-25}$$

图 3-15 过阻尼二阶系统 $\omega_n t_r$ 与 ζ 的关系曲线　　图 3-16 过阻尼二阶系统的调节时间特性

当 $\zeta > 1$ 时，由已知的 T_1 及 T_2 值在图 3-16 上可以查出相应的 t_s；若 $T_1 \geqslant 4T_2$，即过阻尼二阶系统第二个闭环极点的数值比第一个闭环极点的数值大四倍以上时，系统可等效为具有 $-1/T_1$ 闭环极点的一阶系统，此时取 $t_s = 3T_1$，相对误差不超过 10%。当 $\zeta = 1$ 时，由于 $T_1/T_2 = 1$，由图 3-16 可见，临界阻尼二阶系统的调节时间

$$t_s = 4.75T_1 = \frac{4.75}{\omega_n}, \quad \zeta = 1 \tag{3-26}$$

例 3-2　设角度随动系统如图 3-17 所示。图中，K 为开环增益，$T=0.1\mathrm{s}$ 为伺服电动机时间常数。若要求系统的单位阶跃响应无超调，且调节

图 3-17　角度随动系统结构图

时间 $t_s \leqslant 1\mathrm{s}$，问 K 应取多大？此时系统的上升时间 t_r 等于多少？

解　根据题意并考虑有尽量快的响应速度，应取阻尼比 $\zeta = 1$。由图 3-17 得闭环特征方程为

$$s^2 + \frac{1}{T}s + \frac{K}{T} = 0$$

代入 $T=0.1$，可知在 $\zeta=1$ 时，必有 $\omega_n = \sqrt{10K} = 5\text{rad/s}$，解得开环增益 $K=2.5(\text{rad/s})^2$。因为 $\omega_n^2 = 1/(T_1 T_2)$，而在 $\zeta=1$ 时，$T_1=T_2$，所以得 $T_1 = T_2 = 0.2\text{s}$，从而由式(3-26)算得调节时间 $t_s = 4.75T_1 = 0.95\text{s}$，满足指标要求。

根据 $\zeta=1$ 和 $\omega_n=5\text{rad/s}$，利用式(3-24)算得

$$t_r = \frac{1+1.5\zeta + \zeta^2}{\omega_n} = 0.70\text{s}$$

5. 二阶系统的单位斜坡响应

当输入信号为单位斜坡函数时，由式(3-11)知，系统输出量的拉氏变换式为

$$C(s) = \frac{\omega_n^2}{s^2(s^2 + 2\zeta\omega_n s + \omega_n^2)} = \frac{1}{s^2} - \frac{\dfrac{2\zeta}{\omega_n}}{s} + \frac{\dfrac{2\zeta}{\omega_n}(s+\zeta\omega_n) + (2\zeta^2 - 1)}{s^2 + 2\zeta\omega_n s + \omega_n^2}$$

对上式取拉氏反变换，可得不同 ζ 值下的二阶系统的单位斜坡响应。

(1) 欠阻尼单位斜坡响应

$$c(t) = t - \frac{2\zeta}{\omega_n} + \frac{1}{\omega_n \sqrt{1-\zeta^2}} \mathrm{e}^{-\zeta\omega_n t} \sin(\omega_d t + 2\beta), \quad t \geqslant 0 \tag{3-27}$$

上式表明，欠阻尼二阶系统的单位斜坡响应由稳态分量 $c_{ss}(\infty)=t-2\zeta/\omega_n$ 和瞬态分量

$$c_{tt} = \frac{\mathrm{e}^{-\zeta\omega_n t}}{\omega_d} \sin(\omega_d t + 2\beta)$$

组成。在 3-6 节将要指出，对于图 3-8 所示的单位反馈系统，误差响应为 $e(t)=r(t)-c(t)$。当时间 t 趋于无穷时，误差响应 $e(t)$ 的稳态值称为稳态误差，以 $e_{ss}(\infty)$ 标志。对于单位斜坡响应[式(3-27)]，其稳态误差为

$$e_{ss}(\infty) = t - c_{ss}(\infty) = \frac{2\zeta}{\omega_n} \tag{3-28}$$

误差响应为

$$e(t) = \frac{2\zeta}{\omega_n} - \frac{1}{\omega_d} \mathrm{e}^{-\zeta\omega_n t} \sin(\omega_d t + 2\beta) \tag{3-29}$$

将上式对 t 求导并令其为零，得误差响应的峰值时间

$$t_p = \frac{\pi - \beta}{\omega_d} \tag{3-30}$$

它正好等于单位阶跃响应的上升时间。将式(3-30)代入式(3-29)，得误差响应的峰值

$$e(t_p) = \frac{2\zeta}{\omega_n}\left(1 + \frac{1}{2\zeta}\mathrm{e}^{-\zeta\omega_n t_p}\right)$$

从而误差响应的最大偏离量可表示为

$$e_m = e(t_p) - e_{ss}(\infty) = \frac{1}{\omega_n}\mathrm{e}^{-\zeta\omega_n t_p} \tag{3-31}$$

若令 D 表示误差响应对其稳态值的偏差，则由于

$$e(t) = \frac{2\zeta}{\omega_n}\left[1 - \frac{1}{2\zeta\sqrt{1-\zeta^2}}\mathrm{e}^{-\zeta\omega_n t}\sin(\omega_d t + 2\beta)\right]$$

因此 D 由下式限定：

$$D = \left|\frac{1}{2\zeta\sqrt{1-\zeta^2}}\mathrm{e}^{-\zeta\omega_n t}\sin(\omega_d t + 2\beta)\right| \leqslant \frac{1}{2\zeta\sqrt{1-\zeta^2}}\mathrm{e}^{-\zeta\omega_n t}$$

当取 $\zeta \leqslant 0.8$ 时，上式可进一步表示为 $D \leqslant 1.04\mathrm{e}^{-\zeta\omega_n t}$。取 5%误差带，可得响应调节时间的近似表达式

$$t_s = \frac{3}{\zeta\omega_n} \tag{3-32}$$

稳态误差、峰值时间、最大偏离量和调节时间，表示了欠阻尼二阶系统的单位斜坡响应性能。图 3-18 给出了几种 ζ 值下的无因次误差响应曲线。由图及性能计算公式可以明显看出：减小系统的阻尼比 ζ，可以减小系统的稳态误差和峰值时间，但是最大偏离量要增大、调节时间会加长，从而使动态性能恶化。

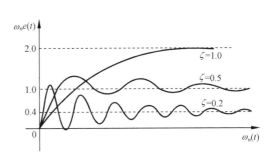

图 3-18 二阶系统单位斜坡误差响应曲线

(2) 临界阻尼单位斜坡响应

由于 $\zeta = 1$，故单位斜坡响应可表示为

$$c(t) = t - \frac{2}{\omega_n} + \frac{2}{\omega_n}\left(1 + \frac{1}{2}\omega_n t\right)\mathrm{e}^{-\omega_n t}, \quad t \geqslant 0 \tag{3-33}$$

由上式可见，稳态误差

$$e_{ss}(\infty) = \frac{2}{\omega_n} \tag{3-34}$$

而误差响应

$$e(t) = \frac{2}{\omega_n}\left[1 - \left(1 + \frac{1}{2}\omega_n t\right)\mathrm{e}^{-\omega_n t}\right], \quad t \geqslant 0 \tag{3-35}$$

若取 5%误差带，则利用数值解法可以求出误差响应的调节时间近似为

$$t_s = \frac{4.1}{\omega_n} \tag{3-36}$$

(3) 过阻尼单位斜坡响应

在 $\zeta > 1$ 时，输出量的拉氏变换式可写为

$$C(s) = \frac{1}{s^2} - \frac{\dfrac{2\zeta}{\omega_n}}{s} + \frac{\dfrac{2\zeta}{\omega_n}(s + \zeta\omega_n) + (2\zeta^2 - 1)}{\left[s + \omega_n(\zeta - \sqrt{\zeta^2 - 1})\right]\left[s + \omega_n(\zeta + \sqrt{\zeta^2 - 1})\right]}$$

所以得

$$c(t) = t - \frac{2\zeta}{\omega_n} + \frac{2\zeta^2 - 1 + 2\zeta\sqrt{\zeta^2-1}}{2\omega_n\sqrt{\zeta^2-1}} e^{-(\zeta-\sqrt{\zeta^2-1})\omega_n t}$$

$$- \frac{2\zeta^2 - 1 - 2\zeta\sqrt{\zeta^2-1}}{2\omega_n\sqrt{\zeta^2-1}} e^{-(\zeta+\sqrt{\zeta^2-1})\omega_n t}, \quad t \geqslant 0 \tag{3-37}$$

显然，稳态误差

$$e_{ss}(\infty) = \frac{2\zeta}{\omega_n}$$

误差响应

$$e(t) = \frac{2\zeta}{\omega_n}\left[1 - \frac{2\zeta^2 - 1 + 2\zeta\sqrt{\zeta^2-1}}{4\zeta\sqrt{\zeta^2-1}} e^{-(\zeta-\sqrt{\zeta^2-1})\omega_n t} \right.$$

$$\left. + \frac{2\zeta^2 - 1 - 2\zeta\sqrt{\zeta^2-1}}{4\zeta\sqrt{\zeta^2-1}} e^{-(\zeta+\sqrt{\zeta^2-1})\omega_n t} \right] \tag{3-38}$$

一般来说，在单位斜坡输入信号作用下，过阻尼二阶系统的动态性能指标只能用计算机求得。

图 3-19　控制系统结构图

例 3-3　设控制系统如图 3-19 所示。图中，输入信号 $\theta_i(t) = t$，放大器增益 K_a 分别取为 13.5，200 和 1500。试分别写出系统的误差响应表达式，并估算其性能指标。

解　由图知，系统开环传递函数为

$$G(s) = \frac{5K_a}{s(s+34.5)} = \frac{\omega_n^2}{s(s+2\zeta\omega_n)}$$

因而，$\zeta = 17.25/\sqrt{5K_a}$，$\omega_n = \sqrt{5K_a}$。

当 $K_a = 13.5$ 时，算得 $\zeta = 2.1$，$\omega_n = 8.2\text{rad/s}$，属过阻尼二阶系统。由式(3-38)可得

$$\theta_e(t) = 0.51(1 - e^{-2.08t} + 0.004e^{-32.4t}) \approx 0.51(1 - e^{-2.08t})$$

此时，系统等效为一阶系统，其等效时间常数 $T = 0.48\text{s}$。因而性能指标：$t_r = 1.06\text{s}$，$t_s = 1.44\text{s}$，$\theta_{ess}(\infty) = 0.51\text{rad}$。

当 $K_a = 200$ 时，算得 $\zeta = 0.55$，$\omega_n = 31.6\text{rad/s}$，属于欠阻尼二阶系统。由式(3-29)可得

$$\theta_e(t) = 0.035 - 0.038e^{-17.4t}\sin(26.4t + 113°)$$

于是，由式(3-30)～式(3-32)和式(3-28)算出性能指标为：$t_p = 0.08\text{s}$，$\theta_{em} = 0.008\text{rad}$，$t_s = 0.17\text{s}$，$\theta_{ess}(\infty) = 0.035\text{rad}$。

当 $K_a = 1500$ 时，算得 $\zeta = 0.2$ 和 $\omega_n = 86.6\text{rad/s}$，仍属于欠阻尼二阶系统，其误差响应

$$\theta_e(t) = 0.0046 - 0.012e^{-17.3t}\sin(84.9t + 157°)$$

性能指标为：$t_p = 0.02\text{s}$，$\theta_{em} = 0.008\text{rad}$，$t_s = 0.17\text{s}$，$\theta_{ess}(\infty) = 0.0046\text{rad}$。

本例的单位斜坡响应曲线，如图 3-20
所示。由图及计算结果可见，增大放大器增
益会导致系统的阻尼下降，虽可减小稳态误
差，却恶化了误差响应的动态性能。因此，
ζ 值不宜太小，而 ω_n 值希望足够大。但是，
在图 3-19 所示的比例控制系统中，通常只
有增益可以调整，要同时满足稳态和动态两
方面特性的要求是困难的。这是因为：

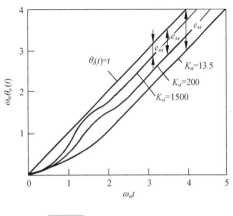

图 3-20　单位斜坡响应曲线

1) 改变开环增益就相当于改变系统阻
尼比的数值。但是，阶跃响应中的超调量和
斜坡响应中的稳态误差对 ζ 值的要求正好
相反，要取得一个合适的折中方案比较困难。

2) 即使能够找到合适的开环增益值，满足上述稳态和动态两方面的要求，也可能不
满足系统在扰动作用下的稳态误差要求，有关说明将在第 3-6 节介绍。

3) 在高精度控制系统中，需要采用高增益使死区、间隙和摩擦等非线性因素的影响
减到最低程度，因此不能任意降低开环增益以换取较小的超调量。

由于上述原因，必须研究其他控制方式，以改善系统的动态性能和稳态性能。

6. 二阶系统性能的改善

在改善二阶系统性能的方法中，比例-微分控制和测速反馈控制是两种常用的方法。

(1) 比例-微分控制

设比例-微分控制的二阶系统如图 3-21 所示。图中，$E(s)$ 为误差信号，T_d 为微分器时
间常数。由图可见，系统输出量同时受误差信号及其速率的双重作用。因此，比例-微分
控制是一种早期控制，可在出现位置误差前，提前产生修正作用，从而达到改善系统性
能的目的。下面先从物理概念，并用分析方法，说明比例-微分控制可以改善系统动态性
能而不影响常值稳态误差的原因。

图 3-22 是表明比例-微分控制的波形图。设其中图(a)为比例控制时的单位阶跃响
应，图(b)和(c)为相应的误差信号和误差速率信号。假定系统超调量大，且采用伺服电动
机作为执行元件。当 $t \in [0, t_1)$ 时，由于系统阻尼小，电动机产生的修正转矩过大，使输
出量超过希望值，此时误差信号为正；当 $t \in [t_1, t_3)$ 时，电动机转矩反向，起制动作用，
力图使输出量回到希望值，但由于惯性及制动转矩不够大，输出量不能停留在希望值上，

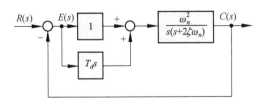

图 3-21　比例-微分控制系统结构图

此时误差信号为负；当 $t \in [t_3, t_5)$ 时，电动
机修正转矩重新为正，此时误差信号也是
正值，力图使输出量的下降趋势减小，以
利于恢复到希望值。由于系统稳定，所以
误差幅值在每一次振荡过程中均有所减小，
输出量最后会趋于希望值，但动态过程不
理想。如果在 $t \in [0, t_2)$ 内，减小正向修正转

(a) 系统单位阶跃响应

(b) 系统误差信号

(c) 系统误差速率信号

图 3-22　比例-微分控制系统的波形图

矩，增大反向制动转矩；同时，在 $t \in [t_2, t_4)$ 内，减小反向制动转矩，增大正向修正转矩，则可以显著改善系统动态性能。比例-微分控制器中的微分部分，正可以起这种期望作用。伺服电动机在比例-微分控制器作用下产生的转矩，正比于 $e(t) + T_d \dot{e}(t)$。由图 3-22 的(b)和(c)可见，对于 $t \in [0, t_1)$，$\dot{e}(t) < 0$，故 $e(t) + T_d \dot{e}(t) < e(t)$，使得电动机产生的正向修正转矩减小；对于 $t \in [t_1, t_2)$，$e(t) < 0$ 且 $\dot{e}(t) < 0$，故电动机产生的反向制动转矩比纯比例控制时为大，系统超调量将会减小；对于 $t \in [t_2, t_3)$，$e(t) < 0$ 但 $\dot{e}(t) > 0$，故电动机产生的制动转矩要减小，有利于输出量尽快地达到稳态值。由于 $\dot{e}(t)$ 只反映误差信号变化的速率，所以微分控制部分并不影响系统的常值稳态误差。但是，它相当于增大系统的阻尼，从而容许选用较大的开环增益，改善系统的动态性能和稳态精度。

　　下面用分析方法研究比例-微分控制对系统性能的影响。由图 3-21 易得其开环传递函数

$$G(s) = \frac{C(s)}{E(s)} = \frac{K(T_d s + 1)}{s[s / (2\zeta\omega_n) + 1]} \tag{3-39}$$

式中，$K = \omega_n / (2\zeta)$，称为开环增益。若令 $z = 1/T_d$，则闭环传递函数为

$$\Phi(s) = \frac{\omega_n^2}{z} \cdot \frac{s + z}{s^2 + 2\zeta_d \omega_n s + \omega_n^2} \tag{3-40}$$

式中

$$\zeta_d = \zeta + \frac{\omega_n}{2z} \tag{3-41}$$

上两式表明，比例-微分控制不改变系统的自然频率，但可增大系统的阻尼比。由于 ζ 与 ω_n 均与 K 有关，所以适当选择开环增益和微分器时间常数，既可减小系统在斜坡输入时的稳态误差，又可使系统在阶跃输入时有满意的动态性能。这种控制方法，工业上又称为 PD(proportional derivative)控制。由于 PD 控制相当于给系统增加了一个闭环零点，$-z = -1/T_d$，故比例-微分控制的二阶系统称为有零点的二阶系统，而比例控制时的二阶系统则称为无零点的二阶系统。

　　当输入为单位阶跃函数时，由式(3-40)得

$$C(s) = \frac{\omega_n^2}{s(s^2 + 2\zeta_d \omega_n s + \omega_n^2)} + \frac{1}{z} \frac{s \omega_n^2}{s(s^2 + 2\zeta_d \omega_n s + \omega_n^2)}$$

对上式取拉氏反变换，并令 $\zeta_d < 1$，得单位阶跃响应

$$c(t) = 1 + r e^{-\zeta_d \omega_n t} \sin(\omega_n \sqrt{1 - \zeta_d^2} \, t + \psi) \tag{3-42}$$

式中

$$r = \sqrt{z^2 - 2\zeta_d \omega_n z + \omega_n^2} \Big/ (z\sqrt{1-\zeta_d^2}) \tag{3-43}$$

$$\psi = -\pi + \arctan\left[\omega_n\sqrt{1-\zeta_d^2}\Big/(z-\zeta_d\omega_n)\right] + \arctan(\sqrt{1-\zeta_d^2}\Big/\zeta_d) \tag{3-44}$$

上升时间　根据式(3-42)和上升时间定义,可得无因次上升时间$\omega_n t_r$与$z/(\zeta_d\omega_n)$的关系曲线,如图 3-23 所示,上升时间 t_r 是阻尼比ζ_d、自然频率ω_n和闭环零点值z的函数。

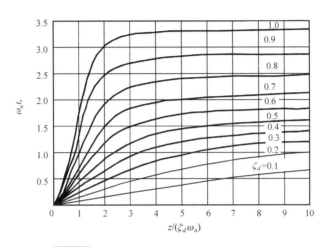

图 3-23　比例-微分控制二阶系统的上升时间

峰值时间　将式(3-42)对t求导并令其为零,有

$$\tan(\omega_n\sqrt{1-\zeta_d^2}t_p + \psi) = \sqrt{1-\zeta_d^2}\Big/\zeta_d$$

将式(3-44)代入上式,求出

$$t_p = \frac{\beta_d - \psi}{\omega_n\sqrt{1-\zeta_d^2}} \tag{3-45}$$

式中

$$\beta_d = \arctan(\sqrt{1-\zeta_d^2}\Big/\zeta_d) \tag{3-46}$$

超调量　将式(3-45)代入式(3-42),得

$$c(t_p) = 1 + r\exp\left[\frac{-\zeta_d}{\sqrt{1-\zeta_d^2}}(\beta_d-\psi)\right]\sin\beta_d = 1 + re^{-\zeta_d\omega_n t_p}\sin\beta_d$$

根据超调量定义,并将$\sin\beta_d = \sqrt{1-\zeta_d^2}$代入上式,经整理可得

$$\sigma\% = r\sqrt{1-\zeta_d^2}\,e^{-\zeta_d\omega_n t_p} \times 100\% \tag{3-47}$$

调节时间　令Δ表示实际响应与稳态输出之间的误差,由式(3-42)可见,下列不等式成立:

$$\Delta = \left| re^{-\zeta_d\omega_n t}\sin(\omega_n\sqrt{1-\zeta_d^2}t + \psi)\right| \leqslant re^{-\zeta_d\omega_n t}$$

取 $\Delta = 0.05$，由上式可解出

$$t_s = \frac{3 + \frac{1}{2}\ln(z^2 - 2\zeta_d\omega_n z + \omega_n^2) - \ln z - \frac{1}{2}\ln(1-\zeta_d^2)}{\zeta_d\omega_n} = \frac{3 + \ln r}{\zeta_d\omega_n} \qquad (3-48)$$

若取 $\Delta = 0.02$，则有

$$t_s = (4 + \ln r)/(\zeta_d\omega_n) \qquad (3-49)$$

例 3-4 设单位反馈系统开环传递函数为

$$G(s) = \frac{K(T_d s + 1)}{s(1.67s + 1)}$$

其中 K 为开环增益。已知系统在单位斜坡函数输入时，稳态误差 $e_{ss}(\infty)=1/K$。若要求 $e_{ss}(\infty) \leq 0.2\mathrm{rad}$，$\zeta_d = 0.5$，试确定 K 与 T_d 的数值，并估算系统在阶跃函数作用下的动态性能。

解 由 $e_{ss}(\infty)=1/K \leq 0.2$ 要求，取 $K=5$。令 $T_d = 0$，可得无零点二阶系统闭环特征方程

$$s^2 + 0.6s + 3 = 0$$

因此得 $\zeta = 0.173$，$\omega_n = 1.732\mathrm{rad/s}$。此时，系统的阶跃响应动态性能由式(3-19)~式(3-22)得

$$t_r = 1.02\mathrm{s}, \qquad t_p = 1.84\mathrm{s}$$
$$\sigma\% = 57.6\%, \qquad t_s = 11.70\mathrm{s}$$

当 $T_d \neq 0$ 时，由于要求 $\zeta_d = 0.5$，故由式(3-41)可知

$$T_d = \frac{1}{z} = \frac{2(\zeta_d - \zeta)}{\omega_n} = 0.38\mathrm{s}$$

此时为有零点的二阶系统，其阶跃响应动态性能指标，查图 3-23 得 $t_r = 0.70\mathrm{s}$，由式(3-45)、式(3-47)及式(3-48)算得 $t_p = 1.63\mathrm{s}$，$\sigma\% = 22\%$，$t_s = 3.49\mathrm{s}$。可见，比例-微分控制改善了系统的动态性能，且满足对系统稳态误差的要求。

最后，简要归纳比例-微分控制对系统性能的影响：比例-微分控制可以增大系统的阻尼，使阶跃响应的超调量下降，调节时间缩短，且不影响常值稳态误差及系统的自然频率。由于采用微分控制后，允许选取较高的开环增益，因而在保证一定的动态性能条件下，可以减小稳态误差。应当指出，微分器对于噪声，特别是对于高频噪声的放大作用，远大于对缓慢变化输入信号的放大作用，因此在系统输入端噪声较强的情况下，不宜采用比例-微分控制方式。此时，可考虑选用控制工程中常用的测速反馈控制方式。

(2) 测速反馈控制

输出量的导数同样可以用来改善系统的性能。通过将输出的速度信号反馈到系统输入端，并与误差信号比较，其效果与比例-微分控制相似，可以增大系统阻尼，改善系统动态性能。

如果系统输出量是机械位置，如角位移，则可以采用测速发电机将角位移变换为正比于角速度的电压，从而获得输出速度反馈。图 3-24 是采用测速发电机反馈的

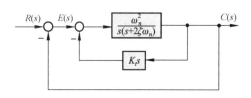

图 3-24 测速反馈控制系统结构图

二阶系统结构图。图中，K_t为与测速发电机输出斜率有关的测速反馈系数，通常采用(电压/单位转速)单位。

由图 3-24，系统的开环传递函数为

$$G(s) = \frac{\omega_n}{2\zeta + K_t\omega_n} \cdot \frac{1}{s\left[s/(2\zeta\omega_n + K_t\omega_n^2)+1\right]} \tag{3-50}$$

式中，开环增益为

$$K = \frac{\omega_n}{2\zeta + K_t\omega_n} \tag{3-51}$$

相应的闭环传递函数为

$$\Phi(s) = \frac{\omega_n^2}{s^2 + 2\zeta_t\omega_n s + \omega_n^2} \tag{3-52}$$

式中

$$\zeta_t = \zeta + \frac{1}{2}K_t\omega_n \tag{3-53}$$

由式(3-51)~式(3-53)可见，测速反馈与比例-微分控制不同的是，测速反馈会降低系统的开环增益，从而加大系统在斜坡输入时的稳态误差；相同的则是，同样不影响系统的自然频率，并可增大系统的阻尼比。为了便于比较，将式(3-41)写为

$$\zeta_d = \zeta + \frac{1}{2}T_d\omega_n \tag{3-54}$$

比较式(3-53)和式(3-54)可见，它们的形式是类似的，如果在数值上有 $K_t=T_d$，则$\zeta_t=\zeta_d$。因此可以预料，测速反馈同样可以改善系统的动态性能。但是，由于测速反馈不形成闭环零点，因此即便在 $K_t=T_d$ 情况下，测速反馈与比例-微分控制对系统动态性能的改善程度也是不同的。

在设计测速反馈控制系统时，可以适当增大原系统的开环增益，以弥补稳态误差的损失，同时适当选择测速反馈系数 K_t，使阻尼比ζ_t为 0.4~0.8，从而满足给定的各项动态性能指标。

例 3-5　设控制系统如图 3-25 所示。其中(a)为比例控制系统，(b)为测速反馈控制系统。试确定使系统阻尼比为 0.5 的 K_t 值，并计算系统(a)和(b)的各项性能指标。

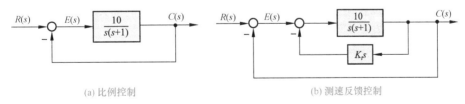

(a) 比例控制　　　　　　　　　　(b) 测速反馈控制

图 3-25　控制系统结构图

解　系统(a)的闭环传递函数为

$$\Phi(s) = \frac{10}{s^2 + s + 10}$$

因而，$\zeta = 0.16$，$\omega_n = 3.16\text{rad/s}$。在单位斜坡函数作用下，稳态误差 $e_{ss}(\infty)=1/K=0.1\text{rad}$；在

单位阶跃函数作用下，其动态性能

$$t_r = 0.55\text{s}, \quad t_p = 1.01\text{s}, \quad \sigma\% = 60.4\%, \quad t_s = 7\text{s}$$

系统(b)的闭环传递函数为

$$\Phi(s) = \frac{10}{s^2 + (1 + 10K_t)s + 10}$$

由式(3-53)算出

$$K_t = \frac{2(\zeta_t - \zeta)}{\omega_n} = 0.22$$

其中，$\zeta_t = 0.5$，$\omega_n = 3.16\text{rad/s}$。再由式(3-51)得开环增益 $K = 3.16$。于是

$$e_{ss}(\infty) = 0.32\text{rad}, \quad t_r = 0.77\text{s}, \quad t_p = 1.15\text{s}, \quad \sigma\% = 16.3\%, \quad t_s = 2.22\text{s}$$

上例表明，测速反馈可以改善系统动态性能，但会增大稳态误差。为了减小稳态误差，必须加大原系统的开环增益，而使 K_t 单纯用来增大系统阻尼。

(3) 比例-微分控制与测速反馈控制的比较

对于理想的线性控制系统，在比例-微分控制和测速反馈控制方法中，可以任取其中一种方法来改善系统性能。然而，实际控制系统有许多必须考虑的因素，例如系统的具体组成、作用在系统上噪声的大小及频率、系统的线性范围和饱和程度等。下面仅讨论几种主要的差别。

1) 附加阻尼来源。比例-微分控制的阻尼作用产生于系统的输入端误差信号的速度，而测速反馈控制的阻尼作用来源于系统输出端响应的速度，因此对于给定的开环增益和指令输入速度，后者对应较大的稳态误差值。

2) 使用环境。比例-微分控制对噪声有明显的放大作用，当系统输入端噪声严重时，一般不宜选用比例-微分控制。同时，微分器的输入信号为系统误差信号，其能量水平低，需要相当大的放大作用，为了不明显恶化信噪比，要求选用高质量的放大器;而测速反馈控制对系统输入端噪声有滤波作用，同时测速发电机的输入信号能量水平较高，因此对系统组成元件没有过高的质量要求，使用场合比较广泛。

3) 对开环增益和自然频率的影响。比例-微分控制对系统的开环增益和自然频率均无影响;测速反馈控制虽不影响自然频率，但却会降低开环增益。因此，对于确定的常值稳态误差，测速反馈控制要求有较大的开环增益。开环增益的加大，必然导致系统自然频率增大，在系统存在高频噪声时，可能引起系统共振。

4) 对动态性能的影响。比例-微分控制相当于在系统中加入实零点，可以加快上升时间。在相同阻尼比的条件下，比例-微分控制系统的超调量会大于测速反馈控制系统的超调量。关于闭环零点对系统动态性能的影响，将在下一章详细讨论。

7. 非零初始条件下二阶系统的响应过程

在分析二阶系统响应过程时，一直假定系统的初始条件为零。但是，有时系统的初始条件并不一定为零。例如，对于电动机转速控制系统，若在控制信号作用于系统之前，曾发生过电动机负载波动，而在控制信号作用于系统的瞬时，负载波动影响尚未完全消失，则分析系统响应过程时，需要考虑初始条件的影响。

设二阶系统运动方程为

$$a_0 \ddot{c}(t) + a_1 \dot{c}(t) + a_2 c(t) = b_2 r(t)$$

对上式取拉氏变换，并考虑初始条件，可得

$$C(s) = \frac{b_2}{a_0 s^2 + a_1 s + a_2} R(s) + \frac{a_0 \left[c(0)s + \dot{c}(0) \right] + a_1 c(0)}{a_0 s^2 + a_1 s + a_2}$$

若 $a_2 = b_2$，则上式可写为标准形式：

$$C(s) = \frac{\omega_n^2}{s^2 + 2\zeta\omega_n s + \omega_n^2} R(s) + \frac{c(0)(s + 2\zeta\omega_n) + \dot{c}(0)}{s^2 + 2\zeta\omega_n s + \omega_n^2} \tag{3-55}$$

式中，$\omega_n = \sqrt{a_2 / a_0}$，$2\zeta\omega_n = a_1 / a_0$。对上式取拉氏反变换，得

$$c(t) = c_1(t) + c_2(t)$$

式中，$c_1(t)$ 为零初始条件响应分量；$c_2(t)$ 为非零初始条件响应分量。当 $0 < \zeta < 1$ 时，有

$$c_2(t) = \sqrt{c^2(0) + \left[\frac{c(0)\zeta\omega_n + \dot{c}(0)}{\omega_n\sqrt{1-\zeta^2}} \right]^2} \, \mathrm{e}^{-\zeta\omega_n t} \sin(\omega_d t + \theta), \quad t \geqslant 0 \tag{3-56}$$

式中

$$\theta = \arctan \frac{\omega_n \sqrt{1-\zeta^2}}{\dot{c}(0) / c(0) + \zeta\omega_n}$$

若 $\zeta = 0$，则有

$$c_2(t) = \sqrt{c^2(0) + \left[\dot{c}(0) / \omega_n \right]^2} \sin(\omega_n t + \theta_1), \quad t \geqslant 0 \tag{3-57}$$

式中

$$\theta_1 = \arctan \frac{\omega_n}{\dot{c}(0) / c(0)}$$

由式(3-56)及式(3-57)可见，欠阻尼二阶系统的非零初始条件响应分量 $c_2(t)$，为阻尼正弦振荡过程。其初始幅值及相位与初始条件有关，振荡性与阻尼比 ζ 有关，ζ 值越大，振荡性越弱；反之，ζ 值越小，振荡性越强。响应分量衰减速率取决于乘积 $\zeta\omega_n$。当 $\zeta = 0$ 时，$c_2(t)$ 为不衰减等幅振荡，幅值与初始条件有关。

由上述分析可以看出，关于响应分量 $c_2(t)$ 所得各项结论与分析响应分量 $c_1(t)$ 所得的相应结论一致。因此，若仅限于分析系统自身固有特性，可不考虑非零初始条件对响应过程的影响。

3-4 高阶系统的时域分析

在控制工程中，几乎所有的控制系统都是高阶系统，即用高阶微分方程描述的系统。对于不能用一、二阶系统近似的高阶系统来说，其动态性能指标的确定是比较复杂的。工程上常采用闭环主导极点的概念对高阶系统进行近似分析，或直接应用 MATLAB 软件进行高阶系统分析。

1. 三阶系统的单位阶跃响应

下面以在 s 左半平面具有一对共轭复数极点和一个实极点的分布模式为例，分析三阶系统的单位阶跃响应。其闭环传递函数的一般形式为

$$\Phi(s) = \frac{C(s)}{R(s)} = \frac{\omega_n^2 s_0}{(s + s_0)(s^2 + 2\zeta\omega_n s + \omega_n^2)} \tag{3-58}$$

式中，$-s_0$ 为三阶系统的闭环负实数极点。当输入为单位阶跃函数，且 $0 < \zeta < 1$ 时，输出量的拉氏变换为

$$C(s) = \frac{1}{s} + \frac{A}{s + s_0} + \frac{B}{s + \zeta\omega_n - j\omega_n\sqrt{1-\zeta^2}} + \frac{C}{s + \zeta\omega_n + j\omega_n\sqrt{1-\zeta^2}}$$

式中

$$A = \frac{-\omega_n^2}{s_0^2 - 2\zeta\omega_n s_0 + \omega_n^2}$$

$$B = \frac{s_0(2\zeta\omega_n - s_0) - js_0(2\zeta^2\omega_n - \zeta s_0 - \omega_n)/\sqrt{1-\zeta^2}}{2\left[(2\zeta^2\omega_n - \zeta s_0 - \omega_n)^2 + (2\zeta\omega_n - s_0)^2(1-\zeta^2)\right]}$$

$$C = \frac{s_0(2\zeta\omega_n - s_0) + js_0(2\zeta^2\omega_n - \zeta s_0 - \omega_n)/\sqrt{1-\zeta^2}}{2\left[(2\zeta^2\omega_n - \zeta s_0 - \omega_n)^2 + (2\zeta\omega_n - s_0)^2(1-\zeta^2)\right]}$$

对上式取拉氏反变换，且令 $b = s_0/(\zeta\omega_n)$，则有

$$c(t) = 1 + Ae^{-s_0 t} + 2\operatorname{Re}B \cdot e^{-\zeta\omega_n t}\cos\omega_n\sqrt{1-\zeta^2}t - 2\operatorname{Im}B \cdot e^{-\zeta\omega_n t}\sin\omega_n\sqrt{1-\zeta^2}t, \quad t \geqslant 0$$

式中 $A = -\dfrac{1}{b\zeta^2(b-2)+1}$，　$\operatorname{Re}B = -\dfrac{b\zeta^2(b-2)}{2\left[b\zeta^2(b-2)+1\right]}$，　$\operatorname{Im}B = \dfrac{b\zeta\left[\zeta^2(b-2)+1\right]}{2\left[b\zeta^2(b-2)+1\right]\sqrt{1-\zeta^2}}$

将上述系数代入 $c(t)$ 表达式，经整理得式(3-58)所示三阶系统在 $0 < \zeta < 1$ 时的单位阶跃响应为

$$c(t) = 1 - \frac{1}{b\zeta^2(b-2)+1}e^{-s_0 t} - \frac{e^{-\zeta\omega_n t}}{b\zeta^2(b-2)+1}\left[b\zeta^2(b-2)\cos\omega_n\sqrt{1-\zeta^2}t\right.$$
$$\left. + \frac{b\zeta\left[\zeta^2(b-2)+1\right]}{\sqrt{1-\zeta^2}}\sin\omega_n\sqrt{1-\zeta^2}t\right], \quad t \geqslant 0 \tag{3-59}$$

当 $\zeta = 0.5$，$b \geqslant 1$ 时，三阶系统的单位阶跃响应曲线如图 3-26 所示。在式(3-59)中，由于

$$b\zeta^2(b-2)+1 = \zeta^2(b-1)^2 + (1-\zeta^2) > 0$$

所以，不论闭环实数极点在共轭复数极点的左边或右边，即 b 不论大于 1 或是小于 1，$e^{-s_0 t}$ 项的系数总是负数。因此，实数极点 $s = -s_0$ 可使单位阶跃响应的超调量下降，并使调节时间增加。

由图 3-26 可见，当系统阻尼比 ζ 不变时，随着实数极点向虚轴方向移动，即随着 b 值的下降，响应的超调量不断下降，而峰值时间、上升时间和调节时间则不断加长。在 $b \leqslant 1$ 时，即闭环实数极点的数值小于或等于闭环复数极点的实部数值时，三阶系统将表现出明显的过阻尼特性。

图 3-26　三阶系统单位阶跃响应曲线(ζ=0.5)　　　　　　　图 3-27　控制系统结构图

2. 高阶系统的单位阶跃响应

研究图 3-27 所示系统，其闭环传递函数为

$$\Phi(s) = \frac{C(s)}{R(s)} = \frac{G(s)}{1+G(s)H(s)} \tag{3-60}$$

在一般情况下，$G(s)$ 和 $H(s)$ 都是 s 的多项式之比，故式(3-60)可以写为

$$\Phi(s) = \frac{M(s)}{D(s)} = \frac{b_0 s^m + b_1 s^{m-1} + \cdots + b_{m-1}s + b_m}{a_0 s^n + a_1 s^{n-1} + \cdots + a_{n-1}s + a_n}, \quad m \leqslant n \tag{3-61}$$

利用 MATLAB 软件可以方便地求出式(3-61)所示高阶系统的单位阶跃响应，即先建立其高阶系统模型，再直接调用 step 命令即可。一般命令语句如下：

```
sys=tf[b0 b1 b2 b3 … bm]，[a0 a1 a2 a3 … an]);          %高阶系统建模
step(sys);                                              %计算单位阶跃响应
```

其中，b0, b1, b2, b3, …, bm 表示式(3-61)对应的分子多项式系数；a0, a1, a2, a3, …, an 表示式(3-61)对应的分母多项式系数。

当采用解析法求解高阶系统的单位阶跃响应时，应将式(3-61)的分子多项式和分母多项式进行因式分解，再进行拉氏反变换。这种分解方法，可采用高次代数方程的近似求根法，也可以使用 MATLAB 中的 tf2zp 命令。因此，式(3-61)必定可以表示为如下因式的乘积形式：

$$\Phi(s) = \frac{C(s)}{R(s)} = \frac{M(s)}{D(s)} = \frac{K\prod\limits_{i=1}^{m}(s-z_i)}{\prod\limits_{i=1}^{n}(s-p_i)} \tag{3-62}$$

式中，$K=b_0/a_0$；z_i 为 $M(s)=0$ 之根，称为闭环零点；p_i 为 $D(s)=0$ 之根，称为闭环极点。

例 3-6　设三阶系统闭环传递函数为

$$\Phi(s) = \frac{5(s^2 + 5s + 6)}{s^3 + 6s^2 + 10s + 8}$$

试确定其单位阶跃响应。

解　将已知的 $\Phi(s)$ 进行因式分解，可得

$$\Phi(s) = \frac{5(s+2)(s+3)}{(s+4)(s^2+2s+2)}$$

由于 $R(s)=1/s$，所以

$$C(s) = \frac{5(s+2)(s+3)}{s(s+4)(s^2+2s+2)}$$

其部分分式为

$$C(s) = \frac{A_0}{s} + \frac{A_1}{s+4} + \frac{A_2}{s+1+j} + \frac{\overline{A_2}}{s+1-j}$$

式中，A_2 与 $\overline{A_2}$ 共轭。可以算出

$$A_0 = \frac{15}{4}, \quad A_1 = -\frac{1}{4}, \quad A_2 = \frac{1}{4}(-7+j), \quad \overline{A_2} = \frac{1}{4}(-7-j)$$

对部分分式进行拉氏反变换，并设初始条件全部为零，得高阶系统的单位阶跃响应

$$c(t) = \frac{1}{4}\left[15 - e^{-4t} - 10\sqrt{2}e^{-t}\cos(t + 352°)\right]$$

另外，若借助于 MATLAB 软件，本例题求解过程的 MATLAB 程序如下：

```
num0=5*[1 5 6];den0=[1 6 10 8];          %描述闭环传递函数的分子、分母多项式
sys0=tf(num0,den0);                      %高阶系统建模
den=[1 6 10 8 0];                        %描述 C(s)的分母多项式
[z,p,k]=tf2zp(num0,den0)                  %对传递函数进行因式分解
sys=zpk(z,p,k)                            %给出闭环传递函数的零极点形式
[r,p,k]=residue(num0,den)                 %部分分式展开
step(sys0)                               %计算高阶系统的单位阶跃响应
```

其单位阶跃响应曲线如图 3-28 中实线所示。若改变例题 3-6 的闭环传递函数，使一闭环极点靠近虚轴，即令

$$\Phi(s) = \frac{0.625(s+2)(s+3)}{(s+0.5)(s^2+2s+2)}$$

其中，增益因子的改变是为了保持 $\Phi(0)$ 不变。绘制系统单位阶跃响应曲线如图 3-28 中虚线所示。若改变例题 3-6 闭环传递函数的零点位置，使

$$\Phi(s) = \frac{10(s+1)(s+3)}{(s+4)(s^2+2s+2)}$$

绘制其单位阶跃响应曲线如图 3-28 中点划线所示。

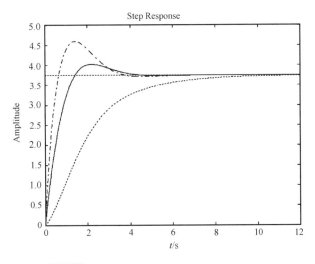

图 3-28 高阶系统时间响应分析(MATLAB)

显然,对于稳定的高阶系统,闭环极点负实部的绝对值越大,其对应的响应分量衰减得越迅速;反之,则衰减缓慢。应当指出,系统时间响应的类型虽然取决于闭环极点的性质和大小,然而时间响应的形状却与闭环零点有关。

3. 高阶系统闭环主导极点及其动态性能分析

对于稳定的高阶系统,其闭环极点和零点在左半 s 开平面上虽有各种分布模式,但就距虚轴的距离来说,却只有远近之别。如果在所有的闭环极点中,距虚轴最近的极点周围没有闭环零点,而其他闭环极点又远离虚轴,那么距虚轴最近的闭环极点所对应的响应分量,随时间的推移衰减缓慢,在系统的时间响应过程中起主导作用,这样的闭环极点就称为闭环主导极点。闭环主导极点可以是实数极点,也可以是复数极点,或者是它们的组合。除闭环主导极点外,所有其他闭环极点由于其对应的响应分量随时间的推移迅速衰减,对系统的时间响应过程影响甚微,因而统称为非主导极点。

在控制工程实践中,通常要求控制系统既具有较快的响应速度,又具有一定的阻尼程度,此外,还要求减少死区、间隙和库仑摩擦等非线性因素对系统性能的影响,因此高阶系统的增益常常调整到使系统具有一对闭环共轭主导极点。这时,可以用二阶系统的动态性能指标来估算高阶系统的动态性能。

例 3-7 已知某系统的闭环传递函数为

$$\Phi(s) = \frac{C(s)}{R(s)} = \frac{1.05(0.4762s+1)}{(0.125s+1)(0.5s+1)(s^2+s+1)}$$

试结合主导极点的概念分析该四阶系统的动态性能。

解 改写系统的闭环传递函数,可得

$$\Phi(s) = \frac{C(s)}{R(s)} = \frac{8(s+2.1)}{(s+8)(s+2)(s^2+s+1)}$$

再利用 MATLAB 的零、极点绘图命令 pzmap,可得该四阶系统的闭环零、极点分布,如

图 3-29 所示。

　　由图 3-29 并根据主导极点概念，可知该高阶系统具有一对共轭复数主导极点 $s_{1,2}=-0.5\pm j0.866$，且非主导极点 $s_3=-2$，$s_4=-8$ 实部的模比主导极点实部的模大三倍以上，闭环零点 $z=-2.1$ 不在主导极点附近，因此可将该四阶系统近似成二阶系统

$$\Phi(s)\approx\frac{R(s)}{C(s)}=\frac{1.05}{s^2+s+1}$$

来进行分析。

　　运行如下 MATLAB 程序，可绘制出原四阶系统和近似二阶系统的单位阶跃响应：

```
sys=zpk([-2.1],[-8 -2 -0.5+0.866*j -0.5 -0.866*j], 8);    %原四阶系统建模
sys1=tf([1.05],[1 1 1]);                                   %由原系统近似的二阶系统
step(sys,' b-' , sys1,' r:' )                              %绘制系统的阶跃响应曲线
```

在运行得到的图 3-30 中，原四阶系统和近似二阶系统的单位阶跃响应曲线分别用实线和虚线表示。在图 3-30 中点击鼠标右键，四阶系统动态性能如表 3-3 中第二行所示。将此仿真结果与表 3-3 中第六行近似二阶系统的动态性能比较可知，基于一对共轭复数主导极点求取的高阶系统单位阶跃响应与近似欠阻尼二阶系统的单位阶跃响应是不完全相同的，但结果基本正确。

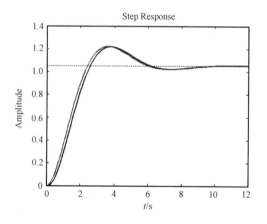

图 3-29　例 3-7 闭环系统零、极点分布图(MATLAB)　　**图 3-30**　高阶系统单位阶跃响应(MATLAB)

　　事实上，高阶系统毕竟不是二阶系统，因而在用二阶系统性能进行近似时，还需要考虑其他非主导闭环极点对系统动态性能的影响。下面再结合例 3-7 对此加以讨论说明。

　　1) 闭环零点影响。改变例 3-7 系统的闭环传递函数，使其没有闭环零点，则仿真得系统的动态性能如表 3-3 中第一行所示。若例 3-7 系统的闭环零点为 $z=-1$，则仿真得系统的动态性能如表 3-3 中第三行所示。比较表 3-3 中第一、第二和第三行的动态性能，基本可以看出闭环零点对系统动态性能的影响为：减小峰值时间，使系统响应速度加快，超调量 $\sigma\%$ 增大。这表明闭环零点会减小系统阻尼，并且这种作用将随闭环零点接近虚轴而加剧。因此，配置闭环零点时，要折中考虑闭环零点对系统响应速度和阻尼程度的影响。

表 3-3　高阶系统动态性能分析比较

系统编号	系统闭环传递函数	上升时间 t_r/s	峰值时间 t_p/s	超调量 σ%	调节时间 t_s/s(Δ=2%)
1	$\dfrac{1.05}{(0.125s+1)(0.5s+1)(s^2+s+1)}$	1.89	4.42	13.8%	8.51
2	$\dfrac{1.05(0.4762s+1)}{(0.125s+1)(0.5s+1)(s^2+s+1)}$	1.68	3.75	15.9%	8.20
3	$\dfrac{1.05(s+1)}{(0.125s+1)(0.5s+1)(s^2+s+1)}$	1.26	3.20	25.3%	8.10
4	$\dfrac{1.05(0.4762s+1)}{(0.25s+1)(0.5s+1)(s^2+s+1)}$	1.73	4.09	15.0%	8.36
5	$\dfrac{1.05(0.4762s+1)}{(0.5s+1)(s^2+s+1)}$	1.66	3.64	16.0%	8.08
6	$\dfrac{1.05}{s^2+s+1}$	1.64	3.64	16.3%	8.08

2) 闭环非主导极点影响。改变例 3-7 系统的非主导闭环极点 s_4，令 $s_4 = -4$，仿真得系统的动态性能如表 3-3 中第四行所示。若改变例 3-7 中系统的闭环传递函数，使其没有非主导闭环极点 s_4，则仿真得此时系统的动态性能如表 3-3 中第五行所示。比较表中第四和第五行的动态性能，基本可以看出非主导极点对系统动态性能的影响为：增大峰值时间，使系统响应速度变缓，但可以使超调量 σ% 减小。这表明闭环非主导极点可以增大系统阻尼，且这种作用将随闭环极点接近虚轴而加剧。

3) 比较表 3-3 中第五和第六行的动态性能可知，若闭环零、极点彼此接近，则它们对系统响应速度的影响会相互削弱。

在设计高阶系统时，我们常常利用主导极点的概念来选择系统参数，使系统具有一对复数共轭主导极点，并利用仿真软件对系统进行动态性能的初步分析。关于闭环零、极点位置对系统动态性能的影响，以及利用主导极点概念设计高阶系统等问题，在本书第四章将进一步论述。

3-5　线性系统的稳定性分析

稳定是控制系统的重要性能，也是系统能够正常运行的首要条件。控制系统在实际运行过程中，总会受到外界和内部一些因素的扰动，例如负载和能源的波动、系统参数的变化、环境条件的改变等。如果系统不稳定，就会在任何微小的扰动作用下偏离原来的平衡状态，并随时间的推移而发散。因而，分析系统的稳定性并提出保证系统稳定的措施，是自动控制理论的基本任务之一。

1. 稳定性的基本概念

任何系统在扰动作用下都会偏离原平衡状态，产生初始偏差。所谓稳定性，是指系统在扰动消失后，由初始偏差状态恢复到原平衡状态的性能。

图 3-31　单摆示意图

为了便于说明稳定性的基本概念，先看一个直观示例。图 3-31 是一个单摆的示意图，其中 o 为支点。设在外界扰动力的作用下，单摆由原平衡点 a 偏到新的位置 b，偏摆角为 ϕ_1。当外界扰动力去除后，单摆在重力作用下由点 b 回到原平衡点 a，但由于惯性作用，单摆经过点 a 继续运动到点 c。此后，单摆经来回几次减幅摆动，可以回到原平衡点 a，故称 a 为稳定平衡点。反之，若图 3-31 所示单摆处于另一平衡点 d，则一旦受到外界扰动力的作用偏离了原平衡位置后，即使外界扰动力消失，无论经过多长时间，单摆不可能再回到原平衡点 d。这样的平衡点，称为不稳定平衡点。

单摆的这种稳定概念，可以推广于控制系统。假设系统具有一个平衡工作状态，如果系统受到有界扰动作用偏离了原平衡状态，不论扰动引起的初始偏差有多大，当扰动取消后，系统都能以足够的准确度恢复到初始平衡状态，则这种系统称为大范围稳定的系统；如果系统受到有界扰动作用后，只有当扰动引起的初始偏差小于某一范围时，系统才能在取消扰动后恢复到初始平衡状态，否则就不能恢复到初始平衡状态，则这样的系统称为小范围稳定的系统。对于稳定的线性系统，必然在大范围内和小范围内都能稳定；只有非线性系统才可能有小范围稳定而大范围不稳定的情况。有关非线性系统的稳定性问题，将在第八章讨论。

其实，关于系统的稳定性有多种定义方法。上面所阐述的稳定性概念，实则是指平衡状态稳定性，由俄国学者李雅普诺夫于 1892 年首先提出，一直沿用至今。有关李雅普诺夫稳定性的严密数学定义及稳定性定理，将在第九章介绍。

在分析线性系统的稳定性时，我们所关心的是系统的运动稳定性，即系统方程在不受任何外界输入作用下，系统方程的解在时间 t 趋于无穷时的渐近行为。毫无疑问，这种解就是系统齐次微分方程的解，而"解"通常称为系统方程的一个"运动"，因而谓之运动稳定性。严格地说，平衡状态稳定性与运动稳定性并不是一回事，但是可以证明，对于线性系统而言，运动稳定性与平衡状态稳定性是等价的。

按照李雅普诺夫分析稳定性的观点，首先假设系统具有一个平衡工作点，在该平衡工作点上，当输入信号为零时，系统的输出信号亦为零。一旦扰动信号作用于系统，系统的输出量将偏离原平衡工作点。若取扰动信号的消失瞬间作为计时起点，则 $t=0$ 时刻系统输出量增量及其各阶导数，便是研究 $t \geqslant 0$ 时系统输出量增量的初始偏差。于是，$t \geqslant 0$ 时的系统输出量增量的变化过程，可以认为是控制系统在初始扰动影响下的动态过程。因此，根据李雅普诺夫稳定性理论，线性控制系统的稳定性可叙述如下：

若线性控制系统在初始扰动的影响下，其动态过程随时间的推移逐渐衰减并趋于零(原平衡工作点)，则称系统渐近稳定，简称稳定；反之，若在初始扰动影响下，系统的动态过程随时间的推移而发散，则称系统不稳定。

2. 线性系统稳定的充分必要条件

上述稳定性定义表明，线性系统的稳定性仅取决于系统自身的固有特性，而与外界条件无关。因此，设线性系统在初始条件为零时，作用一个理想单位脉冲$\delta(t)$，这时系统的输出增量为脉冲响应$c(t)$。这相当于系统在扰动信号作用下，输出信号偏离原平衡工作点的问题。若$t \to \infty$时，脉冲响应

$$\lim_{t \to \infty} c(t) = 0 \tag{3-63}$$

即输出增量收敛于原平衡工作点，则线性系统是稳定的。

设闭环传递函数如式(3-62)所示，且设$s_i(i=1, 2, \cdots, n)$为特征方程$D(s)=0$的根，而且彼此不等。那么，由于$\delta(t)$的拉氏变换为1，所以系统输出增量的拉氏变换为

$$C(s) = \frac{M(s)}{D(s)} = \sum_{i=1}^{n} \frac{A_i}{s - s_i} = \frac{K \prod_{i=1}^{m}(s - z_i)}{\prod_{j=1}^{q}(s - s_j) \prod_{k=1}^{r}(s^2 + 2\zeta_k \omega_k s + \omega_k^2)} \tag{3-64}$$

式中，$q+2r=n$。将上式展成部分分式，并设$0 < \zeta_k < 1$，可得

$$C(s) = \sum_{j=1}^{q} \frac{A_j}{s - s_j} + \sum_{k=1}^{r} \frac{B_k s + C_k}{s^2 + 2\zeta_k \omega_k s + \omega_k^2} \tag{3-65}$$

式中，A_j是$C(s)$在闭环实数极点s_j处的留数，可按下式计算：

$$A_j = \lim_{s \to s_j}(s - s_j)C(s); \quad j = 1,2,\cdots,q \tag{3-66}$$

B_k和C_k是与$C(s)$在闭环复数极点$s = -\zeta_k \omega_k \pm j\omega_k \sqrt{1 - \zeta_k^2}$处的留数有关的常系数。

将式(3-65)进行拉氏反变换，并设初始条件全部为零，可得系统的脉冲响应为

$$c(t) = \sum_{j=1}^{q} A_j e^{s_j t} + \sum_{k=1}^{r} B_k e^{-\zeta_k \omega_k t} \cos\left(\omega_k \sqrt{1 - \zeta_k^2}\right)t$$
$$+ \sum_{k=1}^{r} \frac{C_k - B_k \zeta_k \omega_k}{\omega_k \sqrt{1 - \zeta_k^2}} e^{-\zeta_k \omega_k t} \sin\left(\omega_k \sqrt{1 - \zeta_k^2}\right)t, \quad t \geqslant 0 \tag{3-67}$$

式(3-67)表明，当且仅当系统的特征根全部具有负实部时，式(3-63)才能成立；若特征根中有一个或一个以上正实部根，则$\lim_{t \to \infty} c(t) \to \infty$，表明系统不稳定；若特征根中具有一个或一个以上零实部根，而其余的特征根均具有负实部，则脉冲响应$c(t)$趋于常数，或趋于等幅正弦振荡，按照稳定性定义，此时系统不是渐近稳定的。顺便指出，这最后一种情况处于稳定和不稳定的临界状态，常称为临界稳定情况。在经典控制理论中，只有渐近稳定的系统才称为稳定系统；否则，称为不稳定系统。

由此可见，线性系统稳定的充分必要条件是：闭环系统特征方程的所有根均具有负实部；或者说，闭环传递函数的极点均位于s左半平面。

应当指出，由于我们所研究的系统实质上都是线性化的系统，称为线性逼近，在建立系统线性化模型的过程中略去了许多次要因素，同时系统的参数又处于不断的微小变化之中，所以临界稳定现象实际上是观察不到的。基于线性逼近的稳定性，李雅普诺夫

证明了一个显著的结论：如果其线性逼近是严格稳定的，即所有的根在左半平面，那么非线性系统将在应用线性逼近的平衡点的某个邻域内稳定。此外，他还证明了另一个结论：如果线性逼近至少有一个根在右半平面，那么这个非线性系统不可能在平衡点的任何邻域内稳定。

3. 劳斯-赫尔维茨稳定判据

根据稳定的充分必要条件判别线性系统的稳定性，需要求出系统的全部特征根，因此希望使用一种间接判断系统特征根是否全部位于 s 左半平面的代替方法。劳斯和赫尔维茨分别于 1877 年和 1895 年独立提出了判断系统稳定性的代数判据，称为劳斯-赫尔维茨稳定判据。这种判据以线性系统特征方程的系数为依据，其数学证明从略。

(1) 赫尔维茨稳定判据

设线性系统的特征方程为

$$D(s) = a_0 s^n + a_1 s^{n-1} + \cdots + a_{n-1} s + a_n = 0, \qquad a_0 > 0 \tag{3-68}$$

则使线性系统稳定的必要条件是：在特征方程(3-68)中各项系数为正数。

上述判断稳定性的必要条件是容易证明的，因为根据代数方程的基本理论，下列关系式成立：

$$\frac{a_1}{a_0} = -\sum_{i=1}^{n} s_i, \qquad\qquad \frac{a_2}{a_0} = \sum_{\substack{i,j=1 \\ i \neq j}}^{n} s_i s_j$$

$$\frac{a_3}{a_0} = -\sum_{\substack{i,j,k=1 \\ (i \neq j \neq k)}}^{n} s_i s_j s_k, \quad \cdots, \quad \frac{a_n}{a_0} = (-1)^n \prod_{i=1}^{n} s_i$$

在上述关系式中，所有比值必须大于零，否则系统至少有一个正实部根。然而，这一条件是不充分的，因为各项系数为正数的系统特征方程，完全可能拥有正实部的根。式中，s_i，s_j，s_k 表示系统特征方程的根。

根据赫尔维茨稳定判据，线性系统稳定的充分且必要条件应是：由系统特征方程(3-68)各项系数所构成的主行列式

$$\Delta_n = \begin{vmatrix} a_1 & a_3 & a_5 & \cdots & 0 & 0 \\ a_0 & a_2 & a_4 & \cdots & 0 & 0 \\ 0 & a_1 & a_3 & \cdots & 0 & 0 \\ 0 & a_0 & a_2 & \cdots & 0 & 0 \\ 0 & 0 & a_1 & \cdots & 0 & 0 \\ 0 & 0 & a_0 & \cdots & 0 & 0 \\ \vdots & \vdots & \vdots & & \vdots & \vdots \\ 0 & 0 & 0 & \cdots & a_n & 0 \\ 0 & 0 & 0 & \cdots & a_{n-1} & 0 \\ 0 & 0 & 0 & \cdots & a_{n-2} & a_n \end{vmatrix}$$

及其顺序主子式 $\Delta_i (i=1, 2, \cdots, n-1)$ 全部为正，即

$$\Delta_1 = a_1 > 0, \quad \Delta_2 = \begin{vmatrix} a_1 & a_3 \\ a_0 & a_2 \end{vmatrix} > 0, \quad \Delta_3 = \begin{vmatrix} a_1 & a_3 & a_5 \\ a_0 & a_2 & a_4 \\ 0 & a_1 & a_3 \end{vmatrix} > 0, \quad \cdots, \quad \Delta_n > 0$$

对于 $n \leqslant 4$ 的线性系统，其稳定的充分必要条件还可以表示为如下简单形式：

$n=2$：特征方程的各项系数为正。

$n=3$：特征方程的各项系数为正，且 $a_1a_2 - a_0a_3 > 0$。

$n=4$：特征方程的各项系数为正，且 $\Delta_2 = a_1a_2 - a_0a_3 > 0$，以及 $\Delta_2 > a_1^2 a_4/a_3$。

当系统特征方程的次数较高时，应用赫尔维茨稳定判据的计算工作量较大。有人业已证明：在特征方程的所有系数为正的条件下，若所有奇次顺序赫尔维茨行列式为正，则所有偶次顺序赫尔维茨行列式亦必为正；反之亦然。这就是所谓李纳德-戚帕特稳定判据。

例 3-8 设某单位反馈系统的开环传递函数为

$$G(s) = \frac{K(s+1)}{s(Ts+1)(2s+1)}$$

试用赫尔维茨稳定判据确定使闭环系统稳定的 K 及 T 的取值范围。

解 由题意得闭环系统特征方程为

$$D(s) = 2Ts^3 + (2+T)s^2 + (1+K)s + K = 0$$

由于要求特征方程各项系数为正，即

$$2T > 0, \quad 2+T > 0, \quad 1+K > 0, \quad K > 0$$

故得 K 及 T 的取值下限：$T > 0$ 和 $K > 0$。

由于还要求 $\Delta_2 > 0$，可得 K 及 T 的取值上限：

$$T < \frac{2(K+1)}{K-1}, \quad K < \frac{T+2}{T-2}$$

此时，为了满足 $T > 0$ 及 $K > 0$ 的要求，由上限不等式知，K 及 T 的取值互为条件，不能联立求解。于是，使闭环系统稳定的 K 及 T 的取值范围应是

$$\begin{cases} K > 0, & 0 < T \leqslant 2 \\ 0 < K < \dfrac{T+2}{T-2}, & T > 2 \end{cases} \quad \text{和} \quad \begin{cases} T > 0, & 0 < K \leqslant 1 \\ 0 < T < \dfrac{2(K+1)}{K-1}, & K > 1 \end{cases}$$

对于高阶系统来说，尽管采用李纳德-戚帕特判据后，可以减少一半计算工作量，然而仍然感到不便。这时，可以考虑采用劳斯稳定判据来判别系统的稳定性。

(2) 劳斯稳定判据

劳斯稳定判据为表格形式，见表 3-4 劳斯表。劳斯表的前两行由系统特征方程(3-68)的系数直接构成。劳斯表中的第一行，由特征方程的第一，三，五，…项系数组成；第二行，由第二，四，六，…项系数组成。劳斯表中以后各行的数值，需按表 3-4 所示逐行计算，凡在运算过程中出现的空位，均置以零，这种过程一直进行到第 n 行为止，第 $n+1$ 行仅第一列有值，且正好等于特征方程最后一项系数 a_n。表中系数排列呈上三角形。

表 3-4	劳斯表			
s^n	a_0	a_2	a_4	a_6	$\cdots$
s^{n-1}	a_1	a_3	a_5	a_7	$\cdots$
s^{n-2}	$c_{13}=\dfrac{a_1a_2-a_0a_3}{a_1}$	$c_{23}=\dfrac{a_1a_4-a_0a_5}{a_1}$	$c_{33}=\dfrac{a_1a_6-a_0a_7}{a_1}$	c_{43}	$\cdots$
s^{n-3}	$c_{14}=\dfrac{c_{13}a_3-a_1c_{23}}{c_{13}}$	$c_{24}=\dfrac{c_{13}a_5-a_1c_{33}}{c_{13}}$	$c_{34}=\dfrac{c_{13}a_7-a_1c_{43}}{c_{13}}$	c_{44}	$\cdots$
s^{n-4}	$c_{15}=\dfrac{c_{14}c_{23}-c_{13}c_{24}}{c_{14}}$	$c_{25}=\dfrac{c_{14}c_{33}-c_{13}c_{34}}{c_{14}}$	$c_{35}=\dfrac{c_{14}c_{43}-c_{13}c_{44}}{c_{14}}$	c_{45}	$\cdots$
$\vdots$	$\vdots$	$\vdots$	$\vdots$		
s^2	$c_{1,n-1}$	$c_{2,n-1}$			
s^1	$c_{1,n}$				
s^0	$c_{1,n+1}=a_n$				

劳斯表的
列写

按照劳斯稳定判据，由特征方程(3-68)所表征的线性系统稳定的充分且必要条件是：劳斯表中第一列各值为正。如果劳斯表第一列中出现小于零的数值，系统就不稳定，且第一列各系数符号的改变次数，代表特征方程(3-68)的正实部根的数目。

劳斯稳定判据与赫尔维茨稳定判据在实质上是相同的。显然，劳斯表中第一列各数与各顺序赫尔维茨行列式之间，存在如下关系：$a_1=\Delta_1$，$c_{13}=\Delta_2/\Delta_1$，$c_{14}=\Delta_3/\Delta_2$，$c_{15}=\Delta_4/\Delta_3$，$\cdots$，$c_{1,n}=\Delta_{n-1}/\Delta_{n-2}$，$c_{1,n+1}=\Delta_n/\Delta_{n-1}$。因此，在 $a_0>0$ 的情况下，如果所有的顺序赫尔维茨行列式为正，则劳斯表中第一列的所有元素必大于零。

例 3-9　设系统特征方程为

$$s^4+2s^3+3s^2+4s+5=0$$

试用劳斯稳定判据判别该系统的稳定性。

解　该系统劳斯表为

$$
\begin{array}{c|ccc}
s^4 & 1 & 3 & 5 \\
s^3 & 2 & 4 & 0 \\
s^2 & \dfrac{2\times3-1\times4}{2}=1 & 5 & 0 \\
s^1 & \dfrac{1\times4-2\times5}{1}=-6 & \\
s^0 & 5 &
\end{array}
$$

由于劳斯表的第一列系数有两次变号，故该系统不稳定，且有两个正实部根。

4. 劳斯稳定判据的特殊情况

当应用劳斯稳定判据分析线性系统的稳定性时，有时会遇到下面两种特殊情况，使得劳斯表中的计算无法进行到底，因此需要进行相应的数学处理，处理的原则是不影响劳斯稳定判据的判别结果。

（1）劳斯表中某行的第一列项为零，而其余各项不为零，或不全为零

此时，计算劳斯表下一行的第一个元时，将出现无穷大，使劳斯稳定判据的运用失效。例如，特征方程为

$$D(s) = s^3 - 3s + 2 = 0$$

其劳斯表为

$$
\begin{array}{c|cc}
s^3 & 1 & -3 \\
s^2 & 0 & 2 \\
s^1 & \infty &
\end{array}
$$

为了克服这种困难，可以用因子$(s+a)$乘以原特征方程，其中a可为任意正数，再对新的特征方程应用劳斯稳定判据，可以防止上述特殊情况的出现。例如，以$(s+3)$乘以原特征方程，得新特征方程为

$$s^4 + 3s^3 - 3s^2 - 7s + 6 = 0$$

列出新劳斯表

$$
\begin{array}{c|ccc}
s^4 & 1 & -3 & 6 \\
s^3 & 3 & -7 & 0 \\
s^2 & -2/3 & 6 & 0 \\
s^1 & 20 & 0 & 0 \\
s^0 & 6 &
\end{array}
$$

由新劳斯表可知，第一列有两次符号变化，故系统不稳定，且有两个正实部根。的确，若用因式分解法，原特征方程可分解为

$$D(s) = s^3 - 3s + 2 = (s-1)^2(s+2) = 0$$

有两个$s=1$的正实部根。

（2）劳斯表中出现全零行

这种情况表明特征方程中存在一些绝对值相同但符号相异的特征根。例如，两个大小相等但符号相反的实根和(或)一对共轭纯虚根，或者是对称于实轴的两对共轭复根。

当劳斯表中出现全零行时，可用全零行上面一行的系数构造一个辅助方程 $F(s)=0$，并将辅助方程对复变量 s 求导，用所得导数方程的系数取代全零行的元，便可按劳斯稳定判据的要求继续运算下去，直到得出完整的劳斯计算表。辅助方程的次数通常为偶数，它表明数值相同但符号相反的根数。所有那些数值相同但符号相异的根，均可由辅助方程求得。

劳斯表出现全零行的处理

例 3-10　已知系统特征方程为

$$D(s) = s^6 + s^5 - 2s^4 - 3s^3 - 7s^2 - 4s - 4 = 0$$

试用劳斯稳定判据分析系统的稳定性。

解　按劳斯稳定判据的要求，列出劳斯表：

$$
\begin{array}{c|cccc}
s^6 & 1 & -2 & -7 & -4 \\
s^5 & 1 & -3 & -4 & \\
s^4 & 1 & -3 & -4 & (辅助方程F(s)=0系数) \\
s^3 & 0 & 0 & 0 &
\end{array}
$$

由于出现全零行，故用 s^4 行系数构造辅助方程：

$$F(s) = s^4 - 3s^2 - 4 = 0$$

取辅助方程对变量 s 的导数，得导数方程

$$\frac{\mathrm{d}F(s)}{\mathrm{d}s} = 4s^3 - 6s = 0$$

用导数方程的系数取代全零行相应的元，便可按劳斯表的计算规则运算下去，得到

$$
\begin{array}{c|cccc}
s^6 & 1 & -2 & -7 & -4 \\
s^5 & 1 & -3 & -4 & 0 \\
s^4 & 1 & -3 & -4 & \\
s^3 & 4 & -6 & 0 & (\mathrm{d}F(s)/\mathrm{d}s=0系数) \\
s^2 & -1.5 & -4 & & \\
s^1 & -16.7 & 0 & & \\
s^0 & -4 & & &
\end{array}
$$

由于劳斯表第一列数值有一次符号变化，故本例系统不稳定，且有一个正实部根。如果解辅助方程 $F(s)=s^4-3s^2-4=0$，可以求出产生全零行的特征方程的根为±2 和±j。倘若直接求解给出的特征方程，其特征根应是±2，±j 以及 $(-1\pm j\sqrt{3})/2$，表明劳斯表的判断结果是正确的。

5. 劳斯稳定判据的应用

在线性控制系统中，劳斯判据主要用来判断系统的稳定性。如果系统不稳定，则这种判据并不能直接指出使系统稳定的方法；如果系统稳定，则劳斯判据也不能保证系统具备满意的动态性能。换句话说，劳斯判据不能表明系统特征根在 s 平面上相对于虚轴的距离。由高阶系统单位脉冲响应表达式(3-67)可见，若负实部特征方程式的根紧靠虚轴，则由于 $|s_j|$ 或 $\zeta_k\omega_k$ 的值很小，系统动态过程将具有缓慢的非周期特性或强烈的振荡特性。为了使稳定的系统具有良好的动态响应，我们常常希望在 s 左半平面上系统特征根的位置与虚轴之间有一定的距离。为此，可在 s 左半平面上作一条 $s=-a$ 的垂线，而 a 是系统特征根位置与虚轴之间的最小给定距离，通常称为给定稳定度，然后用新变量 $s_1=s+a$ 代入原系统特征方程，得到一个以 s_1 为变量的新特征方程，对新特征方程应用劳斯稳定判据，可以判别系统的特征根是否全部位于 $s=-a$ 垂线之左。此外，应用劳斯稳定判据还可以确定系统一个或两个可调参数对系统稳定性的影响，即确定一个或两个使系统稳定，或使系统特征根全部位于 $s=-a$ 垂线之左的参数取值范围。

例 3-11　设比例-积分(PI)控制系统如图 3-32 所示。其中，K_1 为与积分器时间常数

有关的待定参数。已知参数$\zeta=0.2$ 及$\omega_n=86.6$，试用劳斯稳定判据确定使闭环系统稳定的K_1取值范围。如果要求闭环系统的极点全部位于$s=-1$垂线之左，问K_1值范围又应取多大？

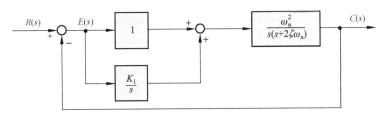

比例-积分控制系统结构图

解 根据图3-32可写出系统的闭环传递函数为

$$\Phi(s)=\frac{\omega_n^2(s+K_1)}{s^3+2\zeta\omega_n s^2+\omega_n^2 s+K_1\omega_n^2}$$

因而，闭环特征方程为

$$D(s)=s^3+2\zeta\omega_n s^2+\omega_n^2 s+K_1\omega_n^2=0$$

代入已知的ζ与ω_n，得

$$D(s)=s^3+34.6s^2+7500s+7500K_1=0$$

相应的劳斯表为

$$
\begin{array}{c|cc}
s^3 & 1 & 7500 \\
s^2 & 34.6 & 7500K_1 \\
s^1 & \dfrac{34.6\times7500-7500K_1}{34.6} & 0 \\
s^0 & 7500K_1 &
\end{array}
$$

根据劳斯稳定判据，令劳斯表中第一列各元为正，求得K_1的取值范围为

$$0<K_1<34.6$$

当要求闭环极点全部位于$s=-1$垂线之左时，可令$s=s_1-1$，代入原特征方程，得到新特征方程

$$(s_1-1)^3+34.6(s_1-1)^2+7500(s_1-1)+7500K_1=0$$

整理得 $\qquad s_1^3+31.6s_1^2+7433.8s_1+(7500K_1-7466.4)=0$

相应的劳斯表为

$$
\begin{array}{c|cc}
s_1^3 & 1 & 7433.8 \\
s_1^2 & 31.6 & 7500K_1-7466.4 \\
s_1^1 & \dfrac{31.6\times7433.8-(7500K_1-7466.4)}{31.6} & 0 \\
s_1^0 & 7500K_1-7466.4 &
\end{array}
$$

令劳斯表中第一列各元为正，使得全部闭环极点位于 $s=-1$ 垂线之左的 K_1 取值范围为

$$1 < K_1 < 32.3$$

如果需要确定系统其他参数，例如时间常数对系统稳定性的影响，方法是类似的。一般说来，这种待定参数不能超过两个。有关系统稳定性分析及参数选择对系统稳定性的影响问题，可以利用 MATLAB 软件来解决，请参见本书附录 B。

3-6　线性系统的稳态误差计算

控制系统的稳态误差，是系统控制准确度(控制精度)的一种度量，通常称为稳态性能。在控制系统设计中，稳态误差是一项重要的技术指标。对于一个实际的控制系统，由于系统结构、输入作用的类型(控制量或扰动量)、输入函数形式(阶跃、斜坡或加速度)的不同，控制系统的稳态输出不可能在任何情况下都与输入量一致或相当，也不可能在任何形式的扰动作用下都能准确地恢复到原平衡位置。此外，控制系统中不可避免地存在摩擦、间隙、不灵敏区、零位输出等非线性因素，这些都会造成附加的稳态误差。可以说，控制系统的稳态误差是不可避免的，控制系统设计的任务之一，是尽量减小系统的稳态误差，或者使稳态误差小于某一容许值。显然，只有当系统稳定时，研究稳态误差才有意义；对于不稳定的系统而言，根本不存在研究稳态误差的可能性。有时，把在阶跃函数作用下没有原理性稳态误差的系统，称为无差系统；而把具有原理性稳态误差的系统，称为有差系统。

本节主要讨论线性控制系统由于系统结构、输入作用形式和类型所产生的稳态误差，即原理性稳态误差的计算方法，其中包括系统类型与稳态误差的关系，同时介绍定量描述系统误差的两类系数，即静态误差系数和动态误差系数。对于非线性因素所引起的系统稳态误差，则称为附加稳态误差，或结构性稳态误差。

1. 误差与稳态误差

设控制系统结构图如图 3-27 所示。当输入信号 $R(s)$ 与主反馈信号 $B(s)$ 不等时，比较装置的输出为

$$E(s) = R(s) - H(s)C(s) \tag{3-69}$$

此时，系统在 $E(s)$ 信号作用下产生动作，使输出量趋于希望值。通常，称 $E(s)$ 为误差信号，简称误差(亦称偏差)。

误差有两种不同的定义方法：一种是式(3-69)所描述的在系统输入端定义误差的方法；另一种是从系统输出端来定义，它定义为系统输出量的希望值与实际值之差。前者定义的误差，在实际系统中是可以量测的，具有一定的物理意义；后者定义的误差，在系统性能指标的提法中经常使用，但在实际系统中有时无法量测，因而一般只有数学意义。

上述两种定义误差的方法，存在着内在联系。将图 3-27 变换为图 3-33 的等效形式，则因 $R'(s)$ 代表输出量的希望值，因而 $E'(s)$ 是从系统输出端定义的非单位反馈系统的误差。不难证明，$E(s)$ 与 $E'(s)$ 之间存在如下简单关系：

$$E'(s) = \frac{E(s)}{H(s)} \qquad (3\text{-}70)$$

所以，在本书以下的叙述中，均采用从系统输入端定义的误差 $E(s)$ 来进行计算和分析。如果有必要计算输出端误差 $E'(s)$，可利用式(3-70)进行

图 3-33 等效单位反馈系统结构图

换算。特别指出，对于单位反馈控制系统，输出量的希望值就是输入信号 $R(s)$，因而两种误差定义的方法是一致的。

误差本身是时间的函数，其时域表达式为

$$e(t) = \mathscr{L}^{-1}\big[E(s)\big] = \mathscr{L}^{-1}\big[\varPhi_e(s)R(s)\big] \qquad (3\text{-}71)$$

式中，$\varPhi_e(s)$ 为系统误差传递函数，由下式决定：

$$\varPhi_e(s) = \frac{E(s)}{R(s)} = \frac{1}{1 + G(s)H(s)} \qquad (3\text{-}72)$$

在误差信号 $e(t)$ 中，包含瞬态分量 $e_{ts}(t)$ 和稳态分量 $e_{ss}(t)$ 两部分。由于系统必须稳定，故当时间趋于无穷时，必有 $e_{ts}(t)$ 趋于零。因此，控制系统的稳态误差定义为误差信号 $e(t)$ 的稳态分量 $e_{ss}(\infty)$，常以 e_{ss} 简单标示。

如果有理函数 $sE(s)$ 除在原点处有唯一的极点外，在 s 右半平面及虚轴上解析，即 $sE(s)$ 的极点均位于 s 左半平面(包括坐标原点)，则可根据拉氏变换的终值定理，由式(3-72)方便地求出系统的稳态误差：

$$e_{ss}(\infty) = \lim_{s \to 0} sE(s) = \lim_{s \to 0} \frac{sR(s)}{1 + G(s)H(s)} \qquad (3\text{-}73)$$

由于上式算出的稳态误差是误差信号稳态分量 $e_{ss}(t)$ 在 t 趋于无穷时的数值，故有时称为终值误差，它不能反映 $e_{ss}(t)$ 随时间 t 的变化规律，具有一定的局限性。

例 3-12 设单位反馈系统的开环传递函数为 $G(s)=1/(Ts)$，输入信号分别为 $r(t)=t^2/2$ 以及 $r(t)=\sin\omega t$，试求控制系统的稳态误差。

解 当 $r(t)=t^2/2$ 时，$R(s)=1/s^3$。由式(3-72)求得

$$E(s) = \frac{1}{s^2(s+1/T)} = \frac{T}{s^2} - \frac{T^2}{s} + \frac{T^2}{s+1/T}$$

显然，$sE(s)$ 在 $s=0$ 处有一个极点。对上式取拉氏反变换，得误差响应

$$e(t) = T^2 \mathrm{e}^{-t/T} + T(t-T)$$

式中，$e_{ts}(t)=T^2\mathrm{e}^{-t/T}$，随时间增长逐渐衰减至零；$e_{ss}(t)=T(t-T)$，表明稳态误差 $e_{ss}(\infty)=\infty$。

当 $r(t)=\sin\omega t$ 时，$R(s)=\omega/(s^2+\omega^2)$。由于

$$E(s) = \frac{\omega s}{(s+1/T)(s^2+\omega^2)}$$

$$= -\frac{T\omega}{T^2\omega^2+1} \cdot \frac{1}{s+1/T} + \frac{T\omega}{T^2\omega^2+1} \cdot \frac{s}{s^2+\omega^2} + \frac{T^2\omega^3}{T^2\omega^2+1} \cdot \frac{1}{s^2+\omega^2}$$

所以得
$$e_{ss}(t) = \frac{T\omega}{T^2\omega^2+1}\cos\omega t + \frac{T^2\omega^2}{T^2\omega^2+1}\sin\omega t$$

显然，$e_{ss}(\infty)\neq 0$。由于正弦函数的拉氏变换式在虚轴上不解析，所以此时不能应用终值定理法来计算系统在正弦函数作用下的稳态误差，否则会得出

$$e_{ss}(\infty) = \lim_{s\to 0} sE(s) = \lim_{s\to 0}\frac{\omega s^2}{(s+1/T)(s^2+\omega^2)} = 0$$

的错误结论。

应当指出，对于高阶系统，除了应用 MATLAB、Python 等软件，误差信号 $E(s)$ 的极点一般不易求得，故用反变换法求稳态误差的方法并不实用。在实际使用过程中，只要验证 $sE(s)$ 满足要求的解析条件，无论是单位反馈系统还是非单位反馈系统，都可以利用式(3-73)来计算系统在输入信号作用下位于输入端的稳态误差 $e_{ss}(\infty)$。

2. 系统类型

由稳态误差计算通式(3-73)可见，控制系统稳态误差数值，与开环传递函数 $G(s)H(s)$ 的结构和输入信号 $R(s)$ 的形式密切相关。对于一个给定的稳定系统，当输入信号形式一定时，系统是否存在稳态误差就取决于开环传递函数描述的系统结构。因此，按照控制系统跟踪不同输入信号的能力来进行系统分类是必要的。

在一般情况下，分子阶次为 m，分母阶次为 n 的开环传递函数可表示为

$$G(s)H(s) = \frac{K\prod_{i=1}^{m}(\tau_i s+1)}{s^\nu\prod_{j=1}^{n-\nu}(T_j s+1)} \tag{3-74}$$

式中，K 为开环增益；τ_i 和 T_j 为时间常数；ν 为开环系统在 s 平面坐标原点上的极点的重数。现在的分类方法是以 ν 的数值来划分的：$\nu=0$，称为 0 型系统；$\nu=1$，称为 Ⅰ 型系统；$\nu=2$，称为 Ⅱ 型系统……当 $\nu>2$ 时，除复合控制系统外，使系统稳定是相当困难的。因此除航天控制系统外，Ⅲ 型及 Ⅲ 型以上的系统几乎不采用。

这种以开环系统在 s 平面坐标原点上的极点数来分类的方法，其优点在于：可以根据已知的输入信号形式，迅速判断系统是否存在原理性稳态误差及稳态误差的大小。它与按系统的阶次进行分类的方法不同，阶次 m 与 n 的大小与系统的型别无关，且不影响稳态误差的数值。

为了便于讨论，令

$$G_0(s)H_0(s) = \prod_{i=1}^{m}(\tau_i s+1)\Big/\prod_{j=1}^{n-\nu}(T_j s+1)$$

必有 $s\to 0$ 时，$G_0(s)H_0(s)\to 1$。因此，式(3-74)可改写为

$$G(s)H(s) = \frac{K}{s^\nu}G_0(s)H_0(s) \tag{3-75}$$

系统稳态误差计算通式则可表示为

$$e_{ss}(\infty)=\frac{\lim\limits_{s\to 0}\left[s^{v+1}R(s)\right]}{K+\lim\limits_{s\to 0}s^{v}} \quad (3\text{-}76)$$

上式表明，影响稳态误差的诸因素是：系统型别，开环增益，输入信号的形式和幅值。下面讨论不同型别系统在不同输入信号形式作用下的稳态误差计算。实际输入多为阶跃函数、斜坡函数和加速度函数，或者是其组合，因此只考虑系统分别在阶跃、斜坡或加速度函数输入作用下的稳态误差计算问题。

3. 阶跃输入作用下的稳态误差与静态位置误差系数

在图 3-27 所示的控制系统中，若 $r(t)=R\cdot 1(t)$，其中 R 为输入阶跃函数的幅值，则 $R(s)=R/s$。由式(3-76)可以算得各型系统在阶跃输入作用下的稳态误差为

$$e_{ss}(\infty)=\begin{cases} R/(1+K)=\text{常数}, & v=0 \\ 0, & v\geqslant 1 \end{cases}$$

对于 0 型单位反馈控制系统，当 $R=1$ 时，其稳态误差是希望输出 1 与实际输出 $K/(1+K)$ 之间的位置误差。习惯上常采用静态位置误差系数 K_p 表示各型系统在阶跃输入作用下的位置误差。根据式(3-73)，当 $R(s)=R/s$ 时，有

$$e_{ss}(\infty)=\frac{R}{1+\lim\limits_{s\to 0}G(s)H(s)}=\frac{R}{1+K_p} \quad (3\text{-}77)$$

式中

$$K_p=\lim\limits_{s\to 0}G(s)H(s) \quad (3\text{-}78)$$

称为静态位置误差系数。由式(3-78)及式(3-75)知，各型系统的静态位置误差系数为

$$K_p=\begin{cases} K, & v=0 \\ \infty, & v\geqslant 1 \end{cases}$$

如果要求系统对于阶跃输入作用不存在稳态误差，则必须选用Ⅰ型及Ⅰ型以上的系统。习惯上常把系统在阶跃输入作用下的稳态误差称为静差。因而，0 型系统可称为有(静)差系统或零阶无差度系统，Ⅰ型系统可称为一阶无差度系统，Ⅱ型系统可称为二阶无差度系统，依此类推。

4. 斜坡输入作用下的稳态误差与静态速度误差系数

在图 3-27 所示的控制系统中，若 $r(t)=Rt$，其中 R 表示速度输入函数的斜率，则 $R(s)=R/s^2$。将 $R(s)$ 代入式(3-76)，得各型系统在斜坡输入作用下的稳态误差为

$$e_{ss}(\infty)=\begin{cases} \infty, & v=0 \\ R/K=\text{常数}, & v=1 \\ 0, & v\geqslant 2 \end{cases}$$

Ⅰ型单位反馈系统在斜坡输入作用下的稳态误差图示，可参见图 3-34。

图 3-34 Ⅰ型单位反馈系统的速度误差

如果用静态速度误差系数表示系统在斜坡(速度)输入作用下的稳态误差，可将 $R(s)=R/s^2$ 代入式(3-73)，得

$$e_{ss}(\infty) = \frac{R}{\lim\limits_{s \to 0} sG(s)H(s)} = \frac{R}{K_v} \tag{3-79}$$

式中

$$K_v = \lim\limits_{s \to 0} sG(s)H(s) = \lim\limits_{s \to 0} \frac{K}{s^{V-1}} \tag{3-80}$$

称为静态速度误差系数，其单位与开环增益 K 的单位相同，为 s^{-1}。显然，0 型系统的 $K_v=0$；Ⅰ型系统的 $K_v=K$；Ⅱ型及Ⅱ型以上系统的 $K_v=\infty$。

通常，式(3-79)表达的稳态误差称为速度误差。必须注意，速度误差的含义并不是指系统稳态输出与输入之间存在速度上的误差，而是指系统在速度(斜坡)输入作用下，系统稳态输出与输入之间存在位置上的误差。此外，式(3-79)还表明：0 型系统在稳态时不能跟踪斜坡输入；对于Ⅰ型单位反馈系统，稳态输出速度恰好与输入速度相同，但存在一个稳态位置误差，其数值与输入速度信号的斜率 R 成正比，而与开环增益 K 成反比；对于Ⅱ型及Ⅱ型以上的系统，稳态时能准确跟踪斜坡输入信号，不存在位置误差。

如果系统为非单位反馈系统，其 $H(s)=K_h$ 为常数，那么系统输出量的希望值为 $R'(s)=R(s)/K_h$，系统输出端的稳态位置误差为

$$e'_{ss}(\infty) = \frac{e_{ss}(\infty)}{K_h} \tag{3-81}$$

上式表示的关系，对于下面即将讨论的系统在加速度输入作用下的稳态误差计算问题，同样成立。

例 3-13 设有一非单位反馈控制系统，其 $G(s)=10/(s+1)$，$H(s)=K_h$，输入信号 $r(t)=1(t)$，试分别确定当 K_h 为 1 和 0.1 时，系统输出端的稳态位置误差 $e'_{ss}(\infty)$。

解 由于系统开环传递函数

$$G(s)H(s) = \frac{10K_h}{s+1}$$

故本例为 0 型系统，其静态位置误差系数 $K_p=K=10K_h$。由式(3-77)可算出系统输入端的稳态位置误差为

$$e_{ss}(\infty) = \frac{1}{1+10K_h}$$

系统输出端的稳态位置误差，可由式(3-81)算出。

当 $K_h=1$ 时

$$e'_{ss}(\infty) = e_{ss}(\infty) = \frac{1}{1+10K_h} = \frac{1}{11}$$

当 $K_h=0.1$ 时

$$e'_{ss}(\infty) = \frac{e_{ss}(\infty)}{K_h} = \frac{1}{K_h(1+10K_h)} = 5$$

此时，系统输出量的希望值为 $r(t)/K_h=10$。

5. 加速度输入作用下的稳态误差与静态加速度误差系数

在图3-27所示的控制系统中,若$r(t)=Rt^2/2$,其中R为加速度输入函数的速度变化率,则$R(s)=R/s^3$。将$R(s)$代入式(3-76),算得各型系统在加速度输入作用下的稳态误差

$$e_{ss}(\infty) = \begin{cases} \infty, & \nu = 0,1 \\ R/K = 常数, & \nu = 2 \\ 0, & \nu \geqslant 3 \end{cases}$$

Ⅱ型单位反馈系统在加速度输入作用下的稳态误差图示,可参见图3-35。

如果用静态加速度误差系数表示系统在加速度输入作用下的稳态误差,可将$R(s)=R/s^3$代入式(3-73),得

$$e_{ss}(\infty) = \frac{R}{\lim\limits_{s \to 0} s^2 G(s)H(s)} = \frac{R}{K_a} \qquad (3\text{-}82)$$

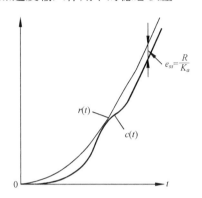

图 3-35　Ⅱ型单位反馈系统的加速度误差

式中

$$K_a = \lim\limits_{s \to 0} s^2 G(s)H(s) = \lim\limits_{s \to 0} \frac{K}{s^{\nu-2}} \qquad (3\text{-}83)$$

称为静态加速度误差系数,其单位为s^{-2}。显然,0型及Ⅰ型系统的$K_a=0$;Ⅱ型系统的$K_a=K$;Ⅲ型及Ⅲ型以上系统的$K_a=\infty$。

通常,由式(3-82)表达的稳态误差称为加速度误差。与前面情况类似,加速度误差是指系统在加速度函数输入作用下,系统稳态输出与输入之间的位置误差。式(3-82)表明:0型及Ⅰ型单位反馈系统,在稳态时都不能跟踪加速度输入;对于Ⅱ型单位反馈系统,稳态输出的加速度与输入加速度函数相同,但存在一定的稳态位置误差,其值与输入加速度信号的变化率R成正比,而与开环增益(静态加速度误差系数)K(或K_a)成反比;对于Ⅲ型及Ⅲ型以上的系统,只要系统稳定,其稳态输出能准确跟踪加速度输入信号,不存在位置误差。

静态误差系数K_p、K_v和K_a,定量描述了系统跟踪不同形式输入信号的能力。当系统输入信号形式、输出量的希望值及容许的稳态位置误差确定后,可以方便地根据静态误差系数去选择系统的型别和开环增益。但是,对于非单位反馈控制系统而言,静态误差系数没有明显的物理意义,也不便于图形表示。

如果系统承受的输入信号是多种典型函数的组合,例如

$$r(t) = R_0 \cdot 1(t) + R_1 t + \frac{1}{2} R_2 t^2$$

则根据线性叠加原理,可将每一输入分量单独作用于系统,再将各稳态误差分量叠加起来,得到

$$e_{ss}(\infty) = \frac{R_0}{1+K_p} + \frac{R_1}{K_v} + \frac{R_2}{K_a}$$

显然，这时至少应选用 Ⅱ 型系统，否则稳态误差将为无穷大。无穷大的稳态误差，表示系统输出量与输入量之间在位置上的误差随时间 t 而增长，稳态时达无穷大。由此可见，采用高型别系统对提高系统的控制准确度有利，但应以确保系统的稳定性为前提，同时还要兼顾系统的动态性能要求。

反馈控制系统的型别、静态误差系数和输入信号形式之间的关系，统一归纳在表 3-5 之中。

表 3-5 表明，同一个控制系统，在不同形式的输入信号作用下具有不同的稳态误差。这一现象的物理解释可用例 3-14 说明。

表 3-5 输入信号作用下的稳态误差

系统型别	静态误差系数			阶跃输入 $r(t) = R \cdot 1(t)$	斜坡输入 $r(t) = Rt$	加速度输入 $r(t) = \dfrac{Rt^2}{2}$
	K_p	K_v	K_a	位置误差 $e_{ss} = \dfrac{R}{1+K_p}$	速度误差 $e_{ss} = \dfrac{R}{K_v}$	加速度误差 $e_{ss} = \dfrac{R}{K_a}$
0	K	0	0	$\dfrac{R}{1+K}$	∞	∞
I	∞	K	0	0	$\dfrac{R}{K}$	∞
II	∞	∞	K	0	0	$\dfrac{R}{K}$
III	∞	∞	∞	0	0	0

例 3-14 设具有测速发电机内反馈的位置随动系统如图 3-36 所示。要求计算 $r(t)$ 分别为 $1(t)$、t 和 $t^2/2$ 时，系统的稳态误差，并对系统在不同输入形式下具有不同稳态误差的现象进行物理说明。

解 由图 3-36 得系统的开环传递函数为

$$G(s) = \frac{1}{s(s+1)}$$

可见，本例是 $K=1$ 的 Ⅰ 型系统，其静态误差系数：$K_p=\infty$，$K_v=1$，$K_a=0$。当 $r(t)$ 分别为 $1(t)$、t 和 $t^2/2$ 时，相应的稳态误差分别为 0，1 和 ∞。

系统对于阶跃输入信号不存在稳态误差的物理解释是清楚的。由于系统受到单位阶跃位置信号作用后，其稳态输出必定是一个恒定的位置(角位移)，

图 3-36 位置随动系统结构图

这时伺服电动机必须停止转动。显然，要使电动机不转，加在电动机控制绕组上的电压必须为零。这就意味着系统输入端的误差信号的稳态值应等于零。因此，系统在单位阶跃输入信号作用下，不存在位置误差。

当单位斜坡输入信号作用于系统时，系统的稳态输出速度，必定与输入信号速度相同。这样，就要求电动机作恒速运转，因此在电动机控制绕组上需要作用以一个恒定的电压，由此推得误差信号的终值应等于一个常值，所以系统存在常值速度误差。

当加速度输入信号作用于系统时，系统的稳态输出也应作等加速变化，为此要求电动机控制绕组有等速变化的电压输入，最后归结为要求误差信号随时间线性增长。显然，当 $t \to \infty$ 时，系统的加速度误差必为无穷大。

应当指出，在系统误差分析中，只有当输入信号是阶跃函数、斜坡函数和加速度函数，或者是这三种函数的线性组合时，静态误差系数才有意义。用静态误差系数求得的系统稳态误差值，或是零，或为常值，或趋于无穷大。其实质是用终值定理法求得系统的终值误差。因此，当系统输入信号为其他形式函数时，静态误差系数法便无法应用。此外，系统的稳态误差一般是时间的函数，即使静态误差系数法可用，也不能表示稳态误差随时间变化的规律。有些控制系统，例如导弹控制系统，其有效工作时间不长，输出量往往达不到要求的稳态值时便已结束工作，无法使用静态误差系数法进行误差分析。为此，需要引入动态误差系数的概念。

6. 动态误差系数

利用动态误差系数法，可以研究输入信号几乎为任意时间函数时的系统稳态误差变化，因此动态误差系数又称广义误差系数。为了求取动态误差系数，写出误差信号的拉氏变换式

$$E(s) = \Phi_e(s)R(s)$$

将误差传递函数 $\Phi_e(s)$ 在 $s=0$ 的邻域内展成泰勒级数，得

$$\Phi_e(s) = \frac{1}{1+G(s)H(s)} = \Phi_e(0) + \dot{\Phi}_e(0)s + \frac{1}{2!}\ddot{\Phi}_e(0)s^2 + \cdots$$

于是，误差信号可以表示为如下级数：

$$E(s) = \Phi_e(0)R(s) + \dot{\Phi}_e(0)sR(s) + \frac{1}{2!}\ddot{\Phi}_e(0)s^2 R(s) + \cdots + \frac{1}{l!}\Phi_e^{(l)}(0)s^l R(s) + \cdots \quad (3\text{-}84)$$

上述无穷级数收敛于 $s=0$ 的邻域，称为误差级数，相当于在时间域内 $t \to \infty$ 时成立。因此，当所有初始条件均为零时，对式(3-84)进行拉氏反变换，就得到作为时间函数的稳态误差表达式

$$e_{ss}(t) = \sum_{i=0}^{\infty} C_i r^{(i)}(t) \quad (3\text{-}85)$$

式中

$$C_i = \frac{1}{i!}\Phi_e^{(i)}(0); \qquad i = 0,1,2,\cdots \quad (3\text{-}86)$$

称为动态误差系数。习惯上称 C_0 为动态位置误差系数，称 C_1 为动态速度误差系数，称 C_2 为动态加速度误差系数。应当指出，在动态误差系数的字样中，"动态"两字的含义是指这种方法可以完整描述系统稳态误差 $e_{ss}(t)$ 随时间变化的规律，而不是指误差信号中的瞬态分量 $e_{ts}(t)$ 随时间变化的情况。此外，由于式(3-85)描述的误差级数在 $t \to \infty$ 时才能成立，如果输入信号 $r(t)$ 中包含有随时间增长而趋近于零的分量，则这一输入分量不应包含

在式(3-85)中的输入信号及其各阶导数之内。

式(3-85)表明，稳态误差 $e_{ss}(t)$ 与动态误差系数 C_i、输入信号 $r(t)$ 及其各阶导数的稳态分量有关。由于输入信号的稳态分量是已知的，因而确定稳态误差的关键是根据给定的系统求出各动态误差系数。在系统阶次较高的情况下，利用式(3-86)来确定动态误差系数是不方便的。下面介绍一种简便的解法。

将已知的系统开环传递函数按 s 的升幂排列，写成

$$G(s)H(s) = \frac{K}{s^v} \cdot \frac{1 + b_1 s + b_2 s^2 + \cdots + b_m s^m}{1 + a_1 s + a_2 s^2 + \cdots + a_n s^{n-v}} \qquad (3\text{-}87)$$

令

$$M(s) = K(1 + b_1 s + b_2 s^2 + \cdots + b_m s^m)$$

$$N_0(s) = s^v(1 + a_1 s + a_2 s^2 + \cdots + a_n s^{n-v})$$

则误差传递函数可表示为

$$\varPhi_e(s) = \frac{1}{1 + G(s)H(s)} = \frac{N_0(s)}{N_0(s) + M(s)} \qquad (3\text{-}88)$$

用上式的分母多项式去除其分子多项式，得到一个 s 的升幂级数

$$\varPhi_e(s) = C_0 + C_1 s + C_2 s^2 + C_3 s^3 + \cdots \qquad (3\text{-}89)$$

将上式代入误差信号表达式，得

$$E(s) = \varPhi_e(s)R(s) = (C_0 + C_1 s + C_2 s^2 + C_3 s^3 + \cdots)R(s) \qquad (3\text{-}90)$$

比较式(3-84)与式(3-90)可知，它们是等价的无穷级数，其收敛域均是 $s=0$ 的邻域。因此，式(3-89)中的系数 $C_i(i=0, 1, 2, \cdots)$，正是我们要求的动态误差系数。

在一个特定的系统中，可以建立某些动态误差系数与静态误差系数之间的关系。利用式(3-87)和式(3-88)进行长除，可得如下简单关系：

0 型系统：

$$C_0 = \frac{1}{1 + K_p}$$

Ⅰ 型系统：

$$C_1 = \frac{1}{K_v}$$

Ⅱ 型系统：

$$C_2 = \frac{1}{K_a}$$

因此，在控制系统设计中，也可以把 C_0，C_1 和 C_2 作为一种性能指标。某些系统，例如导弹控制系统，常以对动态误差系数的要求来表达对系统稳态误差过程的要求。

例 3-15　设单位反馈控制系统的开环传递函数为

$$G(s) = \frac{100}{s(0.1s + 1)}$$

若输入信号为 $r(t)=\sin 5t$，试求系统的稳态误差 $e_{ss}(t)$。

解 1　由于输入信号为正弦函数，无法采用静态误差系数法确定 $e_{ss}(t)$。现采用动态误差系数法求系统的稳态误差。由于系统误差传递函数

$$\varPhi_e(s) = \frac{1}{1 + G(s)} = \frac{s(0.1s + 1)}{0.1s^2 + s + 100} = 0 + 10^{-2}s + 9 \times 10^{-4}s^2 - 1.9 \times 10^{-5}s^3 + \cdots$$

故动态误差系数为

$$C_0 = 0$$
$$C_1 = 10^{-2}$$
$$C_2 = 9 \times 10^{-4}$$
$$C_3 = -1.9 \times 10^{-5}$$
$$\cdots\cdots$$

可求得稳态误差

$$e_{ss}(t) = (C_0 - C_2\omega_0^2 + C_4\omega_0^4 - \cdots)\sin\omega_0 t + (C_1\omega_0 - C_3\omega_0^3 + C_5\omega_0^5 - \cdots)\cos\omega_0 t$$

式中 $\omega_0 = 5$。对上述级数求和，得

$$e_{ss}(t) = -0.055\cos(5t - 24.9°)$$

因此，系统稳态误差为余弦函数，其最大幅值为 0.055。

解 2　利用反变换法求解。误差信号为

$$E(s) = \Phi_e(s)R(s) = \frac{s^2 + 10s}{s^2 + 10s + 1000} \cdot \frac{5}{s^2 + 25}$$
$$= \frac{as + b}{s^2 + 10s + 1000} + \frac{cs + d}{s^2 + 25}$$

式中，系数 a、b、c、d 待定。上式通分后，得如下代数方程组：

$$\begin{cases} 25b + 1000d = 0 \\ a + c = 0 \\ b + 10c + d = 5 \\ 25a + 1000c + 10d = 50 \end{cases}$$

利用行列式求解方法，可以算出：

$$c = -0.0498, \quad d = -0.115$$

由于闭环系统是稳定的，故稳态下

$$E_{ss}(s) = \frac{cs + d}{s^2 + 25} = -\frac{0.0498s + 0.115}{s^2 + 25}$$

对上式取拉氏反变换，可求得同解 1 一样的系统稳态误差。

7. 扰动作用下的稳态误差

控制系统除承受输入信号作用外，还经常处于各种扰动作用之下。例如：负载转矩的变动、放大器的零位和噪声、电源电压和频率的波动、组成元件的零位输出，以及环境温度的变化等。因此，控制系统在扰动作用下的稳态误差值，反映了系统的抗干扰能力。在理想情况下，系统对于任意形式的扰动作用，其稳态误差应该为零，但实际上这是不能实现的。

由于输入信号和扰动信号作用于系统的不同位置，因而即使系统对于某种形式输入信号作用的稳态误差为零，但对于同一形式的扰动作用，其稳态误差未必为零。设控制系统如图 3-37 所示，其中 $N(s)$ 代表扰动信号的拉氏变换式。由于在扰动信号 $N(s)$ 作用下

系统的理想输出应为零，故该非单位反馈系统响应扰动 $n(t)$ 的输出端误差信号为

$$E_n(s) = -C_n(s) = -\frac{G_2(s)}{1+G(s)}N(s) \tag{3-91}$$

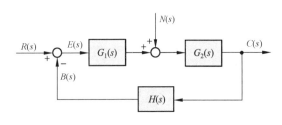

式中，$G(s)=G_1(s)G_2(s)H(s)$ 为非单位反馈系统的开环传递函数，$G_2(s)$ 为以 $n(t)$ 为输入，$c_n(t)$ 为输出时非单位反馈系统前向通道的传递函数。

记　　$\Phi_{en}(s) = -\dfrac{G_2(s)}{1+G(s)}$ 　(3-92)

图 3-37　控制系统结构图

为系统对扰动作用的误差传递函数，并将其在 $s=0$ 的邻域展成泰勒级数，则式(3-92)可表示为

$$\Phi_{en}(s) = \Phi_{en}(0) + \dot{\Phi}_{en}(0)s + \frac{1}{2!}\ddot{\Phi}_{en}(0)s^2 + \cdots + \frac{1}{l!}\Phi_{en}^{(l)}(0)s^l + \cdots \tag{3-93}$$

设系统扰动信号表示为

$$n(t) = n_0 + n_1 t + \frac{1}{2}n_2 t^2 + \cdots + \frac{1}{k!}n_k t^k \tag{3-94}$$

则将式(3-93)代入式(3-91)，并取拉氏反变换，得稳定系统对扰动作用的稳态误差表达式

$$e_{ssn}(t) = \sum_{i=0}^{k} C_{in} n^{(i)}(t) \tag{3-95}$$

式中

$$C_{in} = \frac{1}{i!}\Phi_{en}^{(i)}(0); \quad i = 0,1,2,\cdots \tag{3-96}$$

称为系统对扰动的动态误差系数。将 $\Phi_{en}(s)$ 的分子多项式与分母多项式按 s 的升幂排列，然后利用长除法，可以方便地求得 C_{in}。

当 $sE_n(s)$ 在 s 右半平面及虚轴上解析时，同样可以采用终值定理法计算系统在扰动作用下的稳态误差。

例 3-16　设比例控制系统如图 3-38 所示。图中，$R(s)=R_0/s$ 为阶跃输入信号；M 为比例控制器输出转矩，用以改变被控对象的位置；$N(s)=n_0/s$ 为阶跃扰动转矩。试求系统的稳态误差。

解　由图可见，本例系统为 I 型系统。令扰动 $N(s)=0$，则系统对阶跃输入信号的稳态误差为零。但是，如果令 $R(s)=0$，则系统在扰动作用下输出量的实际值为

$$C_n(s) = \frac{K_2}{s(T_2 s+1)+K_1 K_2}N(s)$$

而输出量的希望值为零，因此误差信号

$$E_n(s) = -\frac{K_2}{s(T_2 s+1)+K_1 K_2}N(s)$$

图 3-38　比例控制系统结构图

系统在阶跃扰动转矩作用下的稳态误差

$$e_{ssn}(\infty) = \lim_{s \to 0} sE_n(s) = -n_0 / K_1 \tag{3-97}$$

系统在阶跃扰动转矩作用下存在稳态误差的物理意义是明显的。稳态时，比例控制器产生一个与扰动转矩 n_0 大小相等而方向相反的转矩 $-n_0$ 以进行平衡，该转矩折算到比较装置输出端的数值为 $-n_0/K_1$，所以系统必定存在常值稳态误差 $-n_0/K_1$。

8. 减小或消除稳态误差的措施

为了减小或消除系统在输入信号和扰动作用下的稳态误差，可以采取以下措施。

(1) 增大系统开环增益或扰动作用点之前系统的前向通道增益

由表 3-5 可见，增大系统开环增益 K 以后，对于 0 型系统，可以减小系统在阶跃输入时的位置误差；对于 I 型系统，可以减小系统在斜坡输入时的速度误差；对于 II 型系统，可以减小系统在加速度输入时的加速度误差。

由例 3-16 可见，增大扰动作用点之前的比例控制器增益 K_1，可以减小系统对阶跃扰动转矩的稳态误差。式(3-97)表明，系统在阶跃扰动作用下的稳态误差与 K_2 无关。因此，增大扰动点之后系统的前向通道增益，不能改变系统对扰动的稳态误差数值。

(2) 在系统的前向通道或主反馈通道设置串联积分环节

在图 3-37 所示非单位反馈控制系统中，设

$$G_1(s) = \frac{M_1(s)}{s^{\nu_1} N_1(s)}, \quad G_2(s) = \frac{M_2(s)}{s^{\nu_2} N_2(s)}, \quad H(s) = \frac{H_1(s)}{H_2(s)}$$

式中，$N_1(s)$，$M_1(s)$，$N_2(s)$，$M_2(s)$，$H_1(s)$ 及 $H_2(s)$ 均不含 $s=0$ 的因子；ν_1 和 ν_2 为系统前向通道的积分环节数目。则系统对输入信号的误差传递函数为

$$\Phi_e(s) = \frac{1}{1 + G_1(s)G_2(s)H(s)} = \frac{s^{\nu} N_1(s)N_2(s)H_2(s)}{s^{\nu} N_1(s)N_2(s)H_2(s) + M_1(s)M_2(s)H_1(s)} \tag{3-98}$$

式中，$\nu = \nu_1 + \nu_2$。

上式表明，当系统主反馈通道传递函数 $H(s)$ 不含 $s=0$ 的零点和极点时，如下结论成立：

1) 系统前向通道所含串联积分环节数目 ν，与误差传递函数 $\Phi_e(s)$ 所含 $s=0$ 的零点数目 ν 相同，从而决定了系统响应输入信号的型别。

2) 由动态误差系数定义式(3-86)可知，当 $\Phi_e(s)$ 含有 ν 个 $s=0$ 的零点时，必有 $C_i=0(i=0, 1, \cdots, \nu-1)$。于是，只要在系统前向通道中设置 ν 个串联积分环节，必可消除系统在输入信号 $r(t) = \sum_{i=1}^{\nu-1} R_i t^i$ 作用下的稳态误差。

如果系统主反馈通道传递函数含有 ν_3 个积分环节，即

$$H(s) = \frac{H_1(s)}{s^{\nu_3} H_2(s)}$$

而其余假定同上，则系统对扰动作用的误差传递函数

$$\Phi_{en}(s) = -\frac{G_2(s)}{1 + G_1(s)G_2(s)H(s)} = -\frac{s^{\nu_1+\nu_3} M_2(s)N_1(s)H_2(s)}{s^{\nu} N_1(s)N_2(s)H_2(s) + M_1(s)M_2(s)H_1(s)} \tag{3-99}$$

式中，$\nu = \nu_1 + \nu_2 + \nu_3$。由于式(3-99)所示误差传递函数$\Phi_{en}(s)$具有$(\nu_1 + \nu_3)$个$s=0$的零点，其中$\nu_1$为系统扰动作用点前的前向通道所含的积分环节数，$\nu_3$为系统主反馈通道所含的积分环节数，根据系统对扰动的动态误差系数C_{in}的定义式(3-96)，应有$C_{in}=0(i=0, 1, \cdots, \nu_1 + \nu_3 -1)$，从而系统响应扰动信号$n(t) = \sum_{i=0}^{\nu_1+\nu_3-1} n_i t^i$的稳态误差为零。这类系统称为响应扰动信号的$(\nu_1 + \nu_3)$型系统。

由于误差传递函数$\Phi_{en}(s)$所含$s=0$的零点数，等价于系统扰动作用点前的前向通道串联积分环节数ν_1与主反馈通道串联积分环节数ν_3之和，故对于响应扰动作用的系统，下列结论成立：

1) 扰动作用点之前的前向通道积分环节数与主反馈通道积分环节数之和决定系统响应扰动作用的型别，该型别与扰动作用点之后前向通道的积分环节数无关。

2) 如果在扰动作用点之前的前向通道或主反馈通道中设置ν个积分环节，则必可消除系统在扰动信号$n(t) = \sum_{i=0}^{\nu-1} n_i t^i$作用下的稳态误差。

特别需要指出，在反馈控制系统中，设置串联积分环节或增大开环增益以消除或减小稳态误差的措施，必然导致降低系统的稳定性，甚至造成系统不稳定，从而恶化系统的动态性能。因此，权衡考虑系统稳定性、稳态误差与动态性能之间的关系，便成为系统校正设计的主要内容。

(3) 采用串级控制抑制内回路扰动

当控制系统中存在多个扰动信号，且控制精度要求较高时，宜采用串级控制方式，可以显著抑制内回路的扰动影响。

图 3-39 为串级直流电动机速度控制系统，具有两个闭合回路：内回路为电流环，称为副回路；外回路为速度环，称为主回路。主、副回路各有其调节器和测量变送器。主回路中的速度调节器称为主调节器，主回路的测量变送器为速度反馈装置；副回路中的电流调节器称为副调节器，副回路的测量变送器为电流反馈装置。主调节器与副调节器以串联的方式进行共同控制，故称为串级控制。由于主调节器的输出作为副调节器的给定值，因而串级控制系统的主回路是一个恒值控制系统，而副回路可以看作是一个随动系统。根据外部扰动作用位置的不同，扰动亦有一次扰动和二次扰动之分：被副回路包围的扰动，称为二次扰动，如图 3-39 所示系统中电网电压波动形成的扰动ΔU_d；处于副回路之外的扰动，称为一次扰动，如图 3-39 系统中由负载变化形成的扰动I_z。

图 3-39　串级直流电动机速度控制系统方框图

串级控制系统在结构上比单回路控制系统多了一个副回路，因而对进入副回路的二次扰动有很强的抑制能力。为了便于定性分析，设一般的串级控制系统如图 3-40 所示。图中，$G_{c1}(s)$和$G_{c2}(s)$分别为主、副调节器的传递函数；$H_1(s)$和$H_2(s)$分别为主、副测量变送器的传递函数；$N_2(s)$为加在副回路上的二次扰动。

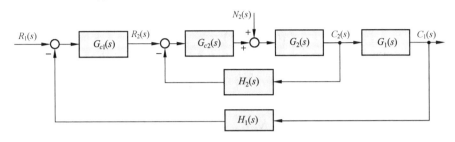

图 3-40 串级控制系统结构图

若将副回路视为一个等效环节 $G_2'(s)$ ，则有

$$G_2'(s) = \frac{C_2(s)}{R_2(s)} = \frac{G_{c2}(s)G_2(s)}{1 + G_{c2}(s)G_2(s)H_2(s)}$$

在副回路中，输出 $C_2(s)$对二次扰动 $N_2(s)$的闭环传递函数为

$$G_{n2}(s) = \frac{C_2(s)}{N_2(s)} = \frac{G_2(s)}{1 + G_{c2}(s)G_2(s)H_2(s)}$$

比较 $G_2'(s)$ 与 $G_{n2}(s)$可见，必有

$$G_{n2}(s) = \frac{G_2'(s)}{G_{c2}(s)}$$

于是，图 3-40 所示串级系统结构图可等效为图 3-41 所示结构图。显然，在主回路中，系统对输入信号的闭环传递函数为

$$\frac{C_1(s)}{R_1(s)} = \frac{G_{c1}(s)G_2'(s)G_1(s)}{1 + G_{c1}(s)G_2'(s)G_1(s)H_1(s)}$$

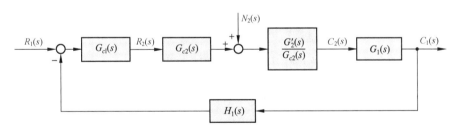

图 3-41 串级控制系统的等效结构图

系统对二次扰动信号 $N_2(s)$的闭环传递函数为

$$\frac{C_1(s)}{N_2(s)} = \frac{\left[G_2'(s)/G_{c2}(s)\right]G_1(s)}{1 + G_{c1}(s)G_2'(s)G_1(s)H_1(s)}$$

对于一个理想的控制系统，总是希望多项式比值 $C_1(s)/N_2(s)$趋于零，而 $C_1(s)/R_1(s)$趋

于 1，因此串级控制系统抑制二次扰动 $N_2(s)$ 的能力可用下式表示：

$$\frac{C_1(s)/R_1(s)}{C_1(s)/N_2(s)} = G_{c1}(s)G_{c2}(s)$$

若主、副调节器均采用比例调节器，其增益分别为 K_{c1} 和 K_{c2}，则上式可写为

$$\frac{C_1(s)/R_1(s)}{C_1(s)/N_2(s)} = K_{c1}K_{c2}$$

上式表明，主、副调节器的总增益越大，则串级系统抑制二次扰动 $N_2(s)$ 的能力越强。

由于在串级控制系统设计时副回路的阶数一般都取得较低，因而副调节器的增益 K_{c2} 可以取得较大，通常满足

$$K_{c1}K_{c2} > K_{c1}$$

可见，与单回路控制系统相比，串级控制系统对二次扰动的抑制能力有很大的提高，一般可达 10～100 倍。

(4) 采用复合控制方法

如果控制系统中存在强扰动，特别是低频强扰动，则一般的反馈控制方式难以满足高稳态精度的要求，此时可以采用复合控制方式。

复合控制系统是在系统的反馈控制回路中加入前馈通路，组成一个前馈控制与反馈控制相结合的系统，只要系统参数选择合适，不但可以保持系统稳定，极大地减小乃至消除稳态误差，而且可以抑制几乎所有的可量测扰动，其中包括低频强扰动。详见本书第六章。

例 3-17　如果在例 3-16 系统中采用比例-积分控制器，如图 3-42 所示，试分别计算系统在阶跃转矩扰动和斜坡转矩扰动作用下的稳态误差。

图 3-42　比例-积分控制系统结构图

解　由图 3-42 可知，在扰动作用点之前的积分环节数 $\nu_1 = 1$，而 $\nu_3 = 0$，故该比例-积分控制系统对扰动作用为 I 型系统，在阶跃扰动作用下不存在稳态误差，而在斜坡扰动作用下存在常值稳态误差。

由图 3-42 不难写出扰动作用下的系统误差表达式

$$E_n(s) = -\frac{K_2 T_i s}{T_1 T_2 s^3 + T_i s^2 + K_1 K_2 T_i s + K_1 K_2} N(s)$$

设 $sE_n(s)$ 的极点位于 s 左半平面，则可用终值定理法求得稳态误差。

当 $N(s) = n_0/s$ 时

$$e_{ssn}(\infty) = \lim_{s \to 0} sE_n(s) = -\lim_{s \to 0} \frac{n_0 K_2 T_i s}{T_i T_2 s^3 + T_i s^2 + K_1 K_2 T_i s + K_1 K_2} = 0$$

当 $N(s)=n_1/s^2$ 时

$$e_{ssn}(\infty) = -\lim_{s \to 0} \frac{n_1 K_2 T_i}{T_i T_2 s^3 + T_i s^2 + K_1 K_2 T_i s + K_1 K_2} = -\frac{n_1 T_i}{K_1}$$

显然，提高比例增益 K_1 可以减小斜坡转矩作用下的稳态误差，但 K_1 的增大要受到稳定性要求和动态过程振荡性要求的制约。

系统采用比例-积分控制器后，可以消除阶跃扰动转矩作用下稳态误差，其物理意义是清楚的：由于控制器中包含积分控制作用，只要稳态误差不为零，控制器就一定会产生一个继续增长的输出转矩来抵消阶跃扰动转矩的作用，力图减小这个误差，直到稳态误差为零，系统取得平衡而进入稳态。在斜坡转矩扰动作用下，系统存在常值稳态误差的物理意义可以这样解释：由于转矩扰动是斜坡函数，因此需要控制器在稳态时输出一个反向的斜坡转矩与之平衡，这只有在控制器输入的误差信号为一负常值时才有可能。

实际系统总是同时承受输入信号和扰动作用的。由于所研究的系统为线性定常控制系统，因此系统总的稳态误差将等于输入信号和扰动分别作用于系统时，所得的稳态误差的绝对值和。

3-7 控制系统时域设计

例 **3-18** 海底隧道钻机控制系统。

截至 2018 年 10 月，港珠澳大桥是世界上里程最长、施工难度最大、沉管隧道最长、技术含量最高、科学专利和投资金额最多的跨海大桥。港珠澳大桥于 2009 年 12 月 15 日正式开工建设，到 2018 年 10 月 24 日正式通车。它全长 55 公里，其中主体工程由 6.7 公里的海底沉管隧道和长达 22.9 公里的桥梁工程组成。港珠澳大桥的建成对香港、澳门、珠海三地经济社会一体化意义深远。

海底隧道钻机在推进过程中，为了保证必要的精度，在钻机上采用了波浪补偿系统，以避免钻机受波浪影响，保持钻机的直线方向。钻机控制系统如图 3-43 所示。图中，$C(s)$ 为钻机向前的实际角度，$R(s)$ 为预期角度，$N(s)$ 为负载对机器的影响。

图 3-43 钻机控制系统结构图

该系统设计目的是选择增益 K，使系统对输入角度的响应满足工程要求，并且使扰动引起的稳态误差较小。

解 该钻机控制系统采用了比例-微分(PD)控制。应用梅森增益公式，可得系统在 $R(s)$ 和 $N(s)$ 同时作用下的输出为

$$C(s) = \frac{K+11s}{s^2+12s+K} R(s) - \frac{1}{s^2+12s+K} N(s)$$

显然，闭环系统特征方程为

$$s^2+12s+K = 0$$

因此，只要选择 $K>0$，闭环系统一定稳定。

由于系统在扰动 $N(s)$ 作用下的闭环传递函数为

$$\Phi_n(s) = \frac{C_n(s)}{N(s)} = -\frac{1}{s^2+12s+K}$$

令 $N(s) = \frac{1}{s}$，可得单位阶跃扰动作用下系统的稳态输出

$$c_n(\infty) = \lim_{s\to 0} s\Phi_n(s)N(s) = -\frac{1}{K}$$

若选 $K>10$，则 $|c_n(\infty)|<0.1$，可以减小扰动的影响。因而，从系统稳态性能考虑，以取 $K>10$ 为宜。

为了选择适当的 K 值，需要分析比例-微分控制的作用。如果仅选用比例(P)控制，则系统的开环传递函数

$$G_c(s)G_0(s) = \frac{K}{s(s+1)}$$

相应的闭环传递函数

$$\Phi(s) = \frac{K}{s^2+s+K} = \frac{\omega_n^2}{s^2+2\zeta\omega_n s+\omega_n^2}$$

可得系统无阻尼自然频率与阻尼比分别为

$$\omega_n = \sqrt{K}, \quad \zeta = \frac{1}{2\sqrt{K}}$$

如果选用 PD 控制，系统的开环传递函数

$$G_c(s)G_0(s) = \frac{K+11s}{s(s+1)} = \frac{K(T_d s+1)}{s(s/(2\zeta_d\omega_n)+1)}$$

式中，$T_d = \frac{11}{K}$；$2\zeta_d\omega_n=1$。相应的闭环传递函数

$$\Phi(s) = \frac{K+11s}{s^2+12s+K} = \frac{\omega_n^2}{z} \cdot \frac{s+z}{s^2+2\zeta_d\omega_n s+\omega_n^2}$$

式中，$z = \frac{1}{T_d} = \frac{K}{11}$ 为闭环零点，而

$$\omega_n = \sqrt{K}, \quad \zeta_d = \zeta + \frac{\omega_n}{2z} = \frac{12}{2\sqrt{K}}$$

表明引入微分控制可以增大系统阻尼，改善系统动态性能。

1) 取 $K=100$，则 $\omega_n=10$，$e_{ssn}(\infty)=-0.01$。

P 控制时： $$\zeta = \frac{1}{2\omega_n} = 0.05$$

动态性能

$$\sigma\% = 100\mathrm{e}^{-\pi\zeta/\sqrt{1-\zeta^2}}\% = 85.4\%$$

$$t_r = \frac{\pi - \beta}{\omega_d} = \frac{\pi - \arccos\zeta}{\omega_n\sqrt{1-\zeta^2}} = 0.162\mathrm{s}$$

$$t_p = \frac{\pi}{\omega_d} = 0.314\mathrm{s}, \qquad t_s = \frac{4.4}{\zeta\omega_n} = 8.8\mathrm{s} \quad (\Delta = 2\%)$$

PD 控制时:

$$\zeta_d = 0.6, \qquad z = \frac{K}{11} = 9.09$$

$$r = \frac{\sqrt{z^2 - 2\zeta_d\omega_n z + \omega_n^2}}{z\sqrt{1-\zeta_d^2}} = 1.18, \qquad \beta_d = \arctan\left(\frac{\sqrt{1-\zeta_d^2}}{\zeta_d}\right) = 53.13°$$

$$\varphi = -\pi + \arctan\left(\frac{\omega_n\sqrt{1-\zeta_d^2}}{z - \zeta_d\omega_n}\right) + \arctan\left(\frac{\sqrt{1-\zeta_d^2}}{\zeta_d}\right) = -58°$$

动态性能

$$t_r = \frac{0.9}{\omega_n} = 0.09\mathrm{s}, \qquad t_p = \frac{\beta_d - \varphi}{\omega_n\sqrt{1-\zeta_d^2}} = 0.24\mathrm{s}$$

$$t_s = \frac{4.0 + \ln r}{\zeta_d\omega_n} = 0.52\mathrm{s} \quad (\Delta = 2\%)$$

$$\sigma\% = r\sqrt{1-\zeta_d^2}\,\mathrm{e}^{-\zeta_d\omega_n t_p} \times 100\% = 22.4\%$$

应用 MATLAB 仿真,可得 $\sigma\%=22\%$,$t_s=0.66\mathrm{s}$,系统时间响应曲线如图 3-44 所示。

图 3-44 $K=100$ 时系统的单位阶跃响应(实线)及单位阶跃扰动响应(虚线)(MATLAB)

2) 取 $K=20$,则 $\omega_n=4.47$,$e_{ssn}(\infty)=-0.05$。

P 控制时:

$$\zeta = \frac{1}{2\omega_n} = 0.11$$

动态性能

$$\sigma\% = 70.6\%, \qquad t_r = 0.38\mathrm{s}$$

$$t_p = 0.71\mathrm{s}, \qquad t_s = 8.95\mathrm{s} \quad (\Delta = 2\%)$$

动态性能仍然很差。

PD 控制时： $\qquad\qquad\qquad\qquad \zeta_d = 1.34$

且有 $z=1.82$，闭环传递函数

$$\Phi(s) = \frac{11(s+1.82)}{(s+2)(s+10)}$$

系统此时为有零点的过阻尼二阶系统。令 $R(s) = \dfrac{1}{s}$，则系统输出为

$$C(s) = \Phi(s)R(s) = \frac{11(s+1.82)}{s(s+2)(s+10)} = \frac{1}{s} + \frac{0.125}{s+2} - \frac{1.125}{s+10}$$

系统的单位阶跃响应

$$c(t) = 1 + 0.125e^{-2t} - 1.125e^{-10t}$$

可以求得 $t_p=0.5\text{s}$，$\sigma\%=3.8\%$，$t_s=1.0\text{s}(\Delta=2\%)$，其中超调量是由闭环零点引起的。

应用 MATLAB 软件，可得 $K=20$ 时系统对单位阶跃输入和单位阶跃扰动的响应曲线，如图 3-45 所示。此时，系统响应的超调量较小，扰动影响不大，其动态性能可以满足工程要求。

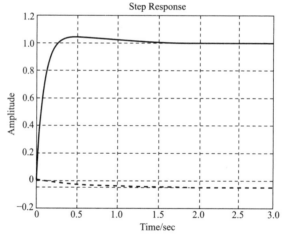

图 3-45 $K=20$ 时系统的单位阶跃响应(实线)及单位阶跃扰动响应(虚线)(MATLAB)

MATLAB 程序如下：

```
K=[100 20];
for i=1: 1: 2
    sys=tf([11 K(i)], [1 12 K(i)]);      %输入作用下系统闭环传递函数
    sysn=tf([-1],[1 12 K(i)]);           %扰动作用下系统闭环传递函数
    figure(i); t=0: 0.002: 3;
    step(sys, t); hold on;               %单位阶跃输入响应
    step(sysn, t); grid                  %单位阶跃扰动响应
end
```

从图 3-45 可以看出：$t_p=0.476\text{s}$，$\sigma\%=3.86\%$，$t_s=0.913\text{s}$。

钻机控制系统在两种增益情况下的响应性能如表 3-6 所示。由表 3-6 可见，应取 $K=20$。

表 3-6　钻机控制系统在两种增益情况下的响应性能

增益 K	单位阶跃输入下超调量	单位阶跃输入下调节时间($\Delta=2\%$)	单位阶跃输入下稳态误差	单位阶跃扰动稳态误差
100	22%	0.666s	0	−0.01
20	3.86%	0.913s	0	−0.05

例 3-19　磁盘驱动读取系统(续)。

磁盘驱动器必须保证磁头的精确位置，并减小参数变化和外部振动对磁头定位造成的影响。作用于磁盘驱动器的扰动包括物理振动、磁盘转轴轴承的磨损和摆动，以及元器件老化引起的参数变化等。设图 3-46 磁盘驱动系统在考虑扰动作用时的结构如图 3-47所示，根据表 2-3 给定的参数，图 3-47 可表示为图 3-48 所示。试讨论放大器增益 K_a 值的选取对系统在单位阶跃指令作用下的动态响应、稳态误差以及抑制扰动能力的影响。

图 3-46　磁盘驱动控制系统示意图

图 3-47　磁盘驱动器磁头控制系统框图

图 3-48　磁头控制系统结构图

解　1) 当 $N(s)=0$, $R(s)=1/s$ 时。误差信号

$$E(s) = \frac{1}{1+K_a G_1(s) G_2(s)} R(s)$$

于是

$$\lim_{t \to \infty} e(t) = \lim_{s \to 0} s \left[\frac{1}{1+K_a G_1(s) G_2(s)} \right] \frac{1}{s} = 0$$

上式表明系统在单位阶跃输入作用下的稳态跟踪误差为零。这一结论与 K_a 取值无关。

当 $N(s)=0$ 时，闭环传递函数为

$$\Phi(s) = \frac{C(s)}{R(s)} = \frac{K_a G_1(s) G_2(s)}{1+K_a G_1(s) G_2(s)}$$

利用 MATLAB 程序，可得 $K_a=10$ 和 $K_a=80$ 时系统的单位阶跃响应，如图 3-49 所示，当 $K_a=80$ 时，系统对输入指令的响应速度明显加快，但响应出现了较大振荡。

(a) $K_a=10$ 时系统单位阶跃响应曲线　　　　　(b) $K_a=80$ 时系统单位阶跃响应曲线

图 3-49　磁头控制系统时间响应(MATLAB)

2) 当 $R(s)=0$, $N(s)=1/s$ 时。系统对 $N(s)$ 的输出为

$$C(s) = -\frac{G_2(s)}{1+K_a G_1(s) G_2(s)} N(s)$$

利用 MATLAB 编程，可得系统在 $K_a=80$ 时的单位阶跃扰动响应，如图 3-50 所示。为了进一步减小扰动的影响，需增大 K_a 达 80 以上，但此时系统的单位阶跃响应会出现不能接受的振荡。因此，有必要研究控制方案及 K_a 的最佳设计值，以使系统响应能够满足既快速又不振荡的要求。

MATLAB 程序如下：

```
Ka=[10 80]; T=[4 2];
for i=1:1:2
    G1=tf([5000], [1 1000]);            %线圈模型
    G2=zpk([ ], [0  -20], 1);           %负载模型
    G=Ka(i)*series(G1, G2);
    sys=feedback(G, 1);
    t=0:0.005:T(i);
```

图 3-50 $K_a=80$ 时磁头控制系统对单位阶跃扰动的响应(MATLAB)

```
    figure(i); step(sys, t); grid          %单位阶跃响应
end
    figure(3); sysn= -feedback(G2, Ka(2)*G1);
    step(sysn, T(2)); grid                 %Ka=80 时系统单位阶跃扰动响应曲线
```

Python 程序如下：

```
import control as ctr
import matplotlib.pyplot as plt
import numpy as np

Ka=np.array([10,80])
T=np.array([4,2])
G1 = ctr.tf([5000],[1,1000])              #线圈模型
G2=ctr.tf([1],[1,20,0])                   #负载模型
for i in range(0,2):
    G=Ka[i]*ctr.series(G1,G2)
    sys=ctr.feedback(G,1)
    t = np.arange(0,T[i],0.01)
    t1,y1 = ctr.step_response(sys,t)       #单位阶跃响应
    plt.plot(t1, y1)
    plt.title('Step Response')
    plt.ylabel('Amplitude')
    plt.xlabel('Time/sec')
    plt.grid(1)
    plt.show()
sysn=-ctr.feedback(G2,Ka[1]*G1)
t3,y3 = ctr.step_response(sysn,T[1])       #Ka=80 时系统单位阶跃扰动响应曲线
plt.plot(t3, y3)
plt.title('Step Response')
plt.ylabel('Amplitude')
```

```
plt.xlabel('Time/sec')
plt.grid(1)
plt.show()
```

例 3-20 磁盘驱动读取系统(续)。

为了使例 3-19 磁头控制系统的性能满足表 3-7 所示的设计指标要求，我们在系统中增加了速度传感器，其结构如图 3-51 所示。图中

$$G_1(s) = \frac{5000}{s + 1000}$$

试选择放大器增益 K_a 和速度传感器传递系数 K_1 的数值。

表 3-7　带速度反馈的磁盘驱动器系统的性能

性能指标	要求值	实际值
超调量	$< 5\%$	0%
调节时间	$< 250\mathrm{ms}$	$261\mathrm{ms}$
单位扰动最大响应	$< 5 \times 10^{-3}$	-2×10^{-3}

图 3-51　带速度反馈的磁盘驱动器读取系统结构图

解　令速度传感器开关开启，且令

$$G_2(s) = \frac{1}{s(s + 20)}$$

则闭环传递函数

$$\frac{C(s)}{R(s)} = \frac{K_a G_1(s) G_2(s)}{1 + K_a G_1(s) G_2(s)} = \frac{5000 K_a}{s(s + 20)(s + 1000) + 5000 K_a}$$

于是闭环特征方程为

$$s^3 + 1020 s^2 + 20000 s + 5000 K_a = 0$$

为了确定在开关开启时使闭环系统稳定的 K_a 取值范围，做如下劳斯表：

$$
\begin{array}{c|cc}
s^3 & 1 & 20000 \\
s^2 & 1020 & 5000 K_a \\
s^1 & b_1 & \\
s^0 & 5000 K_a &
\end{array}
$$

其中
$$b_1 = \frac{1020 \times 20000 - 5000K_a}{1020}$$

当 K_a=4080 时，b_1=0，出现临界稳定情况。由劳斯表可得辅助方程

$$1020s^2 + 5000 \times 4080 = 0$$

解其方程得系统的一对纯虚根为 $s_{1,2}= \pm141.4j$。显然，此时使系统稳定的 K_a 值范围应取

$$0 < K_a < 4080$$

当速度传感器开关闭合时，系统中加入了速度反馈。此时闭环传递函数

$$\frac{C(s)}{R(s)} = \frac{K_aG_1(s)G_2(s)}{1 + \left[K_aG_1(s)G_2(s)\right](1 + K_1s)}$$
$$= \frac{5000K_a}{s(s+20)(s+1000) + 5000K_a(1 + K_1s)}$$

于是得闭环特征方程为

$$s^3 + 1020s^2 + (20000 + 5000K_aK_1)s + 5000K_a = 0$$

对应的劳斯表为

$$
\begin{array}{c|cc}
s^3 & 1 & 20000 + 5000K_aK_1 \\
s^2 & 1020 & 5000K_a \\
s^1 & b_1 & \\
s^0 & 5000K_a &
\end{array}
$$

其中
$$b_1 = \frac{1020(20000 + 5000K_aK_1) - 5000K_a}{1020}$$

为保证系统的稳定性，在 K_a>0 的条件下，参数对(K_a，K_1)的取值应使 b_1>0。当取 K_1=0.05，K_a=100 时，利用 MATLAB 编程求得的系统响应如图 3-52 所示。

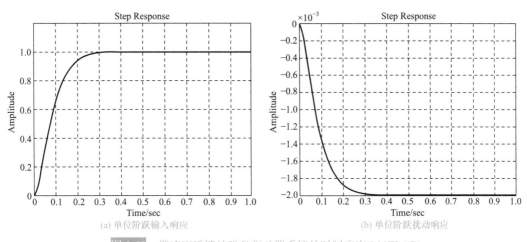

(a) 单位阶跃输入响应　　　　　　　　　　　　(b) 单位阶跃扰动响应

图 3-52　带速度反馈的磁盘驱动器系统的时间响应(MATLAB)

MATLAB 程序如下：

```
Ka=100; K1=0.05;
```

```
G1=tf([5000], [1 1000]);                          %电机线圈模型
G2=zpk([ ],[0   -20], 1);                          %负载模型
H1=tf([K1 1], [0 1]);                              %速度位置反馈
G=series(G1, G2); sys=feedback(Ka*G, H1);          %输入端闭环传递函数
Gn=series(Ka*G1, H1); sysn=-feedback(G2, Gn);      %扰动端闭环传递函数
t=0:0.01:1;
figure(1); step(sys, t); grid                      %单位阶跃输入响应
figure(2); step(sysn, t); grid                     %单位阶跃扰动响应
```

若取误差带 Δ=2%，所设计系统的性能指标如表 3-7 所示。

由表 3-7 可见，以上设计近似满足性能指标要求。如果需要严格达到调节时间不大于 250ms 的指标要求，则应重新考虑 K_1 的取值。

例 **3-21**　中国巡天望远镜指向控制。

图 3-53 所示的中国巡天空间望远镜计划于 2024 年发射，它的发射和应用将空间技术发展推向一个新的高度。望远镜的巡天模块安置了 30 块探测器，总像素达到 25 亿。其中 18 块探测器上设置有不同的滤光片，这使得它可以获得宇宙天体在不同波段的图像，留下彩色的宇宙样貌；另外 12 块探测器则用于无缝光谱观测，每次曝光可以获得至少 1000 个天体的光谱信息。在整个巡天周期里，望远镜将累计获得近 20 亿星系的高质量数据。巡天望远镜指向系统模型如图 3-54(a)所示，经简化后的结构图如图 3-54(b)所示。

图 3-53　巡天望远镜示意图

(a) 巡天望远镜指向系统结构图

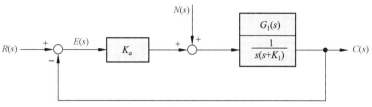

(b) 简化结构图

图 3-54　巡天望远镜指向系统

设计目标是选择放大器增益 K_a 和具有增益调节的测速反馈系数 K_1，使指向系统满足如下性能：

1) 在阶跃指令 $r(t)$ 作用下，系统输出的超调量小于或等于 10%。

2) 在斜坡输入作用下，稳态误差较小。

3) 减小单位阶跃扰动的影响。

解　由图 3-54(b)知，系统开环传递函数为

$$G(s) = \frac{K_a}{s(s + K_1)} = \frac{K}{s(s / K_1 + 1)}$$

式中，$K = K_a / K_1$ 为开环增益。

系统在输入与扰动同时作用下的输出为

$$C(s) = \frac{G(s)}{1 + G(s)} R(s) + \frac{G_1(s)}{1 + G(s)} N(s)$$

误差为

$$E(s) = \frac{1}{1 + G(s)} R(s) - \frac{G_1(s)}{1 + G(s)} N(s)$$

1) 满足系统对阶跃输入超调量的要求。令

$$G(s) = \frac{K_a}{s(s + K_1)} = \frac{\omega_n^2}{s(s + 2\zeta\omega_n)}$$

可得

$$\omega_n = \sqrt{K_a}, \qquad \zeta = \frac{K_1}{2\sqrt{K_a}}$$

因为

$$\sigma\% = 100\mathrm{e}^{-\pi\zeta/\sqrt{1-\zeta^2}}\%$$

解得

$$\zeta = \frac{1}{\sqrt{1 + \dfrac{\pi^2}{(\ln\sigma)^2}}}$$

代入 $\sigma = 0.1$，求出 $\zeta = 0.59$，取 $\zeta = 0.6$。因而，在满足 $\sigma\% \leqslant 10\%$ 的指标要求下，应选

$$K_1 = 2\zeta\sqrt{K_a} = 1.2\sqrt{K_a}$$

2) 满足斜坡输入作用下稳态误差的要求。令 $r(t) = Bt$，由表 3-5 知

$$e_{ssr}(\infty) = \frac{B}{K} = \frac{BK_1}{K_a}$$

其 K_a 与 K_1 选择应满足 $\sigma\% \leqslant 10\%$ 要求，即应有 $K_1=1.2\sqrt{K_a}$ ，故有

$$e_{ssr}(\infty)=\frac{1.2B}{\sqrt{K_a}}$$

上式表明，K_a 的选取应尽可能地大。

3) 减小单位阶跃扰动的影响。因为扰动作用下的稳态误差

$$e_{ssn}(\infty)=\lim_{s\to 0}sE_n(s)=-\lim_{s\to 0}sC_n(s)$$

$$=-\lim_{s\to 0}s\frac{G_1(s)}{1+G(s)}N(s)=-\lim_{s\to 0}s\frac{1}{s^2+K_1s+K_a}\frac{1}{s}=-\frac{1}{K_a}$$

可见，增大 K_a 可以同时减小 $e_{ssn}(\infty)$ 及 $e_{ssr}(\infty)$。

在实际系统中，K_a 的选取必须受到限制，以使系统工作在线性区。当取 $K_a=100$ 时，有 $K_1=12$，所设计的系统如图 3-55(a)所示；系统对单位阶跃输入和单位阶跃扰动的响应如图 3-55(b)所示。可以看出，扰动的影响很小。此时

$$e_{ssn}(\infty)=-0.01, \quad e_{ssr}(\infty)=0.12B$$

得到了一个很好的系统。

(a) 所设计的系统结构图

(b) 系统对单位阶跃输入(实线)和单位阶跃扰动(虚线)的时间响应

图 3-55　巡天望远镜指向系统设计结果(MATLAB)

MATLAB 程序如下：

```
Ka=100; K1=12;
```

```
G1=zpk([ ], [0    −K1], 1);
sys=feedback(Ka*G1, 1);              %输入端闭环传递函数描述
sysn=feedback(G1, Ka);               %扰动端闭环传递函数描述
t=0:0.01:2;
step(sys, t); hold on;               %单位阶跃输入响应曲线
step(sysn, t); grid                  %单位阶跃扰动响应曲线
```

例 3-22 火星漫游车转向控制。

1997 年 7 月 4 日，以太阳能作动力的"逗留者号"漫游车在火星上着陆，其外形如图 3-56(a)所示。漫游车全重 10.4kg，可由地球上发出的路径控制信号 $r(t)$ 实施遥控。漫游车的两组车轮以不同的速度运行，以便实现整个装置的转向。为了进一步探测火星上是否有水，2004 年美国国家宇航局又发射了"勇气号"火星探测器。为了便于对比，图 3-56(b)给出了"勇气号"外形图。由图可见，"勇气号"与"逗留者号"有许多相似之处，但"勇气号"上的装备与技术更为先进。本例仅研究"逗留者号"漫游车的转向控制[图 3-57(a)]，其结构图如图 3-57(b)所示。

(a) 逗留者号

(b) 勇气号

图 3-56 火星漫游车外形图

(a) 双轮组漫游车的转向控制框图

(b) 结构图

图 3-57 火星漫游车转向控制系统

设计目标是选择参数 K_1 与 a，确保系统稳定，并使系统对斜坡输入的稳态误差小于或等于输入指令幅度的 24%。

解 由图 3-57(b)可知，闭环特征方程为

$$1 + G_c(s)G_0(s) = 0$$

即

$$1 + \frac{K_1(s+a)}{s(s+1)(s+2)(s+5)} = 0$$

于是有

$$s^4 + 8s^3 + 17s^2 + (10 + K_1)s + aK_1 = 0$$

为了确定 K_1 和 a 的稳定区域，建立如下劳斯表：

s^4	1	17	aK_1
s^3	8	$10 + K_1$	
s^2	$\dfrac{126 - K_1}{8}$	aK_1	
s^1	$\dfrac{1260 + (116 - 64a)K_1 - K_1^2}{126 - K_1}$		
s^0	aK_1		

由劳斯稳定判据知，使火星漫游车闭环稳定的充分必要条件为

$$K_1 < 126$$

$$aK_1 > 0$$

$$1260 + (116 - 64a)K_1 - K_1^2 > 0$$

当 $K_1>0$ 时，漫游车系统的稳定区域如图 3-58 所示。

图 3-58　火星漫游车稳定区域

由于设计指标要求系统在斜坡输入时的稳态误差不大于输入指令幅度的 24%，故需要对 K_1 与 a 的取值关系加以约束。令 $r(t)=At$，其中 A 为指令斜率，系统的稳态误差为

$$e_{ss}(\infty) = \frac{A}{K_v}$$

式中，静态速度误差系数

$$K_v = \lim_{s \to 0} sG_c(s)G_0(s) = \frac{aK_1}{10}$$

于是

$$e_{ss}(\infty) = \frac{10A}{aK_1}$$

若取 $aK_1=42$，则 $e_{ss}(\infty)$ 等于 A 的 23.8%，正好满足指标要求。因此，在图 3-58 的稳定区域中，在 $K_1<126$ 的限制条件下，可任取满足 $aK_1=42$ 的 a 与 K_1 值。例如：$K_1=70, a=0.6$；或者 $K_1=50, a=0.84$ 等参数组合。待选参数取值范围：$K_1=15\sim100, a=0.42\sim2.8$。

习　　题

3-1 设某高阶系统可用下列一阶微分方程近似描述：

$$T\dot{c}(t) + c(t) = \tau\dot{r}(t) + r(t)$$

式中，$1 > T-\tau > 0$。试证明系统的动态性能指标为

$$t_r = 2.2T, \quad t_s = \left(3 + \ln\frac{T-\tau}{T}\right)T \quad (\varDelta = 5\%)$$

3-2 设各系统的微分方程式如下：

(1) $0.2\dot{c}(t) = 2r(t)$；

(2) $0.04\ddot{c}(t) + 0.24\dot{c}(t) + c(t) = r(t)$。

试求系统的单位脉冲响应 $c(t)$ 和单位阶跃响应 $c(t)$。已知全部初始条件为零。

3-3 已知各系统的脉冲响应，试求系统的闭环传递函数 $\varPhi(s)$。

(1) $c(t) = 0.0125e^{-1.25t}$；　　　　　　(2) $c(t) = 5t + 10\sin(4t + 45°)$；

(3) $c(t) = 0.1(1 - e^{-t/3})$。

3-4 已知二阶系统的单位阶跃响应为

$$c(t) = 10 - 12.5e^{-1.2t}\sin(1.6t + 53.1°)$$

试求系统的超调量 $\sigma\%$、峰值时间 t_p 和调节时间 t_s。

3-5 设单位反馈系统的开环传递函数为

$$G(s) = \frac{0.4s + 1}{s(s + 0.6)}$$

试求系统在单位阶跃输入下的动态性能。

3-6 已知控制系统的单位阶跃响应为

$$c(t) = 1 + 0.2e^{-60t} - 1.2e^{-10t}$$

试确定系统的阻尼比 ζ 和自然频率 ω_n。

3-7　设图 3-59 是简化的飞行控制系统结构图，试选择参数 K_1 和 K_t，使系统的 $\omega_n=6$，$\zeta=1$。

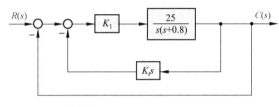

图 3-59　飞行控制系统结构图

3-8　试分别求出图 3-60(a)～(c)各系统的自然频率和阻尼比，并列表比较其动态性能。

(a) 比例控制　　　　　　　　　(b) 比例-微分控制　　　　　　　　(c) 测速反馈控制

图 3-60　题 3-8 的控制系统结构图

3-9　设控制系统如图 3-61 所示。要求：

(1) 取 $\tau_1=0$，$\tau_2=0.1$，计算测速反馈校正系统的超调量、调节时间和速度误差；

(2) 取 $\tau_1=0.1$，$\tau_2=0$，计算比例-微分校正系统的超调量、调节时间和速度误差。

图 3-61　题 3-9 的控制系统结构图

3-10　图 3-62 所示控制系统有(a)和(b)两种不同的结构方案，其中 $T>0$ 不可变。要求：

(1) 在这两种方案中，应如何调整 K_1、K_2 和 K_3，才能使系统获得较好的动态性能？

(2) 比较说明两种结构方案的特点。

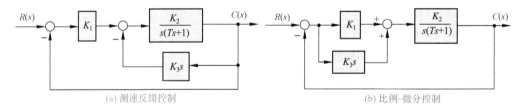

(a) 测速反馈控制　　　　　　　　　　　　　(b) 比例-微分控制

图 3-62　题 3-10 的控制系统结构图

3-11　已知系统特征方程为

$$3s^4 + 10s^3 + 5s^2 + s + 2 = 0$$

试用劳斯稳定判据和赫尔维茨稳定判据确定系统的稳定性。

3-12　试求系统在 s 右半平面的根数及虚根值，已知系统特征方程如下：

(1) $s^5 + 3s^4 + 12s^3 + 24s^2 + 32s + 48 = 0$;　　　(2) $s^6 + 4s^5 - 4s^4 + 4s^3 - 7s^2 - 8s + 10 = 0$;

(3) $s^5 + 3s^4 + 12s^3 + 20s^2 + 35s + 25 = 0$。

3-13　已知单位反馈系统的开环传递函数为

$$G(s) = \frac{K(0.5s+1)}{s(s+1)(0.5s^2+s+1)}$$

试确定系统稳定时的 K 值范围。

3-14　已知系统结构图如图 3-63 所示。试用劳斯稳定判据确定能使系统稳定的反馈参数 τ 的取值范围。

图 3-63　题 3-14 的控制系统结构图

3-15　已知单位反馈系统的开环传递函数分别为

(1) $G(s) = \dfrac{100}{(0.1s+1)(s+5)}$;　　　　(2) $G(s) = \dfrac{50}{s(0.1s+1)(s+5)}$;

(3) $G(s) = \dfrac{10(2s+1)}{s^2(s^2+6s+100)}$ 。

试求输入分别为 $r(t)=2t$ 和 $r(t)=2+2t+t^2$ 时，系统的稳态误差。

3-16　已知单位反馈系统的开环传递函数分别为

(1) $G(s) = \dfrac{50}{(0.1s+1)(2s+1)}$;　　　　(2) $G(s) = \dfrac{K}{s(s^2+4s+200)}$;

(3) $G(s) = \dfrac{10(2s+1)(4s+1)}{s^2(s^2+2s+10)}$ 。

试求位置误差系数 K_p，速度误差系数 K_v，加速度误差系数 K_a。

3-17　设单位反馈系统的开环传递函数 $G(s)=1/(Ts)$。试用动态误差系数法求出当输入信号分别为 $r(t)=t^2/2$ 和 $r(t)=\sin 2t$ 时，系统的稳态误差。

3-18　设控制系统如图 3-64 所示。其中

$$G(s) = K_p + \frac{K}{s}, \quad F(s) = \frac{1}{Js}$$

输入 $r(t)$ 以及扰动 $n_1(t)$ 和 $n_2(t)$ 均为单位阶跃函数。试求：

(1) 在 $r(t)$ 作用下系统的稳态误差；

(2) 在 $n_1(t)$ 作用下系统的稳态误差；

(3) 在 $n_1(t)$ 和 $n_2(t)$ 同时作用下系统的稳态误差。

图 3-64　题 3-18 的控制系统结构图

3-19 设闭环传递函数的一般形式为

$$\Phi(s) = \frac{G(s)}{1+G(s)H(s)} = \frac{b_m s^m + b_{m-1}s^{m-1} + \cdots + b_1 s + b_0}{s^n + a_{n-1}s^{n-1} + \cdots + a_1 s + a_0}$$

误差定义取 $e(t)=r(t)-c(t)$。试证:

(1) 系统在阶跃信号输入下,稳态误差为零的充分条件是: $b_0=a_0$, $b_i=0(i=1,2,\cdots,m)$;

(2) 系统在斜坡信号输入下,稳态误差为零的充分条件是: $b_0=a_0$, $b_1=a_1$, $b_i=0(i=2,3,\cdots,m)$。

3-20 设随动系统的微分方程为

$$T_1 \frac{\mathrm{d}^2 c(t)}{\mathrm{d}t^2} + \frac{\mathrm{d}c(t)}{\mathrm{d}t} = K_2 u(t), \qquad u(t) = K_1\big[r(t) - b(t)\big]$$

$$T_2 \frac{\mathrm{d}b(t)}{\mathrm{d}t} + b(t) = c(t)$$

式中, T_1, T_2 和 K_2 为正常数。若要求 $r(t)=1+t$ 时, $c(t)$对 $r(t)$的稳态误差不大于正常数e_0,试问 K_1 应满足什么条件? 已知全部初始条件为零。

3-21 机器人应用反馈原理控制每个关节的方向。由于负载的改变以及机械臂伸展位置的变化,负载对机器人会产生不同的影响。例如,机械爪抓起负载后,就可能使机器人产生偏差。已知机器人关节指向控制系统如图 3-65 所示,其中负载扰动力矩为 $1/s$。要求:

图 3-65　机器人关节指向控制系统结构图

(1) 当 $R(s)=0$ 时,确定 $N(s)$对 $C(s)$的影响,指出减少此种影响的方法;

(2) 当 $N(s)=0$, $R(s)=\dfrac{1}{s}$ 时,计算系统在输出端定义的稳态误差,指出减少此种稳态误差的方法。

3-22 在造纸厂的卷纸过程中,卷开轴和卷进轴之间的纸张张力采用图 3-66 所示的卷纸张力控制系统进行控制,以保持张力 F 基本恒定。随着纸卷厚度的变化,纸上的张力 F 会发生变化,因此必须调整电机的转速$\omega_0(t)$。如果不对卷进电机的转速$\omega_0(t)$进行控制,则当纸张不断地从卷开轴向卷进轴运动时,线速度$v_0(t)$就会下降,从而纸张承受的张力 F 会相应地减小。

图 3-66　卷纸张力控制系统原理图

在张力控制系统中，采用了三个滑轮和一个弹簧组成的张力测量器，用来测量纸上的张力。记弹簧力为 K_1y，其中 y 是弹簧偏离平衡位置的距离，则张力可以表示为 $2F=K_1y$，其中 F 为张力增量的垂直分量。此外，假设线性偏差转换器、整流器和放大器合在一起后，可以表示为 $e_0=-K_2y$；电机的传递系数为 K_m，时间常数 $T_m=L_a/R_a$，卷进轴的线速度是电机角速度的两倍，即 $v_0(t)=2\omega_0(t)$。这样，电机的运动方程为

$$E_0(s) = \frac{1}{K_m}\left[T_m s\Omega_0(s) + \Omega_0(s)\right] + K_3\Delta F(s)$$

式中，K_3 为张力扰动系数；ΔF 为张力扰动增量。要求在所给的条件下完成：

(1) 绘出张力控制系统结构图，其中应包含张力扰动 $\Delta F(s)$ 和卷开轴速度扰动 $\Delta V_1(s)$；

(2) 当输入为单位阶跃扰动 $\Delta V_1(s)=\dfrac{1}{s}$ 时，确定张力的稳态误差。

3-23 现代船舶航向控制系统如图 3-67 所示。$N(s)$ 表示持续不断的风力扰动，已知 $N(s)=\dfrac{1}{s}$，图中增益 $K_1=5$ 或 $K_1=30$。要求在下面所给的条件下，确定风力对船舶航向的稳态影响：

图 3-67 船舶航向控制系统结构图

(1) 假定方向舵的输入 $R(s)=0$，系统没有任何其他扰动，或其他调整措施；

(2) 证明操纵方向舵能使航向偏离重新归零。

3-24 设机器人常用的手爪如图 3-68(a) 所示，它由直流电机驱动，以改变两个手爪间的夹角 θ。手爪控制系统模型如图 3-68(b) 所示，相应的结构图如图 3-68(c) 所示。图中 $K_m=30, R_f=1\Omega, K_f=K_i=1, J=0.1, f=1$。要求：

(1) 当功率放大器增益 $K_a=20$，输入 $\theta_d(t)$ 为单位阶跃信号时，确定系统的单位阶跃响应 $\theta(t)$；

(2) 当 $\theta_d(t)=0$，$n(t)=1(t)$ 时，确定负载对系统的影响；

(3) 当 $n(t)=0$，$\theta_d(t)=t$，$t>0$ 时，确定系统的稳态误差 $e_{ss}(\infty)$。

3-25 2021 年 7 月 4 日，中国航天员刘伯明和汤洪波在机械臂的支持下成功完成了中国空间站的首次太空行走。相比于安全高效的机械臂，最早的宇航员通常需要借助喷气推进装置实现太空行走，如图 3-69(a)

(a) 手爪   (b) 手爪控制系统模型

(c) 手爪控制系统结构图

图 3-68　机器人手爪控制系统

所示。宇航员喷气机动控制系统如图 3-69(b)所示，其中喷气控制器可用增益 K_2 表示，K_3 为速度反馈增益。若将宇航员以及他手臂上的装置一并考虑，系统的总转动惯量 $J = 25\mathrm{N \cdot m \cdot s^2 / rad}$。要求：

(1) 当输入为单位斜坡 $r(t) = t\,\mathrm{m \cdot s^{-1}}$ 时，确定速度反馈增益 K_3 的取值，使系统稳态误差 $e_{ss}(\infty) \leqslant 0.01\mathrm{m}$；

(2) 采用(1)中求得的 K_3，确定 $K_1 K_2$ 的取值，使系统超调量 $\sigma\% \leqslant 10\%$。

(a) 宇航员太空行走

(b) 机动控制系统结构图

图 3-69　宇航员机动控制系统

3-26 在喷气式战斗机的自动驾驶仪中，配置有横滚角控制系统，其结构图如图 3-70 所示。要求：

(1) 确定闭环传递函数 $\Theta_c(s)/\Theta_d(s)$；

(2) 当 K_1 分别等于 0.7, 3.0 和 6.0 时，确定闭环系统的特征根；

(3) 在(2)所给的条件下，应用主导极点概念，确定各二阶近似系统，估计原有系统的超调量和峰值时间；

(4) 绘出原有系统的实际单位阶跃响应曲线，并与(3)中的近似结果进行比较。

图 3-70　飞机横滚角控制系统结构图

3-27　打磨机器人能够按照预先设定的路径(输入指令)对加工后的工件进行打磨抛光。在实践中,机器人自身的偏差、机械加工误差以及工具的磨损等,都会导致打磨加工误差。若利用力反馈修正机器人的运动路径,可以消除这些误差,提高抛光精度,但是,又可能使接触稳定性问题变得难以解决。例如,在引入腕力传感器构成力反馈的同时,就带来了新的稳定性问题。

打磨机器人的结构图如图 3-71 所示。若可调增益 K_1 及 K_2 均大于零,试确定能保证系统稳定性的 K_1 和 K_2 的取值范围。

图 3-71　打磨机器人结构图

3-28　一种新型电动轮椅装有一种非常实用的速度控制系统,能使颈部以下有残障的人士自行驾驶这种电动轮椅。该系统在头盔上以 90°间隔安装了四个速度传感器,用来指示前、后、左、右四个方向。头盔感系统的综合输出与头部运动的幅度成正比。图 3-72 给出了该控制系统的结构图,其中时间常数 $T_1=0.5$s,$T_3=1$s,$T_4=0.25$s。要求:

图 3-72　电动轮椅控制系统结构图

(1) 确定使系统稳定的 K 的取值($K=K_1K_2K_3$)；

(2) 确定增益 K 的取值，使系统单位阶跃响应的调节时间等于 $4s(\Delta=2\%)$，并计算此时系统的特征根。

3-29 设垂直起飞飞机如图 3-73(a)所示，起飞时飞机的四个发动机将同时工作。垂直起飞飞机的高度控制系统结构图如图 3-73(b)所示。要求：

(1) 当 $K_1=1$ 时，判断系统是否稳定；

(2) 确定使系统稳定的 K_1 的取值范围。

(a) 垂直起飞飞机

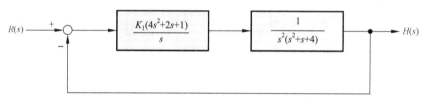

(b) 控制系统结构图

图 3-73　垂直起飞飞机高度控制系统

3-30 火星自主漫游车的导向控制系统结构图如图 3-74 所示。该系统在漫游车的前后部都装有一个导向轮，其反馈通道传递函数为

$$H(s)=1+K_t s$$

要求：

(1) 确定使系统稳定的 K_t 值范围；

(2) 当 $s_3=-5$ 为该系统的一个闭环特征根时，试计算 K_t 的取值，并计算另外两个闭环特征根；

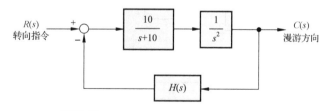

图 3-74　火星漫游车导向控制系统结构图

(3) 应用(2)求出的 K_t 值，确定系统的单位阶跃响应。

3-31　一种采用电磁力驱动的磁悬浮列车的构造如图 3-75(a)所示，其运行速度可达 480km/h，载客量为 400 人。但是，磁悬浮列车的正常运行需要在车体与轨道之间保持 0.635cm 的气隙。设间隙控制系统结构图如图 3-75(b)所示。若控制器取为

$$G_c(s) = \frac{K_a(s+2)}{s+12}$$

式中，K_a 为控制器增益。要求：

(1) 确定使系统稳定的 K_a 值范围；

(2) 可否确定 K_a 的合适取值，使系统对单位阶跃输入的稳态跟踪误差为零；

(3) 取控制器增益 $K_a=2$，确定系统的单位阶跃响应。

(a) 磁悬浮列车　　　　　　　　　　　　　(b) 间隙控制系统结构图

图 3-75　磁悬浮列车控制系统

第四章　线性系统的根轨迹法

4-1　根轨迹法的基本概念

本章导学

根轨迹法是分析和设计线性定常控制系统的图解方法，使用十分简便，特别在进行多回路系统的分析时，应用根轨迹法比用其他方法更为方便，因此在工程实践中获得了广泛应用。本节主要介绍根轨迹的基本概念，根轨迹与系统性能之间的关系，并从闭环零、极点与开环零、极点之间的关系推导出根轨迹方程，然后将向量形式的根轨迹方程转化为常用的相角条件和模值条件形式，最后应用这些条件绘制简单系统的根轨迹。

1. 根轨迹概念

根轨迹简称根迹，它是开环系统某一参数从零变到无穷时，闭环系统特征方程式的根在 s 平面上变化的轨迹。

当闭环系统没有零点与极点相消时，闭环特征方程式的根就是闭环传递函数的极点，我们常简称之为闭环极点。因此，从已知的开环零、极点位置及某一变化的参数来求取闭环极点的分布，实际上就是解决闭环特征方程式的求根问题。当特征方程的阶数高于四阶时，除了应用计算机求解，求根过程是比较复杂的。如果要研究系统参数变化对闭环特征方程式根的影响，就需要进行大量的反复计算，同时还不能直观看出影响趋势。因此对于高阶系统的求根问题来说，解析法就显得很不方便。1948 年，W. R. 伊文思在"控制系统的图解分析"一文中，提出了根轨迹法。当开环增益或其他参数改变时，其全部数值对应的闭环极点均可在根轨迹图上简便地确定。因为系统的稳定性由系统闭环极点唯一确定，而系统的稳态性能和动态性能又与闭环零、极点在 s 平面上的位置密切相关，所以根轨迹图不仅可以直接给出闭环系统时间响应的全部信息，而且可以指明开环零、极点应该怎样变化才能满足给定的闭环系统的性能指标要求。除此而外，用根轨迹法求解高阶代数方程的根，比用其他近似求根法简便。

为了具体说明根轨迹的概念，设控制系统如图 4-1 所示，其闭环传递函数为

$$\Phi(s) = \frac{C(s)}{R(s)} = \frac{2K}{s^2 + 2s + 2K}$$

于是，特征方程式可写为

$$s^2 + 2s + 2K = 0$$

显然，特征方程式的根是

$$s_1 = -1 + \sqrt{1 - 2K}$$

$$s_2 = -1 - \sqrt{1 - 2K}$$

如果令开环增益 K 从零变到无穷，可以

图 4-1　控制系统结构图

用解析的方法求出闭环极点的全部数值，将这些数值标注在 s 平面上，并连成光滑的粗实线，如图 4-2 所示。图上，粗实线就称为系统的根轨迹，根轨迹上的箭头表示随着 K 值的增加，根轨迹的变化趋势，而标注的数值则代表与闭环极点位置相应的开环增益 K 的数值。

2. 根轨迹与系统性能

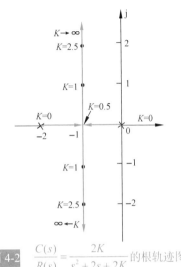

有了根轨迹图，可以立即分析系统的各种性能。下面以图 4-2 为例进行说明。

(1) 稳定性

当开环增益从零变到无穷时，图 4-2 上的根轨迹不会越过虚轴进入右半 s 平面，因此图 4-1 系统对所有的 K 值都是稳定的，这与我们在第 3-5 节所得出的结论完全相同。如果分析高阶系统的根轨迹图，那么根轨迹有可能越过虚轴进入 s 右半平面，此时根轨迹与虚轴交点处的 K 值，就是临界开环增益。

(2) 稳态性能

由图 4-2 可见，开环系统在坐标原点有一个极点，所以系统属 I 型系统，因而根轨迹上的 K 值就是静态速度误差系数。如果给定系统的稳态误差

图 4-2 $\dfrac{C(s)}{R(s)} = \dfrac{2K}{s^2 + 2s + 2K}$ 的根轨迹图

要求，则由根轨迹图可以确定闭环极点位置的容许范围。在一般情况下，根轨迹图上标注出来的参数不是开环增益，而是所谓根轨迹增益。下面将要指出，开环增益和根轨迹增益之间，仅相差一个比例常数，很容易进行换算。对于其他参数变化的根轨迹图，情况是类似的。

(3) 动态性能

由图 4-2 可见，当 $0<K<0.5$ 时，所有闭环极点位于实轴上，系统为过阻尼系统，单位阶跃响应为非周期过程；当 $K=0.5$ 时，闭环两个实数极点重合，系统为临界阻尼系统，单位阶跃响应仍为非周期过程，但响应速度较 $0<K<0.5$ 情况为快；当 $K>0.5$ 时，闭环极点为复数极点，系统为欠阻尼系统，单位阶跃响应为阻尼振荡过程，且超调量将随 K 值的增大而加大，但调节时间的变化不会显著。

上述分析表明，根轨迹与系统性能之间有着比较密切的联系。然而，对于高阶系统，用解析的方法绘制系统的根轨迹图，显然是不适用的。我们希望能有简便的图解方法，可以根据已知的开环传递函数迅速绘出闭环系统的根轨迹。为此，需要研究闭环零、极点与开环零、极点之间的关系。

3. 闭环零、极点与开环零、极点之间的关系

由于开环零、极点是已知的，建立开环零、极点与闭环零、极点之间的关系，有助于闭环系统根轨迹的绘制，并由此导出根轨迹方程。

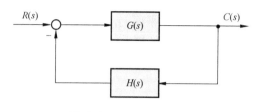

图 4-3　控制系统结构图

设控制系统如图 4-3 所示，其闭环传递函数为

$$\Phi(s) = \frac{G(s)}{1 + G(s)H(s)} \tag{4-1}$$

在一般情况下，前向通路传递函数 $G(s)$ 和反馈通路传递函数 $H(s)$ 可分别表示为

$$G(s) = \frac{K_G(\tau_1 s + 1)(\tau_2^2 s^2 + 2\zeta_1\tau_2 s + 1)\cdots}{s^v(T_1 s + 1)(T_2^2 s^2 + 2\zeta_2 T_2 s + 1)\cdots} = K_G^* \frac{\prod\limits_{i=1}^{f}(s - z_i)}{\prod\limits_{i=1}^{q}(s - p_i)} \tag{4-2}$$

式中，K_G 为前向通路增益；K_G^* 为前向通路根轨迹增益，它们之间满足如下关系：

$$K_G^* = K_G \frac{\tau_1\tau_2^2\cdots}{T_1 T_2^2\cdots} \tag{4-3}$$

以及

$$H(s) = K_H^* \frac{\prod\limits_{j=1}^{l}(s - z_j)}{\prod\limits_{j=1}^{h}(s - p_j)} \tag{4-4}$$

式中，K_H^* 为反馈通路根轨迹增益。于是，图 4-3 系统的开环传递函数可表示为

$$G(s)H(s) = K^* \frac{\prod\limits_{i=1}^{f}(s - z_i)\prod\limits_{j=1}^{l}(s - z_j)}{\prod\limits_{i=1}^{q}(s - p_i)\prod\limits_{j=1}^{h}(s - p_j)} \tag{4-5}$$

式中，$K^* = K_G^* K_H^*$，称为开环系统根轨迹增益，它与开环增益 K 之间的关系类似于式(4-3)，仅相差一个比例常数。对于有 m 个开环零点和 n 个开环极点的系统，必有 $f+l=m$ 和 $q+h=n$。将式(4-2)和式(4-5)代入式(4-1)，得

$$\Phi(s) = \frac{K_G^*\prod\limits_{i=1}^{f}(s - z_i)\prod\limits_{j=1}^{h}(s - p_j)}{\prod\limits_{i=1}^{n}(s - p_i) + K^*\prod\limits_{j=1}^{m}(s - z_j)} \tag{4-6}$$

比较式(4-5)和式(4-6)，可得以下结论：

1) 闭环系统根轨迹增益，等于开环系统前向通路根轨迹增益。对于单位反馈系统，闭环系统根轨迹增益就等于开环系统根轨迹增益。

2) 闭环零点由开环前向通路传递函数的零点和反馈通路传递函数的极点所组成。对于单位反馈系统，闭环零点就是开环零点。

3) 闭环极点与开环零点、开环极点以及根轨迹增益 K^* 均有关。

根轨迹法的基本任务在于：由已知的开环零、极点的分布及根轨迹增益，通过图解

的方法找出闭环极点。一旦确定闭环极点后，闭环传递函数的形式便不难确定，因为闭环零点可由式(4-6)直接得到。在已知闭环传递函数的情况下，闭环系统的时间响应可利用拉氏反变换的方法求出。

4. 根轨迹方程

根轨迹是系统所有闭环极点的集合。为了用图解法确定所有闭环极点，令闭环传递函数表达式(4-1)的分母为零，得闭环系统特征方程

$$1 + G(s)H(s) = 0 \tag{4-7}$$

由式(4-6)可见，当系统有 m 个开环零点和 n 个开环极点时，式(4-7)等价为

$$K^* \frac{\prod\limits_{j=1}^{m}(s - z_j)}{\prod\limits_{i=1}^{n}(s - p_i)} = -1 \tag{4-8}$$

式中，z_j 为已知的开环零点；p_i 为已知的开环极点；K^* 从零变到无穷。我们把式(4-8)称为根轨迹方程。根据式(4-8)，可以画出当 K^* 从零变到无穷时，系统的连续根轨迹。应当指出，只要闭环特征方程可以化成式(4-8)的形式，就可以绘制根轨迹，其中处于变动地位的实参数，不限定是根轨迹增益 K^*，也可以是系统其他变化参数。但是，用式(4-8)形式表达的开环零点和开环极点，在 s 平面上的位置必须是确定的，否则无法绘制根轨迹。此外，如果需要绘制一个以上参数变化时的根轨迹图，那么画出的不再是简单的根轨迹，而是根轨迹簇。

根轨迹方程实质上是一个向量方程，直接使用很不方便。考虑到

$$-1 = 1 e^{j(2k+1)\pi}; \quad k = 0, \pm 1, \pm 2, \cdots$$

因此，根轨迹方程(4-8)可用如下两个方程描述：

$$\sum_{j=1}^{m} \angle(s - z_j) - \sum_{i=1}^{n} \angle(s - p_i) = (2k+1)\pi \tag{4-9}$$

$$k = 0, \pm 1, \pm 2, \cdots$$

和

$$K^* = \frac{\prod\limits_{i=1}^{n}|s - p_i|}{\prod\limits_{j=1}^{m}|s - z_j|} \tag{4-10}$$

方程(4-9)和(4-10)是根轨迹上的点应该同时满足的两个条件，前者称为相角条件，后者称为模值条件。根据这两个条件，可以完全确定 s 平面上的根轨迹和根轨迹上对应的 K^* 值。应当指出，相角条件是确定 s 平面上根轨迹的充分必要条件。这就是说，绘制根轨迹时，只需要使用相角条件；而当需要确定根轨迹上各点的 K^* 值时，才使用模值条件。

4-2　根轨迹绘制的基本法则

本节讨论绘制概略根轨迹的基本法则和闭环极点的确定方法。重点放在基本法则的叙述和证明上。这些基本法则非常简单，熟练地掌握它们，对于分析和设计控制系统是非常有益的。

在下面的讨论中，假定所研究的变化参数是根轨迹增益 K^*，当可变参数为系统的其他参数时，这些基本法则仍然适用。应当指出的是，用这些基本法则绘出的根轨迹，其相角遵循 $180°+2k\pi$ 条件，因此称为 $180°$ 根轨迹，相应的绘制法可以称为 $180°$ 根轨迹的绘制法则。

1. 绘制根轨迹的基本法则

法则 1　根轨迹的起点和终点。 根轨迹起于开环极点，终于开环零点。

证明　根轨迹起点是指根轨迹增益 $K^*=0$ 的根轨迹点，而终点则是指 $K^*\to\infty$ 的根轨迹点。设闭环传递函数为式(4-6)形式，可得闭环系统特征方程

$$\prod_{i=1}^{n}(s-p_i)+K^*\prod_{j=1}^{m}(s-z_j)=0 \qquad\qquad (4\text{-}11)$$

式中，K^* 可以从零变到无穷。当 $K^*=0$ 时，有

$$s=p_i;\quad i=1,2,\cdots,n$$

说明 $K^*=0$ 时，闭环特征方程式的根就是开环传递函数 $G(s)H(s)$ 的极点，所以根轨迹必起于开环极点。

将特征方程(4-11)改写为如下形式：

$$\frac{1}{K^*}\prod_{i=1}^{n}(s-p_i)+\prod_{j=1}^{m}(s-z_j)=0$$

当 $K^*=\infty$ 时，由上式可得

$$s=z_j;\quad j=1,2,\cdots,m$$

所以根轨迹必终于开环零点。

在实际系统中，开环传递函数分子多项式次数 m 与分母多项式次数 n 之间，满足不等式 $m\leqslant n$，因此有 $n-m$ 条根轨迹的终点将在无穷远处。的确，当 $s\to\infty$ 时，式(4-11)的模值关系可以表示为

$$K^*=\lim_{s\to\infty}\frac{\prod\limits_{i=1}^{n}\left|s-p_i\right|}{\prod\limits_{j=1}^{m}\left|s-z_j\right|}=\lim_{s\to\infty}\left|s\right|^{n-m}\to\infty,\quad n>m$$

如果把有限数值的零点称为有限零点，而把无穷远处的零点称为无限零点，那么根轨迹必终止于开环零点。在把无穷远处看为无限零点的意义下，开环零点数和开环极点数是

相等的。

在绘制其他参数变化下的根轨迹时，可能会出现 $m>n$ 的情况。当 $K^*=0$ 时，必有 $m-n$ 条根轨迹的起点在无穷远处。因为当 $s\to\infty$ 时，有

$$\frac{1}{K^*}=\lim_{s\to\infty}\frac{\prod_{j=1}^{m}|s-z_j|}{\prod_{i=1}^{n}|s-p_i|}=\lim_{s\to\infty}|s|^{m-n}\to\infty,\quad m>n$$

如果把无穷远处的极点看成无限极点，于是我们同样可以说，根轨迹必起于开环极点。

法则 2 根轨迹的分支数、对称性和连续性。根轨迹的分支数与开环有限零点数 m 和有限极点数 n 中的大者相等，它们是连续的并且对称于实轴。

证明　按定义，根轨迹是开环系统某一参数从零变到无穷时，闭环特征方程式的根在 s 平面上的变化轨迹，因此根轨迹的分支数必与闭环特征方程式根的数目相一致。由特征方程(4-11)可见，闭环特征方程根的数目就等于 m 和 n 中的大者，所以根轨迹的分支数必与开环有限零、极点数中的大者相同。

由于闭环特征方程中的某些系数是根轨迹增益 K^* 的函数，当 K^* 从零到无穷大连续变化时，特征方程的某些系数也随之而连续变化，因而特征方程式根的变化也必然是连续的，故根轨迹具有连续性。

根轨迹必对称于实轴的原因是显然的，因为闭环特征方程式的根只有实根和复根两种，实根位于实轴上，复根必共轭，而根轨迹是根的集合，因此根轨迹对称于实轴。

根据对称性，只需做出上半 s 平面的根轨迹部分，然后利用对称关系就可以画出下半 s 平面的根轨迹部分。

法则 3 根轨迹的渐近线。当开环有限极点数 n 大于有限零点数 m 时，有 $n-m$ 条根轨迹分支沿着与实轴交角为 φ_a、交点为 σ_a 的一组渐近线趋向无穷远处，且有

$$\varphi_a=\frac{(2k+1)\pi}{n-m};\quad k=0,1,2,\cdots,n-m-1$$

和

$$\sigma_a=\frac{\sum_{i=1}^{n}p_i-\sum_{j=1}^{m}z_j}{n-m}$$

证明　渐近线就是 s 值很大时的根轨迹，因此渐近线也一定对称于实轴。将开环传递函数写成多项式形式

$$G(s)H(s)=K^*\frac{\prod_{j=1}^{m}(s-z_j)}{\prod_{i=1}^{n}(s-p_i)}=K^*\frac{s^m+b_1s^{m-1}+\cdots+b_{m-1}s+b_m}{s^n+a_1s^{n-1}+\cdots+a_{n-1}s+a_n} \tag{4-12}$$

式中
$$b_1=-\sum_{j=1}^{m}z_j,\quad a_1=-\sum_{i=1}^{n}p_i$$

当 s 值很大时，式(4-12)可近似为

$$G(s)H(s) = \frac{K^*}{s^{n-m} + (a_1 - b_1)s^{n-m-1}}$$

由 $G(s)H(s)=-1$ 得渐近线方程

$$s^{n-m}\left(1 + \frac{a_1 - b_1}{s}\right) = -K^*$$

或

$$s\left(1 + \frac{a_1 - b_1}{s}\right)^{\frac{1}{n-m}} = (-K^*)^{\frac{1}{n-m}} \quad (4\text{-}13)$$

根据二项式定理

$$\left(1 + \frac{a_1 - b_1}{s}\right)^{\frac{1}{n-m}} = 1 + \frac{a_1 - b_1}{(n-m)s} + \frac{1}{2!}\frac{1}{n-m}\left(\frac{1}{n-m} - 1\right)\left(\frac{a_1 - b_1}{s}\right)^2 + \cdots$$

在 s 值很大时，近似有

$$\left(1 + \frac{a_1 - b_1}{s}\right)^{\frac{1}{n-m}} = 1 + \frac{a_1 - b_1}{(n-m)s} \quad (4\text{-}14)$$

将式(4-14)代入式(4-13)，渐近线方程可表示为

$$s\left[1 + \frac{a_1 - b_1}{(n-m)s}\right] = (-K^*)^{\frac{1}{n-m}} \quad (4\text{-}15)$$

现在以 $s=\sigma+j\omega$ 代入式(4-15)，得

$$\left(\sigma + \frac{a_1 - b_1}{n-m}\right) + j\omega = \sqrt[n-m]{K^*}\left[\cos\frac{(2k+1)\pi}{n-m} + j\sin\frac{(2k+1)\pi}{n-m}\right]$$

$$k = 0,1,\cdots,n-m-1$$

令实部和虚部分别相等，有

$$\sigma + \frac{a_1 - b_1}{n-m} = \sqrt[n-m]{K^*}\cos\frac{(2k+1)\pi}{n-m}$$

$$\omega = \sqrt[n-m]{K^*}\sin\frac{(2k+1)\pi}{n-m}$$

从最后两个方程中解出

$$\sqrt[n-m]{K^*} = \frac{\omega}{\sin\varphi_a} = \frac{\sigma - \sigma_a}{\cos\varphi_a} \quad (4\text{-}16)$$

$$\omega = (\sigma - \sigma_a)\tan\varphi_a \quad (4\text{-}17)$$

式中

$$\varphi_a = \frac{(2k+1)\pi}{n-m}; \qquad k = 0,1,\cdots,n-m-1 \quad (4\text{-}18)$$

$$\sigma_a = -\left(\frac{a_1 - b_1}{n-m}\right) = \frac{\sum_{i=1}^{n} p_i - \sum_{j=1}^{m} z_j}{n-m} \quad (4\text{-}19)$$

在 s 平面上, 式(4-17)代表直线方程, 它与实轴的交角为 φ_a, 交点为 σ_a。当 k 取不同值时, 可得 $n{-}m$ 个 φ_a 角, 而 σ_a 不变, 因此根轨迹渐近线是 $n{-}m$ 条与实轴交点为 σ_a, 交角为 φ_a 的一组射线, 如图 4-4 所示(图中只画了一条渐近线)。

下面举例说明根轨迹渐近线的做法。设控制系统如图 4-5(a)所示, 其开环传递函数

$$G(s) = \frac{K^*(s+1)}{s(s+4)(s^2+2s+2)}$$

试根据已知的三个基本法则, 确定绘制根轨迹的有关数据。

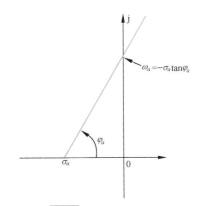

图 4-4　根轨迹渐近线

首先将开环零、极点标注在 s 平面的直角坐标系上, 以 "×" 表示开环极点, 以 "○" 表示开环零点, 如图 4-5(b)所示。注意, 在根轨迹绘制过程中, 由于需要对相角和模值进行图解测量, 所以横坐标与纵坐标必须采用相同的坐标比例尺。

(a) 控制系统结构图　　　　　　　　(b) 开环零极点分布

图 4-5　控制系统及其开环传递函数 $G(s)=\dfrac{K^*(s+1)}{s(s+4)(s^2+2s+2)}$ 的零、极点分布与根轨迹渐近线

由法则 1, 根轨迹起于 $G(s)$ 的极点 $p_1=0$, $p_2=-4$, $p_3=-1{+}\mathrm{j}$ 和 $p_4=-1{-}\mathrm{j}$, 终于 $G(s)$ 的有限零点 $z_1=-1$ 以及无穷远处。

由法则 2, 根轨迹的分支数有 4 条, 且对称于实轴。

由法则 3, 有 $n{-}m=3$ 条根轨迹渐近线, 其交点为

$$\sigma_a = \frac{\sum\limits_{i=1}^{4} p_i - z_1}{3} = \frac{(0-4-1+\mathrm{j}-1-\mathrm{j})-(-1)}{3} = -1.67$$

交角为

$$\varphi_a = \frac{(2k+1)\pi}{n-m} = 60°, \qquad k=0$$

$$\varphi_a = \frac{(2k+1)\pi}{n-m} = 180°, \qquad k=1$$

$$\varphi_a = \frac{(2k+1)\pi}{n-m} = 300°, \qquad k=2$$

法则 4 根轨迹在实轴上的分布。实轴上的某一区域，若其右边开环实数零、极点个数之和为奇数，则该区域必是根轨迹。

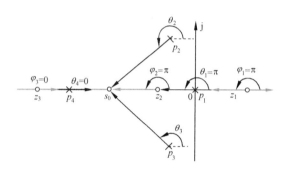

图 4-6 实轴上的根轨迹

证明 设开环零、极点分布如图 4-6 所示。图中，s_0 是实轴上的某一个测试点，$\varphi_j(j=1,2,3)$ 是各开环零点到 s_0 点向量的相角，$\theta_i(i=1,2,3,4)$ 是各开环极点到 s_0 点向量的相角。由图 4-6 可见，复数共轭极点到实轴上任意一点(包括 s_0)的向量相角和为 2π。如果开环系统存在复数共轭零点，情况同样如此。因此，在确定实轴上的根轨迹时，可以不考虑复数开环零、极点的影响。由图还可见，s_0 点左边开环实数零、极点到 s_0 点的向量相角为零，而 s_0 点右边开环实数零、极点到 s_0 点的向量相角均等于 π。如果令 $\sum\varphi_j$ 代表 s_0 点之右所有开环实数零点到 s_0 点的向量相角和，$\sum\theta_i$ 代表 s_0 点之右所有开环实数极点到 s_0 点的向量相角和，那么 s_0 点位于根轨迹上的充分必要条件，是下列相角条件成立：

$$\sum\varphi_j - \sum\theta_i = (2k+1)\pi$$

式中，$2k+1$ 为奇数。

在上述相角条件中，考虑到这些相角中的每一个相角都等于 π，而 π 与 $-\pi$ 代表相同角度，因此减去 π 角就相当于加上 π 角。于是，s_0 位于根轨迹上的等效条件是

$$\sum\varphi_j + \sum\theta_i = (2k+1)\pi$$

式中，$2k+1$ 为奇数。于是法则 4 得证。

对于图 4-6 系统，根据法则 4 可知，z_1 和 p_1 之间、z_2 和 p_4 之间，以及 z_3 和 $-\infty$ 之间的实轴部分，都是根轨迹的一部分。

法则 5 根轨迹的分离点与分离角。两条或两条以上根轨迹分支在 s 平面上相遇又立即分开的点，称为根轨迹的分离点，分离点的坐标 d 是下列方程的解：

$$\sum_{j=1}^{m}\frac{1}{d-z_j} = \sum_{i=1}^{n}\frac{1}{d-p_i} \tag{4-20}$$

式中，z_j 为各开环零点的数值；p_i 为各开环极点的数值；分离角为 $(2k+1)\pi/l$。

　　在证明本法则之前，需要介绍一下关于分离点的特性。因为根轨迹是对称的，所以根轨迹的分离点或位于实轴上，或以共轭形式成对出现在复平面中。一般情况下，常见的根轨迹分离点是位于实轴上的两条根轨迹分支的分离点。如果根轨迹位于实轴上两个相邻的开环极点之间，其中一个可以是无限极点，则在这两个极点之间至少存在一个分离点；同样，如果根轨迹位于实轴上两个相邻的开环零点之间，其中一个可以是无限零点，则在这两个零点之间也至少有一个分离点。参见图4-7。

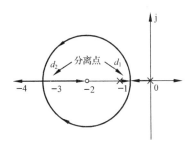

图 4-7　实轴上根轨迹的分离点

　　证明　由根轨迹方程，有

$$1 + \frac{K^* \prod\limits_{j=1}^{m}(s-z_j)}{\prod\limits_{i=1}^{n}(s-p_i)} = 0$$

所以闭环特征方程

$$D(s) = \prod_{i=1}^{n}(s-p_i) + K^* \prod_{j=1}^{m}(s-z_j) = 0$$

　　根轨迹在 s 平面上相遇，说明闭环特征方程有重根出现。设重根为 d，根据代数中重根条件，有

$$D(s) = \prod_{i=1}^{n}(s-p_i) + K^* \prod_{j=1}^{m}(s-z_j) = 0$$

$$\dot{D}(s) = \frac{\mathrm{d}}{\mathrm{d}s}\left[\prod_{i=1}^{n}(s-p_i) + K^* \prod_{j=1}^{m}(s-z_j) \right] = 0$$

或

$$\prod_{i=1}^{n}(s-p_i) = -K^* \prod_{j=1}^{m}(s-z_j) \tag{4-21}$$

$$\frac{\mathrm{d}}{\mathrm{d}s}\prod_{i=1}^{n}(s-p_i) = -K^* \frac{\mathrm{d}}{\mathrm{d}s}\prod_{j=1}^{m}(s-z_j) \tag{4-22}$$

将式(4-21)除式(4-22)，得

$$\frac{\dfrac{\mathrm{d}}{\mathrm{d}s}\prod\limits_{i=1}^{n}(s-p_i)}{\prod\limits_{i=1}^{n}(s-p_i)} = \frac{\dfrac{\mathrm{d}}{\mathrm{d}s}\prod\limits_{j=1}^{m}(s-z_j)}{\prod\limits_{j=1}^{m}(s-z_j)}, \qquad \frac{\mathrm{d}\ln\prod\limits_{i=1}^{n}(s-p_i)}{\mathrm{d}s} = \frac{\mathrm{d}\ln\prod\limits_{j=1}^{m}(s-z_j)}{\mathrm{d}s}$$

代入　　$\ln\prod\limits_{i=1}^{n}(s-p_i) = \sum\limits_{i=1}^{n}\ln(s-p_i), \qquad \ln\prod\limits_{j=1}^{m}(s-z_j) = \sum\limits_{j=1}^{m}\ln(s-z_j)$

得
$$\sum_{i=1}^{n} \frac{\mathrm{d}\ln(s-p_i)}{\mathrm{d}s} = \sum_{j=1}^{m} \frac{\mathrm{d}\ln(s-z_j)}{\mathrm{d}s}, \qquad \sum_{i=1}^{n} \frac{1}{s-p_i} = \sum_{j=1}^{m} \frac{1}{s-z_j}$$

从上式中解出 s，即为分离点 d。

这里不加证明地指出：当 l 条根轨迹分支进入并立即离开分离点时，分离角可由 $(2k+1)\pi/l$ 决定，其中 $k=0,1,\cdots,l-1$。需要说明的是，分离角定义为根轨迹进入分离点的切线方向与离开分离点的切线方向之间的夹角。显然，当 $l=2$ 时，分离角必为直角。

例 4-1 设系统结构图与开环零、极点分布如图 4-8 所示，试绘制其概略根轨迹。

解 由法则 4，实轴上区域[-1，0]和[-3，-2]是根轨迹，在图 4-8 中以蓝线表示。

(a) 结构图   (b) 根轨迹图

图 4-8 例 4-1 系统的结构图及其概略根轨迹图

由法则 2，该系统有三条根轨迹分支，且对称于实轴。

由法则 1，一条根轨迹分支起于开环极点(0)，终于开环有限零点(-1)，另外两条根轨迹分支起于开环极点(-2)和(-3)，终于无穷远处(无限零点)。

由法则 3，两条终于无穷的根轨迹的渐近线与实轴交角为 90° 和 270°，交点坐标为

$$\sigma_a = \frac{\sum_{i=1}^{3} p_i - \sum_{j=1}^{1} z_j}{n-m} = \frac{(0-2-3)-(-1)}{3-1} = -2$$

由法则 5，实轴区域[-2，-3]必有一个根轨迹的分离点 d，它满足下述分离点方程：

$$\frac{1}{d+1} = \frac{1}{d} + \frac{1}{d+2} + \frac{1}{d+3}$$

考虑到 d 必在 -2 和 -3 之间，初步试探时，设 $d=-2.5$，算出

$$\frac{1}{d+1} = -0.67, \qquad \frac{1}{d} + \frac{1}{d+2} + \frac{1}{d+3} = -0.4$$

因方程两边不等，所以 $d=-2.5$ 不是欲求的分离点坐标。现在重取 $d=-2.47$，方程两边近似相等，故本例 $d \approx -2.47$。最后画出的系统概略根轨迹，如图 4-8(b)所示。

例 4-2 设单位反馈系统的开环传递函数为

$$G(s) = \frac{K(0.5s+1)}{0.5s^2+s+1}$$

试绘制闭环系统根轨迹。

解 首先将 $G(s)$ 写成零、极点标准形式

$$G(s) = \frac{K^*(s + 2)}{(s + 1 + j)(s + 1 - j)}$$

本例 $K^* = K$。将开环零、极点画在坐标比例尺相同的 s 平面中，如图 4-9 所示。

由法则 1～法则 5 可知，本例有两条根轨迹分支，它们分别起于开环复数极点 $(-1 \pm j)$，终于有限零点 (-2) 和无限零点。因此，在 $(-\infty, -2]$ 的实轴上，必存在一个分离点 d，其方程为

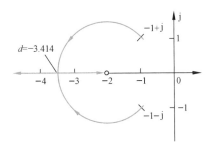

图 4-9 例 4-2 系统的根轨迹图

$$\frac{1}{d + 2} = \frac{1}{d + 1 - j} + \frac{1}{d + 1 + j}$$

经整理

$$d^2 + 4d + 2 = 0$$

这是一个二阶分离点方程，可以用解析法求得 $d = -3.414$ 或 $d = -0.586$，显然应取 $d = -3.414$。

应用相角条件，可以画出本例系统的准确根轨迹，如图 4-9 所示，其复数根轨迹部分是圆的一部分。从图 4-7 和图 4-9 可以发现：由两个极点(实数极点或复数极点)和一个有限零点组成的开环系统，只要有限零点没有位于两个实数极点之间，当 K^* 从零变到无穷时，闭环根轨迹的复数部分，是以有限零点为圆心，以有限零点到分离点的距离为半径的一个圆，或圆的一部分。这在数学上是可以严格证明的。

应当指出，如果开环系统无有限零点，则在分离点方程(4-20)中，应取

$$\sum_{i=1}^{n} \frac{1}{d - p_i} = 0$$

另外，分离点方程(4-20)，不仅可用来确定实轴上的分离点坐标 d，而且可以用来确定复平面上的分离点坐标。只有当开环零、极点分布非常对称时，才会出现复平面上的分离点。此时，一般可采用求分离点方程根的方法来确定所有的分离点。

实质上，根轨迹的分离点坐标，就是 K^* 为某一特定值时，闭环系统特征方程的实数等根或复数等根的数值。

法则 6 根轨迹的起始角与终止角。根轨迹离开开环复数极点处的切线与正实轴的夹角，称为起始角，以 θ_{p_i} 标志；根轨迹进入开环复数零点处的切线与正实轴的夹角，称为终止角，以 φ_{z_i} 表示。这些角度可按如下关系式求出：

$$\theta_{p_i} = (2k + 1)\pi + (\sum_{j=1}^{m} \varphi_{z_j p_i} - \sum_{\substack{j=1 \\ (j \neq i)}}^{n} \theta_{p_j p_i}); \qquad k = 0, \pm 1, \pm 2, \cdots \qquad (4\text{-}23)$$

$$\varphi_{z_i} = (2k + 1)\pi - (\sum_{\substack{j=1 \\ (j \neq i)}}^{m} \varphi_{z_j z_i} - \sum_{j=1}^{n} \theta_{p_j z_i}); \qquad k = 0, \pm 1, \pm 2, \cdots \qquad (4\text{-}24)$$

证明 设开环系统有 m 个有限零点，n 个有限极点。在十分靠近待求起始角(或终止角)的复数极点(或复数零点)的根轨迹上，取一点 s_1。s_1 无限接近于求起始角的复数极点 p_i(或求终止角的复数零点 z_i)，因此，除 p_i(或 z_i)外，所有开环零、极点到 s_1 点的向量相角

$\varphi_{z_js_1}$ 和 $\theta_{p_js_1}$，都可以用它们到 p_i(或 z_i)的向量相角 $\varphi_{z_jp_i}$(或 $\varphi_{z_jz_i}$)和 $\theta_{p_jp_i}$(或 $\theta_{p_jz_i}$)来代替，而 p_i(或 z_i)到 s_1 点的向量相角即为起始角 θ_{p_i}(或终止角 φ_{z_i})。根据 s_1 点必满足相角条件，应有

$$\sum_{j=1}^{m}\varphi_{z_jp_i} - \sum_{\substack{i=1\\(j\neq i)}}^{n}\theta_{p_jp_i} - \theta_{p_i} = -(2k+1)\pi$$

$$\sum_{\substack{j=1\\(j\neq i)}}^{m}\varphi_{z_jz_i} + \varphi_{z_i} - \sum_{j=1}^{n}\theta_{p_jz_i} = (2k+1)\pi \tag{4-25}$$

移项后，立即得到式(4-23)和式(4-24)。应当指出，在根轨迹的相角条件中，$(2k+1)\pi$ 与 $-(2k+1)\pi$ 是等价的，所以为了便于计算起见，在上面最后两式的右端有的用 $-(2k+1)\pi$ 表示。

例 4-3　设系统开环传递函数为

$$G(s) = \frac{K^*(s+1.5)(s+2+\mathrm{j})(s+2-\mathrm{j})}{s(s+2.5)(s+0.5+\mathrm{j}1.5)(s+0.5-\mathrm{j}1.5)}$$

试绘制该系统概略根轨迹。

解　将开环零、极点画在图 4-10 中。按如下典型步骤绘制根轨迹：

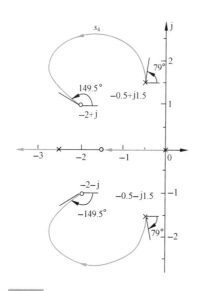

图 4-10　例 4-3 系统的概略根轨迹图

1) 确定实轴上的根轨迹。本例实轴上区域[-1.5, 0]和($-\infty$，-2.5]为根轨迹。

2) 确定根轨迹的渐近线。本例 $n=4$，$m=3$，故只有一条 180° 的渐近线，它正好与实轴上的根轨迹区域($-\infty$，-2.5]重合，所以在 $n-m=1$ 的情况下，不必再去确定根轨迹的渐近线。

3) 确定分离点。一般说来，如果根轨迹位于实轴上一个开环极点和一个开环零点(有限零点或无限零点)之间，则在这两个相邻的零、极点之间，或者不存在任何分离点，或者同时存在离开实轴和进入实轴的两个分离点。本例无分离点。

4) 确定起始角与终止角。本例概略根轨迹如图 4-10 所示，为了准确画出这一根轨迹图，应当确定根轨迹的起始角和终止角的数值。先求起始角。作各开环零、极点到复数极点(-0.5+j1.5)的向量，并测出相应角度，如图 4-11(a)所示。按式(4-23)算出根轨迹在极点(-0.5+j1.5)处的起始角为

$$\theta_{p_1} = 180° + (\varphi_1 + \varphi_2 + \varphi_3) - (\theta_1 + \theta_3 + \theta_4) = 79°$$

根据对称性，根轨迹在极点(-0.5-j1.5)处的起始角为 -79°。

用类似方法可算出根轨迹在复数零点(-2+j)处的终止角为 149.5°。各开环零、极点到(-2+j)的向量相角如图 4-11(b)所示。

(a) 起始角　　　　　　　　(b) 终止角

图 4-11　例 4-3 根轨迹的起始角和终止角

法则 7　根轨迹与虚轴的交点。若根轨迹与虚轴相交，则交点上的 K^* 值和 ω 值可用劳斯判据确定，也可令闭环特征方程中的 $s=j\omega$，然后分别令其实部和虚部为零而求得。

证明　若根轨迹与虚轴相交，则表示闭环系统存在纯虚根，这意味着 K^* 的数值使闭环系统处于临界稳定状态。因此，令劳斯表第一列中包含 K^* 的项为零，即可确定根轨迹与虚轴交点上的 K^* 值。此外，因为一对纯虚根是数值相同但符号相异的根，所以利用劳斯表中 s^2 行的系数构成辅助方程，必可解出纯虚根的数值，这一数值就是根轨迹与虚轴交点上的 ω 值。如果根轨迹与正虚轴(或者负虚轴)有一个以上交点，则应采用劳斯表中幂大于 2 的 s 偶次方行的系数构造辅助方程。

确定根轨迹与虚轴交点处参数的另一种方法，是将 $s=j\omega$ 代入闭环特征方程，得到

$$1+G(j\omega)H(j\omega)=0$$

令上述方程的实部和虚部分别为零，有

$$\mathrm{Re}\big[1+G(j\omega)H(j\omega)\big]=0$$
$$\mathrm{Im}\big[1+G(j\omega)H(j\omega)\big]=0$$

利用这种实部方程和虚部方程，不难解出根轨迹与虚轴交点处的 K^* 值和 ω 值。

例 4-4　设系统开环传递函数为

$$G(s)H(s)=\frac{K^*}{s(s+3)(s^2+2s+2)}$$

试绘制闭环系统的概略根轨迹。

解　按下述步骤绘制概略根轨迹：

1) 确定实轴上的根轨迹。实轴上 $[-3,0]$ 区域必为根轨迹。

2) 确定根轨迹的渐近线。由于 $n-m=4$，故有四条根轨迹渐近线，其

$$\sigma_a=-1.25; \qquad \varphi_a=\pm 45°,\pm 135°$$

3) 确定分离点。本例没有有限零点，故

$$\sum_{i=1}^{n}\frac{1}{d-p_i}=0$$

于是分离点方程为

$$\frac{1}{d}+\frac{1}{d+3}+\frac{1}{d+1-j}+\frac{1}{d+1+j}=0$$

用试探法算出 $d\approx-2.3$。

4) 确定起始角。量测各向量相角，算得 $\theta_{p_i}=-71.6°$。

5) 确定根轨迹与虚轴交点。本例闭环特征方程式为

$$s^4+5s^3+8s^2+6s+K^*=0$$

对上式应用劳斯判据，有

$$
\begin{array}{c|ccc}
s^4 & 1 & 8 & K^* \\
s^3 & 5 & 6 & \\
s^2 & 34/5 & K^* & \\
s^1 & (204-25K^*)/34 & & \\
s^0 & K^* & & \\
\end{array}
$$

令劳斯表中 s^1 行的首项为零，得 $K^*=8.16$。根据 s^2 行的系数，得辅助方程

$$\frac{34}{5}s^2+K^*=0$$

代入 $K^*=8.16$ 并令 $s=j\omega$，解出交点坐标 $\omega=\pm1.1$。

根轨迹与虚轴相交时的参数，也可用闭环特征方程直接求出。将 $s=j\omega$ 代入特征方程，可得实部方程为

$$\omega^4-8\omega^2+K^*=0$$

虚部方程为

$$-5\omega^3+6\omega=0$$

在虚部方程中，$\omega=0$ 显然不是欲求之解，因此根轨迹与虚轴交点坐标应为 $\omega=\pm1.1$。将所得 ω 值代入实部方程，立即解出 $K^*=8.16$。所得结果与劳斯表法完全一样。整个系统概略根轨迹如图 4-12 所示。

根据以上介绍的七个法则，不难绘出系统的概略根轨迹。为了便于查阅，所有绘制法则统一归纳在表 4-1 之中。

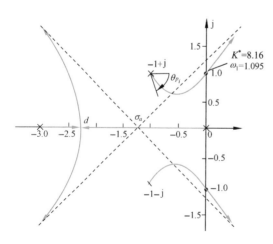

图 4-12　例 4-4 的开环零、极点分布与概略根轨迹

绘制根轨迹的步骤

表 **4-1** 根轨迹图绘制法则

序号	内容	法则
法则 1	根轨迹的起点和终点	根轨迹起于开环极点(包括无限极点)，终于开环零点(包括无限零点)
法则 2	根轨迹的分支数、对称性和连续性	根轨迹的分支数等于开环极点数 $n(n>m)$，或开环零点数 $m(m>n)$ 根轨迹对称于实轴
法则 3	根轨迹的渐近线	$n-m$ 条渐近线与实轴的交角和交点为 $$\varphi_a=\frac{(2k+1)\pi}{n-m};\quad k=0,1,\cdots,n-m-1$$ $$\sigma_a=\frac{\sum_{i=1}^{n}p_i-\sum_{j=1}^{m}z_j}{n-m}$$
法则 4	根轨迹在实轴上的分布	实轴上某一区域，若其右方开环实数零、极点个数之和为奇数，则该区域必是根轨迹
法则 5	根轨迹的分离点与分离角	l 条根轨迹分支相遇，其分离点坐标由 $\sum_{j=1}^{m}\frac{1}{d-z_j}=\sum_{i=1}^{n}\frac{1}{d-p_i}$ 确定；分离角等于 $(2k+1)\pi/l$
法则 6	根轨迹的起始角与终止角	起始角：$\theta_{p_i}=(2k+1)\pi+(\sum_{j=1}^{m}\varphi_{z_jp_i}-\sum_{\substack{j=1\\(j\neq i)}}^{n}\theta_{p_jp_i})$ 终止角：$\varphi_{z_i}=(2k+1)\pi-(\sum_{\substack{j=1\\(j\neq i)}}^{m}\varphi_{z_jz_i}-\sum_{j=1}^{n}\theta_{p_jz_i})$
法则 7	根轨迹与虚轴的交点	根轨迹与虚轴交点的 K^* 值和 ω 值，可利用劳斯判据确定
法则 8	根之和	$\sum_{i=1}^{n}s_i=\sum_{i=1}^{m}p_i$

法则 8　根之和。系统的闭环特征方程在 $n>m$ 的一般情况下，可有不同形式的表示

$$\prod_{i=1}^{n}(s-p_i)+K^*\prod_{j=1}^{m}(s-z_j)=s^n+a_1s^{n-1}+\cdots+a_{n-1}s+a_n$$

$$=\prod_{i=1}^{n}(s-s_i)=s^n+(-\sum_{i=1}^{n}s_i)s^{n-1}+\cdots+\prod_{i=1}^{n}(-s_i)=0$$

式中，s_i 为闭环特征根。

当 $n-m\geqslant2$ 时，特征方程第二项系数与 K^* 无关，无论 K^* 取何值，开环 n 个极点之和总是等于闭环特征方程 n 个根之和，即

$$\sum_{i=1}^{n}s_i=\sum_{i=1}^{n}p_i$$

在开环极点确定的情况下，这是一个不变的常数。所以，当开环增益 K 增大时，若闭环某些根在 s 平面上向左移动，则另一部分根必向右移动。

法则 8 对判断根轨迹的走向是很有用的。

2. 闭环极点的确定

对于特定 K^* 值下的闭环极点，可用模值条件确定。一般说来，比较简单的方法是先用试探法确定实数闭环极点的数值，然后用综合除法得到其余的闭环极点。应当指出，借助 MATLAB 软件的 rlocus 和 rlocfind 等函数，可以方便地获得系统准确的根轨迹图，以及根轨迹上特定点的根轨迹增益，具体使用方法请参见本书附录 B。

4-3　广义根轨迹

在控制系统中，除根轨迹增益 K^* 为变化参数的根轨迹以外，其他情形下的根轨迹统称为广义根轨迹。如系统的参数根轨迹，开环传递函数中零点个数多于极点个数时的根轨迹，以及零度根轨迹等均可列入广义根轨迹这个范畴。通常，将负反馈系统中 K^* 变化时的根轨迹称为常规根轨迹。

1. 参数根轨迹

以非开环增益为可变参数绘制的根轨迹称为参数根轨迹，以区别于以开环增益 K 为可变参数的常规根轨迹。

绘制参数根轨迹的法则与绘制常规根轨迹的法则完全相同。只要在绘制参数根轨迹之前，引入等效单位反馈系统和等效传递函数概念，则常规根轨迹的所有绘制法则，均适用于参数根轨迹的绘制。为此，需要对闭环特征方程

$$1 + G(s)H(s) = 0 \tag{4-26}$$

进行等效变换，将其写为如下形式：

$$A\frac{P(s)}{Q(s)} = -1 \tag{4-27}$$

其中，A 为除 K^* 外，系统任意的变化参数，而 $P(s)$ 和 $Q(s)$ 为两个与 A 无关的首一多项式。显然，式(4-27)应与式(4-26)相等，即

$$Q(s) + AP(s) = 1 + G(s)H(s) = 0 \tag{4-28}$$

根据式(4-28)，可得等效单位反馈系统，其等效开环传递函数为

$$G_1(s)H_1(s) = A\frac{P(s)}{Q(s)} \tag{4-29}$$

利用式(4-29)画出的根轨迹，就是参数 A 变化时的参数根轨迹。需要强调指出，等效开环传递函数是根据式(4-28)得来的，因此"等效"的含义仅在闭环极点相同这一点上成立，而闭环零点一般是不同的。由于闭环零点对系统动态性能有影响，所以由闭环零、极点分布来分析和估算系统性能时，可以采用参数根轨迹上的闭环极点，但必须采用原来闭环系统的零点。这一处理方法和结论，对于绘制开环零极点变化时的根轨迹，同样适用。

例 4-5　设位置随动系统如图 4-13 所示。图中，系统 I 为比例控制系统，系统 II 为比例-微分控制系统，系统 III 为测速反馈控制系统，T_a 表示微分器时间常数或测速反馈系数。试分析 T_a 对系统性能的影响，并比较系统 II 和 III 在具有相同阻尼比 $\zeta = 0.5$ 时的有

关特点。

解 显然，系统Ⅱ和Ⅲ具有相同的开环传递函数，即

$$G(s)H(s) = \frac{5(1+T_a s)}{s(1+5s)}$$

但它们的闭环传递函数是不相同的，即

$$\Phi_{\text{II}}(s) = \frac{5(1+T_a s)}{s(1+5s)+5(1+T_a s)} \qquad (4\text{-}30)$$

$$\Phi_{\text{III}}(s) = \frac{5}{s(1+5s)+5(1+T_a s)} \qquad (4\text{-}31)$$

从式(4-30)和式(4-31)可以看出，两者具有相同的闭环极点(在 T_a 相同时)，但是系统Ⅱ具有闭环零点($-1/T_a$)，而系统Ⅲ不具有闭环零点。

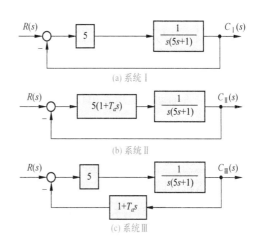

(a) 系统Ⅰ

(b) 系统Ⅱ

(c) 系统Ⅲ

图 4-13 位置随动系统结构图

现在将系统Ⅱ或Ⅲ的闭环特征方程式写成

$$1 + T_a \frac{s}{s(s+0.2)+1} = 0 \qquad (4\text{-}32)$$

如果令

$$G_1(s)H_1(s) = T_a \frac{s}{s(s+0.2)+1}$$

则式(4-32)代表一个根轨迹方程，其参数根轨迹如图 4-14 所示。图中，当 $T_a = 0$ 时，闭环极点位置为 $s_{1,2} = -0.1 \pm \text{j}0.995$，它即是系统Ⅰ的闭环极点。

为了确定系统Ⅱ和Ⅲ在 $\zeta = 0.5$ 时的闭环传递函数，在图 4-14 中作 $\zeta = 0.5$ 线，可得闭环极点为 $s_{1,2} = -0.5 \pm \text{j}0.87$，相应的 T_a 值由模值条件算出为 0.8，于是有

$$\Phi_{\text{II}}(s) = \frac{0.8(s+1.25)}{(s+0.5+\text{j}0.87)(s+0.5-\text{j}0.87)}$$

$$\Phi_{\text{III}}(s) = \frac{1}{(s+0.5+\text{j}0.87)(s+0.5-\text{j}0.87)}$$

而系统Ⅰ的闭环传递函数与 T_a 值无关，应是

$$\Phi_{\text{I}}(s) = \frac{1}{(s+0.1+\text{j}0.995)(s+0.1-\text{j}0.995)}$$

各系统的单位阶跃响应，可以由拉氏反变换法确定为

$$c_{\text{I}}(t) = 1 - \text{e}^{-0.1t}(\cos 0.995t + 0.1\sin 0.995t)$$

$$c_{\text{II}}(t) = 1 - \text{e}^{-0.5t}(\cos 0.87t - 0.347\sin 0.87t)$$

$$c_{\text{III}}(t) = 1 - \text{e}^{-0.5t}(\cos 0.87t + 0.578\sin 0.87t)$$

图 4-14 系统Ⅱ和Ⅲ在 T_a 变化时的参数
根轨迹

上述三种单位阶跃响应曲线，如图4-15所示。由图可见，对于系统Ⅱ，由于微分控制反映了误差信号的变化率，能在误差信号增大之前，提前产生控制作用，因此具有良好的时间响应特性，呈现最短的上升时间，快速性较好；对于系统Ⅲ，由于速度反馈加强了反馈作用，在上述三个系统中，具有最小的超调量。

如果位置随动系统承受单位斜坡输入信号，则同样可由拉氏反变换法确定它们的单位斜坡响应：

$$c_{\text{II}}(t) = t - 0.2 + 0.2e^{-0.5t}(\cos 0.87t - 5.19\sin 0.87t) \tag{4-33}$$

$$c_{\text{III}}(t) = t - 1 + e^{-0.5t}(\cos 0.87t - 0.58\sin 0.87t) \tag{4-34}$$

此时，系统将出现速度误差，其数值为 $e_{ss\text{II}}(\infty)=0.2$ 和 $e_{ss\text{III}}(\infty)=1.0$。系统Ⅰ的速度误差，可利用终值定理法求出为 $e_{ss\text{I}}(\infty)=0.2$。根据式(4-33)和式(4-34)，可以画出系统Ⅱ和Ⅲ的单位斜坡响应，如图4-16所示。

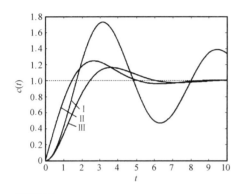

图 4-15　位置随动系统的单位阶跃响应曲线(MATLAB)　　图 4-16　位置随动系统Ⅱ和Ⅲ的单位斜坡响应曲线(MATLAB)

最后，将位置随动系统的性能比较结果，列于表4-2。

表 4-2　位置随动系统性能比较表

性能 ＼ 控制规律	比例式	比例-微分式	测速反馈式
峰值时间/s	3.14	2.62	3.62
调节时间/s	30.0	6.1	6.3
超调量/%	73.0	24.8	16.3
速度误差	0.2	0.2	1.0

2. 附加开环零点的作用

在控制系统设计中，我们常用附加位置适当的开环零点的方法来改善系统性能。因此，研究开环零点变化时的根轨迹变化，有很大的实际意义。

设系统开环传递函数为

$$G(s)H(s) = \frac{K^*(s - z_1)}{s(s^2 + 2s + 2)} \tag{4-35}$$

式中，z_1 为附加的开环实数零点，其值可在 s 左半平面内任意选择。当 $z_1 \to \infty$ 时，表示有限零点 z_1 不存在的情况。

令 z_1 为不同数值，对应于式(4-35)的闭环系统根轨迹如图 4-17 所示。由图可见，当开环极点位置不变，而在系统中附加开环负实数零点时，可使系统根轨迹向 s 左半平面方向弯曲，或者说，附加开环负实数零点，将使系统的根轨迹图发生趋向附加零点方向的变形，而且这种影响将随开环零点接近坐标原点的程度而加强。如果附加的开环零点不是负实数零点，而是具有负实部的共轭零点，那么它们的作用与负实数零点的作用完全相同。此外，根据图 4-17，利用劳斯判据的方法不难证明，当 $z_1 < -2$ 时，系统的根轨迹与虚轴存在交点；而当 $z_1 \geqslant -2$ 时，系统的根轨迹与虚轴不存在交点。因此，在 s 左半平面内的适当位置上附加开环零点，可以显著改善系统的稳定性。

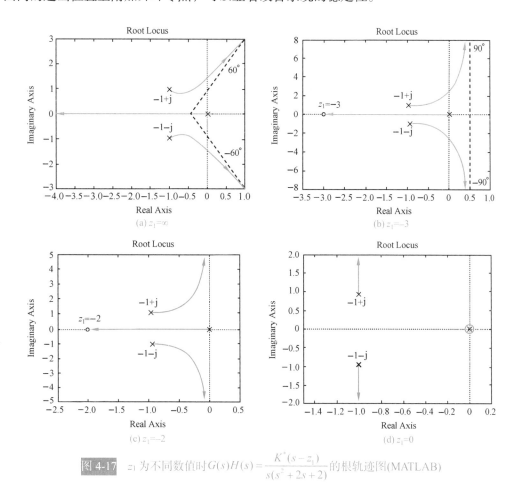

图 4-17 z_1 为不同数值时 $G(s)H(s) = \dfrac{K^*(s - z_1)}{s(s^2 + 2s + 2)}$ 的根轨迹图(MATLAB)

附加开环零点的目的，除了要求改善系统稳定性而外，还要求对系统的动态性能有明显改善。然而，稳定性和动态性能对附加开环零点位置的要求，有时并不一致。以图 4-17 为例，图(d)对稳定性最有利，但对动态性能的改善却并不利。为了更好地说明这一问题，请参看图 4-18 中所表示的两种情况。图(a)表示附加开环负实数零点 z_1 位于负实极点 p_2 和 p_3 之间的根轨迹上；图(b)表示 z_1 位于 p_1 和 p_2 之间的根轨迹上。从稳定程度的观点来看(指稳定裕度，见第五章)，图(b)优于图(a)，然而从动态性能观点来看，却是图(a)优于图(b)。在图(a)中，当根轨迹增益为 K_1^* 时，复数极点 s_1 和 s_2 为闭环主导极点，实数极点 s_3 距虚轴较远，为非主导极点。在这种情况下，闭环系统近似为一个二阶系统，其过渡过程由于阻尼比适中而具有不大的超调量、较快的响应速度和不长的调节时间，这是设计一般随动系统所希望具备的动态特性。在图(b)中，实数极点 s_3 为闭环主导极点，此时系统等价于一阶系统，其动态过程虽然可能是单调的，但却具有较慢的响应速度和较长的调节时间。这里，需要对"可能"一词进行必要的说明。不难理解，增加开环零点也就是增加了闭环零点，闭环零点对系统动态性能的影响，相当于减小闭环系统的阻尼，从而使系统的过渡过程有出现超调的趋势，并且这种作用将随闭环零点接近坐标原点的程度而加强。此外，系统并非都是真正的一阶系统，当附加开环零点过分接近坐标原点时，也有可能使系统的过渡过程出现振荡。有关闭环零点的作用，我们将在下一节进行详细探讨。

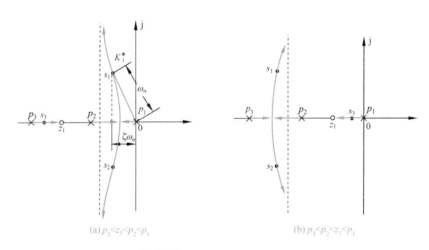

(a) $p_3 < z_1 < p_2 < p_1$　　　　　　　　　　　　(b) $p_3 < p_2 < z_1 < p_1$

图 4-18　控制系统的根轨迹图

从以上定性分析可以看出，只有当附加零点相对原有开环极点的位置选配得当，才能使系统的稳态性能和动态性能同时得到显著改善。

3. 零度根轨迹

如果所研究的控制系统为非最小相位系统，则有时不能采用常规根轨迹的绘制法则来绘制系统的根轨迹，因为其相角遵循 $0° + 2k\pi$ 条件，而不是 $180° + 2k\pi$ 条件，故一般称之为零度根轨迹。这里所谓的非最小相位系统，系指在 s 右半平面具有开环零极点的控制系统，其定义和特性将在下一章详细介绍。此外，如果有必要绘制正反馈系统的根轨迹，那么也必然会产生 $0° + 2k\pi$ 的相角条件。一般说来，零度根轨迹的来源有两个方面：其一是非最小相位系统中包含 s 最高次幂的系数为负的因子；其二是控制系统中包含有正反馈内回路。前者是由于被控对象，如飞机、导弹的本身特性所产生的，或者是在系统结构图变换过程中所产生的；后者是由于某种性能指标要求，使得在复杂的控制系统设计中，必须包含正反馈内回路所致。

零度根轨迹的绘制方法，与常规根轨迹的绘制方法略有不同。以正反馈系统为例，设某个复杂控制系统如图 4-19 所示，其中内回路采用正反馈，这种系统通常由外回路加以稳定。为了分析整个控制系统的性能，首先要确定内回路的零、极点。用根轨迹法确定内回路的零、极点，就相

图 4-19 复杂控制系统结构图

当于绘制正反馈系统的根轨迹。在图 4-19 中，正反馈内回路的闭环传递函数为

$$\frac{C(s)}{R_1(s)} = \frac{G_2(s)}{1 - G_2(s)H_2(s)}$$

于是，得到正反馈系统的根轨迹方程

$$G_2(s)H_2(s) = 1 \tag{4-36}$$

上式可等效为下列两个方程

$$\sum_{j=1}^{m} \angle(s - z_j) - \sum_{i=1}^{n} \angle(s - p_i) = 0° + 2k\pi; \quad k = 0, \pm1, \pm2, \cdots \tag{4-37}$$

$$K^* = \frac{\prod_{i=1}^{n}|s - p_i|}{\prod_{j=1}^{m}|s - z_j|} \tag{4-38}$$

前者称为零度根轨迹的相角条件，后者称为零度根轨迹的模值条件。式中各符号的意义与以前指出的相同。

将式(4-37)和式(4-38)与常规根轨迹相应的式(4-9)和式(4-10)相比可知，它们的模值条件完全相同，仅相角条件有所改变。因此，常规根轨迹的绘制法则，原则上可以应用于零度根轨迹的绘制，但在与相角条件有关的一些法则中，需作适当调整。从这种意义上说，零度根轨迹也是常规根轨迹的一种推广。

绘制零度根轨迹时，应调整的绘制法则有：

法则 3 中渐近线的交角应改为

$$\varphi_a = \frac{2k\pi}{n - m}; \qquad k = 0, 1, \cdots, n - m - 1 \tag{4-39}$$

法则 4 中根轨迹在实轴上的分布应改为：实轴上的某一区域，若其右方开环实数零、极点个数之和为偶数，则该区域必是根轨迹。

法则 6 中根轨迹的起始角和终止角应改为：起始角为其他零、极点到所求起始角复数极点的诸向量相角之差，即

$$\theta_{p_i} = 2k\pi + (\sum_{\substack{j=1}}^{m} \varphi_{z_j p_i} - \sum_{\substack{j=1 \\ (j \neq i)}}^{n} \theta_{p_j p_i}) \tag{4-40}$$

终止角等于其他零、极点到所求终止角复数零点的诸向量相角之差的负值，即

$$\varphi_{z_i} = 2k\pi - (\sum_{\substack{j=1 \\ (j \neq i)}}^{m} \varphi_{z_j z_i} - \sum_{j=1}^{n} \theta_{p_j z_i}) \tag{4-41}$$

除上述三个法则外，其他法则不变。为了便于使用，表 4-3 列出了零度根轨迹图的绘制法则。

表 4-3 零度根轨迹图绘制法则

序号	内容	法则
法则 1	根轨迹的起点和终点	根轨迹起于开环极点，终于开环零点
法则 2	根轨迹的分支数、对称性和连续性	根轨迹的分支数等于开环极点数或开环零点数；根轨迹对称于实轴且是连续的
法则 3	根轨迹渐近线	$n-m$ 条渐近线与实轴的交角和交点为 $$\varphi_a = \frac{2k\pi}{n-m}; \qquad k = 0,1,\cdots,n-m-1$$ $$\sigma_a = \frac{\sum_{i=1}^{n} p_i - \sum_{j=1}^{m} z_j}{n-m}$$
法则 4	根轨迹在实轴上的分布	实轴上某一区域，若其右方开环实数零、极点个数之和为偶数，则该区域必是根轨迹
法则 5	根轨迹的分离点与分离角	l 条根轨迹分支相遇，其分离点坐标由 $\sum_{j=1}^{m} \frac{1}{d-z_j} = \sum_{i=1}^{n} \frac{1}{d-p_i}$ 确定；分离角等于 $(2k+1)\pi/l$
法则 6	根轨迹的起始角和终止角	起始角：$\theta_{p_i} = 2k\pi + (\sum_{j=1}^{m} \varphi_{z_j p_i} - \sum_{\substack{j=1 \\ (j \neq i)}}^{n} \theta_{p_j p_i})$ 终止角：$\varphi_{z_i} = 2k\pi - (\sum_{\substack{j=1 \\ (j \neq i)}}^{m} \varphi_{z_j z_i} - \sum_{j=1}^{n} \theta_{p_j z_i})$
法则 7	根轨迹与虚轴的交点	根轨迹与虚轴交点的 K^* 值和 ω 值，可用劳斯判据确定
法则 8	根之和	$\sum_{i=1}^{n} s_i = \sum_{i=1}^{n} p_i$

例 4-6 设正反馈系统结构图如图 4-19 中的内回路所示，其中

$$G(s) = \frac{K^*(s+2)}{(s+3)(s^2+2s+2)}, \qquad H(s) = 1$$

试绘制该系统的根轨迹图。

解 本例根轨迹绘制可分以下几步：

1) 在复平面上画出开环极点 $p_1 = -1+j$，$p_2 = -1-j$，$p_3 = -3$ 以及开环零点 $z_1 = -2$。当 K^* 从零增到无穷时，根轨迹起于开环极点，而终于开环零点(包括无限零点)。

2) 确定实轴上的根轨迹。在实轴上，根轨迹存在于 -2 与 $+\infty$ 之间以及 -3 与 $-\infty$ 之间。

3) 确定根轨迹的渐近线。对于本例，有 $n-m=2$ 条根轨迹趋于无穷，其交角

$$\varphi_a = \frac{2k\pi}{3-1} = 0°\text{和}180°, \quad k = 0,1$$

这表明根轨迹渐近线位于实轴上。

4) 确定分离点和分离角。由方程

$$\frac{1}{d+2} = \frac{1}{d+3} + \frac{1}{d+1-j} + \frac{1}{d+1+j}$$

经整理得

$$(d+0.8)(d^2+4.7d+6.24) = 0$$

显然，分离点位于实轴上，故取 $d=-0.8$，而分离角等于 $90°$。

5) 确定起始角。对于复数极点 $p_1 = -1+j$，根轨迹的起始角

$$\theta_{p_1} = 45° - (90° + 26.6°) = -71.6°$$

根据对称性，根轨迹从 $p_2 = -1-j$ 的起始角 $\theta_{p_2} = 71.6°$。整个系统概略零度根轨迹如图 4-20 所示。

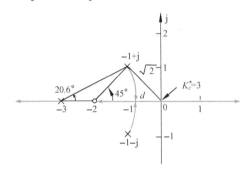

图 4-20　$G(s)H(s) = \dfrac{K^*(s+2)}{(s+3)(s^2+2s+2)}$ 的概略零度根轨迹图

6) 确定临界开环增益。由图 4-20 可见，坐标原点对应的根轨迹增益为临界值，可由模值条件求出为

$$K_c^* = \frac{\left|0-(-1+j)\right| \cdot \left|0-(-1-j)\right| \cdot \left|0-(-3)\right|}{\left|0-(-2)\right|} = 3$$

由于 $K = K^*/3$，于是临界开环增益 $K_c = 1$。因此，为了使该正反馈系统稳定，开环增益应小于 1。

系统的零度根轨迹图和参数根轨迹图，也可以应用 MATLAB 软件直接获得。

4-4　系统性能的分析

在经典控制理论中，控制系统设计的重要评价取决于系统的单位阶跃响应。应用根轨迹法，可以迅速确定系统在某一开环增益或某一参数值下的闭环零、极点位置，从而得到相应的闭环传递函数。这时，可以利用拉氏反变换法或者计算机仿真法确定系统的单位阶跃响应，由阶跃响应不难求出系统的各项性能指标。然而，在系统初步设计过程中，重要的方面往往不是如何求出系统的阶跃响应，而是如何根据已知的闭环零、极点去定性地分析系统的性能。

1. 闭环零极点与时间响应

一旦用根轨迹法求出了闭环零点和极点，便可以立即写出系统的闭环传递函数。于是，或用拉氏反变换法，或用 MATLAB 仿真法，都不难得到系统的时间响应。然而，在工程实践中，常常采用主导极点的概念对高阶系统进行近似分析。例如研究具有如下闭环传递函数的系统：

$$\Phi(s) = \frac{20}{(s+10)(s^2+2s+2)}$$

该系统的单位阶跃响应

$$c(t) = 1 - 0.024e^{-10t} + 1.55e^{-t}\cos(t + 129°)$$

式中，指数项是由闭环极点 $s_1=-10$ 产生的；衰减余弦项是由闭环复数极点 $s_{2,3}=-1\pm j$ 产生的。比较两者可见，指数项衰减迅速且幅值很小，因而可略。于是

$$c(t) \approx 1 + 1.55e^{-t}\cos(t + 129°)$$

上式表明，系统的动态性能基本上由接近虚轴的闭环极点确定。这样的极点，称为主导极点。因此，主导极点定义为对整个时间响应过程起主要作用的闭环极点。必须注意，时间响应分量的消逝速度，除取决于相应闭环极点的实部值外，还与该极点处的留数，即闭环零、极点之间的相互位置有关。所以，只有既接近虚轴，又不十分接近闭环零点的闭环极点，才可能成为主导极点。

如果闭环零、极点相距很近，那么这样的闭环零、极点常称为偶极子。偶极子有实数偶极子和复数偶极子之分，而复数偶极子必共轭出现。不难看出，只要偶极子不十分接近坐标原点，它们对系统动态性能的影响就甚微，从而可以忽略它们的存在。例如研究具有下列闭环传递函数的系统：

$$\Phi(s) = \frac{2a}{a+\delta} \cdot \frac{s+a+\delta}{(s+a)(s^2+2s+2)} \tag{4-42}$$

在这种情况下，闭环系统有一对复数极点 $-1\pm j$、一个实数极点 $-a$ 和一个实数零点 $-(a+\delta)$。假定 $\delta \to 0$，即实数闭环零、极点十分接近，从而构成偶极子；同时假定，实数极点 $-a$ 不非常接近坐标原点，则式(4-42)系统的单位阶跃响应为

$$c(t) = 1 - \frac{2\delta}{(a+\delta)(a^2-2a+2)}e^{-at} + \frac{2a}{a+\delta} \cdot \frac{\sqrt{1+(a+\delta-1)^2}}{\sqrt{2} \cdot \sqrt{1+(a-1)^2}}e^{-t}$$
$$\times \sin\left(t + \arctan\frac{1}{a+\delta-1} - \arctan\frac{1}{a-1} - 135°\right) \tag{4-43}$$

考虑到 $\delta \to 0$，式(4-43)可简化为

$$c(t) = 1 - \frac{2\delta}{a(a^2-2a+2)}e^{-at} + \sqrt{2}e^{-t}\sin(t-135°) \tag{4-44}$$

在关于 δ 和 a 的假定下，式(4-44)可进一步简化为

$$c(t) \approx 1 + \sqrt{2}e^{-t}\sin(t-135°) \tag{4-45}$$

此时，偶极子的影响完全可以略去不计。系统的单位阶跃响应主要由主导极点 $-1\pm j$ 决定。

如果偶极子十分接近原点，即 $a \to 0$，那么式(4-44)只能简化为

$$c(t) \approx 1 - \frac{\delta}{a} + \sqrt{2}\mathrm{e}^{-t}\sin(t-135°)$$

这时，δ 与 a 是可以相比的，δ/a 不能略去不计，所以接近坐标原点的偶极子对系统动态性能的影响必须考虑。然而，不论偶极子接近坐标原点的程度如何，它们并不影响系统主导极点的地位。复数偶极子也具备上述同样性质。

具体确定偶极子时，可以采用经验法则。经验指出，如果闭环零、极点之间的距离比它们本身的模值小一个数量级，则这一对闭环零、极点就构成了偶极子。

在工程计算中，采用主导极点代替系统全部闭环极点来估算系统性能指标的方法，称为主导极点法。采用主导极点法时，在全部闭环极点中，选留最靠近虚轴而又不十分靠近闭环零点的一个或几个闭环极点作为主导极点，略去不十分接近原点的偶极子，以及比主导极点距虚轴远六倍以上的闭环零、极点。这样一来，在设计中所遇到的绝大多数有实际意义的高阶系统，就可以简化为只有一两个闭环零点和两三个闭环极点的系统，因而可用比较简便的方法来估算高阶系统的性能。为了使估算得到满意的结果，选留的主导零点数不要超过选留的主导极点数。

在许多实际应用中，比主导极点距虚轴远两三倍的闭环零、极点，也常可放在略去之列。此外，用主导极点代替全部闭环极点绘制系统时间响应曲线时，形状误差仅出现在曲线的起始段，而主要决定性能指标的曲线中、后段，其形状基本不变。应当注意，输入信号极点不在主导极点的选择范围之内。

最后指出，在略去偶极子和非主导零、极点的情况下，闭环系统的根轨迹增益常会发生改变，必须注意核算，否则将导致性能的估算错误。例如在式(4-42)中，显然有 $\Phi(0)=1$，表明系统在单位阶跃函数作用下的终值误差 $e_{ss}(\infty)=0$；如果略去偶极子，简单化成

$$\Phi(s) = \frac{2a}{a+\delta} \cdot \frac{1}{s^2+2s+2}$$

则有 $\Phi(0) \neq 1$，因而出现了在单位阶跃函数作用下，终值误差不为零的错误结果。

2. 系统性能的定性分析

采用根轨迹法分析或设计线性控制系统时，了解闭环零点和实数主导极点对系统性能指标的影响，是非常重要的。由例 4-5 可见，闭环零点的存在，将使系统的峰值时间提前，这相当于减小闭环系统的阻尼，从而使超调量加大，当闭环零点接近坐标原点时，这种作用尤甚。对于具有一个闭环实数零点的振荡二阶系统，不同零点位置与超调量之间的关系曲线，如图 4-21 所示。一般说来，闭环零点对调节时间的影响是不定的。

闭环零点对系统性能影响的物理意义，已在 3-3 节中作过说明，这里不再重复。闭环实数主导极点对系统性能的影响是：闭环实数主导极点的作用，相当于增大系统的阻尼，使峰值时间滞后，超调量下降。如果实数极点比共轭复数极点更接近坐标原点，甚至可以使振荡过程变为非振荡过程。闭环实数极点的这种作用，可以用下面的物理浅释来说明：显然，无零点三阶系统相当于欠阻尼二阶系统与一个滞后的平滑滤波器的串联，因此欠阻尼二阶系统的时间响应经过平滑滤波器后，其峰值时间被滞后，超调量被削弱，

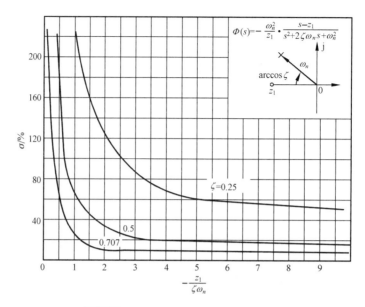

图 4-21　零点相对位置与超调量关系曲线

过渡过程被平缓。实数极点越接近坐标原点，意味着滤波器的时间常数越大，上述这种作用便越强。

闭环系统零、极点位置对时间响应性能的影响，可以归纳为以下几点：

1) 稳定性。如果闭环极点全部位于 s 左半平面，则系统一定是稳定的，即稳定性只与闭环极点位置有关，而与闭环零点位置无关。

2) 运动形式。如果闭环系统无零点，且闭环极点均为实数极点，则时间响应一定是单调的；如果闭环极点均为复数极点，则时间响应一般是振荡的。

3) 超调量。超调量主要取决于闭环复数主导极点的衰减率 $\sigma_1/\omega_d = \zeta\big/\sqrt{1-\zeta^2}$，并与其他闭环零、极点接近坐标原点的程度有关。

4) 调节时间。调节时间主要取决于最靠近虚轴的闭环复数极点的实部绝对值 $\sigma_1 = \zeta\omega_n$；如果实数极点距虚轴最近，并且它附近没有实数零点，则调节时间主要取决于该实数极点的模值。

5) 实数零、极点影响。零点减小系统阻尼，使峰值时间提前，超调量增大；极点增大系统阻尼，使峰值时间滞后，超调量减小。它们的作用，随着其本身接近坐标原点的程度而加强。

6) 偶极子及其处理。如果零、极点之间的距离比它们本身的模值小一个数量级，则它们就构成了偶极子。远离原点的偶极子，其影响可略；接近原点的偶极子，其影响必须考虑。

7) 主导极点。在 s 平面上，最靠近虚轴而附近又无闭环零点的一些闭环极点，对系统性能影响最大，称为主导极点。凡比主导极点的实部大 3~6 倍以上的其他闭环零、极点，其影响均可忽略。

4-5 控制系统复域设计

例 4-7 自动平衡秤系统。

自动平衡秤能自动完成称重操作，其示意图如图 4-22 所示。称重时，由下面一个电动反馈环节控制其自动平衡，图 4-22 中所示为无重物时的平衡状态。图中，x 是砝码 W_c 离枢轴的距离；待称重物 W 将放置在离枢轴 l_w=5cm 处；重物一方还有一个黏性阻尼器，其到枢轴的距离 l_i=20cm。平衡秤系统的有关参数如下：

图 4-22 自动平衡秤示意图

枢轴惯量 J=0.05kg·m·s^2，　　　　　　电池电压 E_{bb}=24V，

黏性阻尼器的阻尼系数 f=$10\sqrt{3}$ kg·m·s / rad，　反馈电位计增益 K_f=400V/m，

导引螺杆增益 K_s=1/(4000π)m / rad，　　输入电位计增益 K_i =4800V/m，

砝码 W_c 的质量依需要的称重范围而定，本例 W_c=2kg。

要求完成以下设计工作：

1) 建立系统的模型及信号流图。

2) 在根轨迹图上确定根轨迹增益 K^* 的取值。

3) 确定系统的主导极点。

设计后的系统达到以下性能指标要求：

1) 阶跃输入下：$K_p = \infty$，$e_{ss}(\infty)$=0。

2) 欠阻尼响应：$\zeta = 0.5$。

3) 调节时间：$t_s < 2s(\Delta=2\%)$。

解 首先建立平衡运动方程。设系统略偏其平衡状态，偏差角

$$\theta = \frac{y}{l_i}$$

因 $J\dfrac{\mathrm{d}^2\theta}{\mathrm{d}t^2} = \Sigma$ 扭矩，故平衡秤关于枢轴的扭转矩方程为

$$J\frac{\mathrm{d}^2\theta}{\mathrm{d}t^2} = l_w W - xW_c - fl_i^2\frac{\mathrm{d}\theta}{\mathrm{d}t}$$

电机输入电压　　　　　　　　$$v_m(t) = K_i y - K_f x$$

电机的传递函数　　　　　　　$$\frac{\Theta_m(s)}{V_m(s)} = \frac{K_m}{s(T_m s + 1)}$$

式中，θ_m 为输出轴转角；K_m 为电机传递系数；T_m 为电机机电时间常数，与系统时间常数相比，可略去不计。

根据上述方程可画出系统信号流图，如图 4-23 所示。由信号流图可见，从物体质量 $W(s)$ 到测量值 $X(s)$ 的前向通路中，在节点测量高度 $Y(s)$ 之前有一个纯积分环节，因此该系统为 I 型系统，在阶跃输入作用下，能实现静态位置误差系数 $K_p = \infty$ 及稳态误差 $e_{ss}(\infty)=0$ 的要求。应用梅森增益公式，可得系统闭环传递函数为

$$\frac{X(s)}{W(s)} = \frac{l_w l_i K_i K_m K_s /(Js^3)}{1 + fl_i^2/(Js) + K_m K_s K_f/s + l_i K_i K_m K_s W_c/(Js^3) + fl_i^2 K_m K_s K_f/(Js^2)}$$

式中，分子对应于从 W 到 X 的前向通路增益；分母的第二项对应于 L_1 回路增益，第三项对应于 L_2 回路增益，第四项对应于 L_3 回路增益，第五项对应于两个互不接触的回路 L_1 与 L_2 增益乘积。于是，闭环传递函数可化为

$$\frac{X(s)}{W(s)} = \frac{l_w l_i K_i K_m K_s}{s^2(Js + fl_i^2 + JK_f K_m K_s) + sfl_i^2 K_f K_m K_s + W_c l_i K_i K_m K_s}$$

当重物 W 放在自动平衡秤上时，$W(s)=|W|/s$，系统的稳态增益为

$$\lim_{t\to\infty}\left[\frac{x(t)}{|W|}\right] = \lim_{s\to 0}\left[\frac{X(s)}{W(s)}\right] = \frac{l_w}{W_c} = 2.5\text{cm/kg}$$

图 4-23　自动平衡秤系统信号流图

为了绘制电动机传递系数(含放大器附加增益)K_m 变化时系统的根轨迹，可将各有关参数代入闭环传递函数的分母，于是系统特征方程

$$0.05s(s + 8\sqrt{3})\left(s + \frac{K_m}{10\pi}\right) + \frac{4.8}{10\pi}K_m = 0$$

即　　　　　　　　　$$s(s + 8\sqrt{3})\left(s + \frac{K_m}{10\pi}\right) + \frac{96}{10\pi}K_m = 0$$

为将 K_m 化为乘积因子，将上式展开得

$$s^2(s+8\sqrt{3})+s(s+8\sqrt{3})\frac{K_m}{10\pi}+\frac{96}{10\pi}K_m=0$$

令

$$K^*=\frac{K_m}{10\pi}$$

为根轨迹增益，则等价根轨迹方程为

$$1+K^*\frac{P(s)}{Q(s)}=1+K^*\frac{s(s+8\sqrt{3})+96}{s^2(s+8\sqrt{3})}$$

$$=1+K^*\frac{(s+6.93+j6.93)(s+6.93-j6.93)}{s^2(s+13.86)}$$

等价开环系统在原点有一对重极点，有一个负实极点–13.86，还有一对复零点–6.93±j6.93。令 K^* 从 0 变化到∞，可绘出系统根轨迹，如图 4-24 所示。

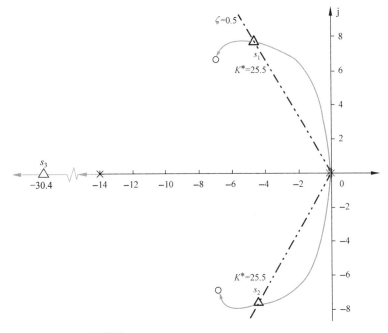

图 4-24　自动平衡秤系统等价概略根轨迹图

在根轨迹图 4-24 上，作希望的 $\zeta=0.5$ 阻尼比线，得闭环极点

$$s_{1,2}=-4.49\pm j7.77,\quad s_3=-30.4$$

根据模值条件，不难求得与上述闭环极点对应的 K^*=25.5。于是，要求放大器提供附加增益，使得

$$K_m=10\pi K=10\pi\times25.5=801(\text{rad}\cdot\text{s}^{-1}/\text{V})$$

在上述设计结果中，显然 $s_{1,2}=-4.49\pm j7.77$ 为系统主导极点；$s_3=-30.4$ 为非主导极点，其对动态响应的影响甚微，可略去不计。因而，本设计完成的自动平衡秤系统必为 $\zeta=0.5$ 的欠阻尼响应。系统的调节时间

$$t_s=\frac{4.4}{\sigma}=0.98\text{s}\quad(\varDelta=2\%)$$

满足设计指标要求。

　　自动平衡秤系统在 $\zeta = 0.5$ 时的闭环主导极点的信息如图 4-25(a)所示，图 4-25(b)表示系统的根轨迹图(三角形表示系统在 $\zeta = 0.5$ 时的闭环极点)；系统的单位阶跃时间响应曲线如图 4-25(c)所示，此时，系统的动态性能为

$$\sigma\% = 16.1\%; \quad t_s = 0.902\text{s} \quad (\varDelta = 2\%)$$

(a) $\zeta=0.5$时系统的主导极点

(b) 自动平衡秤系统根轨迹图　　　　　　　(c) 自动平衡秤系统时间响应(MATLAB)

图 4-25　自动平衡秤系统根轨迹图及时间响应(MATLAB)

MATLAB 程序如下：

```
G=zpk([-6.93+6.93i -6.93-6.93i],[0 0 -13.86],1);
z=0.5
figure(1);rlocus(G);                          %绘制相应系统的根轨迹
sgrid(z,'new');axis([-10 5 -10 10])           %取阻尼比为 0.5
figure(2);rlocus(G);hold on;                  %求阻尼比 0.5 对应的根轨迹增益
K=25.5;rlocus(G,K)                            %求阻尼比为 0.5 时系统的闭环特征根
Sys=tf([3.0596],[0.05 1.9688 17.6946 122.3838]);  %闭环系统描述
figure(3);t=0:0.01:3;step(sys,t);grid        %系统的单位阶跃响应
```

Python 程序如下：

```
import control as ctr
import matplotlib.pyplot as plt
import numpy as np

G = ctr.tf([1, 13.86,2*(6.93**2)], [1, 13.86, 0, 0])
z = 0.5
x1, y1 = ctr.rlocus(G)                          #绘制相应系统的根轨迹
plt.show()
K = 25.5
sys0 = ctr.feedback(G, K)
x3, y3 = ctr.rlocus(sys0,xlim=[-10,5],ylim=[-10,10])     #求阻尼比为 0.5 时系统的闭环特征根
plt.show()
sys = ctr.tf([3.0596], [0.05, 1.9688, 17.6946, 122.3838])   #闭环系统描述
T = np.arange(0,3,0.01)
t1, y = ctr.step_response(sys, T)                #系统的单位阶跃响应
plt.plot(t1, y)
plt.ylabel('Amplitude')
plt.xlabel('Time/sec')
plt.grid(1)
plt.show()
```

例 4-8 自动焊接头控制。

自动焊接头需要进行精确定位控制，其控制系统结构图如图 4-26 所示。图中，K_1 为放大器增益，K_2 为测速反馈系数。

设计要求：用根轨迹法选择参数 K_1 与 K_2，使系统满足如下性能指标：

1) 系统对斜坡输入响应的稳态误差≤斜坡幅值的 35%；

2) 系统主导极点的阻尼比 $\zeta \geqslant 0.707$；

3) 系统阶跃响应的调节时间 $t_s \leqslant 3s(\Delta=2\%)$。

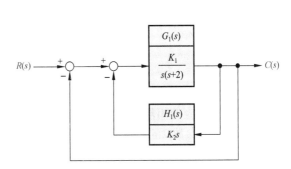

图 4-26 自动焊接头控制系统结构图

解 由图 4-26 知，系统开环传递函数

$$G(s) = \frac{G_1(s)}{1 + G_1(s)H_1(s)} = \frac{K_1}{s(s + 2 + K_1K_2)}$$

显然，该系统为 I 型系统，在斜坡输入作用下，存在稳态误差。系统的误差信号：

$$E(s) = \frac{R(s)}{1 + G(s)} = \frac{s(s + 2 + K_1K_2)}{s^2 + (2 + K_1K_2)s + K_1} R(s)$$

令 $R(s)=R / s^2$，则稳态误差

$$e_{ss}(\infty) = \lim_{t \to \infty} e(t) = \lim_{s \to 0} sE(s) = \frac{2 + K_1K_2}{K_1} R$$

根据系统对稳态误差的性能指标要求，K_1 与 K_2 的选取应满足如下要求：

$$\frac{e_{ss}(\infty)}{R} = \frac{2 + K_1 K_2}{K_1} \leqslant 0.35$$

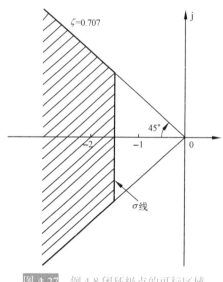

图 4-27　例 4-8 闭环极点的可行区域

上式表明，为了获得较小的稳态误差，应该选择小的 K_2 值。

根据系统对主导极点的阻尼比要求，系统的闭环极点应位于 s 平面上 $\zeta = 0.707$ 的 $\pm 45°$ 斜线之间；再由对系统的调节时间的指标要求可知，主导极点实部的绝对值应满足

$$t_s = \frac{4.4}{\sigma} \leqslant 3s \quad (\Delta = 2\%)$$

因此有 $\sigma \geqslant 1.47$。于是，满足设计指标要求的闭环极点，应全部位于图 4-27 所示的扇形区域内。

设待定参数 $\alpha = K_1$，$\beta = K_1 K_2$，则闭环特征方程为

$$D(s) = s^2 + (2 + K_1 K_2)s + K_1$$
$$= s^2 + 2s + \beta s + \alpha = 0$$

首先，考虑参数 $\alpha = K_1$ 的选择。令 $\beta = 0$，则 α 变化时的根轨迹方程为

$$1 + \frac{\alpha}{s(s+2)} = 0$$

令 α 从 0 变化到 ∞，其根轨迹如图 4-28(a)所示。利用模值条件，在图 4-28(a)中试取 $K_1 = \alpha = 20$，其对应的闭环极点为 $-1 \pm j4.36$。于是参数 $\beta = 20K_2$。

其次，考虑参数 β 的选择。在闭环特征方程 $D(s) = 0$ 中，代入 $\alpha = 20$，则 β 变化时的根轨迹方程为

$$1 + \frac{\beta s}{s^2 + 2s + 20} = 0$$

即

$$1 + \beta \frac{s}{(s + 1 + j4.36) + (s + 1 - j4.36)} = 0$$

令 β 从 0 变化到 ∞，其根轨迹图如图 4-28(b)所示。分离点坐标 $d = -4.47$。当取模值条件 $\beta = 4.33 = 20K_2$，即 $K_2 = 0.2165$ 时，就得到了满足阻尼比 $\zeta = 0.707$ 的闭环主导极点 $s_{1,2} = -3.16 \pm j3.16$，其实部绝对值 $\sigma = 3.16$，由其决定的调节时间

$$t_s = \frac{4.4}{\sigma} = 1.39 < 3 \quad (\Delta = 2\%)$$

相应的稳态误差值

$$\frac{e_{ss}(\infty)}{R} = \frac{2 + K_1 K_2}{K_1} = \frac{2 + \beta}{\alpha} = 0.3165 < 0.35$$

因而 $K_1 = 20$，$K_2 = 0.2165$ 的设计值，满足全部设计指标要求。

MATLAB 产生的系统根轨迹如图 4-29 所示，系统的单位阶跃响应和单位斜坡响应分

别如图 4-30(a)和(b)所示。

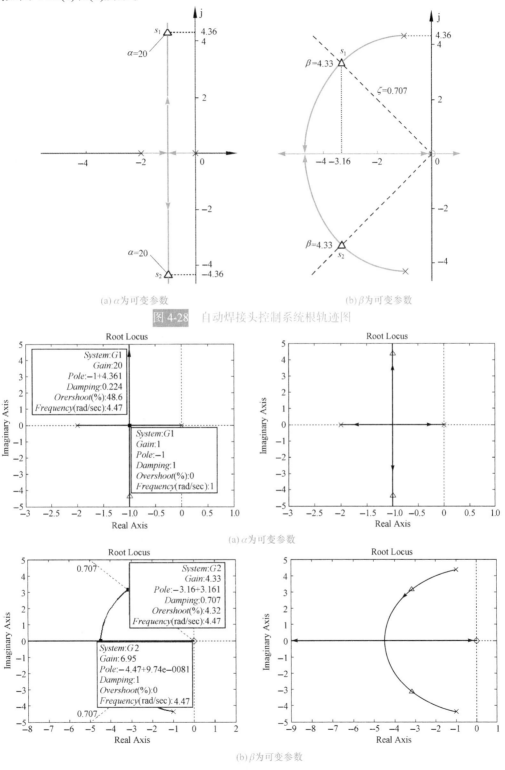

(a) α为可变参数   (b) β为可变参数

图 4-28 自动焊接头控制系统根轨迹图

(a) α为可变参数

(b) β为可变参数

图 4-29 自动焊接头控制系统根轨迹图(MATLAB)

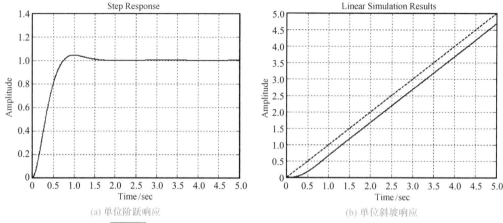

(a) 单位阶跃响应　　　　　　　　　　　　　(b) 单位斜坡响应

图 4-30　自动焊接头控制系统的时间响应曲线(MATLAB)

MATLAB 程序如下：

```
Ga=zpk([   ],[0 −2],1);                    % alpha 为变参数时的等效开环传递函数模型
figure;rlocus(Ga);alpha=20;                % 绘制相应系统的根轨迹
hold on;rlocus(Ga,alpha)                    % 求 alpha=20 时，系统的闭环特征根
Gb=zpk([0],[−1 −4.36i −1+4.36i],1)         % beta 变参数时的等效开环传递函数模型
figure;rlocus(Gb);                          % 绘制相应系统的要轨迹
sgrid(0.707,'new');axis([−8 2 −5 5])        % 取阻尼比为 0.707
figure;rlocus(Gb);hold on;                  % 绘制相应系统的要轨迹
beta=4.33;rlocus(Gb,beta)                   % 求 beta=4.33 时，系统的闭环特征根
K1=20;K2=0.2165;                            % 以下进行系统动态性能分析
G1=zpk([   ],[0 −2],K1);H11=tf([K2 1],[0 1]);
sys=feedback(G1,H11)                        % 系统的闭环传递函数
t=0:0.005:5;u=t;
figure;step(sys,t);grid                     % 单位阶跃输入响应
figure;lsim(sys,u,t);grid                   % 单位斜坡输入响应
```

例 4-9　小型飞机的控制。

图 4-31 所示为 Piper Dakota 小型飞机，升降舵和俯仰角姿态之间的传递函数为

$$G(s) = \frac{\Theta(s)}{\Delta_e(s)} = \frac{160(s+2.5)(s+0.7)}{(s^2+5s+40)(s^2+0.03s+0.06)}$$

$$= \frac{160(s+2.5)(s+0.7)}{(s+2.5+j5.81)(s+2.5-j5.81)(s+0.015+j0.24)(s+0.015-j0.24)}$$

式中，θ 为俯仰角，单位为度(°)；δ_e 为升降舵偏角，单位为度(°)。

要求：

(1) 设计自动驾驶仪，满足对于升降舵阶跃输入时，调节时间不超过 4s(Δ=2%)，超调量小于 10%。

(2) 当有一个常量扰动力矩作用于飞机上，也就是重心偏移的情况，为了使飞机平稳飞行，驾驶仪必须提供一个固定的控制力给控制器，以使飞机能够平稳飞行。扰动力矩和姿态之间的传递函数与由升降舵得到的传递函数相同，即

(a) 小型飞机　　　　　　　　　　　　　　(b) 飞机升降舵与微调舵

图 4-31　Piper Dakota 飞机以及调整舵与升降舵示意图

$$\frac{\Theta(s)}{M_d(s)} = \frac{160(s+2.5)(s+0.7)}{(s^2+5s+40)(s^2+0.03s+0.06)}$$

其中 M_d 为作用在飞机上的力矩，在飞机尾翼上有一个单独的微调舵 δ_t，它自身可以动作用来改变施加于飞机上的力矩，如图 4-31 所示。其影响可以用图 4-32(a) 中的框图来表示，在人工驾驶与自动驾驶下都希望可以通过调节微调器来使升降舵的输出为零，即 δ_e=0。在手动驾驶时，这意味着使飞机可以保持一定姿态而不需要施加外力。在自动驾驶时，可以减少电能的需要量以及可以减少因需操纵升降舵而造成的伺服电机的磨损。试设计自动驾驶仪来控制微调舵 δ_t，使 δ_e 的稳定值在任意固定力矩 M_d 下为零并且能满足要求(1) 部分中的性能指标。

(a) 舵面控制影响　　　　　　　　　　　　(b) 包括微调装置的反馈系统

图 4-32　自动驾驶仪的框图

解　(1) 设计自动驾驶仪，满足性能指标要求。

为了保证超调量小于 10%，图 3-12 表明，ζ 应当大于 0.6；为了满足调节时间 $t_s \leqslant$ 4s(Δ=2%) 的要求，式(3-23) 指出，对于理想的二阶系统，当取 $\zeta \geqslant 0.6$ 时，ω_n 必须大于 1.83rad/s。

刚开始设计时，研究比例反馈的系统特征通常都是有意义的，就是使 $D(s)$=1，如图 4-32(b) 中所示，应用 MATLAB 生成对应参数 K 的根轨迹以及获得 K=0.3 时比例反馈的时间响应的命令为

```
numG=160*conv([1 2.5],[1 0.7]);denG=conv([1 5 40],[1 0.03 0.06]);
G=tf(numG,denG);figure(1);rlocus(G);
K=0.3;sys0=feedback(K*G,1);figure(2);step(sys0);grid
```

根轨迹和时间响应的结果分别如图 4-33 和图 4-34 中的虚线所示。注意在图 4-33 中的两个比较快的根的阻尼比 ζ 都是小于 0.4 的。无论如何调整，这两个根所对应的最大阻尼比也只能达到大约 0.3，因此比例反馈是不能令人满意的，而且极慢速度的根对图 4-34 中虚线 K=0.3 对应的系统响应也有一定的影响，因为它们导致很长的调节时间。

(a) 全局图

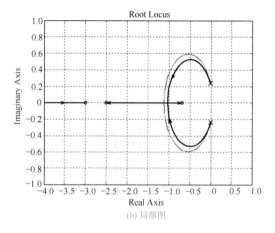
(b) 局部图

图 4-33　飞机-自动驾驶仪的根轨迹图(MATLAB)

但是，由快速根表示的系统前几秒的响应决定了设计的补偿是否满足性能指标。而快速根的低阻尼使系统响应出现振荡，这将导致过大的超调量和比期望长得多的调节时间。

图 4-34　飞机-自动驾驶仪的时域响应(MATLAB)

　　由于超前补偿可以使根轨迹向左移动，而这里要求增大系统阻尼比，只有反复试验才能得到合适的极点和零点位置，试取 $z=3$ 和 $p=20$ 可以显著地使根轨迹中变化最快的那支向左移动，则有

$$D(s) = \frac{s+3}{s+20}$$

　　同样在反复地试验后才能得到可以满足性能指标的 K 值，引入了上述补偿的 MATLAB 程序如下：

```
numG=160*conv([1 2.5],[1 0.7]);denG=conv([1 5 40],[1 0.03 0.06]);
G=tf(numG,denG);D=tf([1 3],[1 20]);DG=D*G;
figure(1);rlocus(DG);
K=1.5;sys1=feedback(K*DG,1);
figure(2);step(sys1);grid
```

　　此时得到的根轨迹和对应的时间响应如图 4-33 和图 4-34 中的实线所示。注意与 $K=1.5$ 时对应的快速根轨迹阻尼比 $\zeta=0.52$，这比期望值略偏小，而自然频率 $\omega_n=15\mathrm{rad/s}$，却比我们期望的快很多。这些值已经非常接近要求，可以用来研究它的时间响应。

　　总之，主要的设计步骤包括调整 $D(s)$ 以影响快速根，并考察上述调节对时间响应的影响，反复进行以上设计直到性能指标得到满足为止。

　　(2) 引入 PI 控制环节，消除升降舵在稳态时的非零输入。

　　调整舵的作用是通过提供一个力矩来消除升降舵在稳态时的非零输入，此时若使升降舵输出 δ_e 积分，并将积分反馈到输入调整装置，那么调整舵就能提供飞机保持在任意姿态的力矩，消除稳态时的 δ_e 输入，这种思想可以由图 4-35(a) 来说明。

　　若积分器的增益足够小，那么由于引入的积分环节对系统稳定性的影响非常小，同时由于反馈环没有改变，系统响应也与原来相似。为便于分析，图 4-35(a) 所示的框图可经简化为图 4-35(b)，其补偿环节包括 PI 控制形式：

$$D_I(s) = KD(s)\left(1 + \frac{K_I}{s}\right)$$

　　在分析过程中始终都要明白，实际的补偿部分有两个输出，即 δ_e(用于升降舵伺服电机)和 δ_t(用于调整舵伺服电机)。

(a) 原始框图　　　　　　　　　　　　　　(b) 简化框图

图 4-35　调整舵控制回路的框图

　　加入积分项的系统特征方程为

$$1 + KDG + \frac{K_I}{s}KDG = 0$$

　　为便于研究，很有必要绘出系统随 K_I 变化的根轨迹，但是上式并不符合特征方程的标准形式，于是，将上式除以 $(1+KDG)$ 得

$$1 + \frac{(K_I/s)KDG}{1+KDG} = 0$$

　　为使上式变为根轨迹形式，令

$$L(s) = \frac{1}{s}\frac{KDG}{1+KDG}$$

　　在 MATLAB 中，可以用 sys1 来计算 $\dfrac{KDG}{1+KDG}$，用 sys2=tf(1,[1 0]) 来构造积分器，而由 K_I 所决定的回路增益可以用 sys=sys1*sys2 来求取，关于 K_I 的根轨迹则用命令 rlocus(sys)绘出。

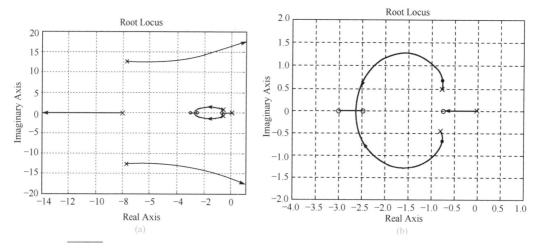

图 4-36　积分控制与超前补偿系统，当 $K=1.5$ 时以 K_I 为参数的根轨迹(MATLAB)
(对应 $K_I = 0.15$ 的根在图中以 · 标出)

　　从图 4-36 的根轨迹可以发现伴随着 K_I 值的增加，快速根的阻尼比减小，这与添加积分项的效果相同，这也就是要使选择的 K_I 尽量小的原因，在经过多次试验之后，选取 $K_I = 0.15$，该值对根影响甚小——注意，此时得到的根其实就在未加入积分补偿时所得的根的上部——对系统短期的阶跃响应的影响也很小，如图 4-37(a)所示，所以仍然可以满足性能指标，但 $K_I = 0.15$ 可以使系统输出的稳态误差为零，这与期望的积分控制相同。同时，它也能使 δ_e 在稳态时为零(图 4-37(b))，这就是我们优先选择积分控制的主要原因。

图 4-37　积分控制系统在输入为 5°时的阶跃响应(MATLAB)

习　　题

4-1　设单位反馈控制系统的开环传递函数为

$$G(s) = \frac{K(3s+1)}{s(2s+1)}$$

试用解析法绘出开环增益 K 从零增加到无穷时的闭环根轨迹图。

4-2 已知开环零、极点分布如图 4-38 所示，试概略绘出相应的闭环根轨迹图。

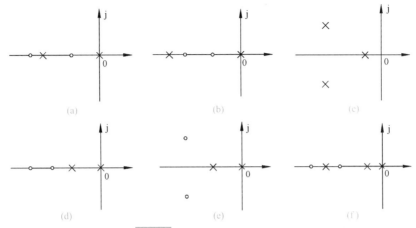

图 4-38 开环零、极点分布图

4-3 设单位反馈控制系统开环传递函数如下，试概略绘出相应的闭环根轨迹图(要求确定分离点坐标 d)：

(1) $G(s) = \dfrac{K}{s(0.2s+1)(0.5s+1)}$； (2) $G(s) = \dfrac{K(s+1)}{s(2s+1)}$；

(3) $G(s) = \dfrac{K^*(s+5)}{s(s+2)(s+3)}$。

4-4 已知单位反馈控制系统开环传递函数如下，试概略画出相应的闭环根轨迹图(要求算出起始角 θ_{p_i})：

(1) $G(s) = \dfrac{K^*(s+2)}{(s+1+j2)(s+1-j2)}$； (2) $G(s) = \dfrac{K^*(s+20)}{s(s+10+j10)(s+10-j10)}$。

4-5 设单位反馈控制系统的开环传递函数如下，要求：

(1) 确定 $G(s) = \dfrac{K^*}{s(s+1)(s+10)}$ 产生纯虚根的开环增益；

(2) 确定 $G(s) = \dfrac{K^*(s+z)}{s^2(s+10)(s+20)}$ 产生纯虚根为 $\pm j1$ 的 z 值和 K^* 值；

(3) 概略绘出 $G(s) = \dfrac{K^*}{s(s+1)(s+3.5)(s+3+j2)(s+3-j2)}$ 的闭环根轨迹图(要求确定根轨迹的分离点、起始角和与虚轴的交点)。

4-6 设单位反馈系统的开环传递函数为

$$G(s) = \frac{K^*(s+2)}{s(s+1)}$$

试从数学上证明：复数根轨迹部分是以(-2，j0)为圆心，以 $\sqrt{2}$ 为半径的一个圆。

4-7 已知开环传递函数为

$$G(s)H(s) = \frac{K^*}{s(s+4)(s^2+4s+20)}$$

试概略画出闭环系统根轨迹图。

4-8 已知开环传递函数为

$$G(s) = \frac{K^*(s+2)}{(s^2+4s+9)^2}$$

试概略绘制其闭环系统根轨迹图。

4-9 一单位反馈系统，其开环传递函数为

$$G(s) = \frac{6.9(s^2+6s+25)}{s(s^2+8s+25)}$$

试用根轨迹法计算闭环系统根的位置。

4-10 设反馈控制系统中

$$G(s) = \frac{K^*}{s^2(s+2)(s+5)}, \qquad H(s) = 1$$

要求：

(1) 概略绘出系统根轨迹图，并判断闭环系统的稳定性；

(2) 如果改变反馈通路传递函数，使 $H(s)=1+2s$，试判断 $H(s)$ 改变后的系统稳定性，研究由于 $H(s)$ 改变所产生的效应。

4-11 试绘出下列多项式方程的根轨迹：

(1) $s^3 + 2s^2 + 3s + Ks + 2K = 0$；   (2) $s^3 + 3s^2 + (K+2)s + 10K = 0$。

4-12 设系统开环传递函数如下，试画出 b 从零变到无穷时的根轨迹图：

(1) $G(s) = \dfrac{20}{(s+4)(s+b)}$；   (2) $G(s) = \dfrac{30(s+b)}{s(s+10)}$。

4-13 设控制系统的结构图如图 4-39 所示，试概略绘制其根轨迹图。

4-14 设单位反馈控制系统的开环传递函数为

$$G(s) = \frac{K^*(1-s)}{s(s+2)}$$

试绘制其根轨迹图，并求出使系统产生重实根和纯虚根的 K^* 值。

4-15 设控制系统如图 4-40 所示，试概略绘出 $K_t=0$，$0 < K_t < 1$，$K_t > 1$ 时的根轨迹。若取 $K_t = 0.5$，试求出 $K=10$ 时的闭环零、极点，并估算系统的动态性能。

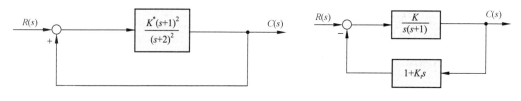

图 4-39 题 4-13 的控制系统结构图   图 4-40 题 4-15 的控制系统结构图

4-16 设控制系统开环传递函数为

$$G(s) = \frac{K^*(s+1)}{s^2(s+2)(s+4)}$$

试分别画出正反馈系统和负反馈系统的根轨迹图，并指出它们的稳定情况有何不同？

4-17 设控制系统如图 4-41 所示，其中 $G_c(s)$ 为改善系统性能而加入的校正装置。若 $G_c(s)$ 可从 $K_t s$，$K_a s^2$ 和 $K_a s^2/(s+20)$ 三种传递函数中任选一种，你选择哪一种？为什么？

图 4-41 题 4-17 的控制系统结构图

4-18 设系统如图 4-42 所示。试作闭环系统根轨迹，并分析 K 值变化对系统在阶跃扰动作用下响应 $c_n(t)$ 的影响。

图 4-42 题 4-18 的控制系统结构图

4-19 图 4-43 为激光操作控制系统，可用于外科手术时在人体内钻孔。手术要求激光操作系统必须有高度精确的位置和速度响应，因此直流电机的参数选为：激磁时间常数 $T_1=0.1s$，电机和载荷组合的机电时间常数 $T_2=0.2s$。要求调整放大器增益 K_a，使系统在斜坡输入 $r(t)=At(A=1mm/s)$ 时，系统稳态误差 $e_{ss}(\infty) \leqslant 0.1mm$。

图 4-43 激光操作控制系统结构图

4-20 图 4-44 为空间站示意图。为了有利于产生能量和进行通信，必须保持空间站对太阳和地球的合适指向。空间站的方位控制系统可由带有执行机构和控制器的单位反馈控制系统来表征，其开环传递函数为

$$G(s) = \frac{K^*(s+20)}{s(s^2+24s+144)}$$

试画出 K^* 值增大时的系统概略根轨迹图，并求出使系统产生振荡的 K^* 的取值范围。

4-21 一种由耐热性好、重量轻的材料制成的未来超音速客机如图 4-45(a) 所示。该机可容纳 300 名乘客，并配备先进的计算机控制系统，以三倍音速在高空飞行。为该型飞机设计的一种自动飞行控制系统如图 4-45(b) 所示。系统主导极点的理想阻尼比 $\zeta_0 =0.707$；飞机的特征参数为 $\omega_n=2.5$，$\zeta=0.3$，$\tau = 0.1$；增益因子 K_1 的可调范围较大：当飞机飞行状态从中等重量巡航变为轻重量降落时，K_1 可以从 0.02 变到 0.2。要求：

(1) 画出增益 K_1K_2 变化时，系统的概略根轨迹图；

(2) 当飞机以中等重量巡航时，确定 K_2 的取值，使系统阻尼比 $\zeta_0 =0.707$；

(3) 若 K_2 由(2)中给出，K_1 为轻重量降落时的增益，试确定系统的阻尼比 ζ_0。

图 4-44　空间站示意图

(a) 未来的超音速喷气式客机

(b) 控制系统结构图

图 4-45　飞机纵向控制系统

4-22　在带钢热轧过程中，用于保持恒定张力的控制系统称为"环轮"，其典型结构图如图 4-46 所示。环轮有一个 0.6～0.9m 长的臂，其末端有一卷轴，通过电机可将环轮升起，以便挤压带钢。带钢通过环轮的典型速度为 10.16m/s。假设环轮位移变化与带钢张力的变化成正比，且滤波器时间常数 T 可略去不计。要求：

(1) 概略绘出 $0 < K_a < \infty$ 时系统的根轨迹图；

(2) 确定增益 K_a 的取值，使系统闭环极点的阻尼比 $\zeta \geqslant 0.707$。

(a) 示意图

(b) 结构图

图 4-46 轧钢机控制系统

4-23 图 4-47(a)是 V-22 鱼鹰型倾斜旋翼飞机示意图。V-22 既是一种普通飞机，又是一种直升机。当飞机起飞和着陆时，其发动机位置可以如图示那样，使 V-22 像直升机那样垂直起降；而在起飞后，它又可以将发动机旋转90°，切换到水平位置，像普通飞机一样飞行。在直升机模式下，飞机的高度控制系统如图 4-47(b)所示。要求：

(1) 概略绘出当控制器增益 K_1 变化时的系统根轨迹图，确定使系统稳定的 K_1 值范围；

(2) 当取 K_1=280 时，求系统对单位阶跃输入 $r(t)=1(t)$ 的实际输出 $h(t)$，并确定系统的超调量和调节时间(Δ=2%)；

(3) 当 K_1=280，$r(t)$=0 时，求系统对单位阶跃扰动 $N(s)$=1/s 的输出 $h_n(t)$；

(4) 若在 $R(s)$ 和第一个比较点之间增加一个前置滤波器

$$G_p(s) = \frac{0.5}{s^2 + 1.5s + 0.5}$$

试重解问题(2)。

(a) V-22鱼鹰型倾斜旋翼(飞机)示意图

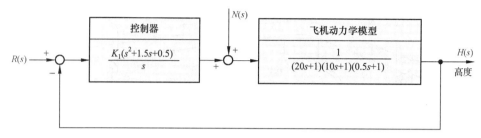

(b) 控制系统结构图

图 4-47　V-22 鱼鹰型倾斜旋翼机的高度控制系统

4-24　在未来的智能汽车-高速公路系统中，汇集了各种电子设备，可以提供事故、堵塞、路径规划、路边服务和交通控制等实时信息。图 4-48(a)所示为自动化高速公路系统，图 4-48(b)给出的是保持车辆间距的位置控制系统。要求选择放大器增益 K_a 和速度反馈系数 K_t 的取值，使系统响应单位斜坡输入 $R(s)=1/s^2$ 的稳态误差小于 0.5，单位阶跃响应的超调量小于 10%，调节时间小于 2s($\Delta=5\%$)。

(a) 自动化高速公路系统

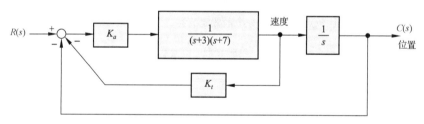

(b) 车辆间距控制系统结构图

图 4-48　智能汽车-高速公路系统

本章导学

第五章 线性系统的频域分析法

控制系统中的信号可以表示为不同频率正弦信号的合成。控制系统的频率特性反映正弦信号作用下系统响应的性能。应用频率特性研究线性系统的经典方法称为频域分析法。频域分析法具有以下特点：

1) 控制系统及其元部件的频率特性可以运用分析法和实验方法获得，并可用多种形式的曲线表示，因而系统分析和控制器设计可以应用图解法进行。

2) 频率特性物理意义明确。对于一阶系统和二阶系统，频域性能指标和时域性能指标有确定的对应关系；对于高阶系统，可建立近似的对应关系。

3) 控制系统的频域设计可以兼顾动态响应和噪声抑制两方面的要求。

4) 频域分析法不仅适用于线性定常系统，还可以推广应用于某些非线性控制系统。

本章介绍频率特性的基本概念和频率特性曲线的绘制方法，研究频率域稳定判据和频域性能指标的估算。控制系统的频域综合问题，将在第六章介绍。

5-1 频 率 特 性

1. 频率特性的基本概念

首先以图 5-1 所示的 RC 滤波网络为例，建立频率特性的基本概念。设电容 C 的初始电压为 u_{o_0}，取输入信号为正弦信号

$$u_i = A\sin\omega t \tag{5-1}$$

记录网络的输入、输出信号。当输出响应 u_o 呈稳态时，记录曲线如图 5-2 所示。

由图 5-2 可见，RC 网络的稳态输出信号仍为正弦信号，频率与输入信号的频率相同，幅值较输入信号有一定衰减，其相位存在一定延迟。

图 5-1 RC 滤波网络

图 5-2 RC 网络的输入和稳态输出信号

RC 网络的输入和输出的关系可由以下微分方程描述：

$$T\frac{\mathrm{d}u_o}{\mathrm{d}t} + u_o = u_i \tag{5-2}$$

式中，$T=RC$，为时间常数。取拉氏变换并代入初始条件 $u_o(0)=u_{o_0}$，得

$$U_o(s) = \frac{1}{Ts+1}\left[U_i(s) + Tu_{o_0}\right] = \frac{1}{Ts+1}\left(\frac{A\omega}{s^2+\omega^2} + Tu_{o_0}\right) \tag{5-3}$$

再由拉氏反变换求得

$$u_o(t) = \left(u_{o_0} + \frac{A\omega T}{1+T^2\omega^2}\right)\mathrm{e}^{-\frac{t}{T}} + \frac{A}{\sqrt{1+T^2\omega^2}}\sin(\omega t - \arctan\omega T) \tag{5-4}$$

式中第一项，由于 $T>0$，将随时间增大而趋于零，为输出的瞬态分量；而第二项正弦信号为输出的稳态分量

$$\begin{aligned}
u_{o_s}(t) &= \frac{A}{\sqrt{1+T^2\omega^2}}\sin(\omega t - \arctan\omega T) \\
&= A \cdot A(\omega)\sin\left[\omega t + \varphi(\omega)\right]
\end{aligned} \tag{5-5}$$

在式(5-5)中，$A(\omega) = \dfrac{1}{\sqrt{1+T^2\omega^2}}$，$\varphi(\omega) = -\arctan\omega T$，分别反映 RC 网络在正弦信号作用下，输出稳态分量的幅值和相位的变化，称为幅值比和相位差，且皆为输入正弦信号频率 ω 的函数。

注意到 RC 网络的传递函数为

$$G(s) = \frac{1}{Ts+1} \tag{5-6}$$

取 $s=\mathrm{j}\omega$，则有

$$G(\mathrm{j}\omega) = G(s)\big|_{s=\mathrm{j}\omega} = \frac{1}{\sqrt{1+T^2\omega^2}}\mathrm{e}^{-\mathrm{j}\arctan\omega T} \tag{5-7}$$

比较式(5-5)和式(5-7)可知，$A(\omega)$ 和 $\varphi(\omega)$ 分别为 $G(\mathrm{j}\omega)$ 的幅值 $|G(\mathrm{j}\omega)|$ 和相角 $\angle G(\mathrm{j}\omega)$。这一结论非常重要，反映了 $A(\omega)$ 和 $\varphi(\omega)$ 与系统数学模型的本质关系，具有普遍性。

设有稳定的线性定常系统，其传递函数为

$$G(s) = \frac{\displaystyle\sum_{i=0}^{m} b_i s^{m-i}}{\displaystyle\sum_{i=0}^{n} a_i s^{n-i}} = \frac{B(s)}{A(s)} \tag{5-8}$$

系统输入为谐波信号

$$r(t) = A\sin(\omega t + \varphi) \tag{5-9}$$

$$R(s) = \frac{A(\omega\cos\varphi + s\sin\varphi)}{s^2+\omega^2} \tag{5-10}$$

由于系统稳定，输出响应稳态分量的拉氏变换

$$\begin{aligned}
C_s(s) &= \frac{1}{s+\mathrm{j}\omega}\left[(s+\mathrm{j}\omega)R(s)G(s)\big|_{s=-\mathrm{j}\omega}\right] + \frac{1}{s-\mathrm{j}\omega}\left[(s-\mathrm{j}\omega)R(s)G(s)\big|_{s=\mathrm{j}\omega}\right] \\
&= \frac{A}{s+\mathrm{j}\omega}\frac{\cos\varphi - \mathrm{j}\sin\varphi}{-2\mathrm{j}}G(-\mathrm{j}\omega) + \frac{A}{s-\mathrm{j}\omega}\frac{\cos\varphi + \mathrm{j}\sin\varphi}{2\mathrm{j}}G(\mathrm{j}\omega)
\end{aligned} \tag{5-11}$$

设

$$G(\mathrm{j}\omega) = \frac{a(\omega) + \mathrm{j}b(\omega)}{c(\omega) + \mathrm{j}d(\omega)} = |G(\mathrm{j}\omega)| \, \mathrm{e}^{\mathrm{j}\angle[G(\mathrm{j}\omega)]} \tag{5-12}$$

因为 $G(s)$ 的分子和分母多项式为实系数, 故式(5-12)中的 $a(\omega)$ 和 $c(\omega)$ 为关于 ω 的偶次幂实系数多项式, $b(\omega)$ 和 $d(\omega)$ 为关于 ω 的奇次幂实系数多项式, 即 $a(\omega)$ 和 $c(\omega)$ 为 ω 的偶函数, $b(\omega)$ 和 $d(\omega)$ 为 ω 的奇函数。鉴于

$$|G(\mathrm{j}\omega)| = \left(\frac{b^2(\omega) + a^2(\omega)}{c^2(\omega) + d^2(\omega)}\right)^{\frac{1}{2}} \tag{5-13}$$

$$\angle[G(\mathrm{j}\omega)] = \arctan\frac{b(\omega)c(\omega) - a(\omega)d(\omega)}{a(\omega)c(\omega) + d(\omega)b(\omega)} \tag{5-14}$$

因而

$$G(-\mathrm{j}\omega) = \frac{a(\omega) - \mathrm{j}b(\omega)}{c(\omega) - \mathrm{j}d(\omega)} = |G(\mathrm{j}\omega)| \, \mathrm{e}^{-\mathrm{j}\angle[G(\mathrm{j}\omega)]} \tag{5-15}$$

再由式(5-11)得

$$C_s(s) = \frac{A|G(\mathrm{j}\omega)|}{s + \mathrm{j}\omega} \frac{\mathrm{e}^{-\mathrm{j}(\varphi + \angle[G(\mathrm{j}\omega)])}}{-2\mathrm{j}} + \frac{A|G(\mathrm{j}\omega)|}{s - \mathrm{j}\omega} \frac{\mathrm{e}^{\mathrm{j}(\varphi + \angle[G(\mathrm{j}\omega)])}}{2\mathrm{j}}$$

$$c_s(t) = A|G(\mathrm{j}\omega)| \left[\frac{\mathrm{e}^{\mathrm{j}(\omega t + \varphi + \angle[G(\mathrm{j}\omega)])} - \mathrm{e}^{-\mathrm{j}(\omega t + \varphi + \angle[G(\mathrm{j}\omega)])}}{2\mathrm{j}}\right] \tag{5-16}$$

$$= A|G(\mathrm{j}\omega)| \sin(\omega t + \varphi + \angle[G(\mathrm{j}\omega)])$$

式(5-16)与式(5-5)相比较, 由 $\varphi = 0$, 得

$$\begin{cases} A(\omega) = |G(\mathrm{j}\omega)| \\ \varphi(\omega) = \angle[G(\mathrm{j}\omega)] \end{cases} \tag{5-17}$$

式(5-16)表明, 对于稳定的线性定常系统, 由谐波输入产生的输出稳态分量仍然是与输入同频率的谐波函数, 而幅值和相位的变化是频率 ω 的函数, 且与系统数学模型相关。为此, 定义谐波输入下, 输出响应中与输入同频率的谐波分量与谐波输入的幅值之比 $A(\omega)$ 为幅频特性, 相位之差 $\varphi(\omega)$ 为相频特性, 并称其指数表达形式

$$G(\mathrm{j}\omega) = A(\omega)\mathrm{e}^{\mathrm{j}\varphi(\omega)} \tag{5-18}$$

为系统的频率特性。

上述频率特性的定义既可以适用于稳定系统, 也可适用于不稳定系统。稳定系统的频率特性可以用实验方法确定, 即在系统的输入端施加不同频率的正弦信号, 然后测量系统输出的稳态响应, 再根据幅值比和相位差作出系统的频率特性曲线。频率特性也是系统数学模型的一种表达形式。RC 滤波网络的频率特性曲线如图 5-3 所示。

对于不稳定系统, 输出响应稳态分量中含有由系统传递函数的不稳定极点产生的呈发散或振荡发散的分量, 所以不稳定系统的频率特性不能通过实验方法确定。

线性定常系统的传递函数为零初始条件下, 输出和输入的拉氏变换之比

$$G(s) = \frac{C(s)}{R(s)}$$

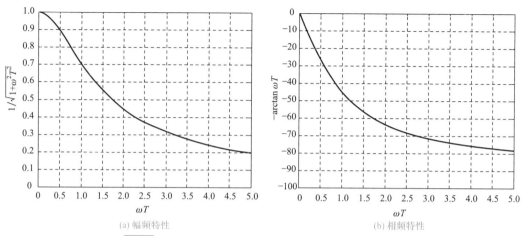

(a) 幅频特性　　　　　　　　　　　　(b) 相频特性

图 5-3　RC 网络的幅频特性和相频特性曲线(MATLAB)

上式的反变换式为

$$g(t) = \frac{1}{2\pi \mathrm{j}} \int_{\sigma-\mathrm{j}\infty}^{\sigma+\mathrm{j}\infty} G(s) \mathrm{e}^{st} \mathrm{d}s$$

式中，σ 位于 $G(s)$ 的收敛域。若系统稳定，则 σ 可以取为零。如果 $r(t)$ 的傅氏变换存在，可令 $s=\mathrm{j}\omega$

$$g(t) = \frac{1}{2\pi} \int_{-\infty}^{\infty} G(\mathrm{j}\omega) \mathrm{e}^{\mathrm{j}\omega t} \mathrm{d}\omega = \frac{1}{2\pi} \int_{-\infty}^{\infty} \frac{C(\mathrm{j}\omega)}{R(\mathrm{j}\omega)} \mathrm{e}^{\mathrm{j}\omega t} \mathrm{d}\omega$$

因而

$$G(\mathrm{j}\omega) = \frac{C(\mathrm{j}\omega)}{R(\mathrm{j}\omega)} = G(s)|_{s=\mathrm{j}\omega} \tag{5-19}$$

图 5-4　频率特性、传递函数和微分方程三种系统描述之间的关系

由此可知，稳定系统的频率特性等于输出和输入的傅氏变换之比，而这正是频率特性的物理意义。频率特性与微分方程和传递函数一样，也表征了系统的运动规律，成为系统频域分析的理论依据。系统三种描述方法的关系可用图 5-4 说明。

2. 频率特性的几何表示法

在工程分析和设计中，通常把线性系统的频率特性画成曲线，再运用图解法进行研究。常用的频率特性曲线有以下三种：

(1) 幅相频率特性曲线

它又简称为幅相曲线或极坐标图。以横轴为实轴、纵轴为虚轴，构成复数平面。对于任一给定的频率 ω，频率特性值为复数。若将频率特性表示为实数和虚数和的形式，则实部为实轴坐标值，虚部为虚轴坐标值。若将频率特性表示为复指数形式，则为复平面上的向量，而向量的长度为频率特性的幅值，向量与实轴正方向的夹角等于频率特性的相位。由于幅频特性为 ω 的偶函数，相频特性为 ω 的奇函数，则 ω 从零变化至 $+\infty$ 和 ω 从零

变化至–∞的幅相曲线关于实轴对称,因此一般只绘制ω从零变化至+∞的幅相曲线。在系统幅相曲线中,频率ω为参变量,一般用小箭头表示ω增大时幅相曲线的变化方向。

对于 RC 网络

$$G(j\omega) = \frac{1}{1 + jT\omega} = \frac{1 - jT\omega}{1 + (T\omega)^2}$$

故有　　$$\left[\operatorname{Re} G(j\omega) - \frac{1}{2} \right]^2 + \operatorname{Im}^2 G(j\omega) = \left(\frac{1}{2} \right)^2$$

表明 RC 网络的幅相曲线是以 $\left(\dfrac{1}{2}, j0 \right)$ 为圆心,半径

为 $\dfrac{1}{2}$ 的半圆,如图 5-5 所示。

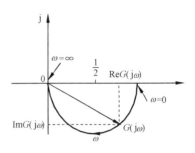

图 5-5　RC 网络的幅相曲线

(2) 对数频率特性曲线

它又称为伯德曲线或伯德图。对数频率特性曲线由对数幅频曲线和对数相频曲线组成,是工程中广泛使用的一组曲线。

对数频率特性曲线的横坐标按 lgω 分度,单位为弧度/秒(rad/s),对数幅频曲线的纵坐标按

$$L(\omega) = 20\lg |G(j\omega)| = 20\lg A(\omega) \tag{5-20}$$

线性分度,单位是分贝(dB)。对数相频曲线的纵坐标按 φ(ω) 线性分度,单位为度(°)。由此构成的坐标系称为半对数坐标系。

对数分度和线性分度如图 5-6 所示,在线性分度中,当变量增大或减小 1 时,坐标间距离变化一个单位长度;而在对数分度中,当变量增大或减小 10 倍,称为十倍频程(dec),坐标间距离变化一个单位长度。设对数分度中的单位长度为 L,ω 的某个十倍频程的左端点为 ω_0,则坐标点相对于左端点的距离为表 5-1 所示值乘以 L。

图 5-6　对数分度与线性分度

表 5-1　十倍频程中的对数分度

ω / ω_0	1	2	3	4	5	6	7	8	9	10
$\lg(\omega/\omega_0)$	0	0.301	0.477	0.602	0.699	0.788	0.845	0.903	0.954	1

对数频率特性采用 ω 的对数分度实现了横坐标的非线性压缩，便于在较大频率范围反映频率特性的变化情况。对数幅频特性采用 $20\lg A(\omega)$ 则将幅值的乘除运算化为加减运算，可以简化曲线的绘制过程。RC 网络中取 $T=0.5$，其对数频率特性曲线如图 5-7 所示。

(3) 对数幅相曲线

对数幅相曲线又称尼科尔斯曲线或尼科尔斯图。其特点是纵坐标为 $L(\omega)$，单位为分贝(dB)，横坐标为 $\varphi(\omega)$，单位为度(°)，均为线性分度，频率 ω 为参变量。图 5-8 为 RC 网络 $T=0.5$ 时的尼科尔斯曲线。

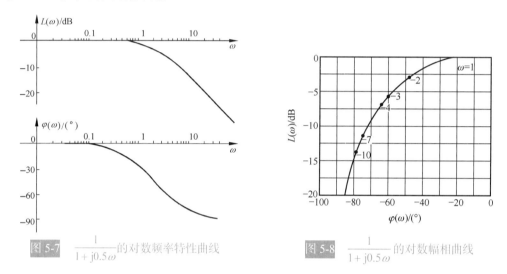

图 5-7 $\dfrac{1}{1+j0.5\omega}$ 的对数频率特性曲线　　图 5-8 $\dfrac{1}{1+j0.5\omega}$ 的对数幅相曲线

在尼科尔斯曲线对应的坐标系中，可以根据系统开环和闭环的关系，绘制关于闭环幅频特性的等 M 簇线和闭环相频特性的等 α 簇线，因而可以根据频域指标要求确定校正网络，简化系统的设计过程。

5-2　典型环节与开环系统的频率特性

设线性定常系统结构如图 5-9 所示，其开环传递函数为 $G(s)H(s)$，为了绘制系统开环频率特性曲线，本节先研究开环系统的典型环节及相应的频率特性。

图 5-9　典型系统结构图

1. 典型环节

由于开环传递函数的分子和分母多项式的系数皆为实数，系统开环零极点或为实数或为共轭复数。根据开环零极点可将分子和分母多项式分解成因式，再将因式分类，即得典型环节。典型环节可分为两大类：一类为最小相位环节；另一类为非最小相位环节。

最小相位环节有七种：

1) 比例环节 K　　$(K>0)$；

2) 惯性环节 $1/(Ts+1)$　　$(T>0)$；

3) 一阶微分环节 $Ts+1$　　$(T>0)$；

4) 振荡环节 $1/(s^2/\omega_n^2+2\zeta s/\omega_n+1)$　　$(\omega_n>0,0\leqslant\zeta<1)$；

5) 二阶微分环节 $s^2/\omega_n^2+2\zeta s/\omega_n+1$　　$(\omega_n>0,0\leqslant\zeta<1)$；

6) 积分环节 $1/s$；

7) 微分环节 s。

非最小相位环节有五种：

1) 比例环节 K　　$(K<0)$；

2) 惯性环节 $1/(-Ts+1)$　　$(T>0)$；

3) 一阶微分环节 $-Ts+1$　　$(T>0)$；

4) 振荡环节 $1/(s^2/\omega_n^2-2\zeta s/\omega_n+1)$　　$(\omega_n>0,0<\zeta<1)$；

5) 二阶微分环节 $s^2/\omega_n^2-2\zeta s/\omega_n+1$　　$(\omega_n>0,0<\zeta<1)$。

除了比例环节外，非最小相位环节和与之相对应的最小相位环节的区别在于开环零极点的位置。非最小相位环节 2)～5)对应于 s 开右半平面的开环零点或极点，而最小相位环节 2)～5)环节对应 s 左半面的开环零点或极点。

开环传递函数的典型环节分解可将开环系统表示为若干个典型环节的串联形式

$$G(s)H(s)=\prod_{i=1}^{N}G_i(s) \tag{5-21}$$

设典型环节的频率特性为

$$G_i(j\omega)=A_i(\omega)e^{j\varphi_i(\omega)} \tag{5-22}$$

则系统开环频率特性

$$G(j\omega)H(j\omega)=\left[\prod_{i=1}^{N}A_i(\omega)\right]e^{j[\sum_{i=1}^{N}\varphi_i(\omega)]} \tag{5-23}$$

系统开环幅频特性和开环相频特性

$$A(\omega)=\prod_{i=1}^{N}A_i(\omega),\qquad\varphi(\omega)=\sum_{i=1}^{N}\varphi_i(\omega) \tag{5-24}$$

系统开环对数幅频特性

$$L(\omega)=20\lg A(\omega)=\sum_{i=1}^{N}20\lg A_i(\omega)=\sum_{i=1}^{N}L_i(\omega) \tag{5-25}$$

式(5-24)和式(5-25)表明，系统开环频率特性表现为组成开环系统的诸典型环节频率特性的合成；而系统开环对数频率特性，则表现为诸典型环节对数频率特性叠加这一更为简单的形式。因此，本节研究典型环节频率特性的特点，在此基础上，介绍开环频率特性曲线的绘制方法。

2. 典型环节的频率特性

由典型环节的传递函数和频率特性的定义，取 $\omega\in(0,+\infty)$，可以绘制典型环节的幅相特性曲线和对数频率特性曲线分别如图 5-10 和图 5-11 所示。

(a) (最小/非最小) 相位比例环节　　(b) (最小/非最小) 相位　　　(c) (最小/非最小) 相位
　与最小相位 (积分/微分) 环节　　　(惯性/一阶微分) 环节　　　(振荡/二阶微分) 环节

图 5-10　典型环节幅相特性曲线

(a) (最小/非最小) 相位比例环节　　(b) (最小/非最小) 相位　　　(c) (最小/非最小) 相位
　与最小相位 (积分/微分) 环节　　　(惯性/一阶微分) 环节　　　(振荡/二阶微分) 环节

图 5-11　典型环节对数频率特性曲线 (伯德图)

为了加深对典型环节频率特性的理解，以下介绍典型环节频率特性曲线的若干重要特点。

(1) 非最小相位环节与对应的最小相位环节

对于每一种非最小相位的典型环节，都有一种最小相位环节与之对应，其特点是典型环节中的某个参数的符号相反。

最小相位的比例环节 $G(s)=K(K>0)$，简称为比例环节，其幅频和相频特性为

$$A(\omega) = K, \qquad \varphi(\omega) = 0° \tag{5-26}$$

非最小相位的比例环节 $G(s)=-K(K>0)$，其幅频和相频特性为

$$A(\omega) = K, \qquad \varphi(\omega) = -180° \tag{5-27}$$

最小相位的惯性环节 $G(s) = \dfrac{1}{1+Ts}$ $(T>0)$，其幅频和相频特性为

$$A(\omega) = \dfrac{1}{(1+T^2\omega^2)^{\frac{1}{2}}}, \qquad \varphi(\omega) = -\arctan T\omega \tag{5-28}$$

非最小相位的惯性环节，又称为不稳定惯性环节，$G(s) = \dfrac{1}{1-Ts}$ $(T>0)$，其幅频和相

频特性为

$$A(\omega) = \frac{1}{(1+T^2\omega^2)^{\frac{1}{2}}}, \qquad \varphi(\omega) = \arctan T\omega \tag{5-29}$$

由式(5-28)和式(5-29)可知，最小相位惯性环节和非最小相位的惯性环节，其幅频特性相同，相频特性符号相反，幅相曲线关于实轴对称；对数幅频曲线相同，对数相频曲线关于 0°线对称。上述特点对于振荡环节和非最小相位(或不稳定)振荡环节、一阶微分环节和非最小相位一阶微分环节、二阶微分环节和非最小相位二阶微分环节均适用。

(2) 传递函数互为倒数的典型环节

最小相位典型环节中，积分环节和微分环节、惯性环节和一阶微分环节、振荡环节和二阶微分环节的传递函数互为倒数，即有下述关系成立：

$$G_1(s) = 1/G_2(s) \tag{5-30}$$

设 $G_1(j\omega)=A_1(\omega)\mathrm{e}^{j\varphi_1(\omega)}$，则

$$\begin{cases} \varphi_2(\omega) = -\varphi_1(\omega) \\ L_2(\omega) = 20\lg A_2(\omega) = 20\lg\dfrac{1}{A_1(\omega)} = -L_1(\omega) \end{cases} \tag{5-31}$$

由此可知，传递函数互为倒数的典型环节，对数幅频曲线关于 0dB 线对称，对数相频曲线关于 0°线对称。在非最小相位环节中，同样存在传递函数互为倒数的典型环节，其对数频率特性曲线的对称性亦成立。

(3) 振荡环节和二阶微分环节

振荡环节的传递函数为

$$G(s) = \frac{1}{(s/\omega_n)^2 + 2\zeta(s/\omega_n)+1}; \qquad \omega_n>0, \ 0<\zeta<1 \tag{5-32}$$

振荡环节的频率特性

$$A(\omega) = \frac{1}{\sqrt{\left(1-\dfrac{\omega^2}{\omega_n^2}\right)^2 + 4\zeta^2\dfrac{\omega^2}{\omega_n^2}}} \tag{5-33}$$

$$\varphi(\omega) = -\arctan\frac{2\zeta\dfrac{\omega}{\omega_n}}{1-\dfrac{\omega^2}{\omega_n^2}} = \begin{cases} -\arctan\dfrac{2\zeta\dfrac{\omega}{\omega_n}}{1-\dfrac{\omega^2}{\omega_n^2}}, & \omega \leqslant \omega_n \\ -\left(180° - \arctan\dfrac{2\zeta\dfrac{\omega}{\omega_n}}{\dfrac{\omega^2}{\omega_n^2}-1}\right), & \omega > \omega_n \end{cases} \tag{5-34}$$

显然，$\varphi(0)=0°$，$\varphi(\infty)=-180°$，且相频特性曲线从 0°单调减至$-180°$。当$\omega=\omega_n$ 时，

$\varphi(\omega_n) = -90°$，由式(5-33)得 $A(\omega_n) = \dfrac{1}{2\zeta}$，表明振荡环节与虚轴的交点为 $-j\dfrac{1}{2\zeta}$。

由式(5-33)可得 $A(0)=1$, $A(\infty)=0$。为分析 $A(\omega)$ 的变化，求 $A(\omega)$ 的极值，即令

$$\frac{\mathrm{d}A(\omega)}{\mathrm{d}\omega} = \frac{-\left[-\dfrac{2\omega}{\omega_n^2}\left(1-\dfrac{\omega^2}{\omega_n^2}\right)+4\zeta^2\dfrac{\omega}{\omega_n^2}\right]}{\left[\left(1-\dfrac{\omega^2}{\omega_n^2}\right)^2+4\zeta^2\dfrac{\omega^2}{\omega_n^2}\right]^{\frac{3}{2}}} = 0 \tag{5-35}$$

得谐振频率

$$\omega_r = \omega_n\sqrt{1-2\zeta^2}, \quad 0 < \zeta \leqslant \sqrt{2}/2 \tag{5-36}$$

将 ω_r 代入式(5-33)，求得谐振峰值

$$M_r = A(\omega_r) = \frac{1}{2\zeta\sqrt{1-\zeta^2}}, \quad 0 < \zeta \leqslant \sqrt{2}/2 \tag{5-37}$$

因为 $\zeta = \dfrac{\sqrt{2}}{2}$ 时 $M_r=1$，当 $0 < \zeta < \dfrac{\sqrt{2}}{2}$ 时

$$\frac{\mathrm{d}M_r}{\mathrm{d}\zeta} = \frac{-(1-2\zeta^2)}{\zeta^2(1-\zeta^2)^{\frac{3}{2}}} < 0 \tag{5-38}$$

可见 ω_r, M_r 均为阻尼比 ζ 的减函数 $(0 < \zeta \leqslant \dfrac{\sqrt{2}}{2})$。当 $0 < \zeta < \dfrac{\sqrt{2}}{2}$，且 $\omega \in (0, \omega_r)$ 时，$A(\omega)$ 单调增；$\omega \in (\omega_r, \infty)$ 时，$A(\omega)$ 单调减。而当 $\dfrac{\sqrt{2}}{2} < \zeta < 1$ 时，$A(\omega)$ 单调减。不同阻尼比 ζ 情况下，振荡环节的幅相特性曲线和对数频率特性曲线分别如图 5-12 和图 5-13 所示，其中 $u = \dfrac{\omega}{\omega_n}$。

二阶微分环节的传递函数为振荡环节传递函数的倒数，按对称性可得二阶微分环节的对数频率曲线，并有

$$\begin{cases} A(0) = 1 \\ \varphi(0) = 0° \end{cases}, \quad \begin{cases} A(\omega_n) = 2\zeta \\ \varphi(\omega_n) = 90° \end{cases}, \quad \begin{cases} A(\infty) = \infty \\ \varphi(\infty) = 180° \end{cases}$$

当阻尼比 $\dfrac{\sqrt{2}}{2} < \zeta < 1$ 时，$A(\omega)$ 从 1 单调增至 ∞；当阻尼比 $0 < \zeta < \dfrac{\sqrt{2}}{2}$，且 $\omega \in (0, \omega_r)$ 时，$A(\omega)$ 从 1 单调减至

$$\begin{cases} A(\omega_r) = 2\zeta\sqrt{1-\zeta^2} < 1 \\ \omega_r = \omega_n\sqrt{1-2\zeta^2} \end{cases} \tag{5-39}$$

而在 $\omega \in (\omega_r, \infty)$ 时，$A(\omega)$ 单调增，二阶微分环节的概略幅相特性曲线如图 5-14 所示。

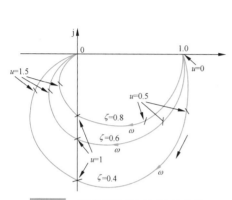

图 5-12 振荡环节的幅相特性曲线

图 5-13 振荡环节的对数频率特性曲线

非最小相位的二阶微分环节和不稳定振荡环节的频率特性曲线可按前述(1)中结论以及二阶微分环节和振荡环节的频率特性曲线加以确定。

(4) 对数幅频渐近特性曲线

在控制工程中，为简化惯性环节、一阶微分环节、振荡环节和二阶微分环节的对数幅频曲线的作图，常用低频和高频渐近线近似表示对数幅频曲线，称之为对数幅频渐近特性曲线。

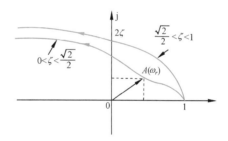

图 5-14 二阶微分环节的概略幅相特性曲线

对于惯性环节，对数幅频特性为

$$L(\omega) = -20\lg\sqrt{1+\omega^2 T^2} \tag{5-40}$$

当 $\omega \ll \dfrac{1}{T}$ 时，$\omega^2 T^2 \approx 0$，有

$$L(\omega) \approx -20\lg 1 = 0 \tag{5-41}$$

当 $\omega \gg \dfrac{1}{T}$ 时，$\omega^2 T^2 \gg 1$，有

$$L(\omega) \approx -20\lg \omega T \tag{5-42}$$

因此惯性环节的对数幅频渐近特性为

$$L_a(\omega) = \begin{cases} 0, & \omega < \dfrac{1}{T} \\[2mm] -20\lg\omega T, & \omega > \dfrac{1}{T} \end{cases} \qquad (5\text{-}43)$$

惯性环节的对数幅频渐近特性曲线如图 5-15 所示，低频部分是零分贝线，高频部分是斜率为–20dB/dec 的直线，两条直线交于 $\omega = \dfrac{1}{T}$ 处，称频率 $\dfrac{1}{T}$ 为惯性环节的交接频率。用渐近特性近似表示对数幅频特性存在误差

$$\Delta L(\omega) = L(\omega) - L_a(\omega) \qquad (5\text{-}44)$$

误差曲线如图 5-16 所示。在交接频率处误差最大，约为–3dB。根据误差曲线，可修正渐近特性曲线获得准确曲线。

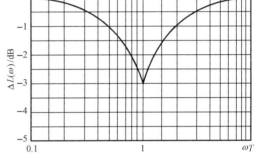

图 5-15　惯性环节的对数幅频渐近特性曲线　　　图 5-16　惯性环节的误差曲线

由于非最小相位惯性环节的对数幅频特性与惯性环节相同，故其对数幅频渐近特性亦相同。根据一阶微分环节和非最小相位一阶微分环节的对数幅频特性相等，且与惯性环节对数幅频特性互为倒数的特点，可知一阶微分环节和非最小相位一阶微分环节与惯性环节的对数幅频渐近特性曲线以 0dB 线互为镜像。

振荡环节的对数幅频特性为

$$L(\omega) = -20\lg\sqrt{\left(1 - \dfrac{\omega^2}{\omega_n^2}\right)^2 + 4\zeta^2\dfrac{\omega^2}{\omega_n^2}} \qquad (5\text{-}45)$$

当 $\omega \ll \omega_n$ 时，$L(\omega) \approx 0$，低频渐近线为 0dB 线。而当 $\omega \gg \omega_n$ 时，$L(\omega)=-40\lg\dfrac{\omega}{\omega_n}$，高频渐近线为过 $(\omega_n, 0)$ 点，斜率为–40dB/dec 的直线。振荡环节的交接频率为 ω_n，对数幅频渐近特性为

$$L_a(\omega) = \begin{cases} 0, & \omega < \omega_n \\[2mm] -40\lg\dfrac{\omega}{\omega_n}, & \omega > \omega_n \end{cases} \qquad (5\text{-}46)$$

由于 $L(\omega)$ 中含有 ζ，而 $L_a(\omega)$ 与阻尼比 ζ 无关，所以用渐近线近似表示对数幅频曲线存在误差，且误差的大小与 ζ 有关，误差曲线 $\Delta L(\omega, \zeta)$ 为一曲线簇，如图 5-17 所示。根据误差曲线可以修正渐近特性曲线而获得准确曲线。

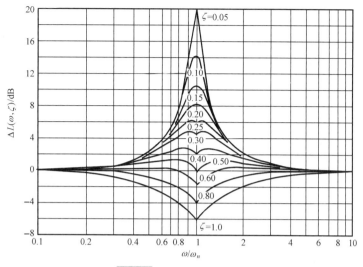

图 5-17　振荡环节的误差曲线

根据对数幅频特性定义还可知，非最小相位振荡环节与振荡环节的对数幅频渐近特性曲线相同，二阶微分环节和非最小相位二阶微分环节与振荡环节的对数幅频渐近特性曲线关于 0dB 线对称。

这里还应指出，半对数坐标系中的直线方程为

$$k = \frac{L_a(\omega_2) - L_a(\omega_1)}{\lg \omega_2 - \lg \omega_1} \tag{5-47}$$

其中 $[\omega_1, L_a(\omega_1)]$ 和 $[\omega_2, L_a(\omega_2)]$ 为直线上的两点，k(dB/dec) 为直线斜率。

3. 开环幅相特性曲线

根据系统开环频率特性的表达式，可以通过取点、计算和作图等方法绘制系统开环幅相特性曲线。这里着重介绍结合工程需要，绘制概略开环幅相特性曲线的方法。

概略开环幅相特性曲线应反映开环频率特性的三个重要因素：

1) 开环幅相特性曲线的起点($\omega = 0_+$)和终点($\omega = \infty$)。

2) 开环幅相特性曲线与实轴的交点。设 $\omega = \omega_x$ 时，$G(j\omega_x)H(j\omega_x)$ 的虚部为

$$\mathrm{Im}\left[G(j\omega_x)H(j\omega_x)\right] = 0 \tag{5-48}$$

或

$$\varphi(\omega_x) = \angle\left[G(j\omega_x)H(j\omega_x)\right] = k\pi; \qquad k = 0, \pm 1, \pm 2, \cdots \tag{5-49}$$

称 ω_x 为穿越频率，而开环频率特性曲线与实轴交点的坐标值为

$$\mathrm{Re}\left[G(j\omega_x)H(j\omega_x)\right] = G(j\omega_x)H(j\omega_x) \tag{5-50}$$

3) 开环幅相特性曲线的变化范围(象限、单调性)。开环系统典型环节分解和典型环节幅相特性曲线的特点是绘制概略开环幅相特性曲线的基础，下面结合具体的系统加以介绍。

例 5-1　某 0 型单位反馈系统

幅相曲线
绘制

$$G(s) = \frac{K}{(T_1 s + 1)(T_2 s + 1)}; \qquad K, T_1, T_2 > 0$$

试概略绘制系统开环幅相特性曲线。

解 由于惯性环节的角度变化为 0°～−90°，故该系统开环幅相特性曲线

起点： $A(0) = K$, $\qquad \varphi(0) = 0°$

终点： $A(\infty) = 0$, $\qquad \varphi(\infty) = 2 \times (-90°) = -180°$

系统开环频率特性

$$G(j\omega) = \frac{K\left[1 - T_1 T_2 \omega^2 - j(T_1 + T_2)\omega\right]}{(1 + T_1^2 \omega^2)(1 + T_2^2 \omega^2)}$$

令 $\mathrm{Im}G(j\omega_x)=0$，得 $\omega_x=0$，即系统开环幅相特性曲线除在 $\omega=0$ 处外与实轴无交点。

由于惯性环节单调地从 0°变化至−90°，故该系统幅相特性曲线的变化范围为第 IV 和第 III 象限，系统概略开环幅相曲线如图 5-18 实线所示。

若取 $K<0$，由于非最小相位比例环节的相角恒为−180°，故此时系统概略开环幅相特性曲线由原曲线绕原点顺时针旋转 180°而得，如图 5-18 中虚线所示。

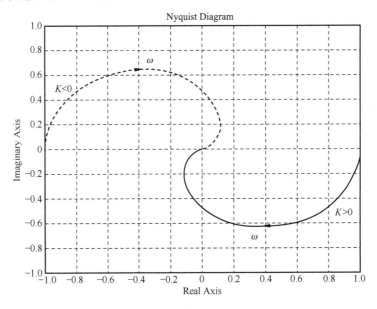

图 5-18 例 5-1 系统概略开环幅相特性曲线(MATLAB)

例 5-2 设系统开环传递函数为

$$G(s)H(s) = \frac{K}{s(T_1 s + 1)(T_2 s + 1)}; \qquad K, T_1, T_2 > 0$$

试绘制系统概略开环幅相特性曲线。

解 系统开环频率特性

$$G(j\omega)H(j\omega) = \frac{K(1 - jT_1\omega)(1 - jT_2\omega)(-j)}{\omega(1 + T_1^2 \omega^2)(1 + T_2^2 \omega^2)} = \frac{K\left[-(T_1 + T_2)\omega + j(-1 + T_1 T_2 \omega^2)\right]}{\omega(1 + T_1^2 \omega^2)(1 + T_2^2 \omega^2)}$$

幅值变化：$A(0_+) = \infty$, $\qquad A(\infty) = 0$

相角变化：$\angle\left(\dfrac{1}{j\omega}\right):$ $\qquad -90° \sim -90°$

$\qquad\qquad\angle\left(\dfrac{1}{1+jT_1\omega}\right):$ $\quad 0° \sim -90°$

$\qquad\qquad\angle\left(\dfrac{1}{1+jT_2\omega}\right):$ $\quad 0° \sim -90°$

$\qquad\qquad\angle K:$ $\qquad\qquad 0° \sim 0°$

$\qquad\qquad\varphi(\omega):$ $\qquad\qquad -90° \sim -270°$

起点处：$\mathrm{Re}\big[G(j0_+)H(j0_+)\big] = -K(T_1+T_2)$

$\qquad\qquad\mathrm{Im}\big[G(j0_+)H(j0_+)\big] = -\infty$

与实轴的交点：令 $\mathrm{Im}\big[G(j\omega)H(j\omega)\big] = 0$，得 $\omega_x = \dfrac{1}{\sqrt{T_1 T_2}}$，于是

$$G(j\omega_x)H(j\omega_x) = \mathrm{Re}\big[G(j\omega_x)H(j\omega_x)\big] = -\frac{KT_1 T_2}{T_1+T_2}$$

由此做系统概略开环幅相特性曲线，如图 5-19 中曲线①所示。图中虚线为开环幅相特性曲线的低频渐近线。由于开环幅相特性曲线用于系统分析时不需要准确知道渐近线的位置，故一般根据 $\varphi(0_+)$ 取渐近线为坐标轴，图中曲线②为相应的概略开环幅相特性曲线。

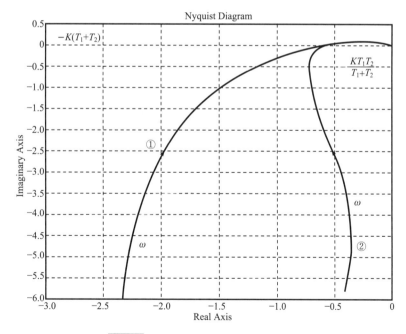

图 5-19　例 5-2 系统概略开环幅相特性曲线

例 5-2 中系统型次即开环传递函数中积分环节个数 $\nu=1$，若分别取 $\nu=2$，3 和 4，则根据积分环节的相角，可将图 5-19 曲线分别绕原点旋转 $-90°$，$-180°$ 和 $270°$，即可得相应的概略开环幅相特性曲线，如图 5-20 所示。

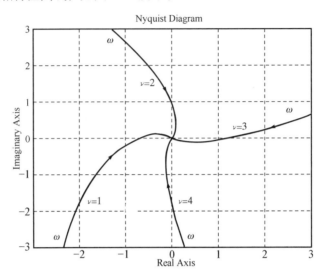

图 5-20　$\nu=1, 2, 3, 4$ 时系统概略开环幅相特性曲线(MATLAB)

例 5-3　已知单位反馈系统开环传递函数为

$$G(s) = \frac{K(\tau s + 1)}{s(T_1 s + 1)(T_2 s + 1)}; \quad K, T_1, T_2, \tau > 0$$

试绘制系统概略开环幅相特性曲线。

解　系统开环频率特性为

$$G(j\omega) = \frac{-jK\left[1 - T_1 T_2 \omega^2 + T_1 \tau \omega^2 + T_2 \tau \omega^2 + j\omega(\tau - T_1 - T_2 - T_1 T_2 \tau \omega^2)\right]}{\omega(1 + T_1^2 \omega^2)(1 + T_2^2 \omega^2)}$$

开环幅相曲线的起点 $G(j0_+) = \infty\angle(-90°)$，终点 $G(j\infty) = 0\angle(-180°)$。

与实轴的交点：当 $\tau < \dfrac{T_1 T_2}{T_1 + T_2}$ 时，得

$$\begin{cases} \omega_x = \dfrac{1}{\sqrt{T_1 T_2 - T_1 \tau - T_2 \tau}} \\[3mm] G(j\omega_x) = -\dfrac{K(T_1 + T_2)(T_1 T_2 - T_1 \tau - T_2 \tau + \tau^2)}{(T_1 T_2 - T_1 \tau - T_2 \tau + T_1^2)(T_1 T_2 - T_1 \tau - T_2 \tau + T_2^2)} \end{cases}$$

变化范围：

$\tau > \dfrac{T_1 T_2}{T_1 + T_2}$ 时，开环幅相特性曲线位于第 III 象限或第 IV 与第 III 象限；

$\tau < \dfrac{T_1 T_2}{T_1 + T_2}$ 时，开环幅相特性曲线位于第 III 象限与第 II 象限。

概略开环幅相特性曲线如图 5-21 所示。

应该指出，由于开环传递函数具有一阶微分环节，系统开环幅相特性曲线有凹凸现象，因为绘制的是概略幅相特性曲线，故这一现象无须准确反映。

例 5-4　已知系统开环传递函数为

$$G(s)H(s) = \frac{K(-\tau s + 1)}{s(Ts + 1)}; \quad K, \tau, T > 0$$

试概略绘制系统概略开环幅相特性曲线。

解　系统开环频率特性为

$$G(j\omega)H(j\omega) = \frac{K\left[-(T+\tau)\omega - j(1 - T\tau\omega^2)\right]}{\omega(1 + T^2\omega^2)}$$

开环幅相特性曲线的起点：$A(0_+) = \infty$, 　$\varphi(0_+) = -90°$

开环幅相特性曲线的终点：$A(\infty) = 0$, 　$\varphi(\infty) = -270°$

与实轴的交点：令虚部为零，解得

$$\omega_x = \frac{1}{\sqrt{T\tau}}, \qquad G(j\omega_x)H(j\omega_x) = -K\tau$$

因为 $\varphi(\omega)$ 从 $-90°$ 单调减至 $-270°$，故幅相特性曲线在第 Ⅲ 与第 Ⅱ 象限间变化。

概略开环幅相特性曲线如图 5-22 所示。

图 5-21　例 5-3 系统概略开环幅相特性曲线　　　　　　图 5-22　例 5-4 系统概略开环幅相特性曲线

(MATLAB)　　　　　　　　　　　　　　　　　　　　(MATLAB)

在例 5-4 中，系统含有非最小相位一阶微分环节，称开环传递函数含有非最小相位环节的系统为非最小相位系统，而开环传递函数全部由最小相位环节构成的系统称为最小相位系统。比较例 5-2、例 5-3 和例 5-4 可知，非最小相位环节的存在将对系统的频率特性产生一定的影响，故在控制系统分析中必须加以重视。

例 5-5　设系统开环传递函数为

$$G(s)H(s) = \frac{K}{s(Ts + 1)(s^2 / \omega_n^2 + 1)}; \quad K, T > 0$$

试绘制系统概略开环幅相特性曲线。

解　系统开环频率特性为

$$G(j\omega)H(j\omega) = \frac{-K(T\omega+j)}{\omega(1+T^2\omega^2)\left(1-\dfrac{\omega^2}{\omega_n^2}\right)}$$

开环幅相特性曲线的起点：

$$G(j0_+)H(j0_+) = \infty\angle(-90°)$$

开环幅相特性曲线的终点：

$$G(j\infty)H(j\infty) = 0\angle(-360°)$$

由开环频率特性表达式知，$G(j\omega)H(j\omega)$的虚部不为零，故与实轴无交点。注意到开环系统含有等幅振荡环节($\zeta=0$)，当ω趋于ω_n时，$A(\omega_n)$趋于无穷大，而相频特性

$$\varphi(\omega_{n-}) \approx -90° - \arctan T\omega_n > -180°; \qquad \omega_{n-} = \omega_n - \varepsilon, \qquad \varepsilon > 0$$

$$\varphi(\omega_{n+}) \approx -90° - \arctan T\omega_n - 180°; \qquad \omega_{n+} = \omega_n + \varepsilon, \qquad \varepsilon > 0$$

即$\varphi(\omega)$在$\omega=\omega_n$的附近，相角突变$-180°$，幅相曲线在ω_n处呈现不连续现象。作系统概略开环幅相特性曲线如图 5-23 所示。

图 5-23　例 5-5 系统概略开环幅相特性曲线

根据以上例子，可以总结绘制概略开环幅相特性曲线的规律如下：

1) 开环幅相特性曲线的起点，取决于比例环节 K 和系统积分或微分环节的个数 ν(系统型别)。

$\nu < 0$，起点为原点。

$\nu = 0$，起点为实轴上的点 K 处(K 为系统开环增益，注意 K 有正负之分)。

$\nu > 0$，设 $\nu = 4k+i(k=0,1,2,\cdots;\ i=1,2,3,4)$，则 $K>0$ 时为 $i\times(-90°)$ 的无穷远处，$K<0$ 时为 $i\times(-90°)-180°$ 的无穷远处。

2) 开环幅相特性曲线的终点，取决于开环传递函数分子、分母多项式中最小相位环节和非最小相位环节的阶次和。

设系统开环传递函数的分子、分母多项式的阶次分别为 m 和 n，记除 K 外，分子多项式中最小相位环节的阶次和为 m_1，非最小相位环节的阶次和为 m_2，分母多项式中最小相位环节的阶次和为 n_1，非最小相位环节的阶次和为 n_2，则有

$$m = m_1 + m_2, \quad n = n_1 + n_2$$

$$\varphi(\infty) = \begin{cases} [(m_1-m_2)-(n_1-n_2)]\times 90°, & K>0 \\ [(m_1-m_2)-(n_1-n_2)]\times 90°-180°, & K<0 \end{cases} \tag{5-51}$$

特殊地，当开环系统为最小相位系统时，若

$$n = m, \qquad G(j\infty)H(j\infty) = K^* \tag{5-52}$$

$$n > m, \qquad G(j\infty)H(j\infty) = 0\angle[(n-m)\times(-90°)] \tag{5-53}$$

其中 K^* 为系统开环根轨迹增益。

3) 若开环系统存在等幅振荡环节，重数 l 为正整数，即开环传递函数具有下述形式：

$$G(s)H(s) = \frac{1}{\left(\dfrac{s^2}{\omega_n^2}+1\right)^l} G_1(s)H_1(s)$$

$G_1(s)H_1(s)$ 不含 $\pm j\omega_n$ 的极点，则当 ω 趋于 ω_n 时，$A(\omega)$ 趋于无穷，而

$$\varphi(\omega_{n-}) \approx \varphi_1(\omega_n) = \angle[G_1(j\omega_n)H_1(j\omega_n)]$$

$$\varphi(\omega_{n+}) \approx \varphi_1(\omega_n) - l \times 180°$$

即 $\varphi(\omega)$ 在 $\omega=\omega_n$ 附近，相角突变 $-l \times 180°$。

4. 开环对数频率特性曲线

系统开环传递函数作典型环节分解后，根据式(5-21)~式(5-25)，可先作出各典型环节的对数频率特性曲线，然后采用叠加方法即可方便地绘制系统开环对数频率特性曲线。鉴于系统开环对数幅频渐近特性在控制系统的分析和设计中具有十分重要的作用，以下着重介绍开环对数幅频渐近特性曲线的绘制方法。

注意到典型环节中，K 及 $-K(K>0)$、微分环节和积分环节的对数幅频特性曲线均为直线，故可直接取其为渐近特性。由式(5-25)得系统开环对数幅频渐近特性：

$$L_a(\omega) = \sum_{i=1}^{N} L_{a_i}(\omega) \tag{5-54}$$

对于任意的开环传递函数，可按典型环节分解，将组成系统的各典型环节分为三部分：

1) $\dfrac{K}{s^v}$ 或 $\dfrac{-K}{s^v}$ $(K>0)$。

2) 一阶环节，包括惯性环节、一阶微分环节以及对应的非最小相位环节，交接频率为 $1/T$。

3) 二阶环节，包括振荡环节、二阶微分环节以及对应的非最小相位环节，交接频率为 ω_n。

记 $\omega_{\min}$ 为最小交接频率，称 $\omega<\omega_{\min}$ 的频率范围为低频段。开环对数幅频渐近特性曲线的绘制按以下步骤进行：

1) 开环传递函数典型环节分解。

2) 确定一阶环节、二阶环节的交接频率，将各交接频率标注在半对数坐标图的 ω 轴上。

3) 绘制低频段渐近特性线：由于一阶环节或二阶环节的对数幅频渐近特性曲线在交接频率前斜率为 0dB/dec，在交接频率处斜率发生变化，故在 $\omega<\omega_{\min}$ 频段内，开环系统幅频渐近特性的斜率取决于 K/ω^v，因而直线斜率为 $-20v$ dB/dec。为获得低频渐近线，还需确定该直线上的一点，可以采用以下三种方法。

方法一：在 $\omega<\omega_{\min}$ 范围内，任选一点 ω_0，计算

$$L_a(\omega_0) = 20\lg K - 20\nu\lg\omega_0 \tag{5-55}$$

方法二：取频率为特定值 $\omega_0=1$，则

$$L_a(1) = 20\lg K \tag{5-56}$$

方法三：取 $L_a(\omega_0)$ 为特殊值 0，有 $\dfrac{K}{\omega_0^\nu}=1$，则

$$\omega_0 = K^{\frac{1}{\nu}} \tag{5-57}$$

于是，过点 $(\omega_0, L_a(\omega_0))$ 在 $\omega < \omega_{\min}$ 范围内可作斜率为 -20ν dB/dec 的直线。显然，若有 $\omega_0 > \omega_{\min}$，则点 $(\omega_0, L_a(\omega_0))$ 位于低频渐近特性曲线的延长线上。

4)作 $\omega \geqslant \omega_{\min}$ 频段渐近特性线：在 $\omega \geqslant \omega_{\min}$ 频段，系统开环对数幅频渐近特性曲线表现为分段折线。每两个相邻交接频率之间为直线，在每个交接频率点处，斜率发生变化，变化规律取决于该交接频率对应的典型环节的种类，如表 5-2 所示。

表 5-2　交接频率点处斜率的变化表

典型环节类别	典型环节传递函数	交接频率	斜率变化
一阶环节 （$T>0$）	$\dfrac{1}{1+Ts}$	$\dfrac{1}{T}$	-20dB / dec
	$\dfrac{1}{1-Ts}$		
	$1+Ts$		20dB / dec
	$1-Ts$		
二阶环节 （$\omega_n > 0, 1 > \zeta > 0$）	$1\left/\left(\dfrac{s^2}{\omega_n^2} + 2\zeta\dfrac{s}{\omega_n} + 1\right)\right.$	ω_n	-40dB / dec
	$1\left/\left(\dfrac{s^2}{\omega_n^2} - 2\zeta\dfrac{s}{\omega_n} + 1\right)\right.$		
	$\dfrac{s^2}{\omega_n^2} + 2\zeta\dfrac{s}{\omega_n} + 1$		40dB / dec
	$\dfrac{s^2}{\omega_n^2} - 2\zeta\dfrac{s}{\omega_n} + 1$		

应该注意的是，当系统的多个环节具有相同交接频率时，该交接频率点处斜率的变化应为各个环节对应的斜率变化值的代数和。

以 $k=-20\nu$ dB/dec 的低频渐近线为起始直线，按交接频率由小到大顺序和由表 5-2 确定斜率变化，再逐一绘制各段直线，得到系统开环对数幅频渐近特性曲线。

例 5-6　已知系统开环传递函数为

$$G(s)H(s) = \frac{2000s - 4000}{s^2(s+1)(s^2+10s+400)}$$

试绘制系统开环对数幅频渐近特性曲线。

解 开环传递函数的典型环节分解形式为

$$G(s)H(s) = \dfrac{-10\left(1-\dfrac{s}{2}\right)}{s^2(s+1)\left(\dfrac{s^2}{20^2}+\dfrac{1}{2}\dfrac{s}{20}+1\right)}$$

开环系统由六个典型环节串联而成：非最小相位比例环节、两个积分环节、非最小相位一阶微分环节、惯性环节和振荡环节。

1) 确定各交接频率 ω_i，$i=1,2,3$ 及斜率变化值。

非最小相位一阶微分环节：$\omega_2=2$，斜率增加 20dB/dec

惯性环节：$\omega_1=1$，斜率减小 20dB/dec

振荡环节：$\omega_3=20$，斜率减小 40dB/dec

最小交接频率 $\omega_{min}=\omega_1=1$。

2) 绘制低频段($\omega<\omega_{min}$)渐近特性曲线。因为 $\nu=2$，则低频渐近线斜率 $k=-40$dB/dec，按方法二得直线上一点 $(\omega_0, L_a(\omega_0))=(1, 20\text{dB})$。

3) 绘制频段 $\omega\geqslant\omega_{min}$ 渐近特性曲线。

$$\omega_{min}\leqslant\omega<\omega_2, \quad k=-60\text{dB/dec}$$
$$\omega_2\leqslant\omega<\omega_3, \quad k=-40\text{dB/dec}$$
$$\omega\geqslant\omega_3, \quad\quad k=-80\text{dB/dec}$$

系统开环对数幅频渐近特性曲线如图 5-24 所示。

图 5-24 例 5-6 系统开环对数幅频渐近特性曲线(MATLAB)

开环对数相频特性曲线的绘制，一般由典型环节分解下的相频特性表达式，取若干个频率点，列表计算各点的相角并标注在对数坐标图中，最后将各点光滑连接，即可得开环对数相频特性曲线。具体计算相角时应注意判别象限。例如在例 5-6 中

$$\varphi(\omega) = \angle\left(\cfrac{1}{1-\cfrac{\omega^2}{400}+\mathrm{j}\cfrac{\omega}{40}}\right) = \begin{cases} -\arctan\cfrac{\cfrac{\omega}{40}}{1-\cfrac{\omega^2}{400}}, & 0<\omega\leqslant 20 \\[4mm] -\left(180°-\arctan\cfrac{\cfrac{\omega}{40}}{\cfrac{\omega^2}{400}-1}\right), & \omega>20 \end{cases}$$

5. 延迟环节和延迟系统

输出量经恒定延时后不失真地复现输入量变化的环节称为延迟环节。含有延迟环节的系统称为延迟系统。化工、电力系统多为延迟系统。延迟环节的输入输出的时域表达式为

$$c(t) = 1(t-\tau)r(t-\tau) \tag{5-58}$$

式中，τ 为延迟时间，应用拉氏变换的实数位移定理，可得延迟环节的传递函数

$$G(s) = \frac{C(s)}{R(s)} = \mathrm{e}^{-\tau s} \tag{5-59}$$

延迟环节的频率特性为

$$G(\mathrm{j}\omega) = \mathrm{e}^{-\mathrm{j}\tau\omega} = 1\cdot\angle(-57.3\tau\omega) \tag{5-60}$$

由式(5-60)可知，延迟环节幅相特性曲线为单位圆。当系统存在延迟现象，即开环系统表现为延迟环节和线性环节的串联形式时，延迟环节对系统开环频率特性的影响是造成了相频特性的明显变化，如图 5-25 所示。当线性环节 $G(s)=\dfrac{10}{1+s}$ 与延迟环节 $\mathrm{e}^{-0.5s}$ 串联后，系统开环幅相特性曲线为螺旋线。图中以$(5,\mathrm{j}0)$为圆心，半径为 5 的半圆为惯性环节的幅相特性曲线，任取频率点ω，设惯性环

图 5-25　延迟系统及其开环幅相特性曲线

节的频率特性点为 A，则延迟系统的幅相特性曲线的 B 点位于以$|OA|$为半径，距 A 点圆心角$\theta=57.3\times0.5\omega$的圆弧处。

6. 传递函数的频域实验确定

由前可知，稳定系统的频率响应为与输入同频率的正弦信号，且其幅值和相位的变化为频率的函数，因此可以运用频率响应实验确定稳定系统的数学模型。

(1) 频率响应实验

频率响应实验原理如图 5-26 所示。首先选择信号源输出的正弦信号的幅值，以使

系统处于非饱和状态。在一定频率范围内，改变输入正弦信号的频率，记录各频率点处系统输出信号的波形。由稳态段的输入输出信号的幅值比和相位差绘制对数频率特性曲线。

图 5-26　频率响应实验原理方框图

(2) 传递函数确定

从低频段起，将实验所得的对数幅频特性曲线用斜率为 0dB/dec，±20dB/dec，±40dB/dec，…直线分段近似，获得对数幅频渐近特性曲线。

由对数幅频渐近特性曲线可以确定最小相位条件下系统的传递函数，这是对数幅频渐近特性曲线绘制的逆问题，下面举例说明其方法和步骤。

例 5-7　图 5-27 为由频率响应实验获得的某最小相位系统的开环对数幅频特性曲线和对数幅频渐近特性曲线，试确定系统传递函数。

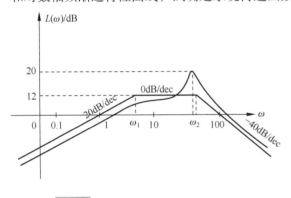

图 5-27　系统开环对数幅频特性曲线

解　1) 确定系统积分或微分环节的个数。因为对数幅频渐近特性曲线的低频渐近线的斜率为-20ν dB/dec，而由图 5-27 知低频渐近线斜率为 +20dB/dec，故有 $\nu=-1$，系统含有一个微分环节。

2) 确定系统传递函数结构形式。由于对数幅频渐近特性曲线为分段折线，其各转折点对应的频率为所含一阶环节或二阶环节的交接频率，每个交接频率处斜率的变化取决于环节的种类。本例中共有两个交接频率：

$\omega=\omega_1$ 处，斜率变化-20dB/dec，对应惯性环节。

$\omega=\omega_2$ 处，斜率变化-40dB/dec，可以对应振荡环节也可以为重惯性环节，本例中，对数幅频特性在ω_2附近存在谐振现象，故应为振荡环节。因此所测系统应具有下述传递函数：

$$G(s) = \frac{Ks}{\left(1 + \dfrac{s}{\omega_1}\right)\left(\dfrac{s^2}{\omega_2^2} + 2\zeta\,\dfrac{s}{\omega_2} + 1\right)}$$

其中参数ω_1、ω_2、ζ 及 K 待定。

3)由给定条件确定传递函数参数。低频渐近线的方程为

$$L_a(\omega) = 20\lg\frac{K}{\omega^{\nu}} = 20\lg K - 20\nu\lg\omega$$

由给定点$(\omega, L_a(\omega))=(1,0)$及 $\nu=-1$ 得 $K=1$。

根据直线方程式(5-47)

$$L_a(\omega_a) - L_a(\omega_b) = k(\lg\omega_a - \lg\omega_b)$$

及给定点

$$\omega_a = 1, \quad L_a(\omega_a) = 0, \quad \omega_b = \omega_1, \quad L_a(\omega_b) = 12, \quad k = 20$$

得

$$\omega_1 = 10^{\frac{12}{20}} = 3.98$$

再由给定点

$$\omega_a = 100, \quad L_a(\omega_a) = 0, \quad \omega_b = \omega_2, \quad L_a(\omega_b) = 12, \quad k = -40$$

得

$$\omega_2 = 10^{\left(-\frac{12}{40} + \lg 100\right)} = 50.1$$

由前知，在谐振频率ω_r处，振荡环节的谐振峰值为

$$20 \lg M_r = 20 \lg \frac{1}{2\zeta\sqrt{1-\zeta^2}}$$

而根据叠加性质，本例中 $20\lg M_r = 20 - 12 = 8(\text{dB})$，故有 $M_r = 2.512$，于是有

$$\zeta^4 - \zeta^2 + 0.04 = 0$$

解得

$$\zeta_1 = 0.204, \quad \zeta_2 = 0.979$$

因为 $0 < \zeta < 0.707$ 时才存在谐振峰值，故应选 $\zeta = 0.204$。于是，所测系统的传递函数为

$$G(s) = \frac{s}{\left(\dfrac{s}{3.98} + 1\right)\left(\dfrac{s^2}{50.1^2} + 0.408\dfrac{s}{50.1} + 1\right)}$$

值得注意的是，实际系统并不都是最小相位系统，而最小相位系统可以和某些非最小相位系统具有相同的对数幅频特性曲线，因此具有非最小相位环节和延迟环节的系统，还需依据上述环节对相频特性的影响并结合实测相频特性予以确定。

5-3　频率域稳定判据

控制系统的闭环稳定性是系统分析和设计所需解决的首要问题，奈奎斯特稳定判据(简称奈氏判据)和对数频率稳定判据是常用的两种频域稳定判据。频域稳定判据的特点是根据开环系统频率特性曲线判定闭环系统的稳定性。频域判据使用方便，易于推广。

1. 奈氏判据的数学基础

复变函数中的幅角原理是奈氏判据的数学基础，幅角原理用于控制系统的稳定性的判定还需选择辅助函数和闭合曲线。

(1) 幅角原理

设 s 为复数变量，$F(s)$ 为 s 的有理分式函数。对于 s 平面上任意一点 s，通过复变函数 $F(s)$ 的映射关系，在 $F(s)$ 平面上可以确定关于 s 的象。在 s 平面上任选一条闭合曲线 Γ，且不通过 $F(s)$ 的任一零点和极点，令 s 从闭合曲线 Γ 上任一点 A 起，顺时针沿 Γ 运动一周，再回到 A 点，则相应地，$F(s)$ 平面上亦从点 $F(A)$ 起，到 $F(A)$ 点止亦形成一条闭合曲线 Γ_F。为讨论方便，取 $F(s)$ 为下述简单形式：

$$F(s) = \frac{(s - z_1)(s - z_2)}{(s - p_1)(s - p_2)} \tag{5-61}$$

其中 z_1，z_2 为 $F(s)$ 的零点；p_1，p_2 为 $F(s)$ 的极点。不失一般性，取 s 平面上 $F(s)$ 的零点和极点以及闭合曲线的位置如图 5-28(a)所示，Γ 包围 $F(s)$ 的零点 z_1 和极点 p_1。

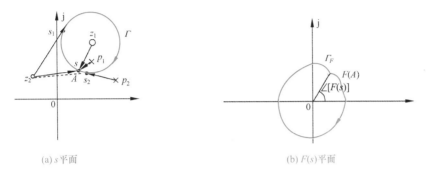

(a) s 平面　　　　　　　　　　　　　(b) $F(s)$ 平面

图 5-28　s 和 $F(s)$ 平面的映射关系

设复变量 s 沿闭合曲线 Γ 顺时针运动一周，研究 $F(s)$ 相角的变化情况

$$\delta\angle[F(s)] = \oint_{\Gamma} \angle[F(s)]\,\mathrm{d}s \tag{5-62}$$

因为

$$\angle[F(s)] = \angle(s - z_1) + \angle(s - z_2) - \angle(s - p_1) - \angle(s - p_2) \tag{5-63}$$

因而

$$\delta\angle[F(s)] = \delta\angle(s - z_1) + \delta\angle(s - z_2) - \delta\angle(s - p_1) - \delta\angle(s - p_2) \tag{5-64}$$

由于 z_1 和 p_1 被 Γ 所包围，故按复平面向量的相角定义，逆时针旋转为正，顺时针旋转为负

$$\delta\angle(s - z_1) = \delta\angle(s - p_1) = -2\pi$$

而对于零点 z_2，由于 z_2 未被 Γ 所包围，过 z_2 作两条直线与闭合曲线 Γ 相切，设 s_1，s_2 为切点，则在 Γ 的 $\widehat{s_1 s_2}$ 段，$s - z_2$ 的角度减小，在 Γ 的 $\widehat{s_2 s_1}$ 段，角度增大，且有

$$\delta\angle(s - z_2) = \oint_{\Gamma} \angle(s - z_2)\mathrm{d}s = \int_{\Gamma \widehat{s_1 s_2}} \angle(s - z_2)\mathrm{d}s + \int_{\Gamma \widehat{s_2 s_1}} \angle(s - z_2)\mathrm{d}s = 0$$

p_2 未被 Γ 包围，同理可得 $\delta\angle(s - p_2) = 0$。

上述讨论表明，当 s 沿 s 平面任意闭合曲线 Γ 运动一周时，$F(s)$ 绕 $F(s)$ 平面原点的圈数只和 $F(s)$ 被闭合曲线 Γ 所包围的极点和零点的代数和有关。上例中 $\delta\angle[F(s)] = 0$。因而，形成如下幅角原理。

幅角原理　设 s 平面闭合曲线 Γ 包围 $F(s)$ 的 Z 个零点和 P 个极点，则 s 沿 Γ 顺时针运动一周时，在 $F(s)$ 平面上，$F(s)$ 闭合曲线 Γ_F 包围原点的圈数

$$R = P - Z \tag{5-65}$$

$R < 0$ 和 $R > 0$ 分别表示 Γ_F 顺时针包围和逆时针包围 $F(s)$ 平面的原点，$R = 0$ 表示不包围 $F(s)$ 平面的原点。

自动控制原理

·222·

(2) 复变函数 $F(s)$ 的选择

控制系统的稳定性判定是利用已知开环传递函数来判定闭环系统的稳定性。为应用幅角原理，选择复变函数

$$F(s) = 1 + G(s)H(s) = 1 + \frac{B(s)}{A(s)} = \frac{A(s) + B(s)}{A(s)} \tag{5-66}$$

由式(5-66)可知，$F(s)$ 具有以下特点：

1) $F(s)$ 的零点为闭环传递函数的极点，$F(s)$ 的极点为开环传递函数的极点。

2) 因为开环传递函数分母多项式的阶次一般大于或等于分子多项式的阶次，故 $F(s)$ 的零点和极点数相同。

3) s 沿闭合曲线 Γ 运动一周所产生的两条闭合曲线 Γ_F 和 Γ_{GH} 只相差常数 1，即闭合曲线 Γ_F 可由 Γ_{GH} 沿实轴正方向平移一个单位长度获得。闭合曲线 Γ_F 包围 $F(s)$ 平面原点的圈数等于闭合曲线 Γ_{GH} 包围 $F(s)$ 平面(−1，j0)点的圈数，其几何关系如图 5-29 所示。

由 $F(s)$ 的特点可以看出，$F(s)$ 取上述特定形式具有两个优点：其一是建立了系统的开环极点和闭环极点与 $F(s)$ 的零极点之间的直接联系；其二是建立了闭合曲线 Γ_F 和闭合曲线 Γ_{GH} 之间的转换关系。在已知开环传递函数 $G(s)H(s)$ 的条件下，上述优点为幅角原理的应用创造了条件。

(3) s 平面闭合曲线 Γ 的选择

系统的闭环稳定性取决于系统闭环传递函数极点即 $F(s)$ 的零点的位置，因此当选择 s 平面闭合曲线 Γ 包围 s 平面的右半平面时，若 $F(s)$ 在 s 右半平面的零点数 $Z=0$，则闭环系统稳定。考虑到前述闭合曲线 Γ 应不通过 $F(s)$ 的零极点的要求，Γ 可取图 5-30 所示的两种形式。

(a) $G(s)H(s)$ 无虚轴上的极点　(b) $G(s)H(s)$ 有虚轴上的极点

图 5-29　Γ_F 与 Γ_{GH} 的几何关系　　图 5-30　s 平面的闭合曲线 Γ

当 $G(s)H(s)$ 无虚轴上的极点时，见图 5-30(a)所示，s 平面闭合曲线 Γ 由两部分组成：

1) $s=\infty e^{j\theta}$，$\theta \in [0°, -90°]$，即圆心为原点、第 IV 象限中半径为无穷大的 1/4 圆；$s=j\omega$，$\omega \in (-\infty, 0]$，即负虚轴。

2) $s=j\omega$，$\omega \in [0, +\infty)$，即正虚轴；$s=\infty e^{j\theta}$，$\theta \in [0°, +90°]$，即圆心为原点、第 I 象限中

半径为无穷大的1/4圆。

当$G(s)H(s)$在虚轴上有极点时，为避开开环极点，在图 5-30(a)所选闭合曲线Γ的基础上加以扩展，构成图 5-30(b)所示的闭合曲线Γ。

1) 开环系统含有积分环节时，在原点附近，取 $s=\varepsilon e^{j\theta}$（$\varepsilon$为正无穷小量，$\theta\in[-90°,+90°]$），即圆心为原点、半径为无穷小的半圆。

2) 开环系统含有等幅振荡环节时，在$\pm j\omega_n$附近，取$s=\pm j\omega_n+\varepsilon e^{j\theta}$（$\varepsilon$为正无穷小量，$\theta\in[-90°,+90°]$），即圆心为$\pm j\omega_n$、半径为无穷小的半圆。

按上述Γ曲线，函数$F(s)$位于s右半平面的极点数即开环传递函数$G(s)H(s)$位于s右半平面的极点数P应不包括$G(s)H(s)$位于s平面虚轴上的极点数。

(4) $G(s)H(s)$闭合曲线的绘制

由图 5-30 知，s平面闭合曲线Γ关于实轴对称，鉴于$G(s)H(s)$为实系数有理分式函数，故闭合曲线Γ_{GH}亦关于实轴对称，因此只需绘制Γ_{GH}在 Im$s\geqslant0$，$s\in\Gamma$对应的曲线段，得$G(s)H(s)$的半闭合曲线，称为奈奎斯特曲线，仍记为Γ_{GH}。

1) 若$G(s)H(s)$无虚轴上极点

Γ_{GH}在$s=j\omega$，$\omega\in[0,+\infty)$时，对应开环幅相特性曲线。

Γ_{GH}在$s=\infty e^{j\theta}$，$\theta\in[0°,+90°]$时，对应原点($n>m$时)或(K^*，j0)点($n=m$时)，K^*为系统开环根轨迹增益。

2) 若$G(s)H(s)$有虚轴极点。当开环系统含有积分环节时，设

$$G(s)H(s)=\frac{1}{s^\nu}G_1(s);\quad \nu>0,\quad |G_1(j0)|\neq\infty \tag{5-67}$$

有

$$A(0_+)=\infty,\quad \varphi(0_+)=\angle[G(j0_+)H(j0_+)]=\nu\times(-90°)+\angle[G_1(j0_+)] \tag{5-68}$$

于是在原点附近，闭合曲线Γ为$s=\varepsilon e^{j\theta}$，$\theta\in[0°,+90°]$，且有$G_1(\varepsilon e^{j\theta})=G_1(j0)$，故

$$G(s)H(s)\Big|_{s=\varepsilon e^{j\theta}}\approx\infty e^{j\left(\angle\left(\frac{1}{\varepsilon^\nu e^{j\theta\nu}}\right)+\angle[G_1(\varepsilon e^{j\theta})]\right)}=\infty e^{j[\nu\times(-\theta)+\angle[G_1(j0)]]} \tag{5-69}$$

对应的曲线为从$G_1(j0)$点起，半径为∞、圆心角为$\nu\times(-\theta)$的圆弧，即可从$G(j0_+)H(j0_+)$点起逆时针作半径无穷大、圆心角为$\nu\times90°$的圆弧，如图 5-31(a)中虚线所示。

当开环系统含有等幅振荡环节时，设

$$G(s)H(s)=\frac{1}{(s^2+\omega_n^2)^{\nu_1}}G_1(s);\quad \nu_1>0,\quad |G_1(\pm j\omega_n)|\neq\infty \tag{5-70}$$

考虑s在$j\omega_n$附近沿Γ运动时，Γ_{GH}的变化为

$$s=j\omega_n+\varepsilon e^{j\theta};\quad \theta\in[-90°,+90°] \tag{5-71}$$

因为ε为正无穷小量，所以式(5-70)可写为

$$G(s)H(s)=\frac{1}{(2j\omega_n\varepsilon e^{j\theta}+\varepsilon^2 e^{j2\theta})^{\nu_1}}G_1(j\omega_n+\varepsilon e^{j\theta})\approx\frac{e^{-j(\theta+90°)\nu_1}}{(2\omega_n\varepsilon)^{\nu_1}}G(j\omega_n) \tag{5-72}$$

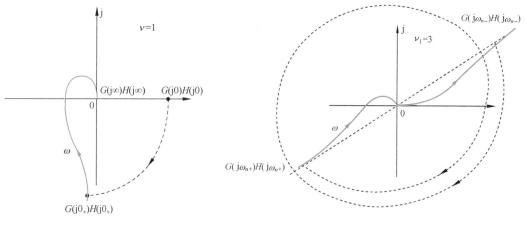

(a) 开环系统有积分环节　　　　　　　　　　(b) 开环系统有等幅振荡环节

图 5-31　$F(s)$平面的半闭合曲线

故有
$$\begin{cases} A(s) = \infty \\ \varphi(s) = \begin{cases} \angle[G_1(j\omega_n)], & \theta = -90°, 即\, s = j\omega_{n-} \\ \angle[G_1(j\omega_n)] - (\theta + 90°)\nu_1, & \theta \in (-90°, +90°) \\ \angle[G_1(j\omega_n)] - \nu_1 \times 180°, & \theta = 90°, 即\, s = j\omega_{n+} \end{cases} \end{cases} \tag{5-73}$$

因此，s 沿 Γ 在 $j\omega_n$ 附近运动时，对应的 Γ_{GH} 闭合曲线为半径无穷大，圆心角等于 $\nu_1 \times 180°$ 的圆弧，即应从 $G(j\omega_{n-})H(j\omega_{n-})$ 点起以半径为无穷大顺时针作 $\nu_1 \times 180°$ 的圆弧至 $G(j\omega_{n+})H(j\omega_{n+})$ 点，如图 5-31(b)中虚线所示。上述分析表明，半闭合曲线 Γ_{GH} 由开环幅相特性曲线和根据开环虚轴极点所补作的无穷大半径的虚线圆弧两部分组成。

(5) 闭合曲线 Γ_F 包围原点圈数 R 的计算

根据半闭合曲线 Γ_{GH} 可获得 Γ_F 包围原点的圈数 R。设 N 为 Γ_{GH} 穿越$(-1, j0)$点左侧负实轴的次数，N_+表示正穿越的次数和(从上向下穿越)，N_-表示负穿越的次数和(从下向上穿越)，则

$$R = 2N = 2(N_+ - N_-) \tag{5-74}$$

在图 5-32 中，虚线为按系统型次 ν 或等幅振荡环节数 ν_1 补作的圆弧，点 A、B 为奈氏曲线与负实轴的交点，按穿越负实轴上$(-\infty, -1)$段的方向，分别有：

图(a) A 点位于$(-1, j0)$点左侧，Γ_{GH} 从下向上穿越，为一次负穿越。故 $N_-=1$，$N_+=0$，$R=-2N_-=-2$。

图(b) A 点位于$(-1, j0)$点的右侧，$N_+=N_-=0$，$R=0$。

图(c) A，B 点均位于$(-1, j0)$点左侧，而在 A 点处 Γ_{GH} 从下向上穿越，为一次负穿越；B 点处则 Γ_{GH} 从上向下穿越，为一次正穿越，故有 $N_+=N_-=1$，$R=0$。

图(d) A，B 点均位于$(-1, j0)$点左侧，A 点处 Γ_{GH} 从下向上穿越，为一次负穿越；B 点处 Γ_{GH} 从上向下运动至实轴并停止，为半次正穿越，故 $N_-=1$，$N_+=\dfrac{1}{2}$，$R=-1$。

图(e) A，B 点均位于$(-1, j0)$点的左侧，A 点对应 $\omega=0$，随 ω 增大，Γ_{GH} 离开负实轴，为半次负穿越，而 B 点处为一次负穿越，故有 $N_-=\dfrac{3}{2}$，$N_+=0$，$R=-3$。

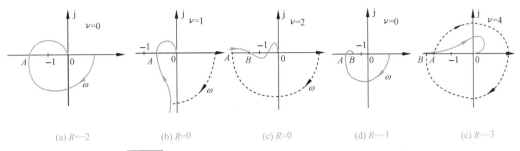

(a) $R=-2$　　　(b) $R=0$　　　(c) $R=0$　　　(d) $R=-1$　　　(e) $R=-3$

图 5-32　系统开环半闭合曲线 Γ_{GH} 与 Γ_F 包围原点的圈数 R

Γ_F 包围原点的圆数 R 等于 Γ_{GH} 包围 $(-1,j0)$ 点的圈数。计算 R 的过程中应注意正确判断 Γ_{GH} 穿越 $(-1,j0)$ 点左侧负实轴时的方向、半次穿越和虚线圆弧所产生的穿越次数。

2. 奈奎斯特稳定判据(奈氏判据)

设闭合曲线 Γ 如图 5-30 所示，在已知开环系统右半平面的极点数(不包括虚轴上的极点)和半闭合曲线 Γ_{GH} 的情况下，根据幅角原理和闭环稳定条件，可得下述奈氏判据。

奈氏判据　反馈控制系统稳定的充分必要条件是半闭合曲线 Γ_{GH} 不穿过 $(-1,j0)$ 点且逆时针包围临界点 $(-1,j0)$ 点的圈数 R 等于开环传递函数的正实部极点数 P。

奈氏判据
判稳

由幅角原理可知，闭合曲线 Γ 包围函数 $F(s)=1+G(s)H(s)$ 的零点数即反馈控制系统正实部极点数为

$$Z = P - R = P - 2N \tag{5-75}$$

当 $P \neq R$ 时，$Z \neq 0$，系统闭环不稳定。而当半闭合曲线 Γ_{GH} 穿过 $(-1,j0)$ 点时，表明存在 $s = \pm j\omega_n$，使得

$$G(\pm j\omega_n)H(\pm j\omega_n) = -1 \tag{5-76}$$

即系统闭环特征方程存在共轭纯虚根，则系统可能临界稳定。计算 Γ_{GH} 的穿越次数 N 时，应注意不计及 Γ_{GH} 穿越 $(-1,j0)$ 点的次数。

例 5-8　已知单位反馈系统开环幅相特性曲线($K=10$, $P=0$, $\nu=1$)如图 5-33 所示,试确定系统闭环稳定时 K 值的范围。

解　由图所示，开环幅相特性曲线与负实轴有三个交点，设交点处穿越频率分别为 ω_1，ω_2，ω_3，系统开环传递函数形如

$$G(s) = \frac{K}{s^\nu}G_1(s)$$

由题设条件知 $\nu=1, \lim_{s\to 0}G_1(s)=1$，和

$$G(j\omega_i) = \frac{K}{j\omega_i}G_1(j\omega_i); \qquad i=1,2,3$$

当取 $K=10$ 时

$$G(j\omega_1) = -2, \quad G(j\omega_2) = -1.5, \quad G(j\omega_3) = -0.5$$

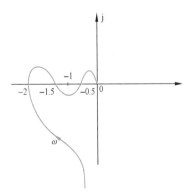

图 5-33　例 5-8 系统 $K=10$ 时
开环幅相特性曲线

若令 $G(\mathrm{j}\omega_t)=-1$，可得对应的 K 值

$$K_1 = \frac{-1}{\dfrac{1}{\mathrm{j}\omega_1}G_1(\mathrm{j}\omega_1)} = \frac{-1}{\dfrac{G(\mathrm{j}\omega_1)}{K}} = \frac{-1}{\dfrac{-2}{10}} = 5, \quad K_2 = \frac{-1}{\dfrac{G(\mathrm{j}\omega_2)}{K}} = \frac{-1}{\dfrac{-1.5}{10}} = \frac{20}{3}, \quad K_3 = 20$$

对应地，分别取 $0<K<K_1$，$K_1<K<K_2$，$K_2<K<K_3$ 和 $K>K_3$ 时，开环幅相特性曲线分别如图 5-34(a)，(b)，(c)和(d)所示，图中按 ν 补作虚圆弧得半闭合曲线 $\varGamma_G$。

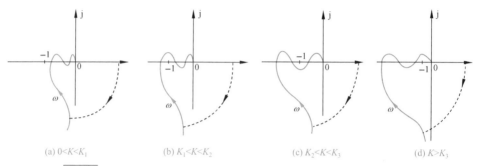

(a) $0<K<K_1$　　　　(b) $K_1<K<K_2$　　　　(c) $K_2<K<K_3$　　　　(d) $K>K_3$

图 5-34　例 5-8 系统在不同 K 值条件下的开环幅相特性曲线及 $\varGamma_G$ 曲线

根据 $\varGamma_G$ 曲线计算包围次数，并判断系统闭环稳定性：

$0 < K < K_1$，$R = 0$，$Z = 0$，闭环系统稳定；

$K_1 < K < K_2$，$R = -2$，$Z = 2$，闭环系统不稳定；

$K_2 < K < K_3$，$N_+ = N_- = 1$，$R = 0$，$Z = 0$，闭环系统稳定；

$K > K_3$，$N_+ = 1$，$N_- = 2$，$R = -2$，$Z = 2$，闭环系统不稳定。

综上可得，系统闭环稳定时的 K 值范围为$(0，5)$和$\left(\dfrac{20}{3}，20\right)$。当 K 等于 5，$\dfrac{20}{3}$ 和 20 时，$\varGamma_G$ 穿过临界点$(-1，\mathrm{j}0)$，且在这三个值的邻域，系统闭环稳定或不稳定，因此系统闭环临界稳定。

例 5-9　已知延迟系统开环传递函数为

$$G(s)H(s) = \frac{2\mathrm{e}^{-\tau s}}{s+1}, \qquad \tau > 0$$

试根据奈氏判据确定系统闭环稳定时，延迟时间 τ 值的范围。

解　由图 5-25 可知，延迟系统开环幅相特性曲线即半闭合曲线 $\varGamma_{GH}$ 为螺旋线，且为顺时针方向，若开环幅相特性曲线与$(-1，\mathrm{j}0)$点左侧的负实轴有 l 个交点，则 $\varGamma_{GH}$ 包围$(-1，\mathrm{j}0)$点的圈数为$-2l$，由于 $P=0$，故 $Z=2l$，系统闭环不稳定。若系统闭环稳定，则必须有 $l=0$。设 ω_x 为开环幅相特性曲线穿越负实轴时的频率，有

$$\varphi(\omega_x) = -\tau\omega_x - \arctan\omega_x = -(2k+1)\pi; \qquad k = 0,1,2,\cdots$$

鉴于

$$A(\omega_x) = \frac{2}{\sqrt{1+\omega_x^2}}$$

当 ω_x 增大时，$A(\omega_x)$ 减小。而在频率 ω 为最小的 ω_{xm} 时，开环幅相特性曲线第一次穿过负实轴，因此 ω_{xm} 求得为

$$\varphi(\omega_{xm}) = -\tau\omega_{xm} - \arctan\omega_{xm} = -\pi$$

此时 $A(\omega_{xm})$ 达到最大，为使 $l=0$，必须使 $A(\omega_{xm})<1$，即

$$\omega_{xm} > \sqrt{3}$$

由 $\varphi(\omega_x) = -(2k+1)\pi$ 解得

$$\tau = \left[(2k+1)\pi - \arctan\omega_x\right] / \omega_x > 0$$

注意到

$$\frac{\mathrm{d}\tau}{\mathrm{d}\omega_x} = \frac{-\left[(2k+1)\pi - \arctan\omega_x + \dfrac{\omega_x}{1+\omega_x^2}\right]}{\omega_x^2} < 0$$

τ 为 ω_x 的减函数，因此 ω_{xm} 亦为 τ 的减函数，当 $\tau=(\pi-\arctan\sqrt{3})/\sqrt{3}$ 时，$\omega_{xm}=\sqrt{3}$，系统临界稳定；当 $\tau>(\pi-\arctan\sqrt{3})/\sqrt{3}$ 时，$\omega_{xm}<\sqrt{3}$，系统不稳定。故系统闭环稳定时 τ 值的范围应为

$$\tau < \frac{\pi - \arctan\sqrt{3}}{\sqrt{3}} = \frac{2}{3\sqrt{3}}\pi$$

3. 对数频率稳定判据

奈氏判据基于复平面的半闭合曲线 Γ_{GH} 判定系统的闭环稳定性，由于半闭合曲线 Γ_{GH} 可以转换为半对数坐标下的曲线，所以可以推广运用奈氏判据，其关键问题是需要根据半对数坐标下的 Γ_{GH} 曲线确定穿越次数 N 或 N_+ 和 N_-。

复平面 Γ_{GH} 曲线一般由两部分组成：开环幅相曲线和开环系统存在积分环节和等幅振荡环节时所补作的半径为无穷大的虚圆弧。而 N 的确定取决于 $A(\omega)>1$ 时 Γ_{GH} 穿越负实轴的次数，因此应建立和明确以下对应关系：

(1) 穿越点确定

设 $\omega=\omega_c$ 时

$$\begin{cases} A(\omega_c) = |G(\mathrm{j}\omega_c)H(\mathrm{j}\omega_c)| = 1 \\ L(\omega_c) = 20\lg A(\omega_c) = 0 \end{cases} \tag{5-77}$$

称 ω_c 为截止频率。对于复平面的负实轴和开环对数相频特性，当取频率为穿越频率 ω_x 时

$$\varphi(\omega_x) = (2k+1)\pi; \quad k = 0, \pm1, \cdots \tag{5-78}$$

设半对数坐标下 Γ_{GH} 的对数幅频特性曲线和对数相频特性曲线分别为 Γ_L 和 Γ_φ，由于 Γ_L 等于 $L(\omega)$ 曲线，则 Γ_{GH} 在 $A(\omega)>1$ 时，穿越负实轴的点等于 Γ_{GH} 在半对数坐标下，对数幅频特性 $L(\omega)>0$ 时对数相频特性曲线 Γ_φ 与 $(2k+1)\pi(k=0,\pm1,\cdots)$，平行线的交点。

(2) Γ_φ 确定

1) 开环系统无虚轴上极点时，Γ_φ 等于 $\varphi(\omega)$ 曲线。

2) 开环系统存在积分环节 $\dfrac{1}{s^\nu}$ $(\nu>0)$ 时，复数平面的 Γ_{GH} 曲线，需从 $\omega=0_+$ 的开环幅相特性曲线的对应点 $G(\mathrm{j}0_+)H(\mathrm{j}0_+)$ 起，逆时针补作 $\nu\times90°$ 半径为无穷大的虚圆弧。对应地，

需从对数相频特性曲线 ω 较小且 $L(\omega)>0$ 的点处向上补作 $\nu\times90°$ 的虚直线，$\varphi(\omega)$ 曲线和补作的虚直线构成 Γ_φ。

3) 开环系统存在等幅振荡环节 $\dfrac{1}{(s^2+\omega_n^2)^{\nu_1}}$ $(\nu_1>0)$ 时，复数平面的 Γ_{GH} 曲线，需从 $\omega=\omega_{n-}$ 的开环幅相曲线的对应点 $G(j\omega_{n-})H(j\omega_{n-})$ 起，顺时针补作 $\nu_1\times180°$ 半径为无穷大的虚圆弧至 $\omega=\omega_{n+}$ 的对应点 $G(j\omega_{n+})H(j\omega_{n+})$ 处。对应地，需从对数相频特性曲线 $\varphi(\omega_{n-})$ 点起向上补作 $\nu_1\times180°$ 的虚直线至 $\varphi(\omega_{n+})$ 处，$\varphi(\omega)$ 曲线和补作的虚直线构成 Γ_φ。

(3) 穿越次数计算

正穿越一次：Γ_{GH} 由上向下穿越 $(-1，j0)$ 点左侧的负实轴一次，等价于在 $L(\omega)>0$ 时，Γ_φ 由下向上穿越 $(2k+1)\pi$ 线一次。

负穿越一次：Γ_{GH} 由下向上穿越 $(-1，j0)$ 点左侧的负实轴一次，等价于在 $L(\omega)>0$ 时，Γ_φ 由上向下穿越 $(2k+1)\pi$ 线一次。

正穿越半次：Γ_{GH} 由上向下止于或由上向下起于 $(-1，j0)$ 点左侧的负实轴，等价于在 $L(\omega)>0$ 时，Γ_φ 由下向上止于或由下向上起于 $(2k+1)\pi$ 线。

负穿越半次：Γ_{GH} 由下向上止于或由下向上起于 $(-1，j0)$ 点左侧的负实轴，等价于在 $L(\omega)>0$ 时，Γ_φ 由上向下止于或由上向下起于 $(2k+1)\pi$ 线。

应该指出的是，补作的虚直线所产生的穿越皆为负穿越。

对数频率稳定判据 设 P 为开环系统正实部的极点数，反馈控制系统稳定的充分必要条件是 $\varphi(\omega_c)\neq(2k+1)\pi(k=0，1，2，\cdots)$ 和 $L(\omega)>0$ 时，Γ_φ 曲线穿越 $(2k+1)\pi$ 线的次数

$$N=N_+-N_-$$

满足

$$Z=P-2N=0 \tag{5-79}$$

对数频率稳定判据和奈氏判据本质相同，其区别仅在于前者在 $L(\omega)>0$ 的频率范围内依 Γ_φ 曲线确定穿越次数 N。

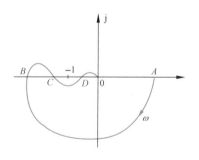

图 5-35 某系统开环幅相特性曲线

例 5-10 已知某系统开环稳定，开环幅相特性曲线如图 5-35 所示，试将开环幅相特性曲线表示为开环对数频率特性曲线，并运用对数稳定判据判断系统的闭环稳定性。

解 系统开环对数频率特性曲线如图 5-36 所示，然而相角表示具有不唯一性，图中 (a) 和 (b) 为其中的两种形式。

因为开环系统稳定，$P=0$。由开环幅相特性曲线知 $\nu=0$，不需补作虚直线。

图 (a) 中，$L(\omega)>0$ 频段内，$\varphi(\omega)$ 曲线与 $-180°$ 线有两个交点，依频率由小到大，分别为一次负穿越和一次正穿越，故 $N=N_+-N_-=0$。

图 (b) 中，$L(\omega)>0$ 频段内，$\varphi(\omega)$ 曲线与 $180°$ 线和 $-180°$ 线有四个交点，依频率由小到大，分别为半次负穿越、半次负穿越、半次正穿越和半次正穿越，故 $N=N_+-N_-=0$。

按对数稳定判据，图(a)和图(b)都有 $Z=P-2N=0$，且 $\varphi(\omega_c)\neq(2k+1)\pi$；$k=0$，1，2，$\cdots$，故系统闭环稳定。

例 **5-11** 已知开环系统型次 $\nu=3$，$P=0$，开环对数相频特性曲线如图 5-37 所示，图中 $\omega<\omega_c$ 时，$L(\omega)>L(\omega_c)$，试确定闭环不稳定极点的个数。

图 5-36 某系统开环对数频率特性曲线　　图 5-37 例 5-11 系统开环对数相频特性曲线

解 因为 $\nu=3$，需在低频处由 $\varphi(\omega)$ 曲线向上补作 270° 的虚直线于 180°，如图 5-37 所示。在 $L(\omega)>L(\omega_c)=0$dB 频段内，存在两个与 $(2k+1)\pi$ 线的交点，ω_1 处为一次负穿越，$\omega=0$ 处为半次负穿越，故 $N_-=1.5$，$N_+=0$，按对数稳定判据

$$Z = P - 2N = 3$$

故闭环不稳定极点的个数为 3。

4. 条件稳定系统

例 5-8 系统的分析表明，若开环传递函数在开右半 s 平面的极点数 $P=0$，当开环传递函数的某些系数(如开环增益)改变时，闭环系统的稳定性将发生变化。这种闭环稳定有条件的系统称为条件稳定系统。

相应地，无论开环传递函数的系数怎样变化，例如 $G(s)H(s)=\dfrac{K}{s^2(Ts+1)}$，系统总是闭环不稳定的，这样的系统称为结构不稳定系统。为了表征系统的稳定程度，需要引入"稳定裕度"概念。

5-4 稳 定 裕 度

根据奈氏判据可知，对于系统开环传递函数，若开右半 s 平面的极点数 $P=0$，则系统闭环稳定性取决于闭合曲线 Γ_{GH} 包围 $(-1,\mathrm{j}0)$ 点的圈数。当开环传递函数的某些系数发生

变化时，Γ_{GH}包围(-1, j0)点的情况亦随之改变。如例 5-8 所示，当Γ_{GH}穿过(-1,j0)点时，闭环系统临界稳定。因此，在稳定性研究中，称(-1, j0)点为临界点，而闭合曲线Γ_{GH}相对于临界点的位置即偏离临界点的程度，反映系统的相对稳定性。进一步分析和工程应用表明，相对稳定性亦影响系统时域响应的性能。

频域的相对稳定性即稳定裕度常用相角裕度γ和幅值裕度 h 来度量。

1. 相角裕度γ

设ω_c为系统的截止频率，显然

$$A(\omega_c) = | G(\mathrm{j}\omega_c)H(\mathrm{j}\omega_c) | = 1 \tag{5-80}$$

定义相角裕度为

$$\gamma = 180^\circ + \angle[G(\mathrm{j}\omega_c)H(\mathrm{j}\omega_c)] \tag{5-81}$$

相角裕度γ的含义是，对于闭环稳定系统，如果系统开环相频特性再滞后γ度，则系统将处于临界稳定状态。

2. 幅值裕度 h

设ω_x为系统的穿越频率，则系统在ω_x处的相角

$$\varphi(\omega_x) = \angle[G(\mathrm{j}\omega_x)H(\mathrm{j}\omega_x)] = (2k+1)\pi; \qquad k = 0, \pm 1, \cdots \tag{5-82}$$

定义幅值裕度为

$$h = \frac{1}{| G(\mathrm{j}\omega_x)H(\mathrm{j}\omega_x) |} \tag{5-83}$$

幅值裕度 h 的含义是，对于闭环稳定系统，如果系统开环幅频特性再增大 h 倍，则系统将处于临界稳定状态，复平面中γ 和 h 的表示如图 5-38(b)所示；对于闭环不稳定的系统，幅值裕度指出了为使系统临界稳定，开环幅频特性应当减小到原来的 $1/h$。

对数坐标下，幅值裕度按下式定义：

$$h(\mathrm{dB}) = -20\lg | G(\mathrm{j}\omega_x)H(\mathrm{j}\omega_x) | \quad (\mathrm{dB}) \tag{5-84}$$

(a) 对数坐标平面

(b) 极坐标平面

图 5-38　稳定和不稳定系统的相角裕度和幅值裕度

半对数坐标图中的 γ 和 h 的表示如图 5-38(a)所示。

当幅值裕度以分贝表示时，如果 h 大于 1，则幅值裕度为正值；如果 h 小于 1，则幅值裕度为负值。因此，正幅值裕度(以 dB 表示)表示系统是稳定的，负幅值裕度(以 dB 表示)表示系统是不稳定的。

一阶或二阶系统的幅值裕度为无穷大，因为这类系统的极坐标图与负实轴不相交。因此，理论上，一阶或二阶系统不可能是不稳定的(当然，一阶或二阶系统在一定意义上说只能是近似的，因为在推导系统方程时，忽略了一些小的时间滞后，因此它们不是真正的一阶或二阶系统。如果考虑这些小的滞后，则所谓的一阶或二阶系统也可能是不稳定的)。

注意，对于具有不稳定开环系统的非最小相位系统，除非 $G(+j\omega)$ 图包围 $(-1+j0)$ 点，否则不能满足稳定条件。因此，这种稳定的非最小相位系统将具有负的相角裕度和幅值裕度。

条件稳定系统将具有两个或多个穿越频率，并且某些具有复杂动态特性的高阶系统还可能具有两个或多个截止频率，如图 5-39 所示。对于具有两个或多个截止频率的稳定系统，相角裕度应在最高的截止频率上测量。

图 5-39　具有多于两个以上的穿越频率或截止频率系统的极坐标图

例 **5-12**　已知单位反馈系统

$$G(s) = \frac{K}{(s+1)^3}$$

设 K 分别为 4 和 10 时，试确定系统的稳定裕度。

解　系统开环频率特性

$$G(j\omega) = \frac{K}{(1+\omega^2)^{\frac{3}{2}}} \angle (-3\arctan\omega) = \frac{K\left[(1-3\omega^2) - j\omega(3-\omega^2)\right]}{(1+\omega^2)^3}$$

按 ω_x，ω_c 定义可得

$$\omega_x = \sqrt{3}$$

$K=4$ 时：

$$G(j\omega_x) = -0.5, \quad h = 2$$

$$\omega_c = \sqrt{16^{\frac{1}{3}} - 1} = 1.233, \quad \angle[G(j\omega_c)] = -152.9°, \quad \gamma = 27.1°$$

$K=10$ 时：

$$G(j\omega_x) = -1.25, \quad h = 0.8$$

$$\omega_c = 1.908, \quad \angle[G(j\omega_c)] = -187.0°, \quad \gamma = -7.0°$$

分别作出 $K=4$ 和 $K=10$ 的开环幅相特性曲线即闭合曲线 Γ_G，如图 5-40 所示。由奈氏判据知：

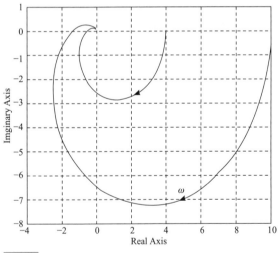

$K=4$ 时，系统闭环稳定，$h>1$，$\gamma>0$；

$K=10$ 时，系统闭环不稳定，$h<1$，$\gamma<0$。

上述根据 $\gamma>0$ 且 $h>1$ 或 $h(\mathrm{dB})>0$ 判断系统的闭环稳定性方法可推广至半闭合曲线 Γ_{GH} 分别与单位圆或负实轴至多只有一个交点，或 $L(\omega)>0$，Γ_φ 与 $(2k+1)\pi$ 线 $(k=0, \pm1, \cdots)$ 至多只有一个交点，且开环传递函数无 s 开右半平面极点的情况。应注意的是，该结论对非最小相位系统并不都适用。此外，仅用相角裕度或幅值裕度，都不足以反映系统的稳定程度。

图 5-40　例 5-12 $K=4$ 和 $K=10$ 时系统开环幅相特性曲线

例 **5-13**　典型二阶系统如图 5-41 所示，试确定系统的相角裕度 γ。

解　典型二阶系统的开环频率特性为

$$G(j\omega) = \frac{\omega_n^2}{j\omega(j\omega + 2\zeta\omega_n)}$$

$$= \frac{\omega_n^2}{\omega\sqrt{\omega^2 + 4\zeta^2\omega_n^2}} \angle\left(-\arctan\frac{\omega}{2\zeta\omega_n} - 90°\right)$$

图 5-41　典型二阶系统结构图

设 ω_c 为截止频率，则有

$$|G(\mathrm{j}\omega_c)|=\frac{\omega_n^2}{\omega_c\sqrt{\omega_c^2+4\zeta^2\omega_n^2}}=1$$

可求得

$$\omega_c=\omega_n(\sqrt{4\zeta^4+1}-2\zeta^2)^{\frac{1}{2}} \tag{5-85}$$

按相角裕度定义

$$\gamma=180°+\angle[G(\mathrm{j}\omega_c)]=90°-\arctan\frac{\omega_c}{2\zeta\omega_n}=\arctan\frac{2\zeta\omega_n}{\omega_c}$$

$$=\arctan\left[2\zeta\left(\frac{1}{\sqrt{4\zeta^4+1}-2\zeta^2}\right)^{\frac{1}{2}}\right] \tag{5-86}$$

因为

$$\frac{\mathrm{d}}{\mathrm{d}\zeta}(\sqrt{4\zeta^4+1}-2\zeta^2)=\frac{4\zeta}{\sqrt{4\zeta^4+1}}(2\zeta^2-\sqrt{4\zeta^4+1})<0$$

故 ω_c 为 ω_n 的增函数和 ζ 的减函数，γ 只与阻尼比 ζ 有关，且为 ζ 的增函数。

对于高阶系统，一般难以准确计算截止频率 ω_c。在工程设计和分析时，只要求粗略估计系统的相角裕度，故一般可根据对数幅频渐近特性曲线确定截止频率 ω_c，即取 ω_c 满足 $L_a(\omega_c)=0$，再由相频特性确定相角裕度 γ。

例 5-14 单位反馈系统的开环传递函数为

$$G(s)=\frac{K}{s(s+1)(0.1s+1)}$$

试分别确定系统开环增益 $K=5$ 和 $K=20$ 时的相角裕度和幅值裕度。

解 首先作出 $K=5$ 和 $K=20$ 时的对数幅频渐近特性和对数相频特性曲线，如图 5-42 所示，它们具有相同的相频特性，但幅频特性不同。

由图 5-42 可得，当 $K=5$ 时，$\omega_c=2.1$，$\gamma_1\approx13.6°$，$h_1(\mathrm{dB})\approx6.85\mathrm{dB}$；而当 $K=20$ 时，$\omega_c=-4.23$，$\gamma_2\approx-9.7°$，$h_2(\mathrm{dB})\approx-5.2\mathrm{dB}$。

(a) 开环对数幅频渐近特性   (b) 开环对数频率特性

图 5-42 例 5-14 系统开环对数频率特性曲线(MATLAB)

例 5-14 表明，减小开环增益 K，可以增大系统的相角裕度，但 K 的减小会使系统的稳态误差变大。为了使系统具有良好的过渡过程，通常要求相角裕度为 30°～60°，而欲满足这一要求应使开环对数幅频特性在截止频率附近的斜率大于–40dB/dec，且有一定宽度。因此，为了兼顾系统的稳态误差和过渡过程的要求，有必要应用校正方法。

3. 关于相角裕度和幅值裕度的几点说明

控制系统的相角裕度和幅值裕度是系统的极坐标图对(–1, j0)点靠近程度的度量。因此，这两个裕量可以用来作为设计准则。

只用幅值裕度或者只用相角裕度，都不足以说明系统的相对稳定性。为了确定系统的相对稳定性，必须同时给出这两个量。

对于最小相位系统，只有当相角裕度和幅值裕度都是正值时，系统才是稳定的。负的裕度表示系统不稳定。

适当的相角裕度和幅值裕度可以防止系统中元件老化造成的影响，并且指明了频率值。为了得到满意的性能，相角裕度应当为 30°～60°，幅值裕度应当大于 6dB。对于具有上述裕度的最小相位系统，即使开环增益与元件的时间常数在一定范围内变化，也能保证系统的稳定性。

对于最小相位系统，开环传递函数的幅值和相位特性有一定关系。要求相角裕度在 30°和 60°之间，即在伯德图中，对数幅值曲线在截止频率处的斜率应大于–40dB/dec。在大多数实际情况中，为了保证系统稳定，要求截止频率处的斜率为–20dB/dec。如果截止频率上的斜率为–40dB/dec，则系统可能是稳定的，也可能是不稳定的(即使系统是稳定的，相角裕度也比较小)。如果在截止频率处的斜率为–60dB/dec，或者更陡，则系统多半是不稳定的。

对于非最小相位系统，稳定裕度的正确解释需要仔细地进行研究。确定非最小相位系统稳定性的最好方法，是采用极坐标图法，而不是伯德图法。

5-5　闭环系统的频域性能指标

反馈控制系统的闭环传递函数为

$$\Phi(s) = \frac{G(s)}{1+G(s)H(s)} = \frac{1}{H(s)} \cdot \frac{G(s)H(s)}{1+G(s)H(s)} \tag{5-87}$$

其中 $H(s)$ 为主反馈通道的传递函数，一般为常数。在 $H(s)$ 为常数的情况下，闭环频率特性的形状不受影响。因此，研究闭环系统频域指标时，只需针对单位反馈系统进行。作用在控制系统的信号除了控制输入外，常伴随输入端和输出端的多种确定性扰动和随机噪声，因而闭环系统的频域性能指标应该反映控制系统跟踪控制输入信号和抑制干扰信号的能力。

1. 控制系统的频带宽度

设 $\Phi(j\omega)$ 为系统闭环频率特性，当闭环幅频特性下降到频率为零时的分贝值以下 3 分

贝，即 $0.707|\Phi(\mathrm{j}0)|(\mathrm{dB})$ 时，对应的频率称为带宽频率，记为 ω_b。即当 $\omega > \omega_b$ 时

$$20\lg|\Phi(\mathrm{j}\omega)| < 20\lg|\Phi(\mathrm{j}0)| - 3 \tag{5-88}$$

而频率范围$(0, \omega_b)$称为系统的带宽，如图 5-43 所示。带宽定义表明，对高于带宽频率的正弦输入信号，系统输出将呈现较大的衰减。对于 Ⅰ 型和 Ⅰ 型以上的开环系统，由于 $|\Phi(\mathrm{j}0)|=1$，$20\lg|\Phi(\mathrm{j}0)|=0$，故

$$20\lg|\Phi(\mathrm{j}\omega)| < -3(\mathrm{dB}), \quad \omega > \omega_b \tag{5-89}$$

图 5-43　系统带宽频率与带宽

带宽是频域中一项非常重要的性能指标。对于一阶和二阶系统，带宽频率和系统参数具有解析关系。

设一阶系统的闭环传递函数为

$$\Phi(s) = \frac{1}{Ts+1}$$

因为开环系统为 Ⅰ 型，$\Phi(\mathrm{j}0)=1$，按带宽定义

$$20\lg|\Phi(\mathrm{j}\omega_b)| = 20\lg\frac{1}{\sqrt{1+T^2\omega_b^2}} = 20\lg\frac{1}{\sqrt{2}}$$

可求得带宽频率

$$\omega_b = \frac{1}{T} \tag{5-90}$$

对于二阶系统，闭环传递函数为

$$\Phi(s) = \frac{\omega_n^2}{s^2 + 2\zeta\omega_n s + \omega_n^2}$$

系统幅频特性

$$|\Phi(\mathrm{j}\omega)| = \frac{1}{\sqrt{\left(1 - \dfrac{\omega^2}{\omega_n^2}\right)^2 + 4\zeta^2\dfrac{\omega^2}{\omega_n^2}}}$$

因为$|\Phi(\mathrm{j}0)|=1$，由带宽定义得

$$\sqrt{\left(1 - \frac{\omega_b^2}{\omega_n^2}\right)^2 + 4\zeta^2\frac{\omega_b^2}{\omega_n^2}} = \sqrt{2}$$

于是

$$\omega_b = \omega_n\left[(1-2\zeta^2) + \sqrt{(1-2\zeta^2)^2 + 1}\right]^{\frac{1}{2}} \tag{5-91}$$

由式(5-90)知，一阶系统的带宽频率和时间常数 T 成反比。由式(5-91)知，二阶系统的带宽频率和自然频率 ω_n 成正比。令 $A = \left(\dfrac{\omega_b}{\omega_n}\right)^2$，由于

$$\frac{\mathrm{d}A}{\mathrm{d}\zeta} = \frac{-4\zeta}{\sqrt{(1-2\zeta^2)^2 + 1}}\left[\sqrt{(1-2\zeta^2)^2 + 1} + (1-2\zeta^2)\right] < 0$$

A 为 ζ 的减函数，故 ω_b 为 ζ 的减函数，即 ω_b 与阻尼比 ζ 成反比。根据第三章中一阶系统和二阶系统上升时间和调节时间与参数的关系可知，系统的单位阶跃响应的速度和带宽成正比。对于任意阶次的控制系统，这一关系仍然成立。

设两个控制系统存在以下关系：

$$\varPhi_1(s) = \varPhi_2\left(\frac{s}{\lambda}\right) \tag{5-92}$$

其中 λ 为任意正常数。两个系统的闭环频率特性亦有

$$\varPhi_1(j\omega) = \varPhi_2\left(j\frac{\omega}{\lambda}\right)$$

当对数幅频特性 $20\lg|\varPhi_1(j\omega)|$ 和 $20\lg\left|\varPhi_2\left(j\left(\frac{\omega}{\lambda}\right)\right)\right|$ 的横坐标分别取为 ω 和 $\frac{\omega}{\lambda}$ 时，其对数幅频特性曲线具有相同的形状，按带宽定义可得

$$\omega_{b_1} = \lambda\omega_{b_2}$$

即系统 $\varPhi_1(s)$ 的带宽频率为系统 $\varPhi_2(s)$ 带宽频率的 λ 倍。设两个系统的单位阶跃响应分别为 $c_1(t)$ 和 $c_2(t)$，按拉氏变换，有

$$\frac{1}{s}\varPhi_1(s) = \int_0^\infty c_1(t)e^{-st}dt = \frac{1}{\lambda}\cdot\frac{1}{\frac{s}{\lambda}}\varPhi_2\left(\frac{s}{\lambda}\right) = \int_0^\infty c_2(\lambda t)e^{-st}dt$$

即得

$$c_1(t) = c_2(\lambda t) \tag{5-93}$$

由时域性能指标可知，系统 $\varPhi_1(s)$ 的上升时间和过渡过程时间为 $\varPhi_2(s)$ 的 $1/\lambda$ 倍。即当系统的带宽扩大 λ 倍，系统的响应速度则加快 λ 倍。鉴于系统复现输入信号的能力取决于系统的幅频特性和相频特性，对于输入端信号，带宽大，则跟踪控制信号的能力强；而在另一方面，抑制输入端高频干扰的能力则弱，因此系统带宽的选择在设计中应折中考虑，不能一味求大。

2. 系统带宽与信号频谱的关系

受环境变化，元器件老化，电源波动和传感器、执行器非线性因素的影响，系统的输入和输出端不可避免地存在扰动和噪声，因此控制系统带宽的选择需综合考虑各种输入信号的频率范围及其对系统性能的影响，即应使系统对控制输入信号具有良好的跟踪能力和对扰动输入信号具有较强的抑制能力。从误差的角度来看，就是使各种输入信号所产生的误差尽可能地小。因此很有必要分析信号的频域分布及其对误差的影响。

(1) 周期信号的频谱

设 $f(t)$ 为周期函数，其周期为 T，可用下式描述：

$$f(t) = f(t + lT); \quad l = 0, \pm 1, \cdots \tag{5-94}$$

若 $f(t)$ 在区间 $[0, T]$ 内有界，且仅有有限个极值，即满足狄利克雷条件，则 $f(t)$ 可展开为傅里叶级数

$$f(t) = \sum_{k=-\infty}^{\infty} c_k e^{j\frac{2\pi k}{T}t} \tag{5-95}$$

其中 c_k 为复数，称为傅里叶系数，

$$c_k = \frac{1}{T}\int_{-\frac{T}{2}}^{\frac{T}{2}} f(t)\mathrm{e}^{\mathrm{j}\frac{2\pi k}{T}t}\mathrm{d}t = \frac{A_k}{2}\mathrm{e}^{\mathrm{j}B_k} \tag{5-96}$$

且有

$$c_0 = \frac{A_0}{2}, \qquad c_{-k} = \overline{c}_k = \frac{A_k}{2}\mathrm{e}^{-\mathrm{j}B_k}$$

代入式(5-95)可得

$$f(t) = \frac{A_0}{2} + \sum_{k=1}^{\infty} A_k \cos\left(\frac{2\pi k}{T}t + B_k\right) \tag{5-97}$$

复系数表达式中的 A_k 和 B_k 表示 $f(t)$ 的第 k 次谐波分量的幅值和相位，称复系数 c_k 的集合为周期信号的频谱。频谱可以有不同的表示形式，有时只列出复系数的幅值谱。对于图 5-44(a)所示的矩形波序列，其基波频率和复系数的幅值分别为

$$\Omega = \frac{2\pi}{T}, \quad |c_k| = \frac{A\tau}{T}\cdot\frac{\sin\left(\dfrac{\pi k\tau}{T}\right)}{\dfrac{\pi k\tau}{T}}$$

幅值谱如图 5-44(b)所示。

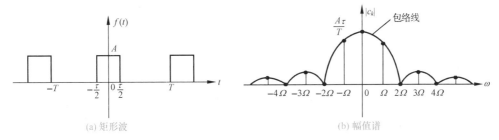

(a) 矩形波 　　　　　　　　　　　　　　(b) 幅值谱

图 5-44　矩形波及其幅值谱

由图 5-44 可知，周期信号的幅值谱为一簇谱线，随 k 增大，即 $\omega = \dfrac{2\pi}{T}k$ 的增大，幅值谱的包络线衰减。若系统的控制输入为矩形波时，系统的跟踪能力取决于带宽覆盖矩形波频谱的范围，带宽大则处于较高频率范围的谱线衰减小，故失真小。

(2) 非周期函数的频谱

非周期函数可以看作是周期 $T\rightarrow\infty$ 的周期函数。若 $f(t)$ 为绝对可积函数，则 $f(t)$ 可以表示为傅氏积分

$$f(t) = \frac{1}{2\pi}\int_{-\infty}^{\infty} F(\mathrm{j}\omega)\mathrm{e}^{\mathrm{j}\omega t}\mathrm{d}\omega \tag{5-98}$$

$$F(\mathrm{j}\omega) = \int_{-\infty}^{\infty} f(t)\mathrm{e}^{-\mathrm{j}\omega t}\mathrm{d}t \tag{5-99}$$

$f(t)$ 和 $F(\mathrm{j}\omega)$ 构成傅氏变换对，而 $F(\mathrm{j}\omega)$ 表示 $f(t)$ 谐波的分布特性，也简称为频谱。与周

期信号的频谱不同，非周期信号的频谱为连续谱，单个方波的幅值谱特性如图 5-45 所示。

(a) 单个方波   (b) 频谱特性

图 5-45　单个方波及其频谱特性

由图 5-45 可知，当控制输入信号频谱特性具有收敛形式时，可按跟踪要求选定常数 ε，若 $\omega > \omega_b$ 时，$|F(j\omega)| < \varepsilon$，从而确定系统所需要的带宽频率 ω_b。

综上所述，系统的分析应区分输入信号的性质、位置，根据其频谱或谱密度以及相应的传递函数选择合适带宽，而系统的设计则主要围绕带宽来进行。为了设计合适的系统带宽，需要确定系统的闭环频率特性。

3. 确定闭环频率特性的方法

工程上常用 MATLAB 方法获得闭环频率特性：在已知系统开环传递函数条件下，直接调用命令 feedback 和 bode，可立即得到闭环对数幅频和相频曲线，然后可判读出系统谐振频率 ω_r、谐振峰值 M_r(dB) 及带宽频率 ω_b。

4. 闭环系统频域指标和时域指标的转换

系统时域指标物理意义明确、直观，但不能直接应用于频域的分析和综合。闭环系统频域指标 ω_b 虽然能反映系统的跟踪速度和抗干扰能力，但由于需要通过闭环频率特性加以确定，在校正元件的形式和参数尚需确定时显得较为不便。鉴于系统开环频域指标相角裕度 γ 和截止频率 ω_c 可以利用已知的开环对数频率特性曲线确定，且由前面分析知，γ 和 ω_c 的大小在很大程度上决定了系统的性能，因此工程上常用 γ 和 ω_c 来估算系统的时域性能指标。

(1) 系统闭环和开环频域指标的关系

系统开环指标截止频率 ω_c 与闭环指标带宽频率 ω_b 有着密切的关系。如果两个系统的稳定程度相仿，则 ω_c 大的系统，ω_b 也大；ω_c 小的系统，ω_b 也小。因此 ω_c 和系统响应速度存在正比关系，ω_c 可用来衡量系统的响应速度。鉴于闭环振荡性指标谐振峰值 M_r 和开环指标相角裕度 γ 都能表征系统的稳定程度，故下面建立 M_r 和 γ 的近似关系：

设系统开环相频特性可以表示为

$$\varphi(\omega) = -180° + \gamma(\omega) \tag{5-100}$$

其中 $\gamma(\omega)$ 表示相角相对于 $-180°$ 的相移。因此开环频率特性可以表示为

$$G(j\omega) = A(\omega)e^{-j[180° - \gamma(\omega)]} = A(\omega)[-\cos\gamma(\omega) - j\sin\gamma(\omega)] \tag{5-101}$$

闭环幅频特性

$$M(\omega) = \left|\frac{G(j\omega)}{1+G(j\omega)}\right| = \frac{A(\omega)}{\left[1 + A^2(\omega) - 2A(\omega)\cos\gamma(\omega)\right]^{\frac{1}{2}}}$$

$$= \frac{1}{\sqrt{\left[\dfrac{1}{A(\omega)} - \cos\gamma(\omega)\right]^2 + \sin^2\gamma(\omega)}} \tag{5-102}$$

一般情况下，在 $M(\omega)$ 的极大值附近，$\gamma(\omega)$ 变化较小，且使 $M(\omega)$ 为极值的谐振频率 ω_r 常位于 ω_c 附近，即有

$$\cos\gamma(\omega_r) \approx \cos\gamma(\omega_c) = \cos\gamma \tag{5-103}$$

由式(5-102)可知，令 $\dfrac{\mathrm{d}M(\omega)}{\mathrm{d}A(\omega)} = 0$，得 $A(\omega) = \dfrac{1}{\cos\gamma(\omega)}$，相应的 $M(\omega)$ 为极值，故谐振峰值为

$$M_r = M(\omega_r) = \frac{1}{\left|\sin\gamma(\omega_r)\right|} \approx \frac{1}{\left|\sin\gamma\right|} \tag{5-104}$$

由于 $\cos\gamma(\omega_r) \leqslant 1$，故在闭环幅频特性的峰值处对应的开环幅值 $A(\omega_r) \geqslant 1$，而 $A(\omega_c) = 1$，显然 $\omega_r \leqslant \omega_c$。因此随着相角裕度 γ 的减小，$\omega_c - \omega_r$ 减小，当 $\gamma = 0$ 时，$\omega_r = \omega_c$。由此可知，γ 较小时，式(5-104)的近似程度较高。控制系统的设计中，一般先根据控制要求提出闭环频域指标 ω_b 和 M_r，再由式(5-104)确定相角裕度 γ 和选择合适的截止频率 ω_c，然后根据 γ 和 ω_c 选择校正网络的结构并确定参数。

(2) 开环频域指标和时域指标的关系

对于典型二阶系统，第三章已建立了时域指标超调量 $\sigma\%$ 和调节时间 t_s 与阻尼比 ζ 的关系式。而欲确定 γ 和 ω_c 与 $\sigma\%$ 和 t_s 的关系，只需确定 γ 和 ω_c 关于 ζ 的计算公式。因为典型二阶系统的开环频率特性为

$$G(j\omega) = \frac{\omega_n^2}{j\omega(j\omega + 2\zeta\omega_n)} = \frac{\omega_n^2}{\omega\sqrt{\omega^2 + 4\zeta^2\omega_n^2}} \angle\left(-90° - \arctan\frac{\omega}{2\zeta\omega_n}\right)$$

由 ω_c 定义及式(5-85)求得

$$\frac{\omega_c}{\omega_n} = \left(\sqrt{4\zeta^4 + 1} - 2\zeta^2\right)^{\frac{1}{2}} \tag{5-105}$$

由式(5-86)求出相角裕度

$$\gamma = 180° + \angle[G(j\omega_c)] = 180° - 90° - \arctan\frac{\omega_c}{2\zeta\omega_n}$$

$$= \arctan\frac{2\zeta\omega_n}{\omega_c} = \arctan\left[2\zeta\left(\sqrt{4\zeta^4 + 1} - 2\zeta^2\right)^{-\frac{1}{2}}\right] \tag{5-106}$$

上式表明，典型二阶系统的相角裕度 γ 与阻尼比 ζ 存在一一对应关系，图 5-46 是根据式(5-106)绘制的 γ-ζ 曲线。由图 5-46 可知，γ 为 ζ 的增函数。

当选定 γ 后，可由 γ-ζ 曲线确定 ζ，再由 ζ 确定 $\sigma\%$ 和 t_s。

例 5-15　设一单位反馈系统的开环传递函数

$$G(s) = \frac{K}{s(Ts+1)}$$

若已知单位速度信号输入下的稳态误差 $e_{ss}(\infty) = 1/9$，相角裕度 $\gamma = 60°$，试确定系统时域指标 $\sigma\%$ 和 t_s。

解　因为该系统为 I 型系统，单位速度输入下的稳态误差为 $1/K$，由题设条件得 $K=9$。由 $\gamma = 60°$，查图 5-46 得阻尼比 $\zeta = 0.62$，因此超调量

$$\sigma\% = e^{-\pi\zeta/\sqrt{1-\zeta^2}} \times 100\% = 7.5\%$$

图 5-46　典型二阶系统的 γ-ζ 曲线

由于

$$K/T = \omega_n^2, \qquad 1/T = 2\zeta\omega_n$$

$$\omega_n = 2K\zeta = 11.16$$

调节时间

$$t_s = \frac{3.5}{\zeta\omega_n} = 0.506 \qquad (\Delta = 5\%)$$

如果采用 MATLAB 仿真方法，可得系统的时域指标为

$$\sigma\% = 8.29\%, \qquad t_s = 0.47(\Delta = 5\%)$$

表明对于典型的无零点二阶系统，时域指标的估算结果是较准确的。

(3) 高阶系统的时域指标的估算

对于具有一对共轭复数闭环极点的线性定常高阶系统，阶跃动态响应与频率响应之间通常存在下列关系：

1) M_r 值表征了相对稳定性。如果 M_r 的值在 $1.0 < M_r < 1.4 (0\text{dB} < M_r(\text{dB}) < 3\text{dB})$ 范围内，这相当于有效阻尼比 ζ 在 $0.4 < \zeta < 0.7$ 范围内，则通常可以获得满意的动态性能。当 M_r 的值大于 1.5 时，阶跃动态响应可能呈现出若干次过调。

2) 谐振频率 ω_r 的大小表征了动态响应的速度。ω_r 的值越大，时间响应便越快。换句话说，上升时间随 ω_r 成反比变化。在开环频率响应中，动态响应中的阻尼自然频率 ω_d 将位于截止频率 ω_c 与穿越频率 ω_x 之间的某一位置上。

3) 对于弱阻尼系统，谐振频率 ω_r 与阶跃动态响应中的阻尼自然频率 ω_d 很接近。

如果高阶系统可以用标准二阶系统近似，或者说可以用一对共轭复数闭环极点近似，则可以利用上述三条关系，将高阶系统的阶跃动态响应与频率响应联系起来。

对于一般高阶系统，开环频域指标和时域指标不存在解析关系式。通过对大量系统的 M_r 和 ω_c 的研究，并借助于式(5-104)，归纳为下述两个近似估算公式：

$$\sigma = 0.16 + 0.4\left(\frac{1}{\sin\gamma} - 1\right), \qquad 35° \leqslant \gamma \leqslant 90° \tag{5-107}$$

$$t_s = \frac{K_0\pi}{\omega_c} \tag{5-108}$$

其中

$$K_0 = 2 + 1.5\left(\frac{1}{\sin\gamma} - 1\right) + 2.5\left(\frac{1}{\sin\gamma} - 1\right)^2, \qquad 35° \leqslant \gamma \leqslant 90°$$

应用上述经验公式估算高阶系统的时域指标,一般偏于保守,即实际性能比估算结果要好。对控制系统进行初步设计时,使用经验公式,可以保证系统达到性能指标的要求且留有一定的余地,然后进一步应用 MATLAB 软件进行验证。应用 MATLAB 软件可以方便地获得闭环系统对数频率特性和系统时间响应,便于统筹兼顾系统的频域性能和时域性能。

例 5-16 已知单位反馈系统开环传递函数

$$G(s) = \frac{11.7}{s(1+0.05s)(1+0.04s)}$$

试分别利用 MATLAB 方法绘制系统的开环及闭环对数幅频和相频曲线,求出系统闭环谐振峰值 M_r 和带宽频率 ω_b,并确定系统相应的时域指标 $\sigma\%$ 和 t_s。

解 利用 MATLAB 的伯德图绘制命令 margin 和 bode,可得系统的开环及闭环对数幅频和相频曲线分别如图 5-47 和图 5-48 所示。由图 5-47 可知,系统的幅值裕度 $h(\mathrm{dB}) = 11.7\mathrm{dB}$,相角裕度 $\gamma = 42.5°$,其对应的穿越频率 $\omega_x = 22.4\mathrm{rad/s}$,截止频率 $\omega_c = 9.79\mathrm{rad/s}$,闭环系统是稳定的。由图 5-48 可知,系统的闭环谐振峰值 $M_r(\mathrm{dB}) = 2.91\mathrm{dB}$ 和带宽频率 $\omega_b = 17.2$。图 5-49 为图 5-48 闭环系统对数幅频特性曲线的局部放大图,其横坐标取为频率值。随着频率增高,系统闭环幅频特性最终减小到零,闭环系统表现为低通滤波器。

图 5-47 系统开环对数幅频和相频曲线

图 5-48 系统闭环对数幅频和相频曲线

图 5-49　系统闭环幅频特性曲线局部放大图

图 5-50　闭环系统单位阶跃响应曲线

若应用式(5-107)及式(5-108)估算该高阶系统的时域指标，可得 $\sigma\%=35.21\%$，$t_s=1.06s(\Delta=5\%)$。另由 MATLAB 软件仿真可知系统的超调量 $\sigma\%=26.8\%$，调节时间 $t_s=0.859s(\Delta=2\%)$，$t_s=0.639s(\Delta=5\%)$，系统单位阶跃响应曲线如图 5-50 所示。本例求解过程的 MATLAB 仿真程序如下：

```
G=zpk([   ],[0 −25 −20],11.7*20*25);       %开环传递函数的零极点描述
sys=feedback(G,1);                         %闭环传递函数求解
 figure(1);margin(G);grid                   %系统开环对数幅频和相频特性曲线绘制，并求出幅值裕
                                              度和相角裕度，及其对应的穿越频率和截止频率
figure(2);bode(sys);grid                    %系统闭环对数幅频和相频特性曲线绘制
figure(3);step(sys);                        %闭环系统单位阶跃响应
```

从例 5-16 可以看出，近似公式估算与实际仿真结果相比，偏于保守。

5-6　控制系统频域设计

例 5-17　雕刻机控制系统。

图 5-51(a)所示为雕刻机，其 x 轴方向配有两台驱动电机，用来驱动雕刻针运动；另外，还各有一台单独的电机用于在 y 轴和 z 轴方向驱动雕刻针。雕刻机 x 轴方向位置控制系统模型如图 5-51(b)所示。

本例的设计目标是：用频率响应法选择控制器增益 K_1 的值，使系统阶跃响应的各项指标保持在允许范围内。

解　本例设计的基本思路是：首先选择增益 K_1 的初始值，绘制系统的开环和闭环对数频率特性曲线，然后用闭环对数频率特性来估算系统时间响应的各项指标。若系统性能不满足设计要求，则调整 K_1 的取值，重复以上设计过程。最后，用实际系统的仿真来检验设计结果。

现在，取 $K_1=2$，则系统开环频率特性为

$$G(j\omega)=\frac{1}{j\omega(0.5\,j\omega+1)(j\omega+1)}$$

(a) 雕刻机

(b) 模型结构图

图 5-51　雕刻机控制系统

计算 $G(j\omega)$ 的幅值与相位，如表 5-3 所示。根据表 5-3 可绘制开环对数频率特性图如图 5-52 所示。由图可见，系统的相角裕度 $\gamma=33°$，相应的闭环系统是稳定的。

表 5-3　雕刻机 $G(j\omega)$ 的频率响应

ω	0.2	0.4	0.8	1.0	1.4	1.8
$20\lg|G|$ / dB	14	7	−1	−4	−9	−13
$\varphi(\omega)$ / (°)	−107	−123	−150.5	−162	−179.5	−193

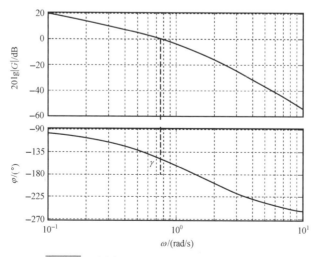

图 5-52　雕刻机 $G(j\omega)$ 的开环对数频率特性图

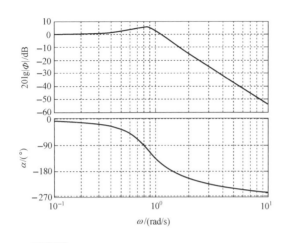

图 5-53　系统闭环对数频率特性图(MATLAB)

由闭环频率特性函数

$$\Phi(\mathrm{j}\omega) = \frac{2}{(\mathrm{j}\omega)^3 + 3(\mathrm{j}\omega)^2 + 2(\mathrm{j}\omega) + 2}$$

$$= \frac{2}{(2 - 3\omega^2) + \mathrm{j}\omega(2 - \omega)^2}$$

可以画出闭环频率特性曲线，如图 5-53 所示。

由图可见，系统存在谐振频率，其值 $\omega_r = 0.8$，相应的谐振峰值

$$20\lg M_r = 5\mathrm{dB}, \qquad M_r = 1.78$$

根据图 5-53，可以认为系统的主导极点为共轭复极点。于是，由图 5-54 给出的关系曲线，并由 $M_r = 1.78$ 估计出系统的阻尼比 $\zeta = 0.28$，然后进一步得到标准化谐振频率 $\omega_r / \omega_n = 0.92$。

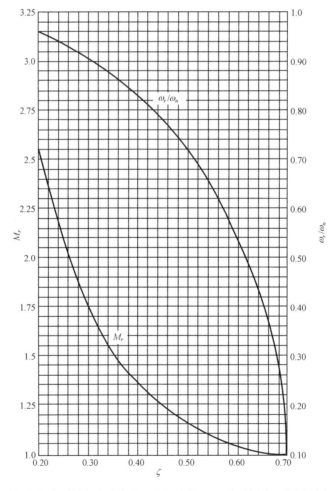

图 5-54　在共轭复极点项的频率响应中，谐振峰值 M_r、谐振频率 ω_r 与阻尼比 ζ 的关系曲线

因为已求出 ω_r=0.8，故无阻尼自然频率

$$\omega_n = \frac{0.8}{0.92} = 0.87$$

于是，雕刻机控制系统的二阶近似模型应为

$$\Phi(s) = \frac{\omega_n^2}{s^2 + 2\zeta\omega_n s + \omega_n^2} = \frac{0.76}{s^2 + 0.49s + 0.76}$$

根据近似模型，可以估算出系统的超调量为

$$\sigma\% = e^{-\pi\zeta/\sqrt{1-\zeta^2}} \times 100\% = 40\%$$

调节时间(Δ=2%)为

$$t_s = \frac{4.4}{\zeta\omega_n} = 17.96s$$

最后，按实际三阶系统进行仿真，其单位阶跃响应如图 5-55 所示，得到 $\sigma\%$=39%，$t_p = 4s$，t_s =16s。结果表明，二阶近似模型是合理的，可以用来调节系统的参数。在本例中，如果要求更小的超调量，应取 K_1<2，然后重复以上设计过程。

图 5-55 雕刻机控制系统的阶跃响应(MATLAB)

MATLAB 程序如下：

```
K1=2;G0=zkp([   ],[0 −1 −2],K1);     %系统开环传递函数
G=feedback(G0,1)                      %系统的闭环传递函数
figure(1);bode(G0);grid               %绘制系统的开环频率特性曲线
figure(2);bode(G);grid                %绘制系统的闭环频率特性曲线
figure(3);step(G);grid                %系统的单位阶跃响应
```

例 5-18 磁盘驱动读取系统(续)。

图 1-16 所示的磁盘驱动器是用弹性簧片来悬挂磁头的。当考虑簧片的弹性影响时，磁头位置控制系统如图 5-56 所示。磁头与簧片的典型参数：$\zeta = 0.3$，ω_n=18.85 × 10^3rad/s。要求确定开环增益 K=100 时，磁盘驱动读取系统的幅值裕度 h(dB)、相角裕度 γ 及闭环系统的带宽频率 ω_b，并估算系统单位阶跃响应的 $\sigma\%$ 和 t_s。

图 5-56 磁头位置控制系统结构图(包括簧片的弹性影响)

解 取 K_1=2000，则开环增益 K=100，根据对数幅频特性表达式

$$20\lg\left|K_1(j\omega+1)G_1(j\omega)G_2(j\omega)G_3(j\omega)\right|$$

在一些选定的频率点上，画出开环系统对数幅频渐近特性，如图 5-57 所示。由图可见，在簧片自然频率ω_n附近，幅频特性曲线比渐近线高约 5dB。

图 5-57　磁盘驱动读取系统开环对数幅频渐近特性

利用 MATLAB 软件，可以画出开环系统的对数频率特性，如图 5-58 所示。由图 5-58 可以确定：$h(dB)=22.8dB$，$\gamma=37.3°$，$\omega_c=1200rad/s$。

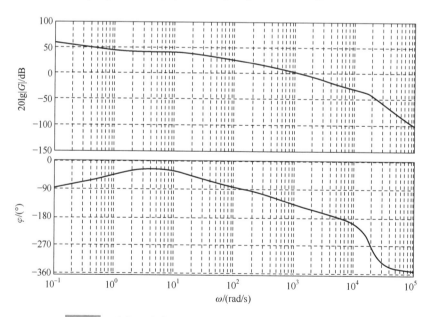

图 5-58　磁盘驱动读取系统开环对数频率特性图(MATLAB)

为了确定闭环系统带宽频率ω_b，绘制磁盘驱动读取系统准确的闭环对数幅频特性，如图 5-59 所示。由图 5-59 可以确定 $\omega_b=2000\text{rad/s}$。显然，只要取 $K_1=2000$，簧片自然频率 ω_n 及 ω_n 附近的系统谐振频率 ω_r 就会位于闭环带宽 ω_b 之外，从而使簧片弹性对系统动态性能的影响甚微。

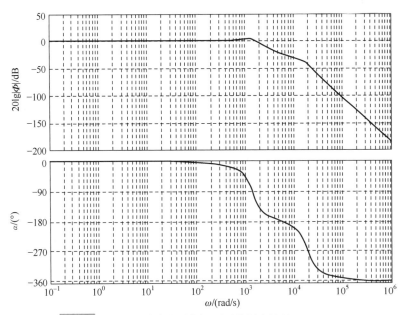

图 5-59　磁盘驱动读取系统闭环对数频率特性(MATLAB)

系统单位阶跃响应的动态性能指标，可以利用下列式子估算：

$$\sigma\% = 100\left[0.16 + 0.4\left(\frac{1}{\sin\gamma} - 1\right)\right]\% = 42.1\%$$

$$K_0 = 2 + 1.5\left(\frac{1}{\sin\gamma} - 1\right) + 2.5\left(\frac{1}{\sin\gamma} - 1\right)^2 = 4.04$$

$$t_s = \frac{K_0\pi}{\omega_c} = 10.1\text{ms} \quad (\Delta = 5\%)$$

上述估算公式是偏保守的，仅能用于系统的初步设计。实际上，图 5-56 所示磁头位置控制系统的单位阶跃响应曲线如图 5-60 所示。由图可得系统的动态性能

$$\sigma\% \approx 31\%, \qquad t_s = 9.2\text{ms} \quad (\Delta = 2\%)$$

MATLAB 程序如下：

```
num=2000*0.05*[1,1];
den=[conv(conv([0.001,1],[1/20,1]),conv([1,0],[(1/18850)^2,2*0.3/18850,1]))];
G0=tf(num,den);G=feedback(G0,1);          %系统的开环和闭环传递函数
t=0:0.0001:0.02;
figure(1);bode(G0);grid                    %绘制系统的开环频率特性曲线
figure(2);bode(G);grid                     %绘制系统的闭环频率特性曲线
figure(3);step(G,t);grid                   %系统的单位阶跃响应
```

Python 程序如下：

```
import control as ctr
```

```
import matplotlib.pyplot as plt
import numpy as np

num = [2000*0.05,2000*0.05]
den =[0,0,0.0001,0.051,1,0]
G0 = ctr.tf(num,den)                    #系统的开环和闭环传递函数
G = ctr.feedback(G0, 1)
t = np.arange(0,0.02,0.0001)
plt.figure(1)                           #绘制系统的开环频率特性曲线
ctr.bode_plot(G0)
plt.grid(1)
plt.figure(2)                           #绘制系统的闭环频率特性曲线
ctr.bode_plot(G)
plt.grid(1)
plt.figure(3)                           #绘制系统的单位阶跃响应
t1,y1= ctr.step_response(G,t)
plt.plot(t1, y1)
plt.ylabel('Amplitude')
plt.xlabel('Time/sec')
plt.grid(1)
plt.show()
```

图 5-60　磁头位置控制系统的单位阶跃响应(MATLAB)

习　　题

5-1　设系统闭环稳定，闭环传递函数为 $\Phi(s)$，试根据频率特性的定义证明，输入为余弦函数 $r(t) = A\cos(\omega t + \varphi)$ 时，系统的稳态输出为

$$c_{ss}(t) = A \cdot |\Phi(\mathrm{j}\omega)| \cos\big[\omega t + \varphi + \angle[\Phi(\mathrm{j}\omega)]\big]$$

5-2　若系统单位阶跃响应

$$c(t) = 1 - 1.8\mathrm{e}^{-4t} + 0.8\mathrm{e}^{-9t}$$

试确定系统的频率特性。

5-3 设控制系统结构图如图 5-61 所示，试确定在输入信号

$$r(t) = \sin(t + 30°) - \cos(2t - 45°)$$

作用下，系统的稳态误差 $e_{ss}(t)$。

图 5-61 控制系统结构图

5-4 典型二阶系统的开环传递函数

$$G(s) = \frac{\omega_n^2}{s(s + 2\zeta\omega_n)}$$

当取 $r(t) = 2\sin t$ 时，系统的稳态输出

$$c_{ss}(t) = 2\sin(t - 45°)$$

试确定系统参数 ω_n，ζ。

5-5 已知系统开环传递函数

$$G(s)H(s) = \frac{K(\tau s + 1)}{s^2(Ts + 1)}; \qquad K,\tau,T > 0$$

试分析并绘制 $\tau > T$ 和 $T > \tau$ 情况下的概略开环幅相特性曲线。

5-6 已知系统开环传递函数

$$G(s)H(s) = \frac{1}{s^\nu(s + 1)(s + 2)}$$

试分别绘制 $\nu = 1$，2，3，4 时系统的概略开环幅相特性曲线。

5-7 已知系统开环传递函数

$$G(s) = \frac{K(-T_2 s + 1)}{s(T_1 s + 1)}; \qquad K,T_1,T_2 > 0$$

当取 $\omega = 1$ 时，$\angle[G(j\omega)] = -180°$，$|G(j\omega)| = 0.5$。当输入为单位速度信号时，系统的稳态误差为 0.1，试写出系统开环频率特性表达式 $G(j\omega)$。

5-8 已知系统开环传递函数

$$G(s)H(s) = \frac{10}{s(2s + 1)(s^2 + 0.5s + 1)}$$

试分别计算 $\omega = 0.5$ 和 $\omega = 2$ 时，开环频率特性的幅值 $A(\omega)$ 和相位 $\varphi(\omega)$。

5-9 已知系统开环传递函数

$$G(s)H(s) = \frac{10}{s(s + 1)(s^2/4 + 1)}$$

试绘制系统概略开环幅相特性曲线。

5-10 已知系统开环传递函数

$$G(s)H(s) = \frac{(s + 1)}{s\left(\frac{s}{2} + 1\right)\left(\frac{s^2}{9} + \frac{s}{3} + 1\right)}$$

要求选择频率点，列表计算 $A(\omega)$，$L(\omega)$ 和 $\varphi(\omega)$，并据此在半对数坐标纸上绘制系统开环对数频率特性曲线。

5-11 绘制下列传递函数的对数幅频渐近特性曲线：

(1) $G(s) = \dfrac{2}{(2s+1)(8s+1)}$;

(2) $G(s) = \dfrac{200}{s^2(s+1)(10s+1)}$;

(3) $G(s) = \dfrac{8\left(\dfrac{s}{0.1}+1\right)}{s(s^2+s+1)\left(\dfrac{s}{2}+1\right)}$;

(4) $G(s) = \dfrac{10\left(\dfrac{s^2}{400}+\dfrac{s}{10}+1\right)}{s(s+1)\left(\dfrac{s}{0.1}+1\right)}$ 。

5-12 已知最小相位系统的对数幅频渐近特性曲线如图 5-62 所示，试确定系统的开环传递函数。

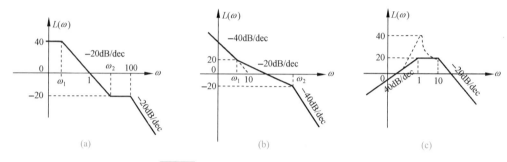

图 5-62　系统开环对数幅频渐近特性

5-13 试用奈氏判据分别判断题 5-5、题 5-6 中系统的闭环稳定性。

5-14 已知下列系统开环传递函数(参数 K, T, $T_i > 0$; $i=1, 2, \cdots, 6$):

(1) $G(s) = \dfrac{K}{(T_1 s+1)(T_2 s+1)(T_3 s+1)}$;

(2) $G(s) = \dfrac{K}{s(T_1 s+1)(T_2 s+1)}$;

(3) $G(s) = \dfrac{K}{s^2(Ts+1)}$;

(4) $G(s) = \dfrac{K(T_1 s+1)}{s^2(T_2 s+1)}$;

(5) $G(s) = \dfrac{K}{s^3}$;

(6) $G(s) = \dfrac{K(T_1 s+1)(T_2 s+1)}{s^3}$;

(7) $G(s) = \dfrac{K(T_5 s+1)(T_6 s+1)}{s(T_1 s+1)(T_2 s+1)(T_3 s+1)(T_4 s+1)}$;

(8) $G(s) = \dfrac{K}{Ts-1}$;

(9) $G(s) = \dfrac{-K}{-Ts+1}$;

(10) $G(s) = \dfrac{K}{s(Ts-1)}$ 。

其系统开环幅相特性曲线分别如图 5-63(a)~(j)所示，试根据奈氏判据判定各系统的闭环稳定性，若系统闭环不稳定，确定其 s 右半平面的闭环极点数。

5-15 根据奈氏判据确定题 5-9 系统的闭环稳定性。

5-16 已知系统开环传递函数

$$G(s) = \dfrac{K}{s(Ts+1)(s+1)}; \qquad K, T > 0$$

试根据奈氏判据，确定其闭环稳定条件:

(1) $T=2$ 时，K 值的范围;

(2) $K=10$ 时，T 值的范围;

(3) K，T 值的范围。

5-17 试用对数稳定判据判定题 5-10 系统的闭环稳定性。

5-18 已知两个最小相位系统开环对数相频特性曲线如图 5-64 所示，试分别确定系统的稳定性。鉴于改变系统开环增益可使系统截止频率变化，试确定系统闭环稳定时，截止频率 ω_c 的范围。

图 5-63 系统开环幅相曲线

图 5-64 开环对数相频特性曲线

5-19 若单位反馈系统的开环传递函数

$$G(s) = \frac{Ke^{-0.8s}}{s+1}$$

试确定使系统稳定的 K 值范围。

5-20 设单位反馈系统的开环传递函数

$$G(s) = \frac{5s^2 e^{-\tau s}}{(s+1)^4}$$

试确定闭环系统稳定时，延迟时间 τ 的范围。

5-21 设单位反馈控制系统的开环传递函数

$$G(s) = \frac{as+1}{s^2}$$

试确定相角裕度为 45°时参数 a 的值。

5-22 对于典型二阶系统，已知参数 $\omega_n = 3$，$\zeta = 0.7$，试确定截止频率 ω_c 和相角裕度 γ。

5-23 对于典型二阶系统，已知 $\sigma\% = 15\%$，$t_s = 3s(\Delta = 2\%)$，试计算相角裕度 γ。

5-24 根据题 5-11 所绘对数幅频渐近特性曲线，近似确定截止频率 ω_c，并由此确定相角裕度 γ 的近似值。

5-25 大型油船航向控制系统的开环传递函数为

$$G(s) = \frac{E(s)}{\Delta(s)} = \frac{0.164(s+0.2)(-s+0.32)}{s^2(s+0.25)(s-0.009)}$$

其中，$E(s)$为油船偏航角的拉氏变换；$\Delta(s)$是舵机偏转角的拉氏变换。试验证图 5-65 所示的油船航向控制系统的开环对数频率特性的形状是否准确。

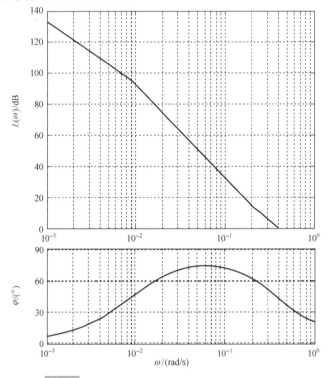

图 5-65　油船航向控制系统的开环对数频率特性

5-26 图 5-66(a)是卫星修理示意图，宇航员的脚固定在航天飞机机械手臂顶端的工作台上，以便他能用双手来完成阻止卫星转动和点火启动卫星等操作。机械臂控制系统的框图如图 5-66(b)所示，其中

(a) 航天飞机修理卫星示意图　　　　　　　(b) 机械臂控制系统框图

图 5-66　航天飞机机械臂控制系统

$$G_1(s) = K = 10, \qquad H(s) = 1$$

若已知闭环传递函数为

$$\varPhi(s) = \frac{C(s)}{R(s)} = \frac{10}{s^2 + 5s + 10}$$

要求:

(1) 确定系统对单位阶跃扰动的响应表达式 $c_n(t)$ 及 $c_n(\infty)$ 的值;

(2) 计算闭环系统的带宽频率 ω_b。

5-27 试验中的旋翼飞机装有一个可以旋转的机翼,如图 5-67 所示。当飞机速度较低时,机翼将处在正常位置;而在飞机速度较高时,机翼将旋转到一个其他的合适位置,以便改善飞机的超音速飞行品质。假定飞机控制系统的 $H(s)=1$,且

$$G(s) = \frac{4(0.5s+1)}{s(2s+1)\left[\left(\dfrac{s}{8}\right)^2 + \left(\dfrac{s}{20}\right) + 1\right]}$$

要求:

(1) 绘制开环系统的对数频率特性曲线;

(2) 确定幅值增益为 0dB 时对应的频率 ω_c 和相角为 $-180°$ 时对应的频率 ω_x。

5-28 美国卡耐尔基-梅隆大学机器人研究所开发研制了一套用于星际探索的系统,其目标机器人是一个六足步行机器人,如图 5-68(a)所示。该机器人单足控制系统结构图如图 5-68(b)所示。要求:

(1) 绘制 $K=20$ 时,闭环系统的对数频率特性;

(2) 分别确定 $K=20$ 和 $K=40$ 时,闭环系统的谐振峰值 M_r、谐振频率 ω_r 和带宽频率 ω_b。

图 5-67 旋转翼飞机示意图

(a) 六足步行机器人示意图　　　　　　(b) 单足控制系统结构图

图 5-68 步行机器人

5-29 在脑外科、眼外科等类似手术中，患者肌肉的无意识运动可能会导致灾难性的后果。为了保证合适的手术条件，可以采用控制系统实施自动麻醉，以保证稳定的用药量，使患者肌肉放松。图 5-69 为麻醉控制系统模型，试确定控制器增益 K 和时间常数 τ，使系统谐振峰值 $M_r \leqslant 1.5$，并确定相应的闭环带宽频率 ω_b。

图 5-69　麻醉控制系统结构图

第六章 线性系统的校正方法

根据被控对象及给定的技术指标要求设计自动控制系统,需要进行大量的分析计算。设计中需要考虑的问题是多方面的。既要保证所设计的系统有良好的性能,满足给定技术指标的要求,又要便于加工,经济性好,可靠性高。在设计过程中,既要有理论指导,也要重视实践经验,往往还要配合许多局部和整体的实验。

本章主要研究线性定常控制系统的校正方法。所谓校正,就是在系统中加入一些其参数可以根据需要而改变的机构或装置,使系统整个特性发生变化,从而满足给定的各项性能指标。在这一章中,将主要介绍目前工程实践中常用的三种校正方法,即串联校正、前馈校正和复合校正。

6-1 系统的设计与校正问题

当被控对象给定后,按照被控对象的工作条件、被控信号应具有的最大速度和加速度要求等,可以初步选定执行元件的形式、特性和参数。然后,根据测量精度、抗扰能力、被测信号的物理性质、测量过程中的惯性及非线性度等因素,选择合适的测量变送元件。在此基础上,设计增益可调的前置放大器与功率放大器。这些初步选定的元件以及被控对象,构成系统中的不可变部分。设计控制系统的目的,是将构成控制器的各元件与被控对象适当组合起来,使之满足表征控制精度、阻尼程度和响应速度的性能指标要求。如果通过调整放大器增益后仍然不能全面满足设计要求的性能指标,就需要在系统中增加一些参数及特性可按需要改变的校正装置,使系统性能全面满足设计要求。这就是控制系统设计中的校正问题。

1. 性能指标

进行控制系统的校正设计,除了应已知系统不可变部分的特性与参数外,还需要已知对系统提出的全部性能指标。性能指标通常是由使用单位或被控对象的设计制造单位提出的。不同的控制系统对性能指标的要求应有不同的侧重。例如,调速系统对平稳性和稳态精度要求较高,而随动系统则侧重于快速性要求。

性能指标的提出,应符合实际系统的需要与可能。一般来说,性能指标不应当比完成给定任务所需的指标更高。例如,若系统的主要要求是具备较高的稳态工作精度,则不必对系统的动态性能提出不必要的过高要求。实际系统能具备的各种性能指标,会受到组成元部件的固有误差、非线性特性、能源的功率以及机械强度等各种实际物理条件的制约。如果要求控制系统应具备较快的响应速度,则应考虑系统能够提供的最大速度和加速度,以及系统容许的强度极限。除了一般性指标外,具体系统往往还有一些特殊要求，如低速平稳性、对变载荷的适应性等，也必须在系统设计时分别加以考虑。

在控制系统设计中，采用的设计方法一般依据性能指标的形式而定。如果性能指标以单位阶跃响应的峰值时间、调节时间、超调量、阻尼比、稳态误差等时域特征量给出时，一般采用时域法校正；如果性能指标以系统的相角裕度、幅值裕度、谐振峰值、闭环带宽、静态误差系数等频域特征量给出时，一般采用频率法校正。目前，工程技术界多习惯采用频率法，故通常通过近似公式进行两种指标的互换。由本书第五章知，有如下关系成立。

(1) 二阶系统频域指标与时域指标的关系

谐振峰值
$$M_r = \frac{1}{2\zeta\sqrt{1-\zeta^2}}, \quad \zeta \leqslant 0.707 \tag{6-1}$$

谐振频率
$$\omega_r = \omega_n\sqrt{1-2\zeta^2}, \quad \zeta \leqslant 0.707 \tag{6-2}$$

带宽频率
$$\omega_b = \omega_n\sqrt{1-2\zeta^2+\sqrt{2-4\zeta^2+4\zeta^4}} \tag{6-3}$$

截止频率
$$\omega_c = \omega_n\sqrt{\sqrt{1+4\zeta^4}-2\zeta^2} \tag{6-4}$$

相角裕度
$$\gamma = \arctan\frac{2\zeta}{\sqrt{\sqrt{1+4\zeta^4}-2\zeta^2}} \tag{6-5}$$

超调量
$$\sigma\% = e^{-\pi\zeta/\sqrt{1-\zeta^2}}\times 100\% \tag{6-6}$$

调节时间
$$t_s = \frac{3.5}{\zeta\omega_n}(\Delta=5\%)\text{或}t_s=\frac{4.4}{\zeta\omega_n}(\Delta=2\%) \tag{6-7}$$

(2) 高阶系统频域指标与时域指标的关系

谐振峰值
$$M_r = \frac{1}{|\sin\gamma|} \tag{6-8}$$

超调量
$$\sigma = 0.16+0.4(M_r-1), \quad 1\leqslant M_r\leqslant 1.8 \tag{6-9}$$

调节时间
$$t_s = \frac{K_0\pi}{\omega_c}(\Delta=5\%) \tag{6-10}$$

$$K_0 = 2+1.5(M_r-1)+2.5(M_r-1)^2, \quad 1\leqslant M_r\leqslant 1.8$$

2. 系统带宽的确定

性能指标中的带宽频率 ω_b 的要求，是一项重要的技术指标。无论采用哪种校正方式，都要求校正后的系统既能以所需精度跟踪输入信号，又能抑制噪声扰动信号。在控制系统实际运行中，输入信号一般是低频信号，而噪声信号则一般是高频信号。因此，合理选择控制系统的带宽，在系统设计中是一个很重要的问题。

显然，为了使系统能够准确复现输入信号，要求系统具有较大的带宽；然而从抑制噪声角度来看，又不希望系统的带宽过大。此外，为了使系统具有较高的稳定裕度，希望系统开环对数幅频特性在截止频率 ω_c 处的斜率为 -20dB/dec，但从要求系统具有较强的从噪声中辨识信号的能力来考虑，却又希望 ω_c 处的斜率小于 -40dB/dec。由于不同的

开环系统截止频率 ω_c 对应于不同的闭环系统带宽频率 ω_b, 因此在系统设计时, 必须选择切合实际的系统带宽。

通常, 一个设计良好的实际运行系统, 其相角裕度具有 45°左右的数值。过低于此值, 系统的动态性能较差, 且对参数变化的适应能力较弱; 过高于此值, 意味着对整个系统及其组成部件要求较高, 因此造成实现上的困难, 或因此不满足经济性要求, 同时由于稳定程度过好, 造成系统动态过程缓慢。要实现 45°左右的相角裕度要求, 开环对数幅频特性在中频区的斜率应为 $-20\text{dB}/\text{dec}$, 同时要求中频区占据一定的频率范围, 以保证在系统参数变化时, 相角裕度变化不大。过此中频区后, 要求系统幅频特性迅速衰减, 以削弱噪声对系统的影响。这是选择系统带宽应该考虑的一个方面。另一方面, 进入系统输入端的信号, 既有输入信号 $r(t)$, 又有噪声信号 $n(t)$, 如果输入信号的带宽为 $0 \sim \omega_M$, 噪声信号集中起作用的频带为 $\omega_1 \sim \omega_n$, 则控制系统的带宽频率通常取为

$$\omega_b = (5 \sim 10)\omega_M \tag{6-11}$$

且使 $\omega_1 \sim \omega_n$ 处于 $0 \sim \omega_b$ 范围之外, 如图 6-1 所示。

3. 校正方式

按照校正装置在系统中的连接方式, 控制系统校正方式可分为串联校正、反馈校正、前馈校正和复合校正四种。

串联校正装置一般接在系统误差测量点之后, 串接于系统前向通道之中; 反馈校正装置接在系统局部反馈通路之中。串联校正与反馈校正连接方式如图 6-2 所示。

图 6-1 系统带宽的确定   图 6-2 串联校正与反馈校正系统方框图

前馈校正又称顺馈校正, 是在系统主反馈回路之外采用的校正方式。前馈校正装置接在系统给定值(或指令、参考输入信号)之后及主反馈作用点之前的前向通道上, 如图 6-3(a)所示, 这种校正装置的作用相当于对给定值信号进行整形或滤波后, 再送入反馈系统, 因此又称为前置滤波器; 另一种前馈校正装置接在系统可测扰动作用点与误差测量点之间, 对扰动信号进行直接或间接测量, 并经变换后接入系统, 形成一条附加的对扰动影响进行补偿的通道, 如图 6-3(b)所示。前馈校正可以单独作用于开环控制系统, 也可以作为反馈控制系统的附加校正而组成复合控制系统。

复合校正方式是在反馈控制回路中, 加入前馈校正通路, 组成一个有机整体, 如

图 6-4 所示。图(a)为按扰动补偿的复合控制形式，图(b)为按输入补偿的复合控制形式。

图 6-3　前馈校正系统方框图

图 6-4　复合校正系统结构图

　　在控制系统设计中，常用的校正方式为串联校正、反馈校正和前馈校正。究竟选用哪种校正方式，取决于系统中的信号性质、技术实现的方便性、可供选用的元件、抗扰性要求、经济性要求、环境使用条件以及设计者的经验等因素。

　　一般来说，串联校正设计比反馈校正设计简单，也比较容易对信号进行各种必要形式的变换。在直流控制系统中，由于传递直流电压信号，适于采用串联校正；在交流载波控制系统中，如果采用串联校正，一般应接在解调器和滤波器之后，否则由于参数变化和载频漂移，校正装置的工作稳定性很差。串联校正装置又分无源和有源两类。无源串联校正装置通常由 RC 无源网络构成，结构简单，成本低廉，但会使信号在变换过程中产生幅值衰减，且其输入阻抗较低，输出阻抗又较高，因此常常需要附加放大器，以补偿其幅值衰减，并进行阻抗匹配。为了避免功率损耗，无源串联校正装置通常安置在前向通路中能量较低的部位上。有源串联校正装置由运算放大器和 RC 网络组成，其参数可以根据需要调整，因此在工业自动化设备中，经常采用由电动(或气动)单元构成的 PID 控制器(或称 PID 调节器)，它由比例单元、微分单元和积分单元组合而成，可以实现各种要求的控制规律。

　　在实际控制系统中，还广泛采用反馈校正装置。一般来说，反馈校正所需元件数目比串联校正少。由于反馈信号通常由系统输出端或放大器输出级供给，信号是从高功率点传向低功率点，所以反馈校正一般无须附加放大器。此外，反馈校正尚可消除系统原有部分参数波动对系统性能的影响。在性能指标要求较高的控制系统设计中，常常兼用串联校正与前馈校正两种方式。

6-2　常用校正装置及其特性

　　本节集中介绍常用无源及有源校正网络的电路形式、传递函数、对数频率特性及零、极点分布图，以便控制系统校正时使用。

1. 无源校正网络

(1) 无源超前网络

图 6-5 是无源超前网络的电路图及其零、极点分布图。如果输入信号源的内阻为零，且输出端的负载阻抗为无穷大，则超前网络的传递函数可写为

$$aG_c(s) = \frac{1 + aTs}{1 + Ts} \tag{6-12}$$

式中

$$a = \frac{R_1 + R_2}{R_2} > 1, \quad T = \frac{R_1 R_2}{R_1 + R_2} C$$

通常，a 称为分度系数，T 称为时间常数。由式(6-12)见，采用无源超前网络(图 6-5(a))进行串联校正时，整个系统的开环增益要下降为原来的 $1/a$，因此需要提高放大器增益加以补偿。超前网络的零、极点分布图如图 6-5(b)所示。由于 $a > 1$，故超前网络的负实零点总是位于其负实极点之右，两者之间的距离由常数 a 决定。改变 a 和 T 的数值，超前网络的零、极点可在 s 平面的负实轴上任意移动。

(a) 电路图　　　　(b) 网络零、极点分布

图 6-5　无源超前网络及其零、极点分布

根据式(6-12)，可以画出无源超前网络 $aG_c(s)$ 的对数频率特性，如图 6-6(a)所示，图中 $20\lg a$ 代表纵坐标值。显然，超前网络对频率在 $1/(aT)$ 至 $1/T$ 之间的输入信号有明显的微分作用，在该频率范围内，输出信号相角比输入信号相角超前，超前网络的名称由此而得。图 6-6(a)表明，在最大超前角频率 ω_m 处，具有最大超前角 φ_m，且 ω_m 正好处于频率 $1/(aT)$ 和 $1/T$ 的几何中心。证明如下：

(a) 对数频率特性　　　　(b) 分度系数与最大超前角关系

图 6-6　无源超前网络特性

超前网络式(6-12)的相角为

$$\varphi_c(\omega) = \arctan aT\omega - \arctan T\omega = \arctan \frac{(a-1)T\omega}{1+aT^2\omega^2} \tag{6-13}$$

将式(6-13)对 ω 求导并令其为零，得最大超前角频率

$$\omega_m = \frac{1}{T\sqrt{a}} \tag{6-14}$$

将式(6-14)代入式(6-13)，得最大超前角

$$\varphi_m = \arctan \frac{a-1}{2\sqrt{a}} = \arcsin \frac{a-1}{a+1} \tag{6-15}$$

式(6-15)表明：最大超前角 φ_m 仅与分度系数 a 有关。a 值选得越大，超前网络的微分效应越强。为了保持较高的系统信噪比，实际选用的 a 值一般不超过 20。此外，由图 6-6(a)可以明显看出 ω_m 处的对数幅频值

$$L_c(\omega_m) = 20\lg |aG_c(j\omega_m)| = 10\lg a \tag{6-16}$$

a 与 φ_m 及 $10\lg a$ 的关系曲线如图 6-6(b)所示。

设 ω_1 为频率 $1/(aT)$ 及 $1/T$ 的几何中心，则应有

$$\lg \omega_1 = \frac{1}{2}\left(\lg \frac{1}{aT} + \lg \frac{1}{T}\right)$$

解得 $\omega_1 = 1/(T\sqrt{a})$，正好与式(6-14)完全相同，故最大超前角频率 ω_m 确是 $1/(aT)$ 和 $1/T$ 的几何中心。

(2) 无源滞后网络

无源滞后网络的电路图如图 6-7(a)所示。如果输入信号源的内阻为零，负载阻抗为无穷大，滞后网络的传递函数为

$$G_c(s) = \frac{1+bTs}{1+Ts} \tag{6-17}$$

式中 $\qquad b = \frac{R_2}{R_1+R_2} < 1, \qquad T = (R_1+R_2)C$

通常，b 称为滞后网络的分度系数，表示滞后深度。

无源滞后网络的对数频率特性如图 6-7(b)所示。由图可见，滞后网络在频率 $1/T$ 至 $1/(bT)$ 之间呈积分效应，而对数相频特性呈滞后特性。与超前网络类似，最大滞后角 φ_m 发生在最大滞后角频率 ω_m 处，且 ω_m 正好是 $1/T$ 与 $1/(bT)$ 的几何中心。计算 ω_m 及 φ_m 的公式分别为

$$\omega_m = \frac{1}{T\sqrt{b}} \tag{6-18}$$

$$\varphi_m = \arcsin \frac{1-b}{1+b} \tag{6-19}$$

图 6-7(b)还表明，滞后网络对低频有用信号不产生衰减，而对高频噪声信号有削弱作用，b 值越小，通过网络的噪声电平越低。

(a) 电路图   (b) 对数频率特性

图 6-7   无源滞后网络及其特性

采用无源滞后网络进行串联校正时，主要是利用其高频幅值衰减的特性，以降低系统的开环截止频率，提高系统的相角裕度。因此，力求避免最大滞后角发生在已校正系统开环截止频率 ω_c'' 附近。选择滞后网络参数时，通常使网络的交接频率 $1/(bT)$ 远小于 ω_c''，一般取

$$\frac{1}{bT} = \frac{\omega_c''}{10} \tag{6-20}$$

此时，滞后网络在 ω_c'' 处产生的相角滞后按下式确定：

$$\varphi_c(\omega_c'') = \arctan bT\omega_c'' - \arctan T\omega_c''$$

由两角和的三角函数公式，得

$$\tan \varphi_c(\omega_c'') = \frac{bT\omega_c'' - T\omega_c''}{1 + bT^2(\omega_c'')^2}$$

代入式(6-20)及 $b<1$ 关系，上式可化简为

$$\varphi_c(\omega_c'') \approx \arctan\left[0.1(b-1)\right] \tag{6-21}$$

b 与 $\varphi_c(\omega_c'')$ 和 $20\lg b$ 的关系曲线如图 6-8 所示。为便于使用，图 6-8 曲线画在对数坐标系中。

(3) 无源滞后-超前网络

无源滞后-超前网络的电路图如图 6-9(a)所示，其传递函数

图 6-8   无源滞后网络关系曲线($1/(bT)=0.1\,\omega_c''$)

$$G_c(s) = \frac{(1+T_a s)(1+T_b s)}{T_a T_b s^2 + (T_a + T_b + T_{ab})s + 1} \tag{6-22}$$

式中　　　　　　　　　　　$T_a = R_1 C_1, \qquad T_b = R_2 C_2, \qquad T_{ab} = R_1 C_2$

令式(6-22)的分母二项式有两个不相等的负实根，则式(6-22)可以写为

$$G_c(s) = \frac{(1+T_a s)(1+T_b s)}{(1+T_1 s)(1+T_2 s)} \tag{6-23}$$

比较式(6-22)及式(6-23)，可得

$$T_1 T_2 = T_a T_b , \quad T_1 + T_2 = T_a + T_b + T_{ab}$$

设　　　　　　　　　　　$T_1 > T_a, \qquad \frac{T_a}{T_1} = \frac{T_2}{T_b} = \frac{1}{\alpha}$

其中 $\alpha > 1$，则有

$$T_1 = \alpha T_a, \qquad T_2 = \frac{T_b}{\alpha}$$

于是，无源滞后-超前网络的传递函数最后可表示为

$$G_c(s) = \frac{(1+T_a s)(1+T_b s)}{(1+\alpha T_a s)(1+\frac{T_b}{\alpha} s)} \tag{6-24}$$

其中，$(1+T_a s)/(1+\alpha T_a s)$ 为网络的滞后部分，$(1+T_b s)/(1+T_b s/\alpha)$ 为网络的超前部分。无源滞后-超前网络的对数幅频渐近特性如图 6-9(b)所示，其低频部分和高频部分均起于和终于零分贝水平线。由图可见，只要确定 ω_a，ω_b 和 α，或者确定 T_a，T_b 和 α 三个独立变量，图 6-9(b)的形状即可确定。

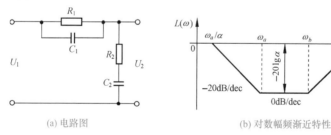

(a) 电路图　　　　　　　　　　　　　　(b) 对数幅频渐近特性

图 6-9　无源滞后-超前网络及其特性

常用无源校正网络的电路图、传递函数及对数幅频渐近特性，如表 6-1 所示。

表 6-1　常用无源校正网络

电路图	传递函数	对数幅频渐近特性
R_1　C　R_2	$\dfrac{T_2 s}{T_1 s + 1}$ $T_1 = (R_1 + R_2)C$ $T_2 = R_2 C$	$L(\omega)$　$\dfrac{1}{T_1}$　20dB/dec　$20\lg \dfrac{1}{1+R_1/R_2}$

续表

电路图	传递函数	对数幅频渐近特性
R_1, C, R_2, R_3	$G_1\dfrac{T_1 s+1}{T_2 s+1}$ $G_1=\dfrac{R_3}{R_1+R_2+R_3}$ $T_1=R_2 C$ $T_2=\dfrac{(R_1+R_3)R_2}{R_1+R_2+R_3}C$	$L(\omega)$，0，$\frac{1}{T_1}$，$\frac{1}{T_2}$；$20\lg G_1$；$20\mathrm{dB/dec}$；$20\lg\dfrac{R_3}{R_2+R_1}$
R_1, R_2, R_3, C	$G_0\dfrac{T_2 s+1}{T_1 s+1}$ $G_0=\dfrac{R_3}{R_1+R_3}$ $T_1=\left(R_2+\dfrac{R_1 R_3}{R_1+R_3}\right)C$ $T_2=R_2 C$	$L(\omega)$，$\frac{1}{T_1}$，$\frac{1}{T_2}$；$20\lg G_0$；$-20\mathrm{dB/dec}$；$-20\lg\left(1+\dfrac{R_1}{R_2}+\dfrac{R_1}{R_3}\right)$
R_1, R_2, C_1, C_2	$\dfrac{1}{T_1 T_2 s^2+\left[T_2\left(1+\dfrac{R_1}{R_2}\right)+T_1\right]s+1}$ $T_1=R_1 C_1$ $T_2=R_2 C_2$	$L(\omega)$，$\frac{1}{T_1}$，$\frac{1}{T_2}$；$-20\mathrm{dB/dec}$；$-40\mathrm{dB/dec}$
R_3, R_2, C_2, R_1, C_1	$\dfrac{(T_1 s+1)(T_2 s+1)}{T_1 T_2\left(1+\dfrac{R_3}{R_1}\right)s^2+\left[T_2+T_1\left(1+\dfrac{R_2}{R_1}+\dfrac{R_3}{R_1}\right)\right]s+1}$ $T_1=R_1 C_1$ $T_2=R_2 C_2$	$L(\omega)$，$\frac{1}{T_a}$，$\frac{1}{T_1}$，$\frac{1}{T_2}$，$\frac{1}{T_b}$，L_∞；$-20\mathrm{dB/dec}$；$20\mathrm{dB/dec}$；$L_\infty=-20\lg\left(1+\dfrac{R_3}{R_1}\right)$

2. 有源校正装置

实际控制系统中广泛采用无源网络进行串联校正，但在放大器级间接入无源校正网络后，由于负载效应问题，有时难以实现希望的控制规律。此外，复杂网络的设计和调整也不方便。因此，有时需要采用有源校正装置，在工业过程控制系统中，尤其如此。常用的有源校正装置，除测速发电机及其与无源网络的组合，以及 PID 控制器外，通常把无源网络接在运算放大器的反馈通路中，形成有源网络，以实现要求的系统控制规律。

有源校正网络有多种形式。图 6-10(a)为同相输入超前(微分)有源网络，其等效电路见图 6-10(b)。由于运算放大器本身增益较大，有源微分网络的传递函数可近似表示为输出电压 U_o 与反馈电压 U_f 之比，即

$$G_c(s)=\frac{U_o}{U_i}=\frac{U_o}{U_f}$$

(a) 电路图　　　　　　　(b) 等效电路

图 6-10　　有源微分网络

根据图 6-10(b)，可以具体推导出有源微分网络的传递函数。令

$$Z_1 = R_1 + R_2, \qquad Z_2 = R_4 + \frac{1}{Cs}, \qquad Z_1 /\!/ Z_2 = \frac{Z_1 Z_2}{Z_1 + Z_2}$$

可以解得

$$Z = R_3 + Z_1 /\!/ Z_2$$

$$U_f = \frac{R_1 Z_2}{Z(Z_1 + Z_2)} U_o$$

于是，有源微分网络的传递函数为

$$G_o(s) = K \frac{1 + T_1 s}{1 + T_2 s} \tag{6-25}$$

式中

$$K = \frac{R_1 + R_2 + R_3}{R_1} > 1$$

$$T_1 = \frac{(R_1 + R_2 + R_4)R_3 + (R_1 + R_2)R_4}{R_1 + R_2 + R_3} C = \left(\frac{R_1 + R_2}{R_1 + R_2 + R_3} R_3 + R_4 \right) C$$

$$T_2 = R_4 C$$

所以 $T_1 > T_2$。

常用有源校正装置示于表 6-2。

表 6-2　常用有源校正装置

类别	电路图	传递函数	对数频率特性曲线
比例(P)		$G(s) = K$ $K = \dfrac{R_2}{R_1}$	
微分(D)		$G(s) = K_t s$ K_t 为测速发电机输出斜率	

续表

类别	电路图	传递函数	对数频率特性曲线
积分(I)		$G(s)=\dfrac{1}{Ts}$ $T=R_1C$	
比例-微分 (PD)		$G(s)=K(1+\tau s)$ $K=\dfrac{R_2+R_3}{R_1}$ $\tau=\dfrac{R_2R_3}{R_2+R_3}C$	
比例-积分 (PI)		$G(s)=\dfrac{K}{T}\left(\dfrac{1+Ts}{s}\right)$ $K=\dfrac{R_2}{R_1}$ $T=R_2C$	
比例-积分-微分(PID)		$G(s)=K\dfrac{(1+Ts)(1+\tau s)}{Ts}$ $K=\dfrac{R_2}{R_1}$ $T=R_2C_2$ $\tau=R_1C_1$	
滤波型调节器(惯性环节)		$G(s)=\dfrac{K}{1+Ts}$ $K=\dfrac{R_2}{R_1}$ $T=R_2C$	

注：表内电路图中，运算放大器的输出端省略了反相器。

6-3　PID 校正

PID 控制器又称 PID 调节器，是工业控制系统中常用的校正装置。PID 控制器由比例(proportional)环节、积分(integral)环节和微分(derivative)环节组合而成。PID 控制有如下特点：

1) 对被控对象的数学模型要求不高。实际系统由于具有高阶、非线性及时变等特性，建立其精确的数学模型比较困难，而 PID 控制器对被控对象的数学模型要求不高，甚至在当人们不完全了解被控对象的数学模型时也可以应用此控制方法。

2) 调节方便。PID 控制器中比例、积分、微分对系统性能的影响理论分析体系完整，在长期使用过程中人们积累了控制器各参数调整的丰富经验，便于工程应用。

3) 适用面广。PID 控制对于多数控制系统都具有良好的控制效果和鲁棒性。

基于上述特点，尽管许多先进的控制方法不断涌现，但 PID 控制还是工业系统的主要控制方式。

1. PID 控制形式

具有 PID 控制器的系统结构图如 6-11 所示。由图 6-11 可见，PID 控制是通过对误差的比例、积分和微分线性组合，构成控制量对被控对象进行调节。

图 6-11　PID 控制典型系统结构图

PID 控制器的输入输出关系

$$u(t) = K_p \left[e(t) + \frac{1}{T_i} \int_0^t e(t)\mathrm{d}t + T_d \frac{\mathrm{d}e(t)}{\mathrm{d}t} \right] \tag{6-26}$$

式中，$u(t)$ 为控制器的输出量；$e(t)$ 为误差信号；K_p 为比例系数；T_i 为积分时间常数；T_d 为微分时间常数。

PID 控制器的传递函数为

$$\frac{U(s)}{E(s)} = K_p(1 + \frac{1}{T_i s} + T_d s) \tag{6-27}$$

PID 控制各参数作用如下：

1) 比例环节。成比例地反映调节系统的误差信号。增大比例系数，可加快系统的响应速度，减小系统的稳态误差。

2) 积分环节。主要是为了消除系统的稳态误差，提高控制精度。积分作用的强弱取决于积分时间常数 T_i 的大小，T_i 越大，积分作用越弱，反之则越强。

3) 微分环节。能反映误差信号的变化趋势，并能在误差信号变得太大之前，引入一个有效的早期修正信号，从而加快系统的响应速度，减小调节时间。

2. 基本控制规律

(1) 比例(P)控制规律

具有比例控制规律的控制器，称为 P 控制器，如图 6-12 所示。其中 K_p 称为 P 控制器增益。

P 控制器实质上是一个具有可调增益的放大器。在信号变换过程中，P 控制器只改变信号的增益而不影响其相位。在串联校正中，加大控制器增益 K_p，可以提高系统的开环增益，减小系统稳态误差，从而提高系统的控制精度，但会降低系统的相对稳定

图 6-12 P 控制器框图

性，甚至可能造成闭环系统不稳定。因此，在系统校正设计中，很少单独使用比例控制规律。

(2) 比例-微分(PD)控制规律

具有比例-微分(proportional-derivative)控制规律的控制器，称为 PD 控制器，其输出 $u(t)$ 与输入 $e(t)$ 的关系为

$$u(t) = K_p e(t) + K_p T_d \frac{\mathrm{d}e(t)}{\mathrm{d}t} \tag{6-28}$$

式中，K_p 为比例系数；T_d 为微分时间常数。K_p 与 T_d 都是可调的参数。PD 控制器如图 6-13 所示。

PD 控制器中的微分控制规律，能反映输入信号的变化趋势，产生有效的早期修正信号，以增加系统的阻尼程度，从而改善系统的稳定性。在串联校正时，可使系统增加一个 $-1/T_d$ 的开环零点，使系统的相角裕度提高，因而有助于系统动态性能的改善。

例 6-1 设比例-微分控制系统如图 6-14 所示，试分析 PD 控制器对系统性能的影响。

图 6-13 PD 控制器框图   图 6-14 比例-微分控制系统结构图

解 无 PD 控制器时，系统的闭环特征方程为

$$Js^2 + 1 = 0$$

显然，系统的阻尼比等于零，其输出 $c(t)$ 具有不衰减的等幅振荡形式，系统处于临界稳定状态，即实际上的不稳定状态。

接入 PD 控制器后，闭环系统特征方程为

$$Js^2 + K_p T_d s + K_p = 0$$

其阻尼比 $\zeta = T_d \sqrt{K_p} \big/ (2\sqrt{J}) > 0$，因此闭环系统是稳定的。PD 控制器提高系统的阻尼程度，可通过参数 K_p 及 T_d 来调整。

需要指出，因为微分控制作用只对动态过程起作用，而对稳态过程没有影响，且对系统噪声非常敏感，所以单一的 D 控制器在绝大多数情况下都不宜与被控对象串联起来单独使用。通常，微分控制规律总是与比例控制规律或比例-积分控制规律结合起来，构成组合的 PD 或 PID 控制器，应用于实际的控制系统。

(3) 积分(I)控制规律

具有积分控制规律的控制器，称为 I 控制器。I 控制器的输出信号 $u(t)$ 与其输入信号 $e(t)$ 的积分成正比，即

$$u(t) = K_i \int_0^t e(t)\mathrm{d}t \tag{6-29}$$

其中 K_i 为可调系数。由于 I 控制器的积分作用，当其输入 $e(t)$ 消失后，输出信号 $u(t)$ 有可能是一个不为零的常量。

在串联校正时，采用 I 控制器可以提高系统的型别(无差度)，有利于系统稳态性能的提高，但积分控制使系统增加了一个位于原点的开环极点，使信号产生 90° 的相角滞后，于系统的稳定性不利。因此，在控制系统的校正设计中，通常不宜采用单一的 I 控制器。I 控制器如图 6-15 所示。

(4) 比例-积分(PI)控制规律

具有比例-积分(proportional-integral)控制规律的控制器，称 PI 控制器，其输出信号 $u(t)$ 同时成比例地反映输入信号 $e(t)$ 及其积分，即

$$u(t) = K_p e(t) + \frac{K_p}{T_i} \int_0^t e(t)\mathrm{d}t \tag{6-30}$$

式中，K_p 为可调比例系数；T_i 为可调积分时间常数。PI 控制器如图 6-16 所示。

图 6-15　I 控制器框图　　　　　　　　图 6-16　PI 控制器框图

在串联校正时，PI 控制器相当于在系统中增加了一个位于原点的开环极点，同时也增加了一个位于 s 左半平面的开环零点。位于原点的极点可以提高系统的型别，以消除或减小系统的稳态误差，改善系统的稳态性能；而增加的负实零点则用来减小系统的阻尼程度，缓和 PI 控制器极点对系统稳定性及动态过程产生的不利影响。只要积分时间常数 T_i 足够大，PI 控制器对系统稳定性的不利影响可大为减弱。在控制工程实践中，PI 控制器主要用来改善控制系统的稳态性能。

例 6-2　设比例-积分控制系统如图 6-17 所示。其中不可变部分的传递函数为

$$G_0(s) = \frac{K_0}{s(Ts+1)}$$

试分析 PI 控制器对系统稳态性能的改善作用。

解　由图 6-17 可知，系统不可变部分与 PI 控制器串联后，其开环传递函数为

$$G(s) = \frac{K_0 K_p (T_i s + 1)}{T_i s^2 (Ts + 1)}$$

图 6-17　比例-积分控制系统结构图

可见，系统由原来的 I 型提高到含 PI 控制器时的 II 型。若系统的输入信号为斜坡函数 $r(t) = R_1 t$，则由表 3-5 可知，在无 PI 控制器时，系统的稳态误差为 R_1 / K_0；而接入 PI 控制器后，系统的稳态误差为零。表明 I 型系统采用 PI 控制器后，可以消除系统对斜坡输入信号的稳态误差，控制准确度大为改善。

采用 PI 控制器后，系统的特征方程为

$$T_i T s^3 + T_i s^2 + K_p K_0 T_i s + K_p K_0 = 0$$

其中，参数 T, T_i, K_0, K_p 都是正数。由劳斯判据可知，调整 PI 控制器的积分时间常数 T_i，使之大于系统不可变部分的时间常数 T，可以保证闭环系统的稳定性。

(5) 比例-积分-微分(PID)控制规律

具有比例-积分-微分(proportional-integral-derivative)控制规律的控制器，称 PID 控制器。这种组合具有三种基本规律各自的特点，其传递函数(6-27)还可记为

$$G_c(s) = K_p \left(1 + \frac{1}{T_i s} + T_d s \right) = \frac{K_p}{T_i} \cdot \frac{T_i T_d s^2 + T_i s + 1}{s} \tag{6-31}$$

若 $4T_d / T_i < 1$，式(6-31)还可写成

$$G_c(s) = \frac{K_p}{T_i} \cdot \frac{(\tau_1 s + 1)(\tau_2 s + 1)}{s} \tag{6-32}$$

式中，$\tau_1 = \frac{1}{2} T_i \left(1 + \sqrt{1 - \frac{4T_d}{T_i}} \right)$；$\tau_2 = \frac{1}{2} T_i \left(1 - \sqrt{1 - \frac{4T_d}{T_i}} \right)$。

由式(6-32)可见，当利用 PID 控制器进行串联校正时，除可使系统的型别提高一级外，还将提供两个负实零点。与 PI 控制器相比，PID 控制器除了同样具有提高系统的稳态性能的优点外，还多提供一个负实零点，从而在提高系统动态性能方面，具有更大的优越性。因此，在工业过程控制系统中，广泛使用 PID 控制器。PID 控制器各部分参数的选择，在系统现场调试中最后确定。通常，应使 I 部分发生在系统频率特性的低频段，以提高系统的稳态性能；而使 D 部分发生在系统频率特性的中频段，以改善系统的动态性能。

一般说来，当被控对象只有一个或两个极点(或可作二阶近似)时，PID 控制器对减少系统的稳态误差和改善系统的瞬态性能，效果特别明显。

为了在频域内分析含有 PID 控制器的系统，首先需要掌握 PID 控制器的伯德图。在式(6-31)中，若令 $K_p = K_1$，$\frac{K_p}{T_i} = K_2$，$K_p \cdot T_d = K_3$，则式(6-31)可改写为

$$G_c(s) = \frac{K_2 \left(\frac{K_3}{K_2} s^2 + \frac{K_1}{K_2} s + 1 \right)}{s} = \frac{K_2 (T_d s + 1) \left(\frac{T_d}{a} s + 1 \right)}{s} \tag{6-33}$$

式中，$K_1^2 > 4K_2 K_3$；$T_d > \frac{1}{2K_2} \left(K_1 - \sqrt{K_1^2 - 4K_2 K_3} \right)$；$a = \frac{K_2 T_d^2}{K_3}$。

据此可用叠加的方法得到 PID 控制器的伯德图。图 6-18 给出了 $K_2 = 2$、$a = 10$ 时

以 ωT_d 为自变量的伯德图，从中可以看到，PID 控制器是一类以 K_2 为可调变量的带阻滤波器。

PID 控制器也可能含有复零点，这时，由式(6-32)导出的频率特性函数为

$$G_c(\mathrm{j}\omega) = \frac{K_2\left[1 + (2\zeta/\omega_n)\mathrm{j}\omega - (\omega/\omega_n)^2\right]}{\mathrm{j}\omega} \tag{6-34}$$

式中，$\omega_n = \sqrt{\dfrac{K_2}{K_3}}$，$\zeta = \dfrac{1}{2}\sqrt{\dfrac{K_1^2}{K_2 K_3}}$；阻尼系数通常为 $0.7 < \zeta < 0.9$。这种 PID 控制器的伯德图将取决于复零点的 ζ 值，因此，在绘制式(6-34)的伯德图时，应注意二阶因子的相频特性曲线和幅频特性曲线都会随 ζ 的变化而变化。

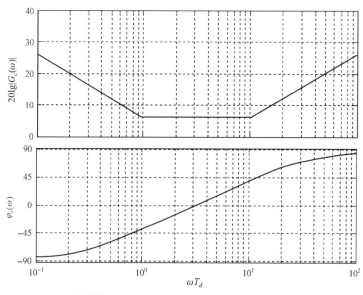

图 6-18　PID 控制器的伯德图($K_2=2$，$a=10$)

3. PID 参数整定方法

PID 参数整定是指根据被控对象的特性和控制系统性能指标的要求，确定 PID 控制的比例系数、积分时间常数和微分时间常数的大小。PID 参数整定的好坏直接影响到系统的控制效果，它是 PID 控制器设计和应用的核心问题。

PID 参数整定方法很多，大致可以分为两类。①理论计算整定法。该方法依据系统的数学模型，经过理论计算确定控制器参数。这种方法所得的 PID 参数因为建模误差等通常在工程实际中还需进行调整和修改。②工程整定法。该方法主要是依赖工程经验，直接在控制系统的试验中进行 PID 参数整定。由于该方法简单、易于掌握，在实际工程中广泛采用。PID 参数的工程整定法主要有临界比例度法、衰减曲线法等。

(1) 临界比例度法

临界比例度法是一种经典的 PID 参数整定方法，该方法首先设 PID 控制器的积分时间系数 $T_i = \infty$，微分时间系数 $T_d = 0$，比例系数设为较小的值；指令信号为 0；然后增大 K_p，观察系统的输出曲线，当系统输出出现等幅振荡时记下临界比例值 K_m 及振荡周期

T_c；然后按表 6-3 调整比例系数、积分和微分时间常数。

表 6-3　临界比例度法的 PID 参数整定经验数据表

调节规律	K_p	T_i	T_d
P	$0.5K_m$	∞	0
PI	$0.45K_m$	$\dfrac{1}{1.2}T_c$	0
PID	$0.6K_m$	$0.5T_c$	$0.125T_c$

需要注意的是，该方法只适用于输出量允许或能得到等幅振荡的系统，对于那些被控对象时间常数和滞后时间较小的系统，一般不允许进行临界实验，所以不能使用该方法。而且临界比例度法是一种经验方法，其结果可能受到实验条件和应用场景的影响。在实际应用中需要根据具体情况对 PID 参数进行微调，以获得最佳的控制效果。

(2) 衰减曲线法

衰减曲线法是使系统阶跃响应产生衰减振荡，再根据衰减振荡曲线的参数来确定 PID 参数的方法。工程上认为，系统响应的振荡幅值在一个周期内衰减 1/4(衰减比为 4：1)，对应的阻尼比为 $\zeta = 0.21$，此时系统的动态性能较适宜。该方法首先将设 $T_i = \infty$ 和 $T_d = 0$，只采用纯比例 K_p 控制，输入信号为阶跃函数。K_p 取较大的值时观察输出曲线的衰减情况；然后逐渐减小 K_p 的值，直到衰减比为 4：1，记下此时的比例值 P_s 和周期 T_s，如图 6-19 所示。再按表 6-4 的经验数据求出 PID 参数。

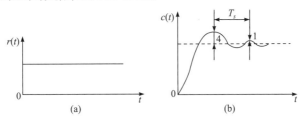

图 6-19　衰减曲线法的系统输入和输出曲线

表 6-4　基于衰减曲线法的 PID 参数整定经验数据表

调节规律	K_p	T_i	T_d
P	P_s	∞	0
PI	$1.2P_s$	$0.85T_s$	0
PID	$0.8P_s$	$0.3T_s$	$0.1T_s$

衰减曲线法适用于被控对象时间常数和滞后时间较大的系统。对于扰动频繁的系统，往往得不到闭环系统的阶跃响应曲线，这时采用衰减曲线法不容易得到满意的结果。因此，要根据控制对象的具体情况，选择其他合适的整定方法。

例6-3 如图6-20所示控制系统,试采用临界比例度法确定PID参数K_p、T_i和T_d值,并通过仿真得到系统的单位阶跃响应。

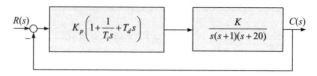

图 6-20 PID 控制系统结构图

解 设$T_i = \infty$和$T_d = 0$,得系统的闭环传递函数为

$$\frac{C(s)}{R(s)} = \frac{K_p}{s(s+1)(s+20) + K_p}$$

系统特征方程为

$$D(s) = s^3 + 21s^2 + 20s + K_p = 0$$

利用劳斯判据可以得到临界稳定状态。劳斯表如下:

$$
\begin{array}{c|cc}
s^3 & 1 & 20 \\
s^2 & 21 & K_p \\
s^1 & \dfrac{420 - K_p}{21} & \\
s^0 & K_p &
\end{array}
$$

当$K_p = 420$,即$K_m = 420$时系统发生等幅振荡,且满足

$$21s^2 + K_p = 0$$

得$s = \pm j2\sqrt{5}$,即振荡频率$\omega = 2\sqrt{5}$,周期$T_c = \dfrac{2\pi}{\omega} = \dfrac{2\pi}{2\sqrt{5}} = 1.404$。

参考表 6-3 确定K_p、T_i和T_d的初始值,分别为$K_p = 0.6K_m = 252$,$T_i = 0.5T_c = 0.702$,$T_d = 0.125T_c = 0.176$。

所以 PID 控制器的传递函数为

$$G_c(s) = 252\left(1 + \frac{1}{0.702s} + 0.176s\right)$$

利用仿真得到系统的单位阶跃响应曲线如图 6-21 所示。

由图 6-21 可见,加入 PID 控制器的系统的快速性能得到了明显改善,但超调量较大。所以,采用临界比例度法确定 PID 的各参数只是一组参考值,还需要通过仿真实验进行反复调整才能取得满意效果,尤其是在实际系统运行中更是如此。

随着技术的不断发展,现代的 PID 控制器还可以采用智能算法、自适应控制等方法来自动调整 PID 参数,以提高控制精度和响应速度。

图 6-21　系统的单位阶跃响应曲线

6-4　串　联　校　正

　　如果系统设计要求满足的性能指标属频域特征量，则通常采用频域校正方法。本节介绍在开环系统对数频率特性基础上，以满足稳态误差、开环系统截止频率和相角裕度等要求为出发点，进行串联校正的方法。

1. 频率响应法校正设计

　　在线性控制系统中，常用的校正装置设计方法有分析法和综合法两种。

　　分析法又称试探法。用分析法设计校正装置比较直观，在物理上易于实现，但要求设计者有一定的工程设计经验，设计过程带有试探性。目前工程技术界多采用分析法进行系统设计。

　　综合法又称期望特性法。这种设计方法从闭环系统性能与开环系统特性密切相关这一概念出发，根据规定的性能指标要求确定系统期望的开环特性形状，然后与系统原有开环特性相比较，从而确定校正方式、校正装置的形式和参数。综合法有广泛的理论意义，但希望的校正装置传递函数可能相当复杂，在物理上难以准确实现。

　　应当指出，不论是分析法或综合法，其设计过程一般仅适用于最小相位系统。

　　在频域内进行系统设计，是一种间接设计方法，因为设计结果满足的是一些频域指标，而不是时域指标。然而，在频域内进行设计又是一种简便的方法，在伯德图上虽然不能严格定量地给出系统的动态性能，但却能方便地根据频域指标确定校正装置的参数，特别是对已校正系统的高频特性有要求时，采用频域法校正较其他方法更为方便。频域设计的这种简便性，是由于开环系统的频率特性与闭环系统的时间响应有关。一般地说，开环频率特性的低频段表征了闭环系统的稳态性能；开环频率特性的中频段表征了闭环系统的动态性能；开环频率特性的高频段表征了闭环系统的复杂性和噪声抑制性能。因此，用频域法设计控制系统的实质，就是在系统中加入频率特性形状合适的校正装置，使开环系统频率特性形状变成所期望的形状：低频段增益充分大，以保证稳态误差要求；中频段对数幅额特性斜率一般为 $-20\text{dB}/\text{dec}$ ，并占据充分宽的频带，以保证具备适当的相角裕度；高频段增益尽快减小，以削弱噪声影响，若系统原有部分高频段已符合该种要求，则校正时可保持高频段形状不变，以简化校正装置的形式。

2. 串联超前校正

利用超前网络或 PD 控制器进行串联校正的基本原理，是利用超前网络或 PD 控制器的相角超前特性。只要正确地将超前网络的交接频率 $1/(aT)$ 和 $1/T$ 选在待校正系统截止频率的两旁，并适当选择参数 a 和 T ，就可以使已校正系统的截止频率和相角裕度满足性能指标的要求，从而改善闭环系统的动态性能。闭环系统的稳态性能要求，可通过选择已校正系统的开环增益来保证。用频域法设计无源超前网络的步骤如下：

1) 根据稳态误差要求，确定开环增益 K 。

2) 利用已确定的开环增益，计算待校正系统的相角裕度。

3) 根据截止频率 ω_c'' 的要求，计算超前网络参数 a 和 T 。在本步骤中，关键是选择最大超前角频率等于要求的系统截止频率，即 $\omega_m = \omega_c''$ ，以保证系统的响应速度，并充分利用网络的相角超前特性。显然，$\omega_m = \omega_c''$ 成立的条件是

$$-L'(\omega_c'') = L_c(\omega_m) = 10\lg a \qquad (6\text{-}35)$$

根据上式不难求出 a 值，然后由

$$T = \frac{1}{\omega_m \sqrt{a}} \qquad (6\text{-}36)$$

确定 T 值。

4) 验算已校正系统的相角裕度 γ'' 。由于超前网络的参数是根据满足系统截止频率要求选择的，所以相角裕度是否满足要求，必须验算。验算时，由已知 a 值查图 6-6(b)，或由式(6-15)求得 φ_m 值，再由已知的 ω_c'' 算出待校正系统在 ω_c'' 时的相角裕度 $\gamma(\omega_c'')$ 。如果待校正系统为非最小相位系统，则 $\gamma(\omega_c'')$ 由作图法确定。最后，按下式算出

$$\gamma'' = \varphi_m + \gamma(\omega_c'') \qquad (6\text{-}37)$$

当验算结果 γ'' 不满足指标要求时，需重选 ω_m 值，一般使 $\omega_m(=\omega_c'')$ 值增大，然后重复以上计算步骤。

一旦完成校正装置设计后，需要进行系统实际调校工作，或者进行 MATLAB 仿真以检查系统的时间响应特性。这时，需将系统建模时省略的部分尽可能加入系统，以保证仿真结果的逼真度。如果由于系统各种固有非线性因素影响，或者由于系统噪声和负载效应等因素的影响，使已校正系统不能满足全部性能指标要求，则需要适当调整校正装置的形式或参数，直到已校正系统满足全部性能指标为止。

例 6-4 设控制系统如图 6-22 所示。若要求系统在单位斜坡输入信号作用时，位置输出稳态误差 $e_{ss}(\infty) \leqslant 0.1\text{rad}$ ，开环系统截止频率 $\omega_c'' \geqslant 4.4\text{rad}/\text{s}$ ，相角裕度 $\gamma'' \geqslant 45°$ ，幅

值裕度 $h'' \geqslant 10\text{dB}$，试设计串联无源超前网络。

解 设计时，首先调整开环增益。因为

$$e_{ss}(\infty) = \frac{1}{K} \leqslant 0.1$$

故取 $K = 10\text{rad}^{-1}$，则待校正系统开环传递函数

$$G_0(s) = \frac{10}{s(s+1)}$$

图 6-22 控制系统结构图

上式代表最小相位系统，因此只需画出其对数幅频渐近特性，如图 6-23 中 $L'(\omega)$ 所示。由图得待校正系统的 $\omega_c' = 3.1\text{rad/s}$，算出待校正系统的相角裕度为

$$\gamma = 180° - 90° - \arctan\omega_c' = 17.9°$$

而二阶系统的幅值裕度必为 $+\infty\text{dB}$。相角裕度小的原因，是因为待校正系统的对数幅频渐近特性中频区的斜率为 -40dB/dec。由于截止频率和相角裕度均低于指标要求，故采用串联超前校正是合适的。

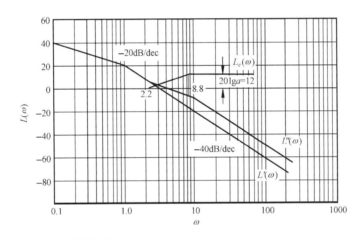

图 6-23 例 6-4 系统开环对数幅频渐近特性

下面计算超前网络参数。试选 $\omega_m = \omega_c'' = 4.4\text{rad/s}$，由图 6-23 查得 $L'(\omega_c'') = -6\text{dB}$，于是算得 $a = 4, T = 0.114\text{s}$。因此，超前网络传递函数为

$$4G_c(s) = \frac{1 + 0.456s}{1 + 0.114s}$$

为了补偿无源超前网络产生的增益衰减，放大器的增益需提高 4 倍，否则不能保证稳态误差要求。

超前网络参数确定后，已校正系统的开环传递函数为

$$aG_c(s)G_0(s) = \frac{10(1 + 0.456s)}{s(1 + 0.114s)(1 + s)}$$

其对数幅频渐近特性如图 6-23 中 $L''(\omega)$ 所示。显然，已校正系统 $\omega_c'' = 4.4\text{rad/s}$，算得待校正系统的 $\gamma(\omega_c'') = 12.8°$，而由式(6-15)算出的 $\varphi_m = 36.9°$，故已校正系统的相角裕度

$$\gamma'' = \varphi_m + \gamma(\omega_c'') = 49.7° > 45°$$

已校正系统的幅值裕度仍为 +∞dB，因为其对数相频特性不可能以有限值与–180°线相交。此时，全部性能指标均已满足。

例 6-4 亦可采用带惯性的 PD 控制器作为校正装置，它兼有直流放大器的功能。感兴趣的读者，不妨一试。

例 6-4 表明：系统经串联校正后，中频区斜率变为 –20dB / dec，并占据 6.6rad / s 的频带范围，从而系统相角裕度增大，动态过程超调量下降。因此，在实际运行的控制系统中，其中频区斜率大多具有 –20dB / dec 的斜率。由例可见，串联超前校正可使开环系统截止频率增大，从而闭环系统带宽也增大，使响应速度加快。

应当指出，在有些情况下采用串联超前校正是无效的，它受以下两个因素的限制：

1) 闭环带宽要求。若待校正系统不稳定，为了得到规定的相角裕度，需要超前网络提供很大的相角超前量。这样，超前网络的 a 值必须选得很大，从而造成已校正系统带宽过大，使得通过系统的高频噪声电平很高，很可能使系统失控。

2) 在截止频率附近相角迅速减小的待校正系统，一般不宜采用串联超前校正。因为随着截止频率的增大，待校正系统相角迅速减小，使已校正系统的相角裕度改善不大，很难得到足够的相角超前量。在一般情况下，产生这种相角迅速减小的原因是，在待校正系统截止频率的附近，或有两个交接频率彼此靠近的惯性环节；或有两个交接频率彼此相等的惯性环节；或有一个振荡环节。

在上述情况下，系统可采用其他方法进行校正，例如，采用两级(或两级以上)的串联超前网络(若选用无源网络，中间需要串接隔离放大器)进行串联超前校正，或采用一个滞后网络进行串联滞后校正，也可以采用测速反馈校正。

3. 串联滞后校正

利用滞后网络或 PI 控制器进行串联校正的基本原理，是利用滞后网络或 PI 控制器的高频幅值衰减特性，使已校正系统截止频率下降，从而使系统获得足够的相角裕度。因此，滞后网络的最大滞后角应力求避免发生在系统截止频率附近。在系统响应速度要求不高而抑制噪声电平性能要求较高的情况下，可考虑采用串联滞后校正。此外，如果待校正系统已具备满意的动态性能，仅稳态性能不满足指标要求，也可以采用串联滞后校正以提高系统的稳态精度，同时保持其动态性能仍然满足性能指标要求。

如果所研究的系统为单位反馈最小相位系统，则应用频域法设计串联无源滞后网络的步骤如下：

1) 根据稳态误差要求，确定开环增益 K。

2) 利用已确定的开环增益，画出待校正系统的开环对数频率特性，确定待校正系统的截止频率 ω_c'、相角裕度 γ 和幅值裕度 h(dB)。

3) 选择不同的 ω_c''，计算或查出不同的 γ 值，在开环伯德图上绘制 $\gamma(\omega_c'')$ 曲线。

4) 根据相角裕度 γ'' 要求，选择已校正系统的截止频率 ω_c''。考虑到滞后网络在新的截止频率 ω_c'' 处会产生一定的相角滞后 $\varphi_c(\omega_c'')$，因此下式成立：

$$\gamma'' = \gamma(\omega_c'') + \varphi_c(\omega_c'') \tag{6-38}$$

式中，γ'' 是指标要求值，$\varphi_c(\omega_c'')$ 在确定 ω_c'' 前可取为–6°。于是，根据式(6-38)的计算结果，

在 $\gamma(\omega_c'')$ 曲线上可查出相应的 ω_c'' 值。

5) 根据下述关系式确定滞后网络参数 b 和 T：

$$20\lg b + L'(\omega_c'') = 0 \tag{6-39}$$

$$\frac{1}{bT} = 0.1\omega_c'' \tag{6-40}$$

式(6-39)成立的原因是显然的，因为要保证已校正系统的截止频率为上一步所选的 ω_c'' 值，就必须使滞后网络的衰减量 $20\lg b$ 在数值上等于待校正系统在新截止频率 ω_c'' 上的对数幅频值 $L'(\omega_c'')$。该值在待校正系统对数幅频曲线上可以查出，于是由式(6-39)可以算出 b。

根据式(6-40)，由已确定的 b 立即可以算出滞后网络的 T。如果求得的 T 过大难以实现，则可将式(6-40)中的系数 0.1 适当加大，例如在 0.1~0.25 范围内选取，而 $\varphi_c(\omega_c'')$ 的估计值相应在 $-6°\sim-14°$ 范围内确定。

6) 验算已校正系统的相角裕度和幅值裕度。

例 **6-5**　设控制系统如图 6-24 所示。若要求校正后系统的静态速度误差系数等于 $30\mathrm{s}^{-1}$，相角裕度不低于 $40°$，幅值裕度不小于 $10\mathrm{dB}$，截止频率不小于 $2.3\mathrm{rad}/\mathrm{s}$，试设计串联校正装置。

解　首先，确定开环增益 K。由于

$$K_v = \lim_{s\to 0} sG(s) = K = 30\mathrm{s}^{-1}$$

故待校正系统开环传递函数应取

$$G_0(s) = \frac{30}{s(1+0.1s)(1+0.2s)}$$

串联滞后
校正设计

图 6-24　控制系统结构图

然后，画出待校正系统的对数幅频渐近特性，如图 6-25 所示。由图 $\omega_c' = 12\mathrm{rad}/\mathrm{s}$ 算出

$$\gamma = 90° - \arctan(0.1\,\omega_c') - \arctan(0.2\,\omega_c') = -27.6°$$

说明待校正系统不稳定，且截止频率远大于要求值。在这种情况下，采用串联超前校正是无效的。可以证明，当超前网络的 a 值取到 100 时，系统的相角裕度仍不满 $30°$，而截止频率却增大到 $26\mathrm{rad}/\mathrm{s}$。考虑到本例对系统截止频率值要求不大，故选用串联滞后校正可以满足需要的性能指标。

现在作如下计算：

$$\gamma(\omega_c'') = 90° - \arctan(0.1\omega_c'') - \arctan(0.2\omega_c'')$$

并将 $\gamma(\omega_c'')$ 曲线绘在图 6-25 中。根据 $\gamma'' \geqslant 40°$ 要求和 $\varphi_c(\omega_c'') = -6°$ 估值，按式(6-38)求得 $\gamma(\omega_c'') \geqslant 46°$。于是，由 $\gamma(\omega_c'')$ 曲线查得 $\omega_c'' = 2.7\mathrm{rad}/\mathrm{s}$。由于指标要求 $\omega_c'' \geqslant 2.3\mathrm{rad}/\mathrm{s}$，故 ω_c'' 可在 2.3~2.7rad/s 范围内任取。考虑到 ω_c'' 取值较大时，已校正系统响应速度较快，且滞后网络时间常数 T 值较小，便于实现，故选取 $\omega_c'' = 2.7\mathrm{rad}/\mathrm{s}$。然后，在图 6-25 上查出当 $\omega_c'' = 2.7\mathrm{rad}/\mathrm{s}$ 时，有 $L'(\omega_c'') = 21\mathrm{dB}$，故可由式(6-39)求出 $b=0.09$，再由式(6-40)算出 $T=41\mathrm{s}$，则滞后网络的传递函数

$$G_c(s) = \frac{1+bTs}{1+Ts} = \frac{1+3.7s}{1+41s}$$

校正网络的 $L_c(\omega)$ 和已校正系统的 $L''(\omega)$ 已绘于图 6-25 之中。

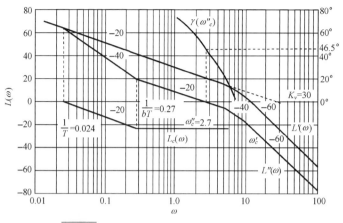

图 6-25　例 6-5 系统开环对数幅频渐近特性

最后校验相角裕度和幅值裕度。由式(6-21)及 $b=0.09$ 算得 $\varphi_c(\omega_c'')=-5.2°$，于是求出 $\gamma''=41.3°$，满足指标要求。然后用试算法可得已校正系统对数相频特性为$-180°$时的频率为 6.8rad/s，求出已校正系统的幅值裕度为 10.5dB，完全符合要求。

采用串联滞后校正，既能提高系统稳态精度，又基本不改变系统动态性能的原因是明显的。以图 6-25 为例，如果将已校正系统对数幅频特性向上平移 21dB，则校正前后的相角裕度和截止频率基本相同，但开环增益却增大 11 倍。

串联滞后校正与串联超前校正两种方法，在完成系统校正任务方面是相同的，但有以下不同之处：

1) 超前校正是利用超前网络的相角超前特性，而滞后校正则是利用滞后网络的高频幅值衰减特性。

2) 为了满足严格的稳态性能要求，当采用无源校正网络时，超前校正要求一定的附加增益，而滞后校正一般不需要附加增益。

3) 对于同一系统，采用超前校正的系统带宽大于采用滞后校正的系统带宽。从提高系统响应速度的观点来看，希望系统带宽越大越好；与此同时，带宽越大则系统越易受噪声干扰的影响，因此如果系统输入端噪声电平较高，一般不宜选用超前校正。

最后指出，在有些应用方面，采用滞后校正可能会得出时间常数大到不能实现的结果。这种不良后果的出现，是由于需要在足够小的频率值上安置滞后网络第一个交接频率 $1/T$，以保证在需要的频率范围内产生有效的高频幅值衰减特性所致。在这种情况下，最好采用串联滞后-超前校正。

4. 串联滞后-超前校正

这种校正方法兼有滞后校正和超前校正的优点，即已校正系统响应速度较快，超调量较小，抑制高频噪声的性能也较好。当待校正系统不稳定，且要求校正后系统的响应速度、相角裕度和稳态精度较高时，以采用串联滞后-超前校正为宜。其基本原理是利用滞后-超前网络的超前部分来增大系统的相角裕度，同时利用滞后部分来改善系统的稳态性能。串联滞后-超前校正的设计步骤如下：

1) 根据稳态性能要求确定开环增益 K。

2) 绘制待校正系统的开环对数幅频渐近特性，求出待校正系统的截止频率 ω_c' 相角裕度 γ 及幅值裕度 $h(\text{dB})$。

3) 在待校正系统开环对数幅频渐近特性上，选择斜率从 -20dB/dec 变为 -40dB/dec 的交接频率作为校正网络超前部分的交接频率 ω_b。

ω_b 的这种选法，可以降低已校正系统的阶次，且可保证中频区斜率为期望的 -20dB/dec，并占据较宽的频带。

4) 根据响应速度要求，选择系统的截止频率 ω_c'' 和校正网络衰减因子 $1/\alpha$。要保证已校正系统的截止频率为所选的 ω_c''，下列等式应成立：

$$-20\lg\alpha + L'(\omega_c'') + 20\lg T_b\omega_c'' = 0 \tag{6-41}$$

式中，$T_b = 1/\omega_b$；$L'(\omega_c'') + 20\lg T_b\omega_c''$ 可由待校正系统开环对数幅频渐近特性的 -20dB/dec 延长线在 ω_c'' 处的数值确定。因此，由式(6-41)可以求出 α 值。

5) 根据相角裕度要求，估算校正网络滞后部分的交接频率 ω_a。

6) 校验已校正系统的各项性能指标。

例 6-6 设待校正系统开环传递函数为

$$G_0(s) = \frac{K_v}{s\left(\dfrac{1}{6}s+1\right)\left(\dfrac{1}{2}s+1\right)}$$

要求设计校正装置，使系统满足下列性能指标：

1) 在最大指令速度为 $180°/\text{s}$ 时，位置滞后误差不超过 $1°$。

2) 相角裕度为 $45°\pm3°$。

3) 幅值裕度不低于 10dB。

4) 动态过程调节时间不超过 3s。

解 首先确定开环增益。由题意，取

$$K = K_v = 180\text{s}^{-1}$$

作待校正系统对数幅频渐近特性 $L'(\omega)$，如图 6-26 所示。图中，最低频段为 -20dB/dec 斜率直线，其延长线交 ω 轴于 180rad/s，该值即 K_v 的数值。由图得待校正系统截止频率 ω_c' $=12.6\text{rad/s}$，算出待校正系统的相角裕度 $\gamma=-55.5°$，幅值裕度 $h=-30\text{dB}$，表明待校正系统不稳定。

由于待校正系统在截止频率处的相角滞后远小于 $-180°$，且响应速度有一定要求，故应优先考虑采用串联滞后-超前校正。论证如下：

首先，考虑采用串联超前校正。要把待校正系统的相角裕度从 $-55.5°$ 提高到 $45°$，至少选用两级串联超前网络。显然，校正后系统的截止频率将过大，可能超过 25rad/s。从理论上说，截止频率越大，则系统的响应速度越快。譬如说，在 $\omega_c''=25\text{rad/s}$ 时，系统动态过程的调节时间近似为 0.34s，这将比性能指标要求提高近 10 倍，然而进一步分析发现：①伺服电机将出现速度饱和，这是因为超前校正系统要求伺服机构输出的变化速率超过了伺服电机的最大输出转速之故，于是，0.34s 的调节时间将变得毫无意义；②系统带宽过大，造成输出噪声电平过高；③需要附加前置放大器，使系统结构复杂化。

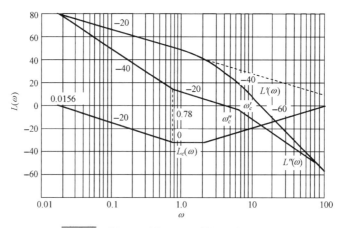

图 6-26　例 6-6 系统开环对数幅频渐近特性

其次，若采用串联滞后校正，可以使系统的相角裕度提高到 45°左右，但是对于本例高性能系统，会产生两个很严重的缺点：①滞后网络时间常数太大，这是因为静态速度误差系数越大，所需要的滞后网络时间常数越大之故。对于本例，要求选 $\omega_c''=1$，相应的 $L'(\omega_c'')$=45.1dB，根据式(6-39)求出 b=1/200，若取 $1/(bT)$=0.1ω_c''，可得 T=2000s，这样大的时间常数，实际上是无法实现的；②响应速度指标不满足，由于滞后校正极大地减小了系统的截止频率，使得系统响应滞缓。对于本例，粗略估算的调节时间约为 9.6s，该值远大于性能指标的要求值。

上述论证表明，纯超前校正及纯滞后校正都不宜采用，应当选用串联滞后-超前校正。

为了利用滞后-超前网络的超前部分微分段的特性，研究图 6-26 发现，可取 ω_b=2rad/s，于是待校正系统对数幅频特性在 $\omega\leqslant$6rad/s 区间，其斜率均为−20dB/dec。

根据 $t_s\leqslant$3s 和 γ'=45°的指标要求，不难算得 $\omega_c''\geqslant$3.2rad/s。考虑到要求中频区斜率为 −20db/dec，故 ω_c'' 应在 3.2～6rad/s 范围内选取。由于−20dB/dec 的中频区应占据一定宽度，故选 ω_c''=3.5rad/s，相应的 $L'(\omega_c'')+20\lg T_b\omega_c''$=34dB。由式(6-41)可算出 $1/\alpha$=0.02，此时，滞后-超前校正网络的频率特性可写为

$$G_c(j\omega)=\frac{(1+j\omega/\omega_a)(1+j\omega/\omega_b)}{(1+j\alpha\omega/\omega_a)[1+j\omega/(\alpha\omega_b)]}=\frac{(1+j\omega/\omega_a)(1+j\omega/2)}{(1+j50\omega/\omega_a)(1+j\omega/100)}$$

相应的已校正系统的频率特性为

$$G_c(j\omega)G_0(j\omega)=\frac{180(1+j\omega/\omega_a)}{j\omega(1+j\omega/6)(1+j50\omega/\omega_a)(1+j\omega/100)}$$

根据上式，利用相角裕度指标要求，可以确定校正网络参数 ω_a。已校正系统的相角裕度

$$\gamma''=180°+\arctan\frac{\omega_c''}{\omega_a}-90°-\arctan\frac{\omega_c''}{6}-\arctan\frac{50\omega_c''}{\omega_a}-\arctan\frac{\omega_c''}{100}$$

$$=57.7°+\arctan\frac{3.5}{\omega_a}-\arctan\frac{175}{\omega_a}$$

考虑到$\omega_a < \omega_b$=2rad/s，故可取$-\arctan(175/\omega_a) \approx -90°$。因为要求$\gamma''$=45°，所以上式可简化为

$$\arctan\frac{3.5}{\omega_a} = 77.3°$$

从而求得ω_a=0.78rab/s。这样，已校正系统-20dB/dec斜率的中频区宽度H=6/0.78=7.69，满足在期望特性校正法中导出的中频区宽度近似关系式

$$H \geqslant \frac{1+\sin\gamma''}{1-\sin\gamma''} = \frac{1+\sin 45°}{1-\sin 45°} = 5.83$$

于是，校正网络和已校正系统的传递函数分别为

$$G_c(s) = \frac{(1+1.28s)(1+0.5s)}{(1+64s)(1+0.01s)}$$

$$G_c(s)G_0(s) = \frac{180(1+1.28s)}{s(1+0.167s)(1+64s)(1+0.01s)}$$

其对数幅频特性$L_c(\omega)$和$L''(\omega)$已分别表示在图6-26之中。

最后，用计算的方法验算已校正系统的相角裕度和幅值裕度指标，求得γ''=45.5°，h''(dB)=27dB，完全满足指标要求。

6-5 前馈校正

当系统性能指标要求为时域特征量时，为了改善控制系统的性能，除了采用串联校正方式外，还可以配置前置滤波器形成组合前馈校正方式，以获得某些改善系统性能的特殊功能。

1. 前置滤波组合校正

为了改善系统性能，在系统中常引入形如$G_c(s)=(s+z)/(s+p)$的串联校正网络，以改变系统的闭环极点。但是，$G_c(s)$同时也会在系统闭环传递函数$\Phi(s)$中增加一个新的零点。这个新增的零点可能会严重影响闭环系统的动态性能。此时，可考虑在系统的输入端串接一个前置滤波器，以消除新增闭环零点的不利影响。

例6-7 设带有前置滤波器的控制系统如图6-27所示。图中，被控对象为$G_0(s) = \dfrac{1}{s}$，串联校正网络为PI控制器，$G_c(s) = K_1 + \dfrac{K_2}{s} = \dfrac{K_1 s + K_2}{s}$，$G_p(s)$为前置滤波器。系统的设计要求为：

(1) 系统阻尼比$\zeta_d = \dfrac{1}{\sqrt{2}} = 0.707$；

(2) 阶跃响应的超调量$\sigma\% \leqslant 5\%$；

(3) 阶跃响应的调节时间$t_s \leqslant 0.6$s$(\Delta=2\%)$。

试设计K_1，K_2及$G_p(s)$。

解 图6-27系统的闭环传递函数为

图 6-27　带前置滤波器的控制系统结构图

$$\Phi(s) = \frac{(K_1 s + K_2)G_p(s)}{s^2 + K_1 s + K_2}$$

闭环系统特征方程为

$$s^2 + K_1 s + K_2 = s^2 + 2\zeta_d \omega_n s + \omega_n^2 = 0$$

根据系统对阻尼比和调节时间的要求，令 ζ_d=0.707，且由

$$t_s = \frac{4.4}{\zeta_d \omega_n} \leqslant 0.6 \quad (\Delta = 2\%)$$

求得 $\zeta_d\omega_n \geqslant 7.33$。现取 $\zeta_d\omega_n$=8，故得 $\omega_n = 8\sqrt{2}$。于是求出 PI 控制器参数

$$K_1 = 2\zeta_d \omega_n = 16, \quad K_2 = \omega_n^2 = 128$$

若不引入前置滤波器，相当于 $G_p(s)$=1，则系统的闭环传递函数为

$$\Phi(s) = \frac{16(s+8)}{s^2 + 16s + 128} = \frac{\omega_n^2}{z} \cdot \frac{s+z}{s^2 + 2\zeta_d \omega_n s + \omega_n^2}$$

上式表明，此时系统为有零点的二阶系统。根据 $\zeta_d = 1/\sqrt{2}$，$\omega_n = 8\sqrt{2}$，z=8 以及式(3-42)

$$c(t) = 1 + r e^{-\zeta_d \omega_n t} \sin(\omega_n \sqrt{1 - \zeta_d^2} t + \psi)$$

再由式(3-43)，式(3-44)及式(3-46)，可得

$$r = \frac{\sqrt{z^2 - 2\zeta_d \omega_n z + \omega_n^2}}{z\sqrt{1 - \zeta_d^2}} = 1.41$$

$$\beta_d = \arctan \frac{\sqrt{1 - \zeta_d^2}}{\zeta_d} = \frac{\pi}{4}$$

$$\psi = -\pi + \arctan\left(\frac{\omega_n \sqrt{1 - \zeta_d^2}}{z - \zeta_d \omega_n}\right) + \arctan\left(\frac{\sqrt{1 - \zeta_d^2}}{\zeta_d}\right) = -\frac{\pi}{4}$$

于是，无前置滤波器时，系统的动态性能可由图 3-23 及式(3-45)，式(3-47)及式(3-49)得

$$t_r = \frac{0.75}{\omega_n} = 0.07\text{s} \qquad \left(\frac{z}{\zeta_d \omega_n} = 1, \quad \omega_n t_r = 0.75\right)$$

$$t_p = \frac{\beta_d - \psi}{\omega_n \sqrt{1 - \zeta_d^2}} = 0.2\text{s}$$

$$\sigma\% = r\sqrt{1 - \zeta_d^2} e^{-\zeta_d \omega_n t_p} \times 100\% = 20.0\%$$

$$t_s = \frac{4 + \ln r}{\zeta_d \omega_n} = 0.54\text{s} \quad (\Delta = 2\%)$$

显然，由于新增零点的影响，超调量无法满足设计指标要求。

考虑采用前置滤波器 $G_p(s)$ 来对消闭环传递函数 $\Phi(s)$ 中的零点，并同时保持系统原有的直流增益即 $\Phi(0)$ 不变，为此取

$$G_p(s) = \frac{8}{s+8}$$

因而闭环传递函数变成

$$\Phi(s) = \frac{128}{s^2 + 16s + 128}$$

此时，系统属无零点的二阶系统。由于

$$\beta = \arccos\zeta = \frac{\pi}{4}, \qquad \omega_d = \omega_n\sqrt{1-\zeta^2} = 8$$

根据式(3-19)、式(3-20)、式(3-21)，可以算出系统的动态性能指标为

$$t_r = \frac{\pi-\beta}{\omega_d} = 0.29\text{s}, \quad t_p = \frac{\pi}{\omega_d} = 0.39\text{s}$$

$$\sigma\% = 100\text{e}^{-\pi\zeta/\sqrt{1-\zeta^2}}\% = 4.3\%, \quad t_s = \frac{4.4}{\zeta\omega_n} = 0.55\text{s} \quad (\Delta=2\%)$$

结果表明：系统设计指标要求全部满足。

MATLAB 验证：

无前置滤波器时，$\Phi(s) = \frac{16(s+8)}{s^2+16s+128}$，单位阶跃响应如图 6-28 所示，测得

$$\sigma\% = 21\%, \quad t_p = 0.2\text{s}, \quad t_s = 0.44\text{s} \quad (\Delta=2\%)$$

有前置滤波器时，$\Phi(s) = \frac{128}{s^2+16s+128}$，单位阶跃响应如图 6-29 所示，测得

$$\sigma\% = 4\%, \quad t_p = 0.4\text{s}, \quad t_s = 0.52\text{s} \quad (\Delta=2\%)$$

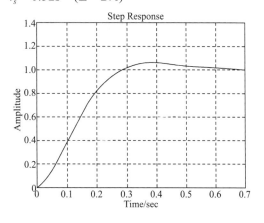

图 6-28　无前置滤波器时系统的单位阶跃响应(MATLAB)　　图 6-29　有前置滤波器时系统的单位阶跃响应(MATLAB)

MATLAB 程序如下：

```
K1=16;K2=128; Gc=tf([K1 K2],[1 0]);
```

```
G0=tf([1],[1 0]); Gp=tf([8],[1 8]);
G=series(Gc,G0);
sys0=feedback(G,1);          %无前置滤波器时的闭环传递函数
sys=series(sys0,Gp);         %有前置滤波器时的闭环传递函数
figure(1); step(sys0); grid
figure(2); step(sys); grid
```

2. 最小节拍组合校正

一个好的控制系统，应该具有快速的阶跃响应和最小的超调量。最小节拍响应是指以最小的超调量快速达到并保持在稳态响应允许波动范围内的时间响应，如图 6-30 所示。

图 6-30　最小节拍阶跃响应(A 为阶跃输入的幅值)

当系统输入为阶跃信号时，允许波动范围取为稳态响应的±2%误差带。因此，系统的调节时间就是响应首次进入波动带的时间。

最小节拍响应具有如下特征：

(1) 在阶跃输入作用下，稳态误差为零；

(2) 阶跃响应具有最小的上升时间和调节时间；

(3) 阶跃响应超调量<2%；

最小节拍响应系统标准化闭环传递函数 $\Phi(s)$ 及其系数 α、β、γ 等的典型取值，如表 6-5 所示。表中还列出了各阶最小节拍响应系统的主要响应性能，其中所有的时间均取标准化时间。例如标准化调节时间 t_s=4.82，是表示 $\omega_n t_s$=4.82，而实际调节时间 t_s=4.82/ω_n。

在设计具有最小节拍响应系统时，要选择合适的校正网络类型，并令校正后系统的闭环传递函数等于标准化闭环传递函数，由此确定所需要的校正网络参数。

例 6-8　设控制系统如图 6-27 所示。已知被控对象

$$G_0(s) = \frac{K}{s(s+1)}$$

超前校正网络

$$G_c(s) = \frac{s+z}{s+p}$$

表 6-5　最小节拍系统的标准化传递函数的典型系数和响应性能指标

系统阶数	闭环传递函数 $\Phi(s)$	系数					超调量 /%	欠调量 /%	90%上升时间 $t_{r\,90}$	100%上升时间 t_r	调节时间 t_s
		α	β	γ	δ	ε					
2	$\dfrac{\omega_n^2}{s^2+\alpha\omega_n s+\omega_n^2}$	1.82					0.10	0.00	3.47	6.59	4.82
3	$\dfrac{\omega_n^3}{s^3+\alpha\omega_n s^2+\beta\omega_n^2 s+\omega_n^3}$	1.90	2.20				1.65	1.36	3.48	4.32	4.04
4	$\dfrac{\omega_n^4}{s^4+\alpha\omega_n s^3+\beta\omega_n^2 s^2+\gamma\omega_n^3 s+\omega_n^4}$	2.20	3.50	2.80			0.89	0.95	4.16	5.29	4.81
5	$\dfrac{\omega_n^5}{s^5+\alpha\omega_n s^4+\beta\omega_n^2 s^3+\gamma\omega_n^3 s^2+\delta\omega_n^4 s+\omega_n^5}$	2.70	4.90	5.40	3.40		1.29	0.37	4.84	5.73	5.43
6	$\dfrac{\omega_n^6}{s^6+\alpha\omega_n s^5+\beta\omega_n^2 s^4+\gamma\omega_n^3 s^3+\delta\omega_n^4 s^2+\varepsilon\omega_n^5 s+\omega_n^6}$	3.15	6.50	8.70	7.55	4.05	1.63	0.94	5.49	6.31	6.04

注：表中所有时间均为标准化时间。

前置滤波器
$$G_p(s)=\frac{z}{s+z}$$

若要求系统调节时间 $t_s=2\mathrm{s}(\Delta=2\%)$ 左右，试选择增益 K 及校正网络参数 z 和 p，使该系统成为三阶最小节拍响应系统，并计算系统的实际动态性能指标。

解　系统开环传递函数
$$G(s)=G_p(s)G_c(s)G_0(s)=\frac{Kz}{s(s+1)(s+p)}$$

闭环传递函数
$$\Phi(s)=\frac{G_c(s)G_0(s)G_p(s)}{1+G_c(s)G_0(s)}=\frac{Kz}{s^3+(p+1)s^2+(p+K)s+Kz}$$

而三阶最小节拍标准化闭环传递函数为
$$\Phi(s)=\frac{\omega_n^3}{s^2+\alpha\omega_n s^2+\beta\omega_n^2 s+\omega_n^3}$$

比较实际闭环传递函数与标准化闭环传递函数，可得
$$Kz=\omega_n^3,\quad \alpha\omega_n=p+1,\quad \beta\omega_n^2=p+K$$

查表 6-5，有 $\alpha=1.90$，$\beta=2.20$，$\omega_n t_s=4.04$。代入要求值 $t_s=2\mathrm{s}$，可求得 $\omega_n=2.02$。不难算得
$$K=6.14,\quad z=1.34,\quad p=2.84$$

校正网络及前置滤波器分别为
$$G_c(s)=\frac{s+1.34}{s+2.84},\quad G_p(s)=\frac{1.34}{s+1.34}$$

系统的实际性能指标为

$$\sigma\% = 1.65\%, \quad t_s = 2\text{s}$$

上述计算结果表明，$\sigma\%$发生在容许的$\Delta=\pm2\%$误差带内，因此也可以认为系统的$\sigma\%=0$。

MATLAB 验证：进行 MATLAB 仿真，当系统无前置滤波器时，单位阶跃响应如图 6-31 所示，测得

$$\sigma\% = 21\%, \quad t_s = 3.49\text{s} \quad (\Delta = 2\%), \quad t_p = 1.44\text{s}$$

当系统有前置滤波器时，单位阶跃响应如图 6-32 所示，测得

$$\sigma\% = 2\%, \quad t_s = 2.4\text{s} \quad (\Delta = 2\%)$$

图 6-31　无前置滤波器时系统的
　　　　时间响应(MATLAB)

图 6-32　有前置滤波器时系统的
　　　　时间响应(MATLAB)

MATLAB 程序如下：

```
K=6.14;z=1.34;p=2.84;
G0=tf(K,[1,1,0]);              %被控对象的传递函数
Gc=tf([1,z],[1,p]);           %超前校正网络的传递函数
Gp=tf(z,[1,z]);               %前置滤波的传递函数

G=series(G0,Gc);
sys0=feedback(G,1);           %无前置滤波器时系统的闭环传递函数
sys=series(Gp,sys0);          %有前置滤波器时系统的闭环传递函数

figure(1);step(sys0);grid
figure(2);step(sys);grid
```

6-6　复　合　校　正

串联校正和前馈校正，是控制系统工程中两种常用的校正方法，在一定程度上可以使已校正系统满足给定的性能指标要求。然而，如果控制系统中存在强扰动，特别是低频强扰动，或者系统的稳态精度和响应速度要求很高，则一般的校正方法难以满足要求。目前在工程实践中，例如在高速、高精度火炮控制系统中，还广泛采用一种把前馈控制和反馈控制有机结合起来的校正方法，这就是复合控制校正。

1. 复合校正的概念

为了减小或消除系统在特定输入作用下的稳态误差，可以提高系统的开环增益，或者采用高型别系统。但是，这两种方法都将影响系统的稳定性，并会降低系统的动态性能。当型别过高或开环增益过大时，系统甚至会失去稳定。此外，通过适当选择系统带宽的方法，可以抑制高频扰动，但对低频扰动却无能为力；采用比例-积分反馈校正，虽可抑制来自系统输入端的扰动，但反馈校正装置的设计比较困难，且难以满足系统的高性能要求。如果在系统的反馈控制回路中加入前馈通路，组成一个前馈控制和反馈控制相组合的系统，只要系统参数选择得当，不但可以保持系统稳定，极大地减小乃至消除稳态误差，而且可以抑制几乎所有的可量测扰动，其中包括低频强扰动。这样的系统就称之为复合控制系统，相应的控制方式称为复合控制。把复合控制的思想用于系统设计，就是所谓复合校正。在高精度的控制系统中，复合控制得到了广泛的应用。

复合校正中的前馈装置是按不变性原理进行设计的，可分为按扰动补偿和按输入补偿两种方式。

2. 按扰动补偿的复合校正

设按扰动补偿的复合控制系统如图 6-33 所示。图中，$N(s)$ 为可量测扰动，$G_1(s)$ 和 $G_2(s)$ 为反馈部分的前向通路传递函数，$G_n(s)$ 为前馈补偿装置传递函数。复合校正的目的，是通过恰当选择 $G_n(s)$，使扰动 $N(s)$ 经过 $G_n(s)$ 对系统输出 $C(s)$ 产生补偿作用，以抵消扰动 $N(s)$ 通过 $G_2(s)$ 对输出 $C(s)$ 的影响。由图 6-33 知，扰动作用下的输出为

$$C_n(s) = \frac{G_2(s)\left[1 + G_1(s)G_n(s)\right]}{1 + G_1(s)G_2(s)} N(s) \tag{6-42}$$

扰动作用下的误差为

$$E_n(s) = -C_n(s) = -\frac{G_2(s)\left[1 + G_1(s)G_n(s)\right]}{1 + G_1(s)G_2(s)} N(s) \tag{6-43}$$

若选择前馈补偿装置的传递函数

$$G_n(s) = -\frac{1}{G_1(s)} \tag{6-44}$$

则由式(6-42)和式(6-43)知，必有 $C_n(s)=0$ 以及 $E_n(s)=0$。因此，式(6-44)称为对扰动的误差全补偿条件。

具体设计时，可以选择 $G_1(s)$(可加入串联校正装置 $G_c(s)$)的形式与参数，使系统获得满意的动态性能和稳态性能；然后按式(6-44)确定前馈补偿装置的传递函数 $G_n(s)$，使系统完全不受可量测扰动的影响。然而，误差全补偿条件(6-44)在物理上往往无法准确实现，因为对由物理装置实现的 $G_1(s)$ 来说，其分母多项式次数总是大于或等于分子多项式的次数。因此在实际使用时，多在对系统性能起主要影响的频段内采用近似全补偿，或者采用稳态全补偿，以使前馈补偿装置易于物理实现。

从补偿原理来看，由于前馈补偿实际上是采用开环控制方式去补偿可量测的扰动信号，因此前馈补偿并不改变反馈控制系统的特性。从抑制扰动的角度来看，前馈控制可以减轻反馈控制的负担，所以反馈控制系统的增益可以取得小一些，以有利于系统的稳

定性。所有这些都是用复合校正方法设计控制系统的有利因素。

例 6-9 设按扰动补偿的复合校正随动系统如图 6-34 所示。图中，K_1 为综合放大器的增益，$1/(T_1s+1)$ 为滤波器的传递函数，$K_m/[s(T_ms+1)]$ 为伺服电机的传递函数，$N(s)$ 为负载转矩扰动。试设计前馈补偿装置 $G_n(s)$，使系统输出不受扰动影响。

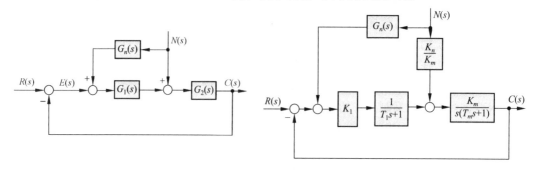

图 6-33 按扰动补偿的复合控制系统结构图   图 6-34 带前馈补偿的随动系统结构图

解 由图 6-34 可见，扰动对系统输出的影响由下式描述：

$$C(s) = \frac{\dfrac{K_m}{s(T_ms+1)}\left[\dfrac{K_n}{K_m} + \dfrac{K_1}{T_1s+1}G_n(s)\right]N(s)}{1 + \dfrac{K_1K_m}{s(T_1s+1)(T_ms+1)}}$$

令

$$G_n(s) = -\frac{K_n}{K_1K_m}(T_1s+1)$$

系统输出便可不受负载转矩扰动的影响。但是由于 $G_n(s)$ 的分子次数高于分母次数，故不便于物理实现。若令

$$G_n(s) = -\frac{K_n}{K_1K_m}\cdot\frac{(T_1s+1)}{(T_2s+1)}, \qquad T_1 \gg T_2$$

则 $G_n(s)$ 在物理上能够实现，且达到近似全补偿要求，即在扰动信号作用的主要频段内进行了全补偿。此外，若取

$$G_n(s) = -\frac{K_n}{K_1K_m}$$

则由扰动对输出影响的表达式可见，在稳态时，系统输出完全不受扰动的影响。这就是所谓稳态全补偿，它在物理上更易于实现。

由上述分析可知，采用前馈控制补偿扰动信号对系统输出的影响，是提高系统控制准确度的有效措施。但是，采用前馈补偿，首先要求扰动信号可以量测，其次要求前馈补偿装置在物理上是可实现的，并应力求简单。在实际应用中，多采用近似全补偿或稳态全补偿的方案。一般来说，主要扰动引起的误差，由前馈控制进行全部或部分补偿；次要扰动引起的误差，由反馈控制予以抑制。这样，在不提高开环增益的情况下，各种扰动引起的误差均可得到补偿，从而有利于同时兼顾提高系统稳定性和减小系统稳态误差的要求。此外，由于前馈控制是一种开环控制，要求构成前馈补偿装置的元部件具有较高的参数稳定性，否则将削弱补偿效果，并给系统输出造成新的误差。

3. 按输入补偿的复合校正

设按输入补偿的复合控制系统如图 6-35 所示。图中，$G(s)$ 为反馈系统的开环传递函数，$Gr(s)$ 为前馈补偿装置的传递函数。由图可知，系统的输出量为

$$C(s) = \big[E(s) + G_r(s)R(s)\big]G(s) \qquad (6-45)$$

由于系统的误差

$$E(s) = R(s) - C(s) \qquad (6-46)$$

所以可得

图 6-35 按输入补偿的复合控制系统结构图

$$C(s) = \frac{\big[1 + G_r(s)\big]G(s)}{1 + G(s)}R(s) \qquad (6-47)$$

如果选择前馈补偿装置的传递函数

$$G_r(s) = \frac{1}{G(s)} \qquad (6-48)$$

则式(6-47)变为

$$C(s) = R(s)$$

表明在式(6-48)成立的条件下，系统的输出量在任何时刻都可以完全无误地复现输入量，具有理想的时间响应特性。

为了说明前馈补偿装置能够完全消除误差的物理意义，将式(6-45)代入式(6-46)，可得

$$E(s) = \frac{\big[1 - G_r(s)G(s)\big]}{1 + G(s)}R(s) \qquad (6-49)$$

上式表明，在式(6-48)成立的条件下，恒有 $E(s)=0$；前馈补偿装置 $G_r(s)$ 的存在，相当于在系统中增加了一个输入信号 $G_r(s)R(s)$，其产生的误差信号与原输入信号 $R(s)$ 产生的误差信号相比，大小相等而方向相反。故式(6-48)称为对输入信号的误差全补偿条件。

由于 $G(s)$ 一般均具有比较复杂的形式，故全补偿条件(6-50)的物理实现相当困难。在工程实践中，大多采用满足跟踪精度要求的部分补偿条件，或者在对系统性能起主要影响的频段内实现近似全补偿，以使 $G_r(s)$ 的形式简单并易于物理实现。

为了便于分析按输入补偿的复合校正系统的误差和稳定性，需要引入等效开环传递函数的概念。由式(6-47)知，系统闭环传递函数为

$$\Phi(s) = \frac{C(s)}{R(s)} = \frac{\big[1 + G_r(s)\big]G(s)}{1 + G(s)} \qquad (6-50)$$

定义等效开环传递函数

$$G_k(s) = \frac{\Phi(s)}{1 - \Phi(s)} = \frac{\big[1 + G_r(s)\big]G(s)}{1 - G_r(s)G(s)} \qquad (6-51)$$

显然，式(6-50)和式(6-51)对于单位反馈复合控制系统才能成立。相应的误差传递函数为

$$\Phi_e(s) = \frac{E(s)}{R(s)} = 1 - \Phi(s) = \frac{1 - G_r(s)G(s)}{1 + G_r(s)} \tag{6-52}$$

上式亦可由式(6-49)直接导出。

在部分补偿情况下，$G_r(s) \neq 1/G(s)$。设反馈系统的开环传递函数

$$G(s) = \frac{K_v}{s(a_n s^{n-1} + a_{n-1} s^{n-2} + \cdots + a_2 s + a_1)}$$

相应的闭环传递函数

$$\Phi(s) = \frac{K_v}{s(a_n s^{n-1} + a_{n-1} s^{n-2} + \cdots + a_2 s + a_1) + K_v} \tag{6-53}$$

显然，这是 I 型系统，存在常值速度误差，且加速度误差为无穷大。

若取输入信号的一阶导数作为前馈补偿信号，即

$$G_r(s) = \lambda_1 s$$

其中，常系数 λ_1 表示前馈补偿信号的强度。此时，由式(6-50)得等效系统的闭环传递函数

$$\Phi(s) = \frac{K_v(1 + \lambda_1 s)}{s(a_n s^{n-1} + a_{n-1} s^{n-2} + \cdots + a_2 s + a_1) + K_v} \tag{6-54}$$

根据式(6-52)，得等效系统的误差传递函数

$$\Phi_e(s) = \frac{a_n s^n + a_{n-1} s^{n-1} + \cdots + a_2 s^2 + (a_1 - \lambda_1 K_v)s}{s(a_n s^{n-1} + a_{n-1} s^{n-2} + \cdots + a_2 s + a_1) + K_v}$$

取

$$\lambda_1 = \frac{a_1}{K_v}$$

可得

$$\Phi_e(s) = \frac{s^2(a_n s^{n-2} + a_{n-1} s^{n-3} + \cdots + a_2)}{s(a_n s^{n-1} + a_{n-1} s^{n-2} + \cdots + a_2 s + a_1) + K_v} \tag{6-55}$$

于是，等效开环传递函数

$$G_k(s) = \frac{1 - \Phi_e(s)}{\Phi_e(s)} = \frac{a_1 s + K_v}{s^2(a_n s^{n-2} + \cdots + a_2)} \tag{6-56}$$

上式表明，引入 $G_r(s) = \lambda_1 s$ 的前馈补偿装置，并使 $\lambda_1 = a_1/K_v$，可以使复合控制系统等效为 II 型系统。此时，复合控制系统的速度误差为零，加速度误差为常值。利用式(6-55)，根据终值定理方法不难验证这一结论。

若取输入信号的一阶导数和二阶导数的线性组合作为前馈补偿信号，即

$$G_r(s) = \lambda_2 s^2 + \lambda_1 s$$

则等效系统的闭环传递函数

$$\Phi(s) = \frac{K_v(1 + \lambda_1 s + \lambda_2 s^2)}{s(a_n s^{n-1} + a_{n-1} s^{n-2} + \cdots + a_2 s + a_1) + K_v} \tag{6-57}$$

等效系统的误差传递函数

$$\Phi_e(s) = \frac{a_n s^n + a_{n-1} s^{n-1} + \cdots + (a_2 - \lambda_2 K_v)s^2 + (a_1 - \lambda_1 K_v)s}{s(a_n s^{n-1} + a_{n-1} s^{n-2} + \cdots + a_2 s + a_1) + K_v}$$

取
$$\lambda_1 = \frac{a_1}{K_v}, \qquad \lambda_2 = \frac{a_2}{K_v}$$

可得
$$\Phi_e(s) = \frac{s^3(a_n s^{n-3} + a_{n-1} s^{n-4} + \cdots + a_3)}{s(a_n s^{n-1} + a_{n-1} s^{n-2} + \cdots + a_2 s + a_1) + K_v} \tag{6-58}$$

于是，等效开环传递函数
$$G_k(s) = \frac{a_2 s^2 + a_1 s + K_v}{s^3(a_n s^{n-3} + a_{n-1} s^{n-4} + \cdots + a_3)} \tag{6-59}$$

由式(6-58)及式(6-59)可见，引入 $G_r(s) = \lambda_2 s^2 + \lambda_1 s$ 的前馈补偿装置，并使 $\lambda_1 = a_1/K_v$，$\lambda_2 = a_2/K_v$，可以使复合控制系统等效为Ⅲ型系统。这时，复合控制系统的速度误差和加速度误差均为零，极大地提高了系统复现输入信号的能力和精度。

有时，前馈补偿信号不是加在系统的输入端，而是加在系统前向通路上某个环节的输入端，以简化误差全补偿条件，如图6-36所示。由图可知，复合控制系统的输出量
$$C(s) = \frac{[G_1(s) + G_r(s)]G_2(s)}{1 + G_1(s)G_2(s)} R(s)$$

于是，等效系统的闭环传递函数
$$\Phi(s) = \frac{[G_1(s) + G_r(s)]G_2(s)}{1 + G_1(s)G_2(s)}$$

等效系统的误差传递函数
$$\Phi_e(s) = \frac{1 - G_r(s)G_2(s)}{1 + G_1(s)G_2(s)} \tag{6-60}$$

由上式可见，当取
$$G_r(s) = \frac{1}{G_2(s)} \tag{6-61}$$

时，复合控制系统将实现误差全补偿。基于同样的理由，完全实现全补偿条件(6-61)是困难的。为了使 $G_r(s)$ 在物理上能够实现，通常只进行部分补偿，将系统误差减小至允许范围内即可。

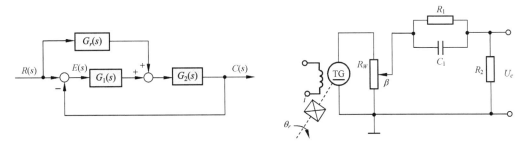

图 6-36　按输入补偿的复合控制系统结构图　　　图 6-37　测速发电机与无源网络的组合

从控制系统稳定性的角度来考察，比较式(6-53)，式(6-54)和式(6-57)可知，没有前馈控制时的反馈控制系统的特征方程，与有前馈控制时的复合控制系统的特征方程完全一

致，表明系统的稳定性与前馈控制无关。因此，复合校正控制系统很好地解决了一般反馈控制系统在提高控制精度与确保系统稳定性之间存在的矛盾。

在控制工程实践中，输入信号的一阶导数和二阶导数，往往由测速发电机与无源网络的组合线路取得，如图 6-37 所示。由图可知，在假定无源网络的负载阻抗为无穷大且信号源内阻为零，即 $\beta R_w \approx 0$ 的条件下，其中 R_w 为测速发电机的分压电位器阻值，β 为调整系数，无源网络的传递函数为

$$G_c(s) = \frac{K(\tau s + 1)}{Ts + 1}$$

其中
$$K_1 = \frac{R_2}{R_1 + R_2}, \quad \tau = R_1 C_1, \quad T = \frac{R_1 R_2 C_1}{R_1 + R_2}$$

当不考虑负载效应时，整个测速发电机和无源网络的组合线路的传递函数为

$$G_r(s) = K_1 \frac{\tau s + 1}{Ts + 1} \cdot \beta K_t s = \frac{\lambda_2 s^2 + \lambda_1 s}{Ts + 1} \tag{6-62}$$

式中
$$\lambda_1 = K_1 K_t \beta, \quad \lambda_2 = K_1 K_t \beta \tau$$

K_t 为测速发电机的比电压(输出斜率)。显然，调整 K_1，β 和 τ 的数值，可以使 λ_1 和 λ_2 满足设计要求。

由式(6-62)可见，由于无源网络无法提供纯微分信号，因此在前馈装置传递函数的分母上，增加了一项寄生因式($Ts+1$)。在这种情况下，等效系统的闭环传递函数(6-57)演变为

$$\Phi(s) = \frac{K_v \left[1 + (\lambda_1 + T)s + \lambda_2 s^2 \right]}{(Ts + 1)\left[s(a_n s^{n-1} + a_{n-1} s^{n-2} + \cdots + a_2 s + a_1) + K_v \right]} \tag{6-63}$$

根据式(6-52)，得等效系统的误差传递函数

$$\Phi_e(s) = \frac{a_n T s^{n+1} + (a_n + a_{n-1}T)s^n + \cdots + (a_3 + a_2 T)s^3 + (a_2 + a_1 T - \lambda_2 K_v)s^2 + (a_1 - \lambda_1 K_v)s}{(Ts + 1)\left[s(a_n s^{n-1} + a_{n-1} s^{n-2} + \cdots + a_2 s + a_1) + K_v \right]}$$

若取
$$\lambda_1 = \frac{a_1}{K_v}, \quad \lambda_2 = \frac{a_2 + a_1 T}{K_v} \tag{6-64}$$

也即 K_1，β 和 τ 的选择，应使下列关系式成立：

$$\beta = \frac{a_1}{K_1 K_t K_v}, \quad K_1 = \frac{a_2 + a_1 T}{K_t K_v \beta \tau} \tag{6-65}$$

则等效开环传递函数

$$G_k(s) = \frac{(a_2 + a_1 T)s^2 + (a_1 + K_v T)s + K_v}{s^3 \left[a_n T s^{n-2} + (a_n + a_{n-1}T)s^{n-3} + \cdots + (a_3 + a_2 T) \right]} \tag{6-66}$$

上式表明，若条件式(6-64)或式(6-65)成立，等效系统成为Ⅲ型系统，其速度误差及加速度误差均为零。

比较式(6-57)与式(6-63)可以看出，当前馈装置的传递函数为式(6-62)形式时，复合控制系统的特征方程也同样增加了因子($Ts+1$)，从而使闭环系统增加了一个 $s = -1/T$ 的极点。由于增加的闭环极点位于左半 s 平面，对系统的稳定性没有影响，但是对系统的动态性能有影响。在设计系统时，应注意选择无源网络的 R 和 C 的数值，除使 T 值满

足式(6-65)外，还应使 T 值较小，从而附加闭环极点 $-1/T$ 远离虚轴，对系统动态性能的影响甚微。

不难理解，$G_r(s)=\lambda_1 s$ 的前馈补偿规律可直接用测速发电机实现。为了便于调整参数，测速发电机的输出端应跨接分压电位器。

例 6-10　设复合校正随动系统如图 6-38 所示。试选择前馈补偿方案和参数，使复合控制系统等效为Ⅱ型或Ⅲ型系统。

解　前馈补偿方案及其参数选择，可按如下几步讨论：

图 6-38　复合校正随动系统结构图

1) 选择 $G_r(s)=\lambda_1 s$。在图 6-38 中，令

$$G_1(s)=\frac{K_1}{T_1 s+1}, \qquad G_2(s)=\frac{K_2}{s(T_2 s+1)}$$

$$G(s)=G_1(s)G_2(s)=\frac{K_1 K_2}{s\left[T_1 T_2 s^2+(T_1+T_2)s+1\right]}$$

易知：未补偿系统为Ⅰ型系统，且 $a_3=T_1 T_2$，$a_2=T_1+T_2$，$a_1=1$。由式(6-60)得等效系统的误差传递函数

$$\Phi_e(s)=\frac{T_1 T_2 s^3+(T_1+T_2-\lambda_1 K_2 T_1)s^2+(1-\lambda_1 K_2)s}{s(T_1 s+1)(T_2 s+1)+K_1 K_2}$$

显然，若选

$$\lambda_1=\frac{1}{K_2}$$

则复合控制系统等效为Ⅱ型系统，在斜坡函数输入时的稳态误差为零。实质上，取 $\lambda_1=1/K_2$，只是一种部分补偿。

2) 选择 $G_r(s)=\lambda_2 s^2+\lambda_1 s$。不难求得等效系统的闭环传递函数

$$\Phi(s)=\frac{K_1 K_2+K_2(\lambda_2 s^2+\lambda_1 s)(T_1 s+1)}{s(T_1 s+1)(T_2 s+1)+K_1 K_2}$$

以及等效误差传递函数

$$\Phi_e(s)=\frac{(T_1 T_2-K_2 T_1 \lambda_2)s^3+(T_1+T_2-K_2 T_1 \lambda_1-K_2 \lambda_2)s^2+(1-K_2 \lambda_1)s}{s(T_1 s+1)(T_2 s+1)+K_1 K_2}$$

若选

$$\lambda_1=\frac{1}{K_2}, \qquad \lambda_2=\frac{T_2}{K_2}$$

可使 $\Phi_e(s)\equiv 0$。此时，由于满足误差全补偿条件 $G_r(s)=1/G_2(s)$，故复合校正系统对任何形式的输入信号均不产生误差。但是

$$G_r(s)=\frac{s(T_2 s+1)}{K_2}$$

的形式是难以准确实现的，只能在对系统性能起主要影响的频段范围内近似实现。

3) 选择 $G_r(s)=\dfrac{\lambda_2 s^2+\lambda_1 s}{Ts+1}$。不难证明，当取

$$\lambda_1=\frac{1}{K_2}, \qquad \lambda_2=\frac{T_2+T}{K_2}$$

复合校正系统等效为Ⅲ型系统，在加速度函数输入作用下，系统的稳态误差为零。在物

理装置上，可考虑采用测速发电机与无源网络的组合线路近似实现上述补偿方案。

6-7　控制系统校正设计

例 6-11　磁盘驱动读取系统(续)。

当忽略电机磁场影响时，具有 PD 控制器的磁盘驱动系统如图 6-39 所示。为了消除 PD 控制形成的零点因式$(s+z)$对闭环动态性能的不利影响，系统配置了前置滤波器 $G_p(s)$。要求设计 PD 控制器 $G_c(s)$和前置滤波器 $G_p(s)$，使系统成为最小节拍响应系统，并满足以下设计指标：

1) 单位阶跃响应超调量$\sigma\% < 5\%$；
2) 单位阶跃响应调节时间 $t_s < 50\text{ms}(\Delta=2\%)$；
3) 单位阶跃扰动作用下的最大响应$< 5 \times 10^{-3}$。

图 6-39　带有 PD 控制器的磁盘驱动器控制系统(二阶系统模型)结构图

解　由图 6-39 知，当不考虑 $G_p(s)$时，系统开环传递函数

$$G(s) = G_c(s)G_1(s)G_2(s) = \frac{50(K_1 + K_3 s)}{s(s+20)}$$

相应的闭环传递函数

$$\Phi(s) = \frac{G(s)}{1+G(s)} = \frac{50(K_1 + K_3 s)}{s^2 + (20 + 50K_3)s + 50K_1}$$

由表 6-5 知，二阶最小节拍响应系统的标准化闭环传递函数为

$$\Phi(s) = \frac{\omega_n^2}{s^2 + \alpha\omega_n s + \omega_n^2}, \qquad \alpha = 1.82$$

标准化调节时间应为

$$\omega_n t_s = 4.82$$

根据设计指标要求，$t_s < 50\text{ms}$，应有$\omega_n > 96.4$，于是可取$\omega_n = 120$，其对应的调节时间

$$t_s = \frac{4.82}{\omega_n} = 40.2\text{ms} < 50\text{ms} \quad (\Delta = 2\%)$$

可以满足设计要求。这样，二阶最小节拍系统的标准化闭环传递函数为

$$\Phi(s) = \frac{14400}{s^2 + 218.4s + 14400}$$

令实际闭环传递函数与标准化闭环传递函数分母相等，有

$$218.4 = 20 + 50K_3, \quad 14400 = 50K_1$$

解得 $K_1=288$，$K_3=3.968$。于是，所需的 PD 控制器为

$$G_c(s) = K_1 + K_3 s = 3.968(s + 72.58)$$

为了消除 PD 控制器新增闭环零点$(s+72.58)$的不利影响，将前置滤波器取为

$$G_p(s) = \frac{72.58}{s + 72.58}$$

最后，对所设计的系统进行仿真测试。无前置滤波器时单位阶跃输入响应，如图 6-40 所示，仿真表明，闭环零点可以提升系统的上升时间，但恶化了系统的超调量；而有前置滤波器时系统的单位阶跃时间响应，如图 6-41(a)所示，其动态性能大为改善，超调量 $\sigma\%=0.1\%$，调节时间 $t_s=40\text{ms}(\Delta=2\%)$；同时，图 6-41(b)所示的有前置滤波器时系统的单位阶跃扰动响应，表明系统能有效抑制扰动的影响，最大扰动响应值为 6.9×10^{-4}。从而全部满足设计指标要求。

图 6-40　无前置滤波器时系统的时间响应(MATLAB)

MATLAB 程序如下：

```
K1=288;K3=3.968;
Gc=tf([K3,K1],1);            %PD 控制器的传递函数
G1=5;
G2=tf(10,[1,20,0]);          %负载传递函数
Gp=tf(72.58,[1,72.58]);      %前置滤波的传递函数
G3=series(Gc,G1);
G=series(G3,G2);
G4=feedback(G,1);            %无前置滤波器时系统的闭环传递函数
G5=series(Gp,G4);            %有前置滤波器时系统的闭环传递函数
G6=feedback(G2,G3);          %系统的扰动闭环传递函数
figure(1);step(G4);grid
figure(2);step(G5);grid
figure(3);step(G6);grid
```

(a) 单位阶跃输入响应

(b) 单位阶跃扰动响应

图 6-41　有前置滤波器时系统的时间响应(MATLAB)

Python 程序如下：

```
import control as ctr
import matplotlib.pyplot as plt
import numpy as np

K1=288
K3=3.968
Gc = ctr.tf([K3,K1],1)               #PD 控制器的传递函数
G1=5
G2=ctr.tf([10],[1,20,0])             #负载传递函数
Gp=ctr.tf([72.58],[1,72.58])         #前置滤波的传递函数
G3=ctr.series(Gc,G1)
G=ctr.series(G3,G2)
G4=ctr.feedback(G,1)                 #无前置滤波器时系统的闭环传递函数
G5=ctr.series(Gp,G4)                 #有前置滤波器时系统的闭环传递函数
G6=ctr.feedback(G2,G3)               #系统的扰动闭环传递函数
t = np.arange(0,1,0.001)
t1,y1 = ctr.step_response(G4,t)      #篇幅限制绘图过程略
t2,y2 = ctr.step_response(G5,t)
t3,y3 = ctr.step_response(G6,t)
```

习　　题

6-1　设有单位反馈的火炮指挥仪伺服系统，其开环传递函数为

$$G_0(s) = \frac{K}{s(0.2s+1)(0.5s+1)}$$

若要求系统最大输出速度为 12°/s，输出位置的容许误差小于 2°，试求：

(1) 确定满足上述指标的最小 K 值，计算该 K 值下系统的相角裕度和幅值裕度；

(2) 在前向通路中串接超前校正网络

$$G_c(s) = \frac{0.4s+1}{0.08s+1}$$

计算校正后系统的相角裕度和幅值裕度，说明超前校正对系统动态性能的影响。

6-2　设单位反馈系统的开环传递函数

$$G_0(s) = \frac{K}{s(s+1)}$$

试设计一串联超前校正装置，使系统满足如下指标：

(1) 相角裕度 $\gamma \geqslant 45°$；

(2) 在单位斜坡输入下的稳态误差

$$e_{ss}(\infty) < \frac{1}{15}\text{rad}$$

(3) 截止频率 $\omega_c \geqslant 7.5\text{rad/s}$。

6-3　已知一单位反馈最小相位控制系统，其固定不变部分传递函数 $G_0(s)$ 和串联校正装置 $G_c(s)$ 分别

如图 6-42(a)和(b)所示。要求:

(1) 写出校正后各系统的开环传递函数;

(2) 分析各 $G_c(s)$ 对系统的作用,并比较其优、缺点。

(a) 滞后校正   (b) 超前校正

图 6-42 串联校正系统对数幅频渐近特性

6-4 设单位反馈系统的开环传递函数为

$$G_0(s) = \frac{40}{s(0.2s+1)(0.0625s+1)}$$

(1) 若要求已校正系统的相角裕度为 30°,幅值裕度为 10～12dB,试设计串联超前校正装置;

(2) 若要求已校正系统的相角裕度为 50°,幅值裕度大于 15dB,试设计串联滞后校正装置。

6-5 设单位反馈系统的开环传递函数为

$$G_0(s) = \frac{8}{s(2s+1)}$$

若采用滞后-超前校正装置

$$G_c(s) = \frac{(10s+1)(2s+1)}{(100s+1)(0.2s+1)}$$

对系统进行串联校正,试绘制系统校正前后的对数幅频渐近特性,并计算系统校正前后的相角裕度。

6-6 设单位反馈系统的开环传递函数

$$G_0(s) = \frac{K}{s(s+1)(0.25s+1)}$$

(1) 若要求已校正系统的静态速度误差系数 $K_v \geq 5(s^{-1})$,相角裕度 $\gamma \geq 45°$,试设计串联校正装置;

(2) 若除上述指标要求外,还要求系统校正后截止频率 $\omega_c \geq 2$rad/s,试设计串联校正装置。

6-7 图 6-43 为三种推荐稳定系统的串联校正网络特性,它们均由最小相位环节组成。若控制系统为单位反馈系统,其开环传递函数为

$$G_0(s) = \frac{400}{s^2(0.01s+1)}$$

试问:

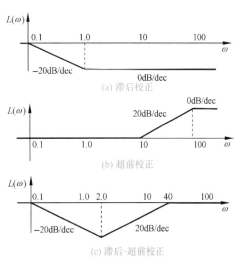

(a) 滞后校正

(b) 超前校正

(c) 滞后-超前校正

图 6-43 推荐的校正网络特性

(1) 这些校正网络特性中，哪一种可使已校正系统的稳定程度最好?

(2) 为了将 12Hz 的正弦噪声削弱 10 倍左右，你确定采用哪种校正网络特性?

6-8 设单位反馈系统的开环传递函数

$$G_0(s) = \frac{K}{s(0.1s+1)(0.01s+1)}$$

试设计串联校正装置，使系统特性满足下列指标:

(1) 静态速度误差系数 $K_v \geqslant 250\text{s}^{-1}$;

(2) 截止频率 $\omega_c \geqslant 30\text{rad/s}$;

(3) 相角裕度 $\gamma(\omega_c) \geqslant 45°$。

6-9 设复合校正控制系统如图 6-44 所示。若要求闭环回路过阻尼，且系统在斜坡输入作用下的稳态误差为零，试确定 K 值及前馈补偿装置 $G_r(s)$。

图 6-44 复合控制系统结构图

6-10 设复合校正控制系统如图 6-45 所示，其中 $N(s)$ 为可量测扰动，K_1、K_2、T 均为正常数。若要求系统输出 $C(s)$ 完全不受 $N(s)$ 的影响，且跟踪阶跃指令的误差为零，试确定前馈补偿装置 $G_{c1}(s)$ 和串联校正装置 $G_{c2}(s)$。

图 6-45 复合控制系统结构图

6-11 设复合控制系统如图 6-46 所示。图中 $G_n(s)$ 为前馈补偿装置的传递函数，$G_c(s)=K_t s$ 为测速发电机的传递函数，$G_1(s)$ 和 $G_2(s)$ 为前向通路环节的传递函数，$N(s)$ 为可量测扰动。如果

$$G_1(s) = K_1, \qquad G_2(s) = \frac{1}{s^2}$$

试确定 $G_n(s)$、$G_c(s)$ 和 K_1，使系统输出量完全不受可量测扰动的影响，且单位阶跃响应的超调量 $\sigma\% = 25\%$，峰值时间 $t_p = 2\text{s}$。

图 6-46 复合控制系统结构图

6-12 设复合控制系统如图 6-36 所示。图中

$$G_1(s) = K_1, \qquad\qquad K_1 = 2$$

$$G_2(s) = \frac{K_2}{s(s+20\zeta)}, \qquad K_2 = 50, \zeta = 0.5$$

$$G_r(s) = \frac{\lambda_2 s^2 + \lambda_1 s}{Ts+1}, \qquad T = 0.2$$

试确定λ_1和λ_2的数值，使系统等效为Ⅲ型系统，并讨论寄生因式$(Ts+1)$对系统稳定性和动态性能的影响。

6-13　设组合驱动装置如图 6-47 所示。该装置由两个工作滑轮 A 和 B 组成，通过弹性皮带连在一起，挂在弹簧上的第三个拉力滑轮可以将皮带拉紧，而弹簧运动可以视为无摩擦的运动。在组合驱动装置中，主滑轮 A 由直流电机驱动，滑轮 A 和 B 上都装有测速计，其输出电压与滑轮的转速成正比，利用测得的速度信号，可以估计每个滑轮的转角。

设组合驱动装置的转速控制系统如图 6-48 所示，其中被控对象为组合驱动装置，其传递函数

$$G_0(s) = \frac{10}{(s+6)^2}$$

$G_c(s)$为 PI 控制器，其传递函数

$$G_c(s) = K_1 + \frac{K_2}{s}$$

$G_p(s)$为前置滤波器。要求设计 $G_c(s)$ 和 $G_p(s)$，使系统具有最小节拍响应，且调节时间 $t_s \leqslant 1s(\Delta=2\%)$。

图 6-47　组合驱动装置示意图　　　　图 6-48　组合驱动装置转速控制系统结构图

6-14　设有前置滤波器的鲁棒控制系统如图 6-49 所示，其中被控对象

$$G_0(s) = \frac{10}{(s+1)(s+2)}$$

PID 控制器　　　　　　$$G_c(s) = \frac{K_3 s^2 + K_1 s + K_2}{s}$$

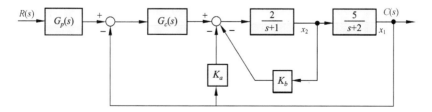

图 6-49　具有前置滤波器的鲁棒控制系统结构图

$G_p(s)$为前置滤波器。设计要求:

(1) 当K_a=10, K_b=0 时,设计 $G_c(s)$和$G_p(s)$,使系统具有最小节拍响应,即系统在单位阶跃输入作用下,$e_{ss}(\infty)$=0, $\sigma\%\leq2\%$, $t_s\leq1s(\Delta=2\%)$;

(2) 若$G_0(s)$的两个极点发生±50%范围摄动,在最坏情况下,被控对象变为

$$G_0(s)=\frac{10}{(s+0.5)(s+1)}$$

试用(1)中的设计结果,对系统性能进行考核,以检验系统的鲁棒性。

6-15 宇航员可以在航天飞机中通过控制机械手将卫星回收到航天飞机的货舱中,如图 6-50(a)所示。图中显示了宇航员站在机械臂上工作。该卫星回收系统结构图如图 6-50(b)所示。要求:

(1) 当 T=0.1s 时,确定 K_a的取值,使系统的相角裕度γ=50°;

(2) 当 T=0.5s 时,仍采用(1)中确定的 K_a,求此时系统的相角裕度γ_1;

(3) 当 T=0.5s 时,若要求γ=50°,试问 K_a值应如何改变?

(a) 太空中的宇航员

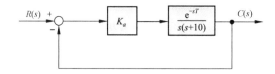

(b) 回收系统结构图

图 6-50 卫星回收控制系统

6-16 已知汽车点火系统中有一个单位负反馈子系统,其开环传递函数为 $G_c(s)G_0(s)$,其中

$$G_0(s)=\frac{10}{s(s+10)}, \qquad G_c(s)=K_1+\frac{K_2}{s}$$

若已知K_2/K_1=0.5,试确定 K_1和 K_2的取值,使系统主导极点的阻尼比ζ=0.707,而且单位阶跃响应的调节时间 $t_s\leq2s(\Delta=5\%)$。

6-17 在核工业中,远程机器人主要用来回收和处理核废料,同时也用于核反应堆的监控,清除放射性污染和处理意外事故等。图 6-51 所示为核工厂的遥控机器人示意图,其构成的远程监控系统可以完成某些特定操作的监测任务。若系统的开环传递函数为

$$G_0(s)=\frac{K_a e^{-sT}}{(s+1)(s+3)}$$

要求:

(1) 当 T=0.5s 时,确定 K_a的合适取值,使系统阶跃响应的超调量小于 30%,并计算所得系统的稳态误差;

(2) 设计校正网络

$$G_c(s)=\frac{s+2}{s+b}$$

以改进(1)中所得系统的性能，使系统的稳态误差小于 12%。

6-18　MANUTEC 机器人具有很大的惯性和较长的手臂，其实物如图 6-52(a)所示。机械臂的动力学特性可以表示为

$$G_0(s) = \frac{250}{s(s+2)(s+40)(s+45)}$$

要求选用图 6-52(b)所示控制方案,使系统阶跃响应的超调量小于 20%，上升时间小于 0.5s，调节时间小于 1.2s($\Delta=2\%$)，静态速度误差系数 $K_v \geq 10$。试问：采用超前校正网络

$$G_c(s) = 1483.7\frac{s+3.5}{s+33.75}$$

是否合适？

6-19　双手协调机器人如图 6-53 所示，两台机械手相互协作，试图将一根长杆插入另一物体。已知单个机器人关节的反馈控制系统为单位反馈控制系统，被控对象为机械臂，其传递函数为

$$G_0(s) = \frac{4}{s(s+0.5)}$$

要求设计一个串联超前-滞后校正网络，使系统在单位斜坡输入时的稳态误差不大于 0.0125，单位阶跃响应的超调量小于 25%，调节时间小于 3s($\Delta=2\%$)，并给出系统校正前后的单位阶跃输入响应曲线。试问：选用网络

$$G_c(s) = \frac{10(s+2)(s+0.1)}{(s+20)(s+0.01)}$$

是否合适？

6-20　图 6-54 为机器人和视觉系统的示意图，移动机器人利用摄像系统来观测环境信息。已知机器人系统为单位反馈系统，被控对象为机械臂，其传递函数

(a) MANUTEC机器人

(b) 控制系统结构图

图 6-52　机器人控制

$$G_0(s) = \frac{1}{(s+1)(0.5s+1)}$$

为了使系统阶跃响应的稳态误差为零，采用串联 PI 控制器

$$G_c(s) = K_1 + \frac{K_2}{s}$$

试设计合适的 K_1 与 K_2 值，使系统阶跃响应的超调量不大于 5%，调节时间小于 6s(Δ=2%)，静态速度误差系数 $K_v \geqslant 0.9$。

图 6-53　双手协调机器人示意图

图 6-54　机器人和视觉系统示意图

6-21　图 6-55(a)所示的大型天线可以用来接收卫星信号。为了能跟踪卫星的运动，必须保证天线的准确定向。天线指向控制系统采用电枢控制的电机驱动天线，其结构图如图 6-55(b)所示。若要求系统斜坡响应的稳态误差小于 1%，阶跃响应的超调量小于 5%，调节时间小于 2s(Δ=2%)。要求：

(1) 设计合适的校正网络 $G_c(s)$，并绘制已校正系统的单位阶跃响应曲线；

(2) 当 $R(s)$=0 时，计算扰动 $N(s)$=1/s 对系统输出 $C(s)$ 的影响。

(a) 大型天线　　　　　　　　　　(b) 系统结构图

图 6-55　天线指向控制系统

6-22　热轧厂的主要工序是将炽热的钢坯轧成具有预定厚度和尺寸的钢板，所得到的最终产品之一是宽为 3300mm、厚为 180mm 的标准板材。图 6-56(a)给出了热轧厂主要设备示意图，它有两台主要的辊轧台：1 号台与 2 号台。辊轧台上装有直径为 508mm 的大型辊轧台，由 4470kW 大功率电机驱动，并通过大型液压缸来调节轧制宽度和力度。

　　热轧机的典型工作流程是：钢坯首先在熔炉中加热，加热后的钢坯通过 1 号台，被辊轧机轧制成具有预期宽度的钢坯，然后通过 2 号台，由辊轧机轧制成具有预期厚度的钢板，最后再由热整平设备加以整平成型。

　　热轧机系统控制的关键技术是通过调整辊轧机的间隙来控制钢板的厚度。热轧机控制系统框图如图 6-56(b)所示，其中

$$G_0(s) = \frac{1}{s(s^2 + 4s + 5)}$$

而 $G_c(s)$ 为具有两个相同实零点的 PID 控制器。要求：

　　(1) 选择 PID 控制器的零点和增益，使闭环系统有两对相等的特征根；

　　(2) 考查(1)中得到的闭环系统，给出不考虑前置滤波器 $G_p(s)$ 与配置适当 $G_p(s)$ 时，系统的单位阶跃响应；

　　(3) 当 $R(s)=0$，$N(s)=1/s$ 时，计算系统对单位阶跃扰动的响应。

(a) 热轧机

(b) 系统结构图

图 6-56　热轧机控制系统

本章导学

第七章 线性离散系统的分析与校正

近年来，由于脉冲技术、数字式元部件、数字计算机，特别是微处理器的蓬勃发展，数字控制器在许多场合取代了模拟控制器。基于工程实践的需要，作为分析与设计数字控制系统的基础理论，离散系统理论的发展非常迅速。

离散系统与连续系统相比，既有本质上的不同，又有分析研究方面的相似性。利用 z 变换法研究离散系统，可以把连续系统中的许多概念和方法，推广应用于线性离散系统。

本章主要讨论线性离散系统的分析和校正方法。首先建立信号采样和保持的数学描述，然后介绍 z 变换理论和脉冲传递函数，最后研究线性离散系统稳定性和性能的分析与校正方法。在系统校正部分，我们将主要讨论数字控制系统的校正方法。

7-1　离散系统的基本概念

如果控制系统中的所有信号都是时间变量的连续函数，换句话说，这些信号在全部时间上都是已知的，则这样的系统称为连续时间系统，简称连续系统；如果控制系统中有一处或几处信号是一串脉冲或数码，换句话说，这些信号仅定义在离散时间上，则这样的系统称为离散时间系统，简称离散系统。通常，把系统中的离散信号是脉冲序列形式的离散系统，称为采样控制系统或脉冲控制系统；而把数字序列形式的离散系统，称为数字控制系统或计算机控制系统。

1. 采样控制系统

一般说来，采样系统是对来自传感器的连续信息在某些规定的时间瞬时上取值。例如，控制系统中的误差信号可以是断续形式的脉冲信号，而相邻两个脉冲之间的误差信息，系统并没有收到。如果在有规律的间隔上，系统取到了离散信息，则这种采样称为周期采样；反之，如果信息之间的间隔是时变的，或随机的，则称为非周期采样，或随机采样。本章仅讨论等周期采样。在这一假定条件下，如果系统中有几个采样器，则它们应该是同步等周期的。

在现代控制技术中，采样系统有许多实际的应用。例如，雷达跟踪系统，其输入信号只能为脉冲序列形式；又如分时系统，其数据传输线在几个系统中按时间分配，以降低信息传输费用。在工业过程控制中，采样系统也有许多成功的应用。

例 7-1　图 7-1 是炉温采样控制系统原理图。其工作原理如下：

当炉温 θ 偏离给定值时，测温电阻的阻值发生变化，使电桥失去平衡，这时检流计指针发生偏转，其偏角为 s。检流计是一个高灵敏度的元件，不允许在指针与电位器之间有摩擦力，故由一套专门的同步电动机通过减速器带动凸轮运转，使检流计指针周期性地上下运动，每隔 T 秒与电位器接触一次，每次接触时间为 τ。其中，T 称为采样周期，τ 称为采样持续时间。当炉温连续变化时，电位器的输出是一串宽度为 τ 的脉冲电压信号 $e_\tau^*(t)$，如图 7-2(a)所示。e_τ^* 经放大器、电动机及减速器去控制阀门开度 φ，以改变加热气体的进气量，使炉温趋于给定值。炉温的给定值，由给定电位器给出。

图 7-1 炉温采样控制系统原理图

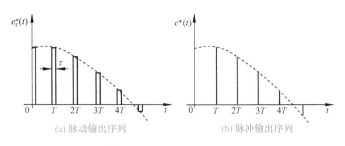

图 7-2 电位器的输出电压

在炉温控制过程中，如果采用连续控制方式，则无法解决控制精度与动态性能之间的矛盾。炉温调节是一个大惯性过程，当加大开环增益以提高系统的控制精度时，由于系统的灵敏度相应提高，在炉温低于给定值的情况下，电动机将迅速增大阀门开度，给炉子供应更多的加热气体，但因炉温上升缓慢，在炉温升到给定值时，电动机已将阀门的开度开得更大了，从而炉温继续上升，结果造成反方向调节，引起炉温振荡性调节过程；而在炉温高于给定值情况下，具有类似的调节过程。如果对炉温进行采样控制，只有当检流计的指针与电位器接触时，电动机才在采样信号作用下产生旋转运动，进行炉温调节；而在检流计与电位器脱开时，电动机就停止不动，保持一定的阀门开度，等待炉温缓慢变化。在采样控制情况下，电动机时转时停，所以调节过程中超调现象大为减小，甚至在采用较大开环增益情况下，不但能保证系统稳定，而且能使炉温调节过程无超调。

由例 7-1 可见，在采样系统中不仅有模拟部件，还有脉冲部件。通常，测量元件、执行元件和被控对象是模拟元件，其输入和输出是连续信号，即时间上和幅值上都连续的信号，称为模拟信号；而控制器中的脉冲元件，其输入和输出为脉冲序列，即时间上离散而幅值上连续的信号，称为离散模拟信号。为了使两种信号在系统中能相互传递，在连续信号和脉冲序列之间要用采样器，而在脉冲序列和连续信号之间要用保持器，以实现两种信号的转换。采样器和保持器，是采样控制系统中的两个特殊环节。

(1) 信号采样和复现

在采样控制系统中，把连续信号转变为脉冲序列的过程称为采样过程，简称采样。实现采样的装置称为采样器，或称采样开关。用 T 表示采样周期，单位为 s；$f_s=1/T$ 表示采样频率，单位为 s^{-1}；$\omega_s=2\pi f_s=2\pi/T$ 表示采样角频率，单位为 rad/s。在实际应用中，采样开关多为电子开关，闭合时间极短，采样持续时间 τ 远小于采样周期 T，也远小于系统连续部分的最大时间常数。为了简化系统的分析，可认为 τ 趋于零，即把采样器的输出近似看成一串强度等于矩形脉冲面积的理想脉冲 $e^*(t)$，如图 7-2(b)所示。

在采样控制系统中，把脉冲序列转变为连续信号的过程称为信号复现过程。实现复现过程的装置称为保持器。采用保持器不仅因为需要实现两种信号之间的转换，也是因为采样器输出的是脉冲信号 $e^*(t)$，如果不经滤波将其恢复成连续信号，则 $e^*(t)$ 中的高频分量相当于给系统中的连续部分加入了噪声，不但影响控制质量，严重时会加剧机械部件的磨损。因此，需要在采样器后面串联一个信号复现滤波器，以使脉冲信号 $e^*(t)$ 复原成连续信号，再加到系统的连续部分。最简单的复现滤波器由保持器实现，可把脉冲信号 $e^*(t)$ 复现为阶梯信号 $e_h(t)$，如图 7-3 所示。由图可见，当采样频率足够高时，$e_h(t)$ 接近于连续信号。

图 7-3　保持器的输入与输出信号

(2) 采样系统的典型结构图

根据采样器在系统中所处的位置不同，可以构成各种采样系统。如果采样器位于系统闭合回路之外，或者系统本身不存在闭合回路，则称为开环采样系统；如果采样器位于系统闭合回路之内，则称为闭环采样系统。在各种采样控制系统中，用得最多的是误差采样控制的闭环采样系统，其典型结构图如图 7-4 所示。图中，S 为理想采样开关，其采样瞬时的脉冲幅值，等于相应采样瞬时误差信号 $e(t)$ 的幅值，且采样持续时间 τ 趋于零；$G_h(s)$ 为保持器的传递函数；$G_0(s)$ 为被控对象的传递函数；$H(s)$ 为测量变送反馈元件的传递函数。

由图 7-4 可见，采样开关 S 的输出 $e^*(t)$ 的幅值，与其输入 $e(t)$ 的幅值之间存在线性关系。当采样开关和系统其余部分的传递函数都具有线性特性时，这样的系统就称为线性采样系统。

图 7-4 采样系统典型结构图

2. 数字控制系统

数字控制系统是一种以数字计算机为控制器去控制具有连续工作状态的被控对象的闭环控制系统。因此，数字控制系统包括工作于离散状态下的数字计算机和工作于连续状态下的被控对象两大部分。由于数字控制系统具有一系列的优越性，所以在军事、航空及工业过程控制中得到了广泛的应用。

例 7-2 图 7-5 是小口径高炮高精度数字伺服系统原理图。

图 7-5 小口径高炮高精度数字伺服系统原理图

现代的高炮伺服系统，已由数字系统模式取代了原来模拟系统的模式，使系统获得了高速、高精度、无超调的特性，其性能大大超过了原有的高炮伺服系统。如美国多管火炮反导系统"密集阵""守门员"等，均采用了数字伺服系统。

本例系统采用 MCS-96 系列单片机作为数字控制器，并结合 PWM(脉宽调制)直流伺服系统形成数字控制系统，具有低速性能好、稳态精度高、快速响应性好、抗干扰能力强等特点。整个系统主要由控制计算机、被控对象和位置反馈三部分组成。控制计算机以 16 位单片机 MCS-96 为主体，按最小系统原则设计，具有 3 个输入接口和 5 个输出接口。

数字信号发生器给出的16位数字输入信号θ_i经两片8255A的口A进入控制计算机，系统输出角θ_o(模拟量)经110XFS1/32多极双通道旋转变压器和2×12XSZ741 A/D变换器及其锁存电路完成绝对式轴角编码的任务，将输出角模拟量θ_o转换成二进制数码粗、精各 12 位，该数码经锁存后，取粗 12 位、精 12 位由 8255A 的口 B 和口 C 进入控制计算机。经计算机软件运算，将精、粗合并，得到 16 位数字量的系统输出角θ_o。

控制计算机的 5 个输出接口分别为主控输出口、前馈输出口和 3 个误差角$\theta_e=\theta_i-\theta_o$显示口。主控输出口由 12 位 D/A 转换芯片 DAC1210 等组成，其中包含与系统误差角θ_e及其一阶差分$\Delta\theta_e$成正比的信号，同时也包含与系统输入角θ_i的一阶差分$\Delta\theta_i$成正比的复合控制信号，从而构成系统的模拟量主控信号，通过 PWM 放大器，驱动伺服电机，带动减速器与小口径高炮，使其输出转角θ_o跟踪数字指令θ_i。

前馈输出口由 8 位 D/A 转换芯片 DAC0832 等组成，可将与系统输入角的二阶差分$\Delta^2\theta_i$成正比并经数字滤波器滤波后的数字前馈信号转换为相应的模拟信号，再经模拟滤波器滤波后加入 PWM 放大器，作为系统控制量的组成部分作用于系统，主要用来提高系统的控制精度。

误差角显示口主要用于系统运行时的实时观测。粗θ_e显示口由 8 位 D/A 转换芯片 DAC0832 等组成，可将数字粗θ_e量转换为模拟粗θ_e量，接入显示器，以实时观测系统误差值。中θ_e和精θ_e显示口也分别由 8 位 D/A 转换芯片 DAC0832 等组成，将数字误差量转换为模拟误差量，以显示不同误差范围下的误差角θ_e。

PWM 放大器(包括前置放大器)、伺服电机 ZK-21G、减速器、负载(小口径高炮)、测速发电机 45CY003，以及速度和加速度无源反馈校正网络，构成了闭环连续被控对象。

上例表明，计算机作为系统的控制器，其输入和输出只能是二进制编码的数字信号，即在时间上和幅值上都离散的信号，而系统中被控对象和测量元件的输入和输出是连续信号，所以在计算机控制系统中，需要应用 A/D(模/数)和 D/A(数/模)转换器，以实现两种信号的转换。计算机控制系统的典型原理图如图 7-6 所示。

图 7-6　计算机控制系统典型原理图

数字计算机在对系统进行实时控制时，每隔 T 秒进行一次控制修正，T 为采样周期。在每个采样周期中，控制器要完成对于连续信号的采样编码(即 A/D 过程)和按控制律进行的数码运算，然后将计算结果由输出寄存器经解码网络将数码转换成连续信号(即 D/A 过程)。因此，A/D 转换器和 D/A 转换器是计算机控制系统中的两个特殊环节。

(1) A/D 转换器

A/D 转换器是把连续的模拟信号转换为离散数字信号的装置。A/D 转换包括两个过程：一是采样过程，即每隔 T 秒对如图 7-7(a)所示的连续信号 $e(t)$进行一次采样，得到采样后的离散信号为 $e^*(t)$，如图 7-7(b)所示，所以数字计算机中的信号在时间上是断续的；二是量化过程，因为在计算机中，任何数值的离散信号必须表示成最小位二进制的整数倍，成为数字信号，才能进行运算。采样信号 $e^*(t)$经量化后变成数字信号 $\bar{e}^*(t)$ 的过程，如图 7-7(c)所示，也称编码过程，所以数字计算机中信号的断续性还表现在幅值上。

图 7-7　A/D 转换过程

通常，A/D 转换器有足够的字长来表示数码，且量化单位 q 足够小，故由量化引起的幅值的断续性可以忽略。此外，若认为采样编码过程瞬时完成，并用理想脉冲来等效代替数字信号，则数字信号可以看成脉冲信号，A/D 转换器就可以用一个每隔 T 秒瞬时闭合一次的理想采样开关 S 来表示。

(2) D/A 转换器

D/A 转换器是把离散的数字信号转换为连续模拟信号的装置。D/A 转换也经历了两个过程：一是解码过程，把离散数字信号转换为离散的模拟信号，如图 7-8(a)所示；二是复现过程，因为离散的模拟信号无法直接控制连续的被控对象，需要经过保持器将离散模拟信号复现为连续的模拟信号，如图 7-8(b)所示。

图 7-8　D/A 转换过程

计算机的输出寄存器和解码网络起到了信号保持器的作用。显然，在图 7-8(b)中经保持后的 $u_h(t)$ 只是一个阶梯信号，但是当采样频率足够高时，$u_h(t)$ 将趋近于连续信号。

(3) 数字控制系统的典型结构图

通常，假定所选择的 A/D 转换器有足够的字长来表示数码，量化单位 q 足够小，所以由量化引起的幅值断续性可以忽略。此外还假定，采样编码过程是瞬时完成的，可用理想脉冲的幅值等效代替数字信号的大小，则 A/D 转换器可以用周期为 T 的理想开关来代替。同理，将数字量转换为模拟量的 D/A 转换器可以用保持器取代，其传递函数为 $G_h(s)$。图 7-9 中数字控制器的功能是按照一定的控制规律，将采样后的误差信号 $e^*(t)$ 加工成所需要的数字信号，并以一定的周期 T 给出运算后的数字信号 $\bar{u}^*(t)$，所以数字控制器实质上是一个数字校正装置，在结构图中可以等效为一个传递函数为 $G_c(s)$ 的脉冲控制器与一个周期为 T 的理想采样开关相串联，用采样开关每隔 T 秒输出的脉冲强度 $u^*(t)$ 来表示数字控制器每隔 T 秒输出的数字量 $\bar{u}^*(t)$。如果再令被控对象的传递函数为 $G_0(s)$，测量元件的传递函数为 $H(s)$，则图 7-6 的等效采样系统结构图如图 7-9 所示。实际上，图 7-9 也是数字控制系统的常见典型结构图。

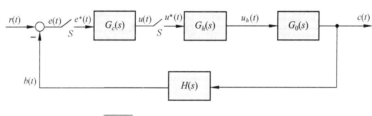

图 7-9　数字控制系统典型结构图

3. 离散控制系统的特点

采样和数控技术，在自动控制领域中得到了广泛的应用，其主要原因是采样系统，特别是数字控制系统较之相应的连续系统具有一系列的特点。

1) 由数字计算机构成的数字校正装置，控制效果比连续式校正装置好，且由软件实现的控制规律易于改变，控制灵活。

2) 采样信号，特别是数字信号的传递可以有效地抑制噪声，从而提高了系统的抗扰能力。

3) 允许采用高灵敏度的控制元件，以提高系统的控制精度。

4) 用一台计算机分时控制若干个系统，提高了设备的利用率，经济性好。

5) 对于具有传输延迟，特别是大延迟的控制系统，可以引入采样的方式使系统稳定。

4. 离散系统的研究方法

由于在离散系统中存在脉冲或数字信号，如果仍然沿用连续系统中的拉氏变换方法来建立系统各个环节的传递函数，则在运算过程中会出现复变量 s 的超越函数。为了克服这个障碍，需要采用 z 变换法建立离散系统的数学模型。我们将会看到，通过 z 变换处理后的离散系统，可以把用于连续系统中的许多方法，例如，稳定性分析、稳态误差计算、时间响应分析及系统校正方法等，经过适当改变后直接应用于离散系统的分析和设计之中。至于离散系统的状态空间分析法，将在本书第九章中讨论。

7-2　信号的采样与保持

离散系统的特点是，系统中一处或数处的信号是脉冲序列或数字序列。为了把连续信号变换为脉冲信号，需要使用采样器；另一方面，为了控制连续式元部件，又需要使用保持器将脉冲信号变换为连续信号。因此，为了定量研究离散系统，必须对信号的采样过程和保持过程用数学的方法加以描述。

1. 采样过程

把连续信号变换为脉冲序列的装置称为采样器，或称为采样开关。采样器的采样过程，可以用一个周期性闭合的采样开关 S 来表示，如图 7-10 所示。假设采样器每隔 T 秒闭合一次，闭合的持续时间为 τ；采样器的输入 $e(t)$ 为连续信号；输出 $e^*(t)$ 为宽度等于 τ 的调幅脉冲序列，在采样瞬时 $nT(n=0,1,2,\cdots,\infty)$ 时出现。换句话说，在 $t=0$ 时，采样器闭合 τ 秒，此时 $e^*(t)=e(t)$；$t=\tau$ 以后，采样器打开，输出 $e^*(t)=0$；以后每隔 T 秒重复一次这种过程。显然，采样过程要丢失采样间隔之间的信息。

(a) 采样开关　　　　　　(b) 连续信号　　　　　　(c) 调幅脉冲序列

图 7-10　实际采样过程

对于具有有限脉冲宽度的采样系统来说，要准确进行数学分析是非常复杂的，且无此必要。考虑到采样开关的闭合时间 τ 非常小，通常为毫秒到微秒级，一般远小于采样周期 T 和系统连续部分的最大时间常数。因此在分析时，可以认为 $\tau=0$。这样，采样器就可以用一个理想采样器来代替。采样过程可以看成是一个幅值调制过程。理想采样器好像是一个载波为 $\delta_T(t)$ 的幅值调制器，如图 7-11(b)所示，其中 $\delta_T(t)$ 为理想单位脉冲序列。图 7-11(c)所示的理想采样器的输出信号 $e^*(t)$，可以认为是图 7-11(a)所示的输入连续信号 $e(t)$ 调制在载波 $\delta_T(t)$ 上的结果，而各脉冲强度(即面积)用其高度来表示，它们等于相应采样瞬时 $t=nT$ 时 $e(t)$ 的幅值。如果用数学形式描述上述调制过程，则有

$$e^*(t)=e(t)\delta_T(t) \tag{7-1}$$

因为理想单位脉冲序列 $\delta_T(t)$ 可以表示为

$$\delta_T(t)=\sum_{n=0}^{\infty}\delta(t-nT) \tag{7-2}$$

其中 $\delta(t-nT)$ 是出现在时刻 $t=nT$、强度为 1 的单位脉冲，故式(7-1)可以写为

(a) 连续信号　　　　　(b) 单位脉冲调制序列　　　　　(c) 调幅脉冲序列

图 7-11　理想采样过程

$$e^*(t) = e(t)\sum_{n=0}^{\infty}\delta(t-nT)$$

由于 $e(t)$ 的数值仅在采样瞬时才有意义，所以上式又可表示为

$$e^*(t) = \sum_{n=0}^{\infty}e(nT)\delta(t-nT) \tag{7-3}$$

值得注意，在上述讨论过程中假设了

$$e(t) = 0, \quad \forall t < 0$$

因此脉冲序列从零开始。这个前提在实际控制系统中，通常都是满足的。

2. 采样过程的数学描述

采样信号 $e^*(t)$ 的数学描述，可分以下两方面讨论。

(1) 采样信号的拉氏变换

对采样信号 $e^*(t)$ 进行拉氏变换，可得

$$E^*(s) = \mathscr{L}\left[e^*(t)\right] = \mathscr{L}\left[\sum_{n=0}^{\infty}e(nT)\delta(t-nT)\right] \tag{7-4}$$

根据拉氏变换的位移定理，有

$$\mathscr{L}\left[\delta(t-nT)\right] = \mathrm{e}^{-nTs}\int_0^{\infty}\delta(t)\mathrm{e}^{-st}\mathrm{d}t = \mathrm{e}^{-nTs}$$

所以，采样信号的拉氏变换

$$E^*(s) = \sum_{n=0}^{\infty}e(nT)\mathrm{e}^{-nTs} \tag{7-5}$$

应当指出，式(7-5)将 $E^*(s)$ 与采样函数 $e(nT)$ 联系了起来，可以直接看出 $e^*(t)$ 的时间响应。但是，由于 $e^*(t)$ 只描述了 $e(t)$ 在采样瞬时的数值，所以 $E^*(s)$ 不能给出连续函数 $e(t)$ 在采样间隔之间的信息，这是要特别强调指出的。还应当注意的是，式(7-5)描述的采样拉氏变换，与连续信号 $e(t)$ 的拉氏变换 $E(s)$ 非常类似。因此，如果 $e(t)$ 是一个有理函数，则无穷级数 $E^*(s)$ 也总是可以表示成 e^{Ts} 的有理函数形式。在求 $E^*(s)$ 的过程中，初始值通常规定采用 $e(0_+)$。

例 7-3　设 $e(t)=1(t)$，试求 $e^*(t)$ 的拉氏变换。

解　由式(7-5)，有

$$E^*(s) = \sum_{n=0}^{\infty}e(nT)\mathrm{e}^{-nTs} = 1 + \mathrm{e}^{-Ts} + \mathrm{e}^{-2Ts} + \cdots$$

这是一个无穷等比级数，公比为 e^{-Ts}，求和后得闭合形式

$$E^*(s) = \frac{1}{1 - \mathrm{e}^{-Ts}} = \frac{\mathrm{e}^{Ts}}{\mathrm{e}^{Ts} - 1}, \qquad \left| \mathrm{e}^{-Ts} \right| < 1$$

显然，$E^*(s)$ 是 e^{Ts} 的有理函数。

例 7-4　设 $e(t) = \mathrm{e}^{-at}$，$t \geq 0$，a 为常数，试求 $e^*(t)$ 的拉氏变换。

解　由式(7-5)，有

$$E^*(s) = \sum_{n=0}^{\infty} \mathrm{e}^{-anT} \mathrm{e}^{-nTs} = \sum_{n=0}^{\infty} \mathrm{e}^{-n(s+a)T}$$

$$= \frac{1}{1 - \mathrm{e}^{-(s+a)T}} = \frac{\mathrm{e}^{Ts}}{\mathrm{e}^{Ts} - \mathrm{e}^{-aT}}, \qquad \left| \mathrm{e}^{-(s+a)T} \right| < 1$$

上式也是 e^{Ts} 的有理函数。

上述分析表明，只要 $E(s)$ 可以表示为 s 的有限次多项式之比时，总可以用式(7-5)推导出 $E^*(s)$ 的闭合形式。然而，如果用拉氏变换法研究离散系统，尽管可以得到 e^{Ts} 的有理函数，但却是一个复变量 s 的超越函数，不便于进行分析和设计。为了克服这一困难，通常采用 z 变换法研究离散系统。z 变换可以把线性离散系统的 s 超越方程，变换为变量 z 的代数方程。有关 z 变换理论将在下节介绍。

(2) 采样信号的频谱

由于采样信号的信息并不等于连续信号的全部信息，所以采样信号的频谱与连续信号的频谱相比，要发生变化。研究采样信号的频谱，目的是找出 $E^*(s)$ 与 $E(s)$ 之间的相互联系。

式(7-2)表明，理想单位脉冲序列 $\delta_T(t)$ 是一个周期函数，可以展开为如下傅氏级数形式：

$$\delta_T(t) = \sum_{n=-\infty}^{\infty} c_n \mathrm{e}^{jn\omega_s t} \tag{7-6}$$

式中，$\omega_s = 2\pi/T$，为采样角频率；c_n 是傅氏系数，其值为

$$c_n = \frac{1}{T} \int_{-T/2}^{T/2} \delta_T(t) \mathrm{e}^{-jn\omega_s t} \mathrm{d}t$$

由于在 $[-T/2, T/2]$ 区间中，$\delta_T(t)$ 仅在 $t=0$ 时有值，且 $\mathrm{e}^{-jn\omega_s t} \big|_{t=0} = 1$，所以

$$c_n = \frac{1}{T} \int_{0_-}^{0_+} \delta(t) \mathrm{d}t = \frac{1}{T} \tag{7-7}$$

将式(7-7)代入式(7-6)，得

$$\delta_T(t) = \frac{1}{T} \sum_{n=-\infty}^{\infty} \mathrm{e}^{jn\omega_s t} \tag{7-8}$$

再把式(7-8)代入式(7-1)，有

$$e^*(t) = \frac{1}{T} \sum_{n=-\infty}^{\infty} e(t) \mathrm{e}^{jn\omega_s t} \tag{7-9}$$

上式两边取拉氏变换，由拉氏变换的复数位移定理，得到

$$E^*(s) = \frac{1}{T} \sum_{n=-\infty}^{\infty} E(s + jn\omega_s) \tag{7-10}$$

式(7-10)在描述采样过程的性质方面是非常重要的，因为该式体现了理想采样器在频

域中的特点。在式(7-10)中，如果 $E^*(s)$ 没有右半 s 平面的极点，则可令 $s=j\omega$，得到采样信号 $e^*(t)$ 的傅氏变换

$$E^*(j\omega) = \frac{1}{T}\sum_{n=-\infty}^{\infty} E\left[j(\omega + n\omega_s)\right] \tag{7-11}$$

其中，$E(j\omega)$ 为连续信号 $e(t)$ 的傅氏变换。

　　一般说来，连续信号 $e(t)$ 的频谱 $|E(j\omega)|$ 是单一的连续频谱，如图 7-12 所示，其中 ω_h 为连续频谱 $|E(j\omega)|$ 中的最大角频率；而采样信号 $e^*(t)$ 的频谱 $|E^*(j\omega)|$，则是以采样角频率 ω_s 为周期的无穷多个频谱之和，如图 7-13 所示。在图 7-13 中，$n=0$ 的频谱称为采样频谱的主分量，如曲线 1 所示，它与连续频谱 $|E(j\omega)|$ 形状一致，仅在幅值上变化为 $1/T$；其余频谱($n=\pm1,\pm2,\cdots$)都是由于采样而引起的高频频谱，称为采样频谱的补分量，如曲线 2 所示。图 7-13 表明的是采样角频率 ω_s 大于两倍 ω_h 这一情况。如果加大采样周期 T，采样角频率 ω_s 相应减小，当 $\omega_s < 2\omega_h$ 时，采样频谱中的补分量相互交叠，致使采样器输出信号发生畸变，如图 7-14 所示。在这种情况下，即使用图 7-15 所示的理想滤波器也无法恢复原来连续信号的频谱。因此不难看出，要想从采样信号 $e^*(t)$ 中完全复现出采样前的连续信号 $e(t)$，对采样角频率 ω_s 应有一定的要求。

图 7-12　连续信号频谱　　图 7-13　采样信号频谱($\omega_s > 2\omega_h$)

图 7-14　采样信号频谱($\omega_s < 2\omega_h$)　　图 7-15　理想滤波器的频率特性

3. 香农采样定理

　　在设计离散系统时，香农采样定理是必须严格遵守的一条准则，因为它指明了从采样信号中不失真地复现原连续信号所必需的理论上的最大采样周期 T。

　　香农采样定理指出：如果采样器的输入信号 $e(t)$ 具有有限带宽，并且有直到 ω_h 的频率分量，则使信号 $e(t)$ 完全从采样信号 $e^*(t)$ 中恢复过来的采样周期 T，满足下列条件：

$$T \leqslant \frac{2\pi}{2\omega_h} \tag{7-12}$$

采样定理表达式(7-12)与 $\omega_s \geqslant 2\omega_h$ 是等价的。由图 7-13 可见，在满足香农采样定理
的条件下，要想不失真地复现采样器的输入信号，需要采用图 7-15 所示的理想滤波器，其频率特性的幅值 $|F(j\omega)|$ 必须在 $\omega = \omega_s/2$ 处突然截止，那么在理想滤波器的输出端便可以准确得到 $|E(j\omega)|/T$ 的连续频谱，除了幅值变化为 $1/T$ 外，频谱形状没有畸变。在满足香农采样定理条件下，理想采样器的特性如图 7-16 所示。图(a)为连续输入信号及其频谱；图(b)为理想单位脉冲序列及其频谱；图(c)为输出采样信号及其频谱。

(a) 连续输入信号及其频谱

(b) 理想单位脉冲序列及其频谱

(c) 输出采样信号及其频谱

图 7-16　理想采样器特性

应当指出，香农采样定理只是给出了一个选择采样周期 T 或采样频率 f_s 的指导原则，它给出的是由采样脉冲序列无失真地再现原连续信号所允许的最大采样周期，或最低采样
频率。在控制工程实践中，一般总是取 $\omega_s > 2\omega_h$，而不取恰好等于 $2\omega_h$ 的情形。

4. 采样周期的选取

采样定理只是给出了采样周期选择的基本原则，并未给出选择采样周期的具体方法。显然，采样周期 T 选得越小，即采样角频率 ω_s 选得越高，对控制过程的信息便获得越多，控制效果也会越好。但是，采样周期 T 选得过小，将增加不必要的计算负担，造成实现较复杂控制规律的困难，而且采样周期 T 小到一定的程度后，再减小就没有多大实际意义了。反之，采样周期 T 选得过大，又会给控制过程带来较大的误差，降低系统的动态性能，甚至有可能导致整个控制系统失去稳定。

表 7-1　工业过程 T 的选择

控制过程	采样周期 T/s
流量	1
压力	5
液面	5
温度	20
成分	20

在一般工业过程控制中，微型计算机所能提供的运算速度，对于采样周期的选择来说，回旋余地较大。工程实践表明，根据表 7-1 给出的参考数据选择采样周期 T，可以取得满意的控制效果。但是，对于快速随动系统，采样周期 T 的选择将是系统设计中必须予以认真考虑的问题。采样周期的选取，在很大程度上取决于系统的性能指标。

从频域性能指标来看，控制系统的闭环频率响应通常具有低通滤波特性，当随动系

统的输入信号的频率高于其闭环幅频特性的谐振频率ω_r时，信号通过系统将会很快衰减，因此可认为通过系统的控制信号的最高频率分量为ω_r。在随动系统中，一般认为开环系统的截止频率ω_c与闭环系统的谐振频率ω_r相当接近，近似有$\omega_c = \omega_r$，故在控制信号的频率分量中，超过ω_c的分量通过系统后将被大幅度衰减掉。工程实践表明，随动系统的采样角频率可近似取为

$$\omega_s = 10\omega_c \tag{7-13}$$

或者

$$T = \frac{1}{40} t_s \tag{7-14}$$

应当指出，采样周期选择得当，是连续信号$e(t)$可以从采样信号$e^*(t)$中完全复现的前提。然而，图 7-15 所示的理想滤波器实际上并不存在，因此只能用特性接近理想滤波器的低通滤波器来代替，零阶保持器是常用的低通滤波器之一。为此，需要研究信号保持过程。

5. 信号保持

用数字计算机作为系统的信息处理机构时，处理结果的输出如同原始信息的获取一样，一般也有两种方式。一种是直接数字输出，如屏幕显示、打印输出，或将数列以二进制形式输入相应的寄存器，图 7-5 中的误差角θ_e显示就属于此种形式；另一种需要把数字信号转换为连续信号。用于这后一种转换过程的装置，称为保持器。从数学上说，保持器的任务是解决各采样点之间的插值问题。

(1) 保持器的数学描述

由采样过程的数学描述可知，在采样时刻上，连续信号的函数值与脉冲序列的脉冲强度相等。在nT时刻，有

$$e(t)|_{t=nT} = e(nT) = e^*(nT)$$

而在$(n+1)T$时刻，则有

$$e(t)|_{t=(n+1)T} = e[(n+1)T] = e^*[(n+1)T]$$

然而，在由脉冲序列$e^*(t)$向连续信号$e(t)$的转换过程中，在nT与$(n+1)T$时刻之间，即当$0 < \Delta t < T$时，连续信号$e(nT+\Delta t)$究竟有多大？它与$e(nT)$的关系如何？这就是保持器要解决的问题。

实际上，保持器是具有外推功能的元件。保持器的外推作用，表现为现在时刻的输出信号取决于过去时刻离散信号的外推。通常，采用如下多项式外推公式描述保持器：

$$e(nT + \Delta t) = a_0 + a_1\Delta t + a_2(\Delta t)^2 + \cdots + a_m(\Delta t)^m \tag{7-15}$$

式中，Δt是以nT时刻为原点的坐标。式(7-15)表示：现在时刻的输出$e(nT+\Delta t)$值，取决于$\Delta t=0$，$-T$，$-2T$，$\cdots$，$-mT$各过去时刻的离散信号$e^*(nT)$，$e^*[(n-1)T]$，$e^*[(n-2)T]$，$\cdots$，$e^*[(n-m)T]$的$(m+1)$个值。外推公式中$(m+1)$个待定系数$a_i(i=0,1,\cdots,m)$，唯一地由过去各采样时刻$(m+1)$个离散信号值$e^*[(n-i)T](i=0,1,\cdots,m)$来确定，故系数$a_i$有唯一解。这种保持器称为$m$阶保持器。若取$m=0$，则称零阶保持器；$m=1$，称一阶保持器。在工程实践中，

普遍采用零阶保持器。

(2) 零阶保持器

零阶保持器的外推公式为

$$e(nT + \Delta t) = a_0$$

显然，$\Delta t = 0$ 时，上式也成立。所以

$$a_0 = e(nT)$$

从而，零阶保持器的数学表达式为

$$e(nT + \Delta t) = e(nT), \qquad 0 \leqslant \Delta t < T \tag{7-16}$$

上式说明，零阶保持器是一种按常值外推
的保持器，它把前一采样时刻 nT 的采样值
$e(nT)$(因为在各采样点上，$e^*(nT) = e(nT)$)一
直保持到下一采样时刻 $(n+1)T$ 到来之前，
从而使采样信号 $e^*(t)$ 变成阶梯信号 $e_h(t)$，
如图 7-17 所示。

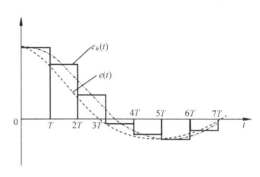

如果把阶梯信号 $e_h(t)$ 的中点连接起来，
如图 7-17 中点划线所示，则可以得到与连续
信号 $e(t)$ 形状一致但在时间上落后 $T/2$ 的响
应 $e[t-(T/2)]$。

图 7-17 零阶保持器的输出特性

式(7-16)还表明：零阶保持过程是由于理想脉冲 $e(nT)\delta(t-nT)$ 的作用结果。如果给零
阶保持器输入一个理想单位脉冲 $\delta(t)$，则其脉冲过渡函数 $g_h(t)$ 是幅值为 1、持续时间为 T
的矩形脉冲，并可分解为两个单位阶跃函数的和

$$g_h(t) = 1(t) - 1(t - T)$$

对脉冲过渡函数 $g_h(t)$ 取拉氏变换，可得零阶保持器的传递函数

$$G_h(s) = \frac{1}{s} - \frac{e^{-Ts}}{s} = \frac{1 - e^{-Ts}}{s} \tag{7-17}$$

在式(7-17)中，令 $s = j\omega$，得零阶保持器的频率特性

$$G_h(j\omega) = \frac{1 - e^{-j\omega T}}{j\omega} = \frac{2e^{-j\omega T/2}(e^{j\omega T/2} - e^{-j\omega T/2})}{2j\omega} = T\frac{\sin(\omega T/2)}{(\omega T/2)}e^{-j\omega T/2} \tag{7-18}$$

若以采样角频率 $\omega_s = 2\pi/T$ 来表示，则式(7-18)可表示为

$$G_h(j\omega) = \frac{2\pi}{\omega_s}\frac{\sin\pi(\omega/\omega_s)}{\pi(\omega/\omega_s)}e^{-j\pi(\omega/\omega_s)} \tag{7-19}$$

根据式(7-19)，可画出零阶保持器的幅频特性 $|G_h(j\omega)|$ 和相频特性 $\underline{/G_h(j\omega)}$，如图 7-18
所示。由图可见，零阶保持器具有如下特性。

1) 低通特性。由于幅频特性的幅值随频率值的增大而迅速衰减，说明零阶保持器基
本上是一个低通滤波器，但与理想滤波器特性相比，在 $\omega = \omega_s/2$ 时，其幅值只有初值的
63.7%，且截止频率不止一个，所以零阶保持器除允许主要频谱分量通过外，还允许部分

高频频谱分量通过，从而造成数字控制系统的输出中存在纹波。

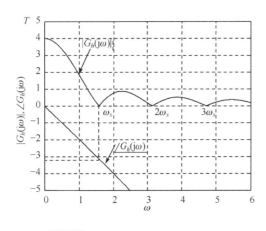

图 7-18　零阶保持器的幅频特性和
相频特性(T=4，MATLAB)

2) 相角滞后特性。由相频特性可见，零阶保持器要产生相角滞后，且随 ω 的增大而加大，在 $\omega = \omega_s$ 处，相角滞后可达–180°，从而使闭环系统的稳定性变差。

3) 时间滞后特性。零阶保持器的输出为阶梯信号 $e_h(t)$，其平均响应为 $e[t-(T/2)]$，表明其输出比输入在时间上要滞后 $T/2$，相当于给系统增加了一个延迟时间为 $T/2$ 的延迟环节，使系统总的相角滞后增大，对系统的稳定性不利；此外，零阶保持器的阶梯输出也同时增加了系统输出中的纹波。

与零阶保持器相比，一阶保持器复现原信号的准确度较高。然而，一阶保持器的幅频特性普遍较大，允许通过的信号高频分量较多，更易造成纹波。此外，一阶保持器的相角滞后比零阶保持器大，在 $\omega = \omega_s$ 时，可达–280°，对系统的稳定性更加不利，因此在数字控制系统中，一般很少采用一阶保持器，更不采用高阶保持器，而普遍采用零阶保持器。

在工程实践中，零阶保持器可用输出寄存器实现。在正常情况下，还应附加模拟滤波器(如例 7-2)，以有效地去除在采样频率及其谐波频率附近的高频分量。

7-3　z 变换理论

z 变换的思想来源于连续系统。线性连续控制系统的动态及稳态性能，可以应用拉氏变换的方法进行分析。与此相似，线性离散系统的性能，可以采用 z 变换的方法来获得。z 变换是从拉氏变换直接引申出来的一种变换方法，它实际上是采样函数拉氏变换的变形。因此，z 变换又称为采样拉氏变换，是研究线性离散系统的重要数学工具。

1. z 变换定义

设连续函数 $e(t)$ 是可拉氏变换的，则拉氏变换定义为

$$E(s) = \int_0^\infty e(t)\mathrm{e}^{-st}\mathrm{d}t$$

由于 $t < 0$ 时，有 $e(t)=0$，故上式亦可写为

$$E(s) = \int_{-\infty}^\infty e(t)\mathrm{e}^{-st}\mathrm{d}t$$

对于采样信号 $e^*(t)$，其表达式为

$$e^*(t) = \sum_{n=0}^\infty e(nT)\delta(t-nT)$$

故采样信号 $e^*(t)$ 的拉氏变换

$$E^*(s) = \int_{-\infty}^{\infty} e^*(t)\mathrm{e}^{-st}\mathrm{d}t = \int_{-\infty}^{\infty} \left[\sum_{n=0}^{\infty} e(nT)\delta(t-nT) \right] \mathrm{e}^{-st}\mathrm{d}t$$

$$= \sum_{n=0}^{\infty} e(nT) \left[\int_{-\infty}^{\infty} \delta(t-nT)\mathrm{e}^{-st}\mathrm{d}t \right] \tag{7-20}$$

由广义脉冲函数的筛选性质

$$\int_{-\infty}^{\infty} \delta(t-nT)f(t)\mathrm{d}t = f(nT)$$

故有

$$\int_{-\infty}^{\infty} \delta(t-nT)\mathrm{e}^{-st}\mathrm{d}t = \mathrm{e}^{-snT}$$

于是，采样拉氏变换(7-20)可以写为

$$E^*(s) = \sum_{n=0}^{\infty} e(nT)\mathrm{e}^{-nsT} \tag{7-21}$$

在上式中，各项均含有 e^{sT} 因子，故上式为 s 的超越函数。为便于应用，令变量

$$z = \mathrm{e}^{sT} \tag{7-22}$$

式中，T 为采样周期；z 是在复数平面上定义的一个复变量，通常称为 z 变换算子。

将式(7-22)代入式(7-21)，则采样信号 $e^*(t)$ 的 z 变换定义为

$$E(z) = E^*(s)\Big|_{s=\frac{1}{T}\ln z} = \sum_{n=0}^{\infty} e(nT)z^{-n} \tag{7-23}$$

记为

$$E(z) = \mathscr{Z}\left[e^*(t)\right] = \mathscr{Z}\left[e(t)\right] \tag{7-24}$$

后一记号是为了书写方便，并不意味着是连续信号 $e(t)$ 的 z 变换，而是仍指采样信号 $e^*(t)$ 的 z 变换。

应当指出，z 变换仅是一种在采样拉氏变换中，取 $z=\mathrm{e}^{sT}$ 的变量置换。通过这种置换，可将 s 的超越函数转换为 z 的幂级数或 z 的有理分式。

2. z 变换方法

求离散时间函数的 z 变换有多种方法，下面只介绍常用的两种主要方法。

(1) 级数求和法

级数求和法是直接根据 z 变换的定义，将式(7-23)写成展开形式：

$$E(z) = e(0) + e(T)z^{-1} + e(2T)z^{-2} + \cdots + e(nT)z^{-n} + \cdots \tag{7-25}$$

上式是离散时间函数 $e^*(t)$ 的一种无穷级数表达形式。显然，根据给定的理想采样开关的输入连续信号 $e(t)$ 或其输出采样信号 $e^*(t)$，以及采样周期 T，由式(7-25)立即可得 z 变换的级数展开式。通常，对于常用函数 z 变换的级数形式，都可以写出其闭合形式。

例 7-5　试求单位阶跃函数 $1(t)$ 的 z 变换。

解　由于 $e(t)=1(t)$ 在所有采样时刻上的采样值均为 1，即 $e(nT)=1(n=0,1,2,\cdots,\infty)$，故由式(7-25)，有

$$E(z) = 1 + z^{-1} + z^{-2} + \cdots + z^{-n} + \cdots$$

在上式中，若 $|z^{-1}| < 1$，则无穷级数是收敛的，利用等比级数求和公式，可得 $1(t)$ 的 z 变换的闭合形式为

$$E(z) = \frac{1}{1-z^{-1}} = \frac{z}{z-1}$$

因为 $|z^{-1}| = |e^{-sT}| = e^{-\sigma T}$，式中 $\sigma = \text{Re}(s)$，所以条件 $|z^{-1}| < 1$ 意味着条件 $\sigma > 0$。这也是单位阶跃函数可进行拉氏变换的条件。本例结果与例 7-3 一致。

例 7-6　设

$$e(t) = \delta_T(t) = \sum_{n=0}^{\infty} \delta(t-nT)$$

试求理想脉冲序列 $\delta_T(t)$ 的 z 变换。

解　因为 T 为采样周期，故

$$e^*(t) = \delta_T(t) = \sum_{n=0}^{\infty} \delta(t-nT)$$

由拉氏变换知

$$E^*(s) = \sum_{n=0}^{\infty} e^{-nsT}$$

因此

$$E(z) = \sum_{n=0}^{\infty} z^{-n} = 1 + z^{-1} + z^{-2} + \cdots$$

将上式写成闭合形式，得 $\delta_T(t)$ 的 z 变换为

$$E(z) = \frac{1}{1-z^{-1}} = \frac{z}{z-1}, \qquad \left|z^{-1}\right| < 1$$

从例 7-5 和例 7-6 可见，相同的 z 变换 $E(z)$ 对应于相同的采样函数 $e^*(t)$，但是不一定对应于相同的连续函数 $e(t)$，这是利用 z 变换法分析离散系统时特别要注意的一个问题。

(2) 部分分式法

利用部分分式法求 z 变换时，先求出已知连续时间函数 $e(t)$ 的拉氏变换 $E(s)$，然后将有理分式函数 $E(s)$ 展成部分分式之和的形式，使每一部分分式对应简单的时间函数，因其相应的 z 变换是已知的，于是可方便地求出 $E(s)$ 对应的 z 变换 $E(z)$。

例 7-7　设 $e(t) = \sin\omega t$，试求其 $E(z)$。

解　对 $e(t) = \sin\omega t$ 取拉氏变换，得

$$E(s) = \frac{\omega}{s^2 + \omega^2}$$

将上式展开为部分分式

$$E(s) = \frac{1}{2j}\left(\frac{1}{s-j\omega} - \frac{1}{s+j\omega}\right)$$

根据指数函数的 z 变换表达式，可以得到

$$E(z) = \frac{1}{2\mathrm{j}}\left(\frac{z}{z-\mathrm{e}^{\mathrm{j}\omega T}} - \frac{z}{z-\mathrm{e}^{-\mathrm{j}\omega T}}\right) = \frac{1}{2\mathrm{j}}\left[\frac{z(\mathrm{e}^{\mathrm{j}\omega T} - \mathrm{e}^{-\mathrm{j}\omega T})}{z^2 - z(\mathrm{e}^{\mathrm{j}\omega T} + \mathrm{e}^{-\mathrm{j}\omega T}) + 1}\right]$$

化简后得

$$E(z) = \frac{z\sin\omega T}{z^2 - 2z\cos\omega T + 1}$$

常用时间函数的 z 变换表如表 7-2 所示。由表可见，这些函数的 z 变换都是 z 的有理分式，且分母多项式的次数大于或等于分子多项式的次数。值得指出，表中各 z 变换有理分式中，分母 z 多项式的最高次数与相应传递函数分母 s 多项式的最高次数相等。

表 7-2　z 变换表

序号	拉氏变换 $E(s)$	时间函数 $e(t)$	z 变换 $E(z)$
1	e^{-nsT}	$\delta(t-nT)$	z^{-n}
2	1	$\delta(t)$	1
3	$\dfrac{1}{s}$	$1(t)$	$\dfrac{z}{z-1}$
4	$\dfrac{1}{s^2}$	t	$\dfrac{Tz}{(z-1)^2}$
5	$\dfrac{1}{s^3}$	$\dfrac{t^2}{2!}$	$\dfrac{T^2 z(z+1)}{2(z-1)^3}$
6	$\dfrac{1}{s^4}$	$\dfrac{t^3}{3!}$	$\dfrac{T^3 z(z^2+4z+1)}{6(z-1)^4}$
7	$\dfrac{1}{s-(1/T)\ln a}$	$a^{t/T}(a^n)$	$\dfrac{z}{z-a}$
8	$\dfrac{1}{s+a}$	e^{-at}	$\dfrac{z}{z-\mathrm{e}^{-aT}}$
9	$\dfrac{1}{(s+a)^2}$	$t\mathrm{e}^{-at}$	$\dfrac{Tz\mathrm{e}^{aT}}{(z-\mathrm{e}^{-aT})^2}$
10	$\dfrac{1}{(s+a)^3}$	$\dfrac{1}{2}t^2\mathrm{e}^{-at}$	$\dfrac{T^2 z\mathrm{e}^{-aT}}{2(z-\mathrm{e}^{-aT})^2} + \dfrac{T^2 z\mathrm{e}^{-2aT}}{(z-\mathrm{e}^{-aT})^3}$
11	$\dfrac{a}{s(s+a)}$	$1-\mathrm{e}^{-at}$	$\dfrac{(1-\mathrm{e}^{-aT})z}{(z-1)(z-\mathrm{e}^{-aT})}$
12	$\dfrac{a}{s^2(s+a)}$	$t-\dfrac{1}{a}(1-\mathrm{e}^{-aT})$	$\dfrac{Tz}{(z-1)^2} - \dfrac{(1-\mathrm{e}^{-aT})z}{a(z-1)(z-\mathrm{e}^{-aT})}$
13	$\dfrac{1}{(s+a)(s+b)(s+c)}$	$\dfrac{\mathrm{e}^{-at}}{(b-a)(c-a)} + \dfrac{\mathrm{e}^{-bt}}{(a-b)(c-b)} + \dfrac{\mathrm{e}^{-ct}}{(a-c)(b-c)}$	$\dfrac{z}{(b-a)(c-a)(z-\mathrm{e}^{-aT})} + \dfrac{z}{(a-b)(c-b)(z-\mathrm{e}^{-bT})} + \dfrac{z}{(a-c)(b-c)(z-\mathrm{e}^{-cT})}$

序号	拉氏变换 $E(s)$	时间函数 $e(t)$	z 变换 $E(z)$
14	$\dfrac{s+d}{(s+a)(s+b)(s+c)}$	$\dfrac{(d-a)}{(b-a)(c-a)}\mathrm{e}^{-at}$ $+\dfrac{(d-b)}{(a-b)(c-b)}\mathrm{e}^{-bt}$ $+\dfrac{(d-c)}{(a-c)(b-c)}\mathrm{e}^{-ct}$	$\dfrac{(d-a)z}{(b-a)(c-a)(z-\mathrm{e}^{-aT})}$ $+\dfrac{(d-b)z}{(a-b)(c-b)(z-\mathrm{e}^{-bT})}$ $+\dfrac{(d-c)z}{(a-c)(b-c)(z-\mathrm{e}^{-cT})}$
15	$\dfrac{abc}{s(s+a)(s+b)(s+c)}$	$1-\dfrac{bc}{(b-a)(c-a)}\mathrm{e}^{-at}$ $-\dfrac{ca}{(c-b)(a-b)}\mathrm{e}^{-bt}$ $-\dfrac{ab}{(a-c)(b-c)}\mathrm{e}^{-ct}$	$\dfrac{z}{z-1}-\dfrac{bcz}{(b-a)(c-a)(z-\mathrm{e}^{-aT})}$ $-\dfrac{caz}{(c-b)(a-b)(z-\mathrm{e}^{-bT})}$ $-\dfrac{abz}{(a-c)(b-c)(z-\mathrm{e}^{-cT})}$
16	$\dfrac{\omega}{s^2+\omega^2}$	$\sin\omega t$	$\dfrac{z\sin\omega T}{z^2-2z\cos\omega T+1}$
17	$\dfrac{s}{s^2+\omega^2}$	$\cos\omega t$	$\dfrac{z(z-\cos\omega T)}{z^2-2z\cos\omega T+1}$
18	$\dfrac{\omega}{s^2-\omega^2}$	$\sinh\omega t$	$\dfrac{z\sinh\omega T}{z^2-2z\cosh\omega T+1}$
19	$\dfrac{s}{s^2-\omega^2}$	$\cosh\omega t$	$\dfrac{z(z-\cosh\omega T)}{z^2-2z\cosh\omega T+1}$
20	$\dfrac{\omega^2}{s(s^2+\omega^2)}$	$1-\cos\omega t$	$\dfrac{z}{z-1}-\dfrac{z(z-\cos\omega T)}{z^2-2z\cos\omega T+1}$
21	$\dfrac{\omega}{(s+a)^2+\omega^2}$	$\mathrm{e}^{-at}\sin\omega t$	$\dfrac{z\mathrm{e}^{-aT}\sin\omega T}{z^2-2z\mathrm{e}^{-aT}\cos\omega T+\mathrm{e}^{-2aT}}$
22	$\dfrac{s+a}{(s+a)^2+\omega^2}$	$\mathrm{e}^{-at}\cos\omega t$	$\dfrac{z^2-z\mathrm{e}^{-aT}\cos\omega T}{z^2-2z\mathrm{e}^{-aT}\cos\omega T+\mathrm{e}^{-2aT}}$
23	$\dfrac{b-a}{(s+a)(s+b)}$	$\mathrm{e}^{-at}-\mathrm{e}^{-bt}$	$\dfrac{z}{z-\mathrm{e}^{-aT}}-\dfrac{z}{z-\mathrm{e}^{-bT}}$
24	$\dfrac{a^2b^2}{s^2(s+a)(s+b)}$	$abt-(a+b)-\dfrac{b^2}{a-b}\mathrm{e}^{-at}$ $+\dfrac{a^2}{a-b}\mathrm{e}^{-bt}$	$\dfrac{abTz}{(z-1)^2}-\dfrac{(a+b)z}{z-1}$ $-\dfrac{b^2z}{(a-b)(z-\mathrm{e}^{-aT})}$ $+\dfrac{a^2z}{(a-b)(z-\mathrm{e}^{-bT})}$

3. z 变换性质

z 变换有一些基本定理，可以使 z 变换的应用变得简单和方便，其内容在许多方面与拉氏变换的基本定理有相似之处。

(1) 线性定理

若 $E_1(z)=\mathscr{Z}[e_1(t)]$，$E_2(z)=\mathscr{Z}[e_2(t)]$，$a$ 为常数，则

$$\mathscr{Z}\big[e_1(t)\pm e_2(t)\big]=E_1(z)\pm E_2(z) \tag{7-26}$$

$$\mathscr{Z}\big[ae(t)\big]=aE(z) \tag{7-27}$$

其中，$E(z)=\mathscr{Z}[e(t)]$。

证明　由 z 变换定义

$$\mathscr{Z}\big[e_1(t)\pm e_2(t)\big]=\sum_{n=0}^{\infty}\big[e_1(nT)\pm e_2(nT)\big]z^{-n}=\sum_{n=0}^{\infty}e_1(nT)z^{-n}\pm\sum_{n=0}^{\infty}e_2(nT)z^{-n}=E_1(z)\pm E_2(z)$$

以及

$$\mathscr{Z}\big[ae(t)\big]=a\sum_{n=0}^{\infty}e(nT)z^{-n}=aE(z)$$

式(7-26)和式(7-27)表明，z 变换是一种线性变换，其变换过程满足齐次性与均匀性。

(2) 实数位移定理

实数位移定理又称平移定理。实数位移的含义，是指整个采样序列在时间轴上左右平移若干采样周期，其中向左平移为超前，向右平移为滞后。实数位移定理如下：

如果函数 $e(t)$ 是可拉氏变换的，其 z 变换为 $E(z)$，则有

$$\mathscr{Z}\big[e(t-kT)\big]=z^{-k}E(z) \tag{7-28}$$

以及

$$\mathscr{Z}\big[e(t+kT)\big]=z^{k}\Bigg[E(z)-\sum_{n=0}^{k-1}e(nT)z^{-n}\Bigg] \tag{7-29}$$

其中 k 为正整数。

证明　由 z 变换定义

$$\mathscr{Z}\big[e(t-kT)\big]=\sum_{n=0}^{\infty}e(nT-kT)z^{-n}=z^{-k}\sum_{n=0}^{\infty}e\big[(n-k)T\big]z^{-(n-k)}$$

令 $m=n-k$，则有

$$\mathscr{Z}\big[e(t-kT)\big]=z^{-k}\sum_{m=-k}^{\infty}e(mT)z^{-m}$$

由于 z 变换的单边性，当 $m<0$ 时，有 $e(mT)=0$，所以上式可写为

$$\mathscr{Z}\big[e(t-kT)\big]=z^{-k}\sum_{m=0}^{\infty}e(mT)z^{-m}$$

再令 $m=n$，立即证得式(7-28)。

为了证明式(7-29)，取 $k=1$，得

$$\mathscr{Z}\big[e(t+T)\big]=\sum_{n=0}^{\infty}e(nT+T)z^{-n}=z\sum_{n=0}^{\infty}e\big[(n+1)T\big]z^{-(n+1)}$$

令 $m=n+1$，上式可写为

$$\mathscr{Z}\big[e(t+T)\big]=z\sum_{m=1}^{\infty}e(mT)z^{-m}=z\Bigg[\sum_{m=0}^{\infty}e(mT)z^{-m}-e(0)\Bigg]=z\big[E(z)-e(0)\big]$$

取 $k=2$，同理得

$$\mathscr{Z}\big[e(t+2T)\big]=z^2\sum_{m=2}^{\infty}e(mT)z^{-m}=z^2\Bigg[\sum_{m=0}^{\infty}e(mT)z^{-m}-e(0)-z^{-1}e(T)\Bigg]=z^2\Bigg[E(z)-\sum_{n=0}^{1}e(nT)z^{-n}\Bigg]$$

取 $k=k$ 时，必有

$$\mathscr{Z}\left[e(t+kT)\right] = z^k\left[E(z) - \sum_{n=0}^{k-1} e(nT)z^{-n}\right]$$

在实数位移定理中，式(7-28)称为滞后定理；式(7-29)称为超前定理。显然可见，算子 z 有明确的物理意义：z^{-k} 代表时域中的滞后环节，它将采样信号滞后 k 个采样周期；同理，z^k 代表超前环节，它把采样信号超前 k 个采样周期。但是，z^k 仅用于运算，在物理系统中并不存在。

实数位移定理是一个重要定理，其作用相当于拉氏变换中的微分和积分定理。应用实数位移定理，可将描述离散系统的差分方程转换为 z 域的代数方程。有关差分方程的概念将在下节介绍。

例 7-8 试用实数位移定理计算滞后一个采样周期的指数函数 $e^{-a(t-T)}$ 的 z 变换，其中 a 为常数。

解 由式(7-28)

$$\mathscr{Z}\left[e^{-a(t-T)}\right] = z^{-1}\mathscr{Z}\left[e^{-at}\right] = z^{-1}\cdot\frac{z}{z-e^{-aT}} = \frac{1}{z-e^{-aT}}$$

(3) 复数位移定理

如果函数 $e(t)$ 是可拉氏变换的，其 z 变换为 $E(z)$，则有

$$\mathscr{Z}\left[e^{\mp at}e(t)\right] = E(ze^{\pm aT}) \tag{7-30}$$

证明 由 z 变换定义

$$\mathscr{Z}\left[e^{\mp at}e(t)\right] = \sum_{n=0}^{\infty} e^{\mp anT}e(nT)z^{-n} = \sum_{n=0}^{\infty} e(nT)(ze^{\pm aT})^{-n}$$

令

$$z_1 = ze^{\pm aT}$$

则有

$$\mathscr{Z}\left[e^{\mp at}e(t)\right] = \sum_{n=0}^{\infty} e(nT)z_1^{-n} = E(ze^{\pm aT})$$

复数位移定理是仿照拉氏变换的复数位移定理导出的，其含义是函数 $e^*(t)$ 乘以指数序列 $e^{\mp anT}$ 的 z 变换，就等于在 $e^*(t)$ 的 z 变换表达式 $E(z)$ 中，以 $ze^{\mp aT}$ 取代原算子 z。

例 7-9 试用复数位移定理计算函数 te^{-aT} 的 z 变换。

解 令 $e(t)=t$，由表 7-2 知

$$E(z) = \mathscr{Z}[t] = \frac{Tz}{(z-1)^2}$$

根据复数位移定理(7-30)，有

$$E(ze^{aT}) = \mathscr{Z}\left[te^{-at}\right] = \frac{T(ze^{aT})}{(ze^{aT}-1)^2} = \frac{Tze^{-aT}}{(z-e^{-aT})^2}$$

(4) 终值定理

如果函数 $e(t)$ 的 z 变换为 $E(z)$，函数序列 $e(nT)$ 为有限值($n=0,1,2,\cdots$)，且极限 $\lim\limits_{n\to\infty} e(nT)$ 存在，则函数序列的终值

$$\lim_{n\to\infty} e(nT) = \lim_{z\to 1}(z-1)E(z) \tag{7-31}$$

证明　由 z 变换线性定理，有

$$\mathscr{Z}\big[e(t+T)\big]-\mathscr{Z}\big[e(t)\big]=\sum_{n=0}^{\infty}\big\{e\big[(n+1)T\big]-e(nT)\big\}z^{-n}$$

由平移定理

$$\mathscr{Z}\big[e(t+T)\big]=zE(z)-ze(0)$$

于是

$$(z-1)E(z)-ze(0)=\sum_{n=0}^{\infty}\big\{e\big[(n+1)T\big]-e(nT)\big\}z^{-n}$$

上式两边取 $z\to1$ 时的极限，得

$$\lim_{z\to1}(z-1)E(z)-e(0)=\lim_{z\to1}\sum_{n=0}^{\infty}\big\{e\big[(n+1)T\big]-e(nT)\big\}z^{-n}=\sum_{n=0}^{\infty}\big\{e\big[(n+1)T\big]-e(nT)\big\}$$

当取 $n=N$ 为有限项时，上式右端可写为

$$\sum_{n=0}^{N}\big\{e\big[(n+1)T\big]-e(nT)\big\}=e\big[(N+1)T\big]-e(0)$$

令 $N\to\infty$，有

$$\sum_{n=0}^{\infty}\big\{e\big[(n+1)T\big]-e(nT)\big\}=\lim_{N\to\infty}\big\{e\big[(N+1)T\big]-e(0)\big\}=\lim_{n\to\infty}e(nT)-e(0)$$

所以

$$\lim_{n\to\infty}e(nT)=\lim_{z\to1}(z-1)E(z)$$

z 变换的终值定理形式亦可表示为

$$e(\infty)=\lim_{n\to\infty}e(nT)=\lim_{z\to1}(1-z^{-1})E(z) \tag{7-32}$$

读者不妨自行论证。在离散系统分析中，常采用终值定理求取系统输出序列的终值误差，或称稳态误差。

　　例 7-10　设 z 变换函数为

$$E(z)=\frac{0.792z^2}{(z-1)(z^2-0.416z+0.208)}$$

试利用终值定理确定 $e(nT)$ 的终值。

解　由终值定理(7-31)得

$$e(\infty)=\lim_{z\to1}(z-1)\cdot\frac{0.792z^2}{(z-1)(z^2-0.416z+0.208)}=\lim_{z\to1}\frac{0.792z^2}{z^2-0.416z+0.208}=1$$

　　(5) 卷积定理

　　设 $x(nT)$ 和 $y(nT)$ 为两个采样函数，其离散卷积定义为

$$x(nT)*y(nT)=\sum_{k=0}^{\infty}x(kT)y\big[(n-k)T\big] \tag{7-33}$$

则由卷积定理，若

$$g(nT)=x(nT)*y(nT)$$

必有 $$G(z) = X(z) \cdot Y(z) \tag{7-34}$$

证明　由 z 变换

$$X(z) = \sum_{k=0}^{\infty} x(kT)z^{-k}, \qquad Y(z) = \sum_{n=0}^{\infty} y(nT)z^{-n}$$

再由定理已知条件

$$G(z) = \mathscr{Z}\big[g(nT)\big] = \mathscr{Z}\big[x(nT) * y(nT)\big] \tag{7-35}$$

所以 $$X(z) \cdot Y(z) = \sum_{k=0}^{\infty} x(kT)z^{-k} Y(z)$$

根据平移定理及 z 变换定义，有

$$z^{-k}Y(z) = \mathscr{Z}\big\{y(n-k)T\big\} = \sum_{n=0}^{\infty} y\big[(n-k)T\big]z^{-n}$$

故 $$X(z) \cdot Y(z) = \sum_{k=0}^{\infty} x(kT)\sum_{n=0}^{\infty} y\big[(n-k)T\big]z^{-n}$$

交换求和次序并代入式(7-33)，上式可写为

$$X(z) \cdot Y(z) = \sum_{n=0}^{\infty}\left\{\sum_{k=0}^{\infty} x(kT)y\big[(n-k)T\big]\right\}z^{-n} = \sum_{n=0}^{\infty}\big[x(nT) * y(nT)\big]z^{-n}$$

最后，由定理已知条件及式(7-35)证得

$$G(z) = X(z) \cdot Y(z)$$

卷积定理指出，两个采样函数卷积的 z 变换，就等于该两个采样函数相应 z 变换的乘积。在离散系统分析中，卷积定理是沟通时域与 z 域的桥梁。

4. z 反变换

在连续系统中，应用拉氏变换的目的，是把描述系统的微分方程转换为 s 的代数方程，然后写出系统的传递函数，即可用拉氏反变换法求出系统的时间响应，从而简化了系统的研究。与此类似，在离散系统中应用 z 变换，也是为了把 s 的超越方程或者描述离散系统的差分方程转换为 z 的代数方程，然后写出离散系统的脉冲传递函数(z 域传递函数)，再用 z 反变换法求出离散系统的时间响应。

所谓 z 反变换，是已知 z 变换表达式 $E(z)$，求相应离散序列 $e(nT)$ 的过程。记为

$$e(nT) = \mathscr{Z}^{-1}\big[E(z)\big]$$

进行 z 反变换时，信号序列仍是单边的，即当 $n < 0$ 时，$e(nT)=0$。常用的 z 反变换法有如下三种。

(1) 部分分式法

部分分式法又称查表法，其基本思想是根据已知的 $E(z)$，通过查 z 变换表找出相应的 $e^*(t)$，或者 $e(nT)$。然而，z 变换表内容毕竟是有限的，不可能包含所有的复杂情况。因此需要把 $E(z)$ 展开成部分分式以便查表。考虑到 z 变换表中，所有 z 变换函数 $E(z)$ 在其分子上普遍都有因子 z，所以应将 $E(z)/z$ 展开为部分分式，然后将所得结果的每一项都乘以 z，即得 $E(z)$ 的部分分式展开式。

设已知的 z 变换函数 $E(z)$ 无重极点，先求出 $E(z)$ 的极点 $z_1, z_2, \cdots, z_n$，再将 $E(z)/z$ 展开成如下部分分式之和：

$$\frac{E(z)}{z} = \sum_{i=1}^{n} \frac{A_i}{z - z_i}$$

其中 A_i 为 $E(z)/z$ 在极点 z_i 处的留数，再由上式写出 $E(z)$ 的部分分式之和

$$E(z) = \sum_{i=1}^{n} \frac{A_i z}{z - z_i}$$

然后逐项查 z 变换表，得到

$$e_i(nT) = \mathscr{Z}^{-1}\left[\frac{A_i z}{z - z_i}\right], \qquad i = 1, 2, \cdots, n$$

最后写出已知 $E(z)$ 对应的采样函数

$$e^*(t) = \sum_{n=0}^{\infty} \sum_{i=1}^{n} e_i(nT)\delta(t - nT) \tag{7-36}$$

例 7-11 设 z 变换函数为

$$E(z) = \frac{(1 - e^{-aT})z}{(z-1)(z - e^{-aT})}$$

试求其 z 反变换。

解 因为

$$\frac{E(z)}{z} = \frac{1 - e^{-aT}}{(z-1)(z - e^{-aT})} = \frac{1}{z-1} - \frac{1}{z - e^{-aT}}$$

所以

$$E(z) = \frac{z}{z-1} - \frac{z}{z - e^{-aT}}$$

查 z 变换表 7-2 中的第 3 项及第 8 项知，在采样瞬时相应的信号序列为

$$e(nT) = 1 - e^{-anT}$$

故由式(7-36)得

$$e^*(t) = \sum_{n=0}^{\infty} (1 - e^{-anT})\delta(t - nT)$$

相应有

$$e(0) = 1$$

$$e(T) = 1 - e^{-aT}$$

$$e(2T) = 1 - e^{-2aT}$$

$$\cdots$$

(2) 幂级数法

幂级数法又称综合除法。由表 7-2 知，z 变换函数 $E(z)$ 通常可以表示为按 z^{-1} 升幂排列的两个多项式之比：

$$E(z) = \frac{b_0 + b_1 z^{-1} + b_2 z^{-2} + \cdots + b_m z^{-m}}{1 + a_1 z^{-1} + a_2 z^{-2} + \cdots + a_n z^{-n}}, \qquad m \leqslant n \tag{7-37}$$

其中 $a_i(i=1,2,\cdots,n)$ 和 $b_j(j=0,1,\cdots,m)$ 均为常系数。通过对式(7-37)直接作综合除法，得到按 z^{-1} 升幂排列的幂级数展开式

$$E(z) = c_0 + c_1 z^{-1} + c_2 z^{-2} + \cdots + c_n z^{-n} + \cdots = \sum_{n=0}^{\infty} c_n z^{-n} \tag{7-38}$$

如果所得到的无穷幂级数是收敛的,则按 z 变换定义可知,式(7-38)中的系数 $c_n(n=0,1,\cdots,\infty)$ 就是采样脉冲序列 $e^*(t)$ 的脉冲强度 $e(nT)$。根据式(7-38)可以直接写出 $e^*(t)$ 的脉冲序列表达式

$$e^*(t) = \sum_{n=0}^{\infty} c_n \delta(t-nT) \tag{7-39}$$

在实际应用中,常常只需要计算有限的几项就够了。因此用幂级数法计算 $e^*(t)$ 最简便,这是 z 变换法的优点之一。但是,要从一组 $e(nT)$ 值中求出通项表达式,一般是比较困难的。

例 7-12   设 z 变换函数

$$E(z) = \frac{z^3 + 2z^2 + 1}{z^3 - 1.5z^2 + 0.5z}$$

试用幂级数法求 $E(z)$ 的 z 反变换。

解   将给定的 $E(z)$ 表示为

$$E(z) = \frac{1 + 2z^{-1} + z^{-3}}{1 - 1.5z^{-1} + 0.5z^{-2}}$$

利用综合除法得

$$E(z) = 1 + 3.5z^{-1} + 4.75z^{-2} + 6.375z^{-3} + \cdots$$

由式(7-39)得采样函数

$$e^*(t) = \delta(t) + 3.5\delta(t-T) + 4.75\delta(t-2T) + 6.375\delta(t-3T) + \cdots$$

应当指出,只要表示函数 z 变换的无穷幂级数 $E(z)$ 在 z 平面的某个区域内是收敛的,则在应用 z 变换法解决离散系统问题时,就不需要指出 $E(z)$ 在什么 z 值上收敛。

(3) 反演积分法

反演积分法又称留数法。采用反演积分法求取 z 反变换的原因是: 在实际问题中遇到的 z 变换函数 $E(z)$,除了有理分式外,也可能是超越函数,此时无法应用部分分式法及幂级数法来求 z 反变换,而只能采用反演积分法。当然,反演积分法对 $E(z)$ 为有理分式的情况也是适用的。由于 $E(z)$ 的幂级数展开形式为

$$E(z) = \sum_{n=0}^{\infty} e(nT)z^{-n} = e(0) + e(T)z^{-1} + e(2T)z^{-2} + \cdots + e(nT)z^{-n} + \cdots \tag{7-40}$$

所以函数 $E(z)$ 可以看成是 z 平面上的劳伦级数。级数的各系数 $e(nT)(n=0,1,\cdots)$ 可以由积分的方法求出,因为在求积分值时要用到柯西留数定理,故也称之为留数法。

为了推导反演积分公式,用 z^{n-1} 乘以式(7-40)两端,得到

$$E(z)z^{n-1} = e(0)z^{n-1} + e(T)z^{n-2} + \cdots + e(nT)z^{-1} + \cdots \tag{7-41}$$

设 Γ 为 z 平面上包围 $E(z)z^{n-1}$ 全部极点的封闭曲线,且设沿 Γ 反时针方向对式(7-41)的两端同时积分,可得

$$\oint_{\Gamma} E(z)z^{n-1}\mathrm{d}z = \oint_{\Gamma} e(0)z^{n-1}\mathrm{d}z + \oint_{\Gamma} e(T)z^{n-2}\mathrm{d}z + \cdots + \oint_{\Gamma} e(nT)z^{-1}\mathrm{d}z + \cdots \qquad (7\text{-}42)$$

由复变函数论可知，对于围绕原点的积分闭路 Γ，有如下关系式：

$$\oint_{\Gamma} z^{k-n-1}\mathrm{d}z = \begin{cases} 0, & k \neq n \\ 2\pi\mathrm{j}, & k = n \end{cases}$$

故在式(7-42)右端中，除

$$\oint_{\Gamma} e(nT)z^{-1}\mathrm{d}z = e(nT)\cdot 2\pi\mathrm{j}$$

外，其余各项均为零。由此得到反演积分公式

$$e(nT) = \frac{1}{2\pi\mathrm{j}}\oint_{\Gamma} E(z)z^{n-1}\mathrm{d}z \qquad (7\text{-}43)$$

根据柯西留数定理，设函数 $E(z)z^{n-1}$ 除有限个极点 z_1，z_2，$\cdots$，z_k 外，在域 G 上是解析的。如果有闭合路径 Γ 包含了这些极点，则有

$$e(nT) = \frac{1}{2\pi\mathrm{j}}\oint_{\Gamma} E(z)z^{n-1}\mathrm{d}z = \sum_{i=1}^{k}\mathrm{Res}\Big[E(z)z^{n-1}\Big]_{z\to z_i} \qquad (7\text{-}44)$$

式中，$\mathrm{Res}[E(z)z^{n-1}]_{z\to z_i}$ 表示函数 $E(z)z^{n-1}$ 在极点 z_i 处的留数。

例 7-13 设 z 变换函数

$$E(z) = \frac{z^2}{(z-1)(z-0.5)}$$

试用留数法求其 z 反变换。

解 因为函数

$$E(z)z^{n-1} = \frac{z^{n+1}}{(z-1)(z-0.5)}$$

有 $z_1 = 1$ 和 $z_2 = 0.5$ 两个极点，极点处留数

$$\mathrm{Res}\left[\frac{z^{n+1}}{(z-1)(z-0.5)}\right]_{z\to 1} = \lim_{z\to 1}\left[\frac{(z-1)z^{n+1}}{(z-1)(z-0.5)}\right] = 2$$

$$\mathrm{Res}\left[\frac{z^{n+1}}{(z-1)(z-0.5)}\right]_{z\to 0.5} = \lim_{z\to 0.5}\left[\frac{(z-0.5)z^{n+1}}{(z-1)(z-0.5)}\right] = -(0.5)^n$$

所以由式(7-44)得

$$e(nT) = 2 - (0.5)^n$$

相应的采样函数

$$e^*(t) = \sum_{n=0}^{\infty} e(nT)\delta(t-nT) = \sum_{n=0}^{\infty}\Big[2 - (0.5)^n\Big]\delta(t-nT)$$

$$= \delta(t) + 1.5\delta(t-T) + 1.75\delta(t-2T) + 1.875\delta(t-3T) + \cdots$$

顺便指出，关于函数 $E(z)z^{n-1}$ 在极点处的留数计算方法如下：若 $z_i(i=1,2,\cdots,k)$ 为单极点，则

$$\text{Res}\Big[E(z)z^{n-1}\Big]_{z\to z_i} = \lim_{z\to z_i}\Big[(z-z_i)E(z)z^{n-1}\Big] \tag{7-45}$$

若 $E(z)z^{n-1}$ 有 n 阶重极点 z_i，则

$$\text{Res}\Big[E(z)z^{n-1}\Big]_{z\to z_i} = \frac{1}{(n-1)!}\lim_{z\to z_i}\frac{\mathrm{d}^{n-1}\Big[(z-z_i)^n E(z)z^{n-1}\Big]}{\mathrm{d}z^{n-1}} \tag{7-46}$$

5. 关于 z 变换的说明

z 变换与拉氏变换相比，在定义、性质和计算方法等方面，有许多相似的地方，但是 z 变换也有其特殊规律。

(1) z 变换的非唯一性

z 变换是对连续信号的采样序列进行变换，因此 z 变换与其原连续时间函数并非一一对应，而只是与采样序列相对应。与此类似，对于任一给定的 z 变换函数 $E(z)$，由于采样信号 $e^*(t)$ 可以代表在采样瞬时具有相同数值的任何连续时间函数 $e(t)$，所以求出的 $E(z)$ 反变换也不可能是唯一的。于是，对于连续时间函数而言，z 变换和 z 反变换都不是唯一的。图 7-19 就表明了这样的事实，其中连续时间函数 $e_1(t)$ 和 $e_2(t)$ 的采样信号序列是相同的，即 $e_1^*(t)=e_2^*(t)$；它们的 z 变换函数也是相等的，即 $E_1(z)=E_2(z)$；然而，这两个时间函数却是极不相同的，即 $e_1(t)\neq e_2(t)$。

$$e_1^*(t)=e_2^*(t) \qquad\qquad E_1(z)=E_2(z) \qquad\qquad e_1(t)\neq e_2(t)$$

图 7-19　具有相同 z 变换式的两个时间函数

(2) z 变换的收敛区间

对于拉氏变换，其存在性条件是下列绝对值积分收敛：

$$\int_0^\infty \left| e(t)\mathrm{e}^{-aT}\right|\mathrm{d}t < \infty$$

相应地，z 变换也有存在性问题。为此，需要研究 z 变换的收敛区间。通常，z 变换定义为

$$E(z) = \sum_{n=-\infty}^{\infty} e(nT)z^{-n}$$

称为双边 z 变换。由于 $z=\mathrm{e}^{sT}$，令 $s=\sigma+\mathrm{j}\omega$，则 $z=\mathrm{e}^{\sigma T}\mathrm{e}^{\mathrm{j}\omega T}$。若令 $r=|z|=\mathrm{e}^{\sigma T}$，则有

$$z = r\mathrm{e}^{\mathrm{j}\omega T}$$

于是，双边 z 变换可以写为

$$E(z) = \sum_{n=-\infty}^{\infty} e(nT)r^{-n}\mathrm{e}^{-\mathrm{j}n\omega T}$$

显然，上述无穷级数收敛的条件是

$$\sum_{n=-\infty}^{\infty} \left| e(nT)r^{-n} \right| < \infty \tag{7-47}$$

若上式满足，则双边 z 变换一致收敛，即 $e(nT)$ 的 z 变换存在。

在大多数工程问题中，因为 $n<0$ 时，$e(nT)=0$，所以 z 变换是单边的，其定义式为

$$E(z) = \sum_{n=0}^{\infty} e(nT)z^{-n}$$

且 $E(z)$ 为有理分式函数，因而 z 变换的收敛区间与 $E(z)$ 的零极点分布有关。例如序列

$$e(nT) = a^n 1(nT)$$

其 z 变换

$$E(z) = \sum_{n=0}^{\infty} a^n z^{-n} = \sum_{n=0}^{\infty} \left(\frac{a}{z} \right)^n$$

上式为一无穷等比级数，其公比为 az^{-1}，只有当 $|z|=r>|a|$ 时，该无穷级数才是收敛的，其收敛区间为 $|z|>|a|$。故有

$$E(z) = \frac{z}{z-a}, \qquad |z| > |a|$$

不难看出，$E(z)$ 的零点是 $z=0$，极点是 $z=a$，收敛区如图 7-20 所示。

图 7-20　$E(z) = \dfrac{z}{z-a}$ 的收敛区

由于大多数工程问题中的 z 变换都存在，因此今后对 z 变换的收敛区间不再特别指出。

7-4　离散系统的数学模型

为了研究离散系统的性能，需要建立离散系统的数学模型。与连续系统的数学模型类似，线性离散系统的数学模型有差分方程、脉冲传递函数和离散状态空间表达式三种。本节主要介绍差分方程及其解法，脉冲传递函数的基本概念，以及开环脉冲传递函数和闭环脉冲传递函数的建立方法。有关离散状态空间表达式及其求解，将在本书第九章介绍。

1. 离散系统的数学定义

在离散时间系统理论中，所涉及的数字信号总是以序列的形式出现。因此，可以把离散系统抽象为如下数学定义：

将输入序列 $r(n)$，$n=0,\pm1,\pm2,\cdots$，变换为输出序列 $c(n)$ 的一种变换关系，称为离散系统。记为

$$c(n) = F\big[r(n)\big] \tag{7-48}$$

其中，$r(n)$ 和 $c(n)$ 可以理解为 $t=nT$ 时，系统的输入序列 $r(nT)$ 和输出序列 $c(nT)$，T 为采样周期。

如果式(7-48)所示的变换关系是线性的，则称为线性离散系统；如果这种变换关系是

非线性的，则称为非线性离散系统。

(1) 线性离散系统

如果离散系统(7-48)满足叠加原理，则称为线性离散系统，即有如下关系式：

若 $c_1(n)=F[r_1(n)]$，$c_2(n)=F[r_2(n)]$，且有 $r(n)=ar_1(n)\pm br_2(n)$，其中 a 和 b 为任意常数，则

$$c(n) = F\big[r(n)\big] = F\big[ar_1(n) \pm br_2(n)\big]$$
$$= aF\big[r_1(n)\big] \pm bF\big[r_2(n)\big] = ac_1(n) \pm bc_2(n)$$

(2) 线性定常离散系统

输入与输出关系不随时间而改变的线性离散系统，称为线性定常离散系统。例如，当输入序列为 $r(n)$ 时，输出序列为 $c(n)$；如果输入序列变为 $r(n-k)$，相应的输出序列为 $c(n-k)$，其中 $k=0, \pm 1, \pm 2, \cdots$，则这样的系统称为线性定常离散系统。

本章所研究的离散系统为线性定常离散系统，可以用线性定常(常系数)差分方程描述。

2. 线性常系数差分方程及其解法

对于一般的线性定常离散系统，k 时刻的输出 $c(k)$ 不但与 k 时刻的输入 $r(k)$ 有关，而且与 k 时刻以前的输入 $r(k-1)$, $r(k-2)$, $\cdots$ 有关，同时还与 k 时刻以前的输出 $c(k-1)$, $c(k-2)$, $\cdots$ 有关。这种关系一般可以用下列 n 阶后向差分方程来描述：

$$c(k) + a_1 c(k-1) + a_2 c(k-2) + \cdots + a_{n-1} c(k-n+1) + a_n c(k-n)$$
$$= b_0 r(k) + b_1 r(k-1) + \cdots + b_{m-1} r(k-m+1) + b_m r(k-m)$$

上式亦可表示为

$$c(k) = -\sum_{i=1}^{n} a_i c(k-i) + \sum_{j=0}^{m} b_j r(k-j) \tag{7-49}$$

式中，$a_i (i=1, 2, \cdots, n)$ 和 $b_j (j=0, 1, \cdots, m)$ 为常系数，$m \leqslant n$。式(7-49)称为 n 阶线性常系数差分方程，它在数学上代表一个线性定常离散系统。

线性定常离散系统也可以用如下 n 阶前向差分方程来描述：

$$c(k+n) + a_1 c(k+n-1) + \cdots + a_{n-1} c(k+1) + a_n c(k)$$
$$= b_0 r(k+m) + b_1 r(k+m-1) + \cdots + b_{m-1} r(k+1) + b_m r(k)$$

上式也可写为

$$c(k+n) = -\sum_{i=1}^{n} a_i c(k+n-i) + \sum_{j=0}^{m} b_j r(k+m-j) \tag{7-50}$$

常系数线性差分方程的求解方法有经典法、迭代法和 z 变换法。与微分方程的经典解法类似，差分方程的经典解法也要求出齐次方程的通解和非齐次方程的一个特解，非常不便。这里仅介绍工程上常用的后两种解法。

(1) 迭代法

若已知差分方程(7-49)或(7-50)，并且给定输出序列的初值，则可以利用递推关系，在计算机上一步一步地算出输出序列。

例 7-14 已知差分方程

$$c(k) = r(k) + 5c(k-1) - 6c(k-2)$$

输入序列 $r(k)=1$，初始条件为 $c(0)=0$，$c(1)=1$，试用迭代法求输出序列 $c(k),k=0,1,2,\cdots, 6$。

解 根据初始条件及递推关系，得

$$c(0) = 0$$
$$c(1) = 1$$
$$c(2) = r(2) + 5c(1) - 6c(0) = 6$$
$$c(3) = r(3) + 5c(2) - 6c(1) = 25$$
$$c(4) = r(4) + 5c(3) - 6c(2) = 90$$
$$c(5) = r(5) + 5c(4) - 6c(3) = 301$$
$$c(6) = r(6) + 5c(5) - 6c(4) = 966$$

(2) z 变换法

设差分方程如式(7-50)所示，则用 z 变换法解差分方程的实质，是对差分方程两端取 z 变换，并利用 z 变换的实数位移定理，得到以 z 为变量的代数方程，然后对代数方程的解 $C(z)$ 取 z 反变换，求得输出序列 $c(k)$。

例 7-15 试用 z 变换法解下列二阶差分方程：

$$c^*(t+2T) + 3c^*(t+T) + 2c^*(t) = 0$$

或

$$c(k+2) + 3c(k+1) + 2c(k) = 0$$

设初始条件 $c(0)=0$，$c(1)=1$。

解 对差分方程的每一项进行 z 变换，根据实数位移定理：

$$\mathscr{Z}\left[c(k+2)\right] = z^2C(z) - z^2c(0) - zc(1) = z^2C(z) - z$$
$$\mathscr{Z}\left[3c(k+1)\right] = 3zC(z) - 3zc(0) = 3zC(z)$$
$$\mathscr{Z}\left[2c(k)\right] = 2C(z)$$

于是，差分方程变换为如下 z 代数方程

$$(z^2 + 3z + 2)C(z) = z$$

解出

$$C(z) = \frac{z}{z^2 + 3z + 2} = \frac{z}{z+1} - \frac{z}{z+2}$$

查 z 变换表 7-2，求出 z 反变换

$$c^*(t) = \sum_{n=0}^{\infty}\left[(-1)^n - (-2)^n\right]\delta(t - nT)$$

或写成

$$c(k) = (-1)^k - (-2)^k, \qquad k = 0,1,2,\cdots$$

差分方程的解，可以提供线性定常离散系统在给定输入序列作用下的输出序列响应特性，但不便于研究系统参数变化对离散系统性能的影响。因此，需要研究线性定常离散系统的另一种数学模型——脉冲传递函数。

3. 脉冲传递函数

如果把 z 变换的作用仅仅理解为求解线性常系数差分方程，显然是不够的。z 变换更

为重要的意义在于导出线性离散系统的脉冲传递函数，给线性离散系统的分析和校正带来极大的方便。

(1) 脉冲传递函数定义

众所周知，利用传递函数研究线性连续系统的特性，有公认的方便之处。对于线性连续系统，传递函数定义为在零初始条件下，输出量的拉氏变换与输入量的拉氏变换之比。对于线性离散系统，脉冲传递函数的定义与线性连续系统传递函数的定义类似。

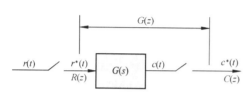

图 7-21　开环离散系统结构图

设开环离散系统如图 7-21 所示，如果系统的初始条件为零，输入信号为 $r(t)$，采样后 $r^*(t)$ 的 z 变换函数为 $R(z)$，系统连续部分的输出为 $c(t)$，采样后 $c^*(t)$ 的 z 变换函数为 $C(z)$，则线性定常离散系统的脉冲传递函数定义为系统输出采样信号的 z 变换与输入采样信号的 z 变换之比，记为

$$G(z) = \frac{C(z)}{R(z)} = \frac{\sum_{n=0}^{\infty} c(nT)z^{-n}}{\sum_{n=0}^{\infty} r(nT)z^{-n}} \tag{7-51}$$

所谓零初始条件，是指在 $t<0$ 时，输入脉冲序列各采样值 $r(-T), r(-2T), \cdots$ 以及输出脉冲序列各采样值 $c(-T), c(-2T), \cdots$ 均为零。

式(7-51)表明，如果已知 $R(z)$ 和 $G(z)$，则在零初始条件下，线性定常离散系统的输出采样信号为

$$c^*(t) = \mathscr{Z}^{-1}\left[C(z)\right] = \mathscr{Z}^{-1}\left[G(z)R(z)\right]$$

由于 $R(z)$ 是已知的，因此求 $c^*(t)$ 的关键在于求出系统的脉冲传递函数 $G(z)$。

然而，对大多数实际系统来说，输出往往是连续信号 $c(t)$，而不是采样信号 $c^*(t)$，如图 7-22 所示。此时，可以在系统输出端虚设一个理想采样开关，如图中虚线所示，它与输入采样开关同步工作，并具有相同的采样周期。如果系统的实际输出 $c(t)$ 比较平滑，且采样频率较高，则可用 $c^*(t)$ 近似描述 $c(t)$。

必须指出，虚设的采样开关是不存在的，它只表明了脉冲传递函数所能描述的，只是输出连续函数 $c(t)$ 在采样时刻上的离散值 $c^*(t)$。

(2) 脉冲传递函数意义

对于线性定常离散系统，如果输入为单位脉冲序列

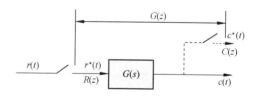

图 7-22　实际开环离散系统结构图

$$r(nT) = \delta(nT) = \begin{cases} 1, & n = 0 \\ 0, & n \neq 0 \end{cases}$$

则系统输出称为单位脉冲响应序列，记为

$$c(nT) = K(nT)$$

　　由于线性定常离散系统的位移不变性(即定常性)，当输入单位脉冲序列沿时间轴后移 k 个采样周期，成为 $\delta[(n-k)T]$ 时，输出单位脉冲响应序列亦相应后移 k 个采样周期，成为 $K[(n-k)T]$。在离散系统理论中，$K(nT)$ 和 $K[(n-k)T]$ 有个专有名称，称为"加权序列"。"加权"的含义是：当对一个连续信号采样时，每一采样时刻的脉冲值，就等于该时刻的函数值。可见，任何一个采样序列，都可以认为是被加了"权"的脉冲序列。

　　在线性定常离散系统中，如果输入采样信号

$$r^*(t) = \sum_{n=0}^{\infty} r(nT)\delta(t-nT)$$

是任意的，各采样时刻的输入脉冲值分别为 $r(0)\delta(nT), r(T)\delta[(n-1)T], \cdots, r(kT)$ $\delta[(n-k)T], \cdots$，则相应的输出脉冲值为 $r(0)K(nT), r(T)K[(n-1)T], \cdots, r(kT)K[(n-k)T], \cdots$。由 z 变换的线性定理可知，系统的输出响应序列可表示为

$$c(nT) = \sum_{k=0}^{\infty} K[(n-k)T]r(kT) = \sum_{k=0}^{\infty} K(kT)r[(n-k)T]$$

根据式(7-33)，上式为离散卷积表达式，因而

$$c(nT) = K(nT) * r(nT)$$

　　若令加权序列的 z 变换

$$K(z) = \sum_{n=0}^{\infty} K(nT)z^{-n}$$

则由 z 变换的卷积定理

$$C(z) = K(z)R(z)$$

或者

$$K(z) = \frac{C(z)}{R(z)} \tag{7-52}$$

　　比较式(7-51)与式(7-52)，可知

$$G(z) = K(z) = \sum_{n=0}^{\infty} K(nT)z^{-n} \tag{7-53}$$

因此，脉冲传递函数的含义是：系统脉冲传递函数 $G(z)$，就等于系统加权序列 $K(nT)$ 的 z 变换。

　　如果描述线性定常离散系统的差分方程为

$$c(nT) = -\sum_{k=1}^{n} a_k c[(n-k)T] + \sum_{k=0}^{m} b_k r[(n-k)T]$$

在零初始条件下，对上式进行 z 变换，并应用 z 变换的实数位移定理，可得

$$C(z) = -\sum_{k=1}^{n} a_k C(z)z^{-k} + \sum_{k=0}^{m} b_k R(z)z^{-k}$$

整理得

$$G(z) = \frac{C(z)}{R(z)} = \frac{\displaystyle\sum_{k=0}^{m} b_k z^{-k}}{1 + \displaystyle\sum_{k=1}^{n} a_k z^{-k}} \tag{7-54}$$

这就是脉冲传递函数与差分方程的关系。

由上可见，差分方程、加权序列 $K(nT)$ 和脉冲传递函数 $G(z)$，都是对系统物理特性的不同数学描述。它们的形式虽然不同，但实质不变，并且可以根据以上关系相互转化。

(3) 脉冲传递函数求法

连续系统或元件的脉冲传递函数 $G(z)$，可以通过其传递函数 $G(s)$ 来求取。根据式(7-53)可知，由 $G(s)$ 求 $G(z)$ 的方法是：先求 $G(s)$ 的拉氏反变换，得到脉冲过渡函数 $K(t)$，即

$$K(t) = \mathscr{L}^{-1}\left[G(s)\right] \tag{7-55}$$

再将 $K(t)$ 按采样周期离散化，得加权序列 $K(nT)$；最后将 $K(nT)$ 进行 z 变换，按式(7-53)求出 $G(z)$。这一过程比较复杂。其实，如果把 z 变换表 7-2 中的时间函数 $e(t)$ 看成 $K(t)$，那么表中的 $E(s)$ 就是 $G(s)$(见式(7-55))，而 $E(z)$ 则相当于 $G(z)$。因此，根据 z 变换表 7-2，可以直接从 $G(s)$ 得到 $G(z)$，而不必逐步推导。

如果 $G(s)$ 为阶次较高的有理分式函数，在 z 变换表中找不到相应的 $G(z)$，则需将 $G(s)$ 展成部分分式，使各部分分式对应的 z 变换都是表中可以查到的形式，同样可以由 $G(s)$ 直接求出 $G(z)$。

顺便指出，在图 7-22 中，虚设采样开关的输出为采样输出

$$c^*(t) = K^*(t) = \sum_{n=0}^{\infty} c(nT)\delta(t - nT)$$

式中，$c(nT) = K(nT)$ 为加权序列。对上式取拉氏变换，得脉冲过渡函数的采样拉氏变换

$$G^*(s) = \mathscr{L}\left[K^*(t)\right] = \sum_{n=0}^{\infty} K(nT)\mathrm{e}^{-nsT}$$

若令 $z = \mathrm{e}^{sT}$，得脉冲传递函数

$$G(z) = G^*(s)\Big|_{s=\frac{1}{T}\ln z} = \sum_{n=0}^{\infty} K(nT)z^{-n}$$

记为

$$G(z) = \mathscr{Z}\left[G^*(s)\right] \tag{7-56}$$

上式表明了加权序列 $K(nT)$ 的采样拉氏变换与其 z 变换的关系。习惯上，常把式(7-56)表示为

$$G(z) = \mathscr{Z}\left[G(s)\right]$$

并称之为 $G(s)$ 的 z 变换，这时应理解为根据 $G(s)$ 按式(7-53)求出所对应的 $G(z)$，但不能理解为 $G(s)$ 的 z 变换就是 $G(z)$。

例 7-16 设某环节的差分方程为

$$c(nT) = r\left[(n-k)T\right]$$

试求其脉冲传递函数 $G(z)$。

解 对差分方程取 z 变换，并由实数位移定理得

$$C(z) = z^{-k}R(z), \quad G(z) = z^{-k}$$

当 $k=1$ 时，$G(z) = z^{-1}$，在离散系统中其物理意义是代表一个延迟环节。它把其输入序列右移一个采样周期后再输出。

例 7-17　设图 7-22 所示开环系统中的

$$G(s) = \frac{a}{s(s+a)}$$

试求相应的脉冲传递函数 $G(z)$。

解　将 $G(s)$ 展成部分分式形式

$$G(s) = \frac{1}{s} - \frac{1}{s+a}$$

查 z 变换表得

$$G(z) = \frac{z}{z-1} - \frac{z}{z-\mathrm{e}^{-aT}} = \frac{z(1-\mathrm{e}^{-aT})}{(z-1)(z-\mathrm{e}^{-aT})}$$

4. 开环系统脉冲传递函数

当开环离散系统由几个环节串联组成时，其脉冲传递函数的求法与连续系统情况不完全相同。即使两个开环离散系统的组成环节完全相同，但由于采样开关的数目和位置不同，求出的开环脉冲传递函数也会截然不同。为了便于求出开环脉冲传递函数，需要了解采样函数拉氏变换 $G^*(s)$ 的有关性质。

脉冲传递
函数的求取

(1) 采样拉氏变换的两个重要性质

1) 采样函数的拉氏变换具有周期性，即

$$G^*(s) = G^*(s+\mathrm{j}k\omega_s) \tag{7-57}$$

其中，ω_s 为采样角频率。

证明　由式(7-10)知

$$G^*(s) = \frac{1}{T}\sum_{n=-\infty}^{\infty} G(s+\mathrm{j}n\omega_s) \tag{7-58}$$

其中 T 为采样周期。因此，令 $s=s+\mathrm{j}k\omega_s$，必有

$$G^*(s+\mathrm{j}k\omega_s) = \frac{1}{T}\sum_{n=-\infty}^{\infty} G\left[s+\mathrm{j}(n+k)\omega_s\right]$$

在上式中，令 $l=n+k$，可得

$$G^*(s+\mathrm{j}k\omega_s) = \frac{1}{T}\sum_{l=-\infty}^{\infty} G(s+\mathrm{j}l\omega_s)$$

由于求和与符号无关，再令 $l=n$，证得

$$G^*(s+\mathrm{j}k\omega_s) = \frac{1}{T}\sum_{n=-\infty}^{\infty} G(s+\mathrm{j}n\omega_s) = G^*(s)$$

2) 若采样函数的拉氏变换 $E^*(s)$ 与连续函数的拉氏变换 $G(s)$ 相乘后再离散化，则 $E^*(s)$ 可以从离散符号中提出来，即

$$\left[G(s)E^*(s)\right]^* = G^*(s)E^*(s) \tag{7-59}$$

证明　根据式(7-58)，有

$$\left[G(s)E^*(s)\right]^* = \frac{1}{T}\sum_{n=-\infty}^{\infty}\left[G(s+\mathrm{j}n\omega_s)E^*(s+\mathrm{j}n\omega_s)\right]$$

再由式(7-57)知

$$E^*(s + jn\omega_s) = E^*(s)$$

于是

$$\left[G(s)E^*(s)\right]^* = \frac{1}{T}\sum_{n=-\infty}^{\infty}\left[G(s + jn\omega_s)E^*(s)\right] = E^*(s) \cdot \frac{1}{T}\sum_{n=-\infty}^{\infty}G(s + jn\omega_s)$$

再由式(7-58)，即证得

$$\left[G(s)E^*(s)\right]^* = G^*(s)E^*(s)$$

(2) 有串联环节时的开环系统脉冲传递函数

如果开环离散系统由两个串联环节构成，则开环系统脉冲传递函数的求法与连续系统情况不完全相同。这是因为在两个环节串联时，有两种不同的情况。

1) 串联环节之间有采样开关。设开环离散系统如图 7-23(a)所示，在两个串联连续环节 $G_1(s)$ 和 $G_2(s)$ 之间，有理想采样开关隔开。根据脉冲传递函数定义，由图 7-23(a) 可得

$$D(z) = G_1(z)R(z), \qquad C(z) = G_2(z)D(z)$$

其中，$G_1(z)$ 和 $G_2(z)$ 分别为 $G_1(s)$ 和 $G_2(s)$ 的脉冲传递函数。于是有

$$C(z) = G_2(z)G_1(z)R(z)$$

因此，开环系统脉冲传递函数

$$G(z) = \frac{C(z)}{R(z)} = G_1(z)G_2(z) \tag{7-60}$$

式(7-60)表明，有理想采样开关隔开的两个线性连续环节串联时的脉冲传递函数，等于这两个环节各自的脉冲传递函数之积。这一结论，可以推广到类似的 n 个环节相串联时的情况。

(a) 串联环节之间有采样开关

(b) 串联环节之间无采样开关

图 7-23 环节串联时的开环离散系统脉冲传递函数

2) 串联环节之间无采样开关。设开环离散系统如图 7-23(b)所示，在两个串联连续环节 $G_1(s)$ 和 $G_2(s)$ 之间，没有理想采样开关隔开。显然，系统连续信号的拉氏变换为

$$C(s) = G_1(s)G_2(s)R^*(s)$$

式中，$R^*(s)$ 为输入采样信号 $r^*(t)$ 的拉氏变换，即

$$R^*(s) = \sum_{n=0}^{\infty} r(nT)e^{-nsT}$$

对输出 $C(s)$ 离散化，并根据采样拉氏变换性质(7-59)，有

$$C^*(s) = \left[G_1(s)G_2(s)R^*(s)\right]^* = \left[G_1(s)G_2(s)\right]^* R^*(s) = G_1G_2^*(s)R^*(s) \tag{7-61}$$

式中

$$G_1G_2^*(s) = [G_1(s)G_2(s)]^* = \frac{1}{T}\sum_{n=-\infty}^{\infty} G_1(s+jn\omega_s)G_2(s+jn\omega_s)$$

通常

$$G_1G_2^*(s) \neq G_1^*(s)G_2^*(s)$$

对式(7-61)取 z 变换，得

$$C(z) = G_1G_2(z)R(z)$$

式中，$G_1G_2(z)$ 定义为 $G_1(s)$ 和 $G_2(s)$ 乘积的 z 变换。于是，开环系统脉冲传递函数

$$G(z) = \frac{C(z)}{R(z)} = G_1G_2(z) \tag{7-62}$$

式(7-62)表明，没有理想采样开关隔开的两个线性连续环节串联时的脉冲传递函数，等于这两个环节传递函数乘积后的相应 z 变换。这一结论也可以推广到类似的 n 个环节相串联时的情况。

显然，式(7-60)与式(7-62)是不等的，即

$$G_1(z)G_2(z) \neq G_1G_2(z)$$

从这种意义上说，z 变换无串联性。下例可以说明这一点。

例 7-18 设开环离散系统如图 7-23(a)及(b)所示，其中 $G_1(s)=1/s$，$G_2(s)=a/(s+a)$，输入信号 $r(t)=1(t)$，试求系统(a)和(b)的脉冲传递函数 $G(z)$ 和输出的 z 变换 $C(z)$。

解 查 z 变换表，输入 $r(t)=1(t)$ 的 z 变换为

$$R(z) = \frac{z}{z-1}$$

对于系统(a)

$$G_1(z) = \mathscr{Z}\left[\frac{1}{s}\right] = \frac{z}{z-1}, \qquad G_2(z) = \mathscr{Z}\left[\frac{a}{s+a}\right] = \frac{az}{z-e^{-aT}}$$

有

$$G(z) = G_1(z)G_2(z) = \frac{az^2}{(z-1)(z-e^{-aT})}$$

$$C(z) = G(z)R(z) = \frac{az^3}{(z-1)^2(z-e^{-aT})}$$

对于系统(b)

$$G_1(s)G_2(s) = \frac{a}{s(s+a)}$$

有　　　　$$G(z) = G_1G_2(z) = \mathscr{Z}\left[\frac{a}{s(s+a)}\right] = \frac{z(1-e^{-aT})}{(z-1)(z-e^{-aT})}$$

$$C(z) = G(z)R(z) = \frac{z^2(1-e^{-aT})}{(z-1)^2(z-e^{-aT})}$$

显然，在串联环节之间有无同步采样开关隔离时，其总的脉冲传递函数和输出 z 变换是不相同的。但是，不同之处仅表现在其零点不同，极点仍然一样。这也是离散系统特有的现象。

(3) 有零阶保持器时的开环系统脉冲传递函数

设有零阶保持器的开环离散系统如图 7-24(a)所示。图中，$G_h(s)$ 为零阶保持器传递函数，$G_o(s)$ 为连续部分传递函数，两个串联环节之间无同步采样开关隔离。由于 $G_h(s)$ 不是 s 的有理分式函数，因此不便于用求串联环节脉冲传递函数的式(7-62)求出开环系统脉冲传递函数。如果将图 7-24(a)变换为图 7-24(b)所示的等效开环系统，则有零阶保持器时的开环系统脉冲传递函数的推导将是比较简单的。

(a) 开环离散系统

(b) 等效开环离散系统

图 7-24　有零阶保持器的开环离散系统结构图

由图 7-24(b)可得

$$C(s) = \left[\frac{G_o(s)}{s} - e^{-sT}\frac{G_o(s)}{s}\right]R^*(s) \tag{7-63}$$

因为 e^{-sT} 为延迟一个采样周期的延迟环节，所以 $e^{-sT}G_o(s)/s$ 对应的采样输出比 $G_o(s)/s$ 对应的采样输出延迟一个采样周期。对式(7-63)进行 z 变换，根据实数位移定理及采样拉氏变换性质式(7-59)，可得

$$C(z) = \mathscr{Z}\left[\frac{G_o(s)}{s}\right]R(z) - z^{-1}\mathscr{Z}\left[\frac{G_o(s)}{s}\right]R(z)$$

于是，有零阶保持器时，开环系统脉冲传递函数

$$G(z) = \frac{C(z)}{R(z)} = (1-z^{-1})\mathscr{Z}\left[\frac{G_o(s)}{s}\right] \tag{7-64}$$

当 $G_o(s)$ 为 s 有理分式函数时，式(7-64)中的 z 变换 $\mathscr{Z}[G_o(s)/s]$ 也必然是 z 的有理分式函数。

例 **7-19**　设离散系统如图 7-24(a)所示，已知

$$G_o(s) = \frac{a}{s(s+a)}$$

试求系统的脉冲传递函数 $G(z)$。

解　因为

$$\frac{G_o(s)}{s} = \frac{a}{s^2(s+a)} = \frac{1}{s^2} - \frac{1}{a}\left(\frac{1}{s} - \frac{1}{s+a}\right)$$

查 z 变换表 7-2，有

$$\mathscr{Z}\left[\frac{G_o(s)}{s}\right] = \frac{Tz}{(z-1)^2} - \frac{1}{a}\left(\frac{z}{z-1} - \frac{z}{z-\mathrm{e}^{-aT}}\right)$$

$$= \frac{\dfrac{1}{a}z\left[(\mathrm{e}^{-aT} + aT - 1)z + (1 - aT\mathrm{e}^{-aT} - \mathrm{e}^{-aT})\right]}{(z-1)^2(z-\mathrm{e}^{-aT})}$$

因此，有零阶保持器的开环系统脉冲传递函数

$$G(z) = (1-z^{-1})\mathscr{Z}\left[\frac{G_o(s)}{s}\right]$$

$$= \frac{\dfrac{1}{a}\left[(\mathrm{e}^{-aT} + aT - 1)z + (1 - aT\mathrm{e}^{-aT} - \mathrm{e}^{-aT})\right]}{(z-1)(z-\mathrm{e}^{-aT})}$$

现在，把上述结果与例 7-17 所得结果作一比较。在例 7-17 中，连续部分的传递函数与本例相同，但是没有零阶保持器。比较两例的开环系统脉冲传递函数可知，两者极点完全相同，仅零点不同。所以说，零阶保持器不影响离散系统脉冲传递函数的极点。

5. 闭环系统脉冲传递函数

由于采样器在闭环系统中可以有多种配置的可能性，因此闭环离散系统没有唯一的结构图形式。图 7-25 是一种比较常见的误差采样闭环离散系统结构图。图中，虚线所示的理想采样开关是为了便于分析而虚设的，输入采样信号 $r^*(t)$ 和反馈采样信号 $b^*(t)$ 事实上并不存在。图中所有理想采样开关都同步工作，采样周期为 T。

由图 7-25 可见，连续输出信号和误差信号的拉氏变换为

$$C(s) = G(s)E^*(s)$$

$$E(s) = R(s) - H(s)C(s)$$

因此有

$$E(s) = R(s) - H(s)G(s)E^*(s)$$

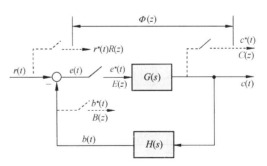

图 7-25　闭环离散系统结构图

于是，误差采样信号 $e^*(t)$ 的拉氏变换

$$E^*(s) = R^*(s) - HG^*(s)E^*(s)$$

整理得

$$E^*(s) = \frac{R^*(s)}{1 + HG^*(s)} \tag{7-65}$$

由于

$$C^*(s) = \left[G(s)E^*(s)\right]^* = G^*(s)E^*(s) = \frac{G^*(s)}{1 + HG^*(s)}R^*(s) \tag{7-66}$$

所以对式(7-65)及式(7-66)取 z 变换，可得

$$E(z) = \frac{1}{1 + HG(z)}R(z) \tag{7-67}$$

$$C(z) = \frac{G(z)}{1 + HG(z)}R(z) \tag{7-68}$$

根据式(7-67)，定义

$$\Phi_e(z) = \frac{E(z)}{R(z)} = \frac{1}{1 + HG(z)} \tag{7-69}$$

为闭环离散系统对于输入量的误差脉冲传递函数。根据式(7-68)，定义

$$\Phi(z) = \frac{C(z)}{R(z)} = \frac{G(z)}{1 + HG(z)} \tag{7-70}$$

为闭环离散系统对于输入量的脉冲传递函数。

式(7-69)和式(7-70)是研究闭环离散系统时经常用到的两个闭环脉冲传递函数。与连续系统相类似，令 $\Phi(z)$ 或 $\Phi_e(z)$ 的分母多项式为零，便可得到闭环离散系统的特征方程

$$D(z) = 1 + GH(z) = 0 \tag{7-71}$$

式中，$GH(z)$ 为离散系统开环脉冲传递函数。

需要指出，闭环离散系统脉冲传递函数不能从 $\Phi(s)$ 和 $\Phi_e(s)$ 求 z 变换得来，即

$$\Phi(z) \neq \mathscr{Z}\left[\Phi(s)\right], \qquad \Phi_e(z) \neq \mathscr{Z}\left[\Phi_e(s)\right]$$

这种原因，也是由于采样器在闭环系统中有多种配置之故。

通过与上面类似的方法，还可以推导出采样器为不同配置形式的其他闭环系统的脉冲传递函数。但是，只要误差信号 $e(t)$ 处没有采样开关，输入采样信号 $r^*(t)$ (包括虚构的 $r^*(t)$)便不存在，此时不可能求出闭环离散系统对于输入量的脉冲传递函数，而只能求出输出采样信号的 z 变换函数 $C(z)$。

例 7-20 设闭环离散系统结构图如图 7-26 所示，试证其闭环脉冲传递函数为

$$\Phi(z) = \frac{G_1(z)G_2(z)}{1 + G_1(z)HG_2(z)}$$

证明　由图 7-26 得

$$C(s) = G_2(s)E_1^*(s), \quad E_1(s) = G_1(s)E^*(s)$$

对 $E_1(s)$ 离散化，有

$$E_1^*(s) = G_1^*(s)E^*(s), \quad C(s) = G_2(s)G_1^*(s)E^*(s)$$

考虑到

$$E(s) = R(s) - H(s)C(s) = R(s) - H(s)G_2(s)G_1^*(s)E^*(s)$$

图 7-26 闭环离散系统结构图

离散化后，有

$$E^*(s) = R^*(s) - HG_2^*(s)G_1^*(s)E^*(s)$$

即

$$E^*(s) = \frac{R^*(s)}{1 + G_1^*(s)HG_2^*(s)}$$

所以，输出信号的采样拉氏变换

$$C^*(s) = G_2^*(s)G_1^*(s)E^*(s) = \frac{G_1^*(s)G_2^*(s)R^*(s)}{1 + G_1^*(s)HG_2^*(s)}$$

对上式进行 z 变换，证得

$$\Phi(z) = \frac{C(z)}{R(z)} = \frac{G_1(z)G_2(z)}{1 + G_1(z)HG_2(z)}$$

对于采样器在闭环系统中具有各种配置的闭环离散系统典型结构图，及其输出采样信号的 z 变换函数 $C(z)$，可参见表 7-3。

表 7-3 典型闭环离散系统及输出 z 变换函数

序号	系统结构图	$C(z)$计算式
1		$\dfrac{G(z)R(z)}{1+GH(z)}$
2		$\dfrac{RG_1(z)G_2(z)}{1+G_2HG_1(z)}$
3		$\dfrac{G(z)R(z)}{1+G(z)H(z)}$
4		$\dfrac{G_1(z)G_2(z)R(z)}{1+G_1(z)G_2H(z)}$
5		$\dfrac{RG_1(z)G_2(z)G_3(z)}{1+G_2(z)G_1G_3H(z)}$

续表

序号	系统结构图	$C(z)$ 计算式
6	$R(s) \xrightarrow{-} \bigcirc \to G(s) \to C(s)$, $H(s)$	$\dfrac{RG(z)}{1+HG(z)}$
7	$R(s) \xrightarrow{-} \bigcirc \to G(s) \to C(s)$, $H(s)$	$\dfrac{R(z)G(z)}{1+G(z)H(z)}$
8	$R(s) \xrightarrow{-} \bigcirc \to G_1(s) \to G_2(s) \to C(s)$, $H(s)$	$\dfrac{G_1(z)G_2(z)R(z)}{1+G_1(z)G_2(z)H(z)}$

6. z 变换法的局限性

z 变换法是研究线性定常离散系统的一种有效工具, 但是 z 变换法也有其本身的局限性, 应用 z 变换法分析线性定常离散系统时, 必须注意以下几方面问题。

(1) z 变换的推导是建立在假定采样信号可以用理想脉冲序列来近似的基础上, 每个理想脉冲的面积, 等于采样瞬时上的时间函数。这种假定, 只有当采样持续时间与系统的最大时间常数相比是很小的时候, 才能成立。

(2) 输出 z 变换函数 $C(z)$, 只确定了时间函数 $c(t)$ 在采样瞬时上的数值, 不能反映 $c(t)$ 在采样间隔中的信息。因此对于任何 $C(z)$, z 反变换 $c(nT)$ 只能代表 $c(t)$ 在采样瞬时 $t=nT(n=0,1,2,\cdots)$ 时的数值。

(3) 用 z 变换法分析离散系统时, 系统连续部分传递函数 $G(s)$ 的极点数至少要比其零点数多两个, 即 $G(s)$ 的脉冲过渡函数 $K(t)$ 在 $t=0$ 时必须没有跳跃, 或者满足

$$\lim_{s \to \infty} sG(s) = 0 \tag{7-72}$$

否则, 用 z 变换法得到的系统采样输出 $c^*(t)$ 与实际连续输出 $c(t)$ 差别较大, 甚至完全不符。

例 7-21 设 RC 积分网络如图 7-27 所示, 其输入 $r(t)=1(t)$, 采样周期 $T=1$s, 试比较 $c^*(t)$ 与 $c(t)$。

图 7-27 RC 积分网络

解 网络传递函数

$$G_o(s) = \frac{1}{s+1}$$

相应的 z 变换为

$$G(z) = \frac{z}{z-\mathrm{e}^{-T}} = \frac{z}{z-0.368}$$

而输入 z 变换

$$R(z) = \frac{z}{z-1}$$

因此，网络输出 z 变换函数

$$C(z) = G(z)R(z) = \frac{z^2}{(z-1)(z-0.368)}$$

$$= 1 + 1.368z^{-1} + 1.5z^{-2} + 1.55z^{-3} + 1.56z^{-4} + \cdots$$

上式取 z 反变换，得输出采样信号

$$c^*(t) = \delta(t) + 1.368\delta(t-1) + 1.5\delta(t-2) + 1.55\delta(t-3) + 1.56\delta(t-4) + \cdots$$

于是，可以画出 $c(t)$ 在采样瞬时的值 $c(nT)(T{=}1,n{=}0,1,2,\cdots)$，如图 7-28(a)所示。如果采用拉氏变换的方法，可以求出当连续部分的输入为 $r^*(t){=}\delta_T(t)$ 时，系统的连续输出 $c(t)$，如图 7-28(b)所示。

由图可见，在 $c^*(t)$ 曲线中，将其采样瞬时的幅值连接起来所画出的光滑曲线，与实际的 $c(t)$ 有显著差别，这是因为此时 $G(s)$ 不满足式(7-72)。

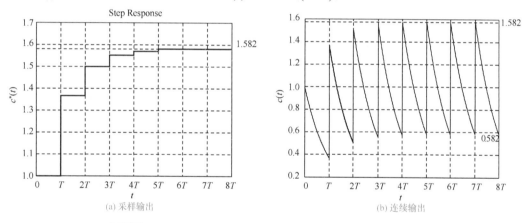

图 7-28　积分网络的采样输出响应和连续输出响应(MATLAB)

7-5　离散系统的稳定性与稳态误差

正如在线性连续系统分析中的情况一样，稳定性和稳态误差也是线性定常离散系统分析的重要内容。本节主要讨论如何在 z 域和 w 域中分析离散系统的稳定性，同时给出计算离散系统在采样瞬时稳态误差的方法。

为了把连续系统在 s 平面上分析稳定性的结果移植到在 z 平面上分析离散系统的稳定性，首先需要研究 s 平面与 z 平面的映射关系。

1.s 域到 z 域的映射

在 z 变换定义中，$z{=}\mathrm{e}^{sT}$ 给出了 s 域到 z 域的关系。s 域中的任意点可表示为 $s{=}\sigma{+}\mathrm{j}\omega$，映射到 z 域则为

$$z = e^{(\sigma + j\omega)T} = e^{\sigma T} e^{j\omega T}$$

于是，s 域到 z 域的基本映射关系式为

$$|z| = e^{\sigma T}, \quad \angle z = \omega T \tag{7-73}$$

令 $\sigma = 0$，相当于取 s 平面的虚轴，当 ω 从 $-\infty$ 变到 ∞ 时，由式(7-73)知，映射到 z 平面的轨迹是以原点为圆心的单位圆。只是当 s 平面上的点沿虚轴从 $-\infty$ 移到 ∞ 时，z 平面上的相应点已经沿着单位圆转过了无穷多圈。这是因为当 s 平面上的点沿虚轴从 $-\omega_s/2$ 移动到 $\omega_s/2$ 时，其中 ω_s 为采样角频率，z 平面上的相应点沿单位圆从 $-\pi$ 逆时针变化到 π（见式(7-73)中 $\angle z$ 计算式），正好转了一圈；而当 s 平面上的点在虚轴上从 $\omega_s/2$ 移动到 $3\omega_s/2$ 时，z 平面上的相应点又将逆时针沿单位圆转过一圈。以此类推，如图 7-29 所示。由图可见，可以把 s 平面划分为无穷多条平行于实轴的周期带，其中从 $-\omega_s/2$ 到 $\omega_s/2$ 的周期带称为主要带，其余的周期带称为次要带。为了研究 s 平面上的主要带在 z 平面上的映射，可分以下几种情况讨论。

(1) 等 σ 线映射

s 平面上的等 σ 垂线，映射到 z 平面上的轨迹，是以原点为圆心，以 $|z| = e^{\sigma T}$ 为半径的圆，其中 T 为采样周期，如图 7-30 所示。由于 s 平面上的虚轴映射为 z 平面上的单位圆，所以左半 s 平面上的等 σ 线映射为 z 平面上的同心圆，在单位圆内；右半 s 平面上的等 σ 线映射为 z 平面上的同心圆，在单位圆外。

图 7-29　s 平面虚轴在 z 平面上的映射　　　图 7-30　s 平面和 z 平面上的等 σ 轨迹

(2) 等 ω 线映射

在特定采样周期 T 情况下，由式(7-73)可知，s 平面上的等 ω 水平线映射到 z 平面上的轨迹，是一簇从原点出发的射线，其相角 $\angle z = \omega T$ 从正实轴计量，如图 7-31 所示。由图可见，s 平面上 $\omega = \omega_s/2$ 水平线，在 z 平面上正好映射为负实轴。

(3) 等 ζ 线映射

s 平面上的等 ζ 线可用下式描述：

$$s = -\omega \tan \beta + j\omega$$

其中，β 为 ζ 线与虚轴之间的夹角。

于是

图 7-31　s 平面和 z 平面上的等 ω 轨迹

$$z = \mathrm{e}^{sT} = \mathrm{e}^{(-\omega\tan\beta + j\omega)T}$$

因此，等ζ线从s域到z域的映射关系式为

$$|z| = \mathrm{e}^{-(2\pi/\omega_s)\omega\tan\beta}, \qquad \angle z = \frac{2\pi\omega}{\omega_s} \tag{7-74}$$

由式(7-74)可见，除$\beta = 0°$和$\beta = 90°$外，当β为常数时，左半s平面上的等ζ线，映射为z平面上单位圆内一簇收敛的对数螺旋线，其起点为z平面上正实轴的1处，终点为z平面的原点。图 7-32 表示了$\beta = 30°$的等ζ线映射关系。

有了以上映射关系，现在可以讨论s平面上周期带在z平面上的映射。设s平面上的主要带如图 7-33(a)所示，通过$z = \mathrm{e}^{sT}$变换，映射为z平面上的单位圆及单位圆内的负实轴，如图 7-33(b)所示。类似地，由于

$$\mathrm{e}^{(s+jn\omega_s)T} = \mathrm{e}^{sT}\mathrm{e}^{j2n\pi} = \mathrm{e}^{sT} = z$$

因此s平面上所有的次要带，在z平面上均映射为相同的单位圆及单位圆内的负实轴。

(a) s平面　　　　(b) z平面　　　　　　　　　(a) s平面　　　　(b) z平面

图 7-32　s平面和z平面上的等ζ轨迹($\beta = 30°$)　　　图 7-33　左半s平面上的主要带在z平面上的映射

2. 离散系统稳定的充分必要条件

定义　若离散系统在有界输入序列作用下，其输出序列也是有界的，则称该离散系统是稳定的。

众所周知，在线性定常连续系统中，系统稳定的充分必要条件是指：系统齐次微分方程的解是收敛的，或者系统特征方程式的根均具有负实部，或者系统传递函数的极点均位于左半s平面。连续系统这种在时域或s域描述系统稳定性的方法同样可以推广到离散系统。对于线性定常离散系统，时域中的数学模型是线性定常差分方程，z域中的数学模型是脉冲传递函数，因此线性定常离散系统稳定的充分必要条件，可以从以下两方面进行研究。

(1) 时域中离散系统稳定的充分必要条件

设线性定常差分方程如式(7-49)所示，即

$$c(k) = -\sum_{i=1}^{n} a_i c(k-i) + \sum_{j=0}^{m} b_j r(k-j)$$

其齐次差分方程为

$$c(k) + \sum_{i=1}^{n} a_i c(k-i) = 0$$

设通解为 $A\alpha^l$，代入齐次方程，得

$$A\alpha^l + a_1 A\alpha^{l-1} + \cdots + a_n A\alpha^{l-n} = 0$$

或

$$A\alpha^l(\alpha^0 + a_1\alpha^{-1} + \cdots + a_n\alpha^{-n}) = 0$$

因 $A\alpha^l \neq 0$，故必有

$$\alpha^0 + a_1\alpha^{-1} + \cdots + a_n\alpha^{-n} = 0$$

以 α^n 乘以上式，得差分方程的特征方程

$$\alpha^n + a_1\alpha^{n-1} + a_2\alpha^{n-2} + \cdots + a_n = 0 \tag{7-75}$$

不失一般性，设特征方程(7-75)有各不相同的特征根 α_1, α_2, $\cdots$, α_n，则差分方程(7-49)的通解为

$$c(k) = A_1\alpha_1^l + A_2\alpha_2^l + \cdots + A_n\alpha_n^l = \sum_{i=1}^{n} A_i\alpha_i^l, \qquad k = 0,1,2,\cdots$$

式中，系数 A_i 可由给定的 n 个初始条件决定。

当特征方程(7-75)的根 $|\alpha_i|<1(i=1,2,\cdots,n)$ 时，必有 $\lim_{k\to\infty} c(k) = 0$，故系统稳定的充分必要条件是：当且仅当差分方程(7-49)所有特征根的模均 $|\alpha_i|<1(i=1,2,\cdots,n)$，相应的线性定常离散系统是稳定的。

(2) z 域中离散系统稳定的充分必要条件

设典型离散系统结构图如图 7-25 所示，其特征方程为式(7-71)，即

$$D(z) = 1 + GH(z) = 0$$

不失一般性，设特征方程(7-71)的根或闭环脉冲传递函数(7-70)的极点为各不相同的 z_1, z_2, $\cdots$, z_n。由 s 域到 z 域的映射关系知：s 左半平面映射为 z 平面上的单位圆内的区域，对应稳定区域；s 右半平面映射为 z 平面上的单位圆外的区域，对应不稳定区域；s 平面上的虚轴，映射为 z 平面上的单位圆周，对应临界稳定情况。因此，在 z 域中，线性定常离散系统稳定的充分必要条件是：

当且仅当离散系统特征方程(7-71)的全部特征根均分布在 z 平面上的单位圆内，或者所有特征根的模均小于 1，即 $|z_i|<1(i=1,2,\cdots,n)$，相应的线性定常离散系统是稳定的。

应当指出：上述稳定条件虽然是从特征方程无重特征根情况下推导出来的，但是对于有重根的情况，也是正确的。此外，在现实系统中，不存在临界稳定情况，设若 $|z_i|=1$ 或 $|\alpha_i|=1$，在经典控制理论中，系统也属于不稳定范畴。

例 7-22 设一离散系统可用下列差分方程描述：

$$c(n+1) - ac(n) = br(n), \quad c(0) \neq 0$$

试分析系统稳定的充分必要条件。

解 给定系统相应的齐次方程为

$$c(n+1) - ac(n) = 0$$

利用迭代法，可求出通解

$$c(n+1) = a^{n+1}c(0)$$

由于 $c(0) \neq 0$，因此当 $|a|<1$ 时，才有 $\lim\limits_{n\to\infty} c(n) = 0$。故系统稳定的充分必要条件是 $|a|<1$。

例 7-23　设离散系统如图 7-25 所示，其中 $G(s)=10/s(s+1)$，$H(s)=1$，$T=1$。试分析该系统的稳定性。

解　由已知 $G(s)$ 可求出开环脉冲传递函数

$$G(z) = \frac{10(1-\mathrm{e}^{-1})z}{(z-1)(z-\mathrm{e}^{-1})}$$

根据式(7-71)，本例闭环特征方程

$$1+G(z) = 1 + \frac{10(1-\mathrm{e}^{-1})z}{(z-1)(z-\mathrm{e}^{-1})} = 0$$

即

$$z^2 + 4.952z + 0.368 = 0$$

解出特征方程的根

$$z_1 = -0.076, \quad z_2 = -4.876$$

因为 $|z_2|>1$，所以该离散系统不稳定。

应当指出，当例 7-23 中无采样器时，二阶连续系统总是稳定的，但是引入采样器后，二阶离散系统却有可能变得不稳定，这说明采样器的引入一般会降低系统的稳定程度。如果提高采样频率(减小采样周期)，或者降低开环增益，离散系统的稳定性将得到改善。

当离散系统阶数较高时，直接求解差分方程或 z 特征方程的根总是不方便的，所以人们还是希望有间接的稳定判据可供利用，这对于研究离散系统结构、参数、采样周期等对于稳定性的影响，也是必要的。

3. 离散系统的稳定性判据

连续系统的劳斯-赫尔维茨稳定判据，是通过系统特征方程的系数及其符号来判别系统稳定性的。这种对特征方程系数和符号以及系数之间满足某些关系的判据，实质是判断系统特征方程的根是否都在左半 s 平面。但是，在离散系统中需要判断系统特征方程的根是否都在 z 平面上的单位圆内。因此，连续系统中的劳斯判据不能直接套用，必须引入另一种 z 域到 w 域的线性变换，使 z 平面上的单位圆内区域，映射成 w 平面上的左半平面，这种新的坐标变换，称为双线性变换，或称为 w 变换。

离散系统的
稳定性分析

(1) w 变换与劳斯稳定判据

如果令

$$z = \frac{w+1}{w-1} \tag{7-76}$$

则有

$$w = \frac{z+1}{z-1} \tag{7-77}$$

式(7-76)与式(7-77)表明，复变量 z 与 w 互为线性变换，故 w 变换又称双线性变换。令复变量

$$z = x + \mathrm{j}y, \qquad w = u + \mathrm{j}v$$

代入式(7-77)，得

$$u + \mathrm{j}v = \frac{(x^2 + y^2) - 1}{(x-1)^2 + y^2} - \mathrm{j}\frac{2y}{(x-1)^2 + y^2}$$

显然

$$u = \frac{(x^2 + y^2) - 1}{(x-1)^2 + y^2}$$

由于上式的分母$(x-1)^2 + y^2$始终为正，因而$u=0$等价为$x^2+y^2=1$，表明w平面的虚轴对应于z平面上的单位圆周；$u<0$等价为$x^2+y^2<1$，表明左半w平面对应于z平面上单位圆内的区域；$u>0$等价为$x^2+y^2>1$，表明右半w平面对应于z平面上单位圆外的区域。z平面和w平面的这种对应关系，如图7-34所示。

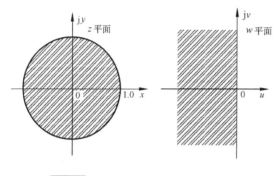

图 7-34　z平面与w平面的对应关系

由w变换可知，通过式(7-76)，可将线性定常离散系统在z平面上的特征方程$1+GH(z)=0$，转换为在w平面上的特征方程$1+GH(w)=0$。于是，离散系统稳定的充分必要条件，由特征方程$1+GH(z)=0$的所有根位于z平面上的单位圆内，转换为特征方程$1+GH(w)=0$的所有根位于左半w平面。这后一种情况正好与在s平面上应用劳斯稳定判据的情况一样，所以根据w域中的特征方程系数，可以直接应用劳斯表判断离散系统的稳定性，并相应称为w域中的劳斯稳定判据。

例 7-24　设闭环离散系统如图7-35所示，其中采样周期$T=0.1s$，试求系统稳定时K的临界值。

解　求出$G(s)$的z变换

$$G(z) = \frac{0.632Kz}{z^2 - 1.368z + 0.368}$$

因闭环脉冲传递函数

$$\Phi(z) = \frac{G(z)}{1 + G(z)}$$

故闭环特征方程

$$1 + G(z) = z^2 + (0.632K - 1.368)z + 0.368 = 0$$

令$z = (w+1)/(w-1)$，得

$$\left(\frac{w+1}{w-1}\right)^2 + (0.632K - 1.368)\left(\frac{w+1}{w-1}\right) + 0.368 = 0$$

图 7-35　闭环离散系统结构图

化简后，得w域特征方程

$$0.632Kw^2 + 1.264w + (2.736 - 0.632K) = 0$$

列出劳斯表

$$
\begin{array}{c|cc}
w^2 & 0.632K & 2.736-0.632K \\
w^1 & 1.264 & 0 \\
w^0 & 2.736-0.632K & 0
\end{array}
$$

从劳斯表第一列系数可以看出，为保证系统稳定，必须使 $K>0$ 和 $2.736-0.632K>0$，即 $0<K<4.33$。故系统稳定的临界增益 $K_c=4.33$。

对于线性定常离散系统，除了采用 w 变换，在 w 域中利用劳斯判据判断系统的稳定性外，还可以在 z 域中应用朱利判据判断离散系统的稳定性。

(2) 朱利稳定判据

朱利判据是直接在 z 域内应用的稳定性判据，类似于连续系统中的赫尔维茨判据，朱利判据是根据离散系统的闭环特征方程 $D(z)=0$ 的系数，判别其根是否位于 z 平面上的单位圆内，从而判断该离散系统是否稳定。

设离散系统 n 阶闭环特征方程可以写为

$$
D(z) = a_0 + a_1 z + a_2 z^2 + \cdots + a_n z^n = 0, \qquad a_n > 0
$$

利用特征方程的系数，按照下述方法构造 $(2n-3)$ 行、$(n+1)$ 列朱利阵列，如表 7-4 所示。

表 7-4　朱利阵列

行数	z^0	z^1	z^2	z^3	$\cdots$	z^{n-k}	$\cdots$	z^{n-1}	z^n
1	a_0	a_1	a_2	a_3	$\cdots$	a_{n-k}	$\cdots$	a_{n-1}	a_n
2	a_n	a_{n-1}	a_{n-2}	a_{n-3}	$\cdots$	a_k	$\cdots$	a_1	a_0
3	b_0	b_1	b_2	b_3	$\cdots$	b_{n-k}	$\cdots$	b_{n-1}	
4	b_{n-1}	b_{n-2}	b_{n-3}	b_{n-4}	$\cdots$	b_{k-1}	$\cdots$	b_0	
5	c_0	c_1	c_2	c_3	$\cdots$	c_{n-2}			
6	c_{n-2}	c_{n-3}	c_{n-4}	c_{n-5}	$\cdots$	c_0			
$\vdots$	$\vdots$	$\vdots$	$\vdots$	$\vdots$					
$2n-5$	p_0	p_1	p_2	p_3					
$2n-4$	p_3	p_2	p_1	p_0					
$2n-3$	q_0	q_1	q_2						

在朱利阵列中，第 $2k+2$ 行各元是 $2k+1$ 行各元的反序排列。从第三行起，阵列中各元的定义如下：

$$
b_k = \begin{vmatrix} a_0 & a_{n-k} \\ a_n & a_k \end{vmatrix}, \qquad k=0,1,\cdots,n-1
$$

$$
c_k = \begin{vmatrix} b_0 & b_{n-k-1} \\ b_{n-1} & b_k \end{vmatrix}, \qquad k=0,1,\cdots,n-2
$$

$$
d_k = \begin{vmatrix} c_0 & c_{n-k-2} \\ c_{n-2} & c_k \end{vmatrix}, \qquad k=0,1,\cdots,n-3
$$

$$
\vdots
$$

$$
q_0 = \begin{vmatrix} p_0 & p_3 \\ p_3 & p_0 \end{vmatrix}, \qquad q_1 = \begin{vmatrix} p_0 & p_2 \\ p_3 & p_1 \end{vmatrix}, \qquad q_2 = \begin{vmatrix} p_0 & p_1 \\ p_3 & p_2 \end{vmatrix}
$$

朱利稳定判据 特征方程 $D(z)=0$ 的根，全部位于 z 平面上单位圆内的充分必要条件是

$$D(1) > 0, \quad D(-1) \begin{cases} > 0, & \text{当} n \text{为偶数时} \\ < 0, & \text{当} n \text{为奇数时} \end{cases}$$

以及下列 $n-1$ 个约束条件成立

$$|a_0| < a_n, \quad |b_0| > |b_{n-1}|, \quad |c_0| > |c_{n-2}|$$
$$|d_0| > |d_{n-3}|, \quad \cdots, \quad |q_0| > |q_2|$$

只有当上述诸条件均满足时，离散系统才是稳定的，否则系统不稳定。

例 7-25 已知离散系统闭环特征方程为

$$D(z) = z^4 - 1.368z^3 + 0.4z^2 + 0.08z + 0.002 = 0$$

试用朱利判据判断系统的稳定性。

解 由于 $n=4, 2n-3=5$，故朱利阵列有 5 行 5 列。根据给定的 $D(z)$ 知：$a_0=0.002$, $a_1=0.08$, $a_2=0.4$, $a_3=-1.368$, $a_4=1$。

计算朱利阵列中的元素 b_k 和 c_k：

$$b_0 = \begin{vmatrix} a_0 & a_4 \\ a_4 & a_0 \end{vmatrix} = -1, \qquad b_1 = \begin{vmatrix} a_0 & a_3 \\ a_4 & a_1 \end{vmatrix} = 1.368$$

$$b_2 = \begin{vmatrix} a_0 & a_2 \\ a_4 & a_2 \end{vmatrix} = -0.399, \qquad b_3 = \begin{vmatrix} a_0 & a_1 \\ a_4 & a_3 \end{vmatrix} = -0.082$$

$$c_0 = \begin{vmatrix} b_0 & b_3 \\ b_3 & b_0 \end{vmatrix} = 0.993, \qquad c_1 = \begin{vmatrix} b_0 & b_2 \\ b_3 & b_1 \end{vmatrix} = -1.401$$

$$c_2 = \begin{vmatrix} b_0 & b_1 \\ b_3 & b_2 \end{vmatrix} = 0.511$$

作出如下朱利阵列：

行数	z^0	z^1	z^2	z^3	z^4
1	0.002	0.08	0.4	−1.368	1
2	1	−1.368	0.4	0.08	0.002
3	−1	1.368	−0.399	−0.082	
4	−0.082	−0.399	1.368	−1	
5	0.993	−1.401	0.511		

因为 $D(1) = 0.114 > 0$, $D(-1) = 2.69 > 0$

$$|a_0| = 0.002, \quad a_4 = 1, \quad \text{满足} |a_0| < a_4$$
$$|b_0| = 1, \quad |b_3| = 0.082, \quad \text{满足} |b_0| > |b_3|$$
$$|c_0| = 0.993, \quad |c_2| = 0.511, \quad \text{满足} |c_0| > |c_2|$$

故由朱利稳定判据知，该离散系统是稳定的。

4. 采样周期与开环增益对稳定性的影响

众所周知，连续系统的稳定性取决于系统的开环增益 K、系统的零极点分布和传输
延迟等因素。但是，影响离散系统稳定性的因素，
除与连续系统相同的上述因素外，还有采样周期
T 的数值。先看一个具体的例子。

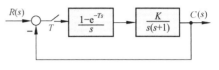

例 7-26　设有零阶保持器的离散系统如
图 7-36 所示，试求：

图 7-36　离散系统结构图

1) 当采样周期 T 分别为 1s 和 0.5s 时，系统
的临界开环增益 K_c；

2) 当 $r(t)=1(t)$，$K=1$，T 分别为 0.1s，1s，2s，4s 时，系统的输出响应 $c(kT)$。

解　不难求出，系统的开环脉冲传递函数

$$G(z) = (1-z^{-1})\mathscr{Z}\left[\frac{K}{s^2(s+1)}\right] = K\frac{(e^{-T}+T-1)z+(1-e^{-T}-Te^{-T})}{(z-1)(z-e^{-T})}$$

相应的闭环特征方程为

$$D(z) = 1 + G(z) = 0$$

当 $T=1$s 时，有

$$D(z) = z^2 + (0.368K - 1.368)z + (0.264K + 0.368) = 0$$

令 $z=(w+1)/(w-1)$，得 w 域特征方程

$$D(w) = 0.632Kw^2 + (1.264 - 0.528K)w + (2.736 - 0.104K) = 0$$

根据劳斯判据，得 $K_c=2.4$。

当 $T=0.5$s 时，w 域特征方程为

$$D(w) = 0.197Kw^2 + (0.786 - 0.18K)w + (3.214 - 0.017K) = 0$$

根据劳斯判据，得 $K_c=4.37$。

由于闭环系统脉冲传递函数

$$\Phi(z) = \frac{C(z)}{R(z)} = \frac{G(z)}{1+G(z)}$$

$$= \frac{K\left[(e^{-T}+T-1)z+(1-e^{-T}-Te^{-T})\right]}{z^2+\left[K(e^{-T}+T-1)-(1+e^{-T})\right]z+\left[K(1-e^{-T}-Te^{-T})+e^{-T}\right]}$$

且有 $R(z)=z/(z-1)$，因此不难求得 $C(z)$ 表达式。

令 $K=1$，T 分别为 0.1s，1s，2s，4s，可由 $C(z)$ 的反变换求出 $c(kT)$，分别画于图 7-37 中。

由例可见，K 与 T 对离散系统稳定性有如下影响：

1) 当采样周期一定时，加大开环增益会使离散系统的稳定性变差，甚至使系统变得
不稳定。

2) 当开环增益一定时，采样周期越长，丢失的信息越多，对离散系统的稳定性及动
态性能均不利，甚至可使系统失去稳定性。

图 7-37　离散系统在不同采样周期下的阶跃响应(MATLAB)

离散系统的
稳态误差
计算

5. 离散系统的稳态误差

在连续系统中，稳态误差的计算可以利用两种方法进行：一种是建立在拉氏变换终值定理基础上的计算方法，可以求出系统的稳态误差；另一种是从系统误差传递函数出发的动态误差系数法，可以求出系统动态误差的稳态分量。这两种计算稳态误差的方法，在一定条件下都可以推广到离散系统。

由于离散系统没有唯一的典型结构图形式，所以误差脉冲传递函数 $\Phi_e(z)$ 也给不出一般的计算公式。离散系统的稳态误差需要针对不同形式的离散系统来求取。这里仅介绍利用 z 变换的终值定理方法，求取误差采样的离散系统在采样瞬时的稳态误差。

设单位反馈误差采样系统如图 7-38 所示，其中 $G(s)$ 为连续部分的传递函数，$e(t)$ 为系统连续误差信号，$e^*(t)$ 为系统采样误差信号，其 z 变换函数为

图 7-38　单位反馈离散系统结构图

$$E(z) = R(z) - C(z) = \left[1 - \Phi(z)\right]R(z) = \Phi_e(z)R(z)$$

其中

$$\Phi_e(z) = \frac{E(z)}{R(z)} = \frac{1}{1 + G(z)}$$

为系统误差脉冲传递函数。

如果 $\Phi_e(z)$ 的极点全部位于 z 平面上的单位圆内，即若离散系统是稳定的，则可用 z 变换的终值定理求出采样瞬时的稳态误差

$$e(\infty) = \lim_{t \to \infty} e^*(t) = \lim_{z \to 1}(1 - z^{-1})E(z) = \lim_{z \to 1}\frac{(z-1)R(z)}{z\left[1 + G(z)\right]} \tag{7-78}$$

上式表明，线性定常离散系统的稳态误差，不但与系统本身的结构和参数有关，而且与输入序列的形式及幅值有关。除此以外，由于 $G(z)$ 还与采样周期 T 有关，以及多数的典型输入 $R(z)$ 也与 T 有关，因此离散系统的稳态误差数值与采样周期的选取也有关。

例 7-27　设离散系统如图 7-38 所示，其中 $G(s)=1/s(0.1s+1)$，T=0.1s，输入连续信号 $r(t)$ 分别为 $1(t)$ 和 t，试求离散系统相应的稳态误差。

解　不难求出 $G(s)$ 相应的 z 变换为

$$G(z) = \frac{z(1 - \mathrm{e}^{-1})}{(z-1)(z - \mathrm{e}^{-1})}$$

因此，系统的误差脉冲传递函数

$$\Phi_e(z) = \frac{1}{1 + G(z)} = \frac{(z-1)(z - 0.368)}{z^2 - 0.736z + 0.368}$$

由于闭环极点 z_1=0.368+j0.482，z_2=0.368−j0.482，全部位于 z 平面上的单位圆内，因此可以应用终值定理方法求稳态误差。

当 $r(t)=1(t)$，相应 $r(nT)=1(nT)$ 时，$R(z)=z/(z-1)$，于是由式(7-78)求得

$$e(\infty) = \lim_{z \to 1}\frac{(z-1)(z - 0.368)}{z^2 - 0.736z + 0.368} = 0$$

当 $r(t)=t$，相应 $r(nT)=nT$ 时，$R(z)=Tz/(z-1)^2$，于是由式(7-78)求得

$$e(\infty) = \lim_{z \to 1} \frac{T(z-0.368)}{z^2 - 0.736z + 0.368} = T = 0.1$$

如果希望求出其他结构形式离散系统的稳态误差，或者希望求出离散系统在扰动作用下的稳定误差，只要求出系统误差的 z 变换函数 $E(z)$ 或 $E_n(z)$，在离散系统稳定的前提下，同样可以应用 z 变换的终值定理算出系统的稳态误差。

式(7-78)只是计算单位反馈误差采样离散系统的基本公式，当开环脉冲传递函数 $G(z)$ 比较复杂时，计算 $e(\infty)$ 仍有一定的计算量，因此希望把线性定常连续系统中系统型别及静态误差系数的概念推广到线性定常离散系统，以简化稳态误差的计算过程。

6. 离散系统的型别与静态误差系数

在讨论零阶保持器对开环系统脉冲传递函数 $G(z)$ 的影响时，我们曾经指出，零阶保持器不影响开环系统脉冲传递函数的极点。因此，开环脉冲传递函数 $G(z)$ 的极点，与相应的连续传递函数 $G(s)$ 的极点是一一对应的。如果 $G(s)$ 有 ν 个 $s=0$ 的极点，即 ν 个积分环节，则由 z 变换算子 $z=e^{sT}$ 关系式可知，与 $G(s)$ 相应的 $G(z)$ 必有 ν 个 $z=1$ 的极点。在连续系统中，我们把开环传递函数 $G(s)$ 具有 $s=0$ 的极点数作为划分系统型别的标准，并分别把 $\nu=0,1,2,\cdots$ 的系统称为 0 型、Ⅰ 型和 Ⅱ 型系统等。因此，在离散系统中，也可以把开环脉冲传递函数 $G(z)$ 具有 $z=1$ 的极点数 ν 作为划分离散系统型别的标准，类似地把 $G(z)$ 中 $\nu=0,1,2,\cdots$ 的系统，称为 0 型、Ⅰ 型和 Ⅱ 型离散系统等。

下面讨论图 7-38 所示的不同型别的离散系统在三种典型输入信号作用下的稳态误差，并建立离散系统静态误差系数的概念。

(1) 单位阶跃输入时的稳态误差

当系统输入为单位阶跃函数 $r(t)=1(t)$ 时，其 z 变换函数

$$R(z) = \frac{z}{z-1}$$

因而，由式(7-78)知，稳态误差为

$$e(\infty) = \lim_{z \to 1} \frac{1}{1+G(z)} = \frac{1}{\lim_{z \to 1}[1+G(z)]} = \frac{1}{K_p} \tag{7-79}$$

上式代表离散系统在采样瞬时的稳态位置误差。式中

$$K_p = \lim_{z \to 1}[1+G(z)] \tag{7-80}$$

称为静态位置误差系数。若 $G(z)$ 没有 $z=1$ 的极点，则 $K_p \neq \infty$，从而 $e(\infty) \neq 0$，这样的系统称为 0 型离散系统；若 $G(z)$ 有一个或一个以上 $z=1$ 的极点，则 $K_p=\infty$，从而 $e(\infty)=0$，这样的系统相应称为 Ⅰ 型或 Ⅰ 型以上的离散系统。

因此，在单位阶跃函数作用下，0 型离散系统在采样瞬时存在位置误差；Ⅰ 型或 Ⅰ 型以上的离散系统，在采样瞬时没有位置误差。这与连续系统十分相似。

(2) 单位斜坡输入时的稳态误差

当系统输入为单位斜坡函数 $r(t)=t$ 时，其 z 变换函数

$$R(z) = \frac{Tz}{(z-1)^2}$$

因而稳态误差为

$$e(\infty) = \lim_{z \to 1} \frac{T}{(z-1)\left[1+G(z)\right]} = \frac{T}{\lim_{z \to 1}(z-1)G(z)} = \frac{T}{K_v} \qquad (7\text{-}81)$$

上式也是离散系统在采样瞬时的稳态位置误差,可以仿照连续系统,称为速度误差。式中

$$K_v = \lim_{z \to 1}(z-1)G(z) \qquad (7\text{-}82)$$

称为静态速度误差系数。因为 0 型系统的 $K_v=0$,Ⅰ型系统的 K_v 为有限值,Ⅱ型和Ⅱ型以上系统的 $K_v=\infty$,所以有如下结论:

0 型离散系统不能跟踪单位斜坡函数作用,Ⅰ型离散系统在单位斜坡函数作用下存在速度误差,Ⅱ型和Ⅱ型以上离散系统在单位斜坡函数作用下不存在稳态误差。

(3) 单位加速度输入时的稳态误差

当系统输入为单位加速度函数 $r(t)=t^2/2$ 时,其 z 变换函数

$$R(z) = \frac{T^2 z(z+1)}{2(z-1)^3}$$

因而稳态误差为

$$e(\infty) = \lim_{z \to 1} \frac{T^2(z+1)}{2(z-1)^2\left[1+G(z)\right]} = \frac{T^2}{\lim_{z \to 1}(z-1)^2 G(z)} = \frac{T^2}{K_a} \qquad (7\text{-}83)$$

当然,上式也是系统的稳态位置误差,并称为加速度误差。式中

$$K_a = \lim_{z \to 1}(z-1)^2 G(z) \qquad (7\text{-}84)$$

称为静态加速度误差系数。由于 0 型及Ⅰ型系统的 $K_a=0$,Ⅱ型系统的 K_a 为常值,Ⅲ型及Ⅲ型以上系统的 $K_a=\infty$,因此有如下结论成立:

0 型及Ⅰ型离散系统不能跟踪单位加速度函数作用,Ⅱ型离散系统在单位加速度函数作用下存在加速度误差,只有Ⅲ型及Ⅲ型以上的离散系统在单位加速度函数作用下,才不存在采样瞬时的稳态位置误差。

不同型别单位反馈离散系统的稳态误差,见表 7-5。

表 7-5 单位反馈离散系统的稳态误差

系统类型	位置误差 $r(t)=1(t)$	速度误差 $r(t)=t$	加速度误差 $r(t)=\frac{1}{2}t^2$
0 型	$\dfrac{1}{K_p}$	∞	∞
Ⅰ型	0	$\dfrac{T}{K_v}$	∞
Ⅱ型	0	0	$\dfrac{T^2}{K_a}$
Ⅲ型	0	0	0

7-6 离散系统的动态性能分析

应用 z 变换法分析线性定常离散系统的动态性能,通常有时域法、根轨迹法和频域法,其中时域法最简便。本节主要介绍在时域中如何求取离散系统的时间响应,并指出采样器和保持器对系统动态性能的影响。

1. 离散系统的时间响应

在已知离散系统结构和参数情况下，应用 z 变换法分析系统动态性能时，通常假定外作用为单位阶跃函数 $1(t)$。

如果可以求出离散系统的闭环脉冲传递函数 $\Phi(z)=C(z)/R(z)$，其中 $R(z)=z/(z-1)$，则系统输出量的 z 变换函数

$$C(z) = \frac{z}{z-1}\Phi(z)$$

将上式展成幂级数，通过 z 反变换，可以求出输出信号的脉冲序列 $c^*(t)$。$c^*(t)$ 代表线性定常离散系统在单位阶跃输入作用下的响应过程。由于离散系统时域指标的定义与连续系统相同，故根据单位阶跃响应曲线 $c^*(t)$ 可以方便地分析离散系统的动态和稳态性能。

如果无法求出离散系统的闭环脉冲传递函数 $\Phi(z)$，而由于 $R(z)$ 是已知的，$C(z)$ 的表达式总是可以写出的，则求取 $c^*(t)$ 并无技术上的困难。

例 7-28　设有零阶保持器的离散系统如图 7-36 所示，其中 $r(t)=1(t)$，$T=1\mathrm{s}$，$K=1$。试分析该系统的动态性能。

解　先求开环脉冲传递函数 $G(z)$。因为

$$G(s) = \frac{1}{s^2(s+1)}(1-\mathrm{e}^{-s})$$

对上式取 z 变换，并由 z 变换的实数位移定理，可得

$$G(z) = (1-z^{-1})\mathscr{Z}\left[\frac{1}{s^2(s+1)}\right]$$

查 z 变换表，求出

$$G(z) = \frac{0.368z + 0.264}{(z-1)(z-0.368)}$$

再求闭环脉冲传递函数

$$\Phi(z) = \frac{G(z)}{1+G(z)} = \frac{0.368z + 0.264}{z^2 - z + 0.632}$$

将 $R(z)=z/(z-1)$ 代入上式，求出单位阶跃序列响应的 z 变换：

$$C(z) = \Phi(z)R(z) = \frac{0.368z^{-1} + 0.264z^{-2}}{1 - 2z^{-1} + 1.632z^{-2} - 0.632z^{-3}}$$

通过综合除法，将 $C(z)$ 展成无穷幂级数：

$$C(z) = 0.368z^{-1} + z^{-2} + 1.4z^{-3} + 1.4z^{-4} + 1.147z^{-5} + 0.895z^{-6} + 0.802z^{-7} + 0.868z^{-8} + \cdots$$

基于 z 变换定义，由上式求得系统在单位阶跃外作用下的输出序列 $c(nT)$ 为

$c(0) = 0.0$	$c(6T) = 0.895$	$c(12T) = 1.032$
$c(T) = 0.368$	$c(7T) = 0.802$	$c(13T) = 0.981$
$c(2T) = 1.0$	$c(8T) = 0.868$	$c(14T) = 0.961$
$c(3T) = 1.4$	$c(9T) = 0.993$	$c(15T) = 0.973$
$c(4T) = 1.4$	$c(10T) = 1.077$	$c(16T) = 0.997$
$c(5T) = 1.147$	$c(11T) = 1.081$	$c(17T) = 1.015$

根据上述 $c(nT)(n=0，1，2，\cdots)$数值，可以绘出离散系统的单位阶跃响应 $c^*(t)$，如图 7-39 所示。由图可以求得给定离散系统的近似性能指标：上升时间 $t_r=2s$，峰值时间 $t_p=4s$，调节时间 $t_s=16s(\Delta=2\%)$，超调量 $\sigma\%=40\%$。

图 7-39　离散系统单位阶跃响应(MATLAB)

应当指出，由于离散系统的时域性能指标只能按采样周期整数倍的采样值来计算，所以是近似的。此外，当外作用为不同的典型输入信号形式时，离散系统的时间响应可用仿真软件方便地求出，其应用方法请参阅本书附录 B。

2. 采样器和保持器对系统性能的影响

前面曾经指出，采样器和保持器不影响开环脉冲传递函数的极点，仅影响开环脉冲传递函数的零点。但是，对闭环离散系统而言，开环脉冲传递函数零点的变化，必然引起闭环脉冲传递函数极点的改变，因此采样器和保持器会影响闭环离散系统的动态性能。下面通过一个具体例子，定性说明这种影响。

在例 7-28 中，如果没有采样器和零阶保持器，则成为连续系统，其闭环传递函数

$$\Phi(s)=\frac{1}{s^2+s+1}$$

显然，该系统的阻尼比 $\zeta=0.5$，自然频率 $\omega_n=1$，其单位阶跃响应为

$$c(t)=1-\frac{1}{\sqrt{1-\zeta^2}}\mathrm{e}^{-\zeta\omega_n t}\sin(\omega_n\sqrt{1-\zeta^2}t+\arccos\zeta)$$

$$=1-1.154\mathrm{e}^{-0.5t}\sin(0.866t+60°)$$

相应的时间响应曲线，如图 7-40 中曲线 1 所示。

如果在例 7-28 中，$K=1$，$T=0.2$ 且只有采样器而没有零阶保持器，则系统的开环脉冲传递函数

$$G(z) = \mathscr{Z}\left[\frac{1}{s(s+1)}\right] = \frac{0.181z}{(z-1)(z-0.819)}$$

相应的闭环脉冲传递函数

$$\Phi(z) = \frac{G(z)}{1+G(z)} = \frac{0.181z}{z^2 - 1.638z + 0.819}$$

代入 $R(z)=z/(z-1)$，得系统输出响应，如图 7-40 中曲线 2 所示。

在例 7-28 中，若取 $K=1$，$T=0.2$ 且既有采样器又有零阶保持器的单位阶跃响应曲线 $c^*(t)$，如图 7-40 曲线 3 所示。

图 7-40　连续与离散系统的时间响应(MATLAB)

MATLAB 程序如下：

```
T=0.2;K=1;
G0=zpk([],[0 −1],K);G1=zpk([0],[1 exp(−T)],1−exp(−T),T);G2=c2d(G,T,'zoh');
sys0=feedback(G0,1);sys1=feedback(G1,1);sys2=feedback(G2,1);
step(sys0);hold on;step(sys1);hold on;step(sys2);hold on;
grid;axis([0 14 0 1.6]);
```

根据图 7-40，可以求得各类系统的性能指标如表 7-6 所示。

表 7-6　连续与离散系统的时域指标

时域指标 ＼ 系统类型	连续系统	离散系统(只有采样器)	离散系统(有采样器和保持器)
峰值时间/s	3.64	1.4	3.68
调节时间/s(Δ=2%)	8.08	7.6	8.4
超调量/%	16.3	49.6	20.6
振荡次数	1	2	1

由表 7-6 可见，采样器和保持器对离散系统的动态性能有如下影响。

1) 采样器可使系统的峰值时间和调节时间略有减小，但使超调量增大，故采样造成的信息损失会降低系统的稳定程度。然而，在某些情况下，例如在具有大延迟的系统中，误差采样反而会提高系统的稳定程度。

2) 零阶保持器使系统的峰值时间和调节时间都加长，超调量有所增加。这是因为除了采样造成的不稳定因素外，零阶保持器的相角滞后降低了系统的稳定程度。

7-7 离散系统的数字校正

线性离散系统的设计方法，主要有模拟化设计和离散化设计两种。模拟化设计方法，把控制系统按模拟化进行分析，求出数字部分的等效连续环节，然后按连续系统理论设计校正装置，再将该校正装置数字化。离散化设计方法又称直接数字设计法，把控制系统按离散化(数字化)进行分析，求出系统的脉冲传递函数，然后按离散系统理论设计数字控制器。由于直接数字设计方法比较简便，可以实现比较复杂的控制规律，因此更具有一般性。

本节主要介绍直接数字设计法，研究数字控制器的脉冲传递函数，最少拍控制系统的设计，以及数字控制器的确定等问题。

1. 数字控制器的脉冲传递函数

设离散系统如图 7-41 所示。图中，$D(z)$为数字控制器(数字校正装置)的脉冲传递函数，$G(s)$为保持器与被控对象的传递函数，$H(s)$为反馈测量装置的传递函数。

设 $H(s)=1$，$G(s)$的 z 变换为 $G(z)$，由图 7-41 可以求出系统的闭环脉冲传递函数

$$\Phi(z) = \frac{D(z)G(z)}{1+D(z)G(z)} = \frac{C(z)}{R(z)} \qquad (7\text{-}85)$$

图 7-41 具有数字控制器的离散系统结构图

和误差脉冲传递函数

$$\Phi_e(z) = \frac{1}{1+D(z)G(z)} = \frac{E(z)}{R(z)} \qquad (7\text{-}86)$$

则由式(7-85)和式(7-86)可以分别求出数字控制器的脉冲传递函数为

$$D(z) = \frac{\Phi(z)}{G(z)\left[1-\Phi(z)\right]} \qquad (7\text{-}87)$$

或者

$$D(z) = \frac{1-\Phi_e(z)}{G(z)\Phi_e(z)} \qquad (7\text{-}88)$$

显然

$$\Phi_e(z) = 1-\Phi(z) \qquad (7\text{-}89)$$

离散系统的数字校正问题是：根据对离散系统性能指标的要求，确定闭环脉冲传递函数$\Phi(z)$或误差脉冲传递函数$\Phi_e(z)$，然后利用式(7-87)或式(7-88)确定数字控制器的脉冲

传递函数 $D(z)$，并加以实现。

2. 最少拍系统设计

在采样过程中，通常称一个采样周期为一拍。所谓最少拍系统，是指在典型输入作用下，能以有限拍结束响应过程，且在采样时刻上无稳态误差的离散系统。

最少拍系统的设计，是针对典型输入作用进行的。常见的典型输入，有单位阶跃函数、单位速度函数和单位加速度函数，其 z 变换分别为

$$\mathscr{Z}\big[1(t)\big] = \frac{z}{z-1} = \frac{1}{1-z^{-1}}$$

$$\mathscr{Z}\big[t\big] = \frac{Tz}{(z-1)^2} = \frac{Tz^{-1}}{(1-z^{-1})^2}$$

$$\mathscr{Z}\Big[\frac{1}{2}t^2\Big] = \frac{T^2z(z+1)}{2(z-1)^3} = \frac{\frac{1}{2}T^2z^{-1}(1+z^{-1})}{(1-z^{-1})^3}$$

因此，典型输入可表示为如下一般形式：

$$R(z) = \frac{A(z)}{(1-z^{-1})^m} \tag{7-90}$$

其中，$A(z)$是不含$(1-z^{-1})$因子的z^{-1}多项式。例如：$r(t)=1(t)$时，有 $m=1$，$A(z)=1$；$r(t)=t$ 时，有 $m=2$，$A(z)=Tz^{-1}$；$r(t)=t^2/2$ 时，有 $m=3$，$A(z)=T^2[(z^{-1})^2+z^{-1}]/2$。

最少拍系统的设计原则是：若系统广义被控对象 $G(z)$无延迟且在 z 平面单位圆上及单位圆外无零极点，要求选择闭环脉冲传递函数$\Phi(z)$，使系统在典型输入作用下，经最少采样周期后能使输出序列在各采样时刻的稳态误差为零，达到完全跟踪的目的，从而确定所需要的数字控制器的脉冲传递函数 $D(z)$。

根据设计原则，需要求出稳态误差 $e(\infty)$的表达式。由于误差信号 $e(t)$的 z 变换为

$$E(z) = \Phi_e(z)R(z) = \frac{\Phi_e(z)A(z)}{(1-z^{-1})^m} \tag{7-91}$$

由 z 变换定义，上式可写为

$$E(z) = \sum_{n=0}^{\infty} e(nT)z^{-n} = e(0) + e(T)z^{-1} + e(2T)z^{-2} + \cdots$$

最少拍系统要求上式自某个 k 开始，在 $k \geq n$ 时，有

$$e(kT) = e[(k+1)T] = e[(k+2)T] = \cdots = 0$$

此时系统的动态过程在 $t=kT$ 时结束，其调节时间 $t_s=kT$。

根据 z 变换的终值定理，离散系统的稳态误差为

$$e(\infty) = \lim_{z \to 1}(1-z^{-1})E(z) = \lim_{z \to 1}(1-z^{-1})\frac{A(z)}{(1-z^{-1})^m}\Phi_e(z)$$

上式表明，使 $e(\infty)$为零的条件是$\Phi_e(z)$中包含有$(1-z^{-1})^m$的因子，即

$$\Phi_e(z) = (1-z^{-1})^m F(z) \tag{7-92}$$

式中，$F(z)$为不含$(1-z^{-1})$因子的多项式。为了使求出的 $D(z)$简单，阶数最低，可取 $F(z)=1$。

下面讨论最少拍系统在不同典型输入作用下，数字控制器脉冲传递函数 $D(z)$的确定方法。

(1) 单位阶跃输入

由于 $r(t)=1(t)$时有 $m=1$，$A(z)=1$，故由式(7-89)及式(7-92)可得

$$\Phi_e(z) = 1 - z^{-1}, \qquad \Phi(z) = z^{-1}$$

于是，根据式(7-87)求出

$$D(z) = \frac{z^{-1}}{(1-z^{-1})G(z)}$$

由式(7-91)知

$$E(z) = \frac{A(z)}{(1-z^{-1})^m}\Phi_e(z) = 1$$

表明：$e(0)=1$，$e(T)=e(2T)=\cdots=0$。可见，最少拍系统经过一拍便可完全跟踪输入 $r(t)=1(t)$，如图 7-42 所示。这样的离散系统称为一拍系统，其 $t_s=T$。

(2) 单位斜坡输入

由于 $r(t)=t$ 时，有 $m=2$，$A(z)=Tz^{-1}$，故

$$\Phi_e(z) = (1-z^{-1})^m F(z) = (1-z^{-1})^2$$

$$\Phi(z) = 1 - \Phi_e(z) = 2z^{-1} - z^{-2}$$

于是

$$D(z) = \frac{\Phi(z)}{G(z)\Phi_e(z)} = \frac{z^{-1}(2-z^{-1})}{(1-z^{-1})^2 G(z)}$$

且有

$$E(z) = \frac{A(z)}{(1-z^{-1})^m}\Phi_e(z) = Tz^{-1}$$

表明：$e(0)=0$，$e(T)=T$，$e(2T)=e(3T)=\cdots=0$。可见，最少拍系统经过二拍便可完全跟踪输入 $r(t)=t$，如图 7-43 所示。这样的离散系统称为二拍系统，其调节时间 $t_s=2T$。

图 7-43 所示的单位斜坡响应序列，可按上节介绍的方法求得，即

$$C(z) = \Phi(z)R(z) = (2z^{-1} - z^{-2})\frac{Tz^{-1}}{(1-z^{-1})^2} = 2Tz^{-2} + 3Tz^{-3} + \cdots + nTz^{-n} + \cdots$$

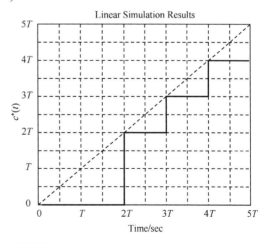

图 7-42　最少拍系统的单位阶跃响应(MATLAB)　　　图 7-43　最少拍系统的单位斜坡响应(MATLAB)

基于 z 变换定义，得到最少拍系统在单位斜坡作用下的输出序列 $c(nT)$ 为 $c(0)=0$，$c(T)=0$，$c(2T)=2T$，$c(3T)=3T$，$\cdots$，$c(nT)=nT$，$\cdots$。

(3) 单位加速度输入

由于 $r(t)=t^2/2$ 时，有 $m=3$，$A(z)=\dfrac{1}{2}T^2z^{-1}(1+z^{-1})$，故可得闭环脉冲传递函数

$$\Phi_e(z)=(1-z^{-1})^3$$

$$\Phi(z)=3z^{-1}-3z^{-2}+z^{-3}$$

因此，数字控制器脉冲传递函数

$$D(z)=\frac{z^{-1}(3-3z^{-1}+z^{-2})}{(1-z^{-1})^3G(z)}$$

误差脉冲序列及输出脉冲序列的 z 变换分别为

$$E(z)=A(z)=\frac{1}{2}T^2z^{-1}+\frac{1}{2}T^2z^{-2}$$

$$C(z)=\Phi(z)R(z)=\frac{3}{2}T^2z^{-2}+\frac{9}{2}T^2z^{-3}+\cdots+\frac{n^2}{2}T^2z^{-n}+\cdots$$

于是有

$$e(0)=0,\quad e(T)=\frac{1}{2}T^2,\quad e(2T)=\frac{1}{2}T^2,$$

$$e(3T)=e(4T)=\cdots=0$$

$$c(0)=c(T)=0,\quad c(2T)=1.5T^2,$$

$$c(3T)=4.5T^2,\quad\cdots$$

可见，最少拍系统经过三拍便可完全跟踪输入 $r(t)=t^2/2$。根据 $c(nT)$ 的数值，可以绘出最少拍系统的单位加速度响应序列，如图 7-44 所示。这样的离散系统称为三拍系统，其调节时间为 $t_s=3T$。

各种典型输入作用下最少拍系统的设计结果列于表 7-7。

图 7-44 最少拍系统的单位加速度响应(MATLAB)

表 7-7 最少拍系统的设计结果

典型输入		闭环脉冲传递函数		数字控制器脉冲传递函数 $D(z)$	调节时间 t_s
$r(t)$	$R(z)$	$\Phi_e(z)$	$\Phi(z)$		
$1(t)$	$\dfrac{1}{1-z^{-1}}$	$1-z^{-1}$	z^{-1}	$\dfrac{z^{-1}}{(1-z^{-1})G(z)}$	T
t	$\dfrac{Tz^{-1}}{(1-z^{-1})^2}$	$(1-z^{-1})^2$	$2z^{-1}-z^{-2}$	$\dfrac{z^{-1}(2-z^{-1})}{(1-z^{-1})^2G(z)}$	$2T$
$\dfrac{1}{2}t^2$	$\dfrac{T^2z^{-1}(1+z^{-1})}{2(1-z^{-1})^3}$	$(1-z^{-1})^3$	$3z^{-1}-3z^{-2}+z^{-3}$	$\dfrac{z^{-1}(3-3z^{-1}+z^{-2})}{(1-z^{-1})^3G(z)}$	$3T$

应当指出，最少拍系统的调节时间，只与所选择的闭环脉冲传递函数 $\Phi(z)$ 的形式有关，而与典型输入信号的形式无关。例如，针对单位斜坡输入设计的最少拍系统，可选择

$$\Phi(z) = 2z^{-1} - z^{-2}$$

则不论在何种输入形式作用下，系统均有二拍的调节时间。具体论证如下：

当 $r(t)=1(t)$ 时，相应的 z 变换函数为

$$R(z) = \frac{1}{1-z^{-1}} = 1 + z^{-1} + z^{-2} + z^{-3} + \cdots$$

系统输出 z 变换函数

$$C(z) = \Phi(z)R(z) = \frac{2z^{-1} - z^{-2}}{1-z^{-1}} = 0 + 2z^{-1} + z^{-2} + z^{-3} + \cdots$$

当 $r(t)=t$ 时，有

$$R(z) = \frac{Tz^{-1}}{(1-z^{-1})^2} = 0 + Tz^{-1} + 2Tz^{-2} + 3Tz^{-3} + 4Tz^{-4} + \cdots$$

$$C(z) = \frac{Tz^{-1}(2z^{-1} - z^{-2})}{(1-z^{-1})^2} = 0 + 0 + 2Tz^{-2} + 3Tz^{-3} + 4Tz^{-4} + \cdots$$

当 $r(t)=t^2/2$ 时，有

$$R(z) = \frac{T^2 z^{-1}(1+z^{-1})}{2(1-z^{-1})^3} = 0 + 0.5T^2 z^{-1} + 2T^2 z^{-2} + 4.5T^2 z^{-3} + 8T^2 z^{-4} + \cdots$$

$$C(z) = \frac{T^2 z^{-1}(1+z^{-1})(2z^{-1} - z^{-2})}{2(1-z^{-1})^3} = 0 + 0 + T^2 z^{-2} + 3.5T^2 z^{-3} + 7T^2 z^{-4} + \cdots$$

比较各种典型输入下的 $R(z)$ 与 $C(z)$ 可以发现，它们都是仅在前二拍出现差异，从第三拍起实现完全跟踪，因此均为二拍系统，其 $t_s=2T$。在各种典型输入作用下，最少拍系统的输出响应序列，如图 7-45 所示。由图可以看出，如下几点结论成立：

1) 从快速性而言，按单位斜坡输入设计的最少拍系统，在各种典型输入作用下，其动态过程均为二拍。

2) 从准确性而言，系统对单位阶跃输入和单位斜坡输入，在采样时刻均无稳态误差，但对单位加速度输入，采样时刻上的稳态误差为常量 T^2。

图 7-45 二拍系统对典型输入的时间响应(MATLAB)

3) 从动态性能而言，系统对单位斜坡输入下的响应性能较好，这是因为系统本身就是针对此而设计的，但系统对单位阶跃输入响应性能较差，有 100% 的超调量，故按某种典型输入设计的最少拍系统，适应性较差。

4) 从平稳性而言，在各种典型输入作用下系统进入稳态以后，在非采样时刻一般均存在纹波，从而增加系统的机械磨损，故上述最少拍系统的设计方法，只有理论意义，并不实用。

例 7-29　设单位反馈线性定常离散系统的连续部分和零阶保持器的传递函数分别为

$$G_0(s) = \frac{10}{s(s+1)}, \qquad G_h(s) = \frac{1 - \mathrm{e}^{-sT}}{s}$$

其中采样周期 $T = 1\mathrm{s}$。若要求系统在单位斜坡输入时实现最少拍控制，试求数字控制器脉冲传递函数 $D(z)$。

解　系统开环传递函数

$$G(s) = G_0(s)G_h(s) = \frac{10(1 - \mathrm{e}^{-sT})}{s^2(s+1)}$$

由于

$$\mathscr{Z}\left[\frac{1}{s^2(s+1)}\right] = \frac{Tz}{(z-1)^2} - \frac{(1 - \mathrm{e}^{-T})z}{(z-1)(z - \mathrm{e}^{-T})}$$

故有

$$G(z) = 10(1 - z^{-1})\left[\frac{Tz}{(z-1)^2} - \frac{(1 - \mathrm{e}^{-T})z}{(z-1)(z - \mathrm{e}^{-T})}\right] = \frac{3.68z^{-1}(1 + 0.717z^{-1})}{(1 - z^{-1})(1 - 0.368z^{-1})}$$

根据 $r(t) = t$，由表 7-7 查出最少拍系统应具有的闭环脉冲传递函数和误差脉冲传递函数为

$$\varPhi(z) = 2z^{-1}(1 - 0.5z^{-1}), \qquad \varPhi_e(z) = (1 - z^{-1})^2$$

由式(7-87)可见，$\varPhi_e(z)$ 的零点 $z = 1$ 正好可以补偿 $G(z)$ 在单位圆上的极点 $z = 1$；$\varPhi(z)$ 已包含 $G(z)$ 的传递函数延迟环节 z^{-1}。因此，上述 $\varPhi(z)$ 和 $\varPhi_e(z)$ 满足对消 $G(z)$ 中的传递延迟 z^{-1} 及补偿 $G(z)$ 在单位圆上极点 $z = 1$ 的限制性要求，故按式(7-87)算出的 $D(z)$，可以确保给定系统成为在 $r(t) = t$ 作用下的最少拍系统。根据给定的 $G(z)$ 和查出的 $\varPhi(z)$ 及 $\varPhi_e(z)$，求得

$$D(z) = \frac{\varPhi(z)}{G(z)\varPhi_e(z)} = \frac{0.543(1 - 0.368z^{-1})(1 - 0.5z^{-1})}{(1 - z^{-1})(1 + 0.717z^{-1})}$$

3. 无波纹最少拍系统设计

由于最少拍系统在非采样时刻存在纹波，为工程界所不容许，故希望设计无纹波最少拍系统。

无纹波最少拍系统的设计要求是：在某一种典型输入作用下设计的系统，其输出响应经过尽可能少的采样周期后，不仅在采样时刻输出可以完全跟踪输入，而且在非采样时刻不存在纹波。

(1) 最少拍系统产生纹波的原因

设单位反馈离散系统如图 7-46 所示，它是按单位斜坡输入设计的最少拍系统，其 $T = 1$。假定，$T_m = 1$，$K_v/i = 10$，则 $G_0(s) = 10/s(s+1)$。根据例 7-29 结果

$$D(z) = \frac{0.543(1-0.368z^{-1})(1-0.5z^{-1})}{(1-z^{-1})(1+0.717z^{-1})}$$

$$E_1(z) = \varPhi_e(z)R(z) = (1-z^{-1})^2 \frac{Tz^{-1}}{(1-z^{-1})^2} = Tz^{-1}$$

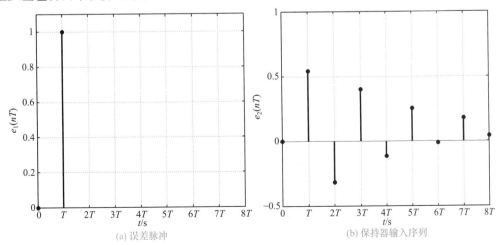

图 7-46　有纹波最少拍系统结构图

可得零阶保持器的输入序列 z 变换

$$E_2(z) = D(z)E_1(z) = \frac{0.543z^{-1} - 0.471z^{-2} + 0.1z^{-3}}{1 - 0.283z^{-1} - 0.717z^{-2}}$$

$$= 0.543z^{-1} - 0.317z^{-2} + 0.4z^{-3} - 0.114z^{-4} + 0.255z^{-5} - 0.01z^{-6} + 0.18z^{-7} - \cdots$$

　　显然，经过二拍以后，零阶保持器的输入序列 $e_2(nT)$ 并不是常值脉冲，而是围绕平均值上下波动，从而保持器的输出电压 V 在二拍以后也围绕平均值波动。这样的电压 V 加在电机上，必然使电机转速不平稳，产生输出纹波。图 7-46 系统中的各点波形，如图 7-47 所示。因此，无纹波输出就必须要求序列 $e_2(nT)$ 在有限个采样周期后，达到相对稳定(不波动)。要满足这一要求，除了采用前面介绍的最少拍系统设计方法外，还需要对被控对象传递函数 $G_0(s)$ 以及闭环脉冲传递函数 $\varPhi(z)$ 提出相应的要求。

　　(2) 无纹波最少拍系统的必要条件

　　为了在稳态过程中获得无纹波的平滑输出 $c^*(t)$，被控对象 $G_0(s)$ 必须有能力给出与输入 $r(t)$ 相同的平滑输出 $c(t)$。

　　若针对单位斜坡输入 $r(t)=t$ 设计最少拍系统，则 $G_0(s)$ 的稳态输出也必须是斜坡函数，因此 $G_0(s)$ 必须至少有一个积分环节，使被控对象在零阶保持器常值输出信号作用下，稳态输出为等速变化量；同理，若针对单位加速度输入 $r(t)=t^2/2$ 设计最少拍系统，则 $G_0(s)$ 至少应包含两个积分环节。

(a) 误差脉冲　　　　　　　　　　　　　　(b) 保持器输入序列

(c) 保持器输出电压

图 7-47　有纹波最少拍系统中各点波形(MATLAB)

一般地说，若输入信号为

$$r(t) = R_0 + R_1 t + \frac{1}{2} R_2 t^2 + \cdots + \frac{1}{(q-1)!} R_{q-1} t^{q-1}$$

则无纹波最少拍系统的必要条件是：被控对象传递函数 $G_0(s)$ 中，至少应包含 $(q-1)$ 个积分环节。

上述条件是不充分的，即当 $G_0(s)$ 满足上述条件时，最少拍系统不一定无纹波。例 7-29 就是如此。

在以下的讨论中，我们总是假定这一必要条件是成立的。

(3) 无纹波最少拍系统的附加条件

根据 z 变换定义，有

$$E_2(z) = \sum_{n=0}^{\infty} e_2(nT) z^{-n} = e_2(0) + e_2(T) z^{-1} + \cdots + e_2(lT) z^{-l} + \cdots$$

如果经过 l 个采样周期后，脉冲序列 $e_2(nT)$ 进入稳态，有

$$e_s(lT) = e_2\big[(l+1)T\big] = \cdots = 常值（可以是零）$$

则根据最少拍系统产生纹波的原因可知，此时最少拍系统无纹波。因此，无纹波最少拍系统要求 $E_2(z)$ 为 z^{-1} 的有限多项式。

由图 7-46 知

$$E_2(z) = D(z) E_1(z) = D(z) \Phi_e(z) R(z) \tag{7-93}$$

表 7-7 表明，进行最少拍系统设计时，$\Phi_e(z)$ 的零点可以完全对消 $R(z)$ 的极点。因此式(7-93) 表明，只要 $D(z)\Phi_e(z)$ 为 z^{-1} 的有限多项式，$E_2(z)$ 就是 z^{-1} 的有限多项式。此时在确定的典型输入作用下，经过有限拍后，$e_2(nT)$ 就可以达到相应的稳态值，从而保证系统无纹波输出，如图 7-47 所示。

由式(7-88)和式(7-89)可得

$$D(z) = \frac{\Phi(z)}{G(z) \Phi_e(z)}$$

因此
$$D(z)\Phi_e(z)=\frac{\Phi(z)}{G(z)}$$

设广义对象脉冲传递函数
$$G(z)=\frac{P(z)}{Q(z)}$$

其中，$P(z)$为$G(z)$的零点多项式；$Q(z)$为$G(z)$的极点多项式。则有
$$D(z)\Phi_e(z)=\frac{\Phi(z)Q(z)}{P(z)} \tag{7-94}$$

在式(7-94)中，$G(z)$的极点多项式$Q(z)$总是有限的多项式，不会妨碍$D(z)\Phi_e(z)$成为z^{-1}的有限多项式，然而$G(z)$的零点多项式$P(z)$则不然。所以，$D(z)\Phi_e(z)$成为z^{-1}有限多项式的条件是：$\Phi(z)$的零点应抵消$G(z)$的全部零点，即应有
$$\Phi(z)=P(z)M(z) \tag{7-95}$$

式中，$M(z)$为待定z^{-1}多项式，可根据其他条件确定。式(7-95)就是无纹波最少拍系统的附加条件。由此得到以下结论：

1) 当要求最少拍系统无纹波时，闭环脉冲传递函数$\Phi(z)$除应满足最少拍要求的形式外，其附加条件是$\Phi(z)$还必须包含$G(z)$的全部零点，而不论这些零点在z平面的何处。

2) 由于最少拍系统设计前提是$G(z)$在单位圆上及单位圆外无零极点，或可被$\Phi(z)$及$\Phi_e(z)$所补偿，所以附加条件(7-95)要求的$\Phi(z)$包含$G(z)$在单位圆内的零点数，就是无纹波最少拍系统比有纹波最少拍系统所增加的拍数。

(4) 无纹波最少拍系统设计

无纹波最少拍系统的设计方法，除应增加附加条件外，其余同最少拍系统设计方法，也是针对具体典型输入形式设计的。

当输入为单位阶跃函数时，设
$$D(z)\Phi_e(z)=\frac{E_2(z)}{R(z)}=a_0+a_1z^{-1}+a_2z^{-2}$$

则
$$E_2(z)=\frac{a_0+a_1z^{-1}+a_2z^{-2}}{1-z^{-1}}=a_0+(a_0+a_1)z^{-1}+(a_0+a_1+a_2)(z^{-2}+z^{-3}+\cdots)$$

显然
$$e_2(0)=0$$
$$e_2(T)=a_0+a_1$$
$$e_2(2T)=e_3(3T)=\cdots=a_0+a_1+a_2$$

表明从第二拍开始，$e_2(nT)$就稳定为一个常数。当被控对象$G_0(s)$含有积分环节时，常数$(a_0+a_1+a_2)=0$。

当输入为单位斜坡函数时，设
$$D(z)\Phi_e(z)=\frac{E_2(z)}{R(z)}=a_0+a_1z^{-1}+a_2z^{-2}$$

则
$$E_2(z)=\frac{Tz^{-1}(a_0+a_1z^{-1}+a_2z^{-2})}{(1-z^{-1})^2}$$
$$=Ta_0z^{-1}+T(2a_0+a_1)z^{-2}+T(3a_0+2a_1+a_0)z^{-3}+T(4a_0+3a_1+2a_2)z^{-4}+\cdots$$

显见，当 $n \geq 3$ 时，由 z 变换实数位移定理，有

$$e_2(nT) = e_2[(n-1)T] + T(a_0 + a_1 + a_2)$$

在无纹波最少拍系统必要条件成立时，$(a_0+a_1+a_2)=0$，此时有 $e_2(nT) = e_2[(n-1)T]$ $(n \geq 3)$，故序列 $e_2(nT)$ 为

$$e_2(0) = 0, \qquad e_2(T) = Ta_0, \qquad e_2(2T) = T(2a_0 + a_1)$$
$$e_2(3T) = e_2(4T) = \cdots = T(2a_0 + a_1)$$

即从第三拍起，$e_2(nT)$ 保持为常数。若 $G_0(s)$ 不含积分环节，则从 $n=3$ 起，$e_2(nT)$ 斜坡增加。

对于单位加速度输入，也可以作同样分析。

应当指出，在上面分析中，$D(z)\Phi_e(z)$ 只取三项是为了便于讨论。一般地说，只要 $D(z)\Phi_e(z)$ 的展开项取有限项，结果不变，即仍然可以得到无纹波输出。

无纹波最少拍系统的具体设计方法，请参见下例。

例 7-30 在例 7-29 系统中，若要求在单位斜坡输入时实现无纹波最少拍控制，试求 $D(z)$。

解 广义对象脉冲传递函数已由例 7-29 求出为

$$G(z) = \frac{3.68z^{-1}(1 + 0.717z^{-1})}{(1 - z^{-1})(1 - 0.368z^{-1})}$$

可见，$G(z)$ 有一个零点 $z=-0.717$，有一个延迟因子 z^{-1}，且在单位圆上有一个极点 $z=1$。

根据最少拍系统设计前提，$G(z)$ 中的 z^{-1} 因子应包含在 $\Phi(z)$ 零点中，$z=1$ 极点应被 $\Phi_e(z)$ 零点补偿；根据无纹波附加条件，$G(z)$ 中 $z=-0.717$ 零点应被 $\Phi(z)$ 零点对消。故在式(7-95)中，令 $M(z)=a+bz^{-1}$，其中 a 和 b 待定，选择

$$\Phi(z) = z^{-1}(1 + 0.717z^{-1})(a + bz^{-1})$$

由最少拍条件，在单位斜坡输入下

$$\Phi_e(z) = (1 - z^{-1})^2, \qquad \Phi(z) = 2z^{-1}(1 - 0.5z^{-1})$$

因无纹波时，要求 $\Phi(z)$ 比有纹波时增加一阶，而由式(7-87)确定的 $D(z)$ 的可实现条件，是 $D(z)$ 的零点数应不大于其极点数，所以 $\Phi_e(z)$ 也应提高一阶。在要求最少拍条件下，应选择

$$\Phi_e(z) = (1 - z^{-1})^2(1 + cz^{-1})$$

其中 c 待定。故可得

$$1 - \Phi_e(z) = (2-c)z^{-1} + (2c-1)z^{-2} - cz^{-3}$$
$$\Phi(z) = z^{-1}(1 + 0.717z^{-1})(a + bz^{-1}) = az^{-1} + (b + 0.717a)z^{-2} + 0.717bz^{-3}$$

令上两式对应项系数相等，解出

$$a = 1.408, \qquad b = -0.826, \qquad c = 0.592$$

所以

$$\Phi(z) = 1.408z^{-1}(1 + 0.717z^{-1})(1 - 0.587z^{-1})$$
$$\Phi_e(z) = (1 - z^{-1})^2(1 + 0.592z^{-1})$$
$$D(z) = \frac{\Phi(z)}{G(z)\Phi_e(z)} = \frac{0.383(1 - 0.368z^{-1})(1 - 0.587z^{-1})}{(1 - z^{-1})(1 + 0.592z^{-1})}$$

不难验算　　$E_2(z) = D(z)\Phi_e(z)R(z) = 0.383z^{-1} + 0.0172z^{-2} + 0.1(z^{-3} + z^{-4} + \cdots)$

数字控制器的输出序列

$$e_2(0) = 0, \quad e_2(T) = 0.383, \quad e_2(2T) = 0.017, \quad e_2(3T) = e_2(4T) = \cdots = 0.1$$

系统从第三拍起，$e_2(nT)$ 达到稳态，输出没有纹波，说明所求出的控制器 $D(z)$ 是合理的。此时系统为三拍系统。与最少拍设计相比，所增加的一拍正好是 $G(z)$ 在单位圆内的零点数。

4. PID 数字控制器的实现

在数字校正装置 $D(z)$ 的实现方法中，常采用 PID 数字控制器。PID 控制器的传递函数为

直流电机数
字PID控制

$$D(s) = \frac{U(s)}{X(s)} = K_1 + \frac{K_2}{s} + K_3 s$$

将其中的微分项和积分项进行离散化处理，就可以确定 PID 控制器的数字实现。

对微分项，应用向后差分法，有

$$u(kT) = \frac{\mathrm{d}x}{\mathrm{d}t}\bigg|_{t=kT} = \frac{1}{T}\Big\{x(kT) - x\big[(k-1)T\big]\Big\}$$

上式的 z 变换为

$$U(z) = \frac{(1 - z^{-1})}{T} X(z) = \frac{z-1}{Tz} X(z)$$

对积分项，同样有

$$u(kT) = u\big[(k-1)T\big] + Tx(kT)$$

上式的 z 变换为

$$U(z) = z^{-1}U(z) + TX(z)$$

整理得　　　　　　　　　　$$U(z) = \frac{Tz}{z-1} X(z)$$

因此，PID 控制器在 z 域的传递函数为

$$D(z) = \frac{U(z)}{X(z)} = K_1 + K_2 \frac{Tz}{z-1} + K_3 \frac{z-1}{Tz}$$

若记 $x(kT)=x(k)$，则可得 PID 控制器的差分方程：

$$u(k) = K_1 x(k) + K_2\big[u(k-1) + Tx(k)\big] + \frac{K_3}{T}\big[x(k) - x(k-1)\big]$$

$$= \left[K_1 + K_2 T + \frac{K_3}{T}\right]x(k) - \frac{K_3}{T}x(k-1) + K_2 u(k-1)$$

采用计算机软件，可以方便地实现上述 PID 数字控制器。显然，令 K_2 或 K_3 分别为零，可得 PD 或 PI 数字控制器。

7-8　离散控制系统设计

例 7-31　二阶数据采样系统的性能。

有零阶保持器的二阶采样系统如图 7-48 所示，其中被控对象的传递函数为

$$G_0(s) = \frac{K}{s(T_1 s + 1)}$$

采样周期为 T，则开环脉冲传递函数为

$$G(z) = (1 - z^{-1}) \mathscr{Z} \left[\frac{G_0(s)}{s} \right] = \frac{KT_1 \left[(\mathrm{e}^{-T/T_1} + T/T_1 - 1)z + (1 - \dfrac{T}{T_1} \mathrm{e}^{-T/T_1} - \mathrm{e}^{-T/T_1}) \right]}{(z-1)(z - \mathrm{e}^{-T/T_1})}$$

若令 $E = \mathrm{e}^{-T/T_1}$，则上式可表示为

$$G(z) = \frac{K\left[(ET_1 + T - T_1)z + (T_1 - TE - T_1 E) \right]}{(z-1)(z-E)}$$

图 7-48　闭环采样系统结构图

闭环特征方程为

$$D(z) = z^2 + z\left\{ K\left[T - T_1(1 - E) \right] - (1 + E) \right\} + K\left[T_1(1 - E) - TE \right] + E = 0$$

这是一个实系数的一元二次方程，由朱利稳定判据知，由于 $n=2$，且

$$a_0 = K\left[T_1(1 - E) - TE \right] + E, \quad a_1 = K\left[T - T_1(1 - E) \right] - (1 + E), \quad a_2 = 1$$

故两个特征根都位于 z 平面上单位圆内的充分必要条件为

$$D(1) > 0, \quad D(-1) > 0$$

并满足约束条件 $|a_0| < a_2$。

当 $K > 0$ 及 $T > 0$ 时，可由 $|a_0| < 1$ 及 $D(-1) > 0$ 导出上述二阶采样系统稳定性的等价必要条件

$$KT_1 < \frac{1 - E}{1 - E - \dfrac{T}{T_1} E}$$

以及

$$KT_1 < \frac{2(1 + E)}{\dfrac{T}{T_1}(1 + E) - 2(1 - E)}$$

根据稳定性的必要条件，可以计算稳定系统所容许的最大增益。表 7-8 给出了 T/T_1 为不同取值时所对应的最大增益。由表 7-8 可见，当计算机具有足够的运算速度时，可

取 $T/T_1=0.1$。在此条件下，离散系统的增益上限取值较大，其系统特性与连续系统基本一致。

表 7-8　二阶采样系统的最大增益

T/T_1	0	0.01	0.1	0.5	1.0	2.0
E	1.0	0.990	0.905	0.607	0.368	0.135
$(KT_1)_{max}$	∞	100	21.11	4.39	2.39	1.45

当增益 K 和采样周期 T 发生变化时，二阶采样系统阶跃响应的最大超调量如图 7-49所示。

图 7-49　二阶采样系统阶跃响应的最大超调量

由 $G(z)$ 表达式可见，本例为 I 型系统，在单位斜坡输入作用下，其稳态跟踪误差 $e(\infty)$ 可由式(7-81)算得

$$e(\infty) = \frac{T}{K_v}$$

式中，K_v 可由式(7-82)确定为

$$K_v = \lim_{z \to 1}(z-1)G(z)$$

显然，对于给定的 T/T_1，增大 KT_1 的取值，可以减小系统跟踪斜坡响应的稳态误差，但同时也会使系统阶跃响应的超调量增大，从而使调节时间加长。

现在设图 7-48 采样系统中的被控对象为

$$G_0(s) = \frac{K}{s(0.1s+1)(0.005s+1)}$$

要求确定增益 K 和采样周期 T 的合适取值，使采样系统阶跃响应的超调量不大于 30%。

解　由题可知，T_1=0.1s，T_2=0.005s，T_2 仅为 T_1 的 5%，其影响可略去，因此该系统可近似为二阶采样系统。

若取 T/T_1=0.25，σ=0.3，则由图 7-49 可得 KT_1=1.36。因 T_1=0.1s，故求得 K=13.6，T=0.025s。此时，系统需每秒采样 40 次。

根据 K=13.6，T=0.025s，由式(7-82)算出 K_v=0.34；由式(7-81)求出

$$e(\infty) = 0.0735$$

如果改取 T/T_1=0.1，则可望进一步减小系统阶跃响应的超调量和斜坡响应的稳态误差。

MATLAB 验证：令采样周期 T=0.025s，增益 K=13.6，对图 7-48 采样系统进行 MATLAB 仿真，其中 $G_0(s) = \dfrac{13.6}{s(0.1s+1)(0.005s+1)}$，得采样系统单位阶跃响应曲线及其相应的 MATLAB 程序，如图 7-50 所示，测得 σ%=30%，t_p=0.3s，t_s=1.28s(Δ=2%)。

若取 T/T_1=0.1，即 T=0.01s，K=13.6，则单位阶跃响应曲线及其相应的 MATLAB 程序，如图 7-51 所示，测得 σ%=28.7%，t_p=0.3s，t_s=0.94s(Δ=2%)。

```
T=0.025；T1=0.1；T2=0.005；K=13.6；
G=zpk([],[0 −1/T1 −1/T2]),13.6/(T1*T2));
Gz=c2d(G,T,'zoh');
sys=feedback(Gz,1);
t=0:T:2;step(sys,t);grid
```
(a) MATLAB 程序

(b) 单位阶跃响应

图 7-50　当 T=0.025s，K=13.6 时二阶采样系统的时间响应(MATLAB)

```
T=0.01；T1=0.1；T2=0.005；K=13.6；
G=zpk([],[0 −1/T1 −1/T2]),13.6/(T1*T2));
Gz=c2d(G,T,'zoh');
sys=feedback(Gz,1);
t=0:T:2;step（sys,t）;grid
```
(a) MATLAB 程序

(b) 单位阶跃响应

图 7-51　当 T=0.01s，K=13.6 时二阶采样系统的时间响应(MATLAB)

例 7-32　工作台数字控制系统。

在制造业中，工作台运动控制系统是一个重要的定位系统，可以使工作台运动至指定的位置。工作台在每个轴上由电机和导引螺杆驱动，其中 x 轴上的运动控制系统框图如图 7-52 所示。

现要求设计数字控制器 $D(z)$，使系统满足如下性能：

1) 超调量不大于 5%；

2) 具有较小的上升时间和调节时间($\Delta=2\%$)。

(a) 执行机构和工作台

(b) 系统结构图

图 7-52　工作台控制系统

解　首先确定与图 7-52 相应的连续系统控制模型，如图 7-53 所示。以连续系统为基础，设计合适的控制器 $G_c(s)$，然后将 $G_c(s)$ 转换为要求的数字控制器 $D(z)$。

图 7-53　工作台的支撑轮控制模型结构图

为了确定未校正系统的响应，先将控制器取为简单的增益 K^*，以 K^* 为可变参数绘制系统的根轨迹，如图 7-54 所示，从中可得：当根轨迹增益 $K^*=641$，即开环增益 $K=3.2$ 时，系统主导极点 $s_{1,2}=-3.72 \pm j3.72$ 的阻尼比 $\zeta=0.707$。经仿真可得系统单位阶跃响应的性能，如表 7-9 中第一行所示。此时，系统的调节时间较长，系统时间响应及其相应的 MATLAB 程序，如图 7-55 所示。

表 7-9　采用不同控制器时连续系统的响应性能

控制器 $G_c(s)$	K^*	超调量/%	调节时间/s	上升时间/s
K^*	641	4.33	1.25	0.68
$\dfrac{K^*(s+11)}{s+62}$	7800	4.33	0.58	0.32

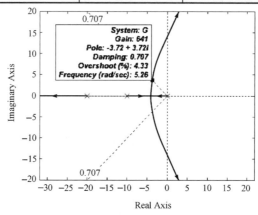

图 7-54　$1 + \dfrac{K^*}{s(s+10)(s+20)} = 0$ 的根轨迹图(MATLAB)

```
G0=tf([641]，[1,30,200,0]);sys=feedback(G0,1);
              %建立闭环系统
t=0:0.01:2;step(sys,t);grid;%绘制阶跃响应曲线
```
(a) MATLAB 程序

(b) 系统时间响应

图 7-55　$G_c(s)=K^*$ 时连续系统的单位阶跃响应(MATLAB)

　　其次，将控制器取为超前校正网络，即

$$G_c(s) = \frac{K^*(s+a)}{(s+b)}$$

为了保证预期主导极点的主导特性，取 $a=11$，$b=62$。于是在根轨迹图 7-56 上可以确定阻尼比 $\zeta=0.707$ 的主导极点为 $s_{1,2}=-7.16 \pm j7.16$。

　　系统的根轨迹增益 $K^*=7800$，即系统开环增益 $K=6.92$，系统的单位阶跃响应及其相应的 MATLAB 程序如图 7-57 所示。仿真表明，校正后系统具有满意的性能，其性能指标数值如表 7-9 中第二行所示。

确定合适的 $G_c(s)$ 后，还需要确定合适的采样周期 T。为了得到与连续系统一致的预期响应，应该要求 $T \ll t_r$。现在，$t_r=0.32\text{s}$，因此不妨取 $T=0.01\text{s}$。

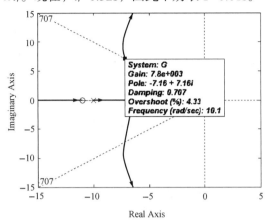

图 7-56 $1+\dfrac{K^*(s+11)}{s(s+10)(s+20)(s+62)}=0$ 的局部根轨迹图(MATLAB)

```
G0=zpk([−11],[0,−10,−20,−62],7800);
sys=feedback(G0,1);           %建立闭环系统
t=0:0.01:1;step(sys,t);grid;  %绘制阶跃响应曲线
```

(a) MATLAB 程序

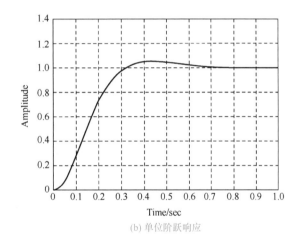

(b) 单位阶跃响应

图 7-57 超前校正连续系统的单位阶跃响应(MATLAB)

显然，求得的连续控制器

$$G_c(s)=\frac{K^*(s+a)}{s+b}=\frac{7800(s+11)}{s+62}$$

需要转换为数字控制器

$$D(z)=C\frac{z-A}{z-B}$$

其中，$A=\text{e}^{-aT}$；$B=\text{e}^{-bT}$。令

$$\mathscr{Z}\left[G_c(s)\right]=D(z)$$

因为 $s=0$ 时，$z=\mathrm{e}^{sT}=1$，所以应有

$$C\frac{1-A}{1-B} = K^* \frac{a}{b}$$

代入 $a=11$，$b=62$，$T=0.01$，$K^*=7800$，得

$$A = \mathrm{e}^{-11T} = 0.8958, \qquad B = \mathrm{e}^{-62T} = 0.5379, \qquad C = K^* \frac{a(1-B)}{b(1-A)} = 6137.1$$

于是，所求的数字控制器为

$$D(z) = \frac{6137.1(z-0.8958)}{z-0.5379}$$

不难导出广义对象(含零阶保持器)的脉冲传递函数为

$$G(z) = Z\big[G_h(s)G_0(s)\big] = \frac{8\times10^{-7}(z-0.075)}{(z-1)(z-0.905)(z-0.819)}$$

于是，利用 MATLAB 软件绘制数字控制系统的时间响应及其相应的 MATLAB 程序，如图 7-58 所示，其响应性能为 $\sigma\%=4\%$，$t_r=0.32$，$t_s=0.65(\Delta=2\%)$。仿真结果表明，该数字控制系统具有与连续系统相近的响应性能。

```
T=0.01;    t=0:T:0.8;
G0=zpk([0.8958],[0.5379,1,0.905,0.819],
      0.008*0.61371,T);
sys=feedback(G0,1);          %建立闭环系统
step(sys,t);grid;            %绘制单位阶跃响应曲线
```

(a) MATLAB 程序　　　　　　　　　　　(b) 时间响应曲线

图 7-58　超前校正数字控制系统的时间响应(MATLAB)

例 7-33　磁盘驱动读取系统(续)。

图 7-59　磁盘驱动采样读取系统结构图

对于图 3-46 所示的磁盘驱动读取系统，当磁盘旋转时，每读一组存储数据，磁头都会提取位置偏差信息。由于磁盘匀速运转，因此磁头以恒定的时间间隔逐次读取格式信息。通常，偏差信号的采样周期为 $100\mu s \sim 1ms$。

设磁盘驱动采样读取系统结构图如图 7-59 所示。图中，$G(z)=\mathscr{Z}[G_h(z)G_0(z)]$ 为广义对象脉

冲传递函数，$G_h(s)=\dfrac{1-\mathrm{e}^{-sT}}{s}$ 为零阶保持器，$G_0(s)=\dfrac{5}{s(s+20)}$ 为被控对象，$D(z)$ 为数字控制器。当 $T=1\mathrm{ms}$ 时，要求设计数字控制器 $D(z)$，使图 7-59 系统具有满意的动态响应性能。

解 广义对象脉冲传递函数

$$G(z)=\mathscr{Z}\left[\frac{1-\mathrm{e}^{-Ts}}{s}\cdot\frac{5}{s(s+20)}\right]=(1-z^{-1})\mathscr{Z}\left[\frac{5}{s^2(s+20)}\right]$$

$$=(1-z^{-1})\mathscr{Z}\left[\frac{0.25}{s^2}-\frac{0.0125}{s}+\frac{0.0125}{s+20}\right]=(1-z^{-1})\left[\frac{0.25Tz}{(z-1)^2}-\frac{0.0125z}{z-1}+\frac{0.0125z}{z-\mathrm{e}^{-20T}}\right]$$

因为 $T=0.001\mathrm{s}$，$z-\mathrm{e}^{-20T}=z-0.98$，所以

$$G(z)=\frac{5\times10^{-6}}{(z-1)(z-0.98)}$$

为了快速读取磁盘信息，要求系统在单位阶跃输入下为一拍系统。查表 7-7 知，应有

$$\Phi(z)=z^{-1},\qquad\Phi_e(z)=1-z^{-1}$$

故由

$$D(z)=\frac{1-\Phi_e(z)}{G(z)\Phi_e(z)}=\frac{\Phi(z)}{G(z)\Phi_e(z)}$$

求得数字控制器

$$D(z)=2\times10^5(z-0.98)$$

利用 MATLAB 软件进行仿真验证，其单位阶跃响应及相应的 MATLAB 程序如图 7-60 所示。由图可见，超调量为零，调节时间为 1ms，系统具有稳定且快速的响应。

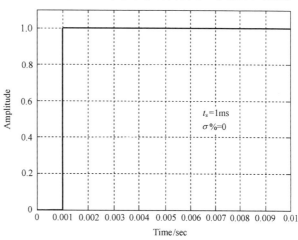

```
T=0.001;  t=0:T:0.01;
Gz=zpk([],[1 0.98],5*10^-6,T);
      %开环离散系统的传递函数
Dz=zpk([0.98],[],2*10^5,T);
      % 数字控制器
G=series(Gz,Dz);sys=feedback(G,1);
      % 闭环离散系统的传递函数
step(sys,t);grid;
      % 闭环系统的单位阶跃响应
```

(a) MATLAB 程序　　　　　　　　　　(b) 单位阶跃响应

图 7-60　磁盘驱动读取采样系统的单位阶跃响应(MATLAB)

习 题

7-1 试根据定义

$$E^*(s) = \sum_{n=0}^{\infty} e(nT)\mathrm{e}^{-nsT}$$

确定下列函数的 $E^*(s)$ 和闭合形式的 $E(z)$：

(1) $e(t) = \sin \omega t$；　　　　　　　　(2) $E(s) = \dfrac{1}{(s+a)(s+b)(s+c)}$。

7-2 试求下列函数的 z 变换：

(1) $e(t) = a^n$；　　　　　　　　(2) $e(t) = t^2 \mathrm{e}^{-3t}$；

(3) $e(t) = \dfrac{1}{3!} t^3$；　　　　　　　(4) $E(s) = \dfrac{s+1}{s^2}$；

(5) $E(s) = \dfrac{1-\mathrm{e}^{-s}}{s^2(s+1)}$。

7-3 试用部分分式法、幂级数法和反演积分法，求下列函数的 z 反变换：

(1) $E(z) = \dfrac{10z}{(z-1)(z-2)}$；　　　　　　(2) $E(z) = \dfrac{-3+z^{-1}}{1-2z^{-1}+z^{-2}}$。

7-4 试求下列函数的脉冲序列 $e^*(t)$：

(1) $E(z) = \dfrac{z}{(z+1)(3z^2+1)}$；　　　　　(2) $E(z) = \dfrac{z}{(z-1)(z+0.5)^2}$。

7-5 试确定下列函数的终值：

(1) $E(z) = \dfrac{Tz^{-1}}{\left(1-z^{-1}\right)^2}$；　　　　　　(2) $E(z) = \dfrac{z^2}{(z-0.8)(z-0.1)}$。

7-6 已知 $E(z)=\mathscr{Z}[e(t)]$，试证明下列关系式成立：

(1) $\mathscr{Z}\left[a^n e(t)\right] = E\left[\dfrac{z}{a}\right]$；　　　　(2) $\mathscr{Z}\left[te(t)\right] = -Tz\dfrac{\mathrm{d}E(z)}{\mathrm{d}z}$，　T 为采样周期。

7-7 已知差分方程为

$$c(k) - 4c(k+1) + c(k+2) = 0$$

初始条件：$c(0)=0$，$c(1)=1$。试用迭代法求输出序列 $c(k)$，$k=0$，1，2，3，4。

7-8 试用 z 变换法求解下列差分方程：

(1) $c^*(t+2T) - 6c^*(t+T) + 8c^*(t) = r^*(t)$，　$r(t)=1(t)$，　$c^*(0) = c^*(T) = 0$；

(2) $c^*(t+2T) + 2c^*(t+T) + c^*(t) = r^*(t)$，　$c(0)=c(T)=0$，　$r(nT)=n(n=0,1,2,\cdots)$；

(3) $c(k+3) + 6c(k+2) + 11c(k+1) + 6c(k) = 0$，　$c(0)=c(1)=1$，　$c(2)=0$；

(4) $c(k+2) + 5c(k+1) + 6c(k) = \cos k\dfrac{\pi}{2}$，　$c(0)=c(1)=0$。

7-9 设开环离散系统如图 7-61 所示，试求开环脉冲传递函数 $G(z)$。

7-10 试求图 7-62 闭环离散系统的脉冲传递函数 $\Phi(z)$ 或输出 z 变换 $C(z)$。

7-11 已知脉冲传递函数

$$G(z) = \frac{C(z)}{R(z)} = \frac{0.53 + 0.1z^{-1}}{1 - 0.37z^{-1}}$$

其中 $R(z)=z/(z-1)$，试求 $c(nT)$。

图 7-61 开环离散系统结构图   图 7-62 题 7-10 的闭环离散系统结构图

7-12 设有单位反馈误差采样的离散系统，连续部分传递函数为

$$G(s) = \frac{1}{s^2(s+5)}$$

输入 $r(t)=1(t)$，采样周期 $T=1\text{s}$。试求：

(1) 输出 z 变换 $C(z)$；

(2) 采样瞬时的输出响应 $c^*(t)$；

(3) 输出响应的终值 $c(\infty)$。

7-13 试判断下列系统的稳定性：

(1) 已知闭环离散系统的特征方程为

$$D(z) = (z+1)(z+0.5)(z+2) = 0$$

(2) 已知闭环离散系统的特征方程为

$$D(z) = z^4 + 0.2z^3 + z^2 + 0.36z + 0.8 = 0$$

(注：要求用朱利判据。)

(3) 已知误差采样的单位反馈离散系统，采样周期 $T=1\text{s}$，开环传递函数

$$G(s) = \frac{22.57}{s^2(s+1)}$$

7-14 设离散系统如图 7-63 所示，采样周期 $T=1\text{s}$，$G_h(s)$ 为零阶保持器，

$$G_0(s) = \frac{K}{s(0.2s+1)}$$

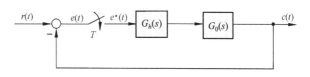

图 7-63 题 7-14 的闭环离散系统结构图

要求：

(1) 当 $K=5$ 时，分别在 z 域和 w 域中分析系统的稳定性；

(2) 确定使系统稳定的 K 值范围。

7-15 设离散系统如图 7-64 所示，其中采样周期 $T=0.2$，$K=10$，$r(t)=1+t+t^2/2$，试用终值定理法计算系统的稳态误差 $e(\infty)$。

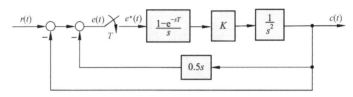

图 7-64　题 7-15 的闭环离散系统结构图

7-16 设离散系统如图 7-65 所示，其中 $T=0.1$，$K=1$，$r(t)=t$，试求静态误差系数 K_p，K_v，K_a，并求系统稳态误差 $e(\infty)$。

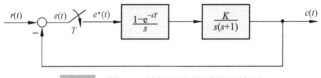

图 7-65　题 7-16 的闭环离散系统结构图

7-17 已知离散系统如图 7-66 所示，其中 ZOH 为零阶保持器，$T=0.25$。当 $r(t)=2+t$ 时，欲使稳态误差小于 0.1，试求 K 值。

7-18 试分别求出图 7-64 和图 7-65 系统的单位阶跃响应 $c(nT)$。

7-19 已知离散系统如图 7-67 所示，其中采样周期 $T=1$，连续部分传递函数

图 7-66　题 7-17 的闭环离散系统结构图

$$G_0(s) = \frac{1}{s(s+1)}$$

试求当 $r(t)=1(t)$ 时，系统无稳态误差、过渡过程在最少拍内结束的数字控制器 $D(z)$。

7-20 设离散系统如图 7-68 所示，其中采样周期 $T=1$，试求当 $r(t)=R_0 1(t)+R_1 t$ 时，系统无稳态误差、过渡过程在最少拍内结束的 $D(z)$。

图 7-67　题 7-19 的闭环离散系统结构图　　图 7-68　题 7-20 的闭环离散系统结构图

7-21 试按无纹波最少拍系统设计方法，分别算出题 7-19 和题 7-20 的 $D(z)$。

7-22 用来直播职业足球赛的新型可遥控摄像系统如图 7-69 所示。摄像机可在运动场上方上下移动。每个滑轮上的电机控制系统如图 7-70 所示，其中被控对象

$$G_0(s) = \frac{10}{s(s+1)(0.1s+1)}$$

要求：

(1) 设计合适的连续控制器 $G_c(s)=\dfrac{s+a}{s+b}$，使系统的相角裕度 $\gamma \geqslant 45°$；

(2) 选择采样周期 $T=0.01\text{s}$，采用 $G_c(s)-D(z)$ 变换方法，求出相应的数字控制器 $D(z)$。

图 7-69 足球场上的移动摄像机示意图

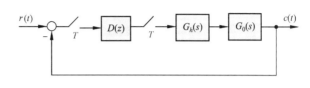

图 7-70 滑轮上的电机控制系统结构图

7-23 设数字控制系统如图 7-71 所示，其中 $G(z)$ 包括了零阶保持器和被控对象。已知被控对象

$$G_0(s)=\frac{1}{s(s+10)}$$

若采样周期 $T=0.1\text{s}$，要求：

(1) 当 $D(z)=K$ 时，计算脉冲传递函数 $G(z)D(z)$；

(2) 求闭环系统的 z 特征方程；

(3) 计算使系统稳定的 K 的最大值；

(4) 确定 K 的合适值，使系统的超调量不大于 30%；

(5) 采用(4)中得到的增益 K，计算闭环脉冲传递函数 $\Phi(z)$，并绘出系统的单位阶跃响应曲线；

图 7-71 数字控制系统结构图

(6) 取 $K=0.5K_{\max}$，求系统闭环极点及超调量；

(7) 在(6)所给出的条件下，画出系统的单位阶跃响应曲线。

7-24 设连续的、未经采样的控制系统如图 7-72 所示，其中被控对象

$$G_0(s)=\frac{1}{s(s+10)}$$

要求：

(1) 设计滞后校正网络

图 7-72 控制系统结构图

$$G_c(s)=K\frac{s+a}{s+b} \qquad (a>b)$$

使系统在单位阶跃输入时的超调量 $\sigma\% \leqslant 30\%$，且在单位斜坡输入时的稳态误差 $e(\infty) \leqslant 0.01$；

(2) 若为该系统增配一套采样器和零阶保持器，并选采样周期 $T=0.1\text{s}$，试采用 $G_c(s)-D(z)$ 变换方法，设计合适的数字控制器 $D(z)$；

(3) 分别画出(1)及(2)中连续系统和离散系统的单位阶跃响应曲线，并比较两者的结果；

(4) 另选采样周期 $T=0.01\text{s}$，重新完成(2)和(3)的工作；

(5) 对于(2)中得到的 $D(z)$，画出离散系统的单位斜坡响应，并与连续系统的单位斜坡响应进行比较。

7-25 设闭环离散系统如图 7-73 所示，若采样周期在 $0 \leqslant T \leqslant 1.2\text{s}$ 范围内变化，试在 T 每增加 0.2s 之后，绘出系统的单位阶跃输入响应，要求列表记录相应的 $\sigma\%$ 和 $t_s(\Delta=2\%)$。

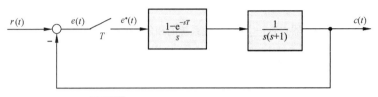

图 7-73　题 7-25 的闭环离散系统结构图

7-26　设具有采样器、零阶保持器的闭环离散系统如图 7-74 所示，当采样周期 $T=0.1\mathrm{s}$，输入信号为单位阶跃信号时，试计算系统的输出 $C(z)$。

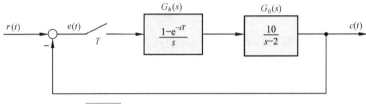

图 7-74　题 7-26 的闭环离散系统结构图

第八章 非线性控制系统分析

本章导学

8-1 非线性控制系统概述

1. 研究非线性控制理论的意义

以上章节详细地讨论了线性定常控制系统的分析和设计问题。但实际上，理想的线性系统并不存在，因为组成控制系统的各元件的动态和静态特性都存在着不同程度的非线性。以随动系统为例，放大元件由于受电源电压或输出功率的限制，在输入电压超过放大器的线性工作范围时，输出呈饱和现象，如图 8-1(a)所示；执行元件电动机，由于轴上存在着摩擦力矩和负载力矩，只有在电枢电压达到一定数值后，电机才会转动，存在着死区，而当电枢电压超过一定数值时，电机的转速将不再增加，出现饱和现象，其特性如图 8-1(b)所示；又如传动机构，受加工和装配精度的限制，换向时存在着间隙特性，如图 8-1(c)所示。

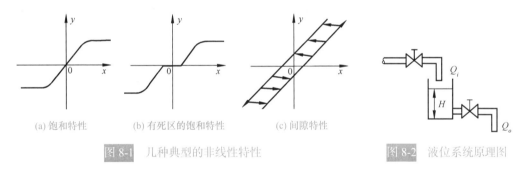

(a) 饱和特性 (b) 有死区的饱和特性 (c) 间隙特性

图 8-1 几种典型的非线性特性　　　　图 8-2 液位系统原理图

实际系统中普遍存在非线性因素。当系统中含有一个或多个具有非线性特性的元件时，该系统称为非线性系统。例如，在图 8-2 所示的柱形液位系统中，设 H 为液位高度，Q_i 为液体流入量，Q_o 为液体流出量，C 为贮槽的截面积。根据水力学原理

$$Q_o = k\sqrt{H} \tag{8-1}$$

其中比例系数 k 取决于液体的黏度和阀阻。液位系统的动态方程为

$$C\frac{\mathrm{d}H}{\mathrm{d}t} = Q_i - Q_o = Q_i - k\sqrt{H} \tag{8-2}$$

显然，液位 H 和液体输入量 Q_i 的数学关系式为非线性微分方程。一般地，非线性系统的数学模型可以表示为

$$f\left(t, \frac{\mathrm{d}^n y}{\mathrm{d}t^n}, \cdots, \frac{\mathrm{d}y}{\mathrm{d}t}, y\right) = g\left(t, \frac{\mathrm{d}^m r}{\mathrm{d}t^m}, \cdots, \frac{\mathrm{d}r}{\mathrm{d}t}, r\right) \tag{8-3}$$

其中 $f(\cdot)$ 和 $g(\cdot)$ 为非线性函数。

当非线性程度不严重时，例如不灵敏区较小、输入信号幅值较小、传动机构间隙不大时，可以忽略非线性特性的影响，从而可将非线性环节视为线性环节；当系统方程解析且工作在某一数值附近的较小范围内时，可运用小偏差法将非线性模型线性化。例如，设图 8-2 液位系统的液位 H 在 H_0 附近变化，相应的液体输入量 Q_i 在 Q_{i0} 附近变化时，可取 $\Delta H = H - H_0$，$\Delta Q_i = Q_i - Q_{i0}$，对 $\sqrt{H}$ 作泰勒级数展开，有

$$\sqrt{H} = \sqrt{H_0} + \frac{1}{2\sqrt{H_0}}(H - H_0) + \cdots \tag{8-4}$$

鉴于 H，Q_i 变化较小，取 $\sqrt{H}$ 泰勒级数展开式的一次项近似，可得以下小偏差线性方程：

$$C\frac{\mathrm{d}(\Delta H)}{\mathrm{d}t} = \Delta Q_i - \frac{k}{2\sqrt{H_0}}\Delta H \tag{8-5}$$

忽略非线性特性的影响或作小偏差线性化处理后，非线性系统近似为线性系统，因此可以采用线性定常系统的方法加以分析和设计。但是，对于非线性程度比较严重，且系统工作范围较大的非线性系统，只有使用非线性系统的分析和设计方法，才能得到较为正确的结果。随着生产和科学技术的发展，对控制系统的性能要求越来越高，建立在上述线性化基础上的分析和设计方法已难以解决高质量的控制问题。为此，必须针对非线性系统的数学模型，采用非线性控制理论进行研究。此外，为了改善系统的性能，实现高质量的控制，还必须考虑非线性控制器的设计。例如，为了获得最短时间控制，需对执行机构采用继电控制，使其始终工作在最大电压或最大功率下，充分发挥其调节能力；为了兼顾系统的响应速率和稳态精度，需使用变增益控制器。

值得注意的是，非线性特性千差万别，对于非线性系统，目前还没有统一的且普遍适用的处理方法。线性系统是非线性系统的特例，线性系统的分析和设计方法在非线性控制系统的研究中仍将发挥非常重要的作用。

2. 非线性系统的特征

线性系统的重要特征是可以应用线性叠加原理。由于描述非线性系统运动的数学模型为非线性微分方程，因此叠加原理不能应用，故能否应用叠加原理是两类系统的本质区别。非线性系统的运动主要有以下特点：

(1) 稳定性分析复杂

按照平衡状态的定义，在无外作用且系统输出的各阶导数等于零时，系统处于平衡状态。显然，对于线性系统，只有一个平衡状态 $y=0$，线性系统的稳定性即为该平衡状态的稳定性，而且只取决于系统本身的结构和参数，与外作用和初始条件无关。

对于非线性系统，则问题变得较复杂。首先，系统可能存在多个平衡状态。考虑下述非线性一阶系统：

$$\dot{x} = x^2 - x = x(x-1) \tag{8-6}$$

令 $\dot{x}=0$，可知该系统存在两个平衡状态 $x=0$ 和 $x=1$，为了分析各个平衡状态的稳定性，需要求解式(8-6)。设 $t=0$ 时，系统的初始状态为 x_0，由式(8-6)得

$$\frac{\mathrm{d}x}{x(x-1)} = \mathrm{d}t$$

积分得

$$x(t) = \frac{x_0 e^{-t}}{1 - x_0 + x_0 e^{-t}} \tag{8-7}$$

相应的时间响应随初始条件而变。当 $x_0 > 1$，$t < \ln\dfrac{x_0}{x_0 - 1}$ 时，随 t 增大，$x(t)$ 递增；$t = \ln\dfrac{x_0}{x_0 - 1}$ 时，$x(t)$ 为无穷大。当 $x_0 < 1$ 时，$x(t)$ 递减并趋于 0。不同初始条件下的时间响应曲线如图 8-3 所示。

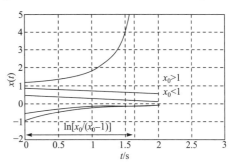

考虑上述平衡状态受小扰动的影响，故平衡状态 $x=1$ 是不稳定的，因为稍有偏离，系统不能恢复至原平衡状态；而平衡状态 $x=0$ 在一定范围的扰动下($x_0 < 1$)是稳定的。

由上例可见，非线性系统可能存在多个平衡状态，各平衡状态可能是稳定的也可能是不稳定的。初始条件不同，自由运动的稳定性亦不同。更重要的是，平衡状态的稳定性不仅与系统的结构和参数有关，而且与系统的初始条件有直接的关系。

图 8-3　非线性一阶系统的时间响应曲线
(MATLAB)

(2) 可能存在自激振荡现象

所谓自激振荡是指没有外界信号的作用时，系统内产生的具有固定振幅和频率的稳定周期运动，简称自振。线性定常系统只有在临界稳定的情况下才能产生周期运动。考虑图 8-4 所示系统，设初始条件 $x(0)=x_0$，$\dot{x}(0) = \dot{x}_0$，系统自由运动方程为

图 8-4　二阶零阻尼线性系统结构图

$$\ddot{x} + \omega_n^2 x = 0 \tag{8-8}$$

用拉普拉斯变换法求解该微分方程得

$$X(s) = \frac{s x_0 + \dot{x}_0}{s^2 + \omega_n^2} \tag{8-9}$$

系统自由运动

$$x(t) = \sqrt{x_0^2 + \left(\frac{\dot{x}_0}{\omega_n}\right)^2} \sin\left(\omega_n t + \arctan\frac{\omega_n x_0}{\dot{x}_0}\right) = A \sin(\omega_n t + \varphi) \tag{8-10}$$

其中振幅 A 和相角 φ 依赖于初始条件。此外，根据线性叠加原理，在系统运动过程中，一旦外扰动使系统输出 $x(t)$ 或 $\dot{x}(t)$ 发生偏离，则 A 和 φ 都将随之改变，因而上述周期运动将不能维持。所以线性系统在无外界信号作用时所具有的周期运动不是自激振荡。

考虑著名的范德波尔方程

$$\ddot{x} - 2\rho(1 - x^2)\dot{x} + x = 0, \qquad \rho > 0 \tag{8-11}$$

该方程描述具有非线性阻尼的非线性二阶系统。当扰动使 $x<1$ 时，因为 $-2\rho(1-x^2)<0$ 系

统具有负阻尼，此时系统从外部获得能量，$x(t)$的运动呈发散形式；当 $x>1$ 时，因为 $-2\rho(1-x^2)>0$，系统具有正阻尼，此时系统消耗能量，$x(t)$的运动呈收敛形式；而当$x=1$时，系统为零阻尼，系统运动呈等幅振荡形式。MATLAB 分析表明，系统能克服扰动对 x 的影响，保持幅值为 1 的等幅自激振荡，如图 8-5 所示。

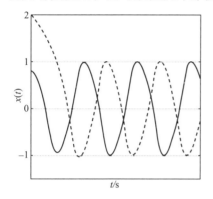

图 8-5　非线性阻尼二阶系统的
自激振荡(MATLAB)

必须指出，长时间大幅度的振荡会造成机械磨损，增加控制误差，因此多数情况下不希望系统有自振发生。但在控制中通过引入高频小幅度的颤振，可克服间隙、死区等非线性因素的不良影响。而在振动试验中，还必须使系统产生稳定的周期运动。因此研究自振的产生条件及抑制，确定自振的频率和周期，是非线性系统分析的重要内容。

(3) 频率响应发生畸变

稳定的线性系统的频率响应，即正弦信号作用下的稳态输出量是与输入同频率的正弦信号，其幅值 A 和相位 φ 为输入正弦信号频率 ω 的函数。而非线性系统的频率响应除了含有与输入同频率的正弦信号分量(基频分量)外，还含有关于 ω 的高次谐波分量，使输出波形发生非线性畸变。若系统含有多值非线性环节，输出的各次谐波分量的幅值还可能发生跃变。

在非线性系统的分析和控制中，还会产生一些其他与线性系统明显不同的现象，在此不再赘述。

3. 非线性系统的分析与设计方法

系统分析和设计的目的是通过求取系统的运动形式，以解决稳定性问题为中心，对系统实施有效的控制。由于非线性系统形式多样，受数学工具限制，一般情况下难以求得非线性微分方程的解析解，只能采用工程上适用的近似方法。本章重点介绍以下三种方法。

(1) 相平面法

相平面法是推广应用时域分析法的一种图解分析方法。该方法通过在相平面上绘制相轨迹曲线，确定非线性微分方程在不同初始条件下解的运动形式。相平面法仅适用于一阶和二阶系统。

(2) 描述函数法

描述函数法是基于频域分析法和非线性特性谐波线性化的一种图解分析方法。该方法对于满足结构要求的一类非线性系统，通过谐波线性化，将非线性特性近似表示为复变增益环节，然后推广应用频率法，分析非线性系统的稳定性或自激振荡。

(3) 逆系统法

逆系统法是运用内环非线性反馈控制，构成伪线性系统，并以此为基础，设计外环控制网络。该方法应用数学工具直接研究非线性控制问题，不必求解非线性系统的运动方程，是非线性系统控制研究的一个发展方向。

此外，在非线性系统研究中，数字计算机仿真可以求得非线性系统的精确解，进而分析非线性系统的性能，它已成为研究非线性系统的重要手段。

8-2 常见非线性特性及其对系统运动的影响

继电特性、死区、饱和、间隙和摩擦是实际系统中常见的非线性因素。在很多情况下，非线性系统可以表示为在线性系统的某些环节的输入或输出端加入非线性环节。因此，非线性因素的影响使线性系统的运动发生变化。有鉴于此，本节从物理概念的角度出发，基于线性系统的分析方法，对这类非线性系统进行定性分析，所得结论虽然不够严谨，但对分析常见非线性因素对系统运动的影响，具有一定的参考价值。以下分析中，采用简单的折线代替实际的非线性曲线，将非线性特性典型化，而由此产生的误差一般处于工程所允许的范围之内。

1. 非线性特性的等效增益

设非线性特性可以表示为

$$y = f(x) \tag{8-12}$$

将非线性特性视为一个环节，环节的输入为 x，输出为 y，按照线性系统中比例环节的描述，定义非线性环节输出 y 和输入 x 的比值为等效增益

$$k = \frac{y}{x} = \frac{f(x)}{x} \tag{8-13}$$

应当指出，比例环节的增益为常值，输出和输入呈线性关系，而式(8-12)所示非线性环节的等效增益为变增益，因而可将非线性特性视为变增益比例环节。当然，比例环节是变增益比例环节的特例。

继电器、接触器和可控硅等电气元件的特性通常都表现为继电特性。继电特性的等效增益曲线如图 8-6(a)所示。当输入 x 趋于零时，等效增益趋于无穷大；由于输出 y 的幅值保持不变，故当 $|x|$ 增大时，等效增益减小，$|x|$ 趋于无穷大时，等效增益趋于零。

死区特性一般是由测量元件、放大元件及执行机构的不灵敏区所造成的。死区特性的等效增益曲线如图 8-6(b)所示。当 $|x| < \Delta$ 时，$k=0$；当 $|x| > \Delta$ 时，k 为 $|x|$ 的增函数，且随 $|x|$ 趋于无穷时，k 趋于 k_0。

放大器及执行机构受电源电压或功率的限制导致饱和现象，等效增益曲线如图 8-6(c)所示。当输入 $|x| \leqslant a$ 时，输出 y 随输入 x 线性变化，等效增益 $k=k_0$；当 $|x| > a$ 时，输出量保持常值，k 为 $|x|$ 的减函数，且随 $|x|$ 趋于无穷而趋于零。

齿轮、蜗轮轴系的加工及装配误差或磁滞效应是形成间隙特性的主要原因。以齿轮传动为例，一对啮合齿轮，当主动轮驱动从动轮正向运行时，若主动轮改变方向，则需运行两倍的齿隙才可使从动轮反向运行，如图 8-6(d)所示。间隙特性为非单值函数

$$y = \begin{cases} k_0(x-b), & \dot{x} > 0, \quad x > -(a-2b) \\ k_0(a-b), & \dot{x} < 0, \quad x > (a-2b) \\ k_0(x+b), & \dot{x} < 0, \quad x < (a-2b) \\ k_0(-a+b), & \dot{x} > 0, \quad x < -(a-2b) \end{cases} \tag{8-14}$$

根据式(8-14)分段确定等效增益并作等效增益曲线如图 8-6(d)所示。受间隙特性的影响,在主动轮改变方向的瞬时和从动轮由停止变为跟随主动轮转动的瞬时($x = \pm(a-2b)$),等效增益曲线发生转折;当主动轮转角过零时,等效增益发生 $+\infty$ 到 $-\infty$ 的跳变;在其他运动点上,等效增益的绝对值为 $|x|$ 的减函数。

　　摩擦特性是机械传动机构中普遍存在的非线性特性。摩擦力阻挠系统的运动,即表现为与物体运动方向相反的制动力。摩擦力一般表示为三种形式的组合,如图 8-6(e)所示。图中, F_1 是物体开始运动所需克服的静摩擦力;当系统开始运动后,则变为动摩擦力 F_2 ;第三种摩擦力为黏性摩擦力,与物体运动的滑动平面相对速率成正比。摩擦特性的等效增益为物体运动速率 $|\dot{x}|$ 的减函数。 $|\dot{x}|$ 趋于无穷大时,等效增益趋于 k_0 ;当 $|\dot{x}|$ 在零附近作微小变化时,由于静摩擦力和动摩擦力的突变式转变,等效增益变化剧烈。

(a) 继电特性　　(b) 死区特性　　(c) 饱和特性　　(d) 间隙特性　　(e) 摩擦特性

图 8-6　常见非线性特性的等效增益曲线

2. 常见非线性因素对系统运动的影响

　　非线性特性对系统性能的影响是多方面的,难以一概而论。为便于定性分析,采用图 8-7 所示的结构形式,图中 k 为非线性特性的等效增益, $G(s)$ 为最小相位线性部分的传递函数。当忽略或不考虑非线性因素,即 k 为常数时,非线性系统表现为线性系统,因此非线性系统的分析可在线性系统分析的基础上加以推广。由于非线性特性用等效增益表示,图 8-7 所示非线性系统的开环零极点与开环增益为 $k \cdot K$ 时的线性系统的零极点相同,其中 K 为线性部分开环增益。非线性因素对系统运动的影响体现为通过开环增益的变化改变系统的闭环极点的位置。

图 8-7　等效增益表示的非线性系统结构图

　　(1) 继电特性

　　由图 8-6(a)所示继电特性的等效增益曲线知, $0 < k < \infty$,且为 $|x|$ 的减函数。对于图 8-7 所示系统,当系统受扰使 $|x(t)| \neq 0$,从而输出 $c(t)$ 偏离原平衡状态,随后由于 $|x(t)|$ 的减小, k 随之增大,在力图使输出回到原平衡状态的过程中,因为实际系统中的继电特

性具有一定的开关速度，$c(t)$呈现为零附近的高频小幅度振荡。当输入 $r(t)=1(t)$时，非线性系统的单位阶跃响应的稳态过程亦呈现为 $1(t)$叠加高频小幅度振荡的运动形式，如图 8-8(a)中虚线所示。其中实线为线性系统的输出响应。

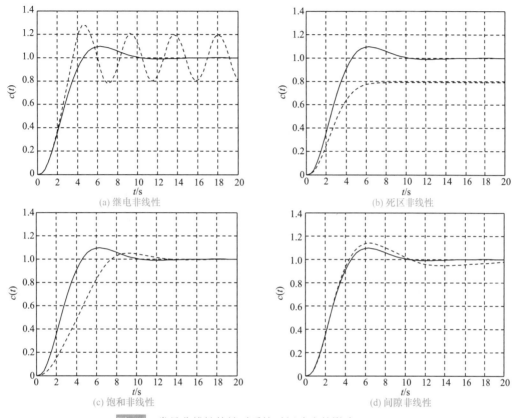

(a) 继电非线性　　　(b) 死区非线性　　　(c) 饱和非线性　　　(d) 间隙非线性

图 8-8　常见非线性特性对系统时间响应的影响(Simulink)

上述分析表明，继电特性常常使系统产生振荡现象。

(2) 死区特性

死区特性最直接的影响是使系统存在稳态误差。当$|x(t)|<\Delta$时，由于 $k=0$，系统处于开环状态，失去调节作用。当系统输入为速度信号时，受死区的影响，在$|r-c|<\Delta$时，系统无调节作用，因此导致系统输出在时间上的滞后，降低了系统的跟踪精度。而在另一方面，当系统输入端存在小扰动信号时，在系统动态过程的稳态值附近，死区的作用可减少扰动信号的影响。死区特性对系统运动的影响如图 8-8(b)中虚线所示，其中实线为线性系统输出响应。

考虑死区对图 8-7 所示系统动态性能的影响。设无死区特性时，系统阻尼比较小，系统动态过程超调量较大。死区的存在，使非线性特性的等效增益在 $0\sim k_0$变化。当$|x(t)|$较大时，k_0增大，使系统响应速度快；当$|x(t)|$较小时，等效增益下降，系统振荡性减弱，因而可降低系统的超调量。

(3) 饱和特性

饱和特性的等效增益曲线表明，饱和现象将使系统的开环增益在饱和区时下降。控制系统设计时，为使功能元件得到充分利用，应力求使功放级首先进入饱和；为获得较好的动态性能,应通过选择合适线性区增益和饱和电压,使系统既能获得较小的超调量,又能保证较大的开环增益，减小稳态误差。饱和区对系统运动的影响如图 8-8(c)中虚线所示，其中实线为线性系统输出响应。

(4) 间隙特性

间隙的存在，相当于死区的影响，降低系统的跟踪精度。由于间隙为非单值函数，对于相同的输入值 $x(t)$，输出 $y(t)$ 的取值还取决于 $x(t)$ 的符号，因而受其影响负载系统的运动变化剧烈。首先分析能量的变化，由于主动轮转向时，需要越过两倍的齿隙，其间不驱动负载，因而导致能量积累。当主动轮越过齿隙重新驱动负载时，积累能量的释放将使负载运动变化加剧。若间隙过大，则蓄能过多，将会造成系统自振。若分析等效增益曲线，可以发现，在主动轮转向和越过齿隙的瞬间，等效增益曲线发生切变。而在 $x(t)$ 过零处，等效增益将产生 $+\infty$ 到 $-\infty$ 的跳变。$x(t)$ 信号过零时，k 趋于 $+\infty$，$x(t)$ 以高频振荡形式收敛，而过零后，k 由 $-\infty$ 趋于 0，系统闭环不稳定，输出表现为迅速发散。上述分析表明，间隙特性将严重影响系统的性能，如图 8-8(d)中虚线所示，其中实线为线性系统输出响应。

(5) 摩擦特性

摩擦对系统性能的影响最主要的是造成系统低速运动的不平滑性，即当系统的输入轴作低速平稳运转时，输出轴的旋转呈现跳跃式的变化。这种低速爬行现象是由静摩擦到动摩擦的跳变产生的。传动机构的结构图如图 8-9(a)所示，其中 J 为转动惯量，i 为齿轮系速比，$\theta(t)$ 为输出轴角度，由于输入转矩需要克服静态转矩 F_1 方使输出轴由静止开始转动，而一旦输出轴转动，摩擦转矩即由 F_1 迅速降为动态转矩 F_2，因而造成输出轴在小角度(零附近)产生跳跃式变化。反映在等效增益上，在 $x(t)$ 为零处表现为能量为 F_1 的正脉冲和能量为 F_1-F_2 的负脉冲。对于雷达、天文望远镜、火炮等高精度控制系统，这种脉冲式的输出变化产生的低速爬行现象往往导致不能跟踪目标，甚至丢失目标，如图 8-9(b)中虚线所示。

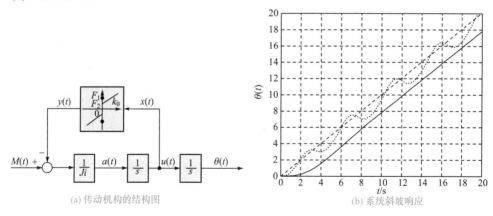

(a) 传动机构的结构图 (b) 系统斜坡响应

图 8-9 传动机构的结构图和摩擦特性影响(Simulink)

以上主要是通过等效增益概念在一般意义上针对特定的系统定性分析了常见非线性因素对系统性能的影响，在其他情况下不一定适用，具体问题必须具体分析。而欲获得较为准确的结论，还应采用有效的方法对非线性系统作进一步的定量分析和研究。

8-3　相 平 面 法

相平面法由庞加莱 1885 年首先提出。该方法通过图解法将一阶和二阶系统的运动过程转化为位置和速度平面上的相轨迹，从而比较直观、准确地反映系统的稳定性、平衡状态和稳态精度以及初始条件及参数对系统运动的影响。相轨迹的绘制方法步骤简单、计算量小，用 MATLAB 软件绘制特别方便，适用于分析常见非线性特性和一阶、二阶线性环节组合而成的非线性系统。

1. 相平面的基本概念

考虑可用下列常微分方程描述的二阶时不变系统：

$$\ddot{x} = f(x, \dot{x}) \tag{8-15}$$

其中 $f(x, \dot{x})$ 是 $x(t)$ 和 $\dot{x}(t)$ 的线性或非线性函数。该方程的解可以用 $x(t)$ 的时间函数曲线表示，也可以用 $\dot{x}(t)$ 和 $x(t)$ 的关系曲线表示，而 t 为参变量。$x(t)$ 和 $\dot{x}(t)$ 称为系统运动的相变量(状态变量)，以 $x(t)$ 为横坐标，$\dot{x}(t)$ 为纵坐标构成的直角坐标平面称为相平面。相变量从初始时刻 t_0 对应的状态点 $(x_0, \dot{x}_0)$ 起，随着时间 t 的推移，在相平面上运动形成的曲线称为相轨迹。在相轨迹上用箭头符号表示参变量时间 t 的增加方向。根据微分方程解的存在与唯一性定理，对于任一给定的初始条件，相平面上有一条相轨迹与之对应。多个初始条件下的运动对应多条相轨迹，形成相轨迹簇，而由一簇相轨迹所组成的图形称为相平面图。

若已知 x 和 $\dot{x}$ 的时间响应曲线如图 8-10(b)，(c)所示，则可根据任一时间点的 $x(t)$ 和 $\dot{x}(t)$ 的值，得到相轨迹上对应的点，并由此获得一条相轨迹，如图 8-10(a)所示。

相轨迹在某些特定情况下，也可以通过积分法，直接由微分方程获得 $\dot{x}(t)$ 和 $x(t)$ 的解析关系式。因为

$$\ddot{x} = \frac{d\dot{x}}{dt} = \frac{d\dot{x}}{dx} \cdot \frac{dx}{dt} = \dot{x}\frac{d\dot{x}}{dx}$$

由式(8-15)，有

$$\dot{x}\frac{d\dot{x}}{dx} = f(x, \dot{x}) \tag{8-16}$$

若该式可以分解为

$$g(\dot{x})d\dot{x} = h(x)dx \tag{8-17}$$

两端积分

$$\int_{\dot{x}_0}^{\dot{x}} g(\dot{x})\,d\dot{x} = \int_{x_0}^{x} h(x)\,dx \tag{8-18}$$

由此可得 $\dot{x}$ 和 x 的解析关系式，其中 x_0 和 $\dot{x}_0$ 为初始条件。

例 8-1　某弹簧-质量运动系统如图 8-11 所示，图中 m 为物体的质量，k 为弹簧的弹性系数，若初始条件为 $x(0)=x_0$，$\dot{x}(0)=\dot{x}_0$，试确定系统自由运动的相轨迹。

图 8-10　$x(t)$，$\dot{x}(t)$ 及其相轨迹曲线　　　图 8-11　弹簧-质量运动系统原理图

解　描述系统自由运动的微分方程式为

$$\ddot{x} + x = 0 \tag{8-19}$$

将上式写为

$$\dot{x}\frac{\mathrm{d}\dot{x}}{\mathrm{d}x} = -x$$

令 $g(\dot{x})=\dot{x}$，$h(x)=-x$ 则按式(8-18)，有

$$\int_{\dot{x}_0}^{\dot{x}} g(\dot{x})\,\mathrm{d}\dot{x} = \int_{\dot{x}_0}^{\dot{x}} \dot{x}\,\mathrm{d}\dot{x} = \frac{1}{2}(\dot{x}^2 - \dot{x}_0^2)$$

$$\int_{x_0}^{x} h(x)\,\mathrm{d}x = \int_{x_0}^{x} -x\,\mathrm{d}x = -\frac{1}{2}(x^2 - x_0^2)$$

整理得

$$x^2 + \dot{x}^2 = (x_0^2 + \dot{x}_0^2) \tag{8-20}$$

该系统自由运动的相轨迹为以坐标原点为圆心、$\sqrt{x_0^2 + \dot{x}_0^2}$ 为半径的圆，如图 8-12 所示。

2. 相轨迹绘制的等倾线法

等倾线法是求取相轨迹的一种作图方法，不需求解微分方程。对于求解困难的非线性微分方程，图解方法显得尤为实用。

等倾线法的基本思想是，先确定相轨迹的等倾线，进而绘出相轨迹的切线方向场，

然后从初始条件出发，沿方向场逐步绘制相轨迹。

由式(8-16)可得相轨迹微分方程

$$\frac{\mathrm{d}\dot{x}}{\mathrm{d}x} = \frac{f(x,\dot{x})}{\dot{x}} \tag{8-21}$$

该方程给出了相轨迹在相平面上任一点 $(x,\dot{x})$ 处切线的斜率。取相轨迹切线的斜率为某一常数 α，得等倾线方程

$$\dot{x} = \frac{f(x,\dot{x})}{\alpha} \tag{8-22}$$

由该方程可在相平面上作一条曲线，称为等倾线。当相轨迹经过该等倾线上任一点时，其切线的斜率都相等，均为 α。取 α 为若干不同的常数，即可在相平面上绘制出若干条等倾线，在等倾线上各点处作斜率为 α 的短直线，并以箭头表示切线方向，则构成相轨迹的切线方向场。

在图 8-13 中，已绘制某系统的等倾线和切线方向场，给定初始点 $(x_0,\dot{x}_0)$，则相轨迹的绘制过程如下。

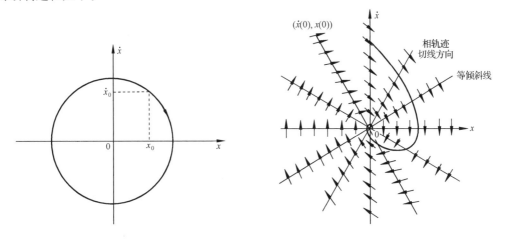

图 8-12　例 8-1 弹簧-质量系统的相轨迹　　　　图 8-13　用等倾线法绘制相轨迹

由初始点出发，按照该点所处等倾线的短直线方向作一条小线段，并与相邻一条等倾线相交；由该交点起，并按该交点所在等倾线的短直线方向作一条小线段，再与其相邻的一条等倾线相交；循此步骤依次进行，就可以获得一条从初始点出发，由各小线段组成的折线，最后对该折线作光滑处理，即得到所求系统的相轨迹。

使用等倾线法绘制相轨迹应注意以下几点：

1) 坐标轴 x 和 $\dot{x}$ 应选用相同的比例尺，以便于根据等倾线斜率准确绘制等倾线上一点的相轨迹切线。

2) 在相平面的上半平面，由于 $\dot{x}>0$，则 x 随 t 增大而增加，相轨迹的走向应是由左向右；在相平面的下半平面，由于 $\dot{x}<0$，则 x 随 t 增大而减小，相轨迹的走向应由右向左。

3) 除系统的平衡点外，相轨迹与 x 轴的相交点处切线斜率 $\alpha = \dfrac{f(x,\dot{x})}{\dot{x}}$ 应为 $+\infty$ 或 $-\infty$，即相轨迹与 x 轴垂直相交。

4) 一般地，等倾线分布越密，则所作的相轨迹越准确。但随所取等倾线的增加，绘图工作量增加，同时也使作图产生的积累误差增大。应当指出：应用 MATLAB 软件，调用命令 ode45 及 plot，可解出系统微分方程高阶数值，并在线性坐标平面上方便地绘出相应的相轨迹。因而等倾线法仅主要用来分析相轨迹的形状和走向。

3. 线性系统的相轨迹

线性系统是非线性系统的特例，对于许多非线性一阶和二阶系统(系统中所含非线性环节可用分段折线表示)，常可以分成多个区间进行研究，而在各个区间内，非线性系统的运动特性可用线性微分方程描述；此外，对于某些非线性微分方程，为研究各平衡状态附近的运动特性，可在平衡点附近作增量线性化处理，即对非线性微分方程两端的各非线性函数作泰勒级数展开，并取一次项近似，获得平衡点处的增量线性微分方程。因此，研究线性一阶、二阶系统的相轨迹及其特点是十分必要的。下面研究线性一阶、二阶系统自由运动的相轨迹，所得结论可作为非线性一阶、二阶系统相平面分析的基础。

(1) 线性一阶系统的相轨迹

描述线性一阶系统自由运动的微分方程为

$$T\dot{c} + c = 0$$

相轨迹方程为

$$\dot{c} = -\frac{1}{T}c \tag{8-23}$$

设系统初始条件为 $c(0)=c_0$，则 $\dot{c}(0)=\dot{c}_0 = -\frac{1}{T}c_0$，相轨迹如图 8-14 所示。

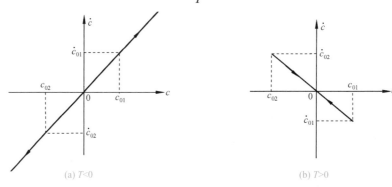

(a) $T<0$ (b) $T>0$

图 8-14 线性一阶系统的相轨迹

由图 8-14 知，相轨迹位于过原点，斜率为 $-\frac{1}{T}$ 的直线上。当 $T>0$ 时，相轨迹沿该直线收敛于原点；当 $T<0$ 时，相轨迹沿该直线发散至无穷。

(2) 线性二阶系统的相轨迹

描述线性二阶系统自由运动的微分方程为

$$\ddot{c} + a\dot{c} + bc = 0 \tag{8-24}$$

当 $b>0$ 时，上述微分方程又可以表示为

$$\ddot{c} + 2\zeta\omega_n\dot{c} + \omega_n^2 c = 0 \tag{8-25}$$

线性二阶系统的特征根

$$s_{1,2} = \frac{-a \pm \sqrt{a^2 - 4b}}{2} \tag{8-26}$$

相轨迹微分方程为

$$\frac{\mathrm{d}\dot{c}}{\mathrm{d}c} = \frac{-a\dot{c} - bc}{\dot{c}} \tag{8-27}$$

令 $\dfrac{-a\dot{c} - bc}{\dot{c}} = \alpha$ ，可得等倾线方程

$$\dot{c}(t) = -\frac{bc(t)}{\alpha + a} = kc(t) \tag{8-28}$$

其中 k 为等倾线的斜率。当 $a^2 - 4b > 0$ ，且 $b \neq 0$ 时，可得满足 $k=\alpha$ 的两条特殊的等倾线，其斜率为

$$k_{1,2} = \alpha_{1,2} = s_{1,2} = \frac{-a \pm \sqrt{a^2 - 4b}}{2} = -\zeta\omega_n \pm \omega_n\sqrt{\zeta^2 - 1} \tag{8-29}$$

该式表明，特殊的等倾线的斜率等于位于该等倾线上相轨迹任一点的切线斜率，即当相轨迹运动至特殊的等倾线上时，将沿着等倾线收敛或发散，而不可能脱离该等倾线。下面就线性二阶微分方程参数 $b<0$, $b=0$ 和 $b>0$ 的八种不同情况加以具体讨论，其相轨迹曲线采用等倾线法或 MATLAB 法绘制而得。

1) $b<0$。系统特征根

$$s_1 = \frac{-a + \sqrt{a^2 + 4|b|}}{2} > 0, \qquad s_2 = \frac{-a - \sqrt{a^2 + 4|b|}}{2} < 0$$

系统相平面图如图 8-15 所示。

由图可见，图中两条特殊的等倾线是相轨迹，也是其他相轨迹的渐近线，此外作为相平面的分隔线，还将相平面划分为四个具有不同运动状态的区域。当初始条件位于 $\dot{c} = s_2 c$ 对应的相轨迹上时，系统的运动将趋于原点，但只要受到极其微小的扰动，系统的运动将偏离该相轨迹，并最终沿着 $\dot{c} = s_1 c$ 对应的相轨迹的方向发散至无穷。因此，$b<0$ 时，线性二阶系统的运动是不稳定的。

2) $b=0$。系统特征根为

$$s_1 = 0, \qquad s_2 = -a$$

相轨迹微分方程为

$$\frac{\mathrm{d}\dot{c}}{\mathrm{d}c} = -a \tag{8-30}$$

运用积分法求得相轨迹方程

$$\dot{c}(t) - \dot{c}_0 = -a(c(t) - c_0) \tag{8-31}$$

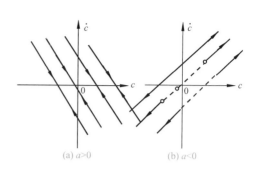

图 8-15　$b<0$ 时线性二阶系统相平面图　　图 8-16　$b=0$ 时线性二阶系统相平面图

相平面图见图 8-16，相轨迹为过初始点 $(c_0,\dot{c}_0)$，斜率为 $-a$ 的直线。当 $a>0$ 时，相轨迹收敛并最终停止在 c 轴上；当 $a<0$ 时，相轨迹发散至无穷。

3) $b>0$。由式(8-24)及式(8-25)知，可取 $\zeta=\dfrac{a}{2\sqrt{b}}$，并分以下几种情况加以分析：

①$0<\zeta<1$。系统特征根为一对具有负实部的共轭复根。由时域分析结果知，系统的零输入响应为衰减振荡形式。运用 MATLAB 软件绘制系统的相轨迹如图 8-17 所示。相轨迹为向心螺旋线，最终趋于原点。

图 8-17　$0<\zeta<1$ 时带稳定复极点二阶系统的相平面图(MATLAB)

②$\zeta>1$。系统特征根为两个互异负实根：$s_1=-\zeta\omega_n+\omega_n\sqrt{\zeta^2-1}$，$s_2=-\zeta\omega_n-\omega_n\sqrt{\zeta^2-1}$。系统的零输入响应为非振荡衰减形式，存在两条特殊的等倾线，其斜率分别为

$$k_1=s_1<0,\qquad k_2=s_2<k_1 \tag{8-32}$$

系统相平面图见图 8-18。当初始点落在 $\dot{c}(t)=s_2c(t)$ 或 $\dot{c}(t)=s_1c(t)$ 直线上时，相轨迹沿该

直线趋于原点；除此之外，相轨迹最终沿着 $\dot{c}(t)=s_1 c(t)$ 的方向收敛至原点。

关于相轨迹的运动形式说明如下：

由式(8-28)知，线性二阶系统的等倾线斜率为

$$k = \frac{-\omega_n^2}{\alpha + 2\zeta\omega_n} \tag{8-33}$$

可求得

$$\alpha = -2\zeta\omega_n - \frac{\omega_n^2}{k} \tag{8-34}$$

当等倾线位于第Ⅰ，Ⅲ象限时，$k>0$，则 $\alpha<0$。故在第Ⅰ象限，c 增大，$\dot{c}$ 减小；在第Ⅲ象限，c 减小，$\dot{c}$ 增大。在第Ⅱ(或第Ⅳ)象限，两条特殊相轨迹将该象限划分为 A，B 和 C 三个区域，如图 8-19 所示。因为

$$\alpha - k = \frac{-2\zeta\omega_n k - \omega_n^2}{k} - k = \frac{-(k-s_1)(k-s_2)}{k} \tag{8-35}$$

对于 A 区内任意一条 $k=k_A$ 的等倾线，由于 $0>k_A>s_1>s_2$，故 $\alpha_A>k_A$，相轨迹趋近于特殊等倾线 $\dot{c}=s_1 c$；对于 B 区内任一条 $k=k_B$ 的等倾线，由于 $s_1>k_B>s_2$，故 $\alpha_B<k_B$，相轨迹亦趋近于特殊等倾线 $\dot{c}=s_1 c$，偏离特殊等倾线 $\dot{c}=s_2 c$；而当等倾线位于 C 区时，$k_C<s_2<s_1$，则 $\alpha_C>k_C$，相轨迹偏离 $\dot{c}=s_2 c$。由以上分析亦可知，相轨迹沿 $\dot{c}=s_2 c$ 的运动是不稳定的，稍有扰动则偏离该相轨迹，最终沿等倾线 $\dot{c}=s_1 c$ 的方向收敛至原点。

根据时域分析结果，$\zeta>1$ 的线性二阶系统的自由运动为

$$c(t) = c_{10}e^{-s_1 t} + c_{20}e^{-s_2 t} \tag{8-36}$$

c_{10}，c_{20} 由初始条件决定。当取初始条件使 $c_{10}=0$(或 $c_{20}=0$)，则相轨迹为 $\dot{c}=s_2 c$ (或 $\dot{c}=s_1 c$)；而在其他情况下，由于特征根 s_2 远离虚轴，故 $c_{20}e^{-s_2 t}$ 相对于 $c_{10}e^{-s_1 t}$ 很快衰减，系统运动过程特别是过渡过程的后期主要取决于 $c_{10}e^{-s_1 t}$ 项。这一结果与相平面分析的结果一致。

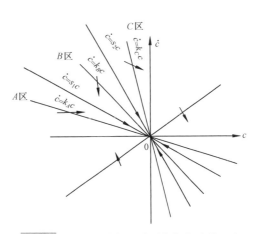

图 8-18　$\zeta>1$ 时极点为 $s_1=-1$ 和 $s_2=-5$ 的节点的　　图 8-19　$\zeta>1$ 时线性二阶系统相轨迹的运动
　　　　相平面图(MATLAB)

③$\zeta=1$。系统特征根为两个相等的负实根。取 $\omega_n=1$，其相平面图如图 8-20 所示。与

$\zeta > 1$ 相比，相轨迹的渐近线即特殊等倾线蜕化为一条，不同初始条件的相轨迹最终将沿着这条特殊的等倾线趋于原点。

④$\zeta = 0$。系统特征根为一对纯虚根 $s_{1,2} = \pm j\omega_n$。系统的自由运动为等幅正弦振荡。给定初始点(c_0，$\dot{c}_0$)，仿照例 8-1，采用直接积分方法可得系统的相轨迹方程

$$\frac{\dot{c}^2}{\dot{c}_0^2 + \omega_n^2 c_0^2} + \frac{\omega_n^2 c^2}{\dot{c}_0^2 + \omega_n^2 c_0^2} = 1 \tag{8-37}$$

显然，上式为相平面的椭圆方程。系统的相平面图为围绕坐标原点的一簇椭圆，如图 8-21 所示。椭圆的横轴和纵轴由初始条件给出。

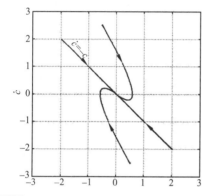

图 8-20　$\zeta=1$，$\omega_n=1$ 时线性二阶系统的相平面图
（MATLAB）

图 8-21　$\zeta=0$ 时线性二阶系统的相平面图

⑤$-1 < \zeta < 0$。系统特征根为一对具有正实部的共轭复根，系统自由运动呈发散振荡形式。取$\zeta=-0.5$，$\omega_n=1$ 时，系统相轨迹如图 8-22 所示，为离心螺旋线，最终发散至无穷。

⑥ $\zeta \leqslant -1$。 $\zeta < -1$ 时系统特征根为两个正实根， $s_1 = |\zeta|\omega_n + \omega_n\sqrt{\zeta^2 - 1}$，$s_2 = |\zeta|\omega_n - \omega_n\sqrt{\zeta^2 - 1}$。系统自由运动呈非振荡发散，系统相平面图见图 8-23。如图所示，

图 8-22　$-1<\zeta<0(\zeta=-0.5$，$\omega_n=1)$时线性二阶系统相平面图(MATLAB)

图 8-23　$\zeta<-1$ 时线性二阶系统相平面图(MATLAB)

存在两条特殊的等倾线 $\dot{c} = s_1 c$ 和 $\dot{c} = s_2 c$。当初始点落在这两条直线上，则相轨迹沿该直线趋于无穷；当初始点位于其余位置时，相轨迹发散至无穷远处，相轨迹曲线的形式与 $\zeta > 1$ 的情况相同，只是运动方向相反。

当 $\zeta = -1$ 时，系统特征根为两个相同的正实根，存在一条特殊的等倾线。系统相轨迹发散，相平面图如图 8-24 所示。

应当指出，二阶系统的相轨迹可应用 MATLAB 软件，运行相应的程序，在相平面上精确绘制，并可方便地给出相应的时间响应曲线，便于对比分析。

4. 奇点和奇线

系统分析的目的是确定系统所具有的各种运动状态及其性质。对于非线性系统，平衡状态和平衡状态附近系统的运动形式以及极限环的存在制约着整个系统的运动特性，为此必须加以讨论和研究。

(1) 奇点

以微分方程 $\ddot{x} = f(x, \dot{x})$ 表示的二阶系统，其相轨迹上每一点切线的斜率为 $\dfrac{\mathrm{d}\dot{x}}{\mathrm{d}x} = \dfrac{f(x, \dot{x})}{\dot{x}}$，若在某点处 $f(x, \dot{x})$ 和 $\dot{x}$ 同时为零，即有 $\dfrac{\mathrm{d}\dot{x}}{\mathrm{d}x} = \dfrac{0}{0}$ 的不定形式，则称该点为相平面的奇点。

相轨迹在奇点处的切线斜率不定，表明系统在奇点处可以按任意方向趋近或离开奇点，因此在奇点处，多条相轨迹相交；而在相轨迹的非奇点(称为普通点)处，不同时满足 $\dot{x} = 0$ 和 $f(x, \dot{x}) = 0$，相轨迹的切线斜率是一个确定的值，故经过普通点的相轨迹只有一条。

由奇点定义知，奇点一定位于相平面的横轴上。在奇点处，$\dot{x} = 0$，$\ddot{x} = f(x, \dot{x}) = 0$，系统

图 8-24　$\zeta = -1$ 时线性二阶系统的相平面图

运动的速度和加速度同时为零。对于二阶系统来说，系统不再发生运动，处于平衡状态，故相平面的奇点亦称为平衡点。

线性二阶系统为非线性二阶系统的特殊情况。按前分析，特征根在 s 平面上的分布，决定了系统自由运动的形式，因而可由此划分线性二阶系统奇点(0, 0)的类型：

1) 焦点。当特征根为一对具有负实部的共轭复根时，奇点为稳定焦点，如图 8-17 所示；当特征根为一对具有正实部的共轭复根时，奇点为不稳定焦点，如图 8-22 所示。

2) 节点。当特征根为两个负实根时，奇点为稳定节点，如图 8-18 所示；当特征根为两个正实根时，奇点为不稳定节点，如图 8-23 所示。

3) 鞍点。当特征根一个为正实根，一个为负实根时，奇点为鞍点，如图 8-15 所示。

此外，若线性一阶系统的特征根为负实根(奇点为原点)或线性二阶系统的特征根一个为零根，另一个为负实根时(奇点为横轴)，相轨迹线性收敛；若线性一阶系统的特征根为

正实根时或线性二阶系统一个根为零根，另一个根为正实根时，则相轨迹线性发散。系统相平面图如图 8-14 和图 8-16 所示。

对于非线性系统的各个平衡点，若描述非线性过程的非线性函数解析时，可以通过平衡点处的线性化方程，基于线性系统特征根的分布，确定奇点的类型，进而确定平衡点附近相轨迹的运动形式。对于常微分方程 $\ddot{x} = f(x, \dot{x})$，若 $f(x, \dot{x})$ 解析，设 $(x_0, \dot{x}_0)$ 为非线性系统的某个奇点，则可将 $f(x, \dot{x})$ 在奇点 $(x_0, \dot{x}_0)$ 处展开成泰勒级数，在奇点的小邻域内，略去 $\Delta x = x - x_0$ 和 $\Delta \dot{x} = \dot{x} - \dot{x}_0$ 的高次项，即取一次近似，则得到奇点附近关于 x 增量 Δx 的线性二阶微分方程

$$\Delta \ddot{x} = \left. \frac{\partial f(x, \dot{x})}{\partial x} \right|_{\substack{x = x_0 \\ \dot{x} = \dot{x}_0}} \Delta x + \left. \frac{\partial f(x, \dot{x})}{\partial \dot{x}} \right|_{\substack{x = x_0 \\ \dot{x} = \dot{x}_0}} \Delta \dot{x} \tag{8-38}$$

若 $f(x, \dot{x})$ 不解析，例如非线性系统中含有用分段折线表示的常见非线性因素，可以根据非线性特性，将相平面划分为若干个区域，在各个区域，非线性方程中 $f(x, \dot{x})$ 或满足解析条件或可直接表示为线性微分方程。当非线性方程在某个区域可以表示为线性微分方程时，则奇点类型决定该区域系统运动的形式。若对应的奇点位于本区域内，则称为实奇点；若对应的奇点位于其他区域，则称为虚奇点。

(2) 奇线

奇线就是特殊的相轨迹，它将相平面划分为具有不同运动特点的各个区域。最常见的奇线是极限环。由于非线性系统会出现自振荡，所以相应的相平面上会出现一条孤立的封闭曲线，曲线附近的相轨迹都渐近地趋向这条封闭的曲线，或者从这条封闭的曲线离开，见图 8-25，这条特殊的相轨迹就是极限环。极限环把相平面划分为内部平面和外部平面两部分，相轨迹不能从环内穿越极限环进入环外，或者相反。这样就把相平面划分为具有不同运动特点的各个区域，所以，极限环也是相平面上的分隔线，它对于确定系统的全部运动状态是非常重要的。

应当指出，不是相平面内所有的封闭曲线都是极限环。在无阻尼的线性二阶系统中，由于不存在由阻尼所造成的能量损耗，因而相平面图是一簇连续的封闭曲线，这类闭合曲线不是极限环，因为它们不是孤立的，在任何特定的封闭曲线邻近，仍存在着封闭曲线。而极限环是相互孤立的，在任何极限环的邻近都不可能有其他的极限环。极限环是非线性系统中的特有现象，它只发生在非守恒系统中，这种周期运动的原因不在于系统无阻尼，而是系统的非线性特性，它导致系统的能量作交替变化，这样就有可能从某种非周期性的能源中获取能量，从而维持周期运动。

根据极限环邻近相轨迹的运动特点，可以将极限环分为以下三种类型：

1) 稳定极限环。当 $t \to \infty$ 时，如果起始于极限环内部或外部的相轨迹均卷向极限环，则该极限环称为稳定的极限环，如图 8-25(a)所示。极限环内部的相轨迹发散至极限环，说明极限环的内部是不稳定区域；极限环外部的相轨迹收敛至极限环，说明极限环的外部是稳定区域。因为任何微小扰动使系统的状态离开极限环后，最终仍会回到这个极限环，说明系统的运动表现为自振荡，而且这种自振荡只与系统的结构参数有关，与初始条件无关。

2) 不稳定极限环。当 $t \to \infty$ 时，如果起始于极限环内部或外部的相轨迹均卷离极限

环，则该极限环称为不稳定的极限环，如图 8-25(b)所示。极限环内部的相轨迹收敛至环内的奇点，说明极限环的内部是稳定区域；极限环外部的相轨迹发散至无穷远处，说明极限环的外部是不稳定区域。极限环所表示的周期运动是不稳定的，任何微小扰动，不是使系统的运动收敛于环内的奇点，就是使系统的运动发散至无穷。

3) 半稳定极限环。当 $t \to \infty$ 时，如果起始于极限环内(外)部的相轨迹卷向极限环，而起始于极限环外(内)部的相轨迹卷离极限环，则这种极限环称为半稳定的极限环，如图 8-25(c)和(d)所示。图 8-25(c)所示的极限环，其内部和外部都是不稳定区域，极限环所表示的周期运动是不稳定的，系统的运动最终将发散至无穷远处。图 8-25(d)所示的极限环，其内部和外部都是稳定区域，极限环所表示的周期运动是稳定的，系统的运动最终将收敛至环内的奇点。

(a) 稳定极限环　　　　　　　(c) 半稳定极限环

(b) 不稳定极限环　　　　　　(d) 半稳定极限环

图 8-25　极限环的类型及其过渡过程

在一些复杂的非线性控制系统中，有可能出现两个或两个以上的极限环，图 8-26 是有两个极限环的例子，里面的一个是不稳定的极限环；外边的一个是稳定的极限环，这时非线性系统的工作状态，不仅取决于初始条件，也取决于扰动的方向和大小。应该指出，只有稳定的极限环才能在实验中观察到，不稳定或半稳定的极限环是无法在实验中观察到的。

例 8-2　已知非线性系统的微分方程为

$$\ddot{x} + 0.5\dot{x} + 2x + x^2 = 0 \tag{8-39}$$

试求系统的奇点，并绘制系统的相平面图。

解　系统相轨迹微分方程为

$$\frac{\mathrm{d}\dot{x}}{\mathrm{d}x} = \frac{-(0.5\dot{x} + 2x + x^2)}{\dot{x}}$$

图 8-26　双极限环

令 $\dfrac{\mathrm{d}\dot{x}}{\mathrm{d}x} = \dfrac{0}{0}$，则求得系统的两个奇点

$$\begin{cases} x_1 = 0 \\ \dot{x}_1 = 0 \end{cases}, \qquad \begin{cases} x_2 = -2 \\ \dot{x}_2 = 0 \end{cases}$$

为确定奇点类型，需计算各奇点处的一阶偏导数及增量线性化方程。

奇点(0, 0)处

$$\left.\frac{\partial f(x,\dot{x})}{\partial x}\right|_{\substack{x=0\\\dot{x}=0}}=-2,\qquad\left.\frac{\partial f(x,\dot{x})}{\partial \dot{x}}\right|_{\substack{x=0\\\dot{x}=0}}=-0.5$$

$$\Delta\ddot{x}+0.5\Delta\dot{x}+2\Delta x=0$$

特征根为 $s_{1,2}=-0.25\pm j1.39$，故奇点(0, 0)为稳定焦点。

奇点(-2，0)处

$$\left.\frac{\partial f(x,\dot{x})}{\partial x}\right|_{\substack{x=-2\\\dot{x}=0}}=2,\qquad\left.\frac{\partial f(x,\dot{x})}{\partial \dot{x}}\right|_{\substack{x=-2\\\dot{x}=0}}=-0.5$$

$$\Delta\ddot{x}+0.5\Delta\dot{x}-2\Delta x=0$$

特征根为 $s_1=1.19$，$s_2=-1.69$，故奇点(-2，0)为鞍点。

根据奇点的位置和奇点类型，应用 MATLAB 仿真软件，可以获得系统的相平面图，如图 8-27 所示。图中相交于鞍点(-2, 0)的两条相轨迹为奇线，将相平面划分为两个区域，相平面图中阴影线内区域为系统的稳定区域，阴影线外区域为系统的不稳定区域。凡初始条件位于阴影线内区域时，系统的运动均收敛至原点；凡初始条件位于阴影线外区域时，系统的运动发散至无穷大。该例说明，非线性系统的运动及其稳定性与初始条件有关。

图 8-27　例 8-2 系统相平面图(MATLAB)

5. 非线性系统的相平面分析

常见非线性特性多数可用分段直线来表示，或者本身就是分段线性的。对于含有这些非线性特性的一大类非线性系统，由于不满足解析条件，无法采用小扰动线性化方法。然而，若根据非线性的分段特点，将相平面分成若干区域进行研究，可使非线性微分方程在各个区域表现为线性微分方程，再应用线性系统的相平面分析方法，则问题将迎刃而解。

这一类非线性特性曲线的折线的各转折点，构成了相平面区域的分界线，称为开关线。下面通过具有几种典型非线性特性的控制系统的研究，具体介绍该方法的应用。

(1) 具有死区特性的非线性控制系统

设系统结构如图 8-28 所示，系统初始状态为零，输入 $r(t)=R\cdot 1(t)$。

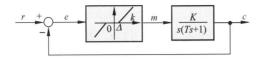

图 8-28 具有死区特性的非线性系统结构图

根据图 8-28，可列写系统的微分方程

$$T\ddot{c}(t) + \dot{c}(t) = Km(t)$$

$$m(t) = \begin{cases} k[e(t)+\Delta], & e(t) \leqslant -\Delta \\ 0, & |e(t)| < \Delta \\ k[e(t)-\Delta], & e(t) \geqslant \Delta \end{cases} \qquad (8\text{-}40)$$

$$e(t) = r(t) - c(t)$$

为便于分析，取 $e(t)$，$\dot{e}(t)$ 作为状态变量，并按特性曲线分区域列写微分方程式

区域 I ： $T\ddot{e} + \dot{e} + Kke = T\ddot{r} + \dot{r} - Kk\Delta$, $e \leqslant -\Delta$

区域 II ： $T\ddot{e} + \dot{e} = T\ddot{r} + \dot{r}$, $|e| < \Delta$ (8-41)

区域 III ： $T\ddot{e} + \dot{e} + Kke = T\ddot{r} + \dot{r} + Kk\Delta$, $e \geqslant \Delta$

显然，$e = -\Delta$ 和 $e = \Delta$ 为死区特性的转折点，亦为相平面的开关线。代入 $r(t)$ 形式，因为 $\ddot{r}(t) = \dot{r}(t) = 0$，整理得

区域 I ： $T(e+\Delta)'' + (e+\Delta)' + Kk(e+\Delta) = 0$, $e \leqslant -\Delta$

区域 II ： $T\ddot{e} + \dot{e} = 0$, $|e| < \Delta$ (8-42)

区域 III ： $T(e-\Delta)'' + (e-\Delta)' + Kk(e-\Delta) = 0$, $e \geqslant \Delta$

若给定参数 $T=1$，$Kk=1$，根据线性系统相轨迹分析结果，可得奇点类型

区域 I ：奇点 $(-\Delta, 0)$ 为稳定焦点，相轨迹为向心螺旋线($\zeta=0.5$)；

区域 II ：奇点为 $(x, 0)$，$x \in (-\Delta, \Delta)$，相轨迹沿直线收敛；

区域 III ：奇点 $(\Delta, 0)$ 为稳定焦点，相轨迹为向心螺旋线($\zeta=0.5$)。

由零初始条件 $c(0)=0$，$\dot{c}(0) = 0$ 和 $r(t) = R \cdot 1(t)$，得 $e(0)=r(0)-c(0)=R$，$\dot{e}(0) = 0$。根据区域奇点类型及对应的运动形式，作相轨迹如图 8-29 实线所示。

由图 8-29 可知，各区域的相轨迹运动形式由该区域的线性微分方程的奇点类型决定，相轨迹在开关线上改变运动形式，系统存在稳态误差，而稳态误差的大小取决于系统参数，亦与输入和初始条件有关。若用比例环节 $k=1$ 代替死区特性，即无死区影响时，线性二阶系统的相轨迹如图 8-29 中虚线所示。由此亦可以比较死区特性对系统运动的影响。

图 8-29 具有死区特性的非线性系统相轨迹
(MATLAB)

(2) 具有饱和特性的非线性控制系统

具有饱和特性的非线性控制系统如图 8-30 所示。图中 $T=1$，$K=4$，$e_0 = M_0 = 0.2$，系统初始状态为零。

取状态变量为 $e(t)$ 和 $\dot{e}(t)$，按饱和特性可列写以下三个线性微分方程：

$$T\ddot{e}+\dot{e}-KM_0=T\ddot{r}+\dot{r}, \qquad e\leqslant-e_0$$

$$T\ddot{e}+\dot{e}+K\frac{M_0}{e_0}e=T\ddot{r}+\dot{r}, \qquad |e|<e_0 \tag{8-43}$$

$$T\ddot{e}+\dot{e}+KM_0=T\ddot{r}+\dot{r}, \qquad e\geqslant e_0$$

可知开关线 $e=-e_0$ 和 $e=e_0$ 将相平面分为负饱和区、线性区和正饱和区。下面分别研究系统在 $r(t)=R\cdot 1(t)$ 和 $r(t)=V_0t$ 作用下的相轨迹。

1) $r(t)=R\cdot 1(t)$。整理式(8-43)得

$$T\ddot{e}+\dot{e}-KM_0=0, \qquad e\leqslant-e_0$$

$$T\ddot{e}+\dot{e}+Ke=0, \qquad |e|<e_0 \tag{8-44}$$

$$T\ddot{e}+\dot{e}+KM_0=0, \qquad e\geqslant e_0$$

这里涉及在饱和区需要确定形如

$$T\ddot{e}+\dot{e}+A=0, \qquad A\text{为常数} \tag{8-45}$$

的相轨迹。由上式得相轨迹微分方程

$$\frac{\mathrm{d}\dot{e}}{\mathrm{d}e}=\frac{-\dot{e}-A}{T\dot{e}}\neq\frac{0}{0}$$

相轨迹无奇点，而等倾线方程

$$\dot{e}=\frac{-A}{1+\alpha T}$$

图 8-30　具有饱和特性的非线性控制系统结构图

为一簇平行于横轴的直线，其斜率 k 均为零。令 $\alpha=0$ 得 $\dot{e}=-A$，即为特殊的等倾线($k=\alpha=0$)。代入给定参数求得线性区的奇点为原点，且为实奇点，其特征根为 $s_{1,2}=-0.5\pm j1.94$，所以奇点为稳定焦点。由零初始条件和输入 $r(t)=R\cdot 1(t)$ 得，$e(0)=R$，$\dot{e}(0)=0$。取 $R=2$ 绘制系统的相轨迹如图 8-31 所示。由图可见，相轨迹在 $e<-e_0$ 区域渐近趋近于 $\dot{e}=KM_0$ 的等倾线；在 $e>e_0$ 区域，渐近趋近于 $\dot{e}=-KM_0$ 的等倾线。相轨迹最终趋于坐标原点，系统稳定。

2) $r(t)=V_0t$。由 $\dot{r}(t)=V_0$，$\ddot{r}(t)=0$，可分区间得下述三个线性微分方程：

$$T\ddot{e}+\dot{e}-(KM_0+V_0)=0, \qquad\qquad e\leqslant-e_0$$

$$T\left(e-\frac{V_0}{K}\right)''+\left(e-\frac{V_0}{K}\right)'+K\left(e-\frac{V_0}{K}\right)=0, \qquad |e|<e_0 \tag{8-46}$$

$$T\ddot{e}+\dot{e}+(KM_0-V_0)=0, \qquad\qquad e\geqslant e_0$$

仿照"1)"讨论，在给定参数值下，线性区间奇点 $\left(\dfrac{V_0}{K},0\right)$ 为稳定焦点；负饱和区内特殊的等倾线为 $\dot{e}=KM_0+V_0(k=\alpha=0)$；正饱和区内特殊的等倾线为 $\dot{e}=-KM_0+V_0(k=\alpha=0)$。综上知 $r(t)=V_0t$ 对系统运动的影响，与 $r(t)=R\cdot 1(t)$ 的情况相比较，奇点将沿横轴向右平移 $\dfrac{V_0}{K}$，两条特殊的等倾线将沿纵轴向上平移 V_0。对于初始条

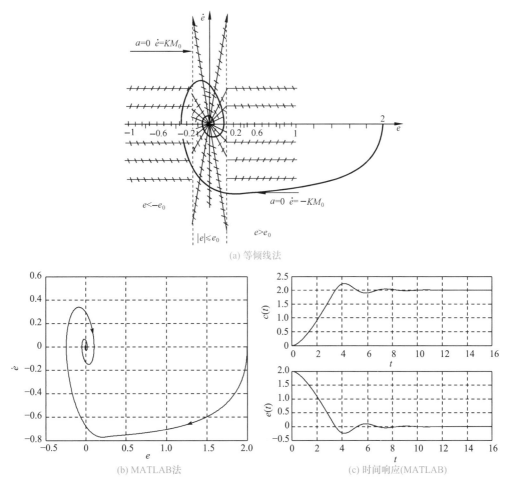

图 8-31　$r(t)=2 \cdot 1(t)$ 具有饱和特性的非线性系统相轨迹与时间响应

件 $c(0)=c_0$，$\dot{c}(0)=\dot{c}_0$，由于 $\dot{r}(0)=V_0$，$r(0)=0$，故 $e(0)=-c_0$，$\dot{e}(0)=V_0-\dot{c}_0$。而正因为奇点和特殊的等倾线的平移使奇点的虚实发生变化，特别是系统相轨迹的运动变得复杂，所以需根据参数 K 及输入系数 V_0，分别加以研究，下面仅讨论其中的三种情况。

　　当 $V_0=1.2>KM_0$ 时，线性区内，相轨迹奇点(0.3，0)为稳定焦点，且为虚奇点，饱和区的两条特殊的等倾线均位于相平面的上半平面。系统的相平面图如图 8-32(a)所示，起始于任何初始点的相轨迹将沿正饱和区的特殊相轨迹发散至无穷。

　　MATLAB 程序如下：

```
t=0:0.01:16; e0=［ 2 0 ］'; ［ t,e ］=ode45('fun0',t,e0);
figure(1);
plot(e(:,1),e(:,2)); grid
figure(2);
subplot(2,1,1);plot(t,2−e(:,1)); grid;
subplot(2,1,2);plot(t,e(:,1));grid
```

　　调用函数：

```
function de=fun0(t,e)
```

```
de1=e(2);
if (e(1)< −0.2)
de2=0.2*4−e(2);
elseif (abs(e(1))<0.2)
de2=−4*e(1) −e(2);
else de2=−0.2*4−e(2);
end
de= [ de1 de2 ];
```

　　当 V_0=0.4<KM_0 时，线性区内，相轨迹奇点(0.1, 0)为稳定焦点，且为实奇点，负饱和区和正饱和区的两条特殊的等倾线分别位于 $\dot{e}$ 的上半平面和下半平面。系统的相平面图如图8-32(b)所示,起始于任何初始点的相轨迹最终都收敛于(0.1, 0),系统的稳态误差为0.1。

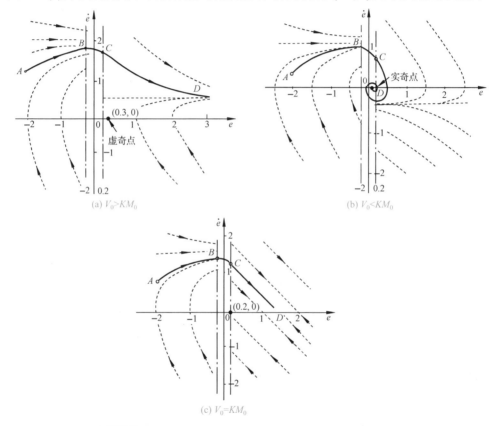

图 8-32　$r(t) = V_0 t$ 时具有饱和特性的非线性系统的相平面图

　　当 V_0=0.8=KM_0 时，线性区内，相轨迹奇点(0.2, 0)为稳定焦点，为实奇点，且位于开关线 $e=e_0$ 上，正饱和区的线性微分方程为

$$T\ddot{e} + \dot{e} = 0$$

按线性系统相轨迹分析知，该区域内的相轨迹是斜率为 $-\dfrac{1}{T}$ 的直线，横轴上大于 e_0 的各点皆为奇点,起始于任何初始点的相轨迹最终都落在 $e>e_0$ 的横轴上,系统存在稳态误差,稳态误差的大小取决于初始条件，相平面图为图8-32(c)。

（3）具有滞环继电特性的非线性控制系统

非线性系统结构如图 8-33 所示，$H(s)$ 为反馈网络，$r(t)=0$。

图 8-33　具有滞环继电特性的非线性系统结构图

1）单位反馈 $H(s)=1$。根据滞环继电特性分区间列写微分方程如下：

$$T\ddot{c}+\dot{c}+KM_0 = 0, \qquad c>h\text{或}c>-h, \dot{c}<0$$
$$T\ddot{c}+\dot{c}-KM_0 = 0, \qquad c<-h\text{或}c<h, \dot{c}>0 \tag{8-47}$$

由式(8-47)易知，三条开关线 $c=h$，$\dot{c}>0$；$c=-h$，$\dot{c}<0$ 和 $-h<c<h$，$\dot{c}=0$ 将相平面划分为左右两个区域。根据式(8-47)的分析结果，左区域内存在一条特殊的相轨迹 $\dot{c}=KM_0(k=a=0)$，右区域内亦存在一条特殊的相轨迹 $\dot{c}=-KM_0$。所绘制的系统相平面图如图 8-34 所示。横轴上区间 $(-h, h)$ 为发散段，即初始点位于该线段时，相轨迹运动呈向外发散形式，初始点位于该线段附近时也同样向外发散；而由远离该线段的初始点出发的相轨迹均趋向于两条特殊的等倾线，即向内收敛，故而介于从内向外发散和从外向内收敛的相轨迹之间，存在一条闭合曲线 MNKLM，构成极限环。按极限环定义，该极限环为稳定的极限环。因此在无外作用下，不论初始条件如何，系统最终都将处于自振状态。而在输入为 $r(t)=R\cdot1(t)$ 条件下，仍有

$$T\ddot{e}+\dot{e}+KM_0 = T\ddot{r}+\dot{r}=0, \qquad e>h\text{或}e>-h, \dot{e}<0$$
$$T\ddot{e}+\dot{e}-KM_0 = T\ddot{r}+\dot{r}=0, \qquad e<-h\text{或}e<h, \dot{e}>0 \tag{8-48}$$

系统状态 $e(t)$，$\dot{e}(t)$ 仍将最终处于自振状态。可见滞环特性恶化了系统的品质，使系统处于失控状态。

2）速度反馈 $H(s)=1+\tau s(0<\tau<T)$。滞环非线性因素对系统影响的定性分析和相平面法分析表明，滞环的存在导致了控制的滞后，为补偿其不利影响，引入输出的速度反馈，以期改善非线性系统的品质。

加入速度反馈控制以后，非线性系统在无输入作用下的微分方程为

$$T\ddot{c}+\dot{c}+KM_0 = 0, \qquad c+\tau\dot{c}>h\text{或}c+\tau\dot{c}>-h, \dot{c}+\tau\ddot{c}<0$$
$$T\ddot{c}+\dot{c}-KM_0 = 0, \qquad c+\tau\dot{c}<-h\text{或}c+\tau\dot{c}<h, \dot{c}+\tau\ddot{c}>0 \tag{8-49}$$

由滞环继电特性可知，式(8-49)中方程的第二个条件只是在 $-h<c+\tau\dot{c}<h$ 区域内保持非线性环节输出为 KM_0 或 $-KM_0$ 的条件。设直线 $L_1: c+\tau\dot{c}=h$，$L_2: c+\tau\dot{c}=-h$。当相轨迹点位于第Ⅳ象限$(\dot{c}<0)$且位于 L_1 上方以及 L_1 上时

$$\dot{c}+\tau\ddot{c}=\frac{\tau}{T}(T\ddot{c}+\dot{c})+\dot{c}\left(1-\frac{\tau}{T}\right)=\frac{\tau}{T}(-KM_0)+\dot{c}\left(1-\frac{\tau}{T}\right)<0$$

故当相轨迹运动至 A_1 点后，非线性环节输出仍将保持 $-KM_0$，系统仍将按 $H(s)=1$ 时的运动规律运动至 A_2 点，此时，非线性环节输出切换为 KM_0。当相轨迹点位于第Ⅱ象限且位于 L_2 下方以及 L_2 上时的运动可仿上分析，由此可知，三条开关线 $\dot{c}>0$ 且 $c+\tau\dot{c}=h$、$\dot{c}<0$ 且 $c+\tau\dot{c}=-h$ 和 $\dot{c}=0$ 且 $-h<c<h$ 将相平面划分为左右两个区域，相平面图如图 8-35 所示。与单位反馈时的切换线相比，引入速度反馈后，开关线反向旋转，相轨迹将提前进行转换，使得系统自由运动的超调量减小，极限环减小，同时也减小了控制的滞后。由于开关线反向旋转的角度 φ 随着速度反馈系数 τ 的增大而增大，因此当 $0<\tau<T$ 时，系统性能的

改善将随着 τ 的增大越加明显。一般来说，控制系统可以允许存在较小幅值的自振荡，因而通过引入速度反馈减小自振荡幅值，具有重要的应用价值。

图 8-34　$H(s)=1$ 时，具有滞环继电特性的非线性系统相平面图

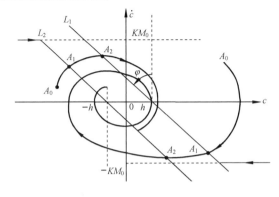

图 8-35　速度反馈($\tau > T$)下，具有滞环继电特性的非线性系统相平面图

8-4　描述函数法

描述函数法是达尼尔(P. J. Daniel)于 1940 年首先提出的，其基本思想是：当系统满足一定的假设条件时，系统中非线性环节在正弦信号作用下的输出可用一次谐波分量来近似，由此导出非线性环节的近似等效频率特性，即描述函数。这时非线性系统就近似等效为一个线性系统，并可应用线性系统理论中的频率法对系统进行频域分析。

描述函数法主要用来分析在无外作用的情况下，非线性系统的稳定性和自激振荡问题，并且不受系统阶次的限制，一般都能给出比较满意的结果，因而获得了广泛的应用。但是由于描述函数对系统结构、非线性环节的特性和线性部分的性能都有一定的要求，其本身也是一种近似的分析方法，因而该方法的应用有一定的限制条件。另外，描述函数法只能用来研究系统的频率响应特性，不能给出时间响应的确切信息。

1. 描述函数的基本概念

(1) 描述函数的定义

设非线性环节输入输出描述为

$$y = f(x) \tag{8-50}$$

当非线性环节的输入信号为正弦信号

$$x(t) = A \sin \omega t \tag{8-51}$$

时，可对非线性环节的稳态输出 $y(t)$ 进行谐波分析。一般情况下，$y(t)$ 为非正弦的周期信号，可以展开成傅里叶级数：

$$y(t) = A_0 + \sum_{n=1}^{\infty} (A_n \cos n\omega t + B_n \sin n\omega t) = A_0 + \sum_{n=1}^{\infty} Y_n \sin(n\omega t + \varphi_n)$$

式中，A_0 为直流分量；$Y_n \sin(n\omega t + \varphi_n)$ 为第 n 次谐波分量，且有

$$Y_n = \sqrt{A_n^2 + B_n^2}, \qquad \varphi_n = \arctan\frac{A_n}{B_n} \tag{8-52}$$

式中，A_n、B_n 为傅里叶系数，

$$A_n = \frac{1}{\pi}\int_0^{2\pi} y(t)\cos n\omega t\,\mathrm{d}\omega t, \quad B_n = \frac{1}{\pi}\int_0^{2\pi} y(t)\sin n\omega t\,\mathrm{d}\omega t \quad (n=1,2,\cdots) \tag{8-53}$$

而直流分量

$$A_0 = \frac{1}{2\pi}\int_0^{2\pi} y(t)\,\mathrm{d}\omega t \tag{8-54}$$

若 $A_0 = 0$ 且当 $n>1$ 时，Y_n 均很小，则可近似认为非线性环节的正弦响应仅有一次谐波分量

$$y(t) \approx A_1\cos\omega t + B_1\sin\omega t = Y_1\sin(\omega t + \varphi_1) \tag{8-55}$$

上式表明，非线性环节可近似认为具有和线性环节相类似的频率响应形式。为此，定义正弦输入信号作用下，非线性环节的稳态输出中一次谐波分量和输入信号的复数比为非线性环节的描述函数，用 $N(A)$ 表示，即

$$N(A) = |N(A)|\mathrm{e}^{\mathrm{j}\angle N(A)} = \frac{Y_1}{A}\mathrm{e}^{\mathrm{j}\varphi_1} = \frac{B_1 + \mathrm{j}A_1}{A} \tag{8-56}$$

例 8-3　设继电特性为

$$y(x) = \begin{cases} -M, & x < 0 \\ M, & x > 0 \end{cases} \tag{8-57}$$

试计算该非线性特性的描述函数。

解 $$x = A\sin\omega t$$

$$y(t) = \begin{cases} M, & 0 < \omega t < \pi \\ -M, & \pi < \omega t < 2\pi \end{cases}$$

$$A_0 = \frac{1}{2\pi}\int_0^{2\pi} y(t)\,\mathrm{d}\omega t = \frac{M}{2\pi}\left(\int_0^{\pi}\mathrm{d}\omega t - \int_{\pi}^{2\pi}\mathrm{d}\omega t\right) = 0$$

$$A_1 = \frac{1}{\pi}\int_0^{2\pi} y(t)\cos\omega t\,\mathrm{d}\omega t = \frac{M}{\pi}\left(\int_0^{\pi}\cos\omega t\,\mathrm{d}\omega t - \int_{\pi}^{2\pi}\cos\omega t\,\mathrm{d}\omega t\right)$$

$$= \frac{M}{\pi}\left(\sin u\Big|_0^{\pi} - \sin u\Big|_{\pi}^{2\pi}\right) = 0$$

$$B_1 = \frac{1}{\pi}\int_0^{2\pi} y(t)\sin\omega t\,\mathrm{d}\omega t = \frac{M}{\pi}\left(-\cos u\Big|_0^{\pi} + \cos u\Big|_{\pi}^{2\pi}\right) = \frac{4M}{\pi}$$

$$N(A) = \frac{B_1 + \mathrm{j}A_1}{A} = \frac{4M}{\pi A} \tag{8-58}$$

一般情况下，描述函数 N 是输入信号幅值 A 和频率 ω 的函数。当非线性环节中不包含储能元件时，其输出的一次谐波分量的幅值和相位差与 ω 无关，故描述函数只与输入信号幅值 A 有关。至于直流分量，若非线性环节的正弦响应为关于 t 的奇对称函数，即

$$y(t) = f(A\sin\omega t) = -y\left(t + \frac{\pi}{\omega}\right) \tag{8-59}$$

则由式(8-54)

$$A_0 = \frac{1}{2\pi}\int_0^{2\pi} y(t)\mathrm{d}\omega t = \frac{1}{2\pi}\left[\int_0^{\pi} y(t)\mathrm{d}\omega t + \int_{\pi}^{2\pi} y(t)\mathrm{d}\omega t\right]$$

取变换 $\omega t = \omega u + \pi$ ，有

$$A_0 = \frac{1}{2\pi}\left[\int_0^{\pi} y(t)\mathrm{d}\omega t + \int_0^{\pi} y\left(u+\frac{\pi}{\omega}\right)\mathrm{d}\omega u\right] = \frac{1}{2\pi}\left[\int_0^{\pi} y(t)\mathrm{d}\omega t + \int_0^{\pi} -y(u)\mathrm{d}\omega u\right] = 0$$

而当非线性特性为输入 x 的奇函数时，即 $f(x)=-f(-x)$ ，有

$$y\left(t+\frac{\pi}{\omega}\right) = f\left[A\sin\omega\left(t+\frac{\pi}{\omega}\right)\right] = f\left[A\sin(\pi+\omega t)\right] = f\left[-A\sin\omega t\right]$$
$$= f(-x) = -f(x) = -y(t)$$

即 $y(t)$ 为 t 的奇对称函数，直流分量为零。A_1，B_1 按下式计算：

$$A_1 = \frac{2}{\pi}\int_0^{\pi} y(t)\cos\omega t\mathrm{d}\omega t, \qquad B_1 = \frac{2}{\pi}\int_0^{\pi} y(t)\sin\omega t\mathrm{d}\omega t \qquad (8\text{-}60)$$

关于描述函数计算，还具有以下特点。若 $y(t)$ 为奇函数，即 $y(t)=-y(-t)$ ，则

$$\begin{aligned}
A_1 &= \frac{1}{\pi}\int_0^{2\pi} y(t)\cos\omega t\mathrm{d}\omega t = \frac{1}{\pi}\int_{-\pi}^{\pi} y(t)\cos\omega t\mathrm{d}\omega t \\
&= \frac{1}{\pi}\left[\int_{-\pi}^{0} y(t)\cos\omega t\mathrm{d}\omega t + \int_0^{\pi} y(t)\cos\omega t\mathrm{d}\omega t\right] \\
&= \frac{1}{\pi}\left[\int_0^{\pi} y(-t)\cos(-\omega t)\mathrm{d}\omega t + \int_0^{\pi} y(t)\cos\omega t\mathrm{d}\omega t\right] = 0
\end{aligned} \qquad (8\text{-}61)$$

若 $y(t)$ 为奇函数，且又为半周期内对称，即 $y(t)=y\left(\dfrac{\pi}{\omega}-t\right)$ 时

$$B_1 = \frac{4}{\pi}\int_0^{\frac{\pi}{2}} y(t)\sin\omega t\mathrm{d}\omega t \qquad (8\text{-}62)$$

例 8-4 设某非线性元件的特性为

$$y(x) = \frac{1}{2}x + \frac{1}{4}x^3 \qquad (8\text{-}63)$$

试计算其描述函数。

解 因 $y(x)$ 为 x 的奇函数，故 $A_0=0$。当输入 $x=A\sin\omega t$ 时

$$y(t) = \frac{A}{2}\sin\omega t + \frac{A^3}{4}\sin^3\omega t \qquad (8\text{-}64)$$

为 t 的奇函数，故 $A_1=0$。又因为 $y(t)$ 具有半周期对称，按式(8-62)，有

$$B_1 = \frac{4}{\pi}\int_0^{\frac{\pi}{2}} y(t)\sin\omega t\mathrm{d}\omega t = \frac{4}{\pi}\left(\int_0^{\frac{\pi}{2}} \frac{A}{2}\sin^2\omega t\mathrm{d}\omega t + \int_0^{\frac{\pi}{2}} \frac{A^3}{4}\sin^4\omega t\mathrm{d}\omega t\right)$$

由定积分公式

$$I_n = \int_0^{\frac{\pi}{2}} \sin^n \omega t \mathrm{d}\omega t = \begin{cases} \dfrac{(n-1)(n-3)\times\cdots\times 4\times 2}{n(n-2)(n-4)\times\cdots\times 5\times 3}, & n\text{为奇整数} \\[3mm] \dfrac{(n-1)(n-3)\times\cdots\times 5\times 3\times 1}{n(n-2)\times\cdots\times 4\times 2}\cdot\dfrac{\pi}{2}, & n\text{为偶整数} \end{cases} \quad (8\text{-}65)$$

得
$$B_1 = \frac{4}{\pi}\left(\frac{A}{2}\cdot\frac{\pi}{4}+\frac{A^3}{4}\cdot\frac{3}{8}\cdot\frac{\pi}{2}\right) = \frac{A}{2}+\frac{3}{16}A^3$$

则该非线性元件的描述函数为

$$N(A) = \frac{B_1}{A} = \frac{1}{2}+\frac{3}{16}A^2 \quad (8\text{-}66)$$

（2）非线性系统描述函数法分析的应用条件

1）非线性系统应简化成一个非线性环节和一个线性部分闭环连接的典型结构形式，如图 8-36 所示。

图 8-36　非线性系统典型结构形式

2）非线性环节的输入输出特性 $y(x)$ 应是 x 的奇函数，即 $f(x)=-f(-x)$，或正弦输入下的输出为 t 的奇对称函数，即 $y\left(t+\dfrac{\pi}{\omega}\right)=-y(t)$，以保证非线性环节的正弦响应不含有常值分量，即 $A_0=0$。

3）系统的线性部分应具有较好的低通滤波性能。当非线性环节的输入为正弦信号时，实际输出必定含有高次谐波分量，但经线性部分传递之后，由于低通滤波的作用，高次谐波分量将被大大削弱，因此闭环通道内近似地只有一次谐波分量流通，从而保证应用描述函数分析方法所得的结果比较准确。对于实际的非线性系统，大部分都容易满足这一条件。线性部分的阶次越高，低通滤波性能越好；而欲具有低通滤波性能，线性部分的极点应位于复平面的左半平面。

（3）描述函数的物理意义

线性系统的频率特性反映正弦信号作用下，系统稳态输出中与输入同频率的分量的幅值和相位相对于输入信号的变化；而非线性环节的描述函数则反映非线性系统正弦响应中一次谐波分量的幅值和相位相对于输入信号的变化。因此忽略高次谐波分量，仅考虑基波分量，非线性环节的描述函数表现为复数增益的放大器。

值得注意的是，线性系统的频率特性是输入正弦信号频率 ω 的函数，与正弦信号的幅值 A 无关，而由描述函数表示的非线性环节的近似频率特性则是输入正弦信号幅值 A 的函数，因而**描述函数又表现为关于输入正弦信号的幅值 A 的复变增益放大器**，这正是非线性环节的近似频率特性与线性系统频率特性的本质区别。当非线性环节的频率特性由描述函数近似表示后，就可以推广应用频率法分析非线性系统的运动性质，问题的关键是描述函数的计算。

2. 典型非线性特性的描述函数

典型非线性特性具有分段线性特点，描述函数的计算重点在于确定正弦响应曲线和积分区间，一般采用图解方法。下面针对两种典型非线性特性，介绍计算过程和步骤。

(1) 死区饱和非线性环节

将正弦输入信号 $x(t)$、非线性特性 $y(x)$ 和输出信号 $y(t)$ 的坐标按图 8-37 所示方式和位置旋转，由非线性特性的区间端点 $(\Delta, y(\Delta))$ 和 $(a, y(a))$ 可以确定 $y(t)$ 关于 ωt 的区间端点 ψ_1 和 ψ_2。死区饱和特性及其正弦响应如图 8-37 所示。输出 $y(t)$ 的数学表达式为

$$y(t) = \begin{cases} 0, & 0 \leqslant \omega t \leqslant \psi_1 \\ K(A\sin\omega t - \Delta), & \psi_1 < \omega t \leqslant \psi_2 \\ K(a - \Delta), & \psi_2 < \omega t \leqslant \dfrac{\pi}{2} \end{cases} \tag{8-67}$$

图 8-37　死区饱和特性和正弦响应曲线

如图 8-37 所示，由非线性特性的转折点 Δ 和 a，可确定 $y(t)$ 产生不同线性变化的区间端点为

$$\psi_1 = \arcsin\frac{\Delta}{A} \tag{8-68}$$

$$\psi_2 = \arcsin\frac{a}{A} \tag{8-69}$$

由于 $y(t)$ 为奇函数，所以 $A_0 = 0$，$A_1 = 0$，而 $y(t)$ 又为半周期内对称，故

$$\begin{aligned} B_1 &= \frac{1}{\pi}\int_0^{2\pi} y(t)\sin\omega t \mathrm{d}\omega t = \frac{4}{\pi}\int_0^{\frac{\pi}{2}} y(t)\sin\omega t \mathrm{d}\omega t \\ &= \frac{4}{\pi}\left[\int_{\psi_1}^{\psi_2}\left[K(A\sin\omega t - \Delta)\right]\sin\omega t \mathrm{d}\omega t + \int_{\psi_2}^{\frac{\pi}{2}} K(a - \Delta)\sin\omega t \mathrm{d}\omega t\right] \\ &= \frac{4K}{\pi}\left[\int_{\psi_1}^{\psi_2}(A\sin^2\omega t - \Delta\sin\omega t)\mathrm{d}\omega t + \int_{\psi_2}^{\frac{\pi}{2}}(a - \Delta)\sin\omega t \mathrm{d}\omega t\right] \\ &= \frac{4K}{\pi}\left[A\left(\frac{\omega t}{2} - \frac{1}{4}\sin 2\omega t\right)\Big|_{\psi_1}^{\psi_2} + \Delta\cos\omega t\Big|_{\psi_1}^{\psi_2} - (a - \Delta)\cos\omega t\Big|_{\psi_2}^{\frac{\pi}{2}}\right] \\ &= \frac{4K}{\pi}\left[\frac{A}{2}(\psi_2 - \psi_1) - \frac{A}{4}\sin 2\psi_2 + \frac{A}{4}\sin 2\psi_1 + \Delta\cos\psi_2 - \Delta\cos\psi_1 + (a - \Delta)\cos\psi_2\right] \end{aligned}$$

$$= \frac{4K}{\pi}\left[\frac{A}{2}\arcsin\frac{a}{A} - \frac{A}{2}\arcsin\frac{\Delta}{A} - \frac{A}{2}\cdot\frac{a}{A}\sqrt{1-\left(\frac{a}{A}\right)^2}\right.$$

$$\left. + \frac{A}{2}\cdot\frac{\Delta}{A}\sqrt{1-\left(\frac{\Delta}{A}\right)^2} + a\sqrt{1-\left(\frac{a}{A}\right)^2} - \Delta\sqrt{1-\left(\frac{\Delta}{A}\right)^2}\right]$$

$$= \frac{2KA}{\pi}\left[\arcsin\frac{a}{A} - \arcsin\frac{\Delta}{A} + \frac{a}{A}\sqrt{1-\left(\frac{a}{A}\right)^2} - \frac{\Delta}{A}\sqrt{1-\left(\frac{\Delta}{A}\right)^2}\right]$$

死区饱和特性的描述函数

$$N(A) = \frac{2K}{\pi}\left[\arcsin\frac{a}{A} - \arcsin\frac{\Delta}{A} + \frac{a}{A}\sqrt{1-\left(\frac{a}{A}\right)^2} - \frac{\Delta}{A}\sqrt{1-\left(\frac{\Delta}{A}\right)^2}\right], \quad A \geqslant a \quad (8\text{-}70)$$

取 $\Delta=0$，由式(8-70)得饱和特性的描述函数

$$N(A) = \frac{2K}{\pi}\left[\arcsin\frac{a}{A} + \frac{a}{A}\sqrt{1-\left(\frac{a}{A}\right)^2}\right], \quad A \geqslant a \quad (8\text{-}71)$$

对于死区特性，$\psi_2 = \dfrac{\pi}{2}$。由式(8-69)得 $\dfrac{a}{A}=1$，则由式(8-70)得死区特性的描述函数

$$N(A) = \frac{2K}{\pi}\left[\frac{\pi}{2} - \arcsin\frac{\Delta}{A} - \frac{\Delta}{A}\sqrt{1-\left(\frac{\Delta}{A}\right)^2}\right], \quad A \geqslant \Delta \quad (8\text{-}72)$$

(2) 死区与滞环继电非线性环节

注意到滞环与输入信号及其变化率的关系，通过作图法获得 $y(t)$ 如图 8-38 所示。输出 $y(t)$ 的数学表达式为

$$y(t) = \begin{cases} 0, & 0 \leqslant \omega t < \psi_1 \\ M, & \psi_1 \leqslant \omega t \leqslant \psi_2 \\ 0, & \psi_2 < \omega t \leqslant \pi \end{cases} \quad (8\text{-}73)$$

图中，由于非线性特性导致 $y(t)$ 产生不同线性变化的区间端点为

$$\psi_1 = \arcsin\frac{h}{A} \quad (8\text{-}74)$$

$$\psi_2 = \pi - \arcsin\frac{mh}{A} \quad (8\text{-}75)$$

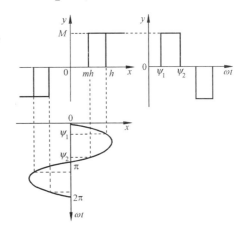

图 8-38　死区滞环继电特性和正弦响应曲线

由图 8-38 可见，$y(t)$ 为奇对称函数，而非奇函数，由式(8-60)有

$$A_1 = \frac{2}{\pi}\int_0^\pi y(t)\cos\omega t\,\mathrm{d}\omega t = \frac{2}{\pi}\int_{\psi_1}^{\psi_2} M\cos\omega t\,\mathrm{d}\omega t = \frac{2Mh}{\pi A}(m-1)$$

$$B_1 = \frac{2}{\pi}\int_0^\pi y(t)\sin\omega t\,\mathrm{d}\omega t = \frac{2}{\pi}\int_{\psi_1}^{\psi_2} M\sin\omega t\,\mathrm{d}\omega t = \frac{2M}{\pi}\left[\sqrt{1-\left(\frac{mh}{A}\right)^2} + \sqrt{1-\left(\frac{h}{A}\right)^2}\right]$$

死区滞环继电特性的描述函数为

$$N(A) = \frac{2M}{\pi A}\left[\sqrt{1-\left(\frac{mh}{A}\right)^2} + \sqrt{1-\left(\frac{h}{A}\right)^2}\right] + \mathrm{j}\frac{2Mh}{\pi A^2}(m-1), \quad A \geqslant h \tag{8-76}$$

取 $h=0$，得理想继电特性的描述函数为

$$N(A) = \frac{4M}{\pi A} \tag{8-77}$$

取 $m=1$，得死区继电特性的描述函数为

$$N(A) = \frac{4M}{\pi A}\sqrt{1-\left(\frac{h}{A}\right)^2}, \quad A \geqslant h \tag{8-78}$$

取 $m=-1$，得滞环继电特性的描述函数为

$$N(A) = \frac{4M}{\pi A}\sqrt{1-\left(\frac{h}{A}\right)^2} - \mathrm{j}\frac{4Mh}{\pi A^2}, \quad A \geqslant h \tag{8-79}$$

表 8-1 列出了一些典型非线性特性的描述函数，以供查用。

表 8-1　非线性特性及其描述函数

非线性类型	静特性	描述函数 $N(A)$
理想继电特性、库仑摩擦		$\dfrac{4M}{\pi A}$
有死区的继电特性		$\dfrac{4M}{\pi A}\sqrt{1-\left(\dfrac{h}{A}\right)^2}, A > h$
有滞环的继电特性		$\dfrac{4M}{\pi A}\sqrt{1-\left(\dfrac{h}{A}\right)^2} - \mathrm{j}\dfrac{4Mh}{\pi A^2}, A > h$
有死区与滞环的继电特性		$\dfrac{2M}{\pi A}\left[\sqrt{1-\left(\dfrac{mh}{A}\right)^2} + \sqrt{1-\left(\dfrac{h}{A}\right)^2}\right] + \mathrm{j}\dfrac{2Mh}{\pi A^2}(m-1), A > h$
饱和特性，幅值限制		$\dfrac{2K}{\pi}\left[\arcsin\dfrac{a}{A} + \dfrac{a}{A}\sqrt{1-\left(\dfrac{a}{A}\right)^2}\right], A > a$

续表

非线性类型	静特性	描述函数 $N(A)$
有死区的饱和特性		$\dfrac{2K}{\pi}\left[\arcsin\dfrac{a}{A}-\arcsin\dfrac{\Delta}{A}+\dfrac{a}{A}\sqrt{1-\left(\dfrac{a}{A}\right)^2}\right.$ $\left.-\dfrac{\Delta}{A}\sqrt{1-\left(\dfrac{\Delta}{A}\right)^2}\right],A\geqslant a$
死区特性		$\dfrac{2K}{\pi}\left[\dfrac{\pi}{2}-\arcsin\dfrac{\Delta}{A}-\dfrac{\Delta}{A}\sqrt{1-\left(\dfrac{\Delta}{A}\right)^2}\right],A\geqslant\Delta$
间隙特性		$\dfrac{K}{\pi}\left[\dfrac{\pi}{2}+\arcsin\left(1-\dfrac{2b}{A}\right)+2\left(1-\dfrac{2b}{A}\right)\sqrt{\dfrac{b}{A}\left(1-\dfrac{b}{A}\right)}\right]$ $+\text{j}\dfrac{4Kb}{\pi A}\left(\dfrac{b}{A}-1\right),A\geqslant b$
变增益特性		$K_2+\dfrac{2(K_1-K_2)}{\pi}\left[\arcsin\dfrac{s}{A}+\dfrac{s}{A}\sqrt{1-\left(\dfrac{s}{A}\right)^2}\right],A\geqslant s$
有死区的线性特性		$K-\dfrac{2K}{\pi}\arcsin\dfrac{\Delta}{A}+\dfrac{4M-2K\Delta}{\pi A}\sqrt{1-\left(\dfrac{\Delta}{A}\right)^2},A\geqslant\Delta$
库仑摩擦加黏性摩擦		$K+\dfrac{4M}{\pi A}$

3. 非线性系统简化

非线性系统的描述函数分析建立在图 8-36 所示的典型结构基础上。当系统由多个非线性环节和多个线性环节组合而成时，在一些情况下，可通过等效变换使系统简化为典型结构形式。

等效变换的原则是在 $r(t)$=0 的条件下，根据非线性特性的串、并联，简化非线性部分为一个等效非线性环节，再保持等效非线性环节的输入输出关系不变，简化线性部分。

(1) 非线性特性的并联

若两个非线性特性输入相同，输出相加、减，则等效非线性特性为两个非线性特性的叠加。图 8-39 为死区非线性和死区继电非线性并联的情况。

非线性系统
的简化

图 8-39　非线性特性并联时的等效非线性特性

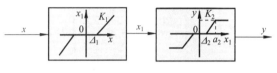

图 8-40　非线性特性串联

由描述函数定义，并联等效非线性特性的描述函数为各非线性特性描述函数的代数和。

(2) 非线性特性的串联

若两个非线性环节串联，可采用图解法简化。以图 8-40 所示死区特性和死区饱和特性串联简化为例。

通常，先将两个非线性特性按图 8-41(a)，(b)形式放置，再按输出端非线性特性的变化端点 Δ_2 和 a_2 确定输入 x 的对应点 Δ 和 a，获得等效非线性特性如图 8-41(c)所示，最后确定等效非线性的参数。由 $\Delta_2 = K_1(\Delta - \Delta_1)$，得

$$\Delta = \Delta_1 + \frac{\Delta_2}{K_1} \tag{8-80}$$

由 $a_2 = K_1(a - \Delta_1)$ 得

$$a = \frac{a_2}{K_1} + \Delta_1 \tag{8-81}$$

(b) 有死区的饱和特性　　　　　(c) 等效非线性特性

(a) 死区特性

图 8-41　非线性串联简化的图解方法

当 $|x| \leqslant \Delta$ 时，由 $y(x_1)$ 特性知，$y(x)=0$；当 $|x| \geqslant a$ 时，由 $y(x_1)$ 可知，$y(x)=K_2(a_2-\Delta_2)$；当 $\Delta < |x| < a$ 时，$y(x_1)$ 位于线性区，$y(x)$ 亦呈线性，设斜率为 K，即有

$$y(x) = K(x - \Delta) = K_2(x_1 - \Delta_2)$$

特殊地，当 $x=a$ 时，$x_1=a_2$，由于 $x_1=\Delta_2+K_1(a-\Delta)$，故 $a-\Delta=\dfrac{a_2-\Delta_2}{K_1}$，因此 $K=K_1K_2$。

应该指出，两个非线性环节的串联，等效特性还取决于其前后次序。调换次序则等效非线性特性亦不同。描述函数需按等效非线性环节的特性计算。多个非线性特性串联，可按上述两个非线性环节串联简化方法，依由前向后顺序逐一加以简化。

(3) 线性部分的等效变换

考虑图 8-42(a)示例，按等效变换规则，移动比较点，系统可表示为图 8-42(b)形式，再按线性系统等效变换得典型结构形式，如图 8-42(c)所示。

(a)

(b)　　　　　　　　　　　　(c)

图 8-42　非线性系统结构图的等效变换

4. 非线性系统稳定性分析的描述函数法

若非线性系统经过适当简化后，具有图 8-36 所示的典型结构形式，且非线性环节和线性部分满足描述函数法应用的条件，则非线性环节的描述函数可以等效为一个具有复变增益的比例环节。于是非线性系统经过谐波线性化处理后已变成一个等效的线性系统，可以应用线性系统理论中的频率域稳定判据分析非线性系统的稳定性。

(1) 变增益线性系统的稳定性分析

为了应用描述函数分析非线性系统的稳定性，有必要研究图 8-43(a)所示线性系统的稳定性，其中 K 为比例环节增益。设 $G(s)$ 的极点均位于 s 的左半平面，即 $P=0$，$G(j\omega)$ 的奈奎斯特曲线 Γ_G 如图 8-43(b)所示。闭环系统的特征方程为

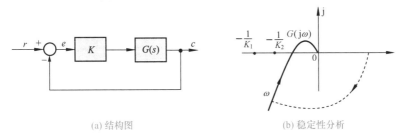

(a) 结构图　　　　　　　　(b) 稳定性分析

图 8-43　可变增益的线性系统

$$1 + KG(\mathrm{j}\omega) = 0 \qquad (8\text{-}82)$$

或

$$G(\mathrm{j}\omega) = -\frac{1}{K} + \mathrm{j}0 \qquad (8\text{-}83)$$

由奈氏判据知，当Γ_G曲线不包围点$\left(-\dfrac{1}{K}, \mathrm{j}0\right)$时，即$Z = P - 2N = -2N = 0$，系统闭环稳定；当$\Gamma_G$曲线包围点$\left(-\dfrac{1}{K}, \mathrm{j}0\right)$时，系统不稳定；当$\Gamma_G$曲线穿过点$\left(-\dfrac{1}{K}, \mathrm{j}0\right)$，时，系统临界稳定，将产生等幅振荡。更进一步，若设K在一定范围内可变，即有$K_1 \leqslant K \leqslant K_2$，则$\left(-\dfrac{1}{K}, \mathrm{j}0\right)$为复平面实轴上的一段直线，若$\Gamma_G$曲线不包围该直线，则系统闭环稳定，而当$\Gamma_G$包围该直线时，则系统闭环不稳定。

(2) 应用描述函数分析非线性系统的稳定性

上述分析为应用描述函数判定非线性系统的稳定性奠定了基础。由于要求$G(s)$具有低通特性，故其极点均应位于s的左半平面。当非线性特性采用描述函数近似等效时，闭环系统的特征方程为

$$1 + N(A)G(\mathrm{j}\omega) = 0 \qquad (8\text{-}84)$$

即为

$$G(\mathrm{j}\omega) = -\frac{1}{N(A)} \qquad (8\text{-}85)$$

称$-\dfrac{1}{N(A)}$为非线性环节的负倒描述函数。在复平面上绘制Γ_G曲线和$-\dfrac{1}{N(A)}$曲线时，$-\dfrac{1}{N(A)}$曲线上箭头表示随A增大，$-\dfrac{1}{N(A)}$的变化方向。

若Γ_G曲线和$-\dfrac{1}{N(A)}$曲线无交点，表明式(8-84)无ω的正实数解。图 8-44 给出了这一条件下的两种可能的形式。

(a) $G(\mathrm{j}\omega)$全包围$-1/N(A)$　　　　　　(b) $G(\mathrm{j}\omega)$不包围$-1/N(A)$

图 8-44 　Γ_G曲线和$-\dfrac{1}{N(A)}$曲线无交点的两种形式

图 8-44(a)中，Γ_G曲线包围$-\dfrac{1}{N(A)}$曲线，对于非线性环节具有任一确定振幅A的正弦输入信号，$\left(-\dfrac{1}{N(A)}, \mathrm{j}0\right)$点被$\Gamma_G$包围，此时系统不稳定，$A$将增大，并最终使$A$增大

到极限位置或使系统发生故障。

图 8-44(b)中，Γ_G 曲线不包围 $-\dfrac{1}{N(A)}$ 曲线，对于非线性环节的具有任一确定振幅 A 的正弦信号，点 $(\mathrm{Re}(-\dfrac{1}{N(A)}),\mathrm{Im}(-\dfrac{1}{N(A)}))$ 不被 Γ_G 曲线包围，此时系统稳定，A 将减小，并最终使 A 减小为零或使非线性环节的输入值为某定值，或位于该定值附近较小的范围。

综上可得非线性系统的稳定性判据：若 Γ_G 曲线不包围 $-\dfrac{1}{N(A)}$ 曲线，则非线性系统稳定；若 Γ_G 曲线包围 $-\dfrac{1}{N(A)}$ 曲线，则非线性系统不稳定。

例 8-5　已知非线性系统结构如图 8-45 所示，试分析系统的稳定性。

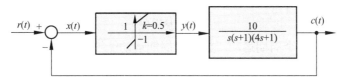

图 8-45　例 8-5 非线性系统结构图

解　对于线性环节，令 $K=10$，$T_1=1$，$T_2=4$，解得穿越频率及相应线性部分的幅值为

$$\omega_x=\frac{1}{\sqrt{T_1 T_2}}=\frac{1}{2},\qquad G(\mathrm{j}\omega_x)=\frac{-KT_1 T_2}{T_1+T_2}=-8$$

非线性环节为库仑摩擦加黏性摩擦，由表 8-1 得

$$-\frac{1}{N(A)}=\frac{-1}{k+\dfrac{4M}{\pi A}},\qquad -\frac{1}{N(0)}=0,\qquad -\frac{1}{N(\infty)}=-\frac{1}{k}=-2$$

作 Γ_G 曲线和 $-\dfrac{1}{N(A)}$ 曲线如图 8-46 所示，图中 Γ_G 曲线包围 $-\dfrac{1}{N(A)}$ 曲线。根据非线性系统稳定判据，该非线性系统不稳定。

MATLAB 程序如下：

```
G=zkp（［ ］,［0 -1 -0.25］,2.5);
A=0:0.01:1e3;k=0.5;M=1;NA1=-1./(k+(4.
    *M./(pi.*A)));
x=real(NA1);y=imag(NA1);plot(x,y);hold
on;
w=1e-3:0.01:100;nyquist(G,w);axis（［-12
    0.5 -1.5 1.5］)
```

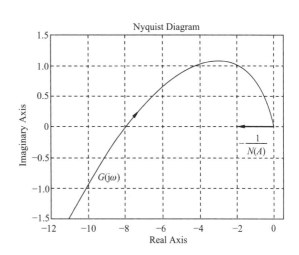

图 8-46　例 8-5 系统稳定性分析(MATLAB)

若 Γ_G 曲线和 $-\dfrac{1}{N(A)}$ 曲线有交点，表明式(8-84)有 ω 的正实数解，则系统存

在无外作用下的周期运动，对应于相平面分析中的极限环，这种情况下系统的稳定性和所具有的周期运动的稳定性必须另行分析。

(3)非线性系统存在周期运动时的稳定性分析

当 Γ_G 曲线和 $-\dfrac{1}{N(A)}$ 曲线有交点时，式(8-85)成立，即有

$$\left|G(\mathrm{j}\omega)\right|=\left|\frac{1}{N(A)}\right|,\qquad \angle[G(\mathrm{j}\omega)]=-\pi-\angle[N(A)]\tag{8-86}$$

或

$$\mathrm{Re}\big[G(\mathrm{j}\omega)N(A)\big]=-1,\qquad \mathrm{Im}\big[G(\mathrm{j}\omega)N(A)\big]=0\tag{8-87}$$

由上两式可解得交点处的频率 ω 和幅值 A。系统处于周期运动时，非线性环节的输入近似为等幅振荡

$$x(t)=A\sin\omega t$$

即每一个交点对应着一个周期运动。如果该周期运动能够维持，即在外界小扰动作用下使系统偏离该周期运动，而当该扰动消失后，系统的运动仍能恢复原周期运动，则称为稳定的周期运动。图 8-47 给出了非线性系统存在周期运动的四种形式。图中 Γ_G 曲线和 $-\dfrac{1}{N(A)}$ 的交点为 $N_0=-\dfrac{1}{N(A_0)}$，负倒描述函数上的一点 N_i 对应的幅值为 A_i。

对于图 8-47(a)所示系统，设系统周期运动的幅值为 A_0。当外界扰动使非线性环节输入振幅减小为 A_1 时，由于 Γ_G 曲线包围 $\left(-\dfrac{1}{N(A_1)},\mathrm{j}0\right)$ 点，系统不稳定，振幅将增大，最终回到 N_0 点；当外界扰动使输入振幅增大为 A_2，由于 Γ_G 曲线不包围 $\left(-\dfrac{1}{N(A_2)},\mathrm{j}0\right)$ 点，系统稳定，振幅将衰减，最终也将回到 N_0 点。这说明 N_0 点对应的周期运动是稳定的。

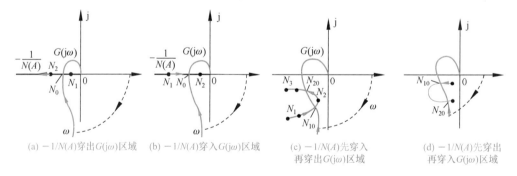

(a) $-1/N(A)$穿出$G(\mathrm{j}\omega)$区域　(b) $-1/N(A)$穿入$G(\mathrm{j}\omega)$区域　(c) $-1/N(A)$先穿入再穿出$G(\mathrm{j}\omega)$区域　(d) $-1/N(A)$先穿出再穿入$G(\mathrm{j}\omega)$区域

图 8-47　存在周期运动的非线性系统稳定性分析

对于图 8-47(b)所示系统，$-\dfrac{1}{N(A)}$ 曲线的运动方向与图 8-47(a)相反，当外扰动使系统偏离周期运动至 N_2 点，即使其幅值由 A_0 增大为 A_2 时，系统不稳定，振幅将进一步增大，最终发散至无穷；而当外扰动使系统偏离周期运动至 N_1 点，即使其幅值由 A_0 减小为 A_1 时，系统稳定，振幅将进一步减小，最终衰减为零。这表明 N_0 点对应的周期运动是不稳定的。

对于图 8-47(c)所示系统，Γ_G 曲线和 $\dfrac{-1}{N(A)}$ 曲线有两个交点 N_{10} 和 N_{20}，系统中存在两个周期运动，幅值分别为 A_{10} 和 A_{20}，仿上分析可知，在 N_{20} 点，外界小扰动使系统运动偏离该周期运动后，系统运动仍然能恢复该周期运动；而在 N_{10} 点，只要有外界扰动使系统运动偏离该周期运动，则系统运动或收敛至零，或趋向于 N_{20} 点对应的周期运动。因此，N_{10} 点对应的周期运动是不稳定的，N_{20} 点对应的周期运动是稳定的。

对于图 8-47(d)所示系统，Γ_G 曲线和 $-\dfrac{1}{N(A)}$ 有两个交点 N_{10} 和 N_{20}，表明系统中存在幅值为 A_{10} 和 A_{20} 的两个周期运动，N_{10} 点对应的周期运动是稳定的；N_{20} 点对应的周期运动是不稳定的，外界小扰动或使系统运动发散至无穷，或趋向于幅值 N_{10} 点对应的周期运动。

综合上述分析过程，在复平面上可将 Γ_G 曲线包围的区域视为不稳定区域，Γ_G 曲线不包围的区域视为稳定区域，则有下述周期运动稳定性判据：

在 Γ_G 曲线和 $-\dfrac{1}{N(A)}$ 曲线的交点处，若 $-\dfrac{1}{N(A)}$ 曲线沿着振幅 A 增加的方向由不稳定区域进入稳定区域时，该交点对应的周期运动是稳定的。反之，若 $-\dfrac{1}{N(A)}$ 曲线沿着振幅 A 增加的方向在交点处由稳定区域进入不稳定区域时，该交点对应的周期运动是不稳定的。

图 8-47 的分析表明，非线性系统存在周期运动时，系统运动的分析是较为复杂的。图 8-47(b)所示系统，系统运动收敛至零还是发散至无穷，均取决于初始条件，即使系统处于零平衡状态，但受到大的扰动仍将发散至无穷。图 8-47(c)所示系统，当初始条件为 A 较大时($A>A_{10}$)，将产生稳定的周期运动。而图 8-47(d)所示系统，则当初始条件为 A 较小时($A \leqslant A_{20}$)，将产生稳定的周期运动。因而，这样的系统产生自激振荡是有条件的。此外还应注意到这类系统稳定的周期运动只是对一定范围的扰动具有稳定性，当扰动较大时，系统将停振或发散至无穷。由于系统不可避免地存在各种扰动因素，因此不稳定的周期运动在系统中不可能出现，而欲利用非线性系统产生不受扰动影响的自激振荡，应选图 8-47(a)所示的系统。

最后还需指出，应用描述函数法分析非线性系统运动的稳定性，都是建立在只考虑基波分量的基础之上的。实际上，系统中仍有一定量的高次谐波分量流通，系统自振荡波形并非纯正弦波，因此分析结果的准确性还取决于 Γ_G 曲线与 $-\dfrac{1}{N(A)}$ 曲线在交点处的相对运动。若交点处两条曲线几乎垂直相交，且非线性环节输出的高次谐波分量被线性部分充分衰减，则分析结果是准确的。若两曲线在交点处几乎相切，则在一些情况下(取决于高次谐波的衰减程度)不存在自振荡。

例 8-6 设具有饱和非线性特性的控制系统如图 8-48 所示，试分析：

图 8-48 具有饱和非线性特性的控制系统结构图

1) $K=15$ 时非线性系统的运动；

2) 欲使系统不出现自振荡，确定 K 的临界值。

解 1) 由表 8-1 查得饱和非线性特性的描述函数为

$$N(A) = \frac{2k}{\pi}\left[\arcsin\frac{a}{A} + \frac{a}{A}\sqrt{1-\left(\frac{a}{A}\right)^2}\right], \qquad A \geqslant a \qquad (8\text{-}88)$$

取 $u = \dfrac{a}{A}$，对 $N(u)$ 求导得

$$\frac{\mathrm{d}N(u)}{\mathrm{d}u} = \frac{2k}{\pi}\left(\frac{1}{\sqrt{1-u^2}} + \sqrt{1-u^2} - \frac{u^2}{\sqrt{1-u^2}}\right) = \frac{4k}{\pi}(1-u^2)^{\frac{1}{2}}$$

注意到 $A > a$ 时，$u = \dfrac{a}{A} < 1$，故 $\dfrac{\mathrm{d}N(u)}{\mathrm{d}u} > 0$，$N(u)$ 为 u 的增函数，$N(A)$ 为 A 的减函数，$-\dfrac{1}{N(A)}$ 亦为 A 的减函数，代入给定参数 $a=1$，$k=2$，得

$$-\frac{1}{N(a)} = -0.5, \qquad -\frac{1}{N(\infty)} = -\infty$$

作 $-\dfrac{1}{N(A)}$ 曲线如图 8-49 所示。

MATLAB 程序如下：

```
K1=15;K2=7.5;
G1=zpk([   ],[ 0 −10 −5],5*10*K1);
G2=zpk([   ],[ 0 −10 −5],5*10*K2);
nyquist(G1);hold on;nyquist(G2);hold on;
A=1:0.01:60;
x=real(−1./((4*(asin(1./A)+(1./A).*sqrt(1−(1./A).^2)))/pi+j*0));
y=imag(−1./((4*(asin(1./A)+(1./A).*sqrt(1−(1./A).^2)))/pi+j*0));
plot(x,y); axis([−2.5 0.5 −1 0.5]);hold off
```

图 8-49 例 8-6 系统的周期运动稳定性分析 (MATLAB)

线性部分 $G(s)$ 在 $K=15$ 时的 Γ_G 曲线如图 8-49 中曲线①所示，其中穿越频率

$$\omega_x = \frac{1}{\sqrt{0.1\times 0.2}} = 7.07$$

Γ_G 曲线与负实轴的交点为

$$G(\mathrm{j}\omega_x) = \frac{-0.1\times 0.2\times 15}{0.1+0.2} = -1$$

由图 8-49 可知，Γ_G 曲线和 $-\dfrac{1}{N(A)}$ 曲线存在交点 $(-1, \mathrm{j}0)$ 且在该交点处，$-\dfrac{1}{N(A)}$ 沿 A 增大方向，由不稳定区域进入稳定区域，根据周期运动稳定性判据，系统存在稳定的周期运动。由式(8-87)得

$$\text{Im}\big[G(\mathrm{j}\omega)N(A)\big]=\text{Im}\big[G(\mathrm{j}\omega)\big]\cdot N(A)=0$$

得振荡频率$\omega=\omega_x$=7.07，而由

$$\text{Re}\big[G(\mathrm{j}\omega)N(A)\big]=\text{Re}\big[G(\mathrm{j}\omega_x)\big]\cdot N(A)=-N(A)=-1$$

可求得振幅A=2.5。因而非线性系统处于自振荡情况下的非线性环节的输入信号为

$$e(t)=2.5\sin 7.07t$$

2）为使该系统不出现自振荡，应调整K使Γ_G曲线移动，并和$-\dfrac{1}{N(A)}$曲线无交点，即应有

$$\frac{-0.02}{0.3}K>-0.5$$

而K的临界值应使上述不等式变为等式，即

$$K_{\max}=\frac{0.5\times 0.3}{0.02}=7.5$$

K=7.5时的Γ_G曲线如图8-49中曲线②所示。

例8-7　设非线性系统如图8-50所示，试采用描述函数法分析：

1）$G_c(s)=1$；

2）$G_c(s)=\dfrac{0.25s+1}{0.03s+1}\cdot\dfrac{1}{8.3}$

时非线性系统的运动特性。

图 8-50　例 8-7 非线性系统的结构图

解　由表8-1，死区继电特性的描述函数为

$$N(A)=\frac{4M}{\pi A}\sqrt{1-\left(\frac{h}{A}\right)^2},\qquad A\geqslant h \tag{8-89}$$

取$u=\dfrac{h}{A}$，则

$$N(A)=N(u)=\frac{4M}{\pi h}u\sqrt{1-u^2},\qquad u\geqslant 1 \tag{8-90}$$

对$N(u)$求导数

$$\frac{\mathrm{d}N(u)}{\mathrm{d}u}=\frac{4M}{\pi h}\left(\sqrt{1-u^2}-\frac{u^2}{\sqrt{1-u^2}}\right)=\frac{4M}{\pi h}\frac{1-2u^2}{\sqrt{1-u^2}}$$

由极值条件$\dfrac{\mathrm{d}N(u)}{\mathrm{d}u}=0$得解

$$u_m = \frac{h}{A_m} = \frac{1}{\sqrt{2}}$$

又当 $h \leqslant A < A_m$ 时，$\dfrac{\mathrm{d}N(u)}{\mathrm{d}u} > 0$ ；当 $A > A_m$ 时，$\dfrac{\mathrm{d}N(u)}{\mathrm{d}u} < 0$ ，故 A_m 为 $N(A)$ 的极大值点，极大值为

$$N(A_m) = \frac{2M}{\pi h} = 1.273, \qquad -\frac{1}{N(A_m)} = -0.785$$

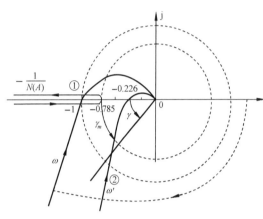

而 $-\dfrac{1}{N(A_m)}$ 亦为 $-\dfrac{1}{N(A)}$ 的极大值，注意到 $-\dfrac{1}{N(h)} = -\dfrac{1}{N(\infty)} = -\infty$ ，$-\dfrac{1}{N(A)}$ 曲线如图 8-51 所示。

1) $G_c(s)=1$。Γ_G 曲线如图 8-51 中曲线①所示，其中穿越频率

$$\omega_x = \frac{1}{\sqrt{T_1 T_2}} = \frac{1}{\sqrt{0.5 \times 0.125}} = 4$$

Γ_G 曲线与负实轴的交点坐标为

$$G(\mathrm{j}\omega_x) = \frac{-KT_1 T_2}{T_1 + T_2} = \frac{-10 \times 0.5 \times 0.125}{0.5 + 0.125} = -1$$

图 8-51 例 8-7 非线性系统的稳定性分析

由图可知，在负实轴(−1, j0)点处，Γ_G 曲线和 $-\dfrac{1}{N(A)}$ 曲线有两个交点，按式(8-85)解得

$$\begin{cases} \omega_1 = 4 \\ A_1 = 0.556 \end{cases}, \qquad \begin{cases} \omega_2 = 4 \\ A_2 = 1.146 \end{cases}$$

根据周期运动稳定性判据知，A_1 和 ω_1 对应不稳定的周期运动；A_2 和 ω_2 对应稳定的周期运动。当初始条件或外扰动使 $A < A_1$ 时，则系统运动不存在自振荡，稳态误差 $|e| < h$ ；当初始条件或外扰动使 $A > A_2$ 时，则系统产生自振荡，$e(t)=1.146\sin 4t$ 。

2) $G_c(s) = \dfrac{0.25+1}{0.03s+1} \cdot \dfrac{1}{8.3}$ 为无源超前网络，系统线性部分为 $G(s)G_c(s)$ 。Γ_{GG_c} 曲线如图 8-51 中曲线②所示，其中穿越频率为

$$\omega_x = 11.97$$
$$G_c(\mathrm{j}\omega_x)G(\mathrm{j}\omega_x) = -0.226$$

由于 Γ_{GG_c} 曲线不包围 $-\dfrac{1}{N(A)}$ 曲线，系统稳定。取 A 为定值，由 $|G_c(\mathrm{j}\omega_c)G(\mathrm{j}\omega_c)N(A)| = 1$ ，可以解得 ω_c ，则相角裕度为

$$\gamma(A) = 180° - \angle[G_c(\mathrm{j}\omega_c)G(\mathrm{j}\omega_c)]$$

特殊地，取 $A=A_m$ ，相应的相角裕度为 γ_m ，约为 30° 左右，而由图 8-51 可知

$$\gamma(A) \geqslant \gamma_m$$

因此加入串联超前校正网络，可以使非线性系统消除自振，且使系统具有一定的相角裕度。当然也可以通过减小线性部分的增益消除自振，但这样做会使系统响应的快速性降低。

本例两种 $G_c(s)$ 情况下的误差响应如图 8-52 所示。

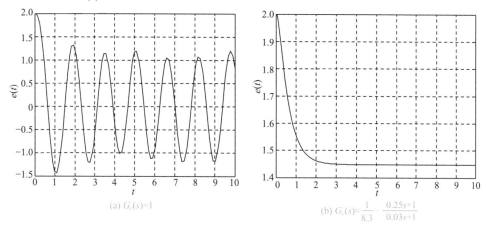

(a) $G_c(s)=1$　　　　　　　　　　(b) $G_c(s)=\dfrac{1}{8.3}\cdot\dfrac{0.25s+1}{0.03s+1}$

图 8-52　例 8-7 非线性系统的误差响应(MATLAB)

8-5　非线性控制的逆系统方法

相平面法和描述函数法是非线性系统分析的常用方法，对于研究含有饱和、死区和滞环等非解析的非线性环节的系统，具有十分明显的优点。这两种方法也可用于非线性控制系统的设计，例如前面我们曾在相平面法一节的叙述中，为了改善具有滞环非线性环节的系统的运动特性，引入了微分反馈控制；在描述函数法一节的叙述中，通过加入串联超前校正环节，消除了由于死区继电特性所产生的自激振荡。然而由于设计方法的基础是图解和近似分析，结果也只是近似的，更重要的是控制器的设计尚需要对具体系统的运动性质有一定的了解。逆系统方法围绕反馈控制设计这一目的，应用数学工具直接研究非线性控制问题，不再依赖于非线性系统运动的求解和稳定性分析，因而具有一定的普遍性，并在工程中得到了成功的应用。诚然，逆系统方法要求系统中非线性特性是解析的。

1. 非线性系统的反馈线性化

在控制理论中，反馈控制方法是实现控制目的的基本途径。例如，由非线性方程
$$\ddot{y} = f(y,\dot{y}) + u \tag{8-91}$$
表示的非线性二阶系统，取 y，$\dot{y}$ 为状态，u 为控制输入，若使用反馈控制律
$$u = v - f(y,\dot{y}) \tag{8-92}$$
则闭环系统变换为由方程
$$\ddot{y} = v \tag{8-93}$$
表示的线性系统，变换后系统的控制问题即可用线性方法加以解决。这种采用非线性状

态反馈将非线性系统完全变换为线性系统的方法称为反馈线性化。与传统的非线性控制方法相比，反馈线性化方法不再依赖于系统运动的求解或稳定性分析，只需要研究系统的反馈结构，使得非线性系统的控制问题变得简单。反馈线性化是逆系统方法的基础。

2. 逆系统方法的基本思想

众所周知，逆概念具有普遍意义。对于函数，有反函数；对于矩阵，有逆矩阵；对于系统的运动亦有逆运动。一般意义上，这些关系都可看成映射和逆映射或变换和逆变换。从数学模型角度看，所谓系统相当于对象在给定初始条件下，输入到输出的一个变换，即 $T{:}u \to y[y(0) = y_0, \dot{y}(0) = \dot{y}_0, \cdots, y^{(n-1)}(0) = y_0^{(n-1)}, n$ 为系统阶次]，y 为 n 阶可微函数。若在满足初始条件的情况下，存在一个系统即变换 $\hat{T}{:}y \to u$，则称该系统为原系统的逆系统，即有

$$T\hat{T}y = Tu = y \tag{8-94}$$

根据工程的可实现性要求，考虑 $y^{(l)}(t)$ 到 u 的逆映射，可取

$$\phi = y^{(l)}(t) \tag{8-95}$$

若有系统 $\hat{T}_l{:}\phi \to u$ 使下式成立：

$$T\hat{T}_l\phi = Tu = y \tag{8-96}$$

则称该系统为原系统的 l 阶积分逆系统。

设非线性系统的微分方程为

$$y^{(n)} = f\left[y, \dot{y}, \cdots, y^{(n-1)}, u, \dot{u}, \cdots, u^{(m)}\right] \tag{8-97}$$

原系统的结构如图 8-53 所示。

图 8-53　原非线性系统的结构图

假设原非线性系统存在连续解

$$u^{(m)} = g\left[y, \dot{y}, \cdots, y^{(n)}, u, \dot{u}, \cdots, u^{(m-1)}\right] \tag{8-98}$$

且满足原系统所给的初始条件，取 $\phi = y^{(n)}(t)$，则 n 阶积分逆系统结构如图 8-54 所示。

图 8-54　n 阶积分逆系统结构图

3. 伪线性系统

将 n 阶积分逆系统和原系统相串联构成复合系统，称为伪线性系统。考虑到微分环节工程上难以实现，故要求 $y, \dot{y}, \cdots, y^{(n-1)}$ 或至少 $y^{(n-1)}$ 可测量。当仅有 $y^{(n-1)}$ 可测量时，需用 $n-2$ 个积分器串联结构获取其余状态。$Y, \dot{y}, \cdots, y^{(n-1)}$ 均可测量时，伪线性系统的结构如图 8-55 所示。图 8-55(a)为实现形式，图 8-55(b)为等效环节，因为变换

$$T\hat{T}_n y^{(n)} = \phi \tag{8-99}$$

其拉氏变换为

$$Y(s) = \frac{1}{s^n}\Phi(s) \tag{8-100}$$

若 $y^{(n-1)}$ 不可测量，只有 y 或 $y^{(l)}$ 可测量，则需设计状态观测器，请参阅有关文献。

(a) 实现形式　　　　　　　　　　　　　　　　　　　　(b) 等效环节

图 8-55　伪线性系统结构图

例 8-8　已知某非线性系统的数学模型为

$$\ddot{y} - 2\dot{y}y + 2y^2 = u + 2\dot{u} \tag{8-101}$$

求对应的伪线性系统结构。

解　由原系统方程可得

$$\dot{u} = \frac{1}{2}\ddot{y} - \dot{y}y + y^2 - \frac{1}{2}u \tag{8-102}$$

取伪线性系统的输入为

$$\phi = \ddot{y}$$

则逆系统方程为

$$\dot{u} = \frac{1}{2}\phi - \dot{y}y + y^2 - \frac{1}{2}u \tag{8-103}$$

将式(8-103)代入式(8-101)得

$$\ddot{y} = \phi \tag{8-104}$$

$$Y(s) = \frac{1}{s^2}\Phi(s) \tag{8-105}$$

图 8-56　例 8-8 伪线性系统的实现

伪线性系统等效为二重积分环节，其实现形式如图 8-56 所示。图中符号 "$\boxed{\times}$" 表示乘法器。

4. 非线性控制的逆系统设计方法

伪线性系统是非线性系统反馈线性化的结果，表现为 n 重积分环节的标准形式。为对系统实施有效控制，还需在伪线性系统的基础上，设计外环控制网络。可根据控制要求，确定控制结构和控制器参数。

(1) 状态反馈控制

设 $y, \dot{y}, \cdots, y^{(n-1)}$ 可测量，因此可取状态反馈控制器如图 8-57 所示。其中

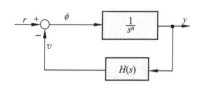

$$\phi = r - v, \qquad v = \sum_{i=0}^{n-1} k_i y^{(i)} \tag{8-106}$$

反馈网络传递函数为

$$H(s) = \frac{V(s)}{Y(s)} = \sum_{i=0}^{n-1} k_i s^i \tag{8-107}$$

图 8-57　基于伪线性系统的反馈控制系统结构图

若要求通过外环状态反馈控制器使闭环系统极点位于给定位置，即有

$$\frac{Y(s)}{R(s)} = \frac{1}{s^n + \sum_{i=0}^{n-1} a_i s^i} \tag{8-108}$$

则由图 8-57，系统闭环传递函数为

$$\frac{Y(s)}{R(s)} = \frac{\dfrac{1}{s^n}}{1 + \dfrac{1}{s^n} H(s)} = \frac{1}{s^n + \sum_{i=0}^{n-1} k_i s^i} \tag{8-109}$$

比较式(8-108)和式(8-109)的分母多项式关于 s 的同次幂的系数，可得

$$k_i = a_i; \quad i = 0,1,\cdots,n-1 \tag{8-110}$$

(2) 渐近跟踪控制

状态反馈可使系统具有较好的动态性能，但对形如 $r(t) = \sum_{i=0}^{l} A_i t^i$ 的多项式输入，不能保证 $\lim\limits_{t \to \infty} e(t) = \lim\limits_{t \to \infty} [r(t) - y(t)] = 0$ 的无静差跟踪。

图 8-58　渐近跟踪控制系统结构图

根据时域分析法结果，应使系统开环传递函数具有一定的积分环节个数，可采用图 8-58 所示的控制结构，即采用串联与局部反馈的综合控制形式。

其中 $G_c(s)$ 为串联控制器，具有如下形式：

$$G_c(s) = \frac{\sum_{i=0}^{l+1} b_i s^i}{s^{l+1}} \tag{8-111}$$

通过选择控制器参数 $b_i(i=0,1,\cdots,l+1)$ 设置闭环零点和选择参数 $k_i(i=0,1,\cdots,n-1)$ 设置闭环极点，可使闭环系统渐近稳定且具有满意的动态特性。

例 **8-9**　对于例 8-8 所示二阶伪线性系统，要求实现位置跟踪控制，试确定控制器结构和参数。

解　位置输入 $r(t)=r_0 \cdot 1(t)$，即有 $l=0$，故取

$$G_c(s) = \frac{b_0 + b_1 s}{s}, \qquad H(s) = k_0 + k_1 s \tag{8-112}$$

若选定闭环极点 $s_1=-\sigma$，$s_{2,3}=-\zeta\omega_n \pm j\omega_n\sqrt{1-\zeta^2}$（$\zeta<1$），则闭环特征方程为

$$(s+\sigma)(s^2 + 2\zeta\omega_n s + \omega_n^2) = s^3 + (\sigma + 2\zeta\omega_n)s^2 + (\omega_n^2 + 2\zeta\omega_n\sigma)s + \sigma\omega_n^2 = 0 \tag{8-113}$$

而由给定的控制器结构，系统闭环传递函数

$$\frac{Y(s)}{R(s)} = \frac{\dfrac{b_0 + b_1 s}{s} \cdot \dfrac{1}{s^2 + k_1 s + k_0}}{1 + \dfrac{b_0 + b_1 s}{s} \cdot \dfrac{1}{s^2 + k_1 s + k_0}} = \frac{b_1 s + b_0}{s^3 + k_1 s^2 + (k_0 + b_1)s + b_0} \tag{8-114}$$

故有控制器参数

$$\begin{cases} b_0 = \sigma\omega_n^2 \\ k_0 + b_1 = \omega_n^2 + 2\zeta\omega_n\sigma \\ k_1 = \sigma + 2\zeta\omega_n \end{cases}$$

特殊地，选择

$$\frac{b_0}{b_1} = \sigma$$

则得

$$b_1 = \omega_n^2, \qquad k_0 = 2\zeta\omega_n\sigma$$

此时系统闭环传递函数为

$$\frac{Y(s)}{R(s)} = \frac{\omega_n^2(s+\sigma)}{(s^2 + 2\zeta\omega_n s + \omega_n^2)(s+\sigma)} = \frac{\omega_n^2}{s^2 + 2\zeta\omega_n s + \omega_n^2} \tag{8-115}$$

8-6　非线性控制系统设计

例 **8-10**　恒温箱温度控制。设恒温箱动态结构图如图 8-59 所示。若要求温度保持 200℃，恒温箱由常温 20℃启动，试在 T_c-$\dot{T}_c$ 相平面上作出温度控制的相轨迹，并计算升温时间和保持温度的精度，最后进行 MATLAB 验证。

解　由图 8-59 可得系统分段微分方程为

$$100\dot{T}_c + T_c = \begin{cases} 605, & \begin{cases} T_c < 195 \\ T_c < 205, \quad \dot{T}_c > 0 \end{cases} \\[4mm] 0, & \begin{cases} T_c > 205 \\ T_c < 195, \quad \dot{T}_c < 0 \end{cases} \end{cases}$$

相应的相轨迹如图 8-60 所示。相轨迹在开关线上跳至另一条相轨迹。

升温时间：在升温时，相轨迹沿图 8-60 中 AB 运动。AB 段对应的相轨迹方程为

$$\dot{T}_c = \frac{(605 - T_c)}{100}$$

$$t_r = \int_{20}^{200} \frac{\mathrm{d}T_c}{\dot{T}_c} = \int_{20}^{200} \frac{100}{605 - T_c} \mathrm{d}T_c = 100 \ln \frac{585}{405} = 36.77\text{s}$$

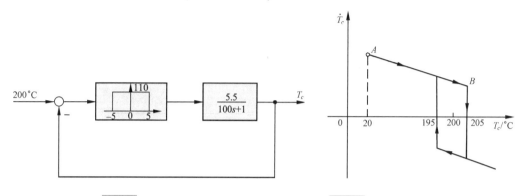

图 8-59　恒温箱结构图　　　　　　　　图 8-60　恒温箱温度控制系统相轨迹

MATLAB 验证：应用 MATLAB 软件，在 Simulink 环境下搭建如图 8-61 所示的温控系统仿真模型，其中 MATLAB Function 环节的调用函数为 M 文件 fun.m，运行它可在相平面上精确绘出 $T_c - \dot{T}_c$ 相轨迹，同时也可绘出恒温箱温度控制系统的时间响应曲线，如图 8-62 中的(a)，(b)所示，最后测得：升温时间 t_r=36.96s，保温精度为 ±5℃。

MATLAB Function 环节的调用函数：

```
function y=fun(u)
if ((u(2)>=5)|((u(2)>=−5)&(u(1)>=0)))
y=110;
else y=0
end
```

图 8-61　Simulink 环境下的温控系统仿真模型

(a) 相轨迹   (b) 阶跃响应

图 8-62 温控系统的相轨迹及其时间响应(MATLAB)

例 8-11 带死区的仪表伺服机构控制。带有弹簧轴的仪表伺服机构的结构如图8-63所示。试用描述函数法并应用 MATLAB 确定线性部分为下列传递函数时系统是否稳定? 是否存在自振? 若有, 参数是多少?

1) $G(s) = \dfrac{4000}{s(20s+1)(10s+1)}$;

2) $G(s) = \dfrac{20}{s(10s+1)}$。

图 8-63 仪表伺服系统结构图

解 应用 MATLAB 仿真法进行求解。

(1) 死区非线性描述函数

由表 8-1 知

$$N(A) = \frac{2}{\pi}\left[\frac{\pi}{2} - \arcsin\frac{1}{A} - \frac{1}{A}\sqrt{1-\left(\frac{1}{A}\right)^2}\right], \quad A \geqslant 1$$

(2) 稳定性分析基础

非线性系统闭环特征方程为

$$G(\mathrm{j}\omega) = -\frac{1}{N(A)}$$

在复平面上, 下列结论成立:

若 $G(\mathrm{j}\omega)$ 曲线 Γ_G 与负倒描述函数 $-1/N(A)$ 曲线不相交, 则当 Γ_G 曲线不包围 $-1/N(A)$ 曲线时, 非线性系统稳定; 当 Γ_G 曲线包围 $-1/N(A)$ 曲线时, 非线性系统不稳定。

若 $G(\mathrm{j}\omega)$ 曲线 Γ_G 与负倒描述函数 $-1/N(A)$ 曲线存在交点, 则在交点处, 当 $-1/N(A)$ 曲线沿振幅 A 的增加方向由不稳定区域进入稳定区域时, 该交点对应的自振是稳定的; 当 $-1/N(A)$ 沿 A 的增加方向由稳定区域进入不稳定区域时, 该交点对应的自振是不稳定的。自振振幅 A 由交点处 $-1/N(A)$ 上振幅确定; 自振频率 ω_0 由交点处 $G(\mathrm{j}\omega)$ 上的频率确定。

(3) MATLAB 程序

1) 绘制系统的 Γ_G 和 $-\dfrac{1}{N(A)}$ 曲线

```
clc;clear
G1=tf([4000],[ 200 30 1 0]);
G2=tf([20],[ 10 1 0]);
A=1. 0001:0. 001:1000;
x=real(−1. /((2*((pi. /2) −asin(1. /A) −(1. /A). *sqrt(1−(1. /A). ^2)))/pi+j*0));
y=imag(−1. /((2*((pi. /2) −asin(1. /A) −(1. /A). *sqrt(1−(1. /A). ^2)))/pi+j*0));
%when the system is G1
figure(1)
w=0. 001:0. 001:1;
nyquist(G1,w);hold on
plot(x,y);hold off
axis([−60000 0 −40000 40000])
%when the system is G2
figure(2)
w=0. 001:0. 001:20;
nyquist(G2,w);hold on
plot(x,y);hold off
axis([−3 0 −0. 1 0. 1])
```

2) 当初始条件 $c(0)=2$ 时，绘制系统的零输入响应曲线

```
t=0:0. 01:8;
c01=[2 0 0]';
[t,c1]=ode45('sys1',t,c01);
figure(1)
plot(t,c1(:,1));grid
%
t=0:0. 01:120;
c02=[2 0]';
[t,c2]=ode45('sys2',t,c02);
figure(2)
plot(t,c2(:,1));grid
```

调用函数：当仪表伺服系统 $G(s) = \dfrac{4000}{s(20s+1)(10s+1)}$

```
function dc=sys1(t,c)
dc1=c(2);
dc2=c(3);
if (c(1)>1)
dc3=−0. 15*c(3)−0. 005*c(2)−20*c(1)+20;
elseif (abs(c(1))<1)
dc3=−0. 15*c(3)−0. 005*c(2);
```

```
else
dc3=–0. 15*c(3)–0. 005*c(2)–20*c(1)–20;
end
dc=[dc1 dc2 dc3]';
```

调用函数：当仪表伺服系统 $G(s)=\dfrac{20}{s(10s+1)}$

```
function dc=sys2(t,c)
dc1=c(2);
if (c(1)>1)
dc2=–0. 1*c(2)–2*c(1)+2;
elseif (abs(c(1))<1)
dc2=–0. 1*c(2);
else
dc2=–0. 1*c(2)–2*c(1)–2;
end
dc=[dc1 dc2]' ;
```

(4) 仿真结果

运行 M 文件，作 $G(\mathrm{j}\omega)=\dfrac{4000}{\mathrm{j}\omega(1+\mathrm{j}20\omega)(1+\mathrm{j}10\omega)}$ 曲线与 $-\dfrac{1}{N(A)}$ 曲线，如图 8-64(a)所示；

当初始条件 $c(0)=2$ 时，系统的零输入响应如图 8-64(b)所示。由图可知，仪表伺服系统在

取 $G(s)=\dfrac{4000}{s(20s+1)(10s+1)}$ 时，存在不稳定自振。令 $\mathrm{Im}G(\mathrm{j}\omega)=0$，得频率 $\omega_c=0.0707$。同

时由 $G(\mathrm{j}\omega_c)=-\dfrac{1}{N(A_c)}$ ，得振幅 $A_c=1.001$。

(a) 系统的稳定性分析　　　　　　　　　　(b) 系统零输入时间响应

图 8-64　$G(s)=\dfrac{4000}{s(20s+1)(10s+1)}$ 时，有死区的仪表伺服系统特性(MATLAB)

同理，作 $G(s)=\dfrac{20}{s(10s+1)}$ 曲线与 $-1/N(A)$ 曲线，如图 8-65(a)所示；当初始条件 $c(0)=2$

时，系统的零输入响应如图 8-65(b)所示。由图可见，$\varGamma_G$ 曲线不包围 $-1/N(A)$ 曲线，仪表

伺服系统稳定。

例 8-12　汽车引擎的油-气比控制。

早期汽车引擎采用汽化器来量测燃料量，使得油-气比(F/A)保持在 1∶15 附近。这种装置使通过文氏管的空气流引起汽油压力下降而获得测量值。在保持引擎良好运行方面，该装置效果足够好，但是它会允许达 20%的 F/A 偏移，从而会产生过量的碳氢化合物(HC)和过剩氧量而造成环境污染。在 20 世纪 70 年代，汽车公司改善了汽化器设计法和生产流程，使得测量装置更精确且 F/A 精确度为 3%～5%，从而降低了尾气污染水平。但是，汽化器依然是一个开环系统，因为系统没有测量进入发动机的混合气体的 F/A，并将它反馈给汽化器。到了 20 世纪 80 年代，几乎所有制造商都采用反馈控制系统来提高 F/A 精度，以降低尾气中污染物的数量。汽车发动机控制典型反馈系统的设计，按如下步骤进行。

(a) 系统的稳定性分析　　(b) 系统零输入时间响应

图 8-65　$G(s)=\dfrac{20}{s(10s+1)}$ 时，有死区的仪表伺服系统特性(MATLAB)

步骤 1　理解过程及其性能指标。为达到尾气污染排放指标，选取的方法中用到一个催化式排气净化器，它能同时氧化过量的一氧化碳(CO)和未燃烧的碳氢化合物(CH)，减少过量的氮氧化合物(NO、NO₂)。该装置常称作三用催化剂，因为其能作用于三种污染物。在 F/A 与化学计量比与 1∶14.7 相比差别 1%以上时，此催化剂失效；因此，反馈控制系统都要求 F/A 保持在理想水平±1%以内。系统如图 8-66 描述。

图 8-66　F/A 反馈控制系统示意图

影响从尾气中测量 F/A 输出与进气歧管柱的燃料之间关系的动态因素有：①油气混合物吸入量；②引擎中活塞冲程引起的循环时滞；③尾气从引擎进入传感器的时间。这些因素都与发动机速度和负载有很大的关系。当司机通过改变油门踏板来获得或多或少的功率时，系统在变化发生后的很短时间内完成瞬态过程。在理想情况下，反馈控制系统应当跟随瞬态效应。

　　步骤2　选择传感器。尾气传感器选用锆氧化物传感器，其发明和发展是使得反馈控制减少尾气排放的设想可行的关键技术。设备中的活性元素锆氧化物置于尾气流中，产生一个关于尾气含氧量的单调电压函数。F/A 与氧气水平存在一一对应的关系。传感器电压与 F/A 呈高度非线性关系；几乎所有的电压变化都精确地发生在某 F/A 值上。当 F/A 处于期望点(1：14.7)的情况下，传感器的增益很高；而在偏移 1：14.7 的情况下，增益会大幅下降。

　　步骤3　选择执行器。燃料测量可以依靠汽化器或者燃料射入器完成。一个完善的反馈 F/A 系统需要有电子式装置调整燃料测量的能力，汽化器通过可调节孔来对电子误差信号作出响应，以调整主要燃料的流量，并通过使用燃料射入器实现测量。燃料射入器系统是典型的电子装置，所以能利用来自传感器的反馈信号，对 F/A 反馈实现燃料调整。现在，燃料射入器置于气缸入口(称多点射入)处，由于燃料的注入更贴近引擎，在气缸中分布得更好，且还能减少时间滞后，于是产生更好的引擎响应，目前被广泛采用。

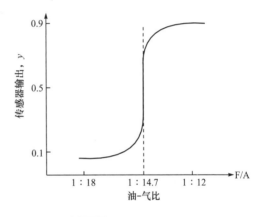

图 8-67　尾气传感器输出

　　步骤4　建立理想线性模型。传感器输出特性如图 8-67 所示，其非线性度很大。图 8-68 给出了系统的结构图，传感器的增益为 K_s。τ_1 和 τ_2 分别代表蒸汽或水滴形式的快速燃料流和附在多支管上液体膜形式的慢速燃料流的时间常数。

图 8-68　F/A 控制系统的结构图

　　系统中还存在时滞环节，其时滞由以下两部分组成：①活塞从进气到排气过程的四冲程时间；②尾气从引擎到传感器的传输时间。时间常数 τ 的传感器滞后也包括在该过程中，表征发生在尾气支管内的混合过程。虽然时间常数和滞后时间会因发动机负载和速度的不同发生很大的改变，但是可以在一个确定的点对设计进行检验，这里的各参数取为

$$\tau_1 = 0.02\text{s}, \quad T_d = 0.1\text{s}, \quad \tau_2 = 1\text{s}, \quad \tau = 0.1\text{s}$$

在实际的引擎中，设计要适用于所有速度和负载。

　　步骤 5　设计 PID 控制器。给定严格的误差指标以及由不同的发动机运行状态决定的燃料需求量 u_f，因此积分控制环节是必需的。有了积分控制，在误差信号 $e=0$ 的条件下，能提供任何需要的稳定状态 u_f。比例环节的加入，可以增加带宽，且不损害系统的稳定特性。在这个例子中，我们采用比例加积分的控制律(PI)。控制律的输出驱动射入器的脉冲发生器产生一个燃料脉冲，该燃料脉冲的持续时间与电压成正比例。控制器的传递函数可以写为

$$G_c(s) = K_p + \frac{K_I}{s} = \frac{K_p}{s}(s+z)$$

其中 $z = \dfrac{K_I}{K_p}$，z 可以按期望的要求进行选择。

　　首先，假设传感器是线性的，且可以由增益 K_s 代表，然后可以选择 z，使得系统具有良好的稳定性和系统响应。线性分析表明，通过 PI 控制器可以在合理带宽(1Hz)下实现满意的稳定性，但是从传感器的非线性特性(图 8-67)可知，这是不可能达到的。注意，在期望设置点附近时，传感器输出的斜率特别大，于是导致非常大的 K_s 值。因此，在传感器高增益的情况下，需要用较低的控制器增益 K_p。另一方面，在 F/A=1∶14.7(=0.068)时，使系统稳定的 K_p 值非常小，这将放缓偏离设置点很大程度的动态响应，因为这时有效的传感器增益大幅度下降。因此，为了使设置点在任何干扰下都有满意的响应特性，必须解决传感器的非线性。传感器的一阶近似如图 8-69 所示。因为在设置点处实际的传感器增益依然与近似值有很大的不同，且线性分析时未考虑时滞环节 $e^{-0.1s}$，对设置点附近的稳定性会产生不利影响，故该近似分析将得出错误的结论；然而，在仿真时，用它来确定对初始状况的响应还是有用的。

　　步骤 6　非线性的设计仿真。在 Simulink 中实现的系统非线性闭环仿真如图 8-70 所示。MATLAB 函数(fas)给出图 8-70 中传感器近似的非线性特性，其中 $u \triangleq \text{F/A}$。

图 8-69　传感器的近似

MATLAB 函数：

```
function y=fas(u)
if u<0.0606
```

```
        y=0.1;
else if u>0.0741
        y=0.9;
else y=0.1+(u−0.0606)*78.5;
end
```

图 8-70　Simulink 实现的闭环非线性仿真

图 8-71(a)和图 8-71(b)是使用如图 8-69 的传感器，且 K_p=0.06，z=0.3 时得到的仿真曲线。在该增益下，线性系统是不稳定的，且信号上升维持大约 5s。在此之后信号不再上升，但是由于当传感器增益在有输入时的非线性度增大，其有效增益受饱和效应的影响而减弱，最后达到一个极限环。在非线性输入的情况下，系统的动态响应如图 8-71(b)所示。

(a) 系统误差响应　　　　　　　　(b) 系统输出响应

图 8-71　带有非线性传感器近似的系统响应(MATLAB)

例 8-13　积分器抗饱和漂移控制。

在任何控制系统中执行器的输出都会达到饱和，这是因为所有实际执行器的动态区间都是有限的。例如航天器的操纵面从其标称位置的漂移不能超过特定的角度，电子放大器只能产生有限的电压输出等等。不论什么时候执行器出现饱和，过程的控制信号就会停止变化，且反馈回路也有效地敞开了。在这种情况下，若误差信号继续被施加给积分输入，则积分输出将增加(漂移)直到误差信号变化，积分作用回转，结果可能导致一个很大的超调量和很差的动态响应。

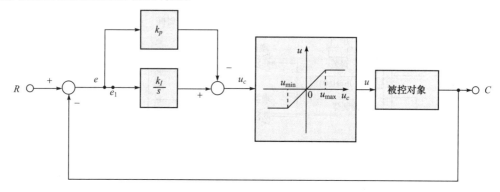

图 8-72　带执行器饱和的反馈系统框图

考虑如图 8-72 所示的反馈系统。假定一个给定的参考阶跃信号比引起执行器达到饱和值 u_{max} 的输入还大得多，由于积分器继续对误差 e 做积分运算，使信号 u_c 持续增大，从而被控对象的输入被锁定在其最大值，即 $u=u_{max}$，所以误差仍然很大，直到被控对象的输出超出参考值，误差值改变符号。而 u_c 的增加是不利的，因为进入被控对象的输入没有变化，但如果饱和持续很长一段时间，u_c 可能会变得非常大，这将导致一个相当大的负误差 e，而且产生的很差的动态响应将把积分器输出带回到控制不饱和的线性段。

如果在系统中加入一个积分器抗漂移电路，当执行器饱和时，它可以"关掉"积分作用。若控制器是用数字电路实现的，则用逻辑很容易实现这个功能，即通过包括一个像"if $|u| = u_{max}$，$k_I=0$"的语句。图 8-73(a)和图 8-73(b)给出了一个 PI 控制器装置的两个等效的抗漂移方案。图 8-73(a)所示的方法更容易理解一些，而图 8-73(b)所示的方法更容易实现，因为它不需要一个独立的非线性项而只是利用饱和本身。在这些方案中，只要执行器饱和，积分器附近的反馈回路就开始激活，使得在 e_1 处的积分器输入较小。这时，积分器本质上变成了一个快速的一阶超前装置。为了看出这一点，重画图 8-73(a)中从 e 到 u_c 这部分的方框，如图 8-73(c)所示，则利用结构图变换方法不难导出积分器变成了图 8-73(d)所示的一阶超前装置。抗偏移增益 K_a 应选得足够大，以使得抗漂移电路在所有误差情况下保持进入积分器的输入都很小。

抗漂移的作用是在反馈系统中降低超调量和控制量。这种抗漂移方案的实现，在任何实际的积分控制应用中都是必需的，忽略这种方法可能导致系统响应的严重退化。从稳定性的角度来说，饱和作用是打开反馈回路，将留下的常量输入的开环对象和控制器当作系统误差为输入的开环系统。

抗漂移的目的是当主环被信号饱和打开时，提供一个局部的反馈使得控制器稳定。

现在，考虑一个对象，其针对小信号传递函数为

$$G(s) = \frac{1}{s}$$

且在单位反馈结构中的 PI 控制器为

$$G_c(s) = k_p + \frac{k_I}{s} = 2 + \frac{4}{s}$$

设被控对象的输入被限制在±1.0，试研究抗漂移控制对系统响应的影响。

(a) 带抗漂移的PI控制器　　　　　　　(b) 带单非线性的抗漂移实现

(c) 饱和时的等效框图　　　　　　　(d) 饱和时抗漂移积分器的一阶超前等效

图 8-73　积分抗漂移方案

解　假定采用一个反馈增益为 K_a=10 的抗漂移电路，如图 8-74 所示的 Simulink 框图。图 8-75(a)给出了系统有抗漂移措施和没有抗漂移措施时的阶跃响应。图 8-75(b)给出了相应的控制量。仿真结果表明，带抗漂移的系统实质上有更小的超调量和更小的控制量。

图 8-74　抗漂移的例子(Simulink 框图)

(a) 阶跃响应　　　　　　　　　　　(b) 控制作用

图 8-75　积分器抗漂移效果(Simulink)

习　　题

8-1　某线性系统的结构图如图 8-76 所示，试分别绘制下列三种情况时，变量 e 的相轨迹，并根据相轨迹分别作出相应的 $e(t)$ 曲线。

(1) $J=1$，$K_1=1$，$K_2=2$，初始条件 $e(0)=3$，$\dot{e}(0)=0$；$e(0)=1$，$\dot{e}(0)=-2.5$；

(2) $J=1$，$K_1=1$，$K_2=0.5$，初始条件 $e(0)=3$，$\dot{e}(0)=0$；$e(0)=-3$，$\dot{e}(0)=0$；

(3) $J=1$，$K_1=1$，$K_2=0$，初始条件 $e(0)=1$，$\dot{e}(0)=1$；$e(0)=0$，$\dot{e}(0)=2$。

图 8-76　题 8-1 的线性系统结构图

8-2　设一阶非线性系统的微分方程为

$$\dot{x}=-x+x^3$$

试确定系统有几个平衡状态，分析各平衡状态的稳定性，并作出系统的相轨迹。

8-3　试确定下列方程的奇点及其类型，并用等倾线法或 MATLAB 法绘制它们的相平面图：

(1) $\ddot{x}+\dot{x}+|x|=0$；　　　　　　(2) $\ddot{x}+x+\text{sign}\dot{x}=0$；

(3) $\ddot{x}+\sin x=0$；　　　　　　　(4) $\ddot{x}+|x|=0$；

(5) $\begin{cases}\dot{x}_1=x_1+x_2\\\dot{x}_2=2x_1+x_2\end{cases}$。

8-4　若非线性系统的微分方程为

(1) $\ddot{x}+(3\dot{x}-0.5)\dot{x}+x+x^2=0$；　　(2) $\ddot{x}+x\dot{x}+x=0$；

(3) $\ddot{x}+\dot{x}^2+x=0$。

试求系统的奇点，并概略绘制奇点附近的相轨迹。

8-5　非线性系统的结构图如图 8-77 所示，系统开始是静止的，输入信号 $r(t)=4\cdot1(t)$，试写出开关线方程，确定奇点的位置和类型，作出该系统的相平面图，并分析系统的运动特点。

图 8-77　题 8-5 的非线性系统结构图

8-6　变增益控制系统的结构图及其中非线性元件 $N(A)$ 的输入输出特性如图 8-78 所示，设系统开始处于零初始状态，若输入信号 $r(t)=R \cdot 1(t)$，且 $R>e_0$；$kK < \dfrac{1}{4T} < K$，试绘出系统的相平面图，分析采用变增益放大器对系统性能的影响。已知系统参数：$k=0.1$，$e_0=0.6$，$K=5$，$T=0.49$。

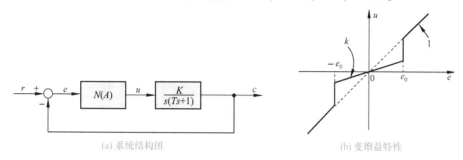

(a) 系统结构图　　　　　　　　　　(b) 变增益特性

图 8-78　具有非线性放大器的系统

8-7　图 8-79 为一带有库仑摩擦的二阶系统，试用相平面法讨论库仑摩擦对系统单位阶跃响应的影响。

8-8　设非线性系统如图 8-80 所示，输入为单位斜坡函数。试在 $e-\dot{e}$ 平面上绘制相轨迹。

图 8-79　有库仑摩擦的二阶系统结构图　　　　图 8-80　题 8-8 的非线性系统结构图

8-9　设非线性系统如图 8-81 所示，其中 $M=1$，$T=1$。若输出为零初始条件，输入 $r(t)=1(t)$，要求：

(1) 在 $e-\dot{e}$ 平面上画出相轨迹；

(2) 判断该系统是否稳定，最大稳态误差是多少？

(3) 绘出 $e(t)$ 及 $c(t)$ 的时间响应大致波形。

图 8-81　题 8-9 的非线性系统结构图

8-10　已知具有理想继电器的非线性系统如图 8-82 所示，试用相平面法分析：

图 8-82　具有理想继电器的非线性系统结构图

(1) $T_d=0$ 时系统的运动；

(2) T_d=0.5 时系统的运动，并说明比例微分控制对改善系统性能的作用；

(3) T_d=2，并考虑实际继电器有延迟时系统的运动。

8-11　非线性系统的结构图如图 8-83 所示，图中 a=0.5，K=8，T=0.5，K_t=0.5，要求：

图 8-83　题 8-11 的非线性系统结构图

(1) 当开关断开时，绘制初始条件为 $e(0)$=2，$\dot{e}(0)$=0 的相轨迹；

(2) 当开关闭合时，绘制相同初始条件下的相轨迹，并说明测速反馈的作用。

8-12　设三个非线性系统的非线性环节一样，其线性部分分别为

(1) $G(s) = \dfrac{1}{s(0.1s+1)}$；　　　　　　(2) $G(s) = \dfrac{2}{s(s+1)}$；

(3) $G(s) = \dfrac{2(1.5s+1)}{s(s+1)(0.1s+1)}$。

用描述函数法分析时，哪个系统分析的准确度高？

8-13　试推导下列非线性特性的描述函数：

(1) 变增益特性(见表 8-1 中第九项)；

(2) 具有死区的继电特性(见表 8-1 中第二项)；

(3) $y=x^3$。

8-14　将图 8-84 所示非线性系统简化成典型结构图形式，并写出线性部分的传递函数。

图 8-84　题 8-14 的非线性系统结构图

8-15　根据已知非线性特性的描述函数求图 8-85 所示各种非线性特性的描述函数。

(a) 有死区的线性特性　　　(b) 有死区的继电特性　　　(c) 死区特性与有死区继电特性串联

图 8-85　非线性特性

8-16　某单位反馈系统，其前向通路中有一描述函数 $N(A)=e^{-j\frac{\pi}{4}}/A$ 的非线性元件，线性部分的传递函数为 $G(s)=15/s(0.5s+1)$，试用描述函数法确定系统是否存在自振?若有，参数是多少?

8-17　已知非线性系统的结构图如图 8-86 所示，图中非线性环节的描述函数 $N(A)=\dfrac{A+6}{A+2}(A>0)$，试用描述函数法确定：

(1) 使该非线性系统稳定、不稳定以及产生周期运动时，线性部分的 K 值范围；

(2) 判断周期运动的稳定性，并计算稳定周期运动的振幅和频率。

8-18　非线性系统如图 8-87 所示，试用描述函数法分析周期运动的稳定性，并确定系统输出信号振荡的振幅和频率。

图 8-86　题 8-17 的非线性系统结构图　　　　图 8-87　题 8-18 的非线性系统结构图

8-19　试用描述函数法说明图 8-88 所示系统必然存在自振，并确定 c 的自振振幅和频率，画出 c，x，y 的稳态波形。

8-20　已知非线性系统的输入和输出关系式

$$\dddot{y}+af(\ddot{y},\dot{y},y)=\ddot{u}+bg(\dot{u},u)$$

试求伪线性系统的结构及实现形式。

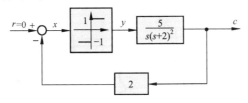

图 8-88　题 8-19 的非线性系统结构图

8-21　已知带速度反馈的非线性系统如图 8-89 所示。系统原来处于静止状态，且 $0<\beta<1$，输入 $r(t)=-R\cdot1(t)(R>a)$，试分别画出有速度反馈和无速度反馈时的系统相轨迹。

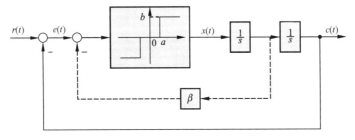

图 8-89　题 8-21 的非线性系统结构图

8-22　非线性系统如图 8-90 所示，其中非线性环节的描述函数 $N(A)=\dfrac{4M}{\pi A}$。试问：

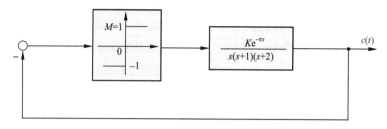

图 8-90　题 8-22 的非线性系统结构图

(1) 当 $\tau = 0$ 时，系统受扰动后的稳定运动状态呈现什么形式?

(2) 当 $\tau \neq 0$ 时，要使系统产生频率 $\omega = 1$，幅值 $A=2$ 的自振，τ 与 K 应取何值?

8-23 若要求图 8-91 所示非线性系统输出量 c 的自振振幅 $A_c = 0.1$，角频率 $\omega = 10$，试确定参数 T 及 K 的数值(T，K 均大于零)。

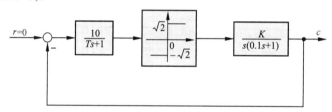

图 8-91　题 8-23 的非线性系统结构图

8-24 设非线性系统如图 8-92 所示，其中参数 K_1、K_2、T_1、T_2、M 均为正。试确定:

(1) 系统发生自振时，各参数应满足的条件;

(2) 自振频率和振幅。

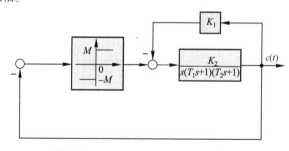

图 8-92　题 8-24 的非线性系统结构图

第九章　线性系统的状态空间分析与综合

经典线性系统理论对于单输入-单输出线性定常系统的分析和综合是比较有效的，但其显著的缺点是只能揭示输入-输出的外部特性，难以揭示系统内部的结构特性，也难以有效处理多输入-多输出系统。

在 20 世纪 50 年代蓬勃兴起的航天技术的推动下，1960 年前后开始了从经典控制理论到现代控制理论的过渡，其中一个重要标志就是卡尔曼系统地将状态空间概念引入到控制理论中来。现代控制理论正是在引入状态和状态空间概念的基础上发展起来的。

现代控制理论中的线性系统理论运用状态空间法描述输入-状态-输出诸变量间的因果关系，不但反映了系统的输入-输出外部特性，而且揭示了系统内部的结构特性，是一种既适用于单输入-单输出系统又适用于多输入-多输出系统，既可用于线性定常系统又可用于线性时变系统的有效分析和综合方法。

在线性系统理论中，根据所采用的数学工具及系统描述方法，又出现了一些平行的分支，目前主要有线性系统的状态空间法、线性系统的几何理论、线性系统的代数理论、线性系统的多变量频域方法等。由于状态空间法是线性系统理论中最重要和影响最广的分支，所以本章只介绍线性系统的状态空间法。

9-1　线性系统的状态空间描述

1. 系统数学描述的两种基本类型

这里所谓的系统是指由一些相互制约的部分构成的整体，它可能是一个由反馈闭合的整体，也可能是某一控制装置或被控对象。本章所研究的系统均假定具有若干的输入端和输出端，如图 9-1 所示。图中方框以外的部分为系统环境，环境对系统的作用为系统输入，系统对环境的作用为系统输出，二者分别用向量 $u=[u_1, u_2, \cdots, u_p]^T$ 和 $y=[y_1, y_2, \cdots, y_q]^T$ 表示，它们均为系统的外部变量。描述系统内部每个时刻所处状况的变量为系统的内部变量，以向量 $x=[x_1, x_2, \cdots, x_n]^T$ 表示。系统的数学描述是反映系统变量间因果关系和变换关系的一种数学模型。

系统的数学描述通常有两种基本类型。一种是系统的外部描述，即输入-输出描述。这种描述将系统看作一个"黑箱"，只是反映系统外部变量间即输入-输出间的因果关系，而不去表征系统的内部结构和内部变量。系

图 9-1　系统的方框图表示

统描述的另一种类型是内部描述，即状态空间描述。这种描述是基于系统内部结构分析的一类数学模型，通常由两个数学方程组成：一个是反映系统内部变量 $x=[x_1, x_2, \cdots, x_n]^T$ 和输入变量 $u=[u_1, u_2, \cdots, u_p]^T$ 间因果关系的数学表达式，常具有微分方程或差分方程的形式，称为状态方程；另一个是表征系统内部变量 $x=[x_1, x_2, \cdots, x_n]^T$ 及输入变量 $u=[u_1, u_2, \cdots, u_p]^T$ 和输出变量 $y=[y_1, y_2, \cdots, y_q]^T$ 间转换关系的数学表达式，具有代数方程的形式，

称为输出方程。外部描述仅描述系统的外部特性，不能反映系统的内部结构特性，而具有完全不同内部结构的两个系统也可能具有相同的外部特性，因而外部描述通常只是对系统的一种不完全的描述。内部描述则是对系统的一种完全的描述，它能完全表征系统的所有动力学特征。仅当在系统具有一定属性的条件下，两种描述才具有等价关系。

2. 系统状态空间描述常用的基本概念

在系统状态空间描述中常用如下的一些基本概念。

状态和状态变量　系统在时间域中的行为或运动信息的集合称为状态。确定系统状态的一组独立(数目最小)变量称为状态变量。

一个用 n 阶微分方程描述的系统，当 n 个初始条件 $x(t_0)$, $\dot{x}(t_0)$, $\cdots$, $x^{(n-1)}(t_0)$, 及 $t \geqslant t_0$ 的输入 $u(t)$ 给定时，可唯一确定方程的解，即系统将来的状态，故 $x(t)$, $\dot{x}(t)$, $\cdots$, $x^{(n-1)}(t)$ 这 n 个独立变量可选作状态变量。状态变量对于确定系统的行为既是必要的，也是充分的。 n 阶系统状态变量所含独立变量的个数为 n。显然，当变量个数小于 n 时，便不能完全确定 n 阶系统的状态，而当变量个数大于 n 时，对于确定系统的状态有的变量则是多余的。

状态变量的选取不具有唯一性，同一个系统可能有多种不同的状态变量选取方法。状态变量也不一定在物理上可量测，有时只具有数学意义，而无任何物理意义。但在具体工程问题中，应尽可能选取容易量测的量作为状态变量，以便实现状态的前馈和反馈等设计要求。例如，机械系统中常选取线(角)位移和线(角)速度作为变量，RCL 网络中则常选取流经电感的电流和电容的端电压作为状态变量。

状态变量常用符号 $x_1(t), x_2(t), \cdots, x_n(t)$ 表示。

状态向量　把描述系统状态的 n 个状态变量 $x_1(t)$, $x_2(t)$, $\cdots, x_n(t)$ 看作向量 $x(t)$ 的分量，即

$$x(t) = \left[x_1(t), x_2(t), \cdots, x_n(t)\right]^{\mathrm{T}}$$

则向量 $x(t)$ 称为 n 维状态向量。给定 $t=t_0$ 时的初始状态向量 $x(t_0)$ 及 $t \geqslant t_0$ 的输入向量 $u(t)$，则 $t \geqslant t_0$ 的状态由状态向量 $x(t)$ 唯一确定。

状态空间　以 n 个状态变量作为基底所组成的 n 维空间称为状态空间。

状态轨线　系统在任一时刻的状态，在状态空间中用一点来表示。随着时间推移，系统状态在变化，便在状态空间中描绘出一条轨迹。这种系统状态在状态空间中随时间变化的轨迹称为状态轨迹或状态轨线。

线性系统的状态空间表达式　若线性系统描述系统状态量与输入量之间关系的状态方程是一阶向量线性微分方程或一阶向量线性差分方程，而描述输出量与状态量和输入量之间关系的输出方程是向量代数方程，则其组合称为线性系统状态空间表达式，或称为动态方程，其连续形式为

$$\begin{aligned}\dot{x}(t) &= A(t)x(t) + B(t)u(t) \\ y(t) &= C(t)x(t) + D(t)u(t)\end{aligned} \tag{9-1}$$

对于线性离散时间系统，由于在实践中常取 $t_k=kT$(T 为采样周期)，其状态空间表达式的一般形式可写为

$$\begin{aligned}x(k+1) &= G(k)x(k) + H(k)u(k) \\ y(k) &= C(k)x(k) + D(k)u(k)\end{aligned} \tag{9-2}$$

通常，若状态 x、输入 u、输出 y 的维数分别为 n, p, q，则称 $n \times n$ 矩阵 $\boldsymbol{A}(t)$ 及 $\boldsymbol{G}(k)$ 为系统矩阵或状态矩阵，称 $n \times p$ 矩阵 $\boldsymbol{B}(t)$ 及 $\boldsymbol{H}(k)$ 为控制矩阵或输入矩阵，称 $q \times n$ 矩阵 $\boldsymbol{C}(t)$ 及 $\boldsymbol{C}(k)$ 为观测矩阵或输出矩阵，称 $q \times p$ 矩阵 $\boldsymbol{D}(t)$ 及 $\boldsymbol{D}(k)$ 为前馈矩阵或输入输出矩阵。

线性定常系统　在线性系统的状态空间表达式中，若系数矩阵 $\boldsymbol{A}(t), \boldsymbol{B}(t), \boldsymbol{C}(t), \boldsymbol{D}(t)$ 或 $\boldsymbol{G}(k), \boldsymbol{H}(k), \boldsymbol{C}(k), \boldsymbol{D}(k)$ 的各元素都是常数，则称该系统为线性定常系统，否则为线性时变系统。线性定常系统状态空间表达式的一般形式为

$$\dot{\boldsymbol{x}}(t) = \boldsymbol{A}\boldsymbol{x}(t) + \boldsymbol{B}\boldsymbol{u}(t)$$
$$\boldsymbol{y}(t) = \boldsymbol{C}\boldsymbol{x}(t) + \boldsymbol{D}\boldsymbol{u}(t) \tag{9-3}$$

或

$$\boldsymbol{x}(k+1) = \boldsymbol{G}\boldsymbol{x}(k) + \boldsymbol{H}\boldsymbol{u}(k)$$
$$\boldsymbol{y}(k) = \boldsymbol{C}\boldsymbol{x}(k) + \boldsymbol{D}\boldsymbol{u}(k) \tag{9-4}$$

当输出方程中 $\boldsymbol{D} \equiv 0$ 时，系统称为绝对固有系统，否则称为固有系统。为书写方便，常把固有系统(9-3)或(9-4)简记为系统 $(\boldsymbol{A}, \boldsymbol{B}, \boldsymbol{C}, \boldsymbol{D})$ 或系统 $(\boldsymbol{G}, \boldsymbol{H}, \boldsymbol{C}, \boldsymbol{D})$，而记相应的绝对固有系统为系统 $(\boldsymbol{A}, \boldsymbol{B}, \boldsymbol{C})$ 或系统 $(\boldsymbol{G}, \boldsymbol{H}, \boldsymbol{C})$。

线性系统的结构图　线性系统的状态空间表达式常用结构图表示。线性连续时间系统(9-3)的结构图如图 9-2 所示，线性离散时间系统(9-4)的结构图如图 9-3 所示。结构图中 $\boldsymbol{I}$ 为 $n \times n$ 单位矩阵，s 是拉普拉斯算子，z^{-1} 为单位延时算子，s 和 z 均为标量。每一方框的输入-输出关系规定为

$$输出向量 = (方框所示矩阵) \times (输入向量)$$

应注意到在向量、矩阵的乘法运算中，相乘顺序不允许任意颠倒。

　图 9-2　线性连续时间系统结构图　　　　　图 9-3　线性离散时间系统结构图

3. 线性定常连续系统状态空间表达式的建立

建立状态空间表达式的方法主要有两种：一是直接根据系统的机理建立相应的微分方程或差分方程，继而选择有关的物理量作为状态变量，从而导出其状态空间表达式；二是由已知的系统其他数学模型经过转化而得到状态空间表达式。

(1) 根据系统机理建立状态空间表达式

下面通过例题来介绍根据系统机理建立线性定常连续系统状态空间表达式的方法。

例 9-1　试列写如图 9-4 所示 RLC 网络的电路方程，选择几组状态变量并建立相应的状态空间表达式，就所选状态变量间的关系进行讨论。

解　根据电路定律可列写如下方程：

$$Ri + L\frac{\mathrm{d}i}{\mathrm{d}t} + \frac{1}{C}\int i\mathrm{d}t = e$$

电路输出量为

图 9-4   RLC 网络

$$y = e_c = \frac{1}{C}\int i\,\mathrm{d}t$$

1) 设状态变量 $x_1 = i$ ，$x_2 = \frac{1}{C}\int i\,\mathrm{d}t$ ，则状态方程为

$$\dot{x}_1 = -\frac{R}{L}x_1 - \frac{1}{L}x_2 + \frac{1}{L}e$$

$$\dot{x}_2 = \frac{1}{C}x_1$$

输出方程为

$$y = x_2$$

其向量-矩阵形式为

$$\begin{bmatrix} \dot{x}_1 \\ \dot{x}_2 \end{bmatrix} = \begin{bmatrix} -\dfrac{R}{L} & -\dfrac{1}{L} \\ \dfrac{1}{C} & 0 \end{bmatrix}\begin{bmatrix} x_1 \\ x_2 \end{bmatrix} + \begin{bmatrix} \dfrac{1}{L} \\ 0 \end{bmatrix}e$$

$$y = \begin{bmatrix} 0 & 1 \end{bmatrix}\begin{bmatrix} x_1 \\ x_2 \end{bmatrix}$$

简记为

$$\dot{x} = Ax + be$$
$$y = cx$$

式中

$$\dot{x} = \begin{bmatrix} \dot{x}_1 \\ \dot{x}_2 \end{bmatrix}, \quad x = \begin{bmatrix} x_1 \\ x_2 \end{bmatrix}, \quad A = \begin{bmatrix} -\dfrac{R}{L} & -\dfrac{1}{L} \\ \dfrac{1}{C} & 0 \end{bmatrix}, \quad b = \begin{bmatrix} \dfrac{1}{L} \\ 0 \end{bmatrix}, \quad c = \begin{bmatrix} 0 & 1 \end{bmatrix}$$

2) 设状态变量 $x_1 = i$ ，$x_2 = \int i\,\mathrm{d}t$ ，则有

$$\begin{bmatrix} \dot{x}_1 \\ \dot{x}_2 \end{bmatrix} = \begin{bmatrix} -\dfrac{R}{L} & -\dfrac{1}{LC} \\ 1 & 0 \end{bmatrix}\begin{bmatrix} x_1 \\ x_2 \end{bmatrix} + \begin{bmatrix} \dfrac{1}{L} \\ 0 \end{bmatrix}e, \quad y = \begin{bmatrix} 0 & \dfrac{1}{C} \end{bmatrix}\begin{bmatrix} x_1 \\ x_2 \end{bmatrix}$$

3) 设状态变量 $x_1 = \frac{1}{C}\int i\,\mathrm{d}t + Ri$ ，$x_2 = \frac{1}{C}\int i\,\mathrm{d}t$ ，则

$$x_1 = x_2 + Ri, \qquad L\frac{\mathrm{d}i}{\mathrm{d}t} = -x_1 + e$$

故

$$\dot{x}_1 = \dot{x}_2 + R\frac{\mathrm{d}i}{\mathrm{d}t} = \frac{1}{RC}(x_1 - x_2) + \frac{R}{L}(-x_1 + e)$$

$$\dot{x}_2 = \frac{1}{C}i = \frac{1}{RC}(x_1 - x_2)$$

$$y = x_2$$

其向量-矩阵形式为

$$\begin{bmatrix} \dot{x}_1 \\ \dot{x}_2 \end{bmatrix} = \begin{bmatrix} \dfrac{1}{RC} - \dfrac{R}{L} & -\dfrac{1}{RC} \\ \dfrac{1}{RC} & -\dfrac{1}{RC} \end{bmatrix} \begin{bmatrix} x_1 \\ x_2 \end{bmatrix} + \begin{bmatrix} \dfrac{R}{L} \\ 0 \end{bmatrix} e$$

$$y = \begin{bmatrix} 0 & 1 \end{bmatrix} \begin{bmatrix} x_1 \\ x_2 \end{bmatrix}$$

由上可见，系统的状态空间表达式不具有唯一性。选取不同的状态变量，便会有不同的状态空间表达式，但它们都描述了同一系统。可以推断，描述同一系统的不同状态空间表达式之间一定存在着某种线性变换关系。现研究本例题中两组状态变量之间的关系。

设 $x_1 = i, x_2 = \dfrac{1}{C}\displaystyle\int i\mathrm{d}t, \overline{x}_1 = i, \overline{x}_2 = \displaystyle\int i\mathrm{d}t$ ，则有

$$x_1 = \overline{x}_1, \quad x_2 = \dfrac{1}{C}\overline{x}_2$$

其相应的向量-矩阵形式为

$$\boldsymbol{x} = \boldsymbol{P}\overline{\boldsymbol{x}}$$

其中
$$\boldsymbol{x} = \begin{bmatrix} x_1 \\ x_2 \end{bmatrix}, \quad \overline{\boldsymbol{x}} = \begin{bmatrix} \overline{x}_1 \\ \overline{x}_2 \end{bmatrix}, \quad \boldsymbol{P} = \begin{bmatrix} 1 & 0 \\ 0 & \dfrac{1}{C} \end{bmatrix}$$

以上说明只要令 $\boldsymbol{x} = \boldsymbol{P}\overline{\boldsymbol{x}}$ ，$\boldsymbol{P}$ 为非奇异变换矩阵，便可将 x_1，x_2 变换为 $\overline{x}_1$，$\overline{x}_2$。若取任意的非奇异变换阵 $\boldsymbol{P}$，便可变换出无穷多组状态变量，这就说明状态变量的选择不具有唯一性。对于图 9-4 所示 RLC 网络来说，由于电容端电压和电感电流容易测量，通常选择这些物理量作为状态变量。

(2) 由系统微分方程建立状态空间表达式

按系统输入量中是否含有导数项来分别研究。

1) 系统输入量中不含导数项。这种单输入-单输出线性定常连续系统微分方程的一般形式为

$$y^{(n)} + a_{n-1}y^{(n-1)} + a_{n-2}y^{(n-2)} + \cdots + a_1\dot{y} + a_0 y = \beta_0 u \tag{9-5}$$

式中，y，u 分别为系统的输出、输入量；a_0，a_1，$\cdots$，a_{n-1}，β_0 是由系统特性确定的常系数。由于给定 n 个初值 $y(0)$，$\dot{y}(0)$，$\cdots$，$y^{n-1}(0)$ 及 $t \geqslant 0$ 的 $u(t)$ 时，可唯一确定 $t > 0$ 时系统的行为，可选取 n 个状态变量为 $x_1 = y$，$x_2 = \dot{y}$，$\cdots$，$x_n = y^{(n-1)}$，故式(9-5)可化为

$$\begin{cases} \dot{x}_1 = x_2 \\ \dot{x}_2 = x_3 \\ \quad\vdots \\ \dot{x}_{n-1} = x_n \\ \dot{x}_n = -a_0 x_1 - a_1 x_2 - \cdots - a_{n-1} x_n + \beta_0 u \\ y = x_1 \end{cases} \tag{9-6}$$

其向量-矩阵形式为

$$\dot{x} = Ax + bu$$
$$y = cx \tag{9-7}$$

式中
$$x = \begin{bmatrix} x_1 \\ x_2 \\ \vdots \\ x_{n-1} \\ x_n \end{bmatrix}, \quad A = \begin{bmatrix} 0 & 1 & 0 & \cdots & 0 \\ 0 & 0 & 1 & \cdots & 0 \\ \vdots & \vdots & \vdots & & \vdots \\ 0 & 0 & 0 & \cdots & 1 \\ -a_0 & -a_1 & -a_2 & \cdots & -a_{n-1} \end{bmatrix}, \quad b = \begin{bmatrix} 0 \\ 0 \\ \vdots \\ 0 \\ \beta_0 \end{bmatrix}$$

$$c = \begin{bmatrix} 1 & 0 & \cdots & 0 \end{bmatrix}$$

按式(9-6)绘制的结构图称为状态变量图，如图 9-5 所示。每个积分器的输出都是对应的状态变量，状态方程由各积分器的输入-输出关系确定，输出方程在输出端获得。

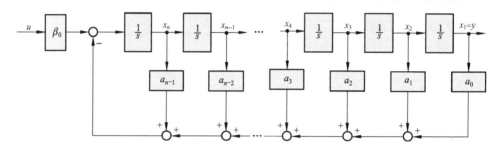

图 9-5　输入量中不含导数项时的系统状态变量图

2) 系统输入量中含有导数项。这种单输入-单输出线性定常连续系统微分方程的一般形式为

$$y^{(n)} + a_{n-1}y^{(n-1)} + a_{n-2}y^{(n-2)} + \cdots + a_1\dot{y} + a_0 y$$
$$= b_n u^{(n)} + b_{n-1}u^{(n-1)} + \cdots + b_1\dot{u} + b_0 u \tag{9-8}$$

一般输入导数项的次数小于或等于系统的阶数 n。首先研究 $b_n \neq 0$ 时的情况。为了避免在状态方程中出现输入导数项，可按如下规则选择一组状态变量，设

$$\begin{cases} x_1 = y - h_0 u \\ x_i = \dot{x}_{i-1} - h_{i-1}u; \quad i = 2, 3, \cdots, n \end{cases} \tag{9-9}$$

其展开式为

$$\begin{cases} x_1 = y - h_0 u \\ x_2 = \dot{x}_1 - h_1 u = \dot{y} - h_0\dot{u} - h_1 u \\ x_3 = \dot{x}_2 - h_2 u = \ddot{y} - h_0\ddot{u} - h_1\dot{u} - h_2 u \\ \vdots \\ x_{n-1} = \dot{x}_{n-2} - h_{n-2}u = y^{(n-2)} - h_0 u^{(n-2)} - h_1 u^{(n-3)} - \cdots - h_{n-2}u \\ x_n = \dot{x}_{n-1} - h_{n-1}u = y^{(n-1)} - h_0 u^{(n-1)} - h_1 u^{(n-2)} - \cdots - h_{n-1}u \end{cases} \tag{9-10}$$

式中，$h_0, h_1, h_2, \cdots, h_{n-1}$ 是 n 个待定常数。由式(9-10)的第一个方程可得输出方程

$$y = x_1 + h_0 u$$

其余可得 $n-1$ 个状态方程

$$\dot{x}_1 = x_2 + h_1 u$$
$$\dot{x}_2 = x_3 + h_2 u$$
$$\vdots$$
$$\dot{x}_{n-1} = x_n + h_{n-1} u$$

对 x_n 求导数并考虑式(9-8)，有

$$\dot{x}_n = y^{(n)} - h_0 u^{(n)} - h_1 u^{(n-1)} - \cdots - h_{n-1}\dot{u} = (-a_{n-1} y^{(n-1)} - a_{n-2} y^{(n-2)}$$
$$- \cdots - a_1 \dot{y} - a_0 y + b_0 u^{(n)} + \cdots + b_1 \dot{u} + b_0 u) - h_0 u^{(n)} - h_1 u^{(n-1)} - \cdots - h_{n-1}\dot{u}$$

由式(9-10)将 $y^{(n-1)}$, $\cdots$, $\dot{y}$, y 均以 x_i 及 u 的各阶导数表示，经整理可得

$$\dot{x}_n = -a_0 x_1 - a_1 x_2 - \cdots - a_{n-2} x_{n-1} - a_{n-1} x_n + (b_n - h_0) u^{(n)}$$
$$+ (b_{n-1} - h_1 - a_{n-1} h_0) u^{(n-1)} + (b_{n-2} - h_2 - a_{n-1} h_1 - a_{n-2} h_0) u^{(n-2)}$$
$$+ \cdots + (b_1 - h_{n-1} - a_{n-1} h_{n-2} - a_{n-2} h_{n-3} - \cdots - a_1 h_0)\dot{u}$$
$$+ (b_0 - a_{n-1} h_{n-1} - a_{n-2} h_{n-2} - \cdots - a_1 h_1 - a_0 h_0) u$$

令上式中 u 的各阶导数项的系数为零，可确定各 h 值

$$h_0 = b_n$$
$$h_1 = b_{n-1} - a_{n-1} h_0$$
$$h_2 = b_{n-2} - a_{n-1} h_1 - a_{n-2} h_0$$
$$\vdots$$
$$h_{n-1} = b_1 - a_{n-1} h_{n-2} - a_{n-2} h_{n-3} - \cdots - a_1 h_0$$

记 $h_n = b_0 - a_{n-1} h_{n-1} - a_{n-2} h_{n-2} - \cdots - a_1 h_1 - a_0 h_0$，故

$$\dot{x}_n = -a_0 x_1 - a_1 x_2 - \cdots - a_{n-2} x_{n-1} - a_{n-1} x_n + h_n u$$

则式(9-8)的向量-矩阵形式的动态方程为

$$\dot{\boldsymbol{x}} = \boldsymbol{A}\boldsymbol{x} + \boldsymbol{b}u, \quad y = \boldsymbol{c}\boldsymbol{x} + du \tag{9-11}$$

式中
$$\boldsymbol{A} = \begin{bmatrix} 0 & 1 & 0 & \cdots & 0 \\ 0 & 0 & 1 & \cdots & 0 \\ \vdots & \vdots & \vdots & & \vdots \\ 0 & 0 & 0 & \cdots & 1 \\ -a_0 & -a_1 & -a_2 & \cdots & -a_{n-1} \end{bmatrix}, \quad \boldsymbol{b} = \begin{bmatrix} h_1 \\ h_2 \\ \vdots \\ h_{n-1} \\ h_n \end{bmatrix}$$

$$c = \begin{bmatrix} 1 & 0 & \cdots & 0 \end{bmatrix}, \quad d = h_0$$

式(9-8)的状态变量图见图 9-6。若输入量中仅含 m 次导数且 $m<n$，可将高于 m 次导数项的系数置零，仍可应用上述所得公式。

当 $b_n=0$ 时，可以令上述公式中的 $h_0=0$ 得到所需要的结果，也可按如下规则选择另一组状态变量。设

$$\begin{cases} x_n = y \\ x_i = \dot{x}_{i+1} + a_i y - b_i u; \quad i = 1, 2, \cdots, n-1 \end{cases} \tag{9-12}$$

其展开式为

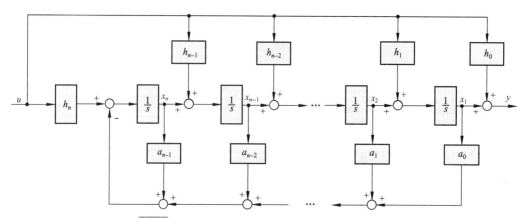

图 9-6　输入量中含有导数项时的系统状态变量图

$$x_{n-1} = \dot{x}_n + a_{n-1}y - b_{n-1}u = \dot{y} + a_{n-1}y - b_{n-1}u$$

$$x_{n-2} = \dot{x}_{n-1} + a_{n-2}y - b_{n-2}u = \ddot{y} + a_{n-1}\dot{y} - b_{n-1}\dot{u} + a_{n-2}y - b_{n-2}u$$

$$\vdots$$

$$x_2 = \dot{x}_3 + a_2 y - b_2 u = y^{(n-2)} + a_{n-1}y^{(n-3)} - b_{n-1}u^{(n-3)} + a_{n-2}y^{(n-4)} - b_{n-2}u^{(n-4)} + \cdots + a_2 y - b_2 u$$

$$x_1 = \dot{x}_2 + a_1 y - b_1 u = y^{(n-1)} + a_{n-1}y^{(n-2)} - b_{n-1}u^{(n-2)} + a_{n-2}y^{(n-3)} - b_{n-2}u^{(n-3)} + \cdots + a_1 y - b_1 u$$

故有 $n-1$ 个状态方程

$$\dot{x}_n = x_{n-1} - a_{n-1}x_n + b_{n-1}u$$

$$\dot{x}_{n-1} = x_{n-2} - a_{n-2}x_n + b_{n-2}u$$

$$\vdots$$

$$\dot{x}_2 = x_1 - a_1 x_n + b_1 u$$

对 x_1 求导数且考虑式(9-8)，经整理有

$$\dot{x}_1 = -a_0 x_n + b_0 u$$

则式(9-8)在 $b_n=0$ 时的动态方程为

$$\dot{\boldsymbol{x}} = \boldsymbol{A}\boldsymbol{x} + \boldsymbol{b}u, \qquad y = \boldsymbol{c}\boldsymbol{x} \tag{9-13}$$

式中

$$\boldsymbol{A} = \begin{bmatrix} 0 & 0 & \cdots & 0 & -a_0 \\ 1 & 0 & \cdots & 0 & -a_1 \\ 0 & 1 & \cdots & 0 & -a_2 \\ \vdots & \vdots & & \vdots & \vdots \\ 0 & 0 & \cdots & 1 & -a_{n-1} \end{bmatrix}, \quad \boldsymbol{b} = \begin{bmatrix} b_0 \\ b_1 \\ b_2 \\ \vdots \\ b_{n-1} \end{bmatrix}, \quad \boldsymbol{c} = \begin{bmatrix} 0 & 0 & \cdots & 1 \end{bmatrix}$$

例 9-2　设二阶系统微分方程为

$$\ddot{y} + 2\zeta\omega\dot{y} + \omega^2 y = T\dot{u} + u$$

试求系统状态空间表达式。

解　设状态变量 $x_1 = y - h_0 u$，$x_2 = \dot{x}_1 - h_1 u = \dot{y} - h_0\dot{u} - h_1 u$，故有

$$y = x_1 + h_0 u, \qquad \dot{x}_1 = x_2 + h_1 u$$

对 x_2 求导数且考虑 x_1，x_2 及系统微分方程,有

$$\dot{x}_2 = \ddot{y} - h_0\ddot{u} - h_1\dot{u} = (-\omega^2 y - 2\zeta\omega\dot{y} + T\dot{u} + u) - h_0\ddot{u} - h_1\dot{u}$$
$$= -\omega^2 x_1 - 2\zeta\omega x_2 - h_0\ddot{u} + (T - 2\zeta\omega h_0 - h_1)\dot{u} + (1 - \omega^2 h_0 - 2\zeta\omega h_1)u$$

令 $\ddot{u}$，$\dot{u}$ 项的系数为零，可得

$$h_0 = 0, \quad h_1 = T$$

故

$$\dot{x}_2 = -\omega^2 x_1 - 2\zeta\omega x_2 + (1 - 2\zeta\omega T)u$$

系统的状态空间表达式为

$$\begin{bmatrix} \dot{x}_1 \\ \dot{x}_2 \end{bmatrix} = \begin{bmatrix} 0 & 1 \\ -\omega^2 & -2\zeta\omega \end{bmatrix}\begin{bmatrix} x_1 \\ x_2 \end{bmatrix} + \begin{bmatrix} T \\ 1-2\zeta\omega T \end{bmatrix}u, \quad y = \begin{bmatrix} 1 & 0 \end{bmatrix}\begin{bmatrix} x_1 \\ x_2 \end{bmatrix}$$

(3) 由系统传递函数建立状态空间表达式

式(9-8)所对应的系统传递函数为

$$G(s) = \frac{Y(s)}{U(s)} = \frac{b_n s^n + b_{n-1}s^{n-1} + b_{n-2}s^{n-2} + \cdots + b_1 s + b_0}{s^n + a_{n-1}s^{n-1} + a_{n-2}s^{n-2} + \cdots + a_1 s + a_0} \tag{9-14}$$

应用综合除法有

$$G(s) = b_n + \frac{\beta_{n-1}s^{n-1} + \beta_{n-2}s^{n-2} + \cdots + \beta_1 s + \beta_0}{s^n + a_{n-1}s^{n-1} + a_{n-2}s^{n-2} + \cdots + a_1 s + a_0} \triangleq b_n + \frac{N(s)}{D(s)} \tag{9-15}$$

式中，b_n 是直接联系输入与输出量的前馈系数，当 $G(s)$ 的分母次数大于分子次数时，$b_n=0$，$\frac{N(s)}{D(s)}$ 是严格有理真分式，其系数由综合除法得到为

$$\beta_0 = b_0 - a_0 b_n$$
$$\beta_1 = b_1 - a_1 b_n$$
$$\vdots$$
$$\beta_{n-2} = b_{n-2} - a_{n-2} b_n$$
$$\beta_{n-1} = b_{n-1} - a_{n-1} b_n$$

下面介绍由 $\frac{N(s)}{D(s)}$ 导出几种标准形式动态方程的方法。

1) $\frac{N(s)}{D(s)}$ 串联分解的情况。将 $\frac{N(s)}{D(s)}$ 分解为两部分相串联，如图 9-7 所示，z 为中间变量，z，y 应满足

$$z^{(n)} + a_{n-1}z^{(n-1)} + \cdots + a_1\dot{z} + a_0 z = u$$
$$y = \beta_{n-1}z^{(n-1)} + \cdots + \beta_1\dot{z} + \beta_0 z$$

图 9-7　$\frac{N(s)}{D(s)}$ 的串联分解

选取状态变量

$$x_1 = z, \quad x_2 = \dot{z}, \quad x_3 = \ddot{z}, \quad \cdots, \quad x_n = z^{(n-1)}$$

则状态方程为

$$\dot{x}_1 = x_2$$
$$\dot{x}_2 = x_3$$
$$\vdots$$
$$\dot{x}_n = -a_0 z - a_1 \dot{z} - \cdots - a_{n-1} z^{(n-1)} + u$$
$$= -a_0 x_1 - a_1 x_2 - \cdots - a_{n-1} x_n + u$$

输出方程为

$$y = \beta_0 x_1 + \beta_1 x_2 + \cdots + \beta_{n-1} x_n$$

其向量-矩阵形式的动态方程为

$$\dot{x} = Ax + bu, \quad y = cx \tag{9-16}$$

式中
$$A = \begin{bmatrix} 0 & 1 & 0 & \cdots & 0 \\ 0 & 0 & 1 & \cdots & 0 \\ \vdots & \vdots & \vdots & & \vdots \\ 0 & 0 & 0 & \cdots & 1 \\ -a_0 & -a_1 & -a_2 & \cdots & -a_{n-1} \end{bmatrix}, \quad b = \begin{bmatrix} 0 \\ 0 \\ \vdots \\ 0 \\ 1 \end{bmatrix}, \quad c = [\beta_0 \quad \beta_1 \quad \cdots \quad \beta_{n-1}]$$

请读者注意 A，b 的形状特征，这种 A 阵又称友矩阵，若状态方程中的 A，b 具有这种形式，则称为可控标准型。当 $\beta_1 = \beta_2 = \cdots = \beta_{n-1} = 0$ 时，A，b 的形式不变，$c = [\beta_0 \quad 0 \cdots 0]$。

因而，当 $G(s) = b_n + \dfrac{N(s)}{D(s)}$ 时，A，b 不变，$y = cx + b_n u$。$\dfrac{N(s)}{D(s)}$ 串联分解时系统的可控标准型状态变量图如图 9-8 所示。

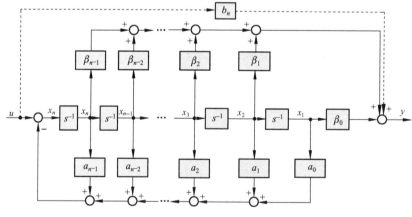

图 9-8　$\dfrac{N(s)}{D(s)}$ 串联分解时系统的可控标准型状态变量图

当 $b_n=0$ 时，若按式(9-12)选取状态变量，则系统的 A，b，c 矩阵为

$$A = \begin{bmatrix} 0 & 0 & \cdots & 0 & -a_0 \\ 1 & 0 & \cdots & 0 & -a_1 \\ 0 & 1 & \cdots & 0 & -a_2 \\ \vdots & \vdots & & \vdots & \vdots \\ 0 & 0 & \cdots & 1 & -a_{n-1} \end{bmatrix}, \quad b = \begin{bmatrix} \beta_0 \\ \beta_1 \\ \beta_2 \\ \vdots \\ \beta_{n-1} \end{bmatrix}, \quad c = \begin{bmatrix} 0 & \cdots & 0 & 1 \end{bmatrix}$$

请注意 A、c 的形状特征，此处 A 矩阵是友矩阵的转置。若动态方程中的 A、c 具有这种形式，则称为可观测标准型。

由上可见，可控标准型与可观测标准型的各矩阵之间存在如下关系：

$$A_c = A_o^T, \quad b_c = c_o^T, \quad c_c = b_o^T \tag{9-17}$$

式中，下标 c 表示可控标准型；o 表示可观测标准型；T 为转置符号。式(9-17)所示关系称为对偶关系。关于系统的可控和可观测等概念，后面还要进行较详细的论述。

例 9-3　试列写例 9-2 所示系统的可控标准型、可观测标准型动态方程，并分别确定状态变量与输入、输出量的关系。

解　该系统的传递函数为

$$G(s) = \frac{Y(s)}{U(s)} = \frac{Ts+1}{s^2 + 2\zeta\omega s + \omega^2}$$

可控标准型动态方程的各矩阵为

$$x_c = \begin{bmatrix} x_{c1} \\ x_{c2} \end{bmatrix}, \quad A_c = \begin{bmatrix} 0 & 1 \\ -\omega^2 & -2\zeta\omega \end{bmatrix}, \quad b_c = \begin{bmatrix} 0 \\ 1 \end{bmatrix}, \quad c_c = \begin{bmatrix} 1 & T \end{bmatrix}$$

由 $G(s)$ 串联分解并引入中间变量 z 有

$$\ddot{z} + 2\zeta\omega\dot{z} + \omega^2 z = u$$

$$y = T\dot{z} + z$$

对 y 求导数并考虑上述关系式则有

$$\dot{y} = T\ddot{z} + \dot{z} = (1 - 2\zeta\omega T)\dot{z} - \omega^2 Tz + Tu$$

令 $x_{c1} = z$，$x_{c2} = \dot{z}$，可导出状态变量与输入、输出量的关系：

$$x_{c1} = \left[-T\dot{y} + (1 - 2\zeta\omega T)y + T^2 u \right] / (1 - 2\zeta\omega T + \omega^2 T^2)$$

$$x_{c2} = (\dot{y} + \omega^2 Ty - Tu) / (1 - 2\zeta\omega T + \omega^2 T^2)$$

可观测标准型动态方程各矩阵为

$$x_o = \begin{bmatrix} x_{o1} \\ x_{o2} \end{bmatrix}, \quad A_o = \begin{bmatrix} 0 & -\omega^2 \\ 1 & -2\zeta\omega \end{bmatrix}, \quad b_o = \begin{bmatrix} 1 \\ T \end{bmatrix}, \quad c_o = \begin{bmatrix} 0 & 1 \end{bmatrix}$$

根据式(9-12)可以写出状态变量与输入、输出量的关系

$$x_{o1} = \dot{y} + 2\zeta\omega y - Tu$$

$$x_{o2} = y$$

图 9-9 与图 9-10 分别示出了该系统可控标准型与可观测标准型的状态变量图。

2) $\dfrac{N(s)}{D(s)}$ 只含单实极点时的情况。当 $\dfrac{N(s)}{D(s)}$ 只含单实极点时，除了可化为上述可控标准型或可观测标准型动态方程以外，还可化为对角型动态方程，其 A 阵是一个对角阵。

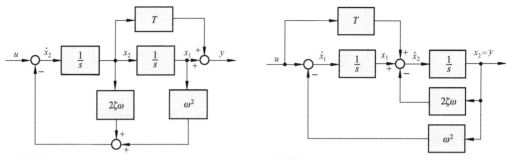

图 9-9　例 9-3 系统可控标准型状态变量图　　图 9-10　例 9-3 系统可观测标准型状态变量图

设 $D(s)$ 可分解为

$$D(s) = (s - \lambda_1)(s - \lambda_2)\cdots(s - \lambda_n)$$

式中，$\lambda_1, \cdots, \lambda_n$ 为系统的单实极点，则传递函数可展成部分分式之和

$$\frac{Y(s)}{U(s)} = \frac{N(s)}{D(s)} = \sum_{i=1}^{n} \frac{c_i}{s - \lambda_i}$$

而 $c_i = \left[\dfrac{N(s)}{D(s)}(s - \lambda_i)\right]\Bigg|_{s=\lambda_i}$，为 $\dfrac{N(s)}{D(s)}$ 在极点 λ_i 处的留数，且有

$$Y(s) = \sum_{i=1}^{n} \frac{c_i}{s - \lambda_i} U(s)$$

若令状态变量

$$X_i(s) = \frac{1}{s - \lambda_i} U(s); \quad i = 1, 2, \cdots, n$$

其反变换结果为

$$\dot{x}_i(t) = \lambda_i x_i(t) + u(t)$$

$$y(t) = \sum_{i=1}^{n} c_i x_i(t)$$

展开得

$$\dot{x}_1 = \lambda_1 x_1 + u$$
$$\dot{x}_2 = \lambda_2 x_2 + u$$
$$\vdots$$
$$\dot{x}_n = \lambda_n x_n + u$$
$$y = c_1 x_1 + c_2 x_2 + \cdots + c_n x_n$$

其向量-矩阵形式为

$$\begin{bmatrix} \dot{x}_1 \\ \dot{x}_2 \\ \vdots \\ \dot{x}_n \end{bmatrix} = \begin{bmatrix} \lambda_1 & & & 0 \\ & \lambda_2 & & \\ & & \ddots & \\ 0 & & & \lambda_n \end{bmatrix} \begin{bmatrix} x_1 \\ x_2 \\ \vdots \\ x_n \end{bmatrix} + \begin{bmatrix} 1 \\ 1 \\ \vdots \\ 1 \end{bmatrix} u, \quad y = \begin{bmatrix} c_1 & c_2 & \cdots & c_n \end{bmatrix} \begin{bmatrix} x_1 \\ x_2 \\ \vdots \\ x_n \end{bmatrix} \tag{9-18}$$

其状态变量图如图 9-11(a) 所示。

若令状态变量

$$X_i(s) = \frac{c_i}{s - \lambda_i} U(s); \quad i = 1, 2, \cdots, n$$

则

$$Y(s) = \sum_{i=1}^{n} X_i(s)$$

进行反变换并展开有

$$\dot{x}_1 = \lambda_1 x_1 + c_1 u$$
$$\dot{x}_2 = \lambda_2 x_2 + c_2 u$$
$$\vdots$$
$$\dot{x}_n = \lambda_n x_n + c_n u$$
$$y = x_1 + x_2 + \cdots + x_n$$

其向量-矩阵形式为

$$\begin{bmatrix} \dot{x}_1 \\ \dot{x}_2 \\ \vdots \\ \dot{x}_n \end{bmatrix} = \begin{bmatrix} \lambda_1 & & & \mathbf{0} \\ & \lambda_2 & & \\ & & \ddots & \\ \mathbf{0} & & & \lambda_n \end{bmatrix} \begin{bmatrix} x_1 \\ x_2 \\ \vdots \\ x_n \end{bmatrix} + \begin{bmatrix} c_1 \\ c_2 \\ \vdots \\ c_n \end{bmatrix} u, \quad y = \begin{bmatrix} 1 & 1 & \cdots & 1 \end{bmatrix} \begin{bmatrix} x_1 \\ x_2 \\ \vdots \\ x_n \end{bmatrix} \tag{9-19}$$

其状态变量图如图 9-11(b)所示。显见式(9-19)与式(9-18)存在对偶关系。

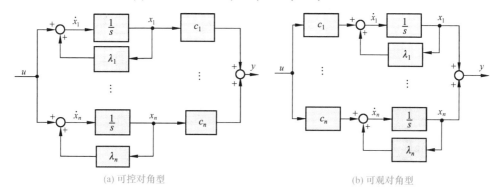

(a) 可控对角型　　　　　　　　　　　　　　　(b) 可观对角型

图 9-11　系统对角型动态方程的状态变量图

3) $\dfrac{N(s)}{D(s)}$ 含重实极点时的情况。当传递函数除含单实极点之外还含有重实极点时，不仅可化为可控、可观测标准型，还可化为约当标准型动态方程，其 A 阵是一个含约当块的矩阵。设 $D(s)$ 可分解为

$$D(s) = (s - \lambda_1)^3 (s - \lambda_4) \cdots (s - \lambda_n)$$

式中，λ_1 为三重实极点；$\lambda_4, \cdots, \lambda_n$ 为单实极点，则传递函数可展成下列部分分式之和：

$$\frac{Y(s)}{U(s)} = \frac{N(s)}{D(s)} = \frac{c_{11}}{(s - \lambda_1)^3} + \frac{c_{12}}{(s - \lambda_1)^2} + \frac{c_{13}}{(s - \lambda_1)} + \sum_{i=4}^{n} \frac{c_i}{s - \lambda_i}$$

其状态变量的选取方法与只含单实极点时相同，可分别得出向量-矩阵形式的动态方程：

$$
\begin{bmatrix} \dot{x}_{11} \\ \dot{x}_{12} \\ \dot{x}_{13} \\ \dot{x}_{4} \\ \vdots \\ \dot{x}_{n} \end{bmatrix} =
\begin{bmatrix} \lambda_1 & 1 & & & & & \\ & \lambda_1 & 1 & & & \mathbf{0} & \\ & & \lambda_1 & & & & \\ \hline & & & \lambda_4 & & & \\ & \mathbf{0} & & & \ddots & & \\ & & & & & & \lambda_n \end{bmatrix}
\begin{bmatrix} x_{11} \\ x_{12} \\ x_{13} \\ x_{4} \\ \vdots \\ x_{n} \end{bmatrix} +
\begin{bmatrix} 0 \\ 0 \\ 1 \\ 1 \\ \vdots \\ 1 \end{bmatrix} u \tag{9-20}
$$

$$
y = [\,c_{11} \quad c_{12} \quad c_{13} \ \vdots\ c_{4} \ \cdots \ c_{n}\,] \boldsymbol{x}
$$

$$
\begin{bmatrix} \dot{x}_{11} \\ \dot{x}_{12} \\ \dot{x}_{13} \\ \dot{x}_{4} \\ \vdots \\ \dot{x}_{n} \end{bmatrix} =
\begin{bmatrix} \lambda_1 & & & & & & \\ 1 & \lambda_1 & & & & \mathbf{0} & \\ & 1 & \lambda_1 & & & & \\ \hline & & & \lambda_4 & & & \\ & \mathbf{0} & & & \ddots & & \\ & & & & & & \lambda_n \end{bmatrix}
\begin{bmatrix} x_{11} \\ x_{12} \\ x_{13} \\ x_{4} \\ \vdots \\ x_{n} \end{bmatrix} +
\begin{bmatrix} c_{11} \\ c_{12} \\ c_{13} \\ c_{4} \\ \vdots \\ c_{n} \end{bmatrix} u
$$

$$
y = [\,0 \quad 0 \quad 1 \ \vdots\ 1 \ \cdots \ 1\,] \boldsymbol{x} \tag{9-21}
$$

其对应的状态变量图如图 9-12(a)，(b)所示。式(9-20)与式(9-21)也存在对偶关系。

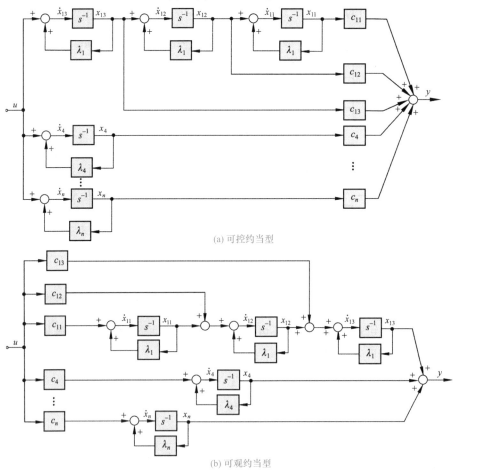

(a) 可控约当型

(b) 可观约当型

图 9-12　系统约当型动态方程的状态变量图

4. 线性定常连续系统状态方程的解

(1) 齐次状态方程的解

状态方程

$$\dot{x}(t) = Ax(t) \tag{9-22}$$

称为齐次状态方程，通常采用幂级数法和拉普拉斯变换法求解。

1) 幂级数法。设状态方程式(9-22)的解是 t 的向量幂级数

$$x(t) = b_0 + b_1 t + b_2 t^2 + \cdots + b_k t^k + \cdots$$

式中，$x, b_0, b_1, \cdots, b_k, \cdots$ 都是 n 维向量，则

$$\dot{x}(t) = b_1 + 2b_2 t + \cdots + k b_k t^{k-1} + \cdots = A(b_0 + b_1 t + b_2 t^2 + \cdots + b_k t^k + \cdots)$$

令上式等号两边 t 的同次项的系数相等，则有

$$b_1 = Ab_0$$

$$b_2 = \frac{1}{2} Ab_1 = \frac{1}{2} A^2 b_0$$

$$b_3 = \frac{1}{3} Ab_2 = \frac{1}{6} A^3 b_0$$

$$\vdots$$

$$b_k = \frac{1}{k} Ab_{k-1} = \frac{1}{k!} A^k b_0$$

$$\vdots$$

且 $x(0) = b_0$，故

$$x(t) = \left(I + At + \frac{1}{2} A^2 t^2 + \cdots + \frac{1}{k!} A^k t^k + \cdots \right) x(0) \tag{9-23}$$

定义

$$\mathrm{e}^{At} = I + At + \frac{1}{2} A^2 t^2 + \cdots + \frac{1}{k!} A^k t^k + \cdots = \sum_{k=0}^{\infty} \frac{1}{k!} A^k t^k \tag{9-24}$$

则

$$x(t) = \mathrm{e}^{At} x(0) \tag{9-25}$$

由于标量微分方程 $\dot{x} = ax$ 的解为 $x(t) = \mathrm{e}^{at} x(0)$，$\mathrm{e}^{at}$ 称为指数函数，而向量微分方程式 (9-22)具有相似形式的解(式(9-25))，故把 e^{At} 称为矩阵指数函数，简称矩阵指数。由于 $x(t)$ 是由 $x(0)$ 转移而来，对于线性定常系统，e^{At} 又称为状态转移矩阵，记为 $\Phi(t)$，即

$$\Phi(t) = \mathrm{e}^{At} \tag{9-26}$$

2) 拉普拉斯变换法。将式(9-22)取拉氏变换，有

$$sX(s) = AX(s) + x(0)$$

则

$$(sI - A)X(s) = x(0) \tag{9-27}$$

$$X(s) = (sI - A)^{-1} x(0)$$

进行拉氏反变换，有

$$x(t) = \mathcal{L}^{-1}\left[(sI - A)^{-1} \right] x(0) \tag{9-28}$$

与式(9-25)相比有

$$\mathrm{e}^{At} = \mathscr{L}^{-1}\left[(s\boldsymbol{I} - \boldsymbol{A})^{-1} \right] \tag{9-29}$$

式(9-29)给出了 e^{At} 的闭合形式，说明了式(9-24)所示级数的收敛性。

从上述分析可看出，求解齐次状态方程的问题，就是计算状态转移矩阵 $\boldsymbol{\Phi}(t)$ 的问题，因而有必要研究 $\boldsymbol{\Phi}(t)$ 的运算性质。

(2) 状态转移矩阵的运算性质

重写状态转移矩阵 $\boldsymbol{\Phi}(t)$ 的幂级数展开式

$$\boldsymbol{\Phi}(t) = \mathrm{e}^{At} = \boldsymbol{I} + \boldsymbol{A}t + \frac{1}{2}\boldsymbol{A}^2 t^2 + \cdots + \frac{1}{k!}\boldsymbol{A}^k t^k + \cdots \tag{9-30}$$

$\boldsymbol{\Phi}(t)$ 具有如下运算性质：

1) $\boldsymbol{\Phi}(0) = \boldsymbol{I}$ $\tag{9-31}$

2) $\dot{\boldsymbol{\Phi}}(t) = \boldsymbol{A}\boldsymbol{\Phi}(t) = \boldsymbol{\Phi}(t)\boldsymbol{A}$ $\tag{9-32}$

上述性质利用式(9-30)很容易进行证明。式(9-32)表明，$\boldsymbol{A}\boldsymbol{\Phi}(t)$ 与 $\boldsymbol{\Phi}(t)\boldsymbol{A}$ 可交换，$\dot{\boldsymbol{\Phi}}(0)=\boldsymbol{A}$，并且 $\boldsymbol{\Phi}(t)$ 是微分方程

$$\dot{\boldsymbol{\Phi}}(t) = \boldsymbol{A}\boldsymbol{\Phi}(t), \ \boldsymbol{\Phi}(0) = \boldsymbol{I} \tag{9-33}$$

的唯一解。

3) $\boldsymbol{\Phi}(t_1 \pm t_2) = \boldsymbol{\Phi}(t_1)\boldsymbol{\Phi}(\pm t_2) = \boldsymbol{\Phi}(\pm t_2)\boldsymbol{\Phi}(t_1)$ $\tag{9-34}$

令式(9-30)中 $t = t_1 \pm t_2$，便可证明这一性质。$\boldsymbol{\Phi}(t_1), \boldsymbol{\Phi}(t_2), \boldsymbol{\Phi}(t_1 \pm t_2)$ 分别表示由状态 $\boldsymbol{x}(0)$ 转移至状态 $\boldsymbol{x}(t_1), \boldsymbol{x}(t_2), \boldsymbol{x}(t_1 \pm t_2)$ 的状态转移矩阵。该性质表明 $\boldsymbol{\Phi}(t_1 \pm t_2)$ 可分解为 $\boldsymbol{\Phi}(t_1)$ 与 $\boldsymbol{\Phi}(\pm t_2)$ 的乘积，且 $\boldsymbol{\Phi}(t_1)$ 与 $\boldsymbol{\Phi}(\pm t_2)$ 是可交换的。

4) $\boldsymbol{\Phi}^{-1}(t) = \boldsymbol{\Phi}(-t), \ \boldsymbol{\Phi}^{-1}(-t) = \boldsymbol{\Phi}(t)$ $\tag{9-35}$

证明　由性质 3)有

$$\boldsymbol{\Phi}(t-t) = \boldsymbol{\Phi}(t)\boldsymbol{\Phi}(-t) = \boldsymbol{\Phi}(-t)\boldsymbol{\Phi}(t) = \boldsymbol{I}$$

根据逆矩阵的定义可得式(9-35)。

根据 $\boldsymbol{\Phi}(t)$ 的这一性质，对于线性定常系统，显然有

$$\boldsymbol{x}(t) = \boldsymbol{\Phi}(t)\boldsymbol{x}(0), \quad \boldsymbol{x}(0) = \boldsymbol{\Phi}^{-1}(t)\boldsymbol{x}(t) = \boldsymbol{\Phi}(-t)\boldsymbol{x}(t)$$

这说明状态转移具有可逆性，$\boldsymbol{x}(t)$ 可由 $\boldsymbol{x}(0)$ 转移而来，$\boldsymbol{x}(0)$ 也可由 $\boldsymbol{x}(t)$ 转移而来。

5) $\boldsymbol{x}(t_2) = \boldsymbol{\Phi}(t_2 - t_1)\boldsymbol{x}(t_1)$ $\tag{9-36}$

证明　由于

$$\boldsymbol{x}(t_1) = \boldsymbol{\Phi}(t_1)\boldsymbol{x}(0), \quad \boldsymbol{x}(0) = \boldsymbol{\Phi}^{-1}(t_1)\boldsymbol{x}(t_1) = \boldsymbol{\Phi}(-t_1)\boldsymbol{x}(t_1)$$

则　　　　$\boldsymbol{x}(t_2) = \boldsymbol{\Phi}(t_2)\boldsymbol{x}(0) = \boldsymbol{\Phi}(t_2)\boldsymbol{\Phi}(-t_1)\boldsymbol{x}(t_1) = \boldsymbol{\Phi}(t_2 - t_1)\boldsymbol{x}(t_1)$

即由 $\boldsymbol{x}(t_1)$ 转移至 $\boldsymbol{x}(t_2)$ 的状态转移矩阵为 $\boldsymbol{\Phi}(t_2 - t_1)$。

6) $\boldsymbol{\Phi}(t_2 - t_0) = \boldsymbol{\Phi}(t_2 - t_1)\boldsymbol{\Phi}(t_1 - t_0)$ $\tag{9-37}$

证明　由于

$$x(t_2) = \boldsymbol{\Phi}(t_2 - t_0)x(t_0), \quad x(t_1) = \boldsymbol{\Phi}(t_1 - t_0)x(t_0)$$

则

$$x(t_2) = \boldsymbol{\Phi}(t_2 - t_1)x(t_1) = \boldsymbol{\Phi}(t_2 - t_1)\boldsymbol{\Phi}(t_1 - t_0)x(t_0) = \boldsymbol{\Phi}(t_2 - t_0)x(t_0)$$

故式(9-37)成立。

根据转移矩阵的这一性质，可把一个转移过程分为若干个小的转移过程来研究，如图 9-13 所示。

7) $\left[\boldsymbol{\Phi}(t)\right]^k = \boldsymbol{\Phi}(kt)$　　　(9-38)

证明　由于

$$\left[\boldsymbol{\Phi}(t)\right]^k = (e^{At})^k = e^{kAt} = e^{A(kt)} = \boldsymbol{\Phi}(kt)$$

故式(9-38)成立。

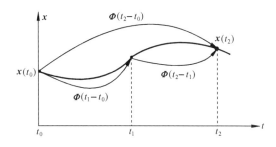

图 9-13　状态转移矩阵性质 6)的图示

8) 若 $\boldsymbol{\Phi}(t)$ 为 $\dot{x}(t) = Ax(t)$ 的状态转移矩阵，则引入非奇异变换 $x = P\bar{x}$ 后的状态转移矩阵为

$$\bar{\boldsymbol{\Phi}}(t) = P^{-1}e^{At}P \tag{9-39}$$

证明　将 $x = P\bar{x}$ 代入 $\dot{x}(t) = Ax(t)$，有

$$P\dot{\bar{x}} = AP\bar{x}, \quad \dot{\bar{x}} = P^{-1}AP\bar{x}, \bar{x}(t) = \bar{\boldsymbol{\Phi}}(t)\bar{x}(0) = e^{P^{-1}APt}\bar{x}(0)$$

式中

$$e^{P^{-1}APt} = I + P^{-1}APt + \frac{1}{2}(P^{-1}AP)^2 t^2 + \cdots + \frac{1}{k!}(P^{-1}AP)^k t^k + \cdots$$

$$= P^{-1}IP + P^{-1}APt + \frac{1}{2}P^{-1}A^2Pt^2 + \cdots + \frac{1}{k!}P^{-1}A^kPt^k + \cdots$$

$$= P^{-1}\left(I + At + \frac{1}{2}A^2t^2 + \cdots + \frac{1}{k!}A^kt^k + \cdots\right)P = P^{-1}e^{At}P$$

因而式(9-39)成立。

9) 两种常见的状态转移矩阵。设 $A = \mathrm{diag}[\lambda_1, \lambda_2, \cdots, \lambda_n]$，即 A 为对角阵，且具有互异元素，则

$$\boldsymbol{\Phi}(t) = \begin{bmatrix} e^{\lambda_1 t} & & & 0 \\ & e^{\lambda_2 t} & & \\ & & \ddots & \\ 0 & & & e^{\lambda_n t} \end{bmatrix} \tag{9-40}$$

设 A 矩阵为 $m \times m$ 约当阵

$$A = \begin{bmatrix} \lambda & 1 & & 0 \\ & \lambda & \ddots & \\ & & \ddots & 1 \\ 0 & & & \lambda \end{bmatrix}$$

$$\boldsymbol{\Phi}(t) = \begin{bmatrix} e^{\lambda t} & te^{\lambda t} & \dfrac{t^2}{2}e^{\lambda t} & \cdots & \dfrac{t^{m-1}}{(m-1)!}e^{\lambda t} \\ 0 & e^{\lambda t} & te^{\lambda t} & \cdots & \dfrac{t^{m-2}}{(m-2)!}e^{\lambda t} \\ \vdots & \vdots & \vdots & & \vdots \\ 0 & 0 & 0 & \cdots & te^{\lambda t} \\ 0 & 0 & 0 & \cdots & e^{\lambda t} \end{bmatrix} \tag{9-41}$$

则

用幂级数展开式即可证明式(9-40)和式(9-41)成立。

例 9-4 设系统状态方程为

$$\begin{bmatrix} \dot{x}_1(t) \\ \dot{x}_2(t) \end{bmatrix} = \begin{bmatrix} 0 & 1 \\ -2 & -3 \end{bmatrix} \begin{bmatrix} x_1(t) \\ x_2(t) \end{bmatrix}$$

试求状态方程的解。

解 用拉氏变换求解

$$s\boldsymbol{I} - \boldsymbol{A} = \begin{bmatrix} s & 0 \\ 0 & s \end{bmatrix} - \begin{bmatrix} 0 & 1 \\ -2 & -3 \end{bmatrix} = \begin{bmatrix} s & -1 \\ 2 & s+3 \end{bmatrix}$$

$$(s\boldsymbol{I} - \boldsymbol{A})^{-1} = \frac{\mathrm{adj}(s\boldsymbol{I} - \boldsymbol{A})}{|s\boldsymbol{I} - \boldsymbol{A}|} = \frac{1}{(s+1)(s+2)} \begin{bmatrix} s+3 & 1 \\ -2 & s \end{bmatrix} = \begin{bmatrix} \dfrac{2}{s+1} - \dfrac{1}{s+2} & \dfrac{1}{s+1} - \dfrac{1}{s+2} \\ \dfrac{-2}{s+1} + \dfrac{2}{s+2} & \dfrac{-1}{s+1} + \dfrac{2}{s+2} \end{bmatrix}$$

$$\boldsymbol{\Phi}(t) = \mathscr{L}^{-1}\left[(s\boldsymbol{I} - \boldsymbol{A})^{-1}\right] = \begin{bmatrix} 2e^{-t} - e^{-2t} & e^{-t} - e^{-2t} \\ -2e^{-t} + 2e^{-2t} & -e^{-t} + 2e^{-2t} \end{bmatrix}$$

状态方程的解为

$$\begin{bmatrix} x_1(t) \\ x_2(t) \end{bmatrix} = \boldsymbol{\Phi}(t) \begin{bmatrix} x_1(0) \\ x_2(0) \end{bmatrix} = \begin{bmatrix} 2e^{-t} - e^{-2t} & e^{-t} - e^{-2t} \\ -2e^{-t} + 2e^{-2t} & -e^{-t} + 2e^{-2t} \end{bmatrix} \begin{bmatrix} x_1(0) \\ x_2(0) \end{bmatrix}$$

(3) 非齐次状态方程的解

状态方程

$$\dot{\boldsymbol{x}}(t) = \boldsymbol{A}\boldsymbol{x}(t) + \boldsymbol{B}\boldsymbol{u}(t) \tag{9-42}$$

称为非齐次状态方程，有如下两种解法。

1) 积分法。由式(9-42)可得

$$e^{-\boldsymbol{A}t}(\dot{\boldsymbol{x}}(t) - \boldsymbol{A}\boldsymbol{x}(t)) = e^{-\boldsymbol{A}t}\boldsymbol{B}\boldsymbol{u}(t)$$

由于

$$\frac{\mathrm{d}}{\mathrm{d}t}(e^{-\boldsymbol{A}t}\boldsymbol{x}(t)) = -\boldsymbol{A}e^{-\boldsymbol{A}t}\boldsymbol{x}(t) + e^{-\boldsymbol{A}t}\dot{\boldsymbol{x}}(t) = e^{-\boldsymbol{A}t}\left[\dot{\boldsymbol{x}}(t) - \boldsymbol{A}\boldsymbol{x}(t)\right]$$

积分可得

$$e^{-\boldsymbol{A}t}\boldsymbol{x}(t) - \boldsymbol{x}(0) = \int_0^t e^{-\boldsymbol{A}\tau}\boldsymbol{B}\boldsymbol{u}(\tau)\,\mathrm{d}\tau$$

$$\boldsymbol{x}(t) = e^{\boldsymbol{A}t}\boldsymbol{x}(0) + \int_0^t e^{\boldsymbol{A}(t-\tau)}\boldsymbol{B}\boldsymbol{u}(\tau)\,\mathrm{d}\tau = \boldsymbol{\Phi}(t)\boldsymbol{x}(0) + \int_0^t \boldsymbol{\Phi}(t-\tau)\boldsymbol{B}\boldsymbol{u}(\tau)\,\mathrm{d}\tau \tag{9-43}$$

式中第一项是对初始状态的响应，第二项是对输入作用的响应。

若取 t_0 作为初始时刻，则有

$$\mathrm{e}^{-At}\boldsymbol{x}(t) - \mathrm{e}^{-At_0}\boldsymbol{x}(t_0) = \int_{t_0}^{t} \mathrm{e}^{-A\tau}\boldsymbol{B}\boldsymbol{u}(\tau)\mathrm{d}\tau$$

$$\boldsymbol{x}(t) = \mathrm{e}^{A(t-t_0)}\boldsymbol{x}(t_0) + \int_{t_0}^{t} \mathrm{e}^{A(t-\tau)}\boldsymbol{B}\boldsymbol{u}(\tau)\mathrm{d}\tau$$

$$= \boldsymbol{\Phi}(t-t_0)\boldsymbol{x}(t_0) + \int_{t_0}^{t} \boldsymbol{\Phi}(t-\tau)\boldsymbol{B}\boldsymbol{u}(\tau)\mathrm{d}\tau \qquad (9\text{-}44)$$

2) 拉普拉斯变换法。将式(9-42)两端取拉氏变换，有

$$s\boldsymbol{X}(s) - \boldsymbol{x}(0) = \boldsymbol{A}\boldsymbol{X}(s) + \boldsymbol{B}\boldsymbol{U}(s)$$

则

$$(s\boldsymbol{I} - \boldsymbol{A})\boldsymbol{X}(s) = \boldsymbol{x}(0) + \boldsymbol{B}\boldsymbol{U}(s)$$

$$\boldsymbol{X}(s) = (s\boldsymbol{I} - \boldsymbol{A})^{-1}\boldsymbol{x}(0) + (s\boldsymbol{I} - \boldsymbol{A})^{-1}\boldsymbol{B}\boldsymbol{U}(s)$$

进行拉氏反变换，有

$$\boldsymbol{x}(t) = \mathscr{L}^{-1}\left[(s\boldsymbol{I} - \boldsymbol{A})^{-1}\right]\boldsymbol{x}(0) + \mathscr{L}^{-1}\left[(s\boldsymbol{I} - \boldsymbol{A})^{-1}\boldsymbol{B}\boldsymbol{U}(s)\right]$$

由拉氏变换卷积定理

$$\mathscr{L}^{-1}\left[F_1(s)F_2(s)\right] = \int_0^t f_1(t-\tau)f_2(\tau)\mathrm{d}\tau = \int_0^t f_1(\tau)f_2(t-\tau)\mathrm{d}\tau$$

在此将 $(s\boldsymbol{I} - \boldsymbol{A})^{-1}$ 视为 $F_1(s)$，将 $\boldsymbol{B}\boldsymbol{U}(s)$ 视为 $F_2(s)$，则有

$$\boldsymbol{x}(t) = \mathrm{e}^{At}\boldsymbol{x}(0) + \int_0^t \mathrm{e}^{A(t-\tau)}\boldsymbol{B}\boldsymbol{u}(\tau)\mathrm{d}\tau = \boldsymbol{\Phi}(t)\boldsymbol{x}(0) + \int_0^t \boldsymbol{\Phi}(t-\tau)\boldsymbol{B}\boldsymbol{u}(\tau)\mathrm{d}\tau$$

结果与式(9-43)相同。上式又可表示为

$$\boldsymbol{x}(t) = \boldsymbol{\Phi}(t)\boldsymbol{x}(0) + \int_0^t \boldsymbol{\Phi}(\tau)\boldsymbol{B}\boldsymbol{u}(t-\tau)\mathrm{d}\tau \qquad (9\text{-}45)$$

有时利用式(9-45)求解更为方便。

例 **9-5** 系统状态方程为

$$\begin{bmatrix} \dot{x}_1 \\ \dot{x}_2 \end{bmatrix} = \begin{bmatrix} 0 & 1 \\ -2 & -3 \end{bmatrix}\begin{bmatrix} x_1 \\ x_2 \end{bmatrix} + \begin{bmatrix} 0 \\ 1 \end{bmatrix}u$$

且 $\boldsymbol{x}(0) = [x_1(0) \quad x_2(0)]^{\mathrm{T}}$。试求在 $u(t)=1(t)$ 作用下状态方程的解。

解 由于 $u(t)=1$，$u(t-\tau)=1$，根据式(9-45)可得

$$\boldsymbol{x}(t) = \boldsymbol{\Phi}(t)\boldsymbol{x}(0) + \int_0^t \boldsymbol{\Phi}(\tau)\boldsymbol{B}\mathrm{d}\tau$$

由例9-4已求得

$$\boldsymbol{\Phi}(t) = \begin{bmatrix} 2\mathrm{e}^{-t} - \mathrm{e}^{-2t} & \mathrm{e}^{-t} - \mathrm{e}^{-2t} \\ -2\mathrm{e}^{-t} + 2\mathrm{e}^{-2t} & -\mathrm{e}^{-t} + 2\mathrm{e}^{-2t} \end{bmatrix}$$

$$\int_0^t \boldsymbol{\Phi}(\tau)\boldsymbol{B}\mathrm{d}\tau = \int_0^t \begin{bmatrix} \mathrm{e}^{-\tau} - \mathrm{e}^{-2\tau} \\ -\mathrm{e}^{-\tau} + 2\mathrm{e}^{-2\tau} \end{bmatrix}\mathrm{d}\tau = \begin{bmatrix} -\mathrm{e}^{-\tau} + \dfrac{1}{2}\mathrm{e}^{-2\tau} \\ \mathrm{e}^{-\tau} - \mathrm{e}^{-2\tau} \end{bmatrix}\Bigg|_0^t = \begin{bmatrix} -\mathrm{e}^{-t} + \dfrac{1}{2}\mathrm{e}^{-2t} + \dfrac{1}{2} \\ \mathrm{e}^{-t} - \mathrm{e}^{-2t} \end{bmatrix}$$

故

$$\boldsymbol{x}(t) = \begin{bmatrix} x_1(t) \\ x_2(t) \end{bmatrix} = \begin{bmatrix} 2\mathrm{e}^{-t} - \mathrm{e}^{-2t} & \mathrm{e}^{-t} - \mathrm{e}^{-2t} \\ -2\mathrm{e}^{-t} + 2\mathrm{e}^{-2t} & -\mathrm{e}^{-t} + 2\mathrm{e}^{-2t} \end{bmatrix}\begin{bmatrix} x_1(0) \\ x_2(0) \end{bmatrix} + \begin{bmatrix} -\mathrm{e}^{-t} + \dfrac{1}{2}\mathrm{e}^{-2t} + \dfrac{1}{2} \\ \mathrm{e}^{-t} - \mathrm{e}^{-2t} \end{bmatrix}$$

5. 系统的传递函数矩阵

对于多输入-多输出系统，需要讨论传递函数矩阵。

(1) 定义及表达式

初始条件为零时，输出向量的拉氏变换式与输入向量的拉氏变换式之间的传递关系称为传递函数矩阵，简称传递矩阵。设系统动态方程为

$$\dot{x}(t) = Ax(t) + Bu(t), \quad y(t) = Cx(t) + Du(t) \tag{9-46}$$

令初始条件为零，进行拉氏变换有

$$sX(s) = AX(s) + BU(s), \quad Y(s) = CX(s) + DU(s)$$

则

$$X(s) = (sI - A)^{-1}BU(s)$$

$$Y(s) = \left[C(sI - A)^{-1}B + D \right]U(s) = G(s)U(s) \tag{9-47}$$

系统的传递函数矩阵表达式为

$$G(s) = C(sI - A)^{-1}B + D \tag{9-48}$$

若输入 u 为 p 维向量，输出 y 为 q 维向量，则 $G(s)$ 为 $q \times p$ 矩阵。式(9-47)的展开式为

$$\begin{bmatrix} Y_1(s) \\ Y_2(s) \\ \vdots \\ Y_q(s) \end{bmatrix} = \begin{bmatrix} G_{11}(s) & G_{12}(s) & \cdots & G_{1p}(s) \\ G_{21}(s) & G_{22}(s) & \cdots & G_{2p}(s) \\ \vdots & \vdots & & \vdots \\ G_{q1}(s) & G_{q2}(s) & \cdots & G_{qp}(s) \end{bmatrix} \begin{bmatrix} U_1(s) \\ U_2(s) \\ \vdots \\ U_p(s) \end{bmatrix} \tag{9-49}$$

式中，$G_{ij}(s)(i=1, 2, \cdots, q; j=1, 2, \cdots, p)$ 表示第 i 个输出量与第 j 个输入量之间的传递函数。

例 9-6 已知系统动态方程为

$$\begin{bmatrix} \dot{x}_1 \\ \dot{x}_2 \end{bmatrix} = \begin{bmatrix} 0 & 1 \\ 0 & -2 \end{bmatrix} \begin{bmatrix} x_1 \\ x_2 \end{bmatrix} + \begin{bmatrix} 1 & 0 \\ 0 & 1 \end{bmatrix} \begin{bmatrix} u_1 \\ u_2 \end{bmatrix}$$

$$\begin{bmatrix} y_1 \\ y_2 \end{bmatrix} = \begin{bmatrix} 1 & 0 \\ 0 & 1 \end{bmatrix} \begin{bmatrix} x_1 \\ x_2 \end{bmatrix}$$

试求系统的传递矩阵。

解 已知

$$A = \begin{bmatrix} 0 & 1 \\ 0 & -2 \end{bmatrix}, \quad B = \begin{bmatrix} 1 & 0 \\ 0 & 1 \end{bmatrix}, \quad C = \begin{bmatrix} 1 & 0 \\ 0 & 1 \end{bmatrix}, \quad D = 0$$

故

$$(sI - A)^{-1} = \begin{bmatrix} s & -1 \\ 0 & s+2 \end{bmatrix}^{-1} = \begin{bmatrix} \dfrac{1}{s} & \dfrac{1}{s(s+2)} \\ 0 & \dfrac{1}{s+2} \end{bmatrix}$$

$$G(s) = C(sI - A)^{-1}B = \begin{bmatrix} 1 & 0 \\ 0 & 1 \end{bmatrix} \begin{bmatrix} \dfrac{1}{s} & \dfrac{1}{s(s+2)} \\ 0 & \dfrac{1}{s+2} \end{bmatrix} \begin{bmatrix} 1 & 0 \\ 0 & 1 \end{bmatrix} = \begin{bmatrix} \dfrac{1}{s} & \dfrac{1}{s(s+2)} \\ 0 & \dfrac{1}{s+2} \end{bmatrix}$$

(2) 开环与闭环传递矩阵

设多输入-多输出系统结构图如图 9-14 所示。图中 U, Y, Z, E 分别为输入、输出、反馈、偏差向量；G, H 分别为前向通路和反馈通路的传递矩阵。由图可知

图 9-14　多输入-多输出系统结构图

$$Z(s) = H(s)Y(s) = H(s)G(s)E(s) \qquad (9\text{-}50)$$

定义偏差向量至反馈向量之间的传递矩阵 $H(s)G(s)$ 为开环传递矩阵，它描述了 $E(s)$ 至 $Z(s)$ 之间的传递关系。开环传递矩阵等于向量传递过程中所有部件传递矩阵的乘积，其相乘顺序与传递过程相反，而且由于是矩阵相乘，顺序不能任意交换。

由于

$$Y(s) = G(s)E(s) = G(s)\big[U(s) - Z(s)\big] = G(s)\big[U(s) - H(s)Y(s)\big]$$

则

$$Y(s) = \big[I + G(s)H(s)\big]^{-1} G(s)U(s) \qquad (9\text{-}51)$$

定义输入向量至输出向量之间的传递矩阵为闭环传递矩阵，记为 $\Phi(s)$，则

$$\Phi(s) = \big[I + G(s)H(s)\big]^{-1} G(s) \qquad (9\text{-}52)$$

它描述了 $U(s)$ 至 $Y(s)$ 之间的传递关系。

由于

$$E(s) = U(s) - Z(s) = U(s) - H(s)G(s)E(s)$$

则

$$E(s) = \big[I + H(s)G(s)\big]^{-1} U(s) \qquad (9\text{-}53)$$

定义输入向量至偏差向量之间的传递矩阵为偏差传递矩阵，记为 $\Phi_e(s)$，则

$$\Phi_e(s) = \big[I + H(s)G(s)\big]^{-1} \qquad (9\text{-}54)$$

它描述了 $U(s)$ 至 $E(s)$ 之间的传递关系。

(3) 解耦系统的传递矩阵

将式(9-49)写成标量方程组

$$
\begin{aligned}
Y_1(s) &= G_{11}(s)U_1(s) + G_{12}(s)U_2(s) + \cdots + G_{1p}(s)U_p(s) \\
Y_2(s) &= G_{21}(s)U_1(s) + G_{22}(s)U_2(s) + \cdots + G_{2p}(s)U_p(s) \\
&\vdots \\
Y_q(s) &= G_{q1}(s)U_1(s) + G_{q2}(s)U_2(s) + \cdots + G_{qp}(s)U_p(s)
\end{aligned}
\qquad (9\text{-}55)
$$

可见，一般多输入-多输出系统的传递矩阵不是对角阵，每一个输入量将影响所有输出量，而每一个输出量也都会受到所有输入量的影响。这种系统称为耦合系统，其控制方式称为耦合控制。

对一个耦合系统进行控制是复杂的，工程中常希望实现某一输出量仅受某一输入量的控制，这种控制方式称为解耦控制，其相应的系统称为解耦系统。解耦系统的输入向量和输出向量必有相同的维数，传递矩阵必为对角阵，即

$$
\begin{bmatrix} Y_1(s) \\ Y_2(s) \\ \vdots \\ Y_m(s) \end{bmatrix} =
\begin{bmatrix} G_{11}(s) & & & \mathbf{0} \\ & G_{22}(s) & & \\ & & \ddots & \\ \mathbf{0} & & & G_{mm}(s) \end{bmatrix}
\begin{bmatrix} U_1(s) \\ U_2(s) \\ \vdots \\ U_m(s) \end{bmatrix}
\qquad (9\text{-}56)
$$

可以看出，解耦系统是由 m 个独立的单输入-单输出系统

$$Y_i(s) = G_{ii}(s)U_i(s), \quad i = 1, 2, \cdots, m \tag{9-57}$$

组成。为了控制每个输出量，$G_{ii}(s)$ 不得为零，即解耦系统的对角化传递矩阵必须是非奇异的。在系统中引入适当的校正环节使传递矩阵对角化，称为解耦。系统的解耦问题是一个相当复杂的问题，研究解耦问题的人很多，解耦的方法也很多。下面介绍适用于线性定常连续系统的两种简单解耦方法。

1) 用串联补偿器 $G_c(s)$ 实现解耦。系统结构图如图 9-15 所示。未引入 $G_c(s)$ 时，原系统为耦合系统，引入 $G_c(s)$ 后的闭环传递矩阵为

$$\boldsymbol{\Phi}(s) = \left[\boldsymbol{I} + \boldsymbol{G}_0(s)\boldsymbol{G}_c(s)\boldsymbol{H}(s)\right]^{-1} \boldsymbol{G}_0(s)\boldsymbol{G}_c(s) \tag{9-58}$$

以 $[\boldsymbol{I} + \boldsymbol{G}_0(s)\boldsymbol{G}_c(s)\boldsymbol{H}(s)]$ 左乘式(9-58)两端，经整理有

$$\boldsymbol{G}_0(s)\boldsymbol{G}_c(s) = \boldsymbol{\Phi}(s)\left[\boldsymbol{I} - \boldsymbol{H}(s)\boldsymbol{\Phi}(s)\right]^{-1} \tag{9-59}$$

式中，$\boldsymbol{\Phi}(s)$ 为所希望的对角阵，阵中各元素与性能指标要求有关。由式(9-59)可见，在 $\boldsymbol{H}(s)$ 为对角阵的条件下，$[\boldsymbol{I} - \boldsymbol{H}(s)\boldsymbol{\Phi}(s)]^{-1}$ 仍为对角阵，故 $\boldsymbol{G}_0(s)\boldsymbol{G}_c(s)$ 应为对角阵，且有

$$\boldsymbol{G}_c(s) = \boldsymbol{G}_0^{-1}(s)\boldsymbol{\Phi}(s)\left[\boldsymbol{I} - \boldsymbol{H}(s)\boldsymbol{\Phi}(s)\right]^{-1} \tag{9-60}$$

按式(9-60)设计串联补偿器可使系统解耦。

2) 用前馈补偿器 $G_d(s)$ 实现解耦。系统结构如图 9-16 所示，$G_d(s)$ 的作用是对输入进行适当变换以实现解耦。未引入 $G_d(s)$ 时原系统的闭环传递矩阵为

图 9-15 用串联补偿器实现解耦的系统结构图   图 9-16 用前馈补偿器实现解耦的系统结构图

$$\boldsymbol{\Phi}'(s) = \left[\boldsymbol{I} + \boldsymbol{G}_0(s)\right]^{-1} \boldsymbol{G}_0(s) \tag{9-61}$$

引入 $G_d(s)$ 后解耦系统的闭环传递矩阵为

$$\boldsymbol{\Phi}(s) = \boldsymbol{\Phi}'(s)\boldsymbol{G}_d(s) = \left[\boldsymbol{I} + \boldsymbol{G}_0(s)\right]^{-1} \boldsymbol{G}_0(s)\boldsymbol{G}_d(s) \tag{9-62}$$

式中，$\boldsymbol{\Phi}(s)$ 为所希望的对角阵。由式(9-62)可得

$$\boldsymbol{G}_d(s) = \boldsymbol{G}_0^{-1}(s)\left[\boldsymbol{I} + \boldsymbol{G}_0(s)\right]\boldsymbol{\Phi}(s) \tag{9-63}$$

按式(9-63)设计前馈补偿器可使系统解耦。

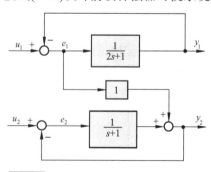

图 9-17 双输入-双输出耦合系统结构图

例 9-7 已知双输入-双输出单位反馈系统结构图如图 9-17 所示。试列写原系统的开、闭环传递矩阵，并求串联补偿器和前馈补偿器，使解耦系统的闭环传递矩阵为

$$\boldsymbol{\Phi}(s) = \begin{bmatrix} \dfrac{1}{s+1} & 0 \\ 0 & \dfrac{1}{5s+1} \end{bmatrix}$$

并画出解耦系统的结构图。

解　求原系统开环传递矩阵 $\boldsymbol{G}_0(s)$，只需写出输出量$(y_1，y_2)$与误差量$(e_1，e_2)$各分量之间的关系，即

$$Y_1(s) = \frac{1}{2s+1}E_1(s)$$

$$Y_2(s) = E_1(s) + \frac{1}{s+1}E_2(s)$$

其向量-矩阵形式为

$$\boldsymbol{Y}(s) = \begin{bmatrix} Y_1(s) \\ Y_2(s) \end{bmatrix} = \begin{bmatrix} \dfrac{1}{2s+1} & 0 \\ 1 & \dfrac{1}{s+1} \end{bmatrix} \begin{bmatrix} E_1(s) \\ E_2(s) \end{bmatrix} = \boldsymbol{G}_0(s)\boldsymbol{E}(s)$$

原系统开环传递矩阵为

$$\boldsymbol{G}_0(s) = \begin{bmatrix} \dfrac{1}{2s+1} & 0 \\ 1 & \dfrac{1}{s+1} \end{bmatrix}$$

输出量$(y_1，y_2)$与输入量$(u_1，u_2)$各分量之间的关系为

$$Y_1(s) = \frac{1/(2s+1)}{1+1/(2s+1)}U_1(s) = \frac{1}{2(s+1)}U_1(s)$$

$$Y_2(s) = \frac{1/(s+1)}{1+1/(s+1)}U_2(s) + \frac{1}{1+1/(s+1)} \cdot \frac{1}{1+1/(2s+1)}U_1(s)$$

$$= \frac{1}{s+2}U_2(s) + \frac{2s+1}{2(s+2)}U_1(s)$$

其向量-矩阵形式为

$$\boldsymbol{Y}(s) = \begin{bmatrix} Y_1(s) \\ Y_2(s) \end{bmatrix} = \begin{bmatrix} \dfrac{1}{2(s+1)} & 0 \\ \dfrac{2s+1}{2(s+2)} & \dfrac{1}{s+2} \end{bmatrix} \begin{bmatrix} U_1(s) \\ U_2(s) \end{bmatrix} = \boldsymbol{\Phi}'(s)\boldsymbol{U}(s)$$

原系统闭环传递矩阵为

$$\boldsymbol{\Phi}'(s) = \begin{bmatrix} \dfrac{1}{2(s+1)} & 0 \\ \dfrac{2s+1}{2(s+2)} & \dfrac{1}{s+2} \end{bmatrix}$$

串联补偿器 $\boldsymbol{G}_c(s)$ 的设计：由式(9-60)并考虑 $\boldsymbol{H}(s)=\boldsymbol{I}$，有

$$\boldsymbol{G}_c(s) = \boldsymbol{G}_0^{-1}(s)\boldsymbol{\Phi}(s)\left[\boldsymbol{I} - \boldsymbol{\Phi}(s)\right]^{-1} = \begin{bmatrix} \dfrac{1}{2s+1} & 0 \\ 1 & \dfrac{1}{s+1} \end{bmatrix}^{-1} \begin{bmatrix} \dfrac{1}{s+1} & 0 \\ 0 & \dfrac{1}{5s+1} \end{bmatrix} \begin{bmatrix} \dfrac{s}{s+1} & 0 \\ 0 & \dfrac{5s}{5s+1} \end{bmatrix}^{-1}$$

$$= \begin{bmatrix} 2s+1 & 0 \\ -(2s+1)(s+1) & s+1 \end{bmatrix} \begin{bmatrix} \dfrac{1}{s+1} & 0 \\ 0 & \dfrac{1}{5s+1} \end{bmatrix} \begin{bmatrix} \dfrac{s+1}{s} & 0 \\ 0 & \dfrac{5s+1}{5s} \end{bmatrix}$$

$$= \begin{bmatrix} \dfrac{2s+1}{s} & 0 \\ -\dfrac{(2s+1)(s+1)}{s} & \dfrac{s+1}{5s} \end{bmatrix} = \begin{bmatrix} G_{c11}(s) & G_{c12}(s) \\ G_{c21}(s) & G_{c22}(s) \end{bmatrix}$$

式中，$G_{cij}(s)$ 表示 $U_j(s)$ 至 $Y_i(s)(i, j=1, 2)$ 通道的串联补偿器传递函数。可以验证这种解耦系统的开环传递矩阵 $\boldsymbol{G}_0(s)\boldsymbol{G}_c(s)$ 为对角阵：

$$\boldsymbol{G}_0(s)\boldsymbol{G}_c(s) = \begin{bmatrix} \dfrac{1}{2s+1} & 0 \\ 1 & \dfrac{1}{s+1} \end{bmatrix} \begin{bmatrix} \dfrac{2s+1}{s} & 0 \\ -\dfrac{(2s+1)(s+1)}{s} & \dfrac{s+1}{5s} \end{bmatrix} = \begin{bmatrix} \dfrac{1}{s} & 0 \\ 0 & \dfrac{1}{5s} \end{bmatrix}$$

用串联补偿器实现解耦的系统结构图如图 9-18 所示。

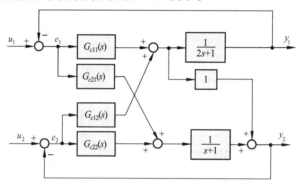

图 9-18　例 9-7 用串联补偿器实现解耦的系统结构图

前馈补偿器 $\boldsymbol{G}_d(s)$ 设计：由式(9-62)，有

$$\boldsymbol{G}_d(s) = \boldsymbol{\varPhi}'^{-1}(s)\boldsymbol{\varPhi}(s) = \begin{bmatrix} \dfrac{1}{2(s+1)} & 0 \\ \dfrac{2s+1}{2(s+2)} & \dfrac{1}{s+2} \end{bmatrix}^{-1} \begin{bmatrix} \dfrac{1}{s+1} & 0 \\ 0 & \dfrac{1}{5s+1} \end{bmatrix}$$

$$= \begin{bmatrix} 2(s+1) & 0 \\ -(2s+1)(s+1) & s+2 \end{bmatrix} \begin{bmatrix} \dfrac{1}{s+1} & 0 \\ 0 & \dfrac{1}{5s+1} \end{bmatrix}$$

$$= \begin{bmatrix} 2 & 0 \\ -(2s+1) & \dfrac{s+2}{5s+1} \end{bmatrix} = \begin{bmatrix} G_{d11}(s) & G_{d12}(s) \\ G_{d21}(s) & G_{d22}(s) \end{bmatrix}$$

式中，$G_{dij}(s)$ 表示 $U_j(s)$ 至 $U_i'(s)(i, j=1, 2)$ 通道的串联补偿器传递函数。

用前馈补偿器实现解耦的系统结构图见图 9-19。

6. 线性离散系统状态空间表达式的建立及其解

离散系统的特点是系统中的各个变量
被处理成为只在离散时刻取值,其状态空间
描述只反映离散时刻的变量组间的因果关
系和转换关系,因而这类系统通常称为离散
时间系统,简称为离散系统。离散时间系统
可以是一类实际的离散时间问题的数学模
型,如社会经济问题、生态问题等,也可以
是一个连续系统因为采用数字计算机进行
计算或控制的需要而人为地加以时间离散
化而导出的模型。线性离散系统的动态方程
可以利用系统的差分方程建立,也可以利用
线性连续动态方程的离散化得到。

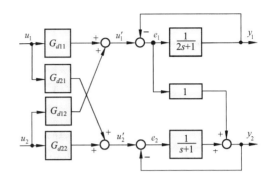

图 9-19 例 9-7 用前馈补偿器实现解耦的
系统结构图

(1) 由差分方程建立动态方程

在经典控制理论中离散系统通常用差分方程或脉冲传递函数来描述。单输入-单输出
线性定常离散系统差分方程的一般形式为

$$
\begin{aligned}
&y(k+n) + a_{n-1}y(k+n-1) + \cdots + a_1y(k+1) + a_0y(k) \\
&= b_nu(k+n) + b_{n-1}u(k+n-1) + \cdots + b_1u(k+1) + b_0u(k)
\end{aligned} \tag{9-64}
$$

式中,k 表示 kT 时刻;T 为采样周期;$y(k)$,$u(k)$分别为 kT 时刻的输出量和输入量;a_i,
$b_i(i=0,1,2,\cdots,n$,且 $a_n=1)$为表征系统特性的常系数。考虑初始条件为零时的 z 变换关系有

$$
\mathscr{Z}\big[y(k)\big] = Y(z), \qquad \mathscr{Z}\big[y(k+i)\big] = z^iY(z)
$$

对式(9-64)两端取 z 变换并加以整理可得

$$
\begin{aligned}
G(z) &= \frac{Y(z)}{U(z)} = \frac{b_nz^n + b_{n-1}z^{n-1} + \cdots + b_1z + b_0}{z^n + a_{n-1}z^{n-1} + \cdots + a_1z + a_0} \\
&= b_n + \frac{\beta_{n-1}z^{n-1} + \cdots + \beta_1z + \beta_0}{z^n + a_{n-1}z^{n-1} + \cdots + a_1z + a_0} = b_n + \frac{N(z)}{D(z)}
\end{aligned} \tag{9-65}
$$

$G(z)$称为脉冲传递函数,式(9-65)与式(9-15)在形式上相同,故连续系统动态方程的建立
方法可用于离散系统。例如,在 $N(z)/D(z)$的串联分解中,引入中间变量 $Q(z)$则有

$$
z^nQ(z) + a_{n-1}z^{n-1}Q(z) + \cdots + a_1zQ(z) + a_0Q(z) = U(z)
$$

$$
Y(z) = \beta_{n-1}z^{n-1}Q(z) + \cdots + \beta_1zQ(z) + \beta_0Q(z)
$$

设

$$
X_1(z) = Q(z)
$$

$$
X_2(z) = zQ(z) = zX_1(z)
$$

$$
\vdots
$$

$$
X_n(z) = z^{n-1}Q(z) = zX_{n-1}(z)
$$

则

$$
z^nQ(z) = -a_0X_1(z) - a_1X_2(z) - \cdots - a_{n-1}X_n(z) + U(z)
$$

$$
Y(z) = \beta_0X_1(z) + \beta_1X_2(z) + \cdots + \beta_{n-1}X_n(z)
$$

利用 z 反变换关系

$$\mathscr{Z}^{-1}\left[X_i(z)\right] = x_i(k)$$
$$\mathscr{Z}^{-1}\left[zX_i(z)\right] = x_i(k+1)$$

可得动态方程为

$$x_1(k+1) = x_2(k)$$
$$x_2(k+1) = x_3(k)$$
$$\vdots$$
$$x_{n-1}(k+1) = x_n(k)$$
$$x_n(k+1) = -a_0 x_1(k) - a_1 x_2(k) - \cdots - a_{n-1} x_n(k) + u(k)$$
$$y(k) = \beta_0 x_1(k) + \beta_1 x_2(k) + \cdots + \beta_{n-1} x_n(k)$$

向量-矩阵形式为

$$\begin{bmatrix} x_1(k+1) \\ x_2(k+1) \\ \vdots \\ x_{n-1}(k+1) \\ x_n(k+1) \end{bmatrix} = \begin{bmatrix} 0 & 1 & 0 & \cdots & 0 \\ 0 & 0 & 1 & \cdots & 0 \\ \vdots & \vdots & \vdots & & \vdots \\ 0 & 0 & 0 & \cdots & 1 \\ -a_0 & -a_1 & -a_2 & \cdots & -a_{n-1} \end{bmatrix} \begin{bmatrix} x_1(k) \\ x_2(k) \\ \vdots \\ x_{n-1}(k) \\ x_n(k) \end{bmatrix} + \begin{bmatrix} 0 \\ 0 \\ \vdots \\ 0 \\ 1 \end{bmatrix} u(k) \tag{9-66a}$$

$$y(k) = \begin{bmatrix} \beta_0 & \beta_1 & \cdots & \beta_{n-1} \end{bmatrix} \boldsymbol{x}(k) + b_n u(k) \tag{9-66b}$$

简记为

$$\boldsymbol{x}(k+1) = \boldsymbol{G}\boldsymbol{x}(k) + \boldsymbol{h}u(k) \tag{9-67a}$$
$$y(k) = \boldsymbol{c}\boldsymbol{x}(k) + du(k) \tag{9-67b}$$

式中，$\boldsymbol{G}$ 为友矩阵；$\boldsymbol{G}$，$\boldsymbol{h}$ 为可控标准型。可以看出，离散系统状态方程描述了 $(k+1)T$ 时刻的状态与 kT 时刻的状态及输入量之间的关系，其输出方程描述了 kT 时刻的输出量与 kT 时刻的状态及输入量之间的关系。

线性定常多输入-多输出离散系统的动态方程为

$$\boldsymbol{x}(k+1) = \boldsymbol{G}\boldsymbol{x}(k) + \boldsymbol{H}\boldsymbol{u}(k) \tag{9-68a}$$
$$\boldsymbol{y}(k) = \boldsymbol{C}\boldsymbol{x}(k) + \boldsymbol{D}\boldsymbol{u}(k) \tag{9-68b}$$

系统结构图如图 9-3 所示，图中 z^{-1} 为单位延迟器，其输入为 $(k+1)T$ 时刻的状态，输出为延迟一个采样周期的 kT 时刻的状态。

(2) 定常连续动态方程的离散化

已知定常连续系统状态方程 $\dot{\boldsymbol{x}} = \boldsymbol{A}\boldsymbol{x} + \boldsymbol{B}\boldsymbol{u}$ 在 $\boldsymbol{x}(t_0)$ 及 $\boldsymbol{u}(t)$ 作用下的解为

$$\boldsymbol{x}(t) = \boldsymbol{\Phi}(t-t_0)\boldsymbol{x}(t_0) + \int_{t_0}^{T} \boldsymbol{\Phi}(t-\tau)\boldsymbol{B}\boldsymbol{u}(\tau)\mathrm{d}\tau$$

令 $t_0 = kT$，则 $\boldsymbol{x}(t_0) = \boldsymbol{x}(kT) = \boldsymbol{x}(k)$；令 $t = (k+1)T$，则 $\boldsymbol{x}(t) = \boldsymbol{x}[(k+1)T] = \boldsymbol{x}(k+1)$；在 $t \in [k, k+1]$ 区间内，$\boldsymbol{u}(t) = \boldsymbol{u}(k) = $ 常数，于是其解化为

$$\boldsymbol{x}(k+1) = \boldsymbol{\Phi}\left[(k+1)T - kT\right]\boldsymbol{x}(k) + \int_{kT}^{(k+1)T} \boldsymbol{\Phi}\left[(k+1)T - \tau\right]\boldsymbol{B}\mathrm{d}\tau \cdot \boldsymbol{u}(k)$$

记

$$\boldsymbol{G}(T) = \int_{kT}^{(k+1)T} \boldsymbol{\Phi}\left[(k+1)T - \tau\right]\boldsymbol{B}\mathrm{d}\tau$$

为了便于计算 $G(T)$，引入变量置换，令$(k+1)T-\tau=\tau'$，则

$$G(T) = \int_0^T \boldsymbol{\Phi}(\tau')\boldsymbol{B}\,\mathrm{d}\tau' \qquad (9\text{-}69)$$

故离散化状态方程为

$$\boldsymbol{x}(k+1) = \boldsymbol{\Phi}(T)\boldsymbol{x}(k) + \boldsymbol{G}(T)\boldsymbol{u}(k) \qquad (9\text{-}70)$$

式中，$\boldsymbol{\Phi}(T)$ 与连续系统状态转移矩阵 $\boldsymbol{\Phi}(t)$ 的关系为

$$\boldsymbol{\Phi}(T) = \boldsymbol{\Phi}(t)\big|_{t=T} \qquad (9\text{-}71)$$

离散化系统的输出方程仍为

$$\boldsymbol{y}(k) = \boldsymbol{C}\boldsymbol{x}(k) + \boldsymbol{D}\boldsymbol{u}(k)$$

(3) 定常离散动态方程的解

求解离散动态方程的方法有递推法和 z 变换法，这里只介绍常用的递推法，令式(9-70)中的 $k=0, 1, \cdots, k-1$，可得到 T，$2T$，$\cdots$，kT 时刻的状态，即

$$
\begin{aligned}
k=0: \quad & \boldsymbol{x}(1) = \boldsymbol{\Phi}(T)\boldsymbol{x}(0) + \boldsymbol{G}(T)\boldsymbol{u}(0) \\
k=1: \quad & \boldsymbol{x}(2) = \boldsymbol{\Phi}(T)\boldsymbol{x}(1) + \boldsymbol{G}(T)\boldsymbol{u}(1) \\
& \quad\quad = \boldsymbol{\Phi}^2(T)\boldsymbol{x}(0) + \boldsymbol{\Phi}(T)\boldsymbol{G}(T)\boldsymbol{u}(0) + \boldsymbol{G}(T)\boldsymbol{u}(1) \\
k=2: \quad & \boldsymbol{x}(3) = \boldsymbol{\Phi}(T)\boldsymbol{x}(2) + \boldsymbol{G}(T)\boldsymbol{u}(2) \\
& \quad\quad = \boldsymbol{\Phi}^3(T)\boldsymbol{x}(0) + \boldsymbol{\Phi}^2(T)\boldsymbol{G}(T)\boldsymbol{u}(0) + \boldsymbol{\Phi}(T)\boldsymbol{G}(T)\boldsymbol{u}(1) + \boldsymbol{G}(T)\boldsymbol{u}(2) \\
\vdots \quad & \quad\quad \boldsymbol{x}(k) = \boldsymbol{\Phi}(T)\boldsymbol{x}(k-1) + \boldsymbol{G}(T)\boldsymbol{u}(k-1) \\
k=k-1: \quad & \quad\quad = \boldsymbol{\Phi}^k(T)\boldsymbol{x}(0) + \boldsymbol{\Phi}^{k-1}(T)\boldsymbol{G}(T)\boldsymbol{u}(0) + \boldsymbol{\Phi}^{k-2}(T)\boldsymbol{G}(T)\boldsymbol{u}(1) \\
& \quad\quad\quad + \cdots + \boldsymbol{\Phi}(T)\boldsymbol{G}(T)\boldsymbol{u}(k-2) + \boldsymbol{G}(T)\boldsymbol{u}(k-1) \\
& \quad\quad = \boldsymbol{\Phi}^k(T)\boldsymbol{x}(0) + \sum_{i=0}^{k-1}\boldsymbol{\Phi}^{k-1-i}(T)\boldsymbol{G}(T)\boldsymbol{u}(i) \qquad (9\text{-}72)
\end{aligned}
$$

式(9-72)为离散化状态方程的解，又称离散化状态转移方程。当 $u(i)=0(i=0, 1, \cdots, k-1)$ 时，有

$$\boldsymbol{x}(k) = \boldsymbol{\Phi}^k(T)\boldsymbol{x}(0) = \boldsymbol{\Phi}(kT)\boldsymbol{x}(0) = \boldsymbol{\Phi}(k)\boldsymbol{x}(0)$$

$\boldsymbol{\Phi}(k)$ 称为离散化系统动态转移矩阵。

输出方程为

$$\boldsymbol{y}(k) = \boldsymbol{C}\boldsymbol{x}(k) + \boldsymbol{D}\boldsymbol{u}(k) = \boldsymbol{C}\boldsymbol{\Phi}^k(T)\boldsymbol{x}(0) + \boldsymbol{C}\sum_{i=0}^{k-1}\boldsymbol{\Phi}^{k-1-i}(T)\boldsymbol{G}(T)\boldsymbol{u}(i) + \boldsymbol{D}\boldsymbol{u}(k) \qquad (9\text{-}73)$$

对于离散动态方程式(9-68)，采用递推法可得其解为

$$\boldsymbol{x}(k) = \boldsymbol{G}^k\boldsymbol{x}(0) + \sum_{i=0}^{k-1}\boldsymbol{G}^{k-1-i}\boldsymbol{H}\boldsymbol{u}(i) \qquad (9\text{-}74)$$

$$\boldsymbol{y}(k) = \boldsymbol{C}\boldsymbol{G}^k\boldsymbol{x}(0) + \boldsymbol{C}\sum_{i=0}^{k-1}\boldsymbol{G}^{k-1-i}\boldsymbol{H}\boldsymbol{u}(i) + \boldsymbol{D}\boldsymbol{u}(k) \qquad (9\text{-}75)$$

式中，$\boldsymbol{G}^k$ 表示 k 个 $\boldsymbol{G}$ 自乘。

例 9-8　已知连续时间系统的状态方程为

$$\dot{\boldsymbol{x}} = \begin{bmatrix} 0 & 1 \\ -2 & -3 \end{bmatrix}\boldsymbol{x} + \begin{bmatrix} 0 \\ 1 \end{bmatrix}\boldsymbol{u}$$

设 $T=1$，试求相应的离散时间状态方程。

解　由例 9-4 已知该连续系统的状态转移矩阵为

$$\boldsymbol{\Phi}(t) = \begin{bmatrix} 2e^{-t} - e^{-2t} & e^{-t} - e^{-2t} \\ -2e^{-t} + 2e^{-2t} & -e^{-t} + 2e^{-2t} \end{bmatrix}$$

$$\boldsymbol{\Phi}(T) = \boldsymbol{\Phi}(t)\big|_{t=T=1} = \begin{bmatrix} 0.6004 & 0.2325 \\ -0.4651 & -0.0972 \end{bmatrix}$$

$$\boldsymbol{G}(t) = \int_0^T \boldsymbol{\Phi}(\tau)\boldsymbol{B}\,\mathrm{d}\tau = \int_0^T \begin{bmatrix} e^{-\tau} - e^{-2\tau} \\ -e^{-\tau} + 2e^{-2\tau} \end{bmatrix}\mathrm{d}\tau = \begin{bmatrix} \dfrac{1}{2} - e^{-T} + \dfrac{1}{2}e^{-2T} \\ e^{-T} - e^{-2T} \end{bmatrix}$$

$$\boldsymbol{G}(T)\big|_{T=1} = \begin{bmatrix} 0.1998 \\ 0.2325 \end{bmatrix}$$

9-2　线性系统的可控性与可观测性

现代控制理论中用状态方程和输出方程描述系统，输入和输出构成系统的外部变量，而状态为系统的内部变量，这就存在着系统内的所有状态是否可受输入影响和是否可由输出反映的问题，这就是可控性和可观测性问题。如果系统所有状态变量的运动都可以由输入来影响和控制而由任意的初态达到原点，则称系统是完全可控的，或者更确切地说是状态完全可控的，简称为系统可控；否则，就称系统是不完全可控的，或简称为系统不可控。相应地，如果系统所有状态变量的任意形式的运动均可由输出完全反映，则称系统是状态完全可观测的，简称为系统可观测；反之，则称系统是不完全可观测的，或简称为系统不可观测。

可控性与可观测性概念，是卡尔曼于 20 世纪 60 年代首先提出来的，是用状态空间描述系统引申出来的新概念，在现代控制理论中起着重要作用。

例 9-9　给定系统的动态方程为

$$\begin{bmatrix} \dot{x}_1 \\ \dot{x}_2 \end{bmatrix} = \begin{bmatrix} 4 & 0 \\ 0 & -5 \end{bmatrix}\begin{bmatrix} x_1 \\ x_2 \end{bmatrix} + \begin{bmatrix} 1 \\ 2 \end{bmatrix}u$$

$$y = \begin{bmatrix} 0 & -6 \end{bmatrix}\begin{bmatrix} x_1 \\ x_2 \end{bmatrix}$$

将其表示为标量方程组的形式，有

$$\dot{x}_1 = 4x_1 + u$$
$$\dot{x}_2 = -5x_2 + 2u$$
$$y = -6x_2$$

这表明状态变量 x_1 和 x_2 都可通过选择控制量 u 而由始点达到原点，因而系统完全可控。但是，输出 y 只能反映状态变量 x_2，而与状态变量 x_1 既无直接关系也无间接关系，所以系统是不完全可观测的。

应当指出，上述对可控性和可观测性所作的直观说明，只是对这两个概念的直觉的但不严密的描述，而且也只能用来解释和判断非常直观和非常简单系统的可控性和可观测性。为了揭示可控性和可观测性的本质属性，并用于分析和判断更为一般和较为复杂的系统，需要对这两个概念建立严格的定义，并在此基础上导出相应的判别准则。尽管本章主要研究线性定常系统，但由于线性时变系统的可控性和可观测性定义更具有代表性，而线性定常系统只是线性时变系统的一种特殊类型，因而我们用线性时变系统给出可控性和可观测性的严格定义。在研究线性定常连续和离散系统时，再分别给出可控性及可观测性判据。

1. 可控性

考虑线性时变系统的状态方程

$$\dot{x}(t) = A(t)x(t) + B(t)u(t), \qquad t \in T_t \tag{9-76}$$

其中，x 为 n 维状态向量；u 为 p 维输入向量；T_t 为时间定义区间；$A(t)$ 和 $B(t)$ 分别为 $n \times n$ 矩阵和 $n \times p$ 矩阵。现对状态可控、系统可控和不可控分别定义如下：

状态可控　对于式(9-76)所示线性时变系统，如果对取定初始时刻 $t_0 \in T_t$ 的一个非零初始状态 $x(t_0) = x_0$，存在一个时刻 $t_1 \in T_t$，$t_1 > t_0$，和一个无约束的容许控制 $u(t)$，$t \in [t_0, t_1]$，使状态由 $x(t_0) = x_0$ 转移到 t_1 时的 $x(t_1) = \mathbf{0}$，则称此 x_0 是在 t_0 时刻可控的。

系统可控　对于式(9-76)所示线性时变系统，如果状态空间中的所有非零状态都是在 $t_0 (t_0 \in T_t)$ 时刻可控的，则称系统在时刻 t_0 是完全可控或一致可控的，简称系统在时刻 t_0 可控。

系统不完全可控　对于式(9-76)所示线性时变系统，取定初始时刻 $t_0 \in T_t$，如果状态空间中存在一个或一些非零状态在时刻 t_0 是不可控的，则称系统在时刻 t_0 是不完全可控的，也称为系统是不可控的。

在上述定义中只要求系统在可找到的控制 $u(t)$ 的作用下，使 t_0 时刻的非零状态 x_0 在 T_t 上的一段有限时间内转移到状态空间的坐标原点，而对于状态转移的轨迹则未加任何限制和规定。所以，可控性是表征系统状态运动的一个定性特性。定义中对控制 $u(t)$ 的每个分量的幅值并未加以限制，可为任意大的要求值。但 $u(t)$ 必须是容许控制，即 $u(t)$ 的每个分量 $u_i(t)(i=1, 2, \cdots, p)$ 均在时间区间 T_t 上平方可积，即

$$\int_{t_0}^{T} \left| u_i(t) \right|^2 \mathrm{d}t < \infty; \qquad t_0, t \in T_t$$

此外，对于线性时变系统，其可控性与初始时刻 t_0 的选取有关，是相对于 T_t 中的一个取定时刻 t_0 来定义的。而对于线性定常系统，其可控性与初始时刻 t_0 的选取无关。

状态与系统的可达　对于式(9-76)所示线性时变系统，若存在能将状态 $x(t_0) = \mathbf{0}$ 转移到 $x(t_f) = x_f$ 的控制作用，则称状态 x_f 是 t_0 时刻可达的。若 x_f 对所有时刻都是可达的，则称 x_f 为完全可达或一致可达。若系统对于状态空间中的每一个状态都是时刻 t_0 可达的，则称该系统是 t_0 时刻状态完全可达的，或简称该系统是 t_0 时刻可达的。

对于线性定常连续系统，可控性与可达性是等价的。但对于离散系统和时变系统，严格地说两者是不等价的。

2. 可观测性

可观测性表征了状态可由输出完全反映的性能，所以应同时考虑系统的状态方程和输出方程

$$\dot{x}(t) = A(t)x(t) + B(t)u(t), \quad t \in T_t \tag{9-77a}$$

$$y(t) = C(t)x(t) + D(t)u(t), \quad x(t_0) = x_0 \tag{9-77b}$$

其中，$A(t)$、$B(t)$、$C(t)$ 和 $D(t)$ 分别为 $(n \times n)$，$(n \times p)$，$(q \times n)$ 和 $(q \times p)$ 的满足状态方程解的存在唯一性条件的时变矩阵。式(9-77a)状态方程的解为

$$x(t) = \Phi(t, t_0)x_0 + \int_{t_0}^{T} \Phi(t, \tau)B(\tau)u(\tau)\mathrm{d}\tau \tag{9-78}$$

其中，$\Phi(t, t_0)$ 为系统的状态转移矩阵。将式(9-78)代入式(9-77b)输出方程，可得输出响应为

$$y(t) = C(t)\Phi(t, t_0)x_0 + C(t)\int_{t_0}^{T} \Phi(t, \tau)B(\tau)u(\tau)\mathrm{d}\tau + D(t)u(t) \tag{9-79}$$

在研究可观测性问题时，输出 y 和输入 u 均假定为已知，只有初始状态 x_0 是未知的。因此，若定义

$$\bar{y}(t) \triangleq y(t) - C(t)\int_{t_0}^{T} \Phi(t, \tau)B(\tau)u(\tau)\mathrm{d}\tau - D(t)u(t)$$

则式(9-79)可写为

$$\bar{y}(t) = C(t)\Phi(t, t_0)x_0 \tag{9-80}$$

这表明可观测性即是 x_0 可由 $\bar{y}$ 完全估计的性能。由于 $\bar{y}$ 和 x_0 可取任意值，所以这又等价于研究 $u = 0$ 时由 y 来估计 x_0 的可能性，即研究零输入方程

$$\dot{x}(t) = A(t)x(t), \quad x(t_0) = x_0, \quad t_0, t \in T_t \tag{9-81a}$$

$$y(t) = C(t)x(t) \tag{9-81b}$$

的可观测性。式(9-79)成为

$$y(t) = C(t)\Phi(t, t_0)x_0 \tag{9-82}$$

下面基于式(9-81)给出系统可观测性的有关定义。

系统完全可观测　对于式(9-81)所示线性时变系统，如果取定初始时刻 $t_0 \in T_t$，存在一个有限时刻 $t_1 \in T_t$，$t_1 > t_0$，对于所有 $t \in [t_0, t_1]$，系统的输出 $y(t)$ 能唯一确定状态向量的初值 $x(t_0)$，则称系统在 $[t_0, t_1]$ 内是完全可观测的，简称系统可观测。如果对于一切 $t_1 > t_0$ 系统都是可观测的，则称系统在 $[t_0, \infty)$ 内完全可观测。

系统不可观测　对于式(9-81)所示线性时变系统，如果取定初始时刻 $t_0 \in T_t$，存在一个有限时刻 $t_1 \in T_t$，$t_1 > t_0$，对于所有 $t \in [t_0, t_1]$，系统的输出 $y(t)$ 不能唯一确定所有状态的初值 $x_i(t_0)$，$i = 1, 2, \cdots, n$，即至少有一个状态的初值不能被 $y(t)$ 确定，则称系统在时间区间 $[t_0, t_1]$ 内是不完全可观测的，简称系统不可观测。

3. 线性定常连续系统的可控性判据

考虑线性定常连续系统的状态方程

$$\dot{x}(t) = Ax(t) + Bu(t), \quad x(0) = x_0, \quad t \geqslant 0 \tag{9-83}$$

其中，$\boldsymbol{x}$ 为 n 维状态向量；$\boldsymbol{u}$ 为 p 维输入向量；$\boldsymbol{A}$ 和 $\boldsymbol{B}$ 分别为 $n \times n$ 和 $n \times p$ 常值矩阵。下面根据 $\boldsymbol{A}$ 和 $\boldsymbol{B}$ 给出系统可控性的常用判据。

格拉姆矩阵判据　线性定常连续系统式(9-83)完全可控的充分必要条件是，存在时刻 $t_1>0$，使如下定义的格拉姆矩阵：

$$\boldsymbol{W}(0,t_1) \triangleq \int_0^{t_1} \mathrm{e}^{-At} \boldsymbol{B}\boldsymbol{B}^{\mathrm{T}} \mathrm{e}^{-A^{\mathrm{T}}t} \mathrm{d}t \tag{9-84}$$

为非奇异。

证明　充分性：已知 $\boldsymbol{W}(0, t_1)$ 为非奇异，欲证系统完全可控。

已知 $\boldsymbol{W}$ 非奇异，故 $\boldsymbol{W}^{-1}$ 存在。对任一非零初始状态 $\boldsymbol{x}_0$ 可选取控制 $\boldsymbol{u}(t)$ 为

$$\boldsymbol{u}(t) = -\boldsymbol{B}^{\mathrm{T}} \mathrm{e}^{-A^{\mathrm{T}}t} \boldsymbol{W}^{-1}(0,t_1)\boldsymbol{x}_0, \qquad t \in [t_0,t_1] \tag{9-85}$$

则在 $\boldsymbol{u}(t)$ 作用下系统(9-83)在 t_1 时刻的解为

$$\begin{aligned}
\boldsymbol{x}(t_1) &= \mathrm{e}^{At_1} \boldsymbol{x}_0 + \int_0^{t_1} \mathrm{e}^{A(t_1-t)} \boldsymbol{B}\boldsymbol{u}(t) \mathrm{d}t \\
&= \mathrm{e}^{At_1} \boldsymbol{x}_0 - \mathrm{e}^{At_1} \int_0^{t_1} \mathrm{e}^{-At} \boldsymbol{B}\boldsymbol{B}^{\mathrm{T}} \mathrm{e}^{-A^{\mathrm{T}}t} \mathrm{d}t \boldsymbol{W}^{-1}(0,t_1)\boldsymbol{x}_0 \\
&= \mathrm{e}^{At_1} \boldsymbol{x}_0 - \mathrm{e}^{At_1} \boldsymbol{W}(0,t_1)\boldsymbol{W}^{-1}(0,t_1)\boldsymbol{x}_0 = \boldsymbol{0}, \qquad \forall \boldsymbol{x}_0 \in R^n
\end{aligned}$$

这表明，对任一取定的初始状态 $\boldsymbol{x}_0 \neq \boldsymbol{0}$，都存在有限时刻 $t_1>0$ 和控制 $\boldsymbol{u}(t)$，使状态由 $\boldsymbol{x}_0$ 转移到 t_1 时刻的状态 $\boldsymbol{x}(t_1)=\boldsymbol{0}$，于是根据定义可知系统完全可控。充分性得证。

必要性：已知系统完全可控，欲证 $\boldsymbol{W}(0, t_1)$ 为非奇异。

采用反证法。设 $\boldsymbol{W}(0, t_1)$ 为奇异，则存在某个非零向量 $\bar{\boldsymbol{x}}_0 \in R^n$，使

$$\boldsymbol{W}(0,t_1)\bar{\boldsymbol{x}}_0 = \boldsymbol{0} \tag{9-86}$$

成立，由此可导出

$$\begin{aligned}
\bar{\boldsymbol{x}}_0^{\mathrm{T}} \boldsymbol{W}(0,t_1)\bar{\boldsymbol{x}}_0 &= \int_0^{t_1} \bar{\boldsymbol{x}}_0^{\mathrm{T}} \mathrm{e}^{-At} \boldsymbol{B}\boldsymbol{B}^{\mathrm{T}} \mathrm{e}^{-A^{\mathrm{T}}t} \bar{\boldsymbol{x}}_0 \mathrm{d}t \\
&= \int_0^{t_1} \left[\boldsymbol{B}^{\mathrm{T}} \mathrm{e}^{-A^{\mathrm{T}}t} \bar{\boldsymbol{x}}_0 \right]^{\mathrm{T}} \left[\boldsymbol{B}^{\mathrm{T}} \mathrm{e}^{-A^{\mathrm{T}}t} \bar{\boldsymbol{x}}_0 \right] \mathrm{d}t \\
&= \int_0^{t_1} \left\| \boldsymbol{B}^{\mathrm{T}} \mathrm{e}^{-A^{\mathrm{T}}t} \bar{\boldsymbol{x}}_0 \right\|^2 \mathrm{d}t = 0
\end{aligned} \tag{9-87}$$

其中 $\|\cdot\|$ 为范数，故其必非负。于是，欲使式(9-87)成立，应当有

$$\boldsymbol{B}^{\mathrm{T}} \mathrm{e}^{-A^{\mathrm{T}}t} \bar{\boldsymbol{x}}_0 = \boldsymbol{0}, \qquad \forall t \in [0,t_1] \tag{9-88}$$

另一方面，因系统完全可控，根据定义，对此非零向量 $\bar{\boldsymbol{x}}_0$ 应有

$$\boldsymbol{x}(t_1) = \mathrm{e}^{At_1} \bar{\boldsymbol{x}}_0 + \int_0^{t_1} \mathrm{e}^{At_1} \mathrm{e}^{-At} \boldsymbol{B}\boldsymbol{u}(t) \mathrm{d}t = \boldsymbol{0} \tag{9-89}$$

由此又可导出

$$\bar{\boldsymbol{x}}_0 = -\int_0^{t_1} \mathrm{e}^{-At} \boldsymbol{B}\boldsymbol{u}(t) \mathrm{d}t \tag{9-90}$$

$$\|\bar{\boldsymbol{x}}_0\|^2 = \bar{\boldsymbol{x}}_0^{\mathrm{T}} \bar{\boldsymbol{x}}_0 = \left[-\int_0^{t_1} \mathrm{e}^{-At} \boldsymbol{B}\boldsymbol{u}(t) \mathrm{d}t \right]^{\mathrm{T}} \bar{\boldsymbol{x}}_0 = -\int_0^{t_1} \boldsymbol{u}^{\mathrm{T}}(t) \boldsymbol{B}^{\mathrm{T}} \mathrm{e}^{-A^{\mathrm{T}}t} \bar{\boldsymbol{x}}_0 \mathrm{d}t \tag{9-91}$$

再利用式(9-88)，由式(9-91)可以得到

$$\left\| \overline{\boldsymbol{x}}_0 \right\|^2 = 0, \qquad 即 \qquad \overline{\boldsymbol{x}}_0 = \boldsymbol{0} \tag{9-92}$$

显然，此结果与假设 $\overline{\boldsymbol{x}}_0 \neq \boldsymbol{0}$ 相矛盾，即 $\boldsymbol{W}(0, t_1)$ 为奇异的反设不成立。因此，若系统完全可控，$\boldsymbol{W}(0，t_1)$ 必为非奇异。必要性得证。至此格拉姆矩阵判据证毕。

可以看出，在应用格拉姆矩阵判据时需计算矩阵指数 $\mathrm{e}^{\boldsymbol{A}t}$，在 $\boldsymbol{A}$ 的维数 n 较大时计算 $\mathrm{e}^{\boldsymbol{A}t}$ 是困难的。所以格拉姆矩阵判据主要用于理论分析。线性定常连续系统可控性的常用判据是直接由矩阵 $\boldsymbol{A}$ 和 $\boldsymbol{B}$ 判断可控性的秩判据。由于在推导秩判据时要用到凯莱-哈密顿定理，所以下面先介绍凯莱-哈密顿定理，然后再给出秩判据。

凯莱-哈密顿定理 设 n 阶矩阵 $\boldsymbol{A}$ 的特征多项式为

$$\begin{aligned} f(\lambda) &= \left| \lambda \boldsymbol{I} - \boldsymbol{A} \right| \\ &= \lambda^n + a_{n-1}\lambda^{n-1} + \cdots + a_1\lambda + a_0 \end{aligned} \tag{9-93}$$

则 $\boldsymbol{A}$ 满足其特征方程，即

$$f(\boldsymbol{A}) = \boldsymbol{A}^n + a_{n-1}\boldsymbol{A}^{n-1} + \cdots + a_1\boldsymbol{A} + a_0\boldsymbol{I} = \boldsymbol{0} \tag{9-94}$$

证明 由于

$$(\lambda \boldsymbol{I} - \boldsymbol{A})^{-1} = \frac{\boldsymbol{B}(\lambda)}{\left| \lambda \boldsymbol{I} - \boldsymbol{A} \right|} = \frac{\boldsymbol{B}(\lambda)}{f(\lambda)} \tag{9-95}$$

式中，$\boldsymbol{B}(\lambda)$ 为 $(\lambda \boldsymbol{I} - \boldsymbol{A})$ 的伴随矩阵，其一般展开式为

$$\boldsymbol{A} = \begin{bmatrix} a_{11} & a_{12} & \cdots & a_{1n} \\ a_{21} & a_{22} & \cdots & a_{2n} \\ \vdots & \vdots & & \vdots \\ a_{n1} & a_{n2} & \cdots & a_{nn} \end{bmatrix}, \qquad \lambda \boldsymbol{I} - \boldsymbol{A} = \begin{bmatrix} \lambda - a_{11} & -a_{12} & \cdots & -a_{1n} \\ -a_{21} & \lambda - a_{22} & \cdots & -a_{2n} \\ \vdots & \vdots & & \vdots \\ -a_{n1} & -a_{n2} & \cdots & \lambda - a_{nn} \end{bmatrix}$$

$$\boldsymbol{B}(\lambda) = \begin{bmatrix} (-1)^{1+1}\begin{vmatrix} \lambda - a_{22} & \cdots & -a_{2n} \\ \vdots & & \vdots \\ -a_{n2} & \cdots & \lambda - a_{nn} \end{vmatrix} & \cdots & (-1)^{n+1}\begin{vmatrix} -a_{12} & \cdots & -a_{1n} \\ \vdots & & \vdots \\ -a_{n-1,2} & \cdots & -a_{n-1,n} \end{vmatrix} \\ \vdots & & \vdots \\ (-1)^{1+n}\begin{vmatrix} -a_{21} & \cdots & -a_{2,n-1} \\ \vdots & & \vdots \\ -a_{n1} & \cdots & -a_{n,n-1} \end{vmatrix} & \cdots & (-1)^{n+n}\begin{vmatrix} \lambda - a_{11} & \cdots & -a_{1,n-1} \\ \vdots & & \vdots \\ -a_{n-1,1} & \cdots & \lambda - a_{n-1,n-1} \end{vmatrix} \end{bmatrix}$$

显见 $\boldsymbol{B}(\lambda)$ 的元素均为 $n-1$ 阶多项式，由矩阵加法规则可将其分解为 n 个矩阵之和，即

$$\boldsymbol{B}(\lambda) = \lambda^{n-1}\boldsymbol{B}_{n-1} + \lambda^{n-2}\boldsymbol{B}_{n-2} + \cdots + \lambda\boldsymbol{B}_1 + \boldsymbol{B}_0 \tag{9-96}$$

式中 $\boldsymbol{B}_{n-1}, \boldsymbol{B}_{n-2}, \cdots, \boldsymbol{B}_0$ 均为 n 阶矩阵。将式(9-95)两端右乘 $(\lambda \boldsymbol{I} - \boldsymbol{A})$，得

$$\boldsymbol{B}(\lambda)(\lambda \boldsymbol{I} - \boldsymbol{A}) = f(\lambda)\boldsymbol{I} \tag{9-97}$$

将式(9-96)代入式(9-97)并展开，有

$$\begin{aligned} &\lambda^n\boldsymbol{B}_{n-1} + \lambda^{n-1}(\boldsymbol{B}_{n-2} - \boldsymbol{B}_{n-1}\boldsymbol{A}) + \lambda^{n-2}(\boldsymbol{B}_{n-3} - \boldsymbol{B}_{n-2}\boldsymbol{A}) + \cdots + \lambda(\boldsymbol{B}_0 - \boldsymbol{B}_1\boldsymbol{A}) - \boldsymbol{B}_0\boldsymbol{A} \\ &= \lambda^n\boldsymbol{I} + a_{n-1}\lambda^{n-1}\boldsymbol{I} + \cdots + a_1\lambda\boldsymbol{I} - a_0\boldsymbol{I} \end{aligned} \tag{9-98}$$

令式(9-98)等号两边 λ 同次项的系数相等，可得

$$B_{n-1} = I$$

$$B_{n-2} - B_{n-1}A = a_{n-1}I$$

$$\vdots \qquad\qquad (9\text{-}99)$$

$$B_0 - B_1A = a_1I$$

$$-B_0A = a_0I$$

将式(9-99)两端按顺序右乘 $A^n, A^{n-1}, \cdots, A, A^0$ 得

$$B_{n-1}A^n = A^n$$

$$B_{n-2}A^{n-1} - B_{n-1}A^n = a_{n-1}A^{n-1}$$

$$\vdots \qquad\qquad (9\text{-}100)$$

$$B_0A - B_1A^2 = a_1A$$

$$-B_0A = a_0I$$

将式(9-100)中各式相加，可得

$$f(A) = A^n + a_{n-1}A^{n-1} + \cdots + a_1A + a_0I = 0$$

推论 1　矩阵 A 的 $k(k \geqslant n)$ 次幂可表示为 A 的 $n-1$ 阶多项式

$$A^k = \sum_{m=0}^{n-1} \alpha_m A^m, \qquad k \geqslant n \qquad\qquad (9\text{-}101)$$

证明　由于

$$A^n = -a_{n-1}A^{n-1} - a_{n-2}A^{n-2} - \cdots - a_1A - a_0I$$

则

$$A^{n+1} = AA^n = -a_{n-1}A^n - a_{n-2}A^{n-1} - \cdots - a_1A^2 - a_0A$$

$$= -a_{n-1}(-a_{n-1}A^{n-1} - \cdots - a_1A - a_0I) - a_{n-2}A^{n-1} - \cdots - a_1A^2 - a_0A$$

$$= (a_{n-1}^2 - a_{n-2})A^{n-1} + (a_{n-1}a_{n-2} - a_{n-3})A^{n-2} + \cdots$$

$$+ (a_{n-1}a_2 - a_1)A^2 + (a_{n-1}a_1 - a_0)A + a_{n-1}a_0I$$

故上述推论成立。式(9-101)中的 α_m 与 A 阵的元素有关。此推论可用以简化矩阵幂的计算。

推论 2　矩阵指数 e^{At} 可表示为 A 的 $n-1$ 阶多项式

$$\mathrm{e}^{At} = \sum_{m=0}^{n-1} \alpha_m(t)A^m \qquad\qquad (9\text{-}102)$$

证明　由于

$$\mathrm{e}^{At} = I + At + \frac{1}{2}A^2t^2 + \cdots + \frac{1}{(n-1)!}A^{n-1}t^{n-1} + \frac{1}{n!}A^nt^n + \frac{1}{(n+1)!}A^{n+1}t^{n+1} + \cdots + \frac{1}{k!}A^kt^k + \cdots$$

$$= I + At + \frac{1}{2}A^2t^2 + \cdots + \frac{1}{(n-1)!}A^{n-1}t^{n-1} + \frac{1}{n!}(-a_{n-1}A^{n-1} - a_{n-2}A^{n-2} - \cdots - a_1A - a_0I)t^n$$

$$+ \frac{1}{(n+1)!}\Big[(a_{n-1}^2 - a_{n-2})A^{n-1} + (a_{n-1}a_{n-2} - a_{n-3})A^{n-2} + \cdots$$

$$+ (a_{n-1}a_2 - a_1)A^2 + (a_{n-1}a_1 - a_0)A + a_{n-1}a_0I\Big]t^{n+1} + \cdots$$

$$= \left(1 - \frac{1}{n!}a_0t^n + \frac{1}{(n+1)!}a_{n-1}a_0t^{n+1} + \cdots\right)I$$

$$+\left[t-\frac{1}{n!}a_1t^n+\frac{1}{(n+1)!}(a_{n-1}a_1-a_0)t^{n+1}+\cdots\right]\boldsymbol{A}$$

$$+\left[\frac{1}{2}t^2-\frac{1}{n!}a_2t^n+\frac{1}{(n+1)!}(a_{n-1}a_2-a_1)t^{n+1}+\cdots\right]\boldsymbol{A}^2+\cdots$$

$$+\left[\frac{1}{(n-1)!}t^{n-1}-\frac{1}{n!}a_{n-1}t^n+\frac{1}{(n+1)!}(a_{n-1}^2-a_{n-2})t^{n+1}+\cdots\right]\boldsymbol{A}^{n-1}$$

令

$$\alpha_0(t)=1-\frac{1}{n!}a_0t^n+\frac{1}{(n+1)!}a_{n-1}a_0t^{n+1}+\cdots$$

$$\alpha_1(t)=t-\frac{1}{n!}a_1t^n+\frac{1}{(n+1)!}(a_{n-1}a_1-a_0)t^{n+1}+\cdots$$

$$\alpha_2(t)=\frac{1}{2}t^2-\frac{1}{n!}a_2t^n+\frac{1}{(n+1)!}(a_{n-1}a_2-a_1)t^{n+1}+\cdots$$

$$\vdots$$

$$\alpha_{n-1}(t)=\frac{1}{(n-1)!}t^{n-1}-\frac{1}{n!}a_{n-1}t^n+\frac{1}{(n+1)!}(a_{n-1}^2-a_{n-2})t^{n+1}+\cdots$$

则有
$$\mathrm{e}^{At}=\alpha_0(t)\boldsymbol{I}+\alpha_1(t)\boldsymbol{A}+\alpha_2(t)\boldsymbol{A}^2+\cdots+\alpha_{n-1}(t)\boldsymbol{A}^{n-1}=\sum_{m=0}^{n-1}\alpha_m(t)\boldsymbol{A}^m$$

故推论 2 成立。式(9-102)中的 $\alpha_m(t)$($m=0$, 1, 2, $\cdots$, $n-1$)均为 t 的幂函数，对于 $t\in[0,t_f]$，不同时刻构成的向量组$[\alpha_0(0),\cdots,\alpha_{n-1}(0)]$, $\cdots$, $[\alpha_0(t_f),\cdots,\alpha_{n-1}(t_f)]$是线性无关的向量组，其中任一向量都无法表示成为其他向量的线性组合。同理，e^{-At} 也可表示为 $\boldsymbol{A}$ 的 $n-1$ 阶多项式

$$\mathrm{e}^{-At}=\sum_{m=0}^{n-1}\alpha'_m(t)\boldsymbol{A}^m \tag{9-103}$$

式中
$$\alpha'_0(t)=1-(-1)^n\frac{1}{n!}a_0t^n+(-1)^{n+1}\frac{1}{(n+1)!}a_{n-1}a_0t^{n+1}+\cdots$$

$$\alpha'_1(t)=-t-(-1)^n\frac{1}{n!}a_1t^n+(-1)^{n+1}\frac{1}{(n+1)!}(a_{n-1}a_1-a_0)t^{n+1}+\cdots$$

$$\vdots$$

$$\alpha'_{n-1}(t)=(-1)^{n-1}\frac{1}{(n-1)!}t^{n-1}-(-1)^n\frac{1}{n!}a_{n-1}t^n+(-1)^{n+1}\frac{1}{(n+1)!}(a_{n-1}^2-a_{n-2})t^{n+1}+\cdots$$

例 9-10　已知 $\boldsymbol{A}=\begin{bmatrix}1&2\\0&1\end{bmatrix}$，求 $\boldsymbol{A}^{100}$。

解　$\boldsymbol{A}$ 的特征多项式为

$$f(\lambda)=|\lambda\boldsymbol{I}-\boldsymbol{A}|=\begin{vmatrix}\lambda-1&-2\\0&\lambda-1\end{vmatrix}=\lambda^2-2\lambda+1$$

根据凯莱-哈密顿定理，有

$$f(\boldsymbol{A})=\boldsymbol{A}^2-2\boldsymbol{A}+\boldsymbol{I}=0$$

$$A^2 = 2A - I$$

故 $$A^3 = AA^2 = 2A^2 - A = 2(2A - I) - A = 3A - 2I$$

$$A^4 = AA^3 = 3A^2 - 2A = 3(2A - I) - 2A = 4A - 3I$$

根据数学归纳法，有

$$A^k = kA - (k-1)I$$

$$A^{100} = 100A - 99I = \begin{bmatrix} 100 & 200 \\ 0 & 100 \end{bmatrix} - \begin{bmatrix} 99 & 0 \\ 0 & 99 \end{bmatrix} = \begin{bmatrix} 1 & 200 \\ 0 & 1 \end{bmatrix}$$

秩判据 线性定常连续系统(9-83)完全可控的充分必要条件是

$$\text{rank}\begin{bmatrix} B & AB & \cdots & A^{n-1}B \end{bmatrix} = n \tag{9-104}$$

其中，n 为矩阵 A 的维数；$S = \begin{bmatrix} B & AB & \cdots & A^{n-1}B \end{bmatrix}$ 称为系统的可控性判别阵。

证明 充分性：已知 $\text{rank}S = n$，欲证系统完全可控。

采用反证法。反设系统为不完全可控，则根据格拉姆矩阵判据可知

$$W(0, t_1) = \int_0^{t_1} \mathrm{e}^{-At} BB^{\mathrm{T}} \mathrm{e}^{-A^{\mathrm{T}}t} \mathrm{d}t, \qquad \forall t_1 > 0$$

为奇异，这意味着存在某个非零 n 维向量 α 使

$$\alpha^{\mathrm{T}} W(0, t_1) \alpha = \int_0^{t_1} \alpha^{\mathrm{T}} \mathrm{e}^{-At} BB^{\mathrm{T}} \mathrm{e}^{-A^{\mathrm{T}}t} \alpha \, \mathrm{d}t = \int_0^{t_1} \begin{bmatrix} \alpha^{\mathrm{T}} \mathrm{e}^{-At} B \end{bmatrix} \begin{bmatrix} \alpha^{\mathrm{T}} \mathrm{e}^{-At} B \end{bmatrix}^{\mathrm{T}} \mathrm{d}t = 0$$

成立。显然，由此可导出

$$\alpha^{\mathrm{T}} \mathrm{e}^{-At} B = 0, \qquad \forall t \in \begin{bmatrix} 0, t_1 \end{bmatrix} \tag{9-105}$$

将式(9-105)求导直至 $n-1$ 次，再在所得结果中令 $t=0$，得到

$$\alpha^{\mathrm{T}} B = 0, \quad \alpha^{\mathrm{T}} AB = 0, \quad \alpha^{\mathrm{T}} A^2 B = 0, \quad \cdots, \quad \alpha^{\mathrm{T}} A^{n-1} B = 0 \tag{9-106}$$

式(9-106)又可表示为

$$\alpha^{\mathrm{T}} \begin{bmatrix} B & AB & A^2 B & \cdots & A^{n-1}B \end{bmatrix} = \alpha^{\mathrm{T}} S = 0 \tag{9-107}$$

由于 $\alpha \neq 0$，所以式(9-107)意味着 S 为行线性相关，即 $\text{rank}S < n$，这显然和已知 $\text{rank}S = n$ 相矛盾。因而反设不成立，系统应为完全可控。

必要性：已知系统完全可控，欲证 $\text{rank}S = n$。

采用反证法。反设 $\text{rank}S < n$，这意味着 S 为线性相关，因此必存在一个非零 n 维常数向量 α 使

$$\alpha^{\mathrm{T}} S = \alpha^{\mathrm{T}} \begin{bmatrix} B & AB & \cdots & A^{n-1}B \end{bmatrix} = 0$$

成立。考虑到问题的一般性，由上式可导出

$$\alpha^{\mathrm{T}} A^i B = 0, \quad i = 0, 1, 2, \cdots, n-1 \tag{9-108}$$

根据凯莱-哈密顿定理，A^n，A^{n+1}，$\cdots$ 均可表示为 A 的 $n-1$ 阶多项式，因而式(9-108)又可写为

$$\alpha^{\mathrm{T}} A^i B = 0, \quad i = 0, 1, 2, 3, \cdots \tag{9-109}$$

从而对任意 $t_1 > 0$ 有

$$(-1)^i \alpha^{\mathrm{T}} \frac{A^i t^i}{i!} B = 0; \quad \forall t \in \begin{bmatrix} 0, t_1 \end{bmatrix}, \quad i = 0, 1, 2, \cdots$$

或
$$\boldsymbol{\alpha}^{\mathrm{T}}\left[\boldsymbol{I}-\boldsymbol{A}t+\frac{1}{2}\boldsymbol{A}^2t^2-\frac{1}{3!}\boldsymbol{A}^3t^3+\cdots\right]\boldsymbol{B}=\boldsymbol{\alpha}^{\mathrm{T}}\mathrm{e}^{-\boldsymbol{A}t}\boldsymbol{B}=\boldsymbol{0},\quad\forall t\in[0,t_1] \tag{9-110}$$

因而有
$$\boldsymbol{\alpha}^{\mathrm{T}}\int_0^{t_1}\mathrm{e}^{-\boldsymbol{A}t}\boldsymbol{B}\boldsymbol{B}^{\mathrm{T}}\mathrm{e}^{-\boldsymbol{A}^{\mathrm{T}}t}\mathrm{d}t\boldsymbol{\alpha}=\boldsymbol{\alpha}^{\mathrm{T}}\boldsymbol{W}(0,t_1)\boldsymbol{\alpha}=\boldsymbol{0} \tag{9-111}$$

因为已知 $\boldsymbol{\alpha}\neq\boldsymbol{0}$，若式(9-111)成立，则 $\boldsymbol{W}(0,t_1)$ 必为奇异，系统为不完全可控，与已知结果相矛盾。于是有 $\mathrm{rank}\boldsymbol{S}=n$，必要性得证。秩判据证毕。

例 9-11　桥式网络如图 9-20 所示，试用可控性判据判断其可控性。

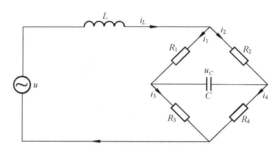

图 9-20　桥式网络电路图

解　该桥式网络的微分方程为
$$i_L=i_1+i_2=i_3+i_4$$
$$R_4i_4+u_C=R_3i_3$$
$$R_1i_1+u_C=R_2i_2$$
$$L\frac{\mathrm{d}i_L}{\mathrm{d}t}+R_1i_1+R_3i_3=u$$

选取状态变量 $x_1=i_L$，$x_2=u_C$，消去微分方组中的 i_1，i_2，i_3，i_4，可得状态方程
$$\dot{x}_1=-\frac{1}{L}\left(\frac{R_1R_2}{R_1+R_2}+\frac{R_3R_4}{R_3+R_4}\right)x_1+\frac{1}{L}\left(\frac{R_1}{R_1+R_2}-\frac{R_3}{R_3+R_4}\right)x_2+\frac{1}{L}u$$
$$\dot{x}_2=\frac{1}{C}\left(\frac{R_2}{R_1+R_2}-\frac{R_4}{R_3+R_4}\right)x_1-\frac{1}{C}\left(\frac{1}{R_1+R_2}-\frac{1}{R_3+R_4}\right)x_2$$

其可控性矩阵为
$$\boldsymbol{S}=[\boldsymbol{b}\quad\boldsymbol{Ab}]=\begin{bmatrix}\dfrac{1}{L} & -\dfrac{1}{L^2}\left(\dfrac{R_1R_2}{R_1+R_2}+\dfrac{R_3R_4}{R_3+R_4}\right)\\ 0 & -\dfrac{1}{LC}\left(\dfrac{R_4}{R_3+R_4}-\dfrac{R_2}{R_1+R_2}\right)\end{bmatrix}$$

当 $\dfrac{R_4}{R_3+R_4}\neq\dfrac{R_2}{R_1+R_2}$ 时，$\mathrm{rank}\boldsymbol{S}=2=n$，系统可控。但是，当电桥处于平衡状态，即 $R_1R_4=R_2R_3$ 时，$\dfrac{R_1}{R_1+R_2}=\dfrac{R_3}{R_3+R_4}$ 及 $\dfrac{R_2}{R_1+R_2}=\dfrac{R_4}{R_3+R_4}$ 成立，这时状态方程变为
$$\dot{x}_1=-\frac{1}{L}\left(\frac{R_1R_2}{R_1+R_2}+\frac{R_3R_4}{R_3+R_4}\right)x_1+\frac{1}{L}u$$

$$\dot{x}_2 = -\frac{1}{C}\left(\frac{1}{R_1+R_2}-\frac{1}{R_3+R_4}\right)x_2$$

可控性矩阵为

$$S = \begin{bmatrix} b & Ab \end{bmatrix} = \begin{bmatrix} \dfrac{1}{L} & -\dfrac{1}{L^2}\left(\dfrac{R_1 R_2}{R_1+R_2}+\dfrac{R_3 R_4}{R_3+R_4}\right) \\ 0 & 0 \end{bmatrix}$$

$\mathrm{rank} S = 1 < n$，系统不可控，u 不能控制 x_2，x_2 是不可控状态变量。

PBH 秩判据　线性定常连续系统(9-83)完全可控的充分必要条件是，对矩阵 A 的所有特征值 $\lambda_i(i=1,2,\cdots,n)$，有

$$\mathrm{rank}\begin{bmatrix} \lambda_i I - A & B \end{bmatrix} = n, \quad i = 1,2,\cdots,n \tag{9-112}$$

均成立，或等价地表示为

$$\mathrm{rank}\begin{bmatrix} sI - A & B \end{bmatrix} = n, \quad \forall s \in C \tag{9-113}$$

由于这一判据是由波波夫(Popov)和贝尔维奇(Belevitch)首先提出，并由豪塔斯(Hautas)最先指出其可广泛应用性，故称为 PBH 秩判据。

证明　必要性：已知系统完全可控，欲证式(9-112)成立。

采用反证法。反设对某个 λ_i 有 $\mathrm{rank}[\lambda_i I - A \quad B] < n$，则意味着 $[\lambda_i I - A \quad B]$ 为行线性相关，因而必存在一个非零常数向量 $\boldsymbol{\alpha}$，使

$$\boldsymbol{\alpha}^{\mathrm{T}}\begin{bmatrix} \lambda_i I - A & B \end{bmatrix} = 0 \tag{9-114}$$

成立。考虑到问题的一般性，由式(9-114)可导出

$$\boldsymbol{\alpha}^{\mathrm{T}} A = \lambda_i \boldsymbol{\alpha}^{\mathrm{T}}, \quad \boldsymbol{\alpha}^{\mathrm{T}} B = 0 \tag{9-115}$$

进而可得

$$\boldsymbol{\alpha}^{\mathrm{T}} B = 0, \quad \boldsymbol{\alpha}^{\mathrm{T}} AB = \lambda_i \boldsymbol{\alpha}^{\mathrm{T}} B = 0, \quad \cdots, \quad \boldsymbol{\alpha}^{\mathrm{T}} A^{n-1} B = 0$$

于是有

$$\boldsymbol{\alpha}^{\mathrm{T}}\begin{bmatrix} B & AB & \cdots & A^{n-1} B \end{bmatrix} = \boldsymbol{\alpha}^{\mathrm{T}} S = 0 \tag{9-116}$$

因已知 $\boldsymbol{\alpha} \neq 0$，所以欲使式(9-116)成立，必有

$$\mathrm{rank} S < n$$

这意味着系统不可控，显然与已知条件相矛盾，因而此反设不成立，而式(9-112)成立。考虑到 $[sI - A \quad B]$ 为多项式矩阵，且对复数域 C 上除 $\lambda_i(i=1,2,\cdots,n)$ 以外的所有 s 均有 $\det(sI - A) \neq 0$，所以式(9-112)等价于式(9-113)。必要性得证。

充分性：已知式(9-112)成立，欲证系统完全可控。

采用反证法。利用与上述相反的思路，即可证明充分性。至此，PBH 秩判据证毕。

例 9-12　已知线性定常连续系统的状态方程为

$$\dot{x} = \begin{bmatrix} 0 & 1 & 0 & 0 \\ 0 & 0 & -1 & 0 \\ 0 & 0 & 0 & 1 \\ 0 & 0 & 5 & 0 \end{bmatrix} x + \begin{bmatrix} 0 & 1 \\ 1 & 0 \\ 0 & 1 \\ -2 & 0 \end{bmatrix} u, \quad n = 4$$

试判别系统的可控性。

    解 根据状态方程可写出

$$\begin{bmatrix} s\boldsymbol{I} - \boldsymbol{A} & \boldsymbol{B} \end{bmatrix} = \begin{bmatrix} s & -1 & 0 & 0 & 0 & 1 \\ 0 & s & 1 & 0 & 1 & 0 \\ 0 & 0 & s & -1 & 0 & 1 \\ 0 & 0 & -5 & s & -2 & 0 \end{bmatrix}$$

考虑到 $\boldsymbol{A}$ 的特征值为 $\lambda_1 = \lambda_2 = 0$，$\lambda_3 = \sqrt{5}$，$\lambda_4 = -\sqrt{5}$，所以只需对它们来检验上述矩阵的秩。通过计算可知，当 $s = \lambda_1 = \lambda_2 = 0$ 时，有

$$\text{rank}\begin{bmatrix} s\boldsymbol{I} - \boldsymbol{A} & \boldsymbol{B} \end{bmatrix} = \text{rank}\begin{bmatrix} -1 & 0 & 0 & 0 \\ 0 & 1 & 0 & 1 \\ 0 & 0 & -1 & 0 \\ 0 & -5 & 0 & -2 \end{bmatrix} = 4$$

当 $s = \lambda_3 = \sqrt{5}$ 时，有

$$\text{rank}\begin{bmatrix} s\boldsymbol{I} - \boldsymbol{A} & \boldsymbol{B} \end{bmatrix} = \text{rank}\begin{bmatrix} \sqrt{5} & -1 & 0 & 1 \\ 0 & \sqrt{5} & 1 & 0 \\ 0 & 0 & 0 & 1 \\ 0 & 0 & -2 & 0 \end{bmatrix} = 4$$

当 $s = \lambda_4 = -\sqrt{5}$ 时，有

$$\text{rank}\begin{bmatrix} s\boldsymbol{I} - \boldsymbol{A} & \boldsymbol{B} \end{bmatrix} = \text{rank}\begin{bmatrix} -\sqrt{5} & -1 & 0 & 1 \\ 0 & -\sqrt{5} & 1 & 0 \\ 0 & 0 & 0 & 1 \\ 0 & 0 & -2 & 0 \end{bmatrix} = 4$$

计算结果表明，充分必要条件式(9-112)成立，故系统完全可控。

    对角线规范型判据 若线性定常连续系统(9-83)矩阵 $\boldsymbol{A}$ 的特征值 $\lambda_1, \lambda_2, \cdots, \lambda_n$ 两两相异，由线性变换式(9-83)可变为对角线规范型

$$\dot{\bar{\boldsymbol{x}}} = \begin{bmatrix} \lambda_1 & & & \boldsymbol{0} \\ & \lambda_2 & & \\ & & \ddots & \\ \boldsymbol{0} & & & \lambda_n \end{bmatrix} \bar{\boldsymbol{x}} + \bar{\boldsymbol{B}}\boldsymbol{u} \tag{9-117}$$

则系统(9-83)完全可控的充分必要条件是，在式(9-117)中，$\bar{\boldsymbol{B}}$ 不包含元素全为零的行。

    证明 可用秩判据予以证明，推证过程略。

    例 9-13 已知线性定常连续系统的对角线规范型为

$$\begin{bmatrix} \dot{\bar{x}}_1 \\ \dot{\bar{x}}_2 \\ \dot{\bar{x}}_3 \end{bmatrix} = \begin{bmatrix} 8 & 0 & 0 \\ 0 & -1 & 0 \\ 0 & 0 & 2 \end{bmatrix} \begin{bmatrix} \bar{x}_1 \\ \bar{x}_2 \\ \bar{x}_3 \end{bmatrix} + \begin{bmatrix} 0 & 1 \\ 3 & 0 \\ 0 & 2 \end{bmatrix} \begin{bmatrix} u_1 \\ u_2 \end{bmatrix}$$

试判定系统的可控性。

解　由于此规范型中 $\bar{B}$ 不包含元素全为零的行，故系统完全可控。

4. 输出可控性

如果系统需要控制的是输出量而不是状态，则需研究系统的输出可控性。

输出可控性　若在有限时间间隔$[t_0，t_1]$内，存在无约束分段连续控制函数 $u(t)$，$t \in [t_0,t_1]$，能使任意初始输出 $y(t_0)$ 转移到任意最终输出 $y(t_1)$，则称此系统输出完全可控，简称输出可控。

输出可控性判据　设线性定常连续系统的状态方程和输出方程为

$$\dot{x} = Ax + Bu, \quad x(0) = x_0, \quad t \in [0,t_1] \tag{9-118}$$

$$y = Cx + Du \tag{9-119}$$

式中，u 为 p 维输入向量；y 为 q 维输出向量；x 为 n 维状态向量。状态方程(9-118)的解为

$$x(t_1) = \mathrm{e}^{At_1} x_0 + \int_0^{t_1} \mathrm{e}^{A(t_1-t)} Bu(t)\mathrm{d}t$$

则输出为

$$y(t_1) = C\mathrm{e}^{At_1} x_0 + C\int_0^{t_1} \mathrm{e}^{A(t_1-t)} Bu(t)\mathrm{d}t + Du(t_1) \tag{9-120}$$

不失一般性，令 $y(t_1) = 0$，并应用凯莱-哈密顿定理的推论 2 有

$$C\mathrm{e}^{At_1} x_0 = -C\int_0^{t_1} \mathrm{e}^{A(t_1-t)} Bu(t)\mathrm{d}t - Du(t_1)$$

$$= -C\int_0^{t_1} \sum_{m=0}^{n-1} \alpha_m(t) A^m Bu(t)\mathrm{d}t - Du(t_1)$$

$$= -C\sum_{m=0}^{n-1} A^m B \int_0^{t_1} \alpha_m(t)u(t)\mathrm{d}t - Du(t_1)$$

令 $u_m(t_1) = \int_0^{t_1} \alpha_m(t)u(t)\mathrm{d}t$，则

$$C\mathrm{e}^{At_1} x_0 = -C\sum_{m=0}^{n-1} A^m Bu_m(t) - Du(t_1)$$

$$= -CBu_0(t_1) - CABu_1(t_1) - \cdots - CA^{n-1}Bu_{n-1}(t_1) - Du(t_1)$$

$$= -\begin{bmatrix} CB & CAB & \cdots & CA^{n-1}B & D \end{bmatrix} \begin{bmatrix} u_0(t_1) \\ u_1(t_1) \\ \vdots \\ u_{n-1}(t_1) \\ u(t_1) \end{bmatrix} \tag{9-121}$$

令

$$S_0 = \begin{bmatrix} CB & CAB & \cdots & CA^{n-1}B & D \end{bmatrix} \tag{9-122}$$

S_0 为 $q \times (n+1)p$ 矩阵，称为输出可控性矩阵。输出可控的充分必要条件是，输出可控性矩阵的秩等于输出向量的维数 q，即

$$\text{rank}\boldsymbol{S}_0 = q \tag{9-123}$$

需要注意的是，状态可控性与输出可控性是两个不同的概念，二者没有什么必然的联系。

例 9-14　已知系统的状态方程和输出方程为

$$\dot{\boldsymbol{x}} = \begin{bmatrix} 0 & 1 \\ -1 & -2 \end{bmatrix} \boldsymbol{x} + \begin{bmatrix} 1 \\ -1 \end{bmatrix} u$$

$$y = \begin{bmatrix} 1 & 0 \end{bmatrix} \boldsymbol{x}$$

试判断系统的状态可控性和输出可控性。

解　系统的状态可控性矩阵为

$$\boldsymbol{S} = \begin{bmatrix} \boldsymbol{b} & \boldsymbol{Ab} \end{bmatrix} = \begin{bmatrix} 1 & -1 \\ -1 & 1 \end{bmatrix}$$

$|\boldsymbol{S}| = 0$，$\text{rank}\boldsymbol{S} < 2$，故状态不完全可控。

输出可控性矩阵为

$$\boldsymbol{S}_0 = \begin{bmatrix} \boldsymbol{cb} & \boldsymbol{cAb} & \boldsymbol{d} \end{bmatrix} = \begin{bmatrix} 1 & -1 & 0 \end{bmatrix}$$

$\text{rank}\boldsymbol{S}_0 = 1 = q$，故输出可控。

5. 线性定常连续系统的可观测性判据

考虑输入 $\boldsymbol{u} = \boldsymbol{0}$ 时系统的状态方程和输出方程

$$\dot{\boldsymbol{x}} = \boldsymbol{Ax}, \quad \boldsymbol{x}(0) = \boldsymbol{x}_0, \quad t \geqslant 0, \quad \boldsymbol{y} = \boldsymbol{Cx} \tag{9-124}$$

式中，$\boldsymbol{x}$ 为 n 维状态向量；$\boldsymbol{y}$ 为 q 维输出向量；$\boldsymbol{A}$ 和 $\boldsymbol{C}$ 分别为 $n \times n$ 和 $q \times n$ 的常值矩阵。

格拉姆矩阵判据　线性定常连续系统(9-124)完全可观测的充分必要条件是，存在有限时刻 $t_1 > 0$，使如下定义的格拉姆矩阵：

$$\boldsymbol{M}(0,t) \triangleq \int_0^{t_1} \mathrm{e}^{\boldsymbol{A}^{\mathrm{T}} t} \boldsymbol{C}^{\mathrm{T}} \boldsymbol{C} \mathrm{e}^{\boldsymbol{A}t} \mathrm{d}t \tag{9-125}$$

为非奇异。

证明　充分性：已知 $\boldsymbol{M}(0, t_1)$ 非奇异，欲证系统为完全可观测。
由式(9-124)可得

$$\boldsymbol{y}(t) = \boldsymbol{C}\boldsymbol{\varPhi}(t,0)\boldsymbol{x}_0 = \boldsymbol{C}\mathrm{e}^{\boldsymbol{A}t}\boldsymbol{x}_0 \tag{9-126}$$

将式(9-126)左乘 $\mathrm{e}^{\boldsymbol{A}^{\mathrm{T}} t}\boldsymbol{C}^{\mathrm{T}}$，然后从 0 到 t_1 积分，得

$$\int_0^{t_1} \mathrm{e}^{\boldsymbol{A}^{\mathrm{T}} t} \boldsymbol{C}^{\mathrm{T}} \boldsymbol{y}(t) \mathrm{d}t = \int_0^{t_1} \mathrm{e}^{\boldsymbol{A}^{\mathrm{T}} t} \boldsymbol{C}^{\mathrm{T}} \boldsymbol{C} \mathrm{e}^{\boldsymbol{A}t} \mathrm{d}t \boldsymbol{x}_0 = \boldsymbol{M}(0,t_1)\boldsymbol{x}_0 \tag{9-127}$$

已知 $\boldsymbol{M}(0, t_1)$ 非奇异，即 $\boldsymbol{M}^{-1}(0, t_1)$ 存在，故由式(9-127)得

$$\boldsymbol{x}_0 = \boldsymbol{M}^{-1}(0,t_1)\int_0^{t_1} \mathrm{e}^{\boldsymbol{A}^{\mathrm{T}} t} \boldsymbol{C}^{\mathrm{T}} \boldsymbol{y}(t) \mathrm{d}t$$

这表明，在 $\boldsymbol{M}(0, t_1)$ 非奇异的条件下，总可以根据 $[0, t_1]$ 上的输出 $\boldsymbol{y}(t)$，唯一地确定非零初始状态 $\boldsymbol{x}_0$。因此，系统为完全可观测。充分性得证。

必要性：已知系统完全可观测，欲证 $\boldsymbol{M}(0, t_1)$ 非奇异。

采用反证法。反设 $\boldsymbol{M}(0, t_1)$ 奇异，假设存在某一非零 $\bar{\boldsymbol{x}}_0 \in R^n$，使

$$\bar{\boldsymbol{x}}_0^{\mathrm{T}} \boldsymbol{M}(0, t_1) \bar{\boldsymbol{x}}_0 = \int_0^{t_1} \bar{\boldsymbol{x}}_0^{\mathrm{T}} \mathrm{e}^{\boldsymbol{A}^{\mathrm{T}} t} \boldsymbol{C}^{\mathrm{T}} \boldsymbol{C} \mathrm{e}^{\boldsymbol{A} t} \bar{\boldsymbol{x}}_0 \, \mathrm{d}t = \int_0^{t_1} \boldsymbol{y}^{\mathrm{T}}(t) \boldsymbol{y}(t) \, \mathrm{d}t = \int_0^{t_1} \| \boldsymbol{y}(t) \|^2 \, \mathrm{d}t = 0 \quad (9\text{-}128)$$

成立，这意味着

$$\boldsymbol{y}(t) = \boldsymbol{C} \mathrm{e}^{\boldsymbol{A}t} \bar{\boldsymbol{x}}_0 \equiv \boldsymbol{0}, \qquad \forall t \in [0, t_1]$$

显然，$\bar{\boldsymbol{x}}_0$ 为状态空间中的不可观测状态。这和已知系统完全可观测相矛盾，所以反设不成立，必要性得证。至此格拉姆矩阵判据证毕。

秩判据　线性定常连续系统(9-124)完全可观测的充分必要条件是

$$\mathrm{rank} \boldsymbol{V} = \mathrm{rank} \begin{bmatrix} \boldsymbol{C} \\ \boldsymbol{CA} \\ \vdots \\ \boldsymbol{CA}^{n-1} \end{bmatrix} = n \qquad (9\text{-}129)$$

或

$$\mathrm{rank} \boldsymbol{V} = \mathrm{rank} \begin{bmatrix} \boldsymbol{C}^{\mathrm{T}} & \boldsymbol{A}^{\mathrm{T}} \boldsymbol{C}^{\mathrm{T}} & (\boldsymbol{A}^{\mathrm{T}})^2 \boldsymbol{C}^{\mathrm{T}} & \cdots & (\boldsymbol{A}^{\mathrm{T}})^{n-1} \boldsymbol{C}^{\mathrm{T}} \end{bmatrix} = n \qquad (9\text{-}130)$$

式(9-129)和式(9-130)中的矩阵均称为系统可观测性判别阵，简称可观测性阵。

证明　证明方法与可控性秩判据相似，在此不再详述。这里仅从式(9-126)出发，进一步论证秩判据的充分必要条件。

由式(9-126)，利用 $\mathrm{e}^{\boldsymbol{A}t}$ 的级数展开式(9-102)，可得

$$\begin{aligned} \boldsymbol{y}(t) &= \boldsymbol{C} \mathrm{e}^{\boldsymbol{A}t} \boldsymbol{x}_0 = \boldsymbol{C} \sum_{m=0}^{n-1} \alpha_m(t) \boldsymbol{A}^m \boldsymbol{x}_0 \\ &= \begin{bmatrix} \boldsymbol{C} \alpha_0(t) + \boldsymbol{C} \alpha_1(t) \boldsymbol{A} + \cdots + \boldsymbol{C} \alpha_{n-1}(t) \boldsymbol{A}^{n-1} \end{bmatrix} \boldsymbol{x}_0 \\ &= \begin{bmatrix} \alpha_0(t) \boldsymbol{I}_q & \alpha_1(t) \boldsymbol{I}_q & \cdots & \alpha_{n-1}(t) \boldsymbol{I}_q \end{bmatrix} \begin{bmatrix} \boldsymbol{C} \\ \boldsymbol{CA} \\ \vdots \\ \boldsymbol{CA}^{n-1} \end{bmatrix} \boldsymbol{x}_0 \end{aligned} \qquad (9\text{-}131)$$

式中，$\boldsymbol{I}_q$ 为 q 阶单位阵。已知 $[\alpha_0(t) \boldsymbol{I}_q \cdots \alpha_{n-1}(t) \boldsymbol{I}_q]$ 的 nq 列线性无关，于是根据测得的 $\boldsymbol{y}(t)$ 可唯一确定 $\boldsymbol{x}_0$ 的充分必要条件是

$$\mathrm{rank} \boldsymbol{V} = \mathrm{rank} \begin{bmatrix} \boldsymbol{C} \\ \boldsymbol{CA} \\ \vdots \\ \boldsymbol{CA}^{n-1} \end{bmatrix} = n$$

这就是式(9-129)。

例 9-15　判断下列两个系统的可观测性。

$$\dot{x} = Ax + Bu, \quad y = Cx$$

1)　$A = \begin{bmatrix} -2 & 0 \\ 0 & -1 \end{bmatrix}$, $\quad b = \begin{bmatrix} 3 \\ 1 \end{bmatrix}$, $\quad c = [1 \quad 0]$;

2)　$A = \begin{bmatrix} 1 & -1 \\ 1 & 1 \end{bmatrix}$, $\quad B = \begin{bmatrix} 2 & -1 \\ 1 & 0 \end{bmatrix}$, $\quad C = \begin{bmatrix} 1 & 0 \\ -1 & 1 \end{bmatrix}$。

解 1) $\text{rank}\boldsymbol{V} = \text{rank}\begin{bmatrix} \boldsymbol{c}^{\text{T}} & \boldsymbol{A}^{\text{T}}\boldsymbol{c}^{\text{T}} \end{bmatrix} = \text{rank}\begin{bmatrix} 1 & -2 \\ 0 & 0 \end{bmatrix} = 1 < n = 2$，故系统不可观测。

2) $\text{rank}\boldsymbol{V} = \text{rank}\begin{bmatrix} \boldsymbol{C}^{\text{T}} & \boldsymbol{A}^{\text{T}}\boldsymbol{C}^{\text{T}} \end{bmatrix} = \text{rank}\begin{bmatrix} 1 & -1 & 1 & 0 \\ 0 & 1 & -1 & 2 \end{bmatrix} = 2 = n$，故系统可观测。

PBH 秩判据　线性定常连续系统(9-124)完全可观测的充分必要条件是，对矩阵 $\boldsymbol{A}$ 的所有特征值 $\lambda_i(i=1, 2, \cdots, n)$，均有

$$\text{rank}\begin{bmatrix} \boldsymbol{C} \\ \lambda_i\boldsymbol{I} - \boldsymbol{A} \end{bmatrix} = n; \quad i = 1, 2, \cdots, n \tag{9-132}$$

或等价地表示为

$$\text{rank}\begin{bmatrix} \boldsymbol{C} \\ s\boldsymbol{I} - \boldsymbol{A} \end{bmatrix} = n; \quad \forall s \in C \tag{9-133}$$

对角线规范型判据　线性定常连续系统(9-124)完全可观测的充分必要条件是：

当矩阵 $\boldsymbol{A}$ 的特征值 $\lambda_1, \lambda_2, \cdots, \lambda_n$ 两两相异时，由式(9-124)线性变换导出的对角线规范型为

$$\dot{\bar{\boldsymbol{x}}} = \begin{bmatrix} \lambda_1 & & & \boldsymbol{0} \\ & \lambda_2 & & \\ & & \ddots & \\ \boldsymbol{0} & & & \lambda_n \end{bmatrix}\bar{\boldsymbol{x}}, \quad \boldsymbol{y} = \bar{\boldsymbol{C}}\bar{\boldsymbol{x}} \tag{9-134}$$

式中，$\bar{\boldsymbol{C}}$ 不包含元素全为零的列。

例 9-16　已知线性定常连续系统的对角线规范型为

$$\dot{\bar{\boldsymbol{x}}} = \begin{bmatrix} 8 & 0 & 0 \\ 0 & -1 & 0 \\ 0 & 0 & 2 \end{bmatrix}\bar{\boldsymbol{x}}, \quad \boldsymbol{y} = \begin{bmatrix} 1 & 0 & 0 \\ 0 & 2 & 3 \end{bmatrix}\bar{\boldsymbol{x}}$$

试判定系统的可观测性。

解　显然，此规范型中 $\bar{\boldsymbol{C}}$ 不包含元素全为零的列，故系统为完全可观测。

6. 线性离散时间系统的可控性和可观测性

线性离散时间系统简称为线性离散系统。由于线性定常离散系统只是线性时变离散系统的一种特殊类型，为便于读者全面理解基本概念，我们利用线性时变离散系统给出有关定义，而在介绍可控性和可观测性判据时，受篇幅限制，则仅限于线性定常离散系统。

(1) 线性离散系统的可控性和可达性

设线性时变离散时间系统的状态方程为

$$\boldsymbol{x}(k+1) = \boldsymbol{G}(k)\boldsymbol{x}(k) + \boldsymbol{H}(k)\boldsymbol{u}(k), \quad k \in T_k \tag{9-135}$$

其中 T_k 为离散时间定义区间。如果对初始时刻 $l \in T_k$ 和状态空间中的所有非零状态 $\boldsymbol{x}(l)$，都存在时刻 $m \in T_k, m > l$，和对应的控制 $\boldsymbol{u}(k)$，使得 $\boldsymbol{x}(m)=\boldsymbol{0}$，则称系统在时刻 l 为完全可

控。对应地，如果对初始时刻 $l \in T_k$ 和初始状态 $\boldsymbol{x}(l)=\boldsymbol{0}$，存在时刻 $m \in T_k, m > l$，和相应的控制 $\boldsymbol{u}(k)$，使 $\boldsymbol{x}(m)$ 可为状态空间中的任意非零点，则称系统在时刻 l 为完全可达。

对于离散时间系统，不管是时变的还是定常的，其可控性和可达性只有在一定条件下才是等价的。业已证明，其等价的条件分别如下：

1) 线性离散时间系统(9-135)的可控性和可达性为等价的充分必要条件是，系统矩阵 $\boldsymbol{G}(k)$ 对所有 $k \in [l, m-1]$ 为非奇异。

2) 线性定常离散时间系统

$$\boldsymbol{x}(k+1) = \boldsymbol{Gx}(k) + \boldsymbol{Hu}(k); \quad k = 0,1,2,\cdots \tag{9-136}$$

的可控性和可达性等价的充分必要条件是系统矩阵 $\boldsymbol{G}$ 为非奇异。

3) 如果线性离散时间系统(9-135)或(9-136)是相应连续时间系统的时间离散化模型，则其可控性和可达性必是等价的。

线性定常离散系统的可控性判据 设单输入线性定常离散系统的状态方程为

$$\boldsymbol{x}(k+1) = \boldsymbol{Gx}(k) + \boldsymbol{h}u(k) \tag{9-137}$$

式中，$\boldsymbol{x}$ 为 n 维状态向量；u 为标量输入；$\boldsymbol{G}$ 为 $n \times n$ 非奇异矩阵。状态方程(9-137)的解为

$$\boldsymbol{x}(k) = \boldsymbol{G}^k \boldsymbol{x}(0) + \sum_{i=0}^{k-1} \boldsymbol{G}^{k-1-i} \boldsymbol{h}u(i) \tag{9-138}$$

根据可控性定义，假定 $k=n$ 时，$\boldsymbol{x}(n)=\boldsymbol{0}$，将式(9-138)两端左乘 $\boldsymbol{G}^{-n}$，则有

$$\begin{aligned}
\boldsymbol{x}(0) &= -\sum_{i=0}^{n-1} \boldsymbol{G}^{-1-i} \boldsymbol{h}u(i) \\
&= -\left[\boldsymbol{G}^{-1}\boldsymbol{h}u(0) + \boldsymbol{G}^{-2}\boldsymbol{h}u(1) + \cdots + \boldsymbol{G}^{-n}\boldsymbol{h}u(n-1) \right] \\
&= -\left[\boldsymbol{G}^{-1}\boldsymbol{h} \quad \boldsymbol{G}^{-2}\boldsymbol{h} \quad \cdots \quad \boldsymbol{G}^{-n}\boldsymbol{h} \right] \begin{bmatrix} u(0) \\ u(1) \\ \vdots \\ u(n-1) \end{bmatrix}
\end{aligned} \tag{9-139}$$

记

$$\boldsymbol{S}_1' = \left[\boldsymbol{G}^{-1}\boldsymbol{h} \quad \boldsymbol{G}^{-2}\boldsymbol{h} \quad \cdots \quad \boldsymbol{G}^{-n}\boldsymbol{h} \right] \tag{9-140}$$

称 $\boldsymbol{S}_1'$ 为 $n \times n$ 可控性矩阵。式(9-139)是一个非奇异线性方程组，含 n 个方程，有 n 个未知数 $u(0)$，$u(1)$，$\cdots$，$u(n-1)$。由线性方程组解的存在定理可知，当矩阵 $\boldsymbol{S}_1'$ 的秩与增广矩阵 $\left[\boldsymbol{S}_1' \mid \boldsymbol{x}(0) \right]$ 的秩相等时，方程组有解且为唯一解，否则无解。在 $\boldsymbol{x}(0)$ 为任意的情况下，使方程组有解的充分必要条件是矩阵 $\boldsymbol{S}_1'$ 满秩，即

$$\text{rank}\boldsymbol{S}_1' = n \tag{9-141}$$

或矩阵 $\boldsymbol{S}_1'$ 的行列式不为零

$$\det \boldsymbol{S}_1' \neq 0 \tag{9-142}$$

或矩阵 $\boldsymbol{S}_1'$ 是非奇异的。

由于满秩矩阵与另一满秩矩阵 $\boldsymbol{G}^n$ 相乘其秩不变，故

$$\text{rank}\boldsymbol{S}_1' = \text{rank}\left[\boldsymbol{G}^n \boldsymbol{S}_1' \right] = \text{rank}\left[\boldsymbol{G}^{n-1}\boldsymbol{h} \quad \cdots \quad \boldsymbol{Gh} \quad \boldsymbol{h} \right] = n \tag{9-143}$$

交换矩阵的列，且记为 $\boldsymbol{S}_1$，其秩也不变，故有

$$\text{rank}\boldsymbol{S}_1 = \text{rank}\begin{bmatrix} \boldsymbol{h} & \boldsymbol{Gh} & \cdots & \boldsymbol{G}^{n-1}\boldsymbol{h} \end{bmatrix} = n \tag{9-144}$$

由于式(9-144)避免了矩阵求逆，在判断系统的可控性时，使用式(9-144)比较方便。

式(9-141)～式(9-144)都称为可控性判据，$\boldsymbol{S}_1'$ 和 $\boldsymbol{S}_1$ 都称为单输入离散系统的可控性矩阵。状态可控性取决于 $\boldsymbol{G}$ 和 $\boldsymbol{h}$。

当 $\text{rank}\boldsymbol{S}_1 < n$ 时，系统不可控，表示不存在使任意 $\boldsymbol{x}(0)$ 转移至 $\boldsymbol{x}(n)=\boldsymbol{0}$ 的控制。

以上研究了终态为 $\boldsymbol{x}(n)=\boldsymbol{0}$ 的情况，若令终态为任意给定状态 $\boldsymbol{x}(n)$，则式(9-138)变为

$$\boldsymbol{G}^n\boldsymbol{x}(0) - \boldsymbol{x}(n) = -\sum_{i=0}^{n-1}\boldsymbol{G}^{n-1-i}\boldsymbol{h}u(i)$$

将上式两端左乘 $\boldsymbol{G}^{-n}$，有

$$\boldsymbol{x}(0) - \boldsymbol{G}^{-n}\boldsymbol{x}(n) = -\begin{bmatrix} \boldsymbol{G}^{-1}\boldsymbol{h} & \boldsymbol{G}^{-2}\boldsymbol{h} & \cdots & \boldsymbol{G}^{-n}\boldsymbol{h} \end{bmatrix}\begin{bmatrix} u(0) \\ u(1) \\ \vdots \\ u(n-1) \end{bmatrix}$$

当 $\boldsymbol{G}$ 满秩时，该式左端只不过是任意给定的另一初态，其状态可控性条件可用以上推导方法得出完全相同的结论。若令 $\boldsymbol{x}(0)=\boldsymbol{0}$，上述结论同样成立。可见，当 $\boldsymbol{G}$ 为非奇异阵时，系统的可控性和可达性是等价的。

上述研究单输入离散系统可控性的方法可推广到多输入系统。设系统的状态方程为

$$\boldsymbol{x}(k+1) = \boldsymbol{G}\boldsymbol{x}(k) + \boldsymbol{H}u(k) \tag{9-145}$$

所谓可控性问题即是能否求出无约束控制向量序列 $\boldsymbol{u}(0),\boldsymbol{u}(1),\cdots,\boldsymbol{u}(n-1)$，使系统能从任意初态 $\boldsymbol{x}(0)$ 转移至 $\boldsymbol{x}(n)=\boldsymbol{0}$。式(9-145)的解为

$$\boldsymbol{x}(k) = \boldsymbol{G}^k\boldsymbol{x}(0) + \sum_{i=0}^{k-1}\boldsymbol{G}^{k-1-i}\boldsymbol{H}u(i) \tag{9-146}$$

令 $k=n$，$\boldsymbol{x}(n)=\boldsymbol{0}$，且式(9-146)两端左乘 $\boldsymbol{G}^{-n}$，有

$$\boldsymbol{x}(0) = -\sum_{i=0}^{n-1}\boldsymbol{G}^{-1-i}\boldsymbol{H}u(i) = -\begin{bmatrix} \boldsymbol{G}^{-1}\boldsymbol{H}u(0) + \boldsymbol{G}^{-2}\boldsymbol{H}u(1) + \cdots + \boldsymbol{G}^{-n}\boldsymbol{H}u(n-1) \end{bmatrix}$$

$$= -\begin{bmatrix} \boldsymbol{G}^{-1}\boldsymbol{H} & \boldsymbol{G}^{-2}\boldsymbol{H} & \cdots & \boldsymbol{G}^{-n}\boldsymbol{H} \end{bmatrix}\begin{bmatrix} \boldsymbol{u}(0) \\ \boldsymbol{u}(1) \\ \vdots \\ \boldsymbol{u}(n-1) \end{bmatrix} \tag{9-147}$$

记

$$\boldsymbol{S}_2' = \begin{bmatrix} \boldsymbol{G}^{-1}\boldsymbol{H} & \boldsymbol{G}^{-2}\boldsymbol{H} & \cdots & \boldsymbol{G}^{-n}\boldsymbol{H} \end{bmatrix} \tag{9-148}$$

为 $n \times np$ 矩阵，由子列向量 $\boldsymbol{u}(0),\boldsymbol{u}(1),\cdots,\boldsymbol{u}(n-1)$ 构成的控制列向量是 np 维的。式(9-147)含 n 个方程，但有 np 个待求的控制量。由于初态 $\boldsymbol{x}(0)$ 可任意给定，根据解存在定理，矩阵 $\boldsymbol{S}_2'$ 的秩为 n 时，方程组才有解。于是多输入线性离散系统状态可控的充分必要条件是

$$\text{rank}\boldsymbol{S}_2' = n \tag{9-149}$$

或

$$\mathrm{rank}\boldsymbol{S}_2' = \mathrm{rank}\left[\boldsymbol{G}^n\,\boldsymbol{S}_2'\right] = \mathrm{rank}\left[\boldsymbol{G}^{n-1}\boldsymbol{H} \quad \cdots \quad \boldsymbol{GH} \quad \boldsymbol{H}\right] = n \tag{9-150}$$

或

$$\mathrm{rank}\boldsymbol{S}_2 = \mathrm{rank}\left[\boldsymbol{H} \quad \boldsymbol{GH} \quad \cdots \quad \boldsymbol{G}^{n-1}\boldsymbol{H}\right] = n \tag{9-151}$$

式(9-149)～式(9-151)都是多输入线性离散系统的可控性判据，通常使用式(9-151)较为方便。应当指出：

1) 由于式(9-147)中方程个数少于未知量个数，方程组的解便不唯一，任意假定 $np-n$ 个控制量，其余 n 个控制量才能唯一确定。多输入线性离散系统控制序列的选择，通常具有无穷多种方式。

2) 由于 $\boldsymbol{S}_2$ 的行数总小于列数，因而在列写 $\boldsymbol{S}_2$ 时，只要所选取的列能判断出 $\boldsymbol{S}_2$ 的秩为 n，便不必再将 $\boldsymbol{S}_2$ 的其余列都列写出来。

3) 多输入线性定常离散系统由任意初态转移至原点一般可少于 n 个采样周期。

例 9-17　设单输入线性定常离散系统状态方程为

$$\boldsymbol{x}(k+1) = \begin{bmatrix} 1 & 0 & 0 \\ 0 & 2 & -2 \\ -1 & 1 & 0 \end{bmatrix}\boldsymbol{x}(k) + \begin{bmatrix} 1 \\ 0 \\ 1 \end{bmatrix}u(k)$$

试判断其可控性；若初始状态 $\boldsymbol{x}(0)=[2\ 1\ 0]^\mathrm{T}$，确定使 $\boldsymbol{x}(3)=\boldsymbol{0}$ 的控制序列 $u(0),u(1),u(2)$；研究使 $\boldsymbol{x}(2)=\boldsymbol{0}$ 的可能性。

解　由题意知

$$\boldsymbol{G} = \begin{bmatrix} 1 & 0 & 0 \\ 0 & 2 & -2 \\ -1 & 1 & 0 \end{bmatrix}, \quad \boldsymbol{h} = \begin{bmatrix} 1 \\ 0 \\ 1 \end{bmatrix}$$

$$\mathrm{rank}\boldsymbol{S}_1 = \mathrm{rank}\left[\boldsymbol{h} \quad \boldsymbol{Gh} \quad \boldsymbol{G}^2\boldsymbol{h}\right] = \mathrm{rank}\begin{bmatrix} 1 & 1 & 1 \\ 0 & -2 & -2 \\ 1 & -1 & -3 \end{bmatrix} = 3 = n$$

故系统可控。可按式(9-139)求出 $u(0)$、$u(1)$、$u(2)$，为了减少求逆阵的麻烦，现用递推法来求。令 $k=0,1,2$，可得状态序列

$$\boldsymbol{x}(1) = \boldsymbol{Gx}(0) + \boldsymbol{h}u(0) = \begin{bmatrix} 1 & 0 & 0 \\ 0 & 2 & -2 \\ -1 & 1 & 0 \end{bmatrix}\begin{bmatrix} 2 \\ 1 \\ 0 \end{bmatrix} + \begin{bmatrix} 1 \\ 0 \\ 1 \end{bmatrix}u(0) = \begin{bmatrix} 2 \\ 2 \\ -1 \end{bmatrix} + \begin{bmatrix} 1 \\ 0 \\ 1 \end{bmatrix}u(0)$$

$$\boldsymbol{x}(2) = \boldsymbol{Gx}(1) + \boldsymbol{h}u(1) = \begin{bmatrix} 2 \\ 6 \\ 0 \end{bmatrix} + \begin{bmatrix} 1 \\ -2 \\ -1 \end{bmatrix}u(0) + \begin{bmatrix} 1 \\ 0 \\ 1 \end{bmatrix}u(1)$$

$$\boldsymbol{x}(3) = \boldsymbol{Gx}(2) + \boldsymbol{h}u(2) = \begin{bmatrix} 2 \\ 12 \\ 4 \end{bmatrix} + \begin{bmatrix} 1 \\ -2 \\ -3 \end{bmatrix}u(0) + \begin{bmatrix} 1 \\ -2 \\ -1 \end{bmatrix}u(1) + \begin{bmatrix} 1 \\ 0 \\ 1 \end{bmatrix}u(2)$$

令 $\boldsymbol{x}(3)=\boldsymbol{0}$，则有

$$\begin{bmatrix} 1 & 1 & 1 \\ -2 & -2 & 0 \\ -3 & -1 & 1 \end{bmatrix} \begin{bmatrix} u(0) \\ u(1) \\ u(2) \end{bmatrix} = \begin{bmatrix} -2 \\ -12 \\ -4 \end{bmatrix}$$

其系数矩阵即可控性矩阵 $\boldsymbol{S}_1$ 是非奇异的，因而可得

$$\begin{bmatrix} u(0) \\ u(1) \\ u(2) \end{bmatrix} = \begin{bmatrix} 1 & 1 & 1 \\ -2 & -2 & 0 \\ -3 & -1 & 1 \end{bmatrix}^{-1} \begin{bmatrix} -2 \\ -12 \\ -4 \end{bmatrix} = \begin{bmatrix} \dfrac{1}{2} & \dfrac{1}{2} & -\dfrac{1}{2} \\ -\dfrac{1}{2} & -1 & \dfrac{1}{2} \\ 1 & \dfrac{1}{2} & 0 \end{bmatrix} \begin{bmatrix} -2 \\ -12 \\ -4 \end{bmatrix} = \begin{bmatrix} -5 \\ 11 \\ -8 \end{bmatrix}$$

若令 $\boldsymbol{x}(2)=\boldsymbol{0}$，即解方程组

$$\begin{bmatrix} 1 & 1 \\ -2 & 0 \\ -1 & 1 \end{bmatrix} \begin{bmatrix} u(0) \\ u(1) \end{bmatrix} = \begin{bmatrix} -2 \\ -6 \\ 0 \end{bmatrix}$$

容易看出其系数矩阵的秩为 2，但增广矩阵

$$\begin{bmatrix} 1 & 1 & \vdots & -2 \\ -2 & 0 & \vdots & -6 \\ -1 & 1 & \vdots & 0 \end{bmatrix}$$

的秩为 3，两个秩不等，方程组无解，意味着不能在两个采样周期内使系统由初始状态转移至原点。若该两个秩相等，则可用两步完成状态转移。

(2) 线性离散系统的可观测性

设离散系统为

$$\boldsymbol{x}(k+1) = \boldsymbol{G}(k)\boldsymbol{x}(k) + \boldsymbol{H}(k)\boldsymbol{u}(k), \quad k \in T_k$$
$$\boldsymbol{y}(k) = \boldsymbol{C}(k)\boldsymbol{x}(k) + \boldsymbol{D}(k)\boldsymbol{u}(k) \tag{9-152}$$

若对初始时刻 $l \in T_k$ 的任一非零初始状态 $\boldsymbol{x}(l)=\boldsymbol{x}_0$，都存在有限时刻 $m \in T_k$，$m>l$，且可由 $[l, m]$ 上的输出 $\boldsymbol{y}(k)$ 唯一地确定 $\boldsymbol{x}_0$，则称系统在时刻 l 是完全可观测的。

线性定常离散系统的可观测性判据 设线性定常离散系统的动态方程为

$$\boldsymbol{x}(k+1) = \boldsymbol{G}\boldsymbol{x}(k) + \boldsymbol{H}\boldsymbol{u}(k), \quad \boldsymbol{y}(k) = \boldsymbol{C}\boldsymbol{x}(k) + \boldsymbol{D}\boldsymbol{u}(k) \tag{9-153}$$

式中，$\boldsymbol{x}(k)$ 为 n 维状态向量；$\boldsymbol{y}(k)$ 为 q 维输出向量，其解为

$$\boldsymbol{x}(k) = \boldsymbol{G}^k \boldsymbol{x}(0) + \sum_{i=0}^{k-1} \boldsymbol{G}^{k-1-i} \boldsymbol{H}\boldsymbol{u}(i) \tag{9-154}$$

$$\boldsymbol{y}(k) = \boldsymbol{C}\boldsymbol{G}^k \boldsymbol{x}(0) + \boldsymbol{C}\sum_{i=0}^{k-1} \boldsymbol{G}^{k-1-i} \boldsymbol{H}\boldsymbol{u}(i) + \boldsymbol{D}\boldsymbol{u}(k) \tag{9-155}$$

研究可观测性问题时，$\boldsymbol{u}(k)$、$\boldsymbol{G}$、$\boldsymbol{H}$、$\boldsymbol{C}$、$\boldsymbol{D}$ 均为已知，故不失一般性，可将动态方程简化为

$$\boldsymbol{x}(k+1) = \boldsymbol{G}\boldsymbol{x}(k), \quad \boldsymbol{y}(k) = \boldsymbol{C}\boldsymbol{x}(k) \tag{9-156}$$

对应的解为

$$\boldsymbol{x}(k) = \boldsymbol{G}^k \boldsymbol{x}(0), \quad \boldsymbol{y}(k) = \boldsymbol{C}\boldsymbol{G}^k \boldsymbol{x}(0) \tag{9-157}$$

将 $y(k)$ 写成展开式

$$\begin{cases} y(0) = Cx(0) \\ y(1) = CGx(0) \\ \vdots \\ y(n-1) = CG^{n-1}x(0) \end{cases} \tag{9-158}$$

其向量-矩阵形式为

$$\begin{bmatrix} y(0) \\ y(1) \\ \vdots \\ y(n-1) \end{bmatrix} = \begin{bmatrix} C \\ CG \\ \vdots \\ CG^{n-1} \end{bmatrix} \begin{bmatrix} x_1(0) \\ x_2(0) \\ \vdots \\ x_n(0) \end{bmatrix} \tag{9-159}$$

令

$$V_1^{\mathrm{T}} = \begin{bmatrix} C \\ CG \\ \vdots \\ CG^{n-1} \end{bmatrix} \tag{9-160}$$

V_1^{T} 称为线性定常离散系统的可观测性矩阵，为 $nq \times n$ 矩阵。式(9-159)含有 nq 个方程，若其中有 n 个独立方程，便可确定唯一的一组 $x_1(0)$，$x_2(0)$，$\cdots$，$x_n(0)$。当独立方程个数大于 n 时，解会出现矛盾；当独立方程个数小于 n 时，便有无穷多解。故系统可观测的充分必要条件为

$$\mathrm{rank}\,V_1^{\mathrm{T}} = n \tag{9-161}$$

由于 $\mathrm{rank}\,V_1^{\mathrm{T}}=\mathrm{rank}\,V_1$，故线性定常离散系统的可观测性判据常表示为

$$\mathrm{rank}\,V_1 = \mathrm{rank}\begin{bmatrix} C^{\mathrm{T}} & G^{\mathrm{T}}C^{\mathrm{T}} & \cdots & (G^{\mathrm{T}})^{n-1}C^{\mathrm{T}} \end{bmatrix} = n \tag{9-162}$$

例 9-18　已知线性定常离散系统的动态方程为

$$x(k+1) = Gx(k) + hu(k), \quad y(k) = C_i x(k), \quad i=1,2$$

其中　　　　$G = \begin{bmatrix} 1 & 0 & -1 \\ 0 & -2 & 1 \\ 3 & 0 & 2 \end{bmatrix}$, $\quad h = \begin{bmatrix} 2 \\ -1 \\ 1 \end{bmatrix}$, $\quad c_1 = \begin{bmatrix} 0 & 1 & 0 \end{bmatrix}$, $\quad C_2 = \begin{bmatrix} 0 & 0 & 1 \\ 1 & 0 & 0 \end{bmatrix}$

试判断系统的可观测性，并讨论可观测性的物理解释。

解　当观测矩阵为 c_1 时，

$$c_1^{\mathrm{T}} = \begin{bmatrix} 0 \\ 1 \\ 0 \end{bmatrix}, \quad G^{\mathrm{T}}c_1^{\mathrm{T}} = \begin{bmatrix} 0 \\ -2 \\ 1 \end{bmatrix}, \quad (G^{\mathrm{T}})^2 c_1^{\mathrm{T}} = \begin{bmatrix} 3 \\ 4 \\ 0 \end{bmatrix}$$

$$\mathrm{rank}\,V_1 = \mathrm{rank}\begin{bmatrix} 0 & 0 & 3 \\ 1 & -2 & 4 \\ 0 & 1 & 0 \end{bmatrix} = 3 = n$$

故系统可观测。由输出方程 $y(k)=c_1x(k)=x_2(k)$ 可见，在第 k 步便可由输出确定状态变量 $x_2(k)$。

由于
$$y(k+1) = x_2(k+1) = -2x_2(k) + x_3(k)$$
故在第 k+1 步便可确定 $x_3(k)$。由于
$$y(k+2) = x_2(k+2) = -2x_2(k+1) + x_3(k+1)$$
$$= -2[-2x_2(k) + x_3(k)] + 3x_1(k) + 2x_3(k) = 4x_2(k) + 3x_1(k)$$
故在第 k+2 步便可确定 $x_1(k)$。

该系统为三阶系统，可观测意味着至多三步便可由输出 $y(k)$，$y(k+1)$，$y(k+2)$ 的测量值来确定三个状态变量。

当观测矩阵为 C_2 时，
$$C_2^T = \begin{bmatrix} 0 & 1 \\ 0 & 0 \\ 1 & 0 \end{bmatrix}, \quad G^T C_2^T = \begin{bmatrix} 3 & 1 \\ 0 & 0 \\ 2 & -1 \end{bmatrix}, \quad (G^T)^2 C_2^T = \begin{bmatrix} 9 & -2 \\ 0 & 0 \\ 1 & -3 \end{bmatrix}$$
$$\text{rank} V_1 = \text{rank} \begin{bmatrix} 0 & 1 & 3 & 1 & 9 & -2 \\ 0 & 0 & 0 & 0 & 0 & 0 \\ 1 & 0 & 2 & -1 & 1 & -3 \end{bmatrix} = 2 \neq n = 3$$
故系统不可观测。

根据系统动态方程可导出
$$y(k) = \begin{bmatrix} x_3(k) \\ x_1(k) \end{bmatrix}$$
$$y(k+1) = \begin{bmatrix} x_3(k+1) \\ x_1(k+1) \end{bmatrix} = \begin{bmatrix} 3x_1(k) + 2x_3(k) \\ x_1(k) - x_3(k) \end{bmatrix}$$
$$y(k+2) = \begin{bmatrix} x_3(k+2) \\ x_1(k+2) \end{bmatrix} = \begin{bmatrix} 3x_1(k+1) + 2x_3(k+1) \\ x_1(k+1) - x_3(k+1) \end{bmatrix} = \begin{bmatrix} 9x_1(k) + x_3(k) \\ -2x_1(k) - 3x_3(k) \end{bmatrix}$$
可看出三步的输出测量值中始终不含 $x_2(k)$，故 $x_2(k)$ 是不可观测状态变量。只要有一个状态变量不可观测，则称系统不完全可观测，简称不可观测。

(3) 连续动态方程离散化后的可控性和可观测性

一个可控的或可观测的连续系统，当其离散化后并不一定能保持其可控性或可观测性，现举例来说明。

设连续系统动态方程为
$$\begin{bmatrix} \dot{x}_1 \\ \dot{x}_2 \end{bmatrix} = \begin{bmatrix} 0 & 1 \\ -\omega^2 & 0 \end{bmatrix} \begin{bmatrix} x_1 \\ x_2 \end{bmatrix} + \begin{bmatrix} 0 \\ 1 \end{bmatrix} u, \quad y = \begin{bmatrix} 0 & 1 \end{bmatrix} \begin{bmatrix} x_1 \\ x_2 \end{bmatrix}$$
由于系统的状态方程为可控标准型，故一定可控。根据可观测性判据，有
$$\text{rank} V_1 = \text{rank} \begin{bmatrix} 1 & 0 \\ 0 & 1 \end{bmatrix} = 2 = n$$
故系统可观测。

系统的状态转移矩阵为

$$\boldsymbol{\Phi}(t) = \mathscr{L}^{-1}\left[(s\boldsymbol{I}-\boldsymbol{A})^{-1}\right] = \mathscr{L}^{-1}\begin{bmatrix} s & -1 \\ \omega^2 & s \end{bmatrix}^{-1} = \mathscr{L}^{-1}\begin{bmatrix} \dfrac{s}{s^2+\omega^2} & \dfrac{1}{s^2+\omega^2} \\ \dfrac{-\omega^2}{s^2+\omega^2} & \dfrac{s}{s^2+\omega^2} \end{bmatrix}$$

$$= \begin{bmatrix} \cos\omega t & \dfrac{\sin\omega t}{\omega} \\ -\omega\sin\omega t & \cos\omega t \end{bmatrix}$$

$$\boldsymbol{G}(t) = \int_0^t \boldsymbol{\Phi}(\tau)\boldsymbol{b}\,\mathrm{d}\tau = \int_0^T \begin{bmatrix} \dfrac{\sin\omega\tau}{\omega} \\ \cos\omega\tau \end{bmatrix}\mathrm{d}\tau = \begin{bmatrix} \dfrac{1-\cos\omega t}{\omega^2} \\ \dfrac{\sin\omega t}{\omega} \end{bmatrix}$$

系统离散化后的状态方程为

$$\boldsymbol{x}(k+1) = \boldsymbol{\Phi}(T)\boldsymbol{x}(k) + \boldsymbol{G}(T)u(k)$$

$$= \begin{bmatrix} \cos\omega T & \dfrac{\sin\omega T}{\omega} \\ -\omega\sin\omega T & \cos\omega T \end{bmatrix}\begin{bmatrix} x_1(k) \\ x_2(k) \end{bmatrix} + \begin{bmatrix} \dfrac{1-\cos\omega T}{\omega^2} \\ \dfrac{\sin\omega T}{\omega} \end{bmatrix}u(k)$$

离散化后系统的可控性矩阵为

$$\boldsymbol{S}_1 = \begin{bmatrix} \boldsymbol{G}(T) & \boldsymbol{\Phi}(T)\boldsymbol{G}(T) \end{bmatrix} = \begin{bmatrix} \dfrac{1-\cos\omega T}{\omega^2} & \dfrac{\cos\omega T - \cos^2\omega T + \sin^2\omega T}{\omega^2} \\ \dfrac{\sin\omega T}{\omega} & \dfrac{2\sin\omega T\cos\omega T - \sin\omega T}{\omega} \end{bmatrix}$$

离散化后系统的可观测性矩阵为

$$\boldsymbol{V}_1 = \begin{bmatrix} \boldsymbol{C}^{\mathrm{T}} & \boldsymbol{\Phi}^{\mathrm{T}}(T)\boldsymbol{C}^{\mathrm{T}} \end{bmatrix} = \begin{bmatrix} 1 & \cos\omega T \\ 0 & \dfrac{\sin\omega T}{\omega} \end{bmatrix}$$

当采样周期 $T=\dfrac{k\pi}{\omega}(k=1,2,\cdots)$ 时，可控性矩阵 $\boldsymbol{S}_1$ 和可观测性矩阵 $\boldsymbol{V}_1$ 均出现零行，$\mathrm{rank}\boldsymbol{S}_1=1<n$，$\mathrm{rank}\boldsymbol{V}_1=1<n$，系统不可控也不可观测。这表明连续系统可控或可观测时，若采样周期选择不当，对应的离散化系统便有可能不可控或不可观测，也有可能既不可控又不可观测。若连续系统不可控或不可观测，不管采样周期 T 如何选择，离散化后的系统一定是不可控或不可观测的。

7. 线性定常系统的线性变换

为便于对系统进行分析和综合设计，经常需要对系统进行各种非奇异变换，例如将 $\boldsymbol{A}$ 阵对角化、约当化、将 $\{\boldsymbol{A},\boldsymbol{b}\}$ 化为可控标准型，将 $\{\boldsymbol{A},\boldsymbol{c}\}$ 化为可观测标准型等，本小节将介绍在线性定常系统研究中常用的一些线性变换方法及非奇异线性变换的一些不变特性。

(1) 状态空间表达式的线性变换

在研究线性定常连续系统状态空间表达式的建立方法时可以看到，选取不同的状态变量便有不同形式的动态方程。若两组状态变量之间用一个非奇异矩阵联系着，则两组动态方程的系数矩阵与该非奇异矩阵有确定关系。

设系统动态方程为

$$\dot{x} = Ax + bu, \quad y = cx \tag{9-163}$$

令

$$x = P\overline{x} \tag{9-164}$$

式中，P 为非奇异线性变换矩阵，它将 x 变换为 $\overline{x}$，变换后的动态方程为

$$\dot{\overline{x}} = \overline{A}\overline{x} + \overline{b}u, \quad \overline{y} = \overline{c}\overline{x} = y \tag{9-165}$$

式中

$$\overline{A} = P^{-1}AP, \quad \overline{b} = P^{-1}b, \quad \overline{c} = cP \tag{9-166}$$

并称为对系统进行 P 变换。对系统进行线性变换的目的在于使 $\overline{A}$ 阵规范化，以便揭示系统特性及分析计算，并不会改变系统的原有性质，故称为等价变换。待获得所需结果之后，再引入反变换关系 $\overline{x} = P^{-1}x$，换算回原来的状态空间中去，得出最终结果。

下面概括给出本章中常用的几种线性变换关系。

1) 化 A 阵为对角型。

① 设 A 阵为任意形式的方阵，且有 n 个互异实数特征值 λ_1，λ_2，$\cdots$，λ_n，则可由非奇异线性变换化为对角阵 Λ。

$$\Lambda = P^{-1}AP = \begin{bmatrix} \lambda_1 & & & 0 \\ & \lambda_2 & & \\ & & \ddots & \\ 0 & & & \lambda_n \end{bmatrix} \tag{9-167}$$

P 阵由 A 阵的实数特征向量 $p_i (i=1, 2, \cdots, n)$ 组成

$$P = \begin{bmatrix} p_1 & p_2 & \cdots & p_n \end{bmatrix} \tag{9-168}$$

特征向量满足

$$Ap_i = \lambda_i P_i, \quad i = 1, 2, \cdots, n \tag{9-169}$$

② 若 A 阵为友矩阵，且有 n 个互异实数特征值 λ_1，λ_2，$\cdots$，λ_n，则下列的范德蒙德 (Vandermonde) 矩阵 P 可使 A 对角化：

$$A = \begin{bmatrix} 0 & 1 & 0 & \cdots & 0 \\ 0 & 0 & 1 & \cdots & 0 \\ \vdots & \vdots & \vdots & & \vdots \\ 0 & 0 & 0 & \cdots & 1 \\ -a_0 & -a_1 & -a_2 & \cdots & -a_{n-1} \end{bmatrix}, \quad P = \begin{bmatrix} 1 & 1 & \cdots & 1 \\ \lambda_1 & \lambda_2 & \cdots & \lambda_n \\ \lambda_1^2 & \lambda_2^2 & \cdots & \lambda_n^2 \\ \vdots & \vdots & & \vdots \\ \lambda_1^{n-1} & \lambda_2^{n-1} & \cdots & \lambda_n^{n-1} \end{bmatrix} \tag{9-170}$$

2) 化 A 阵为约当型。

设 A 阵具有 m 重实特征值 λ_1，其余为 $n-m$ 个互异实特征值，但在求解 $Ap_i = \lambda_1 p_i$ 时只有一个独立实特征向量 p_1，则只能使 A 化为约当阵 J。

$$J = P^{-1}AP = \begin{bmatrix} \lambda_1 & 1 & & & & \vdots & & & \\ & \lambda_1 & \ddots & & & & & \mathbf{0} & \\ & & \ddots & 1 & & & & & \\ & & & \lambda_1 & & & & & \\ \cdots & \cdots & \cdots & \cdots & \lambda_{m+1} & & & & \\ & & \mathbf{0} & & & \ddots & & & \\ & & & & & & \lambda_n \end{bmatrix} \tag{9-171}$$

J 中虚线示出存在一个约当块。

$$P = \begin{bmatrix} p_1 & p_2 & \cdots & p_m & | & p_{m+1} & \cdots & p_n \end{bmatrix} \tag{9-172}$$

式中，p_2，p_3，$\cdots$，p_m 是广义实特征向量，满足

$$\begin{bmatrix} p_1 & p_2 & \cdots & p_m \end{bmatrix} \begin{bmatrix} \lambda_1 & 1 & & \mathbf{0} \\ & \lambda_1 & \ddots & \\ & & \ddots & 1 \\ \mathbf{0} & & & \lambda_1 \end{bmatrix} = A\begin{bmatrix} p_1 & p_2 & \cdots & p_m \end{bmatrix} \tag{9-173}$$

p_{m+1}，$\cdots$，p_n 是互异特征值对应的实特征向量。

3）化可控系统为可控标准型。

在前面研究状态空间表达式的建立问题时，曾得出单输入线性定常系统状态方程的可控标准型：

$$\begin{bmatrix} \dot{x}_1 \\ \dot{x}_2 \\ \vdots \\ \dot{x}_{n-1} \\ \dot{x}_n \end{bmatrix} = \begin{bmatrix} 0 & 1 & 0 & \cdots & 0 \\ 0 & 0 & 1 & \cdots & 0 \\ \vdots & \vdots & \vdots & & \vdots \\ 0 & 0 & 0 & \cdots & 1 \\ -a_0 & -a_1 & -a_2 & \cdots & -a_{n-1} \end{bmatrix} \begin{bmatrix} x_1 \\ x_2 \\ \vdots \\ x_{n-1} \\ x_n \end{bmatrix} + \begin{bmatrix} 0 \\ 0 \\ \vdots \\ 0 \\ 1 \end{bmatrix} u \tag{9-174}$$

与该状态方程对应的可控性矩阵 S 是一个右下三角阵，其主对角线元素均为 1，故 $\det S \neq 0$，系统一定可控，这就是形如式(9-174)中的 A，b 称为可控标准型名称的由来。其可控性矩阵 S 形如

$$S = \begin{bmatrix} b & Ab & \cdots & A^{n-1}b \end{bmatrix} = \begin{bmatrix} 0 & 0 & 0 & \cdots & 0 & 1 \\ 0 & 0 & 0 & \cdots & 1 & -a_{n-1} \\ \vdots & \vdots & \vdots & & \vdots & \vdots \\ 0 & 0 & 1 & \cdots & \times & \times \\ 0 & 1 & -a_{n-1} & \cdots & \times & \times \\ 1 & -a_{n-1} & -a_{n-2} & \cdots & \times & \times \end{bmatrix} \tag{9-175}$$

一个可控系统，当 A，b 不具有可控标准型时，一定可以选择适当的变换化为可控标准型。设系统状态方程为

$$\dot{x} = Ax + bu \tag{9-176}$$

进行 P^{-1} 变换，即令

$$x = P^{-1}z \tag{9-177}$$

变换为
$$\dot{z} = PAP^{-1}z + Pbu \qquad (9\text{-}178)$$

要求
$$PAP^{-1} = \begin{bmatrix} 0 & 1 & 0 & \cdots & 0 \\ 0 & 0 & 1 & \cdots & 0 \\ \vdots & \vdots & \vdots & & \vdots \\ 0 & 0 & 0 & \cdots & 1 \\ -a_0 & -a_1 & -a_2 & \cdots & -a_{n-1} \end{bmatrix}, \qquad Pb = \begin{bmatrix} 0 \\ 0 \\ \vdots \\ 0 \\ 1 \end{bmatrix} \qquad (9\text{-}179)$$

下面具体推导变换矩阵 P:

设变换矩阵 P 为
$$P = \begin{bmatrix} p_1^{\mathrm{T}} & p_2^{\mathrm{T}} & \cdots & p_n^{\mathrm{T}} \end{bmatrix}^{\mathrm{T}} \qquad (9\text{-}180)$$

根据 A 阵变换要求，P 应满足式(9-179)，有
$$\begin{bmatrix} p_1 \\ p_2 \\ \vdots \\ p_{n-1} \\ p_n \end{bmatrix} A = \begin{bmatrix} 0 & 1 & 0 & \cdots & 0 \\ 0 & 0 & 1 & \cdots & 0 \\ \vdots & \vdots & \vdots & & \vdots \\ 0 & 0 & 0 & \cdots & 1 \\ -a_0 & -a_1 & -a_2 & \cdots & -a_{n-1} \end{bmatrix} \begin{bmatrix} p_1 \\ p_2 \\ \vdots \\ p_{n-1} \\ p_n \end{bmatrix} \qquad (9\text{-}181)$$

展开为
$$p_1 A = p_2$$
$$p_2 A = p_3$$
$$\vdots$$
$$p_{n-1} A = p_n$$
$$p_n A = -a_0 p_1 - a_1 p_2 - \cdots - a_{n-1} p_n$$

经整理有
$$p_1 A = p_2$$
$$p_2 A = p_1 A^2 = p_3$$
$$\vdots$$
$$p_{n-1} A = p_1 A^{n-1} = p_n$$

由此可得变换矩阵
$$P = \begin{bmatrix} p_1 \\ p_1 A \\ \vdots \\ p_1 A^{n-1} \end{bmatrix} \qquad (9\text{-}182)$$

又根据 b 阵变换要求，P 应满足式(9-179)，有
$$Pb = \begin{bmatrix} p_1 \\ p_1 A \\ \vdots \\ p_1 A^{n-1} \end{bmatrix} b = p_1 \begin{bmatrix} b \\ Ab \\ \vdots \\ A^{n-1}b \end{bmatrix} = \begin{bmatrix} 0 \\ \vdots \\ 0 \\ 1 \end{bmatrix} \qquad (9\text{-}183)$$

即
$$p_1 \begin{bmatrix} b & Ab & \cdots & A^{n-1}b \end{bmatrix} = \begin{bmatrix} 0 & \cdots & 0 & 1 \end{bmatrix} \qquad (9\text{-}184)$$

故
$$p_1 = \begin{bmatrix} 0 & \cdots & 0 & 1 \end{bmatrix} \begin{bmatrix} b & Ab & \cdots & A^{n-1}b \end{bmatrix}^{-1} \qquad (9\text{-}185)$$

该式表明 p_1 是可控性矩阵的逆阵的最后一行, 于是可得出变换矩阵 P^{-1} 的求法如下:

① 计算可控性矩阵 $S = [b \quad Ab \cdots A^{n-1}b]$;

② 计算可控性矩阵的逆阵 S^{-1}, 设一般形式为

$$S^{-1} = \begin{bmatrix} S_{11} & S_{12} & \cdots & S_{1n} \\ S_{21} & S_{22} & \cdots & S_{2n} \\ \vdots & \vdots & & \vdots \\ S_{n1} & S_{n2} & \cdots & S_{nn} \end{bmatrix}$$

③ 取出 S^{-1} 的最后一行(即第 n 行)构成 p_1 行向量

$$p_1 = \begin{bmatrix} S_{n1} & S_{n2} & \cdots & S_{nn} \end{bmatrix}$$

④ 构造 P 阵

$$P = \begin{bmatrix} p_1 \\ p_1 A \\ \vdots \\ p_1 A^{n-1} \end{bmatrix}$$

⑤ P^{-1} 便是将非标准型可控系统化为可控标准型的变换矩阵。

4) 化可观系统为可观标准型。

可观标准型变换过程如下:

① 针对线性连续定常系统 (A, b, c), 计算可观性矩阵

$$V = \begin{bmatrix} c \\ cA \\ \vdots \\ cA^{n-1} \end{bmatrix}$$

② 求 V 的逆矩阵 V^{-1}。

③ 取 V^{-1} 的最后一列即第 n 列, 构成向量 p。

④ 构造变换矩阵及其逆矩阵

$$P = \begin{bmatrix} p & Ap & \cdots & A^{n-1}p \end{bmatrix}$$

⑤ 求线性变换, 得到可观标准型的状态空间表达式

$$A_0 = P^{-1}AP, \quad b_0 = P^{-1}b, \quad c_0 = cP$$

例 9-19 已知线性连续定常系统 (A, b, c) 为

$$A = \begin{bmatrix} 2 & -1 & -1 \\ 0 & 1 & 0 \\ 0 & 2 & 1 \end{bmatrix}, \quad b = \begin{bmatrix} 7 \\ 2 \\ 1 \end{bmatrix}, \quad c = \begin{bmatrix} 1 & 1 & 0 \end{bmatrix}$$

请将该系统化为可观标准型, 并求出相应的变换矩阵。

解 计算可观性矩阵

$$V = \begin{bmatrix} c \\ cA \\ cA^2 \end{bmatrix} = \begin{bmatrix} 1 & 1 & 0 \\ 2 & 0 & -1 \\ 4 & -4 & -3 \end{bmatrix}$$

由于 $\mathrm{rank}\,V = 3 = n$，因此系统可观测。

求 V 的逆矩阵

$$V^{-1} = \begin{bmatrix} 2 & -1.5 & 0.5 \\ -1 & 1.5 & -0.5 \\ 4 & -4 & 1 \end{bmatrix}$$

取 V^{-1} 的最后一列

$$p = \begin{bmatrix} 0.5 \\ -0.5 \\ 1 \end{bmatrix}$$

构造变换矩阵及其逆矩阵

$$P = \begin{bmatrix} p & Ap & A^2 p \end{bmatrix} = \begin{bmatrix} 0.5 & 0.5 & 1.5 \\ -0.5 & -0.5 & -0.5 \\ 1 & 0 & -1 \end{bmatrix}$$

$$P^{-1} = \begin{bmatrix} 1 & 1 & 1 \\ -2 & -4 & -1 \\ 1 & 1 & 0 \end{bmatrix}$$

线性变换

$$A_0 = P^{-1}AP = \begin{bmatrix} 0 & 0 & 2 \\ 1 & 0 & -5 \\ 0 & 1 & 4 \end{bmatrix}, \quad b_0 = P^{-1}b = \begin{bmatrix} 10 \\ -23 \\ 9 \end{bmatrix}, \quad c_0 = cP = \begin{bmatrix} 0 & 0 & 1 \end{bmatrix}$$

即得到原系统的可观标准型。

(2) 对偶原理

在研究系统的可控性和可观测性时，利用对偶原理常常带来许多方便。

设系统为 $\Sigma_1(A, B, C)$，则系统 $\Sigma_2(A^{\mathrm{T}}, \ C^{\mathrm{T}}, \ B^{\mathrm{T}})$ 为系统 Σ_1 的对偶系统。其动态方程分别为

$$\Sigma_1 : \dot{x} = Ax + Bu, \qquad y = Cx \tag{9-186}$$

$$\Sigma_2 : \dot{z} = A^{\mathrm{T}}z + C^{\mathrm{T}}v, \qquad w = B^{\mathrm{T}}z \tag{9-187}$$

式中，x、z 均为 n 维状态向量；u、w 均为 p 维向量；y、v 均为 q 维向量。注意到系统与对偶系统之间，其输入、输出向量的维数是相交换的，当 Σ_2 为 Σ_1 的对偶系统时，Σ_1 也是 Σ_2 的对偶系统。

不难验证，系统 Σ_1 的可控性判别矩阵 $[B \ \ AB \cdots A^{n-1}B]$ 与对偶系统 Σ_2 的可观测性矩阵 $[(B^{\mathrm{T}})^{\mathrm{T}} \ \ (A^{\mathrm{T}})^{\mathrm{T}}(B^{\mathrm{T}})^{\mathrm{T}} \cdots ((A^{\mathrm{T}})^{\mathrm{T}})^{n-1}(B^{\mathrm{T}})^{\mathrm{T}}]$ 完全相同；系统 Σ_1 的可观测性矩阵 $[C^{\mathrm{T}} \ \ A^{\mathrm{T}}C^{\mathrm{T}} \cdots$

$(A^T)^{n-1}C^T]$ 与对偶系统 Σ_2 的可控性判别矩阵 $[C^T \quad A^TC^T \cdots (A^T)^{n-1}C^T]$ 完全相同。

应用对偶原理，能把可观测的单输入-单输出系统化为可观测标准型的问题转化为将其对偶系统化为可控标准型的问题。设单输入-单输出系统动态方程为

$$\dot{x} = Ax + bu, \qquad y = cx \tag{9-188}$$

系统可观测，但 A、c 不是可观测标准型。其对偶系统动态方程为

$$\dot{z} = A^T z + c^T v, \qquad w = b^T z \tag{9-189}$$

对偶系统一定可控，但不是可控标准型。可利用已知的化为可控标准型的原理和步骤，先将对偶系统化为可控标准型，再一次使用对偶原理，便可获得原系统的可观测标准型。下面仅给出其计算步骤：

1) 列出对偶系统的可控性矩阵(即原系统的可观测性矩阵 V_1)

$$\overline{S}_2 = V_1 = \begin{bmatrix} c^T & A^Tc^T & \cdots & (A^T)^{n-1}c^T \end{bmatrix}$$

2) 求 V_1 的逆阵 V_1^{-1}，且记为行向量组

$$V_1^{-1} = \begin{bmatrix} v_1^T \\ v_2^T \\ \vdots \\ v_n^T \end{bmatrix}$$

3) 取 V_1^{-1} 的第 n 行 v_n^T，并按下列规则构造变换矩阵 P：

$$P = \begin{bmatrix} v_n^T \\ v_n^T A^T \\ \vdots \\ v_n^T (A^T)^{n-1} \end{bmatrix}$$

4) 求 P 的逆阵 P^{-1}，并引入 P^{-1} 变换，即 $z = p^{-1}\overline{z}$，变换后动态方程为

$$\dot{\overline{z}} = PA^TP^{-1}\overline{z} + Pc^T v, \qquad \overline{w} = b^T P^{-1}\overline{z}$$

5) 对对偶系统再利用对偶原理，便可获得原系统的可观测标准型，结果为

$$\dot{\overline{x}} = (PA^TP^{-1})^T \overline{x} + (b^TP^{-1})^T u = P^{-T}AP^T \overline{x} + P^{-T}bu$$

$$\overline{y} = (Pc^T)^T \overline{x} = cP^T \overline{x}$$

与原系统动态方程相比较，可知将原系统化为可观测标准型需要进行 P^T 变换，即令

$$x = P^T \overline{x} \tag{9-190}$$

其中

$$P^T = \begin{bmatrix} v_n & Av_n & \cdots & A^{n-1}v_n \end{bmatrix} \tag{9-191}$$

v_n 为原系统可观测性矩阵的逆阵中第 n 行的转置。

(3) 非奇异线性变换的不变特性

从前面的研究中可以看到，为了便于研究系统固有特性，常常需要引入非奇异线性变换。例如：将 A 阵对角化或约当化，需进行 P 变换；将 A，b 化为可控标准型，需进行 P^{-1} 变换；将 A，c 化为可观测标准型，需进行 P^T 变换。虽然这些变换中的 P 阵各不相同，但都是非奇异矩阵。经过变换后，系统的固有特性是否会引起改变呢？这当然是人们在研究线性变换时所需要回答的一个重要问题。下面的研究将会表明，系统经过非奇异线性变换，其特征值、传递矩阵、可控性、可观测性等重要性质均保持不变。下面

非奇异线性
变换的不变
特性

以 $\boldsymbol{P}$ 变换为例进行论证。

设系统动态方程为

$$\dot{x} = Ax + Bu, \quad y = Cx + Du$$

令 $x = P\overline{x}$ ，变换后动态方程为

$$\dot{\overline{x}} = P^{-1}AP\overline{x} + P^{-1}Bu, \quad y = \overline{y} = CP\overline{x} + Du$$

1）变换后系统特征值不变。变换后系统的特征值为

$$\left| \lambda I - P^{-1}AP \right| = \left| \lambda P^{-1}P - P^{-1}AP \right| = \left| P^{-1}\lambda P - P^{-1}AP \right|$$

$$= \left| P^{-1}(\lambda I - A)P \right| = \left| P^{-1} \right|\left| \lambda I - A \right|\left| P \right| = \left| P^{-1} \right|\left| P \right|\left| \lambda I - A \right|$$

$$= \left| P^{-1}P \right|\left| \lambda I - A \right| = \left| I \right|\left| \lambda I - A \right| = \left| \lambda I - A \right|$$

可见，系统变换后与变换前的特征值完全相同，这说明对于非奇异线性变换，系统特征值具有不变性。

2）变换后系统传递矩阵不变。变换后系统的传递矩阵为

$$G'(s) = CP(sI - P^{-1}AP)^{-1}P^{-1}B + D$$

$$= CP(P^{-1}sIP - P^{-1}AP)^{-1}P^{-1}B + D$$

$$= CP\left[P^{-1}(sI - A)P \right]^{-1}P^{-1}B + D$$

$$= CPP^{-1}(sI - A)^{-1}PP^{-1}B + D$$

$$= C(sI - A)^{-1}B + D = G(s)$$

这表明变换前与变换后系统的传递矩阵完全相同，系统的传递矩阵对于非奇异线性变换具有不变性。

3）变换后系统可控性不变。变换后系统可控性矩阵的秩为

$$\text{rank}S' = \text{rank}\left[P^{-1}B \quad (P^{-1}AP)P^{-1}B \quad (P^{-1}AP)^2 P^{-1}B \quad \cdots \quad (P^{-1}AP)^{n-1}P^{-1}B \right]$$

$$= \text{rank}\left[P^{-1}B \quad P^{-1}AB \quad P^{-1}A^2B \quad \cdots \quad P^{-1}A^{n-1}B \right]$$

$$= \text{rank}P^{-1}\left[B \quad AB \quad A^2B \quad \cdots \quad A^{n-1}B \right]$$

$$= \text{rank}\left[B \quad AB \quad A^2B \quad \cdots \quad A^{n-1}B \right] = \text{rank}S$$

式中， $\boldsymbol{S}'$ 为变换后系统的可控性矩阵； $\boldsymbol{S}$ 为变换前系统的可控性矩阵。可见，变换后与变换前系统可控性矩阵的秩相等，根据系统可控性的秩判据可知，对于非奇异线性变换，系统的可控性不变。

4）变换后系统可观测性不变。设变换后系统的可观测性矩阵为 $\boldsymbol{V}'$ ，变换前系统的可观测性矩阵为 $\boldsymbol{V}$ ，则有

$$\text{rank}V' = \text{rank}\left[(CP)^{\text{T}} \quad (P^{-1}AP)^{\text{T}}(CP)^{\text{T}} \quad ((P^{-1}AP)^2)^{\text{T}}(CP)^{\text{T}} \cdots ((P^{-1}AP)^{n-1})^{\text{T}}(CP)^{\text{T}} \right]$$

$$= \text{rank}\left[P^{\text{T}}C^{\text{T}} \quad P^{\text{T}}A^{\text{T}}C^{\text{T}} \quad P^{\text{T}}(A^2)^{\text{T}}C^{\text{T}} \quad \cdots \quad P^{\text{T}}(A^{n-1})^{\text{T}}C^{\text{T}} \right]$$

$$= \text{rank}P^{\text{T}}\left[C^{\text{T}} \quad A^{\text{T}}C^{\text{T}} \quad (A^2)^{\text{T}}C^{\text{T}} \quad \cdots \quad (A^{n-1})^{\text{T}}C^{\text{T}} \right]$$

$$= \text{rank}\left[C^{\text{T}} \quad A^{\text{T}}C^{\text{T}} \quad (A^2)^{\text{T}}C^{\text{T}} \quad \cdots \quad (A^{n-1})^{\text{T}}C^{\text{T}} \right] = \text{rank}V$$

可见，变换后与变换前系统的可观测性矩阵的秩相等，故系统的可观测性不变。

(4) 线性定常系统的结构分解

系统中只要有一个状态变量不可控便称系统不可控，因而不可控系统便含有可控和不可控两种状态变量。类似地，系统中只要有一个状态变量不可观测便称系统不可观测，不可观测系统含有可观测和不可观测两种状态变量。从可控性和可观测性出发，状态变量便可分为可控可观测 x_{co}、可控不可观测 $x_{c\bar{o}}$、不可控可观测 $x_{\bar{c}o}$、不可控不可观测 $x_{\bar{c}\bar{o}}$ 四类。由对应状态变量构成的子空间也分为四类，因而系统也对应分成了四类子系统，称为系统的结构分解，也有的参考文献称此为系统的规范分解。研究结构分解可以更明显地揭示系统的结构特性、传递特性。研究方法是选取一种特殊的线性变换，使原来的状态向量 x 变换成 $[x_{co}^{\mathrm{T}}\ x_{c\bar{o}}^{\mathrm{T}}\ x_{\bar{c}o}^{\mathrm{T}}\ x_{\bar{c}\bar{o}}^{\mathrm{T}}]^{\mathrm{T}}$，相应地使原动态方程中的 A、B、C 矩阵变换成某种标准构造的形式。结构分解过程可先从整个系统的可控性分解开始，将可控与不可控的状态变量分离开，继而分别对可控和不可控子系统进行可观测性分解，便可以分离出四类状态变量及四类子系统。当然，结构分解的过程也可以从系统的可观测性分解开始。下面着重介绍结构分解的方法，有关证明略去。

1) 系统按可控性的结构分解。设不可控系统的动态方程为

$$\dot{x} = Ax + Bu, \qquad y = Cx \tag{9-192}$$

式中，x 为 n 维状态向量；u 为 p 维输入向量；y 为 q 维输出向量；A，B，C 为具有相应维数的矩阵。若系统可控性矩阵的秩为 $r(r<n)$，则可从可控性矩阵中选出 r 个线性无关的列向量 $s_1, s_2, \cdots, s_r$，另外再任意选取尽可能简单的 $n-r$ 个 n 维列向量 $s_{r+1}, s_{r+2}, \cdots, s_n$，使它们与 $\{s_1, s_2, \cdots, s_r\}$ 线性无关，这样就可以构成 $n\times n$ 非奇异变换矩阵。

$$P^{-1} = \begin{bmatrix} s_1 & s_2 & \cdots & s_r & \vdots & s_{r+1} & \cdots & s_n \end{bmatrix}$$

对式(9-192)进行非奇异线性变换

$$x = P^{-1}\begin{bmatrix} x_c \\ x_{\bar{c}} \end{bmatrix} \tag{9-193}$$

式(9-192)便变换为下列的规范形式：

$$\begin{bmatrix} \dot{x}_c \\ \dot{x}_{\bar{c}} \end{bmatrix} = PAP^{-1}\begin{bmatrix} x_c \\ x_{\bar{c}} \end{bmatrix} + PBu, \qquad y = CP^{-1}\begin{bmatrix} x_c \\ x_{\bar{c}} \end{bmatrix} \tag{9-194}$$

式中，x_c 为 r 维可控状态子向量；$x_{\bar{c}}$ 为 $n-r$ 维不可控状态子向量，并且

$$PAP^{-1} = \left[\begin{array}{c|c} \bar{A}_{11} & \bar{A}_{12} \\ \hline 0 & \bar{A}_{22} \end{array}\right]\begin{array}{l} r\text{行} \\ n-r\text{行} \end{array}, \qquad PB = \left[\begin{array}{c} \bar{B}_1 \\ \hline 0 \end{array}\right]\begin{array}{l} r\text{行} \\ n-r\text{行} \end{array}$$
$$\underset{r\text{列}\quad n-r\text{列}}{} \qquad \underset{p\text{列}}{}$$

$$CP^{-1} = \left[\begin{array}{c|c} \bar{C}_1 & \bar{C}_2 \end{array}\right] q\text{行} \tag{9-195}$$
$$\underset{r\text{列}\quad n-r\text{列}}{}$$

展开式(9-194)，有

$$\dot{x}_c = \bar{A}_{11}x_c + \bar{A}_{12}x_{\bar{c}} + \bar{B}_1 u$$
$$\dot{x}_{\bar{c}} = \bar{A}_{22}x_{\bar{c}}$$
$$y = \bar{C}_1 x_c + \bar{C}_2 x_{\bar{c}}$$

将输出向量进行分解，令 $\boldsymbol{y}=\boldsymbol{y}_1+\boldsymbol{y}_2$，则可得子系统动态方程，其中可控子系统动态方程为

$$\dot{\boldsymbol{x}}_c = \overline{\boldsymbol{A}}_{11}\boldsymbol{x}_c + \overline{\boldsymbol{A}}_{12}\boldsymbol{x}_{\overline{c}} + \overline{\boldsymbol{B}}_1\boldsymbol{u}, \qquad \boldsymbol{y}_1 = \overline{\boldsymbol{C}}_1\boldsymbol{x}_c \tag{9-196}$$

不可控子系统动态方程为

$$\dot{\boldsymbol{x}}_{\overline{c}} = \overline{\boldsymbol{A}}_{22}\boldsymbol{x}_{\overline{c}}, \qquad \boldsymbol{y}_2 = \overline{\boldsymbol{C}}_2\boldsymbol{x}_{\overline{c}} \tag{9-197}$$

上述系统结构分解方式称为可控性规范分解，系统方框图如图 9-21 所示。

系统结构的可控性规范分解具有下列特点：

① 不可控系统与其可控子系统具有相同的传递函数矩阵。

由于

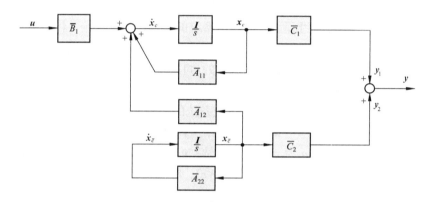

图 9-21　系统可控性规范分解方框图

$$\operatorname{rank}\begin{bmatrix} \boldsymbol{B} & \boldsymbol{AB} & \cdots & \boldsymbol{A}^{n-1}\boldsymbol{B} \end{bmatrix}$$

$$= \operatorname{rank}\begin{bmatrix} \boldsymbol{PB} & (\boldsymbol{PAP}^{-1})(\boldsymbol{PB}) & \cdots & (\boldsymbol{PAP}^{-1})^{n-1}(\boldsymbol{PB}) \end{bmatrix}$$

$$= \operatorname{rank}\begin{bmatrix} \overline{\boldsymbol{B}}_1 & \overline{\boldsymbol{A}}_{11}\overline{\boldsymbol{B}}_1 & \cdots & \overline{\boldsymbol{A}}_{11}^{n-1}\overline{\boldsymbol{B}}_1 \\ \boldsymbol{0} & \boldsymbol{0} & \cdots & \boldsymbol{0} \end{bmatrix} \tag{9-198}$$

$$= \operatorname{rank}\begin{bmatrix} \overline{\boldsymbol{B}}_1 & \overline{\boldsymbol{A}}_{11}\overline{\boldsymbol{B}}_1 & \cdots & \overline{\boldsymbol{A}}_{11}^{n-1}\overline{\boldsymbol{B}}_1 \end{bmatrix}$$

$$= r$$

$$\boldsymbol{C}(s\boldsymbol{I}-\boldsymbol{A})^{-1}\boldsymbol{B} = (\boldsymbol{CP}^{-1})(s\boldsymbol{I}-\boldsymbol{PAP}^{-1})^{-1}(\boldsymbol{PB})$$

$$= \begin{bmatrix} \overline{\boldsymbol{C}}_1 & \overline{\boldsymbol{C}}_2 \end{bmatrix} \begin{bmatrix} s\boldsymbol{I} - \begin{bmatrix} \overline{\boldsymbol{A}}_{11} & \overline{\boldsymbol{A}}_{12} \\ \boldsymbol{0} & \overline{\boldsymbol{A}}_{22} \end{bmatrix} \end{bmatrix}^{-1} \begin{bmatrix} \overline{\boldsymbol{B}}_1 \\ \boldsymbol{0} \end{bmatrix}$$

$$= \begin{bmatrix} \overline{\boldsymbol{C}}_1 & \overline{\boldsymbol{C}}_2 \end{bmatrix} \begin{bmatrix} s\boldsymbol{I} - \overline{\boldsymbol{A}}_{11} & -\overline{\boldsymbol{A}}_{12} \\ \boldsymbol{0} & s\boldsymbol{I} - \overline{\boldsymbol{A}}_{22} \end{bmatrix}^{-1} \begin{bmatrix} \overline{\boldsymbol{B}}_1 \\ \boldsymbol{0} \end{bmatrix} \tag{9-199}$$

$$= \begin{bmatrix} \overline{\boldsymbol{C}}_1 & \overline{\boldsymbol{C}}_2 \end{bmatrix} \begin{bmatrix} (s\boldsymbol{I}-\overline{\boldsymbol{A}}_{11})^{-1} & (s\boldsymbol{I}-\overline{\boldsymbol{A}}_{11})^{-1}\overline{\boldsymbol{A}}_{12}(s\boldsymbol{I}-\overline{\boldsymbol{A}}_{22})^{-1} \\ \boldsymbol{0} & (s\boldsymbol{I}-\overline{\boldsymbol{A}}_{22})^{-1} \end{bmatrix} \begin{bmatrix} \overline{\boldsymbol{B}}_1 \\ \boldsymbol{0} \end{bmatrix}$$

$$= \overline{\boldsymbol{C}}_1(s\boldsymbol{I}-\overline{\boldsymbol{A}}_{11})^{-1}\overline{\boldsymbol{B}}_1$$

因而 r 维子系统 $(\overline{\boldsymbol{A}}_{11}, \overline{\boldsymbol{B}}_1, \overline{\boldsymbol{C}}_1)$ 是可控的，并且和系统 $(\boldsymbol{A}, \boldsymbol{B}, \boldsymbol{C})$ 具有相同的传递函数矩阵。

如果从传递特性的角度分析系统(A, B, C)，可以等价地用分析子系统$(\bar{A}_{11}, \bar{B}_1, \bar{C}_1)$来代替，由于后者维数降低了很多，可能会使分析变得简单。

② 不可控子系统的特性与整个系统的稳定性及输出响应有关。

输入u只能通过可控子系统传递到输出，而与不可控子系统无关，故u到y之间的传递函数矩阵描述不能反映不可控部分的特性。但是，不可控子系统对整个系统的影响是存在的，不可忽视。因而要求$\bar{A}_{22}$仅含稳定特征值，以保证整个系统稳定，并且应考虑到可控子系统的状态响应$x_c(t)$和整个系统的输出响应$y(t)$均与不可控子系统的状态$x_{\bar{c}}$有关。

③ 不可控系统的可控性规范分解是不唯一的。

由于选取非奇异变换阵P^{-1}的列向量$s_1, s_2, \cdots, s_r$及$s_{r+1}, \cdots, s_n$的非唯一性，虽然系统可控性规范分解的形式不变，但诸系数阵不相同，故可控性规范分解不是唯一的。

④ 不可控系统的可控性规范分解将整个系统的特征值分解为可控因子与不可控因子两类。

由于

$$\det(sI - \bar{A}) = \det(sI - \bar{A}_{11}) \cdot \det(sI - \bar{A}_{22}) \tag{9-200}$$

故x_c的稳定性完全由$\bar{A}_{11}$的特征值$\lambda_1, \lambda_2, \cdots, \lambda_r$决定；$x_{\bar{c}}$的稳定性完全由$\bar{A}_{22}$的特征值$\lambda_{r+1}, \cdots, \lambda_n$决定，而$\lambda_1, \lambda_2, \cdots, \lambda_n$都是$A$的特征值。$\lambda_1, \cdots, \lambda_r$称为系统$(A, B, C)$的可控因子或可控振型，$\lambda_{r+1}, \cdots, \lambda_n$称为不可控因子或不可控振型。

例 9-20 已知系统(A, b, c)，其中

$$A = \begin{bmatrix} 1 & 2 & -1 \\ 0 & 1 & 0 \\ 1 & -4 & 3 \end{bmatrix}, \quad b = \begin{bmatrix} 0 \\ 0 \\ 1 \end{bmatrix}, \quad c = \begin{bmatrix} 1 & -1 & 1 \end{bmatrix}$$

试按可控性分解为规范形式。

解 系统可控性矩阵为

$$S = \begin{bmatrix} b & Ab & A^2b \end{bmatrix} = \begin{bmatrix} 0 & -1 & -4 \\ 0 & 0 & 0 \\ 1 & 3 & 8 \end{bmatrix}$$

$$\text{rank}S = 2 < n = 3$$

故系统不可控。从可控性矩阵中选出两个线性无关的列向量$[0\ \ 0\ \ 1]^T$和$[-1\ \ 0\ \ 3]^T$，附加任意列向量$[0\ \ 1\ \ 0]^T$，构成非奇异变换阵

$$P^{-1} = \begin{bmatrix} 0 & -1 & 0 \\ 0 & 0 & 1 \\ 1 & 3 & 0 \end{bmatrix}$$

计算矩阵P和变换后的各矩阵

$$P = (P^{-1})^{-1} = \begin{bmatrix} 3 & 0 & 1 \\ -1 & 0 & 0 \\ 0 & 1 & 0 \end{bmatrix}$$

$$PAP^{-1} = \begin{bmatrix} 0 & -4 & 2 \\ 1 & 4 & -2 \\ 0 & 0 & 1 \end{bmatrix}, \quad Pb = \begin{bmatrix} 1 \\ 0 \\ 0 \end{bmatrix}, \quad cP^{-1} = \begin{bmatrix} 1 & 2 & -1 \end{bmatrix}$$

可控子系统动态方程为

$$\dot{x}_c = \begin{bmatrix} 0 & -4 \\ 1 & 4 \end{bmatrix} x_c + \begin{bmatrix} 2 \\ -2 \end{bmatrix} x_{\bar{c}} + \begin{bmatrix} 1 \\ 0 \end{bmatrix} u, \quad y_1 = \begin{bmatrix} 1 & 2 \end{bmatrix} x_c$$

不可控子系统动态方程为

$$\dot{x}_{\bar{c}} = x_{\bar{c}}, \quad y_2 = -x_{\bar{c}}$$

2) 系统按可观测性的结构分解。系统按可观测性结构分解的所有结论，都对偶于系统按可控性结构分解的结果。设不可观测系统的动态方程为

$$\dot{x} = Ax + Bu, \quad y = Cx \tag{9-201}$$

式中，x 为 n 维状态向量；u 为 p 维输入向量；y 为 q 维输出向量。系统的可观测性矩阵为

$$V = \begin{bmatrix} C \\ CA \\ \vdots \\ CA^{n-1} \end{bmatrix}$$

rank$V=l(l<n)$，在 V 中任意选取 l 个线性无关的行向量 $t_1, t_2, \cdots, t_l$，此外再选取 $n-l$ 个与之线性无关的行向量 $t_{l+1}, \cdots, t_n$，构成非奇异线性变换阵

$$T = \begin{bmatrix} t_1 \\ \vdots \\ t_l \\ t_{l+1} \\ \vdots \\ t_n \end{bmatrix} \tag{9-202}$$

对式(9-201)不可观测系统进行非奇异线性变换

$$x = T^{-1} \begin{bmatrix} x_o \\ x_{\bar{o}} \end{bmatrix} \tag{9-203}$$

可得系统结构按可观测性分解的规范表达式

$$\begin{bmatrix} \dot{x}_o \\ \dot{x}_{\bar{o}} \end{bmatrix} = TAT^{-1} \begin{bmatrix} x_o \\ x_{\bar{o}} \end{bmatrix} + TBu, \quad y = CT^{-1} \begin{bmatrix} x_o \\ x_{\bar{o}} \end{bmatrix} \tag{9-204}$$

式中，x_o 为 l 维可观测状态子向量；$x_{\bar{o}}$ 为 $n-l$ 维不可观测状态子向量，并且

$$TAT^{-1} = \begin{bmatrix} \hat{A}_{11} & 0 \\ \hat{A}_{21} & \hat{A}_{22} \end{bmatrix} \begin{matrix} l行 \\ n-l行 \end{matrix}, \quad TB = \begin{bmatrix} \hat{B}_1 \\ \hat{B}_2 \end{bmatrix} \begin{matrix} l行 \\ n-l行 \end{matrix}$$

$$CT^{-1} = \begin{bmatrix} \hat{C}_1 & 0 \end{bmatrix} q行 \tag{9-205}$$

展开式(9-204)，有

$$\dot{\boldsymbol{x}}_o = \hat{\boldsymbol{A}}_{11}\boldsymbol{x}_o + \hat{\boldsymbol{B}}_1\boldsymbol{u}$$

$$\dot{\boldsymbol{x}}_{\bar{o}} = \hat{\boldsymbol{A}}_{21}\boldsymbol{x}_o + \hat{\boldsymbol{A}}_{22}\boldsymbol{x}_{\bar{o}} + \hat{\boldsymbol{B}}_2\boldsymbol{u}$$

$$\boldsymbol{y} = \hat{\boldsymbol{C}}_1\boldsymbol{x}_o$$

可观测子系统动态方程为

$$\dot{\boldsymbol{x}}_o = \hat{\boldsymbol{A}}_{11}\boldsymbol{x}_o + \hat{\boldsymbol{B}}_1\boldsymbol{u}, \qquad \boldsymbol{y}_1 = \hat{\boldsymbol{C}}_1\boldsymbol{x}_o = \boldsymbol{y} \tag{9-206}$$

不可观测子系统动态方程为

$$\dot{\boldsymbol{x}}_{\bar{o}} = \hat{\boldsymbol{A}}_{21}\boldsymbol{x}_o + \hat{\boldsymbol{A}}_{22}\boldsymbol{x}_{\bar{o}} + \hat{\boldsymbol{B}}_2\boldsymbol{u}, \qquad \boldsymbol{y}_2 = \boldsymbol{0} \tag{9-207}$$

系统可观测性规范分解方框图如图 9-22 所示。

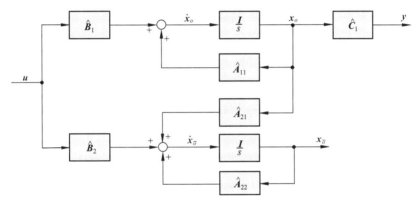

图 9-22　系统可观测性规范分解方框图

设

$$\hat{\boldsymbol{A}} = \boldsymbol{T}\boldsymbol{A}\boldsymbol{T}^{-1} = \begin{bmatrix} \hat{\boldsymbol{A}}_{11} & \boldsymbol{0} \\ \hline \hat{\boldsymbol{A}}_{21} & \hat{\boldsymbol{A}}_{22} \end{bmatrix}, \qquad \hat{\boldsymbol{B}} = \boldsymbol{T}\boldsymbol{B} = \begin{bmatrix} \hat{\boldsymbol{B}}_1 \\ \hline \hat{\boldsymbol{B}}_2 \end{bmatrix}$$

$$\hat{\boldsymbol{C}} = \boldsymbol{C}\boldsymbol{T}^{-1} = \begin{bmatrix} \hat{\boldsymbol{C}}_1 & \boldsymbol{0} \end{bmatrix}$$

与可控性规范分解相类似，称系统$(\hat{\boldsymbol{A}}, \hat{\boldsymbol{B}}, \hat{\boldsymbol{C}})$为系统$(\boldsymbol{A}, \boldsymbol{B}, \boldsymbol{C})$的可观测规范分解。可观测性规范分解也有与可控性规范分解相类似的分析与结论。

例 9-21　试将例 9-19 所示系统按可观测性进行分解。

解　系统的可观测性矩阵为

$$\boldsymbol{V} = \begin{bmatrix} \boldsymbol{c} \\ \boldsymbol{c}\boldsymbol{A} \\ \boldsymbol{c}\boldsymbol{A}^2 \end{bmatrix} = \begin{bmatrix} 1 & -1 & 1 \\ 2 & -3 & 2 \\ 4 & -7 & 4 \end{bmatrix}$$

$$\text{rank}\boldsymbol{V} = 2 < n = 3$$

故系统不可观测。从可观测性矩阵中选取两个线性无关行向量$[1 \quad -1 \quad 1]$和$[2 \quad -3 \quad 2]$，再选取一个与之线性无关的行向量$[0 \quad 0 \quad 1]$，构成非奇异变换矩阵

$$\boldsymbol{T} = \begin{bmatrix} 1 & -1 & 1 \\ 2 & -3 & 2 \\ 0 & 0 & 1 \end{bmatrix}$$

计算变换后各矩阵

$$\boldsymbol{T}^{-1} = \begin{bmatrix} 3 & -1 & -1 \\ 2 & -1 & 0 \\ 0 & 0 & 1 \end{bmatrix}, \qquad \boldsymbol{TAT}^{-1} = \left[\begin{array}{cc|c} 0 & 1 & 0 \\ -2 & 3 & 0 \\ \hline -5 & 3 & 2 \end{array}\right]$$

$$\boldsymbol{Tb} = \left[\begin{array}{c} 1 \\ 2 \\ \hline 1 \end{array}\right], \qquad \boldsymbol{cT}^{-1} = \left[\begin{array}{cc|c} 1 & 0 & 0 \end{array}\right]$$

可观测子系统动态方程为

$$\dot{\boldsymbol{x}}_o = \begin{bmatrix} 0 & 1 \\ -2 & 3 \end{bmatrix}\boldsymbol{x}_o + \begin{bmatrix} 1 \\ 2 \end{bmatrix}u, \qquad y_1 = \begin{bmatrix} 1 & 0 \end{bmatrix}\boldsymbol{x}_o = y$$

不可观测子系统动态方程为

$$\dot{x}_{\bar{o}} = \begin{bmatrix} -5 & 3 \end{bmatrix}\boldsymbol{x}_o + 2x_{\bar{o}} + u, \qquad y_2 = 0$$

9-3 李雅普诺夫稳定性分析

　　稳定性是系统的重要特性，是系统正常工作的必要条件，它描述初始条件下系统方程的解是否具有收敛性，而与输入作用无关。1892 年俄国学者李雅普诺夫提出的稳定性理论是确定系统稳定性的更一般性理论，它采用了状态向量描述，不仅适用于单变量、线性、定常系统，而且适用于多变量、非线性、时变系统。在分析一些特定的非线性系统的稳定性时，李雅普诺夫理论有效地解决了用其他方法所不能解决的问题。李雅普诺夫理论在建立一系列关于稳定性概念的基础上，提出了判断系统稳定性的两种方法：一种方法是利用线性系统微分方程的解来判断系统稳定性，称之为李雅普诺夫第一法或间接法；另一种方法是首先利用经验和技巧来构造李雅普诺夫函数，进而利用李雅普诺夫函数来判断系统稳定性，称之为李雅普诺夫第二法或直接法。由于间接法需要解线性系统微分方程，求解系统微分方程往往并非易事，所以间接法的应用受到了很大限制。而直接法不需要解系统微分方程，给判断系统的稳定性带来极大方便，获得了广泛应用。

1. 李雅普诺夫意义下的稳定性

李雅普诺夫
稳定性基本
概念

　　设系统方程为

$$\dot{\boldsymbol{x}} = \boldsymbol{f}(\boldsymbol{x}, t) \tag{9-208}$$

式中，$\boldsymbol{x}$ 为 n 维状态向量，且显含时间变量 t；$\boldsymbol{f}(\boldsymbol{x}, t)$ 为线性或非线性、定常或时变的 n 维向量函数，其展开式为

$$\dot{x}_i = f_i(x_1, x_2, \cdots, x_n, t); \quad i = 1, 2, \cdots, n \tag{9-209}$$

假定方程的解为 $\boldsymbol{x}(t; \boldsymbol{x}_0, t_0)$，式中 $\boldsymbol{x}_0$ 和 t_0 分别为初始状态向量和初始时刻，则初始条件 $\boldsymbol{x}_0$ 必满足 $\boldsymbol{x}(t_0; \boldsymbol{x}_0, t_0) = \boldsymbol{x}_0$。

(1) 平衡状态

李雅普诺夫关于稳定性的研究均针对平衡状态而言。对于所有 t，满足

$$\dot{\boldsymbol{x}}_e = \boldsymbol{f}(\boldsymbol{x}_e,t) = \boldsymbol{0} \tag{9-210}$$

的状态 $\boldsymbol{x}_e$ 称为平衡状态。平衡状态的各分量相对于时间不再发生变化。若已知状态方程，令 $\dot{\boldsymbol{x}} = \boldsymbol{0}$ 所求得的解 $\boldsymbol{x}$，便是一种平衡状态。

线性定常系统 $\dot{\boldsymbol{x}} = \boldsymbol{A}\boldsymbol{x}$，其平衡状态满足 $\boldsymbol{A}\boldsymbol{x}_e = \boldsymbol{0}$，当 $\boldsymbol{A}$ 为非奇异矩阵时，系统只有唯一的零解，即只存在一个位于状态空间原点的平衡状态。若 $\boldsymbol{A}$ 为奇异矩阵，则系统存在有无穷多个平衡状态。对于非线性系统，可能有一个或多个平衡状态。

(2) 李雅普诺夫意义下的稳定性

设系统初始状态位于以平衡状态 $\boldsymbol{x}_e$ 为球心、δ 为半径的闭球域 $S(\delta)$ 内，即

$$\left\| \boldsymbol{x}_0 - \boldsymbol{x}_e \right\| \leqslant \delta, \quad t = t_0 \tag{9-211}$$

若能使系统方程的解 $\boldsymbol{x}(t;\boldsymbol{x}_0,t_0)$ 在 $t \to \infty$ 的过程中，都位于以 $\boldsymbol{x}_e$ 为球心、任意规定的半径为 ε 的闭球域 $S(\varepsilon)$ 内，即

$$\left\| \boldsymbol{x}(t;\boldsymbol{x}_0,t_0) - \boldsymbol{x}_0 \right\| \leqslant \varepsilon, \quad t \geqslant t_0 \tag{9-212}$$

则称系统的平衡状态 $\boldsymbol{x}_e$ 在李雅普诺夫意义下是稳定的。该定义的平面几何表示如图 9-23(a) 所示。式中 $\|\cdot\|$ 为欧几里得范数，其几何意义是空间距离的尺度。例如 $\left\| \boldsymbol{x}_0 - \boldsymbol{x}_e \right\|$ 表示状态空间中 $\boldsymbol{x}_0$ 点至 $\boldsymbol{x}_e$ 点之间距离的尺度，其数学表达式为

$$\left\| \boldsymbol{x}_0 - \boldsymbol{x}_e \right\| = \left[(x_{10} - x_{1e})^2 + \cdots + (x_{n0} - x_{ne})^2 \right]^{\frac{1}{2}} \tag{9-213}$$

实数 δ 与 ε 有关，通常也与 t_0 有关。如果 δ 与 t_0 无关，则称平衡状态是一致稳定的。

(a) 李雅普诺夫意义下的稳定性　　(b) 渐近稳定性　　(c) 不稳定性

图 9-23　有关稳定性的平面几何表示

应当注意，按李雅普诺夫意义下的稳定性定义，当系统作不衰减的振荡运动时，将在平面描绘出一条封闭曲线，但只要不超出 $S(\varepsilon)$，则认为是稳定的，这与经典控制理论中线性定常系统稳定性的定义是有差异的。经典控制理论中的稳定性，指的是渐近稳定性。

(3) 渐近稳定性

若系统的平衡状态 $\boldsymbol{x}_e$ 不仅具有李雅普诺夫意义下的稳定性，且有

$$\lim_{t \to \infty} \left\| \boldsymbol{x}(t;\boldsymbol{x}_0,t_0) - \boldsymbol{x}_e \right\| = 0 \tag{9-214}$$

则称此平衡状态是渐近稳定的。这时，从 $S(\delta)$ 出发的轨迹不仅不会超出 $S(\varepsilon)$，且当 $t \to \infty$ 时收敛于 $\boldsymbol{x}_e$，其平面几何表示如图 9-23(b)所示。显见经典控制理论中的稳定性定义与此处的渐近稳定性对应。

若 δ 与 t_0 无关，且式(9-214)的极限过程与 t_0 无关，则称平衡状态是一致渐近稳定的。

(4) 大范围(全局)渐近稳定性

当初始条件扩展至整个状态空间，且平衡状态均具有渐近稳定性时，称此平衡状态是大范围渐近稳定的。此时 $\delta \to \infty$，$S(\delta) \to \infty$。当 $t \to \infty$ 时，由状态空间中任一点出发的轨迹都收敛至 $\boldsymbol{x}_e$。

对于严格线性的系统，如果它是渐近稳定的，则必定是大范围渐近稳定的，这是因为线性系统的稳定性与初始条件的大小无关。而对于非线性系统来说，其稳定性往往与初始条件的大小密切相关，系统渐近稳定不一定是大范围渐近稳定。

(5) 不稳定性

如果对于某个实数 $\varepsilon > 0$ 和任一个实数 $\delta > 0$，不管这两个实数有多么小，在 $S(\delta)$ 内总存在着一个状态 $\boldsymbol{x}_0$，使得由这一状态出发的轨迹超出 $S(\varepsilon)$，则平衡状态 $\boldsymbol{x}_e$ 称为是不稳定的，如图 9-23(c)所示。

下面介绍李雅普诺夫理论中判断系统稳定性的方法。

2. 李雅普诺夫第一法(间接法)

李雅普诺夫第一法是利用状态方程解的特性来判断系统稳定性的方法，它适用于线性定常、线性时变以及非线性函数可线性化的情况。由于本章主要研究线性定常系统，所以在此仅介绍线性定常系统的特征值判据。

定理 9-1　对于线性定常系统 $\dot{\boldsymbol{x}} = \boldsymbol{A}\boldsymbol{x}, \boldsymbol{x}(0) = \boldsymbol{x}_0, t \geq 0$，有

1) 系统的每一平衡状态是在李雅普诺夫意义下稳定的充分必要条件是，$\boldsymbol{A}$ 的所有特征值均具有非正(负或零)实部，且具有零实部的特征值为 $\boldsymbol{A}$ 的最小多项式的单根。

2) 系统的唯一平衡状态 $\boldsymbol{x}_e = \boldsymbol{0}$ 是渐近稳定的充分必要条件是，$\boldsymbol{A}$ 的所有特征值均具有负实部。

证明　1) 设 $\boldsymbol{x}_e$ 为 $\dot{\boldsymbol{x}} = \boldsymbol{A}\boldsymbol{x}$ 的平衡状态，则由性质 $\dot{\boldsymbol{x}}_e = \boldsymbol{0}$ 和 $\boldsymbol{A}\boldsymbol{x}_e = \boldsymbol{0}$ 可知，对于所有 $t \geq 0$ 均有

$$\boldsymbol{x}_e = \mathrm{e}^{\boldsymbol{A}t} \boldsymbol{x}_e \tag{9-215}$$

于是，考虑到 $\boldsymbol{x}(t; \boldsymbol{x}_0, 0) = \mathrm{e}^{\boldsymbol{A}t} \boldsymbol{x}_0$，有

$$\boldsymbol{x}(t; \boldsymbol{x}_0, 0) - \boldsymbol{x}_e = \mathrm{e}^{\boldsymbol{A}t}(\boldsymbol{x}_0 - \boldsymbol{x}_e), \quad \forall t \geq 0 \tag{9-216}$$

这表明，当且仅当 $\left\| \mathrm{e}^{\boldsymbol{A}t} \right\| \leq k < \infty$ 时，对任意给的一个实数 $\varepsilon > 0$，都对应存在和初始时刻无关的一个实数 $\delta(\varepsilon) = \varepsilon / k$，使得由满足不等式

$$\left\| \boldsymbol{x}_0 - \boldsymbol{x}_e \right\| \leq \delta(\varepsilon) \tag{9-217}$$

的任一初态 $\boldsymbol{x}_0$ 出发的受扰运动都满足不等式

$$\left\| \boldsymbol{x}(t; \boldsymbol{x}_0, 0) - \boldsymbol{x}_e \right\| \leq \left\| \mathrm{e}^{\boldsymbol{A}t} \right\| \cdot \left\| \boldsymbol{x}_0 - \boldsymbol{x}_e \right\| \leq k \cdot \frac{\varepsilon}{k}, \quad \forall t \geq 0 \tag{9-218}$$

从而由定义知，系统的每一个平衡状态均为李雅普诺夫意义下稳定。再引入非奇异变换阵 $\boldsymbol{P}$，使得 $\hat{\boldsymbol{A}} = \boldsymbol{P}^{-1}\boldsymbol{A}\boldsymbol{P}$ 为矩阵 $\boldsymbol{A}$ 的约当规范型，则又有

$$\left\| e^{\hat{A}t} \right\| \leqslant \left\| \boldsymbol{P}^{-1} \right\| \cdot \left\| e^{At} \right\| \cdot \left\| \boldsymbol{P} \right\| \tag{9-219}$$

因而 $\left\| e^{At} \right\|$ 有界等价于 $\left\| e^{\hat{A}t} \right\|$ 有界。但是，由 $\hat{\boldsymbol{A}}$ 为约当规范型可知 $e^{\hat{A}t}$ 每一元的形式为

$$t^{\beta_i} e^{\alpha_i t + j\omega_i t}, \quad \alpha_i + j\omega_i = \lambda_i(\hat{\boldsymbol{A}}) = \lambda_i(\boldsymbol{A}) \tag{9-220}$$

式中，$\lambda_i(\cdot)$ 为 $(\cdot)$ 的特征值；β_i 为特征值的重数。注意到式(9-220)中，当 $\alpha_i < 0$ 时对任何正整数 β_i，此元在 $[0,\infty)$ 上为有界，而 $\alpha_i = 0$ 时只对 $\beta_i = 0$，此元在 $[0,\infty)$ 上为有界。同时，$e^{\hat{A}t}$ 的每一个元有界意味着 $\left\| e^{\hat{A}t} \right\|$ 有界。由此可知，当且仅当 $\boldsymbol{A}$ 的所有特征值均具有负或零实部，且具有零实部的特征值为单根时，$\left\| e^{\hat{A}t} \right\|$ 为有界，也就是系统的每一个平衡状态为李雅普诺夫意义下的稳定。结论1)证毕。

2）由式(9-216)可知，当且仅当 $\left\| e^{At} \right\|$ 对一切 $t \geqslant 0$ 为有界，且当 $t \to 0$ 时 $\left\| e^{At} \right\| \to 0$，零平衡状态 $\boldsymbol{x}_e = \boldsymbol{0}$ 为渐近稳定。如上所证，当且仅当 $\boldsymbol{A}$ 的所有特征值均具有负或零实部时，$\left\| e^{\hat{A}t} \right\|$ 有界。又根据式(9-219)和式(9-220)可知，当且仅当 $t \to \infty$ 时 $t^\beta e^{\alpha_i + j\omega_i t} \to 0$，可保证 $t \to 0$ 时 $\left\| e^{At} \right\| \to 0$，这等价于 $\boldsymbol{A}$ 的特征值均具有负实部。结论2)证毕。

由于所讨论的系统为线性定常系统，当其为稳定时必是一致稳定，当其为渐定稳定时必是大范围一致渐近稳定。

3. 李雅普诺夫第二法(直接法)

根据古典力学中的振动现象，若系统能量(含动能与位能)随时间推移而衰减，系统迟早会达到平衡状态，但要找到实际系统的能量函数表达式并非易事。李雅普诺夫提出，可虚构一个能量函数，后来便被称为李雅普诺夫函数，一般它与 $x_1, x_2, \cdots, x_n$ 及 t 有关，记以 $V(\boldsymbol{x},t)$。若不显含 t，则记以 $V(\boldsymbol{x})$。它是一个标量函数，考虑到能量总大于零，故为正定函数。能量衰减特性用 $\dot{V}(\boldsymbol{x},t)$ 或 $\dot{V}(\boldsymbol{x})$ 表示。李雅普诺夫第二法利用 V 及 $\dot{V}$ 的符号特征，直接对平衡状态稳定性作出判断，无须求出系统状态方程的解，故称直接法。用此方法解决了一些用其他稳定性判据难以解决的非线性系统的稳定性问题，遗憾的是对一般非线性系统仍未找到构造李雅普诺夫函数的通用方法。对于线性系统，通常用二次型函数 $\boldsymbol{x}^{\mathrm{T}}\boldsymbol{P}\boldsymbol{x}$ 作为李雅普诺夫函数。

这里不打算对李雅普诺夫第二法中的诸稳定性定理在数学上作严格证明，而只着重于物理概念的阐述和应用。

(1) 标量函数定号性的简要回顾

正定性　标量函数 $V(\boldsymbol{x})$ 对所有在域 S 中的非零状态 $\boldsymbol{x}$ 有 $V(\boldsymbol{x}) > 0$ 且 $V(\boldsymbol{0})=0$，则在域 S(域 S 包含状态空间的原点)内的标量函数 $V(\boldsymbol{x})$ 称为是正定的。

负定性　如果 $-V(\boldsymbol{x})$ 是正定函数，则标量函数 $V(\boldsymbol{x})$ 称为负定函数。

正半定性　如果标量函数 $V(\boldsymbol{x})$ 除了原点及某些状态处等于零外，在域 S 内的所有状态都是正定的，则 $V(\boldsymbol{x})$ 称为正半定函数。

["

解　易知原点(x_1=0，x_2=0)为系统唯一的平衡状态。现取$V(\boldsymbol{x})=x_1^2+x_2^2$，且有

1) $V(\boldsymbol{x})=x_1^2+x_2^2$ 为正定。

2) $\dot{V}(\boldsymbol{x})=2x_1\dot{x}_1+2x_2\dot{x}_2=-2x_2^2(1+x_2)^2$。容易看出，除了①$x_1$任意，$x_2$=0；②$x_1$任意，$x_2$=-1时，$\dot{V}(\boldsymbol{x})=0$以外，均有$\dot{V}(\boldsymbol{x})<0$。所以，$\dot{V}(\boldsymbol{x})$为负半定。

3) 检查是否$\dot{V}(\boldsymbol{x}(t;\boldsymbol{x}_0,0))\not\equiv 0$。考虑到使得$\dot{V}(\boldsymbol{x})=0$的可能性只有上述①和②两种情况，所以问题归结为判断这两种情况是否为系统的受扰运动解。先考察情况①：设$\bar{\boldsymbol{x}}(t;\boldsymbol{x}_0,0)=[x_1(t)\quad 0]^T$，则由$x_2(t)\equiv0$可导出$\dot{x}_2(t)=0$，将此代入系统状态方程可得

$$\dot{x}_1(t)=x_2(t)=0$$
$$0=\dot{x}_2(t)=-(1+x_2(t))^2x_2(t)-x_1(t)=-x_1(t)$$

这表明，除了点(x_1=0，x_2=0)外，$\bar{\boldsymbol{x}}(t;\boldsymbol{x}_0,0)=[x_1(t)\quad 0]^T$ 不是系统的受扰运动解。再考察情况②：设$\bar{\boldsymbol{x}}(t;\boldsymbol{x}_0,0)=[x_1(t)\quad -1]^T$，则由$x_2(t)=-1$可导出$\dot{x}_2(t)=0$，将此代入系统状态方程可得

$$\dot{x}_1(t)=x_2(t)=-1$$
$$0=\dot{x}_2(t)=-(1+x_2(t))^2x_2(t)-x_1(t)=-x_1(t)$$

显然这是一个矛盾的结果，表明$\bar{\boldsymbol{x}}(t;\boldsymbol{x}_0,0)=[x_1(t)\quad -1]^T$也不是系统的受扰运动解。综合以上分析可知，$\dot{V}(\boldsymbol{x}(t;\boldsymbol{x}_0,0))\not\equiv 0$。

4) 当$\|\boldsymbol{x}\|\to\infty$时，显然有$V(\boldsymbol{x})=\|\boldsymbol{x}\|^2\to\infty$。

于是，根据定理9-3可判定系统的原点平衡状态是大范围渐近稳定的。

由于上述给出的所有判别定理都只提供了充分条件，如果经多次试取李雅普诺夫函数都得不到确定的答案时，就要考虑其为不稳定的可能性。下面的定理给出了判别不稳定的充分条件。

定理 9-4(不稳定判别定理)　对于定常系统(9-221)，如果存在一个具有连续一阶导数的标量函数$V(\boldsymbol{x})$（其中$V(\boldsymbol{0})$=0），和围绕原点的域$\varOmega$，使得对于一切$\boldsymbol{x}\in\varOmega$和一切$t\geqslant t_0$满足如下条件：

1) $V(\boldsymbol{x})$为正定；

2) $\dot{V}(\boldsymbol{x})$为正定。

则系统平衡状态为不稳定。

4. 线性定常系统的李雅普诺夫稳定性分析

下面介绍李雅普诺夫第二法在线性定常系统稳定性分析中的应用。

(1) 线性定常连续系统渐近稳定性的判别

设线性定常系统状态方程为$\dot{\boldsymbol{x}}=\boldsymbol{Ax},\boldsymbol{x}(0)=\boldsymbol{x}_0,t\geqslant0$，$\boldsymbol{A}$为非奇异矩阵，故原点是唯一平衡状态。设取正定二次型函数$V(\boldsymbol{x})=\boldsymbol{x}^T\boldsymbol{Px}$作为可能的李雅普诺夫函数，考虑到系统状态方程，则有

$$\dot{V}(\boldsymbol{x})=\dot{\boldsymbol{x}}^T\boldsymbol{Px}+\boldsymbol{x}^T\boldsymbol{P}\dot{\boldsymbol{x}}=\boldsymbol{x}^T(\boldsymbol{A}^T\boldsymbol{P}+\boldsymbol{PA})\boldsymbol{x} \tag{9-222}$$

令
$$\boldsymbol{A}^T\boldsymbol{P}+\boldsymbol{PA}=-\boldsymbol{Q} \tag{9-223}$$

于是有

$$\dot{V}(x) = -x^{\mathrm{T}} Q x \tag{9-224}$$

根据定常系统大范围渐近稳定判别定理 1，只要 Q 正定(即 $\dot{V}(x)$ 负定)，则系统是大范围渐近稳定的。于是线性定常连续系统渐近稳定的充分必要条件可表示为：给定一正定矩阵 P，存在着满足式(9-223)的正定矩阵 Q，而 $x^{\mathrm{T}} P x$ 是该系统的一个李雅普诺夫函数，式(9-223)称为李雅普诺夫矩阵代数方程。

但是，按上述先给定 P、再验证 Q 是否正定的步骤去分析系统稳定性时，若 P 选取不当，往往会导致 Q 非正定，需反复多次选取 P 阵来检验 Q 是否正定，使用中很不方便。因而在应用时，往往是先选取 Q 为正定实对称矩阵，再求解式(9-223)，若所求得的 P 阵为正定实对称矩阵，则可判定系统是渐近稳定的。由于使用中常选取 Q 阵为单位阵或对角线阵，比起先选 P 阵再检验 Q 阵要方便得多，所以在判定系统的稳定性时常利用下述定理：

定理 9-5　线性定常系统 $\dot{x} = Ax, x(0) = x_0, t \geqslant 0$ 的原点平衡状态 $x_{\mathrm{e}} = 0$ 为渐近稳定的充分必要条件是，对于任意给定的一个正定对称矩阵 Q，有唯一的正定对称矩阵 P 使式(9-223)成立。

需要说明的是，在利用上述定理判断线性定常系统的渐近稳定性时，对 Q 的唯一限制是其应为对称正定阵。显然，满足这种限制的 Q 阵可能有无穷多个，但判断的结果即系统是否为渐近稳定，则和 Q 阵的不同选择无关。上述定理的实质是给出了矩阵 A 的所有特征值均具有负实部的充分必要条件。

根据定常系统大范围渐近稳定判别定理 2 可以推知，若系统任意的状态轨迹在非零状态不存在 $\dot{V}(x)$ 恒为零时，Q 阵可选择为正半定的，即允许 Q 取半正定对角阵时主对角线上部分元素为零，而解得的 P 阵仍应正定。

由于利用上述定理判断线性定常系统是否渐近稳定时需要求解李雅普诺夫方程(9-223)，但一般地说求解李雅普诺夫方程并非易事，因而这种方法往往不用来判定系统的渐近稳定性，而是用来构造线性定常连续渐近稳定系统。

例 9-24　已知线性定常连续系统状态方程为

$$\dot{x}_1 = x_2, \qquad \dot{x}_2 = 2x_1 - x_2$$

试用李雅普诺夫方程判定系统的渐近稳定性。

解　为便于对比，先用特征值判据判断。系统状态方程为

$$\dot{x} = \begin{bmatrix} 0 & 1 \\ 2 & -1 \end{bmatrix} x, \quad A = \begin{bmatrix} 0 & 1 \\ 2 & -1 \end{bmatrix}$$

$$|\lambda I - A| = \begin{bmatrix} \lambda & -1 \\ -2 & \lambda+1 \end{bmatrix} = \lambda^2 + \lambda - 2 = (\lambda-1)(\lambda+2)$$

特征值为 $-2, 1$，故系统不稳定。令

$$A^{\mathrm{T}} P + P A = -Q = -I$$

$$P = P^{\mathrm{T}} = \begin{bmatrix} P_{11} & P_{12} \\ P_{12} & P_{22} \end{bmatrix}$$

则有
$$\begin{bmatrix} 0 & 2 \\ 1 & -1 \end{bmatrix}\begin{bmatrix} P_{11} & P_{12} \\ P_{12} & P_{22} \end{bmatrix}+\begin{bmatrix} P_{11} & P_{12} \\ P_{12} & P_{22} \end{bmatrix}\begin{bmatrix} 0 & 1 \\ 2 & -1 \end{bmatrix}=\begin{bmatrix} -1 & 0 \\ 0 & -1 \end{bmatrix}$$

展开有
$$4P_{12}=-1, \quad 2P_{12}-2P_{22}=-1, \quad P_{11}-P_{12}+2P_{22}=0$$

解得
$$\boldsymbol{P}=\begin{bmatrix} P_{11} & P_{12} \\ P_{12} & P_{22} \end{bmatrix}=\begin{bmatrix} -\dfrac{3}{4} & -\dfrac{1}{4} \\ -\dfrac{1}{4} & \dfrac{1}{4} \end{bmatrix}$$

由于 $P_{11}=-\dfrac{3}{4}<0,\det\boldsymbol{P}=-\dfrac{1}{4}<0$，故 $\boldsymbol{P}$ 不定，可知系统非渐近稳定。由特征值判据知系统是不稳定的。

(2) 线性定常离散系统渐近稳定性的判别

设线性定常离散系统状态方程为
$$\boldsymbol{x}(k+1)=\boldsymbol{\Phi}\boldsymbol{x}(k), \qquad \boldsymbol{x}(0)=\boldsymbol{x}_0; \quad k=0,1,2,\cdots \tag{9-225}$$
式中，$\boldsymbol{\Phi}$ 阵非奇异；原点是平衡状态。取正定二次型函数
$$V(\boldsymbol{x}(k))=\boldsymbol{x}^\mathrm{T}(k)\boldsymbol{P}\boldsymbol{x}(k)$$
以 $\Delta V(\boldsymbol{x}(k))$ 代替 $\dot{V}(\boldsymbol{x})$，有
$$\Delta V(\boldsymbol{x}(k))=V(\boldsymbol{x}(k+1))-V(\boldsymbol{x}(k))$$
考虑到状态方程(9-225)有
$$\Delta V(\boldsymbol{x}(k))=\boldsymbol{x}^\mathrm{T}(k+1)\boldsymbol{P}\boldsymbol{x}(k+1)-\boldsymbol{x}^\mathrm{T}(k)\boldsymbol{P}\boldsymbol{x}(k)=\left[\boldsymbol{\Phi}\boldsymbol{x}(k)\right]^\mathrm{T}\boldsymbol{P}\left[\boldsymbol{\Phi}\boldsymbol{x}(k)\right]-\boldsymbol{x}^\mathrm{T}(k)\boldsymbol{P}\boldsymbol{x}(k)$$
$$=\boldsymbol{x}^\mathrm{T}(k)(\boldsymbol{\Phi}^\mathrm{T}\boldsymbol{P}\boldsymbol{\Phi}-\boldsymbol{P})\boldsymbol{x}(k)$$

令
$$\boldsymbol{\Phi}^\mathrm{T}\boldsymbol{P}\boldsymbol{\Phi}-\boldsymbol{P}=-\boldsymbol{Q} \tag{9-226}$$
于是有
$$\Delta V(\boldsymbol{x}(k))=-\boldsymbol{x}^\mathrm{T}(k)\boldsymbol{Q}\boldsymbol{x}(k)$$

定理 9-6 系统(9-225)渐近稳定的充分必要条件是，给定任一正定对称矩阵 $\boldsymbol{Q}$，存在一个正定对称矩阵 $\boldsymbol{P}$ 使式(9-226)成立。

$\boldsymbol{x}^\mathrm{T}(k)\boldsymbol{P}\boldsymbol{x}(k)$ 是系统的一个李雅普诺夫函数，式(9-226)称为离散的李雅普诺夫代数方程，通常可取 $\boldsymbol{Q}=\boldsymbol{I}$。

如果 $\Delta V(\boldsymbol{x}(k))$ 沿任一解的序列不恒为零，则 $\boldsymbol{Q}$ 可取为正半定矩阵。

综上所述，李雅普诺夫稳定性判据如表 9-1 所示。

表 9-1 李雅普诺夫稳定性判据汇总表

	系统方程	原点稳定性	充分必要条件或充分条件
间接法	$\dot{\boldsymbol{x}}=\boldsymbol{A}\boldsymbol{x},t\geqslant 0$ $\boldsymbol{x}(0)=\boldsymbol{x}_0$	稳定	$\boldsymbol{A}$ 的所有特征值均具有非正（负或零）实部，且具有零实部的特征值为 $\boldsymbol{A}$ 的最小特征多项式的单根
		渐近稳定	$\boldsymbol{A}$ 的所有特征值均具有负实部
直接法	$\dot{\boldsymbol{x}}=\boldsymbol{f}(\boldsymbol{x},t)$ $\boldsymbol{f}(\boldsymbol{0},t)=\boldsymbol{0}$ $t\geqslant t_0$	稳定	$V(\boldsymbol{x}(T_1;\boldsymbol{x}_0,t_0),t)$ 正定有界，$\dot{V}(\boldsymbol{x}(T_1;\boldsymbol{x}_0,t_0),t)$ 存在且连续，负定且有界

续表

	系统方程	原点稳定性	充分必要条件或充分条件
直接法	$\dot{x} = f(x,t)$ $f(0,t) = 0$ $t \geqslant t_0$	一致渐近稳定	$V(x(T_1;x_0),t)$ 正定有界，$\dot{V}(x(T_1;x_0),t)$ 存在且连续，负定且有界
		全局一致渐近稳定	$V(x(T_1;x_0,t_0),t)$ 正定有界，$\dot{V}(x(T_1;x_0,t_0),t)$ 存在且连续，负定且有界，并且当 $\|x\| \to \infty$ 时，$V(x,t) \to \infty$
		不稳定	$V(x(T_1;x_0,t_0),t)$ 在原点某一邻域内正定且有界，$\dot{V}(x(T_1;x_0,t_0),t)$ 在同样的领域内存在且连续，但为正定
	$\dot{x} = f(x)$ $f(0) = 0$ $t \geqslant t_0$	稳定	$V(x)$ 正定，$\dot{V}(x)$ 负半定
		渐近稳定	$V(x)$ 正定，$\dot{V}(x)$ 负定或 $\dot{V}(x)$ 负半定且 $\dot{V}(x;x_0,0)$ 不恒等于零
		全局渐近稳定	满足渐近稳定条件，并且当 $\|x\| \to \infty$ 时，$V(x) \to \infty$
		不稳定	$V(x)$ 正定，$\dot{V}(x)$ 正定
	$\dot{x} = A(t)x$ $x(t_0) = x_0$ $t \geqslant t_0$	一致渐近稳定	对任意给定的一个实对称、一致有界和一致正定的时变矩阵 $Q(t)$，有唯一的实对称、一致有界和一致正定的时变矩阵 $P(t)$ 存在，并使 $-\dot{P}(t) = P(t)A(t) + A^{\mathrm{T}}(t)P(t) + Q(t)$ 成立
	$\dot{x} = Ax, t \geqslant 0$ $x(0) = x_0$	全局一致渐近稳定	对给定的任一个正定对称矩阵 Q，有唯一存在的正定对称矩阵 P，使 $A^{\mathrm{T}}P + PA = -Q$ 成立
	$x(k+1) = f(x(k))$ $f(0) = 0$ $k = 1,2,\cdots$	全局一致渐近稳定	$V(x(k))$ 正定 $\Delta V(x(k)) = V(x(k+1)) - V(x(k))$ 负定 当 $\|x(k)\| \to \infty$ 时，$V(x(k)) \to \infty$
			$V(x(k))$ 正定，$\Delta V(x(k))$ 负半定，由任意初始状态 $x(0)$ 所确定的系统轨线 $x(k)$ 的 $\Delta V(x(k))$ 不恒为零，$\|x(k)\| \to \infty$ 时，$V(x(k)) \to \infty$
	$x(k+1) = Gx(k)$ $x(0) = x_0$	渐近稳定	给定一正定对称矩阵 Q，存在一个正定对称矩阵 P，使 $G^{\mathrm{T}}PG - P = -Q$ 成立

9-4　线性定常系统的反馈结构及状态观测器

无论是在经典控制理论还是在现代控制理论中，反馈都是系统设计的主要方式。但由于经典控制理论是用传递函数来描述的，它只能用输出量作为反馈量。而现代控制理论由于采用系统内部的状态变量来描述系统的物理特性，因而除了输出反馈外，还经常采用状态反馈。在进行系统的分析综合时，状态反馈能提供更多的校正信息，因而在形成最优控制规律、抑制或消除扰动影响、实现系统解耦控制等方面，状态反馈均获得了广泛应用。

为了利用状态进行反馈，必须用传感器来测量状态变量，但并不是所有状态变量在物理上都可测量，于是提出了用状态观测器给出状态估值的问题。因此，状态反馈与状态观测器的设计便构成了用状态空间法综合设计系统的主要内容。

1. 线性定常系统常用反馈结构及其对系统特性的影响

（1）两种常用反馈结构

在系统的综合设计中，两种常用的反馈形式是线性直接状态反馈和线性非动态输出反馈，简称为状态反馈和输出反馈。

1）状态反馈。设有 n 维线性定常系统

$$\dot{x} = Ax + Bu, \quad y = Cx \tag{9-227}$$

式中，x、u、y 分别为 n 维、p 维和 q 维向量；A、B、C 分别为 $n \times n$、$n \times p$、$q \times n$ 实数矩阵。

当将系统的控制量 u 取为状态变量的线性函数

$$u = v - Kx \tag{9-228}$$

时，称之为线性直接状态反馈，简称为状态反馈，其中 v 为 p 维参考输入向量，K 为($p \times n$)维实反馈增益矩阵。在研究状态反馈时，假定所有的状态变量都是可以用来反馈的。

将式(9-228)代入式(9-227)可得状态反馈系统动态方程

$$\dot{x} = (A - BK)x + Bv, \quad y = Cx \tag{9-229}$$

其传递函数矩阵为

$$G_K(s) = C(sI - A + BK)^{-1}B \tag{9-230}$$

因此可用{$A-BK$，B，C}来表示引入状态反馈后的闭环系统。由式(9-229)可以看出，引入状态反馈后系统的输出方程没有变化。

加入状态反馈后系统方框图如图 9-24 所示。

图 9-24　加入状态反馈后系统方框图

2）输出反馈。系统的状态常常不能全部测量到，因而状态反馈法的应用受到了限制。在此情况下，人们常常采用输出反馈法。输出反馈的目的首先是使系统闭环成为稳定系统，然后在此基础上进一步改善闭环系统性能。

输出反馈有两种形式：一种是将输出量反馈至状态微分，另一种是将输出量反馈至参考输入。

输出量反馈至状态微分系统方框图如图 9-25 所示。输出反馈系统的动态方程为

$$\dot{x} = Ax + Bu - Hy = (A - HC)x + Bu, \quad y = Cx \tag{9-231}$$

其传递函数矩阵为

$$G_H(s) = C(sI - A + HC)^{-1}B \tag{9-232}$$

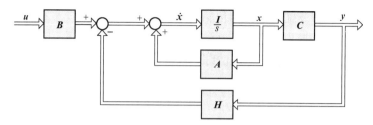

图 9-25 输出量反馈至状态微分系统方框图

将输出量反馈至参考输入系统方框图如图 9-26 所示。当将系统的控制量 u 取为输出 y 的线性函数

$$u = v - Fy \tag{9-233}$$

时，称之为线性非动态输出反馈，常简称为输出反馈，其中 v 为 p 维参考输入向量，F 为 $p \times q$ 维实反馈增益矩阵。这是一种最常用的输出反馈，在一些参考书中往往只介绍这一种输出反馈，而不介绍输出至状态微分的反馈。

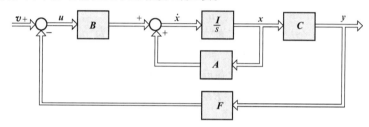

图 9-26 输出量反馈至参考输入系统方框图

将式(9-233)代入式(9-227)可得输出反馈系统动态方程

$$\dot{x} = (A - BFC)x + Bv, \quad y = Cx \tag{9-234}$$

其传递函数矩阵为

$$G_F(s) = C(sI - A + BFC)^{-1}B \tag{9-235}$$

不难看出，不管是状态反馈还是输出反馈，都可以改变状态的系数矩阵，但这并不表明二者具有等同的功能。由于状态能完整地表征系统的动态行为，因而利用状态反馈时，其信息量大而完整，可以在不增加系统维数的情况下，自由地支配响应特性。而输出反馈仅利用了状态变量的线性组合进行反馈，其信息量较小，所引入的补偿装置将使系统维数增加，且难以得到任意的所期望的响应特性。一个输出反馈系统的性能，一定有对应的状态反馈系统与之等同，例如对于图 9-26 所示输出反馈系统，只要令 $FC=K$ 便可确定状态反馈增益矩阵。但是，对于一个状态反馈系统，却不一定有对应的输出反馈系统与之等同，这是由于令 $K=FC$ 来求解矩阵 F 时，有可能因 F 含有高阶导数而无法实现。对于非最小相位被控对象，如果含有在复平面右半平面上的极点，并且选择在复平面右半平面上的校正零点来加以对消时，便会有不稳定的隐患。但是，由于输出反馈所用的输出变量总是容易测量的，实现起来比较方便，因而获得了较广泛的应用。对于状态反馈系统中不便测量或不能测量的状态变量，需要利用状态观测器进行重构。有关状态观测器的设计问题，后面将作进一步阐述。

(2) 反馈结构对系统性能的影响

由于引入反馈，系统状态的系数矩阵发生了变化，对系统的可控性、可观测性、稳定性、响应特性等均有影响。

1) 对系统可控性和可观测性的影响。

定理 9-7　对于系统(9-227)，状态反馈的引入不改变系统的可控性，但可能改变系统的可观测性。

证明　设被控系统 Σ_0 的动态方程为

$$\dot{x} = Ax + Bu, \qquad y = Cx$$

加入状态反馈后系统 Σ_K 的动态方程为

$$\dot{x} = (A - BK)x + Bv, \qquad y = Cx$$

首先证明状态反馈系统 Σ_K 可控的充分必要条件是被控系统 Σ_0 可控。

系统 Σ_0 的可控性矩阵为

$$S_c = \begin{bmatrix} B & AB & \cdots & A^{n-1}B \end{bmatrix}$$

系统 Σ_K 的可控性矩阵为

$$S_{cK} = \begin{bmatrix} B & (A-BK)B & \cdots & (A-BK)^{n-1}B \end{bmatrix}$$

由于

$$B = \begin{bmatrix} b_1 & b_2 & \cdots & b_p \end{bmatrix}, \quad AB = \begin{bmatrix} Ab_1 & Ab_2 & \cdots & Ab_p \end{bmatrix}$$

$$(A-BK)B = \begin{bmatrix} (A-BK)b_1 & (A-BK)b_2 & \cdots & (A-BK)b_p \end{bmatrix}$$

式中，$b_i(i=1, 2, \cdots, p)$为列向量。将 K 表示为行向量组

$$K = \begin{bmatrix} k_1 \\ k_2 \\ \vdots \\ k_p \end{bmatrix}$$

则

$$(A-BK)b_i = Ab_i - \begin{bmatrix} b_1 & b_2 & \cdots & b_p \end{bmatrix} \begin{bmatrix} k_1 b_i \\ k_2 b_i \\ \vdots \\ k_p b_i \end{bmatrix}$$

令

$$c_{1i} = k_1 b_i, \quad c_{2i} = k_2 b_i, \quad \cdots, \quad c_{pi} = k_p b_i$$

式中，$c_{ji}(j=1, 2, \cdots, p)$均为标量。故

$$(A-BK)b_i = Ab_i - (c_{1i}b_1 + c_{2i}b_2 + \cdots + c_{pi}b_p)$$

这说明$(A-BK)B$的列是$[B \quad AB]$列的线性组合。同理有$(A-BK)^2 B$的列是$[B \quad AB \quad A^2B]$列的线性组合，如此等等，故 S_{cK} 的每一列均可表为 S_c 的列的线性组合。由此可得

$$\mathrm{rank}\, S_{cK} \leqslant \mathrm{rank}\, S_c \tag{9-236}$$

另一方面，Σ_0 又可看成为 Σ_K 的状态反馈系统，即

$$\dot{x} = Ax + Bu = \left[(A - BK) + BK\right]x + Bu$$

同理可得

$$\mathrm{rank}S_c \leqslant \mathrm{rank}S_{cK} \tag{9-237}$$

由式(9-236)和式(9-237)可得

$$\mathrm{rank}S_{cK} = \mathrm{rank}S_c \tag{9-238}$$

从而当且仅当Σ_0可控时，Σ_K可控。

再来证明状态反馈系统不一定能保持可观测性，对此只需举一反例说明。例如，考察

$$\dot{x} = \begin{bmatrix} 1 & 2 \\ 0 & 3 \end{bmatrix}x + \begin{bmatrix} 0 \\ 1 \end{bmatrix}u, \quad y = \begin{bmatrix} 1 & 1 \end{bmatrix}x$$

其可观测性判别阵

$$V_o = \begin{bmatrix} c \\ cA \end{bmatrix} = \begin{bmatrix} 1 & 1 \\ 1 & 5 \end{bmatrix}, \qquad \mathrm{rank}V_o = n = 2$$

故该系统可观测。现引入状态反馈，取$k = \begin{bmatrix} 0 & 4 \end{bmatrix}$，则状态反馈系统$\Sigma_K$为

$$\dot{x} = (A - bk)x + bv = \begin{bmatrix} 1 & 2 \\ 0 & -1 \end{bmatrix}x + \begin{bmatrix} 0 \\ 1 \end{bmatrix}v, \qquad y = \begin{bmatrix} 1 & 1 \end{bmatrix}x$$

其可观测性判别阵

$$V_{oK} = \begin{bmatrix} c \\ c(A - bk) \end{bmatrix} = \begin{bmatrix} 1 & 1 \\ 1 & 1 \end{bmatrix}, \qquad \mathrm{rank}V_{oK} = 1 < n = 2$$

故该状态反馈系统为不可观测。而若取$k = \begin{bmatrix} 0 & 5 \end{bmatrix}$，则通过计算可知，此时它成为可观测的。这表明状态反馈可能改变系统的可观测性，其原因是状态反馈造成了所配置的极点与零点相对消。

定理 9-8 对于系统(9-227)，输出至状态微分反馈的引入不改变系统的可观测性，但可能改变系统的可控性。

证明 用对偶定理证明。设被控对象Σ_0为(A, B, C)，将输出反馈至状态微分的系统Σ_H为$((A - HC), B, C)$，若(A, B, C)可观测，则对偶系统$(A^{\mathrm{T}}, C^{\mathrm{T}}, B^{\mathrm{T}})$可控，由定理 9-7 可知，系统$(A^{\mathrm{T}}, C^{\mathrm{T}}, B^{\mathrm{T}})$加入状态反馈后的系统$((A^{\mathrm{T}} - C^{\mathrm{T}}H^{\mathrm{T}}), C^{\mathrm{T}}, B^{\mathrm{T}})$的可控性不变，但可能改变其可观测性。因而有

$$\begin{aligned}
&\mathrm{rank}\begin{bmatrix} C^{\mathrm{T}} & A^{\mathrm{T}}C^{\mathrm{T}} & \cdots & (A^{\mathrm{T}})^{n-1}C^{\mathrm{T}} \end{bmatrix} \\
&= \mathrm{rank}\begin{bmatrix} C^{\mathrm{T}} & (A^{\mathrm{T}} - C^{\mathrm{T}}H^{\mathrm{T}})C^{\mathrm{T}} & \cdots & (A^{\mathrm{T}} - C^{\mathrm{T}}H^{\mathrm{T}})^{n-1}C^{\mathrm{T}} \end{bmatrix} \\
&= \mathrm{rank}\begin{bmatrix} C^{\mathrm{T}} & (A - HC)^{\mathrm{T}}C^{\mathrm{T}} & \cdots & ((A - CH)^{\mathrm{T}})^{n-1}C^{\mathrm{T}} \end{bmatrix}
\end{aligned} \tag{9-239}$$

上式表明，系统Σ_0与系统Σ_H可观测性判别阵的秩相等，这意味着若Σ_0可观测，则Σ_H也是可观测的，输出至状态微分反馈的引入不改变系统的可观测性。

由于系统$(A^{\mathrm{T}}, C^{\mathrm{T}}, B^{\mathrm{T}})$的可观测性判别阵为

$$\begin{aligned}
\bar{S}_o &= \begin{bmatrix} (B^{\mathrm{T}})^{\mathrm{T}} & (A^{\mathrm{T}})^{\mathrm{T}}(B^{\mathrm{T}})^{\mathrm{T}} & \cdots & ((A^{\mathrm{T}})^{\mathrm{T}})^{n-1}(B^{\mathrm{T}})^{\mathrm{T}} \end{bmatrix} \\
&= \begin{bmatrix} B & AB & \cdots & A^{n-1}B \end{bmatrix}
\end{aligned}$$

系统$((A^T - C^T H^T),\ C^T,\ B^T)$的可观测性判别阵为

$$\bar{V}_{oH} = \left[(B^T)^T \quad (A^T - C^T H^T)^T (B^T)^T \quad \cdots \quad ((A^T - C^T H^T)^T)^{n-1}(B^T)^T \right]$$

$$= \left[B \quad (A - HC)B \quad \cdots \quad (A - HC)^{n-1}B \right]$$

系统加入状态反馈后可能改变其可观测性意味着有可能使得

$$\mathrm{rank}\,\bar{V}_o \neq \mathrm{rank}\,\bar{V}_{oH} \tag{9-240}$$

因为$\bar{V}_o$也是系统Σ_0的可控性判别阵，$\bar{V}_{oH}$又是系统Σ_H的可控性判别阵，式(9-240)表明，输出至状态微分的反馈可能改变系统的可控性。证毕。

定理 9-9　　对于系统(9-227)，输出至参考输入反馈的引入能同时不改变系统的可控性和可观测性，即输出反馈系统Σ_F为可控(可观测)的充分必要条件是被控系统Σ_0为可控(可观测)。

证明　　首先，由于对任一输出至参考输入的反馈系统都能找到一个等价的状态反馈系统，由定理 9-7 知状态反馈可保持可控性，因而输出至参考输入反馈的引入不改变系统的可控性。

由于Σ_0和Σ_F的可观测性判别阵分别为

$$V_o = \begin{bmatrix} C \\ CA \\ \vdots \\ CA^{n-1} \end{bmatrix}, \qquad V_{oF} = \begin{bmatrix} C \\ C(A - BFC) \\ \vdots \\ C(A - BFC)^{n-1} \end{bmatrix}$$

并且
$$C = \begin{bmatrix} c_1 \\ c_2 \\ \vdots \\ c_q \end{bmatrix}, \quad CA = \begin{bmatrix} c_1 A \\ c_2 A \\ \vdots \\ c_q A \end{bmatrix}, \quad C(A - BFC) = \begin{bmatrix} c_1(A - BFC) \\ c_2(A - BFC) \\ \vdots \\ c_q(A - BFC) \end{bmatrix}$$

式中，$c_i(i=1, 2, \cdots, q)$为行向量，将F表为列向量组$\{f_j\}$，即$F = [f_1 \quad f_2 \quad \cdots \quad f_q]$，则

$$c_i(A - BFC) = c_i A - c_i B(f_1 c_1 + f_2 c_2 + \cdots + f_q c_q)$$

$$= c_i A - \left[(c_i B f_1)c_1 + (c_i B f_2)c_2 + \cdots + (c_i B f_q)c_q \right]$$

令式中$c_i B f_j = \alpha_j$，α_j为标量，$j=1, 2, \cdots, q$，则有

$$c_i(A - BFC) = c_i A - (\alpha_1 c_1 + \alpha_2 c_2 + \cdots + \alpha_q c_q)$$

该式表明$C(A - BFC)$的行是$[C^T\, A^T C^T]^T$的行的线性组合。同理有$C(A - BFC)^2$的行是$[C^T\, A^T C^T\, (A^T)^2 C^T]^T$的行的线性组合，如此等等。故$V_{oF}$的每一行均可表为$V_o$的行的线性组合，由此可得

$$\mathrm{rank}\,V_{oF} \leqslant \mathrm{rank}\,V_o \tag{9-241}$$

由于Σ_0又可看成为Σ_F的输出反馈系统，因而有

$$\mathrm{rank}\,V_o \leqslant \mathrm{rank}\,V_{oF} \tag{9-242}$$

由式(9-241)和式(9-242)可得

$$\text{rank} \boldsymbol{V}_o = \text{rank} \boldsymbol{V}_{oF} \tag{9-243}$$

这表明输出至参考输入的反馈可保持系统的可观测性。证毕。

2) 对系统稳定性的影响。状态反馈和输出反馈都能影响系统的稳定性。加入反馈，使得通过反馈构成的闭环系统成为稳定系统，称之为镇定。由于状态反馈具有许多优越性，且输出反馈系统总可以找到与之性能等同的状态反馈系统，故在此只讨论状态反馈的镇定问题。对于线性定常被控系统

$$\dot{\boldsymbol{x}} = \boldsymbol{A}\boldsymbol{x} + \boldsymbol{B}\boldsymbol{u}$$

如果可以找到状态反馈控制律

$$\boldsymbol{u} = -\boldsymbol{K}\boldsymbol{x} + \boldsymbol{v}$$

其中，$\boldsymbol{v}$ 为参考输入，使得通过反馈构成的闭环系统

$$\dot{\boldsymbol{x}} = (\boldsymbol{A} - \boldsymbol{B}\boldsymbol{K})\boldsymbol{x} + \boldsymbol{B}\boldsymbol{v}$$

是渐近稳定的，即 $(\boldsymbol{A} - \boldsymbol{B}\boldsymbol{K})$ 的特征值均具有负实部，则称系统实现了状态反馈镇定。

定理 9-10 当且仅当系统（9-227）的不可控部分渐近稳定时，系统是状态反馈可镇定的。

证明 由于 $\{\boldsymbol{A}, \boldsymbol{B}\}$ 不完全可控，则一定可引入非奇异线性变换进行可控性结构分解，使得

$$\bar{\boldsymbol{A}} = \boldsymbol{P}\boldsymbol{A}\boldsymbol{P}^{-1} = \begin{bmatrix} \bar{\boldsymbol{A}}_c & \bar{\boldsymbol{A}}_{12} \\ 0 & \bar{\boldsymbol{A}}_{\bar{c}} \end{bmatrix}, \quad \bar{\boldsymbol{B}} = \boldsymbol{P}\boldsymbol{B} = \begin{bmatrix} \bar{\boldsymbol{B}}_c \\ 0 \end{bmatrix} \tag{9-244}$$

式中，$\bar{\boldsymbol{A}}_c$ 为可控状态子矩阵；$\bar{\boldsymbol{A}}_{\bar{c}}$ 为不可控状态子矩阵；$\bar{\boldsymbol{B}}_c$ 为可控输入子矩阵。并且对任意 $\bar{\boldsymbol{K}} = [\bar{\boldsymbol{K}}_1 \quad \bar{\boldsymbol{K}}_2]$ 可导出

$$\begin{aligned} \det(s\boldsymbol{I} - \boldsymbol{A} + \boldsymbol{B}\boldsymbol{K}) &= \det(s\boldsymbol{I} - \bar{\boldsymbol{A}} + \bar{\boldsymbol{B}}\bar{\boldsymbol{K}}) \\ &= \det\begin{bmatrix} s\boldsymbol{I} - \bar{\boldsymbol{A}}_c + \bar{\boldsymbol{B}}_c\bar{\boldsymbol{K}}_1 & -\bar{\boldsymbol{A}}_{12} + \bar{\boldsymbol{B}}_c\bar{\boldsymbol{K}}_2 \\ 0 & s\boldsymbol{I} - \bar{\boldsymbol{A}}_{\bar{c}} \end{bmatrix} \\ &= \det(s\boldsymbol{I} - \bar{\boldsymbol{A}}_c + \bar{\boldsymbol{B}}_c\bar{\boldsymbol{K}}_1)\det(s\boldsymbol{I} - \bar{\boldsymbol{A}}_{\bar{c}}) \end{aligned} \tag{9-245}$$

由于 $\{\bar{\boldsymbol{A}}_c, \bar{\boldsymbol{B}}_c\}$ 为可控子系统，故必存在 $\bar{\boldsymbol{K}}_1$ 使 $(\bar{\boldsymbol{A}}_c - \bar{\boldsymbol{B}}_c\bar{\boldsymbol{K}}_1)$ 的特征值均具有负实部。又因为状态反馈对不可控子系统的极点毫无影响，从而可知欲使 $(\boldsymbol{A} - \boldsymbol{B}\boldsymbol{K})$ 的特征值均具有负实部，只有使不可控部分 $\bar{\boldsymbol{A}}_{\bar{c}}$ 的特征值均具有负实部。这表明系统由状态反馈可镇定的充分必要条件是不可控部分渐近稳定。证毕。

2. 系统的极点配置

状态反馈和输出反馈都能改变闭环系统的极点位置。所谓极点配置，就是利用状态反馈或输出反馈使闭环系统的极点位于所希望的极点位置。由于系统的性能和它的极点位置密切相关，因而极点配置问题在系统设计中是很重要的。这里需要解决两个问题：一是建立极点可配置的条件；二是确定极点配置所需要的反馈增益矩阵。

(1) 极点可配置条件

这里给出的极点可配置条件既适合于单输入-单输出系统，也适合于多输入-多输出

系统。

1) 利用状态反馈的极点可配置条件。

定理 9-11　利用状态反馈任意配置闭环极点的充分必要条件是被控系统（9-227）可控。

证明　下面就单输入-多输出系统来证明该定理。这时被控系统(A,B,C)中的B为一列向量，记为b。

充分性：若系统(A,b)可控，则通过非奇异线性变换$x=P^{-1}\overline{x}$可变换为可控标准型

$$\dot{\overline{x}}=\overline{A}\overline{x}+\overline{b}u$$

式中

$$\overline{A}=PAP^{-1}=\begin{bmatrix}0&1&0&\cdots&0\\0&0&1&\cdots&0\\\vdots&\vdots&\vdots&&\vdots\\0&0&0&&1\\-a_0&-a_1&-a_2&\cdots&-a_{n-1}\end{bmatrix},\quad \overline{b}=Pb=\begin{bmatrix}0\\0\\\vdots\\0\\1\end{bmatrix}$$

在单输入情况下，引入状态反馈

$$u=v-kx=v-kP^{-1}\overline{x}=v-\overline{k}\overline{x}$$

其中

$$\overline{k}=kP^{-1}=\begin{bmatrix}\overline{k}_0&\overline{k}_1&\cdots&\overline{k}_{n-1}\end{bmatrix}$$

则引入状态反馈后闭环系统的状态阵为

$$\overline{A}-\overline{b}\overline{k}=\begin{bmatrix}0&1&0&\cdots&0\\0&0&1&\cdots&0\\\vdots&\vdots&\vdots&&\vdots\\0&0&0&\cdots&1\\(-a_0-\overline{k}_0)&(-a_1-\overline{k}_1)&(-a_2-\overline{k}_2)&\cdots&(-a_{n-1}-\overline{k}_{n-1})\end{bmatrix}\qquad(9\text{-}246)$$

对于式(9-246)这种特殊形式的矩阵，容易写出其闭环特征方程

$$\det\left[sI-(\overline{A}-\overline{b}\overline{k})\right]=s^n+(a_{n-1}+\overline{k}_{n-1})s^{n-1}+(a_{n-2}+\overline{k}_{n-2})s^{n-2}$$
$$+\cdots+(a_1+\overline{k}_1)s+(a_0+\overline{k}_0)=0\qquad(9\text{-}247)$$

显然，该n阶特征方程中的n个系数，可通过$\overline{k}_0$，$\overline{k}_1$，$\cdots$，$\overline{k}_{n-1}$来独立设置，也就是说$(\overline{A}-\overline{b}\overline{k})$的特征值可以任意选择，即系统的极点可以任意配置。

必要性：如果系统(A,b)不可控，就说明系统的有些状态将不受u的控制，则引入状态反馈时就不可能通过控制来影响不可控的极点。证毕。

2) 利用输出反馈的极点可配置条件。

定理 9-12　用输出至状态微分的反馈任意配置闭环极点的充分必要条件是被控系统（9-227）可观测。

证明　下面以多输入-单输出系统为例给出定理的证明。根据对偶定理可知，若被控系统(A,B,c)可观测，则对偶系统(A^T,c^T,B^T)可控，由状态反馈极点配置定理知

$(A^{\mathrm{T}} - c^{\mathrm{T}}h^{\mathrm{T}})$的特征值可任意配置，其中 h 为 $n \times 1$ 输出反馈向量。由于$(A^{\mathrm{T}} - c^{\mathrm{T}}h^{\mathrm{T}})$的特征值与 $(A^{\mathrm{T}} - c^{\mathrm{T}}h^{\mathrm{T}})^{\mathrm{T}} = A - hc$ 的特征值相同，故当且仅当系统(A, B, c)可观测时，可以任意配置$(A-hc)$的特征值。证毕。

为了根据期望闭环极点来设计输出反馈向量 h 的参数，只需将期望的系统特征多项式与该输出反馈系统特征多项式$|\lambda I - (A - hc)|$相比即可。

对于多输入-单输出被控系统来说，当采用输出至参考输入的反馈时，反馈增益矩阵 F 为 $p \times 1$ 向量，记为 f，则

$$u = v - fy$$

输出反馈系统的动态方程为

$$\dot{x} = (A - Bfc)x + Bv, \quad y = cx$$

若令 $fc=K$，该输出反馈便等价为状态反馈。适当选择 f，可使特征值任意配置。但是，当比例的状态反馈变换为输出反馈时，输出反馈中必定含有输出量的各阶导数，于是 f 不是常数向量，这会给物理实现带来困难，因而其应用受限。可推论，当 f 是常数向量时，便不能任意配置极点。

(2) 单输入-单输出系统的极点配置算法

对于具体的可控单输入-单输出系统，求解实现希望极点配置的状态反馈向量 k 时，不必像定理 9-11 中证明那样去进行可控标准型变换，只需要运行如下简单算法。

步骤 1：列写系统状态方程及状态反馈控制律

$$\dot{x} = Ax + bu, \quad u = v - kx$$

其中 $k=[k_0 \quad k_1 \quad \cdots \quad k_{n-1}]$。

步骤 2：检验(A, b)的可控性。若 $\mathrm{rank}[b \quad Ab \quad \cdots \quad A^{n-1}b]=n$，则转下步。

步骤 3：由要求配置的闭环极点 $\lambda_1, \lambda_2, \cdots, \lambda_n$，求出希望特征多项式 $a_0^*(s) = \prod_{i=1}^{n}(s - \lambda_i)$。

步骤 4：计算状态反馈系统的特征多项式 $a_0(s)=\det[sI-A+bk]$。

步骤 5：比较多项式 $a_0^*(s)$ 与 $a_0(s)$，令其对应项系数相等，可确定状态反馈增益向量 k。

应当指出，应用极点配置方法来改善系统性能，有以下需要注意的方面：

1) 配置极点时并非离虚轴越远越好，以免造成系统带宽过大使抗扰性降低。

2) 状态反馈向量 k 中的元素不宜过大，否则物理实现不易。

3) 闭环零点对系统动态性能影响甚大，在规定希望配置的闭环极点时，需要充分考虑闭环零点的影响。

4) 状态反馈对系统的零点和可观测性没有影响，只有当任意配置的极点与系统零点存在对消时，状态反馈系统的零点和可观测性将会改变。

以上性质适用于单输入-多输出或单输出系统，但不适用于多输入-多输出系统。

例 9-25　已知单输入线性定常系统的状态方程为

$$\dot{x} = \begin{bmatrix} 0 & 0 & 0 \\ 1 & -6 & 0 \\ 0 & 1 & -12 \end{bmatrix} x + \begin{bmatrix} 1 \\ 0 \\ 0 \end{bmatrix} u$$

求状态反馈向量 k，使系统的闭环特征值为

$$\lambda_1 = -2, \quad \lambda_2 = -1+\mathrm{j}, \quad \lambda_3 = -1-\mathrm{j}$$

解 系统的可控性判别矩阵为

$$\boldsymbol{S}_c = \begin{bmatrix} \boldsymbol{b} & \boldsymbol{Ab} & \boldsymbol{A}^2\boldsymbol{b} \end{bmatrix} = \begin{bmatrix} 1 & 0 & 0 \\ 0 & 1 & -6 \\ 0 & 0 & 1 \end{bmatrix}$$

$$\mathrm{rank}\boldsymbol{S}_c = 3 = n$$

系统可控，满足极点可配置条件。系统的特征多项式为

$$\det(s\boldsymbol{I} - \boldsymbol{A}) = \det\begin{bmatrix} s & 0 & 0 \\ -1 & s+6 & 0 \\ 0 & -1 & s+12 \end{bmatrix} = s^3 + 18s^2 + 72s$$

希望特征多项式为

$$a_0^*(s) = (s-\lambda_1)(s-\lambda_2)(s-\lambda_3) = (s+2)(s+1-\mathrm{j})(s+1+\mathrm{j}) = s^3 + 4s^2 + 6s + 4$$

于是可求得

$$\overline{\boldsymbol{k}} = \begin{bmatrix} a_0^* - a_0 & a_1^* - a_1 & a_2^* - a_2 \end{bmatrix} = \begin{bmatrix} 4 & -66 & -14 \end{bmatrix}$$

变换矩阵为

$$\boldsymbol{P}^{-1} = \begin{bmatrix} \boldsymbol{A}^2\boldsymbol{b} & \boldsymbol{Ab} & \boldsymbol{b} \end{bmatrix}\begin{bmatrix} 1 & 0 & 0 \\ a_2 & 1 & 0 \\ a_1 & a_2 & 1 \end{bmatrix} = \begin{bmatrix} 0 & 0 & 1 \\ -6 & 1 & 0 \\ 1 & 0 & 0 \end{bmatrix}\begin{bmatrix} 1 & 0 & 0 \\ 18 & 1 & 0 \\ 72 & 18 & 1 \end{bmatrix} = \begin{bmatrix} 72 & 18 & 1 \\ 12 & 1 & 0 \\ 1 & 0 & 0 \end{bmatrix}$$

$$\boldsymbol{P} = \begin{bmatrix} 0 & 0 & 1 \\ 0 & 1 & -12 \\ 1 & -18 & 144 \end{bmatrix}$$

$$\boldsymbol{k} = \overline{\boldsymbol{k}}\boldsymbol{P} = \begin{bmatrix} 4 & -66 & -14 \end{bmatrix}\begin{bmatrix} 0 & 0 & 1 \\ 0 & 1 & -12 \\ 1 & -18 & 144 \end{bmatrix} = \begin{bmatrix} -14 & 186 & -1220 \end{bmatrix}$$

或令

$$a_0^*(s) = \det(s\boldsymbol{I} - \boldsymbol{A} + \boldsymbol{bk})$$

$$= \begin{bmatrix} s+k_1 & k_2 & k_3 \\ -1 & s+6 & 0 \\ 0 & -1 & s+12 \end{bmatrix}$$

$$= s^3 + (k_1 + 18)s^2 + (18k_1 + k_2 + 72)s + (72k_1 + 12k_2 + k_3)$$

于是有

$$k_1 + 18 = 4$$

$$18k_1 + k_2 + 72 = 6$$

$$72k_1 + 12k_2 + k_3 = 4$$

可求得

$$k_1 = -14, \quad k_2 = 186, \quad k_3 = -1220$$

$$\boldsymbol{k} = \begin{bmatrix} k_1 & k_2 & k_3 \end{bmatrix} = \begin{bmatrix} -14 & 186 & -1220 \end{bmatrix}$$

(3) 状态反馈对传递函数零点的影响

状态反馈在改变系统极点的同时，是否对系统的零点产生影响？下面来分析回答这一问题。

已知完全可控的单输入-单输出线性定常系统可经适当非奇异线性变换化为可控标准型

$$\dot{\bar{x}} = \bar{A}\bar{x} + \bar{b}u, \qquad y = \overline{cx}$$

被控系统的传递函数为

$$G(s) = c(sI - A)^{-1}b = \bar{c}(sI - \bar{A})^{-1}\bar{b}$$

$$= \frac{\begin{bmatrix} \beta_0 & \beta_1 & \cdots & \beta_{n-1} \end{bmatrix}}{s^n + a_{n-1}s^{n-1} + \cdots + a_1 s + a_0} \begin{bmatrix} \times & \cdots & \times & 1 \\ \times & \cdots & \times & s \\ \vdots & & \vdots & \vdots \\ \times & \cdots & \times & s^{n-1} \end{bmatrix} \begin{bmatrix} 0 \\ \vdots \\ 0 \\ 1 \end{bmatrix}$$

$$= \frac{\beta_{n-1}s^{n-1} + \cdots + \beta_1 s + \beta_0}{s^n + a_{n-1}s^{n-1} + \cdots + a_1 s + a_0}$$

引入状态反馈后的闭环系统传递函数为

$$G_K(s) = c(sI - A + bk)^{-1}b = \bar{c}(sI - \bar{A} + \bar{b}\bar{k})^{-1}\bar{b}$$

$$= \frac{\begin{bmatrix} \beta_0 & \beta_1 & \cdots & \beta_{n-1} \end{bmatrix}}{s^n + a_{n-1}^* s^{n-1} + \cdots + a_1^* s + a_0^*} \begin{bmatrix} \times & \cdots & \times & 1 \\ \times & \cdots & \times & s \\ \vdots & & \vdots & \vdots \\ \times & \cdots & \times & s^{n-1} \end{bmatrix} \begin{bmatrix} 0 \\ \vdots \\ 0 \\ 1 \end{bmatrix}$$

$$= \frac{\beta_{n-1}s^{n-1} + \cdots + \beta_1 s + \beta_0}{s^n + a_{n-1}^* s^{n-1} + \cdots + a_1^* s + a_0^*}$$

上述推导表明，由于 $\mathrm{adj}(sI - \bar{A})$ 与 $\mathrm{adj}(sI - \bar{A} + \bar{b}\bar{k})$ 的第 n 列相同，故 $G(s)$ 与 $G_K(s)$ 的分子多项式相同，即闭环系统零点与被控系统零点相同，状态反馈对 $G(s)$ 的零点没有影响，仅使 $G(s)$ 的极点改变为闭环系统极点。然而可能有这种情况：引入状态反馈后恰巧使某些极点移到 $G(s)$ 的零点处而构成极、零点对消，这时既失去了一个系统零点，又失去了一个系统极点，并且被对消掉的那些极点可能不可观测。这也是对状态反馈可能使系统失去可观测性的一个直观解释。

3. 全维状态观测器及其设计

当利用状态反馈配置系统极点时，需要用传感器测量状态变量以便实现反馈。但在许多情况下，通常只有被控对象的输入量和输出量能够用传感器测量，而多数状态变量不易测得或不可能测得，于是提出了利用被控对象的输入量和输出量建立状态观测器(又称为状态估计器、状态重构器)来重构状态的问题。当重构状态向量的维数等于被控对象状态向量的维数时，称为全维状态观测器。

(1) 全维状态观测器构成方案

设被控对象动态方程为

$$\dot{x} = Ax + Bu, \quad y = Cx \tag{9-248}$$

构造一个动态方程与式(9-248)相同且能用计算机实现的模拟被控系统

$$\dot{\hat{x}} = A\hat{x} + Bu, \quad \hat{y} = C\hat{x} \tag{9-249}$$

式中，$\hat{x}$、$\hat{y}$ 分别为模拟系统的状态向量和输出向量，是被控对象状态向量和输出向量的估值。当模拟系统与被控对象的初始状态向量相同时，在同一输入作用下，有 $\hat{x} = x$，可用 $\hat{x}$ 作为状态反馈所需用的信息。但是，被控对象的初始状态可能很不相同，模拟系统中积分器初始条件的设置又只能预估，因而两个系统的初始状态总有差异，即使两个系统的 A、B、C 阵完全一样，也必定存在估计状态与被控对象实际状态的误差 $(\hat{x} - x)$，难以实现所需要的状态反馈。但是，$(\hat{x} - x)$ 的存在必定导致 $(\hat{y} - y)$ 的存在，而被控系统的输出量总是可以用传感器测量的，于是可根据一般反馈控制原理，将 $(\hat{y} - y)$ 负反馈至 $\dot{\hat{x}}$ 处，控制 $(\hat{y} - y)$ 尽快逼近于零，从而使 $(\hat{x} - x)$ 尽快逼近于零，便可以利用 $\hat{x}$ 来形成状态反馈。按以上原理构成的状态观测器及其实现状态反馈的方框图如图 9-27 所示。状态观测器有两个输入，即 u 和 y，输出为 $\hat{x}$。观测器含 n 个积分器并对全部状态变量作出估计。H 为观测器输出反馈阵，它把 $(\hat{y} - y)$ 负反馈至 $\dot{\hat{x}}$ 处，是为配置观测器极点，提高其动态性能，即尽快使 $(\hat{x} - x)$ 逼近于零而引入的，它是前面所介绍过的一种输出反馈。

(2) 全维状态观测器分析设计

由图 9-27 可列出全维状态观测器动态方程

$$\dot{\hat{x}} = A\hat{x} + Bu - H(\hat{y} - y), \quad \hat{y} = C\hat{x} \tag{9-250}$$

故有 $$\dot{\hat{x}} = A\hat{x} + Bu - HC(\hat{x} - x) = (A - HC)\hat{x} + Bu + Hy \tag{9-251}$$

式中，$(A-HC)$ 称为观测器系统矩阵。观测器分析设计的关键问题是能否在任何初始条件下，即尽管 $\hat{x}(t_0)$ 与 $x(t_0)$ 不同，但总能保证

$$\lim_{t \to \infty}(\hat{x}(t) - x(t)) = 0 \tag{9-252}$$

成立。只有满足式(9-252)，状态反馈系统才能正常工作，式(9-231)所示系统才能作为实际的状态观测器，故式(9-252)称为观测器存在条件。

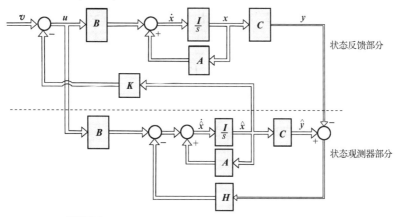

图 9-27 状态观测器及其实现状态反馈的系统方框图

由式(9-251)与式(9-248)可得

$$\dot{x} - \dot{\hat{x}} = (A - HC)(x - \hat{x}) \tag{9-253}$$

其解为

$$x(t) - \hat{x}(t) = e^{(A-HC)(t-t_0)} \left[x(t_0) - \hat{x}(t_0) \right] \tag{9-254}$$

显见当 $\hat{x}(t_0) = x(t_0)$ 时，恒有 $x(t) = \hat{x}(t)$，所引入的输出反馈并不起作用。当 $\hat{x}(t_0) \neq x(t_0)$ 时，有 $\hat{x}(t) \neq x(t)$，输出反馈便起作用了，这时只要 $(A-HC)$ 的全部特征值具有负实部，初始状态向量误差总会按指数衰减规律满足式(9-252)，其衰减速率取决于观测器的极点配置。由前面的输出反馈定理可知，若被控对象可观测，则 $(A-HC)$ 的极点可任意配置，以满足 $\hat{x}$ 逼近 x 的速率要求，因而保证了状态观测器的存在性。

定理 9-13 若被控系统 $(A，B，C)$ 可观测，则其状态可用形如

$$\dot{\hat{x}} = A\hat{x} + Bu - HC(\hat{x} - x) = (A - HC)\hat{x} + Bu + Hy \tag{9-255}$$

的全维状态观测器给出估值，其中矩阵 H 按任意配置观测器极点的需要来选择，以决定状态误差衰减的速率。

选择 H 阵参数时，应注意防止数值过大带来的实现困难，如饱和效应、噪声加剧等，通常希望观测器响应速度比状态反馈系统的响应速度要快些。

例 9-26 设被控对象传递函数为

$$\frac{Y(s)}{U(s)} = \frac{2}{(s+1)(s+2)}$$

试设计全维状态观测器，将极点配置在 -10，-10。

解 被控对象的传递函数为

$$\frac{Y(s)}{U(s)} = \frac{2}{(s+1)(s+2)} = \frac{2}{s^2 + 3s + 2}$$

根据传递函数可直接写出系统的可控标准型

$$\dot{x} = Ax + bu，\quad y = cx$$

其中

$$A = \begin{bmatrix} 0 & 1 \\ -2 & -3 \end{bmatrix}，\quad b = \begin{bmatrix} 0 \\ 1 \end{bmatrix}，\quad c = \begin{bmatrix} 2 & 0 \end{bmatrix}$$

显然，系统可控可观测。$n=2$，$q=1$，输出反馈向量 h 为 2×1 向量。全维状态观测器系统矩阵为

$$A - hc = \begin{bmatrix} 0 & 1 \\ -2 & -3 \end{bmatrix} - \begin{bmatrix} h_0 \\ h_1 \end{bmatrix} \begin{bmatrix} 2 & 0 \end{bmatrix} = \begin{bmatrix} -2h_0 & 1 \\ -2 - 2h_1 & -3 \end{bmatrix}$$

观测器特征方程为

$$|\lambda I - (A - hc)| = \lambda^2 + (2h_0 + 3)\lambda + (6h_0 + 2h_1 + 2) = 0$$

期望特征方程为

$$(\lambda + 10)^2 = \lambda^2 + 20\lambda + 100 = 0$$

令两特征方程同次项系数相等，可得

$$2h_0 + 3 = 20，\quad 6h_0 + 2h_1 + 2 = 100$$

因而有

$$h_0 = 8.5，\quad h_1 = 23.5$$

h_0，h_1 分别为由 $(\hat{y} - y)$ 引至 $\dot{\hat{x}}_1, \dot{\hat{x}}_2$ 的反馈系数。被控对象及全维状态观测器组合系统的状态变量图如图 9-28 所示。

图 9-28　全维状态观测器及被控对象组合系统的状态变量图

4. 分离特性

当用全维状态观测器提供的状态估值 $\hat{x}$ 代替真实状态 x 来实现状态反馈时，为保持系统的期望特征值，其状态反馈阵 K 是否需要重新设计？当观测器被引入系统以后，状态反馈系统部分是否会改变已经设计好的观测器极点配置，其观测器输出反馈阵 H 是否需要重新设计？为此需要对引入观测器的状态反馈系统作进一步分析。整个系统的结构图如图 9-27 所示，是一个 $2n$ 维的复合系统，其中

$$u = v - K\hat{x} \tag{9-256}$$

状态反馈子系统动态方程为

$$\dot{x} = Ax + Bu = Ax - BK\hat{x} + Bv, \quad y = Cx \tag{9-257}$$

全维状态观测器子系统动态方程为

$$\dot{\hat{x}} = A\hat{x} + Bu - H(\hat{y} - y) = (A - BK - HC)\hat{x} + HCx + Bv \tag{9-258}$$

故复合系统动态方程为

$$\begin{bmatrix} \dot{x} \\ \dot{\hat{x}} \end{bmatrix} = \begin{bmatrix} A & -BK \\ HC & A - BK - HC \end{bmatrix} \begin{bmatrix} x \\ \hat{x} \end{bmatrix} + \begin{bmatrix} B \\ B \end{bmatrix} v \tag{9-259a}$$

$$y = \begin{bmatrix} C & 0 \end{bmatrix} \begin{bmatrix} x \\ \hat{x} \end{bmatrix} \tag{9-259b}$$

在复合系统动态方程中，不用状态估值 $\hat{x}$，而用状态误差 $(x - \hat{x})$，将会使分析研究更加

直观方便。由式(9-257)和式(9-258)可得

$$\dot{x} - \dot{\hat{x}} = (A - HC)(x - \hat{x}) \tag{9-260}$$

该式与 u，v 无关，即 $(x - \hat{x})$ 是不可控的。不管施加什么样的控制信号，只要（$A\text{–}HC$）全部特征值都具有负实部，状态误差总会衰减到零，这正是所希望的，是状态观测器所具有的重要性质。对式(9-259)引入非奇异线性变换

$$\begin{bmatrix} x \\ \hat{x} \end{bmatrix} = \begin{bmatrix} I_n & 0 \\ I_n & -I_n \end{bmatrix} \begin{bmatrix} x \\ x - \hat{x} \end{bmatrix} \tag{9-261}$$

则有

$$\begin{bmatrix} \dot{x} \\ \dot{x} - \dot{\hat{x}} \end{bmatrix} = \begin{bmatrix} A - BK & BK \\ 0 & A - HC \end{bmatrix} \begin{bmatrix} x \\ x - \hat{x} \end{bmatrix} + \begin{bmatrix} B \\ 0 \end{bmatrix} v \tag{9-262a}$$

$$y = \begin{bmatrix} C & 0 \end{bmatrix} \begin{bmatrix} x \\ x - \hat{x} \end{bmatrix} \tag{9-262b}$$

由于线性变换后系统传递函数矩阵具有不变性，由式(9-262)可导出系统传递函数矩阵

$$G(s) = \begin{bmatrix} C & 0 \end{bmatrix} \begin{bmatrix} sI - (A - BK) & -BK \\ 0 & sI - (A - HC) \end{bmatrix}^{-1} \begin{bmatrix} B \\ 0 \end{bmatrix} \tag{9-263}$$

利用分块矩阵求逆公式

$$\begin{bmatrix} R & S \\ 0 & T \end{bmatrix}^{-1} = \begin{bmatrix} R^{-1} & -R^{-1}ST^{-1} \\ 0 & T^{-1} \end{bmatrix} \tag{9-264}$$

可得

$$G(s) = C\left[sI - (A - BK)\right]^{-1} B \tag{9-265}$$

式(9-265)正是引入真实状态 x 作为反馈的状态反馈系统

$$\dot{x} = Ax + B(v - Kx) = (A - BK)x + Bv$$

$$y = Cx \tag{9-266}$$

的传递函数矩阵。这说明复合系统与状态反馈子系统具有相同的传递特性，与观测器部分无关,可用估值状态 $\hat{x}$ 代替真实状态 x 作为反馈。$2n$ 维复合系统导出了 $n \times n$ 传递矩阵，这是由于 $(x - \hat{x})$ 的不可控造成的。

由于线性变换后特征值具有不变性，由式(9-262)易导出其特征值满足关系式

$$\begin{bmatrix} sI - (A - BK) & -BK \\ 0 & sI - (A - HC) \end{bmatrix} = |sI - (A - BK)| \cdot |sI - (A - HC)| \tag{9-267}$$

该式表明复合系统特征值是由状态反馈子系统和全维状态观测器的特征值组合而成，且两部分特征值相互独立，彼此不受影响，因而状态反馈矩阵 K 和输出反馈矩阵 H 可根据各自的要求来独立进行设计，故有下述分离定理。

定理 9-14(分离定理)　若被控系统(A，B，C)可控可观测，用状态观测器估值形成状态反馈时，其系统的极点配置和观测器设计可分别独立进行，即 K 和 H 阵的设计可分别独立进行。

9-5　控制系统状态空间设计

例 9-27　内模控制器。

在许多实际场合，单纯的状态变量反馈方法并不是一种改善系统性能的实用方法。其主要原因是，状态变量反馈往往要求用具有无限带宽的 PD 控制器或 PID 控制器来实现，但实际部件和控制器都只有有限的带宽。

内模控制器是另一类校正控制器，能以零稳态误差渐近跟踪各类参考输入信号，如阶跃信号、斜坡信号及正弦信号等。众所周知，在经典控制理论中，对于阶跃输入信号，I 型系统可以实现零稳态误差跟踪。如果在校正控制器中引入参考输入的内模，则可以在状态空间设计法中推广这一结论。采用类似的内模控制器方法，可以在更多的情况下实现零稳态误差跟踪。

设单输入-单输出系统的状态空间表达式为

$$\dot{\boldsymbol{x}}(t) = \boldsymbol{A}\boldsymbol{x}(t) + \boldsymbol{b}u(t), \quad y(t) = \boldsymbol{c}\boldsymbol{x}(t) \tag{9-268}$$

式中，$\boldsymbol{x} \in \mathbf{R}^n$ 为状态向量；u 为标量输入；y 为标量输出；$\boldsymbol{A}$，$\boldsymbol{b}$ 和 $\boldsymbol{c}$ 维数适当。

生成参考输入信号 $r(t)$ 的线性系统为

$$\dot{\boldsymbol{x}}_r(t) = \boldsymbol{A}_r\boldsymbol{x}_r(t), \quad r(t) = \boldsymbol{d}_r\boldsymbol{x}_r(t) \tag{9-269}$$

其中，初始条件未知。此外，参考输入信号 $r(t)$ 的生成系统也可以等效为

$$r^{(n)}(t) = \alpha_{n-1}r^{(n-1)}(t) + \alpha_{n-2}r^{(n-2)}(t) + \cdots + \alpha_1\dot{r}(t) + \alpha_0 r(t) \tag{9-270}$$

首先考虑参考输入 $r(t)$ 为单位阶跃信号时的内模控制器设计。此时，$r(t)$ 可由下列方程生成：

$$\dot{\boldsymbol{x}}_r(t) = 0, \quad r(t) = x_r(t)$$

或等价为

$$\dot{r}(t) = 0$$

定义跟踪误差

$$e(t) = r(t) - y(t)$$

于是有

$$\dot{e}(t) = -\dot{y}(t) = -\boldsymbol{c}\dot{\boldsymbol{x}}(t) \tag{9-271}$$

现在，引入两个中间变量 $z(t)$ 和 $w(t)$，定义为

$$\boldsymbol{z}(t) = \dot{\boldsymbol{x}}(t), \quad w(t) = \dot{u}(t)$$

故有

$$\dot{\boldsymbol{z}}(t) = \ddot{\boldsymbol{x}}(t) = \boldsymbol{A}\dot{\boldsymbol{x}}(t) + \boldsymbol{b}\dot{u}(t) = \boldsymbol{A}\boldsymbol{z}(t) + \boldsymbol{b}w(t) \tag{9-272}$$

则式(9-271)与式(9-272)构成如下增广系统方程：

$$\begin{bmatrix} \dot{e} \\ \dot{\boldsymbol{z}} \end{bmatrix} = \begin{bmatrix} 0 & -\boldsymbol{c} \\ 0 & \boldsymbol{A} \end{bmatrix} \begin{bmatrix} e \\ \boldsymbol{z} \end{bmatrix} + \begin{bmatrix} 0 \\ \boldsymbol{b} \end{bmatrix} w \tag{9-273}$$

当增广系统(9-273)可控时，即有

$$\operatorname{rank} \begin{bmatrix} 0 & -\boldsymbol{cb} & -\boldsymbol{cAb} & \cdots & -\boldsymbol{cA}^{n-1}\boldsymbol{b} \\ \boldsymbol{b} & \boldsymbol{Ab} & \boldsymbol{A}^2\boldsymbol{b} & \cdots & \boldsymbol{A}^n\boldsymbol{b} \end{bmatrix} = n+1 \tag{9-274}$$

总可以找到反馈信号

$$w(t) = -k_1 e(t) - \boldsymbol{k}_2 \boldsymbol{z}(t) \qquad (9\text{-}275)$$

使该系统渐近稳定。这表明跟踪误差 $e(t)$ 是渐近收敛的，因此系统输出能以零稳态误差跟踪参考输入信号。对式(9-275)求积分，可得系统内部的反馈控制信号为

$$u(t) = -k_1 \int_0^t e(\tau)\mathrm{d}\tau - \boldsymbol{k}_2 \boldsymbol{x}(t) \qquad (9\text{-}276)$$

与此对应的系统结构图如图 9-29 所示。由图可见，在校正控制器中，除包含有状态变量

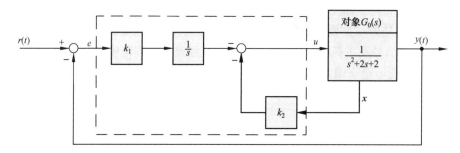

图 9-29   阶跃输入的内模设计系统结构图

反馈外，还包含了参考阶跃输入的内模(图中积分器环节)，故称为内模控制器。

下例为一个具体系统的单位阶跃输入内模控制器的设计过程。设有

$$\dot{\boldsymbol{x}}(t) = \begin{bmatrix} 0 & 1 \\ -2 & -2 \end{bmatrix} \boldsymbol{x}(t) + \begin{bmatrix} 1 \\ 2 \end{bmatrix} u(t)$$

$$y(t) = \begin{bmatrix} 1 & 0 \end{bmatrix} \boldsymbol{x}(t)$$

要求系统输出能以零稳态误差跟踪单位阶跃参考输入信号。由式(9-273)知，增广系统方程为

$$\begin{bmatrix} \dot{e} \\ \dot{z} \end{bmatrix} = \begin{bmatrix} 0 & -1 & 0 \\ 0 & 0 & 1 \\ 0 & -2 & -2 \end{bmatrix} \begin{bmatrix} e \\ z \end{bmatrix} + \begin{bmatrix} 0 \\ 1 \\ 2 \end{bmatrix} w$$

由于可控性矩阵

$$\text{rank} \begin{bmatrix} 0 & -\boldsymbol{cb} & -\boldsymbol{cAb} \\ \boldsymbol{b} & \boldsymbol{Ab} & \boldsymbol{A}^2\boldsymbol{b} \end{bmatrix} = \text{rank} \begin{bmatrix} 0 & -1 & -2 \\ 1 & 2 & -6 \\ 2 & -6 & 8 \end{bmatrix} = 3$$

满秩，增广系统可控，故通过状态反馈

$$w = -\boldsymbol{k} \begin{bmatrix} e \\ z \end{bmatrix} = -k_1 e - k_2 z_1 - k_3 z_2$$

式中 $\boldsymbol{k} = \begin{bmatrix} k_1 & k_2 & k_3 \end{bmatrix}$，可任意配置闭环增广系统

$$\begin{bmatrix} \dot{e} \\ \dot{z}_1 \\ \dot{z}_2 \end{bmatrix} = \left\{ \begin{bmatrix} 0 & -1 & 0 \\ 0 & 0 & 1 \\ 0 & -2 & -2 \end{bmatrix} - \begin{bmatrix} 0 \\ 1 \\ 2 \end{bmatrix} \begin{bmatrix} k_1 & k_2 & k_3 \end{bmatrix} \right\} \begin{bmatrix} e \\ z_1 \\ z_2 \end{bmatrix}$$

的极点。如果要求闭环极点为 $s_{1,2}=-1\pm j$，$s_3=-10$，则希望特征方程为

$$(s+1+j)(s+1-j)(s+10)=s^3+12s^2+22s+20=0$$

而实际特征方程为

$$\det\begin{bmatrix} s & 1 & 0 \\ k_1 & s+k_2 & k_3-1 \\ 2k_1 & 2(1+k_2) & s+2+2k_3 \end{bmatrix}=s^3+(k_2+2k_3+2)s^2+(2-k_1+4k_2-2k_3)s-4k_1=0$$

令上述两个特征方程式的对应项系数相等，解得

$$k_1=-5,\quad k_2=5,\quad k_3=2.5$$

则由式(9-276)得内模控制律为

$$u(t)=5\int_0^t e(\tau)\mathrm{d}\tau-5x_1(t)-2.5x_2(t)$$

相应的单位阶跃输入内模控制系统的结构图如图 9-30 所示。

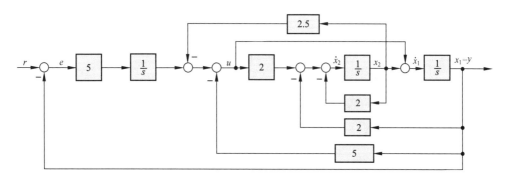

图 9-30　单位阶跃输入内模控制系统结构图

　　显然，本例设计的内模控制系统是渐近稳定的。对任意初始跟踪误差 $e(0)$，反馈控制信号都可以保证在 $t\to\infty$ 时，$e(t)\to 0$。在 MATLAB 的 Simulink 环境下，根据结构图 9-30 搭建内模控制系统模型，运行后可得图 9-31，其直观地表明了系统在单位阶跃参考输入时，跟踪误差的渐近收敛性。

图 9-31　单位阶跃输入下内模控制系统的跟踪误差响应(MATLAB)

考虑参考输入为斜坡信号的内模设计问题。设单位斜坡参考输入信号为 $r(t)=t$，并由下列系统生成：

$$\dot{x}_r = A_r x_r = \begin{bmatrix} 0 & 1 \\ 0 & 0 \end{bmatrix} x_r$$

$$r = d_r x_r = \begin{bmatrix} 1 & 0 \end{bmatrix} x_r$$

且有 $\ddot{r}(t) = 0$，则对于单输入-单输出系统(9-268)，定义跟踪误差 $e=r-y$，有

$$\ddot{e}(t) = -\ddot{y}(t) = -c\ddot{x}(t)$$

令中间变量

$$z = \ddot{x}, \quad w = \ddot{u}$$

有

$$z = \ddot{x} = A\dot{x} + b\dot{u}$$

$$\dot{z} = A\ddot{x} + b\ddot{u} = Az + bw$$

$$\ddot{e} = -\ddot{y} = -c\ddot{x} = -cz$$

构造增广系统

$$\begin{bmatrix} \dot{e} \\ \ddot{e} \\ \dot{z} \end{bmatrix} = \begin{bmatrix} 0 & 1 & 0 \\ 0 & 0 & -c \\ 0 & 0 & A \end{bmatrix} \begin{bmatrix} e \\ \dot{e} \\ z \end{bmatrix} + \begin{bmatrix} 0 \\ 0 \\ b \end{bmatrix} w \tag{9-277}$$

若系统(9-277)可控，即

$$\text{rank} \begin{bmatrix} 0 & 0 & -cb & -cAb \\ 0 & -cb & -cAb & -cA^2b \\ b & Ab & A^2b & A^3b \end{bmatrix} = n+2$$

则存在状态反馈

$$w = -\begin{bmatrix} k_1 & k_2 & k_3 \end{bmatrix} \begin{bmatrix} e \\ \dot{e} \\ z \end{bmatrix} = -k_1 e - k_2 \dot{e} - k_3 z \tag{9-278}$$

使增广闭环系统

$$\begin{bmatrix} \dot{e} \\ \ddot{e} \\ \dot{z} \end{bmatrix} = \left\{ \begin{bmatrix} 0 & 1 & 0 \\ 0 & 0 & -c \\ 0 & 0 & A \end{bmatrix} - \begin{bmatrix} 0 \\ 0 \\ b \end{bmatrix} \begin{bmatrix} k_1 & k_2 & k_3 \end{bmatrix} \right\} \begin{bmatrix} e \\ \dot{e} \\ z \end{bmatrix}$$

$$= \begin{bmatrix} 0 & 1 & 0 \\ 0 & 0 & -c \\ -k_1 b & -k_2 b & A - b k_3 \end{bmatrix} \begin{bmatrix} e \\ \dot{e} \\ z \end{bmatrix} \tag{9-279}$$

渐近稳定。其中，k_1，k_2 和 k_3 可由要求的闭环增广系统(9-278)的极点位置来确定。这样，当 $t \to \infty$ 时，必有 $e(t) \to 0$。

对式(9-278)作二次积分，可得含有输入内模信息的反馈控制信号

$$u(t) = -k_1 \int_0^t \int_0^t e(\tau) \mathrm{d}\tau \mathrm{d}\tau - k_2 \int_0^t e(\tau) \mathrm{d}\tau - k_3 x(t)$$

斜坡输入的内模设计系统框图如图 9-32 所示。

由图 9-32 可见,虚框表示的控制器中含有两个积分器,这正是斜坡输入的内模形式。类似地,可以将内模方法推广到处理其他参考输入形式。此外,如果将扰动信号的生成模型也纳入校正控制器中,还可以通过扰动内模设计来克服持续扰动对系统性能的影响,请参见本章习题。

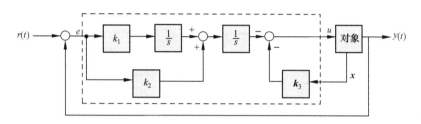

图 9-32　斜坡输入的内模设计系统框图

例 9-28　打印机皮带驱动器。

在计算机外围设备中,常用的低价位打印机都配有皮带驱动器,用于驱动打印头沿打印页面横向移动。打印头可能是喷墨式或针式的。图 9-33 是一个装有直流电机的皮带驱动式打印机,其光传感器用来测定打印头的位置,皮带张力变化用于调节皮带的实际弹性状态。

图 9-33　打印机皮带驱动系统

设计要求:

1) 建立系统的状态空间模型,选择合适的电机参数、滑轮参数和控制器参数;

2) 研究皮带弹性系数 k 对打印机抗外界扰动性能的影响。

解　1) 状态空间建模及系统参数选择。图 9-34 为打印机皮带驱动器的基本模型。模型中记皮带弹性系数为 k,滑轮半径为 r,电机轴转角为 θ,右滑轮的转角为 θ_p,打印头质量为 m,打印头位移为 $y(t)$。光传感器用来测量 $y(t)$,光传感器的输出电压为 v_1,且 $v_1=k_1y$。控制器输出电压为 v_2,对系统进行速度反馈,即有 $v_2 = -k_2\dfrac{\mathrm{d}v_1}{\mathrm{d}t}$。

系统参数取值情况如表 9-2 所示。

表 9-2　　打印装置的参数	
质量	$m = 0.2\text{kg}$
光传感器	$k_1 = 1\text{V}/\text{m}$
滑轮半径	$r = 0.015\text{m}$
电机	
电感	$L \approx 0$
电机和滑轮的摩擦系数	$f = 0.25\text{N}\cdot\text{m}\cdot\text{s}$
电枢电阻	$R = 2\Omega$
电机传递系数	$K_m = 2\text{kg}\cdot\text{m}/\text{A}$
电机和滑轮的转动惯量	$J_{\text{电机}} + J_{\text{滑轮}} = J = 0.01\text{kg}\cdot\text{m}^2$

图 9-34　打印机皮带驱动模型

下面推导系统的运动方程。注意到 $y = r\theta_p$，可知皮带张力 T_1 和 T_2 分别为

$$T_1 = k(r\theta - r\theta_p) = k(r\theta - y), \qquad T_2 = k(y - r\theta)$$

式中，k 为皮带弹性系数。于是，作用在质量 m 上的皮带净张力为

$$T_1 - T_2 = 2k(r\theta - y) = 2kx_1$$

其中，$x_1 = r\theta - y$ 为第一个状态变量，表示打印头实际位移 y 与预期位移 $r\theta$ 之间的位移差。显然，质量 m 的运动方程为

$$m\frac{\text{d}^2 y}{\text{d}t^2} = T_1 - T_2 = 2kx_1$$

取第二个状态变量为 $x_2 = \dfrac{\text{d}y}{\text{d}t}$，于是有

$$\frac{\text{d}x_2}{\text{d}t} = \frac{2k}{m}x_1 \tag{9-280}$$

定义第三个状态变量为 $x_3 = \dfrac{\text{d}\theta}{\text{d}t}$，则 x_1 的导数

$$\frac{\text{d}x_1}{\text{d}t} = r\frac{\text{d}\theta}{\text{d}t} - \frac{\text{d}y}{\text{d}t} = -x_2 + rx_3 \tag{9-281}$$

接着，推导电机旋转的运动方程：当 $L=0$ 时，电机电枢电流 $i = \dfrac{v_2}{R}$，而电机转矩为

$M_m=K_m i$，于是有

$$M_m = \frac{K_m}{R} v_2 \tag{9-282}$$

设作用在驱动皮带上的扰动转矩为 M_d，则电机驱动皮带的有效转矩为 $M=M_m-M_d$。显然，只有有效转矩驱动电机轴带动滑轮运动，因此有

$$M = J\frac{\mathrm{d}^2\theta}{\mathrm{d}t^2} + f\frac{\mathrm{d}\theta}{\mathrm{d}t} + r(T_1 - T_2)$$

由于

$$\frac{\mathrm{d}x_3}{\mathrm{d}t} = \frac{\mathrm{d}^2\theta}{\mathrm{d}t^2}, \qquad T_1 - T_2 = 2kx_1$$

故得

$$\frac{\mathrm{d}x_3}{\mathrm{d}t} = \frac{M_m - M_d}{J} - \frac{f}{J}x_3 - \frac{2kr}{J}x_1$$

在上式中，代入式(9-282)以及

$$v_2 = -k_2 \frac{\mathrm{d}v_1}{\mathrm{d}t}$$

$$v_1 = k_1 y, \quad x_2 = \frac{\mathrm{d}y}{\mathrm{d}t}$$

得到

$$\frac{M_m}{J} = \frac{K_m}{RJ}v_2 = -\frac{K_m k_2}{RJ}\frac{\mathrm{d}v_1}{\mathrm{d}t} = -\frac{K_m k_1 k_2}{RJ}x_2$$

最后可得

$$\frac{\mathrm{d}x_3}{\mathrm{d}t} = -\frac{2kr}{J}x_1 - \frac{K_m k_1 k_2}{RJ}x_2 - \frac{f}{J}x_3 - \frac{M_d}{J} \tag{9-283}$$

式(9-280)、式(9-281)及式(9-283)构成了描述打印机皮带驱动系统的一阶运动微分方程组，其向量-矩阵形式为

$$\dot{\boldsymbol{x}} = \begin{bmatrix} 0 & -1 & r \\ \dfrac{2k}{m} & 0 & 0 \\ -\dfrac{2kr}{J} & -\dfrac{K_m k_1 k_2}{RJ} & -\dfrac{f}{J} \end{bmatrix} \boldsymbol{x} + \begin{bmatrix} 0 \\ 0 \\ -\dfrac{1}{J} \end{bmatrix} M_d \tag{9-284}$$

式(9-284)的信号流图如图 9-35 所示，图中还表示了扰动力矩 M_d 的节点。

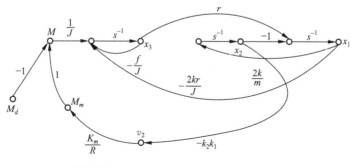

图 9-35　打印机皮带驱动系统的信号流图

2) 皮带弹性系数的影响。为了研究如何抑制 M_d 对系统性能的影响，可由图 9-35 确定传递函数 $X_1(s)/M_d(s)$。利用梅森增益公式，可得

$$\frac{X_1(s)}{M_d(s)} = \frac{-\dfrac{r}{J}s^{-2}}{1-(L_1+L_2+L_3+L_4)+L_1L_2}$$

其中回路增益

$$L_1 = -\frac{f}{J}s^{-1}, \qquad L_2 = -\frac{2k}{m}s^{-2}$$

$$L_3 = -\frac{2kr^2}{J}s^{-2}, \qquad L_4 = -\frac{2kk_1k_2K_mr}{mRJ}s^{-3}$$

因而有

$$\frac{X_1(s)}{M_d(s)} = \frac{-\left(\dfrac{r}{J}\right)s}{s^3+\left(\dfrac{f}{J}\right)s^2+\left(\dfrac{2k}{m}+\dfrac{2kr^2}{J}\right)s+\left(\dfrac{2kf}{mJ}+\dfrac{2kK_mk_1k_2r}{mRJ}\right)}$$

代入表 9-2 所示参数值，得

$$\frac{X_1(s)}{M_d(s)} = \frac{-1.5s}{s^3+25s^2+10.05ks+k(250+15k_2)}$$

为了抑制 M_d 对打印头位移差 $x_1 = r\theta - y$ 的影响，需要选择合适的皮带弹性系数 k 和速度反馈系数 k_2。令 $M_d(s) = \dfrac{1}{s}$，有

$$X_1(s) = \frac{-1.5}{s^3+25s^2+10.05ks+k(250+15k_2)}$$

显然，k 与 k_2 的选择应首先保证闭环系统的稳定性。系统的闭环特征方程为

$$s^3+25s^2+10.05ks+k(250+15k_2) = 0$$

列劳斯表如下：

$$
\begin{array}{c|cc}
s^3 & 1 & 10.05k \\
s^2 & 25 & k(250+15k_2) \\
s^1 & \dfrac{25\times10.05k-k(250+15k_2)}{25} & 0 \\
s^0 & k(250+15k_2) &
\end{array}
$$

由劳斯判据知，使闭环系统稳定的充分必要条件为

$$25\times10.05k-k(250+15k_2) > 0$$

以及

$$k(250+15k_2) > 0$$

整理得

$$k > 0, \qquad 0 < k_2 < 0.0833$$

在系统稳定的前提下，由终值定理可知，打印头稳态位移差

$$\lim_{t\to\infty}x_1(t) = \lim_{s\to0}sX_1(s) = 0$$

打印头在运动过程中受单位阶跃扰动力矩作用下的动态特性，取决于皮带弹性系数 k 和速度反馈系数 k_2 的选取。通常，k 在 1～40 范围内取值，$k_2<1$。一组合适的取值为 $k=20$ 和 $k_2=0.08$，此时

$$X_1(s) = \frac{-1.5}{s^3 + 25s^2 + 201s + 5024} = \frac{-1.5}{(s+25)(s^2 + 201)}$$

对上式进行部分分式分解，有

$$X_1(s) = \frac{A_1}{s+25} + \frac{A_2 s + A_3}{s^2 + 201}$$

其中，$A_1 = -0.0018$，$A_2 = 0.0018$，$A_3 = -0.045$。由于留数 A_1 和 A_2 比 A_3 小得多，其影响可略，故

$$X_1(s) \approx \frac{-0.045}{s^2 + 201}$$

查本书附录 A，可得

$$x_1(t) \approx -3.17 \times 10^{-3} \sin(14.18t)$$

其动态响应如图 9-36 所示。由图可见，该系统可将外来阶跃扰动的影响抑制到相当微弱的程度，实现了预期的设计目标。

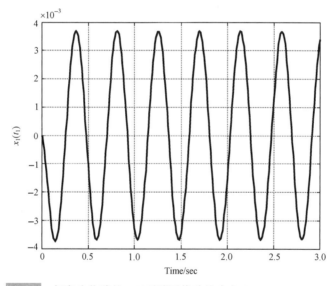

图 9-36　打印头位移差 $x_1(t)$ 对阶跃扰动的响应($k=20$，MATLAB)

MATLAB 程序如下：

```
k=20; k2=0.08;
num=［-1.5 0］;
den=［1 25 10.05*k k*(250+15*k2)］;
sys=tf(num, den);
t=0: 0.01: 3;
step(sys, t); grid
```

例 9-29　自动检测系统。

电气开关面板上有各种开关、继电器和指示灯，若采用手工方式检测，会降低产量并造成较大的检验误差。图 9-37 是一个自动检测系统示意图，该系统通过直流电机来驱动一组探针，使探针穿过零件的引线，以便检测零件的导通性能、电阻及其他功能参数。

图 9-37 自动检测系统示意图

该自动检测系统利用直流电机上的编码器来测量电压和探针的位置，如图 9-38 所示。其结构图模型如图 9-39 所示，其中 K_a 为所需要的功率放大系数。

图 9-38 装有编码轮盘的直流电机示意图

图 9-39 直流电机结构图模型

设状态变量选择为：$x_1 = \theta$，$x_2 = \mathrm{d}\theta/\mathrm{d}t, x_3 = i_f$；假定这些状态变量均可测，且能用于反馈。图 9-40 所示为其闭环系统，其中控制律

$$u = -K_1 x_1 - K_2 x_2 - K_3 x_3$$

本例的设计目标是：合理选择放大器增益 K_a 和状态反馈增益 K_1，K_2 和 K_3，使系统单位阶跃响应的调节时间小于 $2\mathrm{s}(\Delta=2\%)$，超调量小于 4%。

解 首先列写系统的状态方程。由图 9-40 可见，当系统状态反馈未接入时，有

$$\dot{x}(t) = Ax(t) + bu(t) = \begin{bmatrix} 0 & 1 & 0 \\ 0 & -1 & 1 \\ 0 & 0 & -5 \end{bmatrix} x + \begin{bmatrix} 0 \\ 0 \\ K_a \end{bmatrix} u$$

当系统接入状态反馈控制律，并令 $K_1=1$ 时，得闭环系统方程为

$$\dot{x}(t) = \begin{bmatrix} 0 & 1 & 0 \\ 0 & -1 & 1 \\ -K_a & -K_a K_2 & -(5 + K_a K_3) \end{bmatrix} x(t) = \bar{A}x(t)$$

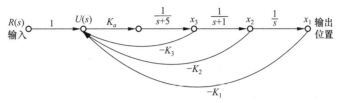

图 9-40 自动检测反馈控制系统信号流图

令 $\det(s\boldsymbol{I} - \overline{\boldsymbol{A}}) = 0$，得闭环系统特征方程

$$s^3 + (6 + K_a K_3)s^2 + \left[5 + K_a(K_2 + K_3)\right]s + K_a = 0$$

上式可写为

$$s(s+1)(s+5) + K_a K_3\left(s^2 + \frac{K_2 + K_3}{K_3}s + \frac{1}{K_3}\right) = 0$$

其等效闭环特征方程为

$$1 + K_a K_3 \frac{s^2 + \dfrac{K_2 + K_3}{K_3}s + \dfrac{1}{K_3}}{s(s+1)(s+5)} = 0$$

以 $K_a K_3$ 为可变参数，绘制等效系统的根轨迹图，并适当选择待定参数，使系统性能满足设计指标。

根据给定的性能指标要求，应有

$$\sigma\% \cong 100\mathrm{e}^{-\pi\zeta/\sqrt{1-\zeta^2}}\% < 4\%$$

$$t_s \cong \frac{4.4}{\zeta\omega_n} < 2 \qquad (\Delta = 2\%)$$

故可求得 $\qquad\qquad\qquad\qquad \zeta > 0.72, \quad \omega_n > 3.1$

则系统希望主导极点在复平面上的有效取值区域，如图 9-41(a)中阴影线区域所示。

(a) 自动检测系统的根轨迹

```
clc; clear;
num=[1 8 20]; den=[1 6 5 0];
rlocus (num,den); hold on
%显示稳定性区域
zeta=0.72,wn=3.1;
x=-10:0.1:-zeta*wn; y=-(sqrt(1-zeta^2)/zeta)*x;
xc=-10:0.1:-zeta*wn; c=sqrt(wn^2-xc.^2);
plot(x, y, ':', x, -y, ':', xc, c, ':', xc, -c, ':')
axis([-10 1 -10 10]);
```

(b) MATLAB程序

图 9-41 自动检测系统设计(MATLAB)

为了把根轨迹拉向图9-41(a)所示阴影线区域,将等效系统的开环零点取为$s = -4 \pm j2$ (位于阴影线区域内),且令

$$s^2 + \frac{K_2 + K_3}{K_3}s + \frac{1}{K_3} = (s + 4 + j2)(s + 4 - j2) = s^2 + 8s + 20$$

即有
$$\frac{K_2 + K_3}{K_3} = 8, \quad \frac{1}{K_3} = 20$$

解出
$$K_2 = 0.35, \quad K_3 = 0.05$$

运行图 9-41(b)所示 MATLAB 程序,可以画出以 K_aK_3 为可变参数的根轨迹图, 如图 9-41(a)所示。由图可见, 当取根轨迹增益 K_aK_3=12 时,闭环极点位于有效取值区域之内。从而满足设计指标要求。本例最终设计结果为:K_a=240.00,K_1=1.00,K_2=0.35,K_3=0.05。

最后, 校验设计参数, 系统的单位阶跃响应曲线如图 9-42 所示。由图得, 设计后系统的 $\sigma\% = 2\%, t_s = 0.88s(\Delta=2\%)$, 系统确实满足了设计要求。

MATLAB 程序如下:

```
Ka=240; K1=1; K2=0.35; K3=0.05;
A=[0 1 0; 0 -1 1; -Ka -Ka*K2 -5-Ka*K3];
b=[0 0 Ka]′;
c=[1 0 0];
d=0;
sys=ss(A, b, c, d);
t=0: 0.01: 3;
step(sys, t); grid
```

图 9-42　自动检测系统的单位阶跃响应(MATLAB)

例 9-30　磁盘驱动读取系统(续)。

现代磁盘在每厘米宽度内有 5000 个磁道, 每个磁道的典型宽度仅为 1μm, 因此磁盘驱动读取系统对磁头的定位精度和磁头在磁道间移动的动态过程有严格的要求。

当不考虑磁场电感影响时, 磁头控制系统的二阶开环模型如图 9-43 所示, 采用状态反馈控制器后的闭环系统如图 9-44 所示。设计要求:

1) 选择放大器增益 K_a 和反馈系数 K_2,使系统二阶模型响应满足表 9-3 所示性能指标要求;

图 9-43 磁头控制系统的二阶开环模型

图 9-44 具有两条状态变量反馈回路的闭环系统信号流图

2) 若考虑磁场电感的影响,且设电感 L 为 1mH,则磁盘驱动读取系统中的电机传递函数为

$$G_1(s) = \frac{5000}{s+1000}$$

要求采用系统的三阶模型检验系统采用二阶模型时的设计结果。

表 9-3 磁盘驱动控制系统的设计要求和实际性能

性能指标	期望值	二阶模型响应	三阶模型响应
超调量	<5%	<2%	0%
调节时间/ms	<50	40.2	40.3
单位阶跃扰动的响应峰值	5.2×10^{-3}	5.2×10^{-5}	5.2×10^{-5}

解 首先建立系统的状态空间模型。选择状态变量为: $x_1(t) = y(t)$, $x_2(t) = \mathrm{d}y(t)/\mathrm{d}t = \mathrm{d}x_1(t)/\mathrm{d}t$,由图 9-43 知,开环系统的二阶模型的状态方程为

$$\dot{\boldsymbol{x}}(t) = \begin{bmatrix} 0 & 1 \\ 0 & -20 \end{bmatrix} \boldsymbol{x}(t) + \begin{bmatrix} 0 \\ 5K_a \end{bmatrix} r(t)$$

假定磁头的位置及速度均可以测量,根据图 9-44 所示的状态反馈闭环系统,可得闭环系统的状态方程为

$$\dot{\boldsymbol{x}}(t) = \begin{bmatrix} 0 & 1 \\ -5K_1K_a & -(20+5K_2K_a) \end{bmatrix} \boldsymbol{x}(t) + \begin{bmatrix} 0 \\ 5K_a \end{bmatrix} r(t)$$

在上式中代入 K_1=1,可由 $\det(s\boldsymbol{I} - \overline{\boldsymbol{A}}) = 0$ (其中 $\overline{\boldsymbol{A}}$ 为闭环系统阵),得

$$\det \begin{bmatrix} s & -1 \\ 5K_a & s+(20+5K_2K_a) \end{bmatrix} = 0$$

于是,闭环系统的特征方程为

$$s^2 + (20+5K_2K_a)s + 5K_a = 0$$

为了满足设计指标要求，根据

$$\sigma\% = 100\,\mathrm{e}^{-\pi\zeta/\sqrt{1-\zeta^2}}\,\% < 5\%$$

$$t_s = \frac{4.4}{\zeta\omega_n} < 0.05 \qquad (\Delta = 2\%)$$

应有 $\zeta > 0.69$ 以及 $\zeta\omega_n > 88$。考虑到磁盘读取系统对动态过程的严格要求，现取

$$\zeta = 0.9, \quad \zeta\omega_n = 125$$

其对应的动态性能指标为 $\sigma\%=1.53\%$ 和 $t_s=35.2\mathrm{ms}$，比较满意。在此情况下，预期的闭环特征方程为

$$s^2 + 2\zeta\omega_n s + \omega_n^2 = s^2 + 250s + 19290 = 0$$

令实际系统的闭环特征方程与预期闭环特征方程的对应项系数相等，得

$$5K_a = 19290$$

$$20 + 5K_2 K_a = 250$$

求得放大器增益 K_a=3858，反馈增益 K_2=0.012。采用仿真方法计算闭环系统的实际响应，所得动态性能指标如表 9-3 中第 3 列所示。结果表明，所选择的系统参数满足对系统的设计指标要求。

如果考虑磁场电感影响，图 9-43 中的 $G_1(s)$=5 应变为

$$G_1(s) = \frac{5000}{s + 1000}$$

从而得到系统更精确的三阶开环模型。仍然沿用二阶系统模型时选取的系统参数，即 K_a=3858，K_1=1，K_2=0.012，对闭环系统的实际响应进行仿真计算，其结果如表 9-3 中第 4 列所示。表明：三阶闭环系统同样满足设计要求，其动态性能与二阶闭环系统性能相近，这说明二阶开环模型足以精确地描述磁盘驱动读取系统。

三阶模型单位阶跃响应的 MATLAB 仿真结果如图 9-45 所示。

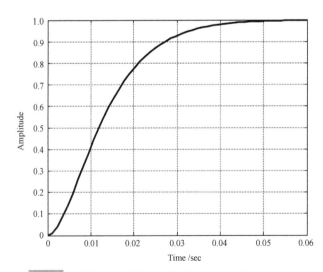

图 9-45 磁盘驱动系统三阶模型的时间响应(MATLAB)

习　　题

9-1　已知电枢控制的直流伺服电机的微分方程组及传递函数为

$$u_a = R_a i_a + L_a \frac{\mathrm{d}i_a}{\mathrm{d}t} + E_b, \ E_b = C_b \frac{\mathrm{d}\theta_m}{\mathrm{d}t}$$

$$M_m = C_m i_a, \ M_m = J_m \frac{\mathrm{d}^2\theta_m}{\mathrm{d}t^2} + f_m \frac{\mathrm{d}\theta_m}{\mathrm{d}t}$$

$$\frac{\Theta_m(s)}{U_a(s)} = \frac{C_m}{s\left[L_a J_m s^2 + (L_a f_m + J_m R_a)s + (R_a f_m + C_b C_m)\right]}$$

(1) 设状态变量 $x_1 = \theta_m$，$x_2 = \dot{\theta}_m$，$x_3 = \ddot{\theta}_m$，输出量 $y = \theta_m$，试建立其动态方程；

(2) 设状态变量 $\bar{x}_1 = i_a$，$\bar{x}_2 = \theta_m$，$\bar{x}_3 = \dot{\theta}_m$，$y = \theta_m$，试建立其动态方程；

(3) 设 $\boldsymbol{x} = \boldsymbol{T}\bar{\boldsymbol{x}}$，确定两组状态变量间的变换矩阵 T。

9-2　设系统微分方程为

$$\ddot{x} + 3\dot{x} + 2x = u$$

式中，u 为输入量，x 为输出量。

(1) 设状态变量 $x_1 = x$，$x_2 = \dot{x}$，试列写动态方程；

(2) 设状态变换 $x_1 = \bar{x}_1 + \bar{x}_2$，$x_2 = -\bar{x}_1 - 2\bar{x}_2$，试确定变换矩阵 $\boldsymbol{T}$ 及变换后的动态方程。

9-3　设系统微分方程为

$$\dddot{y} + 6\ddot{y} + 11\dot{y} + 6y = 6u$$

式中，u、y 分别为系统的输入、输出量。试列写可控标准型（即 $\boldsymbol{A}$ 为友矩阵）及可观测标准型（即 $\boldsymbol{A}$ 为友矩阵转置）状态空间表达式，并画出状态变量图。

9-4　已知系统结构图如图 9-46 所示，其状态变量为 x_1，x_2，x_3。试求动态方程，并画出状态变量图。

图 9-46　系统结构图

9-5　已知双输入-双输出系统状态方程和输出方程

$$\dot{x}_1 = x_2 + u_1$$
$$\dot{x}_2 = x_3 + 2u_1 - u_2$$
$$\dot{x}_3 = -6x_1 - 11x_2 - 6x_3 + 2u_2$$
$$y_1 = x_1 - x_2$$
$$y_2 = 2x_1 + x_2 - x_3$$

写出其向量-矩阵形式并画出状态变量图。

9-6　已知系统传递函数为

$$G(s) = \frac{s^2 + 6s + 8}{s^2 + 4s + 3}$$

试求可控标准型（A 为友矩阵）、可观测标准型（A 为友矩阵转置）、对角线型（A 为对角阵）的动态方程。

9-7 已知系统传递函数

$$G(s) = \frac{5}{(s+1)^2(s+2)}$$

试求约当型（A 为约当阵）动态方程。

9-8 已知矩阵

$$A = \begin{bmatrix} 0 & 1 & 0 & 0 \\ 0 & 0 & 1 & 0 \\ 0 & 0 & 0 & 1 \\ 1 & 0 & 0 & 0 \end{bmatrix}$$

试求 A 的特征方程、特征值、特征向量，并求出变换矩阵将 A 对角化。

9-9 已知矩阵

$$A = \begin{bmatrix} -1 & 0 \\ 0 & 1 \end{bmatrix}$$

试用幂级数法及拉普拉斯变换法求出矩阵指数（即状态转移矩阵）。

9-10 试求下列状态方程的解：

$$\dot{x} = \begin{bmatrix} -1 & 0 & 0 \\ 0 & -2 & 0 \\ 0 & 0 & -3 \end{bmatrix} x$$

9-11 已知系统状态方程为

$$\dot{x} = \begin{bmatrix} 1 & 0 \\ 1 & 1 \end{bmatrix} x + \begin{bmatrix} 1 \\ 1 \end{bmatrix} u$$

初始条件为 $x_1(0)=1$，$x_2(0)=0$。试求系统在单位阶跃输入作用下的状态响应。

9-12 已知线性系统状态转移矩阵

$$\Phi(t) = \begin{bmatrix} 6e^{-t} - 5e^{-2t} & 4e^{-t} - 4e^{-2t} \\ -3e^{-t} + 3e^{-2t} & -2e^{-t} + 3e^{-2t} \end{bmatrix}$$

试求该系统的状态阵 A。

9-13 已知系统动态方程

$$\dot{x} = \begin{bmatrix} 0 & 1 & 0 \\ -2 & -3 & 0 \\ -1 & 1 & 3 \end{bmatrix} x + \begin{bmatrix} 0 \\ 1 \\ 2 \end{bmatrix} u$$

$$y = \begin{bmatrix} 0 & 0 & 1 \end{bmatrix} x$$

试求传递函数 $G(s)$。

9-14 试求习题 9-5 所示系统的传递函数矩阵。

9-15 已知差分方程

$$y(k+2) + 3y(k+1) + 2y(k) = 2u(k+1) + 3u(k)$$

试列写可控标准型（A 为友矩阵）离散动态方程，并求出 $u(k)=1$ 时的系统响应。给定 $y(0)=0$，$y(1)=1$。

9-16 已知连续系统动态方程为

$$\dot{x} = \begin{bmatrix} 0 & 1 \\ 0 & 2 \end{bmatrix} x + \begin{bmatrix} 0 \\ 1 \end{bmatrix} u, \qquad y = \begin{bmatrix} 1 & 0 \end{bmatrix} x$$

设采样周期 $T=1\mathrm{s}$，试求离散化动态方程。

9-17 试判断下列系统的状态可控性：

(1) $\dot{x} = \begin{bmatrix} -2 & 2 & -1 \\ 0 & -2 & 0 \\ 1 & -4 & 0 \end{bmatrix} x + \begin{bmatrix} 0 \\ 0 \\ 1 \end{bmatrix} u$;　　(2) $\dot{x} = \begin{bmatrix} 1 & 1 & 0 \\ 0 & 1 & 0 \\ 0 & 1 & 1 \end{bmatrix} x + \begin{bmatrix} 0 \\ 1 \\ 0 \end{bmatrix} u$;

(3) $\dot{x} = \begin{bmatrix} 1 & 1 & 0 \\ 0 & 1 & 0 \\ 0 & 1 & 1 \end{bmatrix} x + \begin{bmatrix} 0 & 0 \\ 0 & 1 \\ 1 & 0 \end{bmatrix} \begin{bmatrix} u_1 \\ u_2 \end{bmatrix}$;　　(4) $\dot{x} = \begin{bmatrix} -4 & & 0 \\ & -4 & \\ 0 & & 1 \end{bmatrix} x + \begin{bmatrix} 1 \\ 2 \\ 1 \end{bmatrix} u$ 。

9-18 已知 $ad=bc$，试计算 $\begin{bmatrix} a & b \\ c & d \end{bmatrix}^{100}$ 。

9-19 设系统状态方程为

$$\dot{x} = \begin{bmatrix} 0 & 1 \\ -1 & a \end{bmatrix} x + \begin{bmatrix} 1 \\ b \end{bmatrix} u$$

设状态可控，试求 a，b。

9-20 设系统传递函数为

$$G(s) = \frac{s+a}{s^3 + 7s^2 + 14s + 8}$$

设状态可控，试求 a。

9-21 判断下列系统的输出可控性：

(1) $\dot{x} = \begin{bmatrix} 0 & 1 & 0 \\ 0 & 0 & 1 \\ -6 & -11 & -6 \end{bmatrix} x + \begin{bmatrix} 0 \\ 0 \\ 1 \end{bmatrix} u, \qquad y = \begin{bmatrix} 1 & 0 & 0 \end{bmatrix} x$;

(2) $\dot{x} = \begin{bmatrix} -a & & & 0 \\ & -b & & \\ & & -c & \\ 0 & & & -d \end{bmatrix} x + \begin{bmatrix} 0 \\ 0 \\ 1 \\ 1 \end{bmatrix} u, \qquad y = \begin{bmatrix} 1 & 0 & 0 & 0 \end{bmatrix} x$ 。

9-22 试判断下列系统的可观测性：

(1) $\dot{x} = \begin{bmatrix} -1 & -2 & -2 \\ 0 & -1 & 1 \\ 1 & 0 & -1 \end{bmatrix} x + \begin{bmatrix} 2 \\ 0 \\ 1 \end{bmatrix} u, \qquad y = \begin{bmatrix} 1 & 1 & 0 \end{bmatrix} x$;

(2) $\dot{x} = \begin{bmatrix} 2 & 0 & 0 \\ 0 & 2 & 0 \\ 0 & 3 & 1 \end{bmatrix} x, \qquad y = \begin{bmatrix} 1 & 1 & 1 \end{bmatrix} x$;

(3) $\dot{x} = \begin{bmatrix} -1 & 1 & & 0 \\ & -1 & & \\ & & -2 & 1 \\ 0 & & & -2 \end{bmatrix} x, \qquad y = \begin{bmatrix} 1 & 0 & 0 & 0 \\ 0 & 0 & -1 & 0 \end{bmatrix} x$;

(4) $\dot{x} = \begin{bmatrix} 2 & 1 & 0 \\ 0 & 2 & 0 \\ 0 & 0 & -3 \end{bmatrix} x, \qquad y = \begin{bmatrix} 0 & 1 & 1 \end{bmatrix} x$。

9-23　试确定使下列系统可观测的 a, b:

$$\dot{x} = \begin{bmatrix} a & 1 \\ 0 & b \end{bmatrix} x, \qquad y = \begin{bmatrix} 1 & -1 \end{bmatrix} x$$

9-24　已知系统各矩阵为

$$A = \begin{bmatrix} 1 & 3 & 2 \\ 0 & 4 & 2 \\ 0 & 0 & 1 \end{bmatrix}, \quad B = \begin{bmatrix} 0 & 1 \\ 0 & 0 \\ 1 & 0 \end{bmatrix}, \quad C = \begin{bmatrix} 1 & 0 & 0 \\ 0 & 0 & 1 \end{bmatrix}$$

试用传递矩阵判断系统可控性、可观测性。

9-25　将下列状态方程化为可控标准型:

$$\dot{x} = \begin{bmatrix} 1 & -2 \\ 3 & 4 \end{bmatrix} x + \begin{bmatrix} 1 \\ 1 \end{bmatrix} u$$

9-26　已知系统传递函数为

$$\frac{Y(s)}{U(s)} = \frac{s+1}{s^2 + 3s + 2}$$

试写出系统可控不可观测、可观测不可控、不可控不可观测的动态方程。

9-27　已知系统各矩阵为

$$A = \begin{bmatrix} 1 & 0 & 0 & 0 \\ 0 & 2 & 0 & 0 \\ -6 & -2 & 3 & 0 \\ 3 & -2 & 0 & 4 \end{bmatrix}, \quad b = \begin{bmatrix} 1 \\ 0 \\ 3 \\ 2 \end{bmatrix}, \quad c = \begin{bmatrix} -4 & -3 & 1 & 1 \end{bmatrix}$$

试求可控子系统与不可控子系统的动态方程。

9-28　系统各矩阵同习题 9-27, 试求可观测子系统与不可观测子系统的动态方程。

9-29　设被控系统状态方程为

$$\dot{x} = \begin{bmatrix} 0 & 1 & 0 \\ 0 & -1 & 1 \\ 0 & -1 & 10 \end{bmatrix} x + \begin{bmatrix} 0 \\ 0 \\ 10 \end{bmatrix} u$$

可否用状态反馈任意配置闭环极点? 求状态反馈阵, 使闭环极点位于 -10, $-1 \pm \mathrm{j}\sqrt{3}$, 并画出状态变量图。

9-30　设被控系统动态方程为

$$\dot{x} = \begin{bmatrix} 0 & 1 \\ 0 & 0 \end{bmatrix} x + \begin{bmatrix} 0 \\ 1 \end{bmatrix} u, \qquad y = \begin{bmatrix} 1 & 0 \end{bmatrix} x$$

试设计全维状态观测器, 使闭环极点位于 $-r$, $-2r(r>0)$, 并画出状态变量图。

9-31　设系统传递函数为

$$\frac{(s-1)(s+2)}{(s+1)(s-2)(s+3)}$$

试问能否利用状态反馈将传递函数变成

$$\frac{s-1}{(s+2)(s+3)}$$

若有可能，求出一个满足要求的状态反馈阵 $\boldsymbol{K}$，并画出状态变量图。（提示：状态反馈不改变原传递函数零点）

9-32　试用李雅普诺夫第二法判断下列线性系统平衡状态的稳定性：

$$\dot{x}_1 = -x_1 + x_2, \qquad \dot{x}_2 = 2x_1 - 3x_2$$

9-33　已知系统状态方程为

$$\dot{\boldsymbol{x}} = \begin{bmatrix} 2 & \frac{1}{2} & -3 \\ 0 & -1 & 0 \\ 0 & \frac{1}{2} & -1 \end{bmatrix} \boldsymbol{x} + \begin{bmatrix} 1 & 0 \\ 0 & 2 \\ 1 & 0 \end{bmatrix} \begin{bmatrix} u_1 \\ u_2 \end{bmatrix}$$

当 $\boldsymbol{Q}=\boldsymbol{I}$ 时，$\boldsymbol{P}$=？若选 $\boldsymbol{Q}$ 为正半定矩阵，$\boldsymbol{Q}$=？对应 $\boldsymbol{P}$=？判断系统稳定性。

9-34　设线性定常离散系统状态方程为

$$\boldsymbol{x}(k+1) = \begin{bmatrix} 0 & 1 & 0 \\ 0 & 0 & 1 \\ \frac{k}{2} & 0 & 0 \end{bmatrix} \boldsymbol{x}(k), \quad k>0$$

试求使系统渐近稳定的 k 值范围。

9-35　设工业机器人如图 9-47 所示，其中两相伺服电机转动肘关节之后，通过小臂移动机器人的手腕。假定弹簧的弹性系数为 k，阻尼系数为 f，并选取系统的如下状态变量：

$$x_1 = \phi_1 - \phi_2, \quad x_2 = \frac{\omega_1}{\omega_0}, \quad x_3 = \frac{\omega_2}{\omega_0}$$

其中 $\omega_0^2 = \frac{k(J_1+J_2)}{J_1 J_2}$。试列写该机器人的状态方程。

图 9-47　工业机器人示意图

9-36　为了完成空间站装配、卫星捕获等空间操作，航天飞机的货舱内装备了一种可膨胀机械臂的遥操作系统，如图 9-48(a) 所示。柔性机械臂的模型如图 9-48(b) 所示，其中 J 是驱动电机的转动惯量，u 为电机驱动转矩，θ_1 和 θ_2 为柔性臂转角，k 为柔性臂的弹性系数，M 和 I 分别为负载质量与转动惯量，l 为机械臂在负载上的作用点到负载重心的距离。若选取状态变量为 $x_1=\theta_1$，$x_2=\dot{\theta}_1$，$x_3=\theta_2$，$x_4=\dot{\theta}_2$，试列写柔性机械臂系统的线性化状态方程。

9-37　设磁悬浮试验系统如图 9-49 所示。在该系统上方装有一个电磁铁，产生电磁吸力 F，以便将铁球悬浮于空中。系统的下方装有一个间隙测量传感器，以测量铁球的悬浮间隙。由于没有引入反馈，该磁悬浮试验系统不能稳定工作。

假定电磁铁电感为 $L=0.508$H，电阻为 $R=23.2\Omega$，电流为 $i_1=I_0+i$，其中 $I_0=1.06$A 是系统的标称工作电流。再假定铁球的质量为 $m=1.75$kg，铁球悬浮间隙 $\mu_g=X_0+x$，其中 $X_0=4.36$mm 为标称磁悬浮间隙。若电磁吸力满足如下条件：

$$F = k(i/\mu_g)^2$$

式中，$k=2.9\times10^{-4}\,\text{kg}\cdot\text{m}^2/\text{A}^2$。选择 $x_1=x, x_2=\dfrac{\mathrm{d}x}{\mathrm{d}t}, x_3=i$ 为状态变量，试利用 F 的泰勒展开式，列写磁悬浮试验系统的线性化状态空间表达式。

(a) 可膨胀机械臂遥操作

(b) 柔性机械臂模型

图 9-48　遥操作系统示意图　　　　图 9-49　磁悬浮系统示意图

9-38　在大功率高性能的摩托车中，常采用图 9-50 所示的弹簧-质量-阻尼器系统作为减震器。若已知减震器的基本参数取为质量 $m=1$kg，摩擦系数 $f=9\,\text{kg}\cdot\text{m}\cdot\text{s}$，弹簧系数 $k=20$kg/m，$u(t)$ 为力输入，$y(t)$ 为位移输出。要求完成：

(1) 选择状态变量为 $x_1=y$，$y_2=\dot{y}$，列写系统的动态方程；

(2) 计算系统的特征根及状态转移矩阵 $\Phi(t)$；

(3) 若初始条件 $y(0)=1$，$\dot{y}(0)=2$，在 $0\leqslant t\leqslant2$ 范围内，绘出系统零输入响应 $y(t)$ 及 $\dot{y}(t)$；

(4) 重新设计 f 和 k 的合适值，使系统特征根为 $s_1=s_2=-10$，以减轻震动对车手的影响。

9-39　设汽车悬架控制系统如图 9-51 所示，其中 $X_1(s)$、$X_2(s)$ 和 $X_3(s)$ 为状态变量，K_1、K_2 和 K_3 为状态反馈系数，已知 $K_1=1$。试确定 K_2 和 K_3 的合适取值，使闭环系统的三个特征根位于 $s=-3$ 和 $s=-6$ 之间。另外，还要求确定前置增益 K_p 值，使系统对阶跃输入的稳态误差为零。

图 9-50　弹簧-质量-阻尼器系统示意图

9-40　在图 9-52(a)所示的新型游船上，采用了浮桥和稳定器来减少波浪对游船摇摆的影响，游船摇摆控制系统如图 9-52(b)所示。图中，X_1、X_2 和 X_3 为状态变量，K_2 和 K_3 为状态反馈增益。试确定

K_2 和 K_3 的合适取值,使闭环特征根为 $s_{1,2}=-2\pm j2$,$s_3=-15$,并画出系统在单位阶跃扰动作用下的响应曲线。

9-41 设内模控制系统如图 9-53 所示。试设计合适的内模控制器 $G_c(s)$ 和状态反馈增益向量 k_2,使系统闭环极点 $s_1=s_2=s_3=-2$,且对阶跃输入的稳态跟踪误差为零,最后绘出系统的单位阶跃响应曲线。

图 9-51 汽车悬架控制系统结构图

(a) 游船

图 9-52 游船摇摆控制系统

(b) 控制系统结构图

图 9-53 内模控制系统结构图

9-42　设单位斜坡内模控制系统如图 9-54 所示，其中被控对象

$$G_0(s) = \frac{1}{(s+1)(s+2)}$$

$x_1(t)$ 和 $x_2(t)$ 为状态变量。试设计合适的内模控制器

$$G_c(s) = \frac{k_1 + k_2 s}{s^2}$$

及状态反馈增益 k_3 和 k_4，使系统的闭环极点为 $s_1 = s_2 = s_3 = s_4 = -2$，且系统对单位斜坡输入的稳态跟踪误差为零，最后绘出系统的单位斜坡响应曲线。

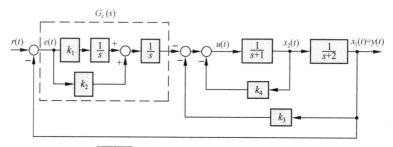

图 9-54　单位斜坡内模控制系统结构图

9-43　已知被控对象的动态方程

$$\dot{x}(t) = Ax(t) + bu(t), \qquad y(t) = cx(t)$$

其中

$$A = \begin{bmatrix} 0 & 1 \\ -2 & -2 \end{bmatrix}, \quad b = \begin{bmatrix} 1 \\ 2 \end{bmatrix}, \quad c = \begin{bmatrix} 1 & 0 \end{bmatrix}$$

要求设计单位斜坡输入时的内模控制器，使系统闭环极点为 $s_{1,2} = -1 \pm j1$，$s_3 = s_4 = -10$，并给出单位斜坡内模控制系统结构图及跟踪误差 $e(t)$ 的响应曲线。

9-44　设带有扰动 $n(t)$ 的单输入-单输出系统的状态空间表达式为

$$\dot{x}(t) = Ax(t) + bu(t), \qquad y(t) = cx(t) + n(t)$$

式中，$x \in \mathbf{R}^n$ 为状态向量；u 为标量输入；y 为标量输出；A、b、c 维数适当。设参考输入 $r(t) = t$，扰动信号 $n(t) = 1(t)$，为阶跃扰动。试论证可设计扰动内模控制器，使系统输出能以零稳态误差渐近跟踪斜坡输入 t，且不受阶跃扰动 $n(t)$ 的影响。

9-45　设有系统

$$\dot{x}(t) = \begin{bmatrix} 0 & 1 \\ -2 & -2 \end{bmatrix} x(t) + \begin{bmatrix} 1 \\ 2 \end{bmatrix} u(t), \qquad y(t) = \begin{bmatrix} 1 & 0 \end{bmatrix} x(t) + n(t)$$

式中，$n(t) = 3t^2$ 为输出端扰动信号。要求系统输出能以零稳态误差跟踪斜坡参考输入信号，并克服输出端加速度扰动对跟踪性能的影响。

第十章　动态系统的最优控制方法

本章导学

20 世纪 60 年代初，由于空间技术的迅猛发展和计算机的广泛应用，动态系统的优化理论得到迅速发展，形成了最优控制这一重要的学科分支，并在控制工程、经济管理与决策以及人口控制等领域得到了成功的应用，取得了显著的成效。最优控制在被控对象参数已知的情况下，已经成为设计复杂系统的有效方法之一。本章将介绍动态系统最优控制的基本原理和常用方法，以及若干工程应用。

10-1　最优控制的一般概念

1. 最优控制的基本概念

最优控制是现代控制理论的核心。最优控制研究的主要问题是：根据已建立的被控对象的数学模型，选择一个容许的控制律，使得被控对象按预定要求运行，并使给定的某一性能指标达到极小值(或极大值)。从数学观点来看，最优控制研究的问题是求解一类带有约束条件的泛函极值问题，属于变分学的范畴。然而，经典变分理论只能解决控制无约束，即容许控制属于开集的一类最优控制问题，而工程实践中所遇到的多为控制有约束，即容许控制属于闭集的一类最优控制问题。为了满足工程实践的需要，20 世纪 50 年代中期，出现了现代变分理论，其中最常用的方法是动态规划和极小值原理。

动态规划是美国学者 R.E.贝尔曼于 1957 年创立的。贝尔曼依据最优性原理，发展了变分学中的哈密顿-雅可比方程，解决了控制有闭集约束的变分问题。极小值原理是苏联科学院院士 Л．С．庞特里亚金于 1958 年创立的。庞特里亚金在力学哈密顿原理的启发下，推测并证明了极小值原理，同样解决了控制有闭集约束的变分问题。动态规划和极小值原理的提出，极大地丰富了最优控制理论的内涵。

庞特里亚金

2. 最优控制问题

最优控制是一门工程背景很强的学科分支，其研究的问题都是从具体工程实践中归纳和提炼出来的。例如，1969 年美国阿波罗 11 号实现了人类历史上的首次载人登月飞行，任务要求登月舱在月球表面实现软着陆，即登月舱到达月球表面时的速度为零，并在登月过程中，选择登月舱发动机推力的最优控制律，使燃料消耗最少，以便宇航员完成月球考察任务后，登月舱有足够的燃料离开月球与母船会合，从而安全返回地球。由于登月舱发动机的最大推力是有限的，因而这是一个控制有闭集约束的最小燃耗控制问题。设登月舱软着陆示意图如图 10-1 所示。图中，$m(t)$为登月舱质量；$h(t)$为高度；

图 10-1　登月舱软着陆示意图

$v(t)$为登月舱垂直速度；g 为月球重力加速度；$u(t)$为登月舱发动机推力。设登月舱不含燃料时的质量为 M，登月舱所载燃料质量为 F，登月舱发动机工作的末端时刻为 t_f，发动机最大推力为 u_{max}。已知登月舱登月时的初始高度为h_0,初始垂直速度为v_0,登月舱初始质量为m_0，则控制有约束的最小燃耗控制问题可归纳如下：

运动方程

$$\dot{h}(t) = v(t), \qquad \dot{v}(t) = \frac{u(t)}{m(t)} - g$$

$$\dot{m}(t) = -ku(t), \qquad k = \text{const}$$

边界条件

初始条件　　　$h(0) = h_0, \quad v(0) = v_0, \quad m(0) = m_0 = M + F$

末端条件　　　　　　$h(t_f) = 0, \quad v(t_f) = 0$

控制约束

$$0 \leqslant u(t) \leqslant u_{max}$$

性能指标

$$J = m(t_f)$$

最优控制任务是在满足控制约束条件下，寻求发动机推力的最优变化律 $u^*(t)$，使登月舱由已知初态转移到要求的末态，并使性能指标 $J = m(t_f) = \max$，从而使登月过程中燃料消耗量最小。

登月舱的燃耗最优控制表明，一个最优控制问题应包含以下四个方面内容。

(1) 系统数学模型

在集总参数情况下，被控系统的数学模型通常以定义在$[t_0,t_f]$上的状态方程来表示

$$\dot{x}(t) = f[x(t),u(t),t], \qquad x(t_0) = x_0 \tag{10-1}$$

式中，$x(t) \in \mathbf{R}^n$，为状态向量；$u(t) \in \mathbf{R}^m$，为控制向量，且在$[t_0,t_f]$上分段连续；$f(\cdot) \in \mathbf{R}^n$，为连续向量函数，且对$x(t)$和 t 连续可微。

(2) 边界条件与目标集

动态系统的运动过程，是系统从状态空间的一个状态到另一个状态的转移，其运动轨迹在状态空间中形成轨线 $x(t)$。为了确定要求的轨线 $x(t)$，需要确定轨线的两点边界值。因此，要求确定初态 $x(t_0)$ 和末态 $x(t_f)$，这是求解状态方程(10-1)必需的边界条件。

在最优控制问题中，初始时刻 t_0 和初始状态 $x(t_0)$ 通常是已知的，但是末端时刻 t_f 和末端状态 $x(t_f)$ 则视具体控制问题而异。一般来说，末端时刻 t_f 可以固定，也可以自由；末端状态 $x(t_f)$ 可以固定，也可以自由，或者部分固定、部分自由。对于 t_f 和 $x(t_f)$ 的这种要求，通常用如下目标集加以概括：

$$\psi[x(t_f),t_f] = \mathbf{0} \tag{10-2}$$

式中，$\psi(\cdot) \in \mathbf{R}^r$，为连续可微向量函数，$r \leqslant n$。

(3) 容许控制

在属于闭集的控制中,控制向量 $\boldsymbol{u}(t)$ 的取值范围称为控制域,以 Ω 标志。由于 $\boldsymbol{u}(t)$ 可在 Ω 的边界上取值,故凡属集合 Ω 且分段连续的控制向量,称为容许控制,以 $\boldsymbol{u}(t) \in \Omega$ 标志。

(4) 性能指标

在状态空间中,可以采用不同的控制向量函数去实现使系统由已知初态到要求的末态(或目标集)的转移。性能指标则是衡量系统在不同控制向量作用下工作优良度的标准。

性能指标的内容与形式,取决于最优控制问题所要完成的任务。不同的最优控制问题,有不同的性能指标,其一般形式可以归纳为

$$J = \varphi\left[\boldsymbol{x}(t_f), t_f\right] + \int_{t_0}^{t_f} L\left[\boldsymbol{x}(t), \boldsymbol{u}(t), t\right] \mathrm{d}t \tag{10-3}$$

式中,$\varphi(\cdot)$ 和 $L(\cdot)$ 为连续可微的标量函数。$\varphi[\boldsymbol{x}(t_f), t_f]$ 称为末值项,$\int_{t_0}^{t_f} L[\boldsymbol{x}(t), \boldsymbol{u}(t), t]\mathrm{d}t$ 称为过程项,两者均有具体的物理含义。

根据最优控制问题的基本组成部分,可以概括最优控制问题的一般提法:在满足系统方程(10-1)的约束条件下,在容许控制域 Ω 中确定一个最优控制律 $\boldsymbol{u}^*(t)$,使系统状态 $\boldsymbol{x}(t)$ 从已知初态 $\boldsymbol{x}_0$ 转移到要求的目标集(10-2),并使性能指标(10-3)达到极值。

通常,最优控制问题可用下列泛函形式表示:

$$\min_{\boldsymbol{u}(t) \in \Omega} J = \varphi\left[\boldsymbol{x}(t_f), t_f\right] + \int_{t_0}^{t_f} L\left[\boldsymbol{x}(t), \boldsymbol{u}(t), t\right]\mathrm{d}t$$
$$\text{s.t.} \quad ① \dot{\boldsymbol{x}}(t) = f\left[\boldsymbol{x}(t), \boldsymbol{u}(t), t\right], \quad \boldsymbol{x}(t_0) = \boldsymbol{x}_0$$
$$② \boldsymbol{\psi}\left[\boldsymbol{x}(t_f), t_f\right] = \boldsymbol{0}$$

3. 最优控制的应用类型

最优控制在航空、航天及工业过程控制等许多领域得到了广泛应用,因而难以详尽归纳最优控制在工程实践中的应用类型。考虑到最优控制的应用类型与性能指标的形式密切相关,因而可按性能指标的数学形式进行大致的区分。性能指标按其数学形式有如下三类:

(1) 积分型性能指标

数学描述为

$$J = \int_{t_0}^{t_f} L\left[\boldsymbol{x}(t), \boldsymbol{u}(t), t\right]\mathrm{d}t \tag{10-4}$$

积分型性能指标表示在整个控制过程中,系统的状态及控制应该满足的要求。采用积分型性能指标的最优控制系统,又可分为以下几种应用类型:

1) 最小时间控制。

$$J = \int_{t_0}^{t_f} \mathrm{d}t = t_f - t_0 \tag{10-5}$$

最小时间控制是最优控制中常见的应用类型之一。它表示要求设计一个快速控制律,使系统在最短时间内由已知初态 $\boldsymbol{x}(t_0)$ 转移到要求的末态 $\boldsymbol{x}(t_f)$。例如,导弹拦截器的轨道

转移即属于此类问题。

2) 最少燃耗控制。

$$J = \int_{t_0}^{t_f} \sum_{j=1}^{m} \left| u_j(t) \right| \mathrm{d}t \tag{10-6}$$

式中，$\sum_{j=1}^{m} \left| u_j(t) \right|$ 表示燃料消耗。这是航天工程中常遇到的重要问题之一。由于航天器所能携带的燃料有限，希望航天器在轨道转移时所消耗的燃料尽可能地少。图 10-1 所示的登月舱软着陆控制，即属于此类问题。

3) 最少能量控制。

$$J = \int_{t_0}^{t_f} \boldsymbol{u}^{\mathrm{T}}(t)\boldsymbol{u}(t)\mathrm{d}t \tag{10-7}$$

对于一个能量有限的物理系统，如通信卫星上的太阳能电池，为了使系统在有限的能源条件下保证正常工作，就需要对控制过程中消耗的能量进行约束。显然，式(10-7)中的 $\boldsymbol{u}^{\mathrm{T}}\boldsymbol{u}$ 表示与消耗的功率成正比的控制能量。

(2) 末值型性能指标

数学描述为

$$J = \varphi\left[\boldsymbol{x}(t_f), t_f \right] \tag{10-8}$$

式中，末端时刻 t_f 可以固定，也可以自由。末值型性能指标表示在控制过程结束后，对系统末态 $\boldsymbol{x}(t_f)$ 的要求，例如要求导弹的脱靶量最小等，而对控制过程中的系统状态和控制不作任何要求。

(3) 复合型性能指标

数学描述如式(10-3)所示。复合型性能指标是最一般的性能指标形式，表示对整个控制过程和末端状态都有要求。采用复合型性能指标的最优控制系统，主要有以下两种应用类型：

1) 状态调节器。

$$J = \frac{1}{2}\boldsymbol{x}^{\mathrm{T}}(t_f)\boldsymbol{F}\boldsymbol{x}(t_f) + \frac{1}{2}\int_{t_0}^{t_f}\left[\boldsymbol{x}^{\mathrm{T}}(t)\boldsymbol{Q}\boldsymbol{x}(t) + \boldsymbol{u}^{\mathrm{T}}(t)\boldsymbol{R}\boldsymbol{u}(t) \right]\mathrm{d}t \tag{10-9}$$

式中，$\boldsymbol{F} = \boldsymbol{F}^{\mathrm{T}} \geqslant \boldsymbol{0}, \boldsymbol{Q} = \boldsymbol{Q}^{\mathrm{T}} \geqslant \boldsymbol{0}, \boldsymbol{R} = \boldsymbol{R}^{\mathrm{T}} > \boldsymbol{0}$，称为加权矩阵。为了便于设计，权阵 $\boldsymbol{F}$，$\boldsymbol{Q}$ 和 $\boldsymbol{R}$ 通常取为对角阵。性能指标(10-9)表示对于运行在某一平稳状态的线性控制系统，在系统受扰偏离原平衡状态时，控制律 $\boldsymbol{u}^*(t)$ 使系统恢复到原平衡状态附近时所要求的性能。其中，$\boldsymbol{x}^{\mathrm{T}}(t)\boldsymbol{Q}\boldsymbol{x}(t)$ 表示控制过程中的状态偏差；$\boldsymbol{u}^{\mathrm{T}}(t)\boldsymbol{R}\boldsymbol{u}(t)$ 表示控制过程中消耗的控制能量，$\boldsymbol{x}^{\mathrm{T}}(t_f)\boldsymbol{F}\boldsymbol{x}(t_f)$ 表示控制过程结束时的末态偏差，1/2 是为便于进行二次型函数运算而加入的标量因子。采用式(10-9)作为性能指标的线性控制系统有许多种，例如导弹的横滚控制回路以及发电厂的电压调节系统，都属于状态调节器范畴。

2) 输出跟踪控制。

$$J = \frac{1}{2}\boldsymbol{e}^{\mathrm{T}}(t_f)\boldsymbol{F}\boldsymbol{e}(t_f) + \frac{1}{2}\int_{t_0}^{t_f}\left[\boldsymbol{e}^{\mathrm{T}}(t)\boldsymbol{Q}\boldsymbol{e}(t) + \boldsymbol{u}^{\mathrm{T}}(t)\boldsymbol{R}\boldsymbol{u}(t) \right]\mathrm{d}t \tag{10-10}$$

式中，$e(t) = z(t) - y(t)$ 为跟踪误差；$z(t)$ 为理想输出向量，与实际输出向量 $y(t)$ 同维；加权矩阵 F，Q 和 R 的要求同式(10-9)。式(10-10)中各组成部分的物理意义与性能指标与式(10-9)类似。许多实际控制系统，例如飞机、导弹及航天器的指令信号跟踪、模型跟踪控制系统中的状态或输出跟踪等，均采用式(10-10)形式的性能指标。

4. 最优控制的研究方法

当系统数学模型、约束条件及性能指标确定后，求解最优控制问题的主要方法有以下三类：

(1) 解析法

解析法适用于性能指标及约束条件有明显解析表达式的情况。一般先用求导方法或变分法求出最优控制的必要条件，得到一组方程式或不等式，然后求解这组方程式或不等式，得到最优控制的解析解。解析法大致又可分成两类：当控制无约束时，采用经典微分法或经典变分法；当控制有约束时，采用极小值原理或动态规划。如果系统是线性的，性能指标是二次型形式的，则可采用状态调节器理论求解。

(2) 数值计算法

若性能指标比较复杂，或无法用变量显函数表示，则可以采用直接搜索法，经过若干次迭代，搜索到最优点。数值计算法又可分为：

1) 区间消去法，又称一维搜索法。适用于求解单变量极值问题，主要有裴波那西法、黄金分割法和多项式插值法等。

2) 爬山法，又称多维搜索法。适用于求解多变量极值问题，主要有坐标轮换法、步长加速法、方向加速法等。

(3) 梯度型法

这是一种解析与数值计算相结合的方法，其中包括：

1) 无约束梯度法。主要有陡降法、拟牛顿法、共轭梯度法和变尺度法等。

2) 有约束梯度法。主要有可行方向法和梯度投影法等。

在上述最优控制研究方法中，数值计算法和梯度型法可参考《最优化方法》相关书籍。本书仅介绍最优控制的解析求解方法，包括变分法、极小值原理以及线性二次型最优控制法。

10-2　最优控制中的变分法

当系统的数学模型由向量微分方程来描述，性能指标由泛函来表示时，确定控制无约束时的最优解问题，就成为在微分方程约束下求泛函的条件极值问题，其数学基础为经典变分理论。

1. 泛函与变分

泛函与变分有如下基本概念。

(1) 泛函与泛函算子

设对于自变量 t，存在一类函数 $\{x(t)\}$。如果对于每个函数 $x(t)$，有一个 J 值与之对应，则变量 J 称为依赖于函数 $x(t)$ 的泛函数，简称泛函，记为 $J[x(t)]$。

由上述泛函定义可见，泛函为标量，可以理解为"函数的函数"，其值由函数的选取而定。例如，函数的定积分是一个泛函。设

$$J[x] = \int_0^1 x(t)\mathrm{d}t \tag{10-11}$$

当 $x(t)=t$ 时，有 $J[x]=1/2$；当 $x(t)=\cos t$ 时，有 $J[x]=\sin 1$。表明式(10-11)确为泛函。

在最优控制问题中，如果取如下形式的积分型性能指标：

$$J = \int_{t_0}^{t_f} L[\boldsymbol{x}(t), \dot{\boldsymbol{x}}(t), t]\mathrm{d}t \tag{10-12}$$

则 J 的数值取决于 n 维向量函数 $x(t)$，故式(10-12)为泛函，常称为积分型指标泛函。

指标泛函可以看作是线性赋范空间中的某个子集到实数集的映射算子，其定义如下：设 $\mathbf{R}^n$ 为 n 维线性赋范空间，$\mathbf{R}$ 为实数集，若存在一一对应关系：

$$y = J[\boldsymbol{x}],$$
$$\forall \boldsymbol{x} \in \mathbf{R}^n, \quad y \in \mathbf{R} \tag{10-13}$$

则称 $\boldsymbol{J[x]}$ 为 $\mathbf{R}^n$ 到 $\mathbf{R}$ 的泛函算子，记为 $\boldsymbol{J[x]}$：$\mathbf{R}^n \to \mathbf{R}$。

为了对泛函进行运算，常要求泛函 $J[\boldsymbol{x}]$ 具有连续性和线性。

(2) 连续泛函与线性泛函

如果式(10-13)满足下列线性条件：

1) $J[\boldsymbol{x}_1 + \boldsymbol{x}_2] = J[\boldsymbol{x}_1] + J[\boldsymbol{x}_2], \quad \forall \boldsymbol{x}_1, \boldsymbol{x}_2 \in \mathbf{R}^n$

2) $J[\alpha\boldsymbol{x}] = \alpha J[\boldsymbol{x}], \quad \forall \boldsymbol{x} \in \mathbf{R}^n$ (10-14)

则称 $J[\boldsymbol{x}]$：$\mathbf{R}^n \to \mathbf{R}$ 为线性泛函算子，其中 α 为标量。

为了讨论泛函 $J[\boldsymbol{x}]$ 的性质和运算，$J[\boldsymbol{x}]$ 需为连续的，其定义如下：设 $J[\boldsymbol{x}]$ 是线性赋范空间 $\mathbf{R}^n$ 中子集 $D(J)$ 到实数集 $\mathbf{R}$ 上的泛函算子，$D(J)$ 为泛函 $J[\boldsymbol{x}]$ 的定义域。若对于收敛于点 $\boldsymbol{x}_0$ 的点列 $\boldsymbol{x}_n$，其中 $\boldsymbol{x}_0$，$\boldsymbol{x}_n \in D(J)$，均有

$$\lim_{n\to\infty} J[\boldsymbol{x}_n] = J[\boldsymbol{x}_0] \tag{10-15}$$

则称泛函 J 在 $\boldsymbol{x}_0$ 处连续；若 $J[\boldsymbol{x}]$ 在子集 $D(J)$ 上的每一点都连续，则称 $J[\boldsymbol{x}]$ 在 $D(J)$ 中连续。

由于泛函 $J[\boldsymbol{x}]$ 定义在线性赋范空间上，因此对于线性泛函 $J[\boldsymbol{x}]$，若

$$\|\boldsymbol{x}_n - \boldsymbol{x}\| \to 0(n \to \infty), \quad \forall \boldsymbol{x}_n, \boldsymbol{x} \in \mathbf{R}^n$$

时，必有

$$\lim_{n\to\infty} J[\boldsymbol{x}_n] = J[\boldsymbol{x}]$$

则线性泛函 $J[\boldsymbol{x}]$ 是连续的，称 $J[\boldsymbol{x}]$ 为线性连续泛函。

在用变分法求解最优控制问题时，要求指标泛函 $J[\boldsymbol{x}]$ 为线性连续泛函，以使得 $J[\boldsymbol{x}]$ 在任一点上的值均可用该点附近的泛函值任意逼近。应当指出，在有限维线性空间上，任何线性泛函都是连续的。

(3) 泛函的变分

研究泛函的极值问题，需要采用变分法。变分在泛函研究中的作用，如同微分在函数研究中的作用一样。泛函的变分与函数的微分，其定义式几乎完全相当。

为了研究泛函的变分，应先研究宗量的变分。设 $J[x]$ 为连续泛函，$x(t) \in \mathbf{R}^n$ 为宗量，则宗量变分可表示为

$$\delta x = x(t) - x_0(t), \qquad \forall x(t), x_0(t) \in \mathbf{R}^n \tag{10-16}$$

宗量变分 δx 表示 $\mathbf{R}^n$ 中点 $x(t)$ 与 $x_0(t)$ 之间的差。由于 δx 存在，必然引起泛函数值的变化，并以 $J[x + \varepsilon\delta x]$ 表示。其中，$0 \leq \varepsilon \leq 1$ 为参变数。当 $\varepsilon = 1$ 时，得增加后的泛函值 $J[x + \delta x]$；当 $\varepsilon = 0$ 时，得泛函原来的值 $J[x]$。

1) 泛函变分的定义。

定义 10-1　设 $J[x]$ 是线性赋范空间 $\mathbf{R}^n$ 上的连续泛函，若其增量可表示为

$$\Delta J[x] = J[x + \delta x] - J[x] = L[x, \delta x] + r[x, \delta x] \tag{10-17}$$

式中，$L[x, \delta x]$ 是关于 δx 的线性连续泛函，$r[x, \delta x]$ 是关于 δx 的高阶无穷小，则

$$\delta J = L[x, \delta x]$$

称为泛函 $J[x]$ 的变分。

上述定义表明，泛函变分就是泛函增量的线性主部。当一个泛函具有变分时，亦称该泛函可微。如同函数的微分一样，泛函的变分可以利用求导的方法来确定。

2) 泛函变分的求法。

定理 10-1　设 $J[x]$ 是线性赋范空间 $\mathbf{R}^n$ 上的连续泛函，若在 $x = x_0$ 处 $J[x]$ 可微，其中 x，$x_0 \in \mathbf{R}^n$，则 $J[x]$ 的变分为

$$\delta J[x_0, \delta x] = \frac{\partial}{\partial \varepsilon} J[x_0 + \varepsilon\delta x] \Big|_{\varepsilon=0}, \qquad 0 \leq \varepsilon \leq 1 \tag{10-18}$$

证明　因在 x_0 处 $J[x]$ 可微，故必在 x_0 处存在变分。因 $J[x]$ 连续，故由式(10-17)知 $J[x]$ 的增量为

$$\Delta J = J[x_0 + \varepsilon\delta x] - J[x_0] = L[x_0, \varepsilon\delta x] + r[x_0, \varepsilon\delta x]$$

由于 $L[x_0, \varepsilon\delta x]$ 是 $\varepsilon\delta x$ 的线性连续泛函，故

$$L[x_0, \varepsilon\delta x] = \varepsilon L[x_0, \delta x]$$

又因 $r[x_0, \varepsilon\delta x]$ 是 $\varepsilon\delta x$ 的高阶无穷小，故

$$\lim_{\varepsilon \to 0} \frac{r[x_0, \varepsilon\delta x]}{\varepsilon} = 0$$

于是

$$\frac{\partial}{\partial \varepsilon} J[x_0 + \varepsilon\delta x] \Big|_{\varepsilon=0} = \lim_{\varepsilon \to 0} \frac{J[x_0 + \varepsilon\delta x] - J[x_0]}{\varepsilon}$$

$$= \lim_{\varepsilon \to 0} \frac{1}{\varepsilon} \{L[x_0, \varepsilon\delta x] + r[x_0, \varepsilon\delta x]\} = \delta J[x_0, \delta x]$$

3) 泛函变分的规则。

由变分定义可以看出，泛函的变分是一种线性映射，因而其运算规则类似于函数的线性运算。设 L_1 和 L_2 是函数 $\boldsymbol{x}$，$\dot{\boldsymbol{x}}$ 和 t 的函数，则有如下变分规则：

① $\delta(L_1 + L_2) = \delta L_1 + \delta L_2$ ；

② $\delta(L_1 L_2) = L_1 \delta L_2 + L_2 \delta L_1$ ；

③ $\delta \int_a^b L[\boldsymbol{x}, \dot{\boldsymbol{x}}, t] \mathrm{d}t = \int_a^b \delta L[\boldsymbol{x}, \dot{\boldsymbol{x}}, t] \mathrm{d}t$ ；

④ $\delta \dfrac{\mathrm{d}\boldsymbol{x}}{\mathrm{d}t} = \dfrac{\mathrm{d}}{\mathrm{d}t} \delta \boldsymbol{x}$ 。

例 10-1 已知连续泛函为

$$J = \int_{t_0}^{t_f} L[\boldsymbol{x}, \dot{\boldsymbol{x}}, t] \mathrm{d}t$$

式中，x 和 $\dot{x}$ 为标量函数。试求泛函变分 δJ。

解 根据定理 10-1，可得

$$\delta J = \frac{\partial}{\partial \varepsilon} \int_{t_0}^{t_f} L(x + \varepsilon \delta x, \dot{x} + \varepsilon \delta \dot{x}, t) \, \mathrm{d}t \, \bigg|_{\varepsilon=0}$$

$$= \int_{t_0}^{t_f} \left[\frac{\partial L}{\partial x} \frac{\partial(x + \varepsilon \delta x)}{\partial \varepsilon} + \frac{\partial L}{\partial \dot{x}} \frac{\partial(\dot{x} + \varepsilon \delta \dot{x})}{\partial \varepsilon} \right] \bigg|_{\varepsilon=0} \mathrm{d}t$$

$$= \int_{t_0}^{t_f} \left(\frac{\partial L}{\partial x} \delta x + \frac{\partial L}{\partial \dot{x}} \delta \dot{x} \right) \mathrm{d}t$$

(4) 泛函的极值与变分预备定理

可以证明，泛函极值与达到极值的条件与函数类同。

1) 泛函极值的定义。

定义 10-2 设 $J[\boldsymbol{x}]$ 是线性赋范空间 $\mathbf{R}^n$ 上某个子集 D 中的线性连续泛函，点 $\boldsymbol{x}_0 \in D$，若存在某一正数 σ 以及集合

$$U(\boldsymbol{x}_0, \sigma) = \left\{ \boldsymbol{x} \middle\| \boldsymbol{x} - \boldsymbol{x}_0 \right\| < \sigma, \boldsymbol{x} \in \mathbf{R}^n \right\}$$

在 $\boldsymbol{x} \in U(\boldsymbol{x}_0, \sigma) \subset D$ 时，均有

$$\Delta J[\boldsymbol{x}] = J[\boldsymbol{x}] - J[\boldsymbol{x}_0] \geqslant 0 \tag{10-19}$$

或者

$$\Delta J[\boldsymbol{x}] = J[\boldsymbol{x}] - J[\boldsymbol{x}_0] \leqslant 0 \tag{10-20}$$

则称泛函 $J[\boldsymbol{x}]$ 在 $\boldsymbol{x} = \boldsymbol{x}_0$ 处达到极小值(或极大值)。

2) 泛函极值的必要条件。

定理 10-2 设 $J[\boldsymbol{x}]$ 是在线性赋范空间 $\mathbf{R}^n$ 上某个开子集 D 中定义的可微泛函，且在 $\boldsymbol{x} = \boldsymbol{x}_0$ 处达到极值，则泛函 $J[\boldsymbol{x}]$ 在 $\boldsymbol{x} = \boldsymbol{x}_0$ 处必有

$$\delta J[\boldsymbol{x}_0, \delta \boldsymbol{x}] = 0 \tag{10-21}$$

定理表明，泛函一次变分为零，是泛函达到极值的必要条件。

3) 变分预备定理。

为了深入研究无约束泛函极值条件和有约束泛函极值条件，以及用变分法求解控制

无约束的最优控制问题，需要应用变分预备定理。

定理 10-3 (变分预备定理)　设 $\boldsymbol{\zeta}(t)$ 是时间区间 $[t_0, t_1]$ 上连续的 n 维向量函数，$\boldsymbol{\eta}(t)$ 为任意的 n 维连续向量函数，且有 $\boldsymbol{\eta}(t_0) = \boldsymbol{\eta}(t_1) = \boldsymbol{0}$。若满足

$$\int_{t_0}^{t_1} \boldsymbol{\zeta}^{\mathrm{T}}(t)\boldsymbol{\eta}(t)\mathrm{d}t = 0$$

则必有
$$\boldsymbol{\zeta}(t) \equiv \boldsymbol{0}, \quad \forall t \in [t_0, t_1]$$

2. 欧拉方程

欧拉方程又称欧拉-拉格朗日方程，是无约束泛函极值及有约束泛函极值的必要条件。在推导欧拉方程的过程中，应用了式(10-21)所示的泛函极值的必要条件，并且为了便于讨论，假定了 t_0 和 t_f 给定，且初态 $\boldsymbol{x}(t_0)$ 和末态 $\boldsymbol{x}(t_f)$ 为两端固定的情况。

(1) 无约束泛函极值的必要条件

定理 10-4　设有如下泛函极值问题：

$$\min_{\boldsymbol{x}(t)} J[\boldsymbol{x}] = \int_{t_0}^{t_f} L(\boldsymbol{x}, \dot{\boldsymbol{x}}, t)\mathrm{d}t$$

式中，$L(\boldsymbol{x}, \dot{\boldsymbol{x}}, t)$ 及 $\boldsymbol{x}(t)$ 在 $[t_0, t_f]$ 上连续可微，t_0 及 t_f 给定。已知 $\boldsymbol{x}(t_0) = \boldsymbol{x}_0$，$\boldsymbol{x}(t_f) = \boldsymbol{x}_f, \boldsymbol{x}(t) \in \mathbf{R}^n$，则极值轨线 $\boldsymbol{x}^*(t)$ 满足如下欧拉方程

$$\frac{\partial L}{\partial \boldsymbol{x}} - \frac{\mathrm{d}}{\mathrm{d}t}\frac{\partial L}{\partial \dot{\boldsymbol{x}}} = \boldsymbol{0} \tag{10-22}$$

及横截条件
$$\left(\frac{\partial L}{\partial \dot{\boldsymbol{x}}}\right)^{\mathrm{T}}\bigg|_{t_f} \delta \boldsymbol{x}(t_f) - \left(\frac{\partial L}{\partial \dot{\boldsymbol{x}}}\right)^{\mathrm{T}}\bigg|_{t_0} \delta \boldsymbol{x}(t_0) = 0 \tag{10-23}$$

证明　设 $\boldsymbol{x}^*(t)$ 是满足边界条件 $\boldsymbol{x}(t_0) = \boldsymbol{x}_0$ 和 $\boldsymbol{x}(t_f) = \boldsymbol{x}_f$ 的极值轨线，$\boldsymbol{x}(t)$ 是 $\boldsymbol{x}^*(t)$ 邻域中的一条容许轨线。$\boldsymbol{x}(t)$ 与 $\boldsymbol{x}^*(t)$ 之间有下列关系：

$$\boldsymbol{x}(t) = \boldsymbol{x}^*(t) + \delta \boldsymbol{x}(t), \quad \dot{\boldsymbol{x}}(t) = \dot{\boldsymbol{x}}^*(t) + \delta \dot{\boldsymbol{x}}(t)$$

以及
$$\boldsymbol{x}(t_0) = \boldsymbol{x}^*(t_0) = \boldsymbol{x}_0, \quad \boldsymbol{x}(t_f) = \boldsymbol{x}^*(t_f) = \boldsymbol{x}_f$$

取泛函增量

$$\Delta J[\boldsymbol{x}] = J[\boldsymbol{x}^* + \delta \boldsymbol{x}] - J[\boldsymbol{x}^*] = \int_{t_0}^{t_f} \left[L(\boldsymbol{x}^* + \delta \boldsymbol{x}, \dot{\boldsymbol{x}}^* + \delta \dot{\boldsymbol{x}}, t) - L(\boldsymbol{x}^*, \dot{\boldsymbol{x}}, t)\right]\mathrm{d}t$$

$$= \int_{t_0}^{t_f}\left[\left(\frac{\partial L}{\partial \boldsymbol{x}}\right)^{\mathrm{T}}\delta \boldsymbol{x} + \left(\frac{\partial L}{\partial \dot{\boldsymbol{x}}}\right)^{\mathrm{T}}\delta \dot{\boldsymbol{x}} + \mathrm{HOT}\right]\mathrm{d}t$$

式中，HOT 代表泰勒展开式中的高阶项(high order term)。由变分定义知，取上式主部可得

$$\delta J = \int_{t_0}^{t_f}\left[\left(\frac{\partial L}{\partial \boldsymbol{x}}\right)^{\mathrm{T}}\delta \boldsymbol{x} + \left(\frac{\partial L}{\partial \dot{\boldsymbol{x}}}\right)^{\mathrm{T}}\delta \dot{\boldsymbol{x}}\right]\mathrm{d}t$$

对上式中的第二项作分部积分，有

$$\delta J = \int_{t_0}^{t_f}\left(\frac{\partial L}{\partial \boldsymbol{x}} - \frac{\mathrm{d}}{\mathrm{d}t}\frac{\partial L}{\partial \dot{\boldsymbol{x}}}\right)^{\mathrm{T}}\delta \boldsymbol{x}\mathrm{d}t + \left(\frac{\partial L}{\partial \dot{\boldsymbol{x}}}\right)^{\mathrm{T}}\delta \boldsymbol{x}\bigg|_{t_0}^{t_f}$$

由定理 10-2，令 $\delta J = 0$，再由定理 10-3，考虑到 δx 任意，立即证得本定理的结论式(10-22)和式(10-23)。

在一般情况下，欧拉方程是一个时变二阶非线性微分方程，求解时所需的两点边界值由横截条件式(10-23)提供。由于在两端固定情况下，必有 $\delta x(t_0) = \mathbf{0}$ 和 $\delta x(t_f) = \mathbf{0}$，因此定理 10-4 中的横截条件退化为已知边界条件 $x(t_0) = x_0$ 和 $x(t_f) = x_f$。

应当指出，欧拉方程是泛函极值的必要条件，而不是充分必要条件。在处理实际泛函极值问题时，可从实际问题的性质出发，判断泛函极值的存在性，并直接利用欧拉方程求出极值轨线 $x^*(t)$。

例 10-2 设有泛函

$$J[\boldsymbol{x}] = \int_0^{\pi/2} \left[\dot{x}^2(t) - x^2(t) \right] \mathrm{d}t$$

已知边界条件为 $x(0) = 0, x(\pi/2) = 2$。求使泛函达到极值的极值轨线 $x^*(t)$。

解 本例 $L(x, \dot{x}) = \dot{x}^2 - x^2$，因

$$\frac{\partial L}{\partial x} = -2x, \qquad \frac{\partial L}{\partial \dot{x}} = 2\dot{x}, \qquad \frac{\mathrm{d}}{\mathrm{d}t}\frac{\partial L}{\partial \dot{x}} = 2\ddot{x}$$

故欧拉方程为

$$\ddot{x}(t) + x(t) = 0$$

其通解为

$$x^*(t) = c_1 \cos t + c_2 \sin t$$

在上式中，分别代入已知边界条件 $x(0)=0$ 和 $x(\pi/2)=2$，可求出 $c_1=0$，$c_2=2$。于是求出

$$x^*(t) = 2\sin t$$

(2) 有等式约束泛函极值的必要条件

在求解实际系统的最优控制问题时，要求使指标泛函取极值的极值轨线同时满足系统的运动微分方程式。因此，控制系统的最优控制问题，要求确定在微分方程等式约束条件下的泛函极值，即条件极值变分问题。

在讨论条件极值的变分问题时，我们仍然先考虑最简单的两端固定情况。利用拉格朗日乘子法，可以将有等式约束的泛函条件极值问题化为无约束泛函极值问题。

定理 10-5 设有如下条件泛函极值问题：

$$\min_{x(t)} J[\boldsymbol{x}] = \int_{t_0}^{t_f} g(\boldsymbol{x}, \dot{\boldsymbol{x}}, t)\mathrm{d}t$$
$$\text{s.t.} \qquad \boldsymbol{f}(\boldsymbol{x}, \dot{\boldsymbol{x}}, t) = \mathbf{0}$$

式中，$\boldsymbol{f}(\boldsymbol{x}, \dot{\boldsymbol{x}}, t) = \mathbf{0}$ 为系统运动微分方程；$g(\boldsymbol{x}, \dot{\boldsymbol{x}}, t)$ 及 $\boldsymbol{x}(t)$ 在 $[t_0, t_f]$ 上连续可微；$\boldsymbol{x}, \dot{\boldsymbol{x}}, \boldsymbol{f}(\cdot) \in \mathbf{R}^n$；$t_0$ 及 t_f 给定。已知 $\boldsymbol{x}(t_0) = \boldsymbol{x}_0$，$\boldsymbol{x}(t_f) = \boldsymbol{x}_f$，则极值轨线 $\boldsymbol{x}^*(t)$ 满足如下欧拉方程及相应的横截条件：

$$\frac{\partial L}{\partial \boldsymbol{x}} - \frac{\mathrm{d}}{\mathrm{d}t}\frac{\partial L}{\partial \dot{\boldsymbol{x}}} = \boldsymbol{0}$$

$$\left(\frac{\partial L}{\partial \dot{\boldsymbol{x}}}\right)^{\mathrm{T}}\Bigg|_{t_f} \delta \boldsymbol{x}(t_f) - \left(\frac{\partial L}{\partial \dot{\boldsymbol{x}}}\right)^{\mathrm{T}}\Bigg|_{t_0} \delta \boldsymbol{x}(t_0) = 0$$

其中，$L(\boldsymbol{x}, \dot{\boldsymbol{x}}, \boldsymbol{\lambda}, t) = g(\boldsymbol{x}, \dot{\boldsymbol{x}}, t) + \boldsymbol{\lambda}^{\mathrm{T}}(t)\boldsymbol{f}(\boldsymbol{x}, \dot{\boldsymbol{x}}, t)$ 为拉格朗日函数，$\boldsymbol{\lambda}(t) \in \mathbf{R}^n$ 为待定拉格朗日乘子。

证明　设 $\boldsymbol{\lambda}(t) \in \mathbf{R}^n$ 待定，构造广义泛函

$$J_a[\boldsymbol{x}] = \int_{t_0}^{t_f} \left[g(\boldsymbol{x}, \dot{\boldsymbol{x}}, t) + \boldsymbol{\lambda}^{\mathrm{T}}(t)\boldsymbol{f}(\boldsymbol{x}, \dot{\boldsymbol{x}}, t) \right]\mathrm{d}t = \int_{t_0}^{t_f} L(\boldsymbol{x}, \dot{\boldsymbol{x}}, \boldsymbol{\lambda}, t)\mathrm{d}t$$

于是，原性能泛函的条件极值问题，转化为广义泛函的无约束极值问题。根据定理 10-4，本定理得证。

与定理 10-4 情况相同，在两端固定情况下，定理 10-5 的横截条件退化为已知的两点边界条件。

例 10-3　设人造地球卫星姿态控制系统的状态方程为

$$\dot{\boldsymbol{x}}(t) = \begin{bmatrix} 0 & 1 \\ 0 & 0 \end{bmatrix}\boldsymbol{x}(t) + \begin{bmatrix} 0 \\ 1 \end{bmatrix}u(t)$$

指标泛函取

$$J = \frac{1}{2}\int_0^2 u^2(t)\mathrm{d}t$$

边界条件为

$$\boldsymbol{x}(0) = \begin{bmatrix} 1 \\ 1 \end{bmatrix}, \qquad \boldsymbol{x}(2) = \begin{bmatrix} 0 \\ 0 \end{bmatrix}$$

试求使指标泛函取极值的极值轨线 $\boldsymbol{x}^*(t)$ 和极值控制 $\boldsymbol{u}^*(t)$。

解　本例为有等式约束泛函极值问题。由题意

$$g = \frac{1}{2}u^2, \qquad \boldsymbol{\lambda}^{\mathrm{T}} = \begin{bmatrix} \lambda_1 & \lambda_2 \end{bmatrix}, \qquad \boldsymbol{f} = \begin{bmatrix} f_1 \\ f_2 \end{bmatrix} = \begin{bmatrix} x_2 - \dot{x}_1 \\ u - \dot{x}_2 \end{bmatrix}$$

故拉格朗日标量函数

$$L = g + \boldsymbol{\lambda}^{\mathrm{T}}\boldsymbol{f} = \frac{1}{2}u^2 + \lambda_1(x_2 - \dot{x}_1) + \lambda_2(u - \dot{x}_2)$$

欧拉方程

$$\frac{\partial L}{\partial x_1} - \frac{\mathrm{d}}{\mathrm{d}t}\frac{\partial L}{\partial \dot{x}_1} = \dot{\lambda}_1 = 0, \quad \lambda_1 = a$$

$$\frac{\partial L}{\partial x_2} - \frac{\mathrm{d}}{\mathrm{d}t}\frac{\partial L}{\partial \dot{x}_2} = \lambda_1 + \dot{\lambda}_2 = 0, \quad \lambda_2 = -at + b$$

$$\frac{\partial L}{\partial u} - \frac{\mathrm{d}}{\mathrm{d}t}\frac{\partial L}{\partial \dot{u}} = u + \lambda_2 = 0, \quad u = at - b$$

式中，常数 a，b 待定。

由状态约束方程

$$\dot{x}_2 = u = at - b, \qquad\qquad x_2 = \frac{1}{2}at^2 - bt + c$$

$$\dot{x}_1 = x_2 = \frac{1}{2}at^2 - bt + c, \qquad x_1 = \frac{1}{6}at^3 - \frac{1}{2}bt^2 + ct + d$$

式中，常数 c，d 待定。代入已知边界条件：$x_1(0)=1$，$x_2(0)=1$，$x_1(2)=0$，$x_2(2)=0$，可求得

$$a = 3, \qquad b = 3.5, \qquad c = d = 1$$

于是极值轨线

$$x_1^*(t) = 0.5t^3 - 1.75t^2 + t + 1$$
$$x_2^*(t) = 1.5t^2 - 3.5t^2 + 1$$

极值控制

$$u^*(t) = 3t - 3.5$$

3. 横截条件

求解欧拉方程，需要由横截条件提供两点边界值。前面研究的两端固定，且初始时刻 t_0 和末端时刻 t_f 同时固定的情况，是一种最简单的情况。在实际工程问题中，初始时刻 t_0 和初始状态 $\boldsymbol{x}(t_0)$ 往往是固定的，但末端时刻 t_f 可以固定，也可以自由；末端状态 $\boldsymbol{x}(t_f)$ 可以固定，可以自由，也可以受约束。下面将讨论 t_f 固定和 t_f 自由时的各种横截条件，同时指出，在不同横截条件情况下，欧拉方程的形式总是不变的。

(1) 末端时刻固定时的横截条件

当 t_f 固定时，由泛函极值的必要条件可知，横截条件的一般表达式为式(10-23)。在 $\boldsymbol{x}(t_0) = \boldsymbol{x}_0$ 固定情况下，因 $\delta\boldsymbol{x}(t_0) = \boldsymbol{0}$，故横截条件及边界条件的一般形式应为

$$\left(\frac{\partial L}{\partial \dot{\boldsymbol{x}}}\right)^{\mathrm{T}}\bigg|_{t_f} \delta\boldsymbol{x}(t_f) = 0, \quad \boldsymbol{x}(t_0) = \boldsymbol{x}_0 \qquad (10\text{-}24)$$

显然，当末端固定 $\boldsymbol{x}(t_f) = \boldsymbol{x}_f$ 时，末端状态变分 $\delta\boldsymbol{x}(t_f) = \boldsymbol{0}$，横截条件及边界条件式(10-24)退化为边界条件 $\boldsymbol{x}(t_f) = \boldsymbol{x}_f$ 和 $\boldsymbol{x}(t_0) = \boldsymbol{x}_0$；当末端状态 $\boldsymbol{x}(t_f)$ 自由时，末端状态变分 $\delta\boldsymbol{x}(t_f) \neq \boldsymbol{0}$，横截条件及边界条件式(10-24)演变为

$$\frac{\partial L}{\partial \dot{\boldsymbol{x}}}\bigg|_{t=t_f} = \boldsymbol{0}, \qquad \boldsymbol{x}(t_0) = \boldsymbol{x}_0 \qquad (10\text{-}25)$$

(2) 末端时刻自由时的横截条件

t_f 自由且 $\boldsymbol{x}(t_f)$ 自由或受约束情况，属于变动端点情况。在变动端点问题中，可以证明：极值仅在欧拉方程的解 $\boldsymbol{x} = \boldsymbol{x}(t, c_1, c_2)$ 上达到。其中，待定系数 c_1 和 c_2 由横截条件确定。因此，泛函极值由 $\boldsymbol{x}(t, c_1, c_2)$ 一类函数确定。

设 t_f 自由，起点固定 $\boldsymbol{x}(t_0) = \boldsymbol{x}_0$，末端有约束 $\boldsymbol{x}(t_f) = \boldsymbol{c}(t_f)$ 的变分问题如图 10-2 所示。图中，$\boldsymbol{x}^*(t)$ 为极值轨线；$\boldsymbol{x}(t)$ 为 $\boldsymbol{x}^*(t)$ 邻域内的任一条容许轨线；$(\boldsymbol{x}_0, t_0)$ 表示起点；点

$(\boldsymbol{x}_f, t_f)$ 到点 $(\boldsymbol{x}_f + \delta \boldsymbol{x}_f, t_f + \delta t_f)$ 表示变动端；$\boldsymbol{c}(t)$ 表示端点约束曲线，要求 $\boldsymbol{x}(t_f) = \boldsymbol{c}(t_f)$；$\delta t_f$ 为微变量，表示末端时刻的变分。例如，利用地空导弹截击按程序机构控制飞行轨迹的高空无人侦察机即属于这类问题。其中，导弹轨迹 $\boldsymbol{x}(t)$ 和无人机轨迹 $\boldsymbol{c}(t)$ 都随时间而变，但要求有 $\boldsymbol{x}(t_f) = \boldsymbol{c}(t_f)$。

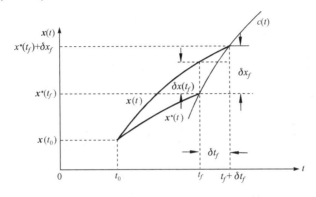

图 10-2　末端时刻自由时的变分问题图示

由图 10-2 可见，在末端受约束时，存在如下近似关系式：

$$\delta \boldsymbol{x}(t_f) = \delta \boldsymbol{x}_f - \dot{\boldsymbol{x}}(t_f)\delta t_f \tag{10-26}$$

$$\delta \boldsymbol{x}_f = \dot{\boldsymbol{c}}(t_f)\delta t_f \tag{10-27}$$

如果末端 $\boldsymbol{x}(t_f)$ 自由，由于约束曲线 $\boldsymbol{c}(t)$ 不存在，故仅存在关系式(10-26)。

设性能指标泛函为下列连续泛函：

$$J[\boldsymbol{x}] = \int_{t_0}^{t_f} L(\boldsymbol{x}, \dot{\boldsymbol{x}}, t)\mathrm{d}t \tag{10-28}$$

容许轨线 $\boldsymbol{x}(t)$ 与极值轨线 $\boldsymbol{x}^*(t)$ 之间有如下关系：

$$\boldsymbol{x}(t) = \boldsymbol{x}^*(t) + \delta \boldsymbol{x}(t), \quad \dot{\boldsymbol{x}}(t) = \dot{\boldsymbol{x}}^*(t) + \delta \dot{\boldsymbol{x}}(t) \tag{10-29}$$

当末端由 $(\boldsymbol{x}_f, t_f)$ 位置移动到 $(\boldsymbol{x}_f + \delta \boldsymbol{x}_f, t_f + \delta t_f)$ 位置时，产生如下泛函增量：

$$
\begin{aligned}
\Delta J &= \int_{t_0}^{t_f + \delta t_f} L(\boldsymbol{x}^* + \delta \boldsymbol{x}, \dot{\boldsymbol{x}}^* + \delta \dot{\boldsymbol{x}}, t)\mathrm{d}t - \int_{t_0}^{t_f} L(\boldsymbol{x}^*, \dot{\boldsymbol{x}}^*, t)\mathrm{d}t \\
&= \int_{t_f}^{t_f + \delta t_f} L(\boldsymbol{x}^* + \delta \boldsymbol{x}, \dot{\boldsymbol{x}}^* + \delta \dot{\boldsymbol{x}}, t)\mathrm{d}t \\
&\quad + \int_{t_0}^{t_f} \left[L(\boldsymbol{x}^* + \delta \boldsymbol{x}, \dot{\boldsymbol{x}}^* + \delta \dot{\boldsymbol{x}}, t) - L(\boldsymbol{x}^*, \dot{\boldsymbol{x}}^*, t) \right]\mathrm{d}t
\end{aligned} \tag{10-30}
$$

对于式(10-30)右端第一项，根据积分中值定理可得

$$\int_{t_f}^{t_f + \delta t_f} L(\boldsymbol{x}^* + \delta \boldsymbol{x}, \dot{\boldsymbol{x}}^* + \delta \dot{\boldsymbol{x}}, t)\mathrm{d}t = L(\boldsymbol{x}^* + \delta \boldsymbol{x}, \dot{\boldsymbol{x}}^* + \delta \dot{\boldsymbol{x}}, t)\Big|_{t = t_f + \theta \delta t_f} \delta t_f$$

式中，$0 < \theta < 1$。由于函数 $L(\cdot)$ 是连续的，因而

$$L(\boldsymbol{x}^* + \delta \boldsymbol{x}, \dot{\boldsymbol{x}}^* + \delta \dot{\boldsymbol{x}}, t)\Big|_{t = t_f + \theta \delta t_f} = L(\boldsymbol{x}^*, \dot{\boldsymbol{x}}^*, t)\Big|_{t_f} + \varepsilon_1$$

式中 $\varepsilon_1 \to 0$ ，故有

$$\int_{t_f}^{t_f + \delta t_f} L(\boldsymbol{x}^* + \delta \boldsymbol{x}, \dot{\boldsymbol{x}}^* + \delta \dot{\boldsymbol{x}}, t)\mathrm{d}t = L(\boldsymbol{x}^*, \dot{\boldsymbol{x}}^*, t)\big|_{t_f} \delta t_f + \varepsilon_1 \delta t_f \tag{10-31}$$

对于式(10-30)右端第二项，将被积函数在极值轨线处展成泰勒级数，有

$$\int_{t_0}^{t_f} \Big[L(\boldsymbol{x}^* + \delta \boldsymbol{x}, \dot{\boldsymbol{x}}^* + \delta \dot{\boldsymbol{x}}, t) - L(\boldsymbol{x}^*, \dot{\boldsymbol{x}}^*, t) \Big] \mathrm{d}t$$

$$= \int_{t_0}^{t_f} \left[\left(\frac{\partial L}{\partial \boldsymbol{x}} \right)^{\mathrm{T}} \delta \boldsymbol{x} + \left(\frac{\partial L}{\partial \dot{\boldsymbol{x}}} \right)^{\mathrm{T}} \delta \dot{\boldsymbol{x}} + \mathrm{HOT} \right] \mathrm{d}t \tag{10-32}$$

取上式右端中第二项进行分部积分，得

$$\int_{t_0}^{t_f} \left(\frac{\partial L}{\partial \dot{\boldsymbol{x}}} \right)^{\mathrm{T}} \delta \dot{\boldsymbol{x}} \mathrm{d}t = \left[\left(\frac{\partial L}{\partial \dot{\boldsymbol{x}}} \right)^{\mathrm{T}} \delta \boldsymbol{x} \right]\Bigg|_{t_0}^{t_f} - \int_{t_0}^{t_f} \left(\frac{\mathrm{d}}{\mathrm{d}t} \frac{\partial L}{\partial \dot{\boldsymbol{x}}} \right)^{\mathrm{T}} \delta \boldsymbol{x} \mathrm{d}t \tag{10-33}$$

将式(10-33)代入式(10-32)，所得结果代入式(10-30)，同时将式(10-31)也代入式(10-30)，然后对式(10-30)表示的泛函增量取线性主部，即得泛函变分

$$\delta J = \int_{t_0}^{t_f} \left(\frac{\partial L}{\partial \boldsymbol{x}} - \frac{\mathrm{d}}{\mathrm{d}t} \frac{\partial L}{\partial \dot{\boldsymbol{x}}} \right)^{\mathrm{T}} \delta \boldsymbol{x} \mathrm{d}t + \left(\frac{\partial L}{\partial \dot{\boldsymbol{x}}} \right)^{\mathrm{T}} \delta \boldsymbol{x} \Bigg|_{t_0}^{t_f} + L\left(\boldsymbol{x}^*, \dot{\boldsymbol{x}}^*, t \right)\big|_{t_f} \delta t_f \tag{10-34}$$

令式(10-34)表示的 $\delta J = 0$ ，同时考虑到 $\delta \boldsymbol{x}(t_0) = \boldsymbol{0}$ ，立即得到 t_f 自由、末端变动时泛函极值的必要条件：

欧拉方程

$$\frac{\partial L}{\partial \boldsymbol{x}} - \frac{\mathrm{d}}{\mathrm{d}t} \frac{\partial L}{\partial \dot{\boldsymbol{x}}} = \boldsymbol{0} \tag{10-35}$$

横截条件及边界条件

$$\left(\frac{\partial L}{\partial \dot{\boldsymbol{x}}} \right)^{\mathrm{T}}\Bigg|_{t_f} \delta \boldsymbol{x}(t_f) + L\left(\boldsymbol{x}^*, \dot{\boldsymbol{x}}^*, t \right)\big|_{t_f} \delta t_f = 0, \quad \boldsymbol{x}(t_0) = \boldsymbol{x}_0 \tag{10-36}$$

由式(10-35)、式(10-36)的推导过程和推导结果，可见：

1) t_f 自由、末端变动时的欧拉方程(10-35)的形式，与 t_f 固定、末端固定时的欧拉方程(10-22)完全相同，这一结论同样适用于有等式约束的泛函极值问题。

2) t_f 自由、末端变动时的横截条件及边界条件通式(10-36)，包含了 t_f 固定、末端固定时的横截条件及边界条件通式(10-24)，因为在 t_f 固定的情况下必有 $\delta t_f = 0$ 。

(3) 末端时刻自由、末端状态变动时的横截条件

1) 末端自由时的横截条件。当末端 $\boldsymbol{x}(t_f)$ 自由时，关系式(10-26)成立，式(10-26)代入式(10-36)，整理得

$$\left(\frac{\partial L}{\partial \dot{\boldsymbol{x}}} \right)^{\mathrm{T}}\Bigg|_{t_f} \delta \boldsymbol{x}_f + \left[L(\boldsymbol{x}^*, \dot{\boldsymbol{x}}^*, t) - \dot{\boldsymbol{x}}^{\mathrm{T}}(t) \frac{\partial L}{\partial \dot{\boldsymbol{x}}} \right]\Bigg|_{t_f} \delta t_f = 0 \tag{10-37}$$

$$\boldsymbol{x}(t_0) = \boldsymbol{x}_0$$

因为 $\delta \boldsymbol{x}_f$ 和 δt_f 均任意，故 t_f 自由、$\boldsymbol{x}(t_f)$ 自由时的横截条件和边界条件为

$$\boldsymbol{x}(t_0) = \boldsymbol{x}_0$$

$$\left(\frac{\partial L}{\partial \dot{\boldsymbol{x}}} \right)^{\mathrm{T}} \Bigg|_{t_f} = \boldsymbol{0} \tag{10-38}$$

$$\left[L(\boldsymbol{x}^*, \dot{\boldsymbol{x}}^*, t) - \boldsymbol{x}^{\mathrm{T}}(t) \frac{\partial L}{\partial \dot{\boldsymbol{x}}} \right]\Bigg|_{t_f} = 0$$

2) 末端受约束时的横截条件。设末端约束方程为

$$\boldsymbol{x}(t_f) = \boldsymbol{c}(t_f)$$

此时，$\delta \boldsymbol{x}_f$ 不能任意。将式(10-27)代入式(10-37)，整理得

$$\boldsymbol{x}(t_0) = \boldsymbol{x}_0$$

$$\left[L(\boldsymbol{x}^*, \dot{\boldsymbol{x}}^*, t) + (\dot{c} - \dot{x})^{\mathrm{T}} \frac{\partial L}{\partial \dot{\boldsymbol{x}}} \right]\Bigg|_{t_f} \delta t_f = 0$$

因为 δt_f 任意，故 t_f 自由、$\boldsymbol{x}(t_f)$ 受约束时的横截条件和边界条件为

$$\boldsymbol{x}(t_0) = \boldsymbol{x}_0$$

$$\boldsymbol{x}(t_f) = \boldsymbol{c}(t_f) \tag{10-39}$$

$$\left[L(\boldsymbol{x}^*, \dot{\boldsymbol{x}}^*, t) + (\dot{c} - \dot{x})^{\mathrm{T}} \frac{\partial L}{\partial \dot{\boldsymbol{x}}} \right]\Bigg|_{t_f} = 0$$

在初始时刻 t_0 及初始状态 $\boldsymbol{x}(t_0) = \boldsymbol{x}_0$ 固定的情况下，不同末端时刻和不同末端边界所对应的横截条件与边界条件，如表 10-1 所示。

表 10-1　不同边界情况下的横截条件

$J[\boldsymbol{x}] = \int_{t_0}^{t_f} L(\boldsymbol{x}, \dot{\boldsymbol{x}}, t)\mathrm{d}t$		横截条件与边界条件
t_f 固定 （$\boldsymbol{x}(t_0)$ 固定）	$\boldsymbol{x}(t_f)$ 固定	$\boldsymbol{x}(t_0) = \boldsymbol{x}_0, \quad \boldsymbol{x}(t_f) = \boldsymbol{x}_f$
	$\boldsymbol{x}(t_f)$ 自由	$\boldsymbol{x}(t_0) = \boldsymbol{x}_0, \quad \dfrac{\partial L}{\partial \dot{\boldsymbol{x}}}\Big|_{t_f} = \boldsymbol{0}$
t_f 自由 （$\boldsymbol{x}(t_0)$ 固定）	$\boldsymbol{x}(t_f)$ 自由	$\boldsymbol{x}(t_0) = \boldsymbol{x}_0, \quad \dfrac{\partial L}{\partial \dot{\boldsymbol{x}}}\Big|_{t_f} = \boldsymbol{0}$ $\left[L - \dot{\boldsymbol{x}}^{\mathrm{T}} \dfrac{\partial L}{\partial \dot{\boldsymbol{x}}} \right]\Big|_{t_f} = 0$
	$\boldsymbol{x}(t_f)$ 约束	$\boldsymbol{x}(t_0 0 = \boldsymbol{x}_0, \quad \boldsymbol{x}(t_f) = \boldsymbol{c}(t_f)$ $\left[L + (\dot{c} - \dot{x})^{\mathrm{T}} \dfrac{\partial L}{\partial \dot{\boldsymbol{x}}} \right]\Big|_{t_f} = 0$

例 10-4　设性能指标泛函

$$J = \int_0^{t_f} (1+\dot{x}^2)^{1/2}\mathrm{d}t$$

式中，末端时刻 t_f 未给定。已知 $x(0)=1$ ，要求

$$x(t_f) = c(t_f) = 2 - t_f$$

求使泛函为极值的最优轨线 $x^*(t)$ 及相应的 t_f^* 和 J^* 。

解　本例为起点固定、t_f 自由、末端受约束的泛函极值问题。显然，所给出的指标泛函就是 $x(t)$ 的弧长，约束方程 $c(t)=2-t$ 为平面上的直线，如图 10-3 所示。本例问题的实质是求从 $x(0)$ 到直线 $c(t)$ 并使弧长最短的曲线 $x^*(t)$ 。图中，$x(t)$ 为一条任意的容许轨线。

图 10-3　例 10-4 的最优轨线

由题意

$$L(x,\dot{x},t) = (1+\dot{x}^2)^{1/2}$$

其偏导数为

$$\frac{\partial L}{\partial x} = 0, \qquad \frac{\partial L}{\partial \dot{x}} = \frac{\dot{x}}{(1+\dot{x}^2)^{1/2}}$$

根据欧拉方程

$$\frac{\partial L}{\partial x} - \frac{\mathrm{d}}{\mathrm{d}t}\frac{\partial L}{\partial \dot{x}} = -\frac{\mathrm{d}}{\mathrm{d}t}\left[\frac{\dot{x}}{\sqrt{1+\dot{x}^2}}\right] = 0$$

求得

$$\frac{\dot{x}}{\sqrt{1+\dot{x}^2}} = c, \quad \dot{x}^2 = \frac{c^2}{1-c^2} = a^2$$

式中，c 为积分常数，a 为待定常数。因而

$$\dot{x}(t) = a, \qquad x(t) = at + b$$

其中 b 也是待定常数。

由 $x(0)=1$ ，求出 $b=1$ ；由横截条件

$$\left[L + (\dot{c}-\dot{x})^\mathrm{T}\frac{\partial L}{\partial \dot{x}}\right]\Bigg|_{t_f} = \left[\sqrt{1+\dot{x}^2} + (-1-\dot{x})\frac{\dot{x}}{\sqrt{1+\dot{x}^2}}\right]\Bigg|_{t_f} = 0$$

解得 $\dot{x}(t_f)=1$ 。因为 $\dot{x}(t)=a$ ，所以有 $a=1$ 。从而最优轨线为

$$x^*(t) = t + 1$$

当 $t=t_f$ 时，$x(t_f)=c(t_f)$ ，即

$$t_f + 1 = 2 - t_f$$

求出最优末端时刻 $t_f^* = 0.5$ 。将 $x^*(t)$ 及 t_f^* 代入指标泛函，可得最优性能指标 $J^* = 0.707$ 。

4. 变分法解最优控制问题

在控制向量不受约束，且是时间的连续函数情况下，可用变分法导出最优控制解的必要条件。在变分法问题中，以复合型指标泛函、末端受约束的情况最有代表性。

设系统状态方程为

$$\dot{\boldsymbol{x}}(t) = \boldsymbol{f}(\boldsymbol{x},\boldsymbol{u},t), \qquad \boldsymbol{x}(t_0) = \boldsymbol{x}_0 \tag{10-40}$$

性能指标泛函为

$$J = \varphi\left[\boldsymbol{x}(t_f),t_f\right] + \int_{t_0}^{t_f} L(\boldsymbol{x},\boldsymbol{u},t)\mathrm{d}t \tag{10-41}$$

式中，$\boldsymbol{x} \in \mathbf{R}^n; \boldsymbol{u} \in \mathbf{R}^m$，无约束，且在$[t_0,t_f]$上连续；在$[t_0,t_f]$上，向量函数$\boldsymbol{f}(\cdot)$、标量函数$\varphi(\cdot)$和$L(\cdot)$连续且可微；末端时刻$t_f$可以固定，也可以自由；末端状态$\boldsymbol{x}(t_f)$受约束，其要求的目标集为

$$\boldsymbol{\psi}\left[\boldsymbol{x}(t_f),t_f\right] = \boldsymbol{0} \tag{10-42}$$

其中$\boldsymbol{\psi} \in \mathbf{R}^r$，$r \leqslant n$。最优控制问题是：确定最优控制$\boldsymbol{u}^*(t)$和最优轨线$\boldsymbol{x}^*(t)$，使系统(10-40)由已知初态$\boldsymbol{x}_0$转移到要求的目标集(10-42)，并使给定的指标泛函(10-41)达到极值。

显然，上述问题是一个有等式约束的泛函极值问题，可以采用拉格朗日乘子法，把有约束泛函极值问题化为无约束泛函极值问题。构造哈密顿函数

$$H(\boldsymbol{x},\boldsymbol{u},\boldsymbol{\lambda},t) = L(\boldsymbol{x},\boldsymbol{u},t) + \boldsymbol{\lambda}^{\mathrm{T}}(t)\boldsymbol{f}(\boldsymbol{x},\boldsymbol{u},t) \tag{10-43}$$

式中，$\boldsymbol{\lambda} \in \mathbf{R}^n$为拉格朗日乘子向量。则最优解的必要条件可以分别讨论如下。

(1) 末端时刻固定时的最优解

当t_f固定时，引入拉格朗日乘子向量$\boldsymbol{\lambda}(t) \in \mathbf{R}^n$，$\boldsymbol{\gamma} \in \mathbf{R}^r$，构造如下广义泛函：

$$J_a = \varphi\left[\boldsymbol{x}(t_f)\right] + \boldsymbol{\gamma}^{\mathrm{T}}\boldsymbol{\psi}\left[\boldsymbol{x}(t_f)\right] + \int_{t_0}^{t_f} \left\{L(\boldsymbol{x},\boldsymbol{u},t) + \boldsymbol{\lambda}^{\mathrm{T}}(t)\left[\boldsymbol{f}(\boldsymbol{x},\boldsymbol{u},t) - \dot{\boldsymbol{x}}(t)\right]\right\}\mathrm{d}t$$

$$= \varphi\left[\boldsymbol{x}(t_f)\right] + \boldsymbol{\gamma}^{\mathrm{T}}\boldsymbol{\psi}\left[\boldsymbol{x}(t_f)\right] + \int_{t_0}^{t_f} \left[H(\boldsymbol{x},\boldsymbol{u},\boldsymbol{\lambda},t) - \boldsymbol{\lambda}^{\mathrm{T}}(t)\dot{\boldsymbol{x}}(t)\right]\mathrm{d}t$$

由于分部积分

$$-\int_{t_0}^{t_f} \boldsymbol{\lambda}^{\mathrm{T}}(t)\dot{\boldsymbol{x}}(t)\mathrm{d}t = -\boldsymbol{\lambda}^{\mathrm{T}}(t)\boldsymbol{x}(t)\Big|_{t_0}^{t_f} + \int_{t_0}^{t_f} \dot{\boldsymbol{\lambda}}^{\mathrm{T}}(t)\boldsymbol{x}(t)\mathrm{d}t$$

故广义泛函可表示为

$$\begin{aligned} J_a = {} & \varphi\left[\boldsymbol{x}(t_f)\right] + \boldsymbol{\gamma}^{\mathrm{T}}\boldsymbol{\psi}\left[\boldsymbol{x}(t_f)\right] - \boldsymbol{\lambda}^{\mathrm{T}}(t_f)\boldsymbol{x}(t_f) + \boldsymbol{\lambda}^{\mathrm{T}}(t_0)\boldsymbol{x}(t_0) \\ & + \int_{t_0}^{t_f} \left[H(\boldsymbol{x},\boldsymbol{u},\boldsymbol{\lambda},t) + \dot{\boldsymbol{\lambda}}^{\mathrm{T}}(t)\boldsymbol{x}(t)\right]\mathrm{d}t \end{aligned} \tag{10-44}$$

对广义泛函式(10-44)取一次变分，注意到待定乘子向量$\boldsymbol{\lambda}(t)$和$\boldsymbol{\gamma}$不变分，以及$\delta\boldsymbol{x}(t_0) = \boldsymbol{0}$，可得

$$\delta J_a = \delta\boldsymbol{x}^{\mathrm{T}}(t_f)\left[\frac{\partial\varphi}{\partial\boldsymbol{x}(t_f)} + \frac{\partial\boldsymbol{\psi}^{\mathrm{T}}}{\partial\boldsymbol{x}(t_f)}\boldsymbol{\gamma} - \boldsymbol{\lambda}(t_f)\right] + \int_{t_0}^{t_f}\left[\left(\frac{\partial\boldsymbol{H}}{\partial\boldsymbol{x}} + \dot{\boldsymbol{\lambda}}\right)^{\mathrm{T}}\delta\boldsymbol{x} + \left(\frac{\partial\boldsymbol{H}}{\partial\boldsymbol{u}}\right)^{\mathrm{T}}\delta\boldsymbol{u}\right]\mathrm{d}t \tag{10-45}$$

根据泛函极值的必要条件，令式(10-45)为零，考虑到宗量变分$\delta\boldsymbol{x}$，$\delta\boldsymbol{u}$和$\delta\boldsymbol{x}(t_f)$的任意性及变分预备定理，得如下广义泛函取极值的必要条件：

欧拉方程

$$\dot{\boldsymbol{\lambda}}(t) = -\frac{\partial H}{\partial\boldsymbol{x}} \tag{10-46}$$

$$\frac{\partial H}{\partial u} = 0 \tag{10-47}$$

横截条件 $$\lambda(t_f) = \frac{\partial \varphi}{\partial x(t_f)} + \frac{\partial \psi^{\mathrm{T}}}{\partial x(t_f)} \gamma \tag{10-48}$$

由于引进哈密顿函数形式(10-43)，使得

$$\dot{x}(t) = \frac{\partial H}{\partial \lambda} = f(x,u,t) \tag{10-49}$$

上式与式(10-46)形成正则形式，其右端都是哈密顿函数的适当偏导数，故将式(10-49)和式(10-46)称为正则方程。因为式(10-49)是众知的状态方程，故称式(10-46)为协态方程，相应的乘子向量 $\lambda(t)$ 称为协态向量。

正则方程(10-49)和(10-46)是 $2n$ 个一阶微分方程组，初始条件 $x(t_0) = x_0$ 和横截条件(10-48)正好为正则方程提供 $2n$ 个边界条件，根据对 $f(\cdot)$ ， $L(\cdot)$ 和 $\varphi(\cdot)$ 的连续性和可微性假设，正则方程可以唯一确定状态向量 $x(t)$ 和协态向量 $\lambda(t)$ 。

对于确定的 $x(t)$ 和 $\lambda(t)$ ，哈密顿函数 $H(\cdot)$ 是控制向量 $u(t)$ 的函数。式(10-47)表明，最优控制 $u^*(t)$ 使哈密顿函数 $H(\cdot)$ 取驻值，因此式(10-47)通常称为极值条件或控制方程。由极值条件(10-47)，可以确定最优控制 $u^*(t)$ 与最优轨线 $x^*(t)$ 和协态向量 $\lambda^*(t)$ 之间的关系。

应当指出，正则方程(10-49)、(10-46)与极值条件(10-47)，形成变量间相互耦合的方程组，其边界条件由初始条件、横截条件(10-48)和目标集(10-42)提供，其中目标集条件(10-42)用于联合确定待定的拉格朗日乘子向量 γ 。

上述讨论，可以归纳为如下定理。(为便于书写，今后凡不致混淆之处，均省略"*"号)。

定理 10-6 对于如下最优控制问题：

$$\min_{u(t)} J = \varphi[x(t)] + \int_{t_0}^{t_f} L(x,u,t)\mathrm{d}t$$

$$\text{s.t.} \quad \textcircled{1} \dot{x}(t) = f(x,u,t), \quad x(t_0) = x_0$$

$$\textcircled{2} \psi[x(t_f)] = 0$$

式中， $x \in \mathbf{R}^n; u \in \mathbf{R}^m$ ，无约束且在 $[t_0, t_f]$ 上连续； $\psi \in \mathbf{R}^r$ ， $r \leqslant n$ ；在 $[t_0, t_f]$ 上， $f(\cdot)$ ， $\psi(\cdot)$ ， $\varphi(\cdot)$ 和 $L(\cdot)$ 连续且可微； t_f 固定。最优解的必要条件为

1) $x(t)$ 和 $\lambda(t)$ 满足正则方程

$$\dot{x}(t) = \frac{\partial H}{\partial \lambda}, \qquad \dot{\lambda}(t) = -\frac{\partial H}{\partial x}$$

式中 $$H(x,u,\lambda,t) = L(x,u,t) + \lambda^{\mathrm{T}}(t) f(x,u,t)$$

2) 边界条件与横截条件

$$x(t_0) = x_0, \qquad \psi[x(t_f)] = 0$$

$$\lambda(t_f) = \frac{\partial \varphi}{\partial x(t_f)} + \frac{\partial \psi^{\mathrm{T}}}{\partial x(t_f)} \gamma$$

3) 极值条件

$$\frac{\partial H}{\partial \boldsymbol{u}} = \boldsymbol{0}$$

定理 10-6 是 t_f 固定、末端 $\boldsymbol{x}(t_f)$ 受约束时泛函极值的必要条件，通过适当修改，其结论可以移植到末端自由和末端固定时的情况。

当末端时刻 t_f 固定、末端 $\boldsymbol{x}(t_f)$ 自由时，由于不存在目标集条件(10-42)，因此在定理 10-6 的结论中，删除向量 $\boldsymbol{\psi}[\boldsymbol{x}(t_f)]$，即为 t_f 固定、$\boldsymbol{x}(t_f)$ 自由时泛函极值的必要条件。这一结论，通过定理 10-6 的推导过程明显可见。

当末端时刻 t_f 固定、末端 $\boldsymbol{x}(t_f) = \boldsymbol{x}_f$ 固定时，由于 $\delta \boldsymbol{x}(t_0) = \boldsymbol{0}$ 以及 $\delta \boldsymbol{x}(t_f) = \boldsymbol{0}$，广义泛函 J_a 的一次变分(10-45)变成

$$\delta J_a = \int_{t_0}^{t_f} \left[\left(\frac{\partial H}{\partial \boldsymbol{x}} + \dot{\boldsymbol{\lambda}} \right)^{\mathrm{T}} \delta \boldsymbol{x} + \left(\frac{\partial H}{\partial \boldsymbol{u}} \right)^{\mathrm{T}} \delta \boldsymbol{u} \right] \mathrm{d}t \tag{10-50}$$

式中，$\delta \boldsymbol{x}$ 是任意的，但容许控制变分 $\delta \boldsymbol{u}$ 不再是完全任意的，必须满足某些限制条件。卡尔曼曾经论证：若系统完全可控，同样可以导出 $\partial H / \partial \boldsymbol{u} = \boldsymbol{0}$ 的极值条件。因此，在系统可控条件下，令式(10-50)为零，由变分预备定理得

$$\dot{\boldsymbol{\lambda}}(t) = -\frac{\partial H}{\partial \boldsymbol{x}}, \qquad \frac{\partial H}{\partial \boldsymbol{u}} = \boldsymbol{0}$$

应当特别注意的是，因为 $\delta \boldsymbol{x}(t_f) = \boldsymbol{0}$，所以横截条件式(10-48)不成立，也不可能是 $\boldsymbol{\lambda}(t_f) = \partial \varphi / \partial \boldsymbol{x}(t_f)$；当 $\varphi(\cdot) = 0$ 时，$\boldsymbol{\lambda}(t_f) = \boldsymbol{0}$ 也不能成立。此时，已知的 $\boldsymbol{x}(t_0) = \boldsymbol{x}_0$ 和 $\boldsymbol{x}(t_f) = \boldsymbol{x}_f$，就是求解正则方程的两端边界条件。

例 10-5 设系统方程为

$$\dot{x}_1(t) = x_2(t)$$
$$\dot{x}_2(t) = u(t)$$

求从已知初态 $x_0(0) = 0$ 和 $x_2(0) = 0$，在 $t_f = 1$ 时转移到目标集(末端约束)

$$x_1(1) + x_2(1) = 1$$

且使性能指标

$$J = \frac{1}{2} \int_0^1 u^2(t) \mathrm{d}t$$

为最小的最优控制 $u^*(t)$ 和相应的最优轨线 $\boldsymbol{x}^*(t)$。

解 本例控制无约束，可用变分法求解，属积分型性能指标、t_f 固定、末端受约束的泛函极值问题。由题意：

$$\varphi[\boldsymbol{x}(t_f)] = 0, \qquad L(\cdot) = \frac{1}{2}u^2$$
$$\psi[\boldsymbol{x}(t_f)] = x_1(1) + x_2(1) - 1$$

构造哈密顿函数

$$H = \frac{1}{2}u^2 + \lambda_1 x_2 + \lambda_2 u$$

由协态方程

$$\dot{\lambda}_1 = -\frac{\partial H}{\partial x_1} = 0, \qquad \lambda_1(t) = c_1$$

$$\dot{\lambda}_2 = -\frac{\partial H}{\partial x_2} = -\lambda_1, \qquad \lambda_2(t) = -c_1 t + c_2$$

由极值条件

$$\frac{\partial H}{\partial u} = u + \lambda_2 = 0, \qquad u(t) = -\lambda_2(t) = c_1 t - c_2$$

由状态方程

$$\dot{x}_2 = u = c_1 t - c_2, \qquad x_2(t) = \frac{1}{2}c_1 t^2 - c_2 t + c_3$$

$$\dot{x}_1 = x_2 = \frac{1}{2}c_1 t^2 - c_2 t + c_3, \qquad x_1(t) = \frac{1}{6}c_1 t^3 - \frac{1}{2}c_2 t^2 + c_3 t + c_4$$

根据已知初态 $x_1(0) = x_2(0) = 0$，求出

$$c_3 = c_4 = 0$$

再由目标集条件 $x_1(1) + x_2(1) - 1 = 0$，求得

$$4c_1 - 9c_2 = 6$$

根据横截条件

$$\lambda_1(1) = \frac{\partial \psi}{\partial x_1(1)}\gamma = \gamma, \qquad \lambda_2(1) = \frac{\partial \psi}{\partial x_2(1)}\gamma = \gamma$$

得到 $\lambda_1(1) = \lambda_2(1)$，故有 $c_1 = \frac{1}{2}c_2$。于是解出

$$c_1 = -\frac{3}{7}, \qquad c_2 = -\frac{6}{7}$$

从而，本例最优解为

$$u^*(t) = -\frac{3}{7}(t - 2)$$

$$x_1^*(t) = -\frac{1}{14}t^2(t - 6)$$

$$x_2^*(t) = -\frac{3}{14}t(t - 4)$$

(2) 末端时刻自由时的最优解

当 t_f 自由时，末端状态又可区分为受约束、自由和固定等三种情况。其中，以复合型性能指标、末端受约束的泛函极值问题最具一般性，所得到的结果可以方便地推广到末端自由和末端固定情况。末端时刻自由时所讨论的问题，除 t_f 自由外，其余与末端时刻固定时所讨论的内容相同。

定理 10-7　对于如下最优控制问题：

$$\min_{\boldsymbol{u}(t)} J = \varphi\big[\boldsymbol{x}(t_f),t_f\big] + \int_{t_0}^{t_f} L(\boldsymbol{x},\boldsymbol{u},t)\mathrm{d}t$$

$$\text{s.t.}\quad \textcircled{1}\dot{\boldsymbol{x}}(t) = \boldsymbol{f}(\boldsymbol{x},\boldsymbol{u},t),\boldsymbol{x}(t_0)=\boldsymbol{x}_0$$

$$\textcircled{2}\boldsymbol{\psi}\big[\boldsymbol{x}(t_f),t_f\big]=\boldsymbol{0}$$

式中，t_f 自由，其余假设同定理 10-6，则最优解的必要条件为

1) $\boldsymbol{x}(t)$ 和 $\boldsymbol{\lambda}(t)$ 满足正则方程

$$\dot{\boldsymbol{x}}(t) = \frac{\partial H}{\partial \boldsymbol{\lambda}},\qquad \dot{\boldsymbol{\lambda}}(t) = -\frac{\partial H}{\partial \boldsymbol{x}}$$

其中

$$H(\boldsymbol{x},\boldsymbol{u},\boldsymbol{\lambda},t) = L(\boldsymbol{x},\boldsymbol{u},t) + \boldsymbol{\lambda}^{\mathrm{T}}(t)\boldsymbol{f}(\boldsymbol{x},\boldsymbol{u},t)$$

2) 边界条件与横截条件

$$\boldsymbol{x}(t_0)=\boldsymbol{x}_0,\qquad \boldsymbol{\psi}\big[\boldsymbol{x}(t_f),t_f\big]=\boldsymbol{0}$$

$$\boldsymbol{\lambda}(t_f) = \frac{\partial \varphi}{\partial \boldsymbol{x}(t_f)} + \frac{\partial \boldsymbol{\psi}^{\mathrm{T}}}{\partial \boldsymbol{x}(t_f)}\boldsymbol{\gamma}$$

3) 极值条件

$$\frac{\partial H}{\partial \boldsymbol{u}} = \boldsymbol{0}$$

4) 在最优轨线末端哈密顿函数变化律

$$H(t_f) = -\frac{\partial \varphi}{\partial t_f} - \boldsymbol{\gamma}^{\mathrm{T}}\frac{\partial \boldsymbol{\psi}}{\partial t_f}$$

证明　引入拉格朗日乘子向量 $\boldsymbol{\lambda}(t)\in\mathbf{R}^n$ 和 $\boldsymbol{\gamma}\in\mathbf{R}^r$，构造广义泛函

$$J_a = \varphi\big[\boldsymbol{x}(t_f),t_f\big] + \boldsymbol{\gamma}^{\mathrm{T}}\boldsymbol{\psi}\big[\boldsymbol{x}(t_f),t_f\big] + \int_{t_0}^{t_f}\big[H(\boldsymbol{x},\boldsymbol{u},\boldsymbol{\lambda},t) - \boldsymbol{\lambda}^{\mathrm{T}}(t)\dot{\boldsymbol{x}}(t)\big]\mathrm{d}t$$

式中，哈密顿函数 $H(\boldsymbol{x},\boldsymbol{u},\boldsymbol{\lambda},t)$ 定义同式(10-43)。

当末端位置由 $(\boldsymbol{x}_f,t_f)$ 移动到 $(\boldsymbol{x}_f+\delta\boldsymbol{x}_f,t_f+\delta t_f)$ 时，产生如下广义泛函增量：

$$\Delta J_a = \varphi\big[\boldsymbol{x}^*(t_f)+\delta\boldsymbol{x}_f,t_f+\delta t_f\big] - \varphi\big[\boldsymbol{x}^*(t_f),t_f\big]$$

$$+\boldsymbol{\gamma}^{\mathrm{T}}\big\{\boldsymbol{\psi}\big[\boldsymbol{x}^*(t_f)+\delta\boldsymbol{x}_t,t_f+\delta t_f\big] - \boldsymbol{\psi}\big[\boldsymbol{x}^*(t_f),t_f\big]\big\}$$

$$+\int_{t_f}^{t_f+\delta t_f}\big\{H(\boldsymbol{x}^*+\delta\boldsymbol{x},\boldsymbol{u}^*+\delta\boldsymbol{u},\boldsymbol{\lambda},t) - \boldsymbol{\lambda}^{\mathrm{T}}(t)\big[\dot{\boldsymbol{x}}^*+\delta\dot{\boldsymbol{x}}\big]\big\}\mathrm{d}t$$

$$+\int_{t_0}^{t_f}\big[H(\boldsymbol{x}^*+\delta\boldsymbol{x},\boldsymbol{u}^*+\delta\boldsymbol{u},\boldsymbol{\lambda},t) - H(\boldsymbol{x}^*,\boldsymbol{u}^*,\boldsymbol{\lambda},t) - \boldsymbol{\lambda}^{\mathrm{T}}\delta\dot{\boldsymbol{x}}\big]\mathrm{d}t$$

将上式展成泰勒级数并取主部，以及应用积分中值定理并考虑到 $\delta\boldsymbol{x}(t_0)=\boldsymbol{0}$，可得广义泛函变分表达式

$$\delta J_a = \left[\frac{\partial\varphi}{\partial\boldsymbol{x}(t_f)}\right]^{\mathrm{T}}\delta\boldsymbol{x}_f + \frac{\partial\varphi}{\partial t_f}\delta t_f + \boldsymbol{\gamma}^{\mathrm{T}}\left\{\left[\frac{\partial\boldsymbol{\psi}^{\mathrm{T}}}{\partial\boldsymbol{x}(t_f)}\right]^{\mathrm{T}}\delta\boldsymbol{x}_f + \frac{\partial\boldsymbol{\psi}}{\partial t_f}\delta t_f\right\} + (H-\boldsymbol{\lambda}^{\mathrm{T}}\dot{\boldsymbol{x}})\Big|_{t_f}\delta t_f$$

$$+\int_{t_0}^{t_f}\left[\left(\frac{\partial H}{\partial\boldsymbol{x}}+\dot{\boldsymbol{\lambda}}\right)^{\mathrm{T}}\delta\boldsymbol{x} + \left(\frac{\partial H}{\partial\boldsymbol{u}}\right)^{\mathrm{T}}\delta\boldsymbol{u}\right]\mathrm{d}t - (\boldsymbol{\lambda}^{\mathrm{T}}\delta\boldsymbol{x})\Big|_{t_f} \tag{10-51}$$

由式(10-26)知，如下关系式成立：

$$\delta \boldsymbol{x}(t_f) = \delta \boldsymbol{x}_f - \dot{\boldsymbol{x}}(t_f)\delta t_f$$

将式(10-26)代入式(10-51)，整理得

$$\delta J_a = \left[\frac{\partial \varphi}{\partial t_f} + \boldsymbol{\gamma}^{\mathrm{T}}\frac{\partial \boldsymbol{\psi}}{\partial t_f} + H(t_f)\right]\delta t_f + \left[\frac{\partial \varphi}{\partial \boldsymbol{x}(t_f)} + \frac{\partial \boldsymbol{\psi}^{\mathrm{T}}}{\partial \boldsymbol{x}(t_f)}\boldsymbol{\gamma} - \boldsymbol{\lambda}(t_f)\right]^{\mathrm{T}}\delta \boldsymbol{x}_f$$
$$+ \int_{t_0}^{t_f}\left[\left(\frac{\partial H}{\partial \boldsymbol{x}} + \dot{\boldsymbol{\lambda}}\right)^{\mathrm{T}}\delta \boldsymbol{x} + \left(\frac{\partial H}{\partial \boldsymbol{u}}\right)^{\mathrm{T}}\delta \boldsymbol{u}\right]\mathrm{d}t \tag{10-52}$$

令上式 $\delta J_a = 0$，考虑到式中各微变量 δt_f、$\delta \boldsymbol{x}_f$、$\delta \boldsymbol{x}$ 和 $\delta \boldsymbol{u}$ 均是任意的，由变分预备定理立即证得本定理的各项结论。

定理 10-7 的结论同样可方便地推广至末端自由和末端固定的情况，其注意事项与末端时刻固定时最优解的情况相同。不同末端状态边界条件下求最优解的必要条件列于表 10-2，以供使用时参考。

表 10-2 用变分法求最优解的必要条件

$\min\limits_{\boldsymbol{u}(t)} J = \varphi(\cdot) + \int_{t_0}^{t_f} L(\boldsymbol{x},\boldsymbol{u},t)\mathrm{d}t$ s.t. $\dot{\boldsymbol{x}}(t) = \boldsymbol{f}(\boldsymbol{x},\boldsymbol{u},t)$ $\boldsymbol{x}(t_0) = \boldsymbol{x}_0$ $\boldsymbol{\psi}\left[\boldsymbol{x}(t_f),t_f\right] = \boldsymbol{0}$ $H = L(\boldsymbol{x},\boldsymbol{u},t) + \boldsymbol{\lambda}^{\mathrm{T}}\boldsymbol{f}(\boldsymbol{x},\boldsymbol{u},t)$		正则方程	极值条件	边界条件与横截条件	H 变化律
t_f 固定	末端约束	$\dot{\boldsymbol{x}} = \dfrac{\partial H}{\partial \boldsymbol{\lambda}}$ $\dot{\boldsymbol{\lambda}} = -\dfrac{\partial H}{\partial \boldsymbol{x}}$	$\dfrac{\partial H}{\partial \boldsymbol{u}} = 0$	$\boldsymbol{x}(t_0) = \boldsymbol{x}_0,\boldsymbol{\Psi}\left[\boldsymbol{x}(t_f)\right] = \boldsymbol{0}$ $\boldsymbol{\lambda}(t_f) = \dfrac{\partial \varphi}{\partial \boldsymbol{x}(t_f)} + \dfrac{\partial \boldsymbol{\psi}^{\mathrm{T}}}{\partial \boldsymbol{x}(t_f)}\boldsymbol{\gamma}$	
	末端自由			$\boldsymbol{x}(t_0) = \boldsymbol{x}_0$ $\boldsymbol{\lambda}(t_f) = \dfrac{\partial \varphi}{\partial \boldsymbol{x}(t_f)}$	
	末端固定（系统可控）			$\boldsymbol{x}(t_0) = \boldsymbol{x}_0$ $\boldsymbol{\lambda}(t_f) = \boldsymbol{x}_f$	
t_f 自由	末端约束	$\dot{\boldsymbol{x}} = \dfrac{\partial H}{\partial \boldsymbol{\lambda}}$ $\dot{\boldsymbol{\lambda}} = -\dfrac{\partial H}{\partial \boldsymbol{x}}$	$\dfrac{\partial H}{\partial \boldsymbol{u}} = 0$	$\boldsymbol{x}(t_0) = \boldsymbol{x}_0$ $\boldsymbol{\psi}\left[\boldsymbol{x}(t_f),t_f\right] = \boldsymbol{0}$ $\boldsymbol{\lambda}(t_f) = \dfrac{\partial \varphi}{\partial \boldsymbol{x}(t_f)} + \dfrac{\partial \boldsymbol{\psi}^{\mathrm{T}}}{\partial \boldsymbol{x}(t_f)}\boldsymbol{\gamma}$	$H(t_f) = -\dfrac{\partial \varphi}{\partial t_f} - \boldsymbol{\gamma}^{\mathrm{T}}\dfrac{\partial \boldsymbol{\psi}}{\partial t_f}$
	末端自由			$\boldsymbol{x}(t_0) = \boldsymbol{x}_0$ $\boldsymbol{\lambda}(t_f) = \dfrac{\partial \varphi}{\partial \boldsymbol{x}(t_f)}$	$H(t_f) = -\dfrac{\partial \varphi}{\partial t_f}$
	末端固定（系统可控）			$\boldsymbol{x}(t_0) = \boldsymbol{x}_0$ $\boldsymbol{\lambda}(t_f) = \boldsymbol{x}_f$	$H(t_f) = -\dfrac{\partial \varphi}{\partial t_f}$

例 10-6　设一阶系统方程为

$$\dot{x}(t) = u(t)$$

已知 $x(0)=1$，要求 $x(t_f) = 0$，试求使性能指标

$$J = t_f + \frac{1}{2}\int_0^{t_f} u^2(t)\,\mathrm{d}t$$

为极小的最优控制 $u^*(t)$，以及相应的最优轨线 $x^*(t)$、最优末端时刻 t_f^*、最小指标 J^*。其中，末端时刻 t_f 未给定。

解　本例为复合型性能指标、t_f 自由、末端固定、控制无约束的泛函极值问题。

由已知的系统方程知，系统是可控的。令

$$H = \frac{1}{2}u^2 + \lambda u$$

因 $\dot{\lambda}(t) = -\dfrac{\partial H}{\partial x} = 0$，故 $\lambda(t) = a = \text{const}$。再由

$$\frac{\partial H}{\partial u} = u + \lambda = 0, \qquad \frac{\partial^2 H}{\partial u^2} = 1 > 0$$

$$u^*(t) = -\lambda(t) = -a$$

可使 $H = \min$。由状态方程

$$\dot{x}(t) = u = -a, \qquad \int_{x(0)}^{x(t)}\mathrm{d}x = -\int_0^t a\,\mathrm{d}t$$

代入 $x(0) = 1$，解出

$$x^*(t) = 1 - at$$

利用已知的末态条件

$$x(t_f) = 1 - at_f = 0, \qquad t_f = 1/a$$

最后，根据 H 变化律条件

$$H(t_f) = -\frac{\partial\varphi}{\partial t_f} = -1, \qquad \frac{1}{2}u^2(t_f) + \lambda(t_f)u(t_f) = -1$$

求得

$$\frac{1}{2}a^2 - a^2 = -1, \qquad a = \sqrt{2}$$

于是，本例最优解如下：

$$u^* = -\sqrt{2}, \qquad x^*(t) = 1 - \sqrt{2}t$$

$$t_f^* = \sqrt{2}/2, \qquad J^* = \sqrt{2}$$

10-3　极小值原理及其应用

应用经典变分法求解最优控制问题，要求控制向量不受任何约束，而且要求哈密顿

函数对控制向量连续可微。但是，在实际工程问题中，控制变量往往受到一定的限制。例如，高性能飞机的舵偏角一般不超过 $\pm 5°$；又如，采用空气舵的地-空战术导弹，容许的最大偏舵角一般不超过 $\pm 20°$。这就使得飞机和导弹的控制力矩受到一定的限制，容许控制集合形成一个有界闭集，在容许控制集合边界上，控制变分 δu 不能任意，最优控制的必要条件 $\partial H / \partial u = 0$ 亦不满足。

为了解决控制有约束的变分问题，庞特里亚金提出并证明了极小值原理，其结论与经典变分法的结论有许多相似之处，能够应用于控制变量受边界限制的情况，并且不要求哈密顿函数对控制向量连续可微，因此获得了广泛应用。

1. 连续系统的极小值原理

为方便阐述，先研究定常系统、末值型性能指标、末端自由时的极小值原理，然后将所得结果加以推广。

(1) 末端自由时的极小值原理

定理 10-8　对于如下定常系统、末值型性能指标、末端自由、控制受约束的最优控制问题

$$\min_{u(t)\in\Omega} J(u) = \varphi\left[x(t_f)\right]$$
$$\text{s.t.} \quad \dot{x}(t) = f(x,u), \quad x(t_0) = x_0$$

式中，$x(t)\in \mathbf{R}^n$；$u(t)\in\Omega\subset\mathbf{R}^m$，为任意分段连续函数，$\Omega$ 为容许控制域；末端状态 $x(t_f)$ 自由；末端时刻 t_f 固定或自由。假设：

1) 向量函数 $f(x,u)$ 和标量函数 $\varphi(x)$ 都是其自变量的连续可微函数。

2) 在有界集上，函数 $f(x,u)$ 对变量 x 满足利普希茨条件。

$$\left|f(x_1,u) - f(x_2,u)\right| \leqslant a|x_1 - x_2|, \quad a > 0$$

则对于最优解 $u^*(t)$，t_f^*，和 $x^*(t)$，必存在非零的 $\lambda(t)\in\mathbf{R}^n$，使下列必要条件成立：

1) 正则方程

$$\dot{x}(t) = \frac{\partial H}{\partial \lambda}, \quad \dot{\lambda} = -\frac{\partial H}{\partial x}$$

式中，哈密顿函数

$$H(x,u,\lambda) = \lambda^\mathrm{T}(t)f(x,u)$$

2) 边界条件与横截条件

$$x(t_0) = x_0, \quad \lambda(t_f) = \frac{\partial \varphi}{\partial x(t_f)}$$

3) 极小值条件

$$H(x^*,u^*,\lambda) = \min_{u\in\Omega} H(x^*,u,\lambda)$$

4) 沿最优轨线哈密顿函数变化律(t_f 自由时用)

$$H\left[x^*(t_f^*), u^*(t_f^*), \lambda(t_f^*)\right] = 0$$

应当指出，定理 10-8 中的必要条件 3)又可表示为

$$H\left[x^*(t), u^*(t), \lambda(t)\right] \leqslant \underset{u(t)\in\Omega}{H}\left[x^*(t), u(t), \lambda(t)\right]$$

上式表示，对所有 $t \in [t_0, t_f]$，$u(t)$ 遍取 Ω 中所有点，使 H 为绝对极小值的 $u(t) = u^*(t)$。因而庞特里亚金原理一般称为极小值原理。

与经典变分法相比，极小值原理的重要意义有如下几方面：

1) 容许控制条件放宽了。极小值条件对通常的控制约束均适用。

2) 最优控制使哈密顿函数取全局极小值。当满足经典变分法的应用条件时，其极值条件 $\partial H / \partial u = 0$ 是极小值原理中极小值条件 $H^* = \underset{u\in\Omega}{\min} H$ 的一种特例。

3) 极小值原理不要求哈密顿函数对控制向量的可微性，因而扩大了应用范围。

4) 极小值原理给出的是最优解的必要而非充分条件。如果由实际工程问题的物理意义可以判定解是存在的，而由极小值原理求出的控制又是唯一的，则该控制为要求的最优控制。实际遇到的工程问题往往属于这种情况。

例 10-7　设系统方程及初始条件为

$$\dot{x}_1(t) = -x_1(t) + u(t), \qquad x_1(0) = 1$$
$$\dot{x}_2(t) = x_1(t), \qquad\qquad x_2(0) = 0$$

式中，$|u(t)| \leqslant 1$。若系统末态 $x(t_f)$ 自由，试求 $u^*(t)$ 使性能指标

$$J = x_2(1) = \min$$

解　本例为定常系统、末值型性能指标、末端自由、t_f 固定、控制受约束的最优控制问题。由题意

$$\varphi\left[x(t_f)\right] = x_2(1), \qquad t_f = 1$$

令　　　　　　　　$H(x, u, \lambda) = \lambda_1(-x_1 + u) + \lambda_2 x_1$

由协态方程

$$\dot{\lambda}_2 = -\frac{\partial H}{\partial x_2} = 0, \qquad\qquad \lambda_2(t) = c_2$$

$$\dot{\lambda}_1 = -\frac{\partial H}{\partial x_1} = \lambda_1 - \lambda_2, \qquad\qquad \lambda_1(t) = c_1 e^t + c_2$$

式中，c_1 和 c_2 为待定常数。

由横截条件

$$\lambda_1(1) = \frac{\partial \varphi}{\partial x_1(1)} = 0, \qquad \lambda_2(1) = \frac{\partial \varphi}{\partial x_2(1)} = 1$$

解出 $c_1 = -e^{-1}$，$c_2 = 1$。故有 $\lambda_1(t) = 1 - e^{t-1}$。

由极小值条件

$$u^*(t) = -\mathrm{sgn}(\lambda_1) = \begin{cases} -1, & \lambda_1 > 0 \\ 1, & \lambda_1 < 0 \end{cases}$$

易知

$$\lambda_1(t) = 1 - e^{t-1} > 0, \qquad \forall t \in [0,1)$$
$$\lambda_1(t) = 0, \qquad t = 1$$

故所求最优控制

$$u^*(t) = \begin{cases} -1, & \forall t \in [0,1) \\ 0, & t = 1 \end{cases}$$

定理 10-8 是适用于定常系统、末值型性能指标、末端自由时的极小值原理，但许多常见的最优控制问题都可以化为这种形式，例如可推广于时变系统。

定理 10-9　对于如下时变系统、末值型性能指标、末端自由、控制受约束的最优控制问题

$$\min_{u(t) \in \Omega} J(u) = \varphi\left[x(t_f), t_f \right]$$
$$\text{s.t.} \quad \dot{x}(t) = f(x, u, t), \quad x(t_0) = x_0$$

式中，t_f 固定或自由，假设同定理 10-8。则最优解的必要条件如下。

1) 正则方程

$$\dot{x}(t) = \frac{\partial H}{\partial \lambda}, \qquad \dot{\lambda}(t) = -\frac{\partial H}{\partial x}$$

其中哈密顿函数

$$H(x, u, \lambda, t) = \lambda^{\mathrm{T}}(t) f(x, u, t)$$

2) 边界条件与横截条件

$$x(t_0) = x_0, \qquad \lambda(t_f) = \frac{\partial \varphi}{\partial x(t_f)}$$

3) 极小值条件

$$H(x^*, u^*, \lambda, t) = \min_{u(t) \in \Omega} H(x^*, u, \lambda, t)$$

4) 沿最优轨线哈密顿函数变化律(t_f 自由时用)

$$H\left[x^*(t_f^*), u^*(t_f^*), \lambda(t_f^*), t_f^* \right] = -\frac{\partial \varphi\left[x^*(t_f^*), t_f^* \right]}{\partial t_f}$$

证明　令辅助变量 $X_{n+1}(t) = t$，则有

$$\dot{x}_{n+1}(t) = 1, \qquad x_{n+1}(t_0) = t_0, \qquad x_{n+1}(t_f) = t_f$$

构造增广向量

$$\overline{\boldsymbol{x}}(t) = \begin{bmatrix} \boldsymbol{x}(t) \\ x_{n+1}(t) \end{bmatrix}, \quad \overline{\boldsymbol{f}}(\overline{\boldsymbol{x}}, \boldsymbol{u}) = \begin{bmatrix} \boldsymbol{f}(\boldsymbol{x}, \boldsymbol{u}, t) \\ 1 \end{bmatrix}, \quad \overline{\boldsymbol{x}}_0(t_0) = \begin{bmatrix} \boldsymbol{x}_0 \\ t_0 \end{bmatrix} = \overline{\boldsymbol{x}}_0$$

于是，该时变问题转化为如下定常问题：

$$\min_{\boldsymbol{u}(t) \in \Omega} J = \varphi\big[\overline{\boldsymbol{x}}(t_f)\big] = \varphi\big[\boldsymbol{x}(t_f), x_{n+1}(t_f)\big]$$

$$\text{s.t.} \quad \dot{\overline{\boldsymbol{x}}}(t) = \overline{\boldsymbol{f}}\big[\overline{\boldsymbol{x}}(t), \boldsymbol{u}(t)\big], \quad \overline{\boldsymbol{x}}(t_0) = \overline{\boldsymbol{x}}_0$$

令辅助协态变量为 $\lambda_{n+1}(t)$，构造增广协态向量

$$\overline{\boldsymbol{\lambda}}(t) = \begin{bmatrix} \boldsymbol{\lambda}(t) \\ \lambda_{n+1}(t) \end{bmatrix} \tag{10-53}$$

哈密顿函数

$$\begin{aligned} \overline{H}(\overline{\boldsymbol{x}}, \boldsymbol{u}, \overline{\boldsymbol{\lambda}}) &= \overline{\boldsymbol{\lambda}}^{\mathrm{T}}(t)\overline{\boldsymbol{f}}(\overline{\boldsymbol{x}}, \boldsymbol{u}) = \boldsymbol{\lambda}^{\mathrm{T}}(t)\boldsymbol{f}(\boldsymbol{x}, \boldsymbol{u}, t) + \lambda_{n+1}(t) \\ &= H(\boldsymbol{x}, \boldsymbol{u}, \boldsymbol{\lambda}, t) + \lambda_{n+1}(t) \end{aligned} \tag{10-54}$$

其中

$$H(\boldsymbol{x}, \boldsymbol{u}, \boldsymbol{\lambda}, t) = \boldsymbol{\lambda}^{\mathrm{T}}(t)\boldsymbol{f}(\boldsymbol{x}, \boldsymbol{u}, t) \tag{10-55}$$

由定理 10-8，协态方程为

$$\dot{\overline{\boldsymbol{\lambda}}}(t) = -\frac{\partial \overline{H}}{\partial \overline{\boldsymbol{x}}}$$

代入式(10-53)和式(10-54)，得

$$\dot{\boldsymbol{\lambda}}(t) = -\frac{\partial H}{\partial \boldsymbol{x}}, \quad \dot{\lambda}_{n+1}(t) = -\frac{\partial H}{\partial t} \tag{10-56}$$

由式(10-55)，下式显然成立

$$\dot{\boldsymbol{x}}(t) = \frac{\partial H}{\partial \boldsymbol{\lambda}} = \boldsymbol{f}(\boldsymbol{x}, \boldsymbol{u}, t)$$

从而证明了本定理的结论 1)。

根据定理 10-8，横截条件

$$\overline{\boldsymbol{\lambda}}(t_f) = \frac{\partial \varphi\big[\overline{\boldsymbol{x}}(t_f)\big]}{\partial \overline{\boldsymbol{x}}(t_f)}$$

代入 $\overline{\boldsymbol{\lambda}}(t_f)$ 和 $\overline{\boldsymbol{x}}(t_f)$ 表达式，易得

$$\boldsymbol{\lambda}(t_f) = \frac{\partial \varphi}{\partial \boldsymbol{x}(t_f)}, \quad \lambda_{n+1}(t_f) = \frac{\partial \varphi}{\partial t_f} \tag{10-57}$$

于是，证明了本定理的结论 2)。

由定理 10-8，极小值条件为

$$\overline{H}(\overline{\boldsymbol{x}}^*, \boldsymbol{u}^*, \overline{\boldsymbol{\lambda}}) = \min_{\boldsymbol{u} \in \Omega} \overline{H}(\overline{\boldsymbol{x}}^*, \boldsymbol{u}, \overline{\boldsymbol{\lambda}})$$

代入式(10-54)，上式可写为

$$H(\boldsymbol{x}^*,\boldsymbol{u}^*,\boldsymbol{\lambda},t) + \lambda_{n+1}(t) = \min_{\boldsymbol{u} \in \Omega} H(\boldsymbol{x}^*,\boldsymbol{u},\boldsymbol{\lambda},t) + \lambda_{n+1}(t)$$

立即证得本定理的结论 3)。

根据定理 10-8 中的沿最优轨线哈密顿函数变化律以及式(10-54)，有

$$\bar{H}\left[\bar{\boldsymbol{x}}^*(t_f^{\ *}),\boldsymbol{u}^*(t_f^{\ *}),\bar{\boldsymbol{\lambda}}(t_f^{\ *})\right]$$

$$= H\left[\boldsymbol{x}^*(t_f^{\ *}),\boldsymbol{u}^*(t_f^{\ *}),\boldsymbol{\lambda}(t_f^{\ *}),t_f^{\ *}\right] + \lambda_{n+1}(t_f^{\ *}) = 0$$

代入式(10-57)，证得本定理结论 4)：

$$H^*(t_f^{\ *}) = -\frac{\partial \varphi}{\partial t_f}$$

比较定理 10-9 与定理 10-8 可见，时变性并不影响极小值原理中的正则方程、横截条件和极小值条件，但却改变了哈密顿函数沿最优轨线的变化律。

定理 10-8 的形式还可推广于积分型性能指标的问题。

定理 10-10　对于如下定常系统、积分型性能指标、末端自由、控制受约束的最优控制问题

$$\min_{\boldsymbol{u}(t) \in \Omega} J(\boldsymbol{u}) = \int_{t_0}^{t_f} L(\boldsymbol{x},\boldsymbol{u})\mathrm{d}t$$

$$\text{s.t.}\quad \dot{\boldsymbol{x}}(t) = \boldsymbol{f}\left(\boldsymbol{x},\boldsymbol{u}\right),\qquad \boldsymbol{x}(t_0) = \boldsymbol{x}_0$$

式中，t_f 固定或自由，假设同定理 10-8。则最优解的必要条件如下。

1) 正则方程

$$\dot{\boldsymbol{x}}(t) = \frac{\partial H}{\partial \boldsymbol{\lambda}},\qquad \dot{\boldsymbol{\lambda}}(t) = -\frac{\partial H}{\partial \boldsymbol{x}}$$

其中哈密顿函数

$$H(\boldsymbol{x},\boldsymbol{u},\boldsymbol{\lambda}) = L(\boldsymbol{x},\boldsymbol{u}) + \boldsymbol{\lambda}^{\mathrm{T}}(t)\boldsymbol{f}(\boldsymbol{x},\boldsymbol{u})$$

2) 边界条件与横截条件

$$\boldsymbol{x}(t_0) = \boldsymbol{x}_0,\qquad \boldsymbol{\lambda}(t_f) = \boldsymbol{0}$$

3) 极小值条件

$$H(\boldsymbol{x}^*,\boldsymbol{u}^*,\boldsymbol{\lambda}) = \min_{\boldsymbol{u} \in \Omega} H(\boldsymbol{x}^*,\boldsymbol{u},\boldsymbol{\lambda})$$

4) 沿最优轨线哈密顿函数变化律(t_f 自由时用)

$$H\left[\boldsymbol{x}^*(t_f^{\ *}),\boldsymbol{u}^*(t_f^{\ *}),\boldsymbol{\lambda}(t_f^{\ *})\right] = 0$$

证明　令辅助变量 $x_0(t) = \int_{t_0}^{t} L(\boldsymbol{x},\boldsymbol{u})\mathrm{d}t$ ，则有

$$\dot{x}_0(t) = L(\boldsymbol{x},\boldsymbol{u}),\qquad x_0(t_0) = 0$$

$$x_0(t_f) = \int_{t_0}^{t_f} L(\boldsymbol{x},\boldsymbol{u})\mathrm{d}t = J(\boldsymbol{u})$$

构造增广向量

$$\overline{\pmb{x}}(t) = \begin{bmatrix} x_0(t) \\ \pmb{x}(t) \end{bmatrix}, \qquad \overline{\pmb{f}}(\overline{\pmb{x}}, \pmb{u}) = \begin{bmatrix} L(\pmb{x}, \pmb{u}) \\ \pmb{f}(\pmb{x}, \pmb{u}) \end{bmatrix}, \qquad \overline{\pmb{x}}(t_0) = \begin{bmatrix} 0 \\ \pmb{x}_0 \end{bmatrix} = \overline{\pmb{x}}_0$$

于是，积分型性能指标问题转化为如下末值型性能指标问题：

$$\min_{\pmb{u}(t) \in \Omega} J(\pmb{u}) = x_0(t_f) \triangleq \varphi\big[\overline{\pmb{x}}(t_f)\big]$$

$$\text{s.t.} \quad \dot{\overline{\pmb{x}}}(t) = \overline{\pmb{f}}\big[\overline{\pmb{x}}, \pmb{u}\big], \qquad \overline{\pmb{x}}(t_0) = \overline{\pmb{x}}_0$$

令 $\lambda_0(t)$ 为辅助协态变量，构造增广协态向量

$$\overline{\pmb{\lambda}}(t) = \begin{bmatrix} \lambda_0(t) \\ \pmb{\lambda}(t) \end{bmatrix} \tag{10-58}$$

及哈密顿函数

$$\overline{H}(\overline{\pmb{x}}, \pmb{u}, \overline{\pmb{\lambda}}) = \overline{\pmb{\lambda}}^{\mathrm{T}}(t)\overline{\pmb{f}}(\overline{\pmb{x}}, \pmb{u}) = \lambda_0 L(\pmb{x}, \pmb{u}) + \pmb{\lambda}^{\mathrm{T}}\pmb{f}(\pmb{x}, \pmb{u}) \tag{10-59}$$
$$= H_0(\pmb{x}, \pmb{u}, \pmb{\lambda}) + \lambda_0 L(\pmb{x}, \pmb{u})$$

由定理 10-8，协态方程为

$$\dot{\overline{\pmb{\lambda}}}(t) = \frac{\partial \overline{H}}{\partial \overline{\pmb{x}}}$$

代入式(10-58)及式(10-59)，得

$$\begin{bmatrix} \dot{\lambda}_0(t) \\ \dot{\pmb{\lambda}}(t) \end{bmatrix} = -\begin{bmatrix} \dfrac{\partial \overline{H}}{\partial x_0} \\ \dfrac{\partial \overline{H}}{\partial \pmb{x}} \end{bmatrix} = -\begin{bmatrix} 0 \\ \dfrac{\partial \overline{H}}{\partial \pmb{x}} \end{bmatrix}$$

因而有

$$\lambda_0(t) = \text{const} \tag{10-60}$$

$$\dot{\pmb{\lambda}}(t) = -\frac{\partial \overline{H}}{\partial \pmb{x}} \tag{10-61}$$

再由定理 10-8 的横截条件可得

$$\overline{\pmb{\lambda}}(t_f) = \frac{\partial \varphi\big[\overline{\pmb{x}}(t_f)\big]}{\partial \overline{\pmb{x}}(t_f)}$$

因 $\varphi[\overline{\pmb{x}}(t_f)] = x_0(t_f)$，故上式可表示为

$$\begin{bmatrix} \lambda_0(t_f) \\ \pmb{\lambda}(t_f) \end{bmatrix} = \begin{bmatrix} \dfrac{\partial \varphi}{\partial x_0(t_f)} \\ \dfrac{\partial \varphi}{\partial \pmb{x}(t_f)} \end{bmatrix} = \begin{bmatrix} 1 \\ \pmb{0} \end{bmatrix}$$

从而

$$\boldsymbol{\lambda}(t_f) = \boldsymbol{0}, \qquad \lambda_0(t) = \lambda_0(t_f) = 1$$

哈密顿函数

$$\overline{H}(\overline{\boldsymbol{x}}, \boldsymbol{u}, \overline{\boldsymbol{\lambda}}) = L(\boldsymbol{x}, \boldsymbol{u}) + \boldsymbol{\lambda}^{\mathrm{T}} \boldsymbol{f}(\boldsymbol{x}, \boldsymbol{u}) = H(\boldsymbol{x}, \boldsymbol{u}, \boldsymbol{\lambda}) \qquad (10\text{-}62)$$

由定理 10-8,其状态方程为

$$\dot{\overline{\boldsymbol{x}}}(t) = \frac{\partial \overline{H}}{\partial \overline{\boldsymbol{\lambda}}} = \frac{\partial H}{\partial \overline{\boldsymbol{\lambda}}}$$

代入 $\overline{\boldsymbol{x}}(t)$ 和 $\overline{\boldsymbol{\lambda}}(t)$ 的增广形式,证得

$$\dot{\boldsymbol{x}}(t) = \frac{\partial H}{\partial \boldsymbol{\lambda}}, \qquad \dot{x}_0(t) = L(\boldsymbol{x}, \boldsymbol{u})$$

再将式(10-62)代入式(10-61),有

$$\dot{\boldsymbol{\lambda}}(t) = -\frac{\partial H}{\partial \boldsymbol{x}}$$

由定理 10-8,其极小值条件为

$$\overline{H}(\overline{\boldsymbol{x}}^*, \boldsymbol{u}^*, \overline{\boldsymbol{\lambda}}) = \min_{\boldsymbol{u} \in \Omega} \overline{H}(\overline{\boldsymbol{x}}^*, \boldsymbol{u}, \overline{\boldsymbol{\lambda}})$$

已证 $\overline{H}(\overline{\boldsymbol{x}}^*, \boldsymbol{u}, \overline{\boldsymbol{\lambda}}) = H(\boldsymbol{x}, \boldsymbol{u}, \boldsymbol{\lambda})$,立即证得

$$H(\boldsymbol{x}^*, \boldsymbol{u}^*, \boldsymbol{\lambda}) = \min_{\boldsymbol{u} \in \Omega} H(\boldsymbol{x}^*, \boldsymbol{u}, \boldsymbol{\lambda})$$

由定理 10-8,在最优轨线末端有

$$\overline{H}\left[\overline{\boldsymbol{x}}^*(t_f^*), \boldsymbol{u}^*(t_f^*), \overline{\boldsymbol{\lambda}}(t_f^*)\right] = 0$$

代入式(10-62),立即证得 $H^*(t_f^*) = 0$。

比较定理 10-10、定理 10-8 可见,积分型性能指标改变了哈密顿函数的形式,也影响了横截条件表达式。应当指出,不论是复合型性能指标,还是积分型性能指标,抑或是末值型性能指标,其哈密顿函数的统一形式应为

$$H(\boldsymbol{x}, \boldsymbol{u}, \boldsymbol{\lambda}) = L(\boldsymbol{x}, \boldsymbol{u}) + \boldsymbol{\lambda}^{\mathrm{T}}(t) \boldsymbol{f}(\boldsymbol{x}, \boldsymbol{u}) \qquad (10\text{-}63)$$

这一规定,对时变系统同样适用。

例 10-8　设一阶系统方程为

$$\dot{x}(t) = x(t) - u(t), \qquad x(0) = 5$$

其中控制约束:$0.5 \leqslant u(t) \leqslant 1$。试求使性能指标

$$J = \int_0^1 \left[x(t) + u(t)\right] \mathrm{d}t$$

为极小值的最优控制 $u^*(t)$ 及最优轨线 $x^*(t)$。

解　本例为定常系统、积分型性能指标、t_f 固定、末端自由、控制受约束的最优控

制问题。令哈密顿函数

$$H = x + u + \lambda(x - u) = x(1 + \lambda) + u(1 - \lambda)$$

由于 H 是 u 的线性函数，根据极小值原理知，使 H 绝对极小就相当于使性能指标极小，因此要求 $u(1 - \lambda)$ 极小。因 u 的取值上限为 1，下限为 0.5，故应取

$$u^*(t) = \begin{cases} 1, & \lambda > 1 \\ 0.5, & \lambda < 1 \end{cases}$$

由协态方程

$$\dot{\lambda}(t) = -\frac{\partial H}{\partial x} = -(1 + \lambda)$$

其解为 $\lambda(t) = ce^{-t} - 1$，其中常数 c 待定。

由横截条件

$$\lambda(1) = ce^{-1} - 1 = 0$$

求出 $c = e$。于是

$$\lambda(t) = e^{1-t} - 1$$

显然，当 $\lambda(t_s) = 1$ 时，$u^*(t)$ 产生切换，其中 t_s 为切换时间。令 $\lambda(t_s) = e^{1-t_s} - 1 = 1$ 得 $t_s = 0.307$，故最优控制

$$u^*(t) = \begin{cases} 1, & 0 \leqslant t < 0.307 \\ 0.5, & 0.307 \leqslant t \leqslant 1 \end{cases}$$

将 $u^*(t)$ 代入状态方程，有

$$\dot{x}(t) = \begin{cases} x(t) - 1, & 0 \leqslant t < 0.307 \\ x(t) - 0.5, & 0.307 \leqslant t \leqslant 1 \end{cases}$$

解得

$$x(t) = \begin{cases} c_1 e^t + 1, & 0 \leqslant t < 0.307 \\ c_2 e^t + 0.5, & 0.307 \leqslant t \leqslant 1 \end{cases}$$

代入 $x(0) = 5$，求出 $c_1 = 4$，因而

$$x^*(t) = 4e^t + 1, \quad 0 \leqslant t < 0.307$$

在上式中，令 $t=0.307$，可以求出 $0.307 \leqslant t \leqslant 1$ 时 $x(t)$ 的初态 $x(0.307) = 6.44$，从而求得 $c_2 = 4.37$。于是，最优轨线为

$$x^*(t) = \begin{cases} 4e^t + 1, & 0 \leqslant t < 0.307 \\ 4.37e^t + 0.5, & 0.307 \leqslant t \leqslant 1 \end{cases}$$

本例最优解曲线如图 10-4 所示。

(2) 末端约束时的极小值原理

对于具有目标集约束条件的最优控制问题，需要把极小值原理的原始形式推广到末端受约束时的最优控制问题。

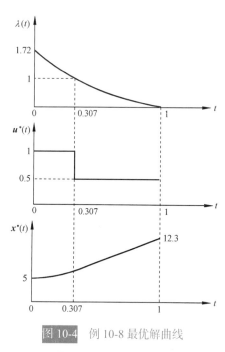

图 10-4 例 10-8 最优解曲线

定理 10-11 对于如下定常系统、末值型性能指标、末端受约束、控制也受约束的最优控制问题

$$\min_{\boldsymbol{u}(t) \in \Omega} J(\boldsymbol{u}) = \varphi \big[\boldsymbol{x}(t_f) \big]$$

$$\text{s.t.} \textcircled{1} \dot{\boldsymbol{x}}(t) = \boldsymbol{f}(\boldsymbol{x}, \boldsymbol{u}), \qquad \boldsymbol{x}(t_0) = \boldsymbol{x}_0$$

$$\textcircled{2} \boldsymbol{\psi} \big[\boldsymbol{x}(t_f) \big] = \boldsymbol{0}$$

式中，t_f 固定或自由；$\boldsymbol{\psi}(\cdot) \in \mathbf{R}^r$，$r \leqslant n$，在 $[t_0, t_f]$ 上连续可微；其余假设同定理 10-8。则必存在非零常向量 $\boldsymbol{\gamma} \in \mathbf{R}^r$ 和 $\boldsymbol{\lambda}(t) \in \mathbf{R}^n$，使最优解满足如下必要条件：

1) 正则方程

$$\dot{\boldsymbol{x}}(t) = \frac{\partial H}{\partial \boldsymbol{\lambda}}, \qquad \dot{\boldsymbol{\lambda}}(t) = -\frac{\partial H}{\partial \boldsymbol{x}}$$

其中哈密顿函数

$$H(\boldsymbol{x}, \boldsymbol{u}, \boldsymbol{\lambda}) = \boldsymbol{\lambda}^{\mathrm{T}}(t) \boldsymbol{f}(\boldsymbol{x}, \boldsymbol{u})$$

2) 边界条件与横截条件

$$\boldsymbol{x}(t_0) = \boldsymbol{x}_0, \qquad \boldsymbol{\psi} \big[\boldsymbol{x}(t_f) \big] = \boldsymbol{0}, \qquad \boldsymbol{\lambda}(t_f) = \frac{\partial \varphi}{\partial \boldsymbol{x}(t_f)} + \frac{\partial \boldsymbol{\psi}^{\mathrm{T}}}{\partial \boldsymbol{x}(t_f)} \boldsymbol{\gamma}$$

3) 极小值条件

$$H(\boldsymbol{x}^*, \boldsymbol{u}^*, \boldsymbol{\lambda}) = \min_{\boldsymbol{u} \in \Omega} H(\boldsymbol{x}^*, \boldsymbol{u}, \boldsymbol{\lambda})$$

4) 沿最优轨线哈密顿函数变化律(t_f 自由时用)

$$H \big[\boldsymbol{x}^*(t_f^*), \boldsymbol{u}^*(t_f^*), \boldsymbol{\lambda}(t_f^*) \big] = 0$$

证明 引入拉格朗日乘子向量 $\boldsymbol{\lambda}(t) \in \mathbf{R}^n$ 和 $\boldsymbol{\gamma} \in \mathbf{R}^r$，构造等价末值型性能指标

$$\tilde{J}(\boldsymbol{u}) = \tilde{\varphi} \big[\boldsymbol{x}(t_f) \big] = \varphi \big[\boldsymbol{x}(t_f) \big] + \boldsymbol{\gamma}^{\mathrm{T}} \boldsymbol{\psi} \big[\boldsymbol{x}(t_f) \big]$$

则最优控制问题等同于定理 10-8。

根据定理 10-8，横截条件为

$$\boldsymbol{\lambda}(t_f) = \frac{\partial \tilde{\varphi}}{\partial \boldsymbol{x}(t_f)} = \frac{\partial \varphi}{\partial \boldsymbol{x}(t_f)} + \frac{\partial \boldsymbol{\psi}^{\mathrm{T}}}{\partial \boldsymbol{x}(t_f)} \boldsymbol{\gamma}$$

其余结论同定理 10-8，故本定理得证。

不难证明，上述定理可以推广到时变情况。

定理 10-12 对于如下时变系统、末值型性能指标、末端受约束、控制也受约束的最优控制问题

$$\min_{\boldsymbol{u}(t)\in\Omega} J(\boldsymbol{u}) = \varphi\big[\boldsymbol{x}(t_f),t_f\big]$$

$$\text{s.t.} \quad ①\dot{\boldsymbol{x}}(t) = \boldsymbol{f}(\boldsymbol{x},\boldsymbol{u},t), \quad \boldsymbol{x}(t_0)=\boldsymbol{x}_0$$

$$②\boldsymbol{\psi}\big[\boldsymbol{x}(t_f),t_f\big]=\boldsymbol{0}$$

式中，t_f 固定或自由，假设条件同定理 10-11。则必存 r 维非零常向量 γ 和 n 维向量 $\boldsymbol{\lambda}(t)$，使最优解满足如下必要条件：

1) 正则方程

$$\dot{\boldsymbol{x}}(t) = \frac{\partial H}{\partial \boldsymbol{\lambda}}, \quad \dot{\boldsymbol{\lambda}}(t) = -\frac{\partial H}{\partial \boldsymbol{x}}$$

其中哈密顿函数

$$H(\boldsymbol{x},\boldsymbol{u},\boldsymbol{\lambda},t) = \boldsymbol{\lambda}^\mathrm{T}(t)\boldsymbol{f}(\boldsymbol{x},\boldsymbol{u},t)$$

2) 边界条件与横截条件

$$\boldsymbol{x}(t_0)=\boldsymbol{x}_0, \quad \boldsymbol{\psi}\big[\boldsymbol{x}(t_f),t_f\big]=\boldsymbol{0}, \quad \boldsymbol{\lambda}(t_f) = \frac{\partial \varphi}{\partial \boldsymbol{x}(t_f)} + \frac{\partial \boldsymbol{\psi}^\mathrm{T}}{\partial \boldsymbol{x}(t_f)}\boldsymbol{\gamma}$$

3) 极小值条件

$$H(\boldsymbol{x}^*,\boldsymbol{u}^*,\boldsymbol{\lambda},t) = \min_{\boldsymbol{u}\in\Omega} H(\boldsymbol{x}^*,\boldsymbol{u},\boldsymbol{\lambda},t)$$

4) 沿最优轨线哈密顿函数变化律(t_f 自由时用)

$$H\big[\boldsymbol{x}^*(t_f^*),\boldsymbol{u}^*(t_f^*),\boldsymbol{\lambda}(t_f^*),t_f^*\big] = -\frac{\partial \varphi}{\partial t_f} - \boldsymbol{\gamma}^\mathrm{T}\frac{\partial \boldsymbol{\psi}}{\partial t_f}$$

证明 引入拉格朗日乘子 $\boldsymbol{\lambda}(t)\in R^n$ 和 $\gamma\in R^r$，构造等价末值型性能指标

$$\tilde{J}(\boldsymbol{u}) = \tilde{\varphi}\big[\boldsymbol{x}(t_f),t_f\big] = \varphi\big[\boldsymbol{x}(t_f),t_f\big] + \boldsymbol{\gamma}^\mathrm{T}\boldsymbol{\psi}\big[\boldsymbol{x}(t_f),t_f\big]$$

则最优控制问题等同于定理 10-9。

根据定理 10-9，横截条件为

$$\boldsymbol{\lambda}(t_f) = \frac{\partial \tilde{\varphi}}{\partial \boldsymbol{x}(t_f)} = \frac{\partial \varphi}{\partial \boldsymbol{x}(t_f)} + \frac{\partial \boldsymbol{\psi}^\mathrm{T}}{\partial \boldsymbol{x}(t_f)}\boldsymbol{\gamma}$$

沿最优轨线哈密顿函数变化律为

$$H\big[\boldsymbol{x}^*(t_f^*),\boldsymbol{u}^*(t_f^*),\boldsymbol{\lambda}(t_f^*),t_f^*\big] = -\frac{\partial \tilde{\varphi}}{\partial t_f} = -\frac{\partial \varphi}{\partial t_f} - \boldsymbol{\gamma}^\mathrm{T}\frac{\partial \boldsymbol{\psi}}{\partial t_f}$$

最优解必要条件中其余的结论与 $\tilde{\varphi}[\boldsymbol{x}(t_f),t_f]$ 无关，等同于定理 10-9。于是，本定理得证。

利用扩充变量法，还可以导出其他各种情况下的极小值原理形式。表 10-3 分别给出了各种具体最优控制问题的极小值原理结论，以供查阅。

表 10-3　连续系统极小值原理的必要条件

末端时刻	性能指标	末端状态	正则方程	极小值条件	边界条件与横截条件	H 变化律
t_f 自由	$J = \varphi[x(t_f), t_f] + \int_{t_0}^{t_f} L(x,u,t)\mathrm{d}t$	末端约束	$\dot{x} = \dfrac{\partial H}{\partial \lambda}$　$\dot{\lambda} = -\dfrac{\partial H}{\partial x}$　其中 $H = L + \lambda^{\mathrm{T}} f$	$H^* = \min\limits_{u\in\Omega} H$	$x(t_0) = x_0,\ \psi[x(t_f), t_f] = 0$ $\lambda(t_f) = \left[\dfrac{\partial \varphi}{\partial x} + \dfrac{\partial \psi^{\mathrm{T}}}{\partial x}\gamma\right]_{t_f}$	$H^*(t_f^*) = -\left[\dfrac{\partial \varphi}{\partial t} + \gamma^{\mathrm{T}} \dfrac{\partial \psi}{\partial t}\right]_{t_f}$
		末端自由			$x(t_0) = x_0$ $\lambda(t_f) = \dfrac{\partial \varphi}{\partial x(t_f)}$	$H^*(t_f^*) = -\dfrac{\partial \varphi}{\partial t_f}$
	$J = \int_{t_0}^{t_f} L(x,u,t)\mathrm{d}t$	末端约束			$x(t_0) = x_0,\ \psi[x(t_f), t_f] = 0$ $\lambda(t_f) = \dfrac{\partial \psi^{\mathrm{T}}}{\partial x(t_f)}\gamma$	$H^*(t_f^*) = -\gamma^{\mathrm{T}} \dfrac{\partial \psi}{\partial t_f}$
		末端自由			$x(t_0) = x_0,\quad \lambda(t_f) = 0$	$H^*(t_f^*) = 0$
		末端固定			$x(t_0) = x_0,\quad x(t_f) = x_f$	$H^*(t_f^*) = 0$
	$J = \varphi[x(t_f), t_f]$	末端约束	$\dot{x} = \dfrac{\partial H}{\partial \lambda}$　$\dot{\lambda} = -\dfrac{\partial H}{\partial x}$　其中 $H = \lambda^{\mathrm{T}} f$		$x(t_0) = x_0,\ \psi[x(t_f), t_f] = 0$ $\lambda(t_f) = \left[\dfrac{\partial \varphi}{\partial x} + \dfrac{\partial \psi^{\mathrm{T}}}{\partial x}\gamma\right]_{t_f}$	$H^*(t_f^*) = -\left[\dfrac{\partial \varphi}{\partial t} + \gamma^{\mathrm{T}} \dfrac{\partial \psi}{\partial t}\right]_{t_f}$
		末端自由			$x(t_0) = x_0$ $\lambda(t_f) = \dfrac{\partial \varphi}{\partial x(t_f)}$	$H^*(t_f^*) = -\dfrac{\partial \varphi}{\partial t_f}$
t_f 固定	$J = \varphi[x(t_f), t_f] + \int_{t_0}^{t_f} L(x,u,t)\mathrm{d}t$	末端约束	$\dot{x} = \dfrac{\partial H}{\partial \lambda}$　$\dot{\lambda} = -\dfrac{\partial H}{\partial x}$　其中 $H = L + \lambda^{\mathrm{T}} f$		$x(t_0) = x_0,\ \psi[x(t_f), t_f] = 0$ $\lambda(t_f) = \left[\dfrac{\partial \varphi}{\partial x} + \dfrac{\partial \psi^{\mathrm{T}}}{\partial x}\gamma\right]_{t_f}$	
		末端自由			$x(t_0) = x_0$ $\lambda(t_f) = \dfrac{\partial \varphi}{\partial x(t_f)}$	
	$J = \int_{t_0}^{t_f} L(x,u,t)\mathrm{d}t$	末端约束			$x(t_0) = x_0,\ \psi[x(t_f), t_f] = 0$ $\lambda(t_f) = \dfrac{\partial \psi^{\mathrm{T}}}{\partial x(t_f)}$	
		末端自由			$x(t_0) = x_0$ $\lambda(t_f) = 0$	
		末端固定			$x(t_0) = x_0$ $x(t_f) = x_f$	
	$J = \varphi[x(t_f), t_f]$	末端约束	$\dot{x} = \dfrac{\partial H}{\partial \lambda}$　$\dot{\lambda} = -\dfrac{\partial H}{\partial x}$　其中 $H = \lambda^{\mathrm{T}} f$		$x(t_0) = x_0,\ \psi[x(t_f), t_f] = 0$ $\lambda(t_f) = \left[\dfrac{\partial \varphi}{\partial x} + \dfrac{\partial \psi^{\mathrm{T}}}{\partial x}\gamma\right]_{t_f}$	
		末端自由			$x(t_0) = x_0$ $\lambda(t_f) = \dfrac{\partial \varphi}{\partial x(t_f)}$	

注：对于定常系统，当 t_f 固定时，最优解的必要条件同本表中 t_f 的固定情况；当 t_f 自由时，除 H 变化律为 $H^*(t_f^*) = 0$ 外，其余同本表中 t_f 的自由情况。

例 10-9 设宇宙飞船登月舱的质量为 $m(t)$，高度为 $h(t)$，垂直速度为 $v(t)$，发动机推力为 $u(t)$，月球表面重力加速度为常数 g，不含燃料时登月舱质量为 M，初始燃料的总质量为 F。已知登月舱的状态方程为

$$\dot{h}(t) = v(t), \qquad h(0) = h_0$$

$$\dot{v}(t) = \frac{u(t)}{m(t)} - g, \quad v(0) = v_0$$

$$\dot{m}(t) = -ku(t), \qquad m(0) = M + F$$

要求登月舱在月球表面实现软着陆，即目标集为

$$\psi_1 = h(t_f) = 0, \qquad \psi_2 = v(t_f) = 0$$

发动机推力 $u(t)$ 的约束为

$$u(t) \in \Omega, \qquad \Omega = \left\{ u(t) \,\middle|\, 0 \leqslant u(t) \leqslant \alpha \right\}, \qquad \forall t \in \left[0, t_f \right]$$

试确定最优控制 $u^*(t)$，使登月舱由已知初态转移到要求的目标集，并使登月舱燃料消耗

$$J = -m(t_f) = \min$$

解 本例为时变系统、末值型性能指标、t_f 自由、末端约束、控制受约束的最优控制问题。构造哈密顿函数

$$H = \lambda_1 v + \lambda_2 \left(\frac{u}{m} - g \right) - \lambda_3 ku$$

式中，$\lambda_1(t)$，$\lambda_2(t)$ 和 $\lambda_3(t)$ 为待定的拉格朗日乘子。根据题意

$$\varphi = -m(t_f)$$

由协态方程

$$\dot{\lambda}_1(t) = -\frac{\partial H}{\partial h} = 0$$

$$\dot{\lambda}_2(t) = -\frac{\partial H}{\partial v} = -\lambda_1(t)$$

$$\dot{\lambda}_3(t) = -\frac{\partial H}{\partial m} = \frac{\lambda_2(t)u(t)}{m^2(t)}$$

由横截条件

$$\lambda_1(t_f) = \frac{\partial \varphi}{\partial h(t_f)} + \frac{\partial \psi_1}{\partial h(t_f)} \gamma_1 = \gamma_1$$

$$\lambda_2(t_f) = \frac{\partial \varphi}{\partial v(t_f)} + \frac{\partial \psi_2}{\partial v(t_f)} \gamma_2 = \gamma_2$$

$$\lambda_3(t_f) = \frac{\partial \varphi}{\partial m(t_f)} = -1$$

式中，γ_1 和 γ_2 为待定的拉格朗日乘子。

将哈密顿函数整理成

$$H = (\lambda_1 v - \lambda_2 g) + \left(\frac{\lambda_2}{m} - k\lambda_3\right)u$$

由极小值条件，H 相对 $u^*(t)$ 取绝对极小值。因此，最优控制

$$u^*(t) = \begin{cases} \alpha, & \dfrac{\lambda_2}{m} - k\lambda_3 < 0 \\[3mm] 0, & \dfrac{\lambda_2}{m} - k\lambda_3 > 0 \end{cases}$$

上述结果表明，只有登月舱发动机推力在其最大值和零值之间进行开关控制，才有可能在软着陆的同时，保证登月舱的燃料消耗最少。

2. 离散系统的极小值原理

随着数字计算机的日益普及，计算机控制系统日益增多，离散系统最优控制问题的研究亦显得十分重要。其原因是多方面的：例如，许多实际问题本身就是离散的，这类问题有经济与资源系统的优化问题、交通管制问题、河流污染控制问题等；又如，对有约束的连续系统最优控制问题，需要采用计算机求数值解，使得连续最优控制中难以求解的两点边界值问题，化为易于用计算机求解的离散化两点边界值问题。

离散系统极小值原理的普遍论述比较复杂，证明过程也十分冗长。为简单起见，仅讨论控制向量序列不受约束、末端时刻(数据窗口长度)固定、末端自由或受约束情况下的离散极小值原理，然后不加证明地推广到控制向量序列受约束的情况。

(1) 末端约束时的离散极小值原理

定理 10-13　设离散系统状态差分方程为

$$\boldsymbol{x}(k+1) = \boldsymbol{f}\big[\boldsymbol{x}(k),\boldsymbol{u}(k),k\big], \qquad \boldsymbol{x}(0) = \boldsymbol{x}_0 \tag{10-64}$$

$$(k = 0,1,\cdots,N-1)$$

性能指标

$$J = \varphi\big[\boldsymbol{x}(N)\big] + \sum_{k=0}^{N-1} L\big[\boldsymbol{x}(k),\boldsymbol{u}(k),k\big] \tag{10-65}$$

式中，N 固定；$\boldsymbol{f}(\cdot)$、$\varphi(\cdot)$ 和 $L(\cdot)$ 都是其自变量的连续可微函数；$\boldsymbol{x}(k) \in \mathbf{R}^n$；$\boldsymbol{u}(k) \in \mathbf{R}^m$，其约束 $\boldsymbol{u}(k) \in \Omega$，$\Omega$ 为容许控制域。末端状态受下列目标集约束：

$$\boldsymbol{\psi}\big[\boldsymbol{x}(N)\big] = \boldsymbol{0} \tag{10-66}$$

式中，$\boldsymbol{\psi}(\cdot) \in \mathbf{R}^r$ 且连续可微，$r \leqslant n$。

若 $\boldsymbol{u}^*(k)$ 是使性能指标(10-65)为最小的最优控制序列，$\boldsymbol{x}^*(k)$ 是相应的最优轨线序列，则必存在 r 维非零常向量 $\boldsymbol{\gamma}$ 和 n 维向量序列 $\boldsymbol{\lambda}(k)$，使得最优解满足如下必要条件：

1) $\boldsymbol{x}(k)$ 和 $\boldsymbol{\lambda}(k)$ 满足差分方程

$$\boldsymbol{x}(k+1) = \frac{\partial H(k)}{\partial \boldsymbol{\lambda}(k+1)} \tag{10-67}$$

$$\boldsymbol{\lambda}(k) = \frac{\partial H(k)}{\partial \boldsymbol{x}(k)} \tag{10-68}$$

式中，离散哈密顿函数

$$
\begin{aligned}
H(k) &\triangleq H\big[\boldsymbol{x}(k), \boldsymbol{u}(k), \boldsymbol{\lambda}(k), k\big] \\
&= L\big[\boldsymbol{x}(k), \boldsymbol{u}(k), k\big] + \boldsymbol{\lambda}^{\mathrm{T}}(k+1) \boldsymbol{f}\big[\boldsymbol{x}(k), \boldsymbol{u}(k), k\big]
\end{aligned} \tag{10-69}
$$

2) 边界条件与横截条件

$$
\begin{aligned}
&\boldsymbol{x}(0) = \boldsymbol{x}_0, \qquad \boldsymbol{\psi}\big[\boldsymbol{x}(N)\big] = \boldsymbol{0} \\
&\boldsymbol{\lambda}(N) = \frac{\partial \varphi}{\partial \boldsymbol{x}(N)} + \frac{\partial \boldsymbol{\psi}^{\mathrm{T}}}{\partial \boldsymbol{x}(N)} \boldsymbol{\gamma}
\end{aligned} \tag{10-70}
$$

3) 离散哈密顿函数对最优控制序列取极小值

$$H^*(k) = \min_{\boldsymbol{u}(k) \in \Omega} H(k) \tag{10-71}$$

若 $\boldsymbol{u}(k)$ 无约束，则极值条件为

$$\frac{\partial H(k)}{\partial \boldsymbol{u}(k)} = \boldsymbol{0} \tag{10-72}$$

证明 引入拉格朗日乘子 $\boldsymbol{\lambda}(k)$ 和 γ，构造离散广义泛函

$$
\begin{aligned}
J_a &= \varphi\big[\boldsymbol{x}(N)\big] + \boldsymbol{\gamma}^{\mathrm{T}} \boldsymbol{\psi}\big[\boldsymbol{x}(N)\big] + \sum_{k=0}^{N-1} \Big\{ L\big[\boldsymbol{x}(k), \boldsymbol{u}(k), k\big] \\
&\quad + \boldsymbol{\lambda}^{\mathrm{T}}(k+1)\big[\boldsymbol{f}(\boldsymbol{x}(k), \boldsymbol{u}(k), k) - \boldsymbol{x}(k+1)\big] \Big\}
\end{aligned} \tag{10-73}
$$

令离散哈密顿函数

$$H(k) = L\big[\boldsymbol{x}(k), \boldsymbol{u}(k), k\big] + \boldsymbol{\lambda}^{\mathrm{T}}(k+1) \boldsymbol{f}\big[\boldsymbol{x}(k), \boldsymbol{u}(k), k\big]$$

则式(10-73)可表示为

$$J_a = \varphi\big[\boldsymbol{x}(N)\big] + \boldsymbol{\gamma}^{\mathrm{T}} \boldsymbol{\psi}\big[\boldsymbol{x}(N)\big] + \sum_{k=0}^{N-1} \Big[H(k) - \boldsymbol{\lambda}^{\mathrm{T}}(k+1)\boldsymbol{x}(k+1) \Big]$$

因为"离散分部积分"

$$
\begin{aligned}
\sum_{k=0}^{N-1} \boldsymbol{\lambda}^{\mathrm{T}}(k+1)\boldsymbol{x}(k+1) &= \sum_{m=1}^{N} \boldsymbol{\lambda}^{\mathrm{T}}(m)\boldsymbol{x}(m) = \sum_{m=0}^{N-1} \boldsymbol{\lambda}^{\mathrm{T}}(m)\boldsymbol{x}(m) - \boldsymbol{\lambda}^{\mathrm{T}}(0)\boldsymbol{x}(0) + \boldsymbol{\lambda}^{\mathrm{T}}(N)\boldsymbol{x}(N) \\
&= \sum_{k=0}^{N-1} \boldsymbol{\lambda}^{\mathrm{T}}(k)\boldsymbol{x}(k) - \boldsymbol{\lambda}^{\mathrm{T}}(0)\boldsymbol{x}(0) + \boldsymbol{\lambda}^{\mathrm{T}}(N)\boldsymbol{x}(N)
\end{aligned}
$$

所以，离散广义泛函可写为

$$J_a = \varphi\big[\boldsymbol{x}(N)\big] + \boldsymbol{\gamma}^{\mathrm{T}} \boldsymbol{\psi}\big[\boldsymbol{x}(N)\big] + \sum_{k=0}^{N-1} \Big[H(k) - \boldsymbol{\lambda}^{\mathrm{T}}(k)\boldsymbol{x}(k) \Big] + \boldsymbol{\lambda}^{\mathrm{T}}(0)\boldsymbol{x}(0) - \boldsymbol{\lambda}^{\mathrm{T}}(N)\boldsymbol{x}(N)$$

对上式取一次变分，考虑到 $\delta \boldsymbol{x}(0) = \boldsymbol{0}$，可得

$$\delta J_a = \left[\frac{\partial \varphi}{\partial \boldsymbol{x}(N)} + \frac{\partial \boldsymbol{\psi}^{\mathrm{T}}}{\partial \boldsymbol{x}(N)} \boldsymbol{\gamma} - \boldsymbol{\lambda}(N) \right]^{\mathrm{T}} \delta \boldsymbol{x}(N)$$

$$+ \sum_{k=0}^{N-1} \left\{ \left[\frac{\partial H(k)}{\partial \boldsymbol{x}(k)} - \boldsymbol{\lambda}(k) \right]^{\mathrm{T}} \delta \boldsymbol{x}(k) + \left[\frac{\partial H(k)}{\partial \boldsymbol{u}(k)} \right]^{\mathrm{T}} \delta \boldsymbol{u}(k) \right\}$$

令 $\delta J_a = 0$ ，考虑到变分 $\delta \boldsymbol{x}(k)$ 和 $\delta \boldsymbol{x}(N)$ 是任意的，可得

$$\boldsymbol{\lambda}(k) = \frac{\partial H(k)}{\partial \boldsymbol{x}(k)}, \qquad \boldsymbol{\lambda}(N) = \frac{\partial \varphi}{\partial \boldsymbol{x}(N)} + \frac{\partial \boldsymbol{\psi}^{\mathrm{T}}}{\partial \boldsymbol{x}(N)} \boldsymbol{\gamma}$$

对于

$$\sum_{k=0}^{N-1} \left[\frac{\partial H(k)}{\partial \boldsymbol{u}(k)} \right]^{\mathrm{T}} \delta \boldsymbol{u}(k) = 0$$

当 $\boldsymbol{u}(k)$ 不受约束时，$\delta \boldsymbol{u}(k)$ 是任意的，故必有

$$\frac{\partial H(k)}{\partial \boldsymbol{u}(k)} = \boldsymbol{0}$$

当 $\boldsymbol{u}(k) \in \Omega$ 时，不加证明得

$$H^*(k) = \min_{\boldsymbol{u}(k) \in \Omega} H(k)$$

(2) 末端自由时的离散极小值原理

如果离散系统末端自由，则离散极小值原理的形式如下，其证明过程类似于定理 10-13。读者不妨自行推证。

定理 10-14 设离散系统状态差分方程为

$$\boldsymbol{x}(k+1) = \boldsymbol{f}\left[\boldsymbol{x}(k), \boldsymbol{u}(k), k \right], \qquad \boldsymbol{x}(0) = \boldsymbol{x}_0 (k = 0, 1, \cdots, N-1)$$

性能指标

$$J = \varphi\left[\boldsymbol{x}(N) \right] + \sum_{k=0}^{N-1} L\left[\boldsymbol{x}(k), \boldsymbol{u}(k), k \right]$$

式中，N 固定，末端状态 $x(N)$ 自由，其余假设同定理 10-13。

若 $\boldsymbol{u}^*(k)$ 是使性能指标为极小的最优控制序列，$\boldsymbol{x}^*(k)$ 为相应的最优轨线序列，则必存在 n 维向量序列 $\boldsymbol{\lambda}(k)$ ，使得最优解满足如下必要条件：

1) $\boldsymbol{x}(k)$ 和 $\boldsymbol{\lambda}(k)$ 满足下列差分方程：

$$\boldsymbol{x}(k+1) = \frac{\partial H(k)}{\partial \boldsymbol{\lambda}(k+1)}, \qquad \boldsymbol{\lambda}(k) = \frac{\partial H(k)}{\partial \boldsymbol{x}(k)}$$

式中，离散哈密顿函数

$$H(k) \triangleq H\left[\boldsymbol{x}(k), \boldsymbol{u}(k), \boldsymbol{\lambda}(k), k \right]$$
$$= L\left[\boldsymbol{x}(k), \boldsymbol{u}(k), k \right] + \boldsymbol{\lambda}^{\mathrm{T}}(k+1) \boldsymbol{f}\left[\boldsymbol{x}(k), \boldsymbol{u}(k), k \right]$$

2) 边界条件与横截条件

$$x(0) = x_0, \qquad \lambda(N) = \frac{\partial \varphi}{\partial x(N)}$$

3) 离散哈密顿函数对最优控制序列取极小值

$$H^*(k) = \min_{u(k)\in\Omega} H(k)$$

若控制变量不受约束，则极值条件为

$$\frac{\partial H(k)}{\partial u(k)} = 0$$

上述定理 10-13 及定理 10-14 表明，离散系统最优化问题归结为求解一个离散两点边值问题，且使离散性能指标泛函为极小与使离散哈密顿函数为极小是等价的。

例 **10-10**　设离散系统状态方程为

$$x(k+1) = \begin{bmatrix} 1 & 0.1 \\ 0 & 1 \end{bmatrix} x(k) + \begin{bmatrix} 0 \\ 0.1 \end{bmatrix} u(k)$$

已知边界条件

$$x(0) = \begin{bmatrix} 1 \\ 0 \end{bmatrix}, \qquad x(2) = \begin{bmatrix} 0 \\ 0 \end{bmatrix}$$

试用离散极小值原理求最优控制序列，使性能指标

$$J = 0.05 \sum_{k=0}^{1} u^2(k)$$

取极小值，并求出最优轨线序列。

解　本例为控制无约束，N 固定，末端固定的离散最优控制问题。构造离散哈密顿函数

$$H(k) = 0.05u^2(k) + \lambda_1(k+1)[x_1(k) + 0.1x_2(k)] + \lambda_2(k+1)[x_2(k) + 0.1u(k)]$$

式中，$\lambda_1(k+1)$ 和 $\lambda_2(k+1)$ 为待定拉格朗日乘子序列。

由协态方程，有

$$\lambda_1(k) = \frac{\partial H(k)}{\partial x_1(k)} = \lambda_1(k+1)$$

$$\lambda_2(k) = \frac{\partial H(k)}{\partial x_2(k)} = 0.1\lambda_1(k+1) + \lambda_2(k+1)$$

所以

$$\lambda_1(0) = \lambda_1(1), \qquad \lambda_2(0) = 0.1\lambda_1(1) + \lambda_2(1)$$
$$\lambda_1(1) = \lambda_1(2), \qquad \lambda_2(1) = 0.1\lambda_1(2) + \lambda_2(2)$$

由极值条件

$$\frac{\partial H(k)}{\partial u(k)} = 0.1u(k) + 0.1\lambda_2(k+1) = 0$$

$$\frac{\partial^2 H(k)}{\partial u^2(k)} = 0.1 > 0$$

故 $$u^*(k) = -\lambda_2(k+1)$$

可使 $H(k) = \min$。令 $k = 0$ 和 $k = 1$，得

$$u^*(0) = -\lambda_2(1), \qquad u^*(1) = -\lambda_2(2)$$

将 $u^*(k)$ 表达式代入状态方程，可得

$$x_1(k+1) = x_1(k) + 0.1x_2(k)$$
$$x_2(k+1) = x_2(k) - 0.1\lambda_2(k+1)$$

令 k 分别等于 0 和 1，有

$$x_1(1) = x_1(0) + 0.1x_2(0), \qquad x_2(1) = x_2(0) - 0.1\lambda_2(1)$$
$$x_1(2) = x_1(1) + 0.1x_2(1), \qquad x_2(2) = x_2(1) - 0.1\lambda_2(2)$$

由已知边界条件

$$x_1(0) = 1, \qquad x_2(0) = 0$$
$$x_1(2) = 0, \qquad x_2(2) = 0$$

不难解出最优解

$$u^*(0) = -100, \qquad u^*(1) = 100$$

$$\boldsymbol{x}^*(0) = \begin{bmatrix} 1 \\ 0 \end{bmatrix}, \qquad \boldsymbol{x}^*(1) = \begin{bmatrix} 1 \\ -10 \end{bmatrix}, \qquad \boldsymbol{x}^*(2) = \begin{bmatrix} 0 \\ 0 \end{bmatrix}$$

$$\boldsymbol{\lambda}(0) = \begin{bmatrix} 2000 \\ 300 \end{bmatrix}, \qquad \boldsymbol{\lambda}(1) = \begin{bmatrix} 2000 \\ 100 \end{bmatrix}, \qquad \boldsymbol{\lambda}(2) = \begin{bmatrix} 2000 \\ -100 \end{bmatrix}$$

3. 最小时间控制

最小时间控制，是可用极小值原理求最优解的一种控制类型。最小时间控制问题，又称时间最优控制问题，它要求在容许控制范围内寻求最优控制，使系统以最短的时间从任意初始状态转移到要求的目标集。一般来说，求非线性系统和任意目标集的时间最优控制的解析解十分困难，这里仅考虑线性定常系统且目标集为状态空间原点，即末端固定时的时间最优控制问题。

(1) 最小时间控制问题

问题 10-1　设线性定常系统

$$\dot{\boldsymbol{x}}(t) = \boldsymbol{A}\boldsymbol{x}(t) + \boldsymbol{B}\boldsymbol{u}(t) \tag{10-74}$$

是完全可控的，$\boldsymbol{x}(t) \in \mathbf{R}^n$，$\boldsymbol{u}(t) \in \mathbf{R}^m$，$\boldsymbol{A}$，$\boldsymbol{B}$ 为维数适当的常阵。求满足下列不等式约束的容许控制：

$$|u_j(t)| \leqslant 1; \qquad j = 1, 2, \cdots, m$$

使系统(10-74)从已知初态 $\boldsymbol{x}(0) = \boldsymbol{x}_0$ 转移到 $\boldsymbol{x}(t_f) = \boldsymbol{0}$，并使性能指标

$$J = \int_0^{t_f} \mathrm{d}t \tag{10-75}$$

极小，其中 t_f 自由。

求解问题 10-1 之前，应首先判断该问题是否可用极小值原理求解? 可以证明，只有当

系统(10-74)正常时，才能应用极小值原理求得最优解。

(2) 正常情况与奇异情况

对于问题 10-1，构造哈密顿函数

$$H(\boldsymbol{x},\boldsymbol{u},\boldsymbol{\lambda}) = 1 + \boldsymbol{\lambda}^{\mathrm{T}}\boldsymbol{A}\boldsymbol{x} + \boldsymbol{\lambda}^{\mathrm{T}}\boldsymbol{B}\boldsymbol{u}$$

根据极小值条件 $H^* = \min\limits_{\boldsymbol{u} \in \Omega} H$ ，有

$$1 + \boldsymbol{\lambda}^{\mathrm{T}}\boldsymbol{A}\boldsymbol{x}^*(t) + \boldsymbol{\lambda}^{\mathrm{T}}(t)\boldsymbol{B}\boldsymbol{u}^*(t) = \min\limits_{|u_j| \leqslant 1}\left\{1 + \boldsymbol{\lambda}^{\mathrm{T}}(t)\boldsymbol{A}\boldsymbol{x}^*(t) + \boldsymbol{\lambda}^{\mathrm{T}}(t)\boldsymbol{B}\boldsymbol{u}(t)\right\}$$

上式又可表示为

$$\boldsymbol{\lambda}^{\mathrm{T}}(t)\boldsymbol{B}\boldsymbol{u}^*(t) = \min\limits_{|u_j| \leqslant 1}\left\{\boldsymbol{\lambda}^{\mathrm{T}}(t)\boldsymbol{B}\boldsymbol{u}(t)\right\} \tag{10-76}$$

设

$$\boldsymbol{B} = \begin{bmatrix}\boldsymbol{b}_1 & \boldsymbol{b}_2 & \cdots & \boldsymbol{b}_m\end{bmatrix} \tag{10-77}$$

$$g_j(t) = \boldsymbol{\lambda}^{\mathrm{T}}(t)\boldsymbol{b}_j \tag{10-78}$$

式中，$\boldsymbol{b}_j \in \mathbf{R}^n$ ，$j = 1,2,\cdots,m$ ，则式(10-76)可用下列符号函数表示：

$$u_j^*(t) = -\mathrm{sgn}\left\{g_j(t)\right\} = \begin{cases}+1, & g_j(t) < 0 \\ -1, & g_j(t) > 0 \\ \text{不定}, & g_j(t) = 0\end{cases}$$

显见，若 $g_j(t) \neq 0$ ，$\forall t \in [0,t_f]$ ，则可用极小值原理确定 $u_j^*(t)$ ，$j = 1$ ，2 ，$\cdots$ ，m 。这种情况称为正常(平凡)情况，相应的系统(10-74)称为正常系统。

若 $g_j(t) = 0$ ，　$\forall t \in [t_1,t_2] \subset [0,t_f]$ ，则因 $u_j^*(t)$ 不定，无法应用极小值原理确定 $u_j^*(t)$ ，只能取满足约束条件 $|u_j(t)| \leqslant 1$ 的任意值。这种情况称为奇异(非平凡)情况，相应的系统(10-74)称为奇异系统。

(3) 奇异性的充分必要条件

定理 10-15　对于问题 10-1，设矩阵

$$\boldsymbol{G}_j = \begin{bmatrix}\boldsymbol{b}_j & \boldsymbol{A}\boldsymbol{b}_j & \cdots & \boldsymbol{A}^{n-1}\boldsymbol{b}_j\end{bmatrix}; \quad j = 1,2,\cdots,m \tag{10-79}$$

式中，$\boldsymbol{b}_j \in \mathbf{R}^n$ ，为矩阵 $\boldsymbol{B}$ 的列向量。当且仅当 m 个 $\boldsymbol{G}_j$ 矩阵中至少有一个 $\boldsymbol{G}_j$ 是奇异矩阵，问题 10-1 是奇异的。

证明　构造哈密顿函数

$$H(\boldsymbol{x},\boldsymbol{u},\boldsymbol{\lambda}) = 1 + \boldsymbol{\lambda}^{\mathrm{T}}(t)\left[\boldsymbol{A}\boldsymbol{x}(t) + \boldsymbol{B}\boldsymbol{u}(t)\right] \tag{10-80}$$

由极小值原理知，应有 $H^*(t_f^*) = 0$ ，所以在式(10-80)中，必有

$$\boldsymbol{\lambda}(t) \neq \boldsymbol{0}, \qquad \forall t \in \begin{bmatrix}0,t_f\end{bmatrix} \tag{10-81}$$

由协态方程

$$\dot{\boldsymbol{\lambda}}(t) = -\frac{\partial H}{\partial \boldsymbol{x}} = -\boldsymbol{A}^{\mathrm{T}}\boldsymbol{\lambda}(t)$$

其解为

$$\boldsymbol{\lambda}(t) = \mathrm{e}^{-\boldsymbol{A}^{\mathrm{T}}t}\boldsymbol{\lambda}(0), \qquad \boldsymbol{\lambda}(0) \neq \boldsymbol{0}$$

因而
$$g_j(t) = \boldsymbol{\lambda}^{\mathrm{T}}(t)\boldsymbol{b}_j = \boldsymbol{\lambda}^{\mathrm{T}}(0)\mathrm{e}^{-At}\boldsymbol{b}_j$$

设存在奇异区间 $[t_1, t_2] \subset [0, t_f]$，使得

$$g_j(t) = \boldsymbol{\lambda}^{\mathrm{T}}(0)\mathrm{e}^{-At}\boldsymbol{b}_j = 0, \qquad \forall t \in [t_1, t_2]$$

对上式求导 $n-1$ 次，并根据矩阵指数性质，有

$$(-1)^{n-1} g_j^{(n-1)}(t) = \boldsymbol{\lambda}^{\mathrm{T}}(0)\mathrm{e}^{-At}\boldsymbol{A}^{n-1}\boldsymbol{b}_j = 0$$

将 $g_j(t)$ 各次导数表达式写为矩阵形式，有

$$\boldsymbol{\lambda}^{\mathrm{T}}(0)\left[\mathrm{e}^{-At}\boldsymbol{b}_j \quad \mathrm{e}^{-At}\boldsymbol{A}\boldsymbol{b}_j \quad \cdots \quad \mathrm{e}^{-At}\boldsymbol{A}^{n-1}\boldsymbol{b}_j\right] = 0 \tag{10-82}$$

由矩阵论知，向量 $\boldsymbol{\lambda}(0)$ 有非零解的充分必要条件为系数矩阵奇异，因此式(10-82)成立的充分必要条件为

$$\begin{aligned}
&\det\left[\mathrm{e}^{-At}\boldsymbol{b}_j \quad \mathrm{e}^{-At}\boldsymbol{A}\boldsymbol{b}_j \quad \cdots \quad \mathrm{e}^{-At}\boldsymbol{A}^{n-1}\boldsymbol{b}_j\right] \\
&= \det\mathrm{e}^{-At}\det\left[\boldsymbol{b}_j \quad \boldsymbol{A}\boldsymbol{b}_j \quad \cdots \quad \boldsymbol{A}^{n-1}\boldsymbol{b}_j\right] = 0
\end{aligned} \tag{10-83}$$

因为 e^{-At} 为状态转移矩阵，是非奇异的，故式(10-83)成立的充分必要条件为

$$\det\boldsymbol{G}_j = \det\left[\boldsymbol{b}_j \quad \boldsymbol{A}\boldsymbol{b}_j \quad \cdots \quad \boldsymbol{A}^{n-1}\boldsymbol{b}_j\right] = 0, \qquad \forall j = 1, 2, \cdots, m$$

由上述定理，立即可得问题 10-1 正常的充分必要条件。

定理 10-16　问题 10-1 是正常的，当且仅当

$$\mathrm{rank}\boldsymbol{G}_j = n, \qquad \forall j = 1, 2, \cdots, m \tag{10-84}$$

式中，$\boldsymbol{b}_j \in \mathbf{R}^n$，由式(10-77)定义；$\boldsymbol{G}_j$ 为 $n \times n$ 矩阵，由式(10-79)定义。

事实上，正常系统与可控系统存在包含关系。在矩阵 $\boldsymbol{G}_j$ 中，若增加一些线性无关的列，则 $\boldsymbol{G}_j$ 的行秩不变。因此，式(10-84)可写为

$$\begin{aligned}
&\mathrm{rank}\left[\boldsymbol{b}_j \quad \boldsymbol{A}\boldsymbol{b}_j \quad \cdots \quad \boldsymbol{A}^{n-1}\boldsymbol{b}_j\right] \\
&= \mathrm{rank}\left[\boldsymbol{b}_1 \quad \boldsymbol{A}\boldsymbol{b}_1 \quad \cdots \quad \boldsymbol{A}^{n-1}\boldsymbol{b}_1 \,\Big|\, \cdots \,\Big|\, \boldsymbol{b}_m \quad \boldsymbol{A}\boldsymbol{b}_m \quad \cdots \quad \boldsymbol{A}^{n-1}\boldsymbol{b}_m\right] = n
\end{aligned} \tag{10-85}$$

对式(10-85)进行列初等变换，并考虑到式(10-77)，则式(10-85)又可写为

$$\mathrm{rank}\left[\boldsymbol{B} \quad \boldsymbol{A}\boldsymbol{B} \quad \cdots \quad \boldsymbol{A}^{n-1}\boldsymbol{B}\right] = n \tag{10-86}$$

上式正好是系统(10-74)完全可控的充分必要条件。因此，正常子空间包含于可控子空间。这种包含关系表明，系统可控是系统正常的前提条件。因此，在问题 10-1 中提出了可控要求。显然，对于单输入系统，$j=1$，系统正常与系统可控彼此等价。

(4) Bang-Bang 控制原理

对于线性定常系统，若系统正常，则可应用极小值原理求解时间最优控制问题，其最优控制在容许控制域内，从一个边界值来回切换到另一个边界值，形成 Bang-Bang 控制特色。其主要结果可以归纳为如下定理。

定理 10-17　对于问题 10-1，若系统(10-74)正常，则最优解的必要条件为

1) 正则方程

$$\dot{x}(t) = \frac{\partial H}{\partial \lambda} = Ax(t) + Bu(t)$$

$$\dot{\lambda}(t) = -\frac{\partial H}{\partial x} = -A^{\mathrm{T}}\lambda(t)$$

式中，哈密顿函数

$$H(x,u,\lambda) = 1 + \lambda^{\mathrm{T}}(t)\big[Ax(t) + Bu(t)\big]$$

2) 边界条件

$$x(0) = x_0, \qquad x(t_f) = 0$$

3) 极小值条件

$$u_j^*(t) = -\mathrm{sgn}(b_j^{\mathrm{T}}\lambda) = \begin{cases} +1, & b_j^{\mathrm{T}}\lambda < 0 \\ -1, & b_j^{\mathrm{T}}\lambda > 0 \end{cases} \quad (j = 1,2,\cdots,m)$$

式中，$b_j \in \mathbf{R}^n$，为矩阵 B 的列向量。

4) 沿最优轨线 H 变化律

$$H^*(t_f^*) = 0$$

例 10-11　设系统状态方程为

$$\dot{x}_1(t) = x_2(t), \qquad \dot{x}_2(t) = u(t)$$

边界条件为

$$x_1(0) = x_{10}, \quad x_2(0) = x_{20}, \quad x_1(t_f) = x_2(t_f) = 0$$

控制变量的不等式约束为 $|u(t)| \leqslant 1$，性能指标

$$J = \int_0^{t_f} \mathrm{d}t = t_f$$

求最优控制 $u^*(t)$，使 J 极小。

解　本例为二次积分模型的最小时间控制问题。不难验证，系统可控，因而正常，故时间最优控制必为 Bang-Bang 控制，可用极小值原理求解。构造哈密顿函数

$$H = 1 + \lambda_1 x_2 + \lambda_2 u$$

由定理 10-17 知，最优控制

$$u^*(t) = -\mathrm{sgn}\{\lambda_2(t)\} = \begin{cases} +1, & \lambda_2(t) < 0 \\ -1, & \lambda_2(t) > 0 \end{cases}$$

由协态方程

$$\lambda_1(t) = -\frac{\partial H}{\partial x_1} = 0, \qquad\qquad \lambda_1(t) = c_1$$

$$\lambda_2(t) = -\frac{\partial H}{\partial x_2} = -\lambda_1(t), \qquad \lambda_2(t) = -c_1 t + c_2$$

式中，c_1 和 c_2 为待定常数。

若令 $u^* = 1$，状态方程的解为

$$\dot{x}_2(t)=1,\qquad x_2(t)=t+x_{20}$$

$$\dot{x}_1(t)=t+x_{20},\qquad x_1(t)=\frac{1}{2}t^2+x_{20}t+x_{10}$$

在解 $\{x_1(t),x_2(t)\}$ 中，消去 t，求得相应的最优轨线方程

$$x_1=\frac{1}{2}x_2^2+\left(x_{10}-\frac{1}{2}x_{20}\right)$$

上式表示一簇抛物线，如图 10-5 中实线所示。图中曲线上的箭头表示时间 t 的增加方向，由于 $x_2(t)=t+x_{20}$，故 $x_2(t)$ 随 t 的增加而增大。显然，满足末态要求的最优轨线为 $\widehat{AO}$，表示为

$$\gamma_+=\left\{(x_1,x_2)\Big|x_1=\frac{1}{2}x_2^2,\ x_2\leqslant 0\right\}\qquad(10\text{-}87)$$

若令 $u^*=-1$，状态方程的解为

$$\dot{x}_2(t)=-1,\qquad x_2(t)=-t+x_{20}$$

$$\dot{x}_1(t)=-t+x_{20},\qquad x_1(t)=-\frac{1}{2}t^2+x_{20}t+x_{10}$$

相应的最优轨线方程为

$$x_1=-\frac{1}{2}x_2^2+\left(x_{10}+\frac{1}{2}x_{20}\right)$$

上式也描绘了一簇抛物线，如图 10-5 中虚线所示。显然满足末态要求的最优轨线为 $\widehat{BO}$，可以表示为

$$\gamma_-=\left\{(x_1,x_2)\Big|x_1=-\frac{1}{2}x_2^2,\ x_2\geqslant 0\right\}\qquad(10\text{-}88)$$

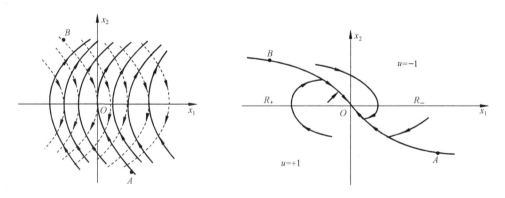

图 10-5　时间最优控制的最优轨线　　　　图 10-6　相平面上的开关曲线

曲线 γ_+ 和 γ_- 在相平面上组合成曲线 γ，称为开关曲线，如图 10-6 中 $\widehat{BOA}$ 所示。其表达式可由式(10-87)和式(10-88)导出为

$$\gamma = \gamma_+ \bigcup \gamma_- = \left\{ (x_1, x_2) \middle| x_1 = -\frac{1}{2} x_2 |x_2| \right\} \tag{10-89}$$

由图 10-6 可见，曲线γ将相平面分割为R_+和R_-两个区域，作为状态的集合，可以表示如下：

$$R_+ = \left\{ (x_1, x_2) \middle| x_1 < -\frac{1}{2} x_2 |x_2| \right\} \tag{10-90}$$

$$R_- = \left\{ (x_1, x_2) \middle| x_1 > -\frac{1}{2} x_2 |x_2| \right\} \tag{10-91}$$

当初始状态(x_{10}, x_{20})为不同情况时，系统的最优控制和运动轨线可以讨论如下：

1) 若(x_{10}, x_{20})位于γ_-上，则在$u = -1$作用下，沿$\widehat{BO}$运动至要求的原点，此时最优控制为$u^*(t) = -1, t \in [0, t_f]$。

2) 若(x_{10}, x_{20})位于γ_+上，则在$u = +1$作用下，沿$\widehat{AO}$运动至要求的原点，此时最优控制为$u^*(t) = +1, t \in [0, t_f]$。

3) 若(x_{10}, x_{20})位于R_+区域，则状态转移分两段进行。首先，在$u = +1$作用下，沿$u = +1$的某一条抛物线转移至$\widehat{BO}$上的某点，然后在交点处控制改变为$u = -1$沿γ_-转移至原点。此时，最优控制$u^*(t) = \{+1, -1\}$，控制作用在γ曲线的交点处产生一次切换。

4) 若(x_{10}, x_{20})位于R_-区域，则在$u = -1$作用下，沿$u = -1$的某一条抛物线转移至γ_+曲线上的某一点，然后在交点处控制改变为$u = +1$，沿γ_+转移至原点。此时，最优控制$u^* = \{-1, +1\}$，控制作用在γ_+曲线的交点处产生一次切换。

由上述讨论可见，不论初始状态位于R_+区域或R_-区域，将状态由已知初态向要求末态$\boldsymbol{x}(t_f) = \boldsymbol{0}$转移时，都必须在$\gamma$曲线上改变控制的符号，产生控制切换，故式(10-89)表示的γ曲线称为开关曲线。于是，本例的时间最优控制为

$$u^*(t) = \begin{cases} +1, & \forall (x_1, x_2) \in \gamma_+ \bigcup R_+ \\ -1, & \forall (x_1, x_2) \in \gamma_- \bigcup R_- \end{cases}$$

10-4 线性二次型问题的最优控制

如果所研究的系统是线性的，且性能指标为状态变量和控制变量的二次型函数，则最优控制问题称为线性二次型问题。由于线性二次型问题的最优解具有统一的解析表达式，且可导致一个简单的线性状态反馈控制律，易于构成闭环最优反馈控制，便于工程实现，因而在实际工程问题中得到了广泛应用。

1. 线性二次型问题

设线性时变系统的动态方程为

$$\begin{aligned} \dot{\boldsymbol{x}}(t) &= \boldsymbol{A}(t)\boldsymbol{x}(t) + \boldsymbol{B}(t)\boldsymbol{u}(t), \qquad \boldsymbol{x}(t_0) = \boldsymbol{x}_0 \\ \boldsymbol{y}(t) &= \boldsymbol{C}(t)\boldsymbol{x}(t) \end{aligned} \tag{10-92}$$

性能指标为

$$J = \frac{1}{2}\boldsymbol{e}^{\mathrm{T}}(t_f)\boldsymbol{F}\boldsymbol{e}(t_f) + \frac{1}{2}\int_{t_0}^{t_f}\left[\boldsymbol{e}^{\mathrm{T}}(t)\boldsymbol{Q}(t)\boldsymbol{e}(t) + \boldsymbol{u}^{\mathrm{T}}(t)\boldsymbol{R}(t)\boldsymbol{u}(t)\right]\mathrm{d}t \tag{10-93}$$

式中，　$\boldsymbol{x}(t) \in \mathbf{R}^n$；　$\boldsymbol{u}(t) \in \mathbf{R}^m$，无约束；　$\boldsymbol{y}(t) \in \mathbf{R}^l$，$0 < l \leqslant m \leqslant n$；输出误差向量 $\boldsymbol{e}(t) = \boldsymbol{z}(t) - \boldsymbol{y}(t)$；$\boldsymbol{z}(t) \in \mathbf{R}^l$，为理想输出向量；$\boldsymbol{A}(t)$，$\boldsymbol{B}(t)$，$\boldsymbol{C}(t)$ 为维数适当的时变矩阵，其各元连续且有界；权阵 $\boldsymbol{F} = \boldsymbol{F}^{\mathrm{T}} \geqslant \mathbf{0}$，$\boldsymbol{Q}(t) = \boldsymbol{Q}^{\mathrm{T}}(t) \geqslant 0$，$\boldsymbol{R}(t) = \boldsymbol{R}^{\mathrm{T}}(t) > 0$；$t_0$ 及 t_f 固定。要求确定最优控制 $u^*(t)$，使性能指标(10-93)极小。

在今后讨论中，若非特别指出，以上假设始终满足。为了便于工程应用，式(10-93)中的权阵 $\boldsymbol{F}$，$\boldsymbol{Q}(t)$ 和 $\boldsymbol{R}(t)$ 多取为对角阵，则其对称性自然满足。

在二次型指标(10-93)中，其各项都有明确的物理含义，可分述如下：

1) 末值项 $\dfrac{1}{2}\boldsymbol{e}^{\mathrm{T}}(t_f)\boldsymbol{F}\boldsymbol{e}(t_f)$。若取 $\boldsymbol{F} = \mathrm{diag}(f_1, f_2, \cdots, f_l)$，则有

$$\frac{1}{2}\boldsymbol{e}^{\mathrm{T}}(t_f)\boldsymbol{F}\boldsymbol{e}(t_f) = \frac{1}{2}\sum_{i=1}^{l} f_i e_i^2(t_f)$$

上式表明，末值项是末态跟踪误差向量 $\boldsymbol{e}(t_f)$ 与希望的零向量之间的距离加权平方和。式中，系数 1/2 是为了便于运算，$e_i(t_f)$ 为 $\boldsymbol{e}(t_f)$ 的变量。

由此可见，末值项的物理含义是表示在控制过程结束后，对系统末态跟踪误差的要求。

2) 积分项 $\dfrac{1}{2}\displaystyle\int_{t_0}^{t_f}\boldsymbol{e}^{\mathrm{T}}(t)\boldsymbol{Q}(t)\boldsymbol{e}(t)\mathrm{d}t$。若取 $\boldsymbol{Q}(t) = \mathrm{diag}\{q_1(t), q_2(t), \cdots, q_l(t)\}$，则有

$$\frac{1}{2}\int_{t_0}^{t_f}\boldsymbol{e}^{\mathrm{T}}(t)\boldsymbol{Q}(t)\boldsymbol{e}(t)\mathrm{d}t = \frac{1}{2}\int_{t_0}^{t_f}\sum_{i=1}^{l} q_i(t) e_i^2(t)\mathrm{d}t$$

上式表明，该积分项表示在系统控制过程中，对系统动态跟踪误差加权平方和的积分要求，是系统在控制过程中动态跟踪误差的总度量，几何上以面积大小表示。该积分项与末值项反映了系统的控制效果。

3) 积分项 $\dfrac{1}{2}\displaystyle\int_{t_0}^{t_f}\boldsymbol{u}^{\mathrm{T}}(t)\boldsymbol{R}(t)\boldsymbol{u}(t)\mathrm{d}t$。若取 $\boldsymbol{R}(t) = \mathrm{diag}\{r_1(t), r_2(t), \cdots, r_m(t)\}$，则有

$$\frac{1}{2}\int_{t_0}^{t_f}\boldsymbol{u}^{\mathrm{T}}(t)\boldsymbol{R}(t)\boldsymbol{u}(t)\mathrm{d}t = \frac{1}{2}\int_{t_0}^{t_f}\sum_{i=1}^{m} r_i(t) u_i^2(t)\mathrm{d}t$$

因为控制信号的大小往往正比于作用力或力矩，所以上式表明，该积分项定量地刻画了在整个控制过程中所消耗的控制能量。

上述分析表明，使二次型指标(10-93)极小的物理意义是：使系统在整个控制过程中的动态跟踪误差与控制能量消耗，以及控制过程结束时的末端跟踪偏差综合最优。

从性能指标的物理意义可知，式(10-93)中权矩阵 $\boldsymbol{F}$，$\boldsymbol{Q}(t)$ $\boldsymbol{R}(t)$ 都必须至少取为非负矩阵，不能取为负定矩阵，否则性能指标(10-93)的数学描述就会违背物理现实和最优控制问题的本质。至于要求权矩阵 $\boldsymbol{R}(t)$ 正定，那是由于最优控制律的需要，以保证最优解的存在。

线性二次型最优控制问题有如下几种类型：

(1) 状态调节器问题

在系统方程(10-92)和二次型性能指标(10-93)中，如果 $C(t) = I$，$z(t) = 0$，则有

$$e(t) = -y(t) = -x(t)$$

从而性能指标(10-93)演变为

$$J = \frac{1}{2} \boldsymbol{x}^{\mathrm{T}}(t_f) \boldsymbol{F} \boldsymbol{x}(t_f) + \frac{1}{2} \int_{t_0}^{t_f} \left[\boldsymbol{x}^{\mathrm{T}}(t) \boldsymbol{Q}(t) \boldsymbol{x}(t) + \boldsymbol{u}^{\mathrm{T}}(t) \boldsymbol{R}(t) \boldsymbol{u}(t) \right] \mathrm{d}t \qquad (10\text{-}94)$$

这时，线性二次型最优控制问题为：当系统(10-92)受扰偏离原零平衡状态时，要求产生一控制向量，使系统状态 $x(t)$ 恢复到原平衡状态附近，并使性能指标(10-94)极小。因而，称为状态调节器问题。

(2) 输出调节器问题

对于系统方程(10-92)和性能指标(10-93)，如果理想输出向量 $z(t) = 0$，则有 $e(t) = -y(t)$。从而，性能指标(10-93)演变为

$$J = \frac{1}{2} \boldsymbol{y}^{\mathrm{T}}(t_f) \boldsymbol{F} \boldsymbol{y}(t_f) + \frac{1}{2} \int_{t_0}^{t_f} \left[\boldsymbol{y}^{\mathrm{T}}(t) \boldsymbol{Q}(t) \boldsymbol{y}(t) + \boldsymbol{u}^{\mathrm{T}}(t) \boldsymbol{R}(t) \boldsymbol{u}(t) \right] \mathrm{d}t \qquad (10\text{-}95)$$

这时，线性二次型最优控制问题为：当系统(10-92)受扰偏离原输出平衡状态时，要求产生一控制向量，使系统输出 $y(t)$ 保持在原零平衡状态附近，并使性能指标(10-95)极小。因而，称为输出调节器问题。

(3) 输出跟踪系统问题

对于系统方程(10-92)和性能指标(10-93)，其中 $C(t) \neq I$，$z(t) \neq 0$，则线性二次型最优控制问题归结为：当理想输出向量 $z(t)$ 作用于系统时，要求系统产生一控制向量，使系统实际输出向量 $y(t)$ 始终跟踪 $z(t)$ 的变化，并使性能指标(10-93)极小。因而，这一类线性二次型最优控制问题称为输出跟踪系统问题。

此外，根据不同的出发点，线性二次型最优控制问题还有其他的分类方法。例如，根据末端时刻 t_f 是有限或无限，可以分为有限时间线性二次型问题和无限时间线性二次型问题；根据被控系统是连续的还是离散的，可以分为线性连续系统二次型最优控制问题和线性离散系统二次型最优控制问题。

由于线性离散二次型最优控制方法原则上是线性连续二次型最优控制方法的平行推广，因此我们仅讨论连续系统的线性二次型最优控制问题。

2. 有限时间时变状态调节器

当末端时刻 t_f 有限时，有限时间时变状态调节器问题可以描述如下：

问题 10-2 设线性时变系统状态方程为

$$\dot{\boldsymbol{x}}(t) = \boldsymbol{A}(t)\boldsymbol{x}(t) + \boldsymbol{B}(t)\boldsymbol{u}(t), \quad \boldsymbol{x}(t_0) = \boldsymbol{x}_0 \qquad (10\text{-}96)$$

式中，$\boldsymbol{x}(t) \in \mathbf{R}^n$；$\boldsymbol{u}(t) \in \mathbf{R}^m$，无约束；矩阵 $\boldsymbol{A}(t)$ 与 $\boldsymbol{B}(t)$ 维数适当，其各元在 $[t_0, t_f]$ 上连续且有界。要求确定最优控制 $\boldsymbol{u}^*(t)$，使性能指标(10-94)极小。其中，权阵 $\boldsymbol{F} = \boldsymbol{F}^{\mathrm{T}} \geqslant \boldsymbol{0}$，$\boldsymbol{Q}(t) = \boldsymbol{Q}^{\mathrm{T}}(t) \geqslant \boldsymbol{0}$，$\boldsymbol{R}(t) = \boldsymbol{R}^{\mathrm{T}}(t) > \boldsymbol{0}$，其各元在 $[t_0, t_f]$ 上均连续且有界；末端状态 $\boldsymbol{x}(t_f)$ 自由；末端时刻 t_f 给定且有限。

(1) 最优解的充分必要条件

定理 10-18   对于问题 10-2, 其最优控制的充分必要条件为

$$\boldsymbol{u}^*(t) = -\boldsymbol{R}^{-1}(t)\boldsymbol{B}^{\mathrm{T}}(t)\boldsymbol{P}(t)\boldsymbol{x}(t) \tag{10-97}$$

最优性能指标

$$J^* = \frac{1}{2}\boldsymbol{x}^{\mathrm{T}}(t_0)\boldsymbol{P}(t_0)\boldsymbol{x}(t_0) \tag{10-98}$$

式中, $\boldsymbol{P}(t)$ 为 $n \times n$ 对称非负矩阵, 满足下列里卡蒂矩阵微分方程:

$$-\dot{\boldsymbol{P}}(t) = \boldsymbol{P}(t)\boldsymbol{A}(t) + \boldsymbol{A}^{\mathrm{T}}(t)\boldsymbol{P}(t) - \boldsymbol{P}(t)\boldsymbol{B}(t)\boldsymbol{R}^{-1}\boldsymbol{B}^{\mathrm{T}}(t)\boldsymbol{P}(t) + \boldsymbol{Q}(t) \tag{10-99}$$

其边界条件

$$\boldsymbol{P}(t_f) = \boldsymbol{F} \tag{10-100}$$

而最优轨线 $\boldsymbol{x}^*(t)$, 则是下列线性向量微分方程的解:

$$\dot{\boldsymbol{x}}(t) = \left[\boldsymbol{A}(t) - \boldsymbol{B}(t)\boldsymbol{R}^{-1}(t)\boldsymbol{B}^{\mathrm{T}}(t)\boldsymbol{P}(t)\right]\boldsymbol{x}(t), \qquad \boldsymbol{x}(t_0) = \boldsymbol{x}_0 \tag{10-101}$$

证明   必要性: 若 $\boldsymbol{u}^*(t)$ 为最优控制, 可证式(10-97)成立。

因 $\boldsymbol{u}^*(t)$ 最优, 故必满足极小值原理。构造哈密顿函数

$$H = \frac{1}{2}\boldsymbol{x}^{\mathrm{T}}\boldsymbol{Q}\boldsymbol{x} + \frac{1}{2}\boldsymbol{u}^{\mathrm{T}}\boldsymbol{R}\boldsymbol{u} + \boldsymbol{\lambda}^{\mathrm{T}}\boldsymbol{A}\boldsymbol{x} + \boldsymbol{\lambda}^{\mathrm{T}}\boldsymbol{B}\boldsymbol{u}$$

由极值条件

$$\frac{\partial H}{\partial \boldsymbol{u}} = \boldsymbol{R}\boldsymbol{u} + \boldsymbol{B}^{\mathrm{T}}\boldsymbol{\lambda} = \boldsymbol{0}, \qquad \frac{\partial^2 H}{\partial \boldsymbol{u}^2} = \boldsymbol{R} > \boldsymbol{0}$$

故

$$\boldsymbol{u}^*(t) = -\boldsymbol{R}^{-1}\boldsymbol{B}^{\mathrm{T}}\boldsymbol{\lambda}(t) \tag{10-102}$$

可使哈密顿函数极小。再由正则方程

$$\dot{\boldsymbol{x}}(t) = \frac{\partial H}{\partial \boldsymbol{\lambda}} = \boldsymbol{A}(t)\boldsymbol{x}(t) - \boldsymbol{B}(t)\boldsymbol{R}^{-1}(t)\boldsymbol{B}^{\mathrm{T}}(t)\boldsymbol{\lambda}(t) \tag{10-103}$$

$$\dot{\boldsymbol{\lambda}}(t) = -\frac{\partial H}{\partial \boldsymbol{x}} = -\boldsymbol{Q}(t)\boldsymbol{x}(t) - \boldsymbol{A}^{\mathrm{T}}(t)\boldsymbol{\lambda}(t) \tag{10-104}$$

因末态 $\boldsymbol{x}(t_f)$ 自由, 所以横截条件为

$$\boldsymbol{\lambda}(t_f) = \frac{\partial}{\partial \boldsymbol{x}(t_f)}\left[\frac{1}{2}\boldsymbol{x}^{\mathrm{T}}(t_f)\boldsymbol{F}\boldsymbol{x}(t_f)\right] = \boldsymbol{F}\boldsymbol{x}(t_f) \tag{10-105}$$

由于在式(10-105)中, $\boldsymbol{\lambda}(t_f)$ 与 $\boldsymbol{x}(t_f)$ 存在线性关系, 且正则方程又是线性的, 因此可以假设

$$\boldsymbol{\lambda}(t) = \boldsymbol{P}(t)\boldsymbol{x}(t), \qquad \forall t \in \left[t_0, t_f\right] \tag{10-106}$$

式中矩阵 $\boldsymbol{P}(t)$ 待定。对上式求导, 得

$$\dot{\boldsymbol{\lambda}}(t) = \dot{\boldsymbol{P}}(t)\boldsymbol{x}(t) + \boldsymbol{P}(t)\dot{\boldsymbol{x}}(t) \tag{10-107}$$

将式(10-103)和式(10-106)代入式(10-107), 有

$$\dot{\boldsymbol{\lambda}}(t) = \left[\dot{\boldsymbol{P}}(t) + \boldsymbol{P}(t)\boldsymbol{A}(t) - \boldsymbol{P}(t)\boldsymbol{B}(t)\boldsymbol{R}^{-1}(t)\boldsymbol{B}^{\mathrm{T}}(t)\boldsymbol{P}(t)\right]\boldsymbol{x}(t) \tag{10-108}$$

将式(10-106)代入式(10-104)，则又有

$$\dot{\boldsymbol{\lambda}}(t) = -\left[\boldsymbol{Q}(t) + \boldsymbol{A}^{\mathrm{T}}(t)\boldsymbol{P}(t)\right]\boldsymbol{x}(t) \tag{10-109}$$

比较式(10-108)和式(10-109)，立即证得里卡蒂方程(10-99)成立。

在式(10-106)中，令 $t = t_f$，有

$$\boldsymbol{\lambda}(t_f) = \boldsymbol{P}(t_f)\boldsymbol{x}(t_f)$$

上式与横截条件式(10-105)比较，证得里卡蒂方程的边界条件式(10-100)成立。

因 $P(t)$ 可解，将式(10-106)代入式(10-102)，证得 $\boldsymbol{u}^*(t)$ 表达式(10-97)。

显然，将式(10-97)代入式(10-96)，得式(10-101)最优闭环系统方程，其解必为最优轨线 $\boldsymbol{x}^*(t)$。

充分性：若式(10-97)成立，可证 $\boldsymbol{u}^*(t)$ 必为最优控制。

根据连续动态规划法，可以方便地证明最优控制的充分性及最优性能指标(10-98)成立。其证明过程略。

在上述定理的证明过程中，应用了里卡蒂方程解的有关性质，需要加以说明。

(2) 里卡蒂方程解的若干性质

在式(10-97)中，令反馈增益矩阵

$$\boldsymbol{K}(t) = \boldsymbol{R}^{-1}(t)\boldsymbol{B}^{\mathrm{T}}(t)\boldsymbol{P}(t) \tag{10-110}$$

则最优控制可表示为

$$\boldsymbol{u}^*(t) = -\boldsymbol{K}(t)\boldsymbol{x}(t) \tag{10-111}$$

将上式代入式(10-96)，得最优闭环系统方程

$$\dot{\boldsymbol{x}}(t) = \left[\boldsymbol{A}(t) - \boldsymbol{B}(t)\boldsymbol{K}(t)\right]\boldsymbol{x}(t), \qquad \boldsymbol{x}(t_0) = \boldsymbol{x}_0 \tag{10-112}$$

因为矩阵 $\boldsymbol{A}(t)$，$\boldsymbol{B}(t)$ 及 $\boldsymbol{R}(t)$ 已知，故闭环系统的性质与 $\boldsymbol{K}(t)$ 密切相关，而 $\boldsymbol{K}(t)$ 的性质又取决于里卡蒂方程(10-99)在边界条件(10-100)下的解 $\boldsymbol{P}(t)$。

1) $\boldsymbol{P}(t)$ 是唯一的。矩阵 $\boldsymbol{P}(t)$ 是里卡蒂方程(10-99)在边界条件(10-100)下的解。而方程(10-99)实质上是 $n(n+1)/2$ 个非线性标量微分方程组，当矩阵 $\boldsymbol{A}(t)$，$\boldsymbol{B}(t)$，$\boldsymbol{R}(t)$ 和 $\boldsymbol{Q}(t)$ 满足问题 10-2 的假设条件时，根据微分方程理论中解的存在性与唯一性定理知，在区间 $[t_0, t_f]$ 上，$\boldsymbol{P}(t)$ 唯一存在。

2) $\boldsymbol{P}(t)$ 是对称的。

命题 10-1　若矩阵 $\boldsymbol{P}(t)$ 是里卡蒂方程(10-99)及其边界条件(10-100)的唯一解，则

$$\boldsymbol{P}(t) = \boldsymbol{P}^{\mathrm{T}}(t) \tag{10-113}$$

证明　对里卡蒂方程(10-99)及其边界条件(10-100)取转置，可得

$$-\dot{\boldsymbol{P}}^{\mathrm{T}}(t) = \boldsymbol{A}^{\mathrm{T}}(t)\boldsymbol{P}^{\mathrm{T}}(t) + \boldsymbol{P}^{\mathrm{T}}(t)\boldsymbol{A}(t) - \boldsymbol{P}^{\mathrm{T}}(t)\boldsymbol{B}(t)\boldsymbol{R}^{-\mathrm{T}}(t)\boldsymbol{B}^{\mathrm{T}}(t)\boldsymbol{P}^{\mathrm{T}}(t) + \boldsymbol{Q}^{\mathrm{T}}(t) \tag{10-114}$$

以及

$$\boldsymbol{P}^{\mathrm{T}}(t_f) = \boldsymbol{F}^{\mathrm{T}} \tag{10-115}$$

因为 $\boldsymbol{R}(t) = \boldsymbol{R}^{\mathrm{T}}(t)$，$\boldsymbol{Q}(t) = \boldsymbol{Q}^{\mathrm{T}}(t)$，$\boldsymbol{F} = \boldsymbol{F}^{\mathrm{T}}$，于是式(10-114)及式(10-115)可写为

$$-\dot{\boldsymbol{P}}^{\mathrm{T}}(t) = \boldsymbol{P}^{\mathrm{T}}(t)\boldsymbol{A}(t) + \boldsymbol{A}^{\mathrm{T}}(t)\boldsymbol{P}^{\mathrm{T}}(t) - \boldsymbol{P}^{\mathrm{T}}(t)\boldsymbol{B}(t)\boldsymbol{R}^{-1}(t)\boldsymbol{B}^{\mathrm{T}}(t)\boldsymbol{P}^{\mathrm{T}}(t) + \boldsymbol{Q}^{\mathrm{T}}(t) \tag{10-116}$$

$$\boldsymbol{P}^{\mathrm{T}}(t_f) = \boldsymbol{F} \tag{10-117}$$

比较式(10-99)、式(10-100)与式(10-116)、式(10-117)可见，$P(t)$ 与 $P^T(t)$ 是在同一边界条件下的同一矩阵微分方程的解。因为 $P(t)$ 是唯一的，故式(10-113)必然成立。

3）$P(t)$ 是非负的。

命题 10-2　对于性能指标(10-94)，如果在区间 $[t_0, t_f]$ 上，有 $F \geqslant 0$、$Q(t) \geqslant 0$、$R(t) > 0$，则对于任意的 $u(t)$ 和相应的 $x(t)$，总有 $J[x(t), u(t), t] \geqslant 0$。

证明　由命题假设，二次型函数

$$x^T(t_f)Fx(t_f) \geqslant 0, \qquad x^T(t)Q(t)x(t) \geqslant 0, \qquad u^T(t)R(t)u(t) > 0$$

从而，对任意的 $u(t)$ 和相应的 $x(t)$，由式(10-94)描述的性能指标，总有

$$J[x(t), u(t), t] \geqslant 0, \qquad \forall t \in [t_0, t_f]$$

命题 10-3　若矩阵 $P(t)$ 是里卡蒂方程(10-99)及其边界条件(10-100)的唯一解，则

$$P(t) \geqslant 0, \qquad \forall t \in [t_0, t_f] \tag{10-118}$$

证明　由命题 10-2，对任意的 $u(t)$ 和相应的 $x(t)$，有

$$J[x(t), u(t), t] \geqslant 0, \qquad \forall t \in [t_0, t_f]$$

取 $u(t) = u^*(t)$，命题 10-2 仍然成立。由定理 10-18 知，最优性能指标

$$J^*[x(t), t] = \frac{1}{2} x^T(t)P(t)x(t) \geqslant 0, \qquad \forall t \in [t_0, t_f]$$

则由二次型函数性质知，命题成立。

(3) 最优控制解的存在与唯一性

若问题 10-2 有最优控制解，该解必满足定理 10-18 的结论。可以证明，该解是存在且唯一的。

定理 10-19　在定理 10-18 中，最优控制解

$$u(t) = -R^{-1}(t)B^T(t)P(t)x(t)$$

存在且唯一。

证明　先证存在性：因 $P(t)$ 存在且唯一，故 $u^*(t)$ 存在。再证唯一性：反设 $u^*(t)$ 不唯一，不失一般性，令 $u_1^*(t)$ 和 $u_2^*(t)$ 均为最优控制解，则由 $P(t)$ 的唯一性可知

$$u_1^*(t) = -R^{-1}(t)B^T(t)P(t)x_1(t), \qquad u_2^*(t) = -R^{-1}(t)B^T(t)P(t)x_2(t)$$

相应的闭环系统方程(10-101)为

$$\dot{x}_1^*(t) = [A(t) - B(t)R^{-1}(t)B^T(t)P(t)]x_1^*(t), \qquad x_1^*(t_0) = x_0$$

$$\dot{x}_2^*(t) = [A(t) - B(t)R^{-1}(t)B^T(t)P(t)]x_2^*(t), \qquad x_2^*(t_0) = x_0$$

可见，最优轨线 $x_1^*(t)$ 和 $x_2^*(t)$ 是同一向量微分方程且具有同样初始条件下的解。根据微分方程对初值问题解的唯一性，显然有

$$x_1^*(t) = x_2^*(t), \qquad \forall t \in [t_0, t_f]$$

从而必有

$$u_1^*(t) = u_2^*(t), \qquad \forall t \in [t_0, t_f]$$

唯一性得证。

例 10-12　设系统状态方程为

$$\dot{x}_1(t) = x_2(t), \qquad \dot{x}_2(t) = u(t)$$

初始条件为：$x_1(0) = 1$，$x_2(0) = 0$。性能指标

$$J = \frac{1}{2} \int_0^{t_f} \left[x_1^2(t) + u^2(t) \right] dt$$

式中，t_f 为某一给定值。试求最优控制 $u^*(t)$，使 $J = \min$。

解　本例为有限时间状态调节器问题。由题意：

$$\boldsymbol{A} = \begin{bmatrix} 0 & 1 \\ 0 & 0 \end{bmatrix}, \quad \boldsymbol{b} = \begin{bmatrix} 0 \\ 1 \end{bmatrix}, \quad \boldsymbol{F} = \boldsymbol{0}, \quad \boldsymbol{Q} = \begin{bmatrix} 1 & 0 \\ 0 & 0 \end{bmatrix}, \quad r = 1$$

由里卡蒂方程

$$-\dot{\boldsymbol{P}} = \boldsymbol{P}\boldsymbol{A} + \boldsymbol{A}^{\mathrm{T}}\boldsymbol{P} - \boldsymbol{P}\boldsymbol{b}r^{-1}\boldsymbol{b}^{\mathrm{T}}\boldsymbol{P} + \boldsymbol{Q}, \qquad \boldsymbol{P}(t_f) = \boldsymbol{F}$$

代入相应的 $\boldsymbol{A}$，$\boldsymbol{b}$，$\boldsymbol{Q}$，r，$\boldsymbol{F}$，并令矩阵

$$\boldsymbol{P}(t) = \begin{bmatrix} P_{11} & P_{12} \\ P_{12} & P_{22} \end{bmatrix}$$

可得下列微分方程组及相应的边界条件：

$$\dot{P}_{11}(t) = -1 + P_{12}^2(t), \qquad\qquad P_{11}(t_f) = 0$$

$$\dot{P}_{12}(t) = -P_{11}(t) + P_{12}(t)P_{22}(t), \qquad P_{12}(t_f) = 0$$

$$\dot{P}_{22}(t) = -2P_{12}(t) + P_{22}^2(t), \qquad\quad P_{22}(t_f) = 0$$

利用计算机逆时间方向求解上述微分方程组，可以得到 $\boldsymbol{P}(t), t \in [0, t_f]$。

最优控制

$$u^*(t) = -r^{-1}\boldsymbol{b}^{\mathrm{T}}\boldsymbol{P}\boldsymbol{x}(t) = -P_{12}x_1(t) - P_{22}x_2(t)$$

式中，P_{12} 和 P_{22} 随时间变化曲线如图 10-7 所示。由于反馈系数 P_{12} 和 P_{22} 都是时变的，在设计系统时，需离线算出 P_{12} 和 P_{22} 的值，并存储于计算机内，以便实现控制时调用。

最优控制系统的结构图如图 10-8 所示。

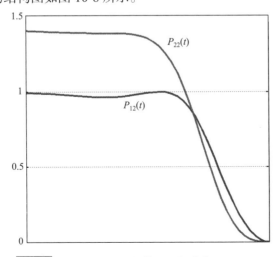

图 10-7　例 10-12 的里卡蒂方程解曲线(MATLAB)

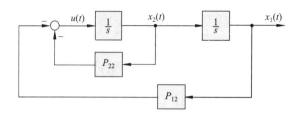

图 10-8　例 10-12 的最优控制系统结构图

对于上述结论及例题求解过程，需要作如下几点说明：

1) 最优控制律(10-97)是一个线性状态反馈控制律，便于实现闭环最优控制。

2) 里卡蒂方程(10-99)为非线性矩阵微分方程，通常只能采用计算机逆时间方向求数值解。由于里卡蒂方程与状态及控制变量无关，因而在定常系统情况下，可以离线算出 $P(t)$。

3) 只要时间区间 $[t_0, t_f]$ 是有限的，里卡蒂方程的解 $P(t)$ 就是时变的，最优反馈系统将成为线性时变系统，即使矩阵 A、B、Q 和 R 都是常值矩阵，求出的 $P(t)$ 仍然是时变的。

3. 无限时间定常状态调节器

若系统受扰偏离原零平衡状态后，希望系统能最优地恢复到原平衡状态，不产生稳态误差，则必须采用无限时间状态调节器；若同时要求最优闭环系统渐近稳定，则应采用无限时间定常状态调节器，其最优状态反馈矩阵为常阵，可以离线计算，便于实时控制。

(1) 问题描述

问题 **10-3**　设线性定常系统状态方程

$$\dot{x}(t) = Ax(t) + Bu(t), \qquad x(0) = x_0 \tag{10-119}$$

性能指标

$$J = \frac{1}{2} \int_0^\infty \left[x^{\mathrm{T}}(t)Qx(t) + u^{\mathrm{T}}(t)Ru(t) \right] \mathrm{d}t \tag{10-120}$$

式中，$x(t) \in \mathbf{R}^n$；$u(t) \in \mathbf{R}^m$，无约束；A, B, Q 和 R 为维数适当的常值矩阵；权阵 $Q = Q^{\mathrm{T}} \geqslant 0$，$R = R^{\mathrm{T}} > 0$。要求确定最优控制 $u^*(t)$，使性能指标(10-120)极小。

(2) 最优解结果

定理 **10-20**　在问题 10-3 中，若对于任意矩阵 D，有 $DD^{\mathrm{T}} = Q$，且 $\overline{P}$ 是里卡蒂矩阵代数方程

$$\overline{P}A + A^{\mathrm{T}}\overline{P} - \overline{P}BR^{-1}B^{\mathrm{T}}\overline{P} + Q = 0$$

的解，则阵对 $\{A, D\}$ 完全可观的充分必要条件是 $\overline{P}$ 为对称正定矩阵。

定理 **10-21**　对于问题 10-3，若阵对 $\{A, B\}$ 完全可控，阵对 $\{A, D\}$ 完全可观，其中 $DD^{\mathrm{T}} = Q$，且 D 任意，则存在唯一的最优控制

$$u^*(t) = -R^{-1}B^{\mathrm{T}}\overline{P}x(x) \tag{10-121}$$

最优性能指标为

$$J^* = \frac{1}{2} \boldsymbol{x}^{\mathrm{T}}(0) \bar{\boldsymbol{P}} \boldsymbol{x}(0) \tag{10-122}$$

式中，$\bar{\boldsymbol{P}}$ 为对称正定常阵，是里卡蒂矩阵代数方程

$$\bar{\boldsymbol{P}} \boldsymbol{A} + \boldsymbol{A}^{\mathrm{T}} \bar{\boldsymbol{P}} - \bar{\boldsymbol{P}} \boldsymbol{B} \boldsymbol{R}^{-1} \boldsymbol{B}^{\mathrm{T}} \bar{\boldsymbol{P}} + \boldsymbol{Q} = \boldsymbol{0} \tag{10-123}$$

的唯一解。

(3) 最优闭环系统的渐近稳定性

定理 10-22 对于问题 10-3，由定理 10-21 得到的最优闭环系统

$$\dot{\boldsymbol{x}}(t) = (\boldsymbol{A} - \boldsymbol{B} \boldsymbol{R}^{-1} \boldsymbol{B}^{\mathrm{T}} \bar{\boldsymbol{P}}) \boldsymbol{x}(t), \qquad \boldsymbol{x}(0) = \boldsymbol{x}_0 \tag{10-124}$$

必定是渐近稳定的。

证明 取二次型函数

$$V(\boldsymbol{x}) = \boldsymbol{x}^{\mathrm{T}}(t) \bar{\boldsymbol{P}} \boldsymbol{x}(t) \tag{10-125}$$

上式仅当 $\boldsymbol{x}(t) = \boldsymbol{0}$ 时，才有 $V(\boldsymbol{x}) = 0$；对于非零 $\boldsymbol{x}(t)$，由于 $\bar{\boldsymbol{P}}$ 为对称正定常值矩阵，必有 $V(\boldsymbol{x}) \neq 0$；而且

$$\lim_{\|\boldsymbol{x}\| \to \infty} V(\boldsymbol{x}) = \lim_{\|\boldsymbol{x}\| \to \infty} \boldsymbol{x}^{\mathrm{T}}(t) \bar{\boldsymbol{P}} \boldsymbol{x}(t) \to \infty$$

故式(10-125)表示的 $V(\boldsymbol{x})$ 是一个李雅普诺夫函数。

取式(10-125)对时间 t 的导数，得

$$\dot{V}(\boldsymbol{x}) = \dot{\boldsymbol{x}}^{\mathrm{T}}(t) \bar{\boldsymbol{P}} \boldsymbol{x}(t) + \boldsymbol{x}^{\mathrm{T}}(t) \bar{\boldsymbol{P}} \dot{\boldsymbol{x}}(t)$$

将式(10-119)及式(10-123)代入上式，可得

$$\begin{aligned} \dot{V}(\boldsymbol{x}) &= \boldsymbol{x}^{\mathrm{T}}(t) \left[(\boldsymbol{A} - \boldsymbol{B} \boldsymbol{R}^{-1} \boldsymbol{B}^{\mathrm{T}} \bar{\boldsymbol{P}})^{\mathrm{T}} \bar{\boldsymbol{P}} + \bar{\boldsymbol{P}} (\boldsymbol{A} - \boldsymbol{B} \boldsymbol{R}^{-1} \boldsymbol{B}^{\mathrm{T}} \bar{\boldsymbol{P}}) \right] \boldsymbol{x}(t) \\ &= -\boldsymbol{x}^{\mathrm{T}}(t) (\boldsymbol{Q} + \bar{\boldsymbol{P}} \boldsymbol{B} \boldsymbol{R}^{-1} \boldsymbol{B}^{\mathrm{T}} \bar{\boldsymbol{P}}) \boldsymbol{x}(t) \end{aligned} \tag{10-126}$$

因 $\boldsymbol{Q} \geqslant \boldsymbol{0}$，$\boldsymbol{R} > \boldsymbol{0}$，故有

$$\dot{V}(\boldsymbol{x}) \leqslant 0$$

显然，仅在 $\boldsymbol{x}(t) = \boldsymbol{x}_0 = \boldsymbol{0}$ 的原平衡状态时，才有 $\dot{V}(\boldsymbol{x}) = 0$，此外 $\dot{V}(\boldsymbol{x}) \neq 0$。反设对于非零 $\boldsymbol{x}_0$ 有 $\dot{V}(\boldsymbol{x}) \equiv 0$，则由式(10-126)知，应有

$$\boldsymbol{x}^{\mathrm{T}}(t) \boldsymbol{Q} \boldsymbol{x}(t) = 0 \tag{10-127}$$

$$\boldsymbol{x}^{\mathrm{T}}(t) \bar{\boldsymbol{P}} \boldsymbol{B} \boldsymbol{R}^{-1} \boldsymbol{B}^{\mathrm{T}} \bar{\boldsymbol{P}} \boldsymbol{x}(t) = 0 \tag{10-128}$$

将 $\boldsymbol{u}^*(t) = -\boldsymbol{R}^{-1} \boldsymbol{B}^{\mathrm{T}} \bar{\boldsymbol{P}} \boldsymbol{x}(t)$ 代入式(10-128)，得

$$\boldsymbol{u}^{*\mathrm{T}}(t) \boldsymbol{R} \boldsymbol{u}^*(t) = 0$$

由于 $\boldsymbol{R} > \boldsymbol{0}$，故应有 $\boldsymbol{u}^*(t) = \boldsymbol{0}$，此时系统(10-119)只有零输入响应

$$\boldsymbol{x}(t) = \mathrm{e}^{\boldsymbol{A}t} \boldsymbol{x}_0, \qquad \forall \boldsymbol{x}_0 \neq \boldsymbol{0} \tag{10-129}$$

将式(10-129)代入式(10-127)，可得

$$\boldsymbol{x}_0^{\mathrm{T}} \mathrm{e}^{\boldsymbol{A}^{\mathrm{T}}t} \boldsymbol{D} \boldsymbol{D}^{\mathrm{T}} \mathrm{e}^{\boldsymbol{A}t} \boldsymbol{x}_0 = 0$$

式中，$\boldsymbol{D} \boldsymbol{D}^{\mathrm{T}} = \boldsymbol{Q}$。上式表明

$$\boldsymbol{D}^{\mathrm{T}}\mathrm{e}^{At}\boldsymbol{x}_0 = \boldsymbol{0}, \qquad \forall \boldsymbol{x}_0 \neq \boldsymbol{0}$$

故 $\boldsymbol{D}^{\mathrm{T}}\mathrm{e}^{At}$ 列相关，这与 $\{\boldsymbol{A},\boldsymbol{D}\}$ 完全可观矛盾，反设不成立。

根据李雅普诺夫稳定性定理，系统(10-124)大范围渐近稳定。

对于以上主要结论，需作如下几点说明：

1) 在定理 10-21 中，对系统(10-119)提出的可控性要求，是为了保证最优解的存在。在有限时间调节器问题中，对系统并无可控性要求，因为式(10-120)的积分上限 t_f 有限，无论系统可控与否，性能指标 J 不会趋于无穷。但在 $t_f \to \infty$ 时，当不可控状态不稳定，且又包含于性能指标 J 之中时，便会使 $J \to \infty$，从而使最优解不存在。

例 10-13 设系统状态方程及初始条件为

$$\dot{x}_1(t) = x_1(t), \qquad\qquad x_1(0) = 1$$
$$\dot{x}_2(t) = x_2(t) + u(t), \qquad x_2(0) = 0$$

性能指标

$$J = \frac{1}{2}\int_0^\infty \left[\boldsymbol{x}^{\mathrm{T}}(t)\boldsymbol{x}(t) + u^2(t)\right]\mathrm{d}t$$

试求最优控制 $u^*(t)$ 及最优性能指标 J^*。

解 本例为无限时间定常状态调节器问题。由题意，状态 $x_1(t)$ 显然不可控。因为系统矩阵及状态转移矩阵为

$$\boldsymbol{A} = \begin{bmatrix} 1 & 0 \\ 0 & 1 \end{bmatrix}, \qquad \mathrm{e}^{At} = \mathscr{L}^{-1}\left[(s\boldsymbol{I}-\boldsymbol{A})^{-1}\right] = \begin{bmatrix} \mathrm{e}^t & 0 \\ 0 & \mathrm{e}^t \end{bmatrix}$$

故系统的零输入响应

$$\begin{bmatrix} x_1(t) \\ x_2(t) \end{bmatrix} = \mathrm{e}^{At}\boldsymbol{x}(0) = \begin{bmatrix} \mathrm{e}^t \\ 0 \end{bmatrix}$$

显然

$$\lim_{t\to\infty} x_1(t) = \lim_{t\to\infty}\mathrm{e}^t \to \infty$$

性能指标 $\quad J = \dfrac{1}{2}\int_0^\infty \left[\boldsymbol{x}^{\mathrm{T}}(t)\boldsymbol{x}(t) + u^2(t)\right]\mathrm{d}t = \dfrac{1}{2}\int_0^\infty \left[x_1^2(t) + x_2^2(t) + u^2(t)\right]\mathrm{d}t \to \infty$

因而本例不存在最优解。

2) 在定理 10-21 中，要求阵对 $\{\boldsymbol{A},\boldsymbol{D}\}$ 完全可观，是为了保证最优闭环系统(10-124)渐近稳定性。如果强化性能指标中权阵 $\boldsymbol{Q}$ 的条件，要求 $\boldsymbol{Q} = \boldsymbol{Q}^{\mathrm{T}} > \boldsymbol{0}$，则可去掉 $\{\boldsymbol{A},\boldsymbol{D}\}$ 可观的要求。至于 $\bar{\boldsymbol{P}}$ 矩阵的正定性，卡尔曼曾经指出：系统可控的假设和取权阵 $\boldsymbol{F}=0$，意味着 $t_f \to \infty$ 时，$\bar{\boldsymbol{P}}$ 为正定矩阵。

3) 对于无限时间状态调节器，通常在性能指标中不考虑终点指标，取权阵 $\boldsymbol{F}=0$，其原因有二：一是希望 $t_f \to \infty$ 时，$\boldsymbol{x}(t_f) = \boldsymbol{0}$，即要求稳态误差为零，因而在性能指标中不必加入体现终点指标的末值项；二是工程上仅考虑系统在有限时间内的响应，因而 $t_f \to \infty$ 时的终点指标将失去工程意义。

例 10-14 设系统状态方程及初始条件为

$$\dot{x}_1(t) = u(t), \qquad x_1(0) = 0$$
$$\dot{x}_2(t) = x_1(t), \qquad x_2(0) = 1$$

性能指标

$$J = \int_0^\infty \left[x_2^2(t) + \frac{1}{4}u^2(t) \right] \mathrm{d}t$$

试求最优控制 $u^*(t)$ 和最优性能指标 J^*。

解　本例为无限时间状态调节器问题。因

$$J = \frac{1}{2}\int_0^\infty \left(2x_2^2 + \frac{1}{2}u^2 \right)\mathrm{d}t = \frac{1}{2}\int_0^\infty \left\{ [x_1, x_2]\begin{bmatrix} 0 & 0 \\ 0 & 2 \end{bmatrix}\begin{bmatrix} x_1 \\ x_2 \end{bmatrix} + \frac{1}{2}u^2 \right\}\mathrm{d}t$$

故由题意

$$\boldsymbol{A} = \begin{bmatrix} 0 & 0 \\ 1 & 0 \end{bmatrix}, \quad \boldsymbol{b} = \begin{bmatrix} 1 \\ 0 \end{bmatrix}, \quad \boldsymbol{Q} = \begin{bmatrix} 0 & 0 \\ 0 & 2 \end{bmatrix}, \quad r = \frac{1}{2}, \quad \boldsymbol{d}^{\mathrm{T}} = \begin{bmatrix} 0 & \sqrt{2} \end{bmatrix}$$

检验可控性与可观性：

$$\mathrm{rank}\begin{bmatrix} \boldsymbol{b} & \boldsymbol{Ab} \end{bmatrix} = \mathrm{rank}\begin{bmatrix} 1 & 0 \\ 0 & 1 \end{bmatrix} = 2$$

$$\mathrm{rank}\begin{bmatrix} \boldsymbol{d}^{\mathrm{T}} \\ \boldsymbol{d}^{\mathrm{T}}\boldsymbol{A} \end{bmatrix} = \mathrm{rank}\begin{bmatrix} 0 & \sqrt{2} \\ \sqrt{2} & 0 \end{bmatrix} = 2$$

故 $u^*(t)$ 存在且最优闭环系统渐近稳定。

解里卡蒂方程：令

$$\overline{\boldsymbol{P}} = \begin{bmatrix} P_{11} & P_{12} \\ P_{12} & P_{22} \end{bmatrix}$$

由

$$\overline{\boldsymbol{P}}\boldsymbol{A} + \boldsymbol{A}^{\mathrm{T}}\overline{\boldsymbol{P}} - \overline{\boldsymbol{P}}\boldsymbol{b}r^{-1}\boldsymbol{b}^{\mathrm{T}}\overline{\boldsymbol{P}} + \boldsymbol{Q} = \boldsymbol{0}$$

得代数方程组

$$2P_{12} - 2P_{11}^2 = 0$$
$$P_{22} - 2P_{11}P_{12} = 0$$
$$-2P_{12}^2 + 2 = 0$$

联立求解，得

$$\overline{\boldsymbol{P}} = \begin{bmatrix} 1 & 1 \\ 1 & 2 \end{bmatrix} > 0$$

求最优解：

$$u^*(t) = -r^{-1}\boldsymbol{b}^{\mathrm{T}}\overline{\boldsymbol{P}}\boldsymbol{x}(t) = -2x_1(t) - 2x_2(t)$$

$$J^* = \frac{1}{2}\boldsymbol{x}^{\mathrm{T}}(0)\overline{\boldsymbol{P}}\boldsymbol{x}(0) = 1$$

检验闭环系统的稳定性：

$$\dot{x}(t) = (A - br^{-1}b^{\mathrm{T}}\overline{P})x(t) = \begin{bmatrix} -2 & -2 \\ 1 & 0 \end{bmatrix} x(t) = \overline{A}x(t)$$

其特征方程为

$$\det(\lambda I - \overline{A}) = \det\begin{bmatrix} \lambda + 2 & 2 \\ -1 & \lambda \end{bmatrix}$$
$$= \lambda^2 + 2\lambda + 2 = 0$$

求出特征值为 $\lambda_1 = -1+\mathrm{j}$，$\lambda_2 = -1-\mathrm{j}$。由特征值判据知，闭环系统渐近稳定。

4. 无限时间定常输出跟踪系统

对于无限时间输出跟踪系统问题，目前还没有严格的一般性求解方法。当理想输出为常值向量时，无限时间定常输出最优跟踪系统问题，有如下工程上可以应用的近似结果。

定理 10-23　设线性定常系统的动态方程为

$$\dot{x}(t) = Ax(t) + Bu(t), \qquad x(0) = x_0$$
$$y(t) = Cx(t) \tag{10-130}$$

式中，$x(t) \in \mathbf{R}^n$；$u(t) \in \mathbf{R}^m$，无约束；$y(t) \in \mathbf{R}^l$，$0 < l \leqslant m \leqslant n$；$A$，$B$，$C$ 为维数适当的常值矩阵。

设 $\hat{z} \in \mathbf{R}^l$ 为理想输出常向量，$e(t)$ 为输出误差向量，由

$$e(t) = \hat{z} - y(t) \tag{10-131}$$

定义性能指标

$$J = \frac{1}{2}\int_0^\infty \left[e^{\mathrm{T}}(t)Qe(t) + u^{\mathrm{T}}(t)Ru(t) \right] \mathrm{d}t \tag{10-132}$$

式中，权阵 Q 和 R 均为对称正定常值矩阵，维数适当。

若阵对 $\{A, B\}$ 完全可控，阵对 $\{A, C\}$ 完全可观，则使性能指标(10-132)极小的近似最优控制

$$\hat{u}^*(t) = -R^{-1}B^{\mathrm{T}}\hat{P}x(t) + R^{-1}B^{\mathrm{T}}\hat{g} \tag{10-133}$$

式中，$\hat{P}$ 为对称正定常阵，满足下列里卡蒂矩阵代数方程：

$$\hat{P}A + A^{\mathrm{T}}\hat{P} - \hat{P}BR^{-1}B^{\mathrm{T}}\hat{P} + C^{\mathrm{T}}QC = 0 \tag{10-134}$$

常值伴随向量

$$\hat{g} = \left[\hat{P}BR^{-1}B^{\mathrm{T}} - A^{\mathrm{T}} \right]^{-1} C^{\mathrm{T}}Q\hat{z} \tag{10-135}$$

闭环系统方程

$$\dot{x}(t) = (A - BR^{-1}B^{\mathrm{T}}\hat{P})x(t) + BR^{-1}B^{\mathrm{T}}\hat{g}, \quad x(0) = x_0 \tag{10-136}$$

的解，为近似最优轨线 $\hat{x}^*(t)$。

应当指出，定理 10-23 并没有论证闭环系统的稳定性，因此在实际应用时，需对闭环

系统的渐近稳定性加以检验。

例 10-15 有一理想化轮船操纵系统，其从激励信号 $u(t)$ 到实际航向 $y(t)$ 的传递函数为 $4/s^2$，试设计近似最优激励信号 $\hat{u}^*(t)$，使性能指标

$$J = \int_0^\infty \left\{ \left[\hat{z} - y(t)\right]^2 + u^2(t) \right\} \mathrm{d}t$$

极小。式中，$\hat{z} = 1(t)$ 为理想输出。

解 本例为无限时间定常输出跟踪系统问题，可按如下步骤求解：

1）系统状态空间建模。由于传递函数

$$G(s) = \frac{Y(s)}{U(s)} = \frac{4}{s^2}$$

可得

$$\dot{x}_1(t) = x_2(t), \quad \dot{x}_2(t) = 4u(t), \quad y(t) = x_1(t)$$

于是

$$A = \begin{bmatrix} 0 & 1 \\ 0 & 0 \end{bmatrix}, \quad b = \begin{bmatrix} 0 \\ 4 \end{bmatrix}, \quad c = \begin{bmatrix} 1 & 0 \end{bmatrix}$$

检验

$$G(s) = c(sI - A)^{-1}b = \frac{4}{s^2}$$

2）检验可控性与可观性。性能指标又可表示为

$$J = \frac{1}{2} \int_0^\infty \left\{ 2\left[\hat{z} - y(t)\right]^2 + 2u^2(t) \right\} \mathrm{d}t$$

故有

$$r = q = 2, \quad c^{\mathrm{T}} q c = \begin{bmatrix} 2 & 0 \\ 0 & 0 \end{bmatrix}$$

因为

$$\mathrm{rank}\begin{bmatrix} b & Ab \end{bmatrix} = \mathrm{rank}\begin{bmatrix} 0 & 4 \\ 4 & 0 \end{bmatrix} = 2$$

$$\mathrm{rank}\begin{bmatrix} c \\ cA \end{bmatrix} = \mathrm{rank}\begin{bmatrix} 1 & 0 \\ 0 & 1 \end{bmatrix} = 2$$

故 $\{A, b\}$ 可控，$\{A, c\}$ 可观。

3）解里卡蒂方程。令 $\hat{P} = \begin{bmatrix} P_{11} & P_{12} \\ P_{12} & P_{22} \end{bmatrix}$，由式(10-134)得

$$-8P_{12}^2 + 2 = 0$$
$$P_{11} - 8P_{12}P_{22} = 0$$
$$2P_{12} - 8P_{22}^2 = 0$$

联立解出

$$\hat{P} = \begin{bmatrix} \sqrt{2} & \dfrac{1}{2} \\ \dfrac{1}{2} & \dfrac{\sqrt{2}}{4} \end{bmatrix} > 0$$

4）求伴随常向量。

$$\hat{g} = (\hat{P}br^{-1}b^{\mathrm{T}} - A^{\mathrm{T}})^{-1}c^{\mathrm{T}}q\hat{z} = \begin{bmatrix} \sqrt{2} \\ \dfrac{1}{2} \end{bmatrix}$$

5) 确定近似最优控制。

$$\hat{u}^*(t) = -r^{-1}\boldsymbol{b}^{\mathrm{T}}\hat{\boldsymbol{P}}\boldsymbol{x}(t) + r^{-1}\boldsymbol{b}^{\mathrm{T}}\hat{\boldsymbol{g}}$$

$$= -x_1(t) - \frac{\sqrt{2}}{2}x_2(t) + 1 = -y(t) - \frac{\sqrt{2}}{2}\dot{y}(t) + 1$$

6) 检验闭环输出跟踪系统的稳定性。闭环系统的系统矩阵为

$$\overline{\boldsymbol{A}} = (\boldsymbol{A} - \boldsymbol{b}r^{-1}\boldsymbol{b}^{\mathrm{T}}\hat{\boldsymbol{P}}) = \begin{bmatrix} 0 & 1 \\ -4 & -2\sqrt{2} \end{bmatrix}$$

特征方程

$$\det(\lambda \boldsymbol{I} - \overline{\boldsymbol{A}}) = \lambda^2 + 2\sqrt{2}\lambda + 4 = 0$$

解得特征值

$$\lambda_1 = -\sqrt{2} + \mathrm{j}\sqrt{2}, \qquad \lambda_2 = -\sqrt{2} - \mathrm{j}\sqrt{2}$$

故闭环输出跟踪系统渐近稳定。

10-5 控制系统优化设计

工程系统的优化设计方法有多种，除线性二次型优化法以外，ITAE(integrated time absolute error)优化方法也是一种常用的方法。

例 10-16 PID 控制系统的优化设计。

在优化控制系统设计中，一种合适的性能指标是时间与绝对误差的乘积积分，称为 ITAE 性能指标，表示如下：

$$\mathrm{ITAE} = \int_0^{t_f} t\left|e(t)\right|\mathrm{d}t \tag{10-137}$$

选择 ITAE 指标，是为了减小较大的初始误差对性能指标取值的影响，同时也是为了强调最近的响应的影响。

当所选的性能指标达到极小值时，控制系统称为是最优的。如果稳定系统的闭环传递函数具有如下的一般形式：

$$\Phi(s) = \frac{Y(s)}{R(s)} = \frac{b_0}{s^n + a_{n-1}s^{n-1} + \cdots + a_1 s + a_0} \tag{10-138}$$

式中，$a_0 = b_0$，则可以确定 $\Phi(s)$ 的最优系数，使系统对阶跃响应的 ITAE 性能指标极小。式(10-138)传递函数有 n 个极点，没有零点，而且系统对阶跃响应的稳态误差为零。

在高阶线性系统中，ITAE 最优性能指标的几何意义是误差的广义面积极小，它也是多维相空间曲面上的一个极值，它的维数就是该方程所描述系统的状态数。显然，用解析法很难得到该极值，一般采用实验的方法来确定 $\Phi(s)$ 的最优系数。

为了减少计算的复杂程度，不妨采用标准化微分方程形式，这样可以把 n 维空间降低为 $n-1$ 维。例如，对于标准化时间 $\omega_n t$，标准二阶系统 $\Phi(s) = \dfrac{\omega_n^2}{s^2 + \beta\omega_n s + \omega_n^2} =$

$\dfrac{\omega_n^2}{s^2 + 2\zeta\omega_n s + \omega_n^2}$ 就只取决于参数 $\beta = 2\zeta$，标准三阶系统 $\Phi(s) = \dfrac{\omega_n^3}{s^3 + \beta_2\omega_n s^2 + \beta_1\omega_n^2 s + \omega_n^3}$ 就只取决于 β_1 和 β_2 两个系数，依此类推。这里仅以三阶标准化微分方程所描述的系统在单位阶跃输入作用下的 ITAE 最优系数的确定方法为例，说明其基本实验原理。

不妨取 $\omega_n = 1$，则标准三阶系统的微分方程为

$$\dddot{y} + \beta_2\ddot{y} + \beta_1\dot{y} + y = 1$$

写成可控标准型形式

$$\begin{bmatrix} \dot{x}_1 \\ \dot{x}_2 \\ \dot{x}_3 \end{bmatrix} = \begin{bmatrix} 0 & 1 & 0 \\ 0 & 0 & 1 \\ -1 & -\beta_1 & -\beta_2 \end{bmatrix} \begin{bmatrix} x_1 \\ x_2 \\ x_3 \end{bmatrix} + \begin{bmatrix} 0 \\ 0 \\ 1 \end{bmatrix} u$$

$$y = \begin{bmatrix} 1 & 0 & 0 \end{bmatrix} \begin{bmatrix} x_1 \\ x_2 \\ x_3 \end{bmatrix}$$

其对应的状态变量图如图 10-9 中虚框所示。

图 10-9 标准三阶系统可控标准型状态变量图及其 ITAE 指标实现

建立 ITAE 最优性能指标

$$\text{ITAE} = \int_0^{t_f} t |e(t)| \mathrm{d}t$$

需要从图 10-9 中引出误差信号 $e(t)$。显然

$$e(t) = 1 - y(t) = \dddot{y} + \beta_2\ddot{y} + \beta_1\dot{y}$$

将 $e(t)$ 取绝对值后与和 t 一起输入乘法器，相乘结果累加就可得到 ITAE 积分泛函值 J，如图 10-9 所示。

在实验中，每当给定一系数 $\beta_2 = \text{const}$（或 β_1）后，每次再改变另一系数 β_1（或 β_2），就可以得到一个相应的 $J = f(\beta_1, \beta_2)$ 值，将这些 J 值连成光滑曲线，可以得到图 10-10 所示

的曲线簇。这些曲线簇实际上是 $J - \beta_1 - \beta_2$ 三维空间中同一个曲面在不同 $\beta_2 = \mathrm{const}$ 值下的切面。给定不同的 β_2 值可得到不同的曲线簇。再根据这些切面的曲面簇可以得到它在 $J - \beta_1 - \beta_2$ 三维空间中的曲面，如图 10-11 所示，它的最佳系数就落在曲面的最底部。对于标准三阶系统，当 $\beta_1 = 2.15$，$\beta_2 = 1.75$ 时，$J = \mathrm{ITAE} = \int_0^{t_f} t\,|e(t)|\,\mathrm{d}t = \min$。

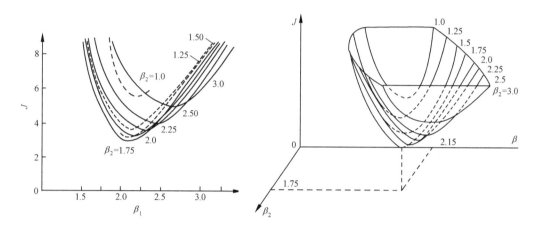

图 10-10　标准三阶系统满足 ITAE 最优指标的切面曲线簇

图 10-11　标准三阶系统满足 ITAE 最优指标的曲线

对于三阶以上的高阶系统，其实验原理基本一致，只是确定最佳系数的曲面为一超曲面。对阶跃响应的基于 ITAE 指标的最优系数，如表 10-4 所示。

表 10-4　对阶跃响应而言，基于 ITAE 指标的 $\Phi(s)$ 的最优系数

$$s + \omega_n$$

$$s^2 + 1.4\omega_n s + \omega_n^2$$

$$s^3 + 1.75\omega_n s^2 + 2.15\omega_n^2 s + \omega_n^3$$

$$s^4 + 2.1\omega_n s^3 + 3.4\omega_n^2 s^2 + 2.7\omega_n^3 s + \omega_n^4$$

$$s^5 + 2.8\omega_n s^4 + 5.0\omega_n^2 s^3 + 5.5\omega_n^3 s^2 + 3.4\omega_n^4 s + \omega_n^5$$

$$s^6 + 3.25\omega_n s^5 + 6.60\omega_n^2 s^4 + 8.60\omega_n^3 s^3 + 7.45\omega_n^4 s^2 + 3.95\omega_n^5 s + \omega_n^6$$

当系统 $\Phi(s)$ 具有表 10-4 所示的最优系数时，系统的阶跃响应如图 10-12 所示，其中时间尺度为标准化时间 $\omega_n t$。

对于斜坡输入，当闭环稳定系统传递函数具有如下标准形式：

$$\Phi(s) = \frac{b_1 s + b_0}{s^n + a_{n-1}s^{n-1} + \cdots + a_1 s + a_0} \tag{10-139}$$

式中，$a_0 = b_0$，$a_1 = b_1$，则可由表 10-5 确定使 ITAE 指标极小化的最优系数。式(10-139)传递函数对斜坡输入的稳态误差为零。显然，系统相应的开环传递函数 $G(s)$ 应至少有两个纯积分环节。

图 10-12　传递函数具有标准形式且取最优系数时，系统关于标准化时间 $\omega_n t$ 的单位阶跃响应

表 10-5　对斜坡输入而言，基于 ITAE 指标的 $\Phi(s)$ 的最优系数

$$s^2 + 3.2\omega_n s + \omega_n^2$$

$$s^3 + 1.75\omega_n s^2 + 3.25\omega_n^2 s + \omega_n^3$$

$$s^4 + 2.41\omega_n s^3 + 4.93\omega_n^2 s^2 + 5.14\omega_n^3 s + \omega_n^4$$

$$s^5 + 2.19\omega_n s^4 + 6.50\omega_n^2 s^3 + 6.30\omega_n^3 s^2 + 5.24\omega_n^4 s + \omega_n^5$$

采用 ITAE 性能指标，以及表 10-4 或表 10-5 给出的最优系数，可以确定常用的 PID 控制器

$$G_c(s) = K_1 + \frac{K_2}{s} + K_3 s = \frac{K_3 s^2 + K_1 s + K_2}{s} \tag{10-140}$$

的参数 K_1，K_2 和 K_3，使系统的 ITAE 性能指标达到最小，且对阶跃输入或斜坡输入的动态响应极好。采用 ITAE 方法时，PID 控制器的设计过程可以归纳如下：

1) 根据对调节时间的要求，确定闭环系统的自然频率 ω_n。

2) 根据选定的闭环最优系数(参见表 10-4 或表 10-5)以及上一步给出的 ω_n，确定 PID 控制器式(10-140)的三个参数 K_1，K_2 和 K_3，从而得到 $G_c(s)$。

3) 确定合适的前置滤波器 $G_p(s)$，使得闭环传递函数的零点符合式(10-138)或式(10-139)的要求。

设控制系统如图 10-13 所示，其中被控对象的传递函数为

$$G_0(s) = \frac{40}{(s+1)^2}$$

当 $G_c(s) = 1$ 时，系统为 0 型系统，静态位置误差系数 $K_p = 40$，在单位阶跃函数作用

下，其稳态误差

$$e_{ss}(\infty) = \frac{1}{1+K_p} = 2.4\%$$

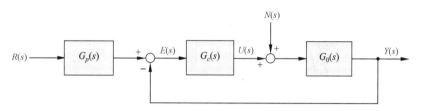

图 10-13　带有期望输入 $R(s)$ 和扰动输入 $N(s)$ 的反馈控制系统结构图

　　再由相应的闭环传递函数

$$\Phi_1(s) = \frac{40}{s^2 + 2s + 41} = \frac{40}{s^2 + 2\zeta\omega_n s + \omega_n^2}$$

知，ω_n=6.4，ζ=0.156，因而超调量及调节时间 $(\Delta = 2\%)$ 分别为

$$\sigma\% = 100e^{-\pi\zeta/\sqrt{1-\zeta^2}}\% = 60.9\%, \qquad t_s = \frac{4.4}{\zeta\omega_n} = 4.4s$$

现要求系统的阶跃响应具有最优的 ITAE 性能，且调节时间 $(\Delta = 2\%)$ 小于 0.8s，试设计最优 PID 控制器 $G_c(s)$ 及前置滤波器 $G_p(s)$。

　　解　令 $G_p(s)=1$，由于

$$G_c(s) = \frac{K_3 s^2 + K_1 s + K_2}{s}$$

闭环传递函数为

$$\Phi_2(s) = \frac{G_c(s)G_0(s)}{1 + G_c(s)G_0(s)} = \frac{40(K_3 s^2 + K_1 s + K_2)}{s^3 + (2 + 40K_3)s^2 + (1 + 40K_1)s + 40K_2} \qquad (10\text{-}141)$$

当采用 ITAE 指标时，由表 10-4 可知，最优特征多项式为

$$D^*(s) = s^3 + 1.75\omega_n s^2 + 2.15\omega_n^2 s + \omega_n^3$$

为了满足调节时间的设计要求，需要选取 ω_n 的合适值。由于 $t_s = 4.4/(\zeta\omega_n) \leqslant 0.8$，可选 $\omega_n = 10$，则最优特征多项式为

$$D^*(s) = s^3 + 1.75s^2 + 215s + 1000$$

将上式与式(10-141)的分母多项式相比，应有

$$2 + 40K_3 = 17.5$$
$$1 + 40K_1 = 215$$
$$40K_2 = 1000$$

可得，K_1=5.35，K_2=25，K_3=0.3875。于是，式(10-141)可以写成

$$\Phi_2(s) = \frac{15.5s^2 + 214s + 1000}{s^3 + 17.5s^2 + 215s + 1000} = \frac{15.5(s^2 + 13.8s + 64.5)}{s^3 + 17.5s^2 + 215s + 1000}$$

　　此时，系统性能如表 10-6 所示，其阶跃响应的超调量高达 34%。系统在单位阶跃输入及单位阶跃扰动作用下的时间响应，分别如图 10-14(a)、(b)所示。

	表 10-6 系统性能		
系统性能 \ 控制器	$G_c(s)=1$	PID 和 $G_p(s)=1$	带前置滤波器 $G_p(s)$ 的 PID
超调量	60.9%	34%	1.9%
调节时间/s	4.2	0.62	0.75
稳态误差	2.4%	0.0%	0.0%
$|y_n(t)|_{max}$	1.57%	0.165	0.165

(a) 单位阶跃输入响应

(b) 单位阶跃扰动响应

图 10-14 $G_p(s)=1$ 时系统的时间响应(MATLAB)

为了进一步改善系统性能，在系统输入端接入前置滤波器 $G_p(s)$，使系统闭环传递函数具有式(10-138)的形式，从而具有预期的最优 ITAE 指标。引入 $G_p(s)$ 后，系统的闭环传递函数应变为

$$\Phi(s) = \frac{G_p(s)G_c(s)G_0(s)}{1+G_c(s)G_0(s)} = \frac{1000}{s^3+17.5s^2+215s+1000}$$

由此求得

$$G_p(s) = \frac{64.5}{s^2+13.8s+64.5}$$

表 10-6 中的第四列给出了这时系统的阶跃响应指标。由表可见，经过优化后的系统，只有 1.9%的超调量，调节时间小于 0.8s，稳态误差为零。此外，由单位阶跃扰动 $N(s)=1/s$ 引起的最大输出为 0.165。有前置滤波器时，系统的时间响应如图 10-15 所示。仿真结果表明，本例的设计结果是较为满意的。

MATLAB 程序如下：

```
K1=5.35;
K2=25;
K3=0.3875;
G0=zpk([ ], [−1 −1], 40);
Gc=tf([K3 K1 K2], [1 0]);
Gp=tf([64.5], [1 13.8 64.5]);
```

```
sys0=feedback(Gc*G0,1);              %无前置滤波器时闭环系统
sysn=feedback(G0,Gc);                %扰动端传递函数
sys=series(sys0,Gp);                 %加入前置滤波器后的闭环系统
figure(1)
subplot(2,1,1);step(sys0);grid;      %绘制无前置滤波器的单位阶跃输入响应曲线
subplot(2,1,2);step(sysn);           %绘制无前置滤波器的单位阶跃扰动响应曲线
axis([0,1.2,0,1.5]);grid;
figure(2)
subplot(2,1,1);step(sys);grid;       %绘制带前置滤波器的单位阶跃输入响应曲线
subplot(2,1,2);step(sysn);           %绘制带前置滤波器的单位阶跃扰动响应曲线
axis([0,0.8,0,1.5]);grid;
```

图 10-15 带 $G_p(s)$ 时系统的时间响应(MATLAB)

例 10-17 鲁棒最优系统设计。

设控制系统如图 10-13 所示，其中被控对象的传递函数为

$$G_0(s) = \frac{K}{(Ts+1)^2}$$

其参数变化范围为 $0.5 \leqslant T \leqslant 1$ ， $1 \leqslant K \leqslant 2$ 。要求设计一个带前置滤波器的 ITAE 最优鲁棒控制系统，使得在给定的参数变化范围内，系统的阶跃响应性能始终保持 $\sigma\% < 4\%$ ， $t_s < 2\mathrm{s}(\varDelta = 2\%)$ 。

解 令前置滤波器 $G_p(s) = 1$ ，取 $T=1$ 和 $K=1$ 为标称值，设计 ITAE 最优系统。
采用 PID 控制器

$$G_c(s) = \frac{K_3 s^2 + K_1 s + K_2}{s}$$

则相应闭环系统

$$\Phi_2(s) = \frac{K_3 s^2 + K_1 s + K_2}{s^3 + (2 + K_3)s^2 + (1 + K_1)s + K_2}$$

由表 10-4 知,最优特征多项式为

$$D^*(s) = s^3 + 1.75\omega_n s^2 + 2.15\omega_n^2 s + \omega_n^3$$

根据对系统阶跃响应的调节时间要求

$$t_s = \frac{4.4}{\zeta\omega_n} < 2$$

可初选 $\omega_n = 8$,相应 $\zeta > 0.28$,则最优特征多项式为

$$D^*(s) = s^3 + 14s^2 + 137.6s + 512$$

与 $\Phi_2(s)$ 的分母多项式相比,根据对应项系数相等,可求得 PID 控制器参数为

$$K_3 = 12, \qquad K_1 = 136.6, \qquad K_2 = 512$$

于是

$$\Phi_2(s) = \frac{12(s^2 + 11.38s + 42.67)}{s^3 + 14s^2 + 137.6s + 512}$$

故前置滤波器应取为

$$G_p(s) = \frac{42.67}{s^2 + 11.38s + 42.67}$$

由此得 ITAE 意义下的最优闭环传递函数

$$\Phi(s) = \frac{512}{s^3 + 14s^2 + 137.6s + 512}$$

系统的阶跃响应性能如表 10-7 中第二列所示:$\sigma\% = 2\%$,$t_s = 0.94\text{s}$,表明标称系统的性能满足设计指标要求,$\omega_n = 8$ 的选择是合适的。

表 10-7 例 10-17 的设计结果($\omega_n=8$)

对象条件		$T=1$ $K=1$	$T=0.5$ $K=1$	$T=1$ $K=2$	$T=0.5$ $K=2$
动态性能	超调量	2%	0	0	0.4%
	调节时间/s	0.94	0.65	0.63	0.66

为了考察系统对参数变化的鲁棒性,保持 $G_c(s)$ 和 $G_p(s)$ 不变,分别取 $T=0.5$,$K=1$;$T=1$,$K=2$ 以及 $T=0.5$,$K=2$,测得系统的阶跃响应性能,如表 10-7 中第三至第五列所示。由表可以看出,这是一个鲁棒性很强的系统。系统参数变化时的系统时间响应如图 10-16~图 10-19 所示。

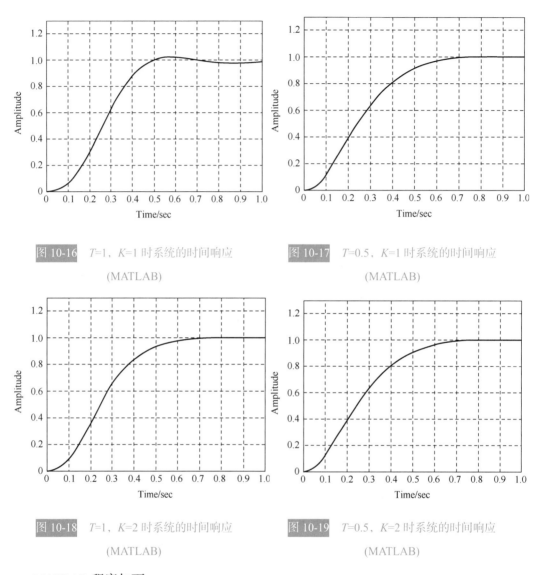

图 10-16　$T=1$，$K=1$ 时系统的时间响应
（MATLAB）

图 10-17　$T=0.5$，$K=1$ 时系统的时间响应
（MATLAB）

图 10-18　$T=1$，$K=2$ 时系统的时间响应
（MATLAB）

图 10-19　$T=0.5$，$K=2$ 时系统的时间响应
（MATLAB）

MATLAB 程序如下：

```
K=2;T=0.5;K3=12;K1=136.6;K2=512;
G0=tf(K,[T^2,2*T,1]);              %定义开环传递函数
Gc=tf([K3,K1,K2],[0,1,0]);         %定义 PID 控制器传递函数
G=series(G0,Gc);
Gp=tf(42.67,[1,11.38,42.67]);
sys0=feedback(G,1);
sys=series(sys0,Gp);               %带前置滤波器的闭环传递函数
step(sys);axis([0,1,0,1.3]);grid;
```

　　需要指出，实际的被控对象不容许有过大的输入量，因而图 10-13 系统中控制器 $G_c(s)$ 的输出 $u(t)$ 有最大允许值的限制，这样，系统自然频率 ω_n 的可选值将会受到约束。

通常，当 $e(t)$ 的最大值为 1 时，$u(t)$ 的数值将不得大于 100。为了说明 $u(t)$ 对 ω_n 的影响，以图 10-13 系统为例，并假设

$$G_0(s) = \frac{1}{s(s+1)}$$

在进行 ITAE 最优设计时，可参考表 10-8 中给出的 ω_n 分别取 10，20 和 40 时的 PID 控制器参数、前置滤波器和最优闭环传递函数。

表 10-8　不同 ω_n 下的设计结果

ω_n	PID			$G_p(s)$	$\Phi(s)$
	K_3	K_1	K_2		
10	16.5	215	1000	$\dfrac{60.6}{s^2+13.03s+60.6}$	$\dfrac{1000}{s^3+17.5s^2+215s+1000}$
20	34	860	8000	$\dfrac{235.29}{s^2+25.29s+235.29}$	$\dfrac{8000}{s^3+35s^2+860s+8000}$
40	69	3440	64000	$\dfrac{927.54}{s^2+49.86s+927.54}$	$\dfrac{64000}{s^3+70s^2+3440s+64000}$

根据表 10-8 中给出的结果，表 10-9 给出了 ω_n 分别等于 10，20 和 40 时允许的 $u(t)$ 最大值。从中可以推知，如果 $u(t)$ 的最大允许值为 100，系统自然频率 ω_n 就不能大于 16。显然，限制 ω_n 的取值范围，也就限制了系统能达到的最小调节时间。

表 10-9　被控对象的最大输入

ω_n	10	20	40
当输入为 $R(s)=1/s$ 时，$u(t)$ 的最大值	35	135	550
调节时间/s	0.8	0.4	0.2

当取 $\omega_n=10$ 时，系统的单位阶跃响应 $y(t)$ 及被控对象输入响应 $u(t)$ 分别如图 10-20 及图 10-21 所示。

图 10-20　系统的时间响应（$\omega_n=10$）(MATLAB)　　图 10-21　被控对象输入响应（$\omega_n=10$）(MATLAB)

MATLAB 程序如下：

```
G0=tf(1,[1,1,0]);
Gc=tf([16.5,215,1000],[0,1,0]);
Gp=tf(60.6,[1,13.03,60.6]);
sys1=tf(1000,[1,17.5,215,1000]);    %定义闭环系统传递函数
sys2=Gc*Gp/(1+Gc*G0);              %定义期望输入到被控对象输入之间的传递函数
figure(1)
step(sys1);
axis([0,1,0,1.4]);
grid;
figure(2)
step(sys2);
grid;
```

习　　题

10-1　求通过 $x(0)=1$，$x(1)=2$，使下列性能指标为极值的曲线 $x^*(t)$：

$$J = \int_{t_0}^{t_f} (\dot{x}^2 + 1)\mathrm{d}t$$

10-2　设 $x=x(t)$，$0 \leqslant t \leqslant 1$，求从 $x(0)=0$ 到 $x(1)=1$ 间的最短曲线。

10-3　求性能指标

$$J = \int_0^1 (\dot{x}^2 + 1)\mathrm{d}t$$

在边界条件 $x(0)=0$，$x(1)$是自由情况下的极值曲线。

10-4　求性能指标

$$J = \int_0^{\frac{\pi}{2}} (\dot{x}_1^2 + \dot{x}_2^2 + 2x_1x_2)\mathrm{d}t$$

在边界条件 $x_1(0)=x_2(0)=0$，$x_1\left(\dfrac{\pi}{2}\right)=x_2\left(\dfrac{\pi}{2}\right)=1$ 下的极值曲线。

10-5　已知性能指标函数为

$$J = \int_0^1 \left[x^2(t) + tx(t) \right]\mathrm{d}t$$

试求：(1) δJ 的表达式；

(2)当 $x(t)=t^2$，$\delta x = 0.1t$ 和 $\delta x = 0.2t$ 时的变分 δJ 的值。

10-6　试求下列性能指标的变分 δJ

$$J = \int_{t_0}^{t_f} (t^2 + x^2 + \dot{x}^2)\mathrm{d}t$$

10-7　已知性能指标为

$$J = \int_0^R \sqrt{1 + \dot{x}_1^2 + \dot{x}_2^2}\,\mathrm{d}t$$

求 J 在约束条件 $t^2 + x_1^2 = R^2$ 和边界条件 $x_1(0)=-R$，$x_2(0)=0$；$x_1(R)=0$，$x_2(R)=\pi$ 下的极值。

10-8 已知系统的状态方程为

$$\dot{x}_1(t) = x_2(t), \qquad \dot{x}_2(t) = u(t)$$

边界条件为 $x_1(0)=x_2(0)=1$，$x_1(3)=x_2(3)=0$，试求使性能指标

$$J = \int_0^3 \frac{1}{2} u^2(t) \mathrm{d}t$$

取极小值的最优控制 $u^*(t)$ 以及最优轨线 $x^*(t)$。

10-9 已知系统状态方程及初始条件为

$$\dot{x} = u, \qquad x(0) = 1$$

试确定最优控制使下列性能指标取极小值

$$J = \int_0^1 (x^2 + u^2) \mathrm{e}^{2t} \mathrm{d}t$$

10-10 求使系统

$$\dot{x}_1 = x_2, \qquad \dot{x}_2 = u$$

由初始状态 $x_1(0)=x_2(0)=0$ 出发，在 $t_f=1$ 时转移到目标集 $x_1(1)+x_2(1)=1$，并使性能指标

$$J = \frac{1}{2} \int_0^1 u^2(t) \mathrm{d}t$$

为最小值的最优控制 $u^*(t)$ 及相应的最优轨线 $x^*(t)$。

10-11 已知一阶系统

$$\dot{x}(t) = -x(t) + u(t), \qquad x(0) = 3$$

(1) 试确定最优控制 $u^*(t)$，使系统在 $t_f=2$ 时转移到 $x(2)=0$，并使性能泛函

$$J = \int_0^2 (1+u^2) \mathrm{d}t = \min$$

(2) 如果使系统转移到 $x(t_f)=0$ 的终端时间 t_f 自由，问 $u^*(t)$ 应如何确定？

10-12 设系统状态方程及初始条件为

$$\dot{x}(t) = u(t), \qquad x(0) = 1$$

试确定最优控制 $u^*(t)$，使性能指标

$$J = t_f + \frac{1}{2} \int_0^{t_f} u^2 \mathrm{d}t$$

为极小，其中终端时间 t_f 未定，$x(t_f)=0$。

10-13 设二次积分模型为

$$\dot{\theta}(t) = \omega(t), \qquad \dot{\omega}(t) = u(t)$$

性能指标为

$$J = \frac{1}{2} \int_0^1 u^2(t) \mathrm{d}t$$

已知 $\theta(0)=\omega(0)=1$，$\theta(1)=0$，$\omega(1)$ 自由，试求最优控制 $u^*(t)$ 和最优轨线 $\theta^*(t)$，$\omega^*(t)$。

10-14 设系统状态方程及初始条件为

$$\dot{x}_1(t) = x_2(t), \qquad x_1(0) = 2$$
$$\dot{x}_2(t) = u(t), \qquad x_2(0) = 1$$

性能指标为

$$J = \frac{1}{2} \int_0^{t_f} u^2 \mathrm{d}t$$

要求达到 $x(t_f) = 0$ ，试求：

(1) $t_f = 5$ 时的最优控制 $u^*(t)$ ；

(2) t_f 自由时的最优控制 $u^*(t)$ 。

10-15 设一阶系统方程

$$\dot{x}(t) = u(t), \qquad x(0) = 1$$

性能指标

$$J = \frac{1}{2} \int_0^1 (x^2 + u^2) \mathrm{d}t$$

已知 $x(1)=0$ ，某工程师认为从工程观点出发可取最优控制函数 $u^*(t) = -1$ ，试分析他的意见是否正确，并说明理由。

10-16 给定二阶系统

$$\dot{x}_1(t) = x_2(t) + \frac{1}{4}, \quad x_1(0) = -\frac{1}{4}$$

$$\dot{x}_2(t) = u(t), \qquad x_2(0) = -\frac{1}{4}$$

控制约束为 $|u(t)| \leqslant \frac{1}{2}$ ，要求最优控制 $u^*(t)$ ，使系统在 $t = t_f$ 时转移到 $x(t_f) = 0$ ，并使

$$J = \int_0^{t_f} u^2(t) \mathrm{d}t = \min$$

式中， t_f 自由。

10-17 设一阶系统方程为

$$\dot{x}(t) = x(t) - u(t), \qquad x(0) = 5$$

控制约束 $0.5 \leqslant u(t) \leqslant 1$ ，性能指标为

$$J = \int_0^1 (x + u) \mathrm{d}t$$

终端状态自由，试求 $u^*(t)$ ， $x^*(t)$ 和 J^* 。

10-18 设二阶系统

$$\dot{x}_1(t) = -x_1(t) + u(t), \quad x_1(0) = 1$$
$$\dot{x}_2(t) = x_1(t), \qquad x_2(0) = 0$$

控制约束 $|u(t)| \leqslant 1$ ，当系统终端自由时，求最优控制 $u^*(t)$ ，使性能指标

$$J = 2x_1(1) + x_2(1)$$

取极小值，并求最优轨线 $x^*(t)$ 。

10-19 已知二阶系统

$$\dot{x}_1(t) = x_2(t), \qquad \dot{x}_2(t) = u(t)$$

控制约束 $|u(t)| \leqslant 1$ ，试确定最小时间控制 $u^*(t)$ ，使系统由任意初态最快地转移到终端状态 $x_1(t_f) = 2$ ， $x_2(t_f) = 1$ ，要求写出开关曲线方程 γ 并画出 γ 曲线的图形。

10-20 已知一阶系统

$$\dot{x}(t) = -\frac{1}{2} x(t) + u(t)$$

性能指标

$$J = \frac{1}{2}\left[10x^2(1)\right] + \frac{1}{2}\int_0^1 (2x^2 + u^2)\mathrm{d}t$$

求最优控制 $u^*(t)$。

10-21 已知二阶系统

$$\dot{x}_1(t) = x_2(t), \qquad \dot{x}_2(t) = u(t)$$

试确定最优控制 $u^*(t)$，使下列性能指标取极小值：

$$J = \frac{1}{2}\left[x_1^2(3) + 2x_2^2(3)\right] + \frac{1}{2}\int_0^3 \left[2x_1^2(t) + 4x_2^2(t) + 2x_1(t)x_2(t) + \frac{1}{2}u^2(t)\right]\mathrm{d}t$$

10-22 设控制系统如图 10-13 所示，其中被控对象

$$G_0(s) = \frac{60}{(s+2)(s+3)}$$

试设计最优 PID 控制器 $G_c(s)$ 及前置滤波器 $G_p(s)$，使系统具有最优的 ITAE 性能，且调节时间小于 $0.8\mathrm{s}(\varDelta = 2\%)$。

10-23 设被控对象为

$$G_0(s) = \frac{10}{s^2}$$

试设计一个带有 PID 控制器和前置滤波器的单位负反馈控制系统，使系统的阶跃响应具有最优的 ITAE 指标，峰值时间为 0.8s 左右，并给出系统的单位阶跃响应曲线。

10-24 在太阳黑子活动的高峰期，NASA 会把γ射线图像设备(GRID)系于高空飞行的气球上，以从事长时间的观测实验。GRID 设备能拍摄更准确的 X 射线的强度图，也可以拍摄γ射线强度图。这些信息有利于在下一次太阳活动高峰期，对太阳中的高能现象进行研究。装配在气球上的 GRID 如图 10-22(a) 所示，其主要组成部分是：直径为 5.2m 的吊舱，GRID 有效载荷，高空气球和连接气球与吊舱的缆绳。GRID 设备指向控制系统如图 10-22(b)所示。其中，扭矩电机负责驱动圆桶式吊舱装置。要求设计 PID 控制器 $G_c(s)$ 及前置滤波器 $G_p(s)$，使系统在阶跃输入作用下的稳态跟踪误差为零，并具有 ITAE 优化性能。

图 10-22　GRID 设备的指向控制系统

10-25 图 10-23 的模型描述了人类站立时的平衡调节机制。对于丧失自主站立能力的下身残疾的伤残人士，需要安装图 10-23 所示的站立和腿关节人工控制系统。设计要求：

图 10-23　站立和腿关节的人工控制系统结构图

(1) 若肌肉-神经系统的参数标称值为 $K=10$，$a=12$，$b=100$，试用 ITAE 优化法设计 PI 控制器 $G_c(s)$ 和前置滤波器 $G_p(s)$，使人工控制系统阶跃响应的 $\sigma\% < 10\%$，$e_{ss}(\infty) < 5\%$，$t_s < 2s(\Delta = 2\%)$；

(2) 当人疲乏时，肌肉-神经系统的参数变化为 $K=15$，$a=8$，$b=144$，试沿用在(1)中得到的 PI 控制器和前置滤波器，检验系统的鲁棒性能，绘出系统参数变化前后的单位阶跃响应曲线。

10-26　空间机器人的机械臂及其控制框图如图 10-24 所示。已知电机与机械臂构成的手臂传递函数为

$$G_0(s) = \frac{10}{s(s+10)}$$

设计要求：

(1) 当 $G_c(s) = K$ 时，确定 K 的合适取值，使系统阶跃响应的超调量 $\sigma\% = 4.5\%$；

(2) 采用 ITAE 优化方法，并选取 $\omega_n = 10$，设计合适的 PD 控制器 $G_c(s)$，确定对应的前置滤波器 $G_p(s)$；

(3) 采用 ITAE 优化方法，设计合适的 PI 控制器 $G_c(s)$ 和相应的前置滤波器 $G_p(s)$；

(4) 采用 ITAE 优化方法和 $\omega_n=10$，设计合适的 PID 控制器 $G_c(s)$ 和前置滤波器 $G_p(s)$；

(5) 对上述各种设计效果，列表比较系统对单位阶跃输入响应的 $\sigma\%$，t_p，$t_s(\Delta = 2\%)$，以及由单位阶跃扰动引起的输出 $y(t)$ 的最大值和稳态值。

(a) 空间机器人　　　　　　　　　　　　(b) 控制框图

图 10-24　空间机器人的机械臂控制系统

参 考 文 献

蔡尚峰, 1980. 自动控制理论. 北京: 机械工业出版社

陈启宗, 1982. 线性控制系统的分析与综合. 林道恒, 胡寿松, 林代业, 译. 北京: 国防工业出版社

陈启宗, 1988. 线性系统理论与设计. 王纪文, 等译. 北京: 科学出版社

陈哲, 1987. 现代控制理论基础. 北京: 冶金工业出版社

戴忠达, 1991. 自动控制理论基础. 北京: 清华大学出版社

范崇记, 孟繁华, 1990. 现代控制理论基础. 上海: 上海交通大学出版社

佛特曼 T E, 等, 1980. 线性控制系统引论. 吕林, 等译. 北京: 机械工业出版社

古田胜久, 等, 1983. 系统控制理论习题. 沈承林, 等译. 北京: 化学工业出版社

古田胜久, 等, 1984. 线性系统理论基础. 朱春元, 等译. 北京: 国防工业出版社

关肇直, 韩京清, 等, 1980. 极值控制与极大值原理. 北京: 科学出版社

何关钰, 1982. 线性控制系统理论. 沈阳: 辽宁人民出版社

胡寿松, 2018. 自动控制原理习题解析. 3 版. 北京: 科学出版社

胡寿松, 2019. 自动控制原理. 7 版. 北京: 科学出版社

胡寿松, 王执铨, 胡维礼, 2005. 最优控制理论与系统. 2 版. 北京: 科学出版社

李友善, 2005. 自动控制原理. 3 版. 北京: 国防工业出版社

刘豹, 唐万生, 2011. 现代控制理论. 3 版. 北京: 机械工业出版社

刘植桢, 等, 1981. 计算机控制. 北京: 清华大学出版社

孟宪蔷, 1992. 控制系统工程. 北京: 航空工业出版社

谬尔康, 1988. 现代控制理论基础. 成都: 成都科技大学出版社

秦寿康, 张正方, 1979. 最优控制. 北京: 国防工业出版社

师黎, 等, 2005. 反馈控制系统导论. 北京: 科学出版社

孙虎章, 1984. 自动控制原理. 北京: 中央广播电视大学出版社

汪声远, 1990. 现代控制理论简明教程. 北京: 北京航空航天大学出版社

王照林, 等, 1980. 现代控制理论基础. 北京: 国防工业出版社

吴麒, 王诗密, 2006. 自动控制原理. 2 版. 北京: 清华大学出版社

项国波, 1986. ITAE 最佳控制. 北京: 机械工业出版社

谢绪恺, 1980. 现代控制理论基础. 沈阳: 辽宁人民出版社

欣内尔斯 S M, 1979. 现代控制系统理论及应用. 李育才, 译. 北京: 机械工业出版社

须田信英, 等, 1979. 自动控制中的矩阵理论. 曹长修, 译. 北京: 科学出版社

绪方胜彦, 2017. 现代控制工程. 5 版. 卢伯英, 佟明安, 译. 北京: 电子工业出版社

薛定宇, 2000. 反馈控制系统设计与分析——MATLAB 语言应用. 北京: 清华大学出版社

杨自厚, 1980. 自动控制原理. 北京: 冶金工业出版社

尤昌德, 阚志宏, 林继宏, 1991. 现代控制理论基础例题与习题. 成都: 电子科技大学出版社

有本卓, 等, 1983. 线性系统理论例题练习. 熊昭琳, 译. 北京: 国防工业出版社

郑大钟, 2002. 线性系统理论. 2 版. 北京: 清华大学出版社

周凤歧, 强文鑫, 阚志宏, 1988. 现代控制理论引论. 北京: 国防工业出版社

FRANKLIN G F, et al., 2007. 自动控制原理与设计. 5 版. 李中华, 张雨浓, 译. 北京: 人民邮电出版社

SINGH M G, 等, 1987. 应用工业控制导论. 吴观诗, 等译. 北京: 科学出版社

ATNERTON D P, 1975. Nonlinear control engineering. Van Nostrand: Rein-Hold Company Limited

BOWER J L, SCHULTHEISS P M, 1958. Introduction to the design of servomechanisms. New York: John Wiley

&Sons, Inc

BRYSON A E, HO Y C, 1975. Applied optimal control: optimization, estimation and control. New York: John Wiley & Sons, Inc

BURGHES D, GRAHAM A, 1980. Introduction to control, including optimal control. Ellis: Horwood Limited

CHANG S S L, 1961. Synthesis of optimal control systems. New York: McGraw-Hill Company

CHEN C T, 1970. Introduction to linear system theory. New York: Holt, Rinehat and Winston

DORF R C, BISHOP R H, 2002. Modern control systems. 9th ed. 北京: 科学出版社

GANTMACHER F R, 1959. The theory of matrices. vol. 1 and 2. New York: Chelsea

JACQUOT R G, 1981. Modern digital control systems. Marcel: Dekker Inc

JULY E I, 1958. Sampled-data control systems. New York: John Wiley & Sons, Inc

KAILATH T, 1980. Linear system. Englewood Ciffs: Prentice-Hall, Inc

KUO B C, 1963. Analysis and synthesis of sampled-data control system. New York: Prentice-Hall, Inc

KUO B C, 1975. Automatic control systems. New York: Prentice-Hall, Inc

LATHI B P, 1974. Signal, systems and controls. New York: Text Educational Publishers

MUNRO N, 1979. Modern approaches to control system engineering. New York: Prentice-Hall, Inc

THALER G J, 1973. Design of feedback systems. California: Naval Postgraduate School Monterrey

TORO V D, PARKER S R, 1960. Principles of control systems engineering. New York: McGraw-Hill Company

TOU J T, 1959. Digital and sampled-data control system. New York: McGraw-Hill Company

TOU J T, 1964. Modern control theory. New York: McGraw-Hill Company

МЕЛКУМЯН Д О, 1981. Анализ систем тетодом догариф тическои произьодиой. Москва: Знергоиздат

附录 A　傅里叶变换和拉普拉斯变换

　　傅里叶变换(简称傅氏变换)和拉普拉斯变换(简称拉氏变换)，是工程实践中用来求解线性常微分方程的简便工具，同时也是建立系统在复数域和频率域的数学模型——传递函数和频率特性——的数学基础。

　　傅氏变换和拉氏变换有其内在的联系。但一般来说，对一个函数进行傅氏变换，要求它满足的条件较高，因此有些函数就不能进行傅氏变换，而拉氏变换就比傅氏变换易于实现，所以拉氏变换的应用更为广泛。

1. 傅里叶级数

　　周期函数的傅里叶级数(简称傅氏级数)是由正弦和余弦项组成的三角级数。

　　周期为 T 的任一周期函数 $f(t)$ ，若满足下列狄利克雷条件：

　　1）在一个周期内只有有限个不连续点；

　　2）在一个周期内只有有限个极大和极小值；

　　3）积分 $\int_{-T/2}^{T/2} |f(t)| \mathrm{d}t$ 存在。

则 $f(t)$ 可展开为如下的傅氏级数：

$$f(t) = \frac{1}{2}a_0 + \sum_{n=1}^{\infty}(a_n \cos n\omega t + b_n \sin n\omega t) \tag{A-1}$$

式中，系数 a_n 和 b_n 由下式给出：

$$a_n = \frac{2}{T}\int_{-T/2}^{T/2} f(t) \cos n\omega t \mathrm{d}t; \qquad n = 0,1,2,\cdots,\infty \tag{A-2}$$

$$b_n = \frac{2}{T}\int_{-T/2}^{T/2} f(t) \sin n\omega t \mathrm{d}t; \qquad n = 1,2,\cdots,\infty \tag{A-3}$$

式中，$\omega = 2\pi/T$ 称为角频率。

　　周期函数 $f(t)$ 的傅氏级数还可以写为复数形式(或指数形式)：

$$f(t) = \sum_{n=-\infty}^{\infty} \alpha_n \mathrm{e}^{\mathrm{j}n\omega t} \tag{A-4}$$

式中

$$\alpha_n = \frac{1}{T}\int_{-T/2}^{T/2} f(t) \mathrm{e}^{\mathrm{j}n\omega t} \mathrm{d}t \quad \text{(A-5)}$$

　　如果周期函数 $f(t)$ 具有某种对称性质，如为偶函数、奇函数，或只有奇次或偶次谐波，则傅氏级数中的某些项为零，系数公式可以简化。表 A-1 列出了具有几种对称性质的周期函数 $f(t)$ 的傅氏级数简化结果。

　　例 A-1　试求图 A-1 所示周期方波的

图 A-1　周期方波特性

傅氏级数展开式。

解　首先写出方波在一个周期内的数学表达式

$$f(t) = \begin{cases} 0, & -\dfrac{T}{2} < t < -\dfrac{T}{4} \\ A, & -\dfrac{T}{4} < t < \dfrac{T}{4} \\ 0, & \dfrac{T}{4} < t < \dfrac{T}{2} \end{cases}$$

表 A-1　周期函数 $f(t)$ 的对称性质

	对称性	傅氏级数特点	a_n	b_n
$f_1(t)$	偶函数 $f_1(t)=f_1(-t)$	只有余弦项	$\dfrac{4}{T}\int_0^{T/2} f_1(t)\cos n\omega t\,\mathrm{d}t$	0
$f_2(t)$	奇函数 $f_2(t)=-f_2(-t)$	只有正弦项	0	$\dfrac{4}{T}\int_0^{T/2} f_2(t)\sin n\omega t\,\mathrm{d}t$
$f_3(t)$	只有偶次谐波 $f_3\left(t\pm\dfrac{T}{2}\right)=f_3(t)$	只有偶数 n	$\dfrac{4}{T}\int_0^{T/2} f_3(t)\cos n\omega t\,\mathrm{d}t$	$\dfrac{4}{T}\int_0^{T/2} f_3(t)\sin n\omega t\,\mathrm{d}t$
$f_4(t)$	只有奇次谐波 $f_4\left(t\pm\dfrac{T}{2}\right)=-f_4(t)$	只有奇数 n	$\dfrac{4}{T}\int_0^{T/2} f_4(t)\cos n\omega t\,\mathrm{d}t$	$\dfrac{4}{T}\int_0^{T/2} f_4(t)\sin n\omega t\,\mathrm{d}t$

因为 $f(t)=f(-t)$，为偶函数，故只需计算系数 a_n。由表 A-1 有

$$a_n = \frac{4}{T}\int_0^{T/4} f(t)\cos n\omega t\,\mathrm{d}t = \frac{4}{T}\int_0^{T/4} A\cos n\omega t\,\mathrm{d}t = \frac{2A}{n\pi}\sin\left(\frac{n\pi}{2}\right)$$

依次取 $n=0$，1，2，3，…计算，得 $a_0=A$，$a_1=2A/\pi$，$a_2=0$，$a_3=-2A/(3\pi)$，$a_4=0$，$a_5=2A/(5\pi)$，…其中 a_0 是应用洛必达法则求得的。由式(A-1)可求出方波的傅氏级数展开式

$$f(t) = \frac{A}{2} + \frac{2A}{\pi}\left(\cos\omega t - \frac{1}{3}\cos 3\omega t + \frac{1}{5}\cos 5\omega t - \cdots\right)$$

上式表明，方波可以分解为各种频率的谐波分量。换句话说，用不同频率的谐波合成可以得到方波。

2. 傅里叶积分和傅里叶变换

任一周期函数，只要满足狄利克雷条件，便可以展开为傅氏级数。对于非周期函数，因为其周期 T 趋于无穷大，不能直接用傅氏级数展开式，而要做某些修改，这样就引出了傅里叶积分式。

若 $f(t)$ 为非周期函数，则可视其为周期 T 趋于无穷大，角频率($\omega_0=2\pi/T$)趋于零的周期函数。这时，在傅氏级数展开式(A-1)～式(A-5)中，各个相邻的谐波频率之差 $\Delta\omega=(n+1)\omega_0-n\omega_0=\omega_0$ 便很小，谐波频率 $n\omega_0$ 须用一个变量 ω 代替[注意，此处 ω 不同于式(A-1)中的角频率]。这样，式(A-4)和式(A-5)可改写为

$$f(t) = \sum_{\omega=-\infty}^{\infty} \alpha_\omega e^{j\omega t} \tag{A-6}$$

$$\alpha_\omega = \frac{\Delta\omega}{2\pi} \int_{-T/2}^{T/2} f(t) e^{-j\omega t} dt \tag{A-7}$$

将式(A-7)代入式(A-6)，得

$$f(t) = \sum_{\omega=-\infty}^{\infty} \left[\frac{\Delta\omega}{2\pi} \int_{-T/2}^{T/2} f(t) e^{-j\omega t} dt \right] e^{j\omega t} = \frac{1}{2\pi} \sum_{\omega=-\infty}^{\infty} \left[\int_{-T/2}^{T/2} f(t) e^{-j\omega t} dt \right] e^{j\omega t} \Delta\omega$$

当 $T \to \infty$ 时，$\Delta\omega \to d\omega$，求和式变为积分式，上式可写为

$$f(t) = \frac{1}{2\pi} \int_{-\infty}^{\infty} \left[\int_{-\infty}^{\infty} f(t) e^{-j\omega t} dt \right] e^{j\omega t} d\omega \tag{A-8}$$

式(A-8)是非周期函数 $f(t)$ 的傅里叶积分形式之一。

在式(A-8)中，若令

$$F(\omega) = \int_{-\infty}^{\infty} f(t) e^{-j\omega t} dt \tag{A-9}$$

则式(A-8)可写为

$$f(t) = \frac{1}{2\pi} \int_{-\infty}^{\infty} F(\omega) e^{j\omega t} d\omega \tag{A-10}$$

式(A-9)和式(A-10)给出的两个积分式称为傅里叶(简称傅氏)变换对，$F(\omega)$ 称为 $f(t)$ 的傅氏变换，记为 $F(\omega) = \mathscr{F}[f(t)]$，而 $f(t)$ 称为 $F(\omega)$ 的傅氏反变换，记为 $f(t) = \mathscr{F}^{-1}[F(\omega)]$。

非周期函数 $f(t)$ 必须满足狄利克雷条件才可进行傅氏变换，而且狄利克雷的第三条件这时应修改为积分 $\int_{-\infty}^{\infty} |f(t)| dt$ 存在。

例 A-2　求图 A-2 方波的傅氏变换。

图 A-2　方波特性

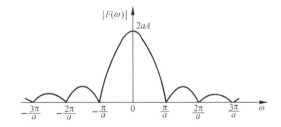

图 A-3　方波的频谱特性

解　图 A-2 方波可用下式表示：

$$f(t) = \begin{cases} A, & -a < t < a \\ 0, & t > a, t < -a \end{cases}$$

显然，$f(t)$ 不是周期函数。由式(A-9)得

$$F(\omega) = \int_{-\infty}^{\infty} f(t) e^{-j\omega t} dt = \int_{-a}^{a} A e^{-j\omega t} dt = \frac{2A}{\omega} \sin a\omega$$

频谱函数 $F(\omega)$ 的模 $|F(\omega)|$ 称为频谱，方波的频谱 $|F(\omega)| = 2A|\sin a\omega / \omega|$，它与频率 ω

的关系曲线如图 A-3 所示。

工程技术上常用傅里叶方法分析线性系统，因为任何周期函数都可展开为含有许多正弦分量或余弦分量的傅氏级数，而任何非周期函数都可表示为傅氏积分，从而可将一个时间域的函数变换为频率域的函数。在我们研究输入为非正弦函数的线性系统时，应用傅氏级数和傅氏变换的这个性质，可以通过系统对各种频率正弦波的响应特性来了解系统对非正弦输入的响应特性。研究自动控制系统的频率域方法，就是建立在这个基础之上的。

3. 拉普拉斯变换

拉普拉斯
变换

工程实践中常用的一些函数，如阶跃函数，它们往往不能满足傅氏变换的条件，如果对这种函数稍加处理，一般都能进行傅氏变换，于是就引入了拉普拉斯变换。例如，对于单位阶跃函数 $f(t) = 1(t)$ 的傅氏变换，由式(A-9)可求得为

$$F(\omega) = \mathscr{F}\left[f(t)\right] = \int_{-\infty}^{\infty} f(t)\mathrm{e}^{-\mathrm{j}\omega t}\mathrm{d}t = \int_{0}^{\infty} \mathrm{e}^{-\mathrm{j}\omega t}\mathrm{d}t = \frac{1}{\omega}(\sin\omega t + \cos\omega t)\Big|_{0}^{\infty}$$

显然，$F(\omega)$ 无法计算出来，这是因为单位阶跃函数不满足狄利克雷的第三条件，即 $\int_{-\infty}^{\infty} |f(t)|\mathrm{d}t$ 不存在。

为了解决这个困难，我们用指数衰减函数 $\mathrm{e}^{-\sigma t}1(t)$ 代替 $1(t)$，因为当 $\sigma \to 0$ 时，$\mathrm{e}^{-\sigma t}1(t)$ 趋于 $1(t)$。$\mathrm{e}^{-\sigma t}1(t)$ 可用下式表示为

$$\mathrm{e}^{-\sigma t}1(t) = \begin{cases} \mathrm{e}^{-\sigma t}, & t > 0(\sigma > 0) \\ 0, & t < 0 \end{cases}$$

用这个函数代入式(A-9)，求得它的傅氏变换为

$$F_{\sigma}(\omega) = \mathscr{F}\left[\mathrm{e}^{-\sigma t}1(t)\right] = \int_{-\infty}^{\infty} \mathrm{e}^{-\sigma t}1(t)\mathrm{e}^{-\mathrm{j}\omega t}\mathrm{d}t = \int_{0}^{\infty} \mathrm{e}^{-\sigma t}\mathrm{e}^{-\mathrm{j}\omega t}\mathrm{d}t = \frac{1}{\sigma + \mathrm{j}\omega}$$

上式说明，单位阶跃函数乘以因子 $\mathrm{e}^{-\sigma t}$ 后，便可以进行傅氏变换，这时，由于进行变换的函数已经过处理，而且只考虑 $t > 0$ 的时间区间，因此称之为单边广义傅里叶变换。

对于任意函数 $f(t)$，如果不满足狄利克雷第三条件，一般是因为当 $t \to \infty$ 时，$f(t)$ 衰减太慢。仿照单位阶跃函数的处理方法，也用因子 $\mathrm{e}^{-\sigma t}(\sigma > 0)$ 乘以 $f(t)$，则当 $t \to \infty$ 时，衰减就快得多。通常把 $\mathrm{e}^{-\sigma t}$ 称为收敛因子。但由于它在 $t \to -\infty$ 时起相反作用，为此，假设 $t < 0$ 时，$f(t) = 0$。这个假设在实际上是可以做到的，因为我们总可以把外作用加到系统上的开始瞬间选为 $t=0$，而 $t<0$ 时的行为，即外作用加到系统之前的行为，可以在初始条件内考虑。这样，我们对函数 $f(t)$ 的研究，就变为在时间 $t = 0 \to \infty$ 区间对函数 $f(t)\mathrm{e}^{-\sigma t}$ 的研究，并称之为 $f(t)$ 的广义函数，它的傅里叶变换为单边傅氏变换，即

$$F_{\sigma}(\omega) = \int_{0}^{\infty} f(t)\mathrm{e}^{-\sigma t}\mathrm{e}^{-\mathrm{j}\omega t}\mathrm{d}t = \int_{0}^{\infty} f(t)\mathrm{e}^{-(\sigma + \mathrm{j}\omega)t}\mathrm{d}t$$

若令 $s = \sigma + \mathrm{j}\omega$，则上式可写为

$$F_\sigma\left(\frac{s-\sigma}{j}\right) = F(s) = \int_0^\infty f(t)e^{-st}dt \tag{A-11}$$

而 $F_\sigma(\omega)$ 的傅氏反变换则由式(A-10)有

$$f(t)e^{-\sigma t} = \mathscr{F}^{-1}\left[F_\sigma(\omega)\right] = \frac{1}{2\pi}\int_{-\infty}^\infty F_\sigma(\omega)e^{j\omega t}d\omega$$

等式两边同乘以 $e^{\sigma t}$，得

$$f(t) = \frac{1}{2\pi}\int_{-\infty}^\infty F_\sigma(\omega)e^{(\sigma+j\omega)t}d\omega$$

以 $s = \sigma + j\omega$ 代之，可得

$$f(t) = \frac{1}{2\pi j}\int_{\sigma-j\infty}^{\sigma+j\infty} F(s)e^{st}ds \tag{A-12}$$

在式(A-11)和式(A-12)中，$s = \sigma + j\omega$ 是复数，只要其实部 $\sigma > 0$ 足够大，式(A-12)的积分就存在。式(A-11)和式(A-12)的两个积分式称为拉氏变换对。$F(s)$ 称为 $f(t)$ 的拉氏变换，也称象函数，记为 $F(s) = \mathscr{L}[f(t)]$；$f(t)$ 称为 $F(s)$ 的拉氏反变换，也称原函数，记为 $f(t) = \mathscr{L}^{-1}[F(s)]$。

例 A-3 求正弦函数 $f(t) = \sin\omega t$ 的拉氏变换。

解 由欧拉公式

$$\sin\omega t = \frac{1}{2j}(e^{j\omega t} - e^{-j\omega t})$$

计及式(A-12)可得

$$F(s) = \mathscr{L}\left[\sin\omega t\right] = \int_0^\infty \sin\omega t e^{-st}dt = \int_0^\infty \frac{1}{2j}(e^{j\omega t} - e^{-j\omega t})e^{-st}dt$$

$$= \frac{1}{2j}\left[\frac{1}{s-j\omega} - \frac{1}{s+j\omega}\right] = \frac{\omega}{s^2+\omega^2}$$

例 A-4 求单位脉冲函数 $\delta(t)$ 的拉氏变换。

解 将 $f(t) = \delta(t) = \lim\limits_{t_0\to 0}[1(t) - 1(t-t_0)]/t_0$ 代入式(A-11)，可得

$$\mathscr{L}\left[\delta(t)\right] = \int_0^\infty \lim_{t_0\to 0}\frac{1}{t_0}\left[1(t) - 1(t-t_0)\right]e^{-st}dt$$

$$= \lim_{t_0\to 0}\frac{1}{t_0}\int_0^\infty \left[1(t) - 1(t-t_0)\right]e^{-st}dt$$

$$= \lim_{t_0\to 0}\frac{1}{t_0 s}(1 - e^{-t_0 s}) = \lim_{t_0\to 0}\frac{d(1 - e^{-t_0 s})/dt_0}{dt_0 s/dt_0} = 1$$

因此，单位脉冲函数 $\delta(t)$ 的拉氏变换为 1。显然，强度为 A 的脉冲函数 $A\delta(t)$ 的拉氏变换就等于它的强度 A，即 $\mathscr{L}[A\delta(t)] = A$。

4. 拉普拉斯变换的积分下限

拉氏变换定义式中，积分下限为零，但有 0 的右极限 0_+ 和 0 的左极限 0_- 之分。对于

在 $t=0$ 处连续或只有第一类间断点的函数，0_+ 型和 0_- 型的拉氏变换是相同的；对于在 $t=0$ 处有无穷跳跃的函数，例如单位脉冲函数(δ函数)，两种变换的结果并不一致。

δ函数是脉冲面积为 1，在 $t=0$ 瞬时出现无穷跳跃的特殊函数，其数学表达式为

$$\delta(t) = \begin{cases} 0, & t \neq 0 \\ \infty, & t = 0 \end{cases}$$

且有

$$\int_{-\infty}^{\infty} \delta(t)\mathrm{d}t = 1$$

取 $\delta(t)$ 的 0_+型拉氏变换

$$\int_{0_+}^{\infty} \delta(t)\mathrm{e}^{-st}\mathrm{d}t = 0$$

而 $\delta(t)$ 的 0_-型拉氏变换

$$\int_{0_-}^{\infty} \delta(t)\mathrm{e}^{-st}\mathrm{d}t = \int_{0_-}^{0_+} \delta(t)\mathrm{e}^{-st}\mathrm{d}t + \int_{0_+}^{\infty} \delta(t)\mathrm{e}^{-st}\mathrm{d}t = 1$$

实质上，0_+型拉氏变换并没有反映出δ函数在$[0_-,0_+]$区间内的跳跃特性，而 0_-型拉氏变换则包含了这一区间。因此，0_-型拉氏变换反映了客观实际情况。在拉氏变换过程中，若不特别指出是 0_+或 0_-，均认是 0_-型变换。

5. 拉普拉斯变换定理

常用的拉氏变换定理汇总如下，以供查阅。

(1) 线性性质

设 $F_1(s) = \mathscr{L}[f_1(t)]$，$F_2(s) = \mathscr{L}[f_2(t)]$，$a$ 和 b 为常数，则有

$$\mathscr{L}[af_1(t) + bf_2(t)] = a\mathscr{L}[f_1(t)] + b\mathscr{L}[f_2(t)] = aF_1(s) + bF_2(s)$$

(2) 微分定理

设 $F(s) = \mathscr{L}[f(t)]$，则有

$$\mathscr{L}\left[\frac{\mathrm{d}f(t)}{\mathrm{d}t}\right] = sF(s) - f(0)$$

式中，$f(0)$ 是函数 $f(t)$ 在 $t=0$ 时的值。

证明 由式(A-11)有

$$\mathscr{L}\left[\frac{\mathrm{d}f(t)}{\mathrm{d}t}\right] = \int_0^{\infty} \frac{\mathrm{d}f(t)}{\mathrm{d}t}\mathrm{e}^{-st}\mathrm{d}t$$

用分部积分法，令 $u = \mathrm{e}^{-st}$，$\mathrm{d}v = \frac{\mathrm{d}f(t)}{\mathrm{d}t}\mathrm{d}t$，则

$$\mathscr{L}\left[\frac{\mathrm{d}f(t)}{\mathrm{d}t}\right] = \left[\mathrm{e}^{-st}f(t)\right]_0^{\infty} + s\int_0^{\infty} f(t)\mathrm{e}^{-st}\mathrm{d}t = sF(s) - f(0)$$

同理，函数 $f(t)$ 的高阶导数的拉氏变换为

$$\mathscr{L}\left[\frac{\mathrm{d}^n f(t)}{\mathrm{d}t^n}\right]=s^n F(s)-\left[s^{n-1}f(0)+s^{n-2}\dot{f}(0)+\cdots+f^{(n-1)}(0)\right]$$

式中，$f(0)$，$\dot{f}(0)$，$\ddot{f}(0)$，$\cdots$，$f^{(n-1)}(0)$ 为 $f(t)$ 及其各阶导数在 $t=0$ 时的值。

显然，如果原函数 $f(t)$ 及其各阶导数的初始值都等于零，则原函数 $f(t)$ 的 n 阶导数的拉氏变换就等于其象函数 $F(s)$ 乘以 s^n，即

$$\mathscr{L}\left[\frac{\mathrm{d}^n f(t)}{\mathrm{d}t^n}\right]=s^n F(s)$$

(3) 积分定理

设 $F(s)=\mathscr{L}[f(t)]$，则有

$$\mathscr{L}\left[\int f(t)\mathrm{d}t\right]=\frac{1}{s}F(s)+\frac{1}{s}f^{(-1)}(0)$$

式中，$f^{(-1)}(0)$ 是 $\int f(t)\mathrm{d}t$ 在 $t=0$ 时的值。

证明　由式(A-11)有

$$\mathscr{L}\left[\int f(t)\mathrm{d}t\right]=\int_0^\infty\left[\int f(t)\mathrm{d}t\right]\mathrm{e}^{-st}\mathrm{d}t$$

用分部积分法，令 $u=\int f(t)\mathrm{d}t, \mathrm{d}v=\mathrm{e}^{-st}\mathrm{d}t$，则有

$$\mathscr{L}\left[\int f(t)\mathrm{d}t\right]=\left[-\frac{1}{s}\mathrm{e}^{-st}\int f(t)\mathrm{d}t\right]_0^\infty+\frac{1}{s}\int_0^\infty f(t)\mathrm{e}^{-st}\mathrm{d}t=\frac{1}{s}f^{(-1)}(0)+\frac{1}{s}F(s)$$

同理，对于 $f(t)$ 的多重积分的拉氏变换，有

$$\mathscr{L}\left[\underbrace{\int\cdots\int}_{n}f(t)(\mathrm{d}t)^n\right]=\frac{1}{s^n}F(s)+\frac{1}{s^n}f^{(-1)}(0)+\cdots+\frac{1}{s}f^{(-n)}(0)$$

式中，$f^{(-1)}(0)$，$f^{(-2)}(0)$，$\cdots$，$f^{(-n)}(0)$ 为 $f(t)$ 的各重积分在 $t=0$ 时的值。如果 $f^{(-1)}(0)=f^{(-2)}(0)=\cdots=f^{(-n)}(0)=0$，则有

$$\mathscr{L}\left[\underbrace{\int\cdots\int}_{n}f(t)(\mathrm{d}t)^n\right]=\frac{1}{s^n}F(s)$$

即原函数 $f(t)$ 的 n 重积分的拉氏变换等于其象函数 $F(s)$ 除以 s^n。

(4) 初值定理

若函数 $f(t)$ 及其一阶导数都是可拉氏变换的，则函数 $f(t)$ 的初值为

$$f(0_+)=\lim_{t\to 0_+}f(t)=\lim_{s\to\infty}sF(s)$$

即原函数 $f(t)$ 在自变量趋于零(从正向趋于零)时的极限值，取决于其象函数 $F(s)$ 在自变量趋于无穷大时的极限值。

证明　由微分定理，有

$$\int_0^\infty \frac{\mathrm{d}f(t)}{\mathrm{d}t}\mathrm{e}^{-st}\mathrm{d}t = sF(s) - f(0)$$

令 $s \to \infty$，对等式两边取极限，得

$$\lim_{s \to \infty}\int_0^\infty \frac{\mathrm{d}f(t)}{\mathrm{d}t}\mathrm{e}^{-st}\mathrm{d}t = \lim_{s \to \infty}\left[sF(s) - f(0)\right]$$

在 $0_+ < t < \infty$ 的时间区间，当 $s \to \infty$ 时，e^{-st} 趋于零，因此等式左边为

$$\lim_{s \to \infty}\int_{0_+}^\infty \frac{\mathrm{d}f(t)}{\mathrm{d}t}\mathrm{e}^{-st}\mathrm{d}t = \int_{0_+}^\infty \frac{\mathrm{d}f(t)}{\mathrm{d}t}\lim_{s \to \infty}\mathrm{e}^{-st}\mathrm{d}t = 0$$

于是

$$\lim_{s \to \infty}\left[sF(s) - f(0_+)\right] = 0$$

即

$$f(0_+) = \lim_{t \to 0_+}f(t) = \lim_{s \to \infty}sF(s)$$

式中 $f(0_+)$ 表示 $f(t)$ 在 $t=0$ 右极限时的值。

(5) 终值定理

若函数 $f(t)$ 及其一阶导数都是可拉氏变换的，则函数 $f(t)$ 的终值为

$$\lim_{t \to \infty}f(t) = \lim_{s \to 0}sF(s)$$

即原函数 $f(t)$ 在自变量 t 趋于无穷大时的极限值，取决于象函数 $F(s)$ 在自变量 s 趋于零时的极限值。

证明 由微分定理，有

$$\int_0^\infty \frac{\mathrm{d}f(t)}{\mathrm{d}t}\mathrm{e}^{-st}\mathrm{d}t = sF(s) - f(0)$$

令 $s \to 0$，对等式两边取极限，得

$$\lim_{s \to 0}\int_0^\infty \frac{\mathrm{d}f(t)}{\mathrm{d}t}\mathrm{e}^{-st}\mathrm{d}t = \lim_{s \to 0}\left[sF(s) - f(0)\right]$$

等式左边为

$$\lim_{s \to 0}\int_0^\infty \frac{\mathrm{d}f(t)}{\mathrm{d}t}\mathrm{e}^{-st}\mathrm{d}t = \int_0^\infty \frac{\mathrm{d}f(t)}{\mathrm{d}t}\lim_{s \to 0}\mathrm{e}^{-st}\mathrm{d}t$$

$$= \int_0^\infty \mathrm{d}f(t) = \lim_{t \to \infty}\int_0^t \mathrm{d}f(t) = \lim_{t \to \infty}\left[f(t) - f(0)\right]$$

于是

$$\lim_{t \to \infty}f(t) = \lim_{s \to 0}sF(s)$$

注意，当 $f(t)$ 是周期函数，如正弦函数 $\sin \omega t$ 时，由于它没有终值，故终值定理不适用。

(6) 位移定理

设 $F(s) = \mathscr{L}[f(t)]$，则有

$$\mathscr{L}\left[f(t - \tau_0)\right] = \mathrm{e}^{-\tau_0 s}F(s)$$

$$\mathscr{L}\left[\mathrm{e}^{\alpha t}f(t)\right] = F(s - \alpha)$$

它们分别表示实域中的位移定理和复域中的位移定理。

证明　由式(A-11)得

$$\mathscr{L}\left[f(t-\tau_0)\right]=\int_0^\infty f(t-\tau_0)\,\mathrm{e}^{-st}\mathrm{d}t$$

令 $t-\tau_0=\tau$ ，则有

$$\mathscr{L}\left[f(t-\tau_0)\right]=\int_{-\tau_0}^\infty f(\tau)\,\mathrm{e}^{-s(\tau+\tau_0)}\mathrm{d}\tau=\mathrm{e}^{-\tau_0 s}\int_{-\tau_0}^\infty f(\tau)\,\mathrm{e}^{-\tau s}\mathrm{d}\tau=\mathrm{e}^{-\tau_0 s}F(s)$$

上式表示实域中的位移定理，即当原函数 $f(t)$ 沿时间轴平移 τ_0 时，相应于其象函数 $F(s)$ 乘以 $\mathrm{e}^{-\tau_0 s}$ 。

同样，由式(A-11)，有

$$\mathscr{L}\left[\mathrm{e}^{\alpha t}f(t)\right]=\int_0^\infty \mathrm{e}^{\alpha t}f(t)\,\mathrm{e}^{-st}\mathrm{d}t=\int_0^\infty f(t)\,\mathrm{e}^{-(s-\alpha)t}\mathrm{d}t=F(s-\alpha)$$

上式表示复域中的位移定理，即当象函数 $F(s)$ 的自变量 s 位移 α 时，相应于其原函数 $f(t)$ 乘以 $\mathrm{e}^{\alpha t}$ 。

位移定理在工程上很有用，可方便地求一些复杂函数的拉氏变换，例如由

$$\mathscr{L}\left[\sin\omega t\right]=\frac{\omega}{s^2+\omega^2}$$

可直接求得

$$\mathscr{L}\left[\mathrm{e}^{-\alpha t}\sin\omega t\right]=\frac{\omega}{(s+\alpha)^2+\omega^2}$$

(7) 相似定理

设 $F(s)=\mathscr{L}[f(t)]$ ，则有

$$\mathscr{L}\left[f\left(\frac{t}{a}\right)\right]=aF(as)$$

式中，a 为实常数。

上式表示，原函数 $f(t)$ 自变量 t 的比例尺改变时(见图 A-4)，其象函数 $F(s)$ 具有类似的形式。

图 A-4　函数 $f(t)$，$f(2t)$，$f(t/2)$特性

证明　由式(A-11)，有

$$\mathscr{L}\left[f\left(\frac{t}{a}\right)\right]=\int_0^\infty f\left(\frac{t}{a}\right)\mathrm{e}^{-st}\mathrm{d}t$$

令 $t/a = \tau$，则有

$$\mathscr{L}\left[f\left(\frac{t}{a}\right)\right] = a\int_0^\infty f(\tau)\mathrm{e}^{-as\tau}\mathrm{d}\tau = aF(as)$$

(8) 卷积定理

设 $F_1(s) = \mathscr{L}[f_1(t)]$，$F_2(s) = \mathscr{L}[f_2(t)]$，则有

$$F_1(s)F_2(s) = \mathscr{L}\left[\int_0^t f_1(t-\tau)f_2(\tau)\mathrm{d}\tau\right]$$

式中，$\int_0^t f_1(t-\tau)f_2(\tau)\mathrm{d}\tau$ 称为 $f_1(t)$ 和 $f_2(t)$ 的卷积，可写为 $f_1(t) * f_2(t)$。因此，上式表示，两个原函数的卷积相应于它们象函数的乘积。

证明　由式(A-11)，有

$$\mathscr{L}\left[\int_0^t f_1(t-\tau)f_2(\tau)\mathrm{d}\tau\right] = \int_0^\infty \left[\int_0^t f_1(t-\tau)f_2(\tau)\mathrm{d}\tau\right]\mathrm{e}^{-st}\mathrm{d}t$$

为了变积分限为 0 到 ∞，引入单位阶跃函数 $1(t-\tau)$，即有

$$f_1(t-\tau)1(t-\tau) = \begin{cases} 0, & t < \tau \\ f_1(t-\tau), & t > \tau \end{cases}$$

因此

$$\int_0^t f_1(t-\tau)f_2(\tau)\mathrm{d}\tau = \int_0^\infty f_1(t-\tau)1(t-\tau)f_2(\tau)\mathrm{d}\tau$$

所以

$$\mathscr{L}\left[\int_0^t f_1(t-\tau)f_2(\tau)\mathrm{d}\tau\right] = \int_0^\infty \int_0^\infty f_1(t-\tau)1(t-\tau)f_2(\tau)\mathrm{d}\tau \mathrm{e}^{-st}\mathrm{d}t$$

$$= \int_0^\infty f_2(\tau)\mathrm{d}\tau \int_0^\infty f_1(t-\tau)1(t-\tau)\mathrm{e}^{-st}\mathrm{d}t$$

$$= \int_0^\infty f_2(\tau)\mathrm{d}\tau \int_\tau^\infty f_1(t-\tau)\mathrm{e}^{-st}\mathrm{d}t$$

令 $t-\tau = \lambda$，可得

$$\mathscr{L}\left[\int_0^t f_1(t-\tau)f_2(\tau)\mathrm{d}\tau\right] = \int_0^\infty f_2(\tau)\mathrm{d}\tau \int_0^\infty f_1(\lambda)\mathrm{e}^{-s\lambda}\mathrm{e}^{-s\tau}\mathrm{d}\lambda$$

$$= \int_0^\infty f_2(\tau)\mathrm{e}^{-s\tau}\mathrm{d}\tau \int_0^\infty f_1(\lambda)\mathrm{e}^{-s\lambda}\mathrm{d}\lambda = F_2(s)F_1(s)$$

表 A-2 简要列出拉氏变换的基本特性，表 A-3 列出常用函数的拉氏变换式，可供查用。

表 A-2　拉普拉斯变换的基本特性

序号	基本运算	$f(t)$	$F(s) = \mathscr{L}[f(t)]$
1	拉氏变换定义	$f(t)$	$F(s) = \int_0^\infty f(t)\mathrm{e}^{-st}\mathrm{d}t$
2	位移(时间域)	$f_1(t-\tau_0)1(t-\tau_0)$	$\mathrm{e}^{-\tau_0 s}F(s), \tau_0 > 0$
3	相似性	$f(at)$	$\dfrac{1}{a}F\left(\dfrac{s}{a}\right), a > 0$

续表

序号	基本运算	$f(t)$	$F(s) = \mathscr{L}[f(t)]$
4	一阶导数	$\dfrac{\mathrm{d}f(t)}{\mathrm{d}t}$	$sF(s) - f(0)$
5	n 阶导数	$\dfrac{\mathrm{d}^n}{\mathrm{d}t^n}f(t)$	$s^n F(s) - s^{n-1}f(0) - s^{n-2}f'(0) - \cdots - f^{(n-1)}(0)$
6	不定积分	$\int f(t)\mathrm{d}t$	$\dfrac{1}{s}\left[F(s) + f^{(-1)}(0)\right]$
7	定积分	$\int_0^t f(t)\mathrm{d}t$	$\dfrac{1}{s}F(s)$
8	函数乘以 t	$tf(t)$	$-\dfrac{\mathrm{d}}{\mathrm{d}s}F(s)$
9	函数除以 t	$\dfrac{1}{t}f(t)$	$\int_s^\infty F(s)\mathrm{d}s$
10	位移(s 域)	$\mathrm{e}^{-at}f(t)$	$F(s+a)$
11	初始值	$\lim\limits_{t\to 0_+} f(t)$	$\lim\limits_{s\to\infty} sF(s)$
12	终值	$\lim\limits_{t\to\infty} f(t)$	$\lim\limits_{s\to 0} sF(s)$
13	卷积	$f_1(t)*f_2(t) = \int_0^t f_1(\tau)f_2(t-\tau)\mathrm{d}\tau$	$F_1(s)F_2(s)$

6. 拉普拉斯反变换

由象函数 $F(s)$ 求原函数 $f(t)$，可根据式(A-12)拉氏反变换公式计算。对于简单的象函数，可直接应用拉氏变换对照表 A-3，查出相应的原函数。工程实践中，求复杂象函数的原函数时，通常先用部分分式展开法(也称赫维赛德展开定理)将复杂函数展成简单函数的和，再应用拉氏变换对照表。

表 A-3 常用函数拉普拉斯变换对照表

序号	象函数 $F(s)$	原函数 $f(t)$
1	1	$\delta(t)$
2	$\dfrac{1}{s}$	$1(t)$
3	$\dfrac{1}{s^2}$	t
4	$\dfrac{1}{s^n}$	$\dfrac{t^{n-1}}{(n-1)!}$
5	$\dfrac{1}{s+a}$	e^{-at}
6	$\dfrac{1}{(s+a)(s+b)}$	$\dfrac{1}{(b-a)}(\mathrm{e}^{-at} - \mathrm{e}^{-bt})$

续表

序号	象函数 $F(s)$	原函数 $f(t)$
7	$\dfrac{s+a_0}{(s+a)(s+b)}$	$\dfrac{1}{(b-a)}\left[(a_0-a)\mathrm{e}^{-at}-(a_0-b)\mathrm{e}^{-bt}\right]$
8	$\dfrac{1}{s(s+a)(s+b)}$	$\dfrac{1}{ab}+\dfrac{1}{ab(a-b)}(b\mathrm{e}^{-at}-a\mathrm{e}^{-bt})$
9	$\dfrac{s+a_0}{s(s+a)(s+b)}$	$\dfrac{a_0}{ab}+\dfrac{a_0-a}{a(a-b)}\mathrm{e}^{-at}+\dfrac{a_0-b}{b(b-a)}\mathrm{e}^{-bt}$
10	$\dfrac{s^2+a_1s+a_0}{s(s+a)(s+b)}$	$\dfrac{a_0}{ab}+\dfrac{a^2-a_1a+a_0}{a(a-b)}\mathrm{e}^{-at}-\dfrac{b^2-a_1b-a_0}{b(a-b)}\mathrm{e}^{-bt}$
11	$\dfrac{1}{(s+a)(s+b)(s+c)}$	$\dfrac{\mathrm{e}^{-at}}{(b-a)(c-a)}+\dfrac{\mathrm{e}^{-bt}}{(a-b)(c-b)}+\dfrac{\mathrm{e}^{-ct}}{(a-c)(b-c)}$
12	$\dfrac{s+a_0}{(s+a)(s+b)(s+c)}$	$\dfrac{a_0-a}{(b-a)(c-a)}\mathrm{e}^{-at}+\dfrac{a_0-b}{(a-b)(c-b)}\mathrm{e}^{-bt}+\dfrac{a_0-c}{(a-c)(b-c)}\mathrm{e}^{-ct}$
13	$\dfrac{s^2+a_1s+a_0}{(s+a)(s+b)(s+c)}$	$\dfrac{a^2-a_1a+a_0}{(b-a)(c-a)}\mathrm{e}^{-at}+\dfrac{b^2-a_1b+a_0}{(a-b)(c-b)}\mathrm{e}^{-bt}+\dfrac{c^2-a_1c+a_0}{(a-c)(b-c)}\mathrm{e}^{-ct}$
14	$\dfrac{1}{s^2+\omega^2}$	$\dfrac{1}{\omega}\sin\omega t$
15	$\dfrac{s}{s^2+\omega^2}$	$\cos\omega t$
16	$\dfrac{s+a_0}{s^2+\omega^2}$	$\dfrac{1}{\omega}(a_0^2+\omega^2)^{1/2}\sin(\omega t+\varphi),\quad \varphi\triangleq\arctan\dfrac{\omega}{a_0}$
17	$\dfrac{1}{s(s^2+\omega^2)}$	$\dfrac{1}{\omega^2}(1-\cos\omega t)$
18	$\dfrac{s+a_0}{s(s^2+\omega^2)}$	$\dfrac{a_0}{\omega^2}-\dfrac{(a_0^2+\omega^2)^{1/2}}{\omega^2}\cos(\omega t+\varphi),\quad \varphi\triangleq\arctan\dfrac{\omega}{a_0}$
19	$\dfrac{s+a_0}{(s+a)(s^2+\omega^2)}$	$\dfrac{a_0-a}{a^2+\omega^2}\mathrm{e}^{-at}+\dfrac{1}{\omega}\left[\dfrac{a_0^2+\omega^2}{a^2+\omega^2}\right]^{1/2}\sin(\omega t+\varphi)$ $\varphi\triangleq\arctan\dfrac{\omega}{a_0}-\arctan\dfrac{\omega}{a}$
20	$\dfrac{1}{(s+a)^2+\omega^2}$	$\dfrac{1}{\omega}\mathrm{e}^{-at}\sin\omega t$
21	$\dfrac{s+a_0}{(s+a)^2+\omega^2}$	$\dfrac{1}{\omega}\left[(a_0-a)^2+\omega^2\right]^{1/2}\mathrm{e}^{-at}\sin(\omega t+\varphi)$ $\varphi\triangleq\arctan\dfrac{\omega}{a_0-a}$
22	$\dfrac{s+a}{(s+a)^2+\omega^2}$	$\mathrm{e}^{-at}\cos\omega t$
23	$\dfrac{1}{s\left[(s+a)^2+\omega^2\right]}$	$\dfrac{1}{a^2+\omega^2}+\dfrac{1}{(a^2+\omega^2)^{1/2}\omega}\mathrm{e}^{-at}\sin(\omega t-\varphi)$ $\varphi\triangleq\arctan\dfrac{\omega}{-a}$

序号	象函数 $F(s)$	原函数 $f(t)$
24	$\dfrac{s+a_0}{s\left[(s+a)^2+\omega^2\right]}$	$\dfrac{a_0}{a^2+\omega^2}+\dfrac{\left[(a_0-a)^2+\omega^2\right]^{1/2}}{\omega(a^2+\omega^2)^{1/2}}\mathrm{e}^{-at}\sin(\omega t+\varphi)$ $\varphi\triangleq\arctan\dfrac{\omega}{a_0-a}-\arctan\dfrac{\omega}{-a}$
25	$\dfrac{s^2+a_1 s+a_0}{s\left[(s+a)^2+\omega^2\right]}$	$\dfrac{a_0}{a^2+\omega^2}+\dfrac{\left[(a^2-\omega^2-a_1 a+a_0)^2+\omega^2(a_1-2a)^2\right]^{1/2}}{\omega(\omega^2+a^2)^{1/2}}\mathrm{e}^{-at}\sin(\omega t+\varphi)$ $\varphi\triangleq\arctan\dfrac{\omega(a_1-2a)}{a^2-\omega^2-a_1 a+a_0}-\arctan\dfrac{\omega}{-a}$
26	$\dfrac{1}{(s+c)\left[(s+a)^2+\omega^2\right]}$	$\dfrac{\mathrm{e}^{-ct}}{(c-a)^2+\omega^2}+\dfrac{\mathrm{e}^{-at}}{\omega\left[(c-a)^2+\omega^2\right]^{1/2}}\sin(\omega t-\varphi)$ $\varphi\triangleq\arctan\dfrac{\omega}{c-a}$
27	$\dfrac{s+a_0}{(s+c)\left[(s+a)^2+\omega^2\right]}$	$\dfrac{a_0-c}{(a-c)^2+\omega^2}\mathrm{e}^{-ct}+\dfrac{1}{\omega}\left[\dfrac{(a_0-a)^2+\omega^2}{(c-a)^2+\omega^2}\right]^{1/2}\mathrm{e}^{-at}\sin(\omega t+\varphi)$ $\varphi\triangleq\arctan\dfrac{\omega}{a_0-a}-\arctan\dfrac{\omega}{c-a}$
28	$\dfrac{1}{s(s+c)\left[(s+a)^2+\omega^2\right]}$	$\dfrac{1}{c(a^2+\omega^2)}-\dfrac{\mathrm{e}^{-ct}}{c\left[(a-c)^2+\omega^2\right]}+\dfrac{\mathrm{e}^{-at}}{\omega(a^2+\omega^2)^{1/2}\left[(c-a)^2+\omega^2\right]^{1/2}}\sin(\omega t-\varphi)$ $\varphi\triangleq\arctan\dfrac{\omega}{-a}+\arctan\dfrac{\omega}{c-a}$
29	$\dfrac{s+a_0}{s(s+c)\left[(s+a)^2+\omega^2\right]}$	$\dfrac{a_0}{c(a^2+\omega^2)}+\dfrac{(c-a_0)\mathrm{e}^{-ct}}{c\left[(a-c)^2+\omega^2\right]}+\dfrac{\mathrm{e}^{-at}}{\omega(a^2+\omega^2)^{1/2}}\left[\dfrac{(a_0-a)^2+\omega^2}{(c-a)^2+\omega^2}\right]^{1/2}\sin(\omega t-\varphi)$ $\varphi\triangleq\arctan\dfrac{\omega}{a_0-a}-\arctan\dfrac{\omega}{c-a}-\arctan\dfrac{\omega}{-a}$
30	$\dfrac{1}{s^2(s+a)}$	$\dfrac{\mathrm{e}^{-at}+at-1}{a^2}$
31	$\dfrac{s+a_0}{s^2(s+a)}$	$\dfrac{a_0-a}{a^2}\mathrm{e}^{-at}+\dfrac{a_0}{a}t+\dfrac{a-a_0}{a^2}$
32	$\dfrac{s^2+a_1 s+a_0}{s^2(s+a)}$	$\dfrac{a^2-a_1 a+a_0}{a^2}\mathrm{e}^{-at}+\dfrac{a_0}{a}t+\dfrac{a_1 a-a_0}{a^2}$
33	$\dfrac{s+a_0}{(s+a)^2}$	$\left[(a_0-a)t+1\right]\mathrm{e}^{-at}$
34	$\dfrac{1}{(s+a)^n}$	$\dfrac{1}{(n-1)!}t^{n-1}\mathrm{e}^{-at}$
35	$\dfrac{1}{s(s+a)^2}$	$\dfrac{1-(1+at)\mathrm{e}^{-at}}{a^2}$
36	$\dfrac{s+a_0}{s(s+a)^2}$	$\dfrac{a_0}{a^2}+\left(\dfrac{a-a_0}{a}t-\dfrac{a_0}{a^2}\right)\mathrm{e}^{-at}$
37	$\dfrac{s^2+a_1 s+a_0}{s(s+a)^2}$	$\dfrac{a_0}{a^2}+\left(\dfrac{a_1 a-a_0-a^2}{a}t+\dfrac{a^2-a_0}{a^2}\right)\mathrm{e}^{-at}$

序号	象函数 $F(s)$	原函数 $f(t)$
38	$\dfrac{1}{s(s+a)}$	$\dfrac{1}{a}(1-\mathrm{e}^{-at})$
39	$\dfrac{s+a_0}{s(s+a)}$	$\dfrac{1}{a}\left[a_0-(a_0-a)\mathrm{e}^{-at}\right]$
40	$\dfrac{s}{s^2+2\zeta\omega_n s+\omega_n^2}$	$\dfrac{-1}{\sqrt{1-\zeta^2}}\mathrm{e}^{-\zeta\omega_n t}\sin(\omega_n\sqrt{1-\zeta^2}\,t-\varphi),\quad \varphi=\arctan(\sqrt{1-\zeta^2}/\zeta)$
41	$\dfrac{\omega_n^2}{s^2+2\zeta\omega_n s+\omega_n^2}$	$\dfrac{\omega_n}{\sqrt{1-\zeta^2}}\mathrm{e}^{-\zeta\omega_n t}\sin(\omega_n\sqrt{1-\zeta^2}\,t)$
42	$\dfrac{\omega_n^2}{s(s^2+2\zeta\omega_n s+\omega_n^2)}$	$1-\dfrac{1}{\sqrt{1-\zeta^2}}\mathrm{e}^{-\zeta\omega_n t}\sin(\omega_n\sqrt{1-\zeta^2}\,t+\varphi),\quad \varphi=\arctan(\sqrt{1-\zeta^2}/\zeta)$

一般，象函数 $F(s)$ 是复变数 s 的有理代数分式，即 $F(s)$ 可表示为如下两个 s 多项式比的形式：

$$F(s)=\frac{B(s)}{A(s)}=\frac{b_0 s^m+b_1 s^{m-1}+\cdots+b_{m-1}s+b_m}{s^n+a_1 s^{n-1}+\cdots+a_{n-1}s+a_n}$$

式中，系数 $a_1, a_2, \cdots, a_n, b_0, b_1, \cdots, b_m$ 都是实常数；m、n 是正整数，通常 $m<n$。为了将 $F(s)$ 写为部分分式形式，首先把 $F(s)$ 的分母因式分解，则有

$$F(s)=\frac{B(s)}{A(s)}=\frac{b_0 s^m+b_1 s^{m-1}+\cdots+b_{m-1}s+b_m}{(s-s_1)(s-s_2)\cdots(s-s_n)}$$

式中，$s_1, s_2, \cdots, s_n$ 是 $A(s)=0$ 的根，称为 $F(s)$ 的极点。按照这些根的性质，分以下两种情况研究。

(1) $A(s)=0$ 无重根

这时，$F(s)$ 可展开为 n 个简单的部分分式之和，每个部分分式都以 $A(s)$ 的一个因式作为其分母，即

$$F(s)=\frac{c_1}{s-s_1}+\frac{c_2}{s-s_2}+\cdots+\frac{c_i}{s-s_i}+\cdots+\frac{c_n}{s-s_n}=\sum_{i=1}^{n}\frac{c_i}{s-s_i} \tag{A-13}$$

式中，c_i 为待定常数，称为 $F(s)$ 在极点 s_i 处的留数，可按下式计算：

$$c_i=\lim_{s\to s_i}\left[(s-s_i)F(s)\right] \tag{A-14}$$

或

$$c_i=\frac{B(s)}{\dot{A}(s)}\bigg|_{s=s_i} \tag{A-15}$$

式中，$\dot{A}(s)$ 为 $A(s)$ 对 s 求一阶导数。

根据拉氏变换的线性性质，从式(A-13)可求得原函数

$$f(t) = \mathscr{L}^{-1}\left[F(s)\right] = \mathscr{L}^{-1}\left[\sum_{i=1}^{n}\frac{c_i}{s - s_i}\right] = \sum_{i=1}^{n}c_i\,\mathrm{e}^{s_it} \tag{A-16}$$

上述表明，有理代数分式函数的拉氏反变换，可表示为若干指数项之和。

例 A-5   求 $F(s) = \dfrac{s+2}{s^2 + 4s + 3}$ 的原函数 $f(t)$。

解   将 $F(s)$ 的分母因式分解为

$$s^2 + 4s + 3 = (s+1)(s+3)$$

则

$$F(s) = \frac{s+2}{s^2 + 4s + 3} = \frac{s+2}{(s+1)(s+3)} = \frac{c_1}{s+1} + \frac{c_2}{s+3}$$

按式(A-14)计算，得

$$c_1 = \lim_{s \to -1}\left[(s+1)F(s)\right] = \lim_{s \to -1}\frac{s+2}{s+3} = \frac{1}{2}$$

$$c_2 = \lim_{s \to -3}\left[(s+3)F(s)\right] = \lim_{s \to -3}\frac{s+2}{s+1} = \frac{1}{2}$$

因此，由式(A-16)可求得原函数

$$f(t) = \frac{1}{2}(\mathrm{e}^{-t} + \mathrm{e}^{-3t})$$

例 A-6   求 $F(s) = \dfrac{s-3}{s^2 + 2s + 2}$ 的原函数 $f(t)$。

解   将 $F(s)$ 的分母因式分解为

$$s^2 + 2s + 2 = (s + 1 - \mathrm{j})(s + 1 + \mathrm{j})$$

本例 $F(s)$ 的极点为一对共轭复数，仍可用式(A-16)求原函数。因此，$F(s)$ 可写为

$$F(s) = \frac{s-3}{s^2 + 2s + 2} = \frac{s-3}{(s+1-\mathrm{j})(s+1+\mathrm{j})} = \frac{c_1}{s+1-\mathrm{j}} + \frac{c_2}{s+1+\mathrm{j}}$$

式中

$$c_1 = \lim_{s \to -1+\mathrm{j}}\left[(s+1-\mathrm{j})F(s)\right] = \lim_{s \to -1+\mathrm{j}}\frac{s-3}{s+1+\mathrm{j}} = \frac{-4+\mathrm{j}}{2\mathrm{j}}$$

$$c_2 = \lim_{s \to -1-\mathrm{j}}\left[(s+1+\mathrm{j})F(s)\right] = \lim_{s \to -1-\mathrm{j}}\frac{s-3}{s+1-\mathrm{j}} = -\frac{-4-\mathrm{j}}{2\mathrm{j}}$$

所以，原函数

$$f(t) = C_1\mathrm{e}^{(-1+\mathrm{j})t} + C_2\mathrm{e}^{(-1-\mathrm{j})t} = \mathrm{e}^{-t}(\cos t - 4\sin t)$$

如果函数 $F(s)$ 的分母是 s 的二次多项式，可将分母配成二项平方和的形式，并作为一个整体来求原函数。本例的 $F(s)$ 可写为

$$F(s) = \frac{s-3}{s^2 + 2s + 2} = \frac{s-3}{(s+1)^2 + 1} = \frac{s+1}{(s+1)^2 + 1} - \frac{4}{(s+1)^2 + 1}$$

应用位移定理并查拉氏变换对照表 A-3，原函数求得为

$$f(t) = \mathscr{L}^{-1}\left[\frac{s+1}{(s+1)^2+1} - \frac{4}{(s+1)^2+1}\right] = e^{-t}(\cos t - 4\sin t)$$

(2) $A(s)=0$ 有重根

设 $A(s)=0$ 有 r 个重根 s_1，则 $F(s)$ 可写为

$$F(s) = \frac{B(s)}{(s-s_1)^r(s-s_{r+1})\cdots(s-s_n)}$$

$$= \frac{c_r}{(s-s_1)^r} + \frac{c_{r-1}}{(s-s_1)^{r-1}} + \cdots + \frac{c_1}{s-s_1} + \frac{c_{r+1}}{s-s_{r+1}} + \cdots + \frac{c_n}{s-s_n}$$

式中，s_1 为 $F(s)$ 的重极点，$s_{r+1}, \cdots, s_n$ 为 $F(s)$ 的 $n-r$ 个非重极点；$c_r, c_{r-1}, \cdots, c_1, c_{r+1}, \cdots,$ c_n 为待定常数，其中，$c_{r+1}, \cdots, c_n$ 按式(A-14)或式(A-15)计算，但 $c_r, c_{r-1}, \cdots, c_1$ 应按下式计算：

$$c_r = \lim_{s \to s_1}(s-s_1)^r F(s)$$

$$c_{r-1} = \lim_{s \to s_1}\frac{d}{ds}[(s-s_1)^r F(s)]$$

$$\vdots$$

$$c_{r-j} = \frac{1}{j!}\lim_{s \to s_1}\frac{d^{(j)}}{ds^j}\left[(s-s_1)^r F(s)\right] \tag{A-17}$$

$$\vdots$$

$$c_1 = \frac{1}{(r-1)!}\lim_{s \to s_1}\frac{d^{(r-1)}}{ds^{r-1}}\left[(s-s_1)^r F(s)\right]$$

因此，原函数 $f(t)$ 为

$$f(t) = \mathscr{L}^{-1}\left[F(s)\right]$$

$$= \mathscr{L}^{-1}\left[\frac{c_r}{(s-s_1)^r} + \frac{c_{r-1}}{(s-s_1)^{r-1}} + \cdots + \frac{c_1}{s-s_1} + \frac{c_{r+1}}{s-s_{r+1}} + \cdots + \frac{c_n}{s-s_n}\right]$$

$$= \left[\frac{c_r}{(r-1)!}t^{r-1} + \frac{c_{r-1}}{(r-2)!}t^{r-2} + \cdots + c_2 t + c_1\right]e^{s_1 t} + \sum_{i=r+1}^n c_i e^{s_i t} \tag{A-18}$$

例 A-7　求 $F(s) = \dfrac{s+2}{s(s+1)^2(s+3)}$ 的原函数 $f(t)$。

解　分母 $A(s)=0$ 有四个根，即二重根 $s_1 = s_2 = -1$；$s_3 = 0$；$s_4 = -3$。将 $F(s)$ 展为部分分式，则有

$$F(s) = \frac{s+2}{s(s+1)^2(s+3)} = \frac{c_2}{(s+1)^2} + \frac{c_1}{s+1} + \frac{c_3}{s} + \frac{c_4}{s+3}$$

按式(A-17)计算得

$$c_2 = \lim_{s \to -1}\left[(s+1)^2 \frac{s+2}{s(s+1)^2(s+3)}\right] = -\frac{1}{2}$$

$$c_1 = \lim_{s \to -1}\frac{d}{ds}\left[(s+1)^2 \frac{s+2}{s(s+1)^2(s+3)}\right] = -\frac{3}{4}$$

按式(A-14)计算得

$$c_3 = \lim_{s \to 0} \left[s \frac{s+2}{s(s+1)^2(s+3)} \right] = \frac{2}{3}$$

$$c_4 = \lim_{s \to -3} \left[(s+3) \frac{s+2}{s(s+1)^2(s+3)} \right] = \frac{1}{12}$$

最后由式(A-18)写出原函数为

$$f(t) = \mathscr{L}^{-1} \left[\frac{s+2}{s(s+1)^2(s+3)} \right] = \frac{2}{3} - \frac{1}{2} \mathrm{e}^{-t} \left(t + \frac{3}{2} \right) + \frac{1}{12} \mathrm{e}^{-3t}$$

附录 B　控制系统的计算机辅助分析与设计

目前 MATLAB 软件是控制领域最流行的设计和计算工具之一，Python 软件在自动控制与人工智能的结合等领域具有广泛的应用前景。本附录将介绍运用 MATLAB 和 Python 进行控制系统分析与设计的全过程，并结合具体实例作详细深入的探讨。本附录涉及的命令索引见表 B-1。在学习本部分内容之前，读者最好已掌握基本的 MATLAB 和 Python 使用方法。

1. 控制系统建模

在控制系统的分析和设计中，首先要建立系统的数学模型。常用的系统模型有传递函数模型、零极点模型以及状态空间模型等，在 MATLAB 和 Python 中，函数调用格式基本一致。下面结合图 B-1，介绍这些建模方法。

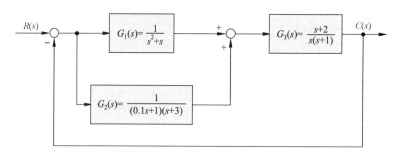

图 B-1　控制系统结构图

(1) 控制系统模型描述

1) 系统传递函数模型描述。

命令格式：sys =tf(num, den, Ts)

其中，num, den 分别为分子、分母多项式降幂排列的系数向量；Ts 表示采样时间，缺省时描述的是连续传递函数。图 B-1 中的 $G_1(s)$ 可描述为 G1=tf([1],[1 1 0])。

若传递函数的分子、分母为因式连乘形式，如图 B-1 中 $G_2(s)$，则可以考虑采用 conv 命令进行多项式相乘，得到展开后的分子、分母多项式降幂排列的系数向量，再用 tf 命令建模。如 $G_2(s)$ 可描述为 num=1;den=conv([0.1 1],[1 3]);G2=tf(num, den)。

2) 系统零极点模型描述。

命令格式：sys = zpk(z, p, k, Ts)

其中，z, p, k 分别表示系统的零点、极点及增益，若无零、极点，则用[ ]表示；Ts 表示采样时间，缺省时描述的是连续系统。图 B-1 中的 $G_3(s)$ 可描述为 G3=zpk([-2],[0 -1], 1)。

3) 系统状态空间模型描述。该方法将在控制系统状态空间分析这一部分结合实例介绍。

(2) 模型转换

控制系统分析与设计中有时需要特定的模型描述形式，采用下述函数可进行传递函数模型与零极点模型之间的转换。

命令格式：[num, den]=zp2tf(z, p, k)

　　　　　　　　[z, p , k]=tf2zp(num, den)

其中，zp2tf 可以将零极点模型转换成传递函数模型，而 tf2zp 可以将传递函数模型转换成零极点模型。图 B-1 中的 $G_1(s)$ 转换成零极点模型为[z, p, k]=tf2zp([1], [1 1 0])，$G_3(s)$ 转换成传递函数模型为[num, den]=zp2tf([-2],[0 −1], 1)。

(3) 系统连接

一个控制系统通常由多个子系统相互连接而成，而最基本的三种连接方式为图 B-1 中所示的串联、并联和反馈连接形式。

1) 两个系统的并联连接。

命令格式：sys = parallel(sys1, sys2)

对于 SISO 系统，parallel 命令相当于符号 "+"。对于图 B-1 中由 $G_1(s)$ 和 $G_2(s)$ 并联组成的子系统 $G_{12}(s)$，可描述为 G12= parallel(G1,G2)。

2) 两个系统的串联连接。

命令格式：sys = series(sys1,sys2)

对于 SISO 系统，series 命令相当于符号 "*"。对于图 B-1 中由 $G_{12}(s)$ 和 $G_3(s)$ 串联组成的开环传递函数，可描述为 G= series(G12,G3)。

3) 两个系统的反馈连接。

命令格式：sys = feedback(sys1,sys2,sign)

其中，sign 用于说明反馈性质(正、负)。sign 缺省时，为负，即 sign=−1。由于图 B-1 系统为单位负反馈系统，所以系统的闭环传递函数可描述为 sys=feedback(G, 1, −1)。其中 G 表示开环传递函数，"1" 表示是单位反馈，"−1" 表示是负反馈，可缺省。

(4) 综合应用：结构图化简及其闭环传递函数的求取

例 B-1　已知多回路反馈系统的结构图如图 B-2 所示,求闭环系统的传递函数 $C(s)/R(s)$。

其中，$G_1(s)=\dfrac{1}{s+10}$ ，$G_2(s)=\dfrac{1}{s+1}$ ，$G_3(s)=\dfrac{s^2+1}{s^2+4s+4}$ ，$G_4(s)=\dfrac{s+1}{s+6}$ ，$H_1(s)=\dfrac{s+1}{s+2}$ ，$H_2(s)=2$ ，$H_3(s)=1$ 。

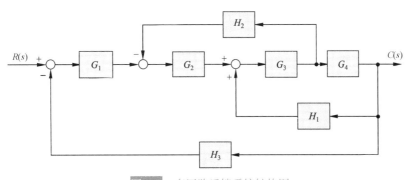

图 B-2　多回路反馈系统结构图

解　MATLAB 程序如下：

```
G1=tf([1],[ 1 10]);
G2=tf([1],[ 1 1]);
```

```
G3=tf([1 0 1],[ 1 4 4]);
numg4=[1 1];deng4=[1 6];G4=tf(numg4,deng4);
H1=zpk([-1],[ -2],1);
numh2=[2];denh2=[1];H3=1;          %建立各个方块子系统模型
nh2=conv(numh2,deng4);dh2=conv(denh2,numg4);
H2=tf(nh2, dh2);                   %先将 H2 移至 G4 之后
sys1=series(G3,G4);
sys2=feedback(sys1, H1, +1);       %计算由 G3，G4 和 H1 回路组成的子系统模型
sys3=series(G2,sys2);
sys4=feedback(sys3, H2);           %计算由 H2 构成反馈回路的子系统模型
sys5=series(G1,sys4);
sys=feedback(sys5,H3)              %计算由 H3 构成反馈主回路的系统闭环传递函数
```

Python 程序如下：

```python
import control as ctr
import numpy as np


G1 = ctr.tf([1],[1,10])
G2 = ctr.tf([1],[1,1])
G3 = ctr.tf([1,0,1],[1,4,4])
numg4 = [1,1]
deng4 = [1,6]
G4 = ctr.tf(numg4,deng4)
H1 = ctr.tf([1,1],[1,2])
numh2 = [2]
denh2 = [1]
H3 = 1                      #建立各个方块子系统模型
nh2 = np.convolve(numh2, denh2)
dh2 = np.convolve(denh2, numg4)
H2= ctr.tf(nh2, dh2)        #先将 H2 移至 G4 之后


sys1 = ctr.series(G3, G4)
sys2 = ctr.feedback(sys1, H1, +1)   #计算由 G3,G4 和 H1 回路组成的子系统模型
sys3 = ctr.series(G2, sys2)
sys4 = ctr.feedback(sys3, H2)       #计算由 H2 构成反馈回路的子系统模型
sys5 = ctr.series(G1, sys4)
sys = ctr.feedback(sys5, H3)        #计算由 H3 构成反馈主回路的系统闭环传递函数模型
print(sys)                          #输出求得的系统闭环传递函数
```

运行上述程序后，求得系统的闭环传递函数为

Zero/pole/gain:

$$\frac{0.083333(s+1)^2(s+2)(s^2+1)}{(s+10.12)(s+2.44)(s+2.349)(s+1)(s^2+1.176s+1.023)}$$

式中，"^"表示乘方运算。

2. 控制系统时域分析

(1) 稳定性分析

稳定是控制系统的重要性能，也是系统设计过程中的首要问题。线性系统稳定的充分必要条件是：闭环系统特征方程的所有根均具有负实部。可以通过调用 roots 命令求取特征根，进而判别系统的稳定性。

命令格式： p=roots(den)

其中，den 为特征多项式降幂排列的系数向量；p 为特征根。

(2) 动态性能分析

1) 单位脉冲响应。

命令格式： y=impulse(sys, t)

当不带输出变量 y 时，impulse 命令可直接绘制脉冲响应曲线；t 用于设定仿真时间，可缺省。

2) 单位阶跃响应。

命令格式： y=step(sys, t)

当不带输出变量 y 时，step 命令可直接绘制阶跃响应曲线；t 用于设定仿真时间，可缺省。

3) 任意输入响应。

命令格式： y=lsim(sys, u, t, x0)

当不带输出变量 y 时，lsim 命令可直接绘制响应曲线。其中 u 表示输入，x0 用于设定初始状态，缺省时为 0，t 用于设定仿真时间，可缺省。

4) 零输入响应。

命令格式： y=initial(sys, x0, t)

initial 命令要求系统 sys 为状态空间模型。当不带输出变量 y 时，initial 命令可直接绘制响应曲线。其中 x0 用于设定初始状态，缺省时为 0；t 用于设定仿真时间，可缺省。

(3) 综合应用(系统时域动态性能分析)

例 B-2 已知系统的闭环传递函数为 $\Phi(s) = \dfrac{16}{s^2 + 8\zeta s + 16}$，其中 $\zeta = 0.707$。求二阶系统的单位脉冲响应、单位阶跃响应和单位斜坡响应。

解 MATLAB 程序如下：

```
zeta=0.707;
num=[16];den=[1 8*zeta 16];
sys=tf(num, den);               %建立闭环传递函数模型
p=roots(den)                    %计算系统特征根判断系统稳定性
t=0:0.01:3;                     %设定仿真时间为 3s
figure(1)
impulse(sys, t);grid            %求取系统的单位脉冲响应
xlabel('t');ylabel('c(t) ');title('impulse response');
figure(2)
step(sys,t);grid                %求取系统的单位阶跃响应
```

```
xlabel('t');ylabel('c(t) ');title('step response');
figure(3)
u=t;                                %定义输入为斜坡信号
lsim(sys,u,t,0);grid                %求取系统的单位斜坡响应
xlabel('t');ylabel('c(t) ');title('ramp response');
```

Python 程序如下：

```python
import control as ctr
import matplotlib.pyplot as plt
import numpy as np
import control.matlab as mat


zeta=0.707
sys = ctr.tf([16],[1,8*zeta,25])        #建立闭环传递函数模型
p = ctr.pole(sys)                        #计算系统特征根判断系统稳定性
print(p)
T = np.arange(0,3,0.01)                  #设定仿真时间为 3s
t1, y1 = ctr.impulse_response(sys,T)     #求取系统的单位脉冲响应
plt.subplot(221)
plt.plot(t1, y1)
plt.title('Impulse response')
plt.ylabel('Amplitude')
plt.xlabel('time (s)')
plt.grid(1)


plt.subplot(222)
t2, y2 = ctr.step_response(sys,T)        #求取系统的单位阶跃响应
plt.plot(t2, y2)
plt.title('Step response')
plt.ylabel('Amplitude')
plt.xlabel('time (s)')
plt.grid(1)


y3, t3, x3 = mat.lsim(sys=sys,U=T,T=T)  #求取系统的单位脉冲响应
plt.subplot(212)
plt.plot(t3, y3)
plt.title('Ramp response')
plt.ylabel('Amplitude')
plt.xlabel('time (s)')
plt.grid(1)
plt.show()
```

运行上述程序后,得系统特征根为$-2.8280\pm j2.8289$,系统稳定。系统的单位脉冲响应、单位阶跃响应、单位斜坡响应分别如图 B-3、图 B-4 和图 B-5 所示。在图 B-4 中,点击鼠标右键可得系统超调量 $\sigma = 4.33\%$,上升时间 $t_r = 0.537\text{s}$,调节时间 $t_s = 1.49\text{s}(\Delta = 2\%)$。若例题中 $\zeta = 0.5$,系统性能又将如何变化,读者不妨一试。

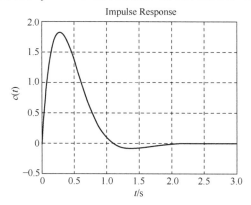

图 B-3 系统单位脉冲响应(MATLAB)   图 B-4 系统单位阶跃响应(MATLAB)

图 B-5 系统单位斜坡响应(MATLAB)

3. 线性系统的根轨迹

(1) 绘制零、极点分布图

命令格式:[p, z] = pzmap(sys)

当不带输出变量时,pzmap 命令可直接在复平面内标出传递函数的零、极点。在图中,极点用"×"表示,零点用"o"表示。

(2) 绘制根轨迹图

绘制根轨迹的一般步骤如下:

1) 先将特征方程写成下列形式$1 + K \dfrac{p(s)}{q(s)} = 0$,其中 K 为所研究的变化参数,得到等效开环传递函数 $G = \dfrac{p(s)}{q(s)}$。

2) 调用 rlocus 命令绘制根轨迹。

命令格式:rlocus(G)

(3) 综合应用(系统性能复域分析)

例 B-3 已知单位负反馈系统的开环传递函数为

$$G(s) = \frac{20}{(s+4)(s+K)}$$

试画出 K 从零变化到无穷时的根轨迹图,并求出系统临界阻尼时对应的 K 值及其闭环极点。

解 由题意,系统闭环特征多项式为

$$D(s) = s^2 + 4s + Ks + 4K + 20 = s^2 + 4s + 20 + K(s+4) = 0$$

等效开环传递函数

$$G^*(s) = \frac{k(s+4)}{s^2 + 4s + 20}$$

MATLAB 程序如下:

```
G=tf([1 4],[ 1 4 20]);          %建立等效开环传递函数模型
figure(1)
pzmap(G);                       %绘制零、极点分布图
figure(2)
rlocus(G);                      %绘制根轨迹
```

Python 程序如下:

```
import control as ctr
import control.matlab as mat
import matplotlib.pyplot as plt

num = [1, 4]                    #分子
den = [1, 4, 20]               #分母
sys = ctr.tf(num, den)         #建立等效开环传递函数模型
mat.pzmap(sys)                 #绘制零、极点分布图
plt.axhline(y=0, color='blue', linewidth=1.0, linestyle='--')
plt.axvline(x=0, color='red', linewidth=1.0, linestyle='--')
plt.show()
x1, y1 = ctr.rlocus(sys, print_gain=True) #绘制根轨迹
plt.show()
print("Poles=:", x1)
print("Gain=:", y1)
```

图 B-6、图 B-7 分别为执行上述程序后得到的零、极点分布图和根轨迹图。

为了计算系统临界阻尼时对应的 K 值和相应的闭环极点,可在上述 MATLAB 程序执行之后,在命令窗口中键入下列命令:

```
rlocfind(G)                     %确定增益及其相应的闭环极点
```

执行 rlocfind 命令后,MATLAB 将在根轨迹图上出现"+"提示符,通过鼠标将提示符移到根轨迹上相应的位置,然后按回车键,于是所选闭环极点及其对应的参数 K 就会在命令行中显示。其结果为

$$K = 12.9443, \quad s = -8.47$$

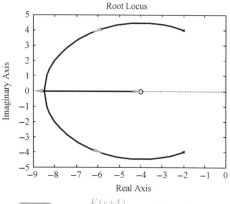

图 B-6　$G^*(s) = \dfrac{K(s+4)}{s^2 + 4s + 20}$ 的零、极点分布图　　　图 B-7　$1 + \dfrac{K(s+4)}{s^2 + 4s + 20} = 0$ 的根轨迹图

4. 控制系统的频域分析

(1) 伯德图

命令格式：[mag, phase, w] = bode(sys)

当缺省输出变量时，bode 命令可直接绘制伯德图；否则，将只计算幅值和相角，并将结果分别存放在向量 mag 和 phase 中。另外，margin 命令也可以绘制伯德图，并直接得出幅值裕度、相角裕度及其对应的截止频率、穿越频率。其命令格式如下：

命令格式：[Gm, Pm, Wcg, Wcp] = margin(sys)

当缺省输出变量时，margin 命令可直接绘制伯德图，并且将幅值裕度、相角裕度及其对应的截止频率、穿越频率标注在图形标题端。

(2) 尼柯尔斯图

命令格式：[mag, phase, w] = nichols(sys)

当缺省输出变量时，nichols 命令可直接绘制尼柯尔斯图。

(3) 奈奎斯特图

命令格式：[re, im, w] = nyquist(sys)

当缺省输出变量时，nyquist 命令可直接绘制奈奎斯特图。

(4) 综合运用(系统稳定性的频域分析)

例 B-4　已知单位负反馈系统的开环传递函数为

$$G(s) = \frac{1280s + 640}{s^4 + 24.2s^3 + 1604.81s^2 + 320.24s + 16}$$

试绘制其伯德图，尼柯尔斯图和奈奎斯特图，并判别闭环系统的稳定性。

解　MATLAB 程序如下：

```
G=tf([1280 640], [1 24.2 1604.81 320.24 16]);    %建立开环系统模型
figure(1)
margin(G);                                         %绘制伯德图、计算幅值裕度、相角裕度
                                                   %及其对应的截止频率、穿越频率
figure(2)
```

```
nichols(G);                              %绘制尼柯尔斯图
ngrid;axis([-270  0  -40  40]);          %设定尼柯尔斯图坐标范围，并绘制网格
figure(3)
nyquist(G);                              %绘制奈奎斯特图
axis equal                               %调整纵横坐标比例，保持原形
```

Python 程序如下：

```
import control as ctr
import matplotlib.pyplot as plt
G = ctr.tf([1280,640],[1,24.2,1604.8,320.24,16])   #建立开环系统模型
ctr.bode_plot(G)                         #绘制伯德图
print(ctr.margin(G))                     #计算幅值裕度、相角裕度及其对应的截止频率、
                                          穿越频率
plt.show()
ctr.nichols_plot(G)                      #绘制尼科尔斯图
plt.xticks(range(-270, 0,45))
plt.ylim(-40, 40)                        #设定尼科尔斯图坐标范围，并绘制网格
plt.show()
ctr.nyquist_plot(G)                      #绘制奈奎斯特图
plt.plot()
plt.ylim(-25, 25)
plt.xlim(-10, 50)
ax = plt.gca()                           #调整纵横坐标比例，保持原形
ax.set_aspect(1)
plt.show()
```

运行上述程序后，得系统伯德图、尼柯尔斯图和奈奎斯特图分别如图 B-8、图 B-9 和图 B-10 所示，其中"+"号表示(-1, j0)点所在的位置。

图 B-8　例 B-4 开环伯德图(MATLAB)　　　　图 B-9　例 B-4 开环尼柯尔斯图(MATLAB)

由于系统无右半平面的开环极点，从图 B-10 可以看出，奈奎斯特曲线不包围(-1, j0)点，系统稳定。另外，由图 B-8 可得系统的幅值裕度 h=29.5dB、相角裕度 γ=72.9°，相应的截止频率 $\omega_c = 0.904$rad/s、穿越频率 $\omega_x = 39.9$rad/s。由奈氏判据知，系统闭环稳定。

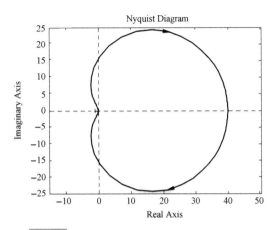

图 B-10　例 B-4 开环奈奎斯特图(MATLAB)

5. 控制系统的校正

下面进一步讨论控制系统校正网络的设计问题，以获得满意的系统性能。

(1) 综合运用(串联校正)

例 B-5　设单位负反馈系统的开环传递函数为

$$G(s) = \frac{K}{s(s+1)}$$

若要求系统在单位斜坡输入信号作用时，位置输出稳态误差 $e_{ss}(\infty) \leqslant 0.1\text{rad}$，开环系统截止频率 $\omega_c'' \geqslant 4.4\text{rad/s}$，相角裕度 $\gamma'' \geqslant 45°$，幅值裕度 $h''\text{dB} \geqslant 10\text{dB}$，试设计串联无源超前网络。

解　本题利用频域法设计无源超前网络的设计步骤如下：

1) 根据稳态误差要求，确定开环增益 K；

2) 利用已确定的开环增益，计算待校正系统的幅值裕度、相角裕度及其对应的截止频率、穿越频率；

3) 根据截止频率 ω_c'' 的要求，计算超前网络参数 a 和 T。为保证系统的响应速度，并充分利用网络的相角超前特性，可选择最大超前角频率等于截止频率，即 $\omega_m = \omega_c''$。其中 a 由

$$-L'(\omega_c'') = L_c(\omega_m) = 10\lg a$$

确定，然后再由

$$T = \frac{1}{\omega_n \sqrt{a}}$$

确定 T 值。

4) 确定无源超前网络和最大超前角 φ_m。

$$aG_c(s) = \frac{1+aTs}{1+Ts}, \quad \varphi_m = \arcsin\frac{a-1}{a+1}$$

5) 验算已校正系统的幅值裕度、相角裕度及其对应的截止频率、穿越频率。若验算

结果不满足指标要求，需重新选择 $\omega_m (= \omega_c'')$ ，然后重复以上设计步骤。

MATLAB 程序如下：

```
K=1/0.1;                              %由稳态误差要求计算开环增益
G0=zpk([ ], [0 -1],K);               %建立开环系统模型
[h0,r, wx,wc]=margin(G0)             %计算校正前系统的幅值裕度、相角裕度及其对应的截止频
                                       率、穿越频率
wm=4.4;                              %试取校正系统的截止频率
L=bode(G0,wm);
Lwc=20*log10(L)
a=10^(-0.1*Lwc)                      %确定超前校正网络参数 a
T=1/(wm*sqrt(a));                    %确定超前校正网络参数 T
phi=asin((a-1)/(a+1))               %phi 表示最大超前角 φm
Gc=(1/a)*tf([a*T 1], [T 1]);         %确定超前网络传递函数
Gc=a*Gc;                             %补偿无源超前网络产生的增益衰减，放大器增益提高 a 倍
G=Gc*G0;                             %计算已校正系统的开环传递函数
bode(G,'r',G0,'b--');grid;           %绘制系统校正前后的伯德图
[h,r,wx,wc]=margin(G)               %计算已校正系统的幅值裕度、相角裕度及其对应的截止频率、
                                       穿越频率
```

Python 程序如下：

```
import control as ctr
import matplotlib.pyplot as plt
import numpy as np
K = 1/0.1                             #由稳态误差要求计算开环增益
G0 = ctr.tf(K, [1, 1, 0])            #建立开环系统模型
gm, pm, wg, wp = ctr.margin(G0)      #计算校正前系统的幅值裕度、相角裕度及其对应的截止频率、穿
                                       越频率
wm = 4.4                             #试取校正系统的截止频率
L = abs(ctr.freqresp(G0, wm)[0][0])
Lwc = 20 * np.log10(L)
a = 10**(-0.1 * Lwc)                 #确定超前校正网络参数 a
T = 1 / (wm * np.sqrt(a))            #确定超前校正网络参数 T
phi = np.arcsin((a - 1) / (a + 1))  # phi 表示最大超前角 φ_m
Gc = a * ctr.tf([a*T, 1], [T, 1]) / a #确定超前网络传递函数
G = Gc * G0                          #计算已校正系统开环传递函数
h,r,wx,wc = ctr.margin(G)           #计算已校正系统的幅值裕度、相角裕度及其对应的截止频率、穿
                                       越频率
ctr.bode_plot(G ,label='G',Hz=True, omega_limits=[0.01, 10000])    #绘制系统校正前后的伯德图
ctr.bode_plot(G0, linestyle='--', label='G0',Hz=True, omega_limits=[0.01, 10000])
plt.grid()
plt.legend()
```

plt.show()

运行上述程序后, 得系统校正前的截止频率为 $\omega_c' = 3.0849\text{rad/s}$, 相角裕度 $\gamma' = 17.9642°$, 而二阶系统的幅值裕度必为 $+\infty\text{dB}$。由于截止频率和相角裕度均低于指标要求, 故采用串联超前校正是合适的。

校正后系统截止频率 $\omega_c'' = 4.4\text{rad/s}$, 相角裕度 $\gamma'' = 49.3369° \geqslant 45°$, 而二阶系统的幅值裕度仍为 $+\infty\text{dB}$, 全部满足设计指标要求。因此, 超前网络传递函数为

$$3.9417G_c(s) = \frac{1+0.4512s}{1+0.1145s}$$

图 B-11 中虚线部分为系统校正前的对数幅频特性曲线, 实线部分为系统校正后的对数幅频特性曲线。若不满足设计指标要求, 可重新选取截止频率 ω_c'', 直到满意为止。读者不妨重选 $\omega_c'' = 5\text{rad/s}$, 可得 $\gamma'' = 58.4765° \geqslant 45°$, 幅值裕度为 $+\infty\text{dB}$, 仍然满足设计指标要求。

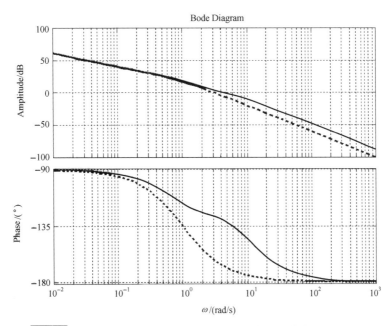

图 B-11 例 B-5 系统校正前后的开环对数频率特性曲线(MATLAB)

(2) 综合运用(复合校正)

例 B-6 设系统结构图如图 B-12 所示。

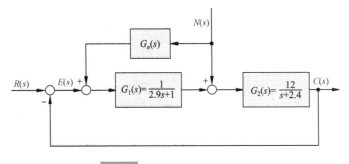

图 B-12 复合校正系统结构图

1) 当 $r(t)=0$，$n(t)=0.1\sin t$ 时，试分析扰动信号对系统输出的影响；

2) 试设计校正环节 $G_n(s)$，使系统输出不受扰动 $n(t)$ 的影响，并讨论校正环节的物理实现性。

解 由图 B-12 可知，扰动作用下的系统传递函数为

$$\Phi_n(s) = \frac{G_2(s)\left[1 + G_1(s)G_n(s)\right]}{1 + G_1(s)G_2(s)}$$

若选择前馈补偿装置的传递函数

$$G_n(s) = -\frac{1}{G_1(s)}$$

必有 $C(s)=E(s)=0$，$G_n(s)$ 实现了对扰动误差的全补偿。然而，由于 $G_1(s)$ 的分母多项式次数一般总是大于或等于分子多项式次数，$G_n(s)$ 在物理上往往无法准确实现。因此在实际应用时，多在主要频段内采用近似全补偿，或者采用稳态全补偿。

MATLAB 程序如下：

```
G1=tf([1],[ 2.9 1]);
G2=tf([12], [1 2.4]);                %建立系统框图模型
Gn=0;sysn0=(G2*(1+G1*Gn))/(1+G1*G2)  %校正前的Φn(s)
t=0:0.01:20;                         %设定仿真时间为 20s
u=0.1*sin(t);                        %扰动输入 n(t)=0.1sint
figure(1)
lsim(sysn0,u,t,0);grid               %绘制校正前扰动作用下的输出曲线
xlabel('t');ylabel('c(t) ');         %添加坐标说明
Gn=-1/G1;
sysn1=(G2*(1+G1*Gn))/(1+G1*G2);      %全补偿校正后的Φn(s)
Gc=tf([1],[ 0.01 1]); Gn=-Gc/G1;     %构造近似补偿环节
sysn2=(G2*(1+G1*Gn))/(1+G1*G2);      %近似补偿校正后的Φn(s)
figure(2)
lsim(sysn2,u,t,0); grid;             %绘制近似补偿后扰动作用下的输出曲线
xlabel('t'); ylabel('c(t) ');        %添加坐标说明
```

Python 程序如下：

```
import control as ctr
import matplotlib.pyplot as plt
import numpy as np
import control.matlab as mat
G1=ctr.tf([1],[2.9,1])
G2=ctr.tf([12],[1,2.4])              #建立系统框图模型
Gn=0
sysn1=(G2*(1+G1*Gn))/(1+G1*G2)       #校正前的Φn(s)
t = np.arange(0, 20, 0.01)           #设定仿真时间为 20s
```

```
u=0.1*np.sin(t)                              #扰动输入 n(t)=0.1sint
y,t,x=mat.lsim(sysn1,u,t)                    #绘制校正前扰动作用下的输出曲线
plt.plot(t,y)
plt.ylabel('c(t)')
plt.xlabel('t/s')                            #添加坐标说明
plt.show()
Gn=-1/G1
sysn1=(G2*(1+G1*Gn))/(1+G1*G2)               #全补偿校正后的Φn(s)
Gc=ctr.tf([1],[0.01,1])
Gn=-Gc/G1                                     #构造近似补偿环节
sysn2=(G2*(1+G1*Gn))/(1+G1*G2)               #近似补偿校正后的 Φn(s)
y,t,x=mat.lsim(sysn2,u,t)                    #绘制近似补偿后扰动作用下的输出曲线
plt.plot(t,y)
plt.ylabel('c(t)')
plt.xlabel('t/s')                            #添加坐标说明
plt.show()
```

运行上述程序后，结果如下：

1) 当扰动信号 $n(t)=0.1\mathrm{sin}t$ 单独作用时，系统稳态输出为图 B-13 所示的正弦信号，其最大振幅 $A_m=0.263$，对系统输出影响较大。

2) 当采用对扰动的误差全补偿时，补偿环节 $G_n(s)=-2.9s-1$。由于 $G_n(s)$ 的分子次数高于分母次数，故不便于物理实现。可以考虑在主要频段内采用近似全补偿

$$G_n(s) = -\frac{T_1 s+1}{T_2 s+1}, \qquad T_1 \gg T_2$$

若取 $G_n(s) = -\dfrac{2.9s+1}{0.01s+1}$，扰动信号 $n(t)=0.1\mathrm{sin}t$ 单独作用时的系统稳态输出如图 B-14 所示，由图可见，输出信号振幅被抑制到了相当小的范围，而且兼顾了物理实现性。

图 B-13　复合校正前在扰动作用下系统的　　　　图 B-14　复合校正后在扰动作用下系统的
　　　　　输出响应(MATLAB)　　　　　　　　　　　　　输出响应(MATLAB)

6. 线性离散系统的分析

(1) 连续系统的离散化

用 c2d 命令和 d2c 命令可以实现连续系统模型和离散系统模型之间的转换。c2d 命令用于将连续系统模型转换成离散系统模型，d2c 命令用于将离散系统模型转换为连续系统模型。

命令格式： sysd =c2d(sys, Ts, 'zoh')

sys=d2c(sysd, 'zoh')

其中，sys 表示连续系统模型；sysd 表示离散系统模型；Ts 表示离散化采样时间；'zoh'表示采用零阶保持器，可缺省。

(2) 离散系统模型描述

离散系统的一般描述方法参见第一部分"控制系统建模"。

(3) 离散系统时域分析

impulse 命令、step 命令、lsim 命令和 initial 命令可以用来仿真计算离散系统的响应。有关说明参见第二部分"系统时域分析"。这些命令的使用与连续系统的相关仿真没有本质差异，只是它们用于离散系统时输出为 $y(kT)$，而且具有阶梯函数的形式。

(4) 综合运用(最小拍系统设计)

例 B-7　设单位反馈线性定常离散系统的连续部分和零阶保持器的传递函数分别为

$$G_0(s) = \frac{1}{s(s+1)}, \qquad G_h(s) = \frac{1-e^{-sT}}{s}$$

式中，采样周期 $T=1$s。若要求系统在单位斜坡输入时实现最少拍控制，试求数字控制器脉冲传递函数 $D(z)$。

解　本题最小拍系统的设计步骤：

1) 确定有零阶保持器时的开环系统脉冲传递函数 $G(z)$。

2) 由于 $r(t)=t$，由表 7-7 查出最小拍系统应具有的闭环脉冲传递函数和误差脉冲传递函数为

$$\Phi(z) = 2z^{-1}(1-0.5z^{-1}), \Phi_e(z) = (1-z^{-1})^2$$

3) 确定数字脉冲传递函数

$$D(z) = \frac{\Phi(z)}{G(z)\Phi_e(z)}$$

MATLAB 程序如下：

```
G=zpk([ ], [0 -1], 1);       %建立开环连续系统模型
Gd=c2d(G,1,'zoh');           %开环连续系统的离散化模型 G(z)
z=tf([1 0], [1], 1);
phi1=(1-1/z)^2;              %phi1 表示最小拍系统的误差脉冲传递函数Φe(z)
phi= 2/z-(1/z)^2;           %phi 表示最小拍系统的闭环传递函数Φ(z)
D=phi/(Gd*phi1);            %计算数字控制器脉冲传递函数 D(z)
```

```
sys0=feedback(Gd,1);          %校正前系统的闭环传递函数
sys=feedback(Gd*D, 1);        %校正后系统的闭环传递函数
t=0:1:5;u=t;                  %设定仿真时间为 5s，输入为斜坡信号
figure(1)
lsim(sys0,u,t,0); grid        %绘制校正前系统的单位斜坡响应曲线
xlabel('t');ylabel('c(t) ');title('ramp response');
figure(2)
lsim(sys,u,t,0); grid         %绘制校正后系统的单位斜坡响应曲线
xlabel('t');ylabel('c(t) ');title('ramp response');
```

运行上述程序后，得数字控制器脉冲传递函数

$$D(z) = \frac{5.4366(1 - 0.5z^{-1})(1 - 0.3679z^{-1})}{(1 + 0.7183z^{-1})(1 - z^{-1})}$$

系统校正前、后的单位斜坡响应分别如图 B-15，图 B-16 所示。由图可见，系统响应在第二拍跟踪上单位斜坡信号，满足设计要求。若要求系统在单位阶跃输入时实现最少拍控制，读者不妨设计一试。

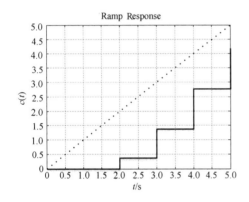

图 B-15　例 B-7 校正前系统的单位斜坡
　　　　响应图(MATLAB)

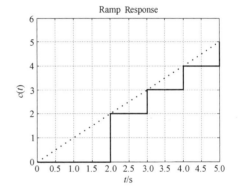

图 B-16　例 B-7 校正后系统的单位斜坡
　　　　响应图(MATLAB)

7. 非线性控制系统分析

非线性系统的分析以解决稳定性问题为中心，一般采用描述函数法和相平面法来进行分析。下面首先介绍常用的求解微分方程的命令，再结合具体实例说明其在非线性控制系统分析中的应用。

(1) 微分方程高阶数值解法

MATLAB 命令格式：[t, x]=ode45('fun', t, x0)

Python 命令格式：x=odeint('fun', x0, t)

其中，fun 为调用函数；t 为设定的仿真时间；x0 为系统的初始状态。

(2) 综合运用(非线性系统的稳定性分析)

例 B-8　设系统如图 B-17 所示。试分别用描述函数法和相平面法判断系统的稳定性，并画出系统 $c(0)=-3$，$\dot{c}(0)=0$ 的相轨迹和相应的时间响应曲线。

图 B-17　饱和非线性系统结构图

解　1) 描述函数法。非线性环节的描述函数为

$$N(A) = \frac{2}{\pi}\left[\arcsin\frac{2}{A} + \frac{2}{A}\sqrt{1-\left(\frac{2}{A}\right)^2} \right], \qquad A \geqslant 2$$

在复平面内分别绘制线性环节的 Γ_G 曲线和负倒描述函数 $-1/N(A)$ 曲线，由于 $G(s)$ 为线性环节

$$G(s) = -\frac{1}{N(A)}$$

利用频域奈氏判据可知，若 Γ_G 曲线不包围 $-1/N(A)$ 曲线，则非线性系统稳定；反之，则非线性系统不稳定。

MATLAB 程序如下：

```
G=zpk([ ],[ 0 -1],1);                    %建立线性环节模型
nyquist(G); hold on                      %绘制线性环节奈奎斯特曲线ΓG，图形保持
A=2:0.01:60;                             %设定非线性环节输入信号振幅范围
x=real(-1./((2*(asin(2./A)+(2./A).*sqrt(1-(2./A). ^2))/pi+j*0));     %计算负倒描述函数实部
y=imag(-1./((2*(asin(2./A)+(2./A).*sqrt(1- (2./A) .^2)))/pi+j*0));   %计算负倒描述函数虚部
plot(x,y);                               %绘制非线性环节的负倒描述函数
axis([-1.5 0 -1 1]);hold off            %重新设置图形坐标，取消图形保持
```

Python 程序如下：

```
import control as ctr
import matplotlib.pyplot as plt
import numpy as np

sys=ctr.tf(1,[1,1,0])                    #建立线性环节模型
ctr.nyquist_plot(sys)                    #绘制线性环节奈奎斯特曲线
A=np.arange(2,60,0.01)                   #设定非线性环节输入信号振幅范围
x=np.real(-1/((2*np.arcsin(2/A)+(2/A)*np.sqrt(-(2/A)**2))/np.pi+1j*0))     #计算负倒描述函数实部和
                                                                           虚部
```

```
y=np.imag(-1/((2*np.arcsin(2/A)+(2/A)*np.sqrt(-(2 /A)**2))/np.pi+1j*0))    #绘制负倒描述函数曲线
plt.plot(x,y)                                          #绘制非线性环节的负倒描述函数
plt.xlim(-1.5,0)                                       #重新设置图形坐标
plt.ylim(-1,1)
plt.title('Nyquist Diagram')
plt.xlabel('Real Axis')
plt.ylabel('Imaginary Axis')
plt.show()
```

运行上述程序后,作 Γ_G 曲线和负倒描述函数$-1/N(A)$曲线如图 B-18 所示。图中 Γ_G 曲线不包围$-1/N(A)$曲线。根据非线性稳定判据,该非线性系统稳定。

2) 相平面法。

描述该系统的微分方程为

$$\ddot{c}+\dot{c}=\begin{cases}2, & c<-2\\-c, & |c|<2\\-2, & c>2\end{cases}$$

图 B-18 例 B-8 系统描述函数法
稳定性分析(MATLAB)

在相平面上精确绘制$c-\dot{c}$曲线,需要首先确定上述系统微分方程在一定初始条件下的解,完成这一求解步骤一般十分困难。但借助于系统仿真软件,求解过程可以大大简化。进而通过分析相轨迹的运动形式,可直观地判断非线性系统的稳定性。

MATLAB 程序如下:

```
t=0:0.01:30;                        %设定仿真时间为 30s
c0=[-3 0] ';                        %给定初始条件 c(0)= -3, ċ(0) = 0
[t,c]=ode45('fun',t,c0);            %求解初始条件下的系统微分方程
figure(1)
plot(c(:,1),c(:,2)); grid          %绘制相平面图,其中 c(:,1)为 c(t)值, c(:,2) 为 ċ(t)值
figure(2)
plot(t,c(:,1)); grid;              %绘制系统时间响应曲线
xlabel('t(s) '); ylabel('c(t) ')   %添加坐标说明
```

调用函数 fun.m

```
function dc=fun(t, c)               %描述系统的微分方程
dc1=c(2);                           % c1 表示 c(t), c(2)表示 ċ(t) , d 表示一阶导数
if (c(1)<-2)
dc2=2-c(2);                         %当 c<−2 时, c̈ = 2 − ċ
elseif (abs(c(1))<2)
```

```
dc2= –c(1) –c(2);                  %当 | c | <2 时, c̈ = –c – ċ
else dc2= –2–c(2);                 %否则当 c>2 时, c̈ = –2 – ċ
end
dc=[dc1 dc2]';
```

Python 程序如下:

```python
import numpy as np
import matplotlib.pyplot as plt
from scipy.integrate import odeint

def fun(c, t):                     #描述系统的微分方程
    dc1 = c[1]                     #c[0]表示 c(t),c[1]表示 c'(t)
    if c[0] < -2:
        dc2 = 2 - c[1]
    elif abs(c[0]) < 2:
        dc2 = -c[0] - c[1]
    else:
        dc2 = -2 - c[1]
    return [dc1, dc2]

t = np.arange(0, 30, 0.01)         #设定仿真时间为 30s
c0 = np.array([-3, 0])             #给定初始条件
c = odeint(fun, c0, t)             #求解初始条件下的系统微分方程

plt.figure(1)
plt.plot(c[:, 0], c[:, 1])         #绘制相平面图
plt.grid(True)
plt.figure(2)
plt.plot(t, c[:, 0])               #绘制系统时间响应曲线
plt.grid(True)
plt.xlabel('t(s)')                 #添加坐标说明
plt.ylabel('c(t)')
plt.show()
```

　　运行上述程序后, 得系统相轨迹和相应的时间响应曲线分别如图 B-19 和图 B-20 所示。由图可见, 系统振荡收敛。系统的奇点为稳定焦点。

　　需指出的是, 对于带高阶线性环节的非线性系统, 借助 MATLAB 或 Python, 分段求解微分方程可以将高阶系统的运动过程转化为包括位置、速度和加速度等变量的多维空

间上的广义相轨迹，从而能直观、准确地反映系统的特性。

图 B-19　例 B-8 系统相轨迹(MATLAB)　　　图 B-20　例 B-8 系统时间响应曲线(MATLAB)

8. 控制系统状态空间分析

(1) 控制系统状态空间模型描述

设有 n 个状态、m 个输入和 p 个输出的线性定常系统的状态空间模型为

$$\dot{x}(t) = Ax(t) + Bu(t)$$
$$y(t) = Cx(t) + Du(t)$$

可以采用 ss 命令来建立状态空间模型。

命令格式：sys = ss(A,B,C,D,Ts)

其中，A、B、C、D 表示状态空间模型的系数矩阵；Ts 表示采样时间，缺省时描述的是连续系统。

(2) 系统模型转换

由于传递函数模型描述的是系统的外部特性，而状态空间模型描述的是系统的内部特性，它们之间存在着内在的等效关系。利用 tf2ss 命令可以实现传递函数模型到状态空间模型的转换，ss2tf 命令实现状态空间模型到传递函数模型的转换，ss2ss 实现状态空间模型之间的相似变换。相似变换后的系统状态空间模型矩阵与原模型矩阵关系为

$$\bar{A} = TAT^{-1}, \quad \bar{B} = TB, \quad \bar{C} = CT^{-1}$$

式中，T 为非奇异变换矩阵；A，B，C 为原模型系数矩阵；$\bar{A}$，$\bar{B}$，$\bar{C}$ 为变换后模型的系数矩阵。

命令格式：[A,B,C,D] = tf2ss(num,den)

[num,den] = ss2tf(A,B,C,D)

sysT= ss2ss(sys,T)

其中，num、den 分别为分子分母多项式降幂排列的系数向量；T 表示相似变换矩阵。

(3) 系统可控、可观测性分析

1) 可控、可观测性判断。系统的可控、可观测性是线性系统分析中的重要问题。考

虑线性定常连续系统

$$\dot{x}(t) = Ax(t) + Bu(t), \quad y(t) = Cx(t)$$

若系统完全可控，则

$$\text{rank} \begin{bmatrix} B & AB & \cdots & A^{n-1}B \end{bmatrix} = n$$

式中，n 为矩阵 A 的维数；$S = \begin{bmatrix} B & AB & \cdots & A^{n-1}B \end{bmatrix}$ 为系统的可控性矩阵。

若系统完全可观测，则

$$\text{rank} \begin{bmatrix} C \\ CA \\ \vdots \\ CA^{n-1} \end{bmatrix} = n$$

式中，n 为矩阵 A 的维数；$V = \begin{bmatrix} C \\ CA \\ \vdots \\ CA^{n-1} \end{bmatrix}$ 为系统的可观测性矩阵。

可分别使用 ctrb 和 obsv 命令求取系统的可控性矩阵和可观测性矩阵，再用 rank 命令求取矩阵的秩，与 n 比较后判断系统的可控、可观测性。

命令格式：S=ctrb(A,B)

V=obsv(A,C)

式中，S 为可控性矩阵；V 为可观测性矩阵。

2) 可控、可观测性分解。选取合适的线性变换，可以对系统进行结构分解，从而更明显地揭示出系统的结构特性和传递特性。MATLAB 中的 ctrbf 和 obsvf 命令可以直接用来对系统进行可控、可观测性分解。

可控性分解结构为

$$\begin{bmatrix} \dot{x}_{\bar{c}} \\ \dot{x}_c \end{bmatrix} = \begin{bmatrix} \bar{A}_{11} & 0 \\ \bar{A}_{21} & \bar{A}_{22} \end{bmatrix} \begin{bmatrix} x_{\bar{c}} \\ x_c \end{bmatrix} + \begin{bmatrix} 0 \\ \bar{B}_2 \end{bmatrix} u, \qquad y = \begin{bmatrix} \bar{C}_1 & \bar{C}_2 \end{bmatrix} \begin{bmatrix} x_{\bar{c}} \\ x_c \end{bmatrix}$$

式中，可控子系统动态方程为

$$\dot{x}_c = \bar{A}_{21} x_{\bar{c}} + \bar{A}_{22} x_c + \bar{B}_2 u, \qquad y_2 = \bar{C}_2 x_c$$

不可控子系统动态方程为

$$\dot{x}_{\bar{c}} = \bar{A}_{11} x_{\bar{c}}, \qquad y_1 = \bar{C}_1 x_{\bar{c}}$$

可观测性分解结构为

$$\begin{bmatrix} \dot{x}_{\bar{o}} \\ \dot{x}_o \end{bmatrix} = \begin{bmatrix} \bar{A}_{11} & \bar{A}_{12} \\ 0 & \bar{A}_{22} \end{bmatrix} \begin{bmatrix} x_{\bar{o}} \\ x_o \end{bmatrix} + \begin{bmatrix} \bar{B}_1 \\ \bar{B}_2 \end{bmatrix} u, \qquad y = \begin{bmatrix} \bar{C}_1 & 0 \end{bmatrix} \begin{bmatrix} x_{\bar{o}} \\ x_o \end{bmatrix}$$

式中，可观测子系统动态方程为

$$\dot{x}_o = \bar{A}_{22} x_o + \bar{B}_2 u, \quad y_2 = 0$$

不可观测子系统动态方程为

$$\dot{\boldsymbol{x}}_{\bar{o}} = \overline{\boldsymbol{A}}_{11}\boldsymbol{x}_{\bar{o}} + \overline{\boldsymbol{A}}_{12}\boldsymbol{x}_{o} + \overline{\boldsymbol{B}}_{1}\boldsymbol{u}, \boldsymbol{y}_{1} = \overline{\boldsymbol{C}}_{1}\boldsymbol{x}_{\bar{o}} = \boldsymbol{y}$$

命令格式：[Ac,Bc,Cc,T]=ctrbf(A,B,C)

[Ao,Bo,Co,T]=obsvf(A,B,C)

其中，Ac、Bc、Cc 为可控性分解后的系数矩阵；Ao、Bo、Co 为可观测性分解后的系数矩阵；T 为变换矩阵。

(4) 最小实现

对于不可控又不可观测的线性定常系统，其传递函数矩阵只能描述系统中可控且可观测的那一部分，是对系统结构的一种不完全描述。从状态空间角度，系统规范分解后的可控、可观测子系统为原系统的最小实现。而从传递函数角度，将系统传递函数零、极点对消后，所得的模型为最小实现形式。MATLAB 中的 minreal 命令可用来直接求取系统的最小实现。目前在 Python 中没有直接求取系统最小实现的命令，读者可以参阅相关资料自行编写函数实现，这里给出一个参考程序，限于篇幅这里不再赘述。

系统最小
实现Python
程序

命令格式：sysr = minreal(sys)

(5) 李雅普诺夫稳定性分析

1) 李雅普诺夫第一法(间接法)。

李雅普诺夫第一法是利用状态方程解的特性来判断系统稳定性的方法。系统的唯一平衡状态 $\boldsymbol{x}_e = 0$ 渐近稳定的充分必要条件是：$\boldsymbol{A}$ 的所有特征根均具有负实部。求取矩阵的特征根可以采用 eig 命令。

命令格式：e=eig(A)

2) 李雅普诺夫第二法(直接法)。

李雅普诺夫第二法是通过构造李雅普诺夫函数来判断系统稳定性的方法。线性定常系统 $\dot{\boldsymbol{x}} = \boldsymbol{A}\boldsymbol{x}$ 的原点平衡状态 $\boldsymbol{x}_e = 0$ 渐近稳定的充分必要条件是：对于任意给定的一个正定对称矩阵 $\boldsymbol{Q}$，有唯一的正定对称矩阵 $\boldsymbol{P}$ 使

$$\boldsymbol{A}^{\mathrm{T}}\boldsymbol{P} + \boldsymbol{P}\boldsymbol{A} = -\boldsymbol{Q}$$

成立。在 MATLAB 中可以调用 lyap 函数直接求解对称矩阵 $\boldsymbol{P}$，判断系统稳定性。

命令格式：P=lyap(A',Q)

其中，$\boldsymbol{Q}$ 为选择的正定或半正定矩阵；A'为矩阵 $\boldsymbol{A}$ 的转置；P 为李雅普诺夫方程的解。

(6) 系统极点配置

命令格式：K=acker(A,b,P)

K=place(A,B,P)

其中，K 为状态反馈矩阵；P 为希望配置的极点位置。acker 命令用于 SISO 系统，而 place 命令用于 MIMO 系统。

(7) 综合应用

例 B-9　设系统状态方程为

$$\dot{\boldsymbol{x}}(t) = \begin{bmatrix} -2 & 2 & -1 \\ 0 & -2 & 0 \\ 1 & -4 & 0 \end{bmatrix} \boldsymbol{x}(t) + \begin{bmatrix} 0 \\ 1 \\ 1 \end{bmatrix} u(t), y(t) = \begin{bmatrix} 1 & 0 & 1 \end{bmatrix} \boldsymbol{x}(t), \boldsymbol{x}(0) = \begin{bmatrix} 1 \\ -2 \\ 3 \end{bmatrix}$$

要求：

1) 判断系统的稳定性，并绘制系统的零输入状态响应曲线；

2) 求系统传递函数，并绘制系统在初始状态作用下的输出响应曲线；

3) 判断系统的可控性，如有可能，将系统状态方程化为可控标准型；

4) 判断系统的可观测性，对系统进行可观测性分解，并求出系统的最小实现。

解　1) 利用李雅普诺夫第二法判断系统的稳定性。选定 Q 为单位阵，求解李雅普诺夫方程，得对称矩阵 P。若 P 正定，即 P 的全部特征根均为负数，系统稳定。

2) 系统的传递函数 $G(s) = c(sI - A)^{-1}b$。

3) 系统的可控标准型实现可按如下步骤求解：

① 计算系统的可控性矩阵 S，并利用秩判据判断系统的可控性；

② 若系统可控，计算可控性矩阵的逆阵 S^{-1}；

③ 取出 S^{-1} 的最后一行构成 p_1 行向量；

④ 构造 T 阵

$$T = \begin{bmatrix} p_1 \\ p_1 A \\ \vdots \\ p_1 A^{n-1} \end{bmatrix}$$

⑤ 利用相似变换矩阵 T 将非标准型可控系统化为可控标准型。

4) 计算系统的可观测性矩阵 V，利用秩判据判断系统的可观测性，并对系统进行可观测性分解，其中的可控、可观测子系统即为系统的最小实现。

MATLAB 程序如下：

```
A=[–2 2 –1;0 –2 0;1 –4 0];b=[0 1 1]';c=[1 0 1];d=0;
N=size(A);n=N(1);
Q=eye(3);                              %选定 Q 为单位阵
P=lyap(A',Q)                           %求对称阵 P
e=eig(P)                               %利用特征值判断对称阵 P 是否正定
sys=ss(A,b,c,d);                       %建立系统的状态空间模型
[y,t,x]=initial(sys,[ 1 -2 3]');       %计算系统的零输入响应
figure(1)
plot(t,x); grid                        %绘制系统零输入响应状态曲线
xlabel('t(s)');ylabel('x(t)');title('initial response');
figure(2)
plot(t,y);grid                         %绘制系统零输入响应输出曲线
xlabel('t(s)');ylabel('y(t)');title('initial response');
[num,den]=ss2tf(A,b,c,d)               %将系统状态空间模型转换成传递函数模型
S=ctrb(A,b);                           %计算可控性矩阵 S
f=rank(S)                              %通过 rank 命令求可控性矩阵的秩
if f==n                                %判断系统的可控性
```

```
    disp('system is controlled')
else
    disp('system is no controlled')
end
V=obsv(A,c);                              %计算可观测性矩阵 V
m=rank(V)                                 %求可观测性矩阵的秩
if m==n                                   %判断系统的可观测性
    disp('system is observable')
else
    disp('system is no observable')
end
S1=inv(S);                                %通过 inv 命令求矩阵的逆 S⁻¹
T=[S1(3,:);S1(3,:)*A;S1(3,:)*A^2];        %求变换矩阵 T
sys1=ss2ss(sys, T)                        %通过相似变换矩阵 T 将系统化为可控标准型
[A1,b1,c1, T1]=obsvf(A,b,c)               %系统可观测性分解
sysr=minreal(sys);                        %求系统的最小实现
```

Python 程序如下：

```python
import control as ctr
import matplotlib.pyplot as plt
import numpy as np

A=np.array([[-2,2,-1], [0,-2,0],[1,-4,0]])
b=np.array(np.transpose([[0,1,1]]))
c=np.array([[1,0,1]])
d=0
N=A.shape
n=N[1]
Q=np.eye(3)                               #选定 Q 为单位阵
P=ctr.lyap(np.transpose(A),Q)             #求对称阵 P
e= np.linalg.eig(P)                       #利用特征值判断对称阵 P 是否正定
sys=ctr.ss(A,b,c,d)                       #建立系统的状态空间模型
t= np.arange(0, 7, 0.01)
t,y,x=ctr.forced_response(sys,t, X0=np.transpose([1,-2,3]),return_x =True)
plt.plot(t,np.transpose(x))               #绘制系统零输入响应状态曲线
plt.grid(1)
plt.xlabel('t(s)')
plt.ylabel('x(t)')
plt.title('initial response')
```

```
plt.show()
plt.plot(t,y)                          #绘制系统零输入响应输出曲线
plt.grid(1)
plt.xlabel('t(s)')
plt.ylabel('y(t)')
plt.title('initial response')
plt.show()
sys2=ctr.ss2tf(sys)                    #将系统状态空间模型转换成传递函数模型
S=ctr.ctrb(A,b)                        #计算可控性矩阵 S
f=np.linalg.matrix_rank(S)             #求可控性矩阵的秩
if(f==n):                              #判断系统的可控性
    print('system is controlled')
else:
    print('system is no controlled')
V=ctr.obsv(A,c)                        #计算可观测性矩阵 V
m=np.linalg.matrix_rank(V)             #求可观测性矩阵的秩
if(m==n):                              #判断系统的可观测性
    print('system is observable')
else:
    print('system is no observable')
sys1=ctr.canonical_form(sys, form='reachable')   #将系统化为可控标准型
```

运行上述程序后，结果如下：

1) 由于对称矩阵 $P = \begin{bmatrix} 0.5 & -0.7778 & 0.5 \\ -0.7778 & 3.6944 & -2.1111 \\ 0.5 & -2.111 & 1.5 \end{bmatrix}$ 正定，可知系统稳定。当然上述

MATLAB 程序的第 2～5 行命令完全可以替换成如下命令：

```
e=eig(A)                               %计算系统的特征根
```

得结果为 $\lambda_1 = \lambda_2 = -1$，$\lambda_3 = -2$，全部为负，也可得出系统稳定的结论。

2) 系统的传递函数

$$\Phi(s) = \frac{s^2 + s}{s^3 + 4s^2 + 5s + 2}$$

系统零输入响应的状态曲线和输出曲线分别如图 B-21 和图 B-22 所示。

3) 由于可控性矩阵满秩，所以系统完全可控。利用变换矩阵 T 得系统的可控标准型为

$$\dot{x}(t) = \begin{bmatrix} 0 & 1 & 0 \\ 0 & 0 & 1 \\ -2 & -5 & -4 \end{bmatrix} x(t) + \begin{bmatrix} 0 \\ 0 \\ 1 \end{bmatrix} u(t), \quad y(t) = \begin{bmatrix} 0 & 1 & 1 \end{bmatrix} x(t)$$

4) 由于可观测性矩阵的秩为 2，非满秩，系统状态不完全可观测。观测性分解结果为

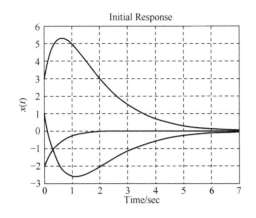

图 B-21　例 B-9 系统零输入时状态
响应曲线(MATLAB)

图 B-22　例 B-9 系统零输入时输出
响应曲线(MATLAB)

$$\dot{x}(t) = \begin{bmatrix} -1 & -4.2426 & 2 \\ 0 & -2 & 0 \\ 0 & -1.4142 & -4 \end{bmatrix} x(t) + \begin{bmatrix} -0.7071 \\ -1 \\ -0.7071 \end{bmatrix} u(t)$$

$$y(t) = \begin{bmatrix} 0 & 0 & -1.4142 \end{bmatrix} x(t)$$

系统最小实现为

$$\dot{x}(t) = \begin{bmatrix} -1 & -1.414 \\ 0 & -2 \end{bmatrix} x(t) + \begin{bmatrix} -0.7071 \\ -1 \end{bmatrix} u(t), \quad y(t) = \begin{bmatrix} -1.414 & 0 \end{bmatrix} x(t)$$

例 B-10　设线性定常系统的状态方程为

$$\dot{x}(t) = \begin{bmatrix} -2 & -2.5 & -0.5 \\ 1 & 0 & 0 \\ 0 & 1 & 0 \end{bmatrix} x(t) + \begin{bmatrix} 1 \\ 0 \\ 0 \end{bmatrix} u(t), \quad y(t) = \begin{bmatrix} 1 & 4 & 3.5 \end{bmatrix} x(t)$$

$$x(0) = \begin{bmatrix} 1 \\ -0.75 \\ 0.4 \end{bmatrix}$$

试问：

1) 能否通过状态反馈将系统的闭环极点配置在 -1、-2 和 -3 处? 如有可能，求出上述极点配置的反馈增益向量 k;

2) 当系统的状态不可直接测量时，能否通过状态观测器来获取状态变量? 如有可能，试设计一个极点位于 -3、-5 和 -7 的全维状态观测器。

解　本题设计步骤如下：

1) 检查系统的可控、可观测性。若被控系统可控可观测，则满足分离定理，用状态观测器估值形成状态反馈时，其系统的极点配置和观测器设计可分别独立进行。

2) 对于系统 $\dot{x} = Ax + bu$，选择状态反馈控制律 $u = -kx + v$，使得通过反馈构成的闭环系统极点，即 $(A-bk)$ 的特征根配置在期望极点处。

3) 构造全维状态观测器 $\dot{\hat{x}} = A\hat{x} + bu - hc(\hat{x} - x) = (A - hc)\hat{x} + bu + hy$，设计观测器输

出反馈阵 **h**，使得观测器极点，即(**A**–**hc**)的特征根位于期望极点处。

4) 利用分离定理分别设计上述状态反馈控制律和观测器，得复合系统动态方程为

$$\begin{bmatrix} \dot{x} \\ \dot{\hat{x}} \end{bmatrix} = \begin{bmatrix} A & -bk \\ hc & A-bk-hc \end{bmatrix} \begin{bmatrix} x \\ \hat{x} \end{bmatrix} + \begin{bmatrix} b \\ b \end{bmatrix} v$$

$$y = \begin{bmatrix} c & 0 \end{bmatrix} \begin{bmatrix} x \\ \hat{x} \end{bmatrix}$$

MATLAB 程序如下：

```
A=[-2 -2.5 -0.5;1 0 0;0 1 0];b=[1 0 0]';
c=[1 4 3.5];d=0;
N=size(A);n=N(1);
sys0=ss(A,b,c,d);                         %建立系统状态空间模型
S=ctrb(A,b)                               %求{A,b}可控性矩阵的秩
f=rank(S);                                %求可控性矩阵的秩
if f==n                                   %判断系统的可控性
    disp('system is controlled')
else
    disp('system is no controlled')
end
V=obsv(A,c)                               %计算系统可观测性矩阵
m=rank(V);                                %求{A,c}可观测性矩阵的秩
if m==n                                   %判断系统的可观测性
    disp('system is observable')
else
    disp('system is no observable')
end
P-s=[-1 -2 -3];                           %系统的期望配置极点
k=acker(A,b, P-s)                         %计算系统的反馈增益向量 k
P-o=[-3 -5 -7]                            %观测器的期望配置极点
h=(acker(A',c',P-o))'                     %计算观测器输出反馈向量
A1=[A -b*k;h*c A-b*k-h*c];b1=[b;b];c1=[c zeros(1,3)];
d1=0;
x0=[1 -0.75 0.4]';x10=[0 0 0]';
sys=ss(A1,b1,c1,d1);                      %建立复合系统动态模型
t=0:0.01:4;
[y,t,x]=initial(sys,[x0;x10],t);          %计算系统的零输入响应
figure(1);
plot(t,x(:,1:3));grid                     %零输入响应系统状态曲线
xlabel('t(s)');ylabel('x(t)');
figure(2)
plot(t,x(:,4:6));grid;                    %零输入响应观测状态曲线
xlabel('t(s)');ylabel('x(t)');
figure(3)
plot(t,(x(:,1:3)-x(:,4:6)));grid;         %零输入响应状态误差曲线
```

xlabel('t(s)');ylabel('e(t)');

在 MATLAB 中运行上述程序后，结果如下：

1) 由于系统可控，满足极点配置条件，得反馈增益向量 **k**=[4 8.5 5.5]。

2) 由于系统可观测，满足观测器极点配置条件，得观测器输出反馈向量

$$\boldsymbol{h}=[35.2324 \ -19.8169 \ 16.2958]^{\mathrm{T}}$$

设初始观测状态 $\hat{\boldsymbol{x}}(0)=[0 \ 0 \ 0]^{\mathrm{T}}$，那么系统零输入响应的系统状态曲线、观测状态曲线和状态误差曲线分别如图 B-23，图 B-24 和图 B-25 所示。本题在 MATLAB 的 Simulink 环境下也可以方便地得到下列曲线，此方法将在 Simulink 建模与仿真这一部分中介绍。

图 B-23　例 B-10 系统零输入时状态
　　　　响应曲线(MATLAB)

图 B-24　例 B-10 系统零输入时观测器状态
　　　　响应曲线(MATLAB)

图 B-25　例 B-10 系统零输入时状态误差响应曲线(MATLAB)

9. 控制系统的最优控制

(1) 里卡蒂方程的求解

在系统最优控制的设计过程中，经常需要求解里卡蒂方程，可以采用如下函数来求解。

命令格式：[P,l,g]=care(A,B,Q,R)

其中，P 就是里卡蒂方程

$$A^{\mathrm{T}}P + PA - PBR^{-1}B^{\mathrm{T}}P + Q = 0$$

的解。

(2) 最优调节器设计

另外，采用最优状态调节器设计命令 lqr 和最优输出调节器设计命令 lqry，可以大大减小设计过程中的计算量。

命令格式：　[K,P,e]=lqr(A,B,Q,R)

[K,P,e]=lqry(A,B,C,D,Q,R)

其中，K 表示状态反馈矩阵；P 表示里卡蒂方程的解；e 表示最优闭环系统的特征根。

下面结合具体实例说明上述命令的具体应用。

(3) 综合运用(无限时间最优调节器设计)

例 B-11　设系统状态方程

$$\dot{x}_1(t) = u(t), x_1(0) = 0$$
$$\dot{x}_2(t) = x_1(t), x_2(0) = 1$$

性能指标

$$J = \frac{1}{2}\int_0^\infty \left[x_2^2(t) + \frac{1}{4}u^2(t) \right] \mathrm{d}t$$

试求最优控制 $u^*(t)$ 和最优指标 J^*。

解　本例为无限时间最优调节器问题。由题意

$$A = \begin{bmatrix} 0 & 0 \\ 1 & 0 \end{bmatrix}, \quad b = \begin{bmatrix} 1 \\ 0 \end{bmatrix}, \quad Q = \begin{bmatrix} 0 & 0 \\ 0 & 1 \end{bmatrix}, \quad r = \frac{1}{4}$$

令 $D^\mathrm{T}D = Q$，得 $D^\mathrm{T} = [0\ 1]$。

下面进行如下步骤计算：

1) 检验{A, b}的可控性和{A, D}的可观测性。若系统完全可控可观测，则最优控制 $u^*(t)$ 存在且最优闭环系统渐近稳定。

2) 求解里卡蒂方程

$$A^\mathrm{T}P + PA - Pbr^{-1}b^\mathrm{T}P + Q = 0$$

得到对称矩阵 P。

3) 由矩阵 P 确定最优控制 $u^*(t)$，其中

$$u^*(t) = -\frac{1}{r}b^\mathrm{T}Px(t)$$

4) 计算最优指标 J^*，其中

$$J^* = \frac{1}{2}x^\mathrm{T}(0)Px(0)$$

MATLAB 程序如下：

```
A=[0 0;1 0];b=[1;0];Q=[0 0;0 1];r=1/4;
x0=[0;1];D=[0 1];
N=size(A);n=N(1);
control-matrix=ctrb(A,b);                    %求 {A,b} 可控性矩阵的秩
```

```
f=rank(control-matrix);                    %判断系统的可控性
if f==n
      disp('system is controlled')
else
      disp('system is no controlled')
end
obsver-matrix=obsv(A,D);                    %求{A,D}可观测性矩阵的秩
m=rank(obsver-matrix);                      %判断{A,D}的可观测性
if m==n
      disp('system is observable')
else
      disp('system is no observable')
end
[P,l,g]=care(A,b,Q,r);                      %求解里卡蒂方程，得矩阵 P
k=(1/r)*b'*P;                               %计算状态反馈向量
J=(1/2)*(x0)'*P*x0                          %计算最优指标 J*
```

Python 程序如下：

```python
import numpy as np
import control as ctr


A = np.array([[0, 0], [1, 0]])
b = np.transpose(np.array([[1, 0]]))
Q = np.array([[0, 0], [0, 1]])
r = 1 / 4
x0 = np.transpose(np.array([0, 1]))
D = np.array([0, 1])
N = A.shape
n = N[0]
control_matrix = ctr.ctrb(A,b)
f = np.linalg.matrix_rank(control_matrix)      #计算{A,b}的可控性矩阵的秩
if f == n:                                     #判断系统的可控性
    print("system is controlled")
else:
    print("system is not controlled")
obs_matrix = ctr.obsv(A, D)                     #计算{A,D}的可观测性矩阵的秩
m = np.linalg.matrix_rank(obs_matrix)
if m == n:                                      #判断{A,D}的可观测性
    print("system is observable")
else:
```

```
        print("system is not observable")
    [P, l, g] = ctr.care(A, b, Q, r)                    #求解里卡蒂方程，得到矩阵 P
    k = (1 / r) * b.T @ P                               #计算状态反馈向量 k
    J = (1 / 2) * x0.T @ P @ x0                         #计算最优指标 J*
```

运行上述程序后，得 $P = \begin{bmatrix} 0.5 & 0.5 \\ 0.5 & 1 \end{bmatrix}$，最优控制为 $u^*(t) = -2x_1(t) - 2x_2(t)$，最优指标 $J^* = 0.5$。最优闭环系统的特征根 $\lambda_1 = -1 + j, \lambda_2 = -1 - j$，由特征值判据可知，闭环系统渐近稳定。

上述程序中的倒数第 2、3 行完全可以利用 lqr 命令替换为

$$[K, P, e] = lqr(A, b, Q, r)$$

结果完全一致，读者不妨一试。

10. Simulink 建模与仿真

Simulink 是 MATLAB 提供的一种框图式建模、分析和仿真的交互环境。通过 Simulink 提供的功能模块，可以迅速地在模型窗口创建系统模型，然后利用其强大的数据计算功能对系统进行仿真和定性分析，其最大的优点体现在进行复杂系统的分析时，不需要编程，建模、仿真过程简便直观。

下面结合实例，重点介绍 Simulink 的基本操作及其在控制系统仿真中的部分应用。

(1) 综合运用(延迟系统的仿真)

例 B-12 设系统如图 B-26 所示，试绘制该系统的单位阶跃响应曲线。

图 B-26   延迟系统结构图

解   本题属于连续延迟系统的仿真问题，可以考虑在 Simulink 环境中按下列步骤进行：

1) 建立模型。

① 新建模型编辑窗口。在 MATLAB 的命令窗口中键入 simulink 命令，或用鼠标点击 MATLAB 主界面的 图标，打开系统模型库，如图 B-27 所示。这一模型库包含了 Continuous(连续环节)，Discontinuities (非线性环节)，Discrete(离散环节)，Math Operations(数学运算环节)，Sinks(输出方式)，Sources(输入源)等控制系统分析与设计过程中常用的子模型库。

利用系统模型库界面的 File|New|Model 菜单项或 图标新建一个空白的模型编辑窗口，如图 B-28 所示。

② 建立开环系统模型。对于本题，点击 Continuous(连续环节)子模型库，选择其模型库中的 Transfer Fcn(传递函数)模块 $\boxed{\frac{1}{s+1}}$，并将其拖到模型窗口中，再释放鼠标。该模块传递函数的初始形式为 $1/(s+1)$，若要改变其形式，双击该图标，出现如图 B-29

图 B-27 Simulink 模型库

所示的模块参数对话框，分别在 Numerator(分子)和 Denominator(分母)引导的编辑框中填写系统传递函数降幂排列的分子、分母多项式系数向量[0.5]和[1 2 2 0]，然后选择 OK 按钮，即可建立无延迟系统的开环传递函数。

由于本题系统存在延迟环节，因此，同样在 Continuous(连续环节)子模型库中选择 Transport Delay(传递函数延迟环节)模块 ，也将其拖到模型窗口中，双击图标，然后在如图 B-30 所示的模块参数对话框 Time delay(延迟时间)引导的编辑框中输入 0.5，选择 OK 按钮即完成设置。

③ 确立负反馈信号输入。对于负反馈系统，可首先在 Math Operations(数学运算环节)子模型库中选择 Sum(综合)模块 ，将其拖入模型窗口中。双击该图标得到如图 B-31 所示对话框，在 List of sign(符号列表)引导的编辑框中键入+−符号(缺省为++)，符号数目表示综合模块输入个数(缺省为 2 输入)，然后选择 OK 按钮，完成反馈属性的(正、负)修正。另外在 Icon shape 引导框中可选择综合模块的样式(圆形或方形，缺省为圆形)。

图 B-28 新建模型窗口

图 B-29　传递函数模块对话框　　　　图 B-30　传递函数延迟环节对话框

另外，由于反馈增益为 2，同样可在 Math Operations(数学运算环节)子模型库中选择 Gain(增益)模块，将其拖入模型窗口后双击该图标，在 Gain(增益)引导的编辑框中输入 2，然后选择 OK 按钮，完成增益设置。为使下面模型连接方便，用鼠标右键单击该图标，选择 Format|Flip Block 菜单项，可实现模块 180° 翻转。

④ 确定输入信号。在 Sources(输入源)子模型库中包含了 Step(阶跃输入信号)，Ramp(斜坡输入信号)和 Sine Wave(正弦输入信号)等。本题需要将 Sources(输入源)子模型库中的 Step(阶跃输入信号)模块拖入模型窗口。由于 Simulink 缺省的阶跃输入模块的跳跃时间是在 1s，而经常使用的是在 0 时刻，完成这一步骤需要双击该模块图标，在如图 B-32 所示对话框的 Step time(阶跃时刻)编辑框中输入 0。当然用户还可以修改 Initial value(初始值)和 Final value(终止值)引导的编辑框来重新定义阶跃信号。

图 B-31　综合模块对话框　　　　　图 B-32　阶跃输入对话框

图 B-33 工作空间对话框

图 B-34 Simulink 环境下的系统模型

⑤ 确定仿真输出方式。输出模块是在 Sinks(输出方式)子模型库中给出的。从中选择 Scope(示波器)模块，将其拖到模型窗口即可，用户还可以根据自己的需要设定横、纵坐标的范围。

当然，用户也可以利用 Sinks(输出方式)子模型库中的 To Workspace 模块 simout 和 Sources(输入源)子模型库中的 Clock(时钟)模块，将仿真结果和仿真时间存到 MATLAB 的工作空间。双击 To Workspace 模块的图标，在如图 B-33 所示对话框 Variable name(变量名)引导的编辑框中分别输入自定义变量名 t，c，并将 Save format(数据存储形式)框选为 Array(列向量形式)，再利用前面介绍的命令 plot(t, c)绘制图形，可对结果做进一步的处理。

⑥ 模块连接。各个模块参数设定以后，用鼠标先点一下起点模块的输出端(三角符号)，然后拖动鼠标，这时就会出现一条带箭头的直线，将箭头拉到终点模块的输入端再释放鼠标，两个模块就连接了起来。依此多次操作，建立系统模型如图 B-34 所示。

2) 系统仿真。建立起系统模型以后，选择 Simulation|Simulation parameters 菜单，设定仿真控制参数。在其对话框的 Stop time(结束时间)编辑框中输入 20，即本题设定仿真时间为 20s，选择 OK 按钮完成仿真设定。然后选择 Simulation|Start 菜单选项或 ▶ 图标启动仿真，得到系统单位阶跃响应曲线如图 B-35 所示。

(2) 综合运用(复杂系统仿真)

考虑控制系统状态空间分析部分的例 B-10。由于 Simulink 的 Continuous(连续环节)子模型库中含有一个 State-Space(状

图 B-35 系统阶跃响应示波器输出曲线(Simulink)

态空间)模块 $\boxed{\begin{array}{l} x' = Ax+Bu \\ y = Cx+Du \end{array}}$，利用该模块及设计结果，建立的复合系统模型如图 B-36 所示，并以.mdl 格式保存。

　　若把状态空间表达式分解成状态变量方程组，也可按照例 B-12 的方法建立由各个子系统组成的复合系统模型，如图 B-37 所示。由图可见，对于本题，第二种方法搭建的过程十分烦琐，而实现的功能完全一致。因此下面仅介绍图 B-36 中各模块的参数设定方法。

图 B-36　Simulink 环境下的复合系统模型

图 B-37　Simulink 环境下的复合系统模型

　　双击图 B-36 上方的状态空间模块，在图 B-38 所示参数对话框 A，B，C 和 D 引导的编辑框中分别输入[-2　-2.5　-0.5;1　0　0;0　1　0], [1;　0;　0], eye(3)和[0;0;0]。注意，矩阵要维数匹配，这样该模块输出的就是状态变量。另外由于 $x(0) = [1　-0.75　0.4]^T$，可在 Initial conditions 引导的编辑框中输入[1　-0.75　0.4]，选择 OK 按钮，即完成设置。

　　系统输出 $y = cx$，利用上述状态空间模块的输出，双击图 B-36 上方的增益模块，得到如图 B-39 所示的对话框，在 Gain 引导的编辑框中输入[1　4　3.5]，并在 Multiplication 引导的框中选择 Matrix(K*u)(矩阵乘方式，缺省为点乘)，最后选择 OK 按钮，即完成设置。

　　由于观测器状态方程 $\dot{x} = (A - hc)\hat{x} + bu + hy$，根据例 B-10 的设计结果，$h = [35.2324　-19.8169　16.2958]^T$，双击图 B-36 下方的状态空间模块，得到的对话框如图 B-40 所示，在 A，B，C 和 D 引导的编辑框中分别输入[-2　-2.5　-0.5;1　0　0;0　1　0]-[35.2324;-19.8169;16.2958]*[1　4　3.5], [35.2324;-19.8169;16.2958], eye(3)和[0;0;0]。因 $\dot{x} = 0$，这样该模块输出的就是观测状态。再利用观测状态，根据设计结果 $v = u - k\hat{x} = u - [4　8.5　5.5]\hat{x}$，在图 B-36 下方增益模块 Gain 引导的编辑框中输入[4　8.5　5.5]，并选择矩阵乘方式，最后选择 OK 按钮即完成该设置。

　　运行上述仿真，得系统状态响应曲线、观测器状态响应曲线和状态误差响应曲线，与图 B-23、图 B-24 和图 B-25 分析结果基本相同。此处不再列出，读者可以一试。

图 B-38　原系统状态空间对话框　　图 B-39　增益模块对话框　　图 B-40　观测器状态空间对话框

(3) 综合运用(离散系统仿真)

　　考虑例 B-7 系统在 Simulink 环境下的仿真。由于该系统含有零阶保持器，单击 Discrete(离散环节)子模型库，选择其模型库中的 Zero-Order Hold(零阶保持)模块，然后与其他模块连接，如图 B-41 所示，其中输出端的零阶保持器是为了使连续信号离散采样输出。

　　由于采样时间 $T=1s$，双击零阶保持模块，在如图 B-42 所示对话框的 Sample time(采样时间)编辑框中输入 1，选择 OK 按钮便完成其设定。

　　当然，也可以考虑用 Discrete(离散环节)子模型库中的 Discrete Zero-Pole(零、极点形式的离散系统)模块 $\dfrac{(z-1)}{z(z-0.5)}$ 来替代图 B-41 中的开环系统模型，如图 B-43 所示。

图 B-41　Simulink 环境下的离散系统模型

图 B-42　零阶保持器对话框

图 B-43　Simulink 环境下的离散系统模型

根据例 B-7 的求解，离散开环系统传递函数为

图 B-44　零极点形式离散系统的对话框

$$G(z) = \frac{0.368(z + 0.717)}{(z - 1)(z - 0.368)}$$

双击 Discrete Zero-Pole 模块，在图 B-44 所示参数对话框 Zeros(零点)、Poles(极点)和 Gain(增益)引导的编辑框中分别输入[–0.717]，[1 0.368] 和 [0.368], 选择 OK 按钮便完成其设置。

对图 B-41 或图 B-43 启动仿真，要求各个模块采样时间及其仿真采样时间一致，得到的系统单位斜坡响应曲线与图 B-15 一致，此处不再列出。读者可以试着在图 B-43 的基础上加入数字控制器 $D(z)$,实现最小拍控制。

采用 MATLAB、Python 进行控制系统分析与设计还远不止本附录中所介绍的内容，这里仅仅起到引导的作用。至于更多更好的方法，读者可以自行摸索或参阅相关专著。现将常用的 MATLAB 命令列于表 B-1 中。

表 B-1　MATLAB 命令索引

函数名	功能说明	函数名	功能说明
abs	求绝对值或复数幅值	det	计算矩阵的行列式
acker	SISO 系统的极点配置	diag	建立对角矩阵或获取对角元素
acos	计算反余弦	diff	差分函数或近似微分
angle	计算相角	dlqr	离散系统的线性二次型调节器设计
ans	为表达式而创建的缺省变量	dlyap	求解离散系统的李雅普诺夫方程
are	求解代数里卡蒂方程	eig	计算矩阵的特征值和特征向量
asin	计算反正弦	else	与 if 一起使用的转移语句
atan	计算反正切	elseif	条件转移语句
axis	设定坐标轴的范围	end	结束控制语句
bode	生成 Bode 频率响应图	exp	计算以 e 为底的指数函数
break	中断循环执行语句	expm	计算以 e 为底的矩阵指数函数
c2d	将连续系统变换成离散系统	eye	生成单位矩阵
care	求解代数里卡蒂方程	feedback	两个系统的反馈连接
clc	清除命令窗口显示	figure	创建图形窗口
clear	删除内存中的变量和函数	filter	一维数字滤波器
clf	清除当前图形窗口	for	循环控制语句
collect	符号计算中同类项合并	format	设置输出格式
conj	求共轭复数	global	定义全局变量
conv	多项式相乘或卷积	gram	求可控和可观测的 Gram 矩阵
corrcoef	计算相关系数	grid	在图形上加网格线
cos	计算余弦	gtext	在鼠标指定的位置添加说明
cov	计算协方差矩阵	help	打开帮助主题的清单
ctrb	计算可控性矩阵	hold off	取消当前图形保持，与 hold on 相对应
ctrbf	对系统进行可控性分解	hold on	当前图形保持，与 hold off 相对应
d2c	将离散系统变换成连续系统	i	$\sqrt{-1}$
deconv	多项式相除或逆卷积	if	条件转移语句

函数名	功能说明	函数名	功能说明
ilaplace	拉普拉斯反变换，与 laplace 相对应	nyquist	绘制奈奎斯特图
imag	计算复数虚部	obsv	计算可观测性矩阵
impulse	计算系统的单位脉冲响应	obsvf	对系统进行可观测性分解
initial	计算系统的零输入响应	ode23	微分方程低阶数值解法
inline	构造内联函数对象	ode45	微分方程高阶数值解法
inv	求矩阵的逆	ones	生成元素全部为 1 的矩阵
iztrans	z 反变换，与 ztrans 相对应	parallel	两个系统的并联连接
j	虚数单位	pi	圆周率π
Jordan	求约当标准型	place	MIMO 系统的极点配置
laplace	拉普拉斯变换，与 ilaplace 相对应	plot	绘制线性坐标图形
limit	计算极限值	ploy	求矩阵的特征多项式
log	求自然对数	ployval	多项式求值
log10	求常用对数	ployvalm	多项式矩阵求值
lqe	线性二次估计器设计	prod	对向量中各元素求积
lqr	连续系统的线性二次型调节器设计	pzmap	绘制线性系统的零、极点图
lsim	计算系统在任意输入和初始条件下的时间响应	quad	低阶法计算数值积分
lyap	求解连续系统的李雅普诺夫方程	quad8	高阶法计算数值积分
margin	从频率响应中求幅值裕度、相角裕度及其对应的截止频率、穿越频率	rank	求矩阵的秩
max	求向量中的最大元素	real	计算复数实部
mean	求向量元素均值	residue	部分分式展开
mesh	三维网格图形绘制	rlocfind	由根轨迹的一组根确定相应的增益
min	求向量中的最小元素	rlocus	计算根轨迹
minreal	求系统的最小实现或零、极点对消后的传递函数	roots	求多项式的根
NaN	不定式表示	semilogx	绘制 x 轴半对数坐标图形
ngrid	在尼柯尔斯图中绘制网格	semilogy	绘制 y 轴半对数坐标图形
nichols	绘制尼柯尔斯频率响应图	series	两个系统的串联连接
norm	计算矩阵的范数	sign	符号函数

续表

函数名	功能说明	函数名	功能说明
sin	计算正弦	tf	系统的传递函数描述
size	查询矩阵的维数	tf2ss	将传递函数形式转变为状态空间形式
solve	求解代数方程	tf2zp	将传递函数模型转换成零、极点模型
sqrt	计算平方根	title	在当前图形中添加标题
ss	系统的状态空间描述	trace	求矩阵的迹
ss2ss	状态空间的相似变换	tzero	求传递零点
ss2tf	将状态空间形式转变为传递函数形式	while	循环控制语句
step	计算系统的单位阶跃响应	xlabel	在图形上添加 x 坐标说明
subplot	将图形窗口分割为若干子窗口	ylabel	在图形上添加 y 坐标说明
sum	对向量中各元素求和	zeros	生成零矩阵
syms	创建符号对象	zp2tf	将零、极点模型转换成传递函数模型
tan	计算正切	zpk	系统的零、极点描述
text	在图形上添加文字说明	ztrans	z 变换，与 iztrans 相对应